小学パーフェクトコース

改訂版

# はてな?に答える! 小学理科

Gakken

# はじめに

みなさんが勉強する中で，わからないことがあったり，習ったことを忘れてしまったりすることがあるでしょう。テレビのニュースなどで知らない言葉に出合うこともあるはずです。そんなときはどうしていますか？　『学校の先生や，おうちの人に聞いてみる』……もちろんそれもよいでしょう。でも，疑問を解決する方法は，それだけではありません。『自分で調べて考えてみる』という方法もあります。これが，とても大事なことなのです。

自分で調べて身につけた知識は，なかなか忘れることがありません。何よりもたよりになる，あなたの味方となってくれます。

また，これから歩んでいく人生の中で，「なんだろう？　なぜだろう？」と疑問をもって自ら問題を見つけ，そして「どのようにその問題を解決するか」を考える場面がとても多くなります。だれかに出された問題を解くのではなく，自分で問題を発見して，自分で解決への道を切り開いていく力が必要になってくるのです。その力を身につける方法は特別難しいものではありません。自分で調べて「わかった！」と感じること，そしてこの体験をくり返すことです。

もし，みなさんがわからないことに出合ったら，この本を開いて，自分で答えを見つけ出してください。この本には，みなさんが自分で答えを導き出すためのヒントがたくさんつまっています。

そして，新しい知識を次々と追い求める，「知ること」にどん欲な人になってください。「わからないことを，そのままにしない」という気持ちをもっている人は，将来どんな難しい問題につき当たっても，それを乗りこえていけることでしょう。

この本をたくさん使って，学ぶ楽しさ，考える楽しさをどんどん追求し，魅力的な大人になってください。応えんしています。

花まる学習会代表　高濱 正伸

# この本の特長と使い方

## 大きな見出し語

用語は大きく表示してあるので，調べたい言葉と内容がすぐに見つかります。

## 「重要度」つき

学校のテストや入試に出題されやすい順に，星の数が増えます。赤い見出し語は特に重要な用語ですので，おさえておきましょう。

## 「教科書マーク」つき

学校の教科書に出てくる用語には，このマークがついています。

## 「比べる」ことでよくわかる

データや写真など，比べてみると理解が深まる内容について，ピックアップしています。

## 用語のページ

第5章 魚や人のたんじょう

# 01 魚や人のたんじょう

### 1 メダカのたんじょう

重要度 ★★★

**メダカのおすとめす**

メダカには，むなびれ，はらびれがそれぞれ2枚，せびれ，おびれ，しりびれがそれぞれ1枚あり，合計7枚のひれをもっています。おすとめすでは，せびれ，しりびれの形がちがうので，この2つのひれでおすとめすを区別することができます。また，めすははらがふくらんでいることからも区別できます。

比べる メダカのおすとめすのからだのつくり

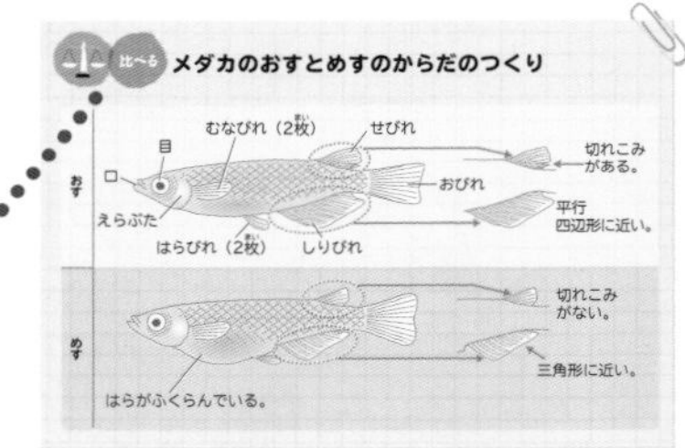


COLUMN まめ知識 日本にすんでいる野生のメダカは，水のよごれなどで絶めつが心配されています。理科の観察に使われるメダカは，ヒメダカであることが多いです。

126

## 章とびら

各章の初めには，この章について興味を広げる内容を，大きなビジュアルで紹介しています。

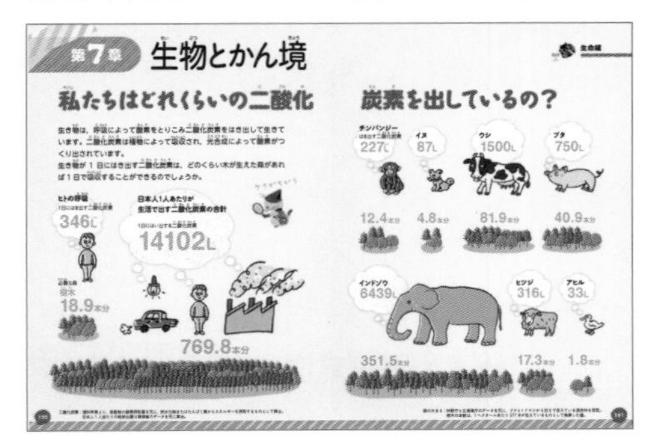


## この章で学ぶこと ヘッドライン

「雲はどうしてできるの？」などの身近な疑問を通して，この章で学習する内容のポイントをつかむことができます。

1つ調べたら，上下の用語や
関連する内容を，いっしょに
どんどん読んでみよう。
学ぶ楽しさが広がる！

## 学年表示

この項目を学習する学年に○がついています。「発展」は，小学では学習しませんが，中学入試では出題される内容です。

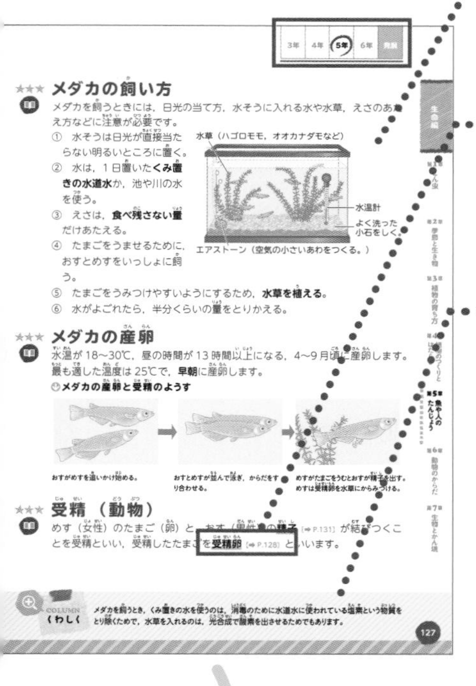

## 豊富なビジュアル資料

写真や図解など，用語ごとにたくさんの資料を掲載。理解がぐっと深まります。

## 充実の「リンク」機能

関連する用語や内容について，ページ数を示してあるので，知識がどんどん広がります。

## 補足情報，楽しい雑学まで！

ページの下にも，用語の解説をさらに補足する「くわしく」や，楽しい雑学「まめ知識」など，情報がしっかり入っています。

## コラム・算数コラム

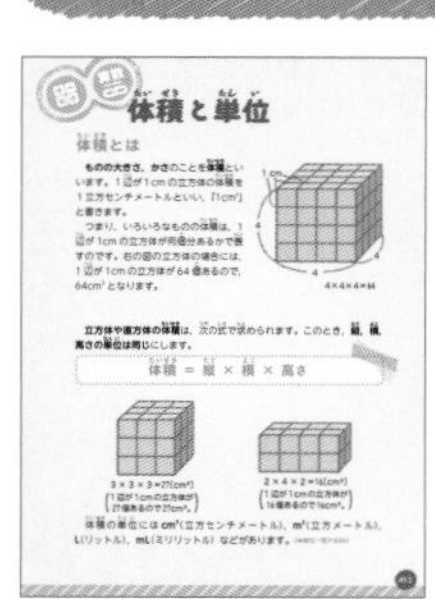

理解を深めるコラムがたくさん入っています。算数コラムでは，理科に関係する算数の内容を解説しています。

## こんな風に使おう！

**➔ 学校の教科書や塾のテキストに合わせて，予習や復習のために読む場合は…**

もくじ（P.6 - P.9）から，学年や分野，単元名を基に合うページを探そう。

**➔ 教科書やテキスト，テレビのニュースなどから，わからない用語・言葉を調べたい場合は…**

50音順に並んでいるさくいん（P.696 - P.711）から，調べたい用語・言葉を見つけよう。

# もくじ



## 生命編

## 地球編

# もくじ

## 物質編

## エネルギー編

いつ・何を学習するのか
ひとめでわかる!

# 小学理科の学習内容一覧

| | 生命編 | | 地球編 | |
|---|---|---|---|---|
| | 動物・人体 | 植物 | 気象・大地 | 宇宙 |
| 3年 | 第1章 **こん虫**<br>01 こん虫の育ちとからだ | 第3章 **植物の育ち方**<br>01 植物の発芽と成長 | 第1章<br>**気温と天気の変化**<br>01 太陽の動き | |
| 4年 | 第6章 **動物のからだ**<br>01 骨と筋肉 | 第2章 **季節と生き物**<br>01 季節と植物<br>02 季節と動物 | 第1章<br>**気温と天気の変化**<br>02 気温の変化<br>03 自然の中の水<br>第3章 **大地の変化**<br>01 雨のゆくえと地面の様子 | 第2章 **地球と宇宙**<br>01 星座と星<br>02 月と太陽 |
| 5年 | 第5章<br>**魚や人のたんじょう**<br>01 魚や人のたんじょう | 第3章 **植物の育ち方**<br>01 植物の発芽と成長<br>02 花から実へ | 第1章<br>**気温と天気の変化**<br>04 天気<br>第3章 **大地の変化**<br>02 流れる水のはたらき | |
| 6年 | 第6章 **動物のからだ**<br>02 感覚器官◆<br>03 呼吸<br>04 消化と吸収<br>05 心臓と血液<br>06 動物の分類◆ | 第4章<br>**植物のつくりとはたらき**<br>01 根・くき・葉のつくりとはたらき<br>02 植物の養分<br>03 植物の分類◆ | 第3章 **大地の変化**<br>03 地層のでき方<br>04 火山<br>05 地しん<br>06 大地の変動◆ | 第2章 **地球と宇宙**<br>02 月と太陽<br>03 太陽の動き◆<br>04 太陽系と銀河◆ |
| 6年 | 第7章 **生物とかん境**<br>01 生物のくらしとかん境 | | | |

各学年で学習することを，分野別にまとめました。
前の学年の復習や，先取り学習をするときなどに活用してください。

◆マークがついている項目は，項目内容のすべてが発展的な内容です。中学入試で出題されることもあります。また，マークがついていない項目の中にも発展的な内容はふくまれています。

| | 物質編 | エネルギー編 | |
|---|---|---|---|
| | | エネルギーの見方 | 電気 |
| 3年 | **第1章 ものの性質**<br>01 ものの重さ | **第1章 光と音**<br>01 光の性質<br>02 音の性質<br><br>**第2章 磁石**<br>01 磁石の性質<br><br>**第5章 力のはたらき**<br>01 風とゴム | **第3章 電気のはたらき**<br>01 電気の通り道 |
| 4年 | **第1章 ものの性質**<br>02 空気と水の性質<br>03 温度とものの変化<br>04 もののあたたまり方<br>05 熱の移動と温度の変化◆<br>06 水のすがた | | **第3章 電気のはたらき**<br>02 電池のはたらき |
| 5年 | **第2章 水よう液**<br>01 もののとけ方 | **第4章 ものの運動**<br>01 ふりこの運動<br>02 おもりの運動とはたらき◆ | **第3章 電気のはたらき**<br>03 電磁石のはたらき<br>04 電流による磁界 |
| 6年 | **第2章 水よう液**<br>02 酸性・アルカリ性・中性<br>03 水よう液と金属の反応<br>04 中和◆<br><br>**第3章 気体**<br>01 ものの燃え方<br>02 気体の性質 | **第5章 力のはたらき**<br>02 てこ<br>03 輪じくとかっ車◆<br>04 力とばね◆<br>05 浮力◆ | **第3章 電気のはたらき**<br>05 電気をつくる・たくわえる<br>06 電流による発熱<br>07 電気の利用 |

## キャラクター紹介

気になる言葉を
調べてみよう。

### ルル

好奇心旺盛な男の子。
気になったことには
なんでも挑戦!

なんだろう。
知りたいな。

### ニャンティ

観察好きの知りたがり。
なんだろう…が口ぐせ。

なんでも聞いてね。

### ナナホシ先生

世界中を飛び回り
何でも知っている
みんなの先生。

「?に答える!」は知りたい
ことが何でものってるよ。

### モモ

かしこくてしっかり者の
女の子。
本が大好き。

# 生命編

# 第1章 こん虫

## こん虫はクヌギ大好き！

### 昼に集まる虫たち

樹液を吸う
スズメバチ

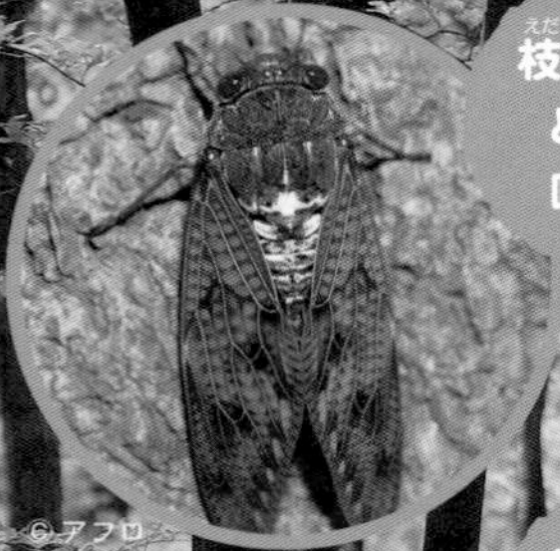

樹液を吸う
オオムラサキ

枝やみきに
とまって
鳴くセミ

©アフロ

根のしるを
吸う
セミの幼虫

©アフロ

こん虫はいろいろなところで生活しています。木も生活場所の１つです。特に，クヌギはこん虫がよく集まる木で，60 種類のこん虫がおとずれた記録があるそうです。カブトムシやクワガタはおもに夜にやってきて，オオムラサキやスズメバチは昼に集まってきます。これらは，クヌギの樹液を吸いにやってくるのです。クヌギの樹液はこん虫にとってよっぽどおいしいのでしょう。
樹液のほかにも，クヌギはこん虫の生活にとっていろいろな場面で役に立っています。

## 夜に集まる虫たち

樹液を吸う
カブトムシ

葉を食べる
コガネムシ

樹液を吸う
オオクワガタ

クヌギ林の写真 © アフロ

## この章で学ぶこと ヘッドライン

# カブトムシとコオロギで，育ち方はちがうの？

カブトムシやコオロギを飼ったことはありますか。どちらもこん虫のなかまですが，実際に飼ったことのある人なら，育ち方に大きなちがいがあることがわかるはずです。

カブトムシは，幼虫から育てることが多いと思います。落ち葉やくさった葉が混じった土の中で，幼虫のすがたで冬をこし，さなぎになり，次の年，夏のはじめに成虫になります。

※

カブトムシ

一方，コオロギは成虫を虫かごに入れて飼い，鳴き声を楽しみますね。コオロギもカブトムシと同じように，幼虫の時期はあります。ところが，コオロギには，さなぎの時期がありません。たまごから幼虫，成虫へと育つのです。

コオロギ

このように，こん虫は２種類の育ち方をします。さなぎの時期がある育ち方を完全変態，さなぎの時期がない育ち方を不完全変態といいます。

さなぎは，からだをつくりかえている時期で，この時期には食べ物をまったく食べません。まゆや土，木の幹などの中で過ごし，さなぎで冬をこすものも多くいます。

不完全変態では，幼虫が脱皮をくり返して成長し，そのまま成虫になります。［➡ P.020］

## クモはこん虫じゃないの？

クモやサソリ，ムカデなどはこん虫のなかまに似ていますが，こん虫のなかまではありません。こん虫とはからだのつくりがちがっているのです。

こん虫のからだは，頭，むね，はらの３つの部分に分かれていて，あし，はねはむねの部分についています。しかし，クモやサソリなどは，頭とむねがいっしょになった部分とはらの２つ，ムカデでは，頭とどうの２つといったように，２つの部分からできています。このように，こん虫かこん虫でないかは，からだのつくりで分けられるのです。[➡ P.030]

## こん虫は何を食べているの？

こん虫の食べ物は，こん虫の種類によって花粉や花のみつ，木のしる，小さな虫，葉，草などのようにさまざまです。食べ物の種類がさまざまですから，口は食べるものに適したいろいろな形をしています。かむ口，なめる口，吸う口などです。

虫めがねを使って，こん虫の頭を正面から見てみてください。食べ物を得るためのいろいろな口が観察できます。自然の中で生きていくための工夫をそなえていることがわかります。

こん虫を観察するときは，細かい部分まで目を向けると，おもしろいですよ。[➡ P.028]

※

トンボの口

# 01 こん虫の育ちとからだ

## 1 自然観察

重要度 ★★★

### 観察のしかた

校庭や学校のまわりにはいろいろな生き物がいます。それらの生き物を観察するときは，色，形，大きさ，全体のすがたなどに注目し，手ざわりも確かめるようにします。ダンゴムシなら石の下といったように，動物ならどんなところにすんでいるのか，タンポポなら野原といったように，植物ならどんなところに生えているのかについても見ておきます。見ることやさわることのほかに，鳥は鳴き声，植物はにおいについても調べてみましょう。

ただし，植物では，とげのある葉がついていたり，虫では，さしたりするものもあるので，むやみにさわったり，とったりしないように注意します。
小さな生き物は虫めがねを使うと大きく見ることができます。
なお，植物や動物の名前は，図かんや本で調べておきます。

★★★

### 記録のしかた

調べたことは，絵と文でくわしく記録します。まず，観察した生き物の名前，観察した月日，自分の名前を書いておきます。スケッチは，色や形がわかるようにていねいにかき，観察したものを中心に大きくかきます。気がついたことや，見つけた場所やにおい，鳴き声など，スケッチでは表せないことについては，文で記録しておきます。
記録をカードにしてまとめておくと，後でふり返るときに役に立ちます。

タンポポ
4月18日　山口とおる

・タンポポの花の色は黄色で葉にぎざぎざがある。
・高さは20cmくらい。

COLUMN くわしく
観察したものをスケッチするときは，細い線でかき，かげをつけたり，なぞったりしないようにします。

## ★★★ 虫めがね

虫めがねは，花のめしべの先や，アリなどのように，小さなものを拡大して見るときに使います。中央がふくらんだ**とつレンズ** [➡ P.542] でできています。

使い方 観察するものが動かせる場合には，虫めがねを目の近くに持ち，**観察するものを近づけたり遠ざけたりして**，はっきり見えるところで止めます。観察するものが動かせない場合は，**虫めがねを近づけたり遠ざけたりして**，はっきり見えるところで止めます。

なお，目をいためるので，絶対に虫めがねで太陽を見てはいけません。

<動かせるものを見るとき>

<動かせないものを見るとき>

＊虫めがねを目に近づけたまま，顔を前後に動かしてもよい。

## ★★★ 水温のはかり方

観察する生き物は，おたまじゃくしやメダカなどのように，水中にいるものもいます。このときは，どれくらいの温度の水の中にいるのかを調べておきます。そのため水温をはかります。水温は，**日光が温度計** [➡ P.224] **に直接当たらないように**，自分のかげに入れてはかります。

# 2 こん虫の育ち方

重要度 ★★★

## こん虫

こん虫は，からだが**頭**，**むね**，**はら**の3つの部分に分かれ，**節のあるあし**をもっている**節足動物** [➡P.187] のなかまです。**さなぎ**の時期のある育ち方である**完全変態**をするものと，さなぎの時期のない育ち方である**不完全変態**をするもの，変態しない**無変態** [➡P.025] のものの3種類がいます。

★★★

## 完全変態

**たまご→幼虫→さなぎ→成虫**のように，**さなぎの時期のある育ち方**をいいます。幼虫と成虫でからだのつくりが大きくちがい，ふつう幼虫と成虫で食べ物もちがいます。チョウ，カブトムシ，ガ，ハエ，アブ，ハチ，アリ，カなどがあてはまります。

★★★

## 不完全変態

**たまご→幼虫→成虫**のように，**さなぎの時期のない育ち方**をいいます。幼虫と成虫でからだのつくりが似ているものが多く，幼虫と成虫で食べ物が同じものも多いです。コオロギ，バッタ，トンボ，セミ，カマキリ，ゴキブリなどがあてはまります。

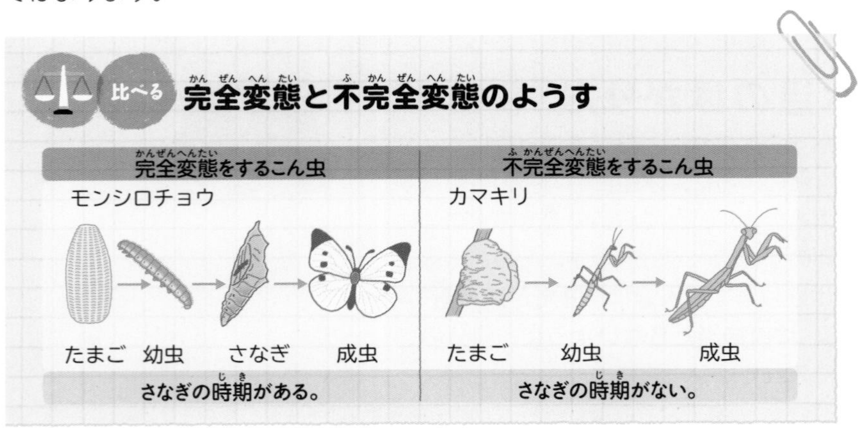

## ★★★ たまご

めすがうんだ，生命をつなぐもとになるものです。こん虫の場合，たまごから次の段階のすがたである**幼虫**がかえり，このことを**ふ化**といいます。

## ★★★ 幼虫

こん虫の場合で，たまごからかえった段階のすがたです。成長するために皮をぬぎすてる**脱皮**を行います。たまごからかえったばかりの幼虫を１令幼虫といい，１回脱皮するごとに，２令幼虫，３令幼虫，…とよばれます。

## ★★★ さなぎ

**完全変態**をするこん虫の場合において，**幼虫**から**成虫**に変わるときに見られる段階のすがたです。さなぎは，からだのつくりを変えている時期で，この時期には**食べ物をまったく食べません。**さなぎのからから成虫がぬけ出すのを，**羽化**といいます。

## ★★★ 成虫

こん虫の一生のうち，最終の時期のすがたをいい，**交尾** [➡体内受精 P.138] や産卵を行って，次の世代に生命をつなぐ役目をします。成虫の寿命はふつう１か月前後ですが，シロアリの女王は十数年間も生き続けます。

## ★★★ ふ化

**たまごから幼虫（子）がかえる**ことです。たまごの中でからだがつくられた幼虫がたまごのまくを破って外に出て，自分の力で生活できるようになります。

## ★★★ 脱皮

こん虫などが，成長の途中で**古い皮をぬぎすてる**ことです。成長のために何回か脱皮し，こん虫の場合は，幼虫のときに5～7回脱皮します。

## ★★★ 羽化

**さなぎから成虫がかえる**ことをいいます。ふつう，はねのあるこん虫についていいます。

羽化している間はてきからのこうげきに弱いので，羽化は夕方から夜にかけて行われます。

重要度 ★★★

## モンシロチョウの育ち方(**完全変態** [➡P.020])

**たまご→幼虫→さなぎ→成虫**と育ちます。

**たまご**

幼虫の食べ物になるアブラナ科の**アブラナやキャベツの葉の裏**にうみつけられます。大きさは1mm くらいで，ラグビーボールのような形をしています。うみつけられたときはうすい黄色で，**ふ化** [➡P.021] する前はこい**黄色**。3〜6 日でふ化します。

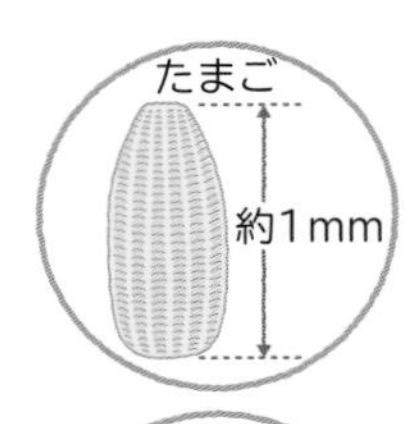


**幼虫**

**ふ化**したばかりの 1 令幼虫は 2mm くらいで黄色っぽく，まず**自分が出てきたたまごのからを食べます**。幼虫が植物の葉を食べるようになると，**緑色**になるので，**アオムシ**ともよばれます。16 本のあしがあり，胸脚は成虫のあしになります。腹脚と尾脚は成虫になるとなくなります。4 回脱皮した 5 令幼虫は，2〜3cm くらいになり，口から糸を出して，からだを木や葉にくっつけ，動かなくなります。最後に皮をぬいでさなぎになります。

1令幼虫
(ふ化したときの幼虫)

さなぎになる直前の5令幼虫
糸

**さなぎ**

さなぎのときは何も食べず，移動はしませんが，中で成虫のからだができています。

**成虫**

さなぎになって 1 週間くらいたつと，はねのもようがすけて見えるようになり，成虫が出てきます。成虫は，数時間後には飛べるようになります。**羽化** [➡P.021] して飛び立った成虫は交尾をし，めすはたまごをうみます。たまごから成虫になるまでは，春と秋で約 30〜40 日間，夏では 20 日間くらいです。成虫は**花のみつ**を吸います。1 年に数回，このような一生がくり返され，秋にさなぎになったものは，冬をこし，春になって羽化します。

COLUMN まめ知識

さなぎに光を当てたり，軽くさわったりすると，ピクピクと小さく動きます。

## ★★★ アゲハの育ち方（完全変態[➡P.020]）

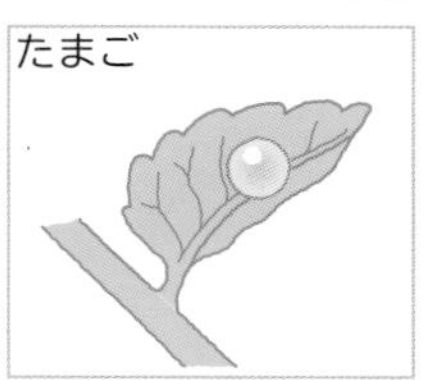


ミカン，カラタチなどの葉にうみつけられる。
直径約 1 mm

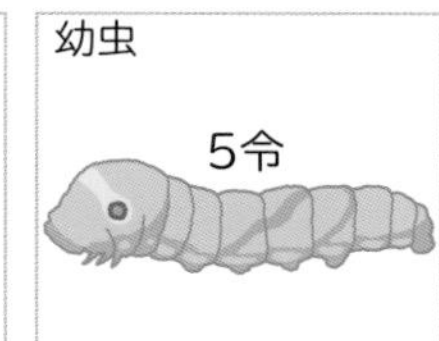


ミカン，カラタチなどの葉を食べる。

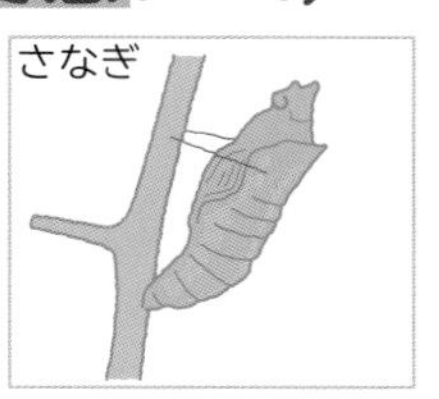


何も食べない。2週間くらいで羽化する。

花のみつを吸う。昼間活動する。

## ★★★ カイコガの育ち方（完全変態[➡P.020]）

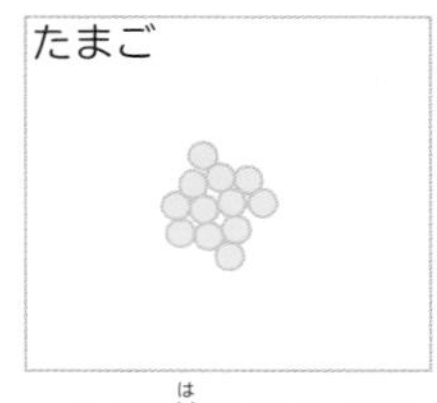


クワの葉にうみつけられる。
直径約 1 mm

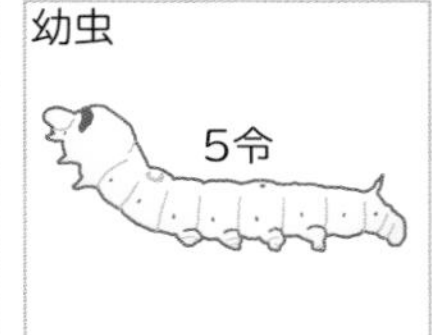


クワの葉を食べる。

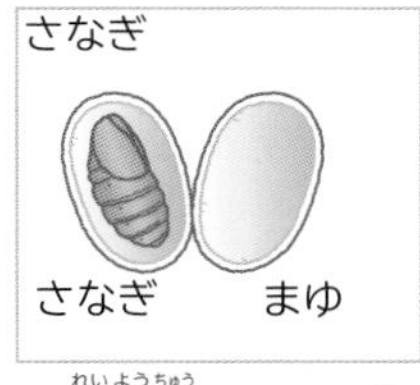


5令幼虫は口から糸を出してまゆをつくる。何も食べない。

何も食べない。夜間活動する。

## ★★★ カブトムシの育ち方（完全変態[➡P.020]）

秋に土の中に1つずつうみつけられる。
直径約 2 mm

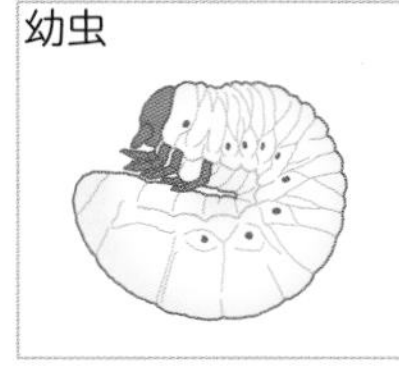


土の中にいて，くさった葉を食べる。

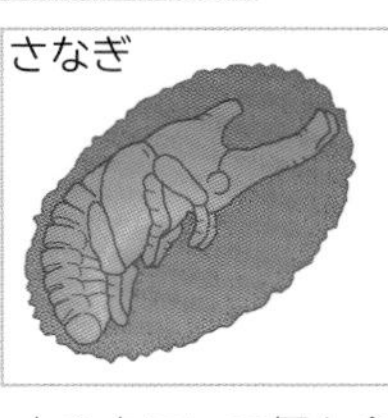


土の中にいて何も食べない。

おすは長い角をもつ。木のしるをなめ，夜間活動する。

**COLUMN まめ知識** カイコガは，古くから人に飼育され，そのまゆからきぬ糸をとるために改良されてきたこん虫です。

重要度

## ★★★ カの育ち方(完全変態 [➡P.020])

| たまご | 幼虫 | さなぎ | 成虫 |
|---|---|---|---|
| 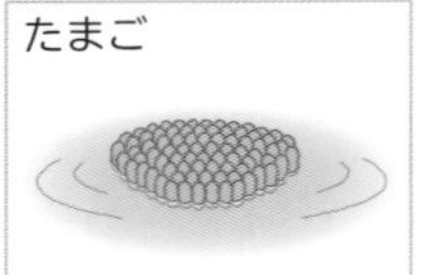 | 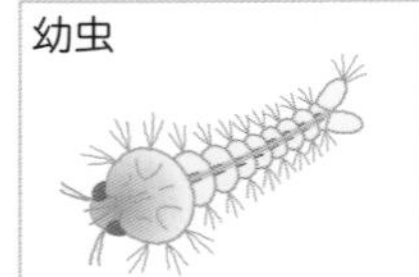 |  | 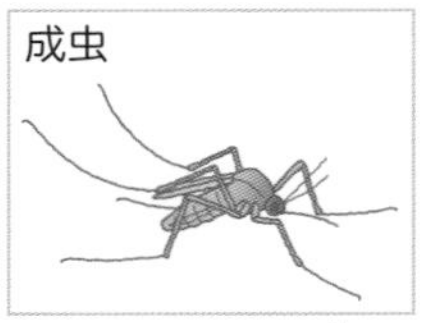 |
| 水面にかためてうみつけられる。 | ボウフラという。水中のプランクトンなどを食べる。 | オニボウフラという。何も食べない。 | 花のみつなどを吸うが，産卵前のめすは動物の血を吸う。 |

## ★★★ ナナホシテントウの育ち方(完全変態 [➡P.020])

| たまご | 幼虫 | さなぎ | 成虫 |
|---|---|---|---|
| 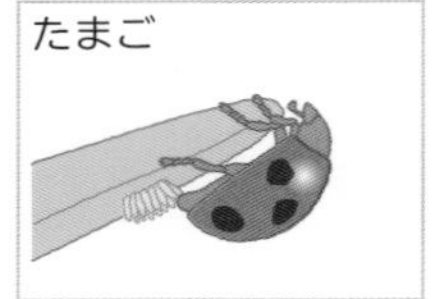 |  | 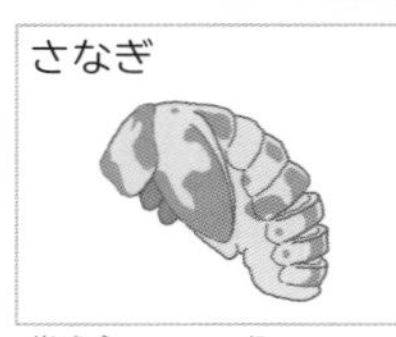 |  |
| 葉などにかためてうみつけられる。 | アブラムシを食べる。 | 成虫の色に似てくる。 | アブラムシを食べる。赤色の地に7つの黒いはん点がある。 |

## ★★★ コオロギの育ち方(不完全変態 [➡P.020])

| たまご | 幼虫 | 成虫 |
|---|---|---|
|  | 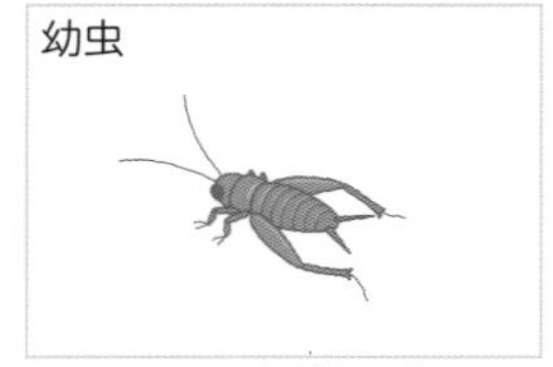 | 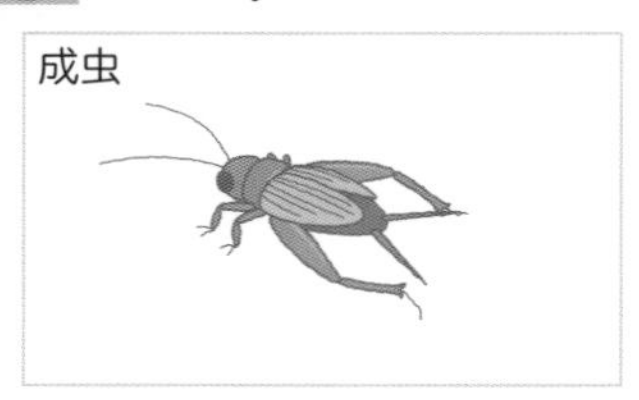 |
| 浅い土の中にうみつけられる。 | 小さな虫や植物の葉などを食べる。 | はねが大きくなる。小さな虫や植物の葉などを食べる。 |

COLUMN
**まめ知識**

ナナホシテントウは，からだに7つの点があるので，このようによばれます。

## ★★★ バッタの育ち方（不完全変態 [➡P.020]）

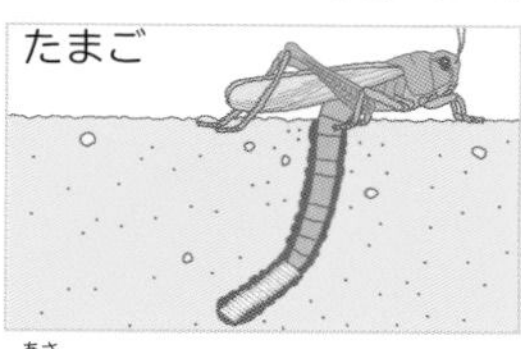


浅い土の中にうみつけられる。

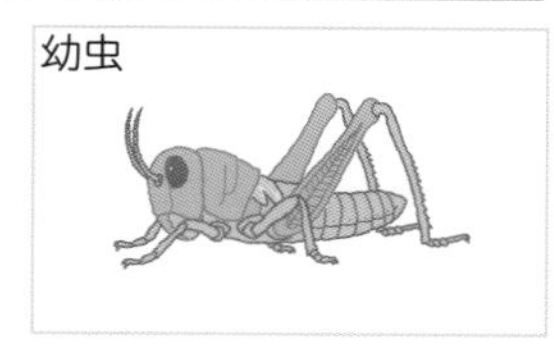


オヒシバ，エノコログサなどの葉を食べる。

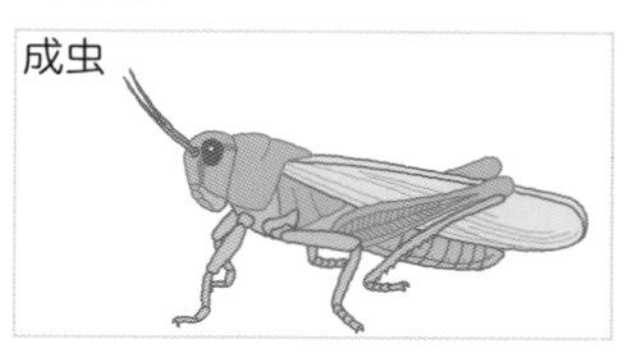


オヒシバ，エノコログサなどの葉を食べる。

## ★★★ トンボの育ち方（不完全変態 [➡P.020]）

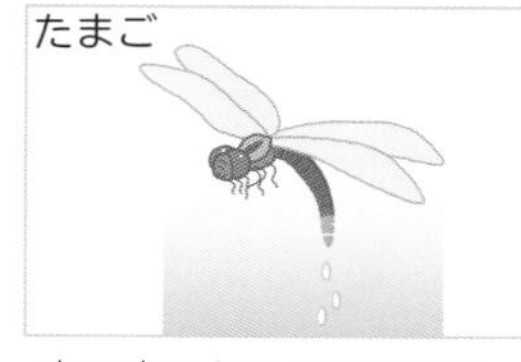


水の中にうみつけられる。

ヤゴといい水中の小さな生き物を食べる。

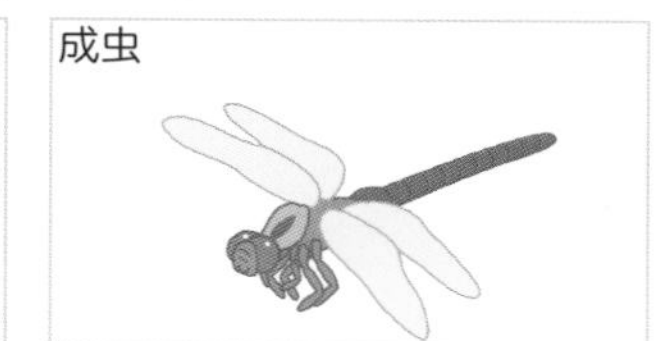


空中を飛びまわり，小さな生き物を食べる。

## ★★★ セミの育ち方（不完全変態 [➡P.020]）

木のみきにうみつけられる。

土の中で4～7年生活する。

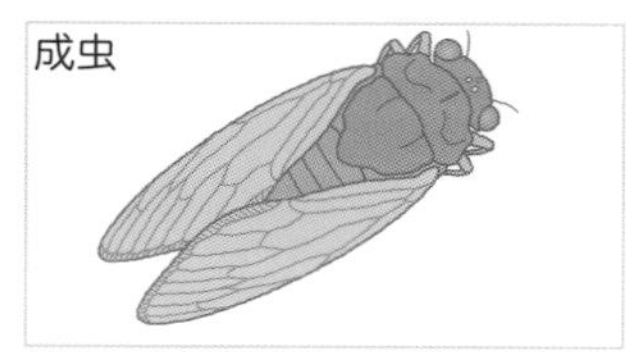


雑木林などを飛び回り，木のしるを吸う。

## ★★★ 無変態

シミやトビムシの幼虫は，成虫とほぼ同じ形をしています。だんだん成長して，大きくなりますが，形は変化しません。このような成長のしかたを無変態といいます。

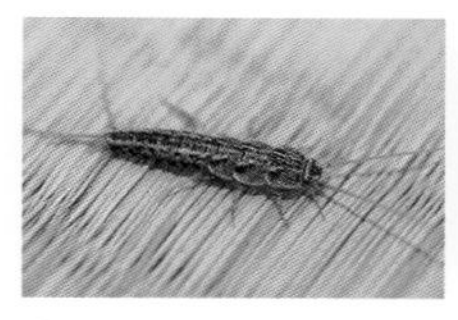

⇧シミ

⇧トビムシ © コーベット

COLUMN

# 特別な名前でよばれる幼虫

こん虫の幼虫は，ふつう，「カマキリの幼虫」というように，「〜の幼虫」というよび方でよばれます。しかし，このようなよび方ではなく，次のような特別な名前がつけられているものがあります。

※

アオムシ（モンシロチョウの幼虫）

カイコガ

※

ケゴ（カイコガの1令幼虫）

※

ウジ（ハエの幼虫）

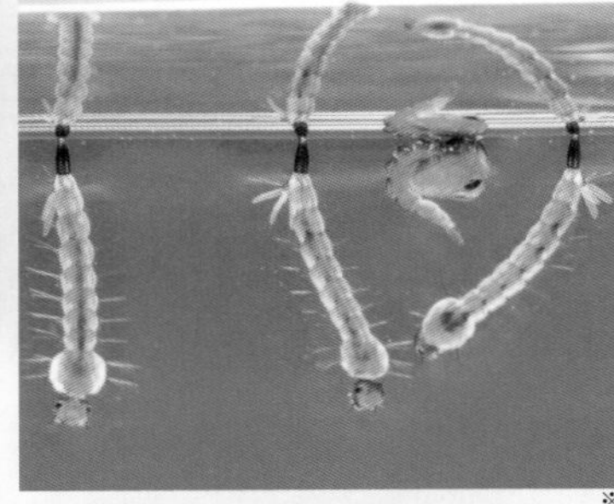

※

ボウフラ（カの幼虫）

ウスバカゲロウの幼虫は，アリジゴクとよばれています。すりばちの形をしたわなをつくって，落ちてきたアリなどを食べます。

アリジゴク

※

ウスバカゲロウ

※©アフロ

# 3 こん虫のからだのつくり

重要度 ★★★

## こん虫のからだのつくり

こん虫のからだは，**頭**（頭部）・**むね**（胸部）・**はら**（腹部）の３つの部分に分かれています。

**頭（頭部）**…しょっ角，複眼，単眼，口がついています。

**むね（胸部）**…あし，はねがついています。

**はら（腹部）**…気門がついています。

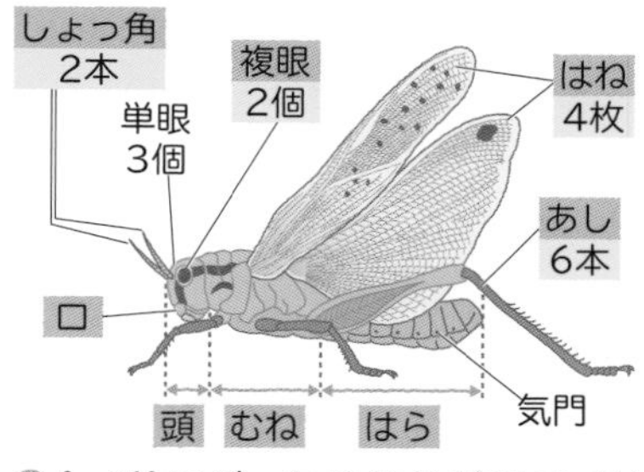


トノサマバッタのからだのつくり

<いろいろなこん虫のからだのつくり>

| カブトムシ | モンシロチョウ | トンボ |
| --- | --- | --- |
| 頭<br>むね<br>はら | | |
| **ハチ** | **セミ** | **アリ** |
| | | |

重要度

★★★ 
## しょっ角

こん虫の頭の部分についていて，ものにふれたり，**におい**や**味**を感じたりするところです。こん虫では１対（２本）あります。

★★★ 
## 複眼

こん虫の頭の部分についていて，**形**や**色**を感じとります。たくさんの小さな目（**個眼**）が集まって１つの目になっています。球面状に並んでいるので，広いはん囲を見ることができます。

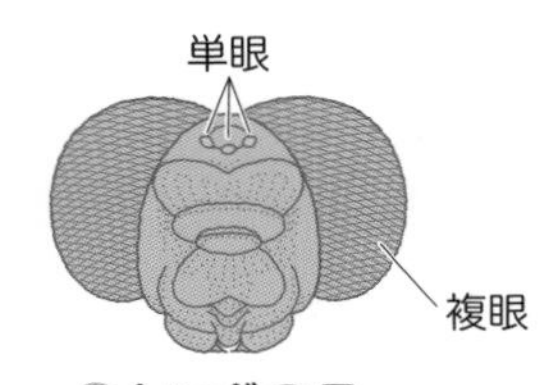

トンボの目

★★★ 
## 単眼

こん虫やクモなどの頭の部分についている，小形で簡単なつくりの目です。**明るさ**を感じます。モンシロチョウの成虫にはありません。

★★★ 
## 口

こん虫の食べ物は決まっているので，口の形は食べ物をとるのに適したつくりになっています。

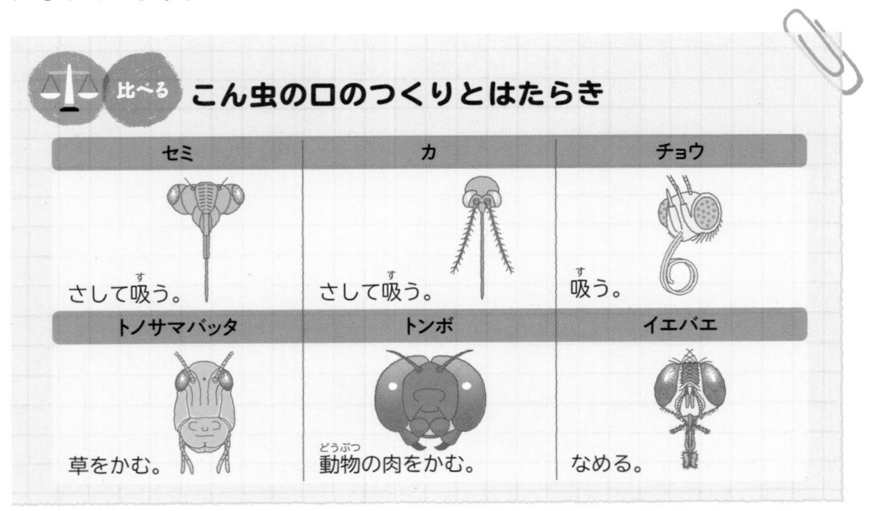

比べる こん虫の口のつくりとはたらき
セミ
さして吸う。
カ
さして吸う。
チョウ
吸う。
トノサマバッタ
草をかむ。
トンボ
動物の肉をかむ。
イエバエ
なめる。

## あし

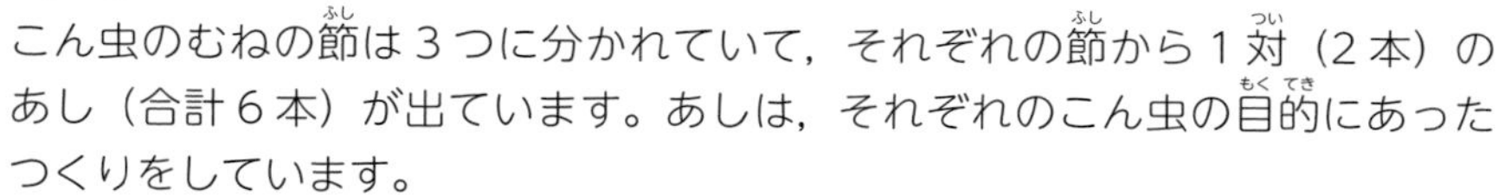

こん虫のむねの節は３つに分かれていて，それぞれの節から１対（２本）のあし（合計６本）が出ています。あしは，それぞれのこん虫の目的にあったつくりをしています。

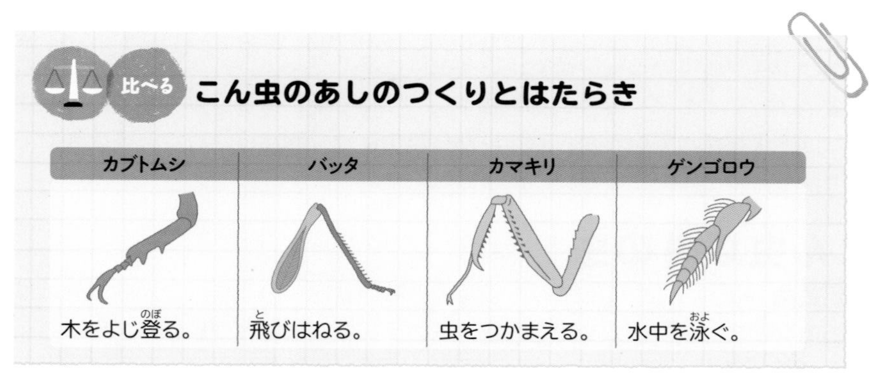

比べる
こん虫のあしのつくりとはたらき
カブトムシ
バッタ
カマキリ
ゲンゴロウ
木をよじ登る。
飛びはねる。
虫をつかまえる。
水中を泳ぐ。

## はね

**むね**についていて，４枚，２枚，０枚のものがあります。はねが４枚あるものには，チョウ，カブトムシ，ハチ，トンボ，バッタなどがあり，背中側から見た場合，後ろばねが前ばねより下にあります。はねが２枚あるものには，ハエ，アブ，カなどがあり，後ろばねは退化しています。はねが０枚のものには，ノミ，トビムシ，アリなどがあり，空中を飛ぶ能力がなくなったなかまです。

<いろいろなこん虫のはね>

**アゲハ**
りん粉がついている。

**セミ**
太い脈がある。

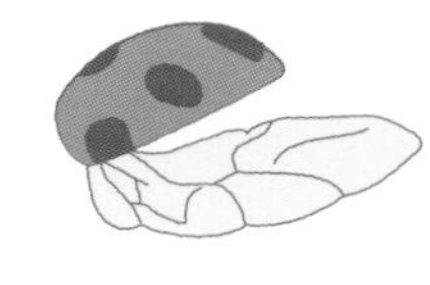

**ナナホシテントウ**
前ばねがかたい。

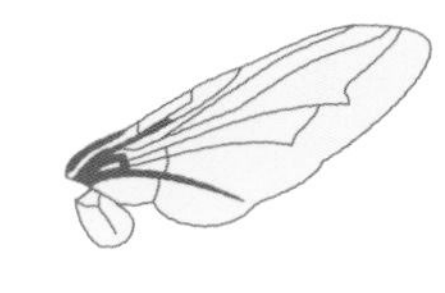

**ハエ**
後ろばねが退化している。

COLUMN くわしく

退化とは，その生き物が種として発生したとき，ある器官が小さくなったりなくなったりしてしまうことです。

重要度

## ★★★ 気門

はらやむねについていて，**呼吸** [➡ P.155] による空気の出入り口となっている小さなあなです。

気門　気管

## ★★★ 気管

**気門**とつながっている細い管で，こん虫はここで**呼吸** [➡ P.155] をしています。こん虫はいつもはらをピクピク動かしていますが，これは呼吸を行っているからです。からだ中にはりめぐらされた気管を通って，気門からとりこんだ空気が体内に運ばれます。

## ★★★ こん虫以外の虫

**節足動物** [➡ P.187]（あしに節のある背骨のない動物）のうち，こん虫以外には，クモのなかま，ダンゴムシのなかま，ムカデのなかまなどがいます。

| | クモ | ダンゴムシ | ムカデ |
|---|---|---|---|
| からだのつくり | しょくし<br>頭・むね<br>はら | 頭<br>むね<br>はら | 頭<br>どう |
| あし | 8本 | 14本 | 多数 |

# ぎ態

こん虫の中には，敵から身を守るために，別の生き物などのすがたに似せているものがあり，これを**ぎ態**といいます。きびしい自然の中で生きのびるために，生まれつきのくふうがそなわっているのです。

シャクトリムシはシャクガ科のガの幼虫で，木の枝のようなすがたをしています。また，成虫になると，木のはだと同じようなもようになって，木と見分けることがむずかしくなります。どちらも，敵から身を守るためのくふうなのです。

**シャクトリムシ** ©コーベット

**シャクガの成虫** ©コーベット

沖縄県に生息するコノハチョウは，はねの裏がかれ葉に似ているので，この名前がついています。このほか，ナナフシ，ショウリョウバッタ，カレハカマキリなどでもぎ態が見られます。

※

**コノハチョウ**

アゲハの幼虫は，2令から4令までは，鳥に食べられないように，鳥のふんにぎ態しています。5令幼虫になると，今度は，背中に目玉のようなもようができて，へびの頭を思わせるすがたになり，敵をおどかします。

※

**アゲハの5令幼虫**

※©アフロ

# 季節と生き

## 植物と行事

私たちの生活と植物との関わりは深く，植物は昔から行事や遊びなどに使われてきました。ここでそのいくつかをしょうかいします。

### 門松とタケ（1月）

げん関に門松を立てて正月をむかえます。マツとタケを組み合わせ，まっすぐにのびるタケから，たくましく，長生きできるようにとの願いがこめられています。

1月　2月　3月　5月

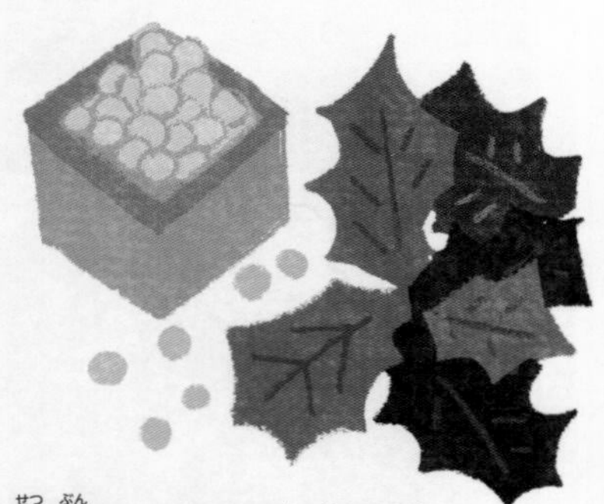

### 節分とヒイラギ（2月）

節分の鬼退治の1つとして，ヒイラギの枝に，火であぶったイワシの頭をさしたものを家の戸口や窓際に結びつけたり，さしたりします。

### ひな祭りとモモ（3月）

ひな祭りは，女の子のすこやかな成長を祝う日です。「桃の節句」といわれるように，モモの花をかざってお祝いします。

### たん午の節句とショウブ湯（5月）

5月5日の「たん午の節句」に，健康を願って，ショウブの葉を入れたおふろ（ショウブ湯）に入ります。ショウブは薬草としても用いられてきました。

### 七夕とささ竹（7月）

7月7日の七夕には，願い事を短冊（細長い紙）に書いて，ささ竹に結びつけます。これが七夕かざりです。ささ竹は星が見えるのき下に立てます。

7月　9月　10月　12月

### 月見とススキ（9～10月）

昔，貴族が行っていた月見の風習が広がったものです。中秋の名月に，ススキをかざり，米の粉でつくった月見だんごやサトイモ，カキなどをそなえます。

### 冬至カボチャとゆず湯（12月）

昔から，冬至の日は，カボチャを食べ，ゆずの実をうかべたおふろ（ ゆず湯 ）に入ると，かぜをひかないといわれていました。今でも，この習慣は残っています。

この章で学ぶこと ヘッドライン

# 植物を見ると季節がわかるの？

学校のまわりや校庭，公園，野原，家の庭，花だん，道路のわきなど，私たちのまわりには，さまざまな植物が生えています。

※

春になって気温が上がると，植物はいっせいに花をさかせ，私たちをなごませてくれます。植物は，お花見や春の七草など，ふだんの生活にも深く関係しています。

春にたねをまく植物もあり，多くは夏に花をさかせます。秋になれば，見事な紅葉があちこちで見られ，目を楽しませてくれます。また，次の年の春に花をさかせる植物は，この時期にたねや球根を植えます。たねは「種子」といいます。種子でふえたり，球根でふえたりと，植物には，いろいろなふえ方があります。くわしくは，この章を読んでみましょう。

冬には，花をさかせる植物は少なくなります。多くの植物は冬の寒さにじっとたえて，春のおとずれを待っているのです。落葉樹は葉を落としますが，幹や枝だけでも見事なすがたをしているものもあります。

※

植物の名前を覚えるのはもちろん，植物のつくりや季節の過ごし方などを調べると，知識が身につくだけでなく，気持ちも豊かになってきます。

身のまわりのさまざまな命に目を向けながら，季節の移り変わりを感じてみてください。［➡ P.036］

# 動物も，冬は苦手なの？

植物は冬になると，寒さにたえてじっと春のおとずれを待つようになりますが，動物はどうでしょうか。

食べ物となる植物や動物の数が減るので，見られる動物の数は減ってきます。特にこん虫はめっきり見られなくなります。こん虫はどのようにして冬をこしているのでしょうか。

ミノガ（巣の中で幼虫で冬をこす）

こん虫のすがたには，たまご，幼虫，さなぎ，成虫の４つがあります。こん虫は，種類によって，この４つのすがたのうちのどれかで冬をこしています。成虫で冬をこすものは，巣の中や，落ち葉の裏側などで過ごします。だから，目にふれることは少なくなるのです。

動物には，トカゲやヘビ，カエル，クマなどのように，冬みんして冬をこすものもいます。寒さがきびしくなると，土などの中でじっと春のおとずれを待つのです。[➡ P.056]

このように，冬には動物のすがたがめっきり見られなくなりますが，冬にしか見ることのできない動物もいます。冬を日本で過ごすためにやってくる鳥たちです。これらは，わたり鳥のうちの冬鳥とよばれるものです。なぜ日本にやってくるのかというと，それまで過ごしていた，日本よりもっと北の国では，寒さがきびしくなり，食べ物がなくなるため，食べ物を求めて南の日本にやってくるのです。春になると，再び北へわたり，そこで子育てを始めます。

[➡ P.055]

※

オオハクチョウ

# 01 季節と植物

## 1 春の植物

重要度 ★★★

### 春の植物のようす

春になると気温がだんだんと上がり，いろいろな草や木が花をさかせます。

★★★

### 春に花がさく植物

樹木　3月の中ごろから4月にかけて，いっせいに花をさかせます。＊印の樹木は，葉よりも前に花がさきます。

マンサク＊　コブシ＊　ハクモクレン＊
ウメ＊　サクラ（ソメイヨシノ＊）　モモ＊
ジンチョウゲ　ボケ　ユキヤナギ

COLUMN まめ知識

マンサクは，早春に「まずさく」ことが語源ともいわれています。コブシは秋には赤い実をつけ，ジンチョウゲの花はよいかおりがします。

## 野原にさく花

※ フクジュソウ

※ フキ（花芽はふきのとう）

カラスノエンドウ

※ アブラナ

※ セイヨウタンポポ

※ ゲンゲ(別名レンゲソウ)

※ ヒメオドリコソウ

※ オオイヌノフグリ

シロツメクサ

## 花だんの花

※ チューリップ

※ スイセン

※ パンジー

COLUMN まめ知識

セイヨウタンポポ，ヒメオドリコソウ，シロツメクサは外来種（帰化植物）。チューリップ，スイセンの球根には，アルカロイドという毒成分があります。

重要度 ★★★

## 春に種子をまく植物

春に種子をまく植物には，ヘチマ，ツルレイシ（ニガウリ），ヒョウタン，ヒマワリ，アサガオ，オシロイバナ，マツバボタン，コスモス，ヒャクニチソウ，オジギソウなどがあり，多くは夏に花をさかせます。

★★★

## 春の七草

**セリ**，**ナズナ**，**ゴギョウ**（ハハコグサ），**ハコベラ**（ハコベ），**ホトケノザ**，**スズナ**，**スズシロ**を，春の七草といいます。スズナはカブ，スズシロはダイコンのことです。春の七草のホトケノザは黄色い花をさかせるキク科の植物で，同じ名前の赤むらさき色の花をさかせるシソ科のホトケノザとはちがう植物です。
1月7日には，病気をせず，健康であることを願って，これらの七草を使ったおかゆ（七草がゆ）を食べる習わしがあります。

セリ

※
ナズナ

※
ゴギョウ

※
ハコベラ

※
ホトケノザ

※
スズナ

※
スズシロ

COLUMN くわしく

アブラナやナズナなどのように，夜の長さがある一定の長さより短くなると花の芽をつくり始める植物を，長日植物といいます。

## ★★★ 開花前線

地図上で標高の等しい地点を結んだ線を等高線といいます。これと同じように，ある植物の花がさき始める日にちが等しい地点を結んだ，地図上の線を開花前線といい，サクラ（ソメイヨシノ）前線が代表例です。サクラは気温が高くなるとさき始めるので，開花前線は南の地方ほどはやくなります。また，同じ地方でも，標高の低い地点と高い地点では気温にちがいがあるので，線が曲がりくねります。

## ★★★ 等期日線

開花前線と同じことです。

＜サクラ（ソメイヨシノ）の等期日線（平年値）＞

［資料提供：気象庁］

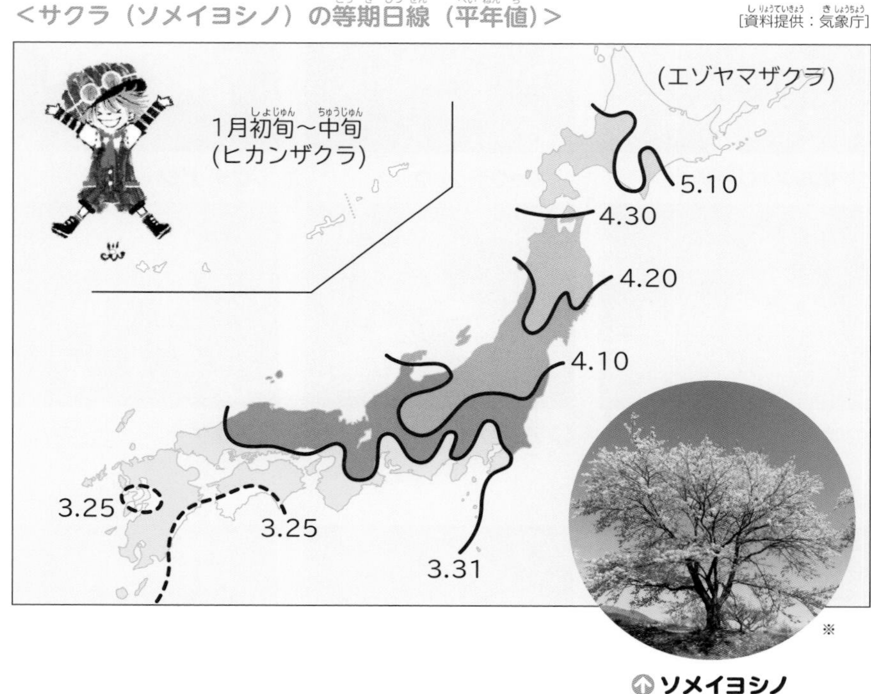


↑ソメイヨシノ

※©アフロ

# 2 夏の植物

## 夏の植物のようす

夏になって暑くなると，植物がよく育つようになり，葉がよくしげったり，花がさいたりするようになります。

## 夏に花がさく植物

**樹木** 花がさく期間が長いもの，毎日さき変わるものがあります。

サルスベリ

キョウチクトウ

クチナシ

ネムノキ

アジサイ

ムクゲ

**野原にさく花**

ヒメジョオン

ツユクサ

ノアザミ

COLUMN まめ知識

サルスベリは，サルでもすべりそうなくらい幹がなめらかなことが名前の由来。ネムノキの花のように見える糸状のものはおしべが長くのびたもの，アジサイの花びらのように見えるのはがくです。

※
ドクダミ

※
オオバコ

※
ヤブガラシ

※
ホウセンカ

※
オオマツヨイグサ

※
ヒルガオ

## 花だんの花

※
アサガオ

ヒマワリ

※
オシロイバナ

ホオズキ

※
ニチニチソウ

※
ポーチュラカ

※Ⓒアフロ

COLUMN
**まめ知識**

ドクダミの地上部を刈り，干してドクダミ茶がつくられます。オオバコはじょうぶでふまれ強く，ヤブガラシはほかの植物の上に葉を広げます。

# 3 秋の植物

重要度 ★★★

## 秋の植物のようす

秋になると，花をさかせる植物は少なくなってきます。
また，寒い冬をこすための準備をする植物もでてきます。

★★★

## 秋に花がさく植物

### 樹木

※ キンモクセイ

ヒイラギ

ギンモクセイ

### 野原にさく花

※ ヒガンバナ

※ セイタカアワダチソウ

エノコログサ

### 花だんの花

※ キク

※ コスモス

ケイトウ

COLUMN くわしく

キクやコスモスなどのように，夜の長さがある一定の長さより長くなると花の芽をつくり始める植物を，短日植物といいます。

## ★★★ 秋に種子(しゅし)をまく，球根(きゅうこん)を植(う)える植物(しょくぶつ)

| 種子(しゅし) | | 球根(きゅうこん) | |
|---|---|---|---|
| | アブラナ | | チューリップ |
| | パンジー | | アネモネ |
| | ヤグルマギク | | ユリ |
| | スイートピー | | クロッカス |
| | キンギョソウ | | ヒヤシンス |
| | ヒナギク | | ラナンキュラス |

## ★★★ 秋の七草

**ハギ**，**ススキ**，**キキョウ**，**ナデシコ**，**オミナエシ**，**クズ**，**フジバカマ**を，秋の七草といいます。クズは根(ね)からとれるくず粉(こ)（白い粉(こな)の**でんぷん** [➡ P.073]）がくずもちやくずきり，薬(くすり)などに利用(りよう)されます。ナデシコは，サッカー女子日本代表(だいひょう)の愛称(あいしょう)（なでしこジャパン）にも用いられています。

※

ハギ

※
ススキ

キキョウ

※
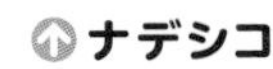
ナデシコ

※
オミナエシ

※
クズ

※
フジバカマ

重要度 ★★★

## 紅葉

葉でつくられた**でんぷん** [➡ P.073] は水に溶けやすい糖に変えられてからだの各部に運ばれます。しかし，秋になって葉を落とす準備を始めると，葉のつけねがふさがれて糖が通れなくなります。そこで，とじこめられた糖から赤色のつぶがつくられ，これが目立つようになったのが紅葉です。紅葉する樹木には，イロハモミジ，ナナカマド，ドウダンツツジ，ハゼノキ，フウ，ニシキギ，ソメイヨシノなどがあります。

イロハモミジ

ナナカマド ※

ドウダンツツジ ※

★★★

## 黄葉

葉には多くの緑色のつぶ（**葉緑体** [➡ P.103]）があります。秋に気温が低くなると，緑色のつぶの中の葉緑素がこわれ始めます。そこで，葉にもともとあった黄色のつぶが目立つようになったものが黄葉なのです。黄葉する樹木には，イチョウ，シラカバ，エノキ，カツラ，ポプラなどがあります。

イチョウ ※

シラカバ ※

エノキ ※

COLUMN まめ知識

紅葉はアントシアン，黄葉はカロテノイド（カロチノイド）という色素によるものです。

重要度 ★★★
## 落葉樹

空気がかわく冬に，水分が蒸発するのを防ぐため，葉をすべて落とす樹木を落葉樹といいます。落葉樹は**広葉樹**（広く平たい葉をもつ樹木）に多く，これを落葉広葉樹といいます。

★★★
## 常緑樹

冬に葉を落とさず，１年中緑色の葉をつけている樹木を常緑樹といいます。**針葉樹**（針のように細い葉をもつ樹木）の場合は常緑針葉樹，広葉樹の場合は常緑広葉樹といいます。

| 落葉樹 | 常緑樹 |
|---|---|
| イロハモミジ，ナナカマド，ハゼノキ，フウ，イチョウ，シラカバ，カツラ，ポプラ，コブシ，ハクモクレン，サクラ，ウメ，ハルニレ，アキニレ，ケヤキ，ブナ | 広葉樹　ツバキ，サザンカ，カシ，シイ，クスノキ，ヒイラギ，キンモクセイ，ギンモクセイ，モチノキ<br>針葉樹　マツ，スギ，ヒノキ，モミ，カヤ |

★★★
## どんぐり

ブナ科のシイやカシなどのなかまの実をどんぐりといいます。

クヌギ　コナラ　スダジイ
シラカシ　アラカシ　マテバシイ

※Ⓒアフロ

COLUMN くわしく

紅葉や黄葉する樹木は，すべて落葉樹です。

# 4 冬の植物

## 冬の植物のようす

冬になると気温が下がり，樹木は葉を落としたり，草はかれてしまったりしますが，冬をこすためのいろいろなくふうをしています。

## 冬に花がさく植物

ビワ

サザンカ

ツバキ

## 草花の冬ごし

草花は，種子，地下のくき，根，若い植物のすがた，葉を地面に広げた形などで冬をこします。

| | |
|---|---|
| 種子 | アサガオ，ヒマワリ，イネ，ホウセンカ，ヘチマ，コスモス |
| 地下のくき | ススキ，アヤメ，ハス，グラジオラス，サトイモ，ジャガイモ |
| 根 | ダリア，キク，サツマイモ |
| 若い植物のすがた | エンドウ，ムギ |
| 葉を地面に広げた形(ロゼット葉) | タンポポ，ナズナ，ハルジオン，オオマツヨイグサ，オニタビラコ，スイバ，オオバコ |

## ロゼット葉

地面に広げた形の葉をロゼット葉といいます。葉を地面に広げるのは，地面の熱が空気中ににげていくのを防ぐためです。できるだけ熱を保ち，温度が下がらないようにしています。

タンポポのロゼット葉

重要度 ★★★

# 冬芽

冬になると，サクラやイチョウなどの樹木には葉が１枚も見られなくなります。しかし，かれてしまったわけではありません。枝にはところどころに，冬芽とよばれる小さなふくらみがあります。これは，次の年の春に，花や葉になる部分なのです。あたたかくなったときの準備をしているわけです。
冬芽には，かたい皮（りん片）でおおわれていたり，ねばねばしていたり，毛でおおわれていたりするものがあります。

**サクラ**
かたい皮でおおわれている。
（大きいのが花芽，小さいのが葉芽）

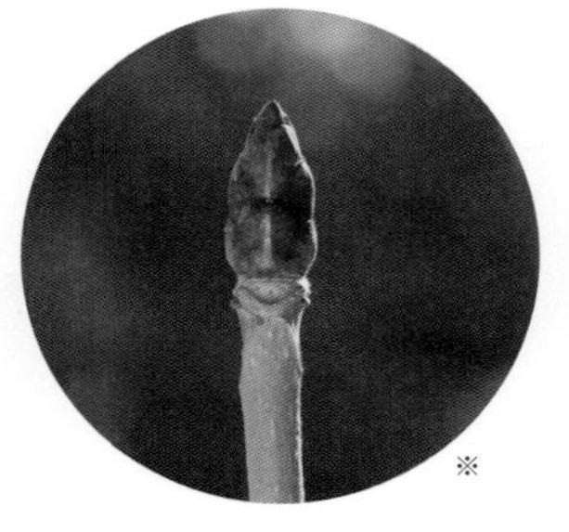

**トチノキ**
ねばねばしている。

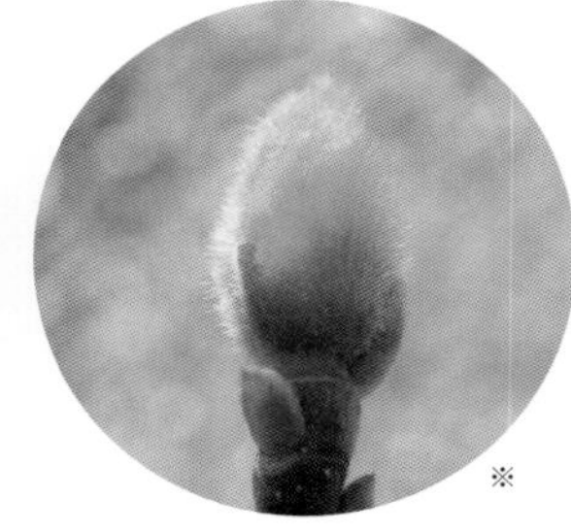

**ハクモクレン**
毛でおおわれている。

**アオギリ**
毛でおおわれている。

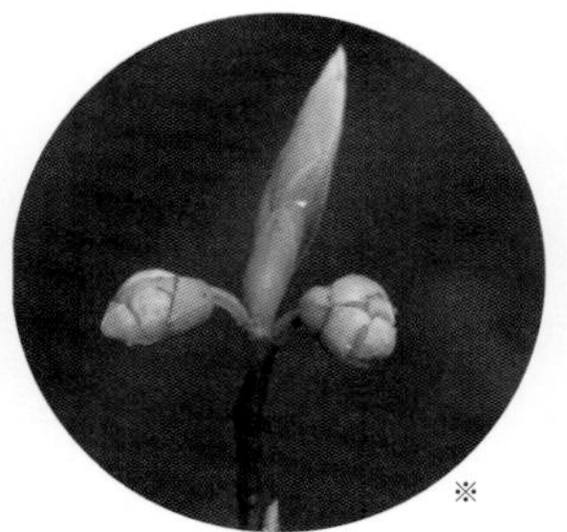

**クロモジ**
すべすべしている。

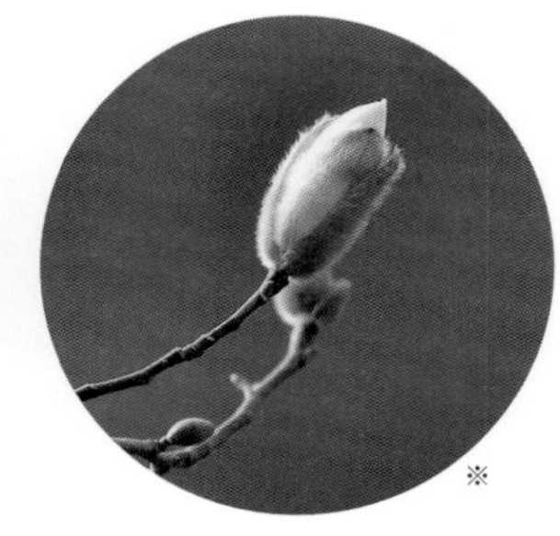

**コブシ**
毛でおおわれている。

# 5 1年の気温の変化と植物のようす

## 気温と植物の1年のようす

植物は気温が高くなると，花をさかせたり，葉をしげらせたりします。逆に，気温が低くなると，葉がかれ落ち，枝に新しい芽をつけて冬をこしたり，種子を残してかれたりします。

## ヘチマの1年のようす

春に種子から芽を出し，あたたかくなると花をさかせ，夏にさかんに成長します。秋になると種子を残してかれ，種子で寒い冬をこします。

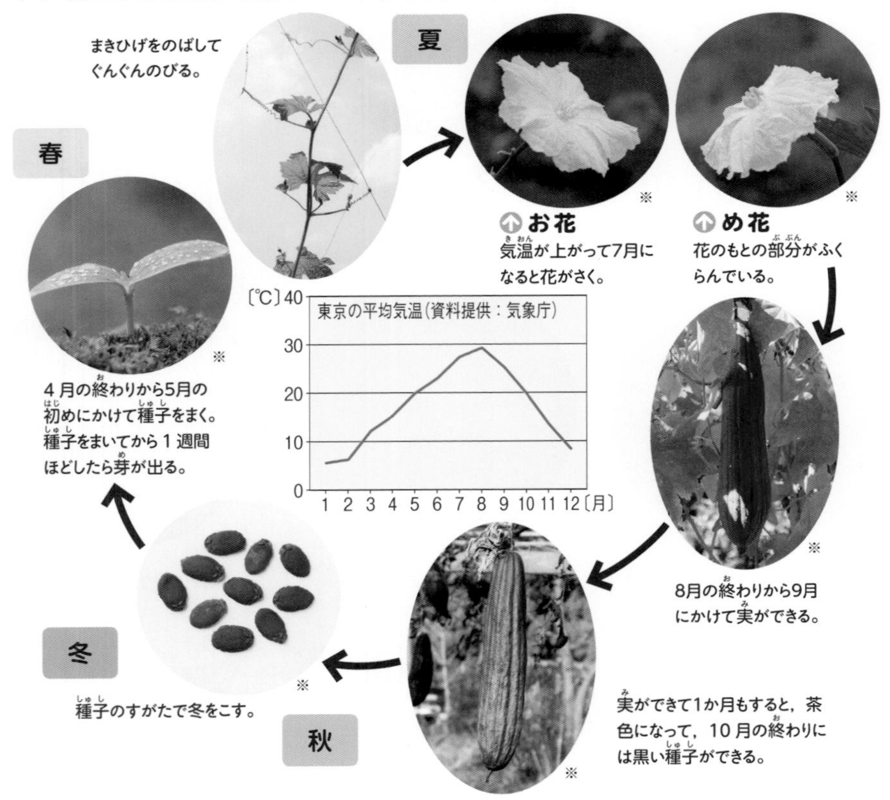

春
4月の終わりから5月の初めにかけて種子をまく。種子をまいてから1週間ほどしたら芽が出る。
まきひげをのばしてぐんぐんのびる。
夏
お花
気温が上がって7月になると花がさく。
め花
花のもとの部分がふくらんでいる。
8月の終わりから9月にかけて実ができる。
秋
実ができて1か月もすると，茶色になって，10月の終わりには黒い種子ができる。
冬
種子のすがたで冬をこす。
東京の平均気温（資料提供：気象庁）
〔℃〕
40
30
20
10
0
1 2 3 4 5 6 7 8 9 10 11 12〔月〕
※

ヘチマはくきから水がとれ，以前からこの水をけしょう水などとして使ってきました。

重要度 ★★★

# サクラ(ソメイヨシノ)の1年のようす

春先，枝にはつぼみがたくさんついていて，やがていっせいに花が開きます。花が散ると，葉が出てきます。夏には青々とした葉がしげり，秋になると**紅葉**[➡ P.044]します。やがて葉はすべて落ち，**冬芽**[➡ P.047]をつけて冬をこします。

3月の終わりから5月の初めにかけて花がさく。

花が散ったあと，葉が出る。

実ができる。

紅葉する。

葉をすべて落とす。

冬芽で春のおとずれを待つ。

※Ⓒアフロ

COLUMN まめ知識

ソメイヨシノは，明治時代の初めに，染井村（現在の東京都豊島区駒込）の植木職人が，オオシマザクラとエドヒガンの雑種としてつくったものと考えられています。

# 02 季節と動物

## 1 春の動物

重要度 ★★★

### 春の動物のようす

春になると，気温がだんだんと上がり，いろいろな植物が花をさかせます。その花のみつを求めてモンシロチョウ [➡ P.022] やアゲハ [➡ P.023] が飛び回ったり，いろいろなこん虫が活動を始めたりします。また，冬みん [➡ P.055] からさめたカエル [➡ P.059] が池などに現れ，南の国からはツバメなどがわたってきます。春は，生命のいぶきを感じさせてくれる季節です。

<春に見られる動物>

**こん虫**　たまごや幼虫，さなぎ，成虫で冬をこしたこん虫が，いっせいに現れ，花のみつを集めたり，たまごをうんだりします。

アゲハ　ミツバチ　モンシロチョウ※

ナナホシテントウ　ハナアブ※　ふ化するオオカマキリ※

### カエル

冬みんからさめたカエルは，水中にたまごをうみ，たまごからおたまじゃくしへと成長し，子ガエルになります。

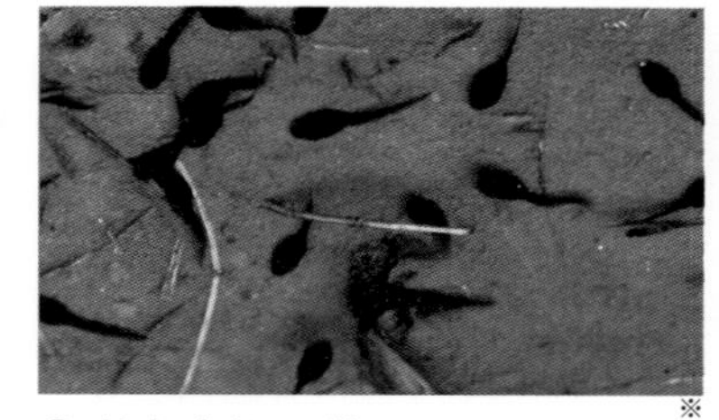

※

おたまじゃくし

### 鳥

わたり [➡ P.060] をして日本にやってくる，ツバメ，カッコウ，ホトトギス，オオルリなどがいます。

※ ※ ※

**ツバメ**
チュピーツピーと鳴く。

**カッコウ**
カッコウと鳴く。

**ホトトギス**
キョッキョキョキョと鳴く。

留鳥 [➡ P.060] であるシジュウカラ，ヒバリ，漂鳥 [➡ P.060] であるウグイスなどが活発に活動を始めます。

※ ※ ※

**シジュウカラ**
ツツピーツツピーと鳴く。

**ヒバリ**
飛びながらピュルリ，ピチュリ，チュリチュリと鳴く。

**ウグイス**
ホーホケキョと鳴く。

COLUMN
**まめ知識**

カッコウは，モズやオオヨシキリなどの巣にたまごをうみます。このように，ほかの種類の鳥の巣にたまごをうんで育ててもらうことを「たくらん」といいます。

# 2 夏の動物

重要度 ★★★

## 夏の動物のようす

夏になると，植物がよく育ち，それらの植物を食べるこん虫がどんどん増えてきます。そして，このようなこん虫を食べるほかの虫も増えます。水辺ではトンボやホタルが飛びかい，雑木林ではカブトムシやクワガタが集まり，セミがさわがしく鳴くようになります。春にたまごからかえったおたまじゃくしはカエルのすがたになり，春にわたってきたツバメなどは，産卵を終え，こん虫などをつかまえてひなにあたえ，子育てにはげんでいます。

<夏に見られる動物>

こん虫

ギンヤンマ

キイロスズメバチ

シオカラトンボ

クワガタ

カブトムシ

ゲンジボタル

ゲンジボタルの幼虫

カナブン

COLUMN まめ知識

ホタルは完全変態で，たまご，幼虫，さなぎ，成虫のすべての時期で発光します。

※ ※

トノサマバッタ　ショウリョウバッタ　スズメガ

※

ニイニイゼミ
チチジーと鳴く。

※

ミンミンゼミ
ミーンミーンミイと鳴く。

※

ヒグラシ
カナカナと鳴く。

※

クマゼミ
シャーシャーと鳴く。

アブラゼミ
ジイジイと鳴く。

※

ツクツクボウシ
ジュクジュクオーシイツクと鳴く。

### 水中や水面の動物

水中には，タガメやゲンゴロウなどのこん虫，メダカやフナ，ドジョウなどの魚，タニシ，カワニナ（ホタルの食べ物になる）などの貝，アメリカザリガニ，ヌマエビなどがいます。また，水面には，アメンボやミズスマシなどがいます。

※

アメリカザリガニ

# 3 秋の動物

重要度 ★★★

## 秋の動物のようす

秋になるとこん虫が交尾の時期をむかえ，おすがさかんに鳴き，めすをよびよせます。また，トンボは水面にたまごをうみ，カマキリは細い枝や草のくきなどにたまごをうみます。カエルは活動がにぶくなり，冬みんの準備を始め，春に日本にわたってきたツバメなどは南の国に帰ります。

＜秋に見られる動物＞

こん虫

エンマコオロギ
コロコロコロコロ・コローリと鳴く。

スズムシ
リーンリーンと鳴く。

キリギリス
チョン・ギースと鳴く。

クツワムシ
ガチャガチャと鳴く。

マツムシ
チン・チロリと鳴く。

アオマツムシ
チリーチリーと鳴く。

アキアカネ

ギンヤンマの産卵

オオカマキリの産卵

COLUMN くわしく

交尾とは，おすとめすがからだを接して，おすがめすのからだの中に精子を送りこむことをいいます。

# 4 冬の動物

## ★★★ 冬の動物のようす

冬になると気温が下がり，動物はあまり活動しなくなります。そのため，こん虫やほかの動物もあまり見られなくなります。ただし，寒い北の国から冬をこすためにやってくる鳥がいます。

＜冬に見られる動物＞

**わたり** [➡ P.060] をして日本にやってくるオオハクチョウ，ナベヅル，マナヅル，マガモ，ガンなどがいます。

オオハクチョウ ※

ナベヅル ※

マガモ ※

## ★★★ 冬みん

冬の間は，ほらあなの中，土の中，かれ葉の下，水の底などで，じっとねむっているようにして冬をこす動物がいます。このような動物のようすを冬みんといいます。カエルやヘビなどは，体温が気温とともに変化するので，冬は体温が下がりすぎて行動できないことや，食べ物をとりにくいなどの理由で，冬みんをするほうがつごうがよいのです。

クマは，**ほ乳類** [➡ P.184] のなかまで，体温は気温と関係なくほぼ一定ですが，ほらあなの中で冬みん状態になり，このとき子をうみます。同じほ乳類のコウモリ，ヤマネも冬みんし，冬みん中は体温が下がります。

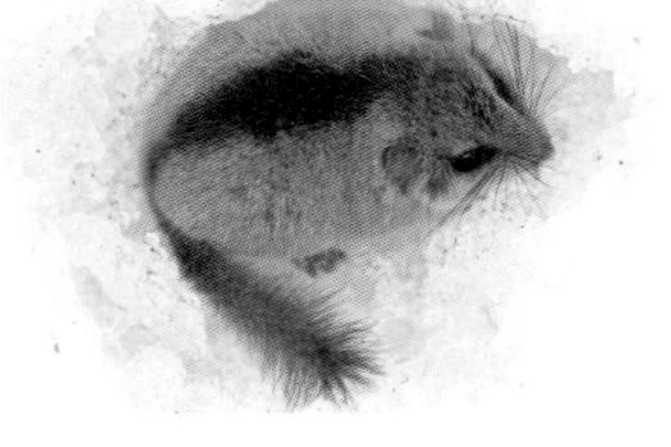
ヤマネ

重要度 ★★★

# こん虫の冬ごし

こん虫は，種類によって，たまご，幼虫，さなぎ，成虫のすがたで冬をこします。成虫で冬をこすこん虫のうち，ナナホシテントウは落ち葉や岩の下など，温度変化の小さいところに集まって冬をこします。また，アリやミツバチは比かく的温度変化が小さい巣の中や地下で冬ごしします。

## 比べる こん虫の冬ごし

| たまご | 幼虫 | さなぎ | 成虫 |
|---|---|---|---|
| ・カマキリ…たまごは「らんのう」というふくろに包まれている。<br>※<br>・コオロギ…土の中<br>・バッタ…土の中<br>・アキアカネ…水中<br>・オビカレハ（ガのなかま）…木の枝<br>※ | ・カブトムシ…くさった葉が混じった土の中<br>・セミ…木の根元の土の中<br>・トンボ…池や沼などの水の底<br>・ミノガ(ミノムシ：ガのなかま)…かれた葉やかれ枝を集めてふくろ状のみの（巣）をつくる。<br>・イラガ（ガのなかま）…木の枝にまゆをつくる。 | ・モンシロチョウ<br>※<br>・アゲハ<br>※<br>・スズメガ | ・アリ…地下の巣の中<br>・ミツバチ…巣の中<br>・ナナホシテントウ…家ののき下や岩の下など<br>©コーベット<br>・キタテハ（チョウのなかま）…草むらなど<br>※ |

COLUMN くわしく

イラガは，幼虫の最終段階でまゆをつくって冬をこし，春になってあたたかくなるとさなぎになります。

COLUMN

# 冬にからだの色が白くなる動物

冬になると，雪が降ってまわりが白くなり，それに合わせるように毛やはねの色が白く変わる動物がいます。敵から身を守るために，見つけられにくくしているのです。

これらの動物は，夏には茶色っぽい毛やはねをしていますが，これらもまた，まわりの色に合わせて，敵から見つけられにくくしているのです。

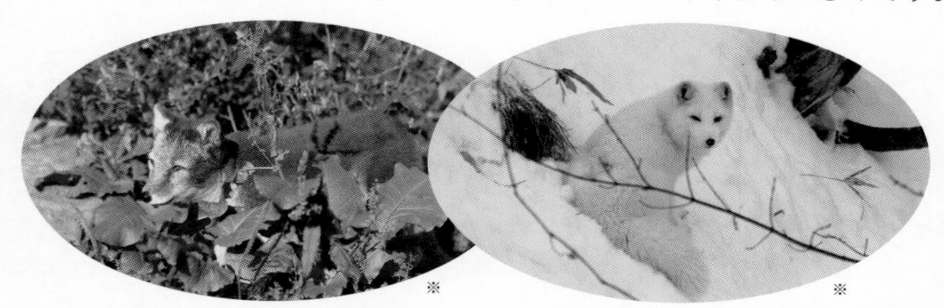

※ ※

夏のホッキョクギツネ　冬のホッキョクギツネ

※ ※

夏のテン　冬のテン

※

夏のライチョウ

※

冬のライチョウ

# 5 1年の気温の変化と動物のようす

## 重要度★★★ 気温と動物の1年のようす

多くの動物は，気温が高くなると活発に活動するようになり，たまごをうんだり，食べ物を求めてさかんに動き回ったりします。気温が低くなって寒い季節になると，活動がにぶくなり，いろいろなすがたで冬をこし，あたたかくなるのを待っています。

## ★★★ カマキリの1年のようす

たまごで冬をこしたオオカマキリは，春になるとたまごからかえって幼虫になります。気温の高くなる夏には，成虫になってさかんに活動し，秋になるとたまごをうみ，たまごのままで冬をこします。

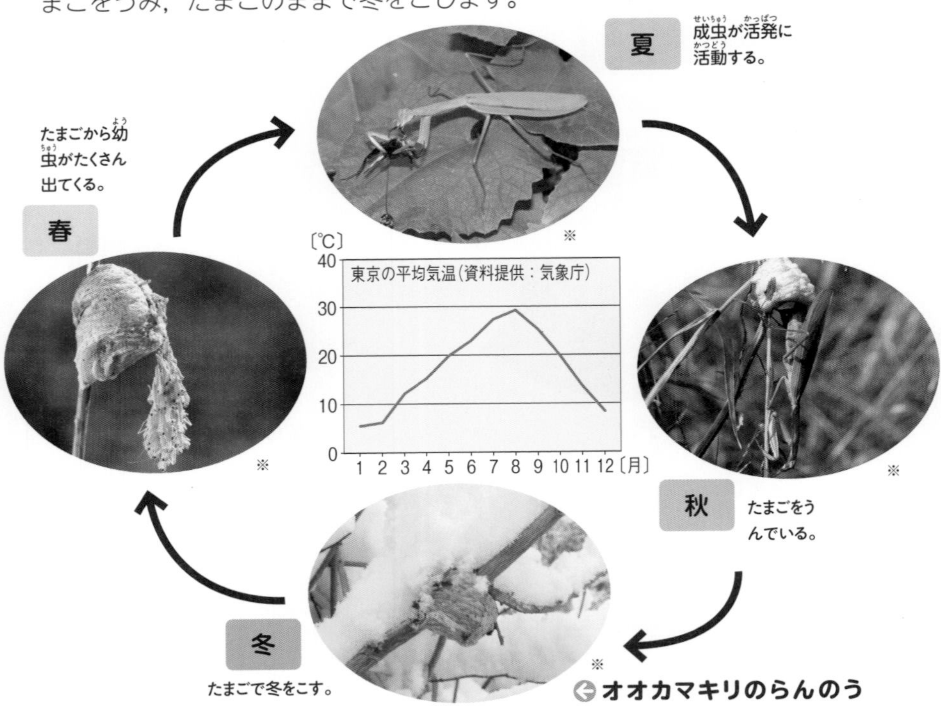


オオカマキリのらんのう

## ★★★ カエル(ヒキガエル)の1年のようす

3〜4月にかけて冬みん [➡ P.055] からさめ，池でたまごをうみます。たまごからかえったおたまじゃくしは小さな虫や水草などを食べて成長し，あしが出て，尾がなくなりカエルのすがたになります。夏から秋にかけて，小さな虫などの食べ物を求めて活発に活動します。気温が低くなって冬になると，土の中で冬みんし，春がくるのをじっと待っています。

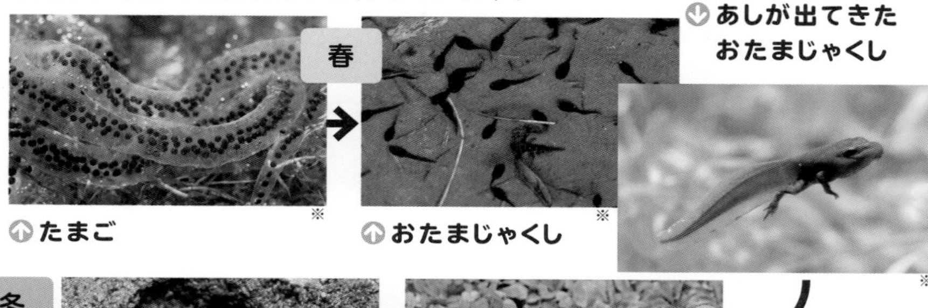


↑たまご

↑おたまじゃくし

↓あしが出てきたおたまじゃくし

←成長したヒキガエル

↑冬みんのようす

## ★★★ ツバメの1年のようす

春に，南のあたたかい国から日本にやってきます。家ののき下などに巣をつくり，たまごをうみます。ひながかえると，食べ物となる小さな虫を求めて川原を飛び回り，子育てをします。夏にはひなは大きく成長し，気温が低くなった秋には，南のあたたかい国にわたっていきます。

↑ひなにえさをあたえる親鳥

↓ツバメのいなくなった巣

※©アフロ

**COLUMN まめ知識**

ヒキガエルは平地にも山地にもすんでいて，池や沼などで，一度に2000〜12000個ものたまごをうみます。

重要度

★★★ # わたり

季節によってくらす場所を変えるために旅をすることをわたりといい，わたりをする鳥を**わたり鳥**といいます。春から夏にかけて日本にやってくる夏鳥，秋から冬にかけて日本にやってくる冬鳥がいます。

★★★ # 夏鳥

春から夏にかけて，南のあたたかい国からやってきて，**日本で夏をこす鳥**のことです。日本でたまごをうみ，ひなを育て，秋になると，南の国にわたります。

**ツバメ** [➡ P.051，059]，**カッコウ** [➡ P.051]，**ホトトギス** [➡ P.051]，オオルリ，コマドリ，ブッポウソウなど。

★★★ # 冬鳥

秋から冬にかけて，北の寒い国からやってきて，**日本で冬をこす鳥**のことです。春になると，北の国にわたります。

**オオハクチョウ** [➡ P.055]，**ナベヅル** [➡ P.055]，**マガモ** [➡ P.055]，マナヅル，ガンなど。

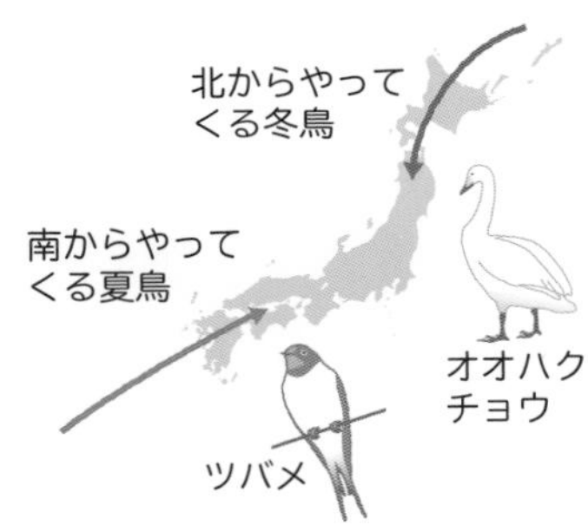


★★★ # 旅鳥

わたりの途中に日本にたちよる鳥。

エゾビタキ，ムナグロ，キョウジョシギ，エリマキシギなど。

★★★ # 留鳥

1年中すむ場所を変えずに，同じ場所で見られる鳥のことです。

**シジュウカラ** [➡ P.051]，**ヒバリ** [➡ P.051]，スズメ，カルガモ，オナガ，キジバト，ハシブトガラス，ムクドリ，メジロ，モズなど。

★★★ # 漂鳥

日本の中を，季節によって移動する鳥。オオジュリンのように日本を大きく移動するものと，**ウグイス** [➡ P.051] のように山と平地を移動するものがあります。

COLUMN

# 夜に活動する動物

フクロウのなかまは，えもののわずかな音を聞きとることのできる耳をもっていて，夜に活動します。ネズミなどの小さな動物やは虫類や両生類，魚，こん虫などを，するどいつめでとらえて食べます。

フクロウ

※

ワシミミズク

タヌキやキツネも夜に活動します。といっても，深夜にはあまり見られません。夕方から午後 10 時くらいまでと，早朝の活動が中心です。

夏に活発に活動するこん虫には，夜に活動するものが多くいます。カブトムシ，クワガタ，カイコガのほか，秋の夜長に鳴き声を楽しませてくれるスズムシ，エンマコオロギ，キリギリスや，夏の夜に群れをなして飛びかい，幻想的な光の舞を見せてくれるホタルなどがいます。

※

ホタル

※©アフロ

# 第3章 植物の育ち

## これって植物の名前？

植物には，一度聞いたら忘れられないおもしろい名前のものがあります。それらはおもに，いろいろなものに見立ててつけられています。ここでそのいくつかをしょうかいします。

### ナンジャモンジャ

明治神宮外えんにあった大木で，名前がわからずこうよんでいた。本当の名前はヒトツバタゴ。

### ミッキーマウスノキ

※

南アフリカ原産の常緑低木。赤いがくと黒い実を，ミッキーマウスに見立ててつけられた。

### パンダスミレ

※

むらさきと白のコントラストから，このかわいらしい名前がつけられた。オーストラリア原産のスミレで，育てやすい。

# 方

※

## ハンカチノキ

中国原産の落葉高木。花びらのように見える2枚の大きな総ほう（つぼみを包んでいた葉）をハンカチに見立ててつけられた。

## モッテノホカ

※

山形県の名産の1つである食用ぎくの1種。「天皇のごもんであるキクを食べるなんてもってのほか」「もってのほかおいしい」ということばからつけられた。

## トケイソウ

※

花を時計の文字ばんに，3つに分かれためしべの先を時計の針に見立ててつけられた。

インド，マレー半島原産の多年草。めしべやおしべをネコのひげに見立ててつけられた。

※

## ネコノヒゲ

※© アフロ

# この章で学ぶこと ヘッドライン

## たねはどうしたら芽を出すの？

※

どんな生き物も，生きていくためには水と空気が必要です。たねが芽を出すためには，このほかに何か必要なものはあるでしょうか。春になって気温が上がると，植物はいっせいに芽を出します。このことから，適当な温度が必要なことがわかります。

たねから出た芽が成長するには，水のほかに肥料も必要になってきます。さらに，植物は光のエネルギーを利用した光合成というはたらきを行って成長していくので，成長には光も必要なのです。

このように，植物は必要な条件がそろって初めて芽を出し，成長することができます。[➡ P.066]

## たねに肥料はやらなくていいの？

たね，つまり種子はどこかから養分をもらって芽を出すわけではなく，種子の中に発芽に必要な養分をたくわえています。その養分とはおもにでんぷんです。

私たちは，イネ，トウモロコシ，クリの種子の部分を食べています。私たちは，これらの種子にふくまれているでんぷんをとり入れて養分にしています。

でんぷんがあることを確かめるにはヨウ素液を使います。でんぷんがあれば，青むらさき色になります。[➡ P.073]

## 花にもおすとめすがあるの?

※

花では「おす」「めす」という言い方はしませんが，動物のおすとめすのちがいと同じように，花の中に「おしべ」と「めしべ」というものがあります。

花のつくりは植物の種類によってちがいますが，おしべ，めしべがあるのは，ほぼ共通しています。

おしべとめしべが別々の花に分かれている植物もあり，これらの花はそれぞれ「お花」と「め花」とよばれます。[➡ P.078，079，080]

## 植物は，なぜ花をさかせるの?

多くの植物は種子をつくってなかまをふやします。

花の中のおしべでつくられた花粉が，めしべの先につくと，めしべの中で種子ができるようになっています。だから，花をさかせるのは，種子をつくるためといっていいでしょう。

種子をつくるための花粉は，いろいろなものによってめしべに運ばれます。こん虫のからだにくっついたり，風に飛ばされたりして，花粉はめしべまで運ばれます。そこでできた種子は，さらにいろいろな方法で運ばれて，運ばれたところで芽を出します。

※

このように，植物は花をさかせ，種子をつくることで生命をつないでいるのです。[➡ P.086，087]

# 01 植物の発芽と成長

## 1 発芽の条件

重要度 ★★★
### 種子

種子は植物の生命をつないでいくものです。**めしべ** [➡ P.078] の先に**花粉** [➡ P.079] がつく（**受粉** [➡ P.086] する）と，めしべのもとの部分が実になり，実の中に種子ができます。

★★★
### 発芽

種子から芽が出ることを発芽といいます。種子は条件がそろっていなければ，発芽することはできません。

★★★
### 発芽の条件

種子が発芽するためには，**水**，**空気**，**適当な温度**の**3つが必要**です。また，多くの植物では，発芽に**日光**と**肥料**は**必要ではありません**。

●発芽と水

2つの容器①，②にだっし綿を入れ，①は水でしめらせておきます。それぞれにインゲンマメの種子を置いて，種子が発芽するかどうかを比べます。

①
水でしめらせただっし綿

②
かわいただっし綿

発芽した。　発芽しなかった。

水をあたえた①では発芽し，水をあたえなかった②では発芽しなかったことから，種子の**発芽には水が必要**なことがわかります。

| 変える条件 | 水 | ①あたえる | ②あたえない |
|---|---|---|---|
| 同じにする条件 | 空気 | あり | |
| | 温度 | 25℃くらい | |

肥料をふくんでいない土には，バーミキュライトやパーライトがあり，種子の発芽に肥料が必要ないことを調べるときや，植物の成長に肥料が必要なことを調べるときに使われます。

### ●発芽と空気

2つの容器③，④にだっし綿を入れ，③は水でしめらせておき，④では容器の中に水を入れ，それぞれにインゲンマメの種子を置いて，種子が発芽するかどうかを比べます。

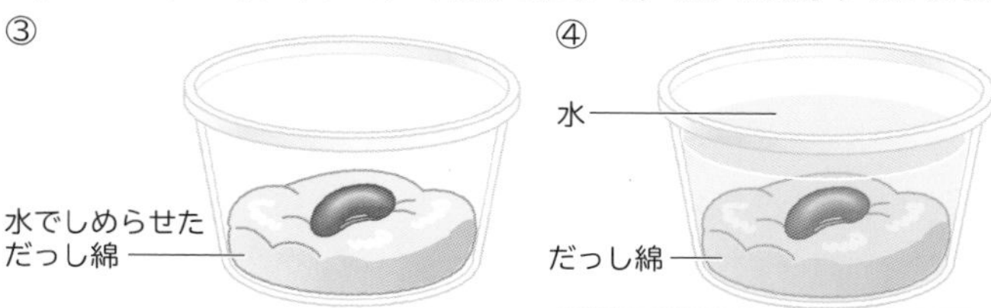


| 変える条件 | 空気 | ③あたえる | ④あたえない |
|---|---|---|---|
| 同じにする条件 | 水 | あり | |
| | 温度 | 25℃くらい | |

空気をあたえた③では発芽し，空気をあたえなかった④では発芽しなかったことから，種子の**発芽には空気が必要**なことがわかります。

### ●発芽と適当な温度

2つの容器⑤，⑥に水でしめらせただっし綿を入れてそれぞれインゲンマメの種子を置き，⑤は日光の当たらない暗いところ，⑥は冷蔵庫に入れ，種子が発芽するかどうかを比べます。

| 変える条件 | 温度 | ⑤25℃くらい | ⑥5℃くらい |
|---|---|---|---|
| 同じにする条件 | 水 | あり | |
| | 空気 | あり | |

温度が25℃であった⑤では発芽し，温度が5℃であった⑥では発芽しなかったことから，種子の**発芽には適当な温度が必要**なことがわかります。

COLUMN くわしく

**調べる条件だけを変え，ほかの条件は同じにして行う実験を対照実験といいます。このような実験を行うと，実験の結果が調べる条件のちがいだけによることがわかります。**

COLUMN

# いろいろな種子の発芽

多くの植物の発芽には光は必要ではありませんが，水を吸収した後に，光が当たらないと発芽しないものもあります。このような種子を**光発芽種子**といい，レタスやタバコがあります。

これとは逆に，光が当たっていると発芽しにくくなる種子もあります。このような種子を**暗発芽種子**といい，カボチャやケイトウがあります。

レタスの花 ※

種子の発芽には空気が必要ですが，イネは空気のない水中でも発芽することができます。これは，イネの種子が水中にとけているわずかな酸素を利用できるからです。しかし，発芽したあとは，できるだけはやく酸素のある水面上に葉を出さないと死んでしまいます。そこで，水中のイネの種子は，根よりも先に芽を出して成長します。

イネの発芽 ※

種子の中には，種皮がかたいなどの理由で，水がしみこまず，簡単には発芽できないものがあります。これらの種子は，土の中でび生物に分解されてやわらかくなったり，砂と種皮がこすれ合ってきずついたり，あるいは鳥に食べられて半分消化されたり，牛にふまれてひび割れたりして，やっと発芽することができます。このような種子を**硬実**といいます。

アサガオは，最もいっぱん的な硬実です。市販されている種子はあらかじめきずをつけてあるので，簡単に発芽します。しかし，自然の中でとった種子はきずがついていません。だから，芽切りといって，種子の背の部分（丸い部分）をやすりでこすってからまきます。こうすると，発芽しやすくなるのです。

# 2 種子のつくりと発芽

重要度 ★★★

## 種子のつくり

種子には，発芽のために必要な養分がふくまれている部分や，発芽したあと，根・くき・葉になる部分があります。また，種皮 [➡ P.070] は種子をかんそうから守っています。発芽に必要な養分を**子葉** [➡ P.070] にたくわえている**無胚乳種子**と，胚乳にたくわえている**有胚乳種子**の 2 種類があります。

★★★

## 無胚乳種子

胚乳がなく，発芽のための養分を**子葉** [➡ P.070] **にたくわえている**種子です。種子の中身が 2 つに分かれているものが多くなっています。

★★★

## 有胚乳種子

発芽に必要な養分を，**胚乳にたくわえている**種子です。幼芽，胚じく，幼根，子葉 [➡ P.070] がはっきり区別できないものが多く，**単子葉類** [➡ P.118] **はすべて有胚乳種子**です。

### 比べる 無胚乳種子と有胚乳種子のつくり

| | 無胚乳種子 | 有胚乳種子 |
|---|---|---|
| 発芽のための養分 | 子葉にたくわえている。 | 胚乳にたくわえている。 |
| つくり | （インゲンマメの種子）<br>種皮<br>胚：幼芽，胚じく，幼根，子葉 | （カキの種子）<br>種皮，胚乳<br>胚：子葉，胚じく，幼根 |
| 例 | インゲンマメ，ヒマワリ，ダイズ，アサガオ，ダイコン，クリ，ヘチマなど | イネ，トウモロコシ，ムギなどの単子葉類，カキ，オシロイバナなど |

重要度

★★★
## 子葉

種子が発芽したときに，初めに出てくる葉です。イネやトウモロコシなどは1枚の子葉が，インゲンマメやカキなどは2枚の子葉が出ます。子葉が1枚の植物を**単子葉類** [➡P.118] といい，2枚の植物を**双子葉類** [➡P.118] といいます。無胚乳種子 [➡P.069] では，発芽のための**養分をたくわえている**部分にあたります。

★★★
## 胚

胚はしょうらい植物のからだになる部分です。最初に出る子葉，発芽後にくきになる胚じく，根になる幼根，発芽して葉になる幼芽とよばれる部分があります。イネやトウモロコシなどのように，各部分が区別しにくいものもあります。

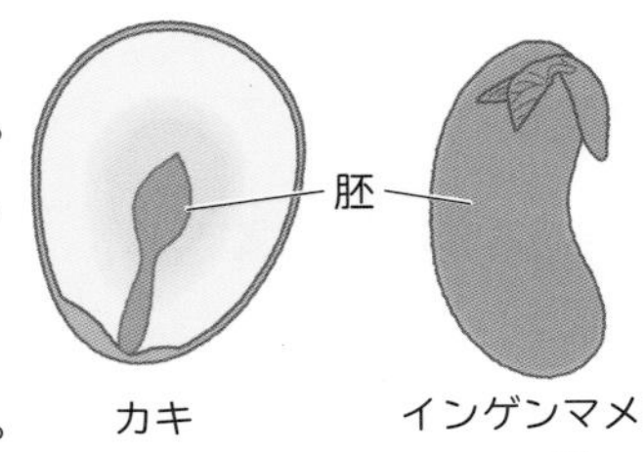

カキとインゲンマメの胚

★★★
## 幼芽

発芽して，**葉**になる部分です。葉は，子葉の後に出てきます。種子が発芽して成長を続けると，葉がたくさん出てきて，大きく育っていきます。

★★★
## 胚じく

発芽して，**くき**になる部分です。

しょうらいどの部分になるのか
種子のときから決まっているんだね

★★★
## 幼根

発芽して**根**になる部分です。

★★★
## 種皮

種子をかんそうからふせぎ，内部を守っている，種子をおおっている皮のようなものです。

★★★
## 胚乳

有胚乳種子で，発芽のための養分をたくわえているところです。

[➡無胚乳種子，有胚乳種子 P.069]

## ★★★ インゲンマメの種子

インゲンマメは胚乳のない，**無胚乳種子** [➡P.069] です。種皮以外のすべての部分が**胚**で，子葉には**でんぷん** [➡P.073] がたくわえられています。

## ★★★ ヒマワリの種子

ヒマワリは胚乳のない，**無胚乳種子** [➡P.069] です。子葉は油分でおおわれていて，胚じくははっきりしません。

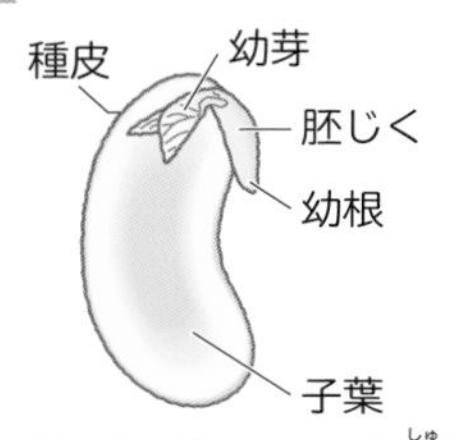


インゲンマメの種子

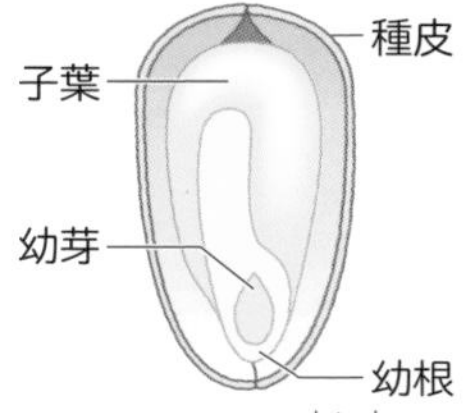


ヒマワリの種子

## ★★★ トウモロコシの種子

トウモロコシは胚乳のある**有胚乳種子** [➡P.069] です。胚乳には発芽のための養分であるでんぷんが多くふくまれ，種子を食用にしています。

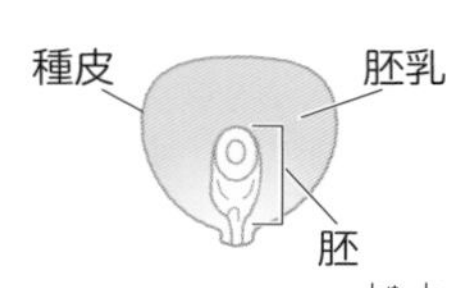


トウモロコシの種子

## ★★★ カキの種子

カキは胚乳のある**有胚乳種子** [➡P.069] で，種子の中の半透明の部分が胚乳です。

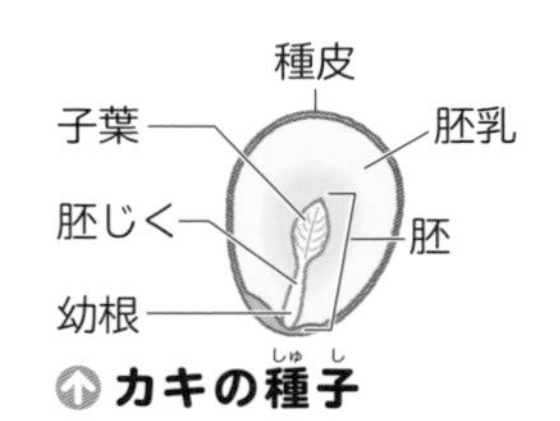


カキの種子

## ★★★ イネの種子

イネは胚乳のある**有胚乳種子** [➡P.069] です。もみがらをとり除くと，**玄米**とよばれる米になります。玄米からぬかとよばれる種皮や胚などをとり除いて胚乳だけになったものが**白米**です。胚乳にはでんぷん [➡P.073] が多くふくまれ，これを食用にしているのです。

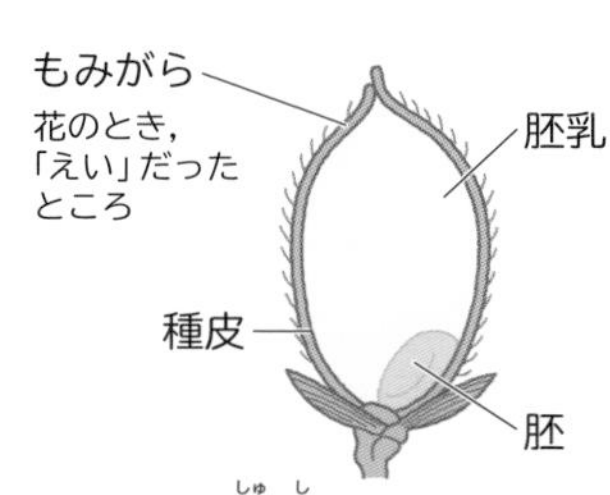


イネの種子

## ★★★ 発芽のようす

ふつう，根が出て，くきがのび，子葉が地上に出てやがて葉が出ます。子葉は，**単子葉類** [➡P.118] では1枚，**双子葉類** [➡P.118] では2枚出ます。マツのように多数出るものもあり，子葉が地上に出るものや，地中に残るものもあります。

COLUMN まめ知識

子葉が地中に残る双子葉類には，エンドウ，ソラマメ，クリ，アズキなどがあります。「遠足アズキ」と覚えるとよいでしょう。

重要度

## ★★★ インゲンマメの発芽のようす

初めに根が出て，そのあとくきがのび，**子葉** [➡ P.070] が出て2つに割れます。子葉の間から葉が出て成長します。子葉はやがてかれて落ちます。

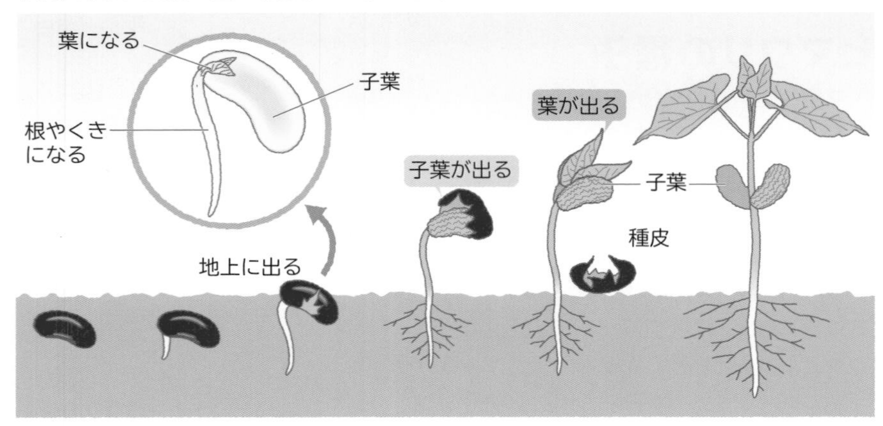


## ★★★ トウモロコシの発芽のようす

初めに根が出て，そのあと細長い子葉 [➡ P.070] が1枚出ます。

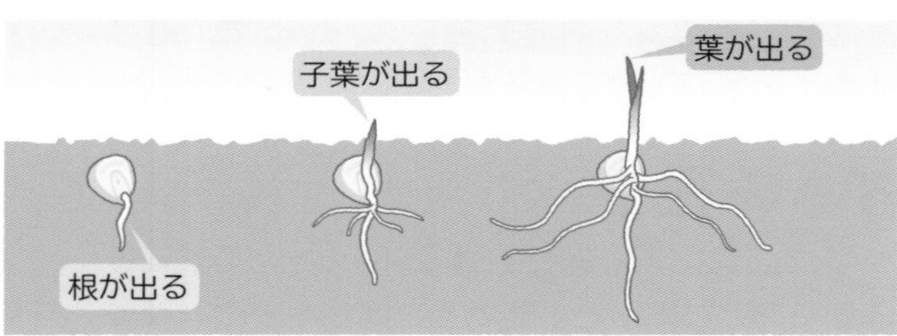


## ★★★ イネの発芽のようす

種子が水につかっていても芽が出ます。水につかっているときは，初めに1枚の子葉 [➡ P.070] が出てから根が出ます。やがて葉が地上にのびます。

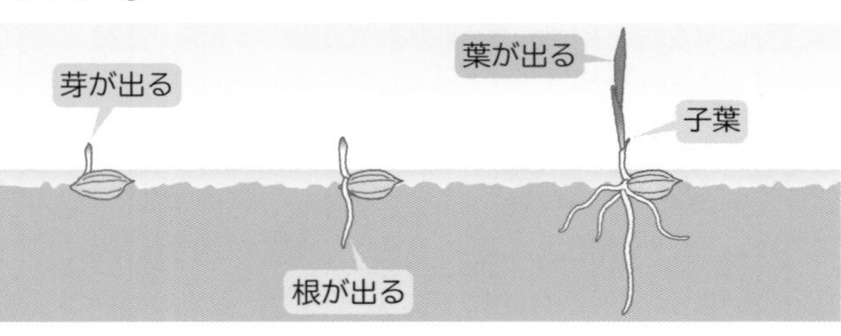

COLUMN まめ知識

イネやトウモロコシ，ムギなどのイネ科の植物の実（果実）は，果肉がなく，果実の皮が種子と一体となっています。このような果実を「えい果」といいます。

## ★★★ 発芽と養分

種子が発芽するために必要な養分は，種子の中にたくわえられています。**無胚乳種子** [➡P.069] では**子葉** [➡P.070] に，**有胚乳種子** [➡P.069] では**胚乳** [➡P.070] にたくわえられています。たとえば子葉を半分にすると，養分の量が少ないので，発芽後しばらくの間，成長は悪くなります。

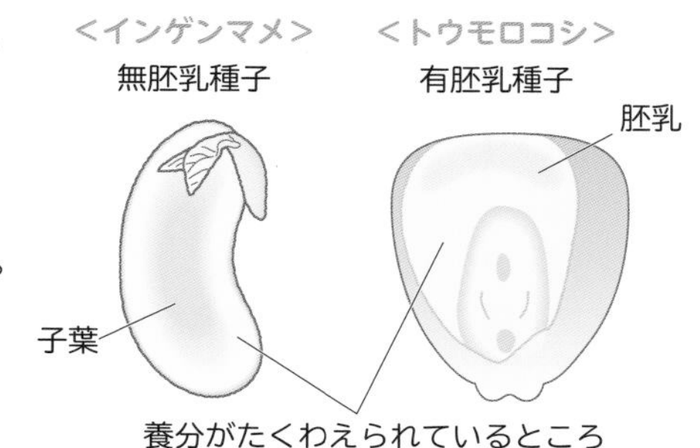


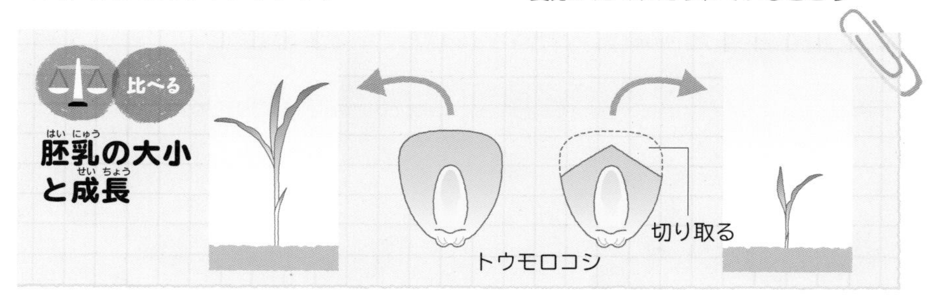


## ★★★ でんぷん [➡P.163]

でんぷんは，種子の発芽に必要な養分です。種子の発芽だけでなく，生物が生きていくために必要な養分の１つでもあります。米や小麦，いもなどに多くふくまれていて，でんぷんは**炭水化物** [➡P.163] の一種です。

## ★★★ ヨウ素液

でんぷんがあるかどうかを調べるときに用いる液です。でんぷんがある部分にヨウ素液をかけると，**青むらさき色**に変化します。水にひたしておいたインゲンマメの種子を切ってヨウ素液をつけると，青むらさき色に変化します。このことから，インゲンマメの種子にはでんぷんがふくまれていることがわかります。

※

**ヨウ素液をかける前のインゲンマメ**

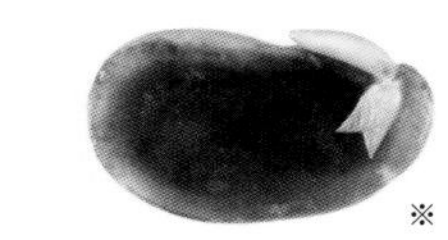
※

**ヨウ素液をかけたあとのインゲンマメ**

COLUMN リンク

➡ ヨウ素でんぷん反応 P.074

重要度 ★★★

# ヨウ素でんぷん反応

**ヨウ素液** [➡ P.073] は，でんぷん [➡ P.073] にふれると**青むらさき色**に変化します。これを，**ヨウ素でんぷん反応**といいます。この反応を利用することによって，でんぷんがふくまれているかどうかを調べることができます。

**ヨウ素液で青むらさき色に変化したジャガイモのいも ➡**



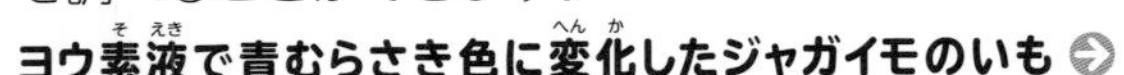

## 比べる 発芽前後の種子の養分

| | 発芽前の種子 | 発芽後しばらくたった子葉 |
|---|---|---|
| 発芽前の種子と発芽後の子葉にヨウ素液をつける | | |
| ヨウ素でんぷん反応 | ©コーベット<br>青むらさき色になる。<br>（でんぷんがある） | ©コーベット<br>青むらさき色の部分が見られない。<br>（でんぷんがない） |

発芽前の種子にはでんぷんがあり，発芽後の子葉にはでんぷんがないことから，発芽やその後の成長のためにでんぷんが使われたことがわかります。

COLUMN まめ知識

ヨウ素液は，ふつう，市販のルゴール液（水にヨウ素やヨウ化カリウムなどをとかした液）を3～10倍にうすめて使いますが，消毒などに用いるヨードチンキでも代用できます。

# 3 植物の成長

## ★★★ 成長の条件

植物を育てるときには日光に当て，肥料をあたえます。植物が成長するためには，発芽の条件である**水**，**空気**，**適当な温度**のほかに，**日光**，**肥料が必要**です。

### ＜成長と日光の関係を調べる実験＞

**方法**
① インゲンマメのなえを2つ用意し，㋐，㋑とも日なたに置き，㋑にはおおいをします。
② ㋐，㋑とも，毎日肥料を入れた水を同じ量ずつあたえます。
③ 約1週間後，㋐と㋑の成長のようすを比べます。

**結果**
㋐では，葉がこい緑色をし，葉の数も多くよく成長したが，㋑では，葉は黄色っぽくて葉の数も少なく，ひょろひょろして成長が悪かった。

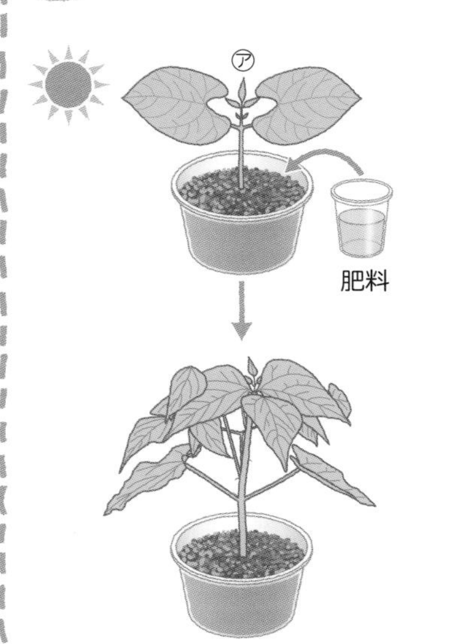


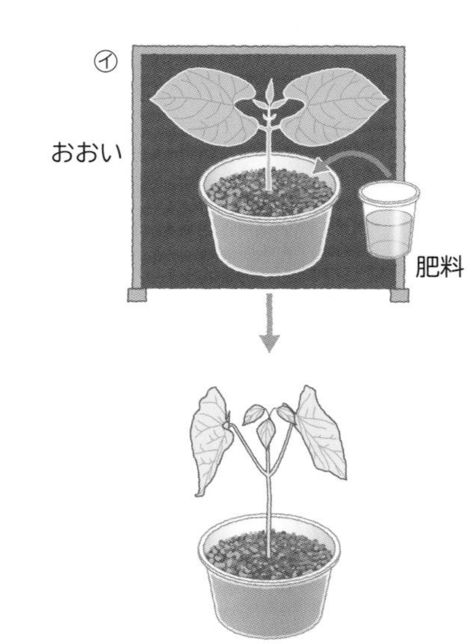


㋐と㋑の成長のようすから，植物の成長には**光**が必要であることがわかります。植物に光を当てると，**光合成** [➡ P.109] **を行って養分**（**でんぷん** [➡ P.073]）**をつくる**ので，じょうぶに育ちます。光を当てないと，**光合成ができない**ので成長が悪く，やがてかれてしまいます。

COLUMN
**リンク** ➡ **発芽の条件 P.066**

## <成長と肥料の関係を調べる実験>

**方法**

① インゲンマメのなえを２つ用意し，ⓦ，ⓔとも日なたに置きます。

② ⓦには毎日肥料を入れた水をあたえ，ⓔには毎日同じ量の水をあたえます。

③ 約２週間後，ⓦとⓔの成長のようすを比べます。

**結果**

ⓦでは，葉の数も多く，大きく成長したが，ⓔでは，葉の数は少なく，成長が悪かった。

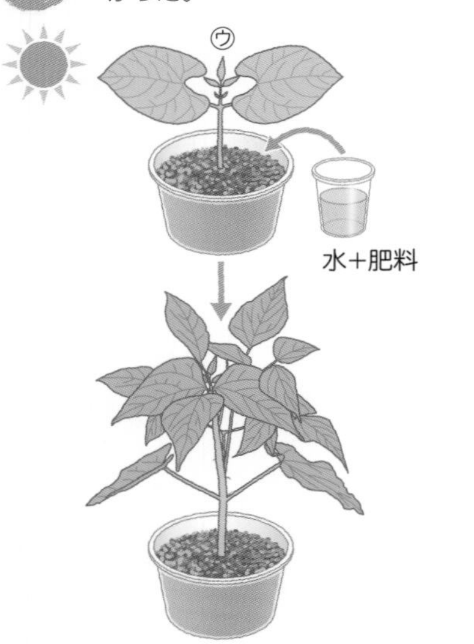


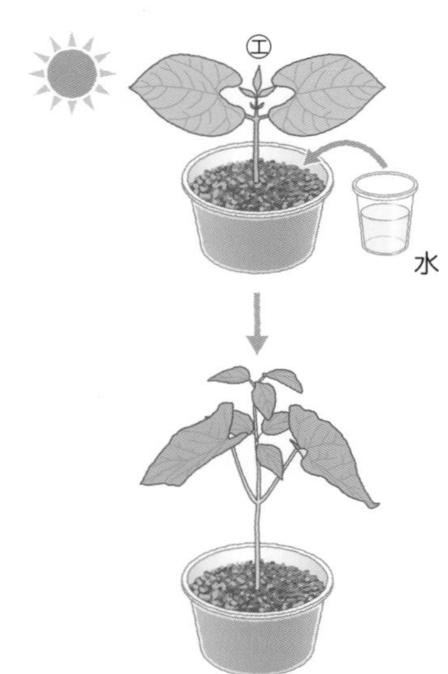


ⓦとⓔの成長のようすから，植物の成長には**肥料**が必要であることがわかります。

植物が育つためには
日光と肥料が必要なんだね！

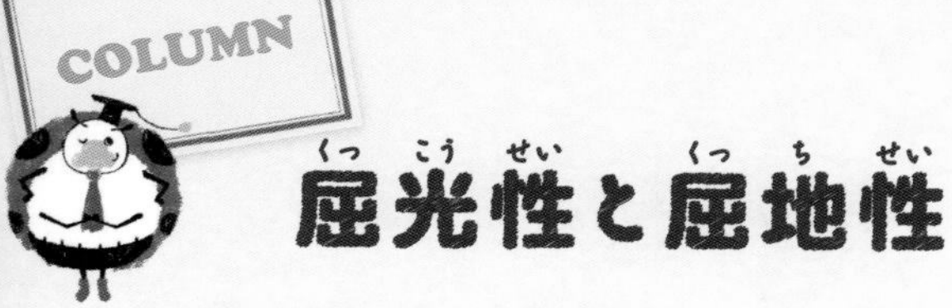


# 屈光性と屈地性

植物が成長するためには，水，空気，適当な温度，日光，肥料の５つの条件が必要です。しかし，これらの条件がそろっていない場合，植物は動くことができないので，それらを得るために，**屈性**という性質でかん境の変化に対応しています。

植物のはち植えに穴をあけたおおいをかぶせ，しばらく放置しておきます。すると，くきは光のくる方向に向かってのびていきます。光を求めて成長しようとしているのです。これを**正の屈光性**といいます。くきとは反対に，根は光のくる方向とは逆向きにのびようとする性質があります。これを**負の屈光性**といいます。

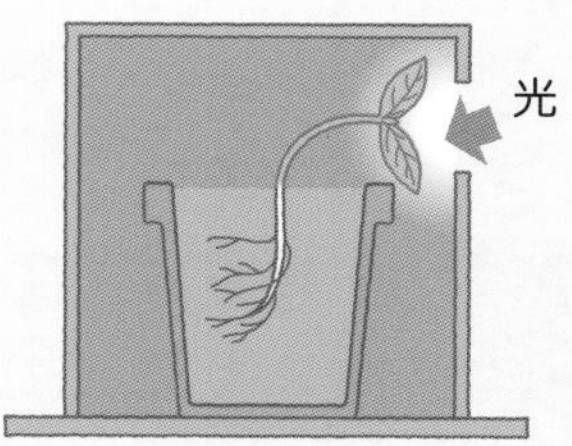


光が当たると，くきは光の方へ，根は反対へのびます。

植物は，重力（地球が物体を中心方向に引く力）に対しても，決まった性質を示します。

根は，重力に引かれるように，下へのびていく性質があります。これを**正の屈地性**といいます。この性質があるために，根は光のない土の中でも下へ向かうことができるのです。

根とは反対に，くきは重力とは逆向きにのびようとする性質があります。これを**負の屈地性**といいます。

たとえば，植木ばちがたおれたときでも，しばらくすると，くきが上に向かってのびていくのが観察されます。このとき，根は正の屈地性のため，下向きにのびていきます。

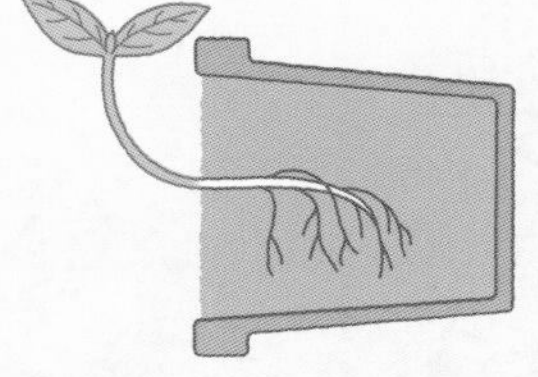

たおれると，くきは重力と反対にのび，根は下へのびます。

このように，植物は成長するための性質をもともとそなえているのです。

# 02 花から実へ

## 1 花のつくり

重要度

### ★★★ 花のつくり

おしべ，めしべ，花びら，がくがそろっている花 [➡完全花 P.082] や，おしべだけをもつ花 [➡お花 P.080]，めしべだけをもつ花 [➡め花 P.080]，がくや花びらがない花 [➡不完全花 P.082] など，花の種類(しゅるい)によってつくりは異(こと)なっています。

### ★★★ アサガオの花のつくり

外側(そとがわ)から順(じゅん)に，がく，花びら [➡ P.080]，おしべ，めしべがついています。がくは5枚(まい)で，5枚(まい)の花びらがくっついている**合弁花**(ごうべんか) [➡ P.084] です。おしべは5本，めしべは1本あり，めしべのもとには**子房**(しぼう)があります。

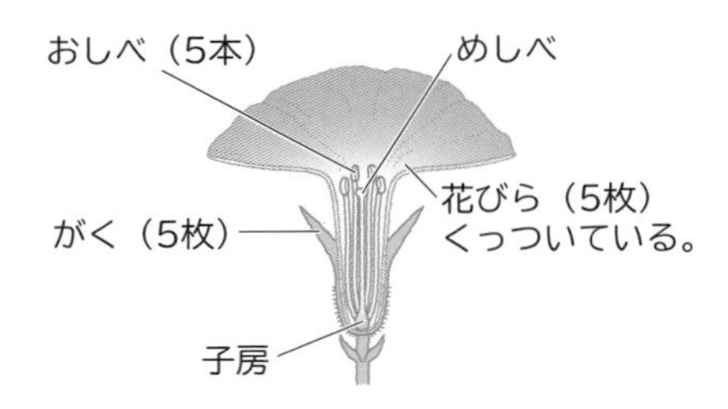


### ★★★ めしべ

花の中心に1本あります。めしべの先の部分(ぶぶん)を**柱頭**(ちゅうとう)，柱頭(ちゅうとう)と**子房**(しぼう)をつなぐ部分(ぶぶん)を**花柱**(かちゅう)，もとのふくらんだ部分(ぶぶん)を**子房**(しぼう)といいます。もとにみつを出す**みつせん**をそなえているものもあります。

### ★★★ 柱頭(ちゅうとう)

めしべの先の部分(ぶぶん)。花粉(かふん)がつきやすいように，毛がはえていたり，ねばねばしていたりします。

⬆アサガオの柱頭(ちゅうとう)※

### ★★★ 子房(しぼう)

めしべのもとのふくらんだ部分(ぶぶん)。**受粉**(じゅふん) [➡ P.086] 後，成長(せいちょう)して**実**(み)（果実(かじつ)）になります。子房(しぼう)のない植物(しょくぶつ)（**裸子植物**(らししょくぶつ) [➡ P.117]）は，実(み)はできません。

COLUMN くわしく

子房(しぼう)は，アブラナやアサガオ，カキなどではがくの上についていますが，リンゴやヘチマ，スイカなどではがくの下についています。

## ★★★ 胚珠

子房の中にある小さなつぶで，胚珠の数は植物の種類によって異なっています。受粉 [➡P.086] 後，成長して**種子** [➡P.066] になります。胚珠が子房に包まれている植物を**被子植物** [➡P.117] といいます。

## ★★★ おしべ

おしべは，めしべを囲むようについていて，おしべの数は植物の種類によって異なっています。おしべの先のふくろのようにふくらんだ部分を**やく**といい，**花粉**が入っています。やくを支える細い柄のような部分を**花糸**といいます。

## ★★★ やく

おしべの先にある，ふくろのようにふくらんだ部分のことで，中に**花粉**が入っています。なお，やくは**花粉のう**ともよばれます。

アサガオのやく ※

## ★★★ 花粉

やくに入っている粉のような小さなつぶです。めしべの**柱頭**に花粉がつくことを**受粉** [➡P.086] といいます。受粉すると，やがて**胚珠**は**種子** [➡P.066] になり，**子房**は**実**（果実）になります。

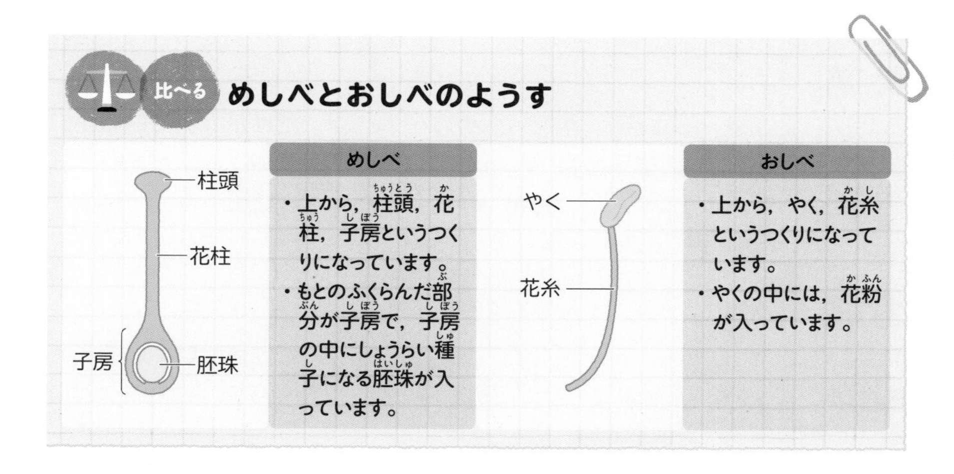

比べる めしべとおしべのようす
柱頭
花柱
子房
胚珠
めしべ
・上から，柱頭，花柱，子房というつくりになっています。
・もとのふくらんだ部分が子房で，子房の中にしょうらい種子になる胚珠が入っています。
やく
花糸
おしべ
・上から，やく，花糸というつくりになっています。
・やくの中には，花粉が入っています。

重要度

## ★★★ 花びら

花で最も目立つ部分で，おしべとめしべを守るように囲んでついています。花びらの数は種類によって異なります。花びらのことを**花弁**ともいい，花びらが1枚1枚**はなれている**花を**り弁花** [➡ P.083]，もとで**くっついている**花を**合弁花** [➡ P.084] といいます。

## ★★★ がく

花の根もとを包むようについています。つぼみのときは，内部を守り，**花びら**を支えています。

## ★★★ ヘチマの花のつくり

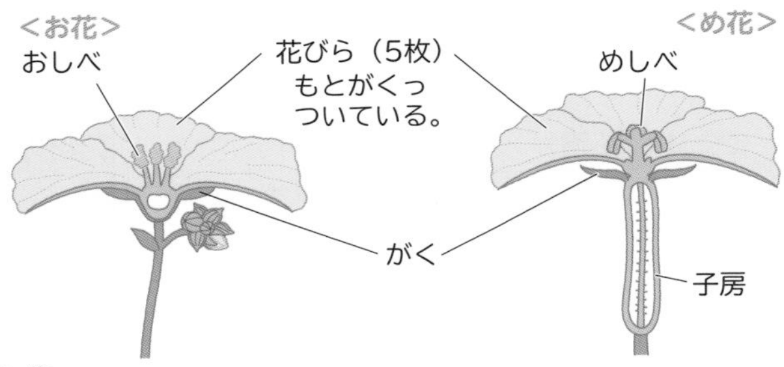


**おしべ** [➡ P.079] だけがついている**お花**と，**めしべ** [➡ P.078] だけがついている**め花**とがあります。このような花を**単性花**といいます。め花はもとのほうに長い**子房** [➡ P.078] があるので見分けられます。お花，め花ともに5枚の花びらがもとでくっついている**合弁花** [➡ P.084] です。また，おしべの先もめしべの先も分かれてでこぼこしているのが特ちょうです。

## ★★★ め花

1つの花に，おしべ [➡ P.079] がなく，**めしべ** [➡ P.078] **だけがついている花**のことで，**単性花**です。**被子植物** [➡ P.117] のめ花には**子房** [➡ P.078] があり，お花の**やく** [➡ P.079] でつくられた**花粉** [➡ P.079] がめしべの**柱頭** [➡ P.078] につくと，やがて**子房**が**実**（果実）になります。

## ★★★ お花

1つの花に，めしべ [➡ P.078] がなく，**おしべ** [➡ P.079] **だけがついている花**で，**単性花**です。**やく** [➡ P.079] の部分で**花粉** [➡ P.079] がつくられ，風や虫などによって**め花**に花粉が運ばれます。

COLUMN まめ知識

ヘチマの実が熟すと，中にすじのようなかたい糸が網の目のように発達します。このことから，ヘチマを漢字で「糸瓜」と書きます。なお，「瓜」はウリのことです。

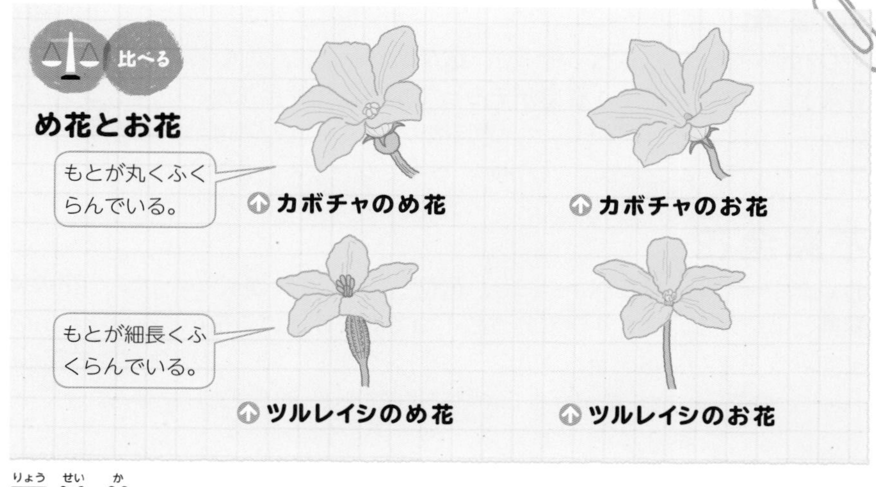


## ★★★ 両性花(りょうせいか)

1つの花に**めしべ** [➡ P.078] と**おしべ** [➡ P.079] **の両方(りょうほう)がついている花**。アサガオ，アブラナ，サクラ，エンドウ，タンポポ，イネなどがあります。

## ★★★ 単性花(たんせいか)

1つの花に，**めしべ** [➡ P.078] か**おしべ** [➡ P.079] **の一方しかついていない花**。めしべだけをもつ花を**め花**，おしべだけをもつ花を**お花**といいます。1つの株(かぶ)にめ花とお花がさくヘチマ，カボチャ，トウモロコシ，マツなどや，め花だけがさくめ株(かぶ)と，お花だけがさくお株(かぶ)に分かれているイチョウ，ソテツなどがあります。

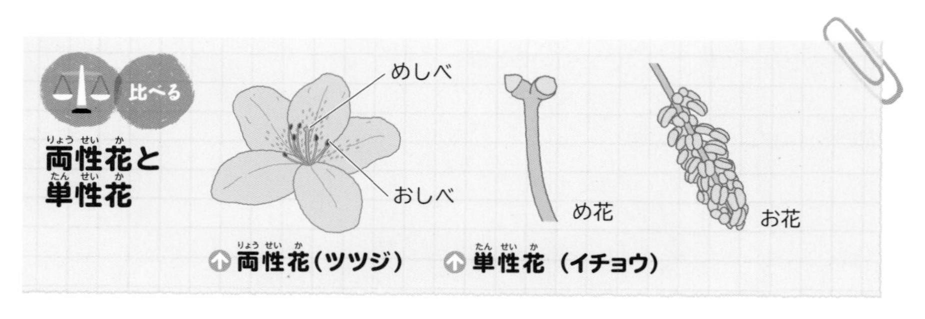

重要度

★★★
# 完全花

**めしべ** [➡P.078]，**おしべ** [➡P.079]，**花びら** [➡P.080]，**がく** [➡P.080] を**花の4要素**といいます。花の**4要素がそろっている花**を完全花といい，ふつう，外側から，がく，花びら，おしべ，めしべの順についています。アサガオ，アブラナ，サクラ，エンドウ，タンポポ，ツツジなどがあります。

★★★
# 不完全花

**めしべ** [➡P.078]，**おしべ** [➡P.079]，**花びら** [➡P.080]，**がく** [➡P.080] を**花の4要素**といいます。花の4要素のうち**1つでも欠けている花**を不完全花といいます。ヘチマ，カボチャ，ツルレイシ，トウモロコシ，マツなどは**お花** [➡P.080] と**め花** [➡P.080] に分かれ，イネには花びら，がくがありません。

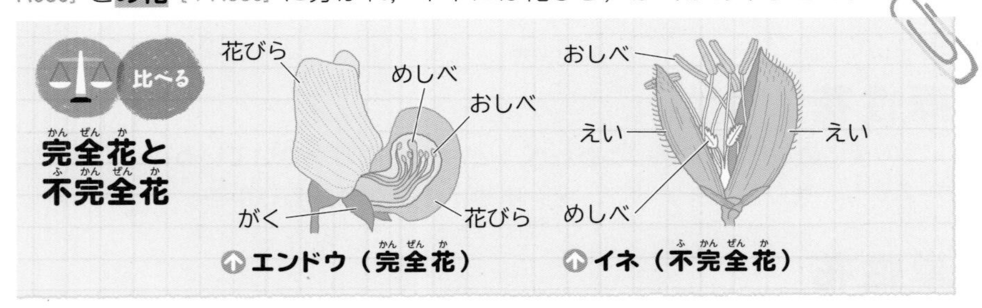

エンドウ（完全花）
イネ（不完全花）

★★★
# アブラナの花のつくり

外側から順に，**がく** [➡P.080]，**花びら** [➡P.080]，**おしべ** [➡P.079]，**めしべ** [➡P.078] がついている**完全花**で，**両性花** [➡P.081] です。がく，花びらは４枚で，花びらが１枚１枚はなれている**り弁花**です。おしべは６本で，２本は短く４本は長くなっています。めしべは１本で，めしべのもとにはみつを出す**みつせん**があります。花はくきの下のほうからさいていきます。

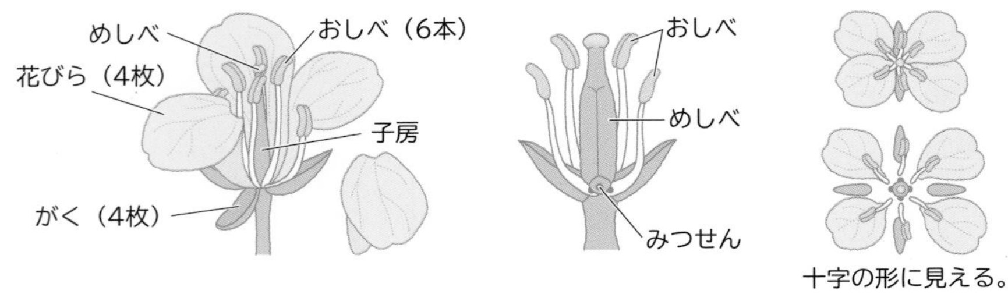

十字の形に見える。

## ★★★ サクラの花のつくり

外側から順に，**がく** [➡ P.080]，**花びら** [➡ P.080]，**おしべ** [➡ P.079]，**めしべ** [➡ P.078] がついている**完全花**で，**両性花** [➡ P.081] です。がく，花びらは５枚で，花びらは１枚１枚はなれている**り弁花**です。おしべは多数，めしべは１本あります。多数あるおしべが花びらに変化したものが八重ザクラです。

おしべ（多数）
花びら（５枚）
めしべ
がく（５枚）
胚珠
子房

## ★★★ エンドウの花のつくり

外側から順に，**がく** [➡ P.080]，**花びら** [➡ P.080]，**おしべ** [➡ P.079]，**めしべ** [➡ P.078] がついている**完全花**で，**両性花** [➡ P.081] です。がく，花びらは５枚で，花びらは１枚１枚はなれている**り弁花**です。おしべは10本で１本だけがはなれています。めしべは１本で，先はブラシのようになっていて，花粉がつきやすくなっています。

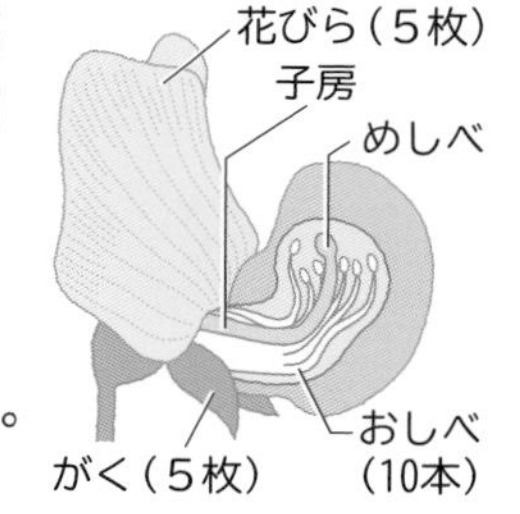


## ★★★ り弁花

花びらのことを**花弁**ともいいます。**双子葉類** [➡ P.118] のうち，アブラナやサクラなどのように，花びら（花弁）が１枚１枚はなれている花をり弁花といいます。

## ★★★ タンポポの花のつくり

タンポポの花は，たくさんの小さな花の集まりです。１つの花には，花びらが５枚くっついていて，１枚のように見えます（**合弁花** [➡ P.084]）。おしべは５本，めしべは１本で**両性花** [➡ P.081] です。がくにあたるかん毛は，実が熟したあとに綿毛となり，種子が風で遠くへ運ばれるのに役立っています。

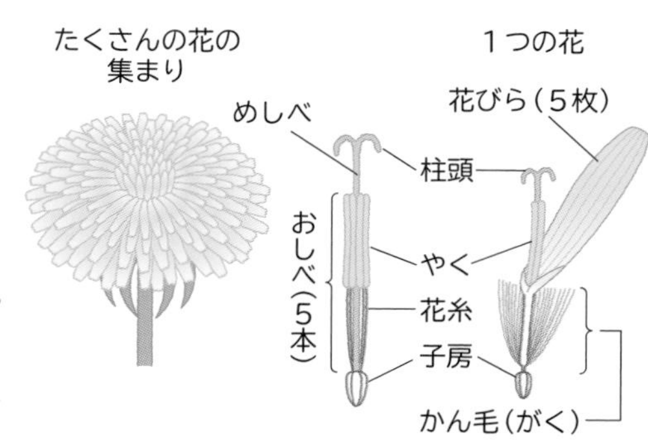


COLUMN くわしく　り弁花の「り」は「離」と書き，離れているという意味があります。

重要度

## ★★★ ツツジの花のつくり

春に赤色や白色の花をつけます。外側から順に，**がく** [➡P.080]，**花びら** [➡P.080]，**おしべ** [➡P.079]，**めしべ** [➡P.078] がついている**完全花** [➡P.082] で，**両性花** [➡P.081] です。がく，花びらは５枚で，花びらはもとでくっついている**合弁花**で，先は５つに分かれています。長い５〜10本のおしべが目立っています。

## ★★★ 合弁花

花びらのことを**花弁**ともいいます。**双子葉類** [➡P.118] のうち，アサガオやタンポポ，ツツジなどのように，花びら（花弁）が**もとでくっついている**花のことです。お花とめ花に分かれているヘチマ，カボチャ，ツルレイシなども合弁花です。

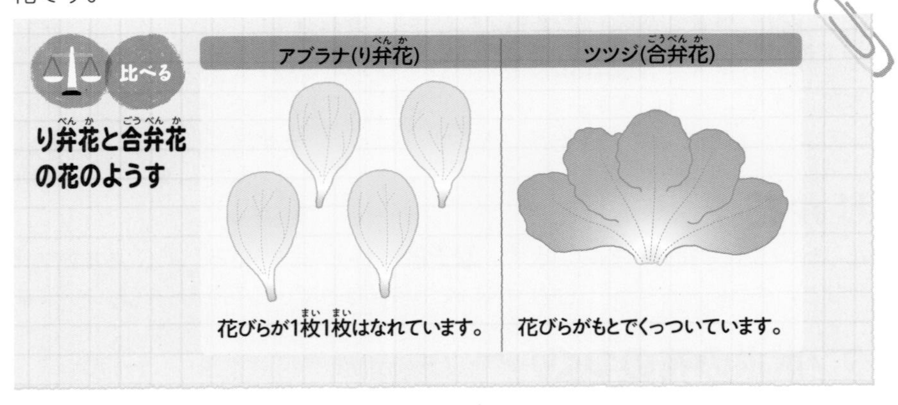


## ★★★ イネの花のつくり

イネは**がく** [➡P.080]，**花びら** [➡P.080] がない**不完全花** [➡P.082] で，**おしべ** [➡P.079]，**めしべ** [➡P.078] が１つの花にある**両性花** [➡P.081] です。おしべは６本，めしべは１本あり，**先が２つに分かれています。**花びらがないかわりに，**えい**というものでおしべやめしべを包んでいます。外えい，内えいは，実ができたときに**もみがら**になる部分です。

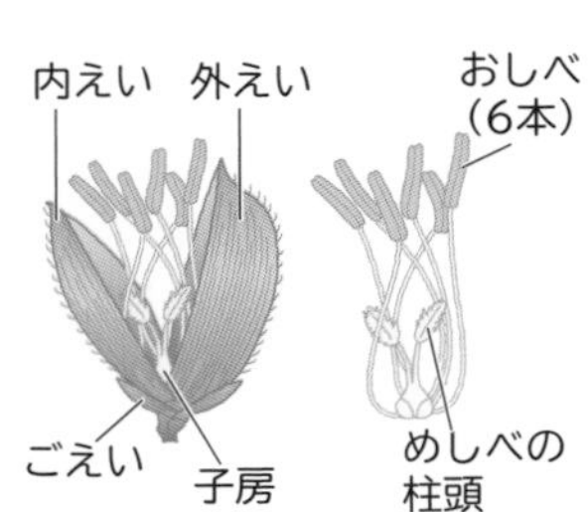

## ★★★ トウモロコシの花のつくり

トウモロコシは，1つの株に**おしべ**がついている**お花**と，**めしべ**がついている**め花**をさかせる**単性花**で，**不完全花** [➡P.082] です。お花はくきの頂上につき，め花は葉のつけ根にあるほ（穂）の中にあります。ほから出ているひげのようなものはめしべの一部で，先に**柱頭** [➡P.078] があり，ひげの数だけめ花がほの中に並んでいます。イネと同じように，**花びら**や**がく**がなく，**えい**があります。

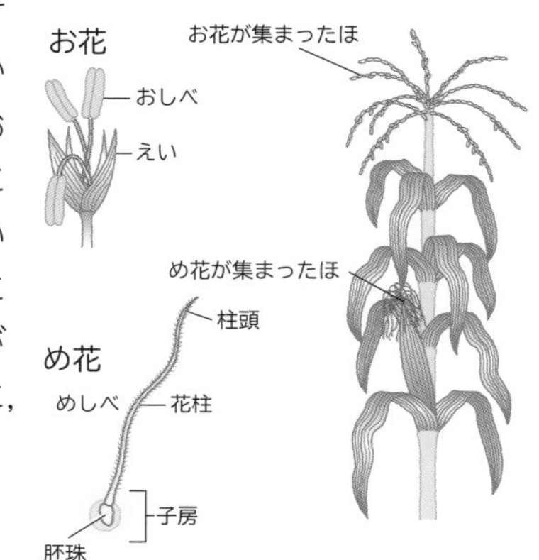


## ★★★ マツの花のつくり

マツの花は，1つの株に**お花**と**め花**をさかせる**単性花**です。**花びら，がく，おしべ，めしべ**がない**不完全花** [➡P.082] で，**りん片**といううろこのようなものが重なったつくりをしています。め花は新しくのびた枝の先につき，**子房** [➡P.078] **がなく**，りん片に**胚珠** [➡P.079] がむき出しでついている**裸子植物** [➡P.117] です。お花はめ花より少し下につき，**花粉** [➡P.079] が入った**やく** [➡P.079]（**花粉のう**ともいう）がりん片についています。め花はやがて**まつかさ**になります。

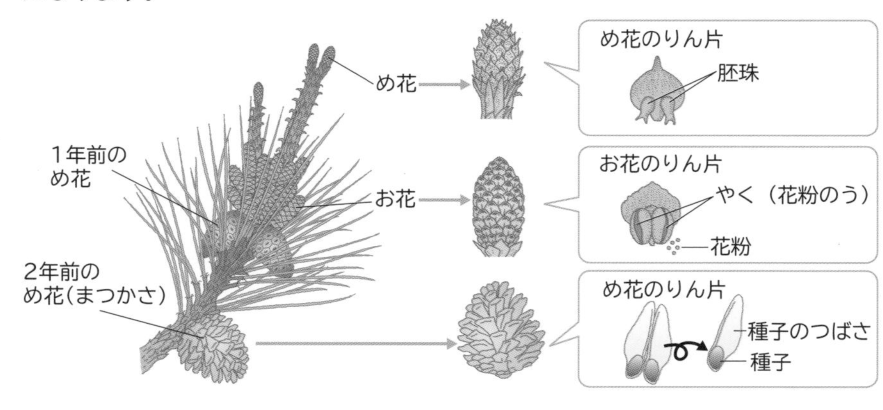

お花 P.080，め花 P.080，単性花 P.081，花びら P.080，がく P.080，おしべ P.079
めしべ P.078

# 2 実や種子のでき方

重要度 ★★★

## 花粉のはたらき

**花粉** [➡P.079] がめしべの**柱頭** [➡P.078] につくと，やがて**実**（果実）ができ，中に**種子** [➡P.066] ができます。しかし，花粉がめしべの柱頭につかないときは実はできません。このように，花粉は植物が種子をつくるために重要な役割をしています。

★★★

## 受粉

**おしべ**の**やく** [➡P.079] から出た**花粉** [➡P.079] が，**めしべ**の**柱頭** [➡P.078] につくことを**受粉**といいます。受粉すると，めしべのもとの**子房** [➡P.078] が**実**（果実）になり，中に**種子** [➡P.066] ができます。

<花粉のはたらきを調べる実験>

**方法**
① 次の日にさきそうな，ヘチマのめ花㋐，㋑のつぼみ２つにふくろをかぶせます。
② 花がさいたら，一方のめしべの先に花粉をつけ，すぐにふくろをかぶせます。もう一方はふくろをかぶせたままにしておきます。
③ 花がしぼんだら，どちらもふくろをとります。
④ ㋐と㋑に実ができるかどうかを調べます。

**結果** ㋐では実ができ，㋑では実ができなかった。

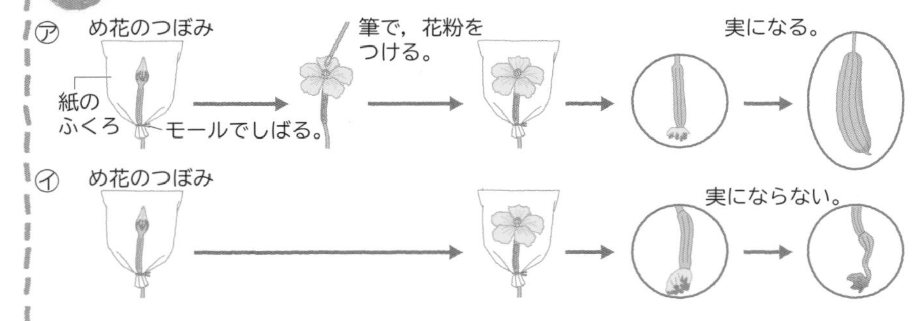


**㋐では実ができ，㋑では実ができなかった**ことから，**実ができるためには，めしべの柱頭に花粉がつくこと（受粉）が必要**であることがわかります。

## ★★★ 自家受粉

**おしべ** [➡ P.079] の**花粉** [➡ P.079] が，同じ花や同じ株の花の**めしべ** [➡ P.078] の**柱頭** [➡ P.078] について**受粉**すること。アサガオ，イネ，エンドウなどで見られます。

ハックション！

## ★★★ 他家受粉

**おしべ** [➡ P.079] の**花粉** [➡ P.079] が，同じ種類のちがう株の花の**めしべ** [➡ P.078] の**柱頭** [➡ P.078] について**受粉**すること。ほとんどの花に見られる受粉で，風や虫などが花粉を運ぶ役目をします。

## ★★★ 人工受粉

作物の収かく率を上げたり，品種改良をしたりするために，人間の手によって花粉をめしべの柱頭につけること。リンゴやメロン，ナシなどのさいばいに利用されています。

リンゴの人工受粉 ※

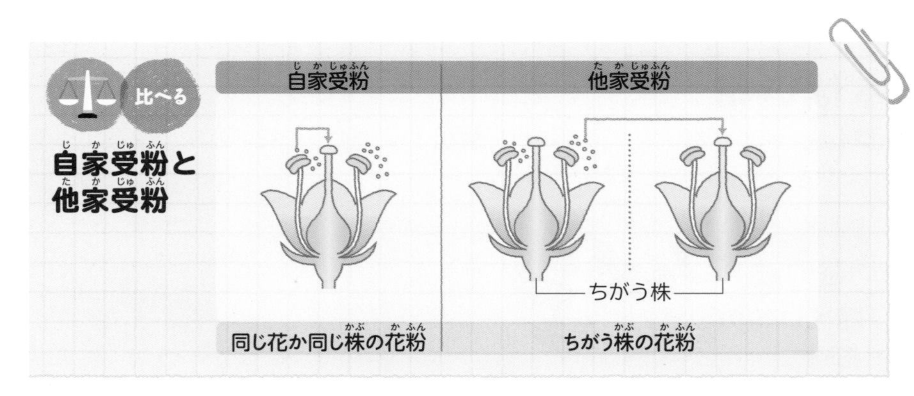


## ★★★ 花粉の運ばれ方

**他家受粉**する花では，**花粉** [➡ P.079] が虫によって運ばれたり（**虫ばい花** [➡ P.088]），風によって運ばれたり（**風ばい花** [➡ P.088]）します。このほか，鳥によって運ばれたり（**鳥ばい花** [➡ P.088]），水によって運ばれたり（**水ばい花** [➡ P.088]）する花粉もあります。

※ © アフロ

人工受粉は，こん虫の入りこめないビニルハウス内でくだものなどをさいばいするときにも行われます。

重要度

## ★★★ 風ばい花

**花粉** [➡ P.079] が**風**によって運ばれて**受粉** [➡ P.086] する花。**軽くて飛ばされやすい花粉を大量**につくり，**花は目立たず**，においやみつの出ないものが多く，花粉に**空気ぶくろ**をもつもの（マツ）があります。スギ，トウモロコシ，ススキなどがあてはまります。

## ★★★ 虫ばい花

**花粉** [➡ P.079] が**虫**によって運ばれて**受粉** [➡ P.086] する花。虫につきやすいように，花粉に**とげ**や**毛**があったり，**ねばねば**していたりするものがあります。花は，虫をひきつけるため，**きれいな花びら，よいかおり，みつせん**をもつものがあります。ヒマワリ，ホウセンカ，イチゴ，アブラナ，ヘチマなど。

## ★★★ 鳥ばい花

**花粉** [➡ P.079] が**鳥**によって運ばれて**受粉** [➡ P.086] する花。ツバキ，サザンカは冬に花がさき，虫の少ない冬でも，メジロなどの鳥によって花粉が運ばれ，受粉することができます。

## ★★★ 水ばい花

**花粉** [➡ P.079] が**水**によって運ばれて**受粉** [➡ P.086] する花。水中で生育するクロモやキンギョモなどがあります。

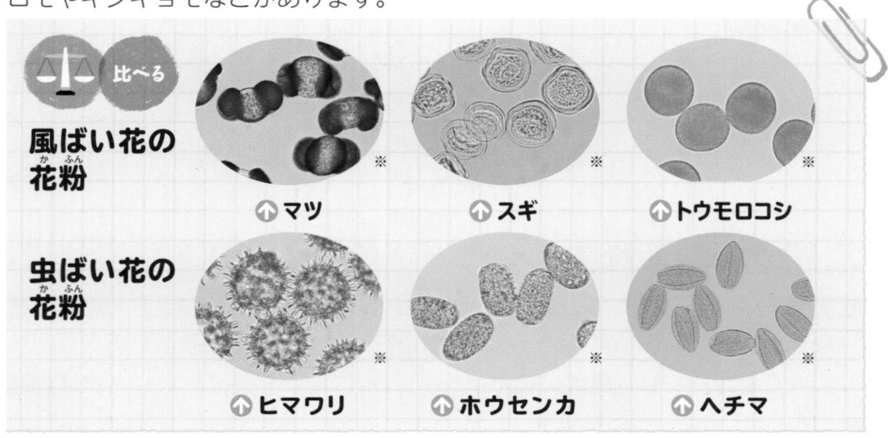

スギの花粉は，春先に広いはん囲に飛び散り，目のかゆみやくしゃみ，鼻水などのアレルギー症状（花粉症）を引き起こすことがあります。

## ★★★ 実や種子のできるしくみ

**花粉**が**めしべ**の**柱頭**につく（**受粉** [➡ P.086] する）と，そのあと**受精**が行われます。すると，**胚珠** [➡ P.079] とそれをとりかこむ**子房** [➡ P.078] が成長し，**胚珠**は**種子** [➡ P.066] に，**子房**は**実**（果実）になります。

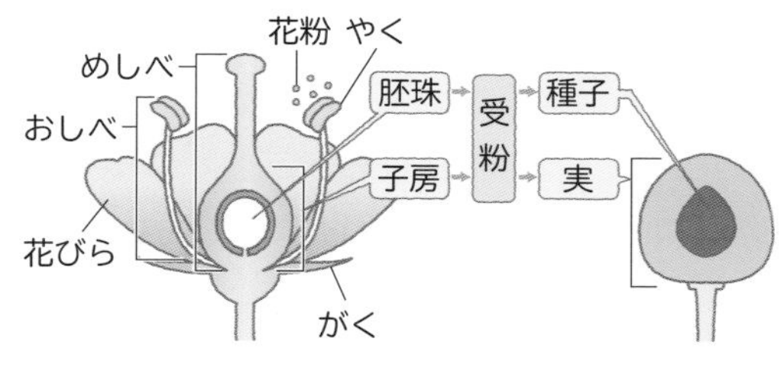


できた種子は，やがて発芽し，成長して花をさかせます。
このように，植物は花をさかせ，種子をつくることによって生命を受けついでいます。

## ★★★ 受精（植物）

**花粉**が**柱頭**につく（**受粉** [➡ P.086] する）と，花粉が**花粉管**をのばします。
長くのびた花粉管は**胚珠** [➡ P.079] に向かい，**精細胞の核** [➡細胞 P.135] **と胚珠の中の卵細胞の核が合体**します。これを**受精**といいます。
受精後，やがて**胚珠**は**種子** [➡ P.066] に，**子房** [➡ P.078] は**実**（果実）になります。

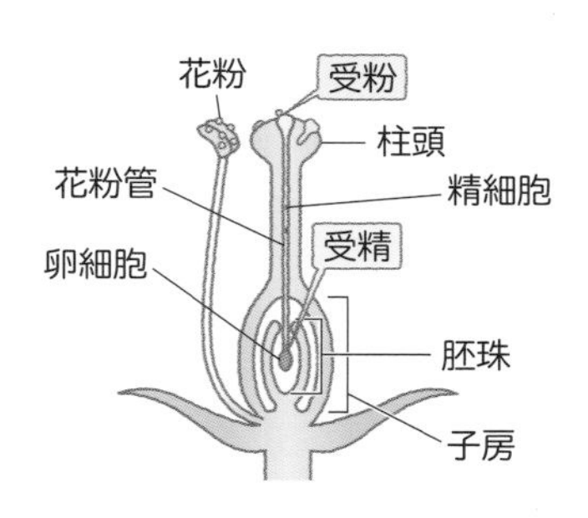


## ★★★ 花粉管

**花粉** [➡ P.079] が**めしべ**の**柱頭**につくと，**花粉**は**胚珠** [➡ P.079] に向かって長い管をのばします。この管を**花粉管**といいます。花粉管の中にある**精細胞は，胚珠の中の卵細胞と合体**します（受精）。

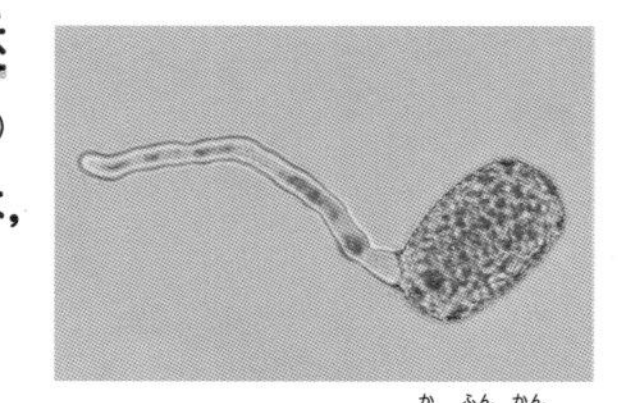

**ホウセンカの花粉管** ※

※ © アフロ

**COLUMN くわしく**

精細胞と卵細胞は植物がなかまをふやすための特別な細胞です。精細胞は花粉に，卵細胞は胚珠にあります。

COLUMN

# 種子の運ばれ方

植物は，種子をつくって生命を受けついでいます。だから，自分の種子がよいかん境に運ばれるかどうかは重要な問題になってきます。このため，身近なかん境や動物を利用して，種子が運ばれる方法を発達させてきたのです。

## 風にのって運ばれる

マツやイロハカエデの種子は，種子の一部がつばさのように広がっていて，枝から落ちるときに回転しながら飛んでいきます。また，タンポポやススキの種子にはわた毛があって，風を受けて遠くまで飛んでいくことができます。

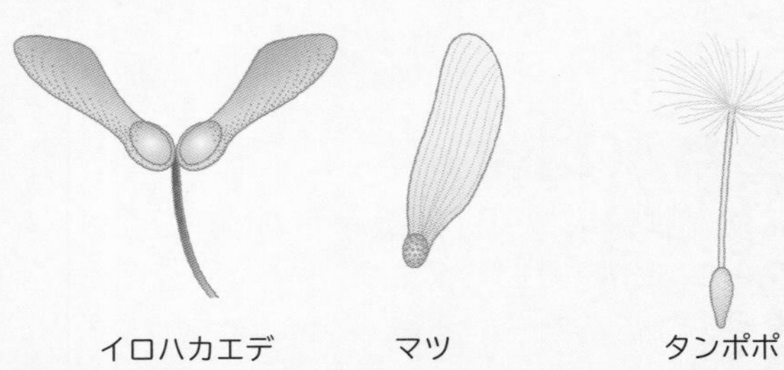


## 動物のからだにくっついて運ばれる

動物のからだにくっついて遠くまで運ばれる種子もあります。べとべとする毛でくっつくメナモミ，実の表面にあるいがのようなとげでくっつくオナモミ，実が下向きにつき，動物のからだや人の衣服にくっつきやすいようになっているイノコヅチなどがあります。

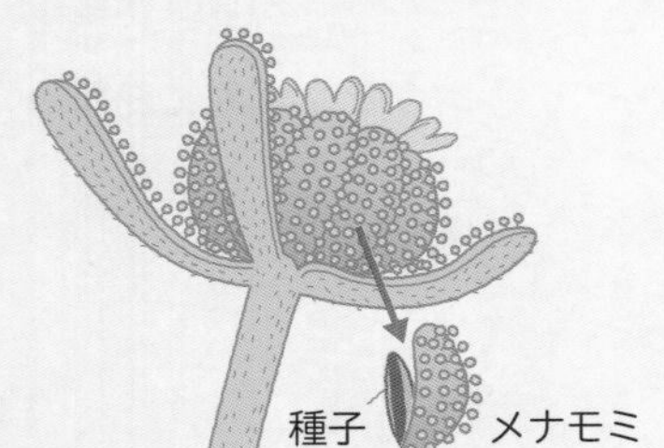


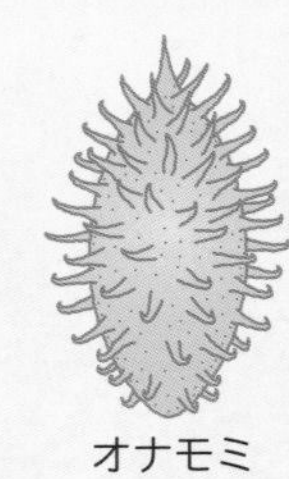

## はじけて飛ぶ

カタバミやスミレ，ホウセンカの実は，熟したあとにかんそうすると，しげきによってゆがんではじけ，中の種子がはじけ飛びます。

## 鳥に食べられて運ばれ，ふんとして出される

実が鳥に食べられると，種子は消化されずに，ふんといっしょにこう門から出されます。こうして，種子は遠くまで運ばれていきます。

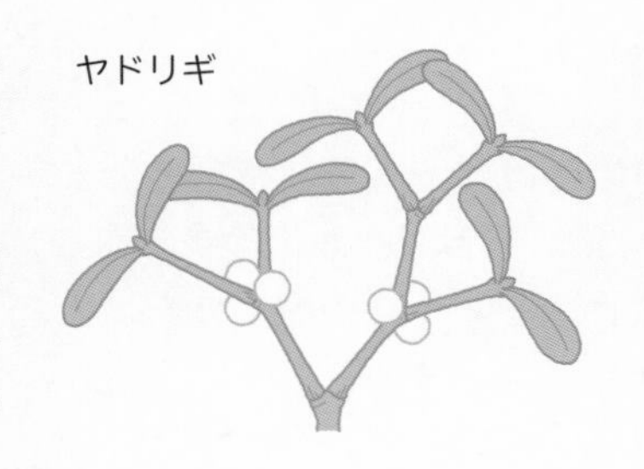

## 転がって広がる

どんぐりとよばれるカシやクヌギの実は，丸いので落ちた後に転がって，実がついていた木から少しはなれたところで発芽します。リスなどが食料として運び，食べ残したものも種子が遠くまで運ばれるのに一役かっています。また，カケス（鳥）はどんぐりが大好物で，どんぐりをまるのみにして運び，落ち葉の下などにかくしておくのですが，そのうちのいくつかは発芽するそうです。

クヌギ

カシ

# 3 いもの育ち方

重要度 ★★★

## いもの育ち方

ふつう，植物は種子をまいて育てますが，種子をまかなくても育つ植物もあります。ジャガイモはたねいも，サツマイモはなえを植えて育てます。

★★★

## ジャガイモの育ち方

芽の出るくぼみ

40cm

60～70cm

① **植えつけ**

●**たねいも**　小さいいもはそのまま植え，大きいいもは，どのいもにも，芽の出るくぼみがあるようにいくつかに切り，それをたねいもにします。

●**植えつけ**　3～5月にかけて，たねいもを植えます。肥料を混ぜた畑に，60～70cm 間かくにみぞをほり，みぞの中に約 40cm おきにたねいもを置き，その上に 10cm くらい土をかぶせます。

② **ジャガイモの成長**

●**芽かき**　植えつけ後，2～3 週間で芽が出てきますが，じょうぶな芽だけを残してほかをとりさります。これを**芽かき**といいます。

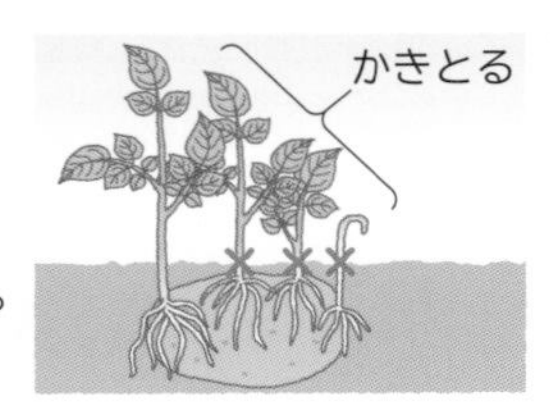


●**葉が出る**　20℃くらいのときに最もよく成長します。1 本のくきに，たくさんの葉がつきます。

③ **収かく**

●**新しいいも**　地下のくきの先に養分（でんぷん）がたくわえられてできます。ジャガイモのいもは，**地下のくき**が成長してできたものです。

●**収かく**　地上のくきや葉が黄色くなってかれると，地下のいもの成長も止まるので，このころ収かくします。

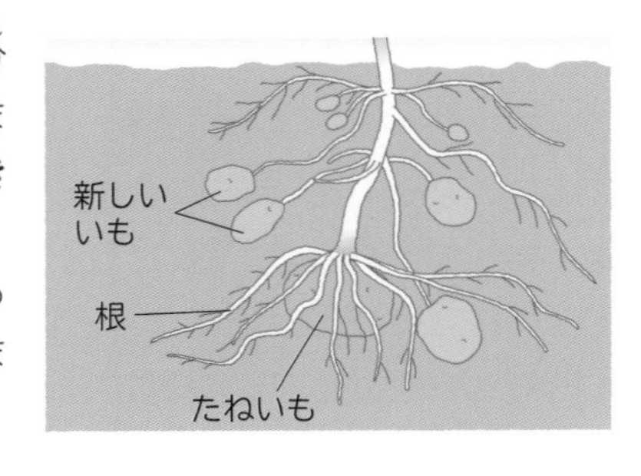

**ジャガイモが成長していくと，たねいもの中のでんぷんは減っていき，再びたくわえられることはありません。**

# ★★★ サツマイモの育ち方

① **植えつけ**

●**なえどこ**　たねいもを 3～4 月ごろ，なえどこに植えて芽を出させます。このとき，たねいもは，芽が出るほう（いもがつるについていたほう）が上，根が出るほうが下になるようにします。

●**植えつけ**　芽が 20～30cm になったら，切りとってじょうぶなものをなえにして植えます。サツマイモは**さし木**で育てます。

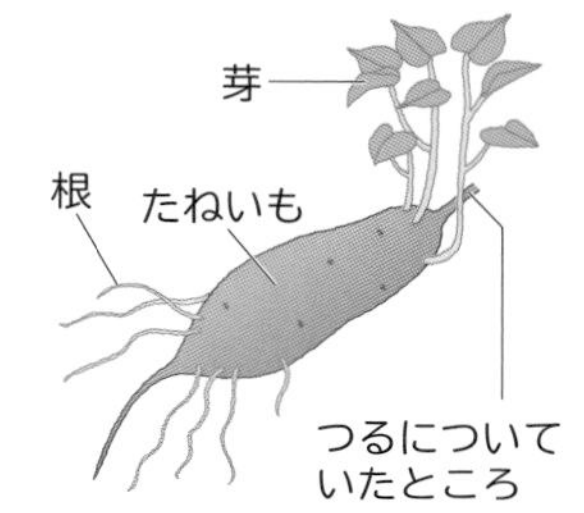

② **サツマイモの成長**

根は，くきのふし(葉のついていたところ)から出て，つるがのびます。夏のころは特にさかんにつるがのび，なえの植えつけから 1 か月くらいすると根がふくらみ始め，どんどん大きくなります。

③ **収かく**

●**新しいいも**　サツマイモは，**根**に養分がたくわえられたものです。

●**収かく**　サツマイモはジャガイモとちがい，気候がよければ成長を続けるので，地上部がかれないうちに収かくします。

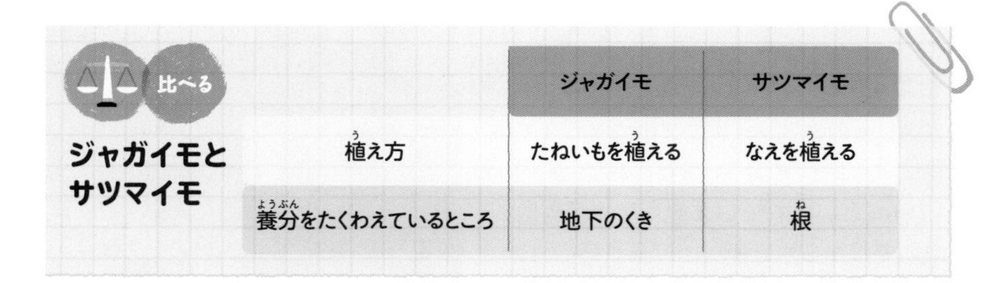

比べる　**ジャガイモとサツマイモ**

| | ジャガイモ | サツマイモ |
|---|---|---|
| 植え方 | たねいもを植える | なえを植える |
| 養分をたくわえているところ | 地下のくき | 根 |

COLUMN **まめ知識**

サツマイモはやきいもをつくるときのように，じっくり熱を加えるとあまさが増します。これは，サツマイモのでんぷんが糖に変わったためです。

# 花，葉，木の大きさ一番は？

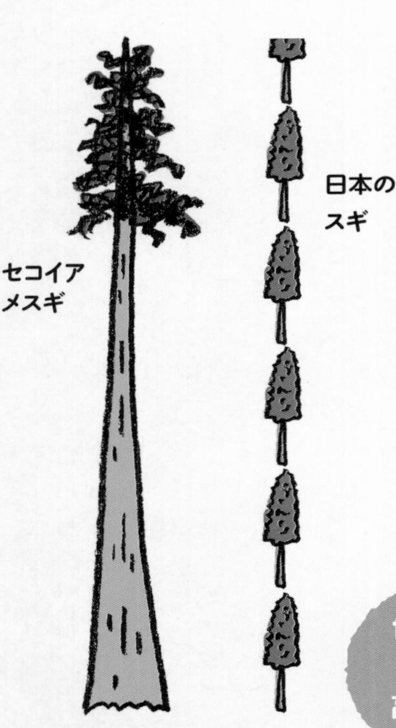

©アフロ

### セコイアメスギ

アメリカのカリフォルニア州にあるスギ科のセコイアメスギは，高さが約110m といわれています。植物が蒸散の力で根から水を吸い上げられるのは，130m くらいといわれていますので，セコイアメスギがほぼ限界の高さということになります。

# とはたらき

## バショウ

中国からきたバナナのなかまで，長さ1～2m，はば50cm以上あります。サーフボードくらいの大きさです。

バショウの葉

小学生（身長 130cm）

© コーベット

© コーベット

ラフレシア

ヒマワリ

直径が最も大きい花はラフレシアです。強いにおいを出します。

## ラフレシア

インドネシアのスマトラ島に生え，花の直径は 150cm にもなります。

この章で学ぶこと ヘッドライン

## 植物にも口があるの?

動物には口がありますが，植物はどのように水を飲んだり養分をとったりしているのでしょう。
植物が成長するためには水と肥料が必要です。水と肥料は根で吸収され，くきを通って植物のからだの各部分に運ばれます。
また，葉では，根から吸収された水が空気中に出されるほかに，光合成というはたらきによってでんぷんなどの養分をつくっています。この養分は，再びくきを通ってからだの各部分に運ばれます。
このように，根・くき・葉は，動物の口や臓器や血管のように，たがいに関係し合いながら，植物が生きていくための重要な役割をしているのです。[➡ P.104]

## 植物もごはんを食べるの?

動物は自分で養分をつくることはできません。ですから，動物の私たちは食事をして，養分をとり入れます。しかし，動物とちがって植物は，食事をしなくても自分で養分をつくり出すことができるのです。
植物は，葉っぱの緑色のもとになる葉緑体という部分で根から吸収した水と，葉からとり入れた二酸化炭素を使って，でんぷんと酸素をつくり出しています。
植物は，生きるための養分を自分でつくるだけでなく，生き物が出す二酸化炭素を吸収し，生き物に必要な酸素もつくり出しているのです。[➡ P.109]

## 植物も息をするの？

動物は生きていくために酸素をとり入れ，二酸化炭素を出しています。生き物が生きるために酸素をとり入れて二酸化炭素を出すことを「呼吸」といいます。では，植物も呼吸するのでしょうか。

植物は光を浴びると，光合成というはたらきによって，呼吸とは反対に，二酸化炭素をとり入れて酸素を出します。ところが，植物はこの光合成だけでなく，呼吸も一日中行っているのです。

日光がよく当たっている昼には光合成のはたらきのほうが呼吸よりさかんなので，全体として，二酸化炭素をとり入れ，酸素を出しているように見えるだけなのです。[➡ P.113]

## たねができない植物もあるの？

多くの植物は，たね，つまり種子をつくってふえています。種子をつくってふえる植物を種子植物といいます。種子植物にはいろいろななかまがいます。たとえば，サクラには実ができ，マツにはできないので，サクラとマツはちがうなかまに分けられます。また，チューリップは葉のすじの形などから，サクラともマツともちがうなかまに分けられます。このように，種子植物はいろいろななかまに分けられます。

一方で，種子をつくらない植物もあることを知っていますか。ワラビやゼンマイ，スギナなどのシダ植物，スギゴケやゼニゴケなどのコケ植物は，種子ではなく，胞子というものをつくってふえています。[➡ P.119，120]

# 01 根・くき・葉のつくりとはたらき

## 1 根のつくりとはたらき

重要度

### ★★★ 根のつくり

根はふつう土の中にあって，植物のからだを支えています。植物の種類によって大きく2つに分けることができ，**ひげ根**をもつものと，**主根**・**側根**をもつものがあります。根の先の部分には細い毛のような**根毛**があります。

### ★★★ ひげ根

ほぼ同じ太さの根で，くきのつけ根から土の中にひげのようにのびています。イネ，トウモロコシなどの**単子葉類** [➡ P.118] に見られる根です。

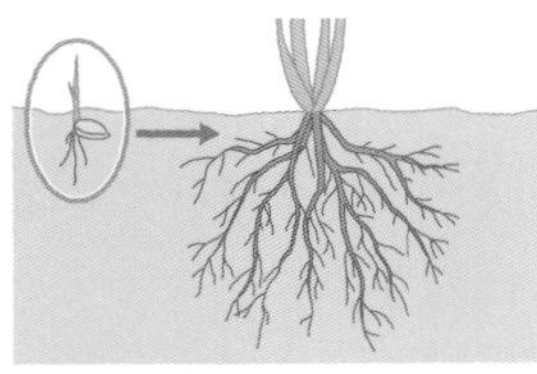

ひげ根

### ★★★ 主根

くきのつけ根からまっすぐ土の中にのびている太い根で，主根から**側根**がはえています。アブラナやホウセンカなどの**双子葉類** [➡ P.118] に見られる根です。

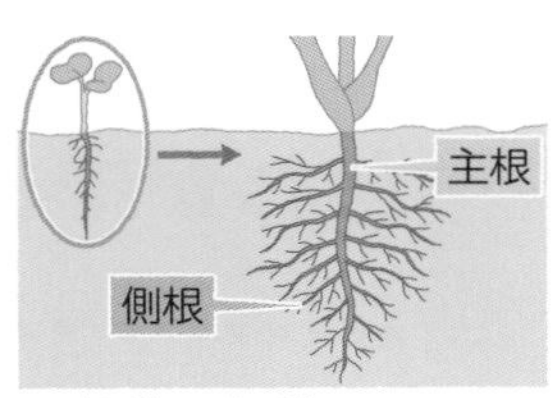


主根と側根

### ★★★ 側根

**主根**から枝分かれしてまわりにのびている細い根です。**双子葉類** [➡ P.118] に見られます。

### ★★★ 根毛

根の表面の**細胞** [➡ P.135] の一部が細長くのびたもので，土のつぶのせまいすき間にも入りこみ，水や水にとけている養分(肥料分)を吸収します。根毛があることによって**根の表面積が大きくなり**，水や養分(肥料分)を吸収するのにつごうよくなっています。

ダイコンの根毛

### ★★★ 成長点

根の先のほうにあり，根がよくのびている部分です。根の**細胞** [➡ P.135] が分れつし，新しい細胞がどんどんできています。成長点は，根の先近くのほかに，くきの先近くにもあります。

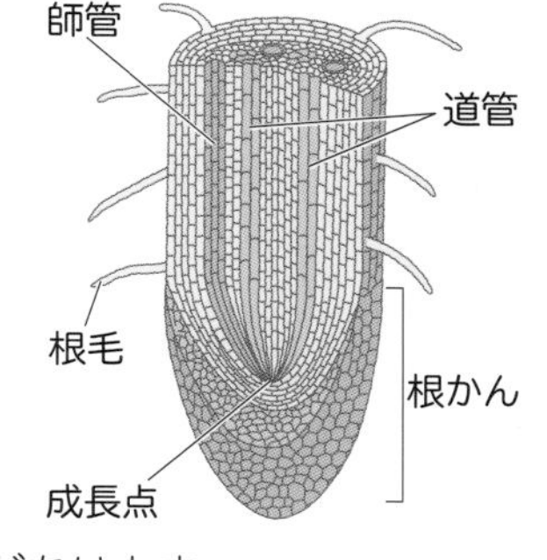


### ★★★ 根かん

根の先にある，**成長点**を守っている部分です。根かんの内側に，細胞がさかんに分れつする成長点があります。

### ★★★ 根のはたらき

根は土の中にしっかりとはられていて植物のからだを支え，**水や水にとけた養分（肥料分）を吸収**しています。**サツマイモ** [➡ P.093]，ニンジン，ゴボウなどのように，根に養分をたくわえるものもあります。

## 2 くきのつくりとはたらき

### ★★★ くきのつくり

くきは，根の上にあって，葉や花などをつけている部分です。根から吸収した水や養分（肥料分）が通る管（**道管**）や，**光合成** [➡ P.109] によって葉でつくられたでんぷんなどの養分が通る管（**師管**）があります。道管と師管は束のように集まっていて，**維管束** [➡ P.100] とよばれます。

### ★★★ 道管

根から吸収した水や水にとけた養分(肥料分)が通る管です。**維管束** [➡ P.100] の内側(くきの中心側)に分布しています。

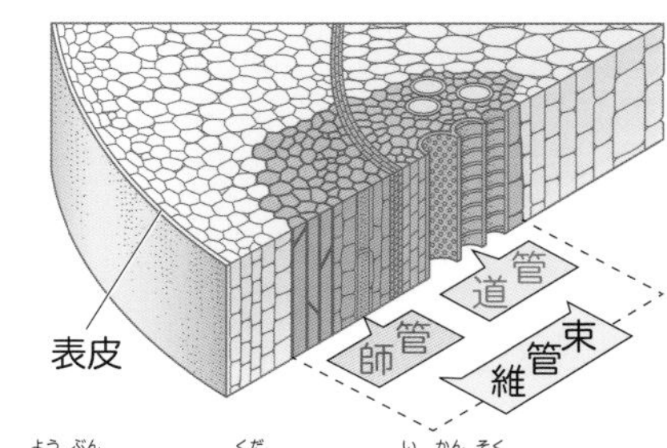


### ★★★ 師管

**光合成** [➡ P.109] によって葉でつくられた養分が通る管です。**維管束** [➡ P.100] の外側（くきの表皮側）に分布しています。

COLUMN まめ知識
道管が集まった部分を木部といい，師管が集まった部分を師部といいます。

重要度

★★★ 
## 維管束

**道管** [➡ P.099] と**師管** [➡ P.099] が集まって，束のようになった部分を維管束といいます。維管束は，根⇔くき⇔葉とつながっていて，植物のからだ全体にいきわたっています。くきでの並び方は植物の種類によって分けることができ，**単子葉類** [➡ P.118] では散らばっていますが，**双子葉類** [➡ P.118] では輪の形に並んでいます。また，双子葉類では道管と師管の間に**形成層**があります。

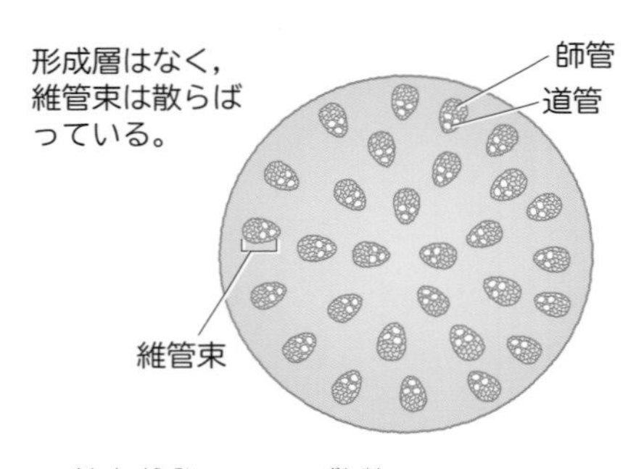


⬆ **単子葉類のくきの断面**

維管束は
輪の形に並ぶ。
師管
道管
維管束
形成層

⬆ **双子葉類のくきの断面**

★★★ 
## 形成層

道管と師管の間にあるもので，**細胞** [➡ P.135] が増えて，**くきを太くする部分**です。**双子葉類** [➡ P.118] にはありますが，**単子葉類** [➡ P.118] にはありません。

★★★ 
## くきのはたらき

くきは，根から吸収した水や水にとけた養分（肥料分）の通り道になっていて，葉まで水や養分（肥料分）を運ぶはたらきがあります。また，**光合成** [➡ P.109] によって葉でできた養分を，からだの各部分に運ぶはたらきもあります。葉や花を支え，**ジャガイモ** [➡ P.092] やレンコンなどのように，養分をたくわえるものもあります。[植物の水の通り道➡ P.104]

根は植物のからだ全体を支え，くきは葉や花を支えている！

コケ植物や，ワカメ，コンブなどのソウ類には維管束はありません。これらはからだの表面全体から水を吸収しています。

# 3 葉のつくりとはたらき

## ★★★ 葉のつくり

葉は，ふつうくきから出ていて，**葉身**，**葉へい**，**たく葉**の３つの部分からできています。葉に見られる多くのすじは**葉脈**で，くきから続いている葉の**維管束**にあたります。葉の裏側には，**蒸散** [➡P.104] が行われる**気孔** [➡P.103] が多く分布しています。

## ★★★ 葉身

緑色をしている，葉の本体ともいうべき部分で，平らな形をしています。この部分には**葉緑体** [➡ P.103] が多くあり，養分をつくるはたらきである**光合成** [➡ P.109] が行われます。

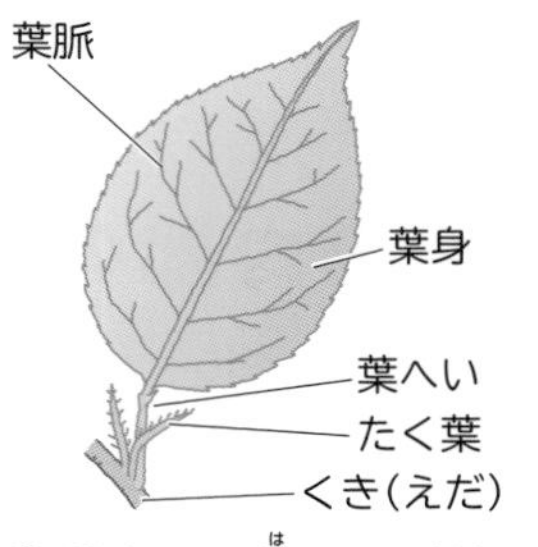

サクラの葉のつくり

## ★★★ 葉へい

**葉身**を支えていて，くきについている部分です。葉へいの「へい」は「柄」と書き，「え」という意味です。

## ★★★ たく葉

**葉へい**のもとに１対ある，葉のようなもの。**双子葉類** [➡ P.118] に多く見られ，葉が成長すると落ちるものがあります。

## ★★★ 葉脈

葉に見られるすじで，根やくきからいきわたっている，葉の部分を通る**維管束** [➡ P.100] です。維管束の上側（葉の表側）に**道管** [➡ P.099]，下側（葉の裏側）に**師管** [➡ P.099] が分布しています。
葉脈のようすは，植物の種類によって分けられ，**単子葉類** [➡ P.118] は平行に並んでいる**平行脈** [➡ P.102]，**双子葉類** [➡ P.118] はあみの目のように広がっている**もう状脈** [➡ P.102] です。

COLUMN まめ知識　イチョウの葉脈は，ふたまたに分かれることがくり返された形になっていることが多いです。

重要度

## ★★★ 平行脈

イネやトウモロコシ，チューリップなどの**単子葉類**［➡ P.118］に見られる，**平行に並んでいる**葉脈［➡ P.101］。

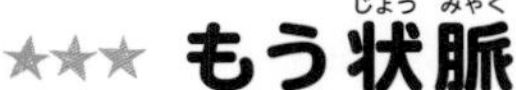

↑平行脈（単子葉類）

↑もう状脈（双子葉類）

## ★★★ もう状脈

アサガオやタンポポ，ジャガイモなどの**双子葉類**［➡ P.118］に見られる，**あみの目のように広がっている**葉脈［➡ P.101］。

## ★★★ 葉の内部のつくり

**表皮**の内側にはたくさんの小さな部屋のようなものが見られ，これを**細胞**［➡ P.135］といいます。また，細胞の中には**葉緑体**があります。**維管束**［➡ P.100］が通っていて，葉の裏側には**気孔**が多く見られるのがふつうです。

## ★★★ 表皮

葉の表と裏の最も外側の部分。一層の細胞でできていて，**葉緑体はふくまれていません。**

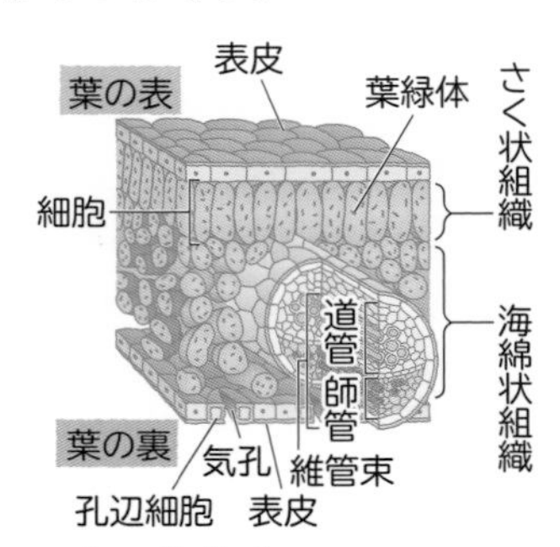


↑葉の断面図

## ★★★ さく状組織

葉の断面で，上側の細胞がぎっしり並んでできているつくり。**光合成**［➡ P.109］がさかんに行われます。

## ★★★ 海綿状組織

葉の断面で，下側のすき間の多いスポンジ状になっているつくり。**光合成**［➡ P.109］の原料となる二酸化炭素や，光合成でできる酸素，**蒸散**［➡ P.104］で空気中に出ていく水蒸気が通りやすいようになっています。

## ★★★ 葉緑体

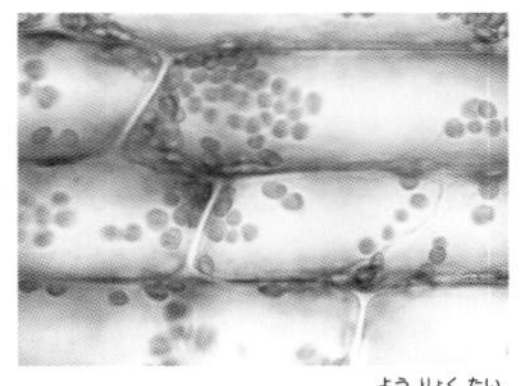

⇧オオカナダモの葉緑体 ※

葉の内部の**細胞** [➡P.135] の中にある**緑色の小さなつぶ**で，葉緑素という緑色の色素をふくんでいます。葉が緑色に見えるのは葉緑体があるためです。葉緑体では**光合成** [➡P.109] が行われます。

## ★★★ 気孔

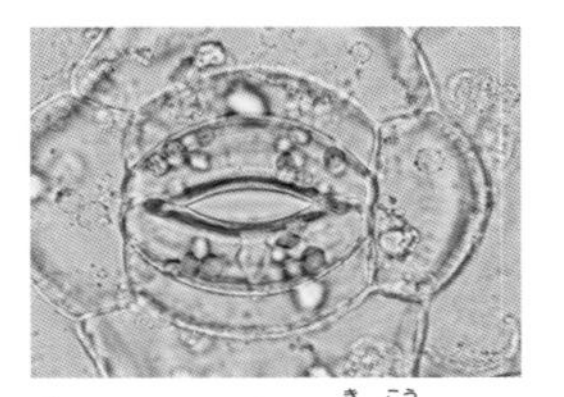

⇧ツユクサの気孔 ※

葉の表皮にある１対の三日月形をした細胞（**孔辺細胞**）に囲まれたあな。ふつう，葉の裏側に多くあります。**光合成** [➡P.109] や**呼吸** [➡P.113] での二酸化炭素，酸素の出入り口，**蒸散** [➡P.104] での水蒸気の出口になっています。

## ★★★ 孔辺細胞

**気孔**をとり囲んでいる１対の三日月形の細胞。孔辺細胞のはたらきで気孔が開いたり閉じたりします。**葉緑体**は，表皮細胞にはありませんが，**孔辺細胞にはあります。**

## ★★★ 気孔の開閉

気孔は，**孔辺細胞**のはたらきで開閉し，体外に放出する水蒸気の量を調節しています。ふつう，昼間は開き，夜は閉じていますが，いろいろな条件が組み合わさって開閉します。

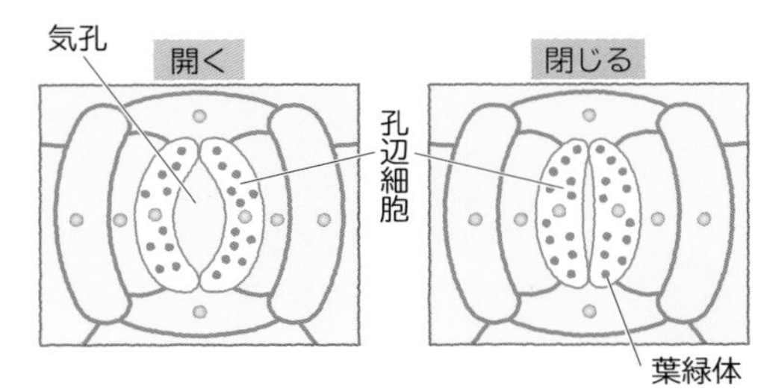


## ★★★ 葉のはたらき

葉の**葉緑体**では，**光合成** [➡P.109] によってでんぷんなどの養分がつくられ，酸素を放出しています。また，**気孔**から植物体内の水を水蒸気として出す**蒸散** [➡P.104] や，酸素をとり入れ，二酸化炭素を放出する**呼吸** [➡P.113] も行われています。[植物の水の通り道➡P.104]

COLUMN くわしく

**気孔はふつう，葉の裏側に多くありますが，スイレンのように水にうかんでいるものは葉の表側にあります。**

重要度 ★★★

## 蒸散

植物体内の水が水蒸気として体外に出ていくこと。おもに葉の裏側に多くある**気孔** [➡P.103] で行われます。蒸散によって，体内の水分の量を調節し，根から水や水にとけた養分（肥料分）を吸収するのに役立っています。また，水が水蒸気になるとき，まわりから熱をうばい，植物のからだの温度が上がるのを防いでもいるのです。

**蒸散の確かめ**

青色の塩化コバルト紙を水につけると赤色に変化します。右の図のように，青色の塩化コバルト紙を葉の裏側にはってしばらくすると，赤色に変化します。このことから，葉から水（水蒸気）が出ていることを確かめることができます。

葉の表
葉の裏
塩化コバルト紙
→赤色に変わる

### ＜蒸散が行われるところを調べる実験＞

**方法** 同じ大きさで同じ枚数の葉をつけた枝を用意します。次に，下の図のように，葉の裏側，表側にワセリンをぬった枝，そのままの枝を同じ量の水が入った試験管にさします。しばらくしてから，水の減り方を比べることによって，どこから蒸散したかを調べます。

（ワセリンを葉の裏や表にぬるのは，気孔をふさぐためです。また水面に油をうかべるのは，水面からの水の蒸発を防ぐためです。）

①

葉の表側から蒸散

②

葉の表側にワセリンをぬる。

葉の裏側から蒸散

③

葉の全面から蒸散

**結果** 試験管の水は，③が最も多く減り，次に②が減っていた。①はあまり減らなかった。

実験結果から，蒸散はおもに葉の裏側で行われることがわかります。

★★★

## 植物の水の通り道

植物の根から吸収された水は，根，くき，葉の**道管** [➡P.099] を通ってからだの各部に運ばれ，葉の**気孔** [➡P.103] から水蒸気となって空気中に出ていきます。

COLUMN まめ知識

よく晴れた日には，ヒマワリ 1 本で約 1L の蒸散が行われます。

### <水の通り道を調べる実験>

**方法** ホウセンカを根ごとほり上げ，根についた土を洗い落とします。次に，食紅をとかした水が入った容器に，ホウセンカをつけておき，しばらくして根・くき・葉が染まったら，根・くき・葉を切って，中のようすを観察します。根とくきは，縦と横に切ります。

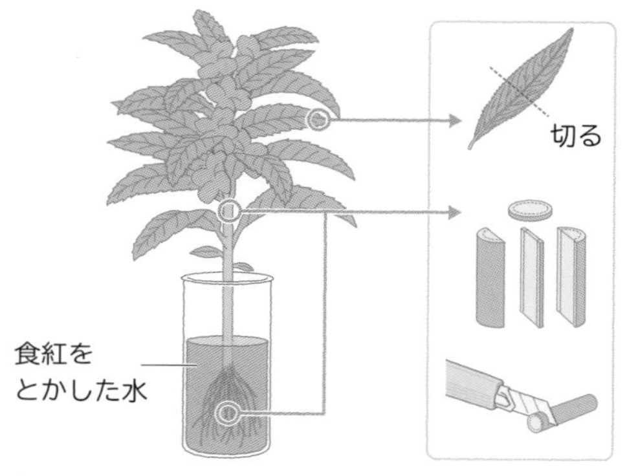

根，くき，葉のそれぞれで，決まったところが食紅で染まった。

実験結果から，植物の根，くき，葉には，根から吸収した水の通る決まった通り道（**道管** [➡ P.099]）があることがわかります。
水は，道管を通って，植物のからだ全体に運ばれます。

ホウセンカは**双子葉類** [➡ P.118] なので，**維管束** [➡ P.100] が輪の形に並んでいます。したがって，くきの断面で，食紅で染まった部分も輪の形に並んでいます。

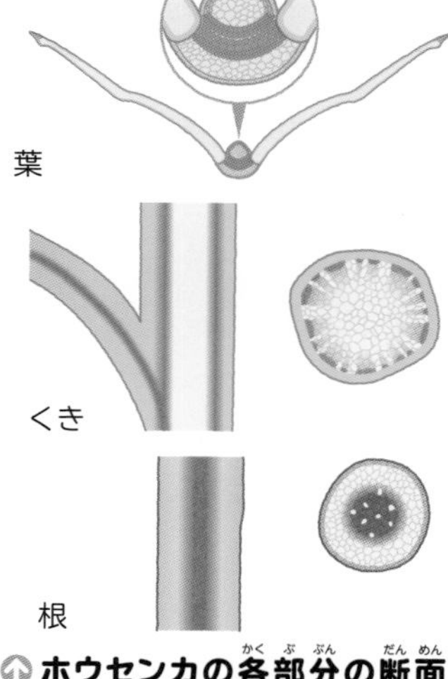


ホウセンカの各部分の断面

トウモロコシで同じような実験をすると，トウモロコシは維管束が散らばっている**単子葉類** [➡ P.118] なので，くきの断面で，食紅で染まった部分は散らばっています。

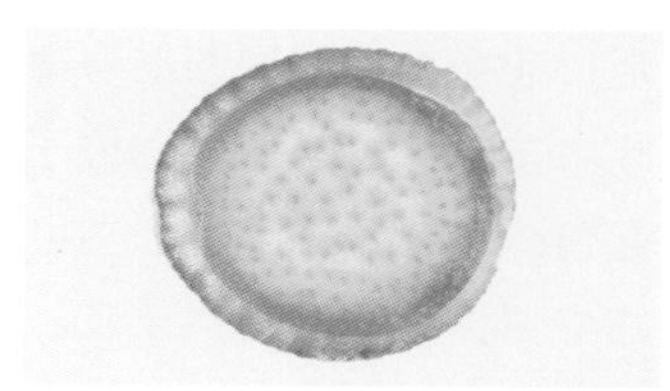

トウモロコシのくきの断面 ※

COLUMN

# 野菜 どこを食べてるの？

タマネギ

タマネギで，食用にしている部分はどこか知っていますか。食用にしているのは，地下のりんけいとよばれる部分で，おもに葉なのです。りんけいは，短いくきに，養分をたくわえて肉が厚くなった葉がおおうようについたものなのです。ふつう，発芽に必要な養分は種子にたくわえられていますが，タマネギではりんけいにたくわえられています。同じように，ニンニクも地下のりんけいを食べています。

ブロッコリー ※

カリフラワー ※

ブロッコリーやカリフラワーではどこを食用にしているのでしょうか。実は，つぼみなのです。ブロッコリーでは緑色のつぼみの集まり，カリフラワーでは白いつぼみの集まりを食べます。

種子を食用にしている野菜もあります。インゲンマメでは，若いさや（実）ごと食べる品種と，種子(豆)だけを食べる品種があります。また，エンドウも種子を食べますが，若いうちはさや（実）ごと食べます。

インゲンマメ ※

エンドウ ※

ひと口に野菜といっても，いろいろな部分を食べているのです。

# 02 植物の養分

## 1 養分のでき方（光合成）

重要度 ★★★

### 植物の養分

日光をよく当てた葉には，**でんぷん** [➡ P.073]（養分）が多くふくまれています。このことから，植物は，生きていくための養分を自分でつくっていることがわかります。また，葉にできた養分は植物の成長にも使われます。

●日光に当てると葉にでんぷんができることを確かめる実験●

方法

① 午後，ジャガイモの３枚の葉㋐～㋒にアルミニウムはくをかぶせ，次の日の朝までおいておきます。

② 次の日の朝，㋐と㋑のアルミニウムはくをはずし，㋐にでんぷんがあるかをヨウ素液を使って調べます。㋑は日光を当て，㋒はそのままにしておきます。

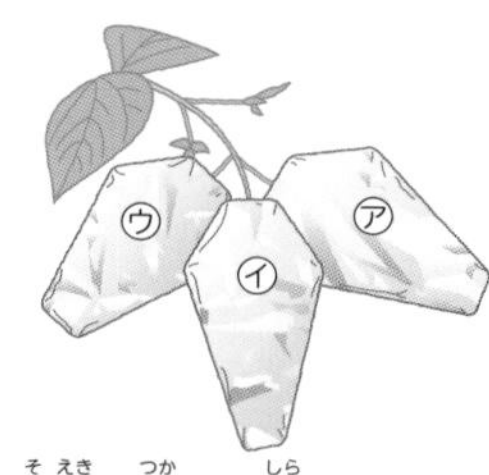


③ ４～５時間後，㋑と㋒にでんぷんがあるかをヨウ素液を使って調べます。

結果

㋐色が変わらなかった。 ㋑青むらさき色になった。 ㋒色が変わらなかった。

㋐の結果から，朝には葉に**でんぷんがない**ことがわかります。

日光を当てた㋑にはでんぷんができていて，日光を当てなかった㋒にはでんぷんができていないことから，**日光が当たると，葉にでんぷんができる**ことがわかります。

なお，方法の①は，葉に残っているでんぷんをなくすためです。また，方法の②で㋐の葉にでんぷんがあるかないかを調べるのは，その時点で葉にでんぷんがないことを確かめておくためです。

重要度 ★★★

# 葉にできたでんぷんを確かめる方法

でんぷんにヨウ素液を加えると，青むらさき色に変化します。これを利用して，葉にでんぷんがあるかないかを確かめることができます。確かめ方には，次の2つの方法があります。

## ●エタノールで葉の緑色をぬいて調べる方法

①葉を湯につける。（葉をやわらかくするため）

②あたためたエタノールに葉を入れる。（葉の緑色をとかし出すため）

③湯（または水）に入れて洗ってからヨウ素液にひたす。

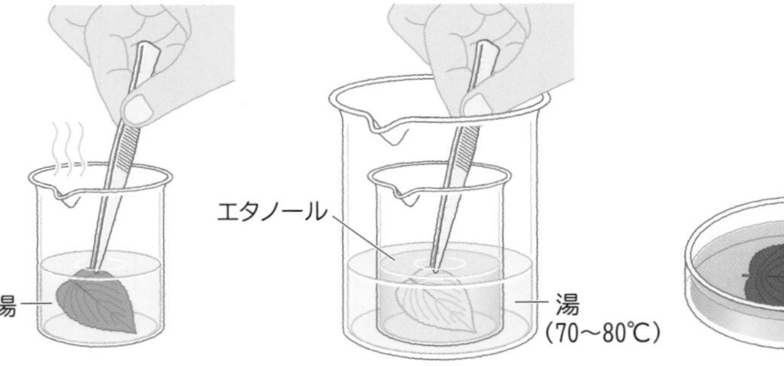


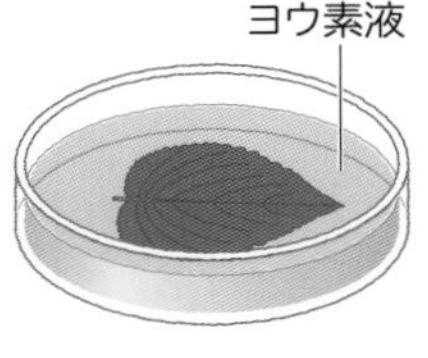


## ●ろ紙を使ってたたき出す方法

①ろ紙に葉をのせ，その上にもう1枚ろ紙を重ねる。

②ろ紙をプラスチックなどのシートにはさみ，葉の形が写るまで木づちでたたく。

③葉をはがし，ろ紙を湯につけて洗い，ヨウ素液にひたす。

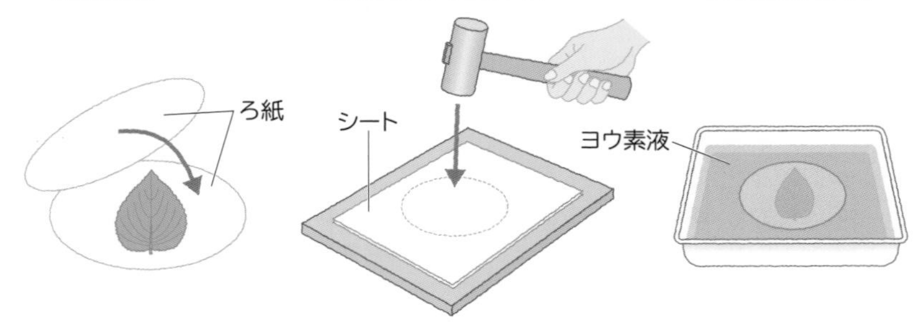

COLUMN くわしく

あたためたエタノールに葉を入れると，葉の緑色がエタノールにとけ出し，エタノールは緑色になります。

## ★★★ 光合成

植物は，**根**から吸収した**水**と，**気孔** [➡P.103] からとり入れた**二酸化炭素** [➡P.518] をもとに，光のエネルギーを利用して，**でんぷん** [➡P.073] などの養分をつくることができます。このはたらきを**光合成**といいます。光合成は葉の**葉緑体** [➡P.103] で行われ，でんぷんができるほかに，**酸素** [➡P.516] が出されます。

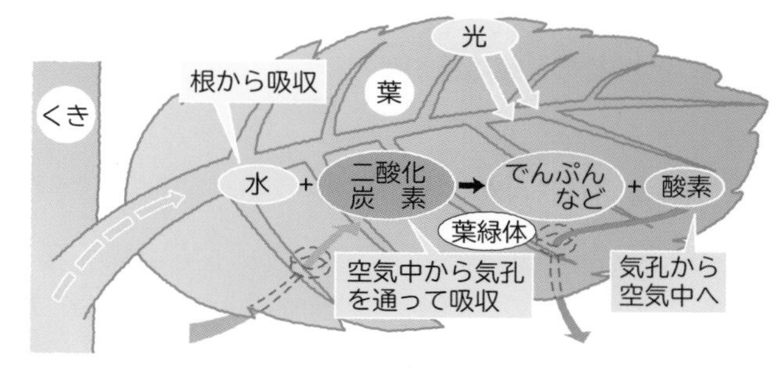


### <光合成が葉緑体で行われることを確かめる実験>

葉の緑色の部分には**葉緑体** [➡P.103] があります。しかし，ふ入りの葉のふの部分は白っぽい色をしていて，葉緑体がありません。したがって，ふ入りの葉を使うと，葉緑体で光合成が行われることが確かめられます。

① ふ入りの葉があるはち植えを一昼夜，光の当たらない場所に置きます。
② 次の日の朝，葉を日光にじゅうぶん当てた後，ふ入りの葉をとって湯につけます。
③ あたためたエタノールに入れ，水で洗ってヨウ素液をかけ，緑色の部分㋐とふの部分㋑の色の変化を調べます。

**結果** ㋐は青むらさき色になった。㋑は色は変わらなかった。

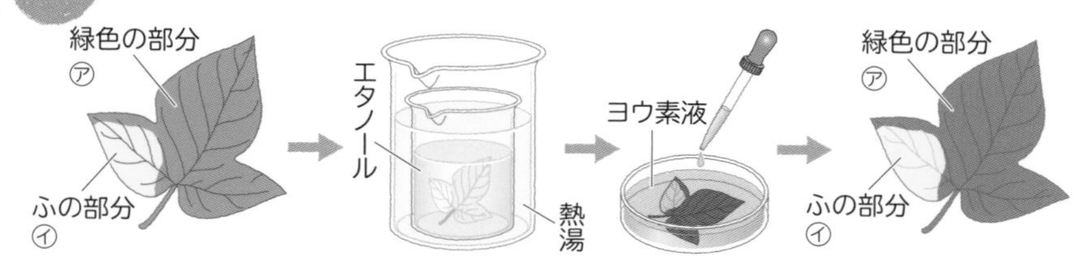


葉緑体がある緑色の部分㋐ではでんぷんはできましたが，葉緑体がないふの部分㋑ではでんぷんができませんでした。このことから，**光合成は葉緑体で行われる**ことがわかります。

### <光合成で二酸化炭素が使われることを確かめる実験>

**光合成**の原料の１つは二酸化炭素です。植物が光合成を行うと，二酸化炭素が使われることを，**気体検知管** [➡P.502] を用いて調べることができます。

① 晴れた日の朝，植物をポリエチレンのふくろでおおい，あなからストローで息をふきこみます。
② 気体検知管でふくろの中の二酸化炭素の割合を調べます。
③ ふくろのあなをテープでふさぎ，よく日光に当てます。
④ 数時間後，もう一度ふくろの中の二酸化炭素の割合を気体検知管で調べます。

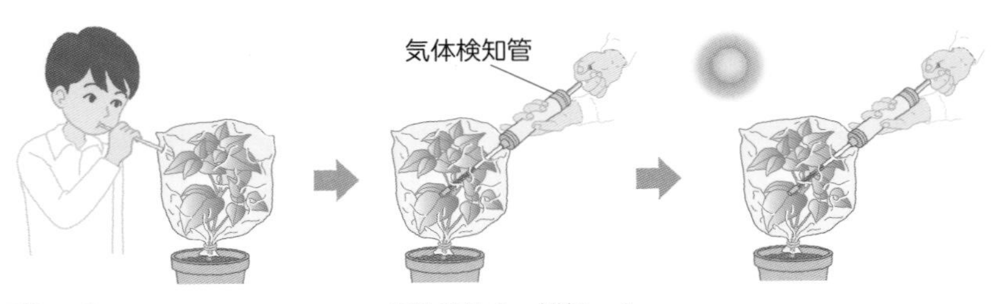


結果 葉を日光に当てた後では，二酸化炭素の割合が減っていた。

葉を日光に当てる前のふくろの中の二酸化炭素

葉を日光に当てた後のふくろの中の二酸化炭素

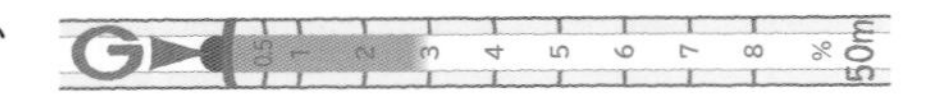


はく息には，吸う息に比べて二酸化炭素が多くふくまれています。ストローでふくろに息をふきこんだのは，二酸化炭素の量を増やすためです。葉を日光に当てた後では，ふくろの中の**二酸化炭素の割合が減っている**ので，植物は**日光が当たると，光合成を行って，二酸化炭素を吸収する**ことがわかります。

ふくろの中の酸素の割合を気体検知管で調べると，日光を当てた後では，**酸素の割合が増えていて，光合成で酸素が出された**ことがわかります。

葉を日光に当てる前のふくろの中の酸素

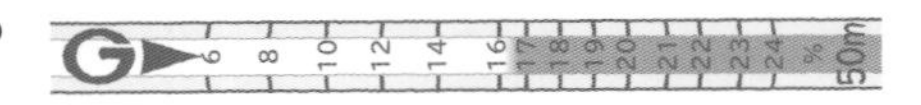


葉を日光に当てた後のふくろの中の酸素

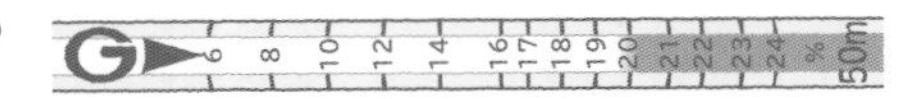

体積の割合で，空気中に二酸化炭素は約 0.04%しかふくまれていません。

## ★★★ 葉でできた養分のゆくえ

**光合成** [➡ P.109] によって葉にできたおもな養分は**でんぷん** [➡ P.073] です。でんぷんは水にとけにくいため，水にとけやすい**糖**というものに変わり，くきの中の**師管** [➡ P.099] を通ってからだの各部分に運ばれます。各部分に運ばれた養分は，植物の成長のために使われたり，再びでんぷんに変えられて，実や種子，いもなどにたくわえられたりします。

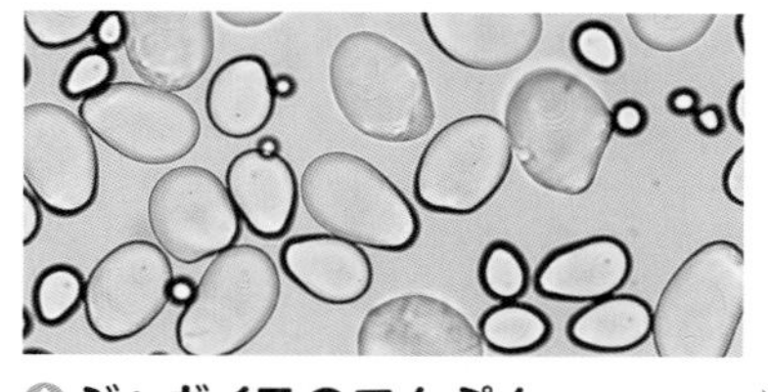

ジャガイモのでんぷん ※

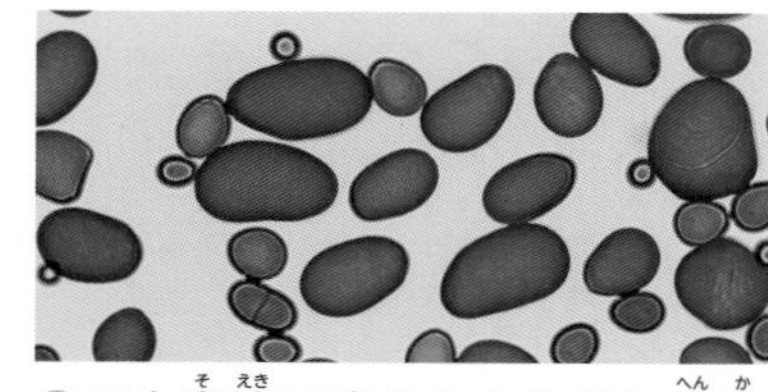

ヨウ素液で青むらさき色に変化したジャガイモのでんぷん ※

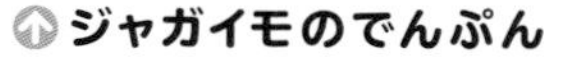

## ★★★ 養分をたくわえるところ

植物の**光合成** [➡ P.109] によってつくられた養分は，実や種子以外に根やくきにたくわえられます。そして，その根やくきを私たちは食べているのです。

<くきに養分をたくわえている植物>

サトイモ

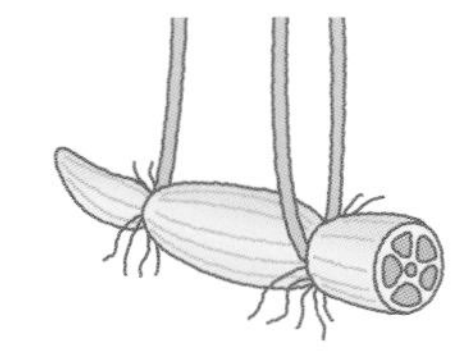

ハス(レンコン)

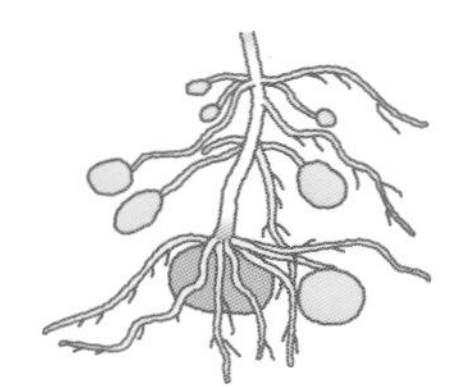

ジャガイモ

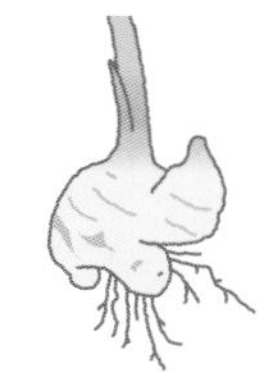

ショウガ

<根に養分をたくわえている植物>

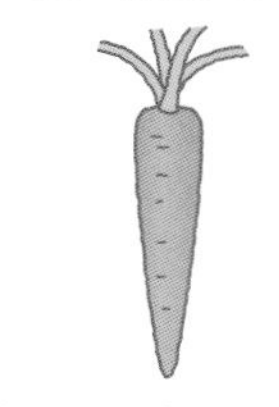

ニンジン

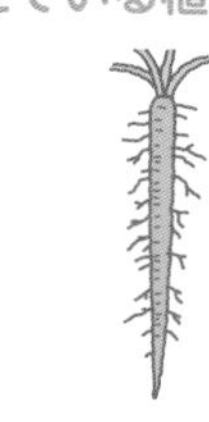

ゴボウ

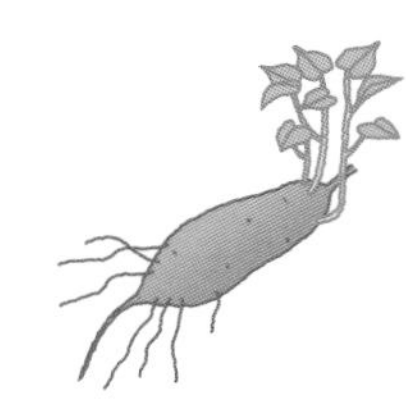

サツマイモ

# 植物の葉のつき方と日光

植物は日光を受けて，光合成を行って生きているので，日光が不足するとじゅうぶんに育つことができなくなります。そこで，どの葉にもできるだけ日光が当たるように，葉が重なり合わないようについているのです。

葉のつき方は植物によってちがい，次のような種類があります。

ヒマワリやヒメジョオン，アヤメなどでは，くきの１か所に葉が１枚つき，順に葉のつく向きが変わるようについています。このような葉のつき方を**ご生**といいます。

また，アジサイやハコベ，ヒャクニチソウなどでは，くきの１か所に２枚の葉が向かい合ってつき，順にたがいちがいになっています。これは**対生**という葉のつき方です。

さらに，キョウチクトウやクロモ，ヤエムグラなどでは，くきの１か所に３枚以上の葉が，くきをとり囲むようについています。これは**輪生**とよばれる葉のつき方です。

↑ヒマワリ

↑アジサイ

↑キョウチクトウ

このほか，タンポポやオオバコなどのように，葉が根のつけねあたりから地面に放射状に広がるようなつき方をしているものもあり，このような葉のつき方を**根生**といいます。

↑タンポポ　※

このように，葉のつき方も，植物が生きるためのくふうの１つなのです。

※ © アフロ

# 2 植物の呼吸

重要度 ★★★

## 植物の呼吸

人やほかの動物が生きていくためには，**呼吸** [➡P.155] をして**酸素** [➡P.516] をとり入れなければなりません。植物も動物と同じように呼吸をしています。呼吸で空気中の酸素をとり入れ，**二酸化炭素** [➡P.518] を空気中に出しています。

★★★

## 植物の気体の出入り

植物に日光が当たると，**光合成** [➡P.109] を行い，二酸化炭素をとり入れ，酸素を出しています。また，植物は動物と同じように**呼吸**をしているので，酸素をとり入れ，二酸化炭素を出しています。つまり，日光が当たっているときは，光合成と呼吸を同時に行っているのです。しかし，呼吸よりも**光合成をさかんに行っている**ので，呼吸による気体の出入りよりも光合成による気体の出入りのほうが多くなっています。このため，日光が当たっているときは，**全体としては二酸化炭素をとり入れ，酸素を出している**ように見えるのです。

### 比べる 昼と夜での気体の出入り

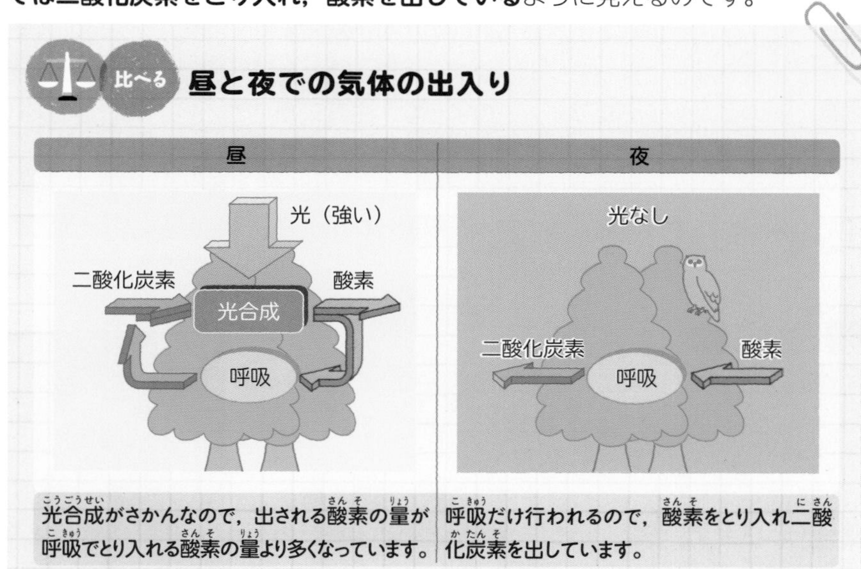


| 昼 | 夜 |
| --- | --- |
| 光合成がさかんなので，出される酸素の量が呼吸でとり入れる酸素の量より多くなっています。 | 呼吸だけ行われるので，酸素をとり入れ二酸化炭素を出しています。 |

重要度 ★★★
## 光の強さと光合成・呼吸

光の強さと，植物による二酸化炭素の吸収・放出の関係をグラフに表すと，右の図のようになります。A点では光がまったく当たっていないので，**光合成** [➡P.109] は行われず，**呼吸** [➡P.113] によって二酸化炭素が放出されているだけです。

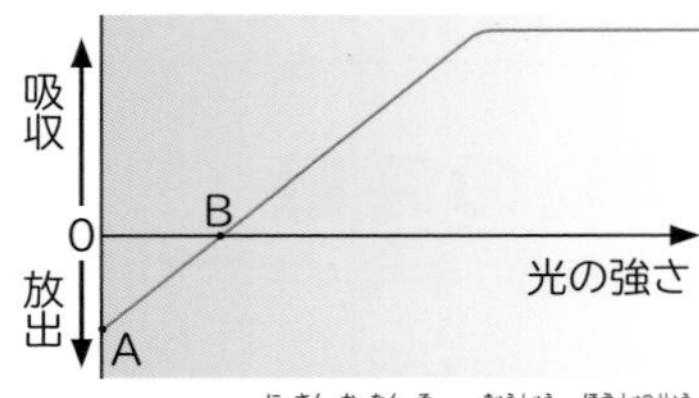

光の強さと二酸化炭素の吸収・放出量

光を当てていくと，光合成によって二酸化炭素が吸収されるようになり，B点では，見かけ上，吸収も放出もされていない，光合成による吸収量と呼吸による放出量が等しい状態です。

B点よりさらに光を強くしていくと，光合成がさかんに行われるようになり，二酸化炭素の吸収量は多くなっていきます。しかし，光がある程度の強さよりも強くなると，光合成はそれ以上行われなくなり，二酸化炭素の吸収量は一定になります。

★★★
## 陽生植物

植物には，生きていくのに必要な最低限の光の量があります。野原などに育つタンポポやススキのような植物は，光の量が多く必要です。このような，生育にたくさんの光を必要とする植物を**陽生植物**といいます。マツ，クヌギ，コナラ，クリなどのように陽生植物で，中心に幹があって背が高くなる高木を**陽樹**といいます。

クヌギ ※

★★★
## 陰生植物

植物には，生きていくのに必要な最低限の光の量があります。森林内に育つ**シダ植物** [➡P.119] やヤブランのような植物は，この光の量が少ないです。このようなうす暗くてもかれずに成長を続けられる植物を**陰生植物**といいます。シイ，カシ，ブナなどの陰生植物の樹木を**陰樹**といいます。

シラカシ ※

COLUMN まめ知識
庭木としてよく植えられる陰樹にはツバキ，ヤツデ，アオキ，ナンテンなどがあります。

## ＜植物のからだのつくりとはたらき＞

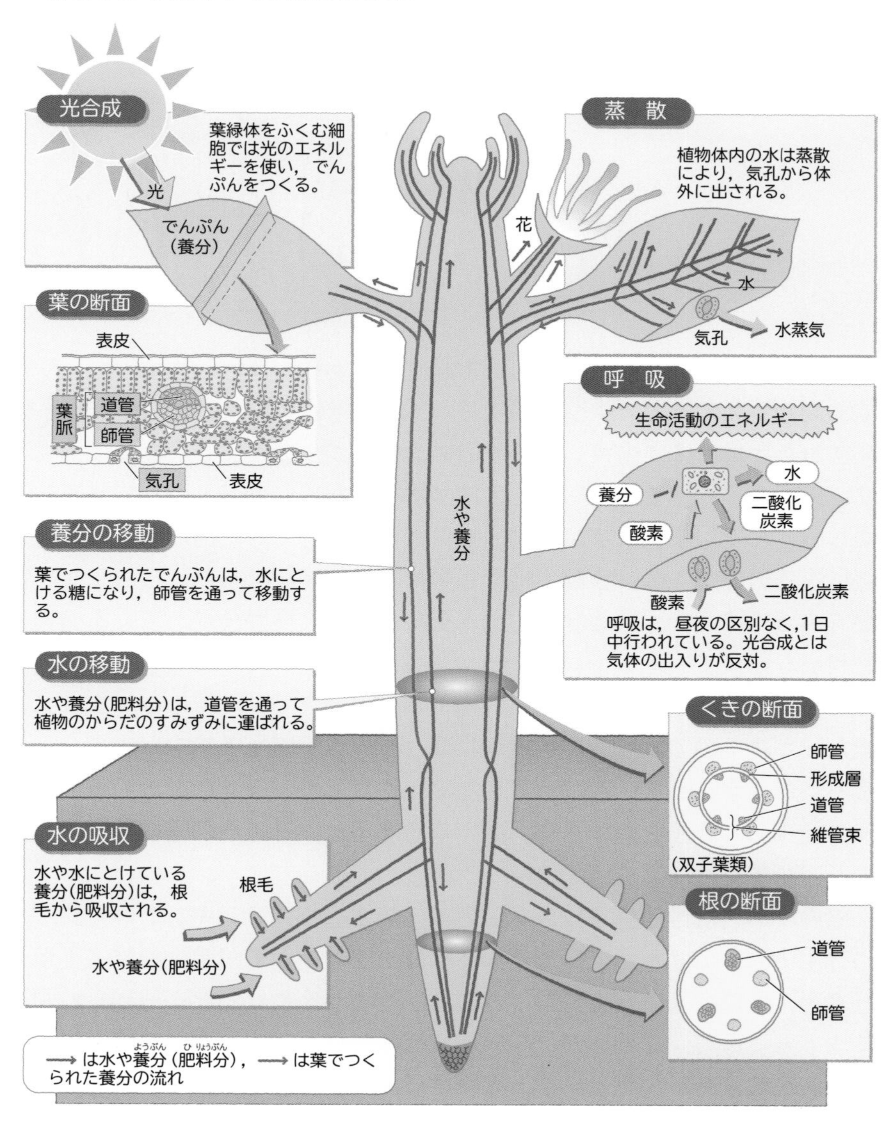
光合成
葉緑体をふくむ細胞では光のエネルギーを使い，でんぷんをつくる。
光
でんぷん（養分）
葉の断面
表皮
葉脈
道管
師管
気孔
表皮
養分の移動
葉でつくられたでんぷんは，水にとける糖になり，師管を通って移動する。
水の移動
水や養分（肥料分）は，道管を通って植物のからだのすみずみに運ばれる。
水の吸収
水や水にとけている養分（肥料分）は，根毛から吸収される。
根毛
水や養分（肥料分）
→は水や養分（肥料分），→は葉でつくられた養分の流れ
水や養分
花
蒸散
植物体内の水は蒸散により，気孔から体外に出される。
水
気孔
水蒸気
呼吸
生命活動のエネルギー
養分
水
二酸化炭素
酸素
酸素
二酸化炭素
呼吸は，昼夜の区別なく，1日中行われている。光合成とは気体の出入りが反対。
くきの断面
師管
形成層
道管
維管束
（双子葉類）
根の断面
道管
師管

COLUMN

# 森林の植物と移り変わり

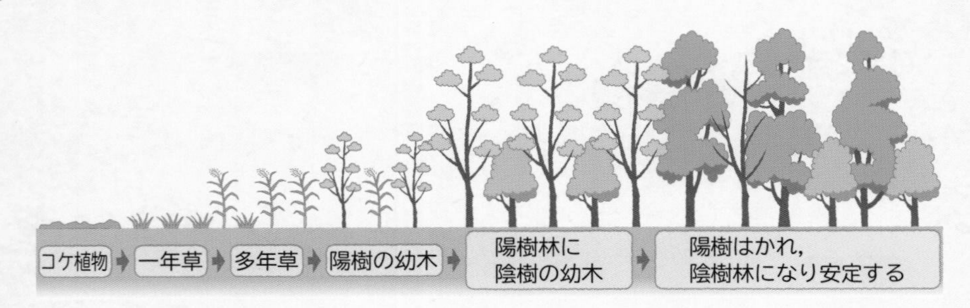


火山のふん火などがあって，草木が生えていないあれた土地でも，やがて植物が生えてきて，ようすが変わってきます。

あれた土地でまず生育してくるのは，肥料が少なくても育つコケ植物です。火山のふん出物が積もった土地は水はけがよいので，雨が降ってもすぐしみこんでしまいます。コケ植物はかわいていても，再び雨が降ると元気になるので，このような土地でも生育できます。そして，このコケ植物がくさってこえた土地となり，雨水をたくわえ，後からやってくる植物の肥料になります。

しばらくすると，ススキなどの種子が飛んできて，草原になります。日当たりがよいのでよく成長し，かれ草となり，肥料も多くなります。このころ，草に混じって，運ばれてきたマツやクヌギ，コナラなどの陽樹の種子が発芽し，成長を始めます。数十年もすると，これらの陽樹は陽樹林をつくります。

陽樹林の内部は日当たりが悪いので，陽生植物のススキなどはかれ，同じ理由で陽樹の幼木も成長できなくなります。やがて，陰生植物の下草や低木と，陰樹の幼木が生育してきます。陰樹が成長すると，日当たりがますます悪くなり，陽樹はかれていき，最終的には陰樹が中心の森林になります。この状態を極相といい，森林は安定し，変化しなくなるのです。

森林の移り変わりに最も大きなえいきょうをあたえているのは，日光の当たり方なのです。

# 03 植物の分類



重要度 ★★★
## 植物の分類

植物はまず，花がさいて種子をつくってなかまをふやす**種子植物**と，花がさかず，種子をつくらない植物 [➡P.119] の２つに大きく分けられます。このうち**種子植物**は，**被子植物**と**裸子植物**に分けられ，さらに被子植物は，**単子葉類** [➡P.118] と**双子葉類** [➡P.118] に分けられ，双子葉類は，**合弁花類** [➡P.119] と**り弁花類** [➡P.119] に分けられます。

★★★
## 種子植物

花がさき，種子をつくってなかまをふやす植物を種子植物といい，多くの植物があてはまります。種子植物はさらに，胚珠が子房に包まれている**被子植物**と，子房がなく胚珠がむき出しの**裸子植物**に分けられます。

★★★
## 被子植物

種子植物のうち，花のつくりで，**胚珠** [➡P.079] **が子房** [➡P.078] **に包まれている**植物を**被子植物**といいます。被子植物は，発芽のようすで２種類に分けられ，発芽の子葉が**１枚**の**単子葉類** [➡P.118] と子葉が**２枚**の**双子葉類** [➡P.118] があります。双子葉類はさらに，**合弁花類** [➡P.119] と**り弁花類** [➡P.119] に分けられます。

★★★
## 裸子植物

種子植物のうち，花のつくりで，**子房がなく胚珠がむき出し**になっている植物を**裸子植物**といいます。裸子植物には子房がないので，実（果実）はできません。マツ，イチョウ，スギ，ソテツなどがあります。裸子植物の花は**単性花** [➡P.081] で，マツ，スギは１つの株にお花とめ花がさきます。一方，イチョウ，ソテツは，お花がさくお株と，め花がさくめ株に分かれています。

↑スギ

重要度 ★★★
## 単子葉類

**被子植物** [➡ P.117] のうち，発芽のときの**子葉が 1 枚**の植物を**単子葉類**といいます。根は**ひげ根** [➡ P.098] で，くきの**維管束** [➡ P.100] は散らばっています。また，葉脈は**平行**に並んでいます（**平行脈** [➡ P.102]）。

★★★
## 双子葉類

**被子植物** [➡ P.117] のうち，発芽のときの**子葉が 2 枚**の植物を**双子葉類**といいます。根は**主根** [➡ P.098] と**側根** [➡ P.098] で，くきの**維管束** [➡ P.100] は輪の形に並んでいます。葉脈は**あみの目のように広がって**います（**もう状脈** [➡ P.102]）。

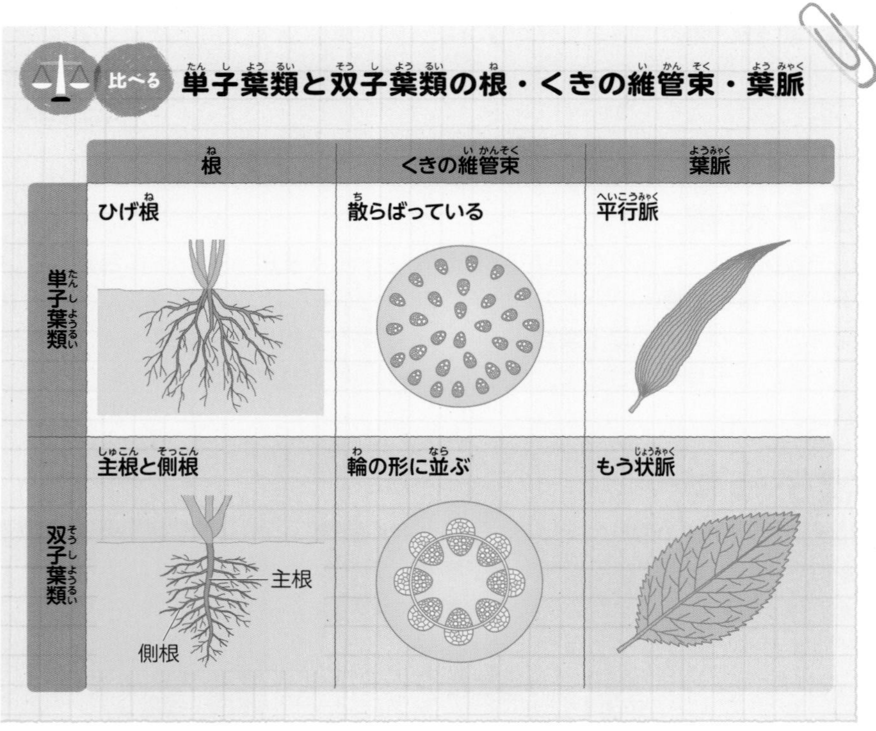

比べる **単子葉類と双子葉類の根・くきの維管束・葉脈**

| | 根 | くきの維管束 | 葉脈 |
|---|---|---|---|
| 単子葉類 | ひげ根 | 散らばっている | 平行脈 |
| 双子葉類 | 主根と側根 | 輪の形に並ぶ | もう状脈 |

## ★★★ 合弁花類

**被子植物** [➡ P.117] の**双子葉類**のうち，花びらが**くっついている合弁花** [➡ P.084] をつける植物のなかまを**合弁花類**といいます。アサガオ，ツツジ，タンポポなどがあります。

## ★★★ り弁花類

**被子植物** [➡ P.117] の**双子葉類**のうち，花びらが**1枚1枚はなれているり弁花** [➡ P.083] をつける植物のなかまを**り弁花類**といいます。アブラナ，サクラ，エンドウなどがあります。

## ★★★ 種子をつくらない植物

種子をつくらないでなかまをふやす植物もあります。イヌワラビやゼンマイ，スギナなどの**シダ植物**や，スギゴケやゼニゴケなどの**コケ植物** [➡ P.120] は**胞子**というものをつくってなかまをふやします。また，分類上は植物ではありませんが，コンブやワカメなどの**ソウ類** [➡ P.120] は胞子でなかまをふやすものと，からだが２つに分かれてなかまをふやすものがあります。

## ★★★ シダ植物

イヌワラビ，ゼンマイ，スギナなどのなかまをシダ植物といいます。多くは日かげのしめったところで生育しています。種子ではなく，**胞子**をつくってなかまをふやしています。イヌワラビなどでは，葉の裏側に**胞子のう**というふくろがついていて，その中で胞子がつくられます。からだのつくりには，次のような特ちょうがあります。

・根・くき・葉の**区別があり**，**根から水を吸収**し，**維管束** [➡ P.100] を通して水を運ぶ。
・**葉緑体** [➡ P.103] **をもっていて，光合成** [➡ P.109] **を行う。**

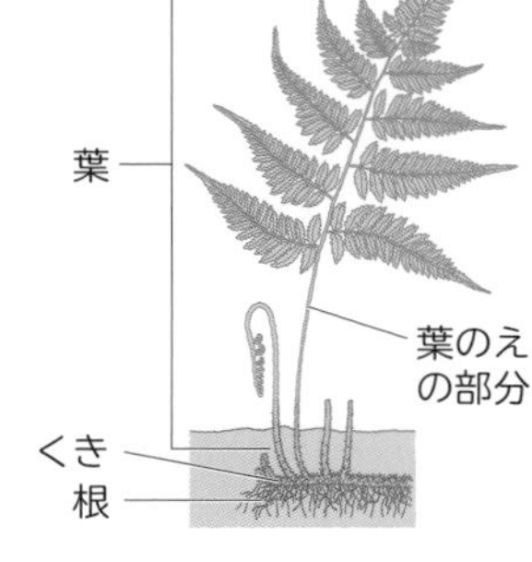

⬆ イヌワラビのからだのつくり

葉の裏に胞子のうがくっついている。


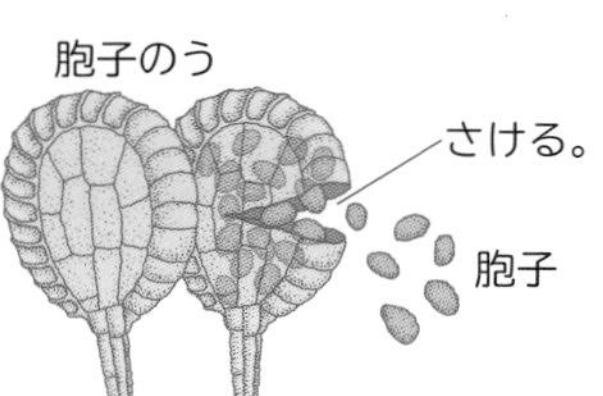

**まめ知識**
数億年前には，くきが直立し，高さが 30m にもなるような巨大なシダ植物もあり，シダ植物の大森林が形成されていたと考えられています。

重要度 ★★★

## コケ植物

スギゴケ，ゼニゴケなどの，「～ゴケ」とよばれる植物のなかまをコケ植物といいます。多くは日かげのしめったところで生育しています。種子ではなく，**胞子**をつくってなかまをふやします。お株とめ株の区別があるものが多く，め株には**胞子のう**というふくろがついていて，その中で胞子がつくられます。からだのつくりには，次のような特ちょうがあります。

- 根・くき・葉の**区別はない**。
- **からだの表面から水を吸収**する。**維管束** [➡ P.100] **はない**。
- **葉緑体** [➡ P.103] **をもっていて，光合成** [➡ P.109] **を行う**。

★★★

## ソウ類

海水中で生活しているコンブやワカメ，テングサ，ヒジキなどや，淡水中で生活しているミカヅキモやハネケイソウ，アオミドロなどのなかまをソウ類といいます。多くのソウ類は**胞子**をつくってふえますが，ミカヅキモやハネケイソウなどは，からだが２つに分かれて（分れつして）ふえます。光合成 [➡ P.109] をしますが，分類上は植物ではありません。からだのつくりには，次のような特ちょうがあります。

- 根・くき・葉の**区別はない**。
- **からだの表面から水を吸収**する。**維管束はない**。
- **葉緑体** [➡ P.103] **をもっていて，光合成を行う**。

ワカメ ※

コンブ ※

COLUMN くわしく

コケ植物やソウ類で，根のように見える部分は仮根といいます。水を吸収するはたらきはなく，からだを地面や岩に固定させるはたらきをしています。

＜植物の分類＞

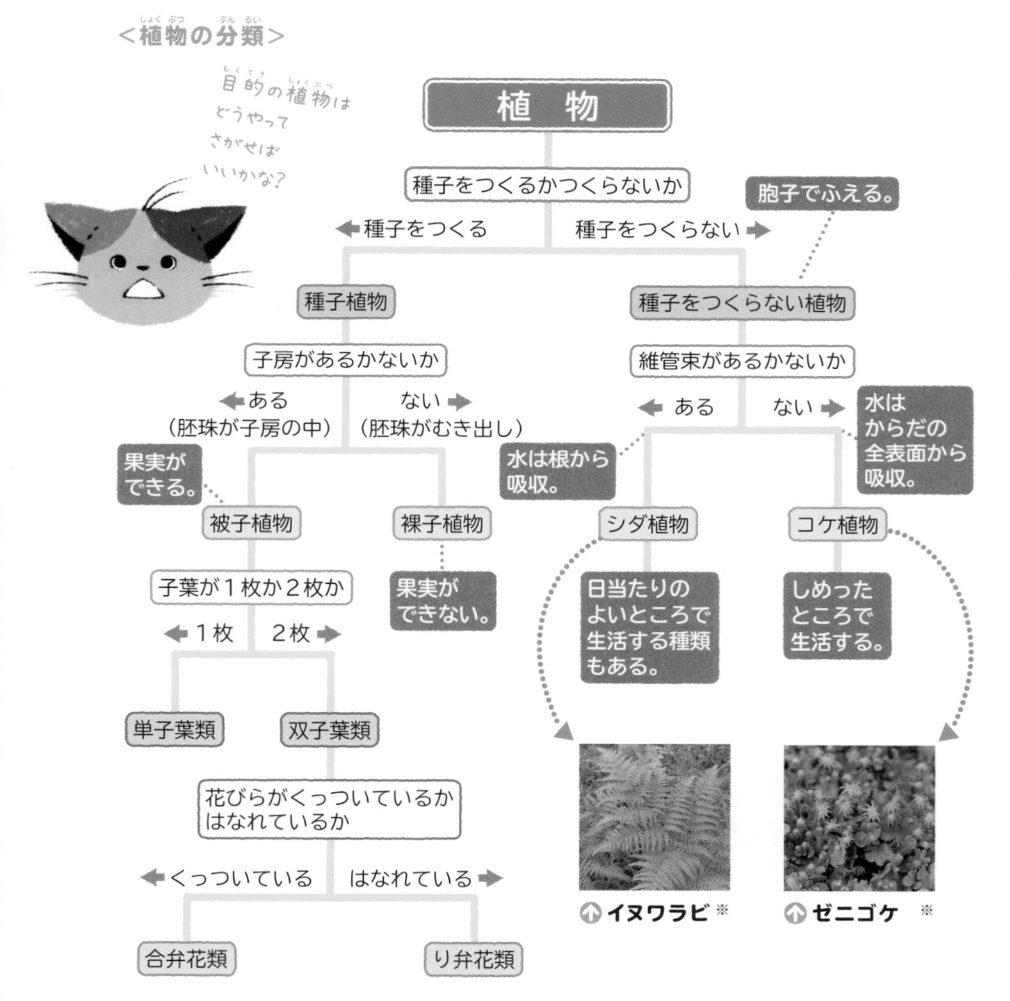
目的の植物はどうやってさがせばいいかな？
植物
種子をつくるかつくらないか
胞子でふえる。
種子をつくる
種子をつくらない
種子植物
種子をつくらない植物
子房があるかないか
ある（胚珠が子房の中）
ない（胚珠がむき出し）
維管束があるかないか
ある
ない
水はからだの全表面から吸収。
水は根から吸収。
果実ができる。
被子植物
裸子植物
シダ植物
コケ植物
子葉が１枚か２枚か
果実ができない。
日当たりのよいところで生活する種類もある。
しめったところで生活する。
１枚
２枚
単子葉類
双子葉類
花びらがくっついているかはなれているか
くっついている
はなれている
合弁花類
り弁花類
イヌワラビ ※
ゼニゴケ ※

植物の分類はこれでバッチリ！

※ © アフロ

第5章 魚や人のた

# おなかにいる日数比べ

人の場合，受精してから約 38 週間で赤ちゃんが生まれます。ほ乳類の場合，ふつう，からだが大きいほど子がおなかにいる日数は長くなります。ゾウが最も長く，約 21 か月もおなかの中にいます。
パンダの場合は，からだが大きいわりにおなかにいる日数は短く，約 4 か月です。また，最も短いのはオポッサムで，約 12 日です。

＊うむ子の数は 1 回にうむ数。

※

**ネズミ 20日**

ネズミは，ふつう 6 ぴきくらいの子をうみます。

**オポッサム 12日**

カンガルーなどと同じように，はらに子を育てるためのふくろをもっていて，ネズミに似ているので，フクロネズミともよばれます。

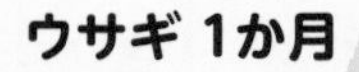

**ウサギ 1か月**

ウサギは 3 ～ 6 羽くらいの子をうみます。ウサギの数え方は「1 ぴき，2 ひき」ではなく，「1 羽，2 羽」です。

**イヌ 2か月**

イヌは，ふつう 5 ひきくらいの子をうみます。

10 20 30 40 50 60 70 80

# んじょう

**ゾウ 21か月**

ゾウは 1 頭の子をうみます。生まれてくるまで日数がかかりますが，生まれるとすぐに親と行動(こうどう)ができます。ゾウは，70～80 年くらい生きることができます。

**キリン 15か月**

キリンは 1 頭の子をうみます。キリンの子は，ライオンにおそわれることがあります。

※

**クジラ 12か月**

※

クジラは 1 頭の子をうみます。水中で子育(そだ)てを行います。

**ウマ 11か月**

※

ウマは 1 頭の子をうみます。生まれてくるまで日数がかかりますが，生まれるとすぐに立ち上がって，親と行動(こうどう)ができます。

**パンダ 4か月**

パンダは，1，2 頭の子をうみます。生まれたときの子の体重(たいじゅう)は，100～150g しかありません。

※

※© アフロ

# 第5章 魚や人のたんじょう

この章で学ぶこと ヘッドライン

## メダカのおすとめすのからだのつくりはどうちがうの？

メダカは，生き物の成長を観察するのによく用いられます。おすとめすを同じ水そうで飼い，たまごの生まれ方を観察したり，たまごの変化を調べたりします。

メダカのおすとめすの区別のしかたを知っていますか。ちょっと見ただけではわかりにくいのですが，背びれとしりびれの形のちがいで区別できます。[➡ P.126]

※

ヒメダカのおすとめす

## メダカのたまごの中はどうなっているの？

メダカのたまごは透明で，外から中のようすを簡単に観察することができます。メダカは，たまごの中にある養分を使って育ち，受精してから11日目くらいに子メダカがたまごのまくを破って出てきます。けんび鏡を使えば，黒い目がつくられたり，心臓が動いて赤い血液がからだの中を流れたりと，少しずつからだがつくられるようすを観察することができます。[➡ P.128]

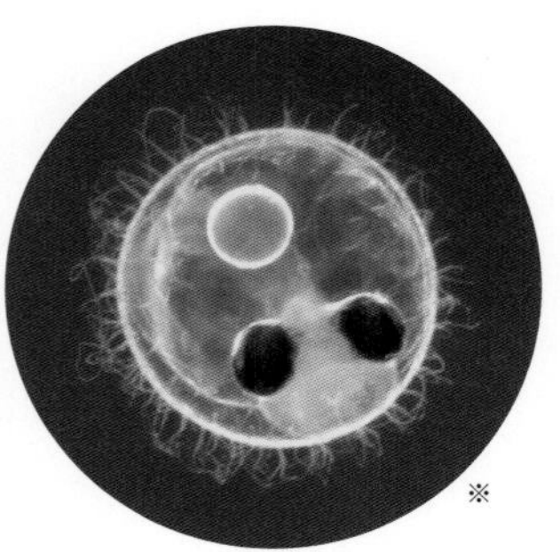

※

黒い目ができたヒメダカのたまご

## おへそは何のためにあるの?

赤ちゃんは，お母さんのからだから産声をあげて生まれてきますね。生まれてくるときの体重は3000gくらいですが，もともとは，1mmにも満たない非常に小さな受精卵から育ったものなのです。

そんな小さな受精卵から，どのようにして育ったのでしょう。お母さんのからだの中で育っている生まれる前の子どもをたい児といいます。たい児は，お母さんから酸素や養分をもらい，二酸化炭素や不要なものをわたして育っていきます。この受けわたしをするのが，たいばんで，たいばんとたい児はへそのおという管を通してつながっています。へそのおは，たい児がおなかの中で育つための重要なパイプの役目をしているのです。

生まれた赤ちゃんはお母さんの乳を飲んで育つので，へそのおはいらなくなります。いらなくなったへそのおをとったあとが，「へそ」なのです。

[➡ P.132]

## 動物はどのようにして生まれてくるの?

人は，イヌやウシなどと同じほ乳類という動物のなかまです。ほ乳類は母親のからだから親と似たすがたの赤ちゃんで生まれます。

ほ乳類以外の動物はたまごで生まれます。たまごは水中や陸上，木の中など，動物の種類によってうみつけられる場所がちがっています。

水中で生まれるたまごにはからはありませんが，陸上で生まれるたまごにはかたいからがあります。これはたまごをかんそうから守るためです。このように，たまごはその動物が生きていく上で適したつくりをしています。

[➡ P.137]

※

ウズラのたまご

※©アフロ

# 01 魚や人のたんじょう

## 1 メダカのたんじょう

重要度 ★★★

### メダカのおすとめす

メダカには，むなびれ，はらびれがそれぞれ2枚，せびれ，おびれ，しりびれがそれぞれ1枚あり，合計7枚のひれをもっています。おすとめすでは，せびれ，しりびれの形がちがうので，この2つのひれでおすとめすを区別することができます。また，めすははらがふくらんでいることからも区別できます。

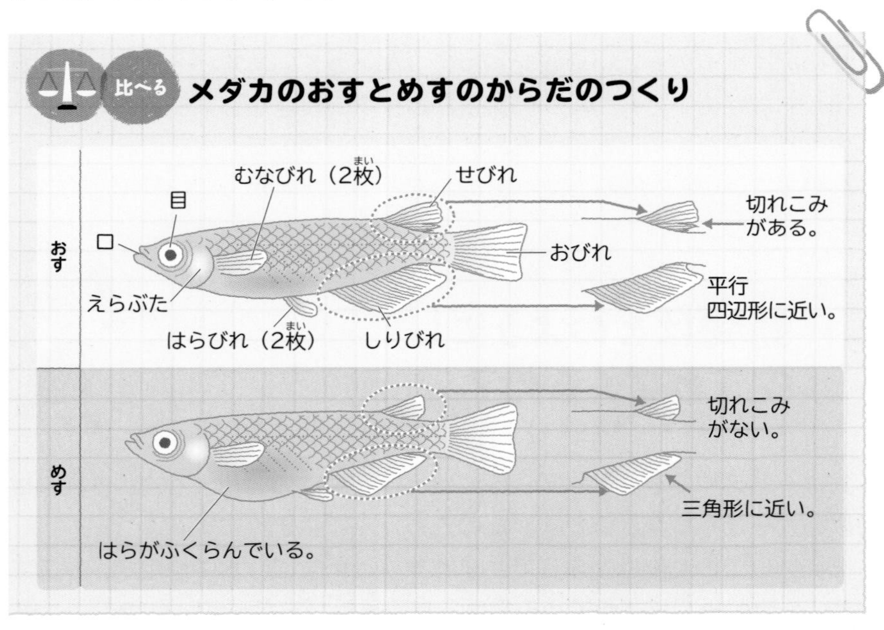

COLUMN まめ知識

日本にすんでいる野生のメダカは，水のよごれなどで絶めつが心配されています。理科の観察に使われるメダカは，ヒメダカであることが多いです。

## ★★★ メダカの飼い方

メダカを飼うときには，日光の当て方，水そうに入れる水や水草，えさのあたえ方などに注意が必要です。

① 水そうは日光が直接当たらない明るいところに置く。

② 水は，1日置いた**くみ置きの水道水**か，池や川の水を使う。

③ えさは，**食べ残さない量**だけあたえる。

④ たまごをうませるために，おすとめすをいっしょに飼う。

⑤ たまごをうみつけやすいようにするため，**水草を植える。**

⑥ 水がよごれたら，半分くらいの量をとりかえる。

## ★★★ メダカの産卵

水温が 18～30℃，昼の時間が 13 時間以上になる，4～9 月頃に産卵します。最も適した温度は 25℃で，**早朝**に産卵します。

**メダカの産卵と受精のようす**

おすがめすを追いかけ始める。

おすとめすが並んで泳ぎ，からだをすり合わせる。

めすがたまごをうむとおすが精子を出す。めすは受精卵を水草にからみつける。

## ★★★ 受精（動物）

めす（女性）のたまご（卵）と，おす（男性）の**精子** [➡ P.131] が結びつくことを受精といい，受精したたまごを**受精卵** [➡ P.128] といいます。

COLUMN くわしく

メダカを飼うとき，くみ置きの水を使うのは，消毒のために水道水に使われている塩素という物質をとり除くためで，水草を入れるのは，光合成で酸素を出させるためでもあります。

重要度

## ★★★ 受精卵

めすのたまごと，おすの精子が結びついて受精［➡P.127］したたまごのことです。受精卵は成長して新しい個体となります。メダカの場合，直径は約1～1.5mmで，表面に短い毛がはえ，内部にはあわのような油のつぶが入っています。

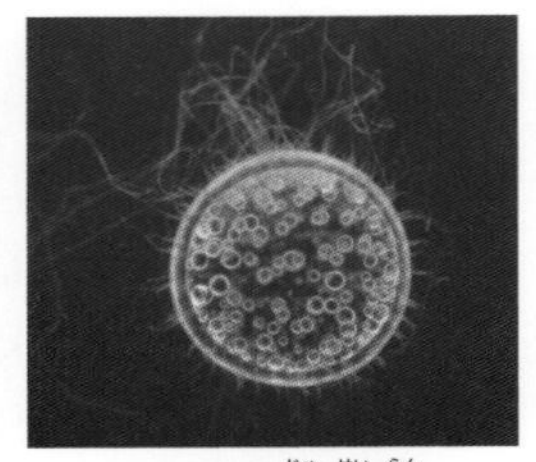

メダカの受精卵



## ★★★ 付着糸

メダカの受精卵についている長い毛で，受精卵が水草にからみつくのに役立っています。

## ★★★ メダカのたまごの変化

受精卵の中のからだになる部分は，決まった順序で変化し，たまごの中の養分を使って，およそ11日目（25℃）に子メダカがたんじょう（ふ化）します。

受精直後

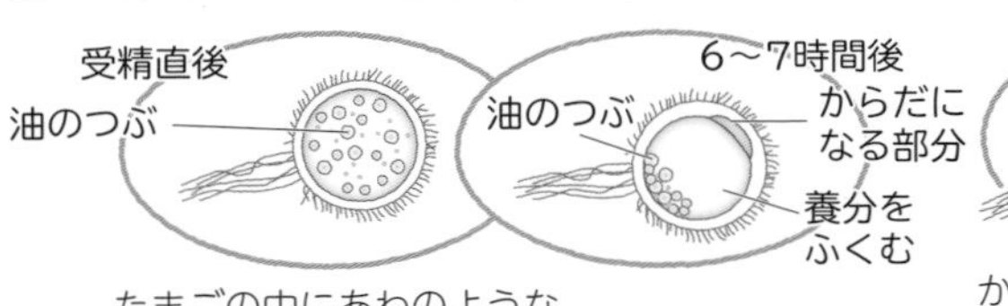


たまごの中にあわのようなつぶが散らばっている。

2日後

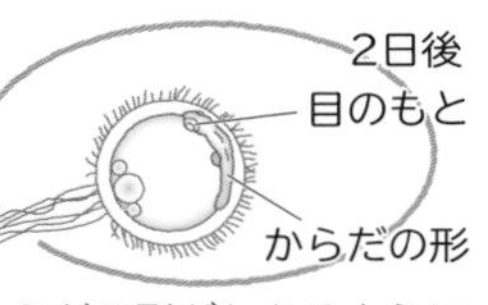


からだの形がわかるようになる。

4日後

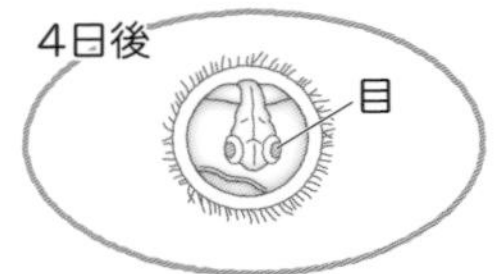


目が黒くなり，心臓ができ始める。

6日後

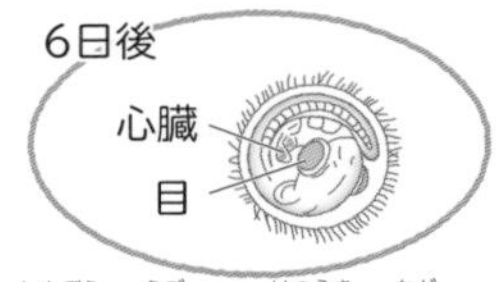


心臓が動き，血液が流れる。

8日後

魚のような形ができる。

10日後

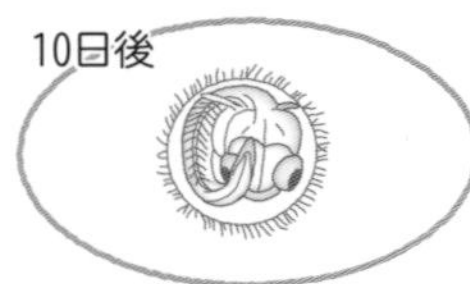

からだが大きくなり，さかんに動く。

11日後

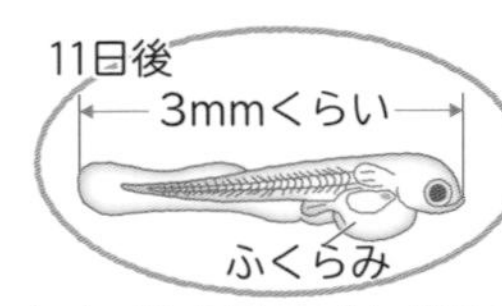


たまごから子メダカが出てくる。ふくらんだはらの中の養分を使って2～3日育つ。

ふ化3日後

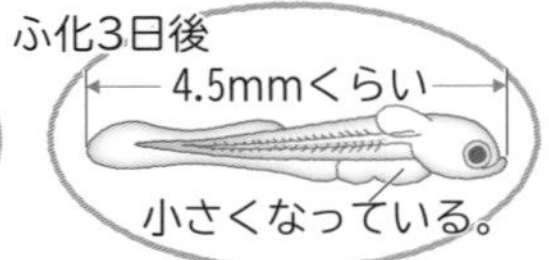


はらのふくらみがなくなり，さかんに動き回ってえさを食べる。

COLUMN くわしく

たまごの中で育った後，たまごのまくを破って子メダカが出てくることをふ化といいます。ほかの動物でもたまごから子が生まれることをふ化といいます。

## ★★★ かいぼうけんび鏡

メダカのたまごなど，やや大きめのものを観察するのに適しています。接眼レンズだけで大きく見えるので，使い方が簡単なけんび鏡です。また，**プレパラート** [➡ P.202] をつくらずに，観察するものを直接見ることができます。倍率は 10～20 倍です。

① 日光が直接当たらない，明るいところに置く。
② 接眼レンズをのぞきながら，反射鏡を動かして明るく見えるようにする。
③ 観察するものをステージにのせ，調節ねじを回して，レンズを上下させてピントを合わせる。

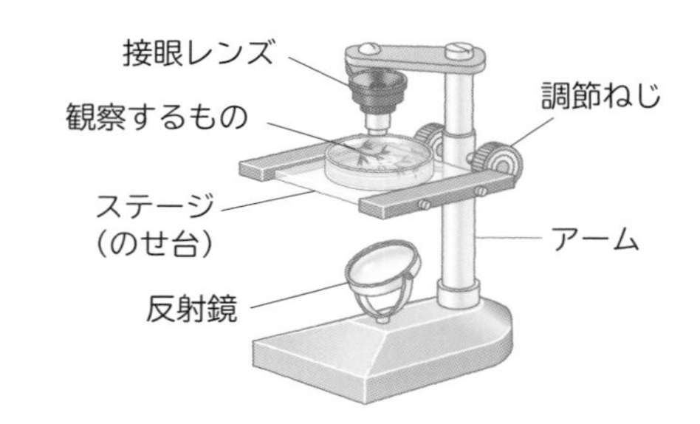

## ★★★ そう眼実体けんび鏡

両目で見ることができるので，メダカのたまごのように，厚みのあるものを立体的に観察できます。また，**プレパラート** [➡ P.202] をつくらずに，観察するものを直接見ることができます。倍率は 20～40 倍です。

① 日光が直接当たらない，明るいところに置く。
② 観察するものを対物レンズの真下にくるように置く。
③ 接眼レンズのはばを目のはばに合わせ，両目で見て，見えているものが 1 つに重なるように調節する。
④ 右目で見ながら，調節ねじを回してピントを合わせる。左目で見ながら視度調節リングを回してはっきり見えるように調節する。

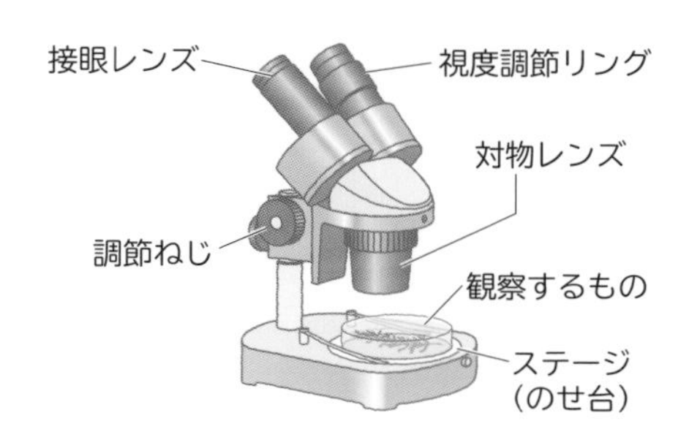

# サケの一生

サケは川の上流で生まれ，川を下って海に入ります。海に入ったサケは，北太平洋を回遊しながら成長し，数年すると，また生まれた川にもどってきます。

生まれた川にもどるには，太陽コンパス（動物がある時点の太陽の位置を基準として，体内時計に基づく時こくの感覚と太陽の位置から，一定の方位を知ること）や地磁気（地球の北極付近にS極，南極付近にN極があることによって生じる大きな磁石の力）を利用しているといわれています。

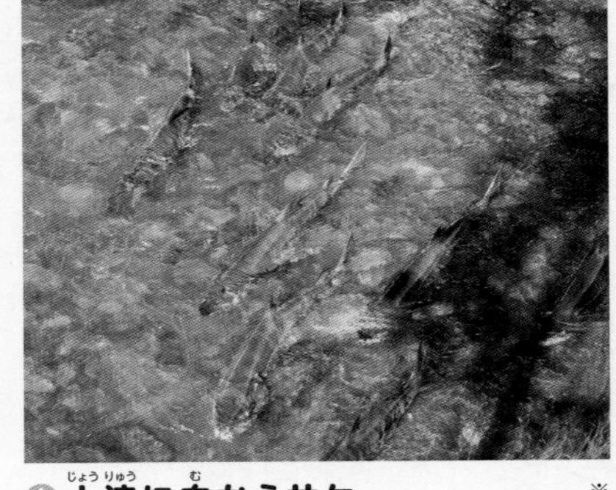

上流に向かうサケ ※

川にもどるために陸地に近づいたサケは，記憶にある川のにおいをたよりに，川を正しく選び，産卵するためにふるさとの上流に向かいます。サケの産卵は，めすが川底の砂をほり，くぼみをつくってたまごをうみます。そのたまごにおすが精子をかけ，受精します。産卵すると，サケはそこで一生を終えます。

サケの産卵 ※

サケは，一生を終えてからもワシなどのいろいろな動物に食べられます。一生を終えても，ほかの動物の食べ物になることによって，自然界の役に立っているといえます。

# 2 人のたんじょう



## 重要度★★★ 男女のからだ

人は10歳くらいになると，男女でからだつきに変化が現れ始めます。男性はがっしりしたからだつきになり，のどぼとけが出て声変わりをします。女性は丸みをおびたからだつきになり，乳房がふくらんできます。

## ★★★ 精巣

男性のからだにあり，**精子**がつくられる部分で，2個（1対）あります。精子の長さはおよそ0.06mmで，おの部分をはげしく動かして，女性のからだでつくられた**卵**（**卵子**）に向かって進みます。

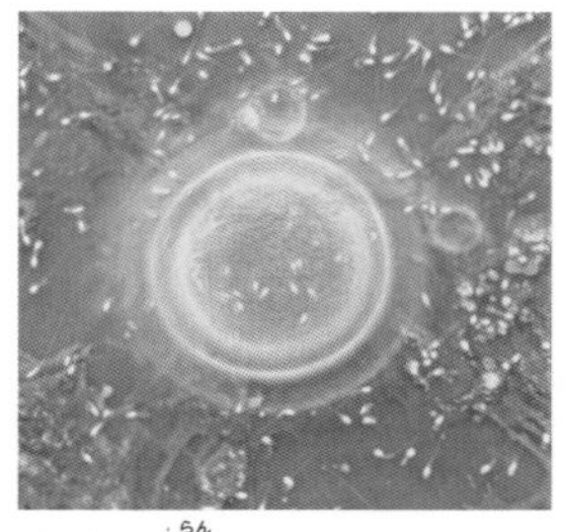

人の卵とそのまわりにむらがる精子 ©OPO

## ★★★ 卵巣

女性のからだにあり，**卵**（**卵子**）がつくられる部分で，2個（1対）あります。卵の直径はおよそ0.14mmで，卵巣でつくられた卵は，**子宮** [➡ P.132] とつながっている卵管の中に出されます。

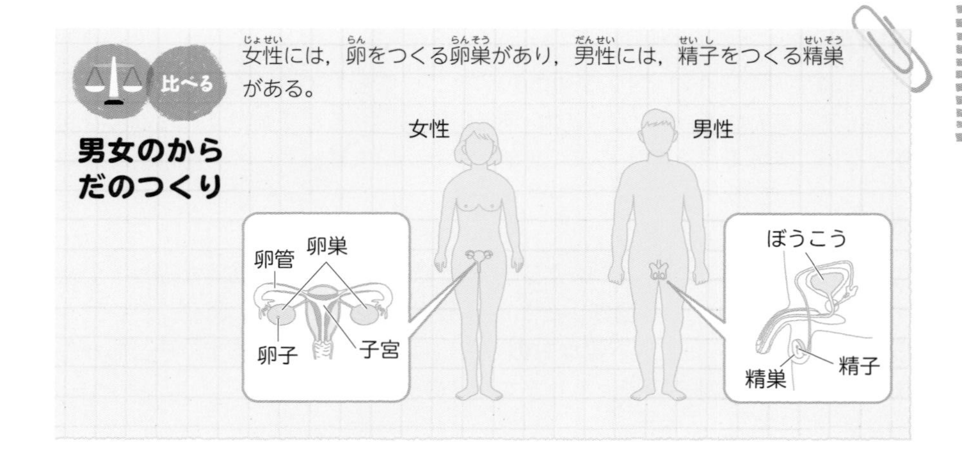

精子は細長いおたまじゃくしのような形をしていて，おにあたるべん毛とよばれる部分などを動かして卵（卵子）に達することができます。

重要度

★★★ ## 人の生命のたんじょう

男性から出された**精子**と女性の体内にある**卵**（**卵子**）が卵管で**受精** [➡ P.127] します。**受精卵** [➡ P.128] は卵管から移動し，**子宮**のかべに付着して成長し，受精卵からからだのいろいろな部分がつくられ，受精してから約 **38 週**（266 日）後に，子が生まれます。

★★★ ## 子宮

子宮は女性の体内にあり，卵（卵子）と精子が結びついてできた**受精卵** [➡ P.128] が育つ部屋です。生まれる前の子どもを**たい児**といい，**羊水**にうかんでいて，**へそのお**で**たいばん**とつながっています。

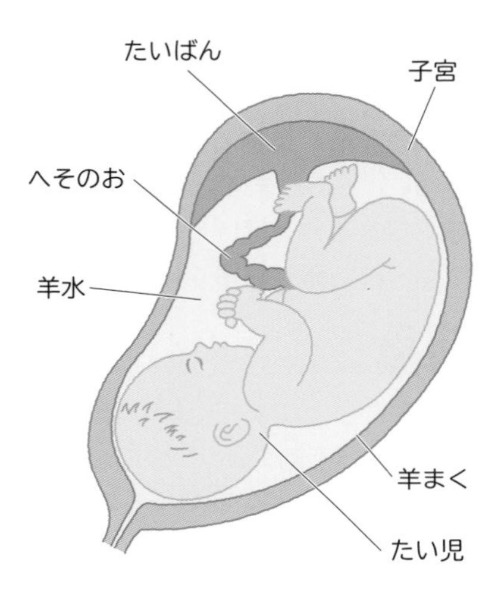


★★★ ## たい児

母親の**子宮**の中で育っている，生まれる前の子どもをたい児といいます。たい児は，**へそのお**によって**たいばん**とつながり，**羊水**にうかんだような状態で成長します。

★★★ ## 羊水

子宮を満たしている液です。外からのしょうげきをやわらげて，たい児を守っています。また，羊水にうかんでいるたい児は，からだを動かすことができます。なお，羊水を包んでいるまくを**羊まく**といいます。

★★★ ## へそのお

たい児とたいばんをつないでいるひものようなもので，中に血管が通っています。母親のたいばんから**酸素** [➡ P.516] や**養分**などをたい児に運び，たい児から**二酸化炭素** [➡ P.518] や**不要なもの**をたいばんへ運んでいます。子どもが生まれた後は不要になるので，とれます。そのあとが**へそ**です。

## ★★★ たいばん

受精卵 [➡P.128] が子宮のかべに付着すると，**たいばん**がつくられていきます。

たいばんでは，母親の血管と**たい児**の血管がうすいまくをへだてて接しています。

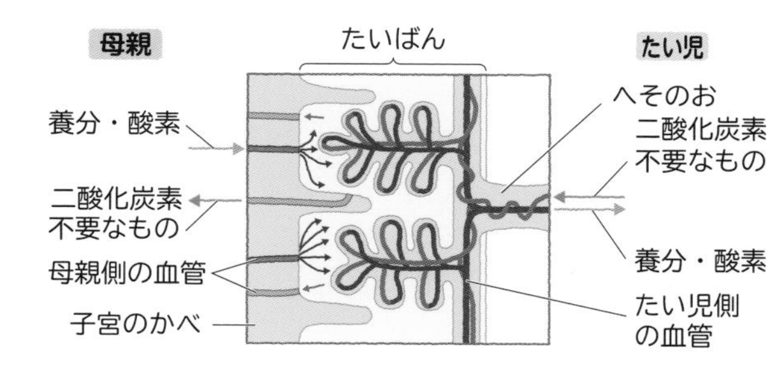


母親の血液によって運ばれてきたたい児の成長に必要な**酸素**や**養分**などと，たい児の血液によって運ばれてきた**二酸化炭素**や**不要なもの**が交かんされます。

## ★★★ たい児の成長

**子宮**の中で育ったたい児は，**受精** [➡P.127] してから約 **38 週**後に，子として生まれます。生まれてくる子の大きさは個人によってちがいますが，おおよそ**身長 50cm**，**体重 3000g** くらいです。

①**受精後 4 週目**…頭ができ，**心臓**が動き始める。
②**受精後 8 週目**…**目**や**耳**ができ，手足の形がわかる。
③**受精後 16 週目**…からだの形，顔がはっきりしてくる。**男女の区別**ができる。
④**受精後 24 週目**…心臓が活発に動く。**からだを回転させてよく動く**ようになる。
⑤**受精後 36 週目**…からだが回転できないくらい大きくなる。
⑥**受精後 38 週目**…生まれてくる。

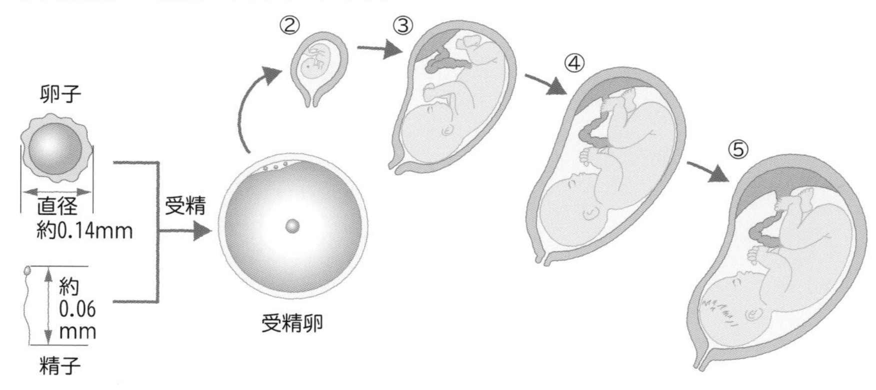

COLUMN まめ知識

出産間近になると，赤ちゃんを外に出そうとして子宮が強く縮み，じんつうといういたみが起こります。

重要度 ★★★

## うぶ声

子宮 [➡P.132] の中のたい児 [➡P.132] は，羊水 [➡P.132] にうかんでいるために，口や鼻を使って呼吸 [➡P.155] はしていません。生まれた直後の子どもは，大きな声を出して泣きます。この泣き声を**うぶ声**といいます。うぶ声をあげて**肺** [➡P.156] に空気を入れ，自分で**呼吸**を始めます。つまり，うぶ声が**肺呼吸** [➡P.156] の始まりなのです。

生まれた子どもは，しばらくの間，母親の乳を飲んで育ちます。生まれた子どもは成長してやがておとなになり，子どもをうむことによって，生命が受けつがれていくのです。

### 生命のつながり―植物・メダカ・人―

植物もメダカも人も，受精によって新しい生命をうみ出し，新しい生命が成長して親となり，生命をつないでいるのです。

| | 植物（種子植物） | メダカ | 人 |
|---|---|---|---|
| 受精のしかた | めしべの先に花粉がつく（受粉する）と花粉管をのばし，花粉の精細胞の核と胚珠の卵細胞の核が合体する。 | めすが水中にうんだたまご（卵）におすが出した精子が結びつく。 | 女性の卵巣でつくられた卵（卵子）と男性の精巣でつくられた精子が結びつく。 |
| 発芽・たまご・たい児の養分のとり方 | 発芽のための養分は，種子にたくわえられている。 | たまごの中の養分を使って育っていく。 | 母親からたいばんを通して養分などを受けとる。 |
| 養分と育ち方 | 光合成によって自分で養分をつくって育つ。 | 小さな生物を食べて育つ。 | 母親の乳を飲んで育つ。 |
| 新しい生命のつなぎ方 | 胚珠がやがて種子になって生命をつないでいく。 | たまごからかえったメダカの子は，やがて成長して親になり，生命をつないでいく。 | 生まれた子どもが成長しておとなになり，やがて子をうむことによって生命をつないでいく。 |

## ★★★ 細胞

細胞は，生物のからだをつくる最小の単位で，小さな部屋のようなものです。形や大きさはさまざまですが，つくりには共通した特ちょうがあります。ふつう，1個の細胞には1個の**核**があります。核は球形をしていて，**生命活動の中心**となっています。核のまわりを，おもに水とたんぱく質でできている**細胞質**がとり囲み，細胞質の1番外側には**細胞膜**があります。核の中には**染色体**がふくまれ，その中には，生物の形や性質を伝えるもとになる**遺伝子** [➡ P.136] がふくまれています。

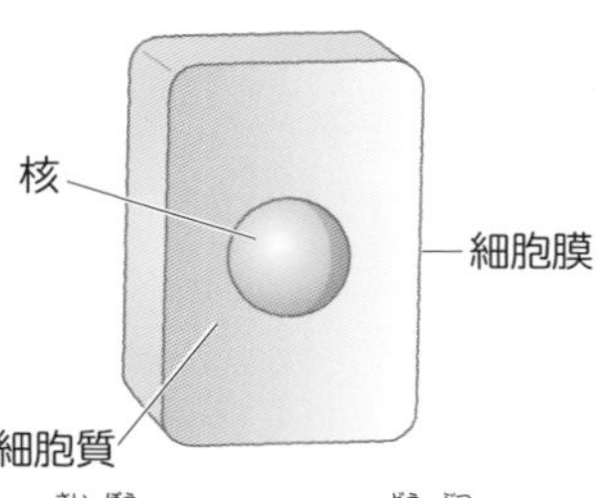

細胞のつくり（動物）

人は約37兆個の細胞でできているんだって！

## ★★★ 染色体

**細胞**が分れつするときに現れるひも状のもので，細胞の核の中にふくまれていて，さく酸カーミン液やさく酸オルセインよう液などの染色液によく染まります。染色体の中には，生物のからだの特ちょうとなる形や性質（形質）を現すもとになる**遺伝子** [➡ P.136] がふくまれています。

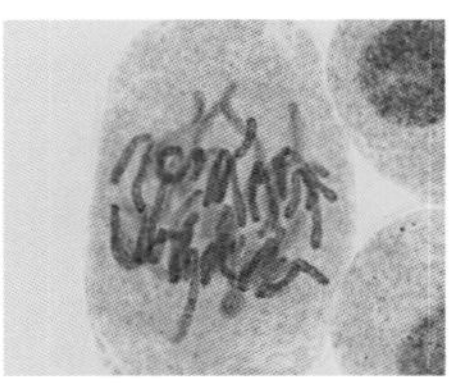
染色体　© アフロ

## ★★★ 遺伝

生物のからだの特ちょうとなる形や性質を**形質**といい，**親の形質が子に伝わることを遺伝**といいます。形質を現すもとになるものを**遺伝子** [➡ P.136] といい，遺伝子は細胞の核の中にある**染色体**にふくまれています。遺伝は，遺伝子が，親の細胞から子の細胞に受けつがれることによって起こります。このとき，親に見られなかった形質が子に現れたり，子に現れなかった形質が孫に現れたりすることがあります。

COLUMN まめ知識

**染色体の数は生物の種類によって決まっていて，人は46本，イヌは78本，ネコは38本，チンパンジーは48本あります。**

重要度 ★★★

## 遺伝子

生物のからだの特ちょうとなる形や性質を**形質**といい，**形質を現すもとになるものを遺伝子**といいます。遺伝子は細胞 [➡ P.135] の核の中にある**染色体** [➡ P.135] にふくまれています。遺伝子の本体は，**DNA（デオキシリボ核酸）**という物質であることがわかっています。DNA は，遺伝子がたくさん集まって，くさりのようにつながったものです。その生物のからだをつくり，生きていくためのすべての情報が入っています。DNA は，A，T，G，C の 4 種類の記号で表される構成要素（塩基）がつながってできていて，この構成要素によって遺伝子ができています。

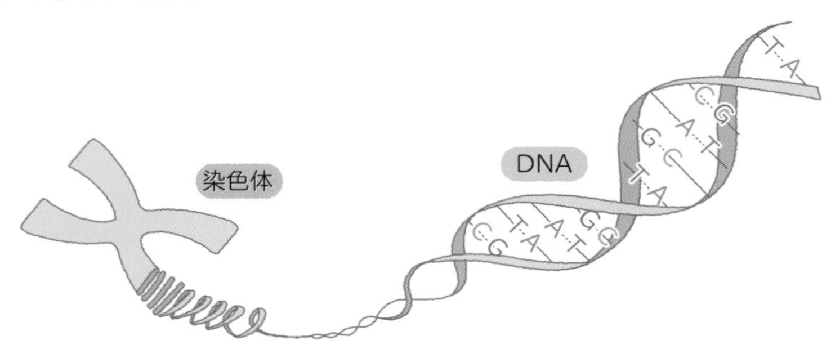


★★★

## iPS細胞（人工多能性幹細胞）

人の皮ふなどの体細胞からつくられた，いろいろな臓器 [➡ P.177] などをつくり出すことができる細胞です。

人のからだはもともと 1 個の受精卵 [➡ P.128] で，この 1 個の細胞から，脳や骨，筋肉，臓器など，多くの細胞ができます。このように，いろいろな種類の細胞になる能力をもつ細胞を**幹細胞**といいます。

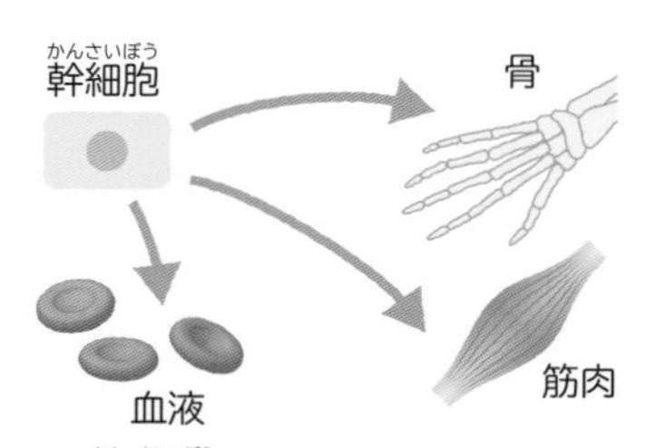


⬆ **幹細胞**

幹細胞以外の細胞（**体細胞**）は，一度，皮ふや筋肉など決まった役割の細胞になると他の細胞になることはできません。iPS 細胞は，体細胞を使って人工的につくられた，幹細胞なのです。

iPS 細胞を使って，失ったからだの一部を再生したり，病気の原因を解明することなどが期待されています。

# 3 動物のたんじょう

重要度

## ★★★ 動物の生まれ方

動物の生まれ方には，親から生まれるとき**親と似たすがたで生まれる**か，**たまごで生まれる**かの２通りがあります。親と似たすがたで生まれる生まれ方を**胎生**［➡ P.139］といい，**ほ乳類**［➡ P.184］があてはまります。たまごで生まれる生まれ方を**卵生**といい，ほ乳類以外の動物があてはまります。

乳をのむ子犬 ※

## ★★★ たまごで生まれる動物

ほ乳類以外の動物は卵生です。**魚類**，**両生類**，**は虫類**，**鳥類**の**セキツイ動物**のほか，**こん虫**や，**クモ**のなかま，ダンゴムシなどの**甲かく類**，ムカデやヤスデなどの**多足類**，イカやタコなどの**なん体動物**，ミミズなどの**かん形動物**，ウニ，ヒトデなどの**きょく皮動物**，クラゲやイソギンチャクなどの**しほう動物**などがあります。

## ★★★ 卵生

たまごで生まれる生まれ方を卵生といいます。ほ乳類以外の動物があてはまります。

サケ(魚類)のたまご ※

カメ（は虫類)のたまご ※

**●たまごのつくり**

陸上にたまごをうむは虫類と鳥類のたまごには，かんそうから守るために**からがあります**が，水中にたまごをうむ魚類や両生類のたまごにはからがありません。

**●たまごのかえり方**

たまごは，たまごの中にたくわえられている養分を使って成長し，かえります。鳥類は，親がたまごをあたためてかえし，ひながかえってからはえさをあたえるなどの世話をしますが，それ以外の動物はふつう世話をしません。

※ © アフロ

COLUMN リンク

魚類 P.182，両生類 P.182，は虫類 P.183，鳥類 P.183，セキツイ動物 P.182，こん虫類 P.187，クモ類 P.187，甲かく類 P.188，多足類 P.188，なん体動物 P.188，かん形動物 P.189，きょく皮動物 P.189，しほう動物 P.189

重要度

★★★
## 体外受精

**魚類** [➡ P.182] やカエルなどの**両生類** [➡ P.182] は，めすがうんだたまごにおすが精子をかけて受精 [➡ P.127] を行います。このような，**体外で行われる受精が体外受精**です。

★★★
## 体内受精

**は虫類** [➡ P.183]，**鳥類** [➡ P.183]，**ほ乳類** [➡ P.184] では，めすの体内におすの精子を送りこむ**交尾**という行動をして，**めすの体内で受精** [➡ P.127] **を行います。**これを**体内受精**といいます。体内受精はこん虫でも見られます。

★★★
## ニワトリのたまごのつくり

ニワトリは**体内受精**をした後，陸上にからのあるたまごをうみます。からがあるので，陸上でもかんそうしにくくなっています。たまごには，**胚**，**卵黄**，**卵白**，**カラザ**，**気室**などのつくりがあります。

**●胚**
将来，**からだ**になる部分です。

**●卵黄**
胚が育つための**養分**をふくんでいます。

**●卵白**
ほとんどが水分で，胚と卵黄を細菌などから守っています。

**●カラザ**
卵白の一種で，卵黄を中央に保ち，**胚が上を向く**ようにしています。

**●気室**
産卵前後の温度の差によってできる空気の層です。

胚
卵黄
気室
カラザ
卵白
から

**ニワトリのたまごで受精卵が育つためには空気（酸素）が必要なので，たまごのからやからの内側にあるまくは，空気を通すことができます。**

## ★★★ 胎生

受精卵 [➡ P.128] がめすの**子宮** [➡ P.132] の中で育ってから親と似たすがたで生まれます。このような生まれ方を**胎生**といい，生まれた後は親が乳をあたえるなど，世話をして育てます。人，ライオン，イヌ，ネコなどの**ほ乳類** [➡ P.184] は胎生です。

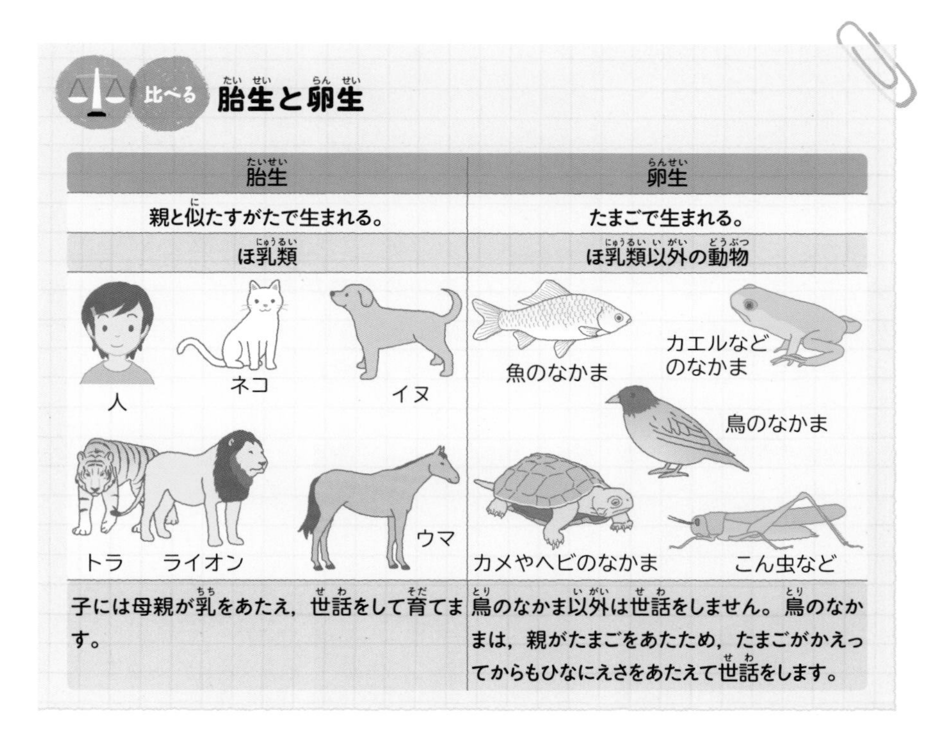

### 比べる 胎生と卵生

| 胎生 | 卵生 |
| --- | --- |
| 親と似たすがたで生まれる。 | たまごで生まれる。 |
| ほ乳類 | ほ乳類以外の動物 |
| 人　ネコ　イヌ　トラ　ライオン　ウマ | 魚のなかま　カエルなどのなかま　鳥のなかま　カメやヘビのなかま　こん虫など |
| 子には母親が乳をあたえ，世話をして育てます。 | 鳥のなかま以外は世話をしません。鳥のなかまは，親がたまごをあたため，たまごがかえってからもひなにえさをあたえて世話をします。 |

COLUMN くわしく

動物の生まれ方には卵生と胎生の2種類がありますが，グッピーやサメの一種はめすの体内で受精卵がかえって，子のすがたで生まれます。このような生まれ方を卵胎生といいます。

COLUMN

# 動物のおすとめす

動物には，おすとめすをひと目で見分けることのできる動物がいます。

ライオンは，おすにはたてがみがありますが，めすにはありません。なぜおすにたてがみがあるかというと，おすどうしでたたかうときに，頭や首を守るはたらきをしているという説があります。この説のほかにも，長くてこいたてがみは，強くてたくましいことを示しているという説もあります。強くてたくましいおすは，めすをひきつける力が大きいというわけです。

ライオン（左がめす,右がおす）

おすのシカ ※

めすのシカ ※

シカのおすには角がありますが，めすにはありません。角の大きなおすのほうが角の小さなおすより，めすをよく引きつけます。角はおすどうしでたたかうためにはえていると考えられていて，大きな角をもつおすのほうが当然強く，そのため，めすを得やすくなるのです。

クリスマスのときにおなじみのトナカイはシカのなかまですが，トナカイはおすにもめすにも角があります。

鳥類(ちょうるい)では，クジャクのおすは長くてきれいなはねをもっています。きれいなはねを広げて，めすの気を引いているのです。

ニワトリの頭にはとさかがついています。とさかは皮(ひ)ふが発達(はったつ)したかざりのための器官(きかん)で，おすにもめすにもありますが，おすのほうがめすより大きくなっています。これは，自分(じぶん)が強(つよ)く健康(けんこう)なおすであることをめすにアピールするためといわれています。

ニワトリのとさか ※

羽を広げたおすのクジャク ※

また，いっぱんに，鳥類(ちょうるい)では派手(はで)な色をしているほうがおすです。

キジ（左がおす,右がめす） ※

マガモ（左がめす,右がおす） ※

こん虫にもおすとめすの区別(くべつ)がはっきりするものがあります。クワガタやカブトムシでは，おすには角のようなものがありますが，めすにはありません。

クワガタのおす

クワガタのめす

カブトムシ（左がめす,右がおす）

# 第6章 動物のから

## 動物チャンピオン

動物は，えものをとらえるために
速く走ったりとびはねたりします。
また，敵からにげるためにも
速く走る必要があります。
きびしい自然界で生きぬくために，
そんな能力を生まれながらにもっているのです。

### スピードチャンピオン＝チーター

チーターは最も速く走ることのできる動物で，時速 110km くらいのスピードを出すことができます。しかし，長く走ることはできないので，えものを素早くしとめる必要があります。長い時間走ることのできる動物は，プロングホーンです。時速 60km 近くで走り続けることができます。

おそい代表選手はナマケモノで，時速 800m くらいです。ただし，木の上で生活しているので，ほかの動物におそわれることはあまりありません。

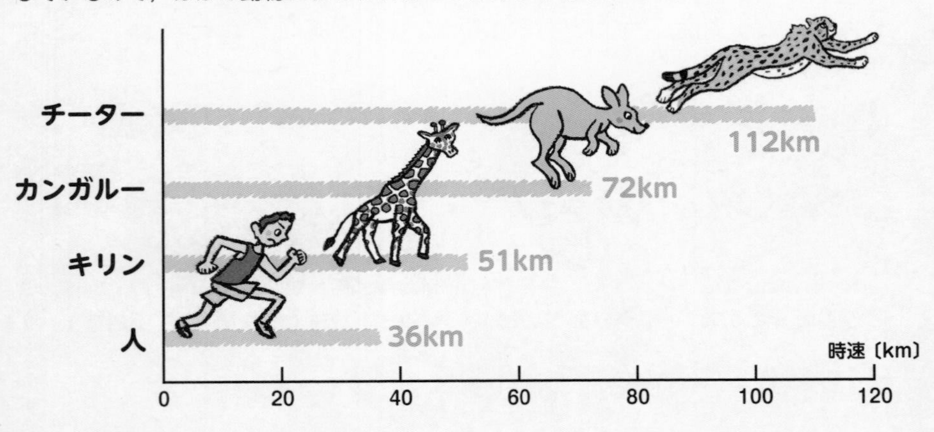

## はばとびチャンピオン＝ユキヒョウ

ネコのなかまはジャンプが得意です。最も長いきょりをジャンプできるのはユキヒョウですが，ピューマも 11m をこえることができます。

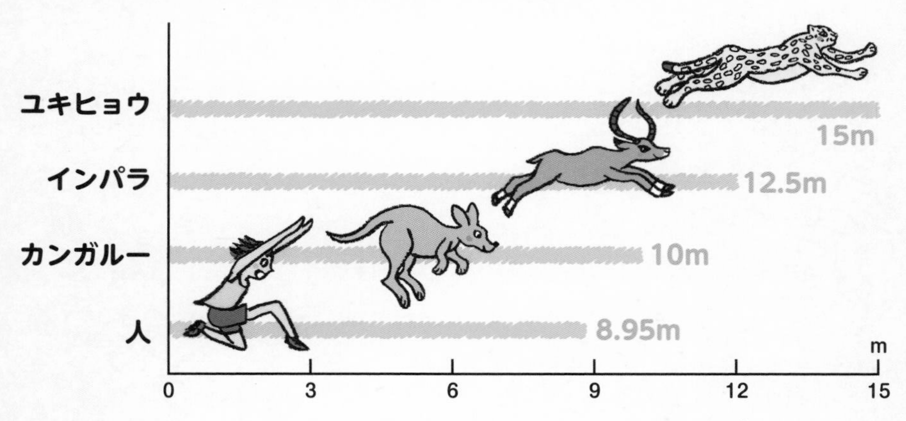


## 水泳チャンピオン＝シャチ

カバは陸上での動きはおそいのですが，水中では人よりも速く泳ぐことができます。

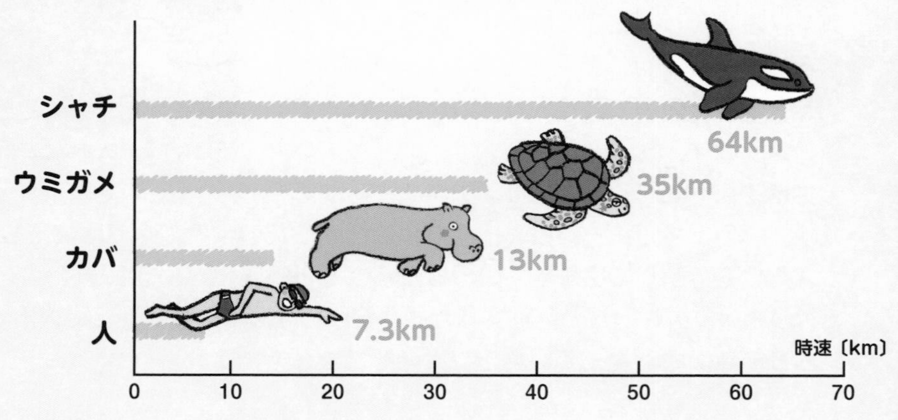

この章で学ぶこと ヘッドライン

## 人のからだが動くのはなぜ？

人は骨と筋肉を使って自由にからだを動かすことができます。

しかし，自分の意思で動かすことも止めることもできない筋肉もあります。それは，心臓や小腸などの内臓を動かしている筋肉です。

人は，からだを動かすことのほかに，五感といって，いろいろなものを感じる機能をもっています。目でものを見て，耳で音を聞き，鼻でにおいをかぎ，舌で味を感じとり，皮ふで熱さや痛さを感じます。

五感でものを感じ，感じたことから判断し，骨と筋肉でからだを動かすことによって，人は行動しているのです。[➡ P.149]

## なぜ息をしないと生きられないの？

ふだんあまり意識していませんが，私たちは息，つまり呼吸をして生きています。水泳をしたとき息つぎをするのは，酸素をとり入れるためです。酸素をからだの中にとり入れるはたらきをしているのが肺です。

※

生き物が活動するためには，エネルギーが必要です。そのエネルギーをとり出すために，からだの中の細胞では酸素を使って養分を分解しています。このはたらきも「呼吸」とよばれますが，肺で行う呼吸（外呼吸）と区別するため，細胞の呼吸（内呼吸）といいます。どちらの呼吸も，生きていく上で大切なはたらきです。[➡ P.156，158]

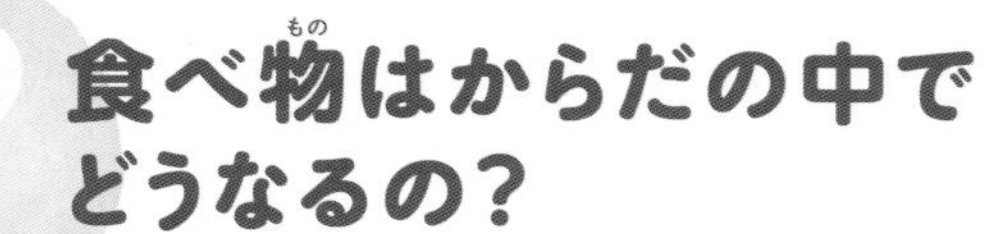

## 食べ物はからだの中でどうなるの?

人が生きていくためには，養分をとり入れる必要があります。

口からとり入れた食べ物の養分は，歯でよくかんでも，そのままの大きさでは体内に吸収されません。そこで，だんだん小さなつぶに変えられていきます。この小さなつぶに変えていくはたらきをするのが胃や小腸といった消化器官です。小さなつぶになった養分は小腸で吸収されます。

吸収された養分をからだのあらゆる部分に運んでいるのが血液です。血液によって全身に運ばれた養分は，人が生きていくためのエネルギーとして使われます。[➡ P.161，169]

## 動物には，どんな種類があるの?

動物は，背骨のあるセキツイ動物と，背骨のない無セキツイ動物の２つに大きく分けられます。

このうち，セキツイ動物は，魚類，両生類，は虫類，鳥類，ほ乳類の５つに分けられ，私たち人は，ほ乳類です。

無セキツイ動物には，こん虫類，クモ類，かたいからをもっているカニやエビなどの甲かく類や，ミミズのなかま，ウニ・ヒトデのなかま，クラゲやイソギンチャクのなかまなどがいます。

⇧ クラゲ

地球上には 100 万種以上の動物がいるといわれ，そのうちのほとんどを無セキツイ動物がしめています。[➡ P.182，187]

# 01 骨と筋肉

重要度 ★★★

## 骨

からだをさわると，かたい部分があります。このかたい部分が骨です。骨はからだを支えたり，からだの形を保ったりします。また，脳や内臓を守るほか，**筋肉** [➡ P.148] といっしょになってからだを動かすときに使います。人のからだにはおよそ 200 個の骨があり，この骨組みを**骨格**といいます。

★★★

## 骨格

いろいろな骨はたがいにかみ合ったり，**関節**などでつながったりして，複雑なつくりをしています。このようなつくりを骨格といいます。

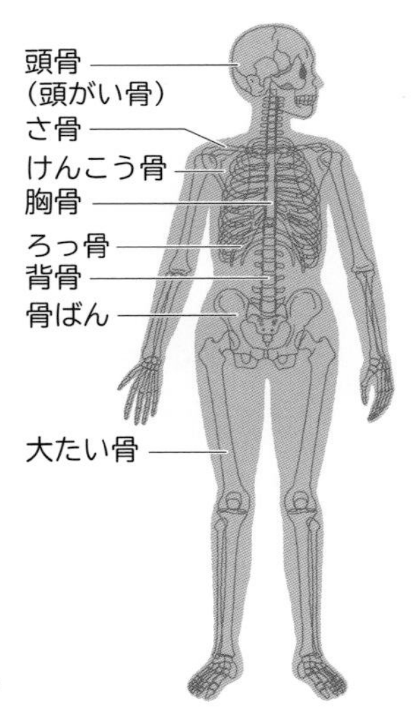


**頭骨（頭がい骨）**…**脳**を守っていて，動くことはありません。

**さ骨**…胸の上部で首のつけ根に 1 対あります。けんこう骨とともに，腕の起点になる骨です。

**けんこう骨**…腕をからだにつなぎとめる骨格の一部をなす骨です。肩の背中側にあります。

**胸骨**…胸の前面の中央にある骨で，ろっ骨やさ骨とつながっています。

**ろっ骨**…左右に 12 本ずつあって，胸骨や背骨とつながり，**心臓** [➡ P.172] や**肺** [➡ P.156] を守っています。

**背骨**…短いいくつかの骨がつながっています。つなぎ目がクッションの役目をして，1 つ 1 つが少しずつ曲がり，ゆるやかな S 字形にカーブすることで，外部からのしょうげきや体重の負担をやわらげています。

**骨ばん**…こしの部分にあり，背骨と足をつないでいます。内臓を支え，子どもをうむ女性では，**たい児** [➡ P.132] を支えるために発達しています。

**大たい骨**…ももの部分にある骨で，歩いたり走ったりするときに使われます。

COLUMN まめ知識

骨は，血液中からリンやカルシウムなどをとりこんで，かたくなったものです。

## ★★★ 骨と骨のつながり方

肩，ひじ，ひざのようなよく動く部分のつながり方を**関節**といいます。背骨やろっ骨，胸骨などは，つなぎ目に**なん骨**というやわらかい骨がついていて，少し動きます。また，頭骨のように骨どうしが組み合わさった**ほう合**という，動かないつながり方もあります。

## ★★★ 関節

手足のつけねやひじ，ひざ，くるぶしなど曲げることができるところの骨と骨のつなぎ目。2つの骨が**じん帯**で結びつけられたもので，骨と骨が向き合う部分が**なん骨**になっています。なん骨のすきまには液体（かつ液）が入っていて動きをなめらかにしています。

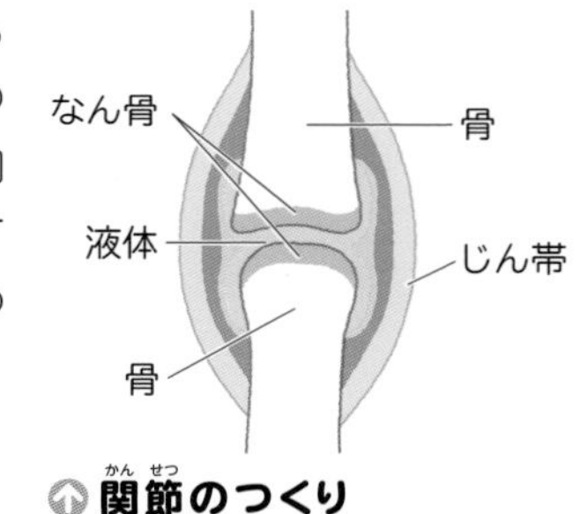


関節のつくり

## ★★★ じん帯

**関節**の部分で，骨と骨をつないでいるひも状や帯状のものです。関節がずれないように，しっかり守るはたらきをしています。

## ★★★ なん骨

骨と骨との間にあり，骨どうしがこすれ合わず，なめらかに動くはたらきをしています。背骨のつなぎ目や，ろっ骨と胸骨とのつなぎ目はなん骨でつながっています。また，耳や鼻の骨もなん骨です。

## ★★★ ほう合

頭骨のように，いくつかのとなり合った骨と骨が，ぎざぎざしたつぎ目で，ぬい合わせたようにかたくしっかりとかみ合っているつながり方をいいます。骨と骨がまったく動かないつながり方をしているため，脳をしっかりと包んで内部を守っています。

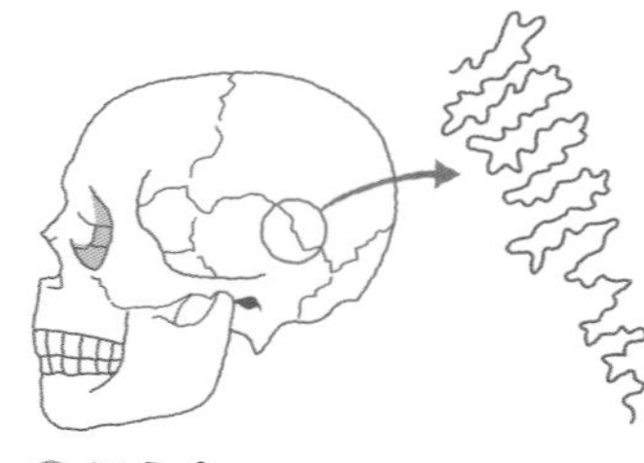

ほう合

重要度

## ★★★ 骨ずい

骨の中心部分を骨ずいといいます。骨ずいはゼリー状になっていて，ここで，**血液** [➡P.173] の成分である**赤血球** [➡P.174]，**白血球** [➡P.174]，**血小板** [➡P.174] がつくられます。

## ★★★ 筋肉

筋肉は，筋せんいとよばれる細長い**細胞** [➡P.135] の集まりです。神経からのし激の信号が伝えられると筋肉は縮んだりゆるんだりし，からだを動かすことができるのです。人のからだをつくる筋肉には，骨についている**骨格筋**，内臓を動かす**内臓筋**，**心臓** [➡P.172] を動かす**心筋**の３種類があります。

## ★★★ 骨格筋

うでや指，足，顔などについている**筋肉**で，自分の意思で動かすことができますが，つかれやすいのが特ちょうです。赤い色をしていますが，筋肉が骨についているところは白く，かたくなって**けん**とよばれます。

## ★★★ けん

**骨格筋**のはしの骨についているところで，白くかたくなっている部分です。特に，ふくらはぎの**筋肉**とかかとの骨をつなぐけんを**アキレスけん**といいます。

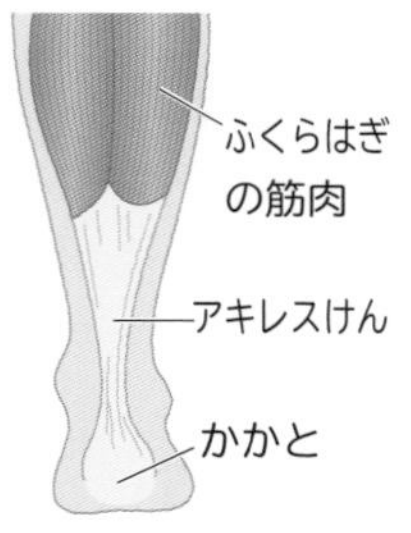


**↑アキレスけんのつながり**

## ★★★ 内臓筋

**胃** [➡P.162] や腸などの消化器管 [➡P.161] や**血管** [➡P.174] などをつくっている**筋肉**です。内臓などの，休みなく，ゆっくりとした運動をし，つかれない筋肉ですが，自分の意思で動かすことはできません。

## ★★★ 心筋

**心臓** [➡P.172] のかべをつくり，心臓の**はく動** [➡P.172] を起こす**筋肉**です。自分の意思とは無関係に動き，休むことはありません。

COLUMN まめ知識

アキレスけんは，どんなに強い人でも，このけんが切れてしまうと歩くことができません。このことから，強いものの急所をさす言葉としても使われます。

## ★★★ からだが動くしくみ

うでをのばしたり曲げたりするとき，**筋肉**が縮んだりゆるんだりして**関節**[➡P.147]の部分で**骨**[➡P.146]を動かしています。人のからだには多くの骨，筋肉，関節があり，これらがはたらいてからだを動かしたり支えたりしているのです。筋肉は対になっていて，片方が縮むとき，もう片方がゆるむことでからだを動かします。

たとえば，うでを曲げるときは，うでの内側にある筋肉が縮み，外側にある筋肉がゆるんでうでが曲がります。逆に，うでをのばすときは，うでの内側にある筋肉がゆるみ，うでの外側にある筋肉が縮んで，うでがのびます。

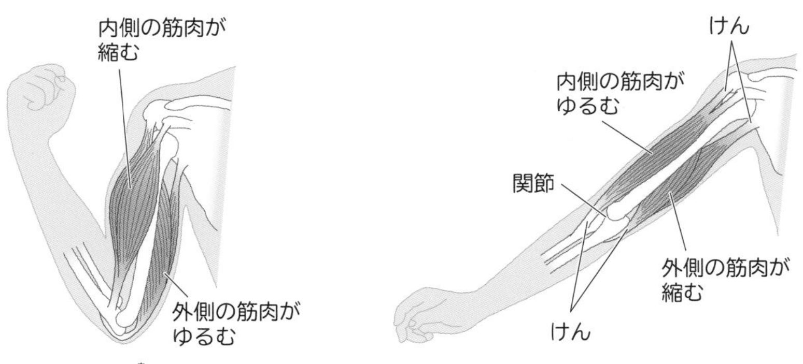


うでを曲げるとき　　うでをのばすとき

足首を動かすときも，すねの筋肉とふくらはぎの筋肉が縮んだりゆるんだりして関節の部分で骨を動かしています。

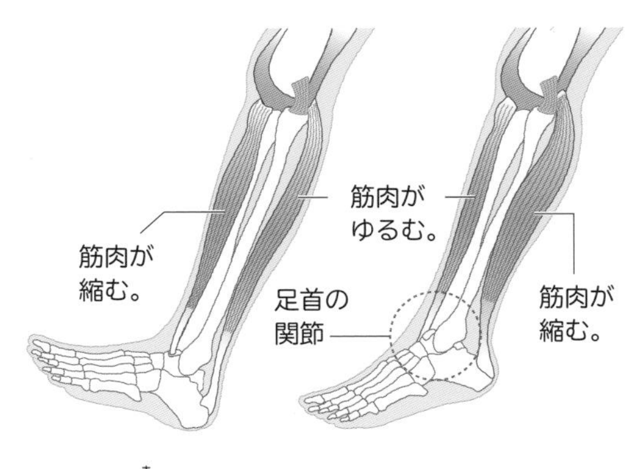


足首を曲げるとき　　足首をのばすとき

**COLUMN くわしく**

こん虫やクモは，からだの内部に骨はなく，外側にかたいからをもっています。これを外骨格といい，外骨格の内部にある筋肉で骨格を動かして運動しています。

COLUMN

# セキツイ動物の骨格が同じ！？

四本あしで歩く動物，空を飛ぶ鳥，二足歩行する人では，全体の骨格のようすはちがっています。ところが，似ている部分があるのです。

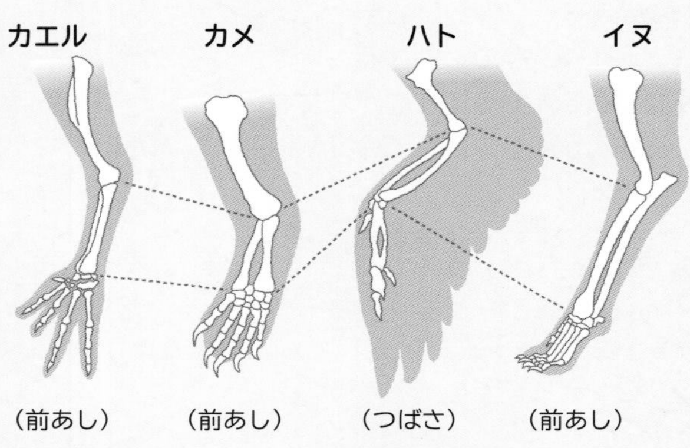


たとえば，カエル（両生類）やカメ（は虫類）の前あし，ハト（鳥類）のつばさ，イヌ（ほ乳類）の前あしでは，形やはたらきが大きくちがうのに，骨格の基本的なつくりには共通点があります。

ほ乳類だけで見ても，空を飛ぶコウモリの前あしはつばさ，水中を泳ぐクジラの前あしはひれ，二足歩行をする人の前あしはうでというように，前あしのもつはたらきは異なっています。ところが，前あしの骨格を比べると，ここでも基本的なつくりには共通点があります。

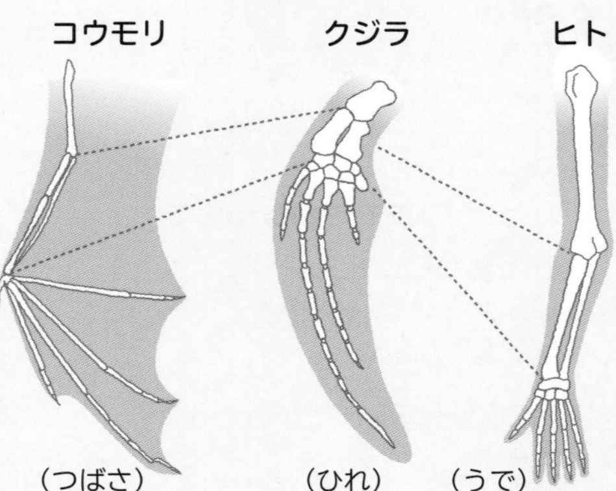


このように，同じものから変化したと考えられるからだの器官を，**相同器官**といいます。

相同器官は，同じ基本的なつくりをもつ昔のセキツイ動物が進化することによって，現在のセキツイ動物が生じてきたことを示すしょうこと考えられているのです。

# 02 感覚器官

重要度 ★★★

## し激

光や音，においなど，外から生物にはたらいて，生物が感じとれるものをし激といいます。受けとったし激は**神経**を通って**脳**に伝わり，初めてし激として感じとることができます。

★★★

## 感覚

光や音，においなどの**し激**を感じとることを感覚といいます。目で見る感覚を**視覚**，耳で聞く感覚を**ちょう覚**，鼻でにおいを感じる感覚を**きゅう覚**，舌で味わう感覚を**味覚**，皮ふでふれたものを感じる感覚を**しょっ覚**といいます。

★★★

## 感覚器官

光や音などの，外からのし激を受けとる器官を感覚器官といいます。光を感じる目，音を感じる耳，においを感じる鼻，味を感じる舌，温度やいたさ，圧力などを感じる皮ふがあります。感覚器官は，し激の種類に応じて，それぞれのし激を受けとりやすいつくりになっています。

★★★

## 目のつくりとはたらき

目は，**角まく，ひとみ，こうさい，レンズ（水晶体），ガラス体，もうまく，視神経** [➡ P.152] などからできています。角まく，ひとみを通った光は，レンズでくっ折 [➡ P.538] して，もうまく上に像 [➡ P.535] を結びます。もうまくで光のし激は信号に変えられ，視神経を通って脳へ伝わり，脳で初めてものが見えたと判断するのです。

目は，ものの形や色，ようすを感じとることができるので，動物が行動するときに重要なはたらきをしています。

重要度

## ★★★ 角まく

眼球の最も前にあるとう明なまくで，レンズを保護しています。

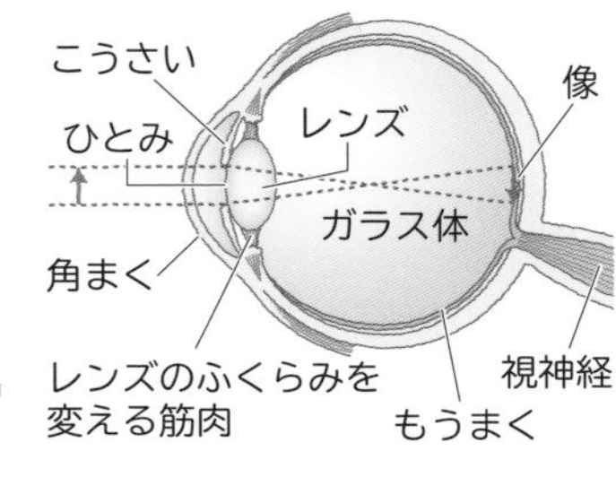


目のつくり

## ★★★ ひとみ

**どうこう**ともいい，**角まく**を通った光が目の**レンズ**に入る部分です。こうさいのはたらきでひとみの大きさが変化します。

## ★★★ こうさい

ひとみのまわりにある，**目に入る光の量を調節**している部分です。のびたり，縮んだりして，ひとみの大きさを変えることで，光の量を調節しています。

<明るいとき> <暗いとき>

ひとみ

こうさい

こうさいが広くなり，ひとみが小さくなる。

こうさいがせまくなり，ひとみが大きくなる。

ひとみの大きさの変化

## ★★★ レンズ（水晶体）

**とつレンズ** [➡P.542] のようなはたらきをし，角まくを通った光をくっ折させ，像をもうまく上に結びます。もうまく上に像ができるように，レンズのまわりの筋肉で厚さを調節できるようになっています。

## ★★★ ガラス体

眼球の中を満たしているとう明で半流動性のものです。これによって眼球の形が保たれ，光の乱反射を防いでいます。

## ★★★ もうまく

光を受けとる細胞（視細胞）があるうすいまくで，レンズでくっ折した光が**像を結ぶところ**です。視細胞でし激を信号に変えます。像は上下左右が実物と逆になっていますが，信号が脳に伝えられると，実物と同じ向きに見えるようになります。

## ★★★ 視神経

**もうまく**からの信号を，脳へ伝えています。

COLUMN くわしく

**もうまくにうつった像は，光が消えたあとでもすぐには消えず，ごく短い時間（数十分の1秒）は残っています。このことを残像といいます。**

## ★★★ 耳のつくりとはたらき

耳は，耳たぶと音を**こまく**まで導く**外耳道**からなる外耳と，こまくや**耳小骨**からなる中耳，**うずまき管**や**半規管**からなる内耳でできています。音を感じとったり，からだの回転やかたむきを感じたりするはたらきがあります。

## ★★★ 外耳道

耳たぶに集められたいろいろな方向からの音を，**こまく**まで導く通り道です。

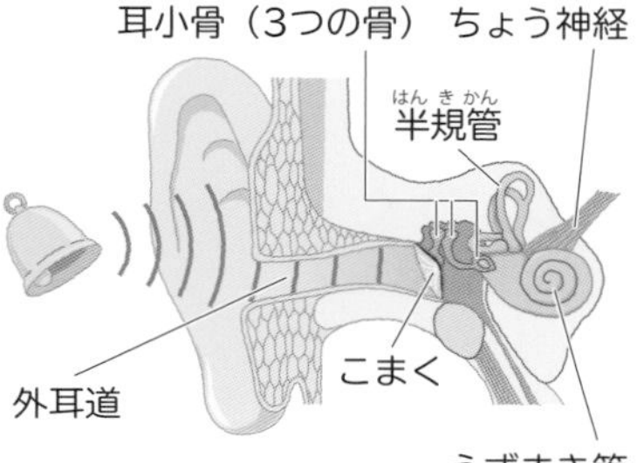


耳のつくり

## ★★★ こまく

外耳と中耳の境目にあるまくです。**外耳道**に入った音のしん動が，こまくを打ってしん動し，**耳小骨**に伝わります。

## ★★★ 耳小骨

**こまく**と**うずまき管**をつなぎ，こまくのしん動をうずまき管に伝える小さな骨です。

## ★★★ うずまき管

カタツムリのからのような形をしているので，かたつむり管ともいわれます。音のし激を受けとり，信号に変える**細胞** [➡ P.135]（ちょう細胞）があるところです。中にリンパ液（**血液** [➡ P.173] の液体成分が**リンパ管** [➡ P.170] に入ったもの）が入っていて，リンパ液のしん動を信号に変えてちょう神経に伝えます。

## ★★★ 半規管

三半規管ともいい，からだのかたむきや回転を感じる部分です。暗やみの中で乗り物に乗って回っても，その動きを知ることができるのは，この器官のはたらきによるものです。

## ★★★ ちょう神経

**うずまき管**からの信号を，脳に送る神経です。

重要度

★★★
## 鼻のつくりとはたらき

鼻は，**呼吸**のときの空気の通り道になるだけではなく，においのし激を受けとる**感覚器官** [➡ P.151] でもあります。このにおいの感覚を**きゅう覚**といいます。鼻は，鼻の穴（鼻こう）と，それに続く空どう（鼻くう）という部分からできていて，鼻のおくのほうに，においの物質を受けとる細胞（きゅう細胞）があります。

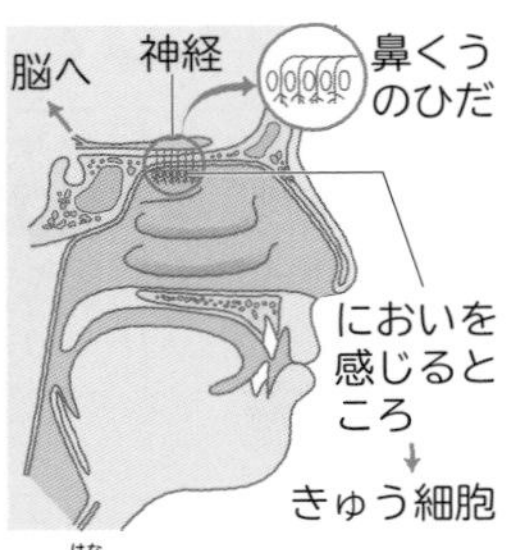

鼻のつくり

★★★
## 舌のつくりとはたらき

舌は，口に入れた食物をだ液とよく混ぜるはたらきをするだけではなく，味によるし激を受けとる**感覚器官** [➡ P.151] でもあります。舌の表面には，小さなとっ起がたくさんあり，その表面に味細胞の集まった**味覚芽**が分布しています。味覚芽に，水にとけた物質が作用すると，そのし激が味神経によって脳に伝えられ，味の感覚が引き起こされるのです。

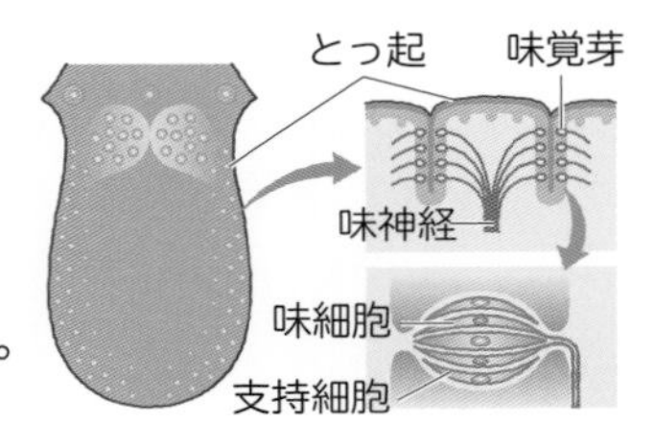

舌のつくり

★★★
## 皮ふのつくりとはたらき

皮ふには，じょうぶな表皮があり，水分の蒸発を防いでいます。また，**かんせん**があり，あせを出して不要な物質を放出したり，**体温の調節**を行ったりしています。これらのはたらきのほか，皮ふは**感覚器官** [➡ P.151] でもあります。皮ふには，痛み，あたたかさ，冷たさ，圧力を感じる点があります。

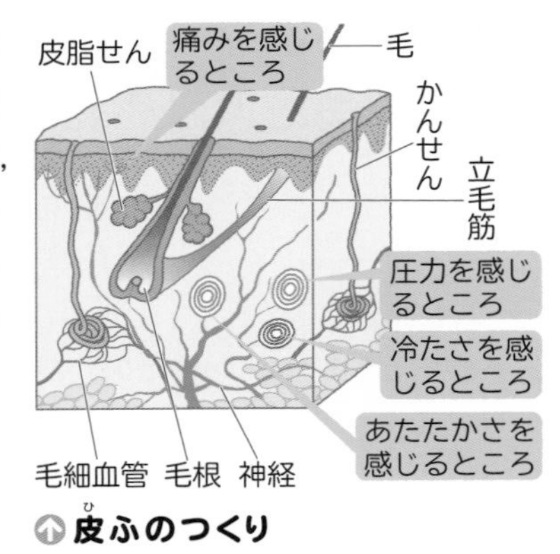

皮ふのつくり

# 03 呼吸

## ★★★ 呼吸

動物や植物が**酸素** [➡P.516] を吸って，**二酸化炭素** [➡P.518] や水をはき出すことを**呼吸**といいます。人やウサギなどでは**肺** [➡P.156] で，魚は**えら** [➡P.159] で呼吸を行っています。

### 比べる 吸う空気とはいた空気

| | 吸う空気 | はいた空気 |
|---|---|---|
| 二酸化炭素 | 少ない（約0.04%） | 多い（約4%） |
| 酸素 | 多い（約21%） | 少ない（約17%） |
| ちっ素 | 変わらない（約78%） | 変わらない（約78%） |
| 水蒸気 | 少ない | 多い |

はいた空気に二酸化炭素，水蒸気が多いのは，呼吸によってつくられたためです。はいた空気に酸素が少ないのは，呼吸で使われたからです。なお，ちっ素は呼吸に関係しないので変化しません。

### <吸う空気とはいた空気のちがいを調べる実験>

方法
① ポリエチレンのふくろを２つ用意し，１つのふくろには吸う空気（まわりの空気）を入れ，もう１つのふくろにははいた空気を入れる。
② それぞれのふくろに石灰水を入れてよくふり，石灰水のようすを比べる。

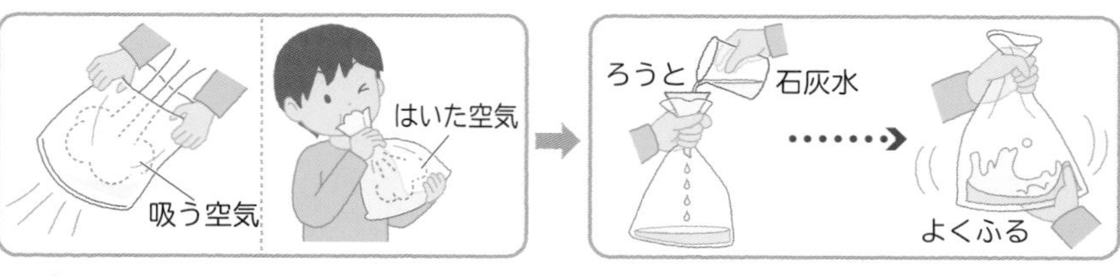

結果
吸う空気では石灰水はほとんど変わらなかったが，はいた空気では石灰水が**白くにごった。**

石灰水が白くにごったことから，**はいた空気には二酸化炭素が多くふくまれている**ことがわかります。

COLUMN くわしく

**呼吸の役割は，とり入れた酸素を使って体内の養分を燃やし，熱や活動のエネルギーをとり出すことです。このとき，二酸化炭素と水が出るので，不要物として出されます。**

重要度

## ★★★ 気管

のどのおくから**気管支**までの空気が通る管。**なん骨**[➡P.147]でできていて，内側はねんまくでおおわれています。

## ★★★ 気管支

**気管**が枝状に分かれて気管支となります。気管支の先は，小さなふくろ状の**肺ほう**につながっています。

## ★★★ 肺

肺は，**肺ほう**がたくさん集まってできています。肺で，体内に必要な**酸素**と，体内で出された**二酸化炭素**が交換されます。肺ほうがあることで，**肺の表面積が非常に大きくなり，気体の交換が効率よく行われます。**

## ★★★ 肺ほう

**肺**の中で，さらに細かく枝分かれした気管支の先についている，小さなふくろ状のつくり。肺ほうのまわりには，**毛細血管**[➡p.175]がとりまいていて，肺ほうに入った空気中の**酸素**[➡P.516]の一部は，毛細血管を流れる血液中にとり入れられます。また，血液によって運ばれてきた**二酸化炭素**[➡P.518]は，肺ほうに出されます。

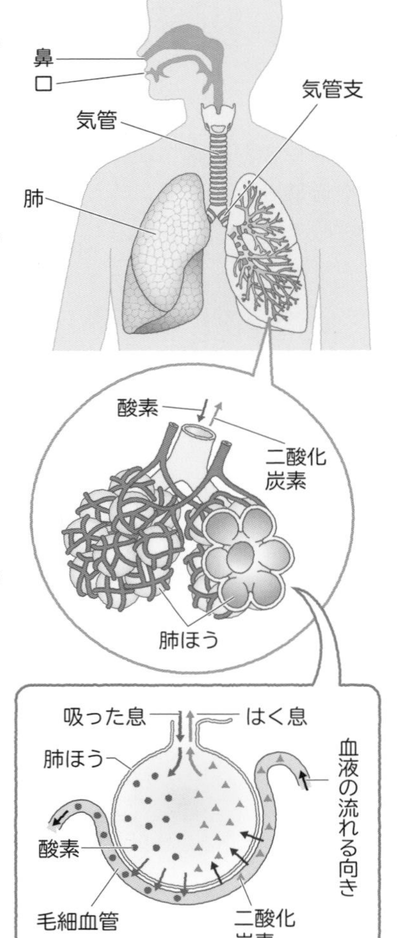


肺のつくり

## ★★★ 肺呼吸

**ほ乳類**[➡P.184]や，**鳥類**[➡P.183]，**は虫類**[➡P.183]が行う**肺**で行われる呼吸を，肺呼吸といいます。**両生類**[➡P.182]の親は肺呼吸をしますが，肺呼吸だけでは不じゅうぶんなので，**皮ふ**でも呼吸をしています。

COLUMN まめ知識

せいいっぱい息を吸いこんでからはき出すことのできる空気の量を，肺活量といいます。成人の男性で，肺活量は約 3000～4000cm³ くらいです。

## ★★★ 呼吸運動

肺には**筋肉** [➡ P.148] がないので，肺自身はふくらんだり縮んだりすることはできません。**ろっ骨** [➡ P.146] と，**横かくまく**というまくのはたらきで，胸の空間を広くしたりせまくしたりすることで，肺がふくらんだり縮んだりして，空気が出入りしているのです。

## ★★★ 横かくまく

胸とおなかの境目をつくる，まく状の厚みのある**筋肉** [➡ P.148] です。横かくまくが上下することが，肺に空気が出入りすることに役立っています。

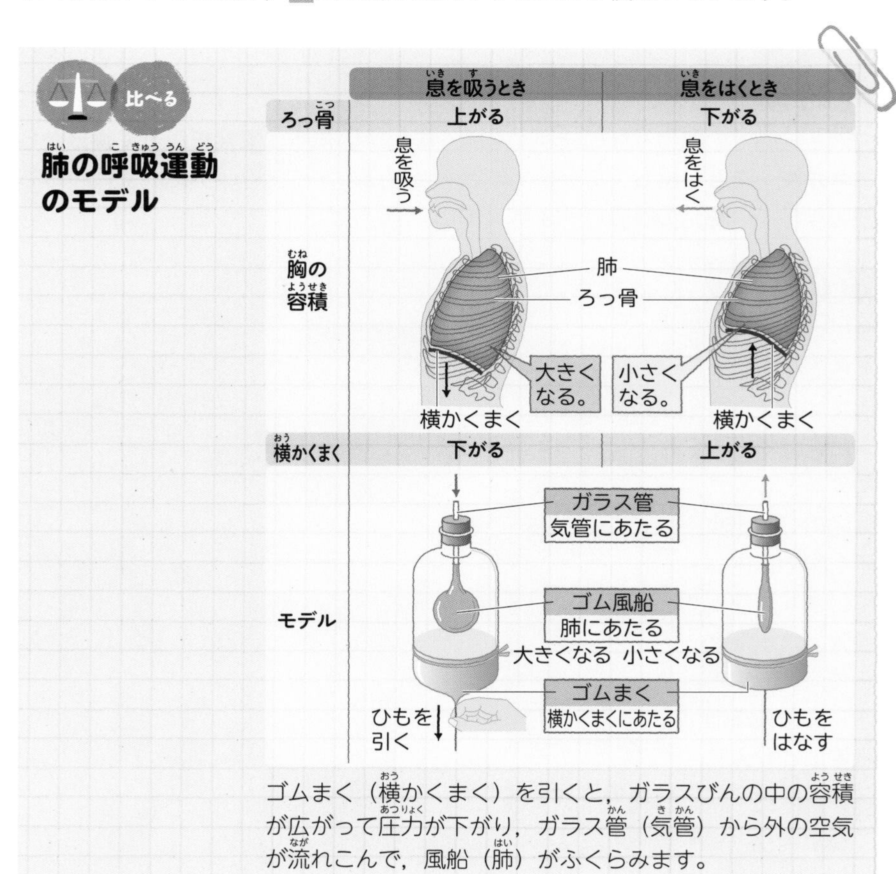


ゴムまく（横かくまく）を引くと，ガラスびんの中の容積が広がって圧力が下がり，ガラス管（気管）から外の空気が流れこんで，風船（肺）がふくらみます。

**COLUMN まめ知識**

呼吸運動には2種類あります。横かくまくを大きく動かして呼吸するのが腹式呼吸，横かくまくをあまり動かさないでろっ骨とろっかん筋を使って呼吸するのが胸式呼吸です。

重要度 ★★★

## 細胞の呼吸

血液中にとり入れられた**酸素** [➡ P.516] は，細胞に運ばれ，養分からエネルギーをとり出すことに使われています。このはたらきが**細胞の呼吸**です。このとき，**二酸化炭素** [➡ P.518] と**水**ができ，これが肺に運ばれて，肺から出されます。

**養分 + 酸素 → 二酸化炭素 + 水 + エネルギー**

★★★

## 外呼吸

**呼吸器官**(人では**肺**)で行われる，外と血液との間で行われる気体の交かんを外呼吸といい，体内に酸素をとり入れ，二酸化炭素や水を体外に出しています。

★★★

## 内呼吸

血液と細胞との間の気体の交かんを内呼吸といいます。**酸素を使って養分からエネルギーをとり出し**，二酸化炭素と水ができます。内呼吸は細胞で行われる呼吸なので，**細胞の呼吸**ともよばれます。

★★★

## 魚の呼吸

魚には肺がなく，**えら**で呼吸しています。えらで水にとけている酸素をとり入れ，体内の二酸化炭素を水中に出しています。口から入った水がえらを通るとき，水中の酸素を血液中にとり入れ，二酸化炭素を血液から出しています。

●水を吸いこむときと出すときの，口とえらの開き方に注意しよう。

口は開いている。
水を吸いこむ
えらは閉じている。
口は閉じている。
水を出す
えらは開いている。
水の通り方
口
えら

**魚の呼吸のようす**

COLUMN まめ知識

水中にとけている酸素は，空気中の酸素よりはるかに少なくなっています。魚が水面で口をパクパクさせているときは，水中の酸素が不足しています。

## ★★★ えら

魚の場合は，**えらぶた**の内側にあります。えらは，くしの歯が細かくなったようなつくりをしていて，そのすき間を水が通りぬけます。また，えらにはたくさんの**毛細血管** [➡P.175] が通っています。えらがくしのようにたくさん分かれているのは，**えら全体の表面積を大きくするため**です。人の**肺** [➡P.156] にたくさんの**肺ほう** [➡P.156] があるつくりになっていることと同じ理由です。

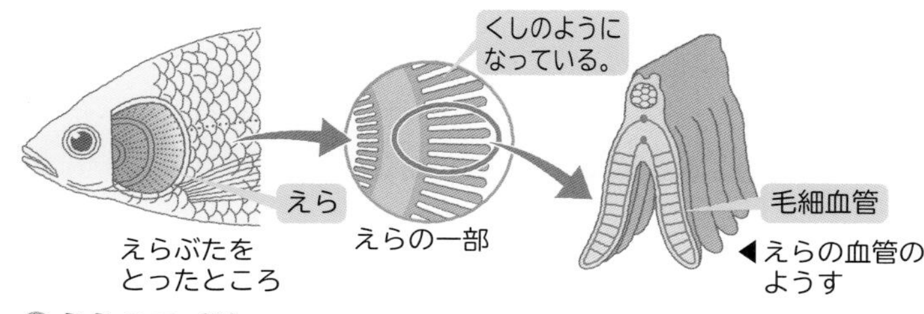


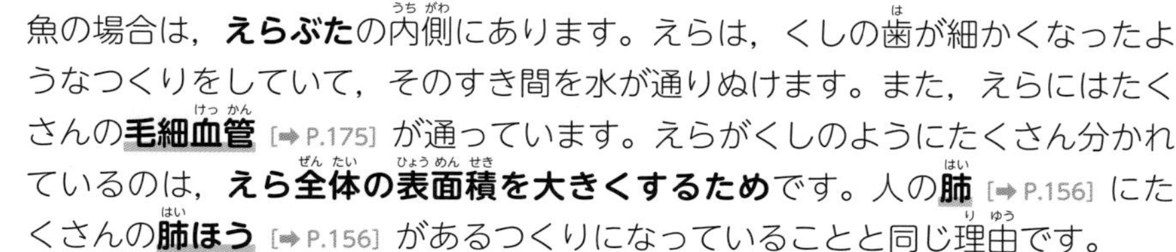

えらのつくり

## ★★★ えら呼吸

魚のように，**えら**で呼吸することをえら呼吸といいます。**両生類** [➡P.182] は，子のとき（カエルの場合はおたまじゃくし）はえら呼吸をしています。また，エビやカニ，貝のなかまもえら呼吸をします。

## ★★★ 皮ふ呼吸

**両生類** [➡P.182] は，子のときは水中で生活するためえら呼吸をし，親になるとえらはなくなり**肺呼吸** [➡P.156] をします。しかし，肺がじゅうぶん発達していないので，皮ふ呼吸も行っています。皮ふ呼吸をするためには皮ふが常にしめっていなければならないため，親になっても水辺で生活します。

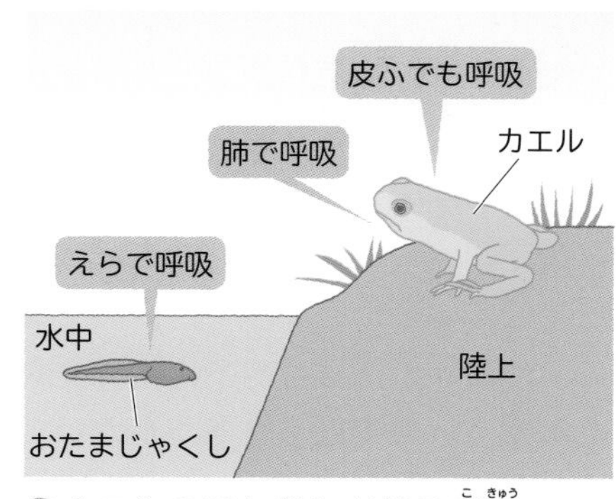


カエルの子と親における呼吸

COLUMN くわしく

皮ふ呼吸は，両生類だけでなく人でも行われています。しかし，人が皮ふ呼吸でとり入れる酸素の割合は約 0.6%と非常に小さいです。

# クジラの潮ふき

※

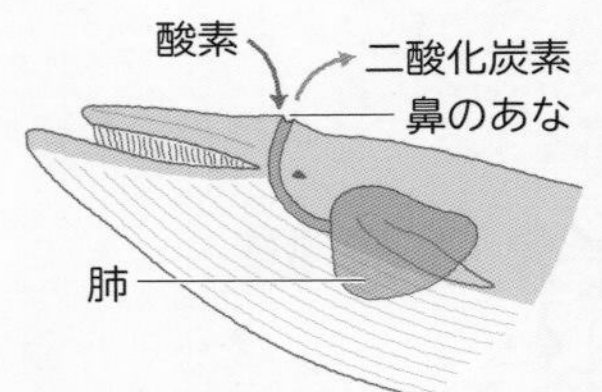


クジラの呼吸

クジラは海にすんでいますが，人やイヌなどと同じように，赤ちゃんをうみ，母親の乳で育てるほ乳類です。そのため，魚とちがって，水の中で息ができるつくりにはなっていません。人と同じように，肺呼吸をしているのです。空気を吸ったりはいたりするときは，海面に鼻を出して行い，このとき潮ふきという現象が見られます。つまり，クジラの潮ふきというのは，クジラが肺から出した息なのです。

たとえば，私たちがプールで息を止めて泳いでいて，顔を水から出したとたん息をはきますが，これと同じようなことです。潮ふきというと，海水をふん水のようにふき上げていると考えている人が多いのですが，それはまちがいです。ただ，海面に出てすぐに空気をはき出すために，まだからだについている海水や，鼻のあなのくぼみにたまっている海水が，きりのようにふき飛ばされて，白く見えるのです。また，寒いときは，まわりの気温より息のほうがあたたかいので，よけいに白く見えます。

潮ふきの大きさや形は，クジラの種類によってだいたい決まっていて，潮ふきを見ただけでクジラの種類がわかる人もいます。地球上で最大の動物であるシロナガスクジラ（体長 25～30m くらい）の潮ふきはすさまじく，10～15m もふき上げます。

# 04 消化と吸収

## 1 消化のはたらき

重要度 ★★★

### 消化

口から入った食べ物を，かみくだいたり，混ぜたり，**消化液** [➡ P.164] で分解したりすることにより，小さくして**からだに吸収されやすい養分に変化させる**はたらき。食べ物の中の養分には，**でんぷん（炭水化物）** [➡ P.163]，**たんぱく質** [➡ P.163]，**しぼう** [➡ P.163]，ビタミンなどがあり，炭水化物，たんぱく質，しぼうを**三大栄養素** [➡ P.163] といいます。

★★★

### 消化管

**口→食道→胃→小腸→大腸→こう門**までの食べ物の通り道で，ひと続きの管になっています。食べ物の養分は，消化管を通る間に，**消化液** [➡ P.164] のはたらきによって小さくされ，からだに吸収されやすいじょうたいに変化していきます。

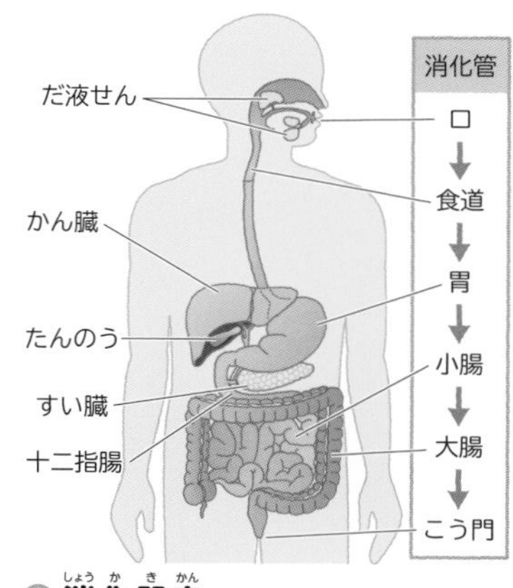


⬆ 消化器官

### 消化器官

食べ物の消化に関係している器官全体をいいます。口→食道→胃→小腸→大腸→こう門と続く**消化管**のほかに，これらの器官に**消化液** [➡ P.164] を出す，**だ液せん**，**かん臓** [➡ P.162]，

**たんのう** [➡ P.162]，**すい臓** [➡ P.162] があります。

### 口

食べ物を歯でかんで細かくします。だ液せんから出た**だ液** [➡ P.164] が，**でんぷん** [➡ P.163] を分解します。

COLUMN まめ知識

人の消化管の長さは，身長の約5倍あります。ウシやウマのような草を食べる動物（草食動物）の場合，草は消化されにくいので，消化管が長くなっています。

重要度

## ★★★ 食道

口から**胃**に食べ物を送る管で，消化のはたらきは行っていません。食道の**筋肉** [➡ P.148] が波打つように縮むぜん動運動で，食べ物を胃に送っています。

## ★★★ 胃

大きなふくろのような形をしています。胃のかべから**胃液** [➡ P.166] を出して，**たんぱく質**を最初に**消化** [➡ P.161] しています。

## ★★★ かん臓

かん臓は,次のようなはたらきをしています。

①**たんじゅう**（たん液） [➡ P.166] という消化液 [➡ P.164] をつくる。

②**ブドウ糖** [➡ P.168] をたくわえる。

③有害なアンモニアを，害の少ない**にょう素** [➡ P.180] に変える。

④体内の有害物質を分解して無害にする。

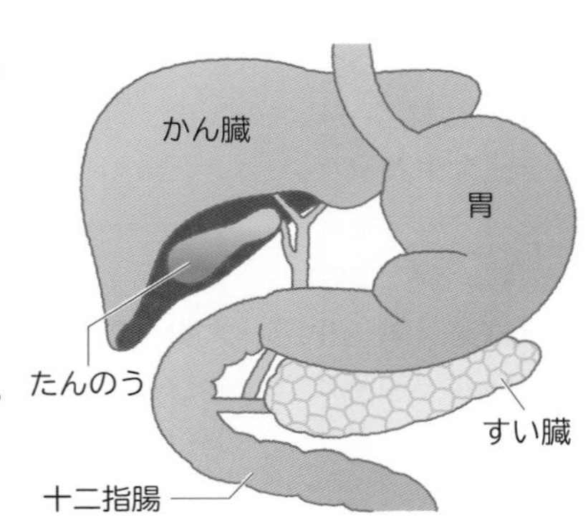


## ★★★ たんのう

**かん臓**でつくられた**たんじゅう（たん液）** [➡ P.166] をたくわえているところです。たんじゅうは**消化こう素** [➡ P.166] をふくんでいませんが，**しぼう**の消化 [➡ P.161] を助けるはたらきをしています。

## ★★★ すい臓

**胃**の下側にあり，**すい液** [➡ P.166] という消化液を出します。すい液によって，**でんぷん**，**たんぱく質**，**しぼう**が消化されます。

## ★★★ 十二指腸

**胃**からつながり，**小腸**のはじめの25cmくらいまでの部分をさします。ここには，**すい臓**からの**すい液** [➡ P.166] と，**かん臓**でつくられ，たんのうにたくわえられた**たんじゅう** [➡ P.166] が出されます。

COLUMN くわしく

かん臓は人のからだの中で最も大きな臓器で，前から見ると三角形をしています。糖分は，かん臓でグリコーゲンという物質に変えられてたくわえられています。[➡吸収された養分のゆくえ P.170]

## ★★★ 小腸

長い管で，**胃**とつながっている最初の部分は**十二指腸**といいます。小腸の内部のかべにはひだが多くあり，ひだの表面には**じゅう毛（じゅうとっ起）**[➡P.169]とよばれるとっ起があって，ここから，水とともに，消化された**養分が吸収**されます。[小腸のつくり➡P.169]

## ★★★ 大腸

**小腸**から続いている管で，小腸より太くなっています。小腸で吸収されなかったものが送られてきて，おもに**水分を吸収**します。

## ★★★ こう門

残ったものが，便（ふん）として，こう門からからだの外に出されます。

## ★★★ 三大栄養素

食べ物にふくまれる養分のうち，**でんぷん（炭水化物），たんぱく質，しぼう**を三大栄養素といいます。でんぷんとしぼうはエネルギーのもとになり，たんぱく質はからだをつくるもとになります。

## ★★★ でんぷん（炭水化物）[➡P.073]

たくさんの**ブドウ糖**[➡P.168]が結合してできている物質で，動物の活動や熱の**エネルギー源**として使われます。コメやムギ，イモなどに多くふくまれています。植物の**光合成**[➡P.109]によって水と**二酸化炭素**[➡P.518]からつくられます。

## ★★★ たんぱく質

多数の**アミノ酸**[➡P.168]が結合してできている物質で，おもに，生物の**筋肉**[➡P.148]や**血液**[➡P.173]などの，**からだをつくる材料**として使われます。肉や魚，たまご，ダイズに多くふくまれています。

## ★★★ しぼう

動物の活動や熱の**エネルギー源**として使われ，余分なものは**皮下しぼう**としてたくわえられます。肉のあぶら身，ゴマ・アブラナの種子に多くふくまれます。

生命編
第1章 こん虫
第2章 季節と生き物
第3章 植物の育ち方
第4章 植物のつくりとはたらき
第5章 魚や人のたんじょう
第6章 動物のからだ
第7章 生物とかん境

重要度 ★★★

## 消化液

食べ物の養分を小さくして，からだに吸収されやすいじょうたいに変化させる液のことです。**だ液**，**胃液** [➡P.166]，**たんじゅう** [➡P.166]，**すい液** [➡P.166]，**腸液** [➡P.166] があります。消化液は，次のように，種類によって出されるところとはたらく養分が決まっています。

●**だ液せん**（だ液を出す器官）…口に**だ液**を出す。
●**胃せん**（胃液を出す器官）…胃に**胃液**を出す。
●**かん臓** [➡P.162] …**たんじゅう**を出す。たんじゅうは**たんのう** [➡P.162] に一時たくわえられ，その後，小腸の最初の部分（**十二指腸** [➡P.162]）に出される。
●**すい臓** [➡P.162] …小腸の最初の部分（十二指腸）に**すい液**を出す。
●**腸せん**…小腸に**腸液**を出す。

**消化液がはたらく養分**

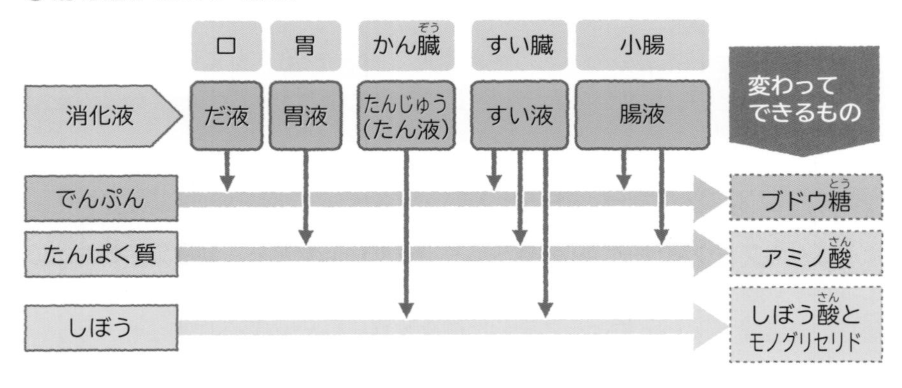


★★★

## だ液

だ液は，耳の下やあごにある**だ液せん**というところから出され，**でんぷん** [➡P.163] はだ液のはたらきによって**消化** [➡P.161] されて別のもの（ばくが糖など）に変えられます。このため，でんぷんを多くふくむごはんを長くかんでいると，あまく感じてきます。また，だ液は，食べ物を飲みこみやすくするはたらきもあります。

## ★★★ だ液のはたらきを調べる実験

**だ液**は**でんぷん** [➡ P.163] を別のもの（ばくが糖など）に変えるはたらきがあります。でんぷんは**ヨウ素液** [➡ P.073] で青むらさき色に変化することから，だ液のはたらきをヨウ素液を使って調べることができます。

**方法**
① うすいでんぷんの液を少量ずつ入れた試験管㋐，㋑を用意します。
② ㋐にはだ液を加え，㋑にはだ液と同じ量の水を加えてよくふります。
③ 約40℃の湯で5分ほどあたためます。
④ ㋐，㋑の試験管にヨウ素液を加えて，色の変化を観察します。

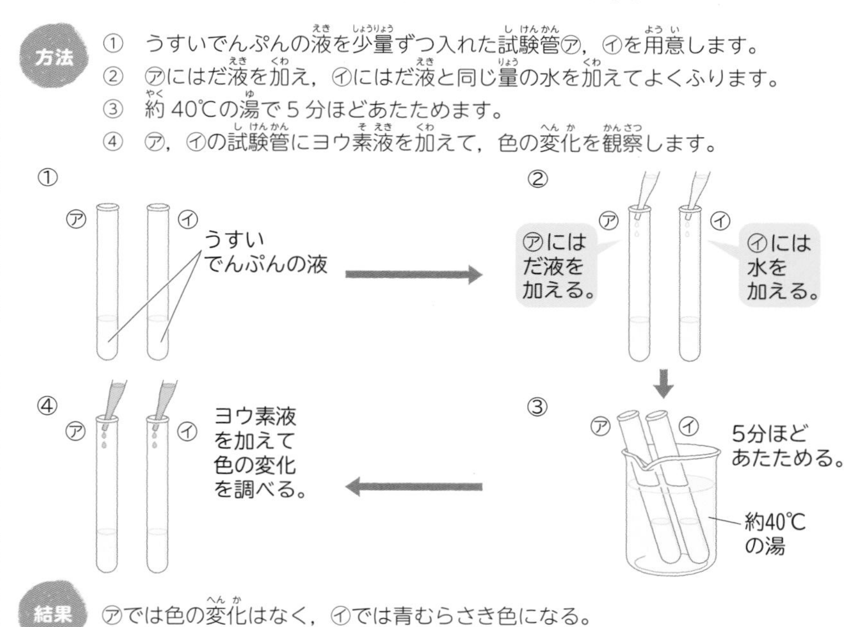


**結果** ㋐では色の変化はなく，㋑では青むらさき色になる。

**だ液を加えた試験管㋐ではでんぷんはなく，水を加えた試験管㋑ではでんぷんがある**ことから，**だ液はでんぷんを別のものに変える**はたらきがあることがわかります。

## ★★★ ベネジクト液

ばくが糖などにベネジクト液を加えて加熱すると，**赤かっ色のちんでん**ができます。上の実験の**でんぷん** [➡ P.163] の液に**だ液**を加えてできた物質にベネジクト液を加えて加熱すると，赤かっ色のちんでんができます。このことから，**でんぷんはだ液によって別のもの（ばくが糖など）に変えられた**ことがわかります。

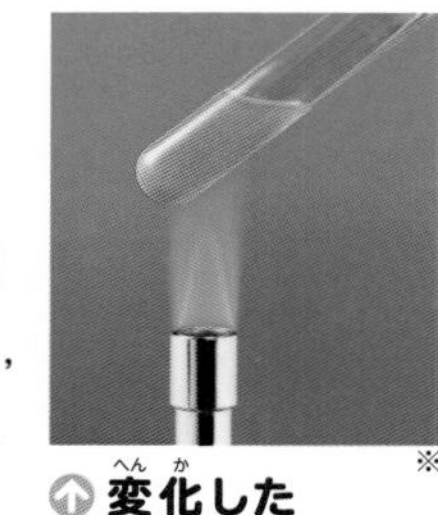
※
⬆ **変化したベネジクト液**

**だ液のはたらきを調べる実験で，約40℃の湯であたためるのは，人の体温と同じくらいの温度に保ち，だ液がよくはたらくようにするためです。**

重要度

★★★
## 胃液

**胃** [➡ P.162] に出される**消化液** [➡ P.164] で，**ペプシン**という**消化こう素**をふくみ，**たんぱく質** [➡ P.163] **を最初に消化**します。胃液は**塩酸** [➡ P.477] をふくんだ**酸性** [➡ P.476] の強い液で，胃液によって食べ物をさっきんしています。

★★★
## たんじゅう（たん液）

**かん臓** [➡ P.162] でつくられる**消化液** [➡ P.164] で，**たんのう** [➡ P.162] にたくわえられます。たんじゅうには**消化こう素**はふくまれていませんが，**しぼう** [➡ P.163] **の消化を助ける**はたらきがあります。

★★★
## すい液

**すい臓** [➡ P.162] から小腸の最初の部分（十二指腸）に出される消化液です。**アミラーゼ**，**トリプシン**，**リパーゼ**，**マルターゼ**，**ペプチダーゼ** [➡ P.168] などの**消化こう素**をふくみ，**でんぷん** [➡ P.163]，**たんぱく質** [➡ P.163]，**しぼう** [➡ P.163] を消化します。

★★★
## 腸液

小腸の腸せんという器官から出される液で，**マルターゼ**，**ペプチダーゼ**などの**消化こう素**によって，**でんぷん** [➡ P.163]，**たんぱく質** [➡ P.163] をさらに消化します。

★★★
## 消化こう素

**消化液** [➡ P.164] にふくまれ，養分を小さなつぶに分解する物質です。わずかな量で多量の養分を分解し，消化こう素自身は養分の分解の前後で**変化せず**，**決まった養分にしかはたらかない**という性質をもっています。なお，消化こう素は人の体温に近い，**30〜40℃**のときによくはたらきます。

★★★
## アミラーゼ

**だ液** [➡ P.164] にふくまれる**消化こう素**で，でんぷんを**ばくが糖**に分解するはたらきをもっています。アミラーゼは**すい液**にもふくまれています。

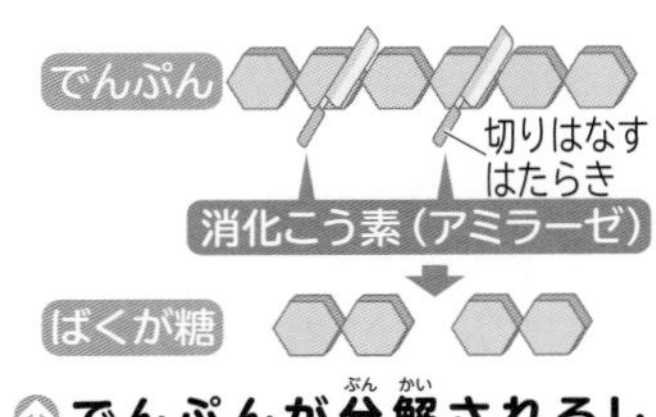

でんぷんが分解されるしくみ

COLUMN くわしく

腸液は消化こう素をふくみますが，それは腸せんから出たものではなく，小腸のかべにある消化こう素が混ざったものです。

## ★★★ ペプシン

胃せんという器官から，**胃** [➡P.162] に出される**胃液**にふくまれている**消化こう素**で，**たんぱく質** [➡P.163] を**ペプトン**という物質に分解します。

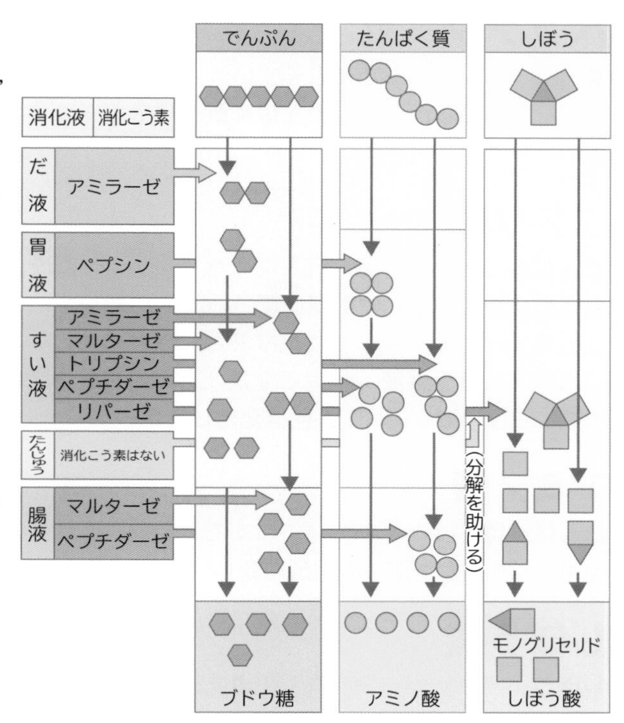


消化液・消化こう素と養分の分解

## ★★★ トリプシン

**すい臓** [➡P.162] から出される**すい液**にふくまれている**消化こう素**です。**たんぱく質** [➡P.163] が**ペプシン**によって分解されてできたペプトンをさらに分解します。

## ★★★ リパーゼ

**すい臓** [➡P.162] から出される**すい液**にふくまれている**消化こう素**で，**しぼう** [➡P.163] を**しぼう酸** [➡P.168] と**モノグリセリド** [➡P.168] に分解します。

## ★★★ マルターゼ

**すい臓** [➡P.162] から出される**すい液**や，**小腸** [➡P.163] のかべの表面にある**消化こう素**です。でんぷんがアミラーゼによって分解されてできた**ばくが糖**を**ブドウ糖** [➡P.168] に分解しています。

COLUMN くわしく

胃はたんぱく質でできていますが，強い酸性の胃液にはとけません。これは，胃が胃液を出すときに粘液を出して，胃のかべを守っているからです。

重要度

## ★★★ ペプチダーゼ

**すい臓** [➡P.162] から出される**すい液** [➡P.166] や，**小腸** [➡P.163] のかべにある**消化こう素** [➡P.166] で，**たんぱく質** [➡P.163] をさらに**アミノ酸**に分解しています。

## ★★★ ブドウ糖

**でんぷん** [➡P.163] が分解されてできた最終の物質で，**小腸** [➡P.163] の**じゅう毛（じゅうとっ起）**の**毛細血管** [➡P.175] に吸収されます。ブドウ糖に**ベネジクト液** [➡P.165] を加えて加熱すると，赤かっ色のちんでんができます。なお，でんぷんに**ヨウ素液** [➡P.073] を加えると**青むらさき色に変化**しますが，ブドウ糖にヨウ素液を加えても**色は変化しません。**

## ★★★ アミノ酸

**たんぱく質** [➡P.163] が分解されてできた最終の物質で，**小腸** [➡P.163] の**じゅう毛（じゅうとっ起）**の**毛細血管** [➡P.175] に吸収されます。

## ★★★ しぼう酸

**しぼう** [➡P.163] が分解されてできた最終の物質の１つで，**モノグリセリド**とともに**小腸** [➡P.163] の**じゅう毛（じゅうとっ起）**に入ると，再びしぼうになって**リンパ管** [➡P.170] に吸収されます。

## ★★★ モノグリセリド

**しぼう** [➡P.163] が分解されてできた最終の物質の１つで，**しぼう酸**とともに**小腸** [➡P.163] の**じゅう毛（じゅうとっ起）**に入ると，再びしぼうになって**リンパ管** [➡P.170] に吸収されます。

COLUMN まめ知識

ブドウ糖は水にとけやすく，あま味をもっています。血液中にもふくまれていますが，果実やはちみつにもふくまれています。

# 2 消化された養分の吸収



## ★★★ 小腸のつくり

**小腸**の内側のかべには，多数のひだがあり，ひだの表面は**じゅう毛**というとっ起でおおわれています。じゅう毛の内部には多くの**毛細血管**や**リンパ管**が分布していて，消化された養分は，じゅう毛の毛細血管やリンパ管に吸収されます。

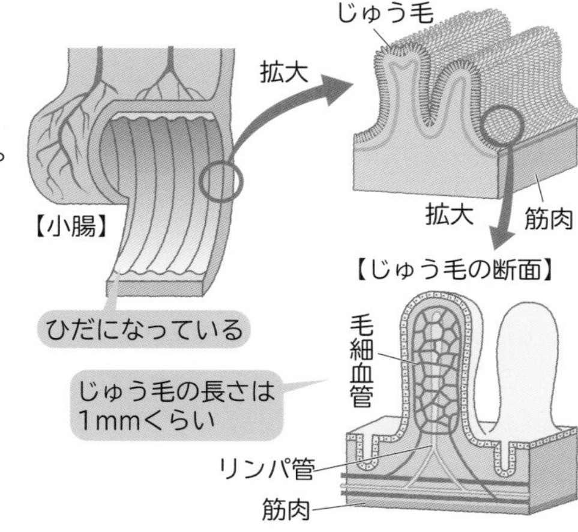

小腸のつくり

## ★★★ じゅう毛(じゅうとっ起)

小腸の内側のひだにある無数のとっ起で，ひだをおおっています。長さが1mmくらいで，無数にあることによって**小腸の表面積を大きくし，養分を効率よく吸収することに役立**っています。

## ★★★ 消化された養分の吸収

**でんぷん**は**ブドウ糖**に分解されて，**小腸**の**じゅう毛**の**毛細血管**に吸収されたあと，**門脈**という血管を通って**かん臓**に運ばれます。

**たんぱく質**は**アミノ酸**に分解されて，**小腸**の**じゅう毛**の**毛細血管**に吸収されます。**しぼう**は**しぼう酸**と**モノグリセリド**に分解されて，**小腸**の**じゅう毛**内に吸収されると，また**しぼうに合成**され，**リンパ管**に吸収されます。

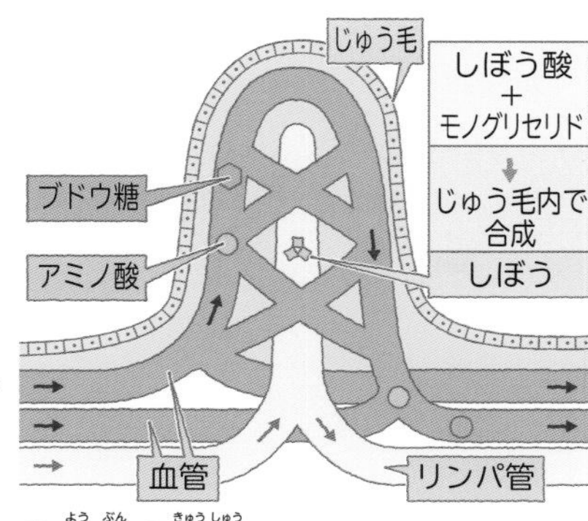

養分の吸収

でんぷん（炭水化物）P.163，小腸 P.163，毛細血管 P.175，かん臓 P.162，たんぱく質 P.163，しぼう P.163，リンパ管 P.170

重要度 ★★★

## 吸収された養分のゆくえ

**でんぷん** [➡P.163] が分解されてできた**ブドウ糖** [➡P.168] は，**かん臓** [➡P.162] に運ばれると，一部は**グリコーゲン**というものに変えられてたくわえられ，残りは全身に運ばれます。グリコーゲンは，からだが必要としたときにブドウ糖に変えられて利用されています。

**たんぱく質** [➡P.163] が消化されてできた**アミノ酸** [➡P.168] は，**かん臓**に運ばれてから全身に運ばれます。

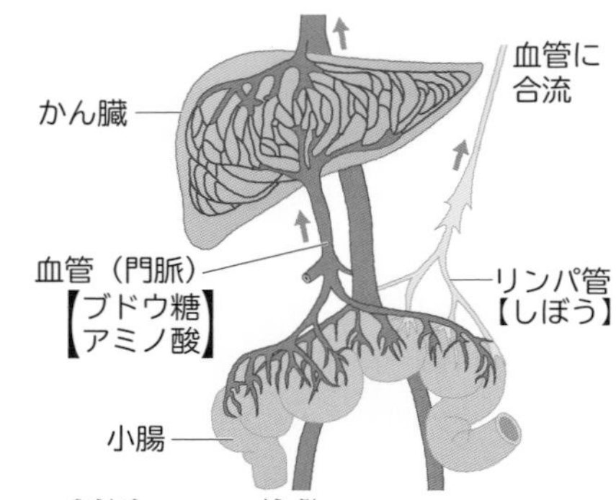


吸収された養分のゆくえ

**しぼう** [➡P.163] が消化されてできた**しぼう酸** [➡P.168] と**モノグリセリド** [➡P.168] は，**じゅう毛** [➡P.169] で吸収されると再びしぼうになり，**リンパ管**に入ります。そして，太いリンパ管を通って太い血管に入り，全身に運ばれます。しぼうが余ったときは，**皮下しぼう**などとしてたくわえられます。

★★★

## リンパ管

からだのいたるところに枝分かれして分布している管で，中には**リンパ液**という液体が流れています。小腸で吸収された，**しぼう** [➡P.163] の通り道にもなります。多数のリンパ管が集まって，最後には首のあたりで**静脈** [➡P.175] に合流しています。下半身と左上半身のリンパ管が集まって，太くなったものを特に，**胸管**といいます。

COLUMN くわしく

うでや足のつけねの部分，首の部分などのリンパ管には，リンパ節というかたまりがあります。

# 魚と鳥の消化管

魚の消化管は，胃と腸の区別がはっきりしない管状になっているものが多く，口から入った食べ物は，その管を通る間に消化されます。このことは，下の魚を解ぼうした図にあるように，食べ物が口に近いほうではあまり消化されていなくて，こう門に近いほうではほとんど消化されていることからわかります。

解ぼうのしかた

①こう門から，はさみの先のとがったほうをさしこんで，背中のほうに少し切る。
②一度はさみをぬき，こんどは先の丸いほうを入れて，腹のかべを左の図の点線のように切っていく。

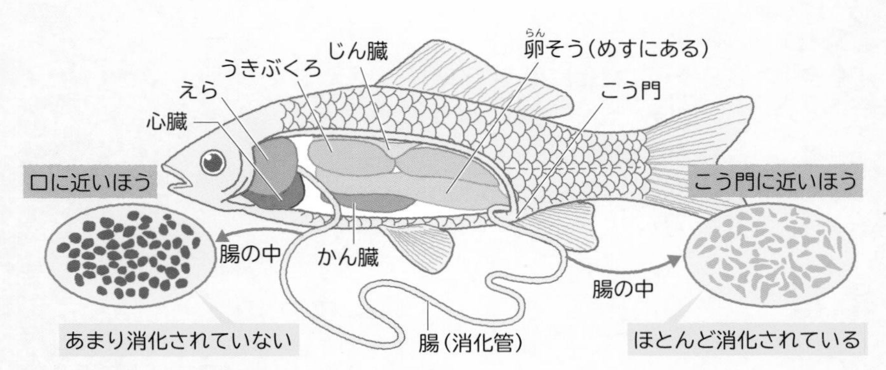


鳥は，口からこう門まで，人と同じような消化管のつくりをしていますが，胃の部分には石のつぶや砂が入っている砂のうというふくろがあります。砂のうのかべは，じょうぶで厚い筋肉でできています。鳥には歯がありません。このため，食べ物は，砂のうで細かくくだかれ，消化されやすいようになっています。つまり，砂のうは歯のかわりをしているのです。

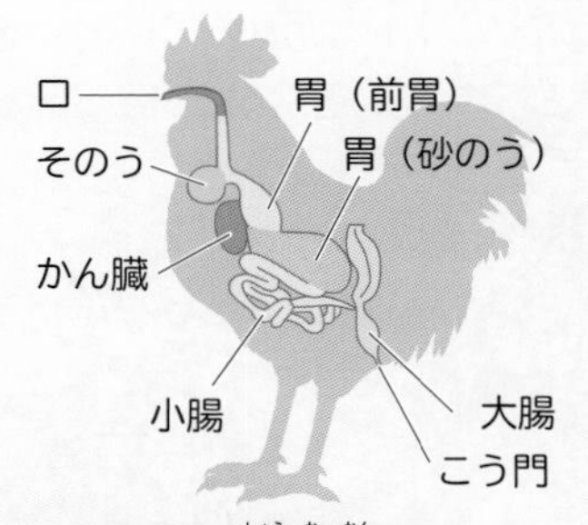


↑ニワトリの消化管

# 05 心臓と血液

## 1 心臓と血液・血管

重要度

### ★★★ 心臓

心臓は，胸のやや左下にある，**心筋** [➡P.148] という筋肉でつくられたにぎりこぶしくらいの大きさのふくろ状の器官です。内部は４つの部屋に分かれ，規則正しく縮んだりふくらんだりする運動（**はく動**）によって，**血液を全身に送り出すポンプの役目**をしています。また，血液の逆流を防ぐために，**弁**がついています。

### ★★★ 心ぼう

心臓の４つの部屋のうち，上側の２つの部屋です。全身から**二酸化炭素** [➡P.518] を多くふくんだ血液が流れこむ**右心ぼう**と，**肺** [➡P.156] から**酸素** [➡P.516] を多くふくんだ血液が流れこむ**左心ぼう**があります。

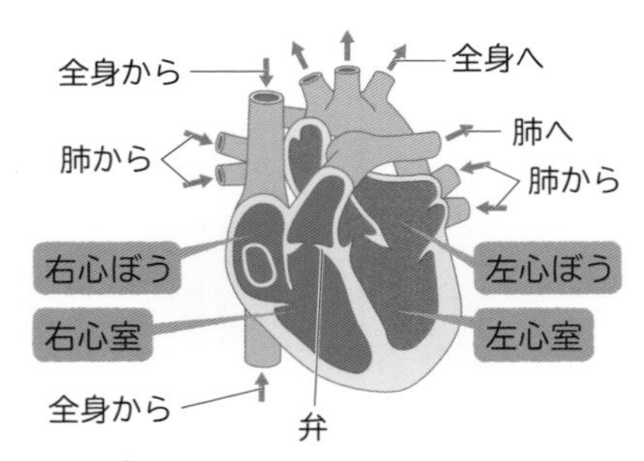


心臓のつくり

### ★★★ 心室

心臓の４つの部屋のうち，下側の２つの部屋です。右心ぼうからの血液が流れこみ，肺へ血液を送り出す**右心室**と，左心ぼうからの血液が流れこみ，全身へ血液を送り出す**左心室**があります。

### ★★★ はく動

心ぼうと心室は，かわるがわる縮んだりふくらんだりしています。このことを**はく動**といいます。縮んだときにそれぞれの部屋から血液が送り出され，ふくらんだときにそれぞれの部屋に血液が流れこみます。心臓のはく動は，手首や首すじなどで，**脈はく**として感じることができます。

COLUMN くわしく

心ぼうより心室，右心室より左心室のかべの筋肉が厚くなっています。これは，左心室から全身へ血液が送り出されるため，強い力で血液を送り出すのに適したつくりといえます。

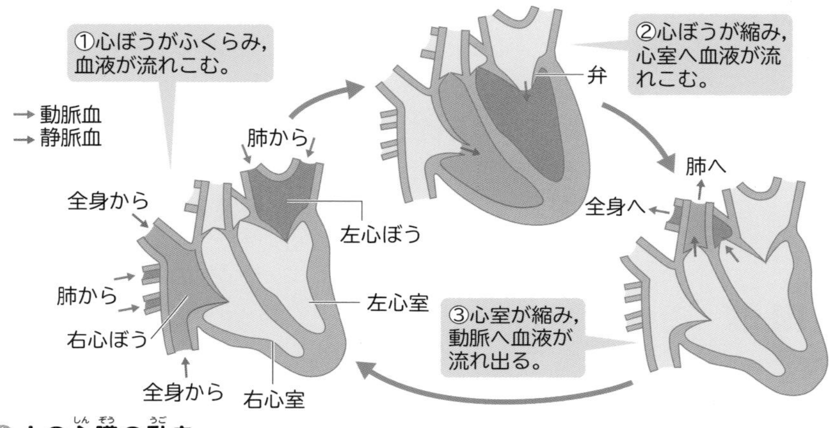


人の心臓の動き

## ★★★ 脈はく

心臓の**はく動**によって**血液**が**動脈** [➡P.175] に送り出されるとき，**血圧**（心臓の収縮による圧力）の変化が波となって伝わります。これが**脈はく**です。手首や首すじで感じとることができます。

脈はくのとり方 ※

## ★★★ 血液

血液は，うすい黄色のとう明な液体成分の**血しょう** [➡P.174] と，固形成分の**血球**からできています。血球には，**赤血球** [➡P.174]・**白血球** [➡P.174]・**血小板** [➡P.174] の３つがあります。血球は**骨ずい** [➡P.148] などでつくられます。血液は，からだに必要な酸素や養分，不要な二酸化炭素やにょう素 [➡P.180] などを運ぶはたらきをしています。

COLUMN まめ知識

血液の量は，大人で体重の 7～8％くらいです。体重が 60kg の人では血液の量は約4～5Lとなりますが，その場合一度に約1Lを失うと，生命が危ないとされています。

重要度

## ★★★ 赤血球

血液[⇒P.173]の固形成分で，中央がくぼんだ円ばん状の形をしています。**ヘモグロビン**という赤色の色素をふくんでいて，血液が赤いのはそのためです。ヘモグロビンは，**酸素**[⇒P.516]**の多いところ**（**肺**[⇒P.156]）**では酸素と結びつき，酸素の少ないところ**（**細胞**[⇒P.135]）**では酸素をはなす**性質をもっています。赤血球は，ヘモグロビンのこの性質によって，**酸素を全身に運んで**います。

## ★★★ 白血球

血液[⇒P.173]の固形成分。アメーバのように自由に動いて，からだの中に入ってきた**細きんなどを食べて殺す**はたらきをしています。赤血球よりも数はとても少なく，いくつかの種類があります。

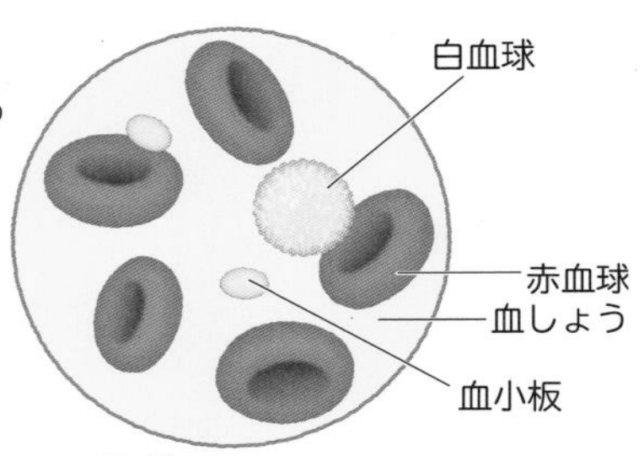


↑血液をつくるもの

## ★★★ 血小板

血液[⇒P.173]の固形成分。きず口から血液が出たとき，**血液をかたまらせ**，血管のきず口をふさぐはたらきをしています。

## ★★★ 血しょう

うすい黄色のとう明な，血液[⇒P.173]の液体成分で，大部分が水です。**小腸**[⇒P.163]から吸収された養分，**細胞の呼吸**[⇒P.158]で出された**二酸化炭素**[⇒P.518]や**にょう素**[⇒P.180]などが血しょうにとけこんで，運ばれていきます。

## ★★★ 血管

**血液**[⇒P.173]が流れる管を血管といい，からだの中のいたるところに枝分かれして分布しています。**心臓**[⇒P.172]に近い部分の血管は太く，先にいくほど細くなっています。心臓から送り出される血液が流れる血管を**動脈**といい，心臓にもどる血液が流れる血管を**静脈**といいます。動脈は枝分かれしてしだいに細くなり，やがてあみ目状の**毛細血管**となり，静脈につながっています。

**COLUMN まめ知識**

**血液には，A型・B型・AB型・O型などの血液型があって，生まれたときから一生変わりません。これらの血液の間には，輸血できる場合とできない場合があります。**

## ★★★ 動脈

**心臓から送り出される血液**が流れる血管。かべが厚く，だん力性があります。多くはからだの深い部分を通っていて，脈を打っています。

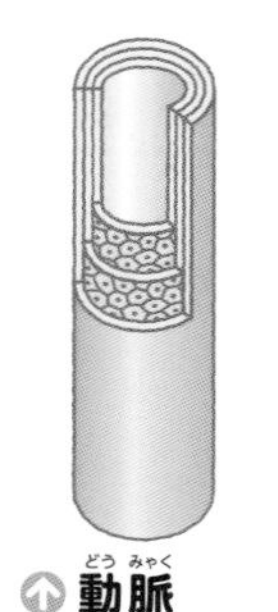

↑**動脈**

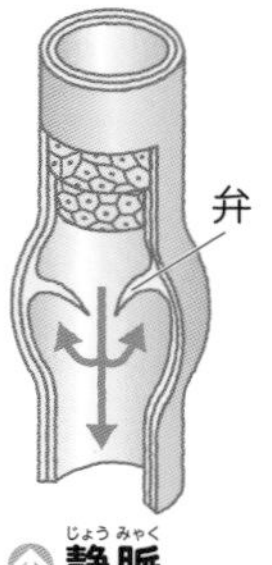


↑**静脈**

## ★★★ 静脈

**心臓にもどる血液**が流れる血管。動脈より血管のかべがうすく，からだの表面近くを通っています。ところどころに**血液の逆流を防ぐ弁**があります。

## ★★★ 毛細血管

からだの各部に，あみの目のようになって分布している血管。**動脈**は枝分かれし，しだいに細くなってやがてあみ目状の毛細血管となり，**静脈**につながっています。毛細血管のかべは非常にうすく，**血しょう**は毛細血管からしみ出すことができ，血液と細胞の間での酸素と二酸化炭素，養分と不要なもののやりとりは，毛細血管のうすいかべを通して行われます。

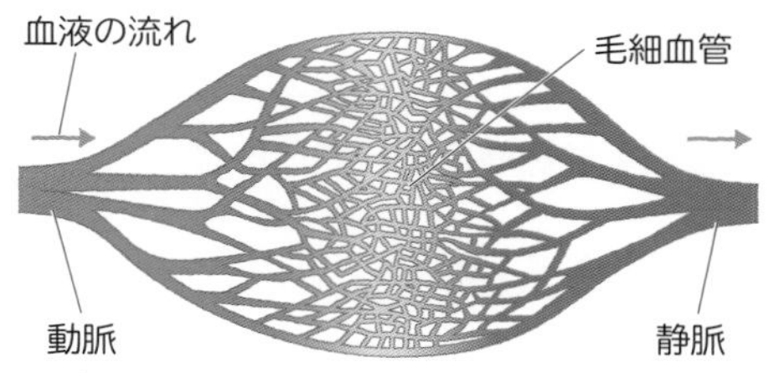


## ★★★ 動脈血

**酸素** [➡P.516] **を多くふくんだ血液**を動脈血といい，**あざやかな赤色**をしています。**肺** [➡P.156] で**酸素**を受けとって，**心臓** [➡P.172] の**左心ぼう**に送られる血液が流れる血管（**肺静脈** [➡P.176]）と，**左心室**から全身に送り出される血液が流れる血管（**大動脈** [➡P.176]）を流れています。

## ★★★ 静脈血

**酸素** [➡P.516] を失い，**二酸化炭素** [➡P.518] **を多くふくんだ血液**を静脈血といい，**暗い赤色**をしています。全身から**心臓** [➡P.172] の**右心ぼう**にもどる血液が流れる血管（**大静脈** [➡P.176]）と，**右心室**から**肺** [➡P.156] へ送られる血液が流れる血管（**肺動脈** [➡P.176]）を流れています。

COLUMN くわしく

**毛細血管には，暑いときには血液がたくさん流れて，からだの熱をにがすようにし，寒いときには血液があまり流れないようにして，熱がにげないようにするはたらきがあります。**

# 2 血液のじゅんかん

重要度

## ★★★ 血液のじゅんかん

血液 [➡ P.173] が，心臓 [➡ P.172] のはたらきで全身をめぐることを血液のじゅんかんといいます。**体じゅんかん**と，**肺じゅんかん**の２つがあります。

## ★★★ 体じゅんかん

血液が心臓から出て，肺以外の全身をめぐり，心臓にもどるじゅんかんです。全身に**酸素や養分をあたえ，二酸化炭素や不要物を受けとります。**

**心臓（左心室）➡大動脈➡全身の毛細血管➡大静脈➡心臓（右心ぼう）**

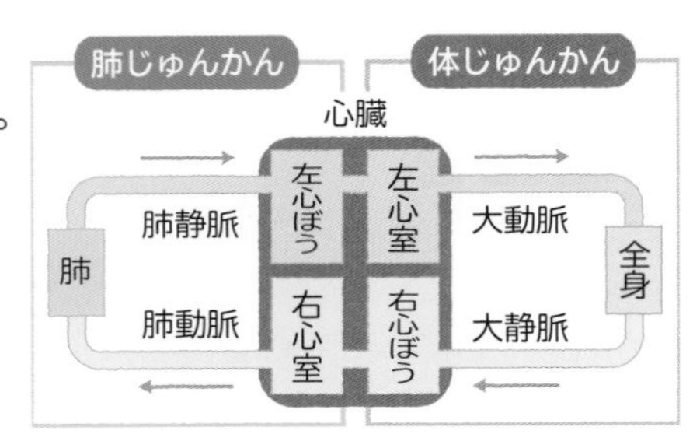


## ★★★ 肺じゅんかん

血液が心臓から出て，肺を通って心臓へもどるじゅんかんです。**肺で二酸化炭素を出し，酸素をとり入れています。**

**心臓（右心室）➡肺動脈➡肺の毛細血管➡肺静脈➡心臓（左心ぼう）**

## ★★★ 大静脈

全身から，心臓の右心ぼうにもどる，**静脈血** [➡ P.175] が流れている血管です。

## ★★★ 大動脈

心臓の左心室から全身に向かう，**動脈血** [➡ P.175] が流れている血管です。

## ★★★ 肺静脈

肺から心臓の左心ぼうに向かう，**動脈血** [➡ P.175] が流れている血管です。

## ★★★ 肺動脈

心臓の右心室から肺に向かう，**静脈血** [➡ P.175] が流れている血管です。

肺動脈には静脈血が流れ，肺静脈には動脈血が流れています。血管の「動」，「静」と，血液の種類の「動」，「静」が逆になっていることに注意しましょう。

## ★★★ 門脈

**小腸** [➡ P.163] から**かん臓** [➡ P.162] へ向かう血液が流れている血管です。小腸で吸収された**養分が多くふくまれています。**

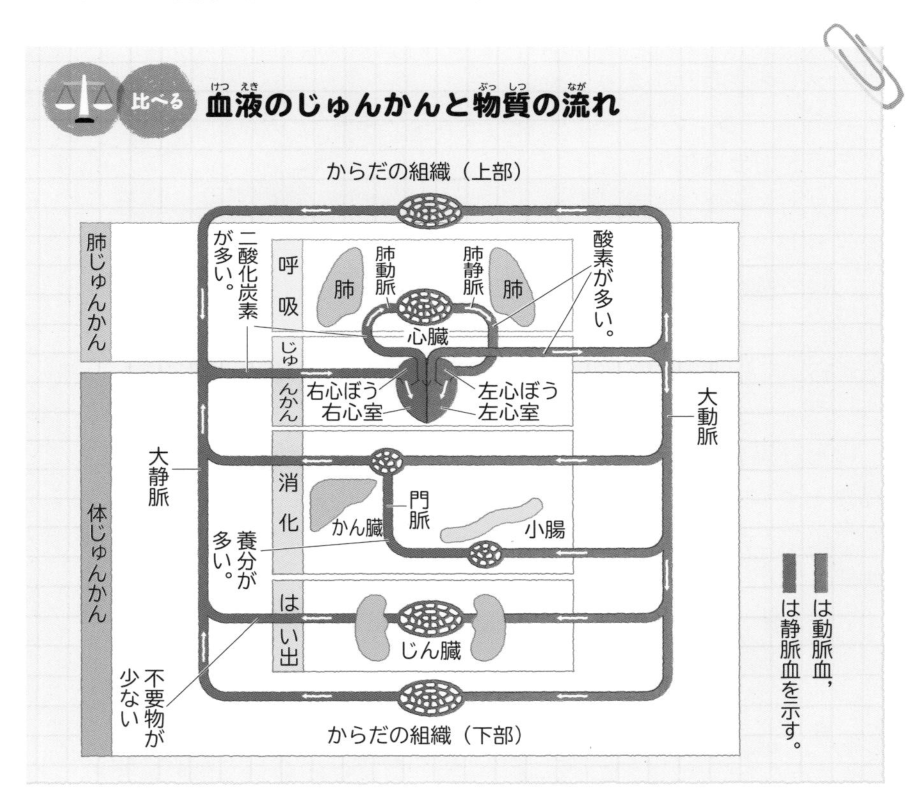


## ★★★ 臓器

**呼吸** [➡ P.155] を行う**肺** [➡ P.156]，養分の消化と吸収に関係している**胃** [➡ P.162] や**小腸** [➡ P.163]，**かん臓** [➡ P.162]，**すい臓** [➡ P.162] や，**血液のじゅんかん**のはたらきをする**心臓** [➡ P.172] などのように，生きるために必要なはたらきを行っているところを臓器といいます。

COLUMN

# メダカの血液の流れの観察

メダカのおびれは，うすくてすき通っているので，おびれの血管の中を流れる血液のようすが，けんび鏡で観察できます。

メダカを生きたままの状態にするために，スライドガラスにのせたメダカを，ぬらしたガーゼで包みます。けんび鏡で観察するときの倍率は，100～150倍くらいにします。

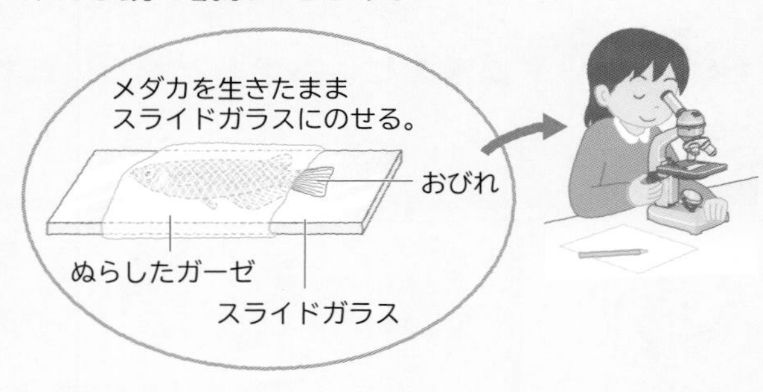


けんび鏡で観察すると，小さなつぶ（赤血球）が血管の中を，ころころ転がるように流れているのがわかります。その流れの向きは一定です。

このことから，血液が毛細血管の中を一定方向に流れているのがわかります。

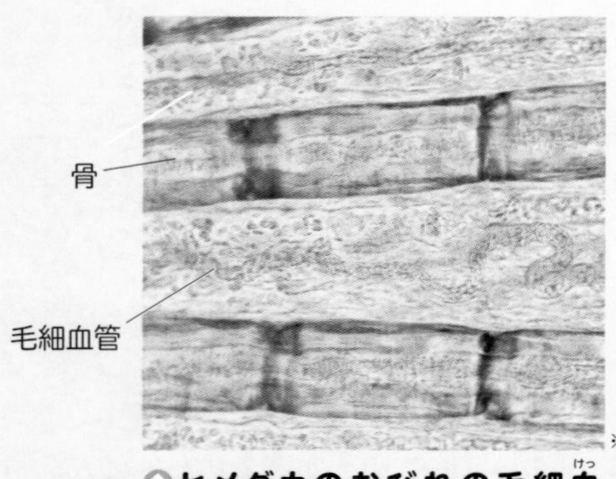


**ヒメダカのおびれの毛細血管を流れる血液のようす**

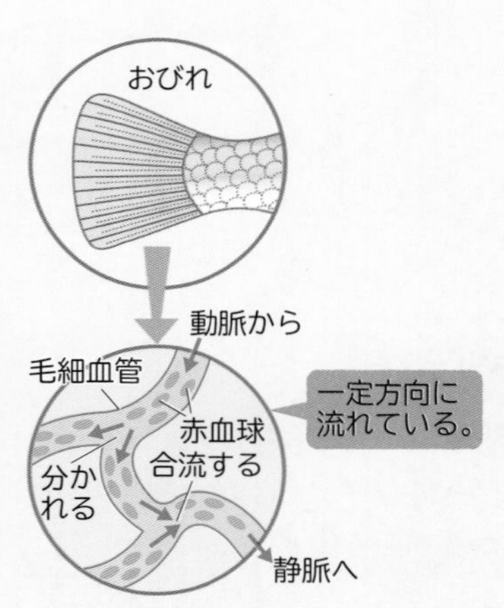

COLUMN

# セキツイ動物の心臓のつくり

セキツイ動物の心臓のつくりは，魚類，両生類，は虫類，鳥類・ほ乳類となるにしたがって複雑になっています。

**魚類の心臓は，1心ぼう1心室**です。魚類は，心臓からえらのほうに血液を送り出して，えらで血液中に酸素がとりこまれ，全身に運ばれます。

〈1心ぼう1心室〉

心ぼう

心室

心臓の中の血液はすべて静脈血。

**魚類の心臓**

〈2心ぼう1心室〉

大動脈

肺動脈

右心ぼう

左心ぼう

心室

動脈血と静脈血が混じる。

**両生類の心臓**

カエルなどの**両生類の心臓は，2心ぼう1心室**になっています。心室が1つなので，動脈血と静脈血が心室内で混じりますが，皮ふ呼吸も行っていて，酸素不足をおぎなっています。

**は虫類の心臓は2心ぼう1心室**で，両生類と鳥類・ほ乳類の心臓の中間のつくりをしています。心室のしきりが不完全なので，動脈血と静脈血が少し混じります。

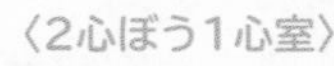


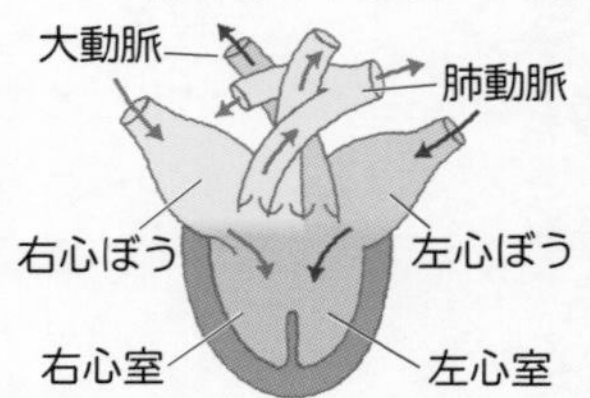


**は虫類の心臓**

2つの心室を分けるかべは不完全。

〈2心ぼう2心室〉

肺動脈

大動脈

右心ぼう

左心ぼう

右心室

左心室

静脈血と動脈血は混じらない。

**鳥類・ほ乳類の心臓**

**鳥類とほ乳類の心臓は2心ぼう2心室**で，最もつくりが複雑になっています。つくりが複雑な分，動脈血と静脈血が混じることはありません。このため，効率よく酸素を全身にいきわたらせることができ，二酸化炭素を回収して肺に送ることができます。

# 3 不要物のはい出

重要度

## ★★★ はい出

からだに不要になったものや，体内に多すぎるものが残っていると，害になります。そこで，これらの物質を体外に出す必要があります。このように，不要物や体内に多すぎる物質を**体外に出す**ことを，**はい出**といいます。

## ★★★ 不要物

不要物には，**呼吸** [➡P.155] で出された**二酸化炭素** [➡P.518] や水の一部，**じん臓**でこしとられる**にょう素**などがあり，はく息やにょう，あせとしてはい出されます。

## ★★★ じん臓

こしのあたりの背中側に対になって２つあり，ソラマメに似た形をしています。**血液** [➡P.173] にとけて運ばれてきた，からだに不要なものが水とともにじん臓でこし出され，**にょう**がつくられます。にょうは，**輸にょう管**を通って，**ぼうこう**に送られます。

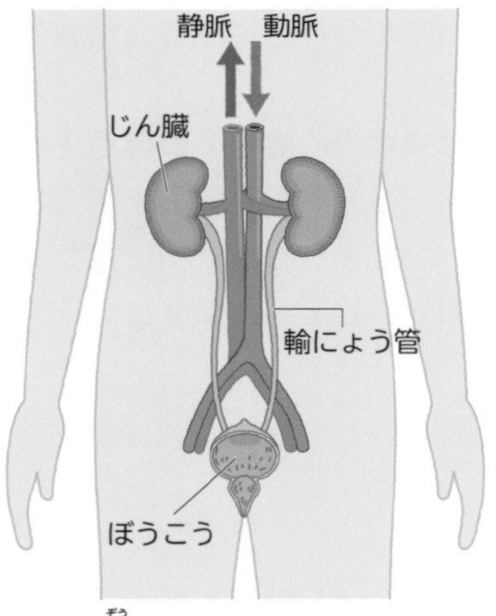


**じん臓からぼうこうまでのつながり**

## ★★★ にょう素

**たんぱく質** [➡P.163] が分解されてできたアンモニアは有害なので，**かん臓** [➡P.162] で害の少ないにょう素に変えられます。**血液** [➡P.173] にとけたにょう素は，**じん臓**でこしとられます。

## ★★★ 輸にょう管

じん臓でできた**にょう**を，**ぼうこう**まで運ぶ管です。

COLUMN くわしく

じん臓は，血液中の塩分の濃度を一定に保つはたらきも行っています。

## ★★★ ぼうこう

**にょう**をためておく，ふくろ状のつくりです。

## ★★★ にょう

**血液**［➡P.173］にとけて運ばれてきた，からだに不要な**にょう素**などが水とともに**じん臓**でこし出された液体です。にょうは，**ぼうこう**にためられ，にょう道を通って体外にはい出されます。

## ★★★ かんせん

皮ふに通じる長い管をもっていて，その根もとは糸玉状で，**毛細血管**［➡P.175］が分布しています。血液中の**不要物**は水とともにこし出されて**あせ**となってはい出されます。かんせんはからだ中に平均に分布しているのではなく，特にあせが多く出る部分があります。

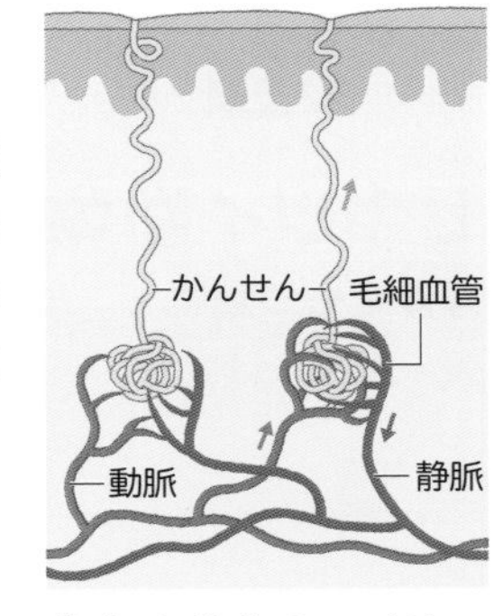


かんせんのつくり

## ★★★ あせ

皮ふの表面には，**かんせん**から続いている，あせが出るたくさんのあながあり，からだに不要なものをあせとして出しています。あせの成分は**にょう**と似ていて，ほとんどが水で，塩化ナトリウム（食塩）がわずかにふくまれているので，なめるとしょっぱく感じます。また，あせには，**体温を調節**する役割もあります。皮ふの表面からあせが蒸発するとき，からだの表面から**気化熱**［➡気化 P.441］をうばって，体温を下げるのです。あせの量は，暑いときには多くなり，寒いときには少なくなります。

# 06 動物の分類

重要度

## ★★★ 動物の分類

動物は，**背骨をもつセキツイ動物**と，**背骨をもたない無セキツイ動物** [➡ P.187] の２つに大きく分けられます。セキツイ動物には，**魚類**・**両生類**・**は虫類**・**鳥類**・**ほ乳類** [➡ P.184] の５種類があり，無セキツイ動物には，**こん虫類** [➡ P.187]・**クモ類** [➡ P.187]・**甲かく類** [➡ P.188] などがあります。

## ★★★ セキツイ動物

**背骨をもつ動物**を，まとめてセキツイ動物といいます。**魚類**・**両生類**・**は虫類**・**鳥類**・**ほ乳類**の５種類があります。

## ★★★ 魚類

魚のなかまです。水中生活に適したつくり（多くは**うきぶくろ**をもち，水の浮力 [➡ P.692] でからだを支える）をもっていて，いっぱんにからだは**うろこ**でおおわれています。**えら** [➡ P.159] から水中の酸素をとり入れています（**えら呼吸** [➡ P.159]）。**水中にからのないたまご**をうみ，たまごから子が生まれる**卵生** [➡ P.137] です。１回の**産卵数は非常に多く**，たまごは自然にかえります。まわりの水の温度の変化にしたがって体温が変わる**変温動物** [➡ P.184] です。

## ★★★ 両生類

カエルやイモリなどのなかまです。幼生（子の時期）は水中で生活し，**えら呼吸**をします。成体は水辺で生活し，**肺** [➡ P.156] と**皮ふ**で呼吸します。からだの表面は，**皮ふ呼吸** [➡ P.159] を行うため，ねん液でしめっています。寒天状のものに包まれた，**からのないたまご**を水中にうみます。たまごから子が生まれる**卵生** [➡ P.137] で，たまごは自然にかえります。まわりの温度の変化にしたがって体温が変わる**変温動物** [➡ P.184] です。

※

**ヒキガエルのたまご**

**魚類のうきぶくろは，食道の一部から分かれて変化したものと考えられています。中の空気の量を変えて大きさを変え，うきしずみを調節しているのです。**

## ★★★ は虫類

ヤモリやトカゲ，ヘビなどのなかまです。おもに陸上で生活し，からだは**うろこ**やかたい**こうら**でおおわれていて，陸上でもかわかないようになっています。**陸上にからのあるたまご**をうみます。たまごにからがあることで，かんそうにたえられるのです。たまごから子が生まれる**卵生** [➡ P.137] で，たまごは自然にかえります。たまごには養分が多く，じゅうぶんに育ってから親と同じすがたで生まれ，すぐに動くことができます。**肺呼吸** [➡ P.156] をし，まわりの温度の変化にしたがって体温が変わる**変温動物** [➡ P.184] です。

## ★★★ 鳥類

鳥のなかまです。前あしが**つばさ**になって発達し，空を飛ぶのに適したつくりになっています。陸上生活をし，からだは**羽毛**でおおわれています。陸上に**巣**をつくり，**からのあるたまご**をうみ，たまごから子が生まれる**卵生** [➡ P.137] です。親がたまごをあたためてかえし，ひなを敵から守り，えさをあたえて育てるため，親まで育つ割合は大きくなっています。**肺呼吸** [➡ P.156] をし，まわりの温度が変化しても体温を一定に保つことができる**恒温動物** [➡ P.184] です。

### 比べる 鳥のくちばしとあし

| | オオワシ | スズメ | カルガモ | ツル |
|---|---|---|---|---|
| くちばしの形 | | | | |
| くちばしの特ちょう | 肉食で，大型の魚類を好み，えものをおそうのに適しています。 | 穀物などをついばむのに適しています。 | 両側がくし状で，水中の生物をとるのに適しています。 | 細長く，水底の生物をとらえるのに適しています。 |
| あし | えものをとらえる | | 水かきがある | |

ダチョウ，ペンギンなどは空を飛ぶことができず，ニワトリ，アヒル，キジ，ウズラ，ライチョウなどは飛ぶための筋肉のつく胸骨が発達していないので，長く飛ぶのは苦手です。

重要度

★★★ 
## ほ乳類

人やイヌ，ウマなどのなかま。多くは陸上で生活し，からだは**毛**でおおわれています。ふつう，下向きについた4本のあしをもち，**骨格**［➡P.146］と**筋肉**［➡P.148］をいっしょに動かし，すばやい運動ができます。子どもを体内である程度育ててからうむ，**胎生**［➡P.139］という生まれ方をします。親は，生まれた子どもに**乳**をのませて育て，敵から守って保護します。また，親は子どもに食べ物のとり方や敵からのにげ方を教えます。**肺呼吸**［➡P.156］をし，まわりの温度が変化しても体温を一定に保つことができる**恒温動物**です。なお，ほ乳類は食べ物によって，**草食動物**［➡P.195］と**肉食動物**［➡P.195］に分けられます。

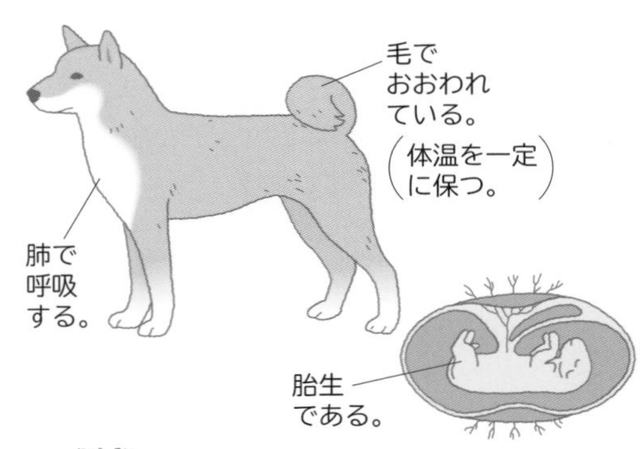
毛でおおわれている。
（体温を一定に保つ。）
肺で呼吸する。
胎生である。

ほ乳類のからだのつくり（イヌ）

★★★ 
## 変温動物

まわりの温度が変化すると，**体温が変化する**動物。からだにさわると冷たく感じます。**魚類**・**両生類**・**は虫類**，**無セキツイ動物**があてはまり，変温動物には，**冬みん**［➡P.055］するものが多くいます。

★★★ 
## 恒温動物

まわりの温度が変化しても，**体温を一定に保つ**ことができる動物。からだにさわると，あたたかく感じます。恒温動物は，**鳥類**と**ほ乳類**だけで，羽毛や毛が体温を保つために役立っていて，体内に体温を調節する機能をもっているので，体温をほぼ一定に保つことができるのです。

ニワトリ
ネコ
トカゲ
体温〔℃〕 0 10 20 30 40 50
まわりの温度〔℃〕 0 10 20 30 40
恒温動物 → 体温はほぼ一定
変温動物 → 体温は，まわりの温度によって変化

動物の体温

COLUMN まめ知識
恒温動物は，定温動物，温血動物とよばれることもあります。

## ★★★ セキツイ動物の分類

セキツイ動物は，呼吸のしかた，子の生まれ方，からだの表面，体温によって，次のように分類できます。

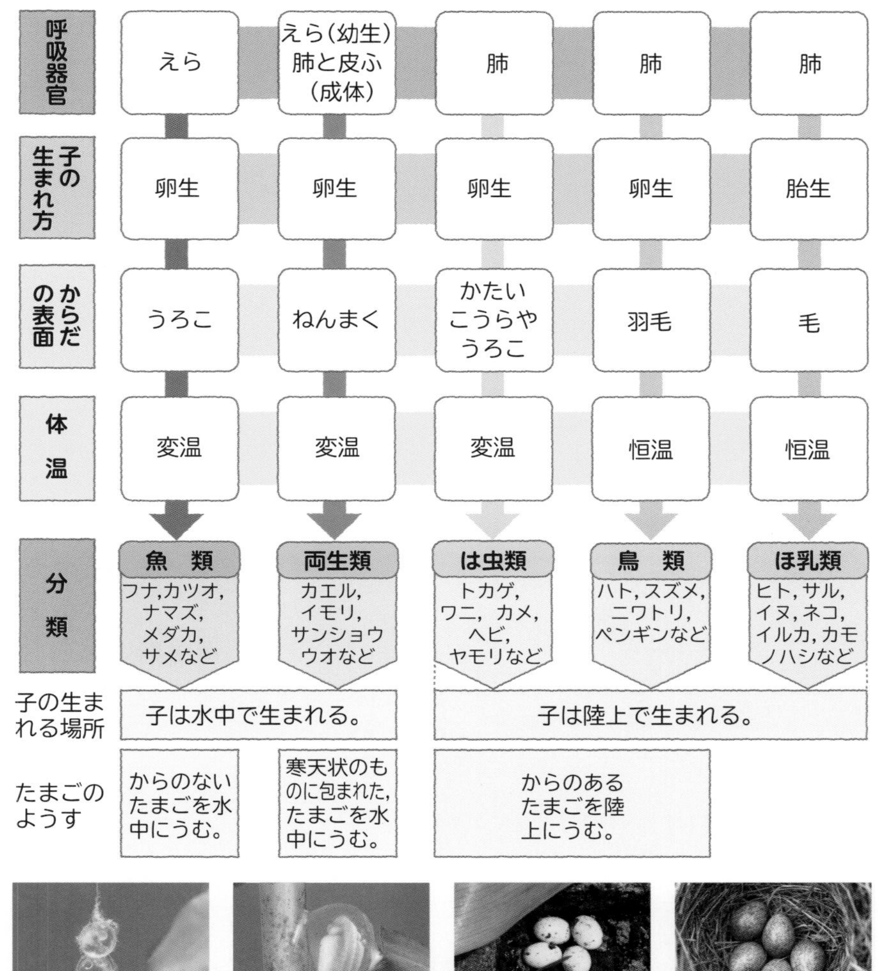

| | | | | | |
|---|---|---|---|---|---|
| 呼吸器官 | えら | えら（幼生）肺と皮ふ（成体） | 肺 | 肺 | 肺 |
| 子の生まれ方 | 卵生 | 卵生 | 卵生 | 卵生 | 胎生 |
| からだの表面 | うろこ | ねんまく | かたいこうらやうろこ | 羽毛 | 毛 |
| 体温 | 変温 | 変温 | 変温 | 恒温 | 恒温 |
| 分類 | 魚類<br>フナ，カツオ，ナマズ，メダカ，サメなど | 両生類<br>カエル，イモリ，サンショウウオなど | は虫類<br>トカゲ，ワニ，カメ，ヘビ，ヤモリなど | 鳥類<br>ハト，スズメ，ニワトリ，ペンギンなど | ほ乳類<br>ヒト，サル，イヌ，ネコ，イルカ，カモノハシなど |
| 子の生まれる場所 | 子は水中で生まれる。 | | 子は陸上で生まれる。 | | |
| たまごのようす | からのないたまごを水中にうむ。 | 寒天状のものに包まれた，たまごを水中にうむ。 | からのあるたまごを陸上にうむ。 | | |

ヒメダカのたまご ※

イモリのたまご ※

カナヘビのたまご ※

ヒバリのたまご ※

COLUMN

# まちがえやすいセキツイ動物

セキツイ動物の中には，同じなかまでもすがたや形，生活している場所がほかの動物とちがっていることがあります。まちがえやすい動物を見てみましょう。

**クジラ**，**イルカ**，**シャチ**は海にすんでいますが，**ほ乳類**です。魚類はおびれを横に動かして進みますが，クジラやイルカは縦に動かして進みます。

**コウモリ**は空を飛びますが，鳥類ではなく，**ほ乳類**です。

**ペンギン**，**ダチョウ**は空を飛べませんが，**鳥類**です。

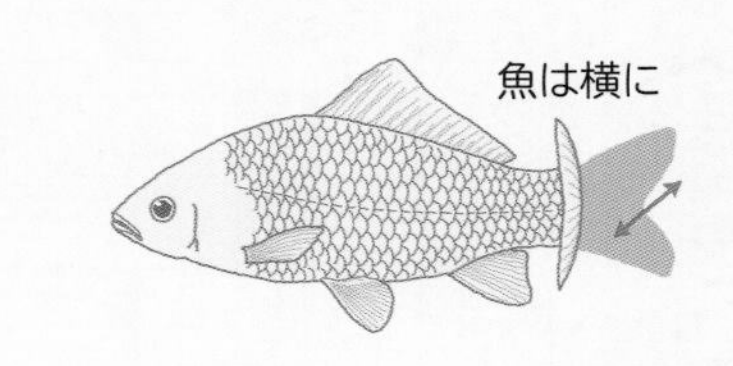

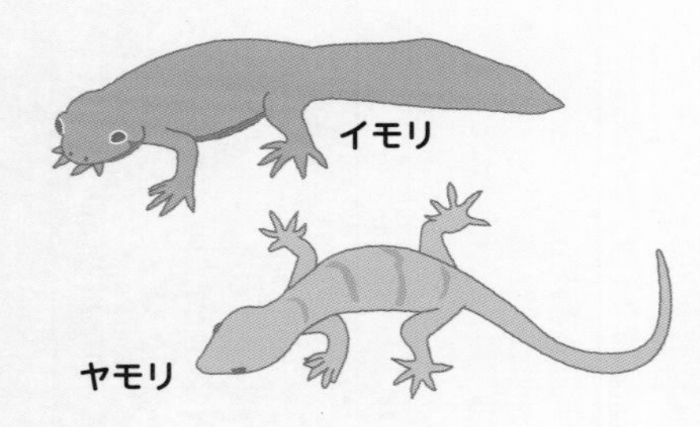


よくまちがえるのが**イモリ**と**ヤモリ**です。イモリは**「井守」**で，井戸を守るから水辺にすむ**両生類**，ヤモリは**「家守」**で家を守るから陸上にすむ**は虫類**のようにして覚えると便利です。

**サンショウウオ**は「ウオ」とつきますが，魚類ではなく**両生類**です。オオサンショウウオは最大の両生類で，日本の特別天然記念物です。

このほか，ワニは水辺で，カメは水中で生活していますが，両生類ではなくは虫類です。

重要度 ★★★

## 無セキツイ動物

**背骨のない動物**を無セキツイ動物といいます。**こん虫類**，**クモ類**，**甲かく類** [➡P.188]，**多足類** [➡P.188] などの**節足動物**，**なん体動物** [➡P.188]，**かん形動物** [➡P.189]，**きょく皮動物** [➡P.189]，**しほう動物** [➡P.189] などがいます。

★★★

## 節足動物

からだはいくつかの**節**に分かれていて，あしもいくつかの**節**に分かれています。そのため，**節足動物**といいます。じょうぶな**外骨格** [➡P.189] というからに包まれていて，外骨格とその内側についている**筋肉**によってからだを動かすことができます。**こん虫類**，**クモ類**，**甲かく類** [➡P.188]，**多足類** [➡P.188] などがいます。

★★★

## こん虫類

バッタやチョウ，カブトムシ，セミなどのなかまで，**節足動物**にふくまれています。からだは，頭，むね，はらの3つの部分に分かれ，頭の部分には1対の**しょっ角** [➡P.028] と1対の**複眼** [➡P.028] があり，多くは小さな**単眼** [➡P.028] がついています。むねの部分には，3対（6本）のあしがついています。**気門** [➡P.030] とよばれるあなから空気をとり入れ，気門につながる**気管** [➡P.030] で**呼吸** [➡P.155] をしています。**完全変態** [➡P.020] するものと，**不完全変態** [➡P.020] をするものがあります。[こん虫➡P.020]

★★★

## クモ類

クモ，サソリ，ダニのなかまです。変態はせず，親と同じ形で生まれます。からだは，**頭胸部**と**腹部**の2つの部分からなり，頭胸部には，ふつう4対（8個）の**単眼** [➡P.028] と4対（8本）のあしがありますが，はねはありません。クモは腹部の後ろのはしのほうに数個のとっ起があり，ここから**ねばりけのある液を出し，この液が空気にふれて糸**になります。口はじょうぶなあごをもっていて，**毒のある液**を出すものもあります。巣にかかったえものを，この毒のある液でまひさせて，体液を吸いとります。

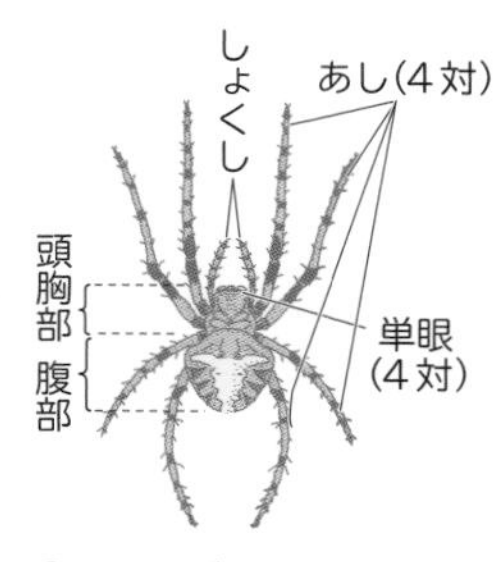

オニグモのからだ

COLUMN くわしく

クモ類は書肺と気管で呼吸を行っています。書肺はからだの中にある空どうのようなもので，ここで気体の交かんを行っています。

重要度 ★★★
## 甲かく類

エビ，カニのなかまです。からだは石灰質のじょうぶなからでおおわれていて，このからを**甲かく**といいます。多くが水中で生活していますが，陸上で生活する**ダンゴムシ**も甲かく類です。からだは**頭胸部**と**腹部**（または頭部，胸部，腹部）に分かれ，カニの頭胸部にある1対のあしの先は，大きな**はさみ**になっています。からだの表面は**外骨格**とよばれるじょうぶなからでおおわれ，からだやあしに**節**があります。**えら呼吸** [➡ P.159] をし，たまごから子が生まれる**卵生** [➡ P.137] です。

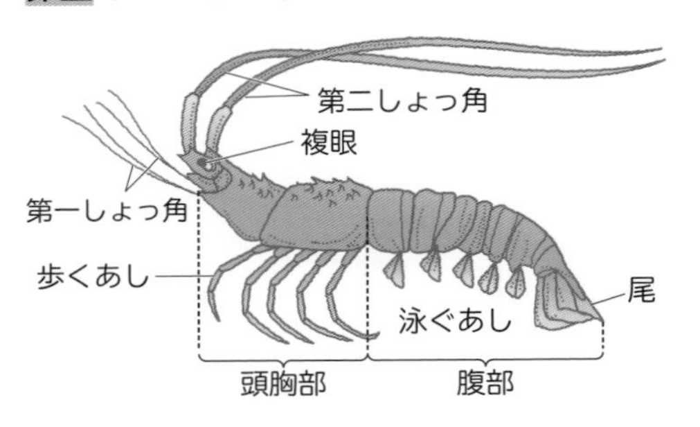


イセエビのからだ

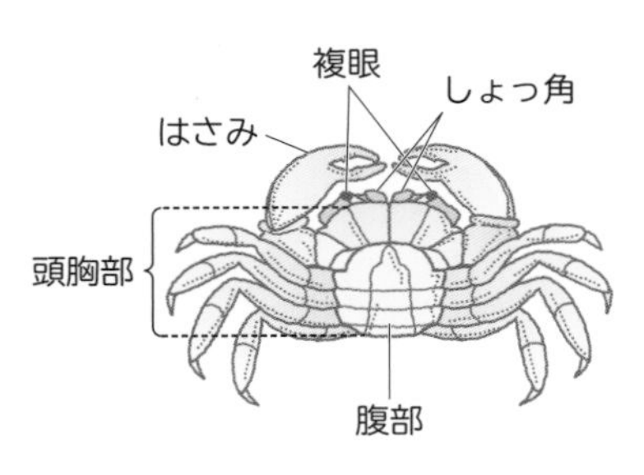


イソガニのからだ

★★★
## 多足類

ムカデやヤスデのなかまです。からだは頭部とどう部に分かれ，どう部は多数の同じつくりの**節**からできています。頭部を除いた各節に1対，または2対のあしがあります。**気管** [➡ P.030] で**呼吸** [➡ P.155] をし，**卵生** [➡ P.137] です。

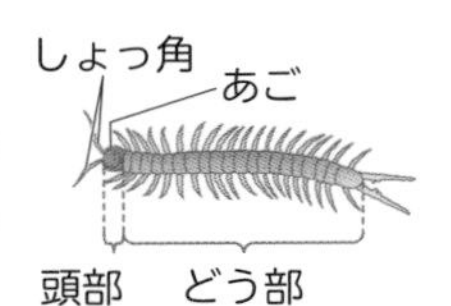


ムカデのからだ

★★★
## なん体動物

からだには**外とうまく**とよばれるまくがあり，内臓がある部分を包んでいます。からだとあしには節はありません。貝のなかま，イカ，タコのなかまがいます。

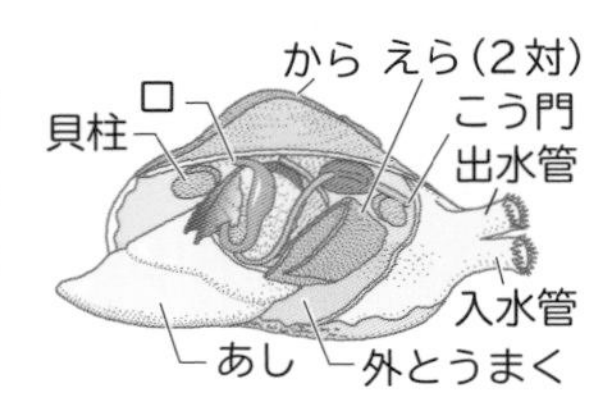


アサリのからだ

COLUMN くわしく

アサリなどの二枚貝では，海水は入水管からとり入れられ，出水管からはき出されます。また，入水管から海水といっしょに入ってきたプランクトンをこしとって食べ物にしています。

●**貝のなかま**　貝のなかまには，巻貝のなかま，二枚貝のなかまがいます。からだの**内側に外とうまく**があり，**外側は石灰質のから**で守られています。ほとんどが**えら呼吸**[➡P.159]ですが，陸上にすむ**マイマイ（かたつむり）は肺呼吸**[➡P.156]で，すべてが**卵生**[➡P.137]です。

●**イカ，タコのなかま**
からだは頭部とどう部，うで（あし）に分かれ，頭部に，**イカでは10本**，**タコでは8本**のうでがあります。**えら呼吸**[➡P.159]をし，**卵生**[➡P.137]で，たまごがかえると親と同じ形の子が生まれます。

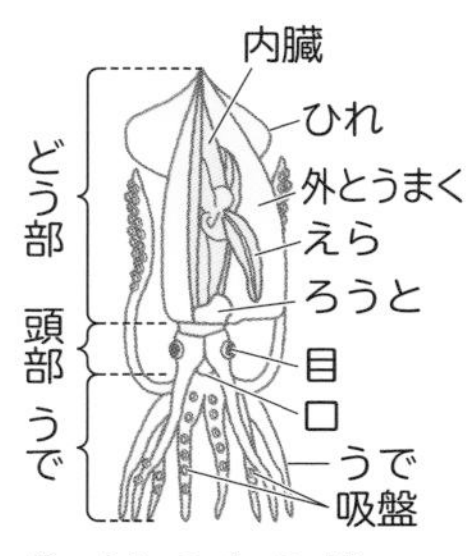

イカのからだ

## ★★★ かん形動物

ミミズ，ゴカイのなかまです。からだは細長く，多くの節があり，水中にすむものが多いのですが，ミミズは地中にすんでいて，かれ葉などを食べます。

ミミズ

## ★★★ きょく皮動物

ナマコ，ウニ，ヒトデのなかまです。すべて海にすんでいて，**卵生**[➡P.137]で，とげなどで動きます。

ウニ

## ★★★ しほう動物

クラゲ，イソギンチャクのなかまです。からだは放射状で，すべて水中にすんでいて，**卵生**[➡P.137]です。

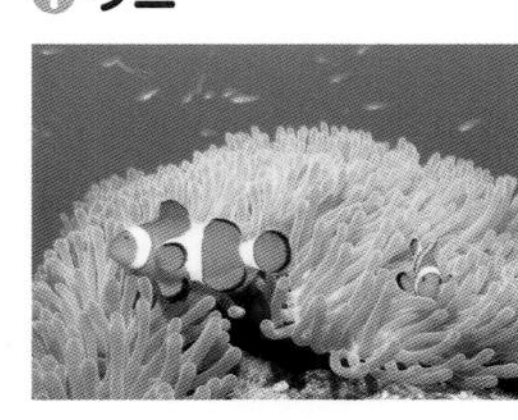
イソギンチャク

## ★★★ 外骨格

**からだの外側**にあるかたい骨格です。**節足動物**[➡P.187]のからだをおおっているじょうぶなからのことです。外骨格と筋肉ですばやい運動ができます。

## ★★★ 内骨格

**骨がからだの内部**にある骨格です。**セキツイ動物**[➡P.182]の骨格はすべて内骨格です。内骨格と筋肉で力強く，すばやい運動ができます。

# 私たちはどれくらいの二酸化

生き物は，呼吸によって酸素をとりこみ二酸化炭素をはき出して生きています。二酸化炭素は植物によって吸収され，光合成によって酸素がつくり出されています。
生き物が 1 日にはき出す二酸化炭素は，どのくらい木が生えた森があれば 1 日で吸収することができるのでしょうか。

ケタがちがう

**ヒトの呼吸**
1日にはき出す二酸化炭素
346L

必要な森
樹木
18.9本分

**日本人1人あたりが生活で出す二酸化炭素の合計**
1日にはい出する二酸化炭素
14102L

769.8本分

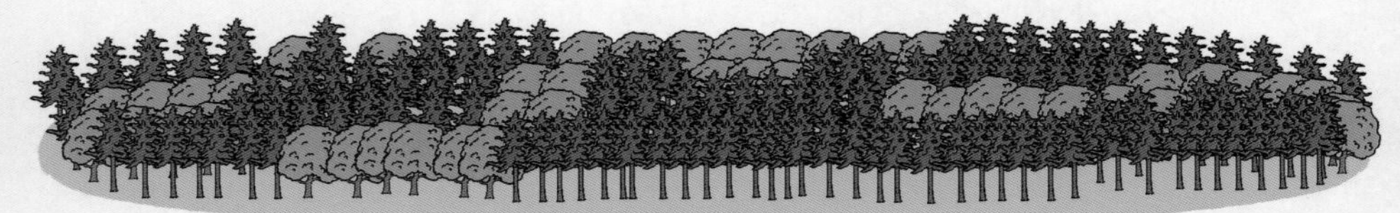

二酸化炭素：理科年表より，各動物の酸素摂取量を元に，炭水化物またはたんぱく質からエネルギーを摂取するものとして算出。
日本人１人当たりの総排出量は環境省のデータを元に算出。

# 炭素(たんそ)を出しているの？

チンパンジー
はき出す二酸化炭素(にさんかたんそ)
227L(リットル)

イヌ
87L

ウシ
1500L

ブタ
750L

12.4本分

4.8本分

81.9本分

40.9本分

インドゾウ
6439L

ヒツジ
316L

アヒル
33L

351.5本分

17.3本分

1.8本分

森の大きさ：林野庁と北海道庁のデータを元に，ブナとトドマツが４対６で生えている混合林を仮定。
樹木の本数は，１ヘクタールあたり 377 本が生えているものとして換算した値。

# 第7章 生物とかん境

## この章で学ぶこと ヘッドライン

### 大きな動物は，食べる物も大きいの？

※

シロナガスクジラ

地球上で最大の動物は，海にすんでいるシロナガスクジラというほ乳類で，体長は25～30mにもなります。こんなに大きな動物なので，食べる魚もきっととても大きいだろうと思うかもしれません。しかし意外なことに，シロナガスクジラの食べ物は，体長数cmのオキアミという，エビに似たプランクトンです。シロナガスクジラは歯がないので，水といっしょにプランクトンを口いっぱいに吸いこんで食べます。その量は1日に4トンにもなるそうです。

シロナガスクジラに食べられるオキアミは，自分より小さな海水中の植物プランクトンや動物プランクトンを食べています。

このように，生き物は「食べる・食べられる」という関係でつながっていて，この関係を「食物連さ」といいます。

動物は自分で養分をつくることができないので，植物がつくり出した養分を食べたり，ほかの動物を食べたりしています。

植物は，養分を生産することから「生産者」，植物やほかの動物を食べる動物は「消費者」とよばれます。

ところで，地球上が生物の死がいや動物のふんなどでいっぱいになってしまわないのはなぜだと思いますか。実は，自然界にはこれらを分解している生き物がいるのです。カビやキノコのなかまの菌類と，大腸菌などの細菌類のなかまで，これらはそのはたらきから，「分解者」とよばれています。

※

キノコ

[➡ P.197]

# 地球を守るためにどんなことができるかな?

人がすむことのできる星は，現在のところ地球のほかにはありません。だから，地球にある限られたエネルギーを有効に使ったり，かん境をこわさないようにしたりして生活していくことが大切です。

提供：NASA

ところが近年，地球のかん境が少しずつ悪化してきています。地球全体の気温が高くなっていく地球温暖化や，砂ばくが広がっていく砂ばく化が進んでいます。また，酸性雨によって森林がかれたり，太陽の出すし外線から生き物を守ってくれるオゾン層が破かいされたりしています。

酸性雨でかれた森林

私たちの生活ではたくさんの石油を燃やしてエネルギーをつくっていますが，石油を燃やすと二酸化炭素が大量に発生して，地球温暖化の原因になっています。現在，太陽光発電や風力発電といった石油を使わない発電方法の実用化が進められ，二酸化炭素を減らす努力が行われています。

私たちにすぐできることもたくさんあります。たとえば自動車で移動する代わりに電車やバスで移動すれば，車を使う回数が少なくなり，私たちが出す二酸化炭素の量はぐんと減ります。また，こまめに電気を消して，使う電気の量を減らすことでも，火力発電で発生する二酸化炭素の量を減らすことができますね。

限りある資源を大切にしながら，私たちが地球を守っていくためには，二酸化炭素をあまり出さない低炭素社会，ものを大切にするじゅんかん型社会，緑やかん境を守る自然共生社会の 3 つを組み合わせる必要があります。[➡ P.209]

※©アフロ

# 01 生物のくらしとかん境

## 1 生物と食べ物とのかかわり

重要度 ★★★

### 食べ物を通した生物どうしの関係

植物は，**光合成** [➡ P.109] によって**でんぷん** [➡ P.073] をつくり，それを使って成長しています。動物は，自分で養分をつくることができないので，植物やほかの動物を食べて，その中にふくまれている養分をとり入れています。このように，生物どうしは，食べ物を通してつながっているといえます。

★★★

### 食物連さ

自然界の生物どうしは，**食べる・食べられる**という関係の中で生活しています。このような，生物どうしの**食べ物によるつながり**を，**食物連さ**といいます。食物連さでは，**光合成** [➡ P.109] によって自分で養分をつくり出すことができる**植物が出発点**になり，次に**草食動物**，**最後に肉食動物**がきます。また，食物連さは，複数の種類の生物が複雑にからみ合っています。

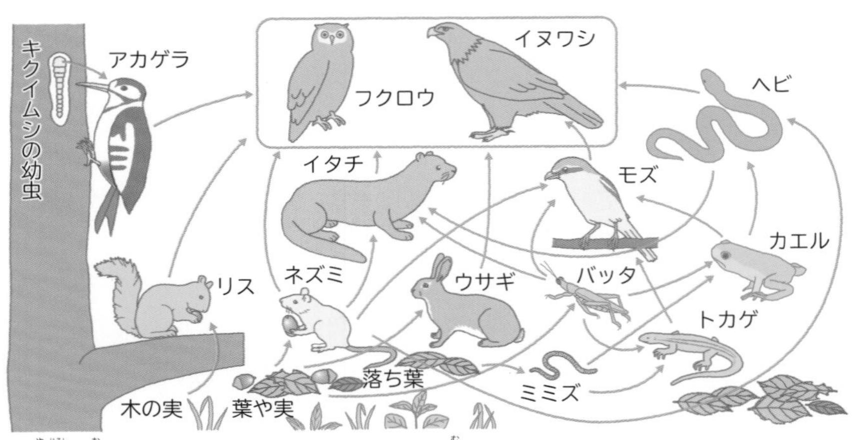


※矢印の向きは食べられるものから，食べるものに向いています。

**陸上の生物の食物連さの例**

COLUMN くわしく

ある地域に生息するすべての生物と，その地域の水や空気，土などの，生物以外のかん境とを総合的にとらえたものを，生態系といいます。

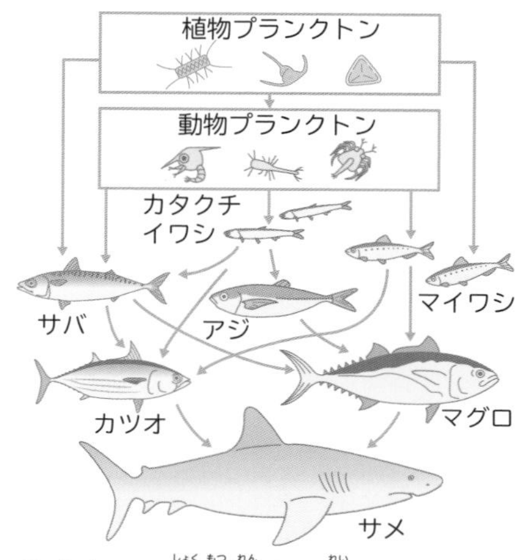

水中での食物連さの例

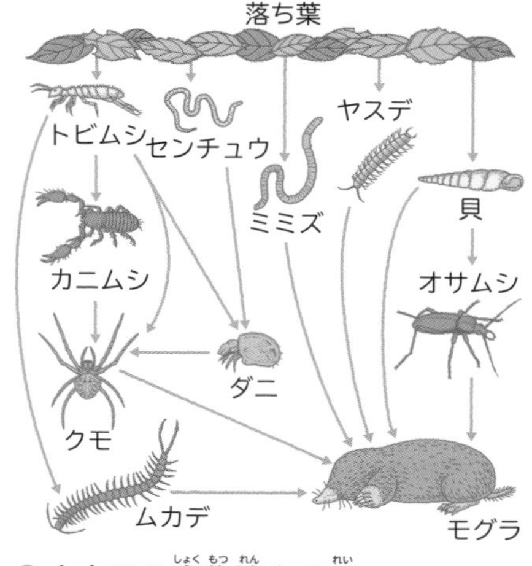

土中での食物連さの例

## 草食動物

ウサギやウシ，ウマなどのように，**植物を食べて生活**している動物。**門歯**と**きゅう歯**が発達しています。

## 門歯

口の前のほうにあるうすい歯で，かたい**草などをかみ切る**のに適していて，**草食動物で発達**しています。

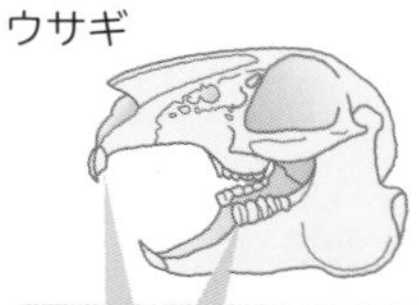

草食動物の頭の骨格

## きゅう歯

口のおくのほうにある歯で，**食べたものをすりつぶす**のに適した，**広くて平ら**な歯です。**草食動物で発達**しています。

## 肉食動物

ライオンやトラ，ネコなどのように，**ほかの動物を食べて生活**している動物。犬歯が発達しています。

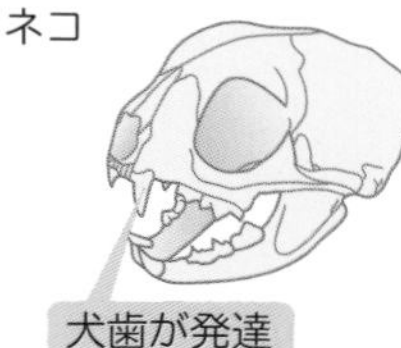

肉食動物の頭の骨格

## 犬歯

**えものをしとめる**のに適した**するどい歯**です。**肉食動物で発達**しています。

COLUMN くわしく

土の中には，光合成を行う植物はありません。しかし，落ち葉やかれ葉，あるいは植物の根がまず食べられ，土の中の食物連さでも，植物が出発点になっています。

# 第7章 生物とかん境

重要度 ★★★

## 雑食動物

人やクマ，ネズミ，ブタなどのように，**植物と動物の両方を食べる**動物。歯のつくりは，**草食動物** [➡ P.195] と**肉食動物** [➡ P.195] の両方の特ちょうをもっています。

### 比べる 草食動物・肉食動物のからだのつくりのちがい

| | 草食動物（シマウマ） | 肉食動物（ライオン） |
|---|---|---|
| 歯 | 門歯・きゅう歯が発達 | 犬歯が発達 |
| 目のつき方 | 横についていて，後方までの広いはん囲が見える。<br>立体的に見えるはん囲 | 前についていて，両目で立体的に見えるはん囲が広く，えものまでのきょりをとらえやすい。<br>立体的に見えるはん囲 |
| あしの先 | ひづめがあり，てきから走ってにげるのに適している。<br>ひづめ | するどいつめがあり，えものをとらえるのに適している。<br>つめ |

★★★

## 食物もう

生物どうしの，食べる・食べられるという関係が，**あみの目のようにつながっていること**。

★★★

## 生物の数量のつり合い

ある一定の地域の生物は，食物連さ [➡ P.194] によってつながっていて，その種類や数は，全体としてあまり変化がなく，つり合いが保たれています。数量の関係を図で表すと，植物を底辺とし，大形の肉食動物を頂点とするピラミッドの形になります。

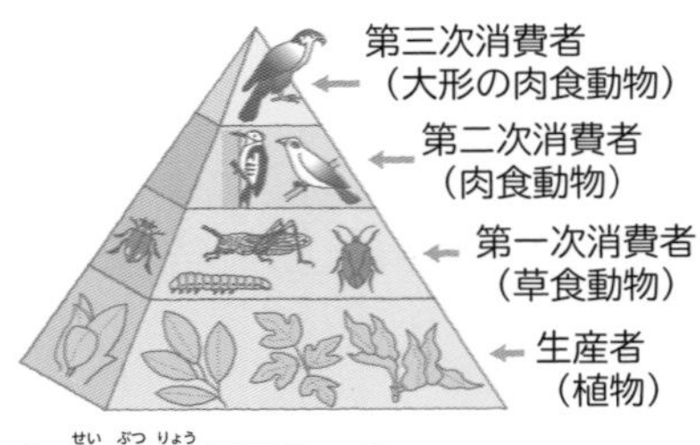


↑ 生物量ピラミッド

いっぱんに，生物量ピラミッドの底辺に近い動物ほどからだは小さく，頂点に近い動物ほどからだは大きくなっています。

●つり合いが保たれるしくみ

右の図のように，ある動物がとつぜん異常にふえても，その動物を食べたり，その動物に食べられたりする生物の量が増減をくり返し，長い期間で見るとつり合いは一定に保たれます。

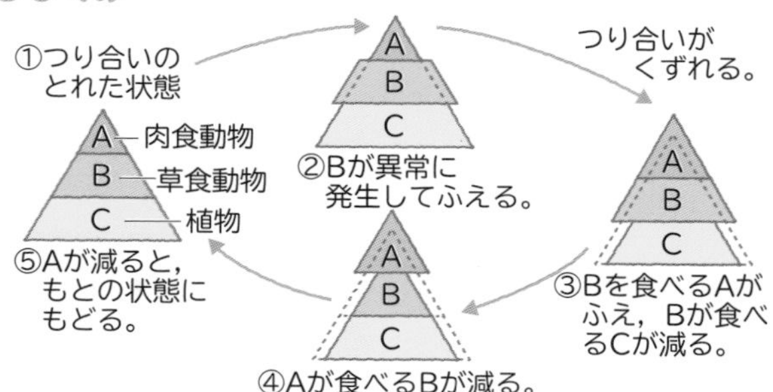

①つり合いのとれた状態
A 肉食動物
B 草食動物
C 植物
②Bが異常に発生してふえる。
つり合いがくずれる。
③Bを食べるAがふえ，Bが食べるCが減る。
④Aが食べるBが減る。
⑤Aが減ると，もとの状態にもどる。

## ★★★ 生産者

**光合成** [➡ P.109] によって，**でんぷん** [➡ P.073] などの養分をつくり出している**植物**を，**自然界の生産者**といいます。

## ★★★ 消費者

自分で養分をつくり出すことができず，植物やほかの動物を食べることで養分をとり入れる**動物**を，**自然界の消費者**といいます。**草食動物を第一次消費者，第一次消費者を食べる小形の肉食動物を第二次消費者，第二次消費者を食べる大形の肉食動物を第三次消費者**といいます。

## ★★★ 分解者

落ち葉やかれ葉，動物の死がいやふんなどを食べ，呼吸によって二酸化炭素や水などに分解する生物を，**自然界の分解者**といいます。**菌類**や**細菌類**などです。

## ★★★ 菌類

カビやキノコのなかまで，**自然界の分解者**です。**葉緑体** [➡ P.103] はなく，落ち葉やかれ葉，動物のふんや死がいを分解して養分を吸収しています。

## ★★★ 細菌類

1つの細胞でできた生物で，けんび鏡でしか見ることができません。ニュウサンキンやダイチョウキンなどがあてはまります。**自然界の分解者**です。

**菌類は，シダ植物やコケ植物と同じように，多くは胞子でふえます。また，細菌類は，1つのからだが2つに分かれる，分れつという方法でふえます。**

重要度 ★★★

# 帰化生物（外来種）

人間が外国からもちこんだり，外国から種子がまぎれこんだりして野生化した生物を帰化生物といいます。はじめは天敵がいないので，数量が多くなり，生物のつり合いがこわれることがあります。

＜帰化植物＞

セイタカアワダチソウ※　セイヨウタンポポ※　シロツメクサ※

ヒメジョオン※　ヒメオドリコソウ※　オオイヌノフグリ※

＜帰化動物＞

ブルーギル※　ブラックバス　アメリカザリガニ※

タイワンリス　アライグマ　セアカゴケグモ※

COLUMN

# 共生と天敵

アブラムシはアリマキともよばれる，小形で弱々しいこん虫のなかまです。植物のくきなどに群がり，あまり動きません。葉の色を黄色に変えたり，野菜の見ばえを悪くしたりするので，人間にとっては害虫としてあつかわれています。

※

アブラムシとテントウムシ

アブラムシはくきの維管束の師管の中にある養分の多いしるを吸って生活していますが，活発に動くことができないので，テントウムシに簡単に食べられてしまいます。

そこで，アブラムシは，アリに守ってもらっています。おしりから糖分の高いみつを出してアリにあたえます。アリはアブラムシからみつをもらうかわりに，テントウムシを追いはらっているのです。

アブラムシとアリのように，2種類の生物がたがいに利益をあたえ合ったり，一方が他方から利益をあたえられたりするような関係を**共生**といいます。土中の根りゅう細菌とよばれる細菌は，マメ科の植物の根に入りこんでいますが，ちっ素（たんぱく質のもとになる）をふくんだ養分をマメ科の植物にあたえ，マメ科の植物は養分を根りゅう細菌にあたえています。これも共生の1つです。

これに対して，アブラムシにとってのテントウムシの関係のように，自然界においてその生物の敵となるものを**天敵**といいます。

# 2 水中の小さな生物とその観察

## 水中の小さな生物

重要度 ★★★

川や池，海などの水中には，ミジンコ [➡P.201] やイカダモ [➡P.201] などの目に見えないような小さな生物がすんでいます。水中の魚が生きていけるのは，これらの小さな生物を食べているからです。

## プランクトン

★★★

水中にすんでいて，泳ぐ能力がないか弱いため，ただよって生活している生物。プランクトンには，**光合成** [➡P.109] をする植物プランクトンと自分で動くことができる動物プランクトンがいます。また，それらのプランクトンは，1つの細胞 [➡P.135] でできている**単細胞生物**と多くの細胞でできている**多細胞生物**に分けられます。また，植物プランクトンは，水中での食物連さ [➡P.194] の出発点になっています。

### 比べる 緑色の生物と動き回る生物

プランクトンは，植物プランクトンと動物プランクトンに分けられますが，その分け方は，緑色の生物か動き回る生物かということでもあります。

| 緑色の生物 | 動き回る生物 |
|---|---|
| **植物プランクトン** | **動物プランクトン** |
| **葉緑体をもっているので緑色に見えます。光合成を行って，自分で養分をつくることができます。** | **自分で養分をつくることができないので，ほかの生物を食べて生きています。また，動き回るためのつくりをもっています。** |

ミドリムシは，葉緑体をもっているので植物プランクトンといえますが，動き回るためのつくり（べん毛）ももっているので動物プランクトンともいえます。

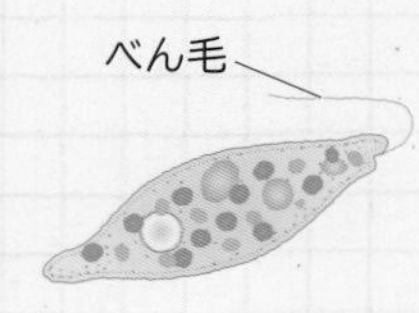

COLUMN まめ知識

ミジンコにはいろいろな種類がいて，大きなものは 1～2mm くらいあり，肉眼でも見えます。エビやカニと同じ，節足動物のなかまです。

## ●川や池の中の小さな生物

### 〈動物プランクトン〉

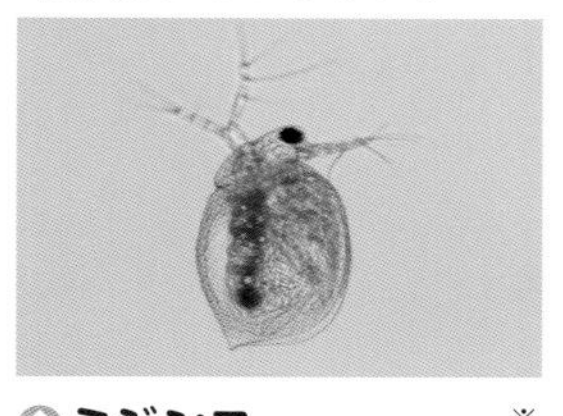
ミジンコ ※

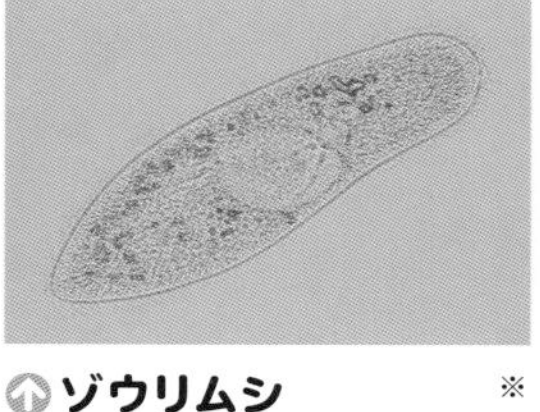
ゾウリムシ ※

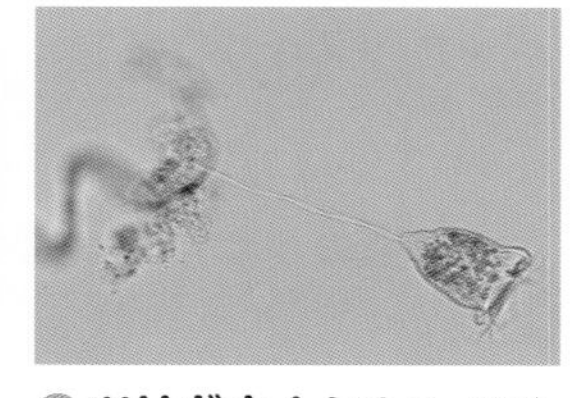
ツリガネムシ ©コーベット

### 〈植物プランクトン〉

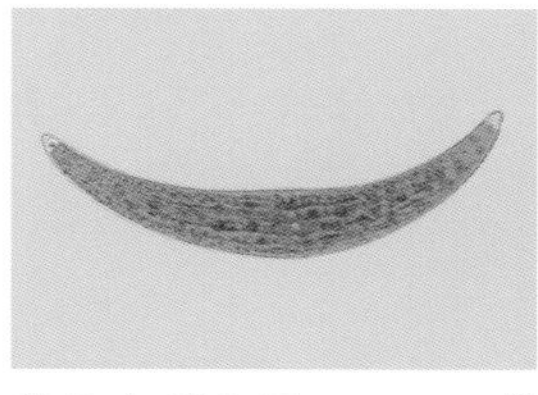
ミカヅキモ ※

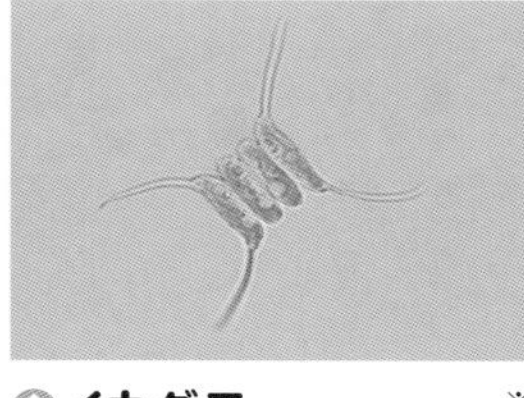
イカダモ ※

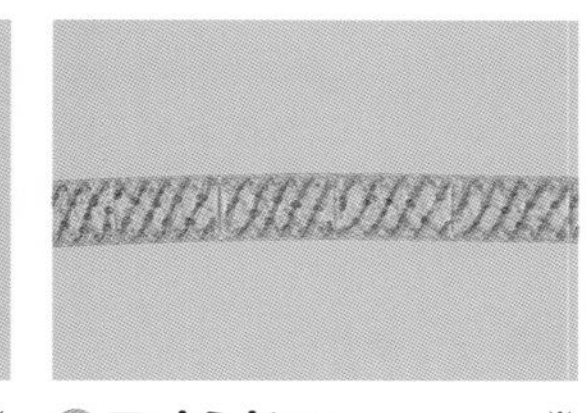
アオミドロ ※

## ●海の中の小さな生物

### 〈動物プランクトン〉

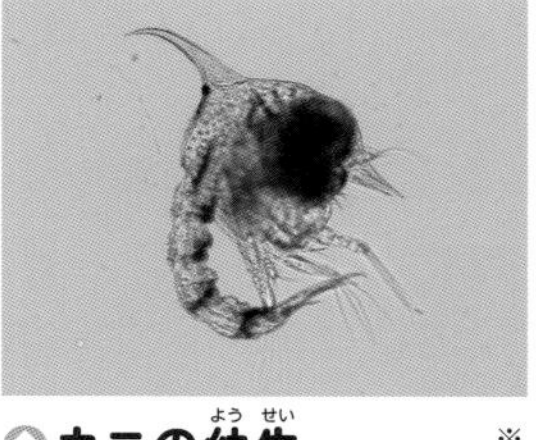
カニの幼生 ※

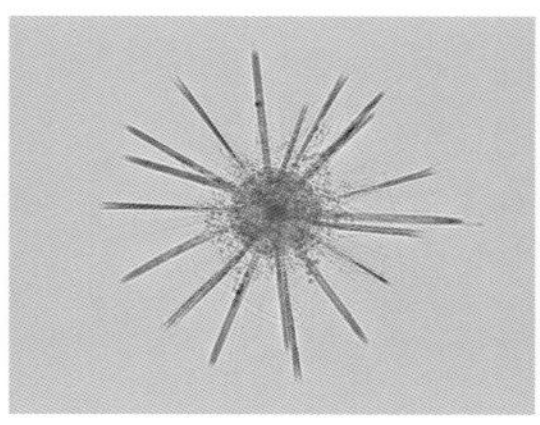
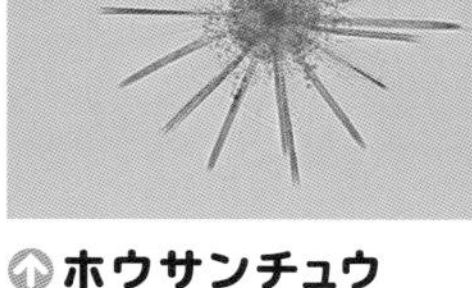
ホウサンチュウ ※

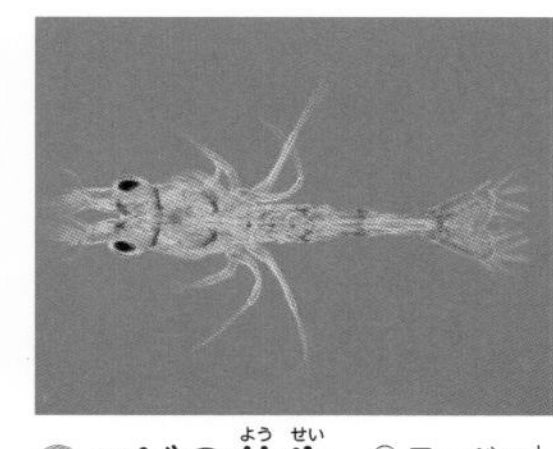
エビの幼生 ©コーベット

### 〈植物プランクトン〉

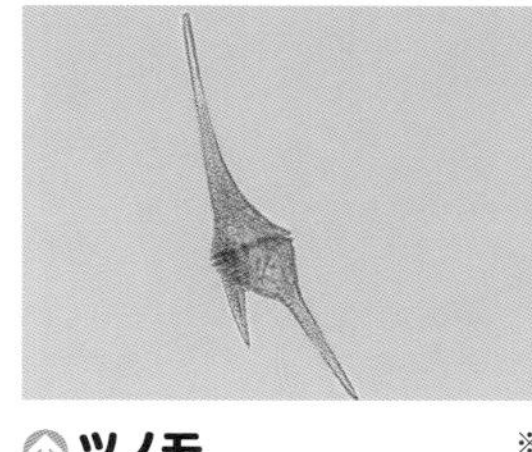
ツノモ ※

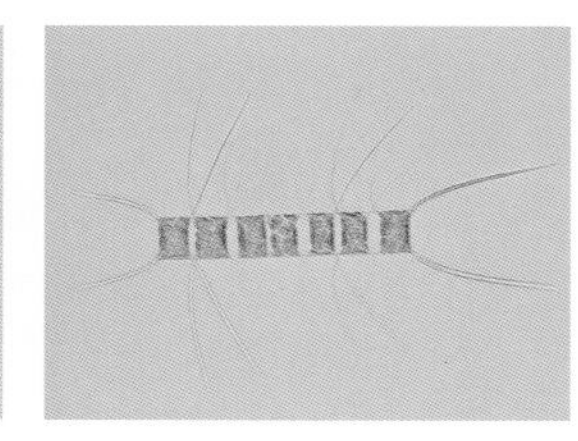
ツノケイソウ ※

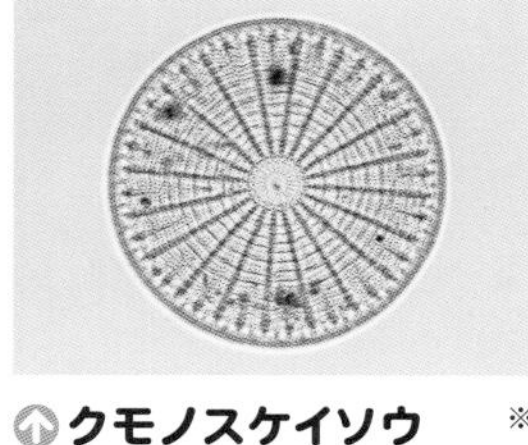
クモノスケイソウ ※

※ ©アフロ

COLUMN まめ知識

海水中のプランクトンが異常にふえて，海水が赤っぽくなる現象を赤潮といいます。赤潮が発生すると海水中の酸素が不足し，また，えらにつまって魚や貝が大量に死ぬことがあります。

重要度 ★★★

## プレパラート

細長い長方形の**スライドガラス**の上に観察するものをのせ，その上に四角い**カバーガラス**をかけて，けんび鏡で観察できるようにしたもの。

●プレパラートのつくり方

〈水中の小さな生物の場合〉

1～2てき落とす。

採取した水

スライドガラス

えつき針

ピンセット

カバーガラス

空気のあわが入らないように，カバーガラスのはしからゆっくりかぶせる。

ろ紙

余分な液はろ紙で吸いとる。

★★★

## けんび鏡

けんび鏡は，目に見えない小さなものを，40～600 倍にかく大して見るときに使う器具です。見ようとするものと，視野の中に見えるものは，ふつう上下左右が逆になっています。ステージを上下させてピントを合わせるステージ上下式けんび鏡と，鏡筒を上下させてピントを合わせる鏡筒上下式けんび鏡の 2 つがあります。

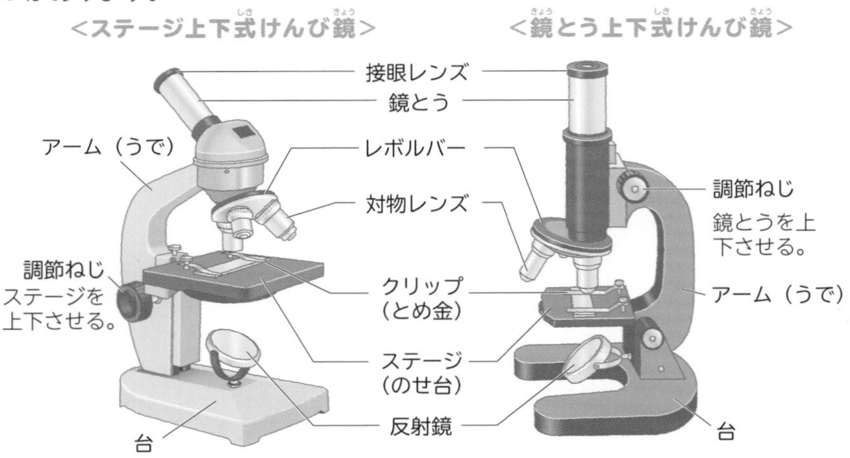

●けんび鏡の使い方

① **日光が直接当たらない明るい**平らなところに置く。

② つつの中にほこりが入るのを防ぐため，**接眼レンズ→対物レンズ**の順にレンズをとりつける。（観察するものを見つけやすいようにするため，レンズはまず低倍率のものにする。）

③ 反射鏡を調節して，視野全体を明るくする。

④ プレパラートをステージにのせる。

⑤ プレパラートと対物レンズがぶつからないようにするため，横から見ながら，調節ねじを回して**対物レンズとプレパラートをできるだけ近づける。**

⑥ 接眼レンズをのぞき，調節ねじを回して**対物レンズとプレパラートを遠ざけながら，ピントを合わせる。**

⑦ よく見えるように調節する。

・見たいものを視野の中央にする。

・しぼりで光の量を調節する。

・高倍率のレンズにする。倍率を高くすると，**視野が暗くなり，見えるはん囲がせまくなる。**

③

④

⑤

⑥

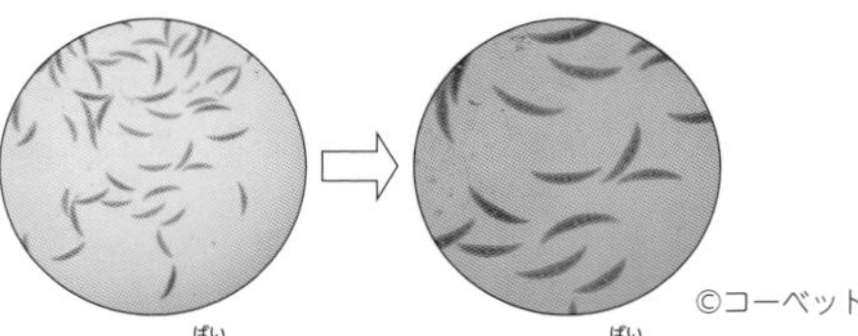

©コーベット

100倍　200倍

●けんび鏡の倍率

けんび鏡の倍率は，**接眼レンズの倍率×対物レンズの倍率**で求めることができます。

●プレパラートの動かし方

けんび鏡で見える像は，ふつう実物と上下左右が逆になっているので，視野の中で動かしたい向きとは**反対向き**に動かします。

観察したらスケッチしよう！

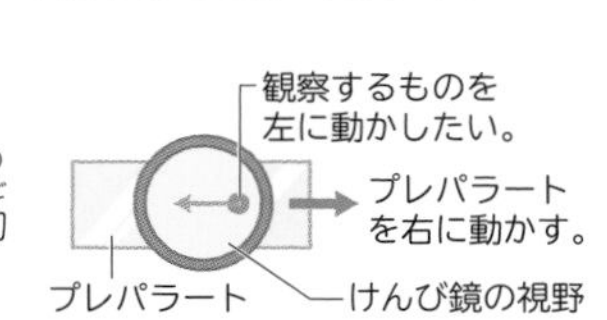
観察するものを
左に動かしたい。
プレパラート
を右に動かす。
プレパラート
けんび鏡の視野

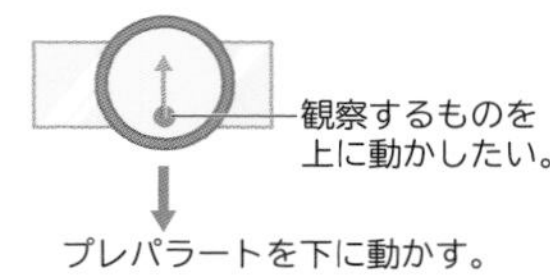
観察するものを
上に動かしたい。
プレパラートを下に動かす。

# 3 生物と空気・水とのかかわり

重要度 ★★★

## 生物と空気とのかかわり

植物に日光が当たると，**光合成** [➡ P.109] を行って**二酸化炭素** [➡ P.518] **をとり入れ**，**酸素** [➡ P.516] **を出しています**。一方，動物や植物は，**呼吸** [➡ P.113，155] によって植物の出す**酸素をとり入れ**，**二酸化炭素を出しています**。このように，生物は空気を通してかかわりをもって生きているのです。

★★★

## 炭素のじゅんかん

炭素をふくむ物質を**有機物**といいます。植物は空気中の**二酸化炭素**をとり入れ，**光合成** [➡ P.109] によって**でんぷん** [➡ P.073] **（有機物）** をつくります。この有機物の形となった炭素は，**食物連さ** [➡ P.194] によって，**生産者** [➡ P.197] から**消費者** [➡ P.197]・**分解者** [➡ P.197] へと移動します。これらの有機物中の炭素は，生物の**呼吸** [➡ P.113，155] によって**二酸化炭素**として大気中にもどされます。このように，自然界の炭素は，**二酸化炭素として大気中**に，**有機物として生物のからだの中**に存在し，**光合成と呼吸のはたらきや食物連さによってじゅんかん**しています。

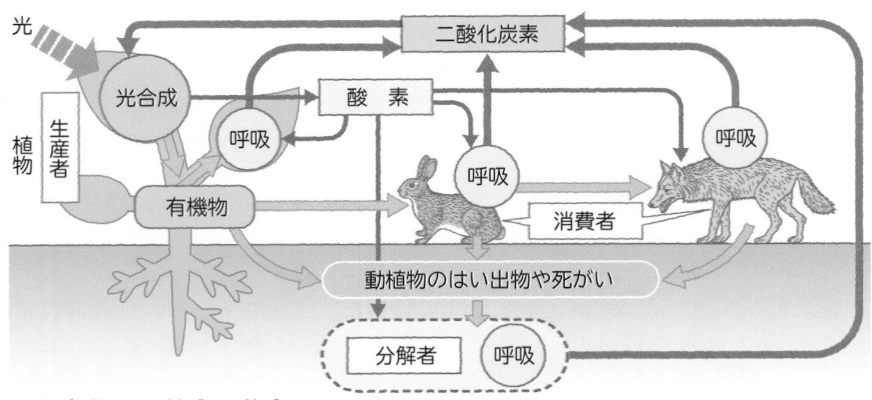


自然界での炭素と酸素のじゅんかん

COLUMN くわしく

植物は，光合成によってつくられた有機物と，根から吸収したちっ素をふくむ無機物（有機物以外のもの）を原料にして，たんぱく質を合成しています。

## ★★★ 生物と水とのかかわり

人や動物は，水をとり入れてからだのはたらきを保っています。川や海は魚のすみかになり，魚や貝などは，**水中の酸素** [➡ P.516] をとり入れて**呼吸** [➡ P.155] をしています。植物の種子が発芽するときには水が必要で，植物は根から水をとり入れて**光合成** [➡ P.109] を行い，水が不足するとかれてしまいます。また，人やほかの動物，植物のからだには多くの水がふくまれていて，すべての生物は，水と深いかかわりをもって生きているのです。

アユ

発芽する種子

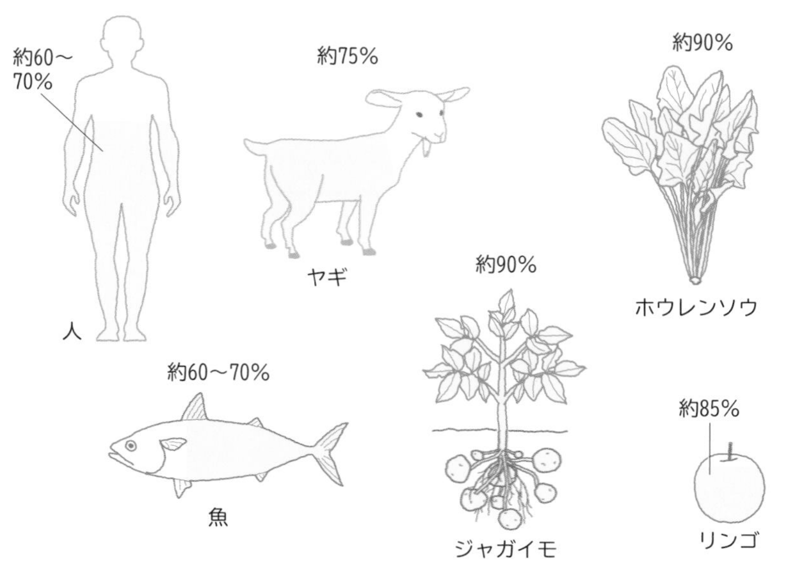


生物にふくまれている水の割合

※ © アフロ

重要度 ★★★

# 生物と空気,水,食べ物のかかわりのまとめ

生物は**食物連さ** [➡P.194] を通して食べ物とかかわり，空気を通して**酸素** [➡P.516] と**二酸化炭素** [➡P.518] をやりとりし，水を通してからだのはたらきを保っています。このように生物は，いろいろなものとかかわりをもって生きているのです。

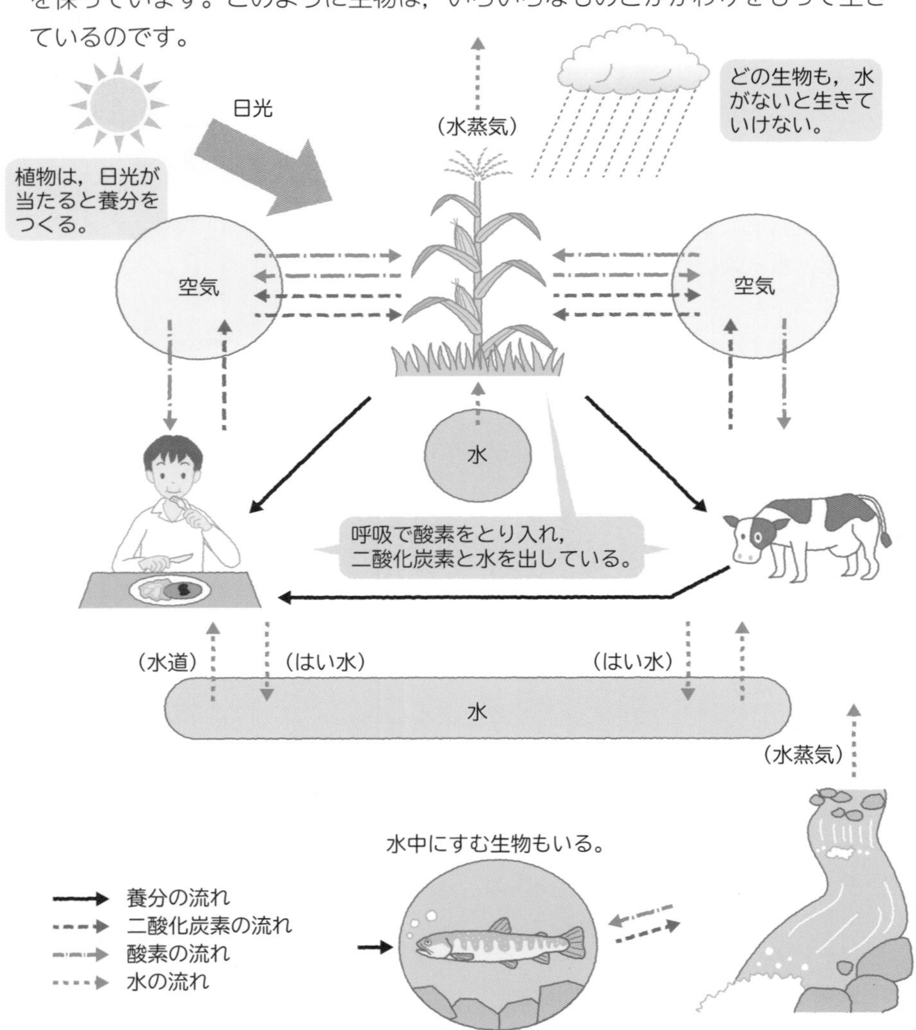

COLUMN

# 生物多様性って？

自然界にはいろいろな動物や植物が存在しています。それらはみんな利用し合い，支え合い，たがいにかかわり合いながら生きています。人間もそのなかまの１つです。こうした自然界にいろいろな生物が存在している状態を，生物多様性といいます。

現在，おもに人間の活動によって絶めつした動物・植物や，これから絶めつが心配されている動物・植物が急に増えてきています。ひとつの生物が絶めつすれば，生態系のバランスがくずれ，ほかの生物にもえいきょうがおよびます。たくさんの動物・植物が存在することで，私たち人間の生活も成り立っているのです。

＜数が少なくなってきている鳥＞

↑オオワシ（おもに北海道）※

↑カンムリワシ（沖縄県）

↑ヤンバルクイナ（沖縄県）※

生物多様性条約は，地球上のあらゆる動物・植物を守っていこうという条約で，1992 年にブラジルで行われた地球サミットで決められました。

地球上の生物には，ぼう大な種類がありますが，その「種」のレベルの多様性以外にも，「遺伝子（遺伝のもとになるもの）」のレベルでの多様性，「生態系（生活かん境）」での多様性が存在しています。その生物の多様性を守り，食料や医薬品として，さらに，水や空気を提供してくれる生物資源として，利用の持続をはかっていこうとするものなのです。

# 4 人のくらしとかん境

## 人の生活と空気

重要度 ★★★

風力発電

日本では，電気の多くは石油や石炭などの化石燃料 [➡P.210，642] を燃やす**火力発電** [➡P.641] でつくられています。自動車はガソリンなどを燃やし，そのエネルギーで走っています。その結果，**地球の温暖化**の原因と考えられている**二酸化炭素** [➡P.518] や空気をよごすものが発生します。そこで，石油を燃やさずに，風の力を利用した**風力発電** [➡P.644] や，太陽の光を利用した**太陽光発電** [➡P.644] で電気をつくるとり組みがされたり，二酸化炭素を出さない**電気自動車**や**燃料電池自動車** [➡燃料電池P.621] の実用化が進められたりしています。また，電気の使用量が少ない**発光ダイオード** [➡P.589] の照明を使うことが多くなってきています。

植物は，**光合成** [➡P.109] で二酸化炭素をとり入れて酸素を出すので，森林を守ったり植林したりすることが，空気を守る上で大切になります。また，ヘチマやツルレイシなどの，つる性の植物をカーテンのかわりに利用する**グリーンカーテン**をつくっているところもあります。グリーンカーテンで日光をさえぎると，4℃くらい部屋の温度が下がり，冷房の利用を減らすことができます。このように，空気を守るさまざまなくふうがいろいろなところでなされています。

## 人の生活と水

★★★

私たちは毎日の生活でたくさんの水を使い，洗ざいなどで水をよごしています。工場ではさまざまな目的で水を利用し，作物を育てるのにも水は使われます。地球上の水は，川や海などを通してめぐっていて，どこかで水をよごせば，魚や田畑の野菜，ひいては人間のからだにもえいきょうがおよんできます。

そこで，水源の森を守るとり組みがされたり，**下水処理場**でよごれた水をきれいにして川にもどしたりしています。川や海がきれいになれば，いろいろな生物がすみやすくなり，豊かな自然の中で生物全体が生きていけるようになるのです。

COLUMN まめ知識

農作物や家ちくの輸入にともなって，それらが育てられたときに使われた水が間接的に輸入されているとも考えられます。このような水を，仮想水，または，バーチャルウォーターといいます。

## ★★★ 人の生活と食べ物

人は，ほかの動物と同じように，食べ物を食べることで生きていくことができます。野菜や家ちくなどの食べ物をつくることは，空気や水，土と大きくかかわっています。空気や水，土がよごれると，植物が成長しなくなったり，肉やたまごのもとである動物も生きていけなくなったりします。

野菜や肉などの食料をどれくらい輸送したかを，（食料の重さ）×（輸送したきょり）で求め，**フード・マイレージ**として表すことがあります。日本は，食料の輸入量が多いので，フード・マイレージが高く，食料を輸送するために，より多くの燃料を使っていることになります。

## ★★★ かん境問題

**地球の温暖化**や，**森林の破かい** ［➡P.210］ や**砂ばく化** ［➡P.210］ が進んだり，**酸性雨** ［➡P.211］ が降ったり，**オゾン層** ［➡P.212］ **が破かい**されたりするなど，地球に起こっている，かん境に悪いえいきょうをあたえている問題のことです。

## ★★★ 地球の温暖化

近年，地球の平均気温が少しずつ高くなり，地球が温暖化する傾向にあります。**石油や石炭などの化石燃料** ［➡P.210, 642］ **を大量に使用**することや，世界中の**森林の減少**によって，大気中の**二酸化炭素の濃度が高くなってきています。**二酸化炭素は，地表から放出される**熱をにがさない**性質があるので，大気をあたためるはたらき（**温室効果** ［➡P.210］）があり，そのため，地球の平均気温が上しょうします。地球の温暖化が進むと，南極の氷や氷河がとけて海水面が上がり，低地が海にしずむおそれがあります。

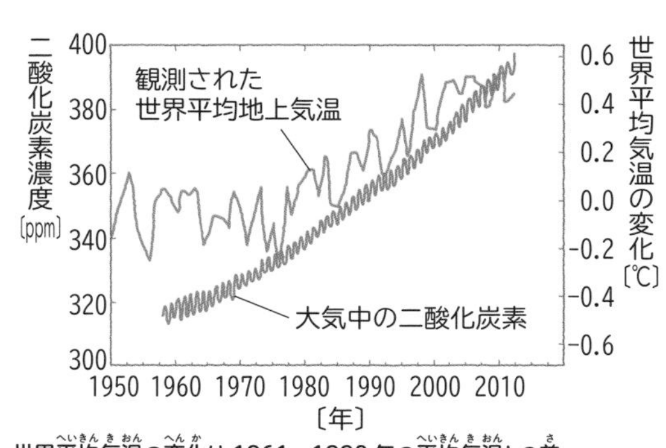


世界平均気温の変化は 1961～1990 年の平均気温との差。
ppmは 100 万分のいくらかの割合を表す単位。1ppm＝0.0001%

**⬆ 世界の気温と大気中の二酸化炭素の関係**

COLUMN くわしく

インド洋にあるモルディブ共和国は，海面からの高さが約 2m の島国で，海水面の上昇によって国土がしずむおそれが出ています。

重要度

★★★ **温室効果**

大気中に放出された二酸化炭素やメタンなどが，宇宙空間へ放出される熱を吸収し，吸収した熱の一部は地球の表面にもどされて，地球の気温を高く保つ作用。

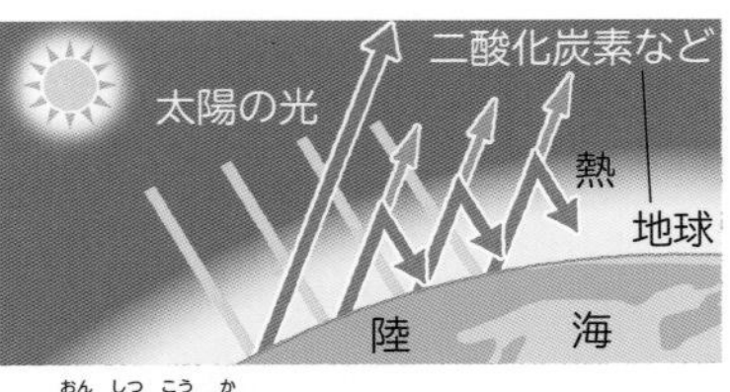


温室効果のしくみ

★★★ **温室効果ガス**

温室効果の原因となる気体を温室効果ガスといいます。おもに**二酸化炭素**[➡P.518]ですが，メタンやオゾン，フロンなどもふくまれます。

★★★ **化石燃料** [➡P.642]

**石油**，**石炭**，**天然ガス**のこと。いずれも大昔の植物や動物が地下にうもれ，長い年月の間に変質して化石になり，やがて石油や石炭などになったと考えられています。

★★★ **森林の破かい**

森林のばっさいや焼畑などによって森林が失われることです。地域的には，こう水・土じょうの流失・生態系の変化をまねき，**砂ばく化**や**地球の温暖化**[➡P.209]を進行させる要因となります。アフリカ・中央アメリカ・南アメリカ・東南アジアの熱帯林の破かいがとくに激しくなっています。

焼きはらわれる熱帯林 ※

★★★ **砂ばく化**

地球上の陸地が砂ばくに変わっていく現象。もともと雨が少なくてやせている土地に，無理をしてたくさんの作物を育てたり，たくさんの家ちくを飼ったりすると，土地が植物を育てる力を失います。そして，作物が育たないだけでなく，草も生えない土地になってしまいます。太陽をさえぎるものがなく，高温になり，さらに砂ばく化が進んでしまうのです。特にアフリカで砂ばく化が深刻になっています。

※ © アフロ

COLUMN まめ知識

都市部の地上気温がまわりより高くなる現象を，ヒートアイランド現象といいます。気温の等しいところを結んだ等温線をかくと，都市部が海にうかぶ島の形に似ているので，この名があります。

## ★★★ 酸性雨

石油や石炭などの**化石燃料**を燃やすと，**いおう酸化物**や**ちっ素酸化物**が大気中に放出されます。これらの物質が雨にとけて酸性 [➡ P.476] の強いりゅう酸やしょう酸などに変化し，地上に降ったものを酸性雨といいます。もともと，雨は大気中の二酸化炭素 [➡ P.518] がとけているので，弱い酸性を示しますが，それよりも**酸性の強い雨**です。酸性雨は，湖や沼，河川の水の酸性を強くし，魚を減少させたり，森林をからせたり，コンクリートの建物をいためたりしています。

酸性雨でかれた森林

## ★★★ ちっ素酸化物

大気中にある一酸化ちっ素や二酸化ちっ素などのことです。石油や石炭などの**化石燃料**を燃やすと，大気中に放出されます。**酸性雨**の原因になるほか，**し外線** [➡ P.212] の作用により**光化学反応**を起こし，**オキシダント**をつくって**光化学スモッグ**の原因になります。

## ★★★ いおう酸化物

大気中にある二酸化いおう [➡ P.522] などのことです。石油や石炭などの**化石燃料**を燃やすと，大気中に放出されます。**酸性雨**の原因になるほか，呼吸器官にえいきょうをあたえます。

## ★★★ 光化学スモッグ

工場や自動車から出されるはい出ガス中の**ちっ素酸化物**や炭化水素が，**し外線** [➡ P.212] によって化学変化を起こし，**オキシダント**ができます。この**オキシダントが原因となって起こるのが光化学スモッグ**です。目やのどなどをし激し，植物にもえいきょうをあたえます。大都市などで，夏の晴れた風のない日にときどき発生します。光化学スモッグ注意報が出たときは，なるべく外に出ないようにしましょう。

重要度

## ★★★ オゾン層

地球をとり囲む大気[➡P.251]のうち，オゾンという気体がたくさん集まった層のことです。オゾン層の高度は地上10～50kmのはん囲で，特に，20～25km付近が最も多くなっています。オゾンは，酸素が**し外線**によって化学変化を起こして生じたものです。オゾン層は，太陽からの有害な**し外線を吸収**して，地球上の生物を守るはたらきをしています。

## ★★★ オゾンホール

地球の上空にある，オゾンという気体がたくさん集まった**オゾン層**がとてもうすくなり，穴があいたような状態をいいます。スプレーのふんむざいや冷蔵庫，エアコンなどに使われていた**フロンガス**によって，上空のオゾン層が破かいされてきました。特に，南極上空で，オゾンホールが大きくなっていて，地上にふりそそぐし外線の量が増えています。し外線が増えると，目の病気や皮ふがんなどの増加，めんえき力の低下などが起こります。

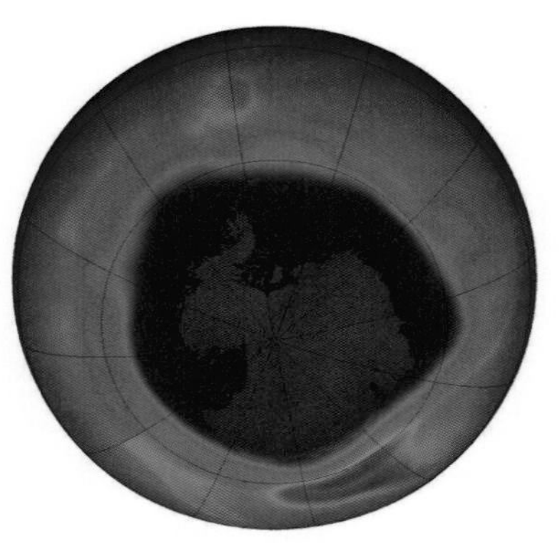

オゾンホール（青い部分）
2018年8月 提供：NASA

## ★★★ し外線

し外線は，人には見えない太陽の光の一種です。日光に当たって，はだが日焼けするのは，し外線のためです。し外線を強くあびると，目の病気や皮ふがんなどの増加，めんえき力の低下などが起こります。地球をとりまくオゾン層がし外線を吸収しているのですが，オゾン層が破かいされたことで，地上にふりそそぐし外線の量が増えています。

## ★★★ リサイクル

使い終わったものを**もう一度資源にもどして製品をつくる**ことです。鉄やアルミニウム，紙，ペットボトルなどがリサイクルの代表例です。限りある資源を節約し，ごみを減らしてかん境への負担を少なくするための取り組みです。

COLUMN くわしく

ごみを減らす行動としてReduce（リデュース：使う資源やごみの量を減らすこと），Reuse（リユース：ものをくり返し使うこと），Recycle（リサイクル）の3つのR（3R）があります。

## ★★★ かん境ホルモン（内分ぴつかく乱物質）

動物のからだに入ると，成長や生しょく（子孫を残すはたらき）などにかかわるホルモンのようなはたらきをして，内分ぴつ機能を乱す化学物質のことです。このことから，内分ぴつかく乱物質ともよばれます。**塩素**をふくむごみなどが燃えたときに発生する有毒の**ダイオキシン**や，**PCB（ポリ塩化ビフェニル）**，フタル酸エステルなどがその物質として問題になっています。男性の**精子** [精巣➡P.131] の数の減少や，がんとの関連も指てきされています。

## ★★★ ダイオキシン

**塩素**をふくむごみなどを燃やしたときに発生する，有毒の物質です。**かん境ホルモン**の１つで，発がん性や異常出産などの害があります。

## ★★★ 生物濃縮

ある物質が**食物連さ** [➡P.194] を通して，生物の体内に濃縮されること。生物体内にとり入れられた物質が，分解もはい出もされない場合，食物連さの**上位の動物ほど濃縮されたものがたくわえられます。**PCBや有機水銀，カドミウムなどがその例です。人は食物連さの頂点にあるので，特にひ害は大きく，水俣病やイタイイタイ病などのような重大な社会問題になる場合があります。

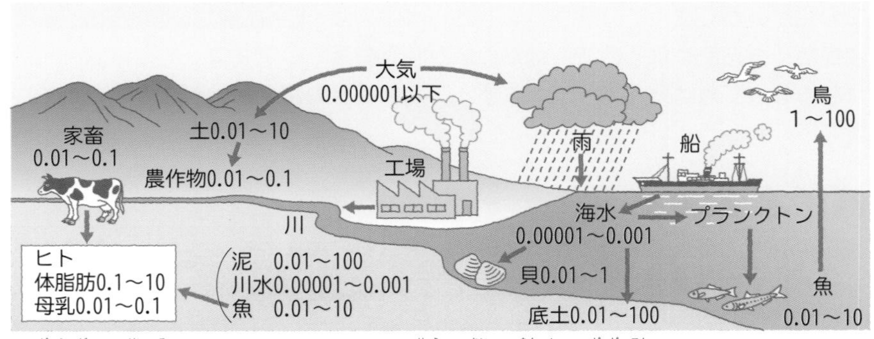


**PCBの経路とそのたくわえられる量の例**（単位はppm＊）

＊ppmは100万分のいくらかの割合を表す単位。1ppm＝0.0001％

イタイイタイ病は，富山県の神通川下流域で発生し，1955年から知られるようになった病気。上流の鉱山からのはい水中のカドミウムが，イネなどの農作物に濃縮してそれを食べた人が発病しました。

重要度

★★★

## 赤潮

海中の**プランクトン** [➡P.200] が大量に発生し，**海の色が赤色や赤かっ色に変わる**現象です。人が使った洗ざいや，農薬・肥料などにふくまれるちっ素やリンが，川や湖にたくさん流れこんで，水中に養分となるものが多すぎる状態になり，プランクトンが大量に発生することで起こります。赤潮になると，プランクトンが海水中の酸素を大量に使うこと，えらにつまってしまうことなどにより，魚や貝が死んでしまうことがあります。水中の栄養が多すぎる状態を，水の富栄養化といいます。

⬆赤潮 ※

★★★

## アオコ

ランソウとよばれる**植物プランクトン** [➡P.200] が大量に発生したもので，湖や沼などの水面が緑のペンキを流したようになる現象です。一部は魚に食べられますが，ほとんどはやがて死んでしまい，くさるときにいやなにおいを出します。アオコの死がいがくさって分解されるとき，水中の酸素がたくさん使われるので，ほかの魚が吸う酸素がなくなって魚は死んでしまいます。アオコは水の富栄養化が原因とされています。

⬆アオコ ※

★★★

## バイオマス

落ち葉や木くず，工場でできるはい材，家ちくのふんやにょうなど，**エネルギー源として利用できる生物資源**のことです（化石燃料 [➡P.210，642] は除きます）。これらのもとは，太陽の光エネルギーを使って植物が水と二酸化炭素から光合成 [➡P.109] によってつくり出したものであり，**再生可能なエネルギー** [➡P.645] と考えられています。[➡バイオマス発電 P.645]

COLUMN

# 川の水質は生物でわかる！

川や湖，沼にはいろいろな生物がすんでいて，そこにすんでいる生物から，水のよごれぐあいがわかります。水は，きれいな水，少しきたない水，きたない水，大変きたない水の４つに分けられます。大変きたない水には生物はすんでいないように思われがちですが，そんな水の中にも生物はいるのです。

きれいな水にすんでいるのは，淡水産のカニのなかまのサワガニ，ヘビトンボ・カワゲラ・ヒラタカゲロウなどの幼虫です。サワガニはからあげなどにして食用にされます。

※

サワガニ

※

カワニナ

少しきたない水には，カワニナ（巻き貝），ホタル・コオニヤンマの幼虫などがすんでいて，ホタルの幼虫の食べ物はカワニナです。食べられる生物とそれを食べる生物が同じよごれぐあいの水にすんでいるわけです。

きたない水にすんでいるのは，タニシやヒル，ミズカマキリなどです。ヒルはミミズに似ていて，人の体液を吸うものもいます。また，ミズカマキリは外見がカマキリに似ていて，小魚などをとらえてその体液を吸います。

※

ミズカマキリ

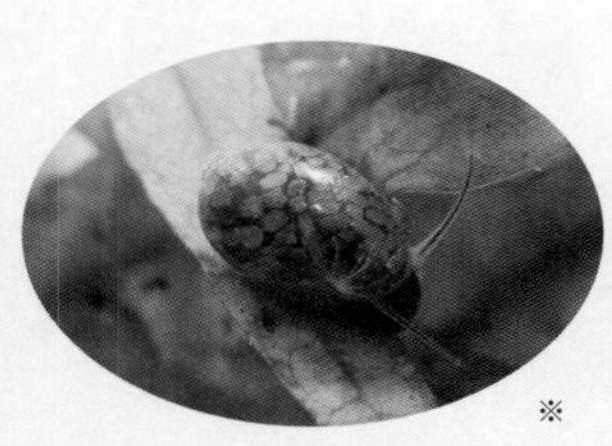
※

サカマキガイ

大変きたない水にすんでいるのは帰化生物であるアメリカザリガニやサカマキガイなどです。大変きたない水でも，そこにすんでいる生物にとっては，自分のすみかといえるのかもしれません。

COLUMN

# 絶めつ危ぐ種って？

地球上からその種類の生き物がいなくなることを「絶めつ」といい，絶めつのおそれがある生き物を「絶めつ危ぐ種」といいます。

絶めつ危ぐ種は，ある地域ですでに絶めつしたと考えられているものから，条件によっては今後絶めつする可能性があるものまでいくつかのレベルに分けられています。

ニホンカワウソ　© アフロ

たとえば，日本ですでに絶めつしたと考えられている生き物には，本州・四国・九州に生息していたニホンオオカミや，日本全域に生息していたニホンカワウソなどがいます。

2018年のかん境省によるレッドリスト（日本の絶めつのおそれのある野生生物のリスト）は，3675種となり，2007年のリストより520種も多くなりました。

たくさんの生き物の絶めつする可能性が高まっているのは，森林などの開発を進めて生き物の生活場所をうばったり，毛皮や羽などを販売する目的である種の生き物を大量につかまえたりするなど，人の生活が原因となっています。

生き物が絶めつしてしまうと，その地域の食べ物を通した生物どうしの関係や，生物と空気・水とのかかわりなどのバランスがくずれ，私たち人も生きていけなくなります。

自然を保護し，人と動物，植物がともに生きることのできるかん境をつくることが必要なのです。

# 地球編

# 第1章 気温と天気

## 巨大うず巻き接近！

下の画像は，台風が日本に近づいてくるようすです。
台風は，熱帯地方で発生した熱帯低気圧で，
最大風速が毎秒 17.2m以上のものをいいます。
海水が太陽によってあたためられると，
水蒸気が発生して上しょうします。
上しょうした水蒸気は上空で雲になり，
さらに強い上しょう気流が起こって，
次々に水蒸気を吸い上げて巨大なうず巻きに発達するのです。

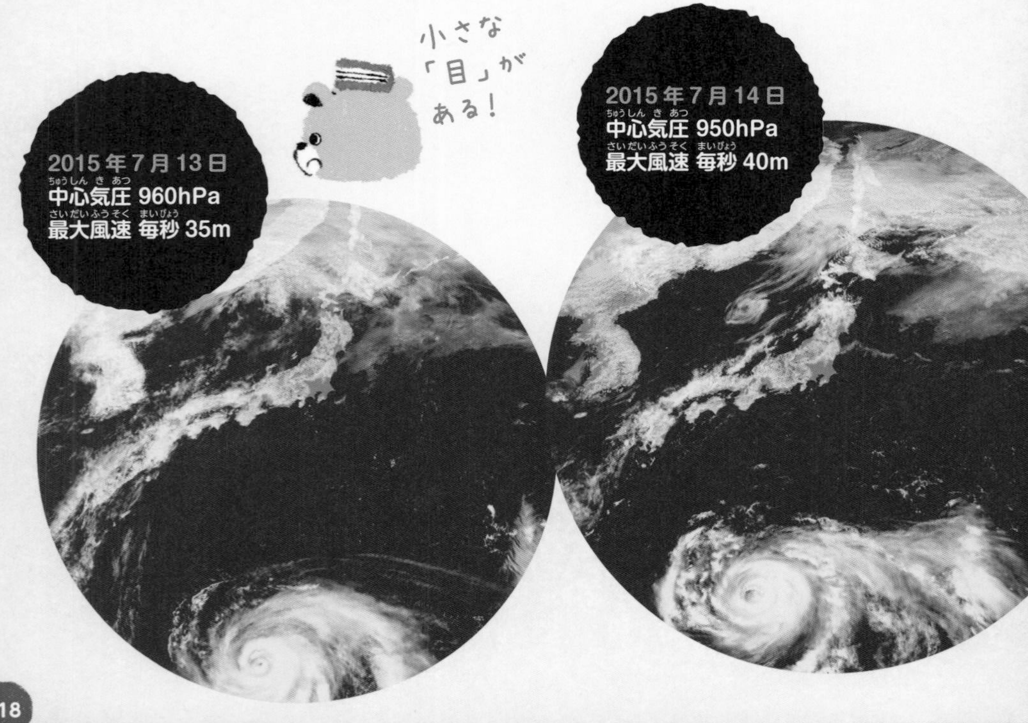

# の変化

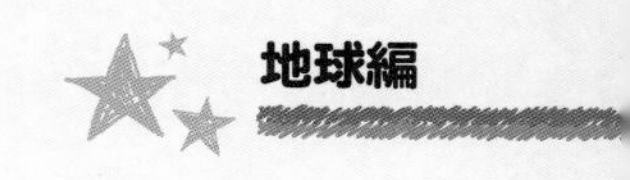


## 台風なんでもNo.1

| | |
|---|---|
| **台風の発生数 No.1** | 39個（1967年）［年間平均約26個］ |
| **台風の上陸*数 No.1** | 10個（2004年）［年間平均約3個］ |
| **上陸数が多い県 No.1** | 鹿児島県（41個） |
| **発生日が早い台風 No.1** | 2019年1月1日　台風1号 |
| **発生日がおそい台風 No.1** | 2000年12月30日　台風23号 |
| **上陸時の中心気圧が低い（最も強い）台風 No.1** | 1961年9月　台風18号（第二室戸台風 高知県）中心気圧925hPa |

＊台風の中心が本州，九州，四国，北海道の陸上にのぼったときを上陸といいます。

2015年7月15日
**中心気圧 945hPa**
**最大風速 毎秒 45m**

2015年7月16日
**中心気圧 955hPa**
**最大風速 毎秒 40m**

あぶない！

資料提供：気象庁（統計資料は 1951 ～ 2019 年，年間平均は 1981～2010 年）　画像提供：国立情報学研究所「デジタル台風」

# この章で学ぶこと ヘッドライン

## 太陽は動いている？

太陽は，東の空からのぼり，南の空を通って西にしずみます。でもじつは，太陽が動いているのではありません。私たちのいる地球が西から東へ自転しているために，太陽が動いて見えているのです。

日の出

また，太陽を背にすると自分のかげができますね。かげは，太陽と反対側にできます。ですから，地面に立てた棒のかげは，1日のうちでは，西から東に動くのです。[➡ P.222]

## 空気は太陽があたためているんじゃないの？

ほんとう…？

!!

地球の空気があたたかいのは，太陽の熱が届いているからですが，太陽は，空気を直接あたためているのではないのです。太陽の熱は，「放射」という方法で伝わり，宇宙空間や空気を素通りして，まず地面をあたためます。そのあと，あたためられた地面の熱が空気をあたためるのです。そのため，晴れた日の1日のうちでは，地面の温度が最高になる時刻は午後1時ごろ，気温が最高になる時刻は午後2時ごろと，少しずれています。[➡ P.228]

## 雲の正体は何？

積乱雲（入道雲）

ふわふわとした綿あめのような入道雲。このような雲をつくっているのは，何でしょうか。

雲の正体は，空気中の水蒸気が冷やされてできた水や氷のつぶです。空気中には，目に見えない水蒸気がふくまれています。水蒸気は，温度によって空気中にふくまれる量に限度があります。空気が冷えると，空気中にふくみきれない水蒸気がくっついて，水てきや氷のつぶになります。それが空気中にうかんでいるのが雲なのです。

山でよく発生するきりは，雲と同じように，水てきが空気中にうかんでいるものです。雲の中は，こいきりのようになっています。ふわふわの雲にのって旅をする…というのは，難しそうですね。[➡ P.234]

## 天気予報はどうやってするの？

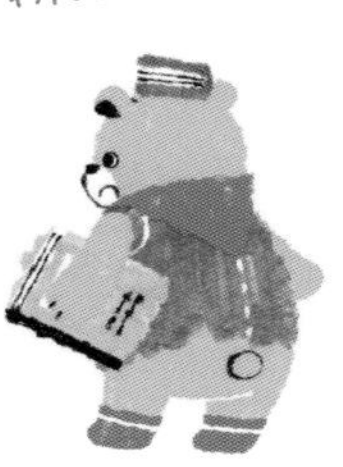


天気予報は，天気図や気象衛星ひまわりがとった雲画像，空気の状態を観測したデータをもとにして，コンピュータを使って天気を予想し，発表されます。

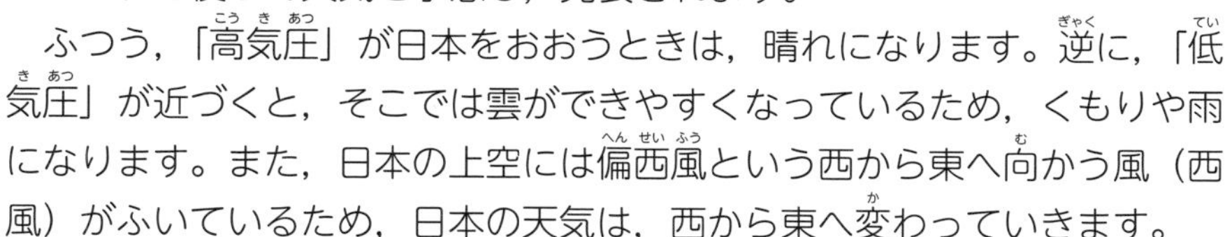

ふつう，「高気圧」が日本をおおうときは，晴れになります。逆に，「低気圧」が近づくと，そこでは雲ができやすくなっているため，くもりや雨になります。また，日本の上空には偏西風という西から東へ向かう風（西風）がふいているため，日本の天気は，西から東へ変わっていきます。

これらを知っていれば，新聞やテレビの天気図や雲画像を見て，明日の天気をある程度予想することができますよ。試してみましょう。[➡ P.247]

# 01 太陽の動き

重要度

## ★★★ 日光

太陽の光を日光といいます。日光は太陽から四方八方に広がり，**まっすぐに進む（直進する）**性質があります。また，地球に届く日光は平行光線[➡P.531]となります。

## ★★★ 太陽の1日の動き

太陽は**東から出て南**の空の高いところを通り，**西にしずみます。**（北半球の場合）

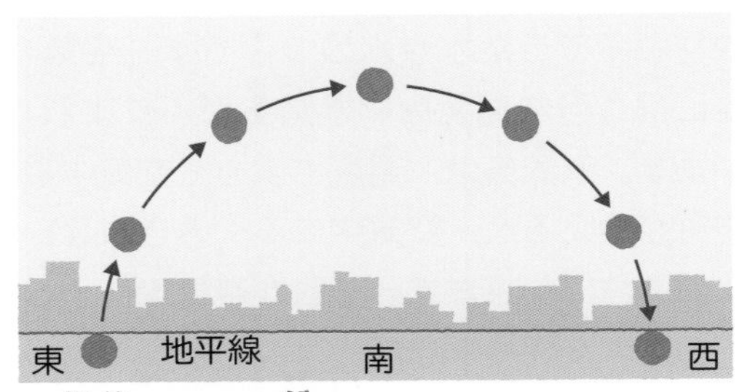


**太陽の1日の動き**

## ★★★ かげの1日の動き

日光はまっすぐに進むので，かげは**太陽と反対側**にできます。かげのできる向きが変わるのは，太陽が動いているからです。

太陽は**東から出て南の空を通り，西にしずむ**ので，かげは**西から北を通って，東へ移動**します。つまり，**太陽の動く向きとかげの動く向きは逆**になるのです。

かげの長さは，太陽の高さが高いほど短くなるので，太陽の高さが最も高くなる，**12時ごろに最も短く**なります。

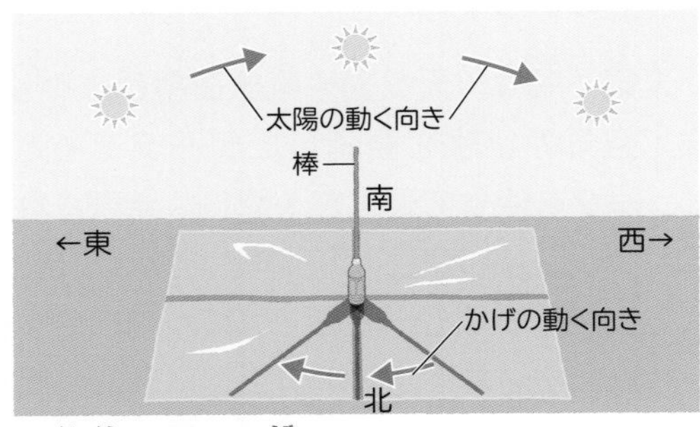


**太陽とかげの動き**

COLUMN リンク

➜ かげの1年の動き P.325

## ★★★ 方位磁針

方位磁針の針は，**北**と**南**を指して止まります。方位磁針を使えば，東西南北などの方位を知ることができます。

使い方
① 調べる方向を向いて，方位磁針を水平に持つ。
② 針の動きが止まったら，ケースを回して，「北」の文字を色がついた針に合わせ，方位を読みとる。

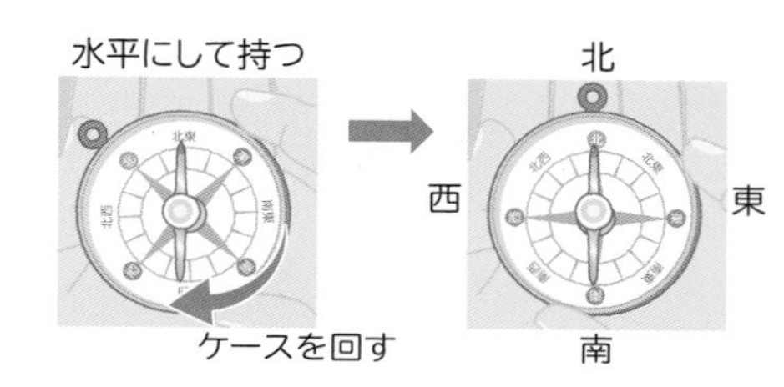


## ★★★ 日時計

太陽が動くと，かげの向きが変わります。日時計はこれを利用した時計で，かげの向きで時刻を読みとることができます。

➔日時計

## ★★★ 日なたと日かげ

日なたは，日光が当たっている明るいところです。日光が当たらない日かげは，日なたに比べて暗く，地面はしめっています。

比べる 日なたと日かげのちがい

| | 日なた | 日かげ |
|---|---|---|
| 地面のあたたかさ | あたたかい | 冷たい |
| 明るさ | 明るい | 暗い |
| 地面のしめりぐあい | かわいている | しめっている |

## ★★★ 地面の温度（地温）

地面や地中の温度を地温といいます。地表近くの**地温**は，地面を少しほって温度計の液だめを入れ，土をかぶせてはかります。太陽の光が温度計に当たらないように，おおいをします。

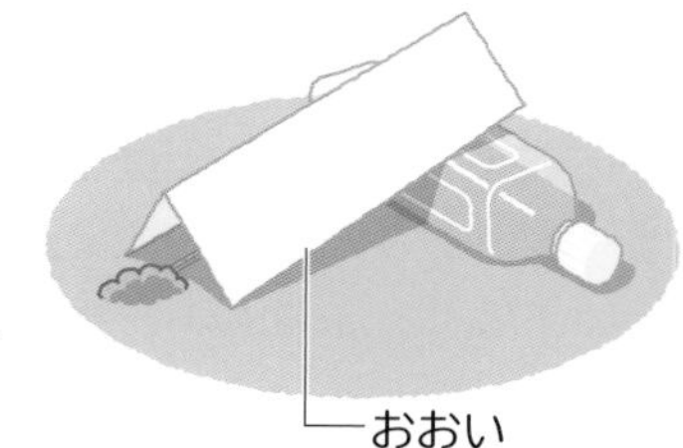

COLUMN まめ知識
南半球では，太陽は東から出て「北」の空を通り，西にしずみます。

# 02 気温の変化

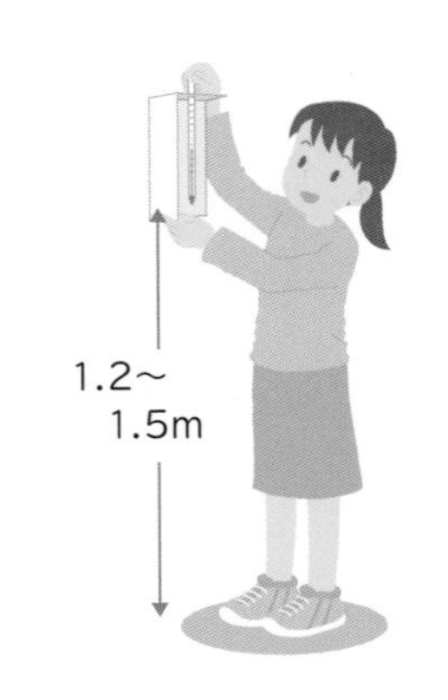


重要度

## ★★★ 気温

空気の温度を気温といいます。気温は1日のうちでも，1年のうちでも変化します。[➡気温の1日の変化 P.227]

気温は，次のようにしてはかります。

- まわりがよくひらけた**風通しのよい**ところではかる。
- 地面から **1.2～1.5m** の高さではかる。
- 日光が温度計に**直接当たらないように**してはかる。

## ★★★ 温度計

もののあたたかさの度合いを温度といい，温度計を用いてはかります。液だめにふれている部分の空気や，土，水などの温度をはかることができます。

温度計は，液だめの部分で外から受けた熱によってガラス管の中の液体の体積が変わる [➡液体の体積と温度 P.423] ことで温度をはかれるようになっています。

液体の小さな体積の変化が，その上の細い管で大きく現れ，温度を読みとれるようになっています。

温度計には，アルコール温度計や水銀温度計などがあります。

0℃より低いときの温度は，**「れい下○℃」**，または**「－○℃」**と表します。たとえば，0℃より8℃低いときは，れい下8℃，または，－8℃といいます。

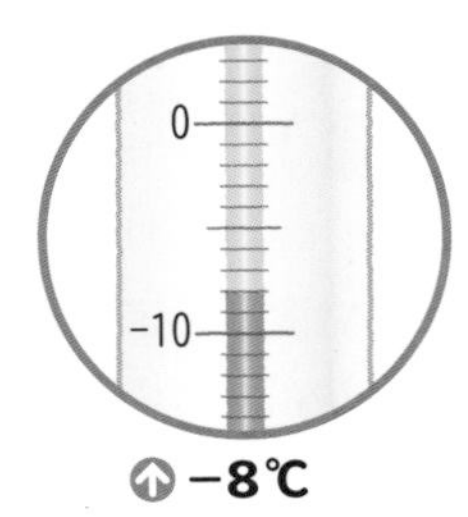


⬆ **－8℃**

⬅ **アルコール温度計**

# 温度計の使い方

温度計の目もりを読むときは，温度計と目線を**直角**にして読みます。

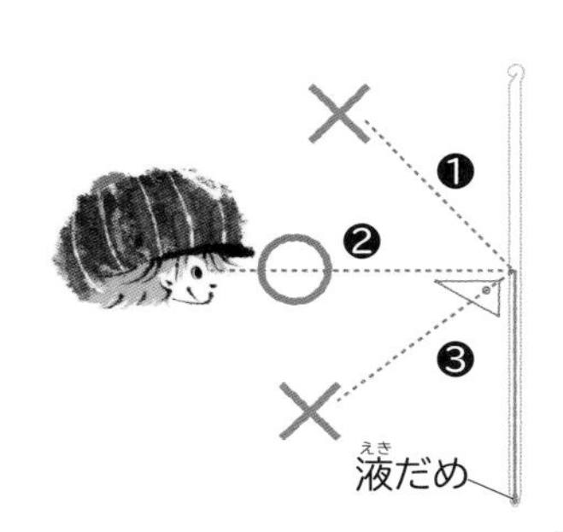


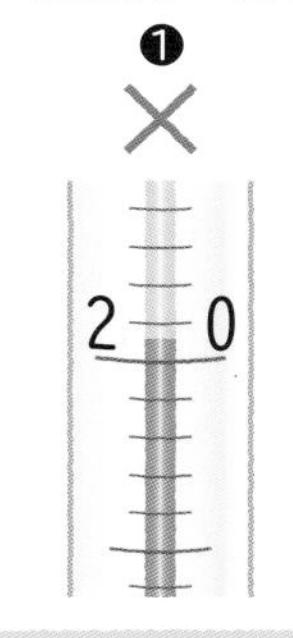


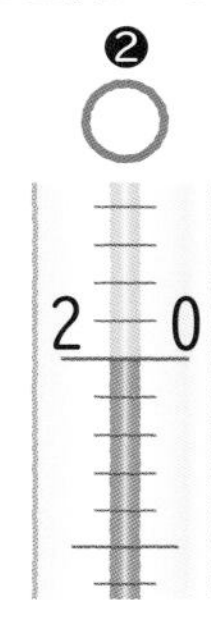


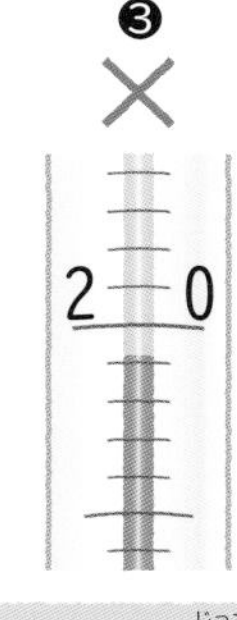


上から読むと，実際より高い温度に見える。

下から読むと，実際より低い温度に見える。

液の先が目もりの線と目もりの線の間にあるときは，**近いほう**の目もりを読みます。

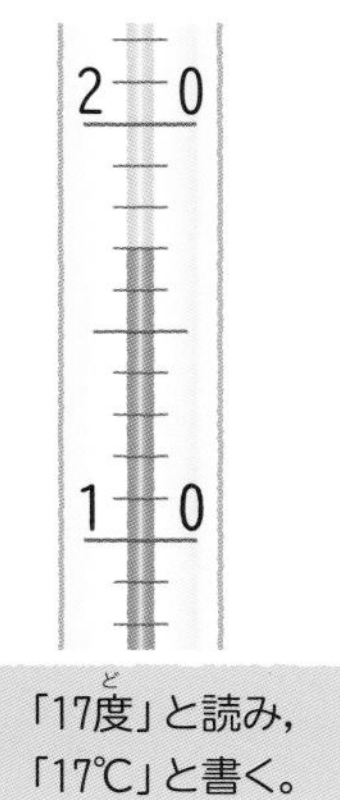


「17度」と読み，「17℃」と書く。

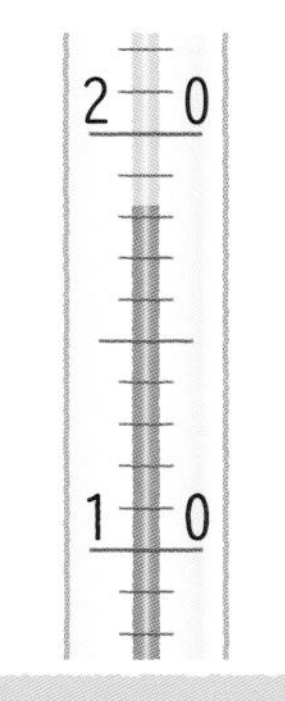


液の先に近い下の目もりを読み，18℃とする。

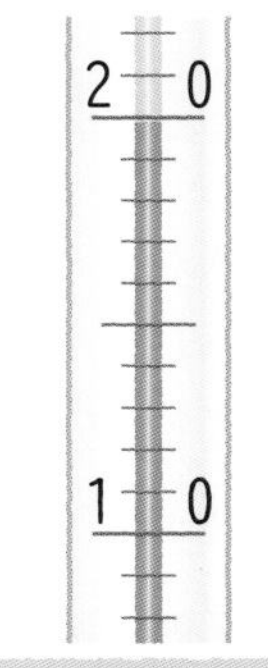


液の先に近い上の目もりを読み，20℃とする。

**気をつけること**

- 手のあたたかさが伝わるので，**液だめを持ってはいけない。**
- 地面の温度をはかるときは，温度計で地面をほってはいけない。
- 温度計を使わないときや持ち運ぶときは，ケースに入れておく。
- つくえの上に置いたままにしてはいけない。

COLUMN くわしく

ふだん使う温度計の目もりの単位は℃（セルシウス度）です。1気圧 ［➡ P.252］ で水がこおるときの温度を0℃，水がふっとうするときの温度を 100℃として，その間を 100 等分したのが1℃です。

重要度 ★★★

## 記録温度計（自記温度計）

記録温度計は気温を連続してはかって，グラフで記録することができます。用紙を巻いたつつが回転し，ペン先についたインクで記録されるようになっています。

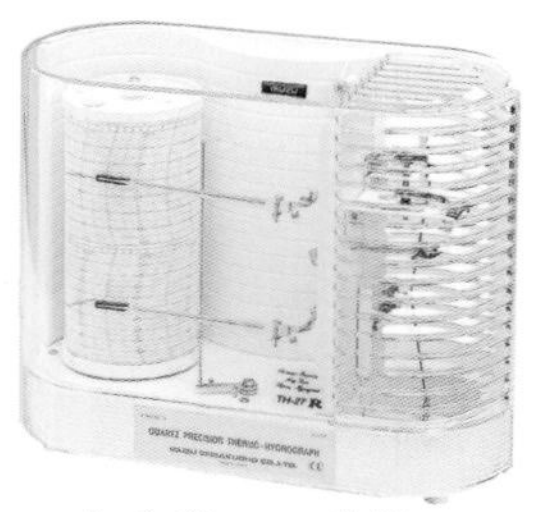

自記温しつ度計

温度としつ度が同時に自動で記録される。　提供：いすゞ製作所

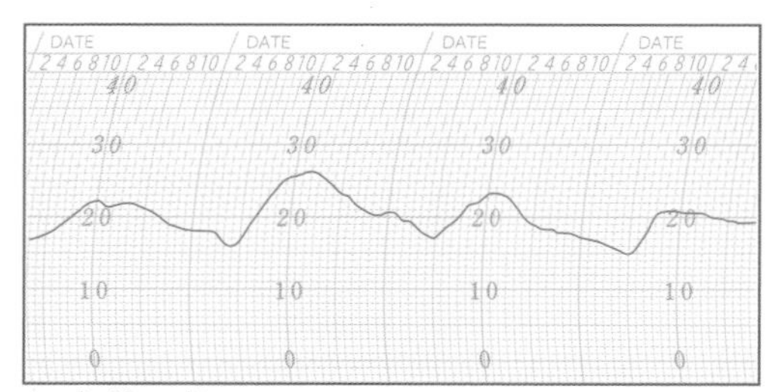


記録の例

★★★

## 最高温度計

液体の入った液だめの近くにくびれがあって，温度が上がるときには液体がこのくびれを通ります。しかし，温度が下がったときには液体がもどれなくなるので，最高気温が記録されます。

★★★

## 最低温度計

ガラス製の小さな棒をアルコール温度計の液体の中に入れ，液面の高さまで上げておきます。温度が下がると液面が棒をおしながら下がり，温度が上がると液体は棒のわきを通り過ぎるので棒が上がらず，ガラス製の棒の位置は最低の温度を示したままになります。

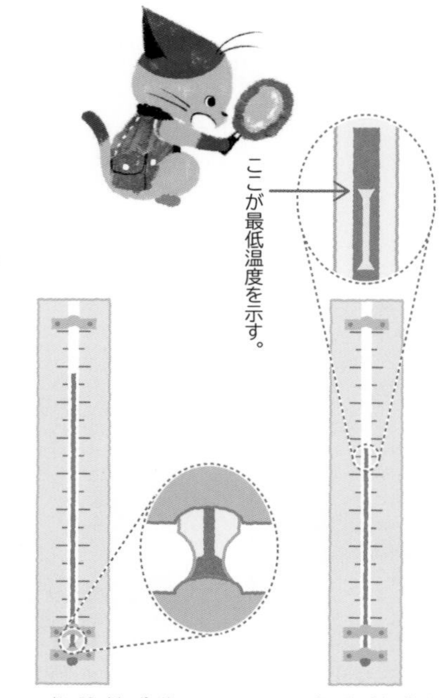


最高温度計　最低温度計

## ★★★ 百葉箱

地上で気象観測を行うために置かれている装置で，**記録温度計（自記温度計）**や自記しつ度計，かんしつ計 [➡ P.237]，最高温度計，最低温度計などが入っています。

百葉箱

百葉箱の内部

©アフロ

適切な観測が行えるようにするため，次のようなつくりになっています。

- **全体が白色にぬってある**→太陽の熱を**吸収しにくくする**ため。
- **まわりがよろい戸になっている**→**風通しをよくし**，**直射日光が当たらない**ようにしたり，雨が入らないようにしたりするため。
- **しばふの上に建てられている**→地面からの**熱の照り返しを防ぐ**ため。
- **とびらは北向きにつけられている**→とびらを開けたとき，**直射日光が入らない**ようにするため。

## ★★★ 気温の1日の変化

1日の気温は，ふつう昼に高く，夜に低くなることが多いですが，天気によって，気温の変化のしかたはちがいます。[➡気温の変化と天気 P.228]

1日のうちで，最も高い気温を**最高気温**といい，最も低い気温を**最低気温**といいます。晴れの日の気温は，**日の出前が最低，午後2時ごろが最高**になります。[➡気温・地温と太陽の高さ P.228]

気温の1日の変化（晴れの日）

**COLUMN くわしく**

1日の最高気温と最低気温の差を日較差といいます。晴れの日は日較差が大きく，くもりや雨の日は日較差は小さくなります。

重要度 ★★★
## 気温の変化と天気

1 日の気温の変化は天気によって異なります。

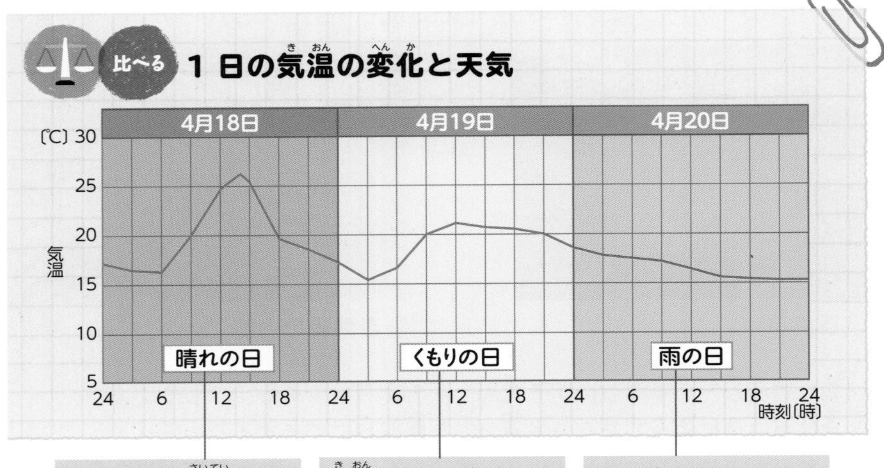


**日の出直前**に最低，**午後2時ごろ最高**になります。1 日の気温の変化が**大きくなります。**

気温はあまり高くなりません。1 日の気温の変化が小さくなります。

日光が当たらないので，気温は1日中ほとんど変わりません。

★★★
## 気温・地温と太陽の高さ

晴れの日の 1 日の気温は，太陽の高さの変化に対して，少しおくれて変化します。太陽の高さは**12時ごろ最高**になります。地温は**午後 1 時ごろ最高**になります。また，気温は**午後 2 時ごろ最高**になります。

**最高地温と最高気温の時刻がずれる**のは，**太陽の熱によって地面があたたまり，その地面からの熱が伝わって空気があたたまるからです。**

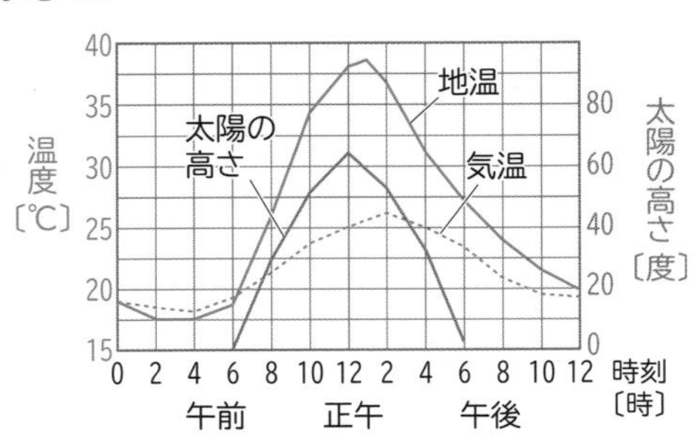


⬆1日の気温と地温と太陽の高さの変化

COLUMN まめ知識

日本で，観測史上最低の気温は 1902 年 1 月 25 日，北海道の旭川市で記録された− 41.0℃，最高気温は 2018 年 7 月 23 日，埼玉県熊谷市で記録された 41.1℃です。

## ★★★ 太陽の高さと地面のあたたまり方

太陽の高さが高いほど，同じ面積を照らす光の量は多くなります。このため，決まった面積の地面が受けとる熱は，**太陽の高さが高いほど大きくなる**ので，地面はよくあたたまります。

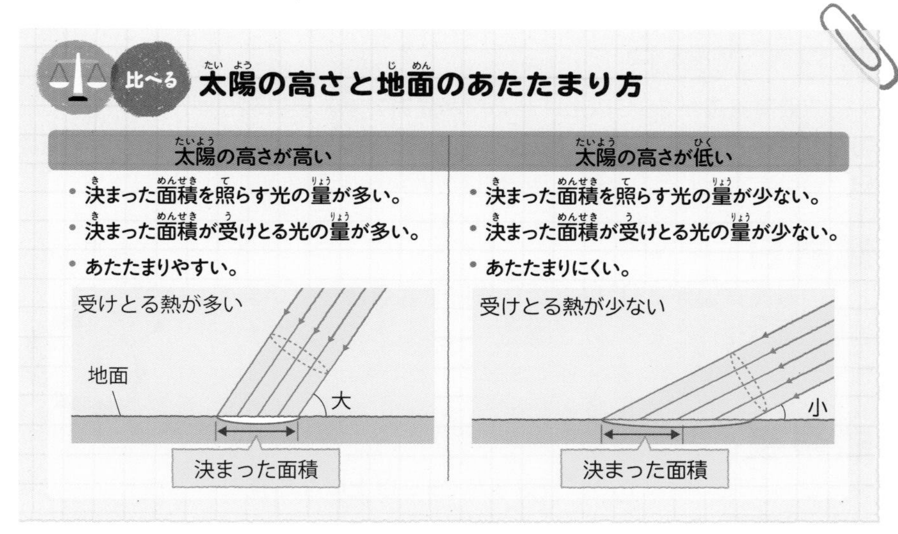

比べる 太陽の高さと地面のあたたまり方
太陽の高さが高い
・決まった面積を照らす光の量が多い。
・決まった面積が受けとる光の量が多い。
・あたたまりやすい。
受けとる熱が多い
地面
大
決まった面積
太陽の高さが低い
・決まった面積を照らす光の量が少ない。
・決まった面積が受けとる光の量が少ない。
・あたたまりにくい。
受けとる熱が少ない
小
決まった面積


## ★★★ 気温の１年の変化

太陽の**南中高度** [➡P.316] は，**夏至の日**（6月22日ごろ）に**最高**になり，**冬至の日**（12月22日ごろ）に**最低**になります。

気温は夏至の日から２か月おくれた８月に最高になり，冬至の日から１か月おくれた１月に最低になります。

[➡季節の変化 P.321]

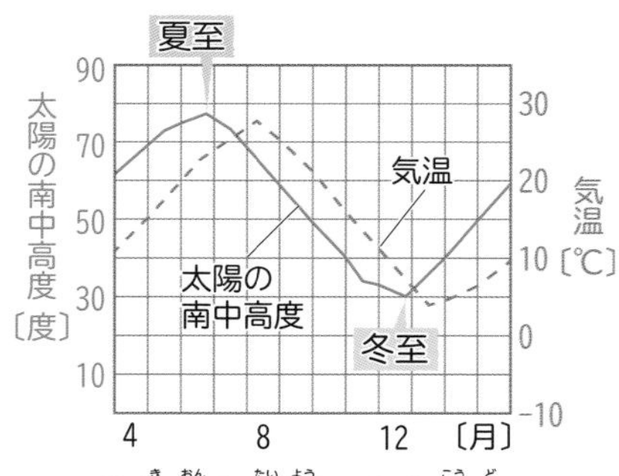


**気温と太陽の南中高度の1年の変化**

**太陽の高度は，南中したときに最も高くなるので，1日のうちで地面が受けとる熱の量が最大になるのは，太陽が南中したときです。**

重要度

## ★★★ 冬日・真冬日

1日の**最低気温が0℃未満**になる日が**冬日**です。雪が降ったりしも[➡P.235]が降りたりすることが予想される日です。また，1日の**最高気温が0℃未満**の日を**真冬日**といいます。雪やしもが1日中とけないような寒い日です。

## ★★★ 夏日・真夏日

1日の**最高気温が25℃以上**になる日が**夏日**です。夏に限らず，春や秋にも夏日になることがあります。また，1日の**最高気温が30℃以上**になる日を**真夏日**といいます。1年の真夏日の日数は，近年増加の傾向にあります。

## ★★★ 猛暑日

1日の**最高気温が35℃以上**になる日を**猛暑日**といいます。近年の高温化にともない，気象庁[➡.P245]が2007年から使い始めた用語です。熱中症に注意が必要です。

## ★★★ 熱帯夜

夕方から翌日の朝までの**最低気温が25℃以上になる夜**を熱帯夜といいます。暑くて寝苦しい夜を表す用語として使われます。

## ★★★ ヒートアイランド現象

**都市部の気温が郊外より高くなる現象。**

都市部には，気温を下げる植物が少ないこと，自動車やエアコンなどから熱がたくさん発生していること，熱をためやすいコンクリートにおおわれた地面が多いことなどが原因です。

ヒートアイランドは，英語で「熱の島」という意味です。地図で見ると気温が高いところが島のように見えることから，この名があります。

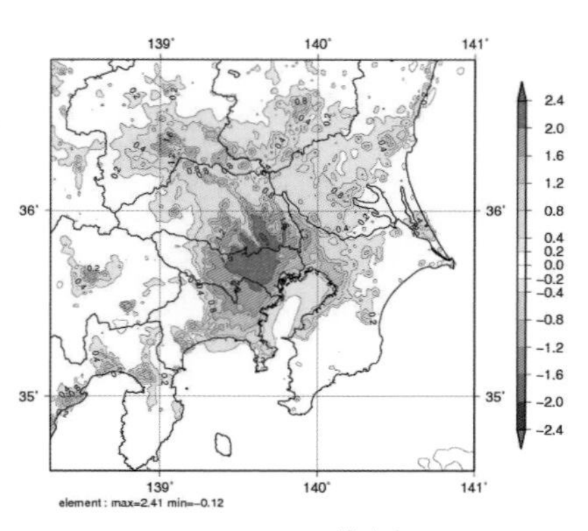


**⬆ヒートアイランド現象の強さ**
平均気温からの気温の差〔℃〕で表す。赤いところほど気温が高い。
提供：気象庁

COLUMN まめ知識

熱中症は，まわりが非常に暑かったり，しつ度[➡P.236]が高かったりするとき，体温の調節がうまくできなくなってしまうことです。

# 棒グラフと折れ線グラフ

実験や観察では，データをまず表に記録します。表のデータを**棒グラフ**や**折れ線グラフ**にすると，ちがいや変化のようすがひと目でわかります。

棒グラフは，いくつかのものを比べるときに適しています。横じくが連続していないものといえばよいでしょう。たとえば，午前と正午での，日なたと日かげの温度をそれぞれ棒グラフに表すと，温度のちがいがわかりやすくなります。

折れ線グラフは，連続的に変化するものを表すのに適しています。たとえば，1日の気温の変化を，横じくに時刻をとって記録する場合などです。折れ線グラフにすることによって，気温の変化がわかりやすくなります。

## ●棒グラフのかき方

- 調べた温度に合わせて，グラフの棒をかく。
- 調べた時刻を書く。

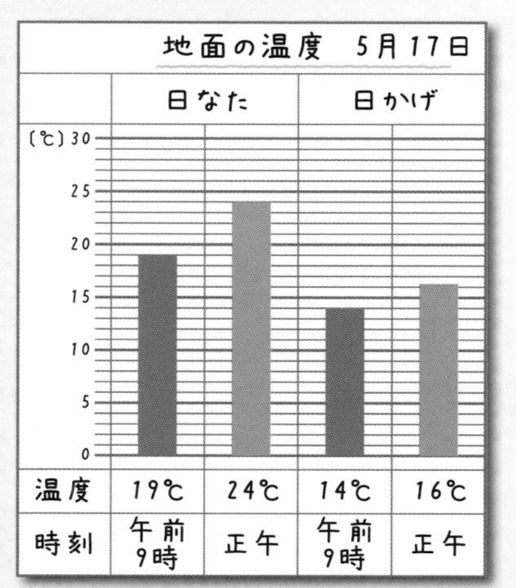


### 日なたと日かげの温度

| 時刻 | 午前9時 | 正午 |
|---|---|---|
| 日なたの地面の温度 | 19℃ | 24℃ |
| 日かげの地面の温度 | 14℃ | 16℃ |

## ●折れ線グラフのかき方

- 横じくに時刻，縦じくに気温をとり，単位を書く。
- 時刻と気温が重なるところに点を打ち，直線でつなぐ。

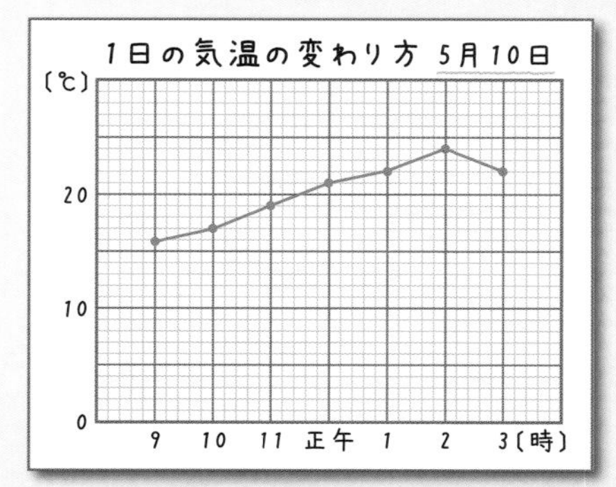


### 1日の気温の変化

| 時刻 | 午前9時 | 午前10時 | 午前11時 |
|---|---|---|---|
| 気温 | 16℃ | 17℃ | 19℃ |
| 正午 | 午後1時 | 午後2時 | 午後3時 |
| 21℃ | 22℃ | 24℃ | 22℃ |

# 03 自然の中の水

重要度 ★★★

## 水のゆくえ [➡水のじゅんかんP.238]

雨が降ると，地面に水たまりができますが，しばらくすると，水たまりはなくなります。また，洗たく物を干しておくと，やがてかわきます。水は，熱しなくても**蒸発** [➡ P.441] して**水蒸気** [➡ P.437] になり，空気中に出ていくのです。

### ●水が空気中に出ていくことを調べる実験

**方法**

① 2つの容器に同じ量の水を入れ，1つにはふたをしないで（㋐），もう1つにはふたをして（㋑），3日間日なたに置き，水の減り方を調べます。

② ①と同じように，2つの容器㋒，㋓を，3日間日かげに置き，水の減り方を調べます。

〈日なたに置く〉

水面の位置に印をつける。　ラップシート

㋐　㋑　➡　㋐　㋑

〈日かげに置く〉

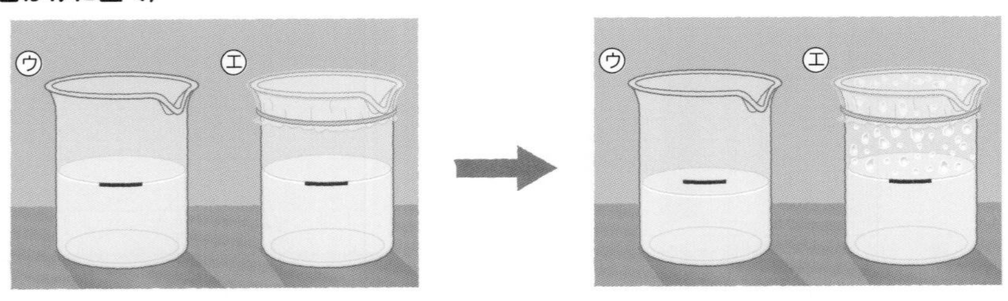


**結果**

実験の結果，水は，㋐と㋒では**㋐のほうが大きく減っていました。**
㋑と㋓では，両方とも水はほとんど減っておらず，容器の内側やラップシートの内側に水のつぶがついていました。

COLUMN リンク

➡ 蒸発 P.441，ふっとう P.441

㋐と㋒の結果から，水はふっとうしなくても，その表面から**蒸発して水蒸気になり，空気中へ出ていく**ことがわかります。
㋐と㋒では，㋐のほうが水が多く減ったことから，水は，**日なたのほうが日かげより早く蒸発する**ことがわかります。つまり，水はあたためられると早く蒸発するといえます。
㋑と㋓では，ふたの内側に水のつぶがついていたことから，蒸発した**水蒸気が，再び水になった**と考えられます。

## ★★★ 空気中の水蒸気

かわいたコップに氷水を入れて，しばらく置いておくと，コップの外側に**水**がつきます。これは，空気中の**水蒸気** [➡.P437] が氷水で冷えたコップにふれ，冷やされて水てきとなり，コップについたものです。このことから，**空気中には目に見えない水蒸気がふくまれている**ことがわかります。

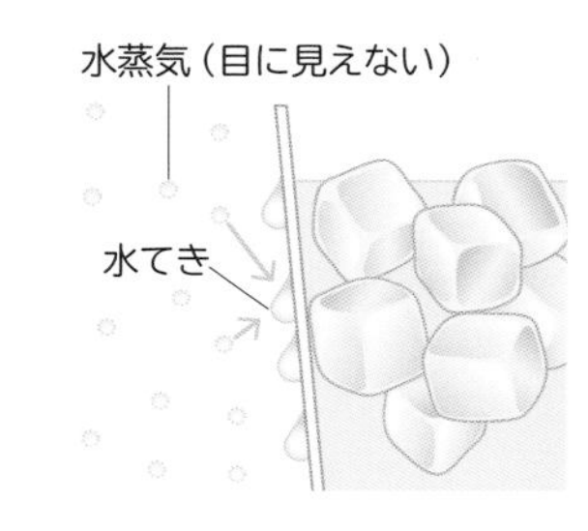


## ★★★ 結露

あたたかい空気が急に冷やされたり，冷たいものにふれたりしたとき，**空気中の水蒸気が水のつぶとなってつくこと**を結露といいます。建物の内外で気温の差が生じたとき，窓ガラスやかべに水のつぶがつきます。また，寒い外からあたたかい部屋に入ると，かけていためがねのレンズがくもることがあります。

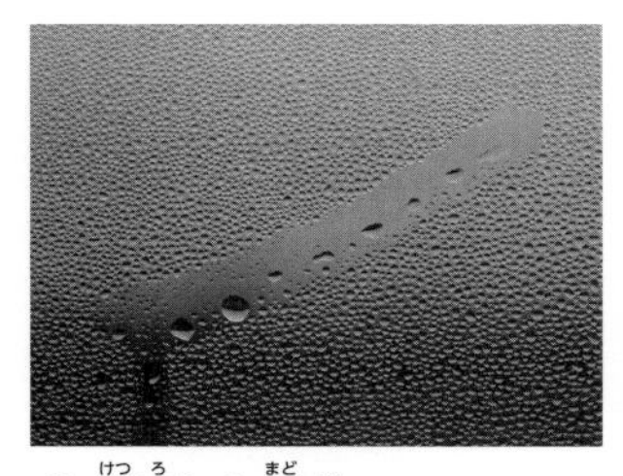
↑ **結露した窓ガラス**

## ★★★ 自然の中の水 [➡水のじゅんかんP.238]

自然の中の水で最も身近なのは，液体のすがたです。雨となって地上に降り，川を流れ，海に注ぎます。また，池や沼，湖などをつくっています。固体のすがたで見られるのは，**雲** [➡P.234] や**雪** [➡P.235]，**しも柱**などです。水の気体のすがたは**水蒸気**ですが，水蒸気は目で見ることはできません。このように，水は自然の中で，すがたを変えているのです。

重要度

## ★★★ 雲

**小さな水や氷のつぶ**のたくさんの集まりが，上空にうかんでいるのが雲です。上しょう気流のあるところにできます。雲のできる高さや，形によって，**積乱雲** [➡P.240]，**乱層雲** [➡P.240]，**巻雲** [➡P.240]，**巻積雲** [➡P.240]，**巻層雲** [➡P.241]，**高積雲** [➡P.241]，**高層雲** [➡P.241]，**層雲** [➡P.241]，**層積雲** [➡P.242]，**積雲** [➡P.242] の 10 種類に分けられます。

## ★★★ 雲のでき方

雲は**上しょう気流のあるところ**にできます。空気が上しょうすると，上空ほど**気圧** [➡P.252] **が低い**ので，空気はどんどん**ぼう張**して**温度が下がります。**温度が下がるにつれて，空気中の水蒸気は**ほう和** [➡P.236] に近づきます。気温が**露点** [➡P.236] 以下になると，水蒸気が水のつぶとなります。さらに上しょうすると氷のつぶになります。このように，水や氷のつぶとなって，上空にうかんだものが雲です。

雲をつくる上しょう気流には，次の4つのパターンがあります。

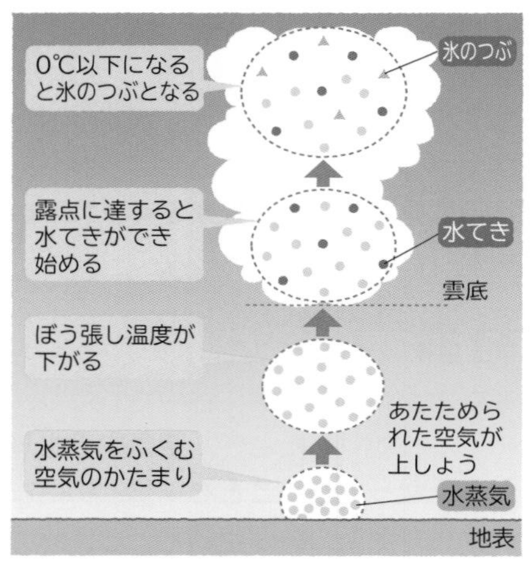


⬆ 雲のでき方

⬆ **風が山にふき当たってできる上しょう気流**

雲は，風が上しょうするほうにできる。

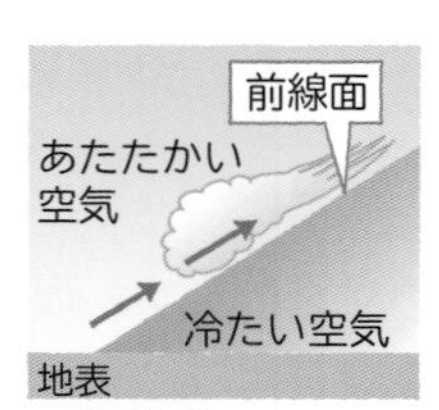


⬆ **前線面にできる上しょう気流**

あたたかい空気が冷たい空気の上に上がり，雲が発生する。

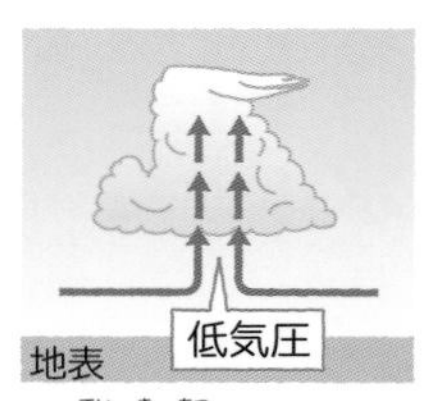


⬆ **低気圧でできる上しょう気流**

低気圧の中心付近にできる上しょう気流で，雲ができる。

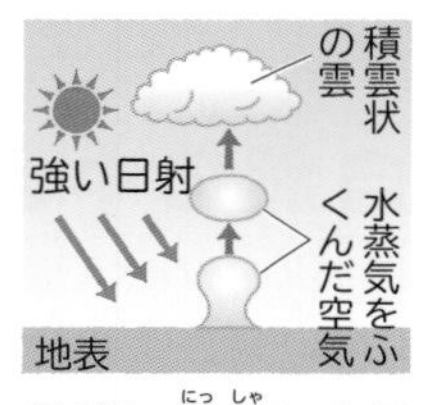


⬆ **強い日射による上しょう気流**

地面付近の空気があたためられて上しょうし，積雲状の雲をつくる。

COLUMN くわしく

空気は，ぼう張すると空気のもつエネルギーが減って温度が下がり，圧縮されると空気のもつエネルギーが増えて温度が上がります。

## ★★★ きり（霧）

地表近くの空気が冷やされ，**露点** [➡ P.236] 以下になって，水蒸気が**小さい水のつぶとなり，地表面をおおったもの**。きりができるための条件は３つです。

- 地表近くの空気が露点以下に冷える。
- 空気中の水蒸気が水てきになるときに必要な，ちりなどの小さいつぶがある。
- 風が弱い。

↑きり

## ★★★ 雨

雲は，小さな水や氷のつぶからできています。雲をつくる水や氷のつぶが，上しょう気流で支えきれなくなると，地表に向かって落ち始めます。そして，気温が 0℃以上の場所まで落ちてくると，氷がとけ，水のつぶとなって地表まで落ちてきます。これが雨です。

## ★★★ 雪

雨と同じように，雲をつくる氷のつぶが落ちてきたとき，地上付近の気温が 0℃以下だと，氷はとけずに地上まで落下します。これが雪です。

## ★★★ しも（霜）

**水蒸気が氷**となり，地上の物体についたものがしもです。冬など，そのときの**露点** [➡ P.236] が 0℃以下だと水蒸気が直接氷になって地上の物体につきます。しも柱は，土の中の水分がこおったもので，空気中の水蒸気が直接氷になったしもとは異なります。

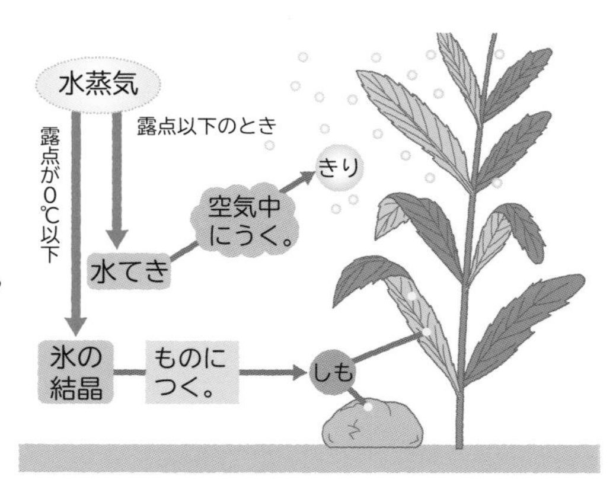


↑しも，きりのでき方

1km 以上の視界がない場合をきりというのに対して，1km 以上の視界がある場合はもやといいます。

重要度 ★★★
## ほう和水蒸気量

空気 1m³ 中にふくむことのできる水蒸気の量には限度があります。**あるものをそれ以上ふくむことのできない状態**を，**ほう和**といいます。

ある気温で **1m³ の空気がふくむことのできる水蒸気の限度の量を，ほう和水蒸気量**といいます。

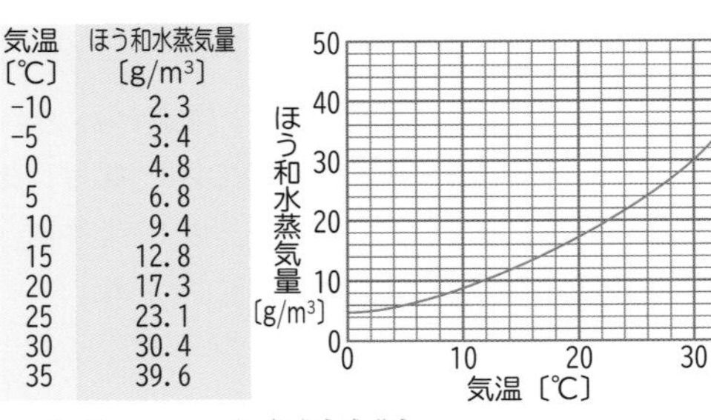

| 気温〔℃〕 | ほう和水蒸気量〔g/m³〕 |
|---|---|
| -10 | 2.3 |
| -5 | 3.4 |
| 0 | 4.8 |
| 5 | 6.8 |
| 10 | 9.4 |
| 15 | 12.8 |
| 20 | 17.3 |
| 25 | 23.1 |
| 30 | 30.4 |
| 35 | 39.6 |


⬆ 気温とほう和水蒸気量

ほう和水蒸気量は，**気温が高くなるほど大きくなります。**

★★★
## 露点

水蒸気をふくむ空気の温度を下げていくと，やがて水蒸気の一部が，気体から液体に変わり，**水てき**になります。このときの温度を**露点**といいます。

露点をはかるには，くみ置きの水を入れた金属製のコップに氷水を入れていき，コップを冷やします。すると，**コップの表面に水てきがつき始めます。このときの温度が露点**です。空気中にふくまれる水蒸気の量が多いほど，露点は**高く**なります。

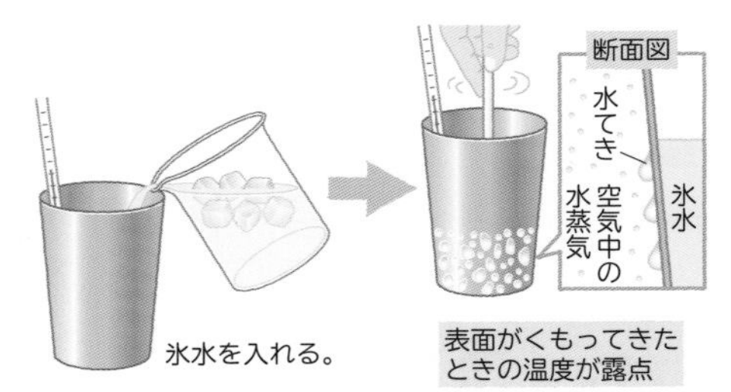

氷水を入れる。

表面がくもってきたときの温度が露点

★★★
## しつ度（湿度）

**空気のしめりの度合い**を示すものを**しつ度**といいます。1m³ の空気中にふくまれている水蒸気が，その気温の**ほう和水蒸気量の何%に当たるか**で表します。しつ度は，計算で求める方法と，**かんしつ計**を使って求める方法があります。

$$\text{しつ度}〔\%〕 = \frac{\text{空気1m}^3\text{中の水蒸気量}〔\text{g/m}^3〕}{\text{その気温でのほう和水蒸気量}〔\text{g/m}^3〕} \times 100$$

COLUMN くわしく

気温が高くて晴れている日は，雨の日に比べて，空気中に水蒸気をまだたくさんふくむことができるので，洗たく物はよくかわきます。

## ★★★ かんしつ計（乾湿計）

かんしつ計は，**かん球温度計**と**しっ球温度計**の２本の温度計を用いて**しつ度**をはかる装置です。かん球温度計はふつうの温度計です。一方，しっ球温度計の液だめは，水でぬらしたガーゼで包まれています。液だめを包むガーゼの表面から水が蒸発するときまわりから熱をうばうので，**液だめが冷えて，かん球温度計の示す値より低くなります。**かんしつ計のそれぞれの温度計の示度と**しつ度表**を用いてしつ度を求めます。

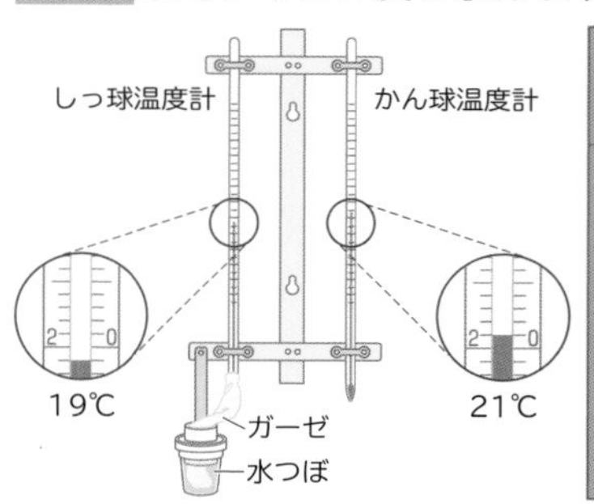


かんしつ計

| かん球温度計の示度〔℃〕 | かん球温度計としっ球温度計の示度の差〔℃〕 | | | |
|---|---|---|---|---|
| | 1.0 | 2.0 | 3.0 | 4.0 |
| 24 | 91% | 83% | 75% | 68% |
| 23 | 91 | 83 | 75 | 67 |
| 22 | 91 | 82 | 74 | 66 |
| 21 | 91 | 82 | 73 | 65 |
| 20 | 91 | 81 | 72 | 64 |
| 19 | 90 | 81 | 72 | 63 |
| 18 | 90 | 80 | 71 | 62 |

しつ度表

## ★★★ しつ度表

**かんしつ計**で読みとった示度を用いて，**しつ度**を求めるときに使う表です。かん球温度計の示度は21℃，しっ球温度計の示度は19℃のとき，示度の差は，21－19＝2〔℃〕です。しつ度表を用いて，かん球温度計の示度21℃と，かん球温度計としっ球温度計の示度の差2.0℃のそれぞれのらんが交わる数字からしつ度を求めます。この例では，しつ度は82%とわかります。

### 晴れの日の気温としつ度の変化

晴れの日，気温が上がるとほう和水蒸気量が大きくなるので，しつ度は下がります。
逆に，気温が下がるとほう和水蒸気量は小さくなるのでしつ度は上がります。このように，晴れの日は**気温としつ度は逆の変化**をします。

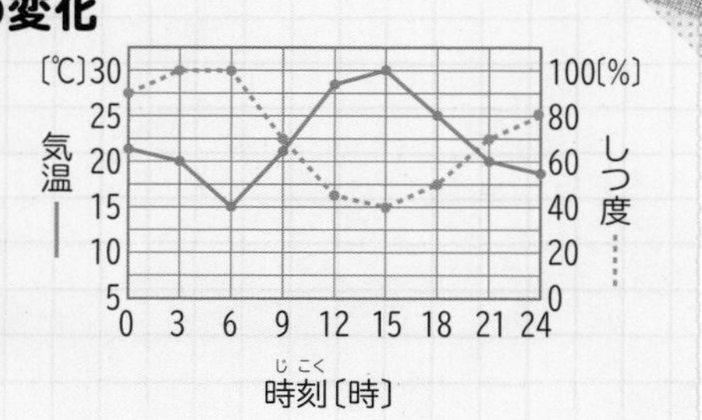

しっ球温度計の液だめを包むガーゼの表面から水が蒸発するときにまわりからうばう熱を気化熱といいます。液体（水）が蒸発する（気化 ［➡ P.441］ する）ために使われる熱です。

COLUMN

# 水のじゅんかん

水は，地球上では**気体（水蒸気）**，**液体（水）**，**固体（氷）**の３つの状態で存在しています [➡水のすがたの変化 P.435]。最も身近な状態は，海や川，湖などにある水や，雨となって降ってくる液体の水ですね。

地表にある液体の水は，太陽の熱によって陸地や海洋の表面から蒸発し，水蒸気となって空気中に混じっていきます。空気中に混じった水蒸気の一部は，上空で冷やされて，細かい水や氷のつぶに変わり，**雲**になります。雲をつくっている水や氷のつぶが大きくなると，やがて**雨**や**雪**となって地表に降ってきます。地表に降った雨は，池やダム，湖，水田などにたくわえられたり，川を下って海に注いだりします。そして，これらの地表の水の一部は，再び蒸発して空気中に混じっていきます。

このように，水は，水蒸気，雲やきり，雨や雪のようにすがたをくり返し変えながら，地上と空との間をたえずじゅんかんしているのです。

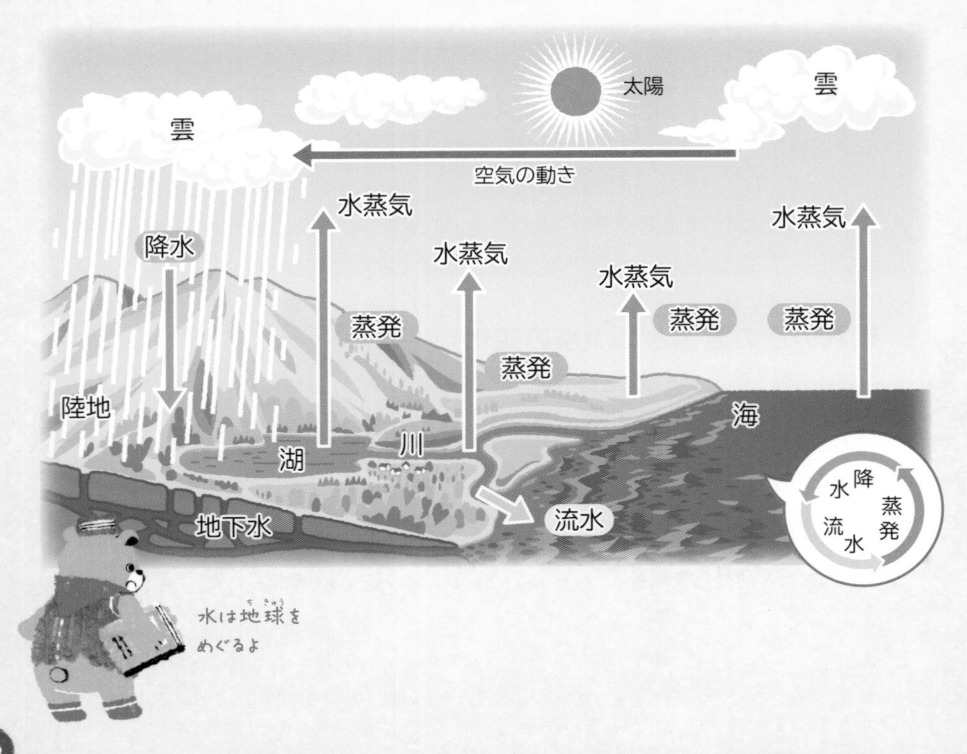

# 04 天気

## 1 雲と天気の変化

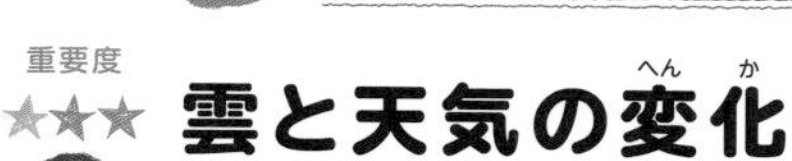

重要度 ★★★

### 雲と天気の変化

天気が変化するときは，雲の量や雲の動き，雲の形（雲の種類）が変化します。雨を降らせる雲には，**乱層雲** [➡ P.240] と**積乱雲** [➡ P.240] があり，どちらも雲が厚く，下から見ると**黒っぽい色**に見えます。

★★★

### 雲の量と天気

天気は，**空をおおっている雲の量**によって決めます。空全体の広さを **10** として，空に雲がまったくないときの雲の量を 0，空全体が雲におおわれているときの雲の量を 10 として，およその雲の量を数字で表します。その量によって，天気を決めます。
ただし，雨が降っているときの天気は，雲の量に関係なく雨で，雪が降っているときの天気は雪です。

**雲の量1…快晴**

★★★

### 快晴

空全体の広さを 10 としたとき，雲の量が **0，1** のときの天気が快晴です。

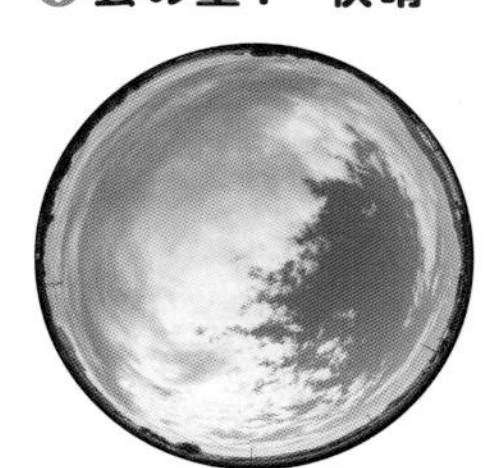

**雲の量7…晴れ**

★★★

### 晴れ

空全体の広さを 10 としたとき，雲の量が **2〜8** のときの天気が晴れです。

★★★

### くもり

空全体の広さを 10 としたとき，雲の量が **9，10** のときの天気がくもりです。

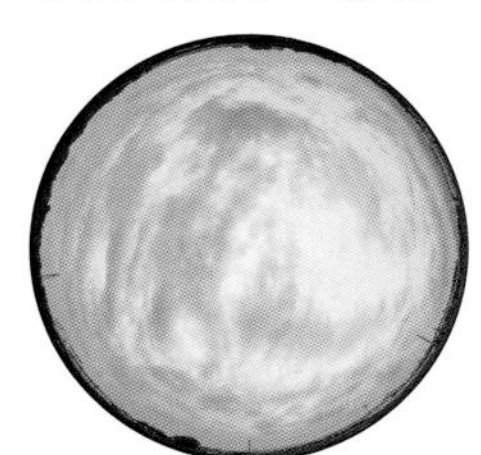

**雲の量10…くもり**

このページの写真 © 孝森まさひで／アフロ

COLUMN リンク

➡ 雲の高さと天気 P.243

重要度 ★★★

## 雲の種類

雲の形や高さによって10種類に分けられます。**「積」**という字がついている雲はかたまり状，**「層」**という字がついている雲は横に広がる雲を表しています。

積乱雲

★★★

## 積乱雲

もくもくともり上がった山のような雲です。**入道雲**や**かみなり雲**とも呼ばれ，**夏に夕立を降らせる雲**です。

乱層雲

★★★

## 乱層雲

低い空をおおう黒く厚い雲です。**雨雲**ともいい，この雲が出てくると，昼間でもうす暗くなり，**雨が降り出します。**

巻雲

★★★

## 巻雲

高い空にできる**はけではいたような白くて細い雲**です。**すじ雲**とも呼ばれ，**天気がよいときの雲**です。

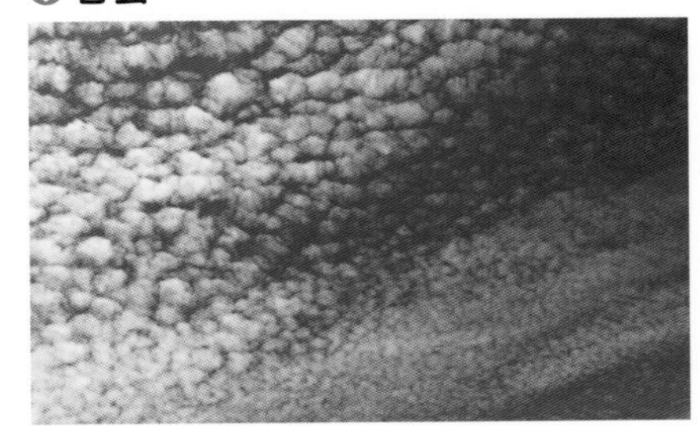

巻積雲

★★★

## 巻積雲

白くて小さい雲がたくさん集まった高い空にできる雲です。**うろこ雲，いわし雲**とも呼ばれ，**次の日は雨**になることが多くなります。

COLUMN まめ知識

巻積雲は高積雲とよく似ています。巻積雲は高積雲より，ひとつひとつの雲が小さく，厚さがうすいという特ちょうがあります。

## 巻層雲

白くベールのように広く空をおおう雲です。**うす雲**とも呼ばれ，数時間後に雨になることが多くなります。

巻層雲

## 高積雲

大きい丸い形の雲がたくさん並んでいます。**ひつじ雲**とも呼ばれ，この雲がすぐに消えたときは，晴れることが多くなります。

高積雲

© アフロ

## 高層雲

灰色がかったくもりガラスのような雲です。**おぼろ雲**とも呼ばれ，しだいに**乱層雲**に変わり，雨を降らせることもあります。

高層雲

© 坂本照／アフロ

## 層雲

最も低いところにできる雲です。一様にむらのない，灰色や白色をした**きり** [➡ P.235] のような雲です。**きり雲**とも呼ばれます。雲の底は地面についていません。

層雲

COLUMN まめ知識

高い山に登って山の低いところを見ると，一面に雲海と呼ばれる雲が発生していることがあります。これは層雲です。

重要度 ★★★

## 層積雲

低い空に見られる灰色の雲です。**うね雲**とも呼ばれ，大きな雲のかたまりが層のように重なっています。

© アフロ

層積雲

★★★

## 積雲

上はもくもくして，底は水平な白い雲です。**わた雲**とも呼ばれ，低い空に見られます。

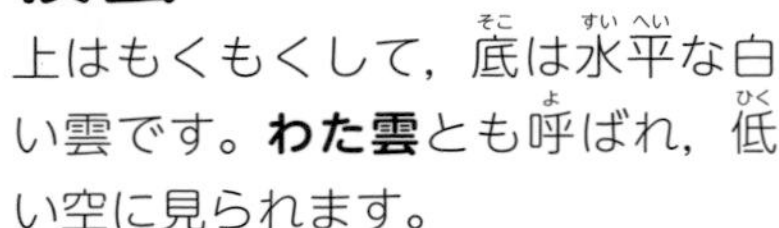

発達すると**積乱雲** [➡ P.240] になります。

積雲

★★★

## 雲画像

**気象衛星** [➡ P.244] **ひまわり**を使って，はるか上空から地球にかかっている雲を観測できます。そのとき得られたものが雲画像です。

テレビや新聞で使われているのは**赤外線画像**で，温度が低い上空の雲ほどはっきり写ります。

上空の雲は雨を降らせないことが多いので，雨の地域を知りたいときは，厚い雲が写る**可視画像**が便利です。

**水蒸気画像**は，雲ではなく気体の水蒸気の多いところを白く写すので，これから雲が広がりそうな場所を探すことができます。

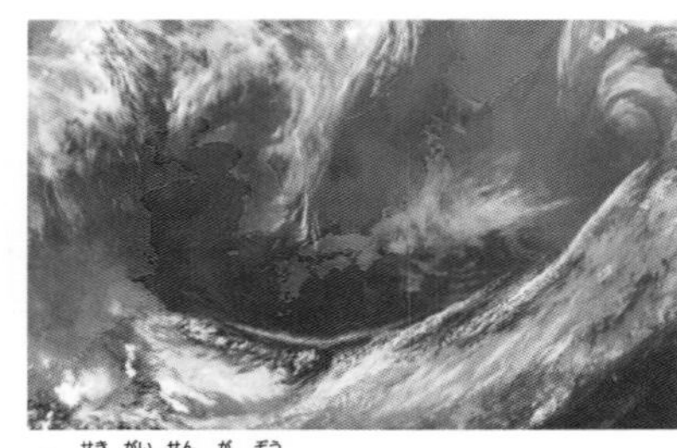

赤外線画像

可視画像

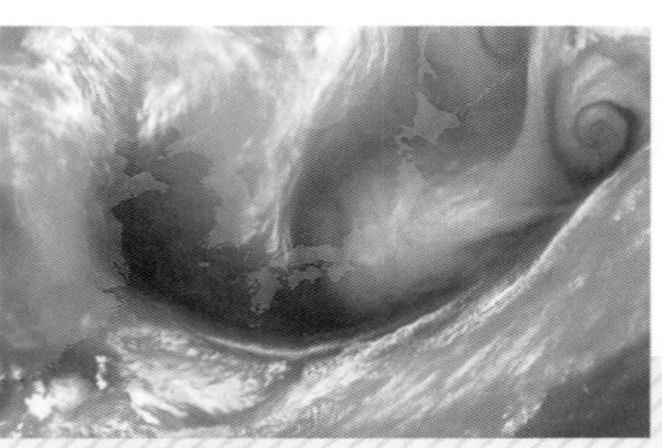

水蒸気画像

提供：気象庁

COLUMN

# 雲の高さと天気

雲には10種類あり，それぞれ雲のできる高さにはちがいがあります。

おもに7000 m以上の高さにできる**上層雲**，2000～5000 mの高さにできる**中層雲**，2000m以下の高さにできる**下層雲**というように，できる高さによっても3種類に分けられています。

さらに，横方向に広がる雲を**層雲型**，縦方向に広がる雲を**積雲型**といいます。

さまざまな種類の雲は，それぞれ性質やできやすい条件が異なっています。

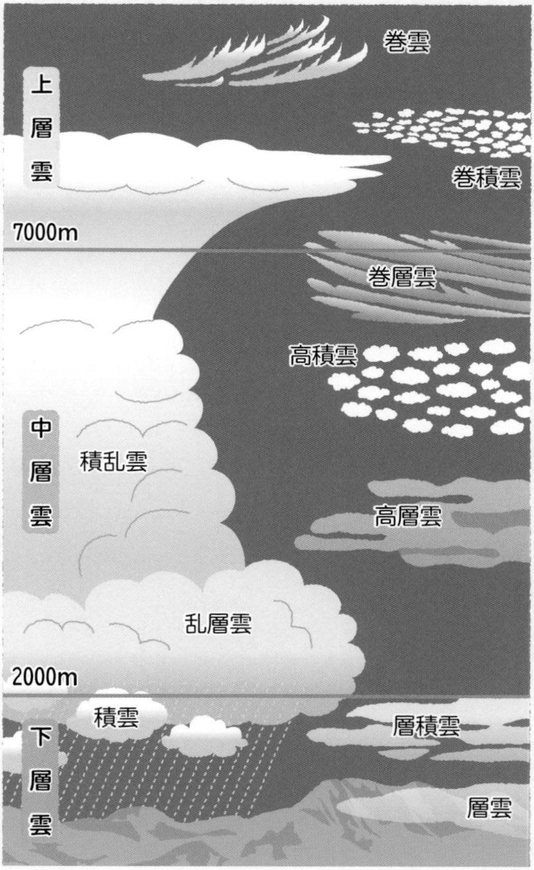

たとえば，**温暖前線**[➡ P.254]が近づいてくると，**巻雲→高積雲→高層雲**の順に雲が現れて雲がしだいに低くなり，最後には，中層雲である**乱層雲**が現れて，しとしとと弱い雨が続くようになります。

上層雲
巻雲
巻積雲
7000m
巻層雲
中層雲
高積雲
積乱雲
高層雲
乱層雲
2000m
下層雲
積雲
層積雲
層雲

このように，雲を観察することで，これからどのような天気になるかをある程度予測することができるのです。

重要度

## ★★★ 気象衛星

気象観測用の人工衛星を気象衛星といい，日本の気象衛星は**ひまわり**と呼ばれています。東経約 140 度の赤道上空約 36000km の位置で，**地球の自転** [➡ P.289] と同じ速さで，同じ方向に回っているので，上空で静止しているように見え，いつも同じはん囲の地域を観測することができます。

**ひまわり8号・9号** 提供：気象庁

## ★★★ アメダス

全国に約 1300 か所ある観測所で，自動的に気象観測を行い，**雨量**，**風向**，**風速**，**気温**などのデータを**気象庁**に集め，コンピュータで処理して全国の気象台などに送るシステムのことです。正式な呼び名を，**地域気象観測システム**といい，この英語名を英語で書き，その頭文字をとって**アメダス**（AMeDAS）と呼んでいます。

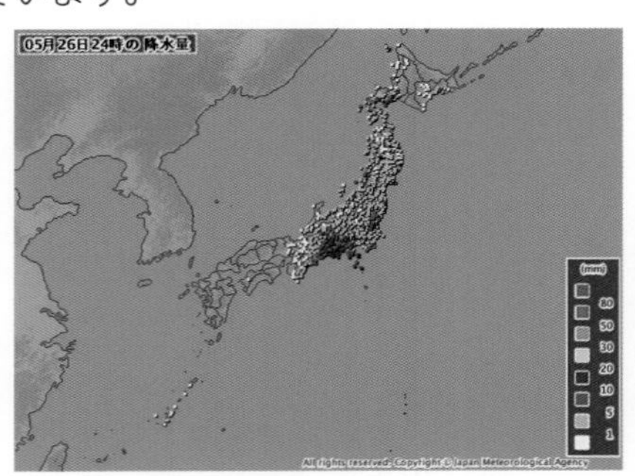


**アメダスの降水量のデータ** 提供：気象庁

**アメダス観測所** 提供：気象庁

## ★★★ 地上気象観測

地上で計器を使って，**気温** [➡ P.224]・**しつ度** [➡ P.236]・**風向** [➡ P.251]・**風速** [➡ P.251]・**気圧** [➡ P.252]・**降水量**・**日射量**・**日照時間**などを観測することです。全国の**気象台**や測候所で行われています。

COLUMN まめ知識

一定時間以内に1mm 以上の雨または雪が降る確率を降水確率といいます。「降水確率 20%」とは，この予報が 100 回出されたとき，20 回は 1mm 以上の雨または雪が降るという意味です。

## ★★★ 雨量（降水量）

**降った雨の量**を雨量といいます。ふつう，**ミリメートル（mm）**の単位で表します。たとえば，雨量が 5mm というのは，そこに降った雨がどこにも流れず，また土の中にもしみこんでいかなければ，一面が 5mm の深さの水でおおわれるということです。一方，降水量は，雨・雪・あられ・ひょうなど，雲から降ってくるものの量をいいます。雪などをとかした水の深さを表します。

## ★★★ 気象台

気象庁に属し，気象観測あるいは気象と関連した研究活動を行い，資料の収集や配布，天気の予報や警報を出すために設けられた機関です。

## ★★★ 気象レーダー

全国に 20 か所ある雨や雪などを探知することのできるレーダーです。気象レーダーから出された電波が雨や雪のつぶに当たり，はね返ってくる電波の時間や強さから雨や雪までのきょりや強さを観測します。大型のレーダーでは，半径数百 km くらいのはん囲の地域を観測することができます。

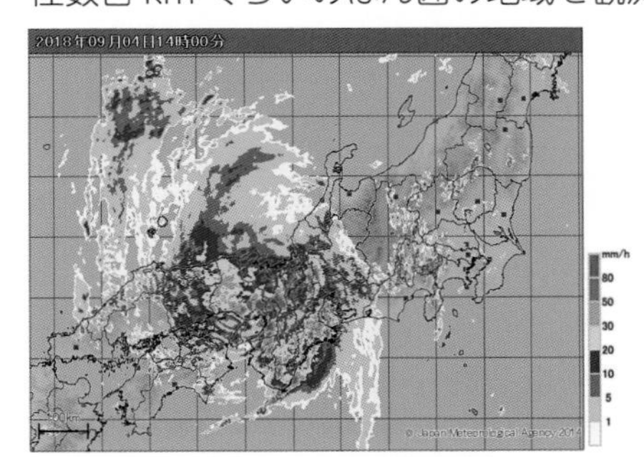


気象レーダーによる降水量のデータ
提供：気象庁

気象レーダー
提供：気象庁

## ★★★ 気象庁

日本における気象に関する業務を行う機関の 1 つです。気象観測・気象通報・天気予報などの気象に関する業務のほかに，地震・火山・海洋・地磁気などの観測や予報業務を行っています。

COLUMN くわしく

気象庁のホームページの「はれるんランド」では，気象に関するいろいろな疑問に対して，子ども向けにやさしく解説しています。

重要度 ★★★

# 天気の変化のきまり

連続した**雲画像** [➡ P.242] や**アメダス** [➡ P.244] の雨量情報から，雲はおよそ**西から東へ**動くことがわかります。このことから，日本付近の**天気は西から東へ移っていきます**。日本の上空には，**偏西風**という**強い西風**がふいていて，そのえいきょうで，天気は西から東へ移り変わるのです。

**4月26日午後4時の雲画像**　**4月26日午後3時～4時の雨量（アメダス）**

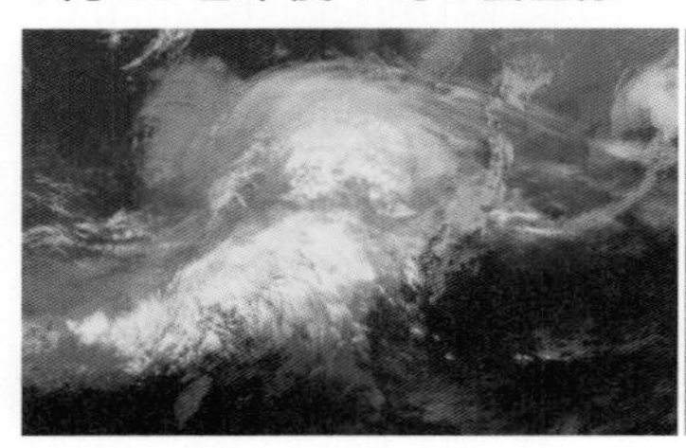

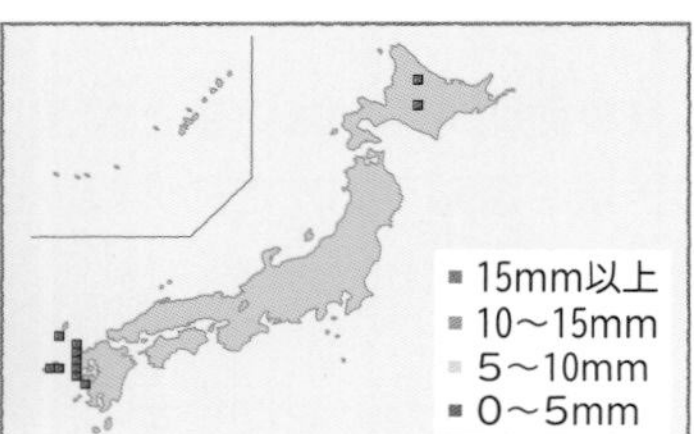


⇦大きな雲のかたまりが九州から四国，中国，北陸にかけてかかっています。九州の一部では，雨が降り出しています。

⬇　⬇

**4月27日午後4時の雲画像**　**4月27日午後3時～4時の雨量**

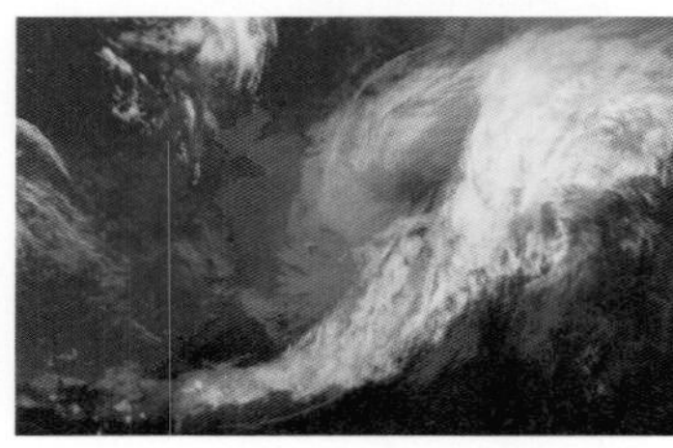

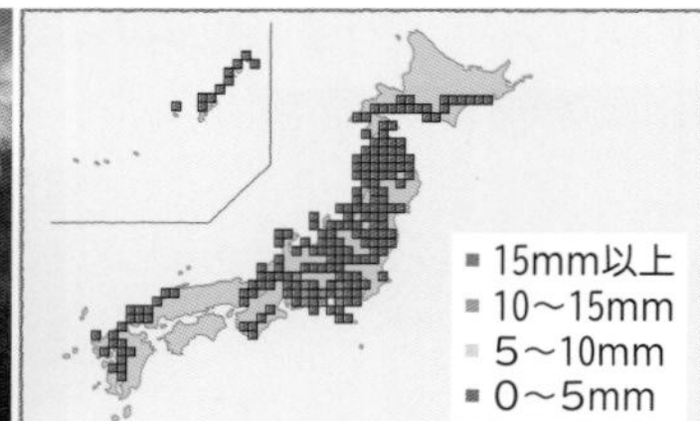


⇦雲が東に動き，関西から東北にかけて雨が降り，東海では特に強く降っています。また，低い雲がある中国や九州の一部でも雨が降っています。

⬇　⬇

**4月28日午後4時の雲画像**　**4月28日午後3時～4時の雨量**

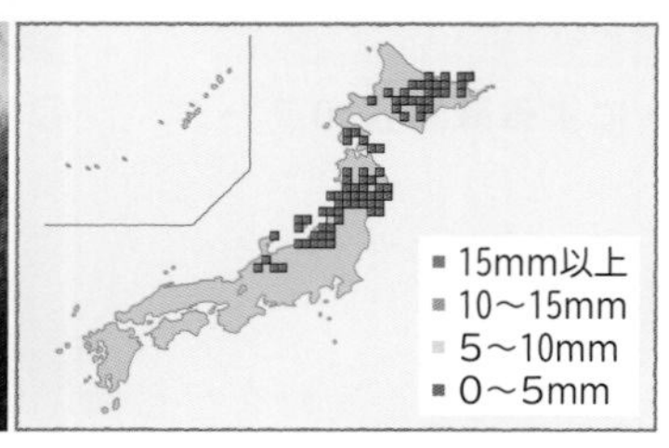


⇦大きな雲は太平洋上にぬけましたが，低い雲が関東から東北，北海道にかけてかかり，弱い雨が東北や北海道の一部で降っています。

(雲画像で，うすい白は低いところにある雲で，はっきりした白は高いところにある雲です。)

雲画像提供：日本気象協会

## ★★★ 偏西風

日本が位置している中緯度の上空には，**強い西風**がふいています。この風を**偏西風**といい，日本付近の雲や移動性高気圧，**低気圧** [➡ P.252] は偏西風のえいきょうで西から東へ動いています。このため，天気も西から東へ移り変わるのです。

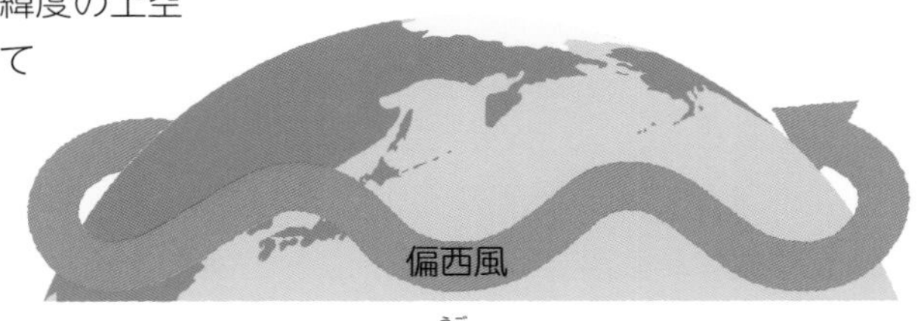


## ★★★ 天気の変化の予想

天気は**西から東へ変化**することから，**西**の天気に注目します。また，雲画像やアメダスの雨量情報を集めたり，実際の空で，雲の動き，風のようす，特に西の空のようすなどを観察したりすると，天気の変化を予想することができます。

**雲画像** **アメダスの雨量情報**

昨日

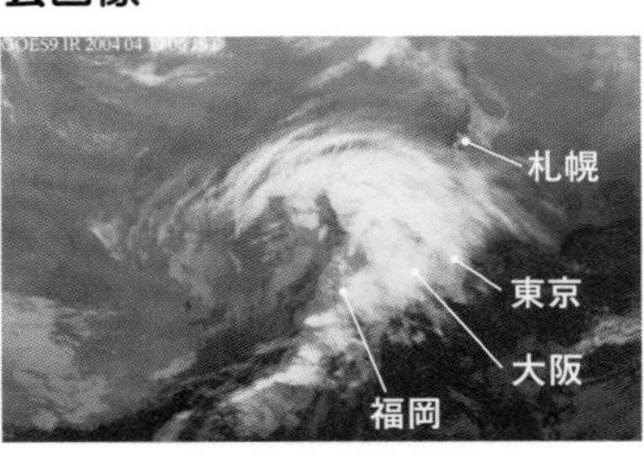


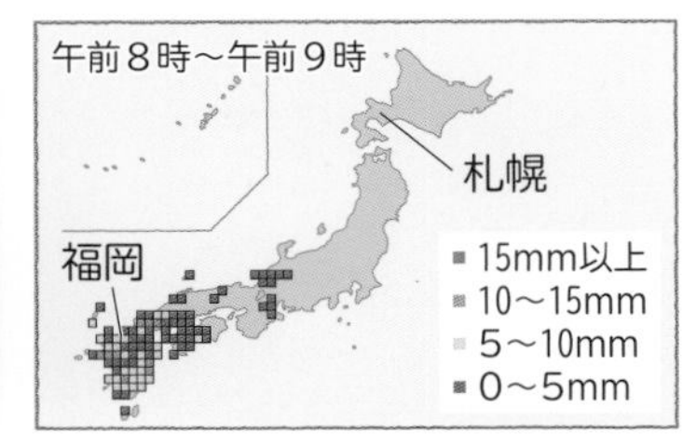


今日

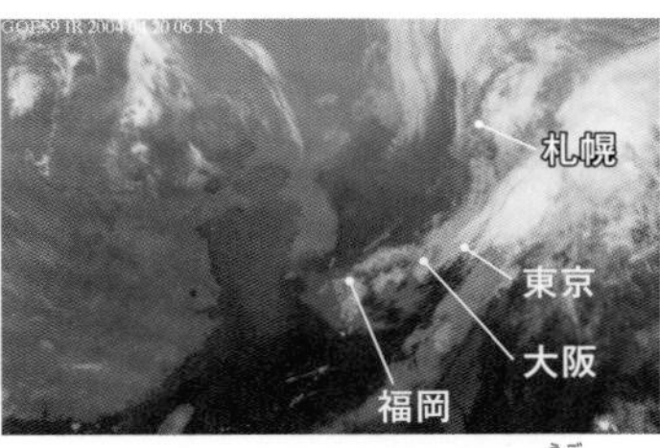


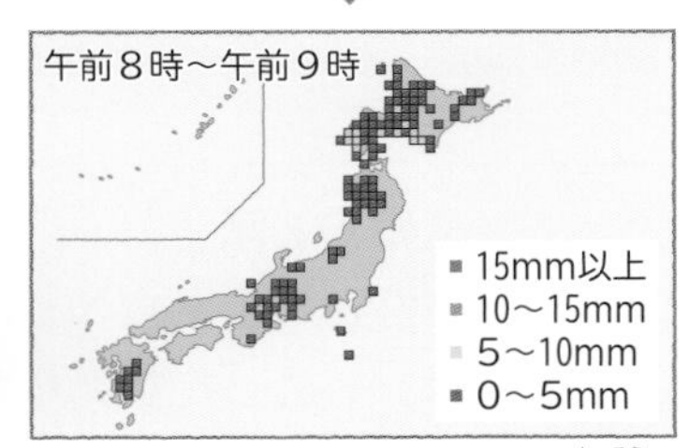


札幌で今日かかっている雲は東へ動き，明日は雨がやんで晴れると予想されます。また，福岡では，今日は西のほうには雲はほとんどないので，明日は晴れると予想されます。

雲画像提供：日本気象協会

**COLUMN まめ知識**

偏西風は，だ行しながら地球を一周しています。また，偏西風の速さは一定ではなく，位置によって速さがちがい，特に強い偏西風はジェット気流と呼ばれます。

COLUMN

# 天気のことわざ

昔は，現在のように気象観測の技術が発達していませんでした。このため，天気を予想するとき，雲のようすや山の見え方，動物のようすなど，身近な現象から天気を判断していました。このような天気の予想のしかたを**観天望気**といいます。

今日では，天気に関する昔からのことわざに，科学的にも正しいものが多いことがわかっています。

### ●夕焼けは晴れ

夕焼けは，西の空が晴れているときに見られます。天気は西から変化するので，次の日は晴れになります。

### ●朝のにじは雨

朝の**にじ** [➡ P.540] は，東にある太陽の光が，西の空にある雨つぶに当たってできることから，西で降っている雨が東に近づいてくると考えられます。

### ●ツバメが低く飛ぶと雨

ツバメは小さなこん虫を食べています。こん虫は，しめった空気が近づいて空気中の水分が多くなると，高く飛べなくなります。そのため，こん虫を食べているツバメも低く飛びます。

### ●うろこ雲は雨

魚のうろこのような**巻積雲**[➡P.240]が見えるのは，低気圧が近づくことを示しています。このため，下層の雲も増えて，やがて雨になります。

### ●クモの巣につゆがかかると晴れ

よく晴れて夜間に冷えこみが強いほど，クモの巣などに多くのつゆが見られます。このようなときは晴天が続きます。

### ●山にかさがかかると雨

山の上にかさのようにかかる**かさ雲**は，空気が山をこえるときに上しょうして，温度が下がってできます。上空にしめった空気があるので，雨が降りやすいと考えられます。

⇧かさ雲

### ●日がさ・月がさは雨

日がさ・月がさをつくるうすい雲のあるときには，**乱層雲**[➡P.240]（雨雲）が続いていることが多くあります。上空にしめった空気があるので，雨が降りやすいと考えられます。

⇧日がさ

# 第1章 気温と天気の変化

重要度 ★★★
## 天気図

ある時刻の広い地域にわたる天気のようすを，ひと目でわかるようにしたものが天気図です。一定の時刻に観測された**風向**・**風力**・**天気**・**気圧**[➡ P.252]・**気温**などを記号や数値で記入し，**等圧線**を引き，**低気圧**[➡ P.252]や**高気圧**[➡ P.252]の中心の位置や**前線**[➡ P.253]の位置を記入したものです。

★★★
## 等圧線

**気圧**[➡ P.252]**の等しい地点を結んだ曲線**を等圧線といいます。等圧線は，1000hPa（ヘクトパスカル）の線を基準にし，ふつう4hPaおきに線を引き，20hPaごとに線を太くします。風は気圧の高いほうから低いほうへふきますが，北半球では，風は等圧線に対して垂直の方向より，**右にそれてふきます**。また，等圧線の間かくがせまいほど，風は強くなります。

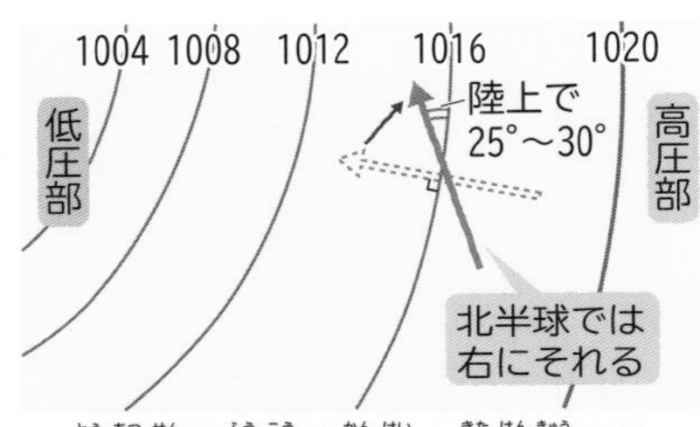


**等圧線と風向の関係（北半球の場合）**

★★★
## 天気図記号

○の中に天気を表し，矢の向きで**風向**，矢羽根の数で**風力**を表します。必要に応じて，気温や**気圧**[➡ P.252]を書き加えます。

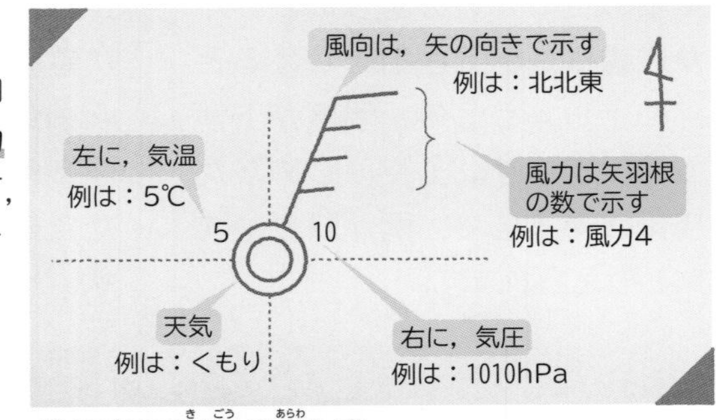


**天気図記号の表し方**

★★★
## 天気記号

晴れ，くもり，雨といった天気を，○の中に記号で表したものです。

| 快晴 | ○ | 晴れ | ⦶ | くもり | ◎ | 雨 | ● | 雪 | ⊛ |
|---|---|---|---|---|---|---|---|---|---|
| かみなり | ◒ | あられ | △ | ひょう | ▲ | みぞれ | ◒ | きり | ⊙ |

COLUMN くわしく

風向が等圧線に対して垂直にならず，右にそれるのは，地球の自転のえいきょうによる力を受けているためです。この力をコリオリ力といいます。

## ★★★ 風向

**風のふいてくる向き**を風向といい，16方位に分けて表します。10分間の平均の向きを風向とすることになっています。

(N)
北
(NNW) 北北西　北北東 (NNE)
(NW) 北西　北東 (NE)
西北西 (WNW)　東北東 (ENE)
(W) 西　東 (E)
西南西 (WSW)　東南東 (ESE)
(SW) 南西　南東 (SE)
(SSW) 南南西　南南東 (SSE)
南
(S)

↑**風向の16方位**

## ★★★ 風速

**風が動く速さ**を風速といい，m/秒（メートル毎秒）の単位で表します。10分間の平均値を風速とすることになっています。

## ★★★ 風力

風の強さを，ものにおよぼす力で表したものを風力といい，下の表のような0〜12の**風力階級**で表します。天気図に記入するときは，風力記号を使い，矢羽根の数で表します。

| 風力 | 風のふきぐあい | 風速〔m/秒〕 | 記号 |
|---|---|---|---|
| 0 | 静かで，けむりがまっすぐ上がる。 | 0〜0.3未満 | |
| 1 | けむりがなびくことでやっと風向きがわかる。 | 0.3〜1.6未満 | |
| 2 | 顔に風を感じる。木の葉が動き，風向計が動く。 | 1.6〜3.4未満 | |
| 3 | 木の葉や小枝がたえず動く。 | 3.4〜5.5未満 | |
| 4 | 砂ぼこりが立つ。小枝がかなり動く。 | 5.5〜8.0未満 | |
| 5 | 葉のある低木がゆれはじめる。池などの水面に波が立つ。 | 8.0〜10.8未満 | |
| 6 | 大枝が動き，電線が鳴る。かさはさしにくい。 | 10.8〜13.9未満 | |
| 7 | 樹木全体がゆれ，風に向かって歩きにくい。 | 13.9〜17.2未満 | |
| 8 | 小枝が折れ，風に向かって歩けない。 | 17.2〜20.8未満 | |
| 9 | 建物に，少し損害が出る。 | 20.8〜24.5未満 | |
| 10 | 樹木が根こそぎたおれ，建物の損害も大きい。 | 24.5〜28.5未満 | |
| 11 | 建物に大損害がある。 | 28.5〜32.7未満 | |
| 12 | ひ害がますます大きくなる。 | 32.7以上 | |

↑**風力階級**

## ★★★ 大気

地球をとりまく気体を大気といいます。地表から近い順に，対流圏，成層圏，中間圏，熱圏に分けられます。気象の変化が起こっているのは**対流圏**です。

**地球の大気のようす**→

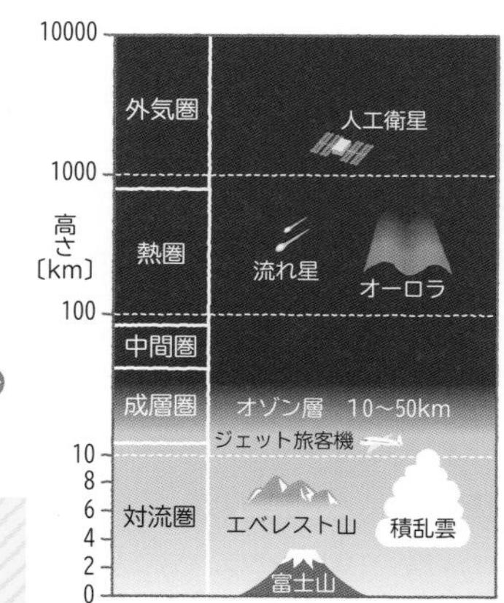

COLUMN まめ知識

地球を直径1mの球とすると，対流圏は地表から約1mmまでのところにあたります。

重要度

## ★★★ 気圧（大気圧）

地球は，厚い大気によってとり囲まれていて，地表面には，**大気の重さによる圧力** [➡ P.690]，すなわち**気圧（大気圧）**がはたらいています。地上で同じ高さの地点では，あらゆる方向に同じ大きさではたらいて，海面上から高くなるにつれて気圧は**小さく**なります。**等圧線** [➡ P.250] は気圧の等しい地点を結んだ曲線で，風は，気圧の**高いほうから低いほう**に向かってふきます。

**●気圧の単位**

気象では，気圧は**ヘクトパスカル（記号 hPa）**という単位で表します。海面上での気圧は約 **1013hPa** で，これを **1 気圧**といいます。

## ★★★ 低気圧

**等圧線** [➡ P.250] が輪のように閉じていて，**まわりより気圧が低い**ところを**低気圧**といいます。中心付近に上向きの大気の流れである上しょう気流があり，**低気圧の中心に向かって反時計回り（左回り）に風がふきこみます**。等圧線の間かくが**せまい**ので，風は**強く**，上しょう気流があるので雲ができやすく，天気は**くもりや雨**となります。

## ★★★ 高気圧

**等圧線** [➡ P.250] が輪のように閉じていて，**まわりより気圧が高い**ところを**高気圧**といいます。中心付近に下向きの大気の流れである下降気流があり，**高気圧の中心から時計回り（右回り）に風がふき出します**。等圧線の間かくが**広い**ので，風は**弱く**，下降気流があるので雲はできず，天気は**晴れ**となります。

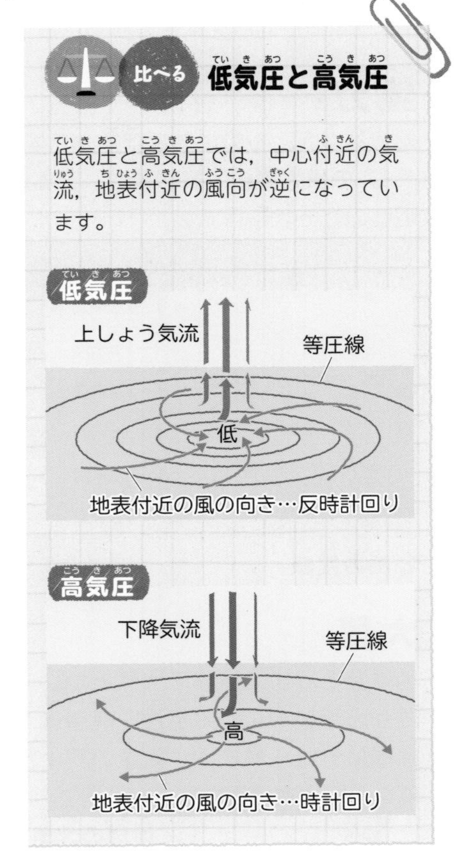

比べる
低気圧と高気圧
低気圧と高気圧では，中心付近の気流，地表付近の風向が逆になっています。
低気圧
上しょう気流
等圧線
低
地表付近の風の向き…反時計回り
高気圧
下降気流
等圧線
高
地表付近の風の向き…時計回り

COLUMN くわしく

南半球では，低気圧や高気圧の地表付近でふく風が逆回りになります。低気圧は中心に向かって時計回りに風がふきこみ，高気圧は中心から反時計回りに風がふき出します。

## ★★★ 前線面

大きな空気のかたまりを**気団**といいます。性質の異なる2つの気団（暖気と寒気）がぶつかり合うところでは，両方の気団は混じり合わず，境ができます。この境の面を前線面といいます。

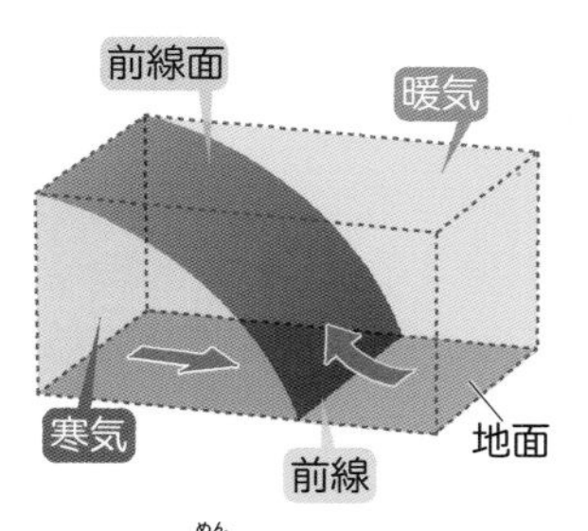


前線面と前線

## ★★★ 前線

**前線面**と地表が交わるところを前線といい，**温暖前線** [➡P.254]，**寒冷前線** [➡P.254]，**停たい前線** [➡P.255]，**閉そく前線** [➡P.255] の4種類があります。

## ★★★ 温帯低気圧

温帯地方は，暖気と寒気の接する地域にあたり，**前線**ができやすく，この前線上に発達する低気圧を温帯低気圧といいます。

中心から**南東方向に温暖前線** [➡P.254]，**南西方向に寒冷前線** [➡P.254] がのびています。

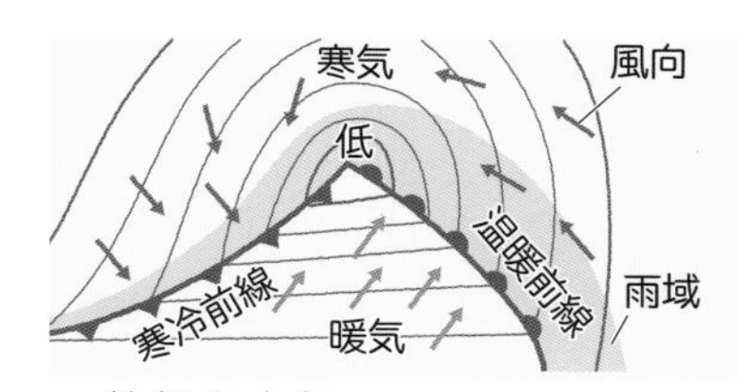


温帯低気圧のつくり

## ★★★ 温帯低気圧の一生

①寒気と暖気が接する前線が波をうつと空気のうずができ，低気圧が発生します。

②低気圧は前線をともない，上空の偏西風に流され，東（北東）に進みながら発達します。

③**寒冷前線** [➡P.254] が**温暖前線** [➡P.254] に追いついて**閉そく前線** [➡P.255] となり，寒気が暖気をおし上げます。

④やがて，暖気は上空で高緯度に運ばれ，寒気は地表で低緯度に運ばれて温度差が小さくなり，前線や低気圧はおとろえて消めつします。

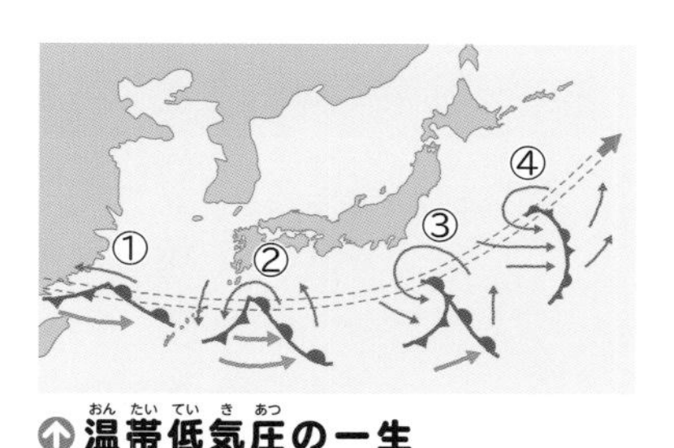


温帯低気圧の一生

重要度

★★★ ## 寒冷前線（記号：）

寒気が暖気の下にもぐりこんで，**暖気をおし上げながら進む**前線です。前線が近づくときは，前線面に**強い上しょう気流**が生じ，**積雲**[➡P.242]や**積乱雲**[➡P.240]のように垂直に発達する雲ができ，まもなく全天をおおいます。前線が通過するときは，**雷雨**や**強い雨**が降り，ときには突風がふき，ひょうが降ることもあります。雨は**短時間でやみ**，前線が通過すると**天気は回復**し，寒気におおわれるので**気温が下がり**，風が**南寄りから北寄り**に変わります。

★★★ ## 温暖前線（記号：）

暖気が寒気の上にゆっくりはい上がり，**寒気を後退させて進む**前線です。前線が近づくと**おだやかな雨が長時間**降ります。前線が通過すると，雨はやみ，**天気は回復**し，暖気におおわれるので**気温は上がり**，風が**東寄りから南寄り**に変わります。

### 比べる 寒冷前線と温暖前線のつくり

寒冷前線は温暖前線より前線面のかたむきが急なので，垂直に発達する雲ができやすくなります。また，前線の進行方向に対する，発達する雲のはん囲がせまいので，雨が降る時間は短くなります。寒気は暖気より重い（密度が大きい）ので，**寒気は必ず暖気の下にきます。**

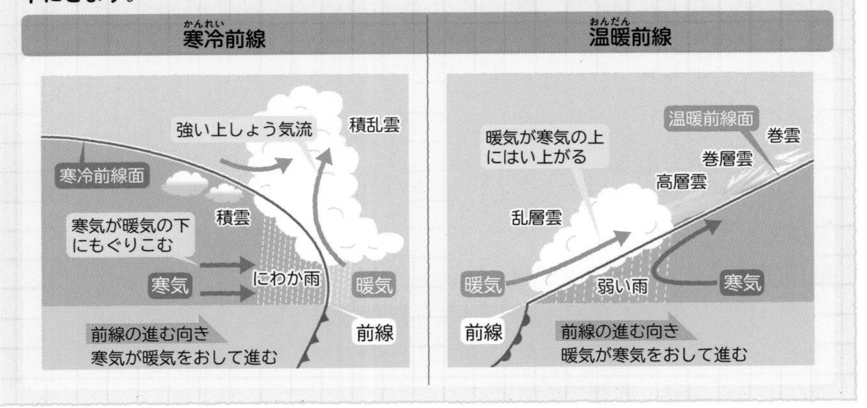

## ★★★ 停たい前線（記号：）

**寒気と暖気の勢力が同じ**くらいで，ほとんど**南北方向には移動せず**，だいたい**東西方向にのびている**前線です。前線のつくりは**温暖前線と似ています。**

停たい前線の北側（寒気の側）では，その上に暖気がはい上がって**乱層雲**［➡P.240］が広がり，**長雨**となります。

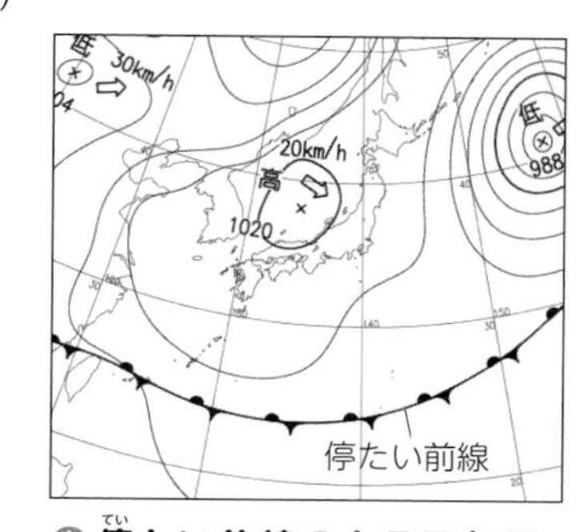


停たい前線のある天気図

提供：気象庁

### ●梅雨前線

6～7月の**梅雨**のころには，**オホーツク海気団**［➡P.260］（寒気）と**小笠原気団**［➡P.260］（暖気）の勢力が等しくなり，日本の南海上に停たい前線ができます。この前線を**梅雨前線**といいます。

### ●秋雨前線

9～10月ごろにもオホーツク海気団（寒気）と小笠原気団（暖気）の勢力が等しくなり，日本の上に停たい前線ができます。この前線を**秋雨前線**といいます。

## ★★★ 閉そく前線（記号：）

**温帯低気圧**［➡P.253］が，**温暖前線**と**寒冷前線**をともなって東へ進むとき，寒冷前線のほうが温暖前線より**速く進む**ため，**温暖前線に追いつき**，寒気が暖気を地面から上空におし上げてできます。この前線付近では，暖気が急にもち上げられるため，**積乱雲**［➡P.240］などの厚い雲が生じ，**強い雨**が降り，**風も強く**なります。しかし，閉そく前線は形成されてから2～3日で消めつしていきます。

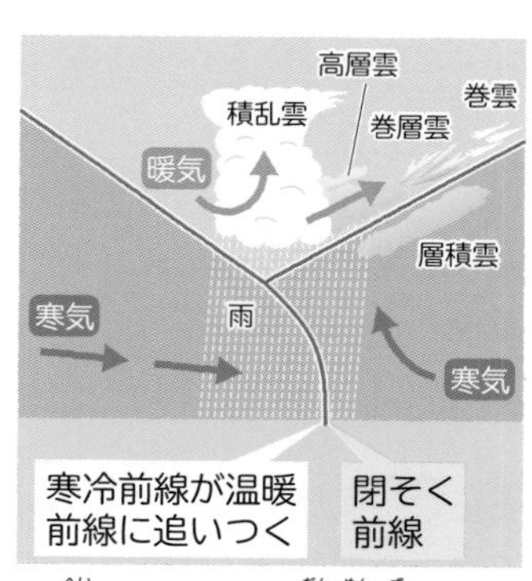


閉そく前線の断面図



COLUMN くわしく

寒冷前線の進む速さは時速30～40kmで，温暖前線の進む速さは時速20～30kmです。このため，やがて寒冷前線が温暖前線に追いついて，閉そく前線ができるのです。

重要度

## ★★★ 風のふき方

風は，2地点間の**気圧** [➡ P.252] **の差**があるときにふき，気圧の**高いところから低いところへ**ふきこみます。このとき，**気圧の差が大きいほど強い風**がふきます。2地点間に気圧の差が生じるおもな原因は，2地点間の温度の差によって空気の重さにちがいが起こるためです。
また，風は，**等圧線** [➡ P.250] に対して垂直の方向より，**右にそれて**ふきます。

## ★★★ 海風（うみかぜ・かいふう）

陸地は海水に比べてあたたまりやすく冷めやすいので，よく晴れた昼間の海岸地方では，陸上の空気は海上の空気よりあたたまり，軽くなって上しょうし，上空では海に向かって流れ出します。この結果，**海上では陸上より気圧が高くなり**，**海から陸に向かって**風がふきます。この風を**海風**といいます。

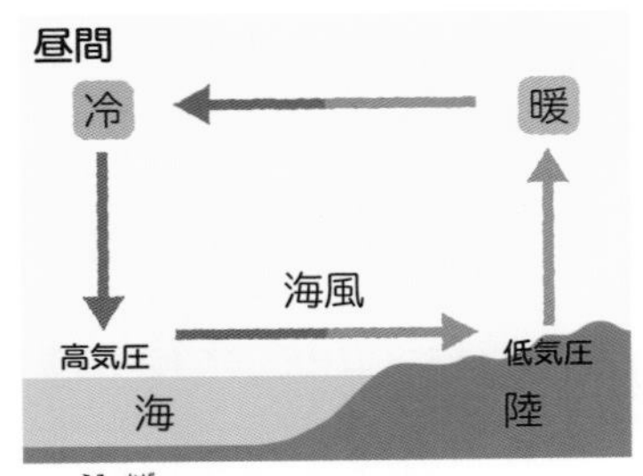


**海風のふくしくみ**

## ★★★ 陸風（りくかぜ・りくふう）

夜は陸地が冷え，海上の空気が陸上の空気よりあたたかくなるので，海上の空気が上しょうし，上空では陸に向かって流れ出します。この結果，**陸上では海上より気圧が高くなり**，**陸から海に向かって**風がふきます。この風を**陸風**といいます。

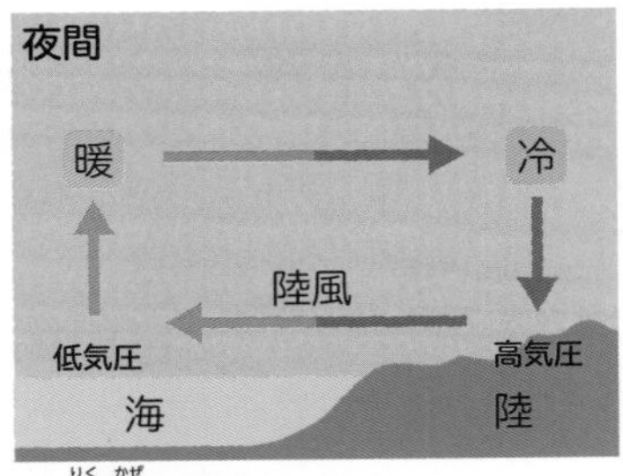


**陸風のふくしくみ**

## ★★★ なぎ

**海風**と**陸風**では，昼間と夜間とで風向が反対になります。したがって，風向が入れかわる朝と夕方には，**海水と陸地の温度がほぼ等しく**なり，このため，風が一時やみます。これを，それぞれ，**朝なぎ・夕なぎ**と呼んでいます。

COLUMN まめ知識

なぎは漢字で「凪」と書き，風が止まるようすを表しています。この漢字は，中国から伝えられた漢字ではなく，日本でつくられた数少ない漢字のひとつです。

# ★★★ 季節風

海洋と大陸の間で，１年の周期で風向や風速が変化する風を季節風といいます。大陸は，夏は高温になるため，気圧が低くなる部分ができ，冬は低温になるため，気圧が高くなる部分ができます。このため，大陸の周辺では，**夏は大陸にふきこむ風がふき，冬は大陸からふき出す風がふきます**。このように，季節風は季節によって，いちじるしく風向が変化するのです。

## 比べる 夏の季節風と冬の季節風

| 夏の季節風 | 冬の季節風 |
| --- | --- |
| 大陸のほうがあたためられて空気の温度が上がり，軽くなって上しょうし，低気圧ができます。海は大陸よりあたたまりにくいため，太平洋の空気のほうが冷たくなり，下降気流が生じて高気圧ができます。このため，海から大陸へ南東の季節風がふきます。<br>しめったあたたかい風をもたらすため，太平洋側に雨を降らせ，日本海側はかわいた高温の風がふきます。 | 大陸のほうが太平洋の海水より冷えやすいために，大陸の空気が冷たくなり，重くなって下降し，高気圧ができます。海は大陸より冷えにくいので海の空気のほうがあたたかくなり，空気が上しょうし，低気圧ができます。このため，大陸から海へ北西の季節風がふきます。<br>この季節風は日本海側に大量の雪を降らせ，太平洋側にやってくるときにはかわいた風となり，晴天をもたらします。 |

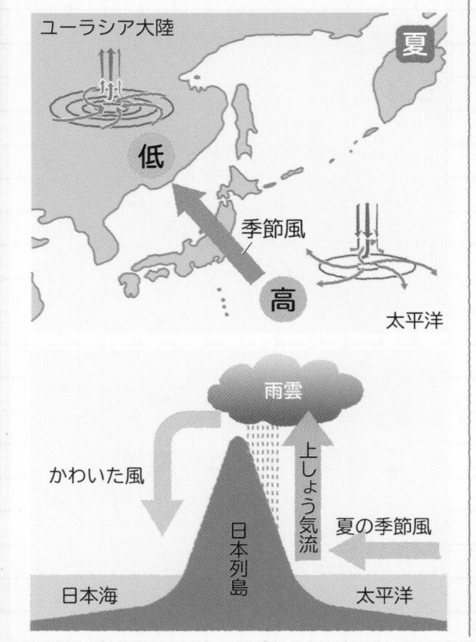


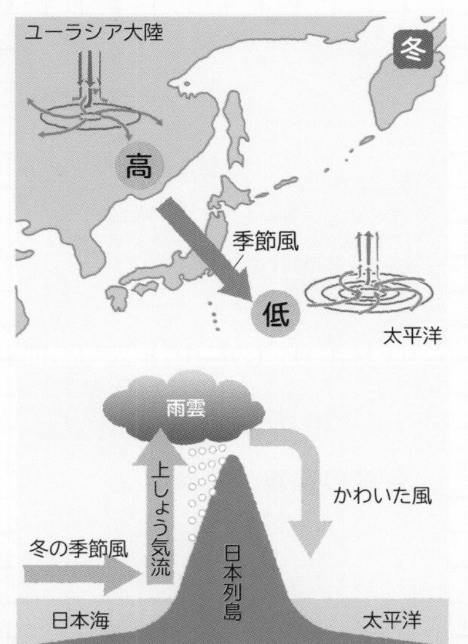

## 2 台風と天気の変化

重要度 ★★★

### 台風

熱帯付近で発生した**熱帯低気圧**のうち，中心付近の最大風速が**毎秒 17.2m 以上**のものを台風といいます。**台風は前線をともないません**。中心付近に強い上しょう気流があり，**多量の雨**と**強風**をもたらします。うずの中心には，**台風の目**と呼ばれる部分があり，下降気流が生じているので，雲はありません。

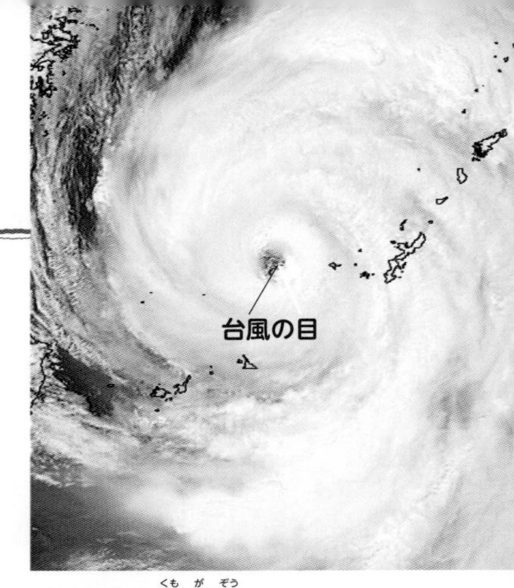

台風の雲画像

提供：NASA/GSFC/MODIS Land Rapid Response

台風が近づくと，台風情報が出され，**強風域，暴風域，暴風警かい域，予報円**が示されます。台風の勢力は大きさと強さで表し，**大きさは強風域の広さ，強さは中心付近の最大風速**で表します。台風は，**小笠原気団** [➡P.260] のへりにそって日本付近に北上してきます。日本付近に近づくと，**偏西風** [➡P.247] **に流されて東寄り**に進路を変えます。

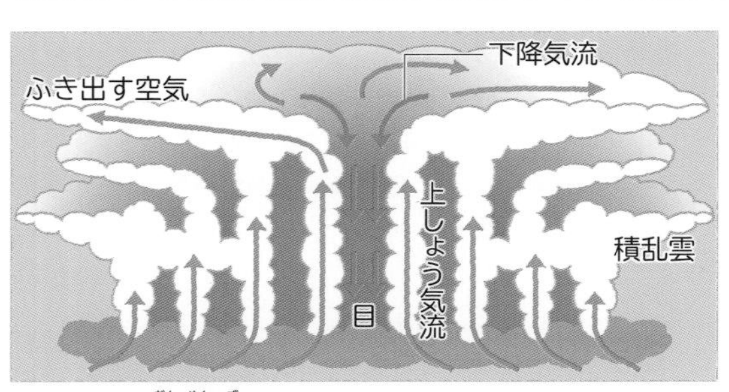

台風の断面図

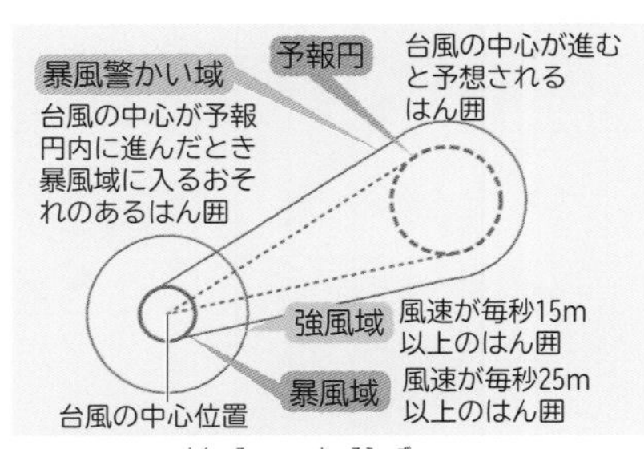

台風の進路の予想図

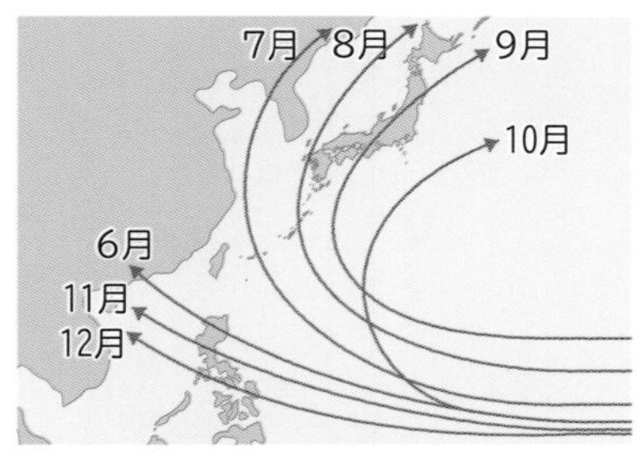

台風の月ごとの進路

**●台風の進む向きと風の強さ**

台風の進行方向に対して，台風の**東側（右側）**では，台風の進む向きと台風にふきこむ風の向きが同じになるため，特に**風と雨が強く**なります。

**●台風による災害とめぐみ**

**台風**による災害には，大雨による**こう水**や**土しゃくずれ**などがあり，また強風で木や建物がたおれたり，農作物にひ害がおよんだりします。台風によるめぐみには，雨によって，**水不足が解消**することなどがあります。降った雨はダムにためられ，**飲料水**や**農業用水**などに利用されます。

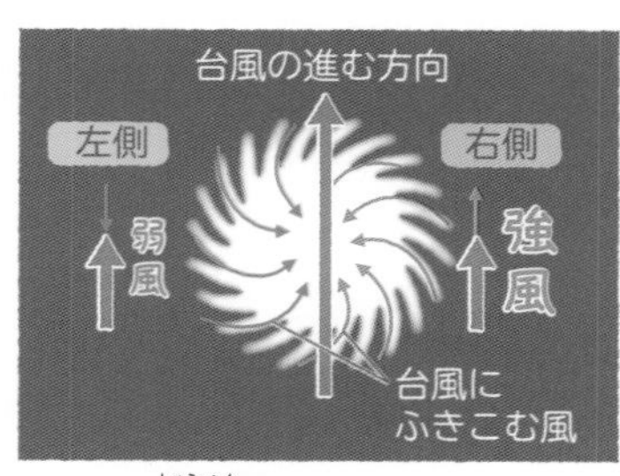


**台風周辺の風**

## ★★★ 熱帯低気圧

熱帯地方の海面で発生する低気圧を熱帯低気圧といいます。**前線** [➡ P.253] をともなわないのが特ちょうです。熱帯低気圧のうち，発達して中心付近の最大風速が**毎秒 17.2m 以上**になったものを**台風**といいます。

## ★★★ 集中ごう雨

短い時間に，比較的**せまいはん囲に多量の雨**をもたらす雨をいいます。**台風**のとき以外にも起きます。**梅雨** [➡梅雨の天気 P.262] の終わりの時期などに，**前線** [➡ P.253] や**低気圧** [➡ P.252] に向かって非常にしめった空気が流れこんで，ある場所に集中して**積乱雲** [➡ P.240] が次々と発生すると起こります。

## ★★★ 高潮

**台風**のような強い**低気圧** [➡ P.252] により，**海面が異常に高くなる現象**です。低い気圧で，その部分の海面がもち上がることや，強風によって海水がふき寄せられることによって起こります。

高潮が起こると，海岸の近くでは家がしん水するおそれがあるので，注意が必要です。**湾**のように海が陸に入りこんでいる地形では，より海面が高くなることがあり，東京湾や伊勢湾などでは，大きな高潮の災害が起こっています。

COLUMN まめ知識

インド洋などで発生する強い熱帯低気圧をサイクロン，カリブ海やメキシコ湾などで発生する強い熱帯低気圧をハリケーンといいます。

# 3 日本の天気の変化

重要度

## ★★★ 気団

大陸上や海上などでは，長期間空気がとどまると，その空気の温度やしつ度がほぼ一様になります。このような**大きな空気のかたまり**を気団といいます。気温は，**高緯度**の気団は**低く**，**低緯度**の気団は**高く**なっています。また，**陸上**の気団は**かわいていて**，**海上**の気団は**しめっています**。日本付近には，**シベリア気団**，**オホーツク海気団**，**小笠原気団**があり，日本の天気にえいきょうをあたえています。

## ★★★ シベリア気団

高緯度の陸上にあり，**冷たくかわいている**気団です。おもに**冬**に発達します。冬にふく**北西の季節風** [➡P.257] はシベリア気団の空気が流れ出したもので，**日本海側に大雪**をもたらします。

**⇧日本付近のおもな気団**

## ★★★ オホーツク海気団

高緯度の海上にあり，**冷たくしめっている**気団です。おもに**梅雨** [➡梅雨の天気 P.262] や秋雨のときに発達し，**長雨**を降らせる原因となります。

## ★★★ 小笠原気団

低緯度の海上にあり，**あたたかくしめっている**気団です。おもに**夏**に発達します。夏にふく**南東の季節風** [➡P.257] は小笠原気団の空気が流れ出したものです。**太平洋高気圧**とも呼ばれます。

## ★★★ 移動性高気圧

おもに**春**や**秋**に現れ，**温帯低気圧** [➡P.253] と交ごに東に移動していく**高気圧** [➡P.252] です。春や秋の好天は，**偏西風** [➡P.247] に流されて移動性高気圧が日本をおとずれたときに起こります。

COLUMN くわしく

日本の天気に影響を与える気団として，低緯度の陸上にある揚子江気団（長江気団）を含める考え方もあります。

## ★★★ 冬の天気

**シベリア気団**の勢力が強まり，日本付近に張り出してきます。一方，日本の東の海上に低気圧が生じます。このため，気圧は西が高く，東が低い**西高東低**型になります。天気図上では，**等圧線** [➡ P.250] **が南北にのび，間かくがせまく**なっています。シベリア気団から冷たくかわいた空気が流れ出し，**北西の季節風** [➡ P.257] がふきます。この季節風は日本海上で**多量の水蒸気**をふくんでしめった空気となり，**日本海側に大雪**をもたらします。日本列島の山脈をこえてふき降りる空気はかわき，**太平洋側は晴れ**の日が多くなります。

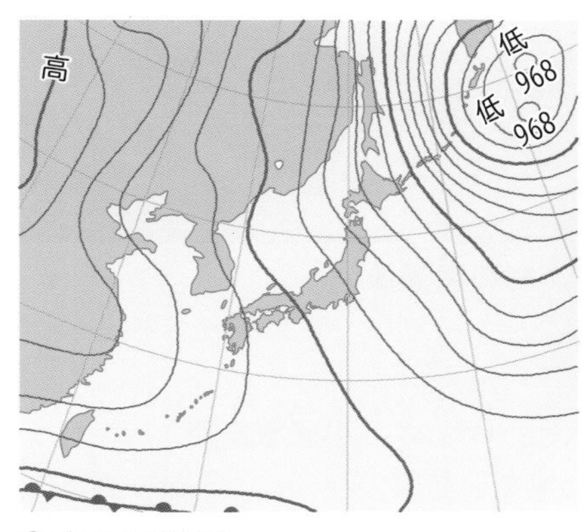


冬の天気図

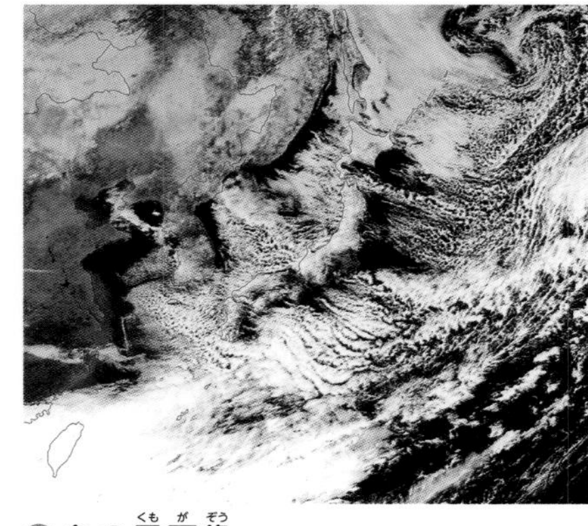

冬の雲画像

提供：気象庁

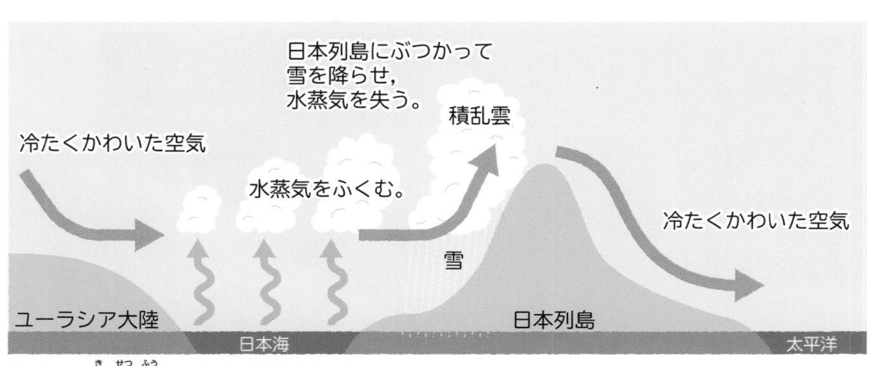


冬の季節風による日本の天気

COLUMN まめ知識

冬，日本付近にやってくる，特に冷たい空気のかたまりを寒波といいます。寒波がおとずれると，北西の季節風が強く冷たくなり，寒さがいっそう厳しくなります。

重要度

## ★★★ 春の天気

**温帯低気圧** [➡P.253] と，**移動性高気圧** [➡P.260] が，**3〜4日の周期で交ごに西から東へ通過**していきます。このため，晴れとくもりや雨の天気が周期的にくり返される，変わりやすい天気になります。

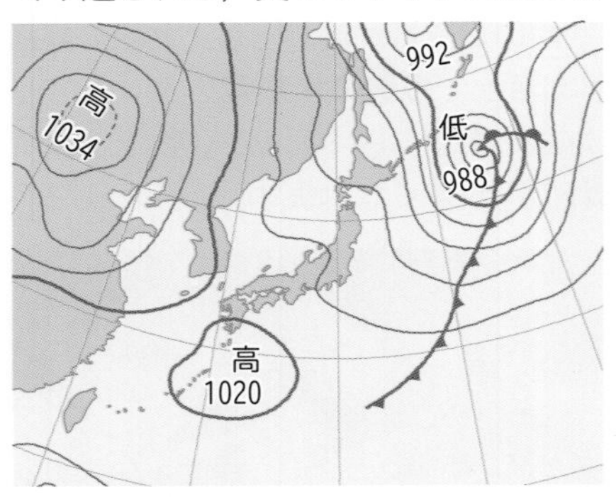


春の天気図

春の雲画像　提供：気象庁

## ★★★ 梅雨の天気

6月から7月にかけて，**オホーツク海気団** [➡P.260] と**小笠原気団** [➡P.260] の勢力がほぼつり合い，その境界にできた**停たい前線** [➡P.255] が日本列島付近に停たいします。このときの停たい前線を，特に**梅雨前線**といいます。この前線のえいきょうで，雨やくもりの日が続き，**大量の雨**が降ることもあります。小笠原気団の勢力が強くなると，前線は北上し，やがて消えて梅雨が明けます。

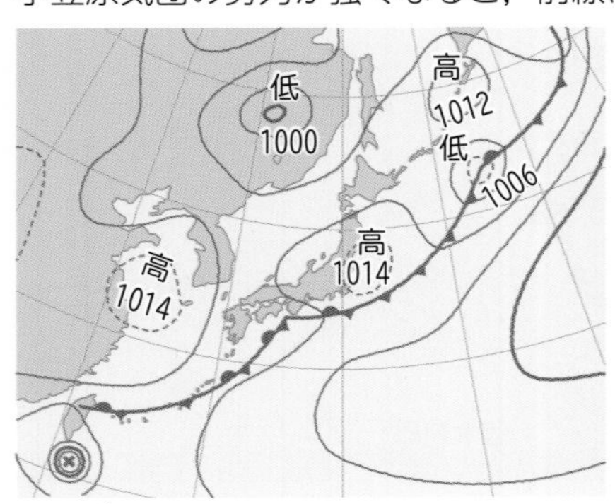


梅雨の天気図

梅雨の雲画像　提供：気象庁

COLUMN まめ知識

五月晴れは，もともと梅雨の晴れ間をさすことばでしたが，5月に移動性高気圧におおわれたときの晴天をさすこともあります。

## ★★★ 夏の天気

**小笠原気団** [➡ P.260] の勢力が強まり，日本付近に張り出してきます。一方，大陸では**低気圧** [➡ P.252] が生じ，このため気圧は南が高く，北が低い**南高北低**型になります。小笠原気団からあたたかくしめった空気がふき出し，**南東の季節風** [➡ P.257] がふきます。このため，**蒸し暑く晴れの日**が続きます。

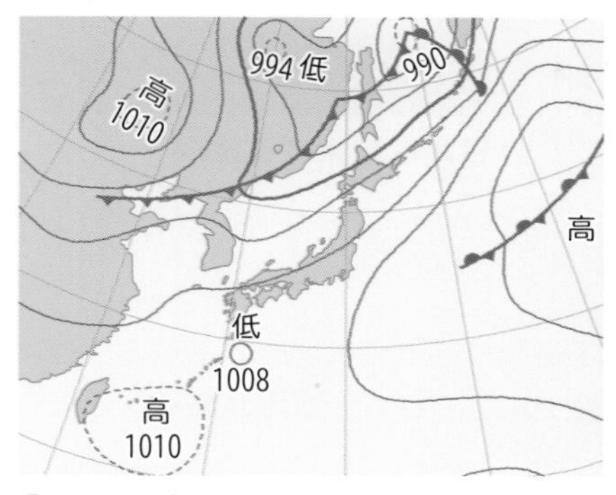


夏の天気図

夏の雲画像

提供：気象庁

## ★★★ 秋の天気

秋のはじめ，**小笠原気団** [➡ P.260] の勢力が弱くなって南に後退すると，小笠原気団と**オホーツク海気団** [➡ P.260] の勢力がほぼつり合い，その境界にできた**停たい前線** [➡ P.255] が日本列島付近に停たいします。このときの停たい前線を，特に**秋雨前線**といい，この前線のえいきょうで，雨やくもりの日が続きます。10月の中旬になると，春と同じように，**温帯低気圧** [➡ P.253] と，**移動性高気圧** [➡ P.260] が，**3～4日の周期で交ごに西から東へ通過**していきます。このため，春の天気と同じような変わりやすい天気になります。

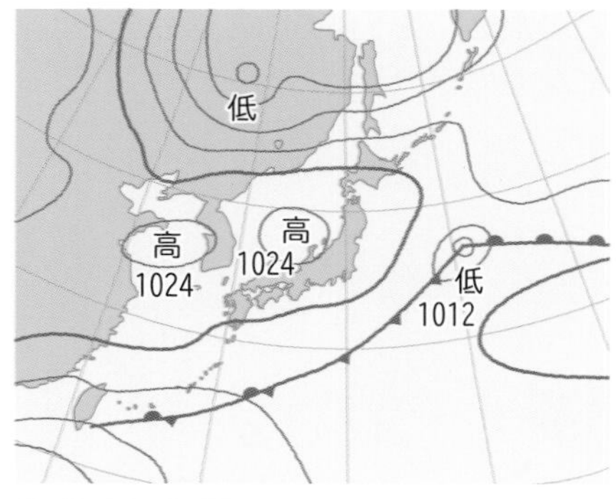


秋の天気図

COLUMN まめ知識

気温の低い夏を冷夏といいます。小笠原気団が弱く，オホーツク海気団が強いと梅雨が明けず，北日本や東日本を中心に冷夏となることがあります。

重要度 ★★★

## 黄砂

中国やモンゴルの黄土地帯（砂ばくの砂が偏西風によって**たい積** [➡P.357] してできた**地層** [➡P.364]）で，非常に細かいつぶの**黄土**が風で空にふき上げられ，風に流されて空一面に広がる現象です。特に春に多く見られ，風向きによっては，日本で見られることもあります。

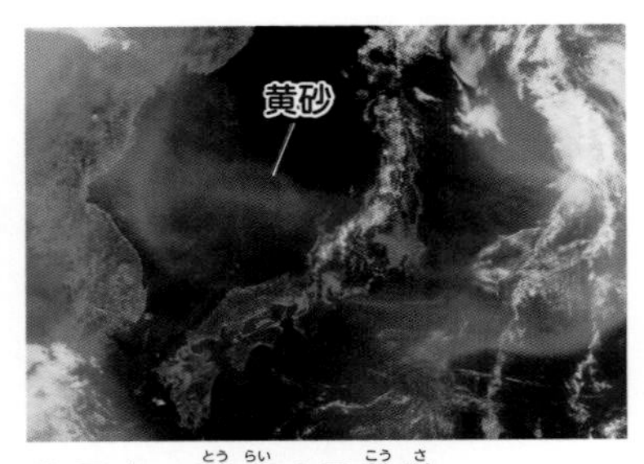


日本へ到来する黄砂

提供：Jacques Descloitres, MODIS Land Rapid Response Team, NASA/GSFC

★★★

## フェーン現象

風によって運ばれる空気は，山をこえてふき降りるときに温度が上しょうします。そのため，山のふもとではかわいた空気にさらされ，**気温が高く**なります。これを**フェーン現象**といいます。

上しょうする大気の温度は，100m につき約 1℃の割合で下がり，雲ができると，100m につき約 0.5℃の割合で下がります。一方，上しょうした空気が下降するときは，雲ができないので，100m につき約 1℃の割合で上がります。このため，風下側の山のふもとでは，風上側の山のふもとに比べて，気温が高くなるのです。

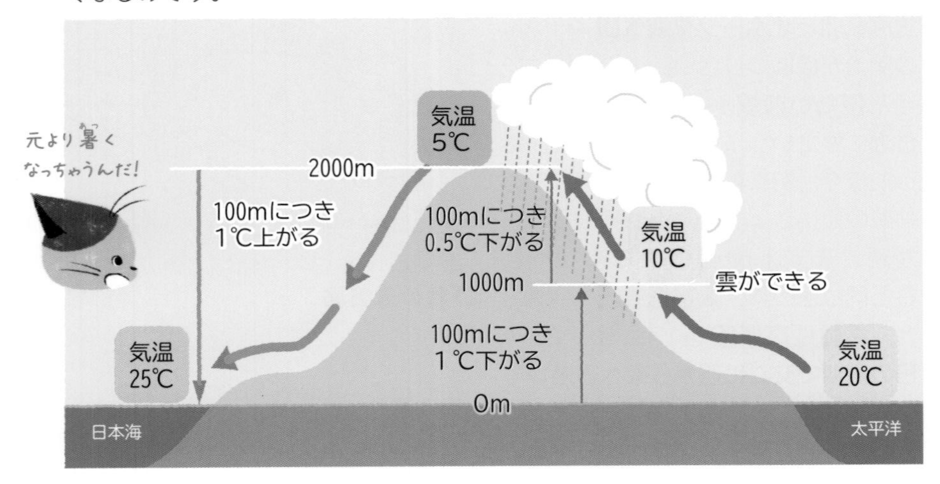

COLUMN まめ知識

1933年7月25日，フェーン現象が起こり，山形県山形市では，40.8℃の気温が記録されました。

## ★★★ エルニーニョ現象

太平洋赤道近くの南アメリカ沖で，**海面近くの水温が平年より高く**なり，これが半年から１年半ほど続く現象です。エルニーニョのときは，東風がふつうのときより弱くなります。このため，水温の高い場所が東に広がり，**積乱雲**[➡P.240]の発生する位置も東にずれます。すると，地球上で雨の降りやすい場所や風のふき方などが変わってきます。日本では，エルニーニョ現象が起こった年は，**冷夏**や**暖冬**になりやすいといわれています。

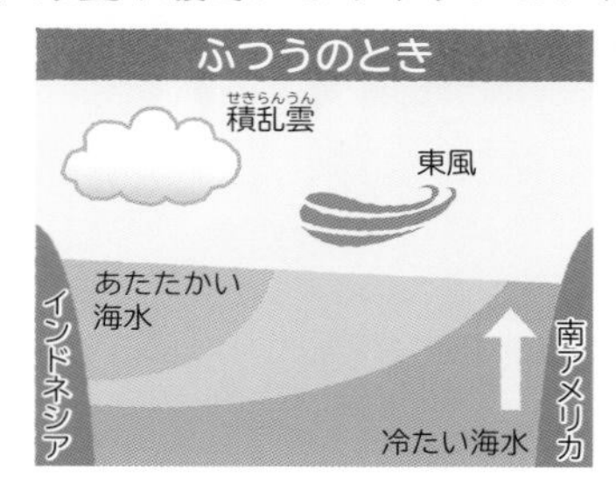


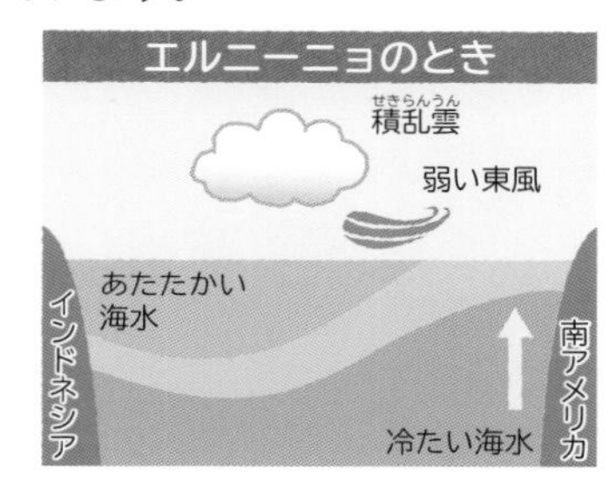


## ★★★ ラニーニャ現象

ラニーニャ現象のときは，エルニーニョ現象とは逆に，南アメリカ沖から太平洋の中部まで，**赤道近くの海面の水温が平年に比べて**，半年から１年半ほど**低いまま**になることをいいます。ラニーニャのときは，東風がふつうのときより強くなります。このため，西部にはあたたかい海水が厚くたまる一方，東部は冷たい海水がわき上がり，だんだん東西の水温の差が大きくなります。また，西部のインドネシア近海の海上では，雨を降らせる**積乱雲**[➡P.240]がさかんに発生します。ラニーニャ現象が起こると，夏は**猛暑**になると考えられています。

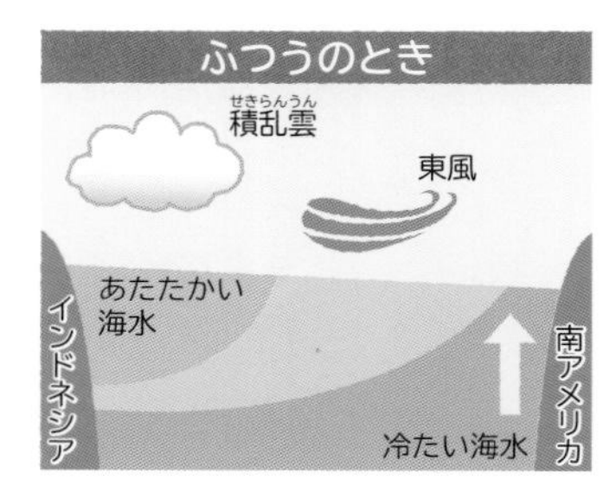


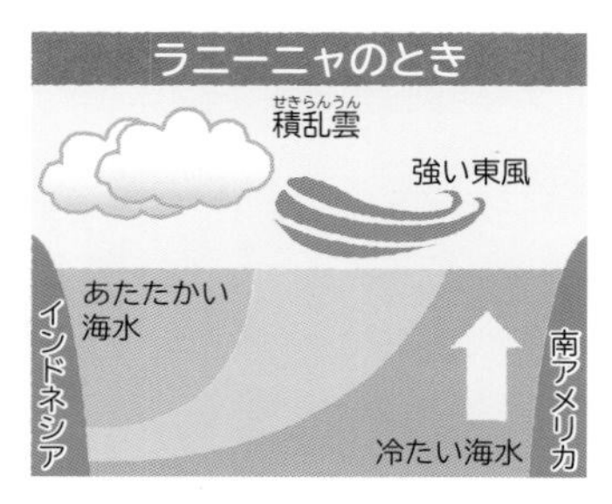

エルニーニョはスペイン語で「男の子」や「神の子」（イエス・キリスト）を意味します。クリスマスのころに海水温が高くなることから名づけられました。

# 星の一生

星座をつくる星や太陽のような
こう星にも人の一生のように
誕生と死があります。
こう星は，生まれたときの重さで，
その一生がほぼ決まります。

重い星
太陽の8倍以上

主系列星
自分で光ることができる，
一人前の星。

軽い星
太陽の8倍以下

主系列星

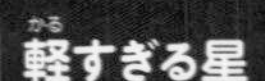

原始星
赤ちゃん星。ガス雲の濃い部分が集まって熱くなり，星が誕生する。ここでわく星ができることもある。

軽すぎる星
太陽の0.08倍未満

ガス雲
水素やヘリウムなどが集まったガス。星をつくる材料となる。

かっ色わい星
軽すぎて自分で光ることができずにこう星になれなかった。

## 赤色超巨星

赤色巨星よりも大きくて明るい年老いた星。

## 超新星爆発

燃料がなくなってバランスがくずれると，爆発して一生を終える。太陽の 10 倍くらいの重さの星の寿命は，約 1000 万年。爆発でふき飛ばされたものは，再び星をつくる材料になる。

とても重い星

## ブラックホール

中性子星よりも密度が大きく，非常に重力が大きい星。光も吸いこまれてしまう。

重い星

## 中性子星

密度が大きくて重力が大きい星。

## 赤色巨星

赤くふくらんだ年老いた星。

## わく星状星雲

星からガスが流れ出る。

## 白色わい星

ガスがなくなって光ることができなくなった星。

# 第2章 地球と宇宙

## この章で学ぶこと ヘッドライン

### 夜空の星は，どうしていろいろな色や明るさのものがあるの？

夜空に見える星座をつくる星はいろいろな色や明るさのものがあります。色のちがいはその星の表面温度によるものです。オリオン座のリゲルのように青白色の星は温度が高く，ベテルギウスのように赤い色の星は温度が低い星です。

星座をつくる星は，自分で光を出すこう星で，太陽もそのひとつです。宇宙にはこう星のほかにも地球のようにこう星のまわりを回るわく星，わく星のまわりを回る衛星などがあります。[➡ P.271]

**⇧ いろいろな色の星**
はくちょう座のデネブ（左中央）付近

### 太陽，星，月は動いているように見えるけれど…？

太陽や星座をつくる星，いろいろな形の月は時間がたつと見える位置が変わります。どれも東のほうからのぼって南の高い空を通り，西のほうへしずみますね。じつは，これらの１日の動きは地球が自転しているために起こる見かけの動きなのです。

電車に乗っていると，景色が電車の進んでいく方向と逆に動いているように見えますね。これと同じように，地球は西から東の向きに自転しているため，太陽や星，月は，その逆方向，つまり東から西に動いていくように見えるのです。[➡ P.289]

## オリオン座はさそり座から逃げている？

ギリシャ神話には次のようなお話があります。かりの名手だったオリオンは自分の力を自まんして神をおこらせ，神が送りこんだサソリにさされて，その毒で死んでしまいました。その後オリオンもサソリも星座になりましたが，オリオンはサソリをおそれ，夏にさそり座がのぼるとオリオン座はしずんでいく，というものです。

オリオン座は冬に見える星座で，夏には見えません。このように星座が移り変わるのは，地球が１年かけて太陽のまわりを回っているため，同じ時刻に見える星座の位置が少しずつ変わっていくからです。[➡ P.292]

## どうして月の形は変わるの？

太陽はいつ見ても丸い形をしていますが，月は日によって三日月，半月，満月と形が変わって見えます。なぜでしょう？

月は自分では光を出しません。地球上から光って見えるのは，太陽の光を反射しているからです。月は地球のまわりを公転しているので，地球，太陽，月の位置関係が変わり，太陽の光が当たって明るく見える部分が変わります。そのため形が変わって見えるのです。また，地球，太陽，月の位置関係によっては日食や月食が見られることがあります。[➡ P.300]

**かいき日食のとき見られる ➡ ダイヤモンドリング**

# 01 星座と星

## 1 星の明るさと色

重要度 ★★★

### 天体

すべての天体をふくむ空間を**宇宙**といいます。宇宙にあるものの総称を天体といいます。天体には，こう星，わく星 [➡P.272]，衛星 [➡P.272]，すい星 [➡P.340]，星団 [➡P.342]，星雲 [➡P.343]，銀河 [➡P.343] などがあります。

★★★

### 星の明るさ

星座をつくる星は，太陽 [➡P.305] のように自分で光を出すこう星という天体です。星の明るさは星によってちがい，**明るい星から1等星，2等星，3等星**…の**等級**で表しています。おおいぬ座 [➡P.284] のシリウスは夜空で最も明るい星です。

いろいろな明るさの星 提供：NASA

★★★

### 等級

地球から見た星などの天体の明るさを表したものです。**肉眼で見える最も暗い星を6等星，最も明るい星を1等星**とします。1等級ちがうと**約2.5倍**ずつ明るさがちがい，1等星は6等星の100倍の明るさです。

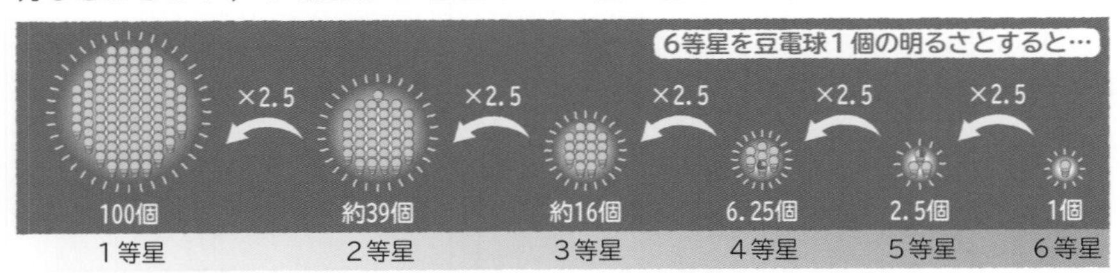


等級のちがいと明るさ

COLUMN くわしく

等級が決められたときの最も明るい星は1等星でしたが，現在では1等星より明るい星は0等星，−1等星，…と表したり，−1.5等星など小数で表すこともあります。

### ●絶対等級

地球から同じきょり（約32.6光年 [➡P.272]）に星があるとして，星の明るさを表したもの。星の明るさにちがいがあるのは，**星自身の明るさがちがうためと，地球からのきょりが星によってちがう**ためです。同じ明るさの星でも地球から遠いところにある星ほど，地球上では暗く見えます。

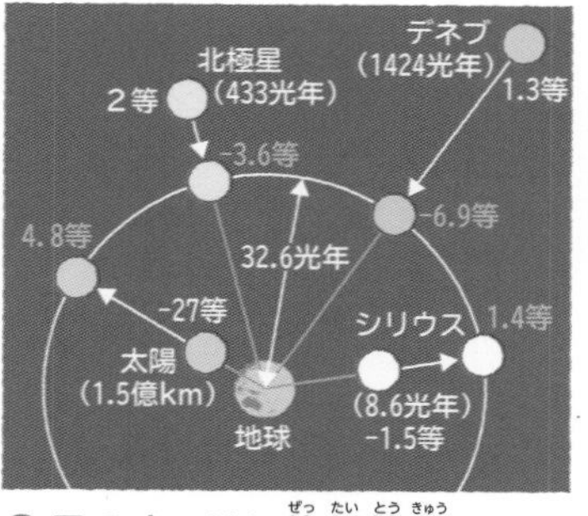


⬆星のきょりと絶対等級

## ★★★ 星の色と温度

星の色は星によってちがい，その**星の表面の温度**のちがいによって変わります。温度が高いほど青白っぽく，温度が低いほど赤っぽく見えます。

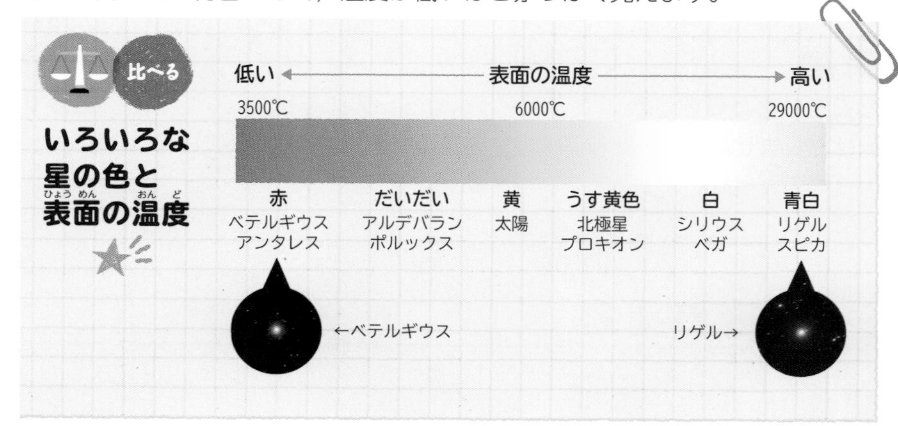


## ★★★ こう星（恒星）

星座をつくる星や太陽のように，**自分で光を出す天体**をこう星といいます。こう星は非常に遠いところにあるので，こう星までのきょりは光年 [➡P.272] で表します。

重要度

★★★
## 光年

こう星 [➡P.271] までのきょりを表す単位です。太陽以外のこう星は非常に遠いところにあるので，光が届くまでにかかる年数（光年）で表します。**光が1年間に進むきょりを1光年**とします。光は1秒間に約30万km（地球のおよそ7周半分）進むので，1光年は約9兆4600億kmとなります。

★★★
## わく星（惑星） [➡太陽系のわく星 P.330]

**こう星** [➡P.271] **のまわりを回る**（公転 [➡P.293] する）天体をわく星といいます。**自分で光は出しません。**太陽の光を反射して光って見えます。
太陽系 [➡P.332] のわく星には，太陽に近いほうから水星 [➡P.333]，金星 [➡P.334]，地球 [➡P.334]，火星 [➡P.334]，木星 [➡P.335]，土星 [➡P.335]，天王星 [➡P.335]，海王星 [➡P.336] の8つがあり，太陽のまわりを回っています。

★★★
## 衛星

わく星のまわりを回る（公転 [➡P.293] する）天体を衛星といいます。**自分で光は出しません。**月は地球のまわりを回る衛星です。人間がつくった通信などのための衛星は，人工衛星 [➡P.344] といいます。

# 2 季節の星座

★★★
## 星座

星と星を結んでいくつかのまとまりに分けたものを星座といいます。動物や道具などいろいろなものに見立てて名前がつけられています。地域や時代によってさまざまな星座がつくられてきましたが，現在では国際天文学連合（IAU）によって，全世界共通の88個の星座が決められています。
地球から見える星座は季節によって変わります。[➡星座の1年の移り変わり P.295]

COLUMN まめ知識
**星座の名前や境界線は決められていますが，星のつなぎ方や星座の絵については正式には決められていません。**

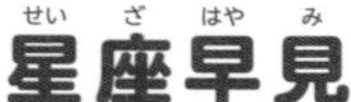

# ★★★ 星座早見

ある日時に空のどの位置にどんな星や星座が見えるか，またある星や星座がいつごろどの方向に見えるかを調べるときに使う道具が星座早見です。月日と時刻の目もりを合わせると，そのときの星空のようすが窓の中に現れます。



## ●星座早見のつくり

星座早見は２枚の板でできています。上側の板には，だ円形の窓とふちに時刻の目もりがあります。下側の板には，１年間に見ることのできる星座の図と，ふちに月日の目もりがあります。
２枚の板をとめている留め金（円の中心）は**北極星** [➡ P.274] を示し，窓の南北を結ぶ直線と東西を結ぶ曲線の交点は観測者の頭の真上である天頂 [➡天球 P.290] を示します。だ円形の窓のふちは地平線 [➡天球 P.290] を表します。

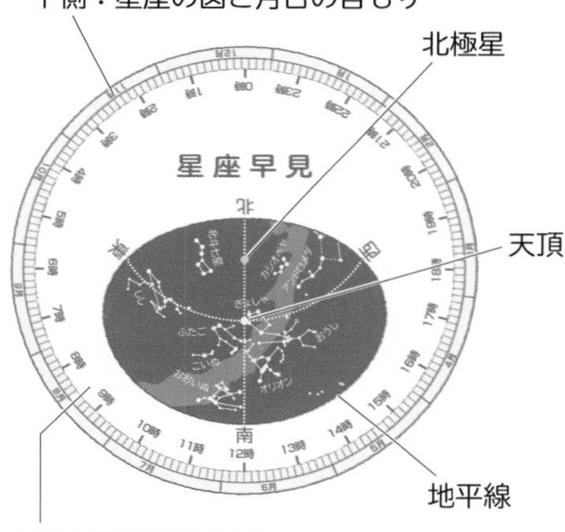


↑ 星座早見

使い方

① 観察する時刻の目もりを月日の目もりに合わせます。
② 観察する方位を向き，観察する方位を下にして頭の上に星座早見をかざします。

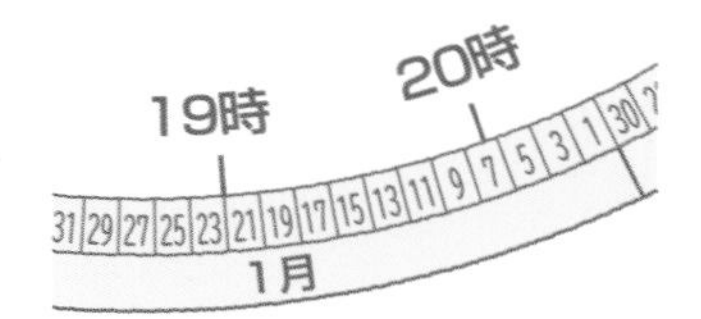


↑ 目もりの合わせ方
（1 月 22 日 19 時に合わせたとき）

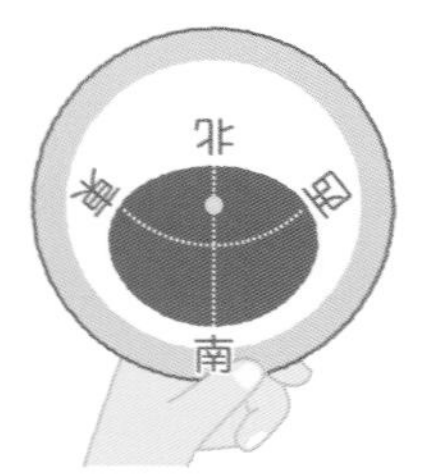


↑ 南の空を見るとき
南を下にして持つ。

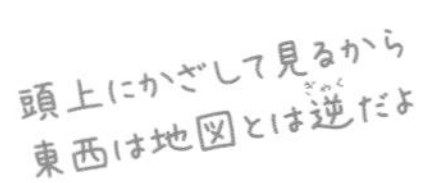

頭上にかざして見るから
東西は地図とは逆だよ

COLUMN まめ知識

星などの天体の位置は，方位と高さで表します。天体のおよその高さをはかるときは，うでをのばして，にぎりこぶし１個分が高さ約 10°となります。

重要度 ★★★

## 1年中見える星座

北の空に見えるこぐま座やおおぐま座，カシオペヤ座などの北極星に近い星座はほぼ1年中見えます。同じ時刻に見える星座の位置は季節によって変わります。[➡星の1年の動き P.292]

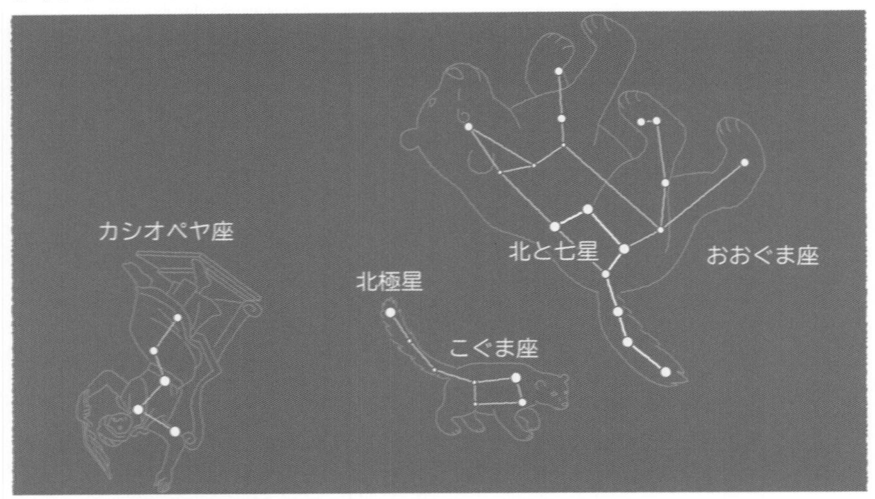


北の空に見える星座

★★★

## こぐま座

北の空にあり，1年中観察できる星座です。**北極星**をふくみます。

★★★

## 北極星

こぐま座の尾のはしにある2等星です。**地じく** [➡P.289] **の北の延長線上にあるため，ほぼ真北にありほとんど動きません。**そのため，北の方角を示す目印となる星です。また，**北の空の星の回転の中心**となっています。[➡星の1日の動き P.286] [➡星の1年の動き P.292]

ある地点で見える**北極星の高さは，その土地の緯度（北緯）** [➡P.319] **と同じ**になります。北緯36°の東京では，北極星の高さは36°になります。

北極星の高さと緯度の関係は，323ページを見よう

COLUMN くわしく

**北極星は，北緯90°の北極点では高さが90°なので真上に見え，緯度が0°の赤道では高さが0°なので水平方向にあります。南半球では見ることができません。**

## ★★★ 北極星の見つけ方

北極星は，北の空の北と七星かカシオペヤ座を使って見つけることができます。北と七星を使う場合は，下の図のように，北と七星の２つの星の間かくＡの長さを５倍にのばした位置にあります。
カシオペヤ座を使う場合は，下の図のように，カシオペヤ座のＢの長さを５倍にのばした位置にあります。

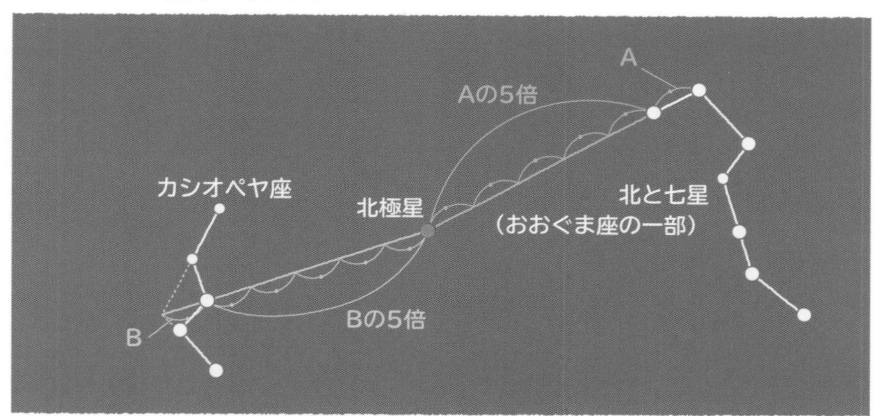


## ★★★ おおぐま座

北の空にあり，１年中観察できる星座です。おおぐま座にふくまれる７つの星は**北と七星**と呼ばれます。

## ★★★ 北と七星

おおぐま座の一部で，ひしゃくの形に見える**７つの星の集まり**です。真ん中の１つを除いた６つの星は２等星です。春には北の夜空の高いところに見えます。

ひしゃく

## ★★★ カシオペヤ座

北の空にあり，１年中観察できる星座です。アルファベットのＷの字（位置によってはＭの字）の形に並んでいます。**北極星をはさんで北と七星とほぼ反対側の位置**にあります。秋には北の夜空の高いところに見えます。

重要度 ★★★

# 春の星座

春の代表的な星座には，しし座やおとめ座，うしかい座があります。春の大三角が春の星座の目印です。北と七星のひしゃくの取っ手の部分にあたる3つの星のカーブをのばしていくと，うしかい座のアークトゥルス，おとめ座のスピカにたどり着きます。この曲線を**春の大曲線**といいます。

**5月中旬，午後9時ごろの星空**

図提供：国立天文台

## ★★★ しし座

春の空高くに見られ，「？」マークを裏返したような星の並びが見えます。**レグルス**という青白色の１等星があります。白色の２等星**デネボラ**は春の大三角をつくります。

## ★★★ おとめ座

春の空に見えます。**スピカ**という青白色の１等星は春の大三角をつくります。スピカ以外の星はあまり目立ちません。

## ★★★ うしかい座

春に，おとめ座よりも高い位置に見えます。**アークトゥルス**（アルクトゥルスともいいます）というだいだい色の１等星は春の大三角をつくります。

## ★★★ 春の大三角

おとめ座の１等星**スピカ**，うしかい座の１等星**アークトゥルス**，しし座の２等星**デネボラ**の３つの星を結ぶ三角形を**春の大三角**といいます。

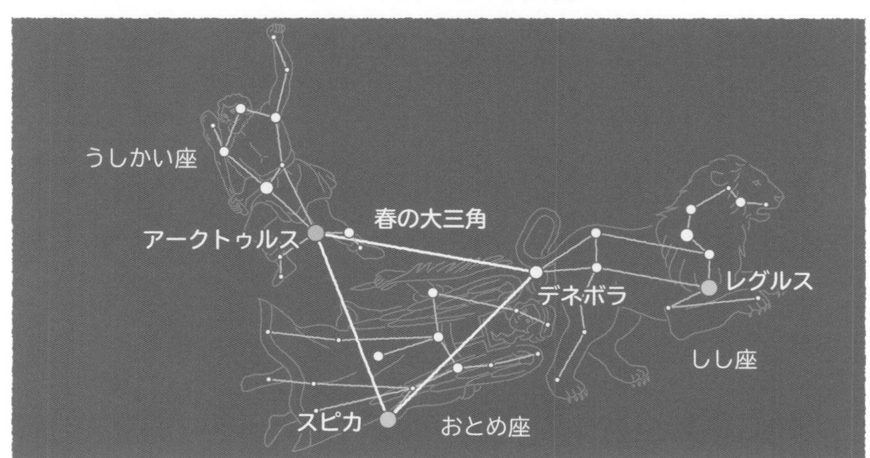


**春の大三角をつくる星座**

**まめ知識** うしかい座のアークトゥルスとおとめ座のスピカは，2つ合わせて「春の夫婦星」とも呼ばれています。

重要度 ★★★

## 夏の星座

夏の代表的な星座には，はくちょう座，わし座，こと座，さそり座があります。夏の星座の目印である夏の大三角が空の高いところで目立ちます。また，夏の大三角の中心を通る天の川 [➡ P.342] がよく見えます。

↑8月中旬，午後9時ごろの星空

図提供：国立天文台

**COLUMN まめ知識**

はたらき者だったおりひめ星とひこ星は，けっこんしてからは遊んでばかりで，おこった神様が二人を引きはなし，1年に1度7月7日だけ天の川をわたって会うことを許したという話が七夕伝説です。

## ★★★ 夏の大三角

はくちょう座のデネブ，わし座のアルタイル，こと座のベガの３つの１等星を結ぶ三角形を夏の大三角といいます。天の川付近に見られます。

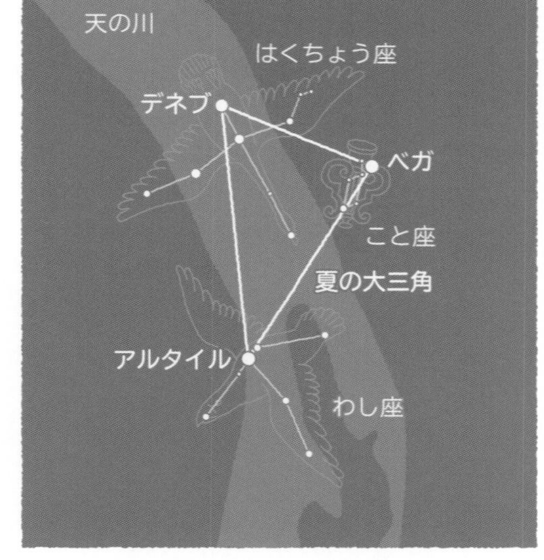


南の空を見上げたときの夏の大三角

## ★★★ はくちょう座

夏の空高く，天の川の中に十字形に見えます。はくちょうの尾にあたるところにある白色の１等星**デネブ**は**夏の大三角**をつくる星の１つです。

## ★★★ わし座

夏の空に見え，天の川の東にあります。白色の１等星**アルタイル**は**夏の大三角**をつくり，七夕伝説のひこ星（けん牛星）です。

## ★★★ こと座

夏の空高くに見え，天の川の西にあります。白色の１等星**ベガ**は**夏の大三角**をつくり，七夕伝説のおりひめ星（織女星）です。

## ★★★ さそり座

夏の南の空の低いところに見え，アルファベットのSの字の形に星が並んでいます。さそりの心臓にあたるところに赤い１等星**アンタレス**があります。

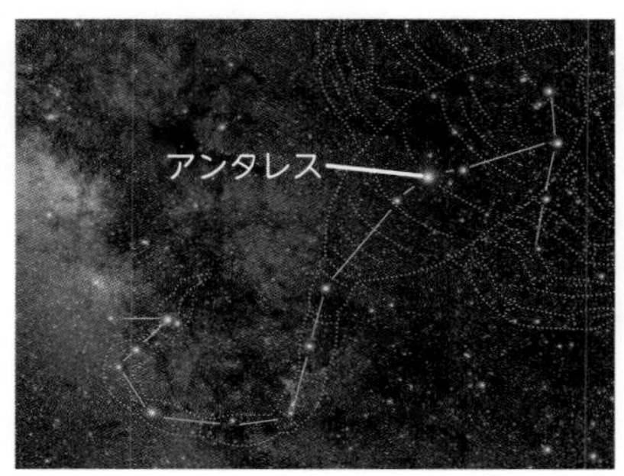


さそり座

©コーベット

COLUMN くわしく

夏の大三角が夜空にのぼるときは，ベガ→デネブ→アルタイルの順ですが，しずむときは，アルタイル→ベガ→デネブの順になります。

重要度 ★★★

## 秋の星座

秋の代表的な星座には，ペガスス座やアンドロメダ座，みなみのうお座があります。秋の夜空は夏や冬に比べると明るい星が少ないのですが，秋の四辺形が目印となります。また，カシオペヤ座 [➡ P.275] が北の夜空の高いところに見えます。

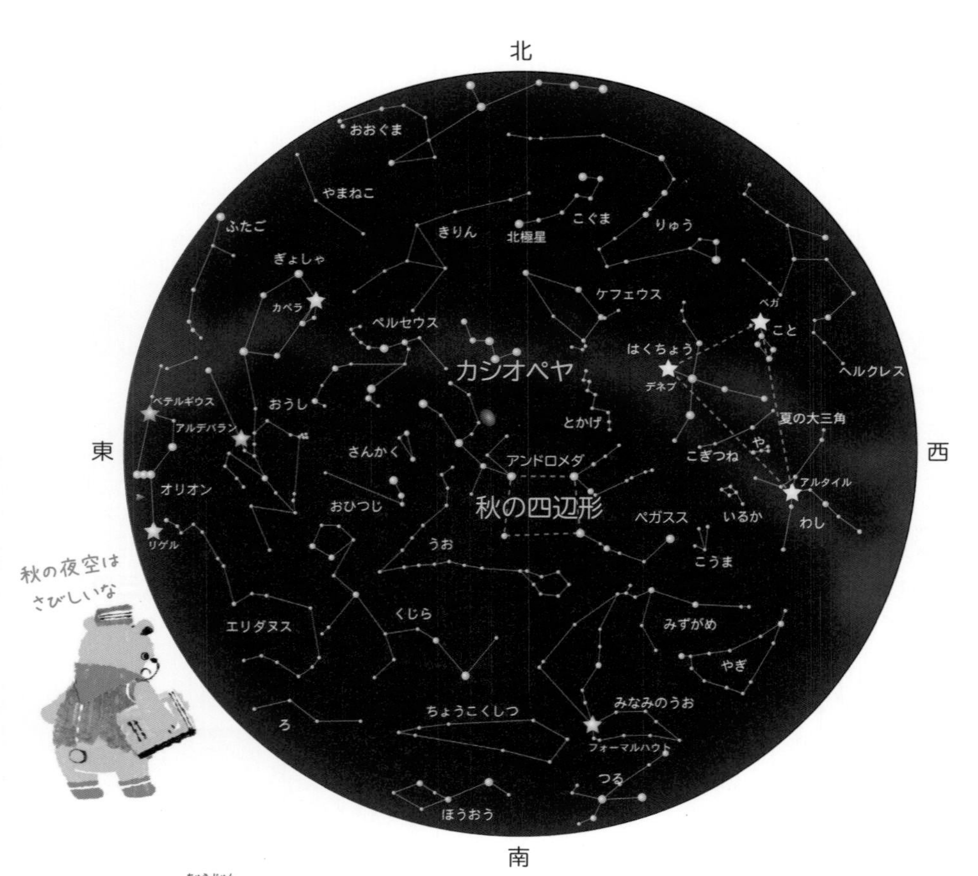


**11月中旬，午後8時ごろの星空**

図提供：国立天文台

COLUMN まめ知識

秋の夜空は，カシオペヤ王妃の娘，アンドロメダ姫をおそう化けクジラを天馬ペガススに乗った勇者ペルセウスが退治する，というペルセウス・アンドロメダ神話の登場人物が勢ぞろいします。

## ★★★ 秋の四辺形

ペガスス座とアンドロメダ座の４つの星でつくられる大きな四辺形を秋の四辺形といい，**ペガススの大四辺形**とも呼ばれます。

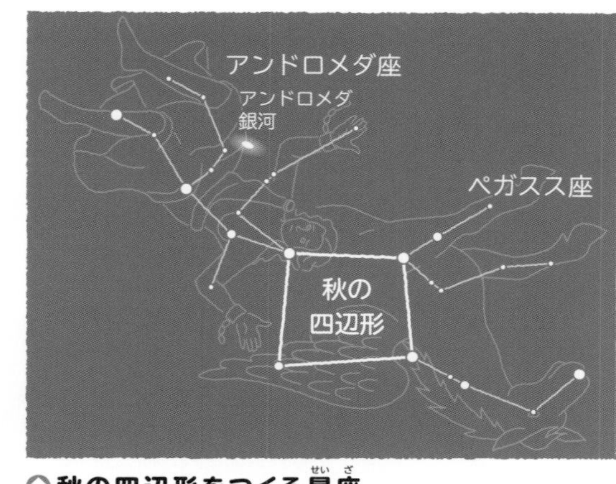


秋の四辺形をつくる星座

## ★★★ ペガスス座

秋の空高くに見えます。ペガスス座の３つの星は秋の四辺形をつくります。

## ★★★ アンドロメダ座

秋の空高くに，ペガスス座の東側に見えます。秋の四辺形の一部をつくります。アンドロメダ座には，アンドロメダ銀河 [➡ P.343] があり，肉眼でもぼんやり見えます。

アンドロメダ銀河

## ★★★ みなみのうお座

秋の南の空低くに見え，白色の１等星**フォーマルハウト**があります。秋の夜空に見える唯一の１等星なので「秋のひとつ星」と呼ばれます。

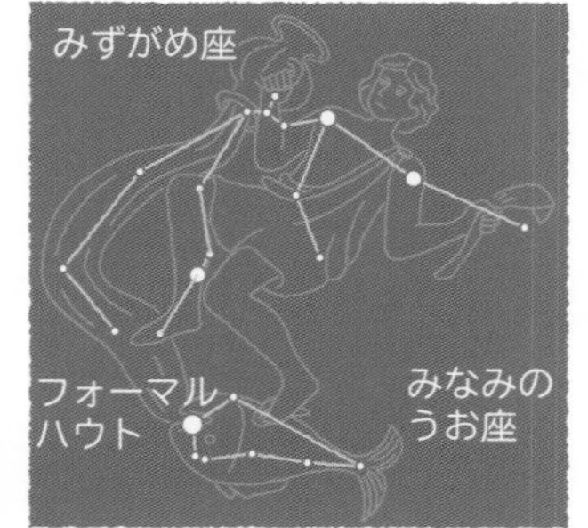


みずがめからこぼれている
水を飲んでいるよ！

重要度 ★★★

## 冬の星座

冬の代表的な星座には，オリオン座，おおいぬ座 [➡P.284]，こいぬ座 [➡P.284]，ふたご座 [➡P.284]，おうし座 [➡P.284] などがあり，1等星をふくむ星座が多く見られます。冬の大三角が有名です。

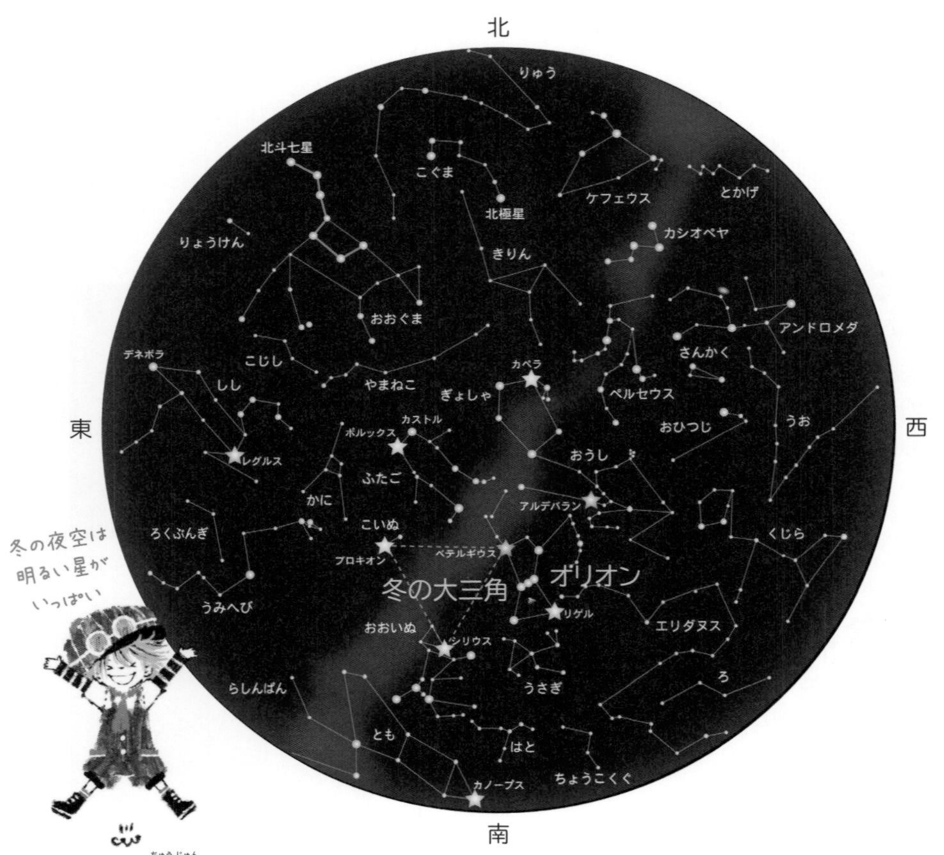


⬆2月中旬，午後8時ごろの星空

図提供：国立天文台

COLUMN まめ知識

アルデバラン，リゲル，シリウス，プロキオン，ポルックス，ぎょしゃ座のカペラを結んでできる六角形を冬の大六角（または冬のダイヤモンド）といいます。

## ★★★ 冬の大三角

オリオン座のベテルギウス，おおいぬ座[➡ P.284] のシリウス，こいぬ座[➡ P.284] の**プロキオン**の3つの1等星がつくる三角形を冬の大三角といいます。

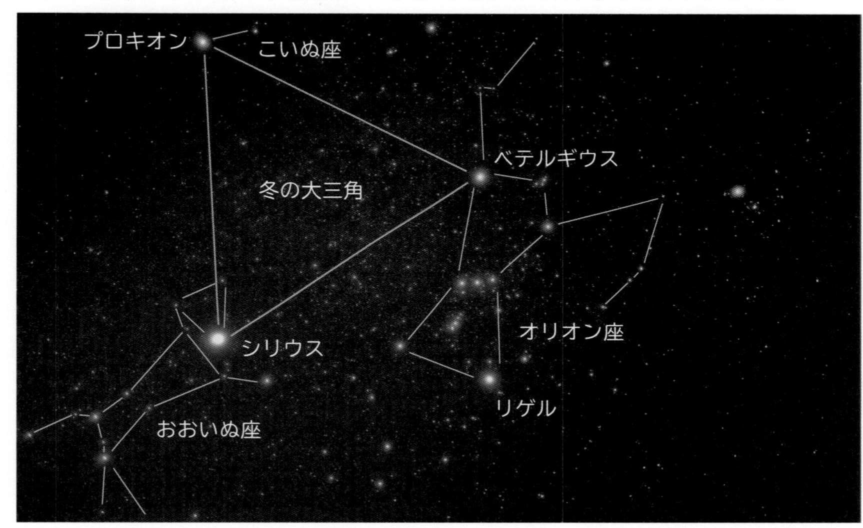


©コーベット

### ●冬の大三角ののぼり方としずみ方

冬の大三角が空にのぼるときは，ベテルギウス→プロキオン→シリウスの順に，しずむときは，シリウス→ベテルギウス→プロキオンの順になります。

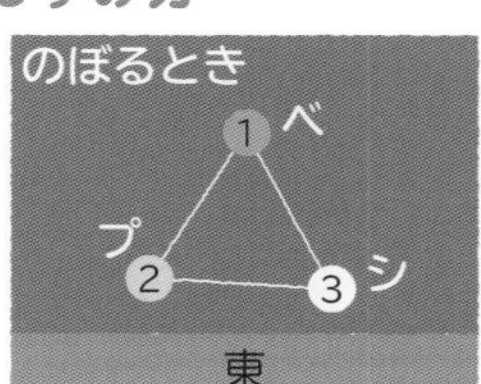


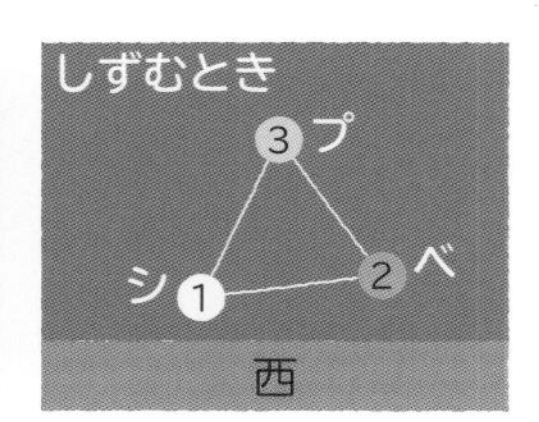


## ★★★ オリオン座

中心付近に三つ星と呼ばれる3つの並んだ2等星が特ちょうの冬の代表的な星座です。**赤色のベテルギウス**と**青白色のリゲル**の2つの1等星があります。ベテルギウスは冬の大三角をつくる星の1つです。

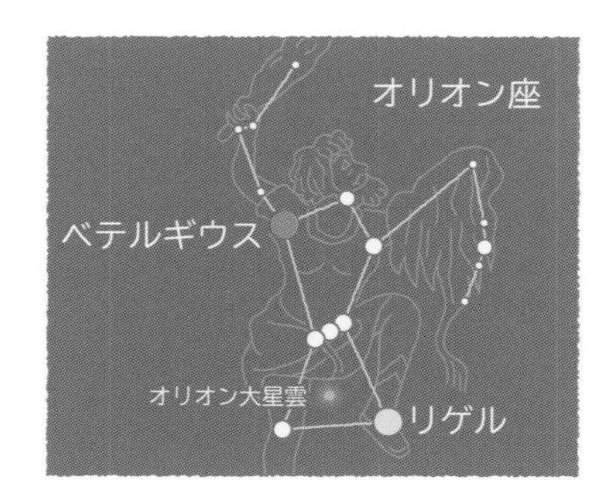

**COLUMN くわしく**

**オリオン座の三つ星の下にぼうっと見えるのは，オリオン大星雲** [➡ P.343] **です。ここではたくさんの星がうまれています。**

重要度

★★★ 
## おおいぬ座

冬の空で，オリオン座 [➡P.283] より東側の低い位置に見えます。**星座をつくる星の中で最も明るくかがやく**白色の1等星**シリウス**があります。シリウスは**冬の大三角** [➡P.283] をつくる星の1つです。

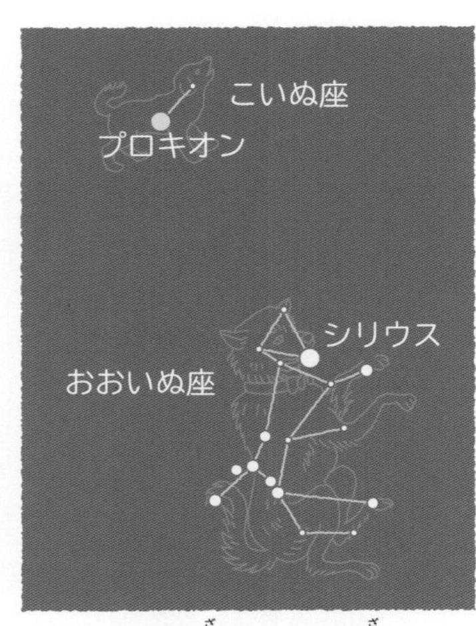


**おおいぬ座とこいぬ座**

★★★ 
## こいぬ座

冬の空で，オリオン座 [➡P.283] の東側にある星座です。黄色の1等星**プロキオン**があり，**冬の大三角** [➡P.283] をつくります。

★★★ 
## ふたご座

冬の空高くに見え，だいだい色の1等星**ポルックス**と，となりの2等星**カストル**の2つの星が目立ちます。

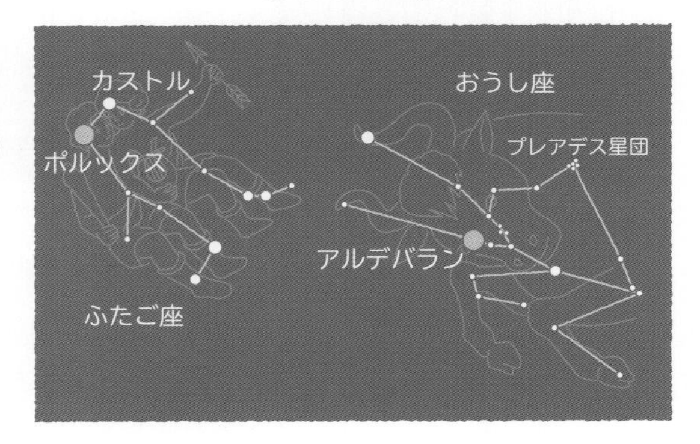


★★★ 
## おうし座

冬の高い空に見えます。おうしの目にあたるところにだいだい色の1等星**アルデバラン**があります。おうしのかたにあたるところには，青白色の若いこう星 [➡P.271] の集まりのプレアデス星団 [➡P.342] があり，日本では「すばる」とも呼ばれています。

**プレアデス星団（すばる）**

COLUMN

# オリオン座がひっくり返った!?

## 南半球でのオリオン座の見え方

南半球でオリオン座を見ると，逆さまになって見えます。これは地球が丸いので，南半球で立っている人は，北半球で立っている人に対して，逆さまに立って見ていることと同じことになるからです。

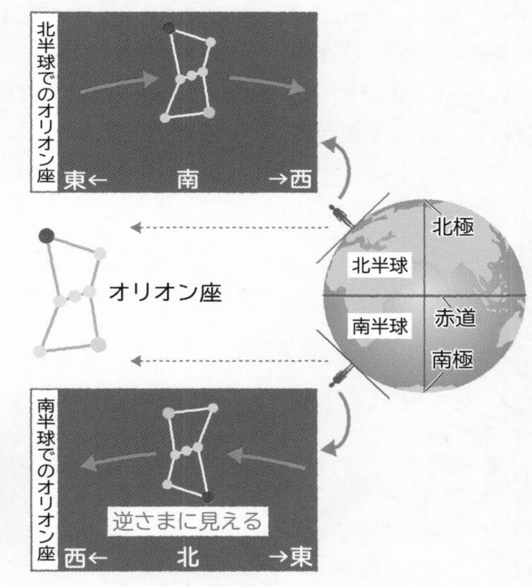


南半球では，オリオン座は北の空を通るよ 南半球の星の動きは291ページを見てね

## 南半球で見える星座

星座は全天で88個ありますが，日本ですべて見られるわけではありません。南半球では，みなみじゅうじ座（南十字星）などの，日本のほとんどの場所で見えない星座を見ることができます。逆に，北極星をふくむこぐま座などの星座は南半球で見ることができません。

日本でも，南の沖縄まで行けば，みなみじゅうじ座を見ることができるよ

**みなみじゅうじ座**
4つの星を十字形に結んだ星座

# 3 星の動き

重要度 ★★★

## 星の1日の動き

星や星座は時間がたつと見える位置が変わります。**位置が変わっても星の並び方は変わりません。**

**東からのぼった星は，南の空を通り，西へしずんでいきます。**このとき星は，**東から西へ 1 時間に約 15° **動きます。

北の空の星は，**北極星** [➡ P.274] **を中心として反時計回り（左回り）に 1 時間に約 15° **動きます。1 日後の同じ時刻にはほとんど同じ位置に見えます。

このように星が動くのは，**地球が自転** [➡地球の自転 P.289] しているからです。

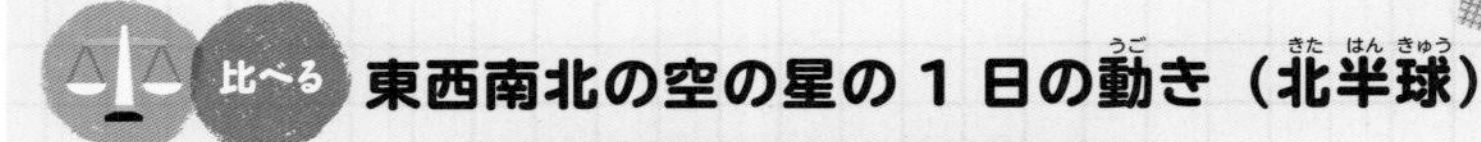

### 比べる 東西南北の空の星の 1 日の動き（北半球）

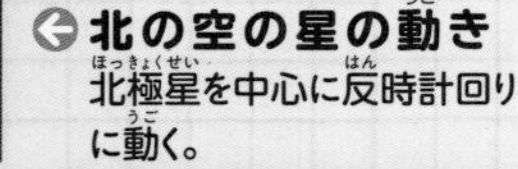

**北の空の星の動き**
北極星を中心に反時計回りに動く。

**東の空の星の動き**※
右上がりに動く。

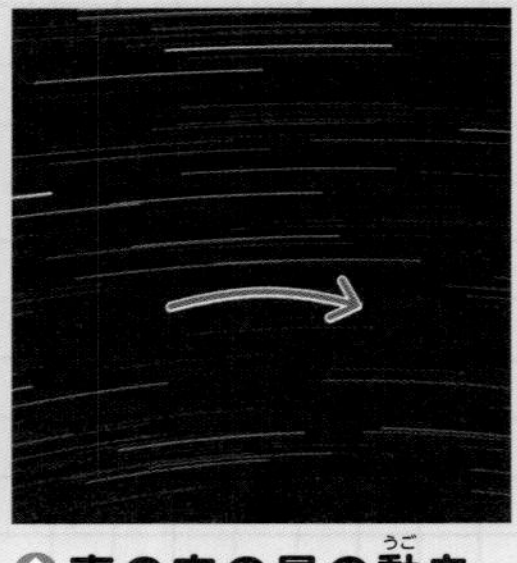

**南の空の星の動き**※
東から西へ大きな弧をえがいて動く。

**西の空の星の動き**※
右下がりに動く。

※の写真 ©コーベット

COLUMN くわしく

同じ時刻に見える星座の位置は，実際には 1 日に約 1°ずつずれています。[➡星の 1 年の動き P.292]

### ●星の1日の動きの原因

各方位の星の動きはちがっていますが，星の1日の動きを1つにまとめると，空全体の星は**北極星を中心に東から西へ**動きます。これは地球が地じく [➡ P.289] を中心に西から東へ1日（24時間）で1回転（360°）している（自転している）ので，星は東から西へ，1時間に約15°（360°÷24時間）動いているように見えるのです。

**北極星は，地じくのほぼ北の延長線上にあるため，ほとんど動きません。**

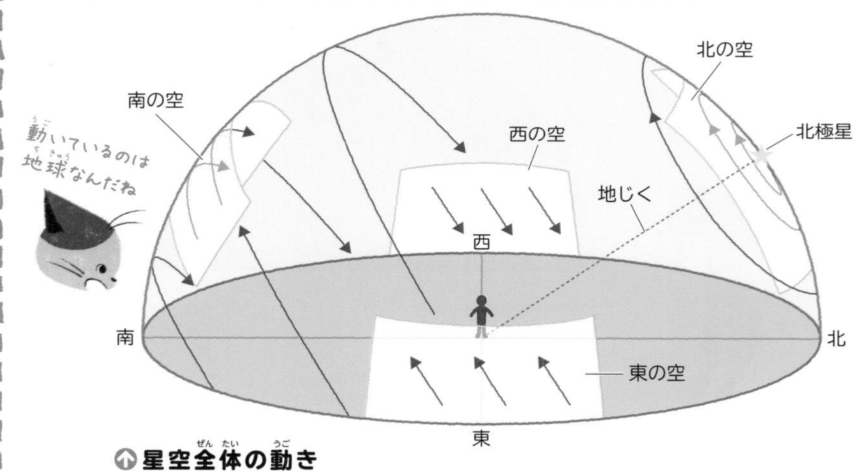


⊕星空全体の動き

## ★★★ 北と七星の1日の動き

北の空にある北と七星は，**北極星** [➡ P.274] **を中心として，反時計回りに1時間に約15°**動きます。

たとえば，ある日の午後7時に，右の図のAの位置に北と七星が見えたとき，4時間後の午後11時には，15×4＝60より，60°反時計回りに動いたBの位置にあります。

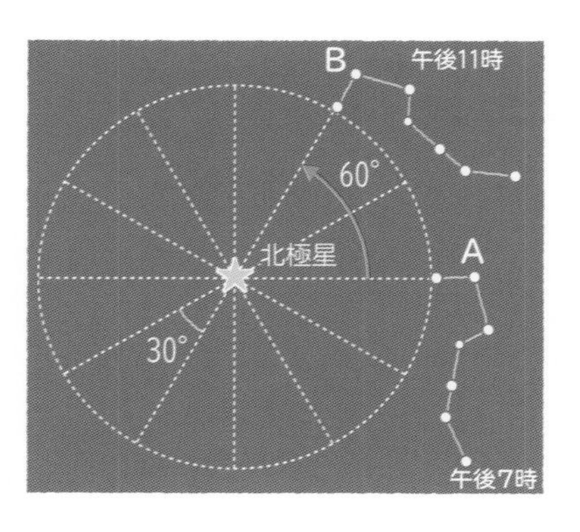

重要度 ★★★

## オリオン座の1日の動き

オリオン座は，**東から西へ1時間に約15°**動き，南中 [➡P.315] したとき最も高い位置になります。オリオン座の三つ星は，真東から出て真西にしずみます。のぼるときは地平線に対してほぼ**垂直**に，しずむときは地平線に対してほぼ**平行**になります。

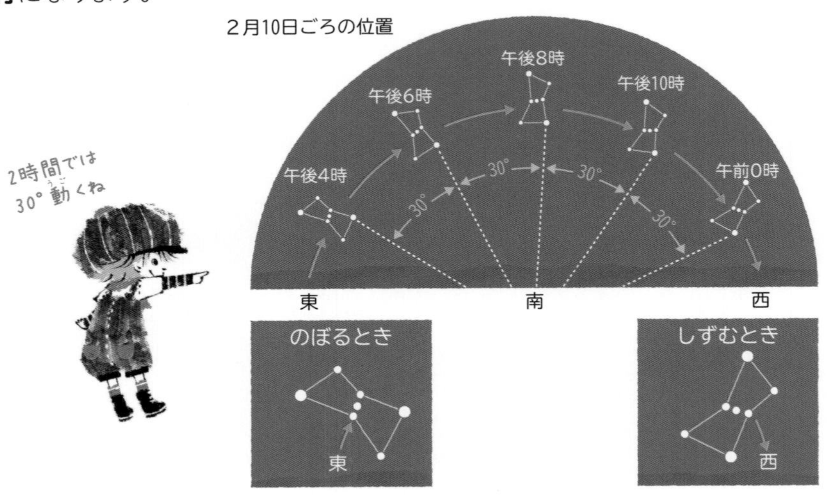


★★★

## さそり座の1日の動き

さそり座は，**東から西へ1時間に約15°**動き，南中 [➡P.315] したとき最も高い位置になります。さそり座は地平線近くに見え，オリオン座の通り道よりも**低い位置**を動きます。

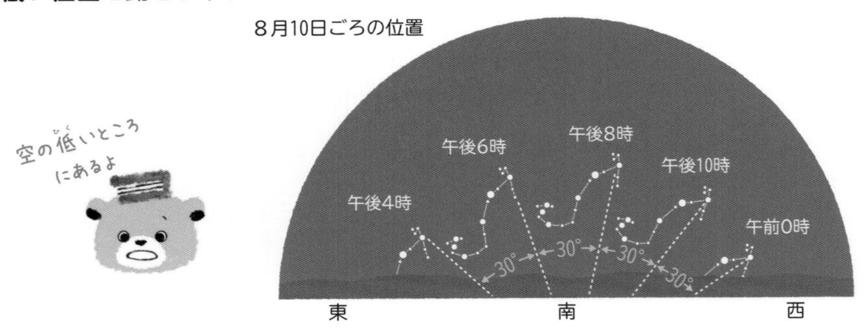

オリオン座などの南の空に見える星の動きは，南の地平線の下にある天の南極 [天球➡P.290] を中心とする角度で表します。

## ★★★ 自転

天体が，その天体のじくを中心に一定の向きに回転することを自転といいます。地球などの太陽系 [➡P.332] のわく星や，太陽，月など，ほとんどの天体は自転しています。１回自転するのにかかる時間を**自転周期**といいます。

## ★★★ 地球の自転

地球はコマのように回っていて，地じくを回転のじくとして，１日に１回，**西から東（北極側から見て反時計回り）に360°回転**しています。自転の速さはほぼ一定で，**1時間では約15°**回ります（360°÷24時間）。

地球の自転

### ●日周運動

天体が，地球のまわりを東から西へ１日に１回転して見える現象で，**地球の自転による天体の見かけの動き**です。地球が西から東に自転しているため，星や太陽は，東から西に動いて見えます。

[➡星の１日の動き P.286] [➡とう明半球 P.314]

日周運動

電車に乗っていると景色が進行方向と反対向きに動いて見えるのと同じだね

## ★★★ 地じく

地球の**北極と南極を結ぶじく**。地球の中心を通り，地球の自転の中心となるじくです。公転面 [➡P.294] に垂直に立てた線に対して**約23.4°かたむいています。地じくのかたむきは季節の変化** [➡P.321] **に関係しています。**

COLUMN くわしく

地球は１日で360°自転すると同時に，自転と同じ方向に毎日約1°公転 [➡地球の公転 P.294] しているので約361°回転していることになり，地球の自転周期は正確には23時間56分4秒です。

重要度 ★★★

# 天球

空を，球形の天井と考えたもの。星座をつくる星までのきょりはそれぞれちがいますが，非常に遠くにあるために，きょりのちがいを感じることがなく，どの星もプラネタリウムのような球形の面上にあると考えることができます。**天球の中心は，地球の中心または観測者の位置**を示します。

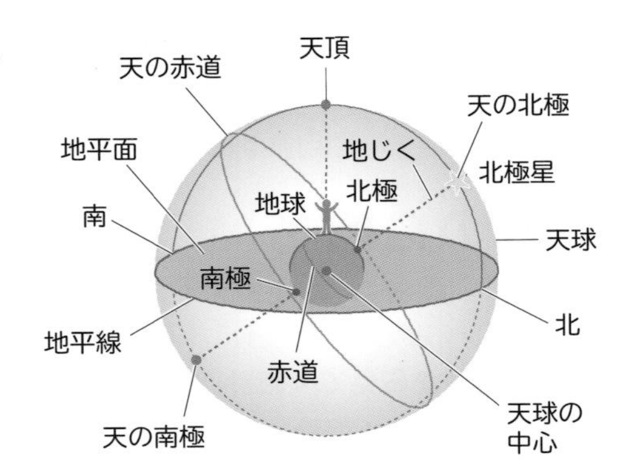


天球では，地球は動かずに天球にはりついた星が動いているものとして，星の動きを考えます。

### ●天頂

観測者の真上の点を天頂といいます。

### ●天の北極

地じく [➡ P.289] を延長して天球と交わるところの北極側を天の北極といいます。**北極星** [➡ P.274] **は，天の北極付近**にあります。

### ●天の南極

地じくを延長して天球と交わるところの南極側を，天の南極といいます。南半球では天の南極を中心に星が動いているように見えます。

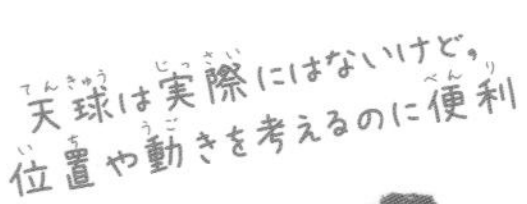

天球は実際にはないけど，
位置や動きを考えるのに便利

### ●天の赤道

地球の赤道面を拡大して天球と交わる線を天の赤道といいます。

### ●地平線

観測地点の地平面を拡大して，天球と交わってできる線を地平線といいます。

COLUMN

# いろいろな場所の星の動き

地球は地じくを中心に西から東へ自転しているので，星の１日の動きは，北極と南極以外では地球上のどの場所でも東から西へ回転しているように見えます。地じくの北の延長線上にある北極星の高さは緯度によって変わり，星の動きも場所によって変わります。

## ●北極

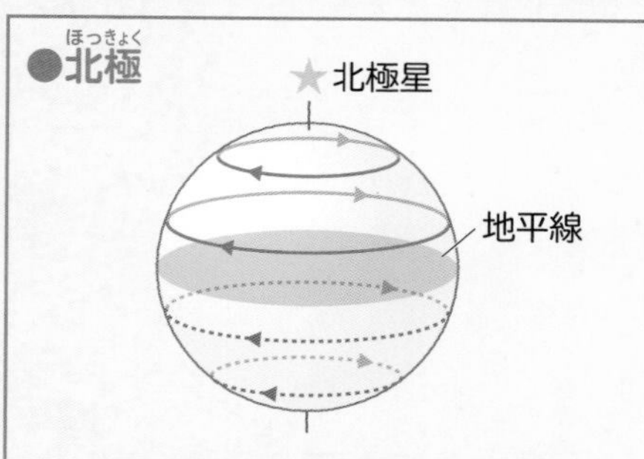


天頂にある北極星を中心に，反時計回りに回る。

## ●北半球（北緯 45°付近）

北極星
西
45°
南
北
東

北極星の高さはその地点の緯度と同じ高さ。

## ●赤道

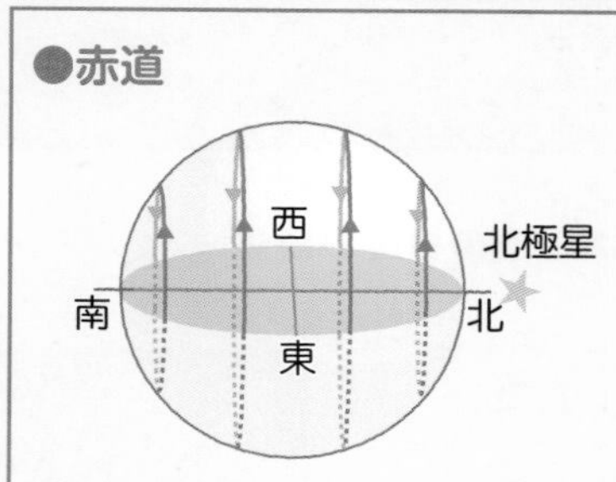


北極星の高さは0°で，星は東から垂直にのぼり，西に垂直にしずむ。

## ●南極

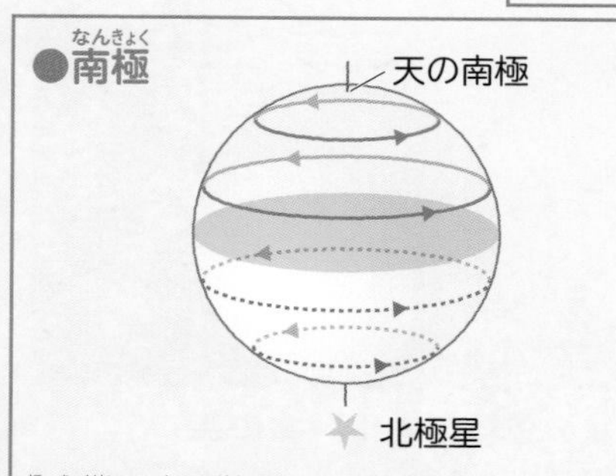


北極星は地平線の下。天の南極を中心に，時計回りに回る。

## ●南半球（南緯 45°付近）

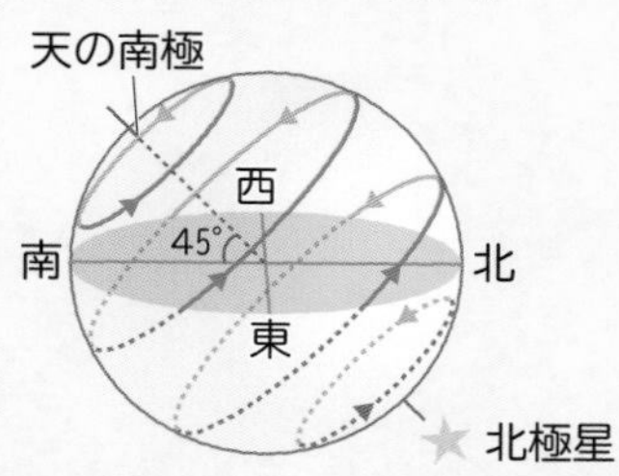


北極星は地平線の下。南の空は天の南極を中心に時計回り，北の空は東から西へ動く。

重要度 ★★★

## 星の1年の動き

同じ時刻に見える星の位置は毎日少しずつ移動し，**1日に約1°，1か月に約30°東から西**に動きます。1年たつと，同じ時刻の同じ位置に見えます。

北の空では，星の位置は**北極星** [➡ P.274] **を中心**として**1日に約1°，1か月に約30°反時計回り**に動きます。

星は1時間に約15°東から西へ動くので [➡星の1日の動き P.286]，30°動くには2時間かかります。したがって，星が同じ位置に見える時刻は，**1か月で約2時間（1日では約4分）ずつ早く**なります。

同じ時刻に見える星の位置が変化したり，季節によって見える星座が変わったりするのは，**地球の公転** [➡ P.294] によるものです。[➡星座の1年の移り変わり P.295]

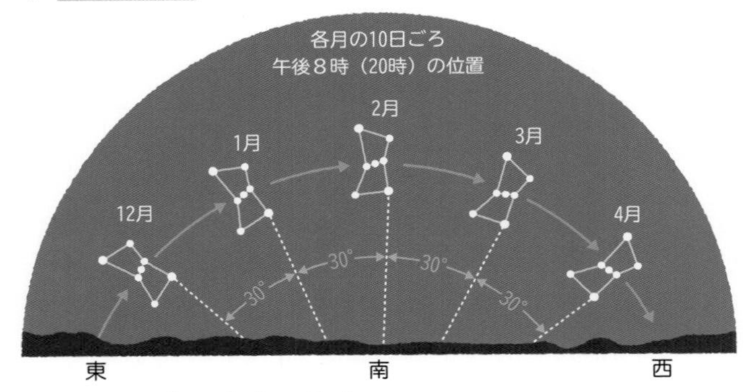


⬆オリオン座の位置の変化

3月10日のオリオン座が真南にくるのは午後6時だよ


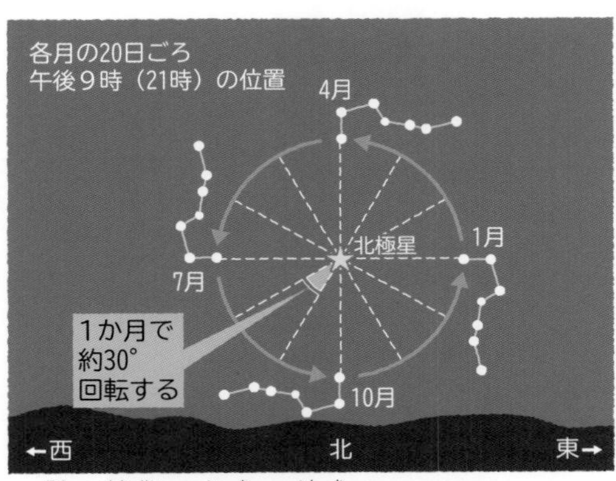


⬆北と七星の位置の変化（北の空）

### ●同じ時刻に見える星の位置がずれる理由

地球は，太陽のまわりを１年（365日）に１回（360°）公転しているので，１日では，約１°（360°÷365日），１か月では，約30°（360°÷12か月），北極側から見て反時計回りに動きます。

下の図のように，地球がAの位置にあるとき，オリオン座は真夜中に南中 [➡P.315] しています。１か月後，地球が30°公転してBの位置にきたときの真夜中，オリオン座は真南の方向から30°西にずれた位置に見えることになります。

[➡地球上の方位 P.296]［➡地球上の時刻 P.296］

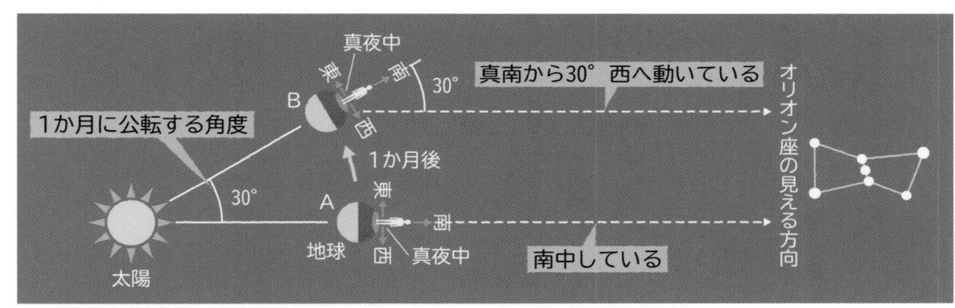


⬆ 地球の公転と星座の見える方向

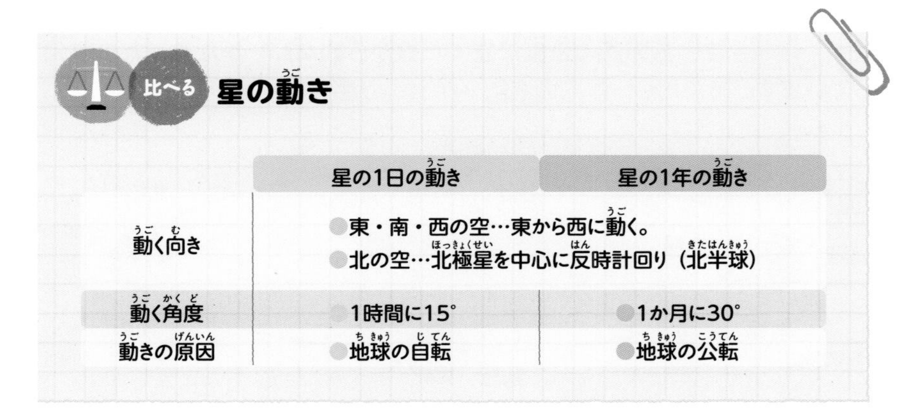

**比べる　星の動き**

| | 星の1日の動き | 星の1年の動き |
|---|---|---|
| 動く向き | ●東・南・西の空…東から西に動く。<br>●北の空…北極星を中心に反時計回り（北半球） | |
| 動く角度 | ●1時間に15° | ●1か月に30° |
| 動きの原因 | ●地球の自転 | ●地球の公転 |

## ★★★ 公転

１つの天体のまわりを，ほかの天体が一定の向きに回ることを公転といいます。太陽系 [➡P.332] のわく星は，太陽のまわりを同じ向きに公転しています。１回公転するのにかかる時間を**公転周期**といいます。

COLUMN くわしく

**星座を形づくる星（こう星）は非常に遠くにあるため，星からの光は，太陽の光と同じように地球に対して平行に進んでくると考えます。** [➡平行光線 P.531]

重要度

## ★★★ 公転き道

公転 [➡P.293] する天体の通り道を公転き道といい，太陽系 [➡P.332] のわく星は，円に近いだ円のき道をえがきます。

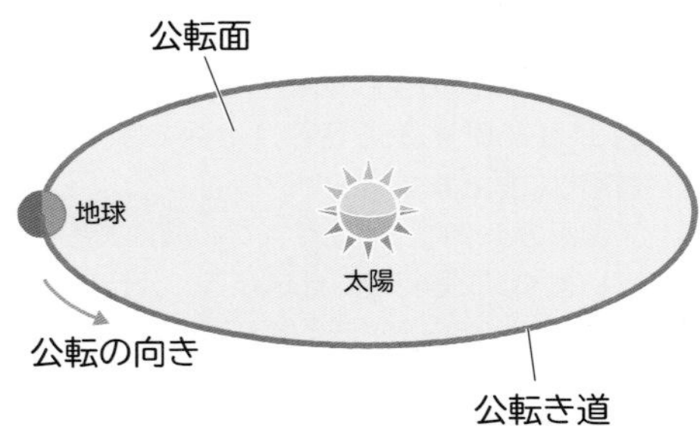


公転き道と公転面

## ★★★ 公転面

公転き道がつくる面を公転面といいます。太陽系 [➡P.332] のわく星は，ほぼ同じ平面上を公転しています。

## ★★★ 地球の公転

地球が太陽のまわりを１年かけて１周すること。地球は自転 [➡地球の自転 P.289] しながら，太陽のまわりを公転しています。地球の公転の向きは，**北極側から見て反時計回り**で，自転の向きと同じです。

**地じく** [➡P.289] **を，公転面に垂直に立てた線から約 23.4° かたむけたまま公転しています。**そのため，季節の変化 [➡P.321] が生じます。

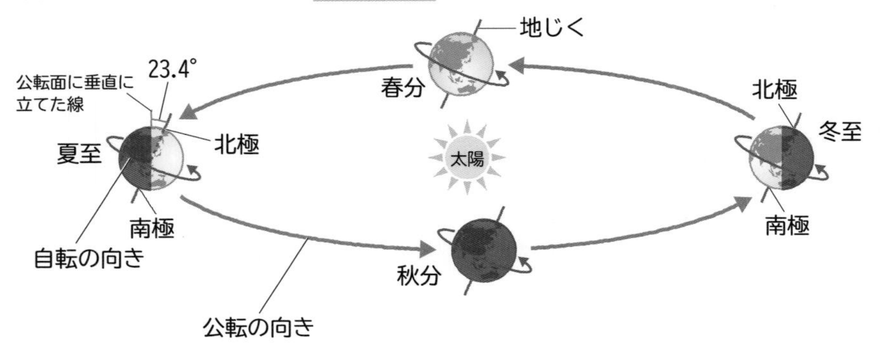


### ●年周運動

天体が，１年間に地球のまわりを１回転しているように見えることを，天体の年周運動といいます。**地球の公転による天体の見かけの動きです。**

[➡星の１年の動き P.292]［➡黄道 P.326]

COLUMN リンク

➡ **春分 P.320，夏至 P.320，秋分 P.320，冬至 P.320**

## ★★★ 星座の1年の移り変わり

地球は太陽のまわりを1年に1回公転 [➡ P.293] しているので，地球から見える星座は1年を通して変化します。
地球から見て**太陽と反対方向にある星座は真夜中に南中** [➡ P.315] し，一晩中見えるのでその季節の代表的な星座となります。また，**太陽と同じ方向にある星座は見えません。**

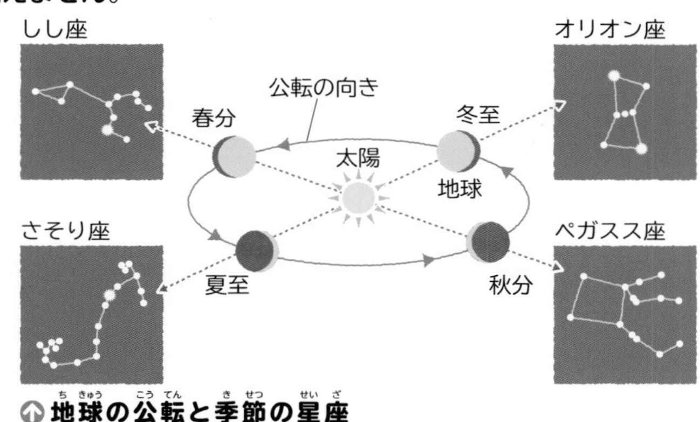


**地球の公転と季節の星座**

### ●星座の位置と見え方

たとえば，夏至の日の真夜中，さそり座が南中し，ペガスス座が東に，しし座が西に見えます。太陽の方向にあるオリオン座は見えません。
秋分の日になると，真夜中にペガスス座が南中し，オリオン座が東に，さそり座は西に見えます。太陽の方向にあるしし座は見られなくなります。

[➡地球上の方位 P.296] [➡地球上の時刻 P.296]

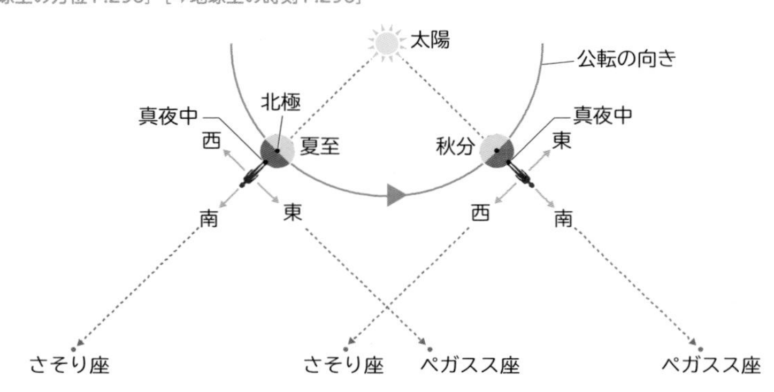

重要度 ★★★

## 地球上の方位

地球上では，経線 [➡P.319] に沿って北極の方角が北で，南極の方角が南となります。その地点での経線に直角に交わる緯線 [➡P.319] の方向が東西になります。
北を背にして両手を広げたとき，**正面が南，左手の方角が東，右手の方角が西**となります。

北極 / 北 / 緯線 / 東 / 西 / 南 / 赤道 / 経線 / 南極

**地球上の方位**

★★★

## 地球上の時刻

地球上の時刻は太陽との位置関係を基準にして決められていますが，地球が自転 [➡地球の自転 P.289] しているために，場所（経度 [➡P.319]）によって時刻が異なります。
右の図で，A地点は太陽が南中 [➡P.315] した正午（12時），B地点は日の入り [➡P.315]（夕方の18時），C地点は真夜中（0時），D地点は日の出 [➡P.315]（明け方の6時）となります。

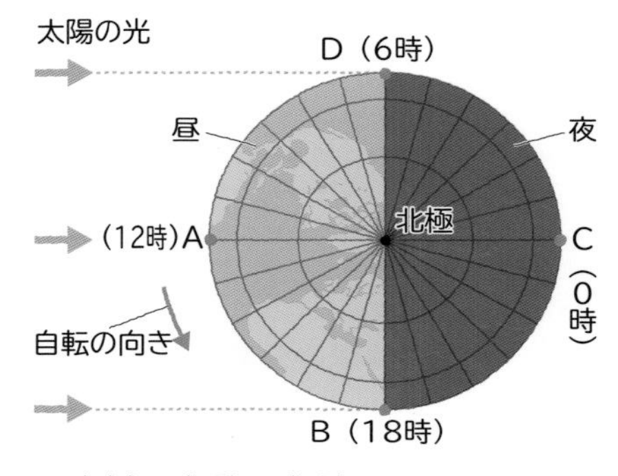


**地球の自転と時刻**

地球の自転にともない，6時間後には，A地点は日の入り，B地点は真夜中，C地点は日の出，D地点は正午となります。

地球上の時刻と方位をまとめると，右の図のようになります。
A地点は正午で太陽が南中し，B地点は日の入りで太陽は西に見え，C地点は真夜中で太陽は見えません。D地点は日の出で太陽が東に見えます。

> 1日を0時から24時で表すことを24時制といい，0時は午前0時，6時は午前6時，12時は午前12時（午後0時），18時は午後6時です。

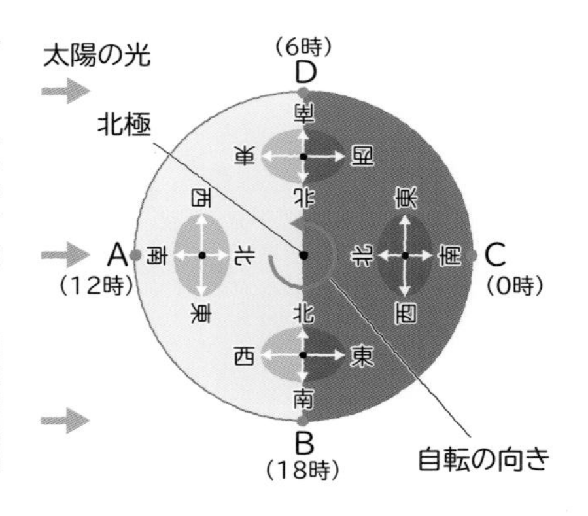

COLUMN くわしく

**北極点や南極点には東，西の方角はありません。北極点ではどの方向も南，南極点ではどの方向も北となります。**

# 天動説と地動説

地球上の私たちには地球の動きが感じられないので，地球は止まっていて，地球のまわりを星が動いているように見えます。

昔の人も同じように，地球が宇宙の中心にあり，地球のまわりをわく星（当時は水星，金星，火星，木星，土星しか発見されていませんでした）や太陽，月が回っていると考えていました。これを天動説といい，2世紀に古代ギリシャの科学者プトレマイオスが左下の図のようにまとめました。それ以後長い間，天動説が人々の考える宇宙の姿となっていました。

16世紀になって，天動説に疑問をもったポーランドの科学者コペルニクスは，太陽が宇宙の中心にあり，太陽のまわりを地球などのわく星が回っているという説を発表しました。これが地動説です。しかし，地動説はすぐには受け入れられませんでした。その後，観測技術の発達や地動説を裏付ける法則の発見によって，しだいに地動説が認められるようになりました。

●天動説の宇宙

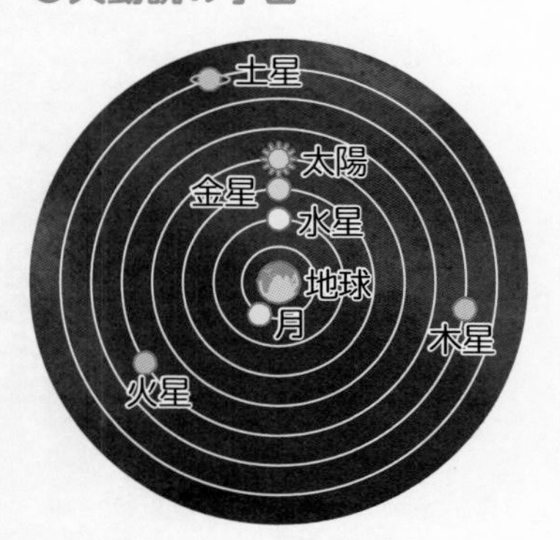


プトレマイオスの宇宙

●地動説の宇宙

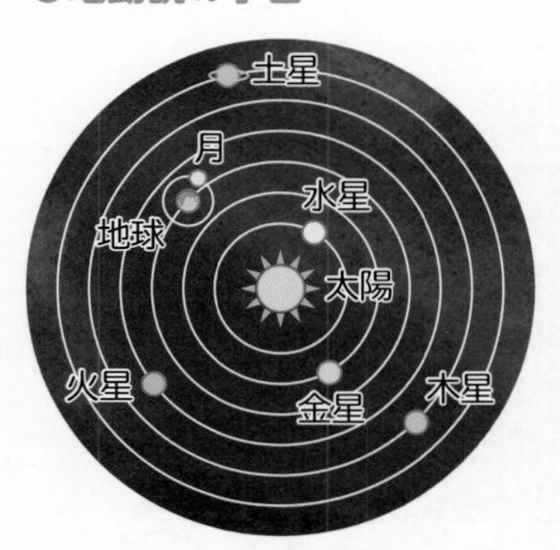


コペルニクスの宇宙

プトレマイオスです。
地球がすべての
中心じゃ！

コペルニクスです。
地球は太陽のまわりを
回っているのだ！

# 02 月と太陽

## 1 月の動きと見え方

重要度 ★★★

### 月の1日の動き

月の形はいろいろありますが [➡月の形の変化 P.300]，どの形の月も，太陽や星と同じように，**東からのぼり南の空を通って西にしずみます。**この動きは**地球の自転** [➡ P.289] による見かけの動きです。南中 [➡ P.315] したとき，月の位置は1日のうちで最も高くなります。
月の形によって，見える時刻や位置は異なります。

★★★

### 新月

太陽と同じ方向にある月で，**見ることはできません。** [➡ P.300]
明け方東からのぼり，正午ごろ南の空を通って，夕方西にしずみます。

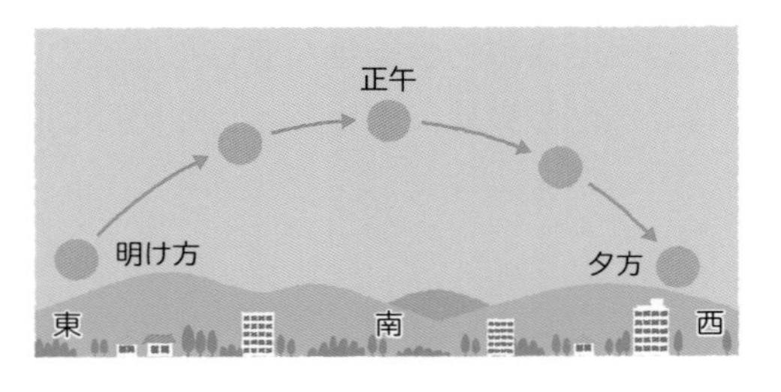


★★★

### 三日月

右側の一部が細く光って見える月です。
午前8時ごろ東からのぼり，午後2時ごろに南の空高くにあります。**夕方，西の空の低いところに見え**，午後8時ごろに西にしずみます。

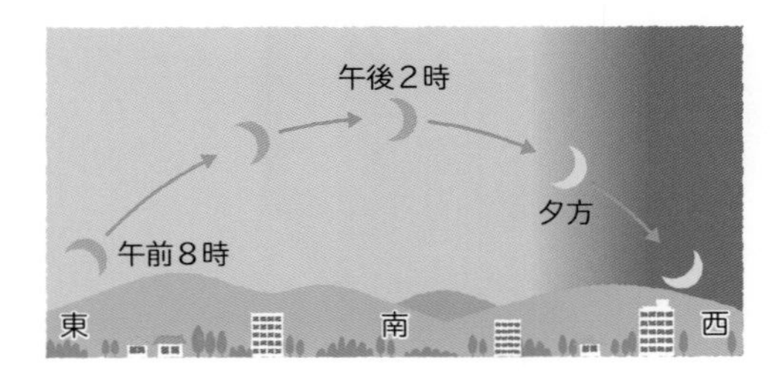

## ★★★ 上げんの月

半円形の半月で，**右半分が光って見えます。**90°はなれた右側に太陽があります。[➡ P.300]
正午ごろに東からのぼり，**夕方，南の空高くに見えます。**真夜中ごろ西にしずみます。

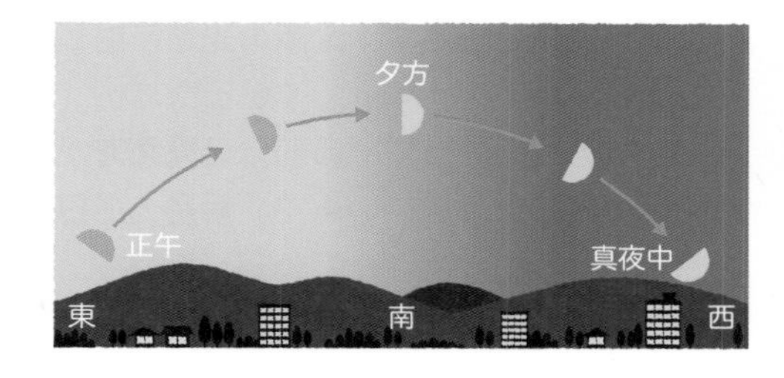


## ★★★ 満月

円の形に光って見える月です。太陽の反対側に見えます。[➡ P.300]
**夕方，東からのぼり，真夜中に南の空**高くに見え，明け方西の空にしずみます。一晩中見えます。

## ★★★ 下げんの月

半円形の半月で，**左半分が光って見えます。**90°はなれた左側に太陽があります。[➡ P.300]
真夜中ごろ東からのぼり，**明け方南の空高くに見え**，正午ごろ西にしずみます。

**満月は地球から見て太陽と反対側にあるので，太陽とは反対に，月の南中高度** [➡ P.316] **は夏に低く，冬に高くなります。**

重要度 ★★★

## 月の形の変化（月の満ち欠け）

月は**自分で光を出さず，太陽の光を反射して光って見えます。**月が地球のまわりを公転 [➡月の公転 P.302] しているために，太陽・地球・月の**位置関係が変わり**，地球からの月の**光っている部分の見え方が変わって**，月の形が変化します。これを**月の満ち欠け**といいます。**新月→三日月→上げんの月→満月→下げんの月→新月** [➡ P.298，299] と変化し，新月から次の新月になるまでには約 **29.5 日**かかります。

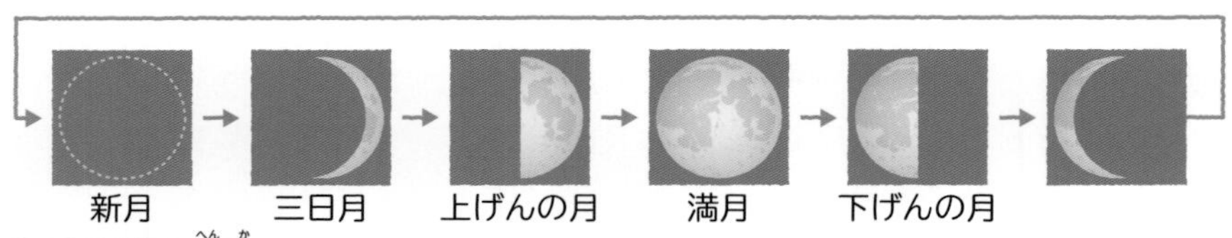


↑月の形の変化

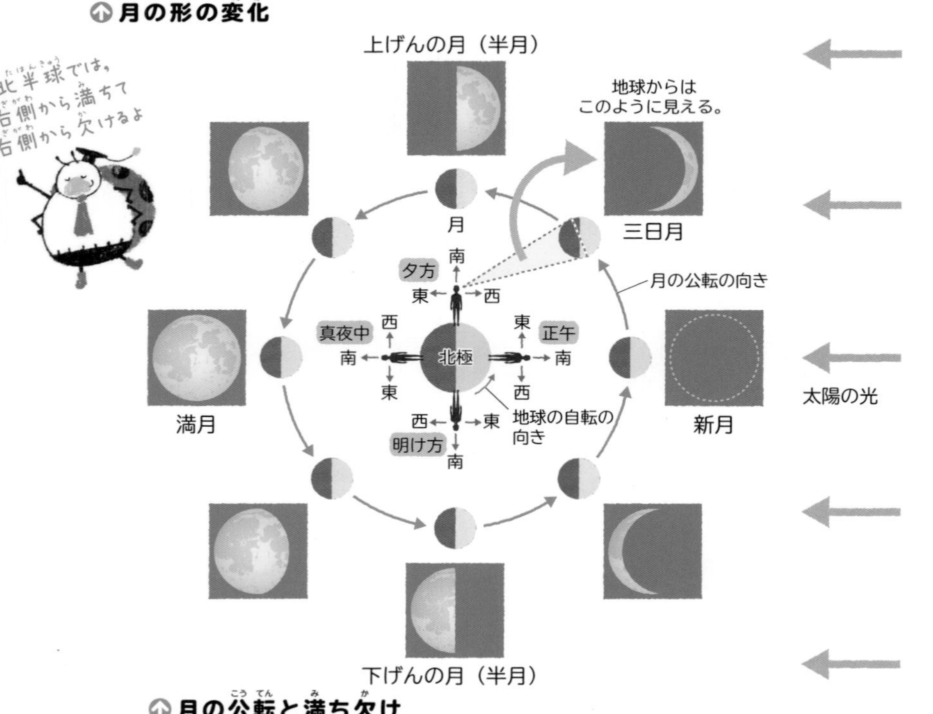


↑月の公転と満ち欠け

## ●同じ時刻に見える月の位置と形

太陽と月の位置関係が変わるため，毎日同じ時刻に月を観察すると，**西から東へ 1 日に約 12° ずつ動いて見え**，月の光って見える部分の形が変化します。

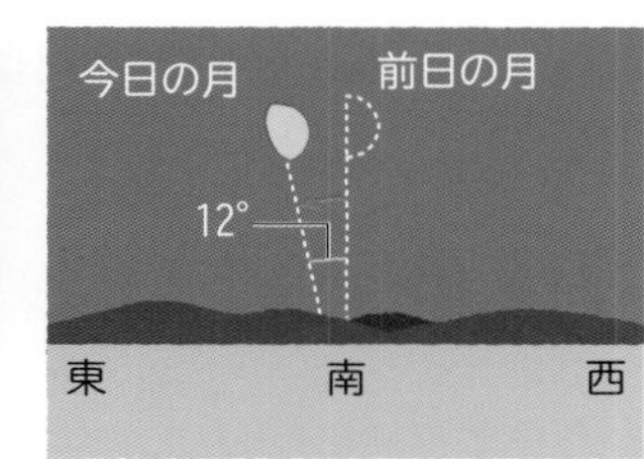

日の入り直後に見える月の位置と形の変化


月の1日のずれ

月の光っている側に太陽があるね

## ●月が1日に12°動いて見える理由

月は約 27.3 日で地球のまわりを公転するので，月は1日に約13°（360°÷27.3）地球のまわりを西から東（反時計回り）に動いています。また，地球も公転 [➡地球の公転 P.294] によって1日に約1°（360°÷365日）西から東に動いています。したがって，同じ時刻に地球から月を見ると，前日の位置よりも12°（13°－1°）西から東へ移動しているように見えます。

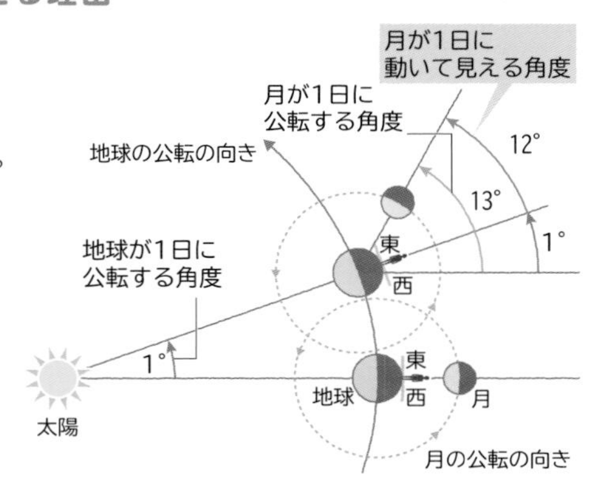


## ●月の出の時刻のずれ

月の出の時刻や月が南中する時刻は，1 日で**約 48 分ずつおそく**なります。同じ時刻に見える月の位置は，1 日に西から東へ約12°ずれるので，月が前の日と同じ位置に見えるためには，地球は余分に 12° 自転しなければなりません。地球が 1° 自転するのにかかる時間は 4 分（24 時間× 60 分÷ 360°）なので，12° 自転するのにかかる時間は，48 分となります。

月の出の時刻のずれは，実際は季節や場所，月の位置によって変わります。

重要度

## ★★★ 月れい

新月の日を０として，そこから経過した日数を数値で表したものです。月の形の変化 [➡ P.300] のようすを知る目安となります。新月は月れい０，三日月は月れい２～３，上げんの月は月れい７前後，満月は月れい 15 前後，下げんの月は月れい 22 前後です。

## ★★★ 月の公転

月は地球の衛星 [➡ P.272] で，**地球のまわりを公転しています。地球の北極側から見て反時計回り**に，約 **27.3 日**かけて１周しています。

## ★★★ 月の自転

月は自転 [➡ P.289] していて，地球の**北極側から見て反時計回り**に，約 **27.3 日**かけて１回転しています。また，月は自転しながら，自転と同じ向きに地球のまわりを公転していて，その周期は自転と同じ約 27.3 日です。そのため，月はいつも地球に同じ面を向けていて，**地球から月の裏側を見ることはできません。**

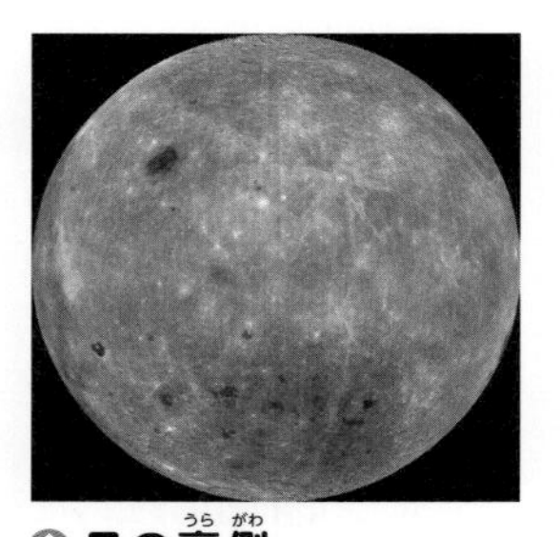

**月の裏側**

提供：NASA／JPL／USGS

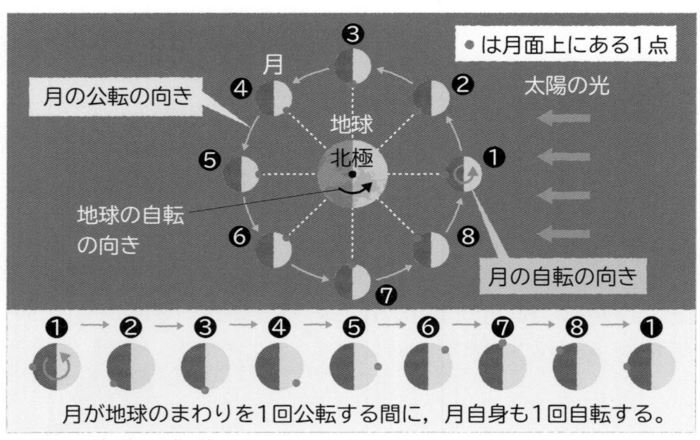


**月の公転と自転**

COLUMN

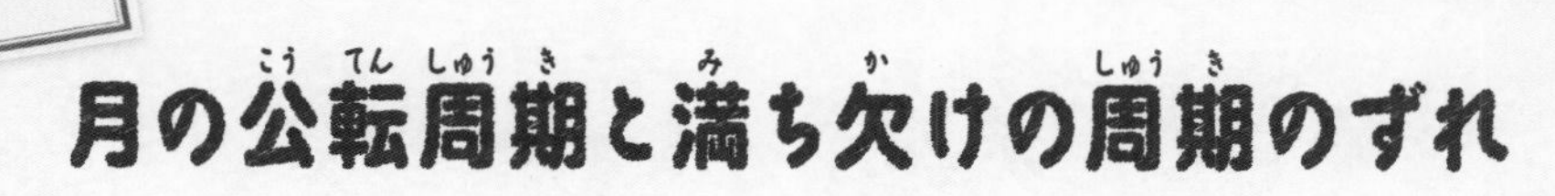

# 月の公転周期と満ち欠けの周期のずれ

月の公転周期は約 27.3 日なのに，月の満ち欠けの周期は約 29.5 日です。なぜ周期にずれが生じているのでしょう？

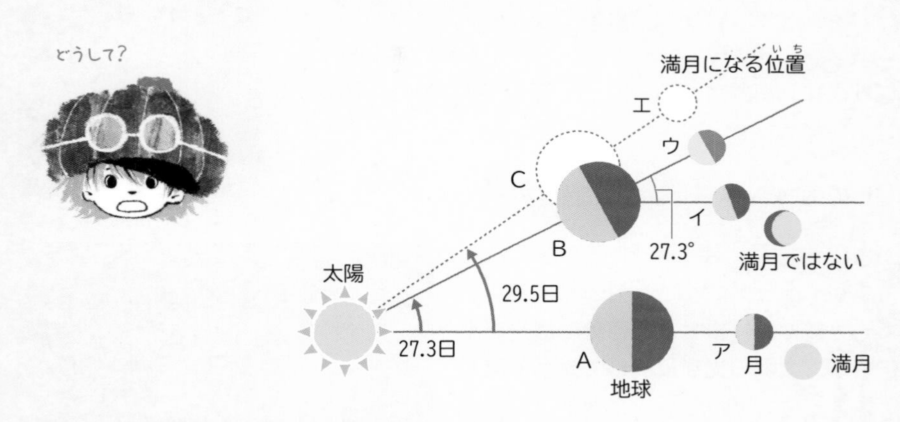


上の図は，北極側から見た月と地球の動きを表したものです。地球 A の位置から見た月アは満月です。

アの月は，27.3 日後に 1 周の 360° 公転してイの位置にきますが，27.3 日の間には，地球も公転によって動きます。地球の公転は 1 日で約 1° だから，27.3 日後には，A の位置から 27.3° 公転して B の位置にきます。

イの月は，アから地球のまわりを 1 回公転しましたが，太陽との位置関係から満月にはなりません。満月の位置にあたるウの位置になるには 27.3° たりません。この 27.3° の差を縮めて再び満月になるには，地球も動いているので，図の点線で示したエの位置までいかなければなりません。

では，イからエまで動くのにかかる日数を求めましょう。

月は毎日約 13.2° （360 ÷ 27.3），地球は毎日約 1° 公転しているので，その差は 1 日で，13.2 − 1 = 12.2° 縮まります。したがって，27.3° 縮めるには，27.3 ÷ 12.2 = 2.23…より，約 2.2 日多くかかります。

これより，満月から次の満月までの満ち欠けの周期は，公転の周期 27.3 日に 2.2 日をたした，27.3 + 2.2 = 29.5 日となるのです。

# 2 月と太陽の表面のようす

重要度

## ★★★ 月

**地球の衛星** [➡P.272] で，自転 [➡P.289] しながら地球のまわりを公転しています [➡月の公転 P.302]。

球形をしていて，地球から約 38 万 km のきょりにあります。直径は約 3500km で，地球の直径のおよそ$\frac{1}{4}$です。

月の重力 [➡P.685] は地球の重力の約$\frac{1}{6}$です。

地球から見える側の月

提供：NASA／JPL／USGS

月の表面は，**岩石や砂**でできていて，**クレーター**がたくさん見られます。水や大気はありません。**自分では光を出さず，太陽の光を反射して光って見えます。**昼が約 15 日，夜が約 15 日続き，昼は 100℃以上，夜は－150℃以下になります。

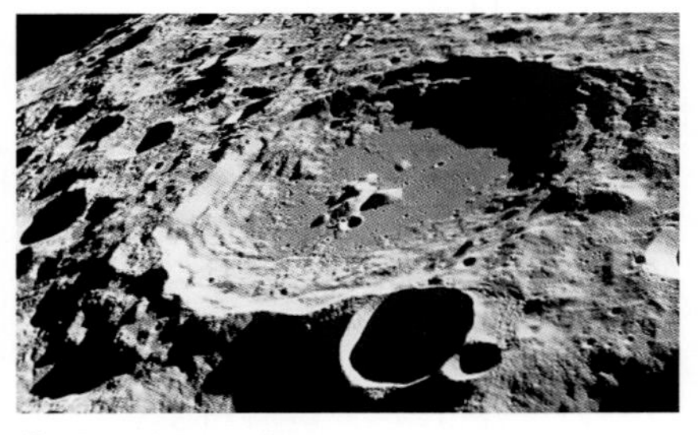

月のクレーター 提供：NASA

## ★★★ クレーター

月の表面などに見られる円形のくぼみ。**いん石** [➡P.340] がしょうとつしてできたと考えられています。月の表面には水や大気がないために風化 [➡P.368] やしん食 [➡P.356] のはたらきを受けず，大昔のすがたがそのまま残っています。

## ★★★ 月の海

地球から月を見たとき，**黒っぽく見える部分**を月の海と呼んでいます。黒っぽい色の岩石でおおわれた平らな場所で，**実際に水があるわけではありません。**白く光っている部分は**高地**（陸）と呼ばれ，クレーターが多くあり，起ふくのはげしい場所です。[➡月の模様 P.308]

COLUMN まめ知識

地球の表面にも数多くのクレーターがありますが，地球には大気や水があるために風化やしん食のはたらきによって，多くのクレーターは形がはっきりしなくなっています。

## ★★★ 月周回衛星「かぐや」

2007年に日本が打ち上げた月探査機です。月の起源と進化の解明や，将来の月の利用の可能性を調査するために，さまざまな観測を行いました。「かぐや」は2009年6月に運用を終え，月面に落とされました。

©JAXA

月周回衛星「かぐや」

## ★★★ 太陽

**自分で光を出している<u>こう星</u>** [➡P.271] で，太陽系 [➡P.332] の中心のこう星です。球形をしていて，地球から約1億5000万kmのきょりにあります。直径は約140万kmで，地球の直径のおよそ109倍です。

太陽は，**非常に高温の気体**（おもに水素）**のかたまり**で，常に**強い光と熱を出しています。太陽の表面の温度は約6000℃**，中心部の温度は約1600万℃です。

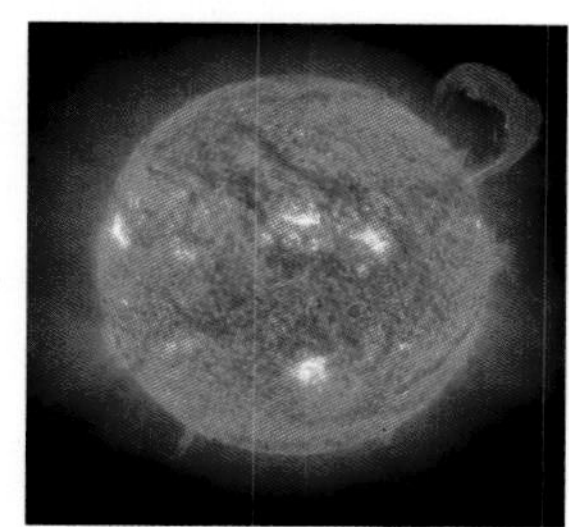

特しゅなカメラで見た太陽 提供：ESA／NASA／SOHO

### ●太陽からの光や熱

太陽から出された光や熱は地球に届き，地球をあたためて空気や水をじゅんかんさせます。[➡放射 P.431] [➡水のじゅんかん P.238]

また，植物は太陽の光を使って栄養分をつくり [➡光合成 P.109]，その植物を食べて生きる生物がいます。[➡食物連さ P.194]

太陽は地球の生物にとってなくてはならないものです。

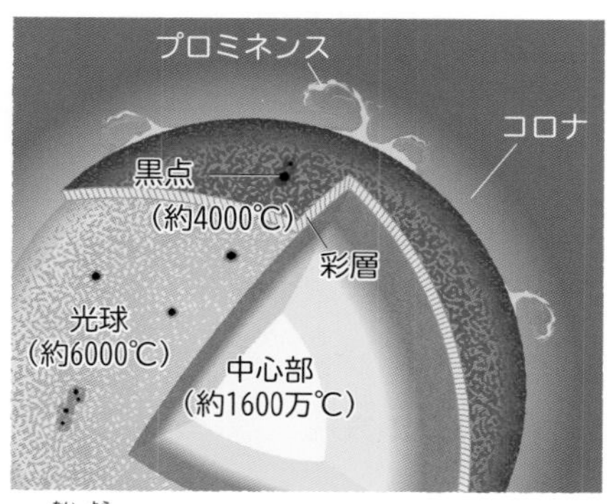


太陽のつくり

## ★★★ 光球

太陽の表面の白くかがやく部分。温度は**約6000℃**で，すべてのものが気体の状態で存在しています。

COLUMN くわしく

太陽の内部では水素の原子かく [➡原子 P.482] が4つ結びついて，ヘリウムの原子かくができる反応が次々に起こっています。この反応を核融合反応といい，ばく大な熱と光を出します。

重要度 ★★★
## 彩層

太陽 [➡ P.305] の光球 [➡ P.305] の外側にある気体（おもに水素）の層で，厚さが約数千 km あります。

★★★
## 黒点

太陽 [➡ P.305] の表面に現れる黒いはん点のように見えるもので，**まわりより温度が低い（約 4000℃）ために黒く見えます。** 黒点を観測すると，黒点の形は**はしにいくほどゆがんで見える**ことから，太陽が**球形**であることがわかります。また，地球から見て東から西へ約 14 日で太陽の表面を半周することから，太陽が東から西へ約 28 日の周期で自転 [➡ P.289] していることがわかります。

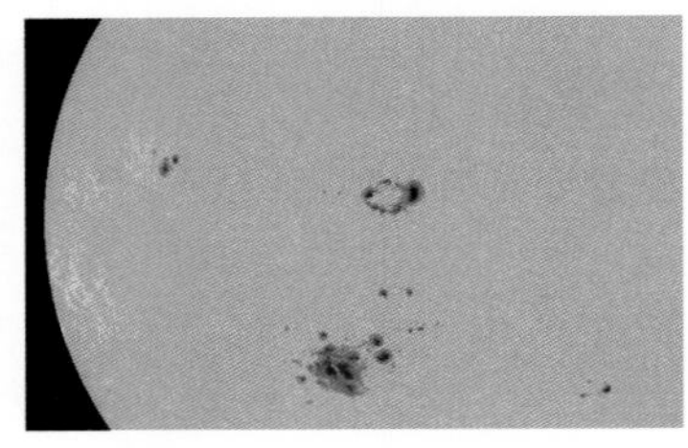
黒点　提供：SOHO（ESA&NASA）

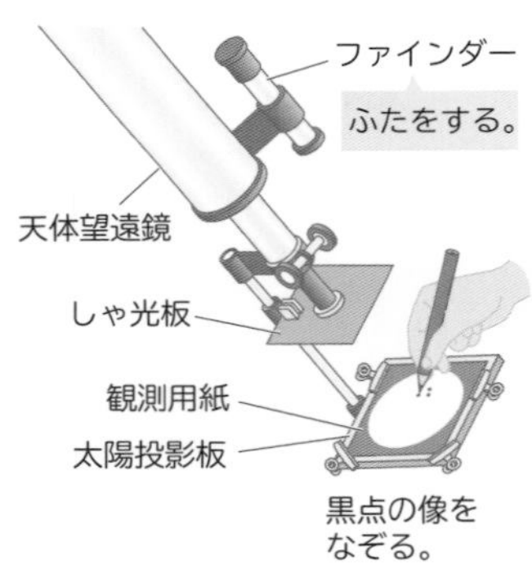

黒点の観測方法

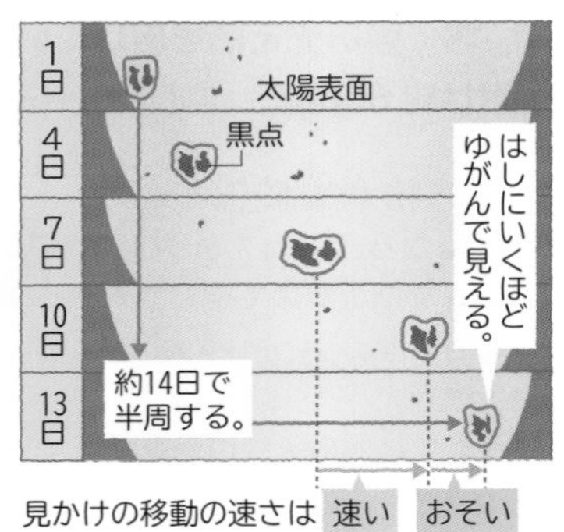


黒点の観測結果

★★★
## プロミネンス

太陽 [➡ P.305] の表面からふき出す赤色のほのお状のガスの動きで，紅炎ともいいます。高さは数万から数十万 km あります。

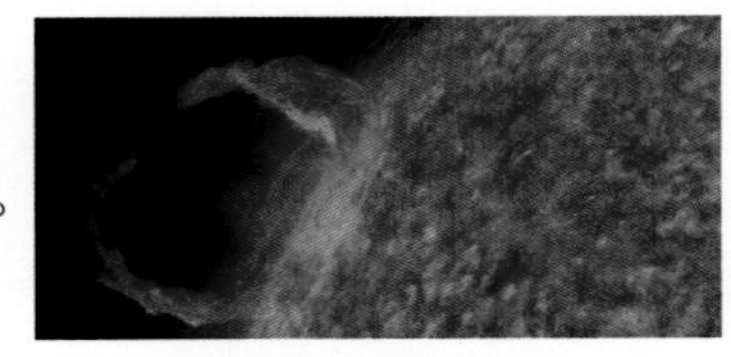
大きなプロミネンス
提供：NASA／SDO

COLUMN まめ知識

太陽の活動は，黒点の数が多いほど活発で，地球では電波障害が起こったりします。また，太陽の活動が活発なときは，オーロラ（高緯度で見られる空の発光現象）の出現も多くなります。

## コロナ

太陽 [➡ P.305] の外側をとりまく，高温のうすい気体の層。温度は 100 万℃以上で，**かいき日食** [➡ P.311] **のときに見えます。**

### 比べる 月と太陽と地球

| | 月 | 太陽 | 地球 |
|---|---|---|---|
| | 提供：NASA／JPL／USGS | 提供：ESA／NASA／SOHO | 画像提供：NASA |
| 形 | 球形 | 球形 | 球形 |
| 天体の種類 | 衛星 | こう星 | わく星 |
| 直径 | 約3500km | 約140万km | 約13000km |
| 地球からのきょり | 約38万km | 約1億5000万km | ―――― |
| 光り方 | 自分で光を出さず，太陽の光を反射して光る。 | 自分で強い光を出す。 | 自分で光を出さず，太陽の光を反射して光る。 |
| 表面のようす | 岩石や砂でできていて，クレーターがある。大気や水はない。 | 高温の気体のかたまりで，黒点やプロミネンス，コロナなどが見られる。 | 岩石でできていて，大気や水がある。表面の30%は陸地，70%は海。 |
| 表面の温度 | 昼は100℃以上，夜は−150℃以下 | 約6000℃（黒点は約4000℃） | 平均約15℃ |

COLUMN

# 月の模様

月の表面には，海と呼ばれる暗く見える部分と高地（陸）と呼ばれる明るく見える部分があります。月の明暗がつくる模様は，日本ではうさぎのもちつきにたとえられていますが，世界各地でもほかのいろいろなものに見立てられています。

月はいつも地球に同じ面を向けているので月の模様自体はどこから見ても同じですが，月が東→南→西と動いていくと，月の模様が回転するようにかたむきが変わります。月のかたむきやその地域の文化などで，月の模様の見方が変わるようです。

月の模様
（南中したとき）

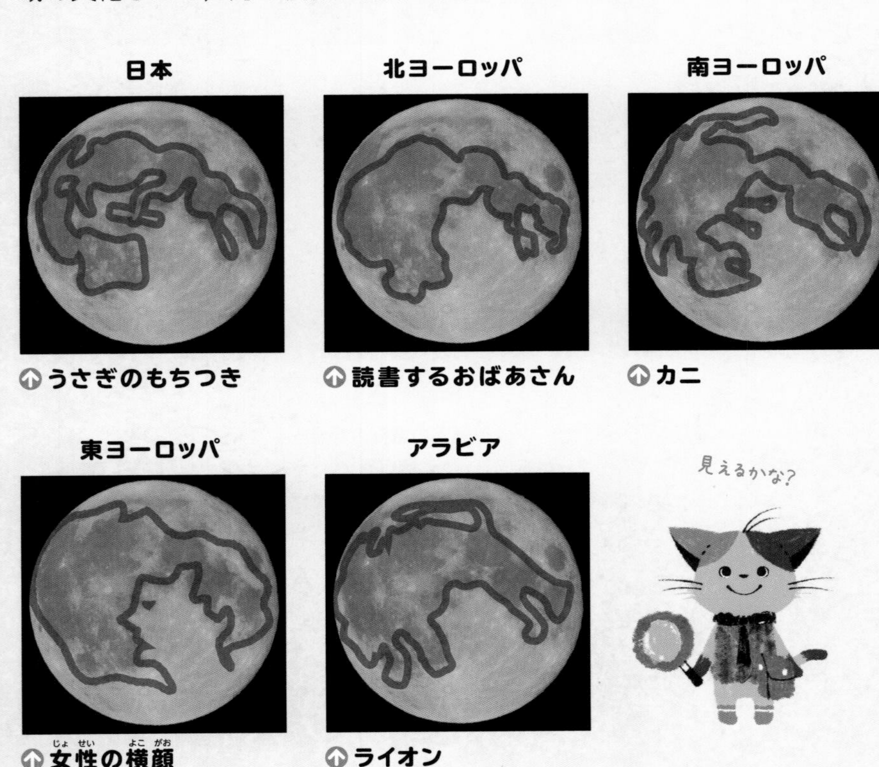


日本：うさぎのもちつき

北ヨーロッパ：読書するおばあさん

南ヨーロッパ：カニ

東ヨーロッパ：女性の横顔

アラビア：ライオン

COLUMN

# 潮の満ち引き

潮の満ち引きの原因は，おもに月の引力です。地球と月は，たがいの重力によって引き合っています。地球の月に面したところでは月に引っ張られ，海面がふくらんで満潮になります。月と反対側のところでは，月の引力によるえいきょうは小さく，地球の公転による遠心力で，海面がふくらんで満潮になります。月の方向と 90 度のところでは，海面が低くなって干潮になります。1つの場所では1日のうちに2回ずつ満潮と干潮をむかえます。

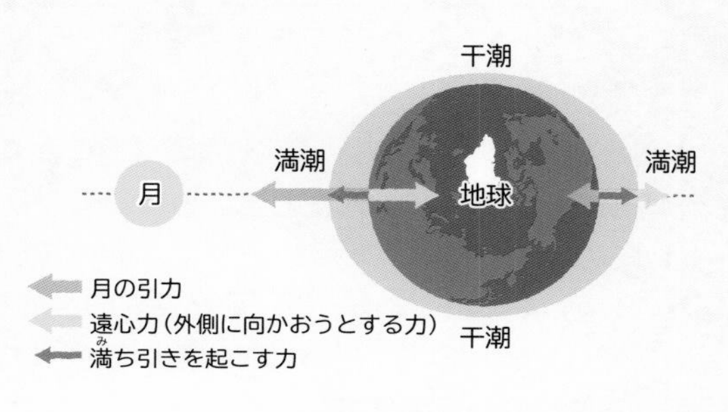


また，太陽にも海水が引っ張られるため，ひと月のうちに満潮と干潮の差が変化します。満月や新月のときは，月，地球，太陽が一直線上に並び，引力が最大になるので満潮と干潮の差が大きい大潮になります。上げんの月や下げんの月のときは，月と太陽の引力が打ち消し合う状態になり，満潮と干潮の差が小さい小潮になります。

大潮のとき

新月
満月

小潮のとき

下げんの月
上げんの月

### 干潮時だけ陸続きになるモンサンミシェル

フランスの北西部，サンマロ湾にうかぶモンサンミシェルという島は，潮の満ち引きの差がはげしく，満潮のときは島が海にうかび，干潮のときは陸続きになります。

# 3 日食と月食

重要度 ★★★

## 日食

太陽と地球の間に月が入って，**太陽が月にかくされる**現象です。**太陽・月・地球の順で一直線上に並んだとき**に日食が起こります。日食が起こるのは**新月**[➡P.298]のときですが，新月のたびに必ず日食が起こるわけではありません。月の公転[➡P.302]によって，月が太陽の手前を西側（右側）から東側（左側）に通過していくので，日食では**太陽の西側（右側）から欠けていき，太陽の西側（右側）から現れます。**
日食の見られる地域は非常にせまく，短い時間しか見ることができません。

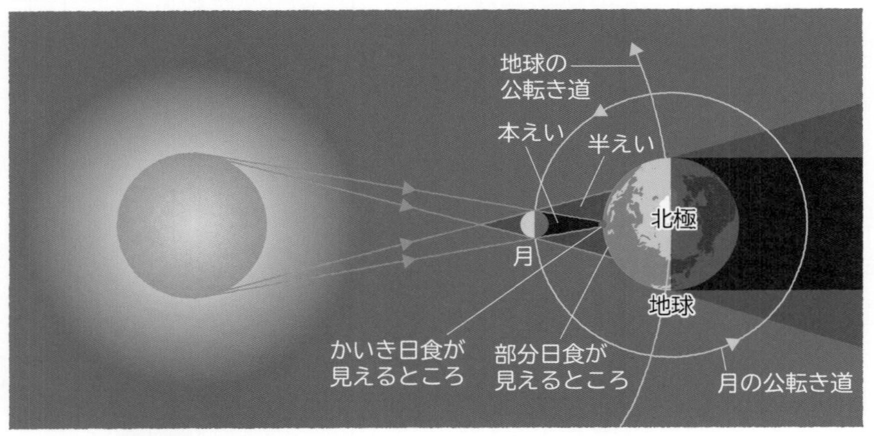


**かいき日食のときのようす**

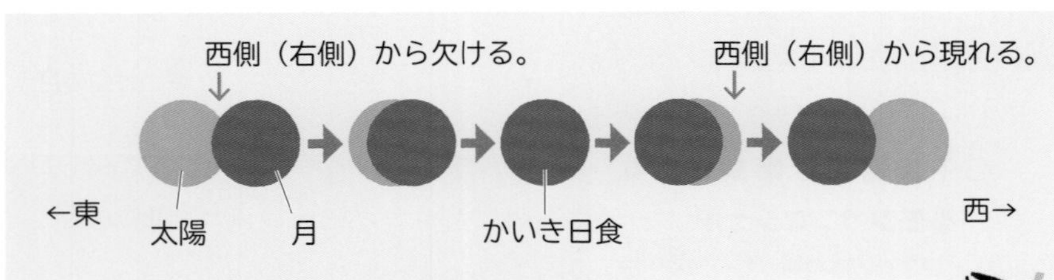


**かいき日食のときに見える太陽の形の変化**

**●月と太陽の見かけの大きさと日食のようす**

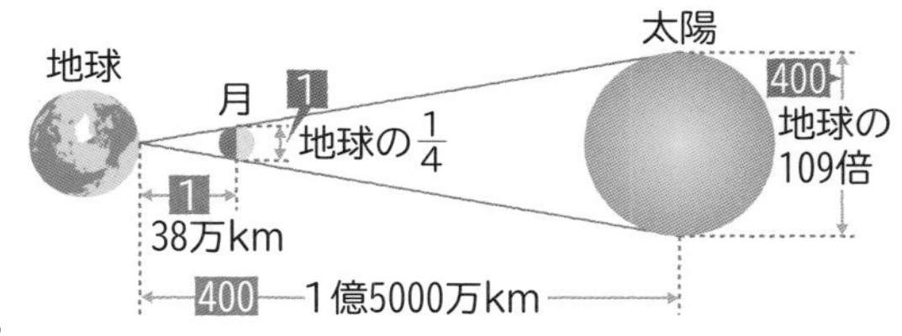


太陽の直径は月の直径の約400倍ありますが，地球から太陽までのきょりは地球から月までのきょりの約400倍あるため，地球から見ると，月と太陽はほぼ同じ大きさに見えます。
しかし，月の公転き道はわずかにだ円形をしているので，地球から月までのきょりが変化し，月の見かけの大きさも変化します。地球と月が近いときは，太陽よりも月のほうが大きく見えるので，太陽が完全にかくれるかいき日食になります。地球と月が遠いときは，太陽のほうが大きく見えるので，太陽のふちが月からはみ出す金環日食になります。

## ★★★ かいき日食

太陽が月に完全にかくされたときの日食。地球上にできた月の**本えい** [➡ P.531] の部分から見ることができます。かいき日食のときは空が暗くなり，太陽の**コロナ** [➡ P.307] を見ることができます。

かいき日食

## ★★★ 部分日食

太陽が部分的にかくされたときの日食。地球上にできた月の**半えい** [➡ P.531] の部分からだけ見ることができます。

## ★★★ 金環日食

太陽のふちが月からはみ出して細い輪のように光って見える日食。金環食ともいいます。

## ★★★ ダイヤモンドリング

かいき日食の前後で，1か所から太陽の光がもれたときに見られる現象です。

部分日食

金環日食

ダイヤモンドリング

重要度 ★★★

# 月食

月が地球のかげに入る現象。**太陽・地球・月の順で一直線上に並んだときに**月食が起こります。月食が起こるのは**満月** [➡ P.299] のときですが，満月のたびに必ず月食が起こるわけではありません。

月の公転 [➡ P.302] によって，月は地球のかげに西側（右側）から東側（左側）に通過していくので，月食では**月の東側（左側）から欠けていき，月の東側（左側）から現れます**。月食は，日食 [➡ P.310] とは異なり，月が見えているところなら地球上のどこからでも観察できます。

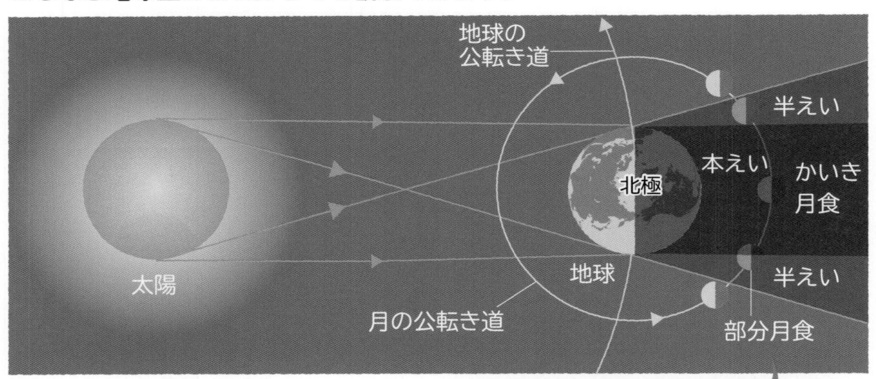


**月食のしくみ**

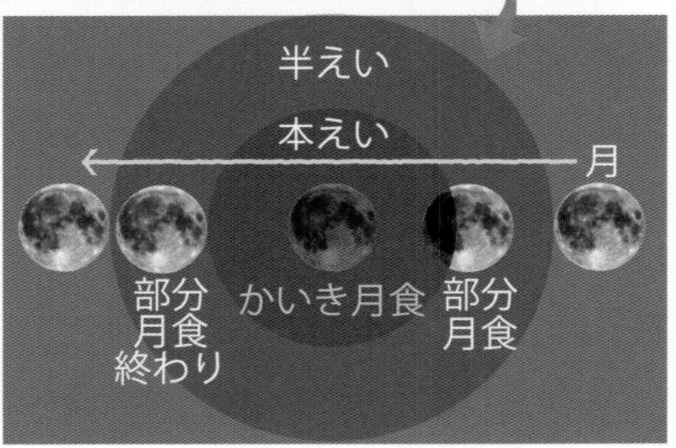


**かいき月食のときのようす**

### ●新月や満月のたびに日食や月食が起こらないわけ

月の公転面は，地球の公転面に対して約5°かたむいています。このため，地球，月，太陽が一直線に並ぶことはまれで，新月や満月のときに必ず日食や月食が起こるわけではありません。図のAのときには日食や月食が起こりますが，Bのときには起こりません。

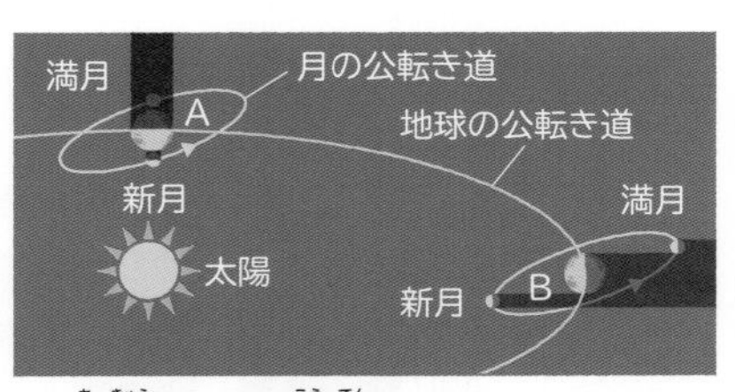


**地球と月の公転き道**

COLUMN くわしく

月が地球の半えいに入る現象を半えい月食といいます。月がわずかに暗くなるだけで，観察してもほとんど気付かないので，いっぱん的に月食とはいいません。

## ★★★ かいき月食

月全体が地球のかげに入る現象。**月全体が地球の本えい** [➡P.531] **に入ったとき**に見ることができます。月は見えなくなるのではなく，暗い赤色に見えます。

## ★★★ 部分月食

月が部分的に地球のかげに入る現象。**月の一部が地球の本えい** [➡P.531] **に入ったとき**に見ることができます。

かいき月食

**↑ かいき月食から月食がほぼ終わるまでの月のようす**

欠けた部分の
ふちの丸みは，
日食よりゆる
やかだよ

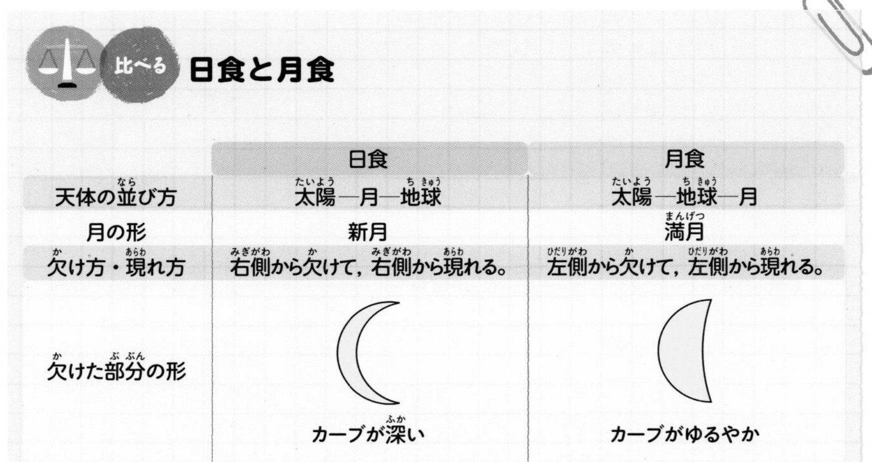

### 比べる 日食と月食

| | 日食 | 月食 |
|---|---|---|
| 天体の並び方 | 太陽—月—地球 | 太陽—地球—月 |
| 月の形 | 新月 | 満月 |
| 欠け方・現れ方 | 右側から欠けて，右側から現れる。 | 左側から欠けて，左側から現れる。 |
| 欠けた部分の形 | カーブが深い | カーブがゆるやか |

COLUMN くわしく

かいき月食で，月が暗い赤色に見えるのは，地球の大気でくっ折 [➡光のくっ折 P.538] した太陽の赤い光が月を照らすからです。

# 03 太陽の動き

重要度 ★★★

## とう明半球（透明半球）

太陽の位置や動きを記録するのに使う，とう明な半球の形をした器具で，天球 [➡P.290] 上の太陽の動きを調べることができます。

とう明半球の**中心は観測者**の位置，半球のふちは地平線にあたります。印をなめらかに結んだ線を延長して半球のふちと交わった点のうち，**東側は日の出の位置**，**西側は日の入り**の位置を示します。

⬆ **とう明半球と太陽の動きの記録**

### ●とう明半球を使った太陽の動きの観測

**方法**

① とう明半球を水平な台の上に置き，方位を合わせます。

② **ペンの先のかげがとう明半球の中心にくる**ようにして，一定時間おきに印をつけます。

③ 印をなめらかな線で結び，とう明半球のふちまでのばします。

**結果**

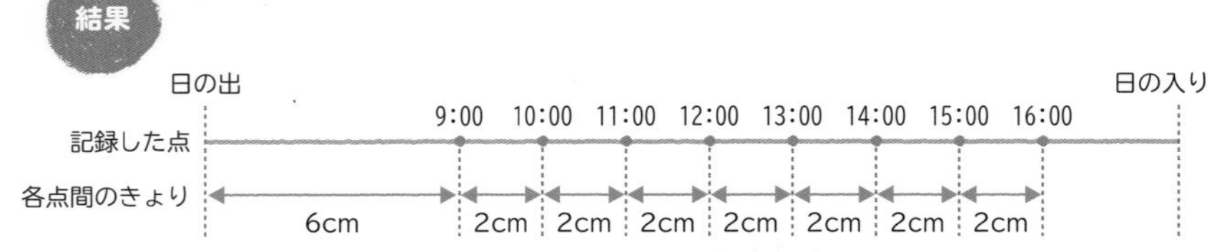


一定時間ごとの印のきょりがほぼ同じなので，太陽の動く速さはほぼ一定とわかります。1時間で2cm動くので，日の出から9時の印まで3時間かかり（6÷2=3時間），日の出の時刻は，9時より3時間前の6時とわかります。

●**太陽の日周運動**

太陽が，地球のまわりを東から西へ，1日に1回転して見える動きを太陽の**日周運動**といいます。これは**地球の自転** [➡P.289] **による見かけの動き**です。地球は西から東に1日（24時間）で360°自転しているので，太陽は**東から西へ1時間に約15°**（360°÷24時間）動いているように見えます。

## ★★★ 日の出

**太陽の上のふちが地平線にかかったとき**を日の出といいます。1年を通して日の出の位置が変わります。[➡太陽の1年の動き P.320]

## ★★★ 日の入り

**太陽が上のふちまで地平線にしずんだとき**を日の入りといいます。1年を通して日の入りの位置が変わります。[➡太陽の1年の動き P.320]

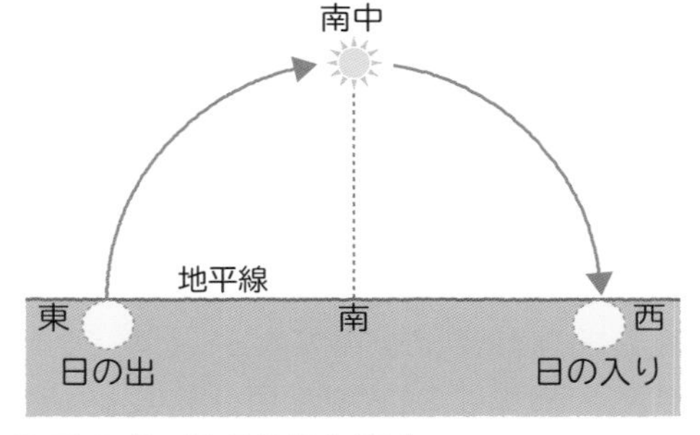


⇧日の出・日の入りと南中

## ★★★ 南中

太陽などの天体が**真南にきたとき**を南中といいます。天体が南中したとき，**最も高さが高くなります。** [➡南中高度 P.316]

## ★★★ 太陽高度

太陽の高さ（高度）のことで，太陽と観測地点（観測者）を結んだ線が地面とつくる角度で表します。

太陽高度は，日の出からだんだん高くなり，**南中したときに1日のうちで最も高くなります**。その後，だんだん低くなって日の入りとなります。

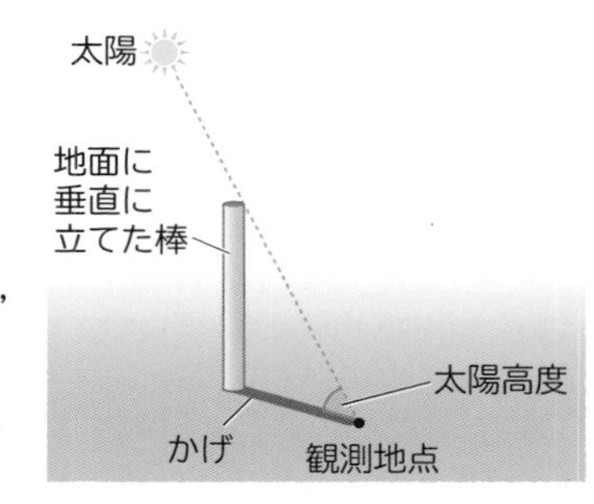

太陽の動きは，場所や季節によって変わります。[➡いろいろな場所での太陽の動き P.328]

重要度 ★★★

## 南中高度

天体が**南中** [➡ P.315] **したときの高さ**を南中高度といいます。南中した天体と観測地点（観測者）を結んだ線が地面とつくる角度で表します。
太陽の南中高度は1年を通して変化し，緯度によっても変わります。

[➡季節と太陽の南中高度 P.322]

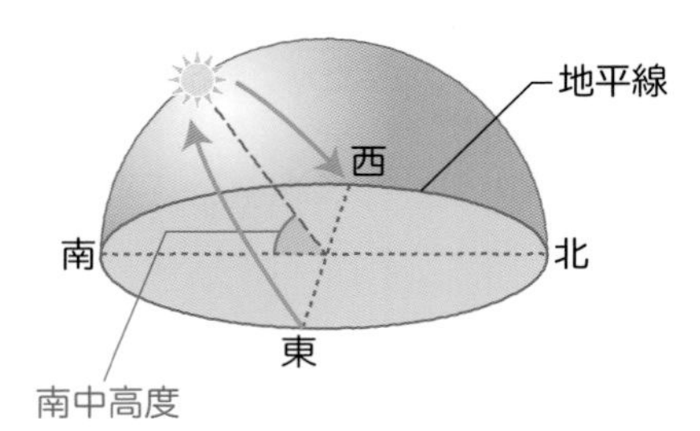


★★★

## 昼の長さ

太陽の光が当たっている側が昼で，昼の長さは日の出から日の入りまでです。
昼の長さは1年を通して変化します。

[➡季節と昼の長さ P.324]

昼の長さは，次の式で求めることができます。（時刻は24時制を用います。）

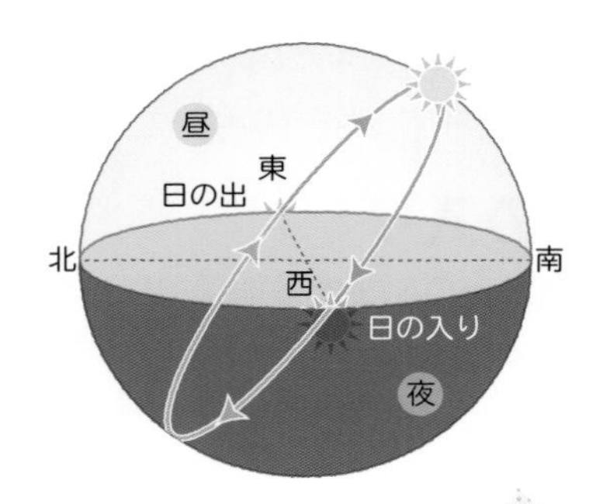


**昼の長さ＝日の入りの時刻－日の出の時刻**

### ●昼の長さを計算してみよう

**Q** 日の出が午前5時42分，日の入りが午後5時38分のときの昼の長さは？

**A** 17時38分－5時42分＝11時間56分
**答え　11時間56分**

時刻を午前・午後で分けずに，1日を0時から24時で表すことを24時制といいます。たとえば，午後6時を24時制で表すと18時となります。

## ★★★ 南中時刻

太陽などの天体が南中したときの時刻を南中時刻といいます。
**地球は西から東へ自転** [➡ P.289] **しているので，東の地点ほど太陽や星が早く南中します**。また，地球は 24 時間（1440 分）で 360° 回転するので，**経度** [➡ P.319] **が 1° ちがうと南中時刻は約 4 分ずれます**（1440 分÷ 360°）。

太陽の南中時刻は，日の出と日の入りの時刻のちょうど中間になるので，次のように求めることができます。(時刻は 24 時制を用います。)

**南中時刻＝日の出の時刻＋昼の長さ÷2**
**＝(日の出の時刻＋日の入りの時刻)÷2**

たとえば，日の出が午前 5 時 24 分，日の入りが午後 6 時 10 分のとき，昼の長さは，18 時 10 分－ 5 時 24 分＝ 12 時間 46 分なので，南中時刻は，5 時 24 分＋ 12 時間 46 分÷ 2 ＝ 5 時 24 分＋ 6 時間 23 分＝ 11 時 47 分となります。

### ●太陽の南中時刻のずれ

日本は兵庫県明石市を通る東経 135° の地点で太陽が南中したときを正午と決めているので，**明石より東の地点では正午より早い時刻**に，**明石より西の地点では正午よりおそい時刻**に太陽が南中します。

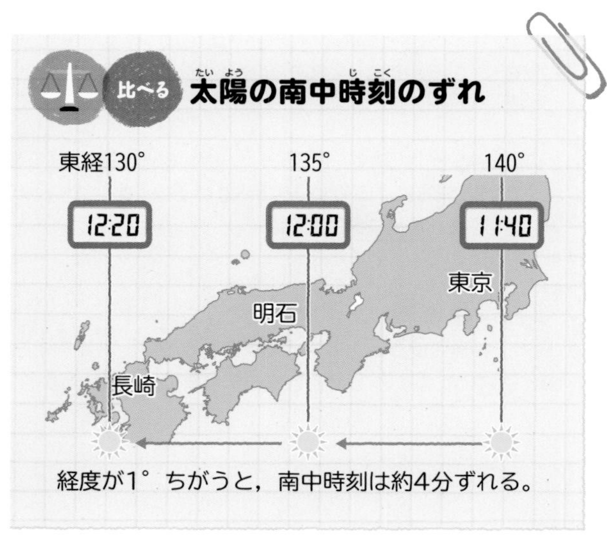

経度が1° ちがうと，南中時刻は約4分ずれる。

重要度 ★★★

# 時差

**2地点間の時刻のずれ**を時差といいます。地球が自転 [➡P.289] しているため，経度によって太陽との位置関係が変わるので，国や地域で経線をもとに基準の時刻が決められています。

地球が1日（24時間）で360°回転するため，**経度15°で1時間の時差**が生じます（360°÷24時間）。

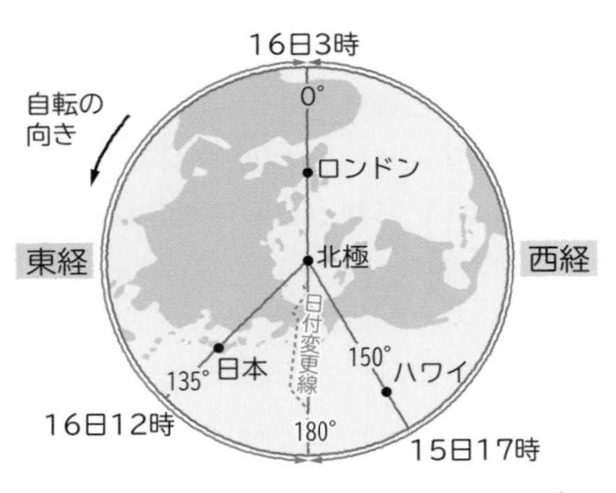

※時刻は24時制で表している。

たとえば，経度0°のロンドンと東経135°の日本では，経度が135°ちがうので，9時間の時差があります（135°÷15°）。日本はロンドンよりも東にあるため，太陽が南中する時刻 [➡南中時刻 P.317] が早く，日本のほうが時刻が進んでいます。日本が4月16日の12時であった場合，ロンドンは日本の時刻より9時間おそい，4月16日の3時になります。

## ●時差を求めてみよう

**Q** 日本が4月16日の12時のとき，ハワイの時刻は何時？

**A** ハワイは日本の，135＋150=285〔°〕西になるので，日本の時刻より，285〔°〕÷15〔°〕＝19〔時間〕おそい，4月15日の17時になります。

**答え　4月15日17時**

## ●日本標準時

日本で共通に使う時刻のことです。日本では，兵庫県明石市を通る東経135°の地点で太陽が南中 [➡P.315] したときを正午（昼の12時）と決めています。

COLUMN くわしく

**経度180°の経線付近には日付変更線という仮想の線が設けられていて，東から西にこの線を通過するときは日付を1日進ませ，逆の場合は1日おくらせます。**

## ★★★ 地球上の位置

地球上の位置は緯度と経度を使って表します。東京の位置はおよそ東経 140°，北緯 36° と表せます。

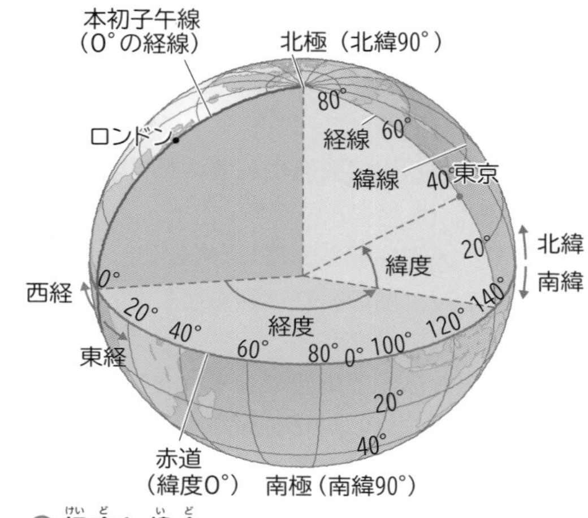


経度と緯度

## ★★★ 経度

地球を東西に分ける角度。北極からイギリスのロンドンにある旧グリニッジ天文台を通り南極を結ぶ線を 0° として，東西にそれぞれ 180° に分かれます。0° より東を**東経**，西を**西経**と表します。

## ★★★ 緯度

地球を南北に分ける角度。赤道を 0° として，北極と南極までそれぞれ 90° に分かれます。赤道より北を**北緯**，南を**南緯**と表します。北緯 90° が**北極点**，南緯 90° が**南極点**です。

## ★★★ 赤道

北極と南極との中間にあたる地点を結んだ線。赤道より北の地域を**北半球**，南の地域を**南半球**といいます。

## ★★★ 経線

地球上のある地点と北極と南極を結ぶ線で経度を示します。子午線ともいい，0° の子午線は本初子午線といいます。

## ★★★ 緯線

同じ緯度を結ぶ線。地球の赤道と平行になります。

社会で見るけど理科にも関係があるんだね

**北緯 23.4° の緯線を北回帰線といい，夏至の日に太陽が天頂（頭の真上）にきます。南緯 23.4° の緯線を南回帰線といい，冬至の日に太陽が天頂にきます。**

重要度 ★★★

# 太陽の1年の動き

地球が**地じくをかたむけたまま**，太陽のまわりを 1 年かけて 1 回**公転** [➡地球の公転 P.294] **している**ため，1 年を通して太陽の通り道が変化します。

**〈春分の日〉**（3 月 21 日ごろ）

太陽は**真東から出て真西にしずみます。昼と夜の長さはほぼ同じ**になります。

**〈夏至の日〉**（6 月 22 日ごろ）

北半球では太陽は**最も北寄りから出て**，**最も北寄りにしずみます。南中高度が最も高く**なり，**昼の長さは最も長く**なります。

**〈秋分の日〉**（9 月 23 日ごろ）

太陽は**真東から出て真西にしずみます。昼と夜の長さはほぼ同じ**になります。

**〈冬至の日〉**（12 月 22 日ごろ）

北半球では太陽は**最も南寄りから出て**，**最も南寄りにしずみます。南中高度が最も低く**なり，**昼の長さは最も短く**なります。

冬至から夏至までは，日の出・日の入りの位置がだんだん北寄りになり，南中高度が高くなって昼の長さが長くなります。
夏至から冬至までは，日の出・日の入りの位置がだんだん南寄りになり，南中高度が低くなって昼の長さが短くなります。

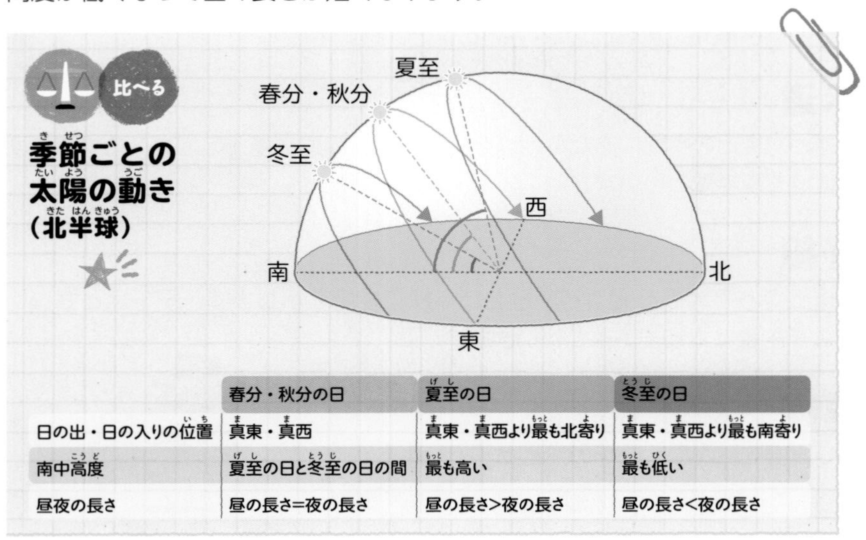


| | 春分・秋分の日 | 夏至の日 | 冬至の日 |
|---|---|---|---|
| 日の出・日の入りの位置 | 真東・真西 | 真東・真西より最も北寄り | 真東・真西より最も南寄り |
| 南中高度 | 夏至の日と冬至の日の間 | 最も高い | 最も低い |
| 昼夜の長さ | 昼の長さ=夜の長さ | 昼の長さ>夜の長さ | 昼の長さ<夜の長さ |

COLUMN リンク

➡ 昼の長さ P.316，南中高度 P.316，季節と太陽の南中高度 P.322，季節と昼の長さ P.324，いろいろな場所での太陽の動き P.328

## ★★★ 季節の変化

地球が**地じくをかたむけたまま太陽のまわりを公転** [➡地球の公転 P.294] **している**ため，1年を通して太陽の通り道が変化し，**太陽の南中高度**や**昼の長さも変化します。**そのため，**地表面が受けとる日光の量が変わって気温が変化し，季節の変化が生じます。** [➡太陽の高さと地面のあたたまり方 P.229]

北半球の場合，夏は地じくの北側が太陽のほうにかたむくので昼が長く，南中高度も高いため，地表面が受けとる日光の量が多く，気温が高くなります。冬は地じくの北側が太陽と反対のほうにかたむくので，昼が短く，南中高度も低いので，地表面が受けとる日光の量が少なく，気温が低くなります。

### ●地球の位置と季節

地じくの北側が最も太陽のほうにかたむいているときを**夏至の日**，地じくの南側が最も太陽のほうにかたむいているときを**冬至の日**とし，その中間が**春分の日**，**秋分の日**となります。春分の日は3月21日ごろ，夏至の日は6月22日ごろ，秋分の日は9月23日ごろ，冬至の日は12月22日ごろです。

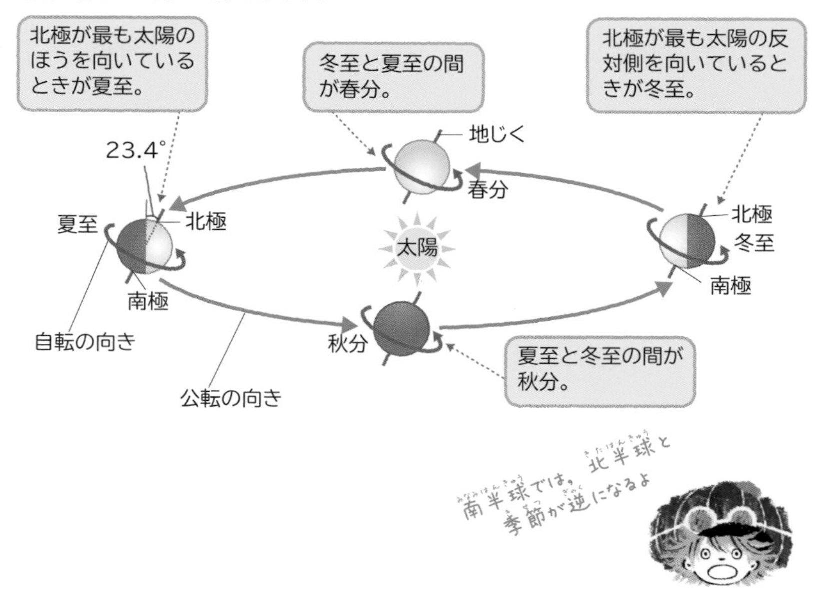
北極が最も太陽のほうを向いているときが夏至。
冬至と夏至の間が春分。
北極が最も太陽の反対側を向いているときが冬至。
23.4°
地じく
春分
夏至
北極
太陽
北極
冬至
南極
南極
自転の向き
秋分
夏至と冬至の間が秋分。
公転の向き
南半球では，北半球と季節が逆になるよ

COLUMN くわしく

地じくが公転面に対して垂直なまま地球が公転しているとすると，南中高度はいつも一定で，昼と夜の長さがいつも同じになるため，季節の変化が生じなくなります。

重要度 ★★★

# 季節と太陽の南中高度

地球が，**公転面に垂直な線に対して 23.4° 地じくをかたむけたまま公転** [➡地球の公転 P.294] **している**ため，太陽の南中高度 [➡ P.316] は 1 年を通して変化します。北半球では，太陽の南中高度は**夏至の日に最も高く**なり，**冬至の日に最も低く**なります。季節ごとの太陽の南中高度は次の式で求められます。

緯度が低いほうが南中高度は高いね

**春分・秋分の日の南中高度＝ 90° －その地点の緯度**
**夏至の日の南中高度＝ 90° －その地点の緯度＋ 23.4°**
**冬至の日の南中高度＝ 90° －その地点の緯度－ 23.4°**

## ●春分・秋分の日の南中高度

春分・秋分の日は，太陽は**赤道の真上**を通るので，太陽の光は地じくに対して垂直になります。このとき，太陽の光と赤道が平行になっているので，２つの▲の角は a° で等しくなります。[➡平行線と角度 P.323] したがって，北緯 a° の A 地点での太陽の南中高度は，
**90° －緯度**　となります。

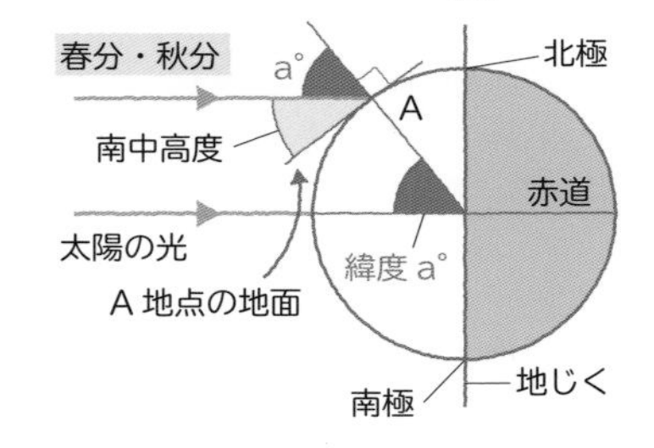


## ●夏至の日の南中高度

夏至の日は，太陽は**北緯 23.4° の真上**を通ります。このとき，下の図の◢で示した角度は，A 地点の緯度－ 23.4° で表されます。したがって，太陽の南中高度は，
90° －(緯度－ 23.4°) より，
**90° －緯度＋ 23.4°**　となります。

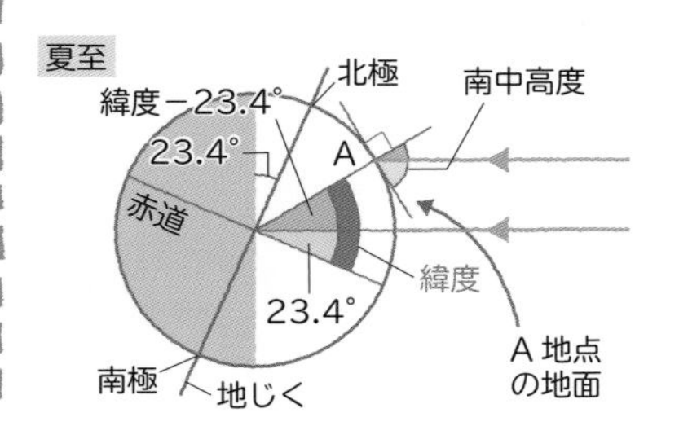


## ●冬至の日の南中高度

冬至の日は，太陽は**南緯 23.4° の真上**を通ります。このとき，下の図の▲で示した角度は，A 地点の緯度＋ 23.4° で表されます。したがって，太陽の南中高度は，
90° －(緯度＋ 23.4°) より，
**90° －緯度－ 23.4°**　となります。

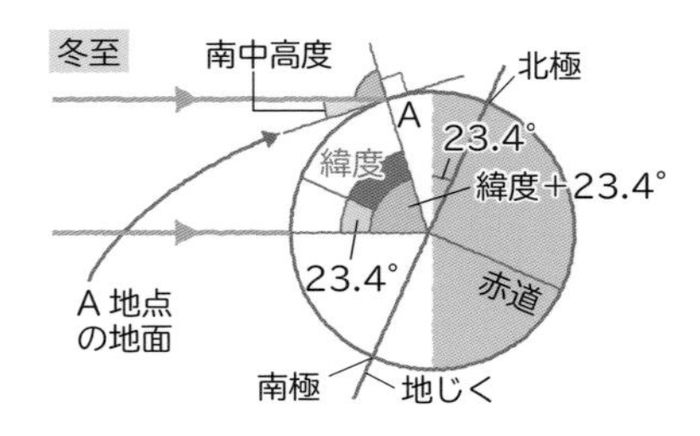

COLUMN くわしく

**太陽が真上から照らす地点は，春分の日から次の春分の日まで，赤道→北緯 23.4°→赤道→南緯 23.4°→赤道といったように，ほぼ1年をかけて往復します。**

算数 column

# 平行線と角度

右の図のように，２つの平行な直線ｌと直線ｍに，１つの直線ｎが交わるとき，８つの角ができます。これらの角には次の３つの関係があります。

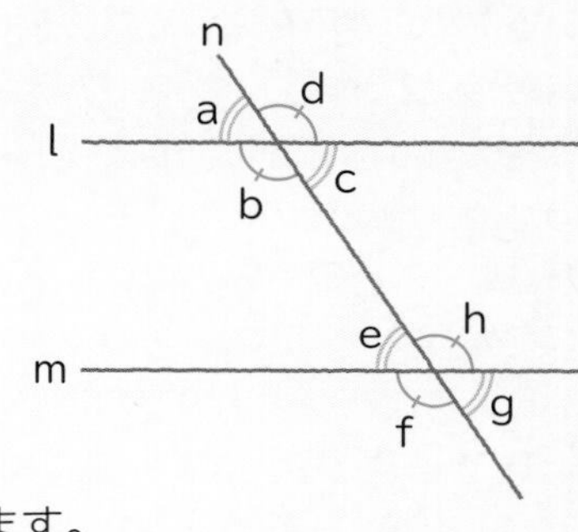


**①向かい合う角（対頂角）は等しい。**
角ａと角ｃ，角ｂと角ｄ，角ｅと角ｇ，角ｆと角ｈはそれぞれ角度が等しくなります。

**②同じ位置にある角（同位角）は等しい。**
角ａと角ｅ，角ｄと角ｈ，角ｂと角ｆ，角ｃと角ｇはそれぞれ角度が等しくなります。

**③２つの平行な直線の内側にある，ななめ向かいの角（錯角）は等しい。**
角ｂと角ｈ，角ｃと角ｅはそれぞれ角度が等しくなります。

この角の関係を使って，北極星の高さと緯度の関係を求めてみましょう。北極星は地じくの延長線上にあります。また，北極星は非常に遠くにあるので，北極星からの光はどの観測地点にもほぼ平行に届きます。

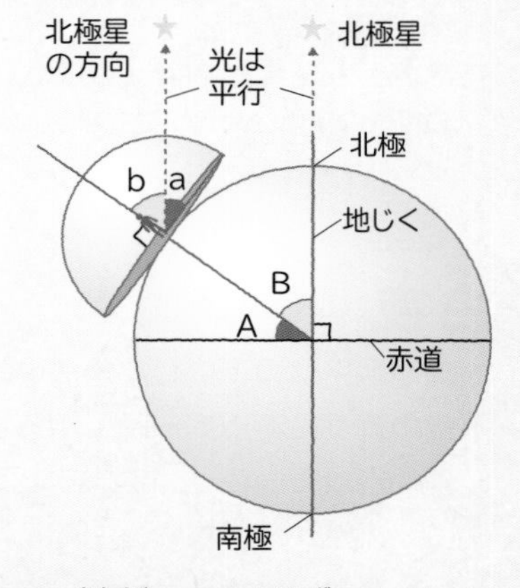


右の図で，観測地点の緯度角Ａは，
90°－角Ｂ　となります。また，観測地点での北極星の高さ角ａは，
90°－角ｂ　となります。

ここで，角Ｂと角ｂは上の②の関係（同位角）より，角Ｂ＝角ｂ　となります。したがって，角Ａ＝角ａより，**北極星の高さ＝観測地点の緯度**となります。

重要度 ★★★

## 季節と昼の長さ

地球が，公転面に垂直な線に対して**23.4°地じくをかたむけたまま公転** [➡地球の公転 P.294] **している**ため，1年を通して昼の長さは変化します。

**〈春分・秋分の日〉**

太陽の光は地じくに対して垂直になります。このため，地球上のどこでも昼の長さと夜の長さがほぼ12時間で等しくなります。

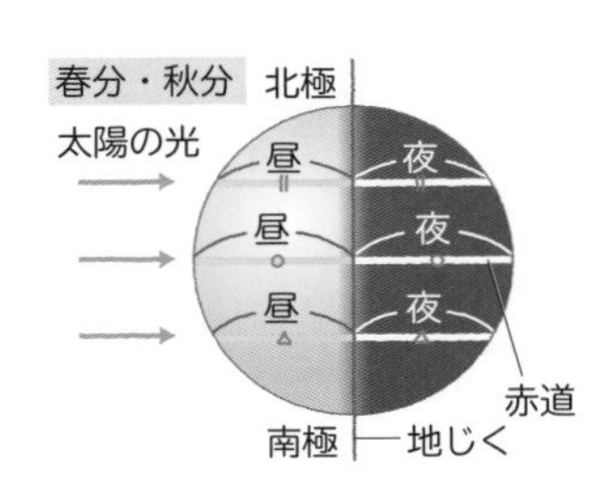


**〈夏至の日〉**

地じくの北側が太陽の方向にかたむくので，北半球では昼が夜よりも長くなります。北緯66.6°（90°－23.4°）より北では太陽は1日中しずまず（白夜），南緯66.6°より南では1日中太陽が出てきません。

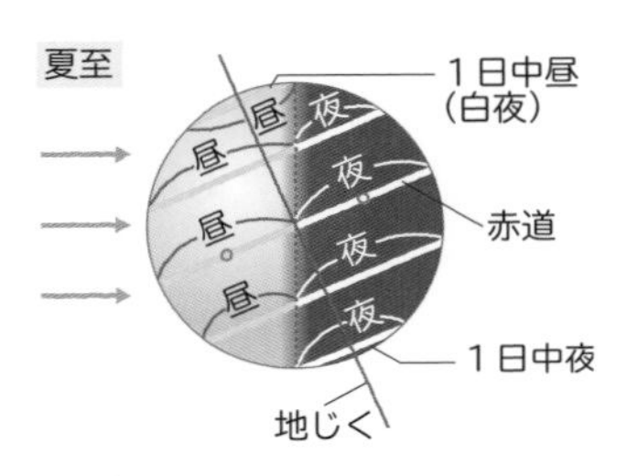


**〈冬至の日〉**

地じくの北側が太陽と反対にかたむくので，北半球では昼が夜よりも短くなります。北緯66.6°より北では太陽は1日中出てこず，南緯66.6°より南では太陽は1日中しずみません。

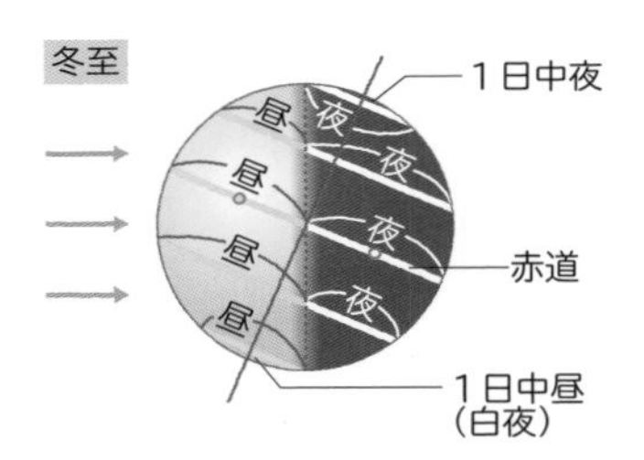


**●緯度と昼の長さ**

緯度が同じところでは，昼の長さは同じになります。緯度が高くなるほど，季節による昼の長さの変化は大きくなります。赤道上の昼の長さは，年間を通してほぼ12時間であまり変わりません。

★★★

## 白夜

太陽が地平線の下にしずまないか，地平線の近くにあって一晩中明るい状態が続く現象を白夜といいます。
逆に，太陽が地平線から出てこない現象を**極夜**といいます。

白夜では，1日中昼なので暑いと思うかもしれませんが，太陽の高さが低いので，決まった面積の地面が受けとる熱は少なく，暑くなりません。

## ★★★ かげの1年の動き

太陽の動きが１年間で変化するので [➡太陽の１年の動き P.320]，かげの動きも１年間で変化します。かげの長さは，**太陽高度** [➡ P.315] **が高いほど短くなる**ので，太陽が南中したときのかげは，**夏至の日が最も短く，冬至の日が最も長くなります。**

〈春分・秋分の日〉

太陽は真東から出ます。かげの先が見えるころ，太陽は南にかたむいているので，かげは東西より北側にのびます。かげの先の動きは**東西方向と平行**になります。

〈夏至の日〉

太陽は真東より北寄りから出て真西より北寄りにしずむので，**日の出** [➡ P.315] や**日の入り** [➡ P.315] **のころのかげは東西方向より南側**にのびます。

〈冬至の日〉

太陽は真東より南寄りから出て，真西より南寄りにしずむので，かげは**１日中東西方向より北側**にのびます。

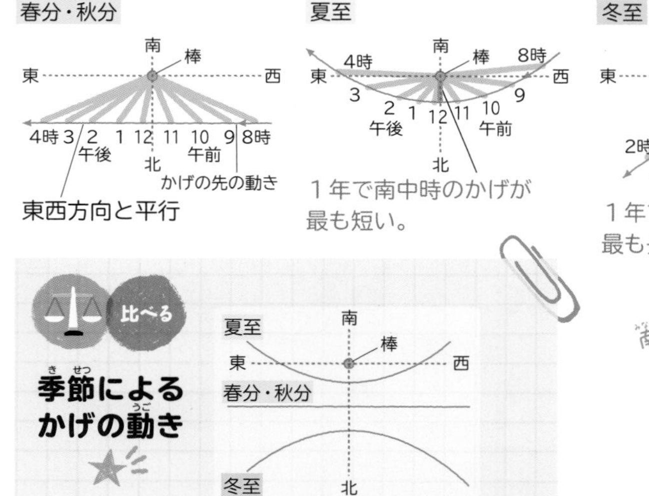


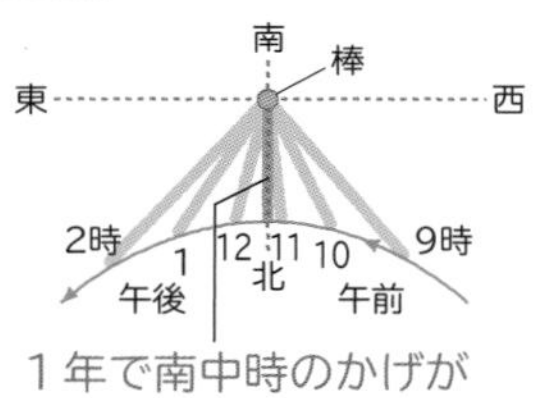

重要度 ★★★

# 黄道

太陽の1年間の天球 [➡P.290] 上での見かけの通り道を黄道といいます。太陽のまわりを公転 [➡地球の公転 P.294] している地球から太陽を見ると，太陽が天球上を動いているように見えます。また，**黄道付近にある星座（黄道12星座）**の間を西から東へ1年で1周しているように見えます。
この太陽の見かけの動きを太陽の年周運動といいます。

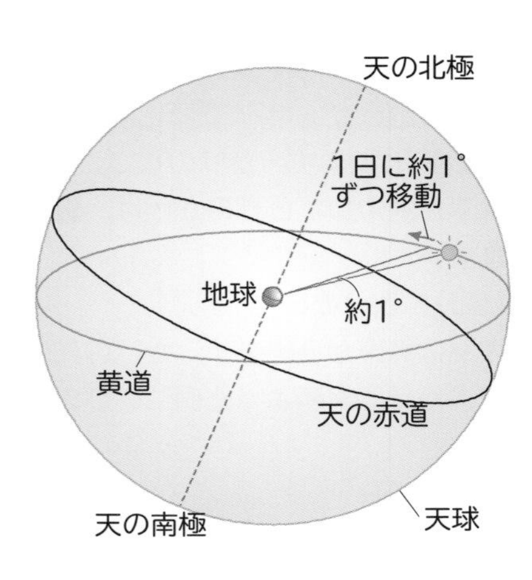


## ●黄道付近の星座と太陽の見かけの動き

地球から見て黄道付近にある12の星座を**黄道12星座**といい，おひつじ座，おうし座，ふたご座，かに座，しし座，おとめ座，てんびん座，さそり座，いて座，やぎ座，みずがめ座，うお座があります。
たとえば地球が夏のとき，太陽はふたご座の方向に見えます。地球が秋の位置まで公転する間に，太陽はふたご座からかに座，しし座へと見える方向が変わります。このように，太陽は黄道12星座の間を移動しているように見えます。しかし，太陽と同じ方向にある星座は日の出直前か日の入り直後にしか見ることができません。

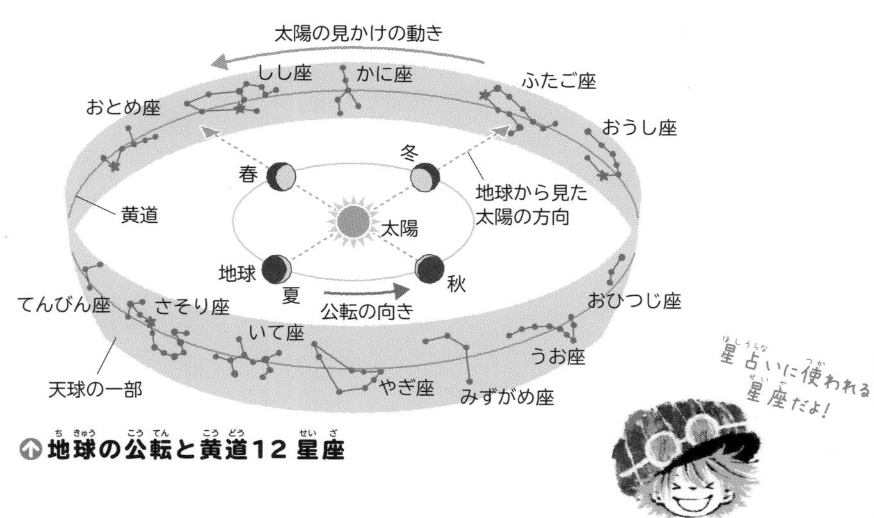


⬆地球の公転と黄道12星座

COLUMN まめ知識

星占いは，今から4000年以上も前にうまれ，誕生日のころに太陽がある方向の近くの星座を，その人の生まれ月の星座として占ったのが始まりです。

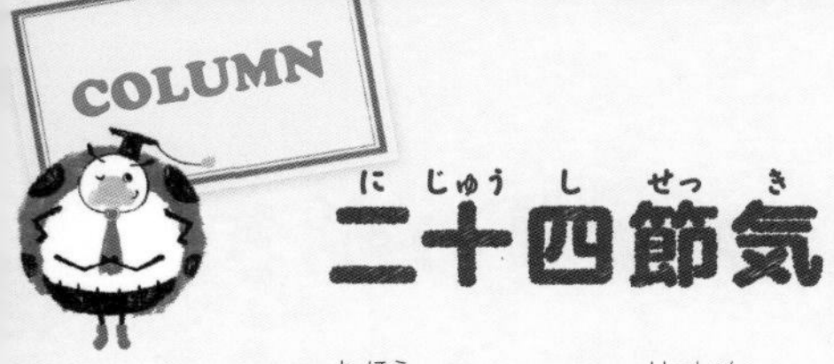


# 二十四節気

天気予報で「今日は立春で，こよみの上では春ですが～」などと聞いたことはありませんか？　**立春**は二十四節気の１つです。二十四節気とは，天球上の太陽の通り道である**黄道を 15° ずつ 24 等分**に分け，それぞれの時期ごとに季節のようすを表す名前がつけられたものです。春分を 0° とし，この点を太陽が通過したときが春分の日となります。

昔，中国では月の満ち欠けを基準にした**「太陰暦」**というこよみが使われていましたが，１年が 354 日となり季節にずれが生じてしまうため，季節の目安として太陽の位置をもとにした二十四節気が考えられ，日本に伝わってきました。

現在は太陽の動きをもとにした**「太陽暦」**が使われ，月日と季節のずれはほとんどなくなりましたが，季節を表す言葉として今も使われ続けています。

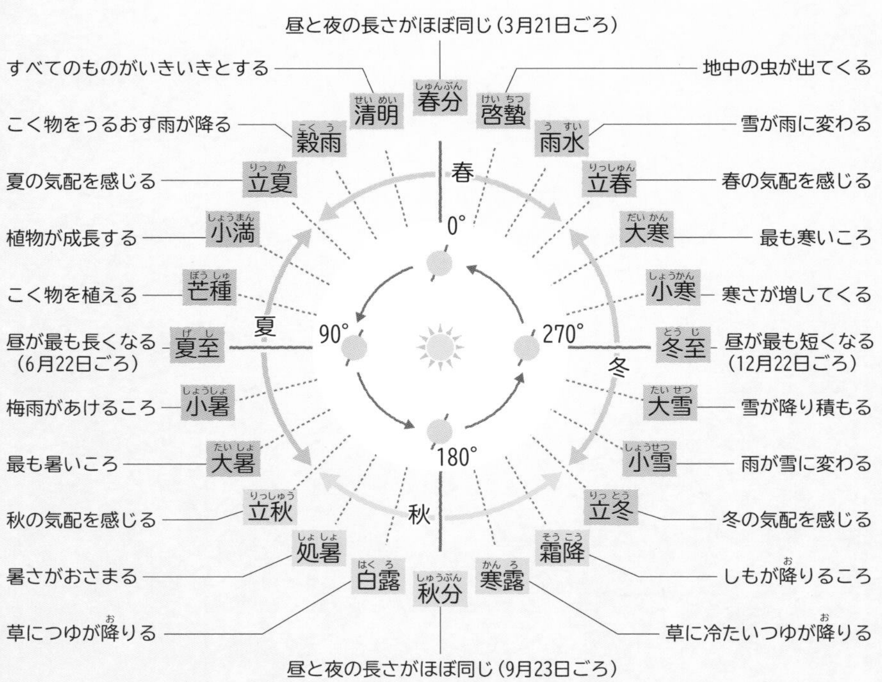

COLUMN

# いろいろな場所での太陽の動き

地球上のいろいろな場所で太陽の動きを観察すると，北半球に位置する日本で見られる太陽の動き方とは異なります。

まずは，地じくのかたむきと太陽の光の当たり方を考えてみましょう。春分・秋分の日は太陽の光が地じくに垂直に当たります。夏至の日は，北半球が太陽のほうにかたむくので，春分・秋分の日より23.4°北側から太陽の光が当たります。逆に冬至の日は，春分・秋分の日より23.4°南側から太陽の光が当たります。

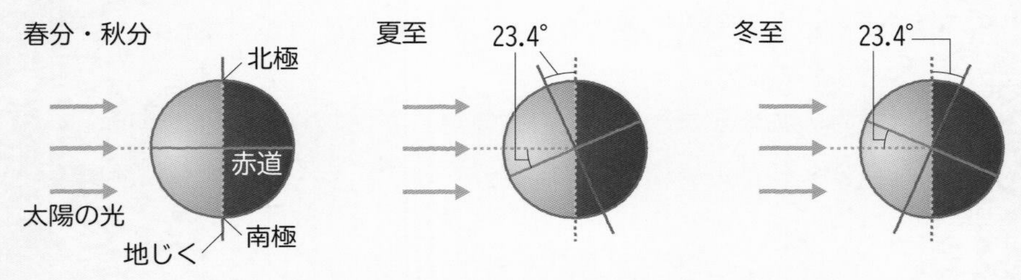


ここで，地球上のいろいろな場所の，季節ごとの太陽の光の当たり方を考えると次の図のようになります。

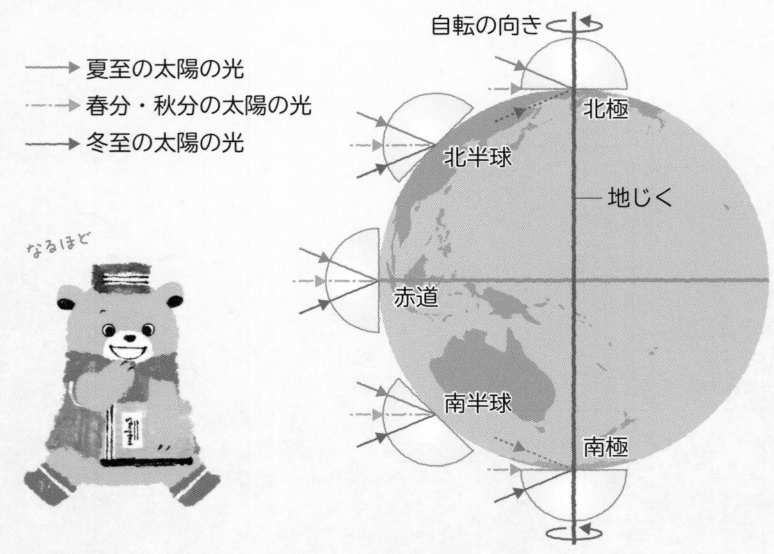

地球は西から東に自転しているので，北極と南極以外では，太陽が東からのぼって西にしずむのはどこでも同じです。各地の季節ごとの太陽の動きをまとめると次のようになります。(北半球での季節ごとの太陽の動きは 320 ページを見ましょう。)

### ●北極

北極では，地上から見ると太陽は左から右へ水平に動いているように見えます。冬至の日には，太陽は地平線上に出てきません。

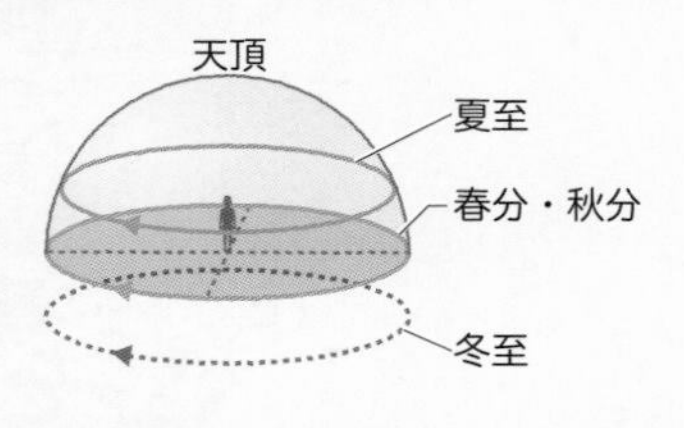


### ●赤道

赤道では，地じくに対して垂直に立っていることになるので，太陽は地平線に対して垂直に出て，垂直にしずみます。

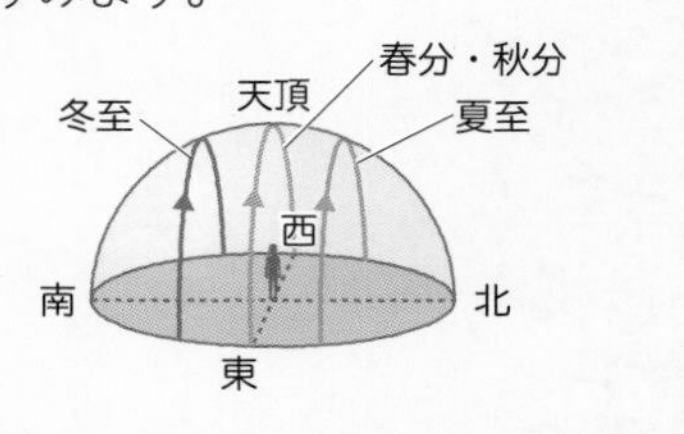


### ●南半球

南半球では，太陽は東から出て北の空を通り，西にしずみます。夏至の日（南半球では冬）は日の出・日の入りの位置は1年で最も北寄りとなり，真北にきたときの高度は最も低くなります。冬至の日（南半球では夏）は，日の出・日の入りの位置は1年で最も南寄りとなり，真北にきたときの高度は最も高くなります。

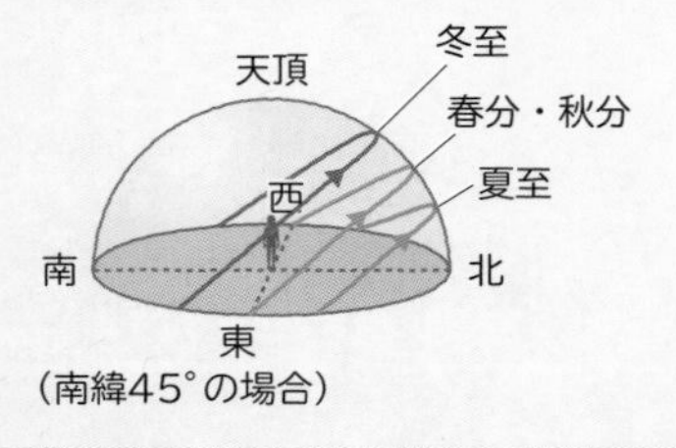

（南緯45°の場合）

### ●南極

南極では，地上から見ると太陽は右から左へ水平に動いているように見えます。夏至の日には，太陽は地平線上に出てきません。

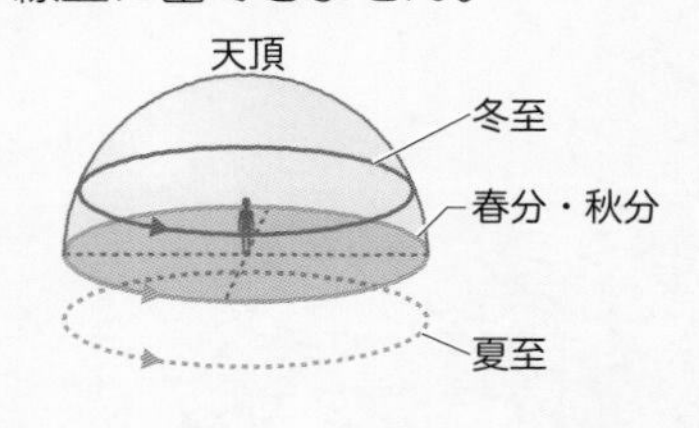

# 太陽系のわく星

## わく星の直径（地球を1としたとき）

木星
142,984km
（11.2）

水星
4,879km
（0.38）

地球
12,756km
（1）

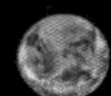

金星
12,104km
（0.95）

火星
6,792km
（0.53）

## 太陽からのきょり（太陽と地球のきょりを1としたとき）

木星から
急に遠くなるのか

水星 57,900,000km（0.39）
金星 108,200,000km（0.72）
地球 149,600,000km（1.0）
火星 227,900,000km（1.5）
木星 778,300,000km（5.2）
土星 1,429,400,000km（9.6）
太陽

地球は，太陽を中心に回る太陽系のわく星です。太陽系には地球をふくめて８つのわく星があります。これらのわく星の大きさや太陽からのきょりを比べてみましょう。

天王星 2,875,000,000km(19)　海王星 4,504,400,000km(30)

画像提供：太陽：SOHO (ESA & NASA)　金星：NSSDC Photo Gallery
木星：NASA/JPL/University of Arizona　火星：NASA, J. Bell (Cornell U.) and M. Wolff (SSI)
水星：NASA/Johns Hopkins University Applied Physics Laboratory/Carnegie Institution of Washington
天王星：NASA/STScI　海王星：NASA

# 04 太陽系と銀河

重要度 ★★★

## 太陽系

太陽 [➡ P.305] と，そのまわりを公転 [➡ P.293] する８つのわく星 [➡ P.272]，小わく星 [➡ P.340]，すい星 [➡ P.340]，衛星 [➡ P.272] などの天体の集まりを，太陽系といいます。太陽系は銀河系 [➡ P.342] の一部です。

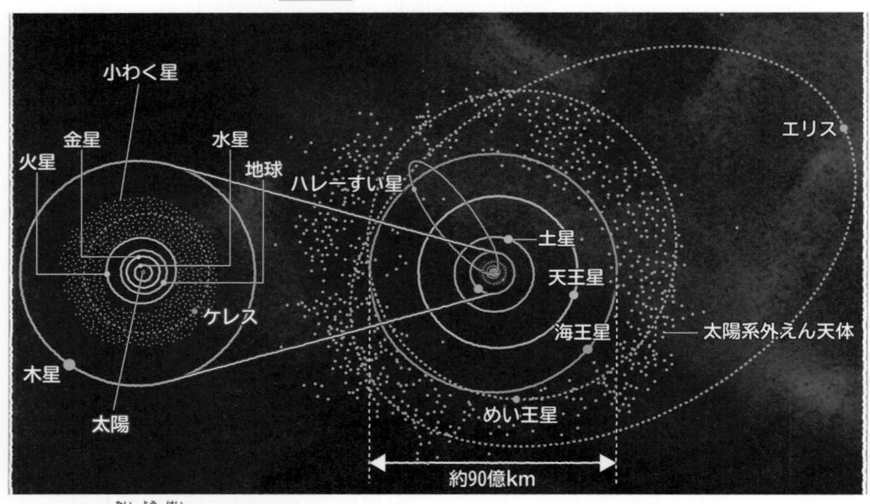


おもな太陽系の天体のき道

### 太陽系の天体の分類

| | |
|---|---|
| わく星 | 水星，金星，地球，火星，木星，土星，天王星，海王星 |
| 準わく星 | ケレス，めい王星，エリスなど |
| 太陽系小天体 | 小わく星，すい星，太陽系外えん天体<br>（めい王星，エリスなどの準わく星は除く） |
| 衛星 | 月［地球］，フォボス［火星］，ガニメデ［木星］など |

COLUMN リンク

➡ 太陽系のわく星 P.330，太陽系の天体を比べよう P.339

## ★★★ 地球型わく星

**岩石でできている**ために，直径と重さが小さくても，**密度** [➡ P.414] **が大きいわく星**を**地球型わく星**といいます。水星，金星 [➡ P.334]，地球 [➡ P.334]，火星 [➡ P.334] は地球型わく星です。

## ★★★ 木星型わく星

**気体などでできている**ために，直径と重さは大きいのですが，**密度** [➡ P.414] **が小さいわく星**を**木星型わく星**といいます。木星 [➡ P.335]，土星 [➡ P.335]，天王星 [➡ P.335]，海王星 [➡ P.336] は木星型わく星です。

比べる **わく星の分類**

## ★★★ 水星

太陽系のわく星の中で太陽に最も近く，最も小さいわく星です。地球型わく星で，表面には月と同じようにクレーター [➡ P.304] があり，大気はほとんどありません。昼は表面の温度が約 400℃になりますが，夜は－ 150℃以下に下がります。衛星はありません。

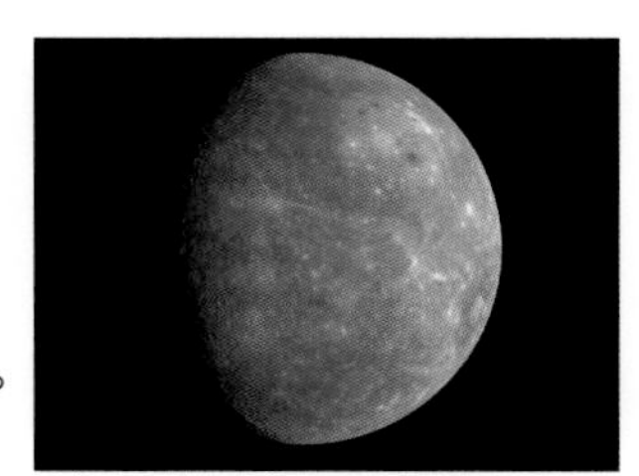

提供：NASA／johns Hopkins University Applied Physics Laboratory／Carnegie Institution of Washington

木星型わく星に分類されている天王星や海王星は，気体のほかにも，水やアンモニア，メタンなどの氷からできているので，天王星型わく星と分類されることがあります。

重要度

## ★★★ 金星

太陽から2番目に近い太陽系［➡P.332］のわく星です。自転の向きが地球とは逆になっています。二酸化炭素を主成分とする**厚い大気**があり，その**温室効果**［➡P.210］によって表面の温度は約470℃にもなります。大気中には，硫酸のつぶでできた厚い雲が広がっています。衛星はありません。地球からは，太陽，月に次いで明るく見えます。

提供：NASA／JPL

［➡金星の見え方 P.337］

## ★★★ 地球

私たちがすんでいる太陽系［➡P.332］のわく星で，**液体の水**と，おもにちっ素と酸素からなる**大気**［➡P.251］があります。地球の表面の約70%は海です。大気や水があるために表面の温度は大きく変化せず，平均気温はおよそ15℃で，いろいろな**生物がすんでいます**。地球の**衛星は月**［➡P.304］です。

提供：NASA

## ★★★ 火星

太陽から4番目に近い太陽系［➡P.332］のわく星です。表面は酸化鉄（赤さび）をふくむ岩石でおおわれているため，**赤く見えます**。おもに二酸化炭素からなるうすい大気があります。フォボスとダイモスという2つの衛星があります。

提供：NASA／JPL

［➡火星の見え方 P.338］

**COLUMN くわしく**

火星は，地球と同じように自転のじくをかたむけたまま太陽のまわりを公転しているため，地球のように季節の変化があります。

## ★★★ 木星

太陽系 [➡P.332] の中で**最も大きい**わく星です。おもな成分は水素 [➡P.520] とヘリウムで，大きさのわりに密度 [➡P.414] は小さいです。厚い大気がはげしく動き，表面にはうずやしま模様が見られ，大赤はんと呼ばれる巨大なうずは有名です。非常に細い環をもちます。イオ，エウロパ，ガニメデ，カリストなど60以上の衛星があります。

提供：NASA／JPL／University of Arizona

**➡木星の衛星**
**（左からイオ，エウロパ，ガニメデ，カリスト）**

提供：NASA／JPL／DLR

## ★★★ 土星

木星の次に大きい太陽系 [➡P.332] のわく星です。氷や岩石のつぶでできた**大きな円ばん状の環**をもっています。水素とヘリウムからできていて，わく星の中で最も密度 [➡P.414] が小さく，その大きさは水よりも小さいです。60以上の衛星をもち，その中で最大の衛星はタイタンです。

提供：NASA

## ★★★ 天王星

太陽系 [➡P.332] の中で３番目に大きいわく星で，おもに気体と氷からできています。大気の主成分は水素で，メタンをふくむため青緑色に見えます。横だおしの状態で自転 [➡P.289] しながら，太陽のまわりを公転しています。環をもち，27個の衛星があります。

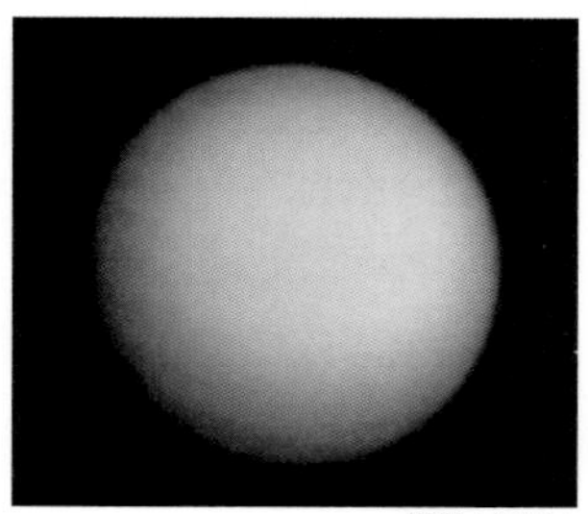

提供：NASA

天王星や海王星のように，大気中にメタンがふくまれていると，太陽光の赤い光が吸収されるため，結果として残った青い光が散乱して，青く見えるのです。

重要度

## ★★★ 海王星

太陽から最も遠い太陽系 [➡ P.332] のわく星で，おもに気体と氷からできています。大気の主成分は水素で，メタンをふくむため，美しい青色に見えます。表面の平均気温は約－220℃です。環をもち，14個の衛星が見つかっています。

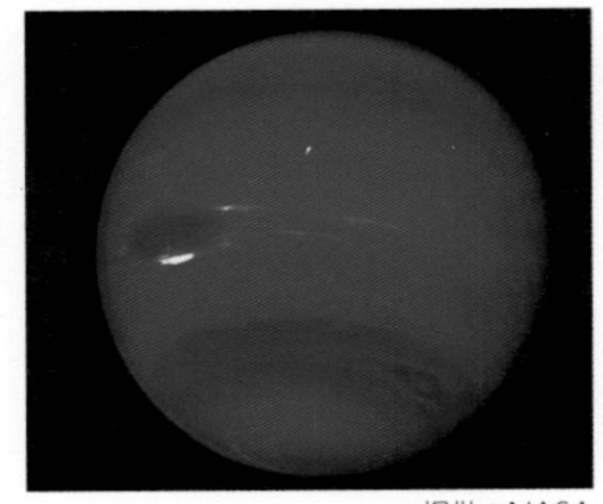

提供：NASA

## ★★★ わく星の見え方

地球と地球以外のわく星とでは公転周期 [➡公転 P.293] がちがうために，地球とわく星との位置関係がたえず変化します。そのため，地球からはわく星が進んだりもどったりと，**不規則な動き**をしているように見えます。

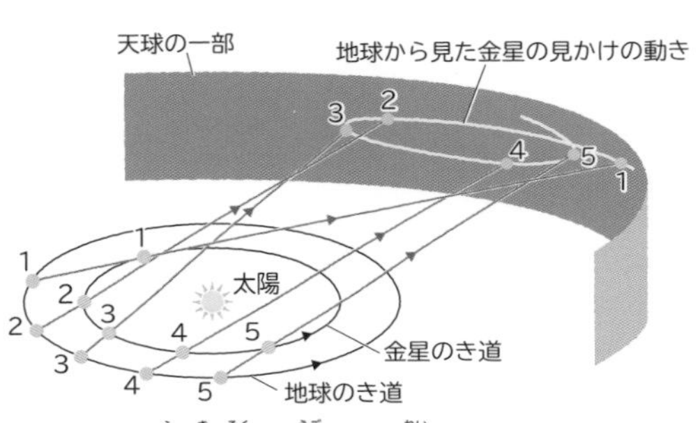


**金星の不規則な動きの例**

## ★★★ 内わく星

**地球より内側を公転**している太陽系 [➡ P.332] のわく星で，**水星** [➡ P.333]，**金星** [➡ P.334] が内わく星です。地球からは**満ち欠けして見えます**。いつも太陽の近くにあるので，**夕方の西の空か明け方の東の空に見え**，**真夜中には見えません**。

## ★★★ 外わく星

**地球より外側を公転**している太陽系 [➡ P.332] のわく星で，火星 [➡ P.334]，木星 [➡ P.335]，土星 [➡ P.335]，天王星 [➡ P.335]，海王星が外わく星です。地球から見るとほとんど**満ち欠けしません**。**真夜中に南中** [➡ P.315] したとき，地球とのきょりが近くなるので，**明るく大きく見えます**。

公転き道で分類するよ

COLUMN まめ知識

わく星は，星座の星の中を不規則に動いて見えることから，「惑う星」＝「わく星」という名前がつけられたと考えられています。

## ★★★ 金星の見え方

金星 [➡ P.334] は自分で光を出さず，太陽の光を反射して光っています。また，地球と同じように太陽のまわりを公転しているため，太陽，金星，地球の位置関係が変わります。このため，金星の光って見える部分が変化し，地球からは**満ち欠けして見えます。地球に近いほど大きく欠けて見かけの大きさが大きく**，地球から遠いほど丸くて小さく見えます。

金星は**地球の内側を公転している内わく星**で，地球から太陽を見たときに太陽の反対側にくることはないので，**真夜中には見えません**。また，いつも太陽に近い方向にあるので，**明け方の東の空**か**夕方の西の空**で見られ，**明けの明星** [➡ P.338] や**よいの明星** [➡ P.338] とも呼ばれます。太陽の方向にある金星は見ることができません。

地球からは，太陽，月に次いで明るく見えます。

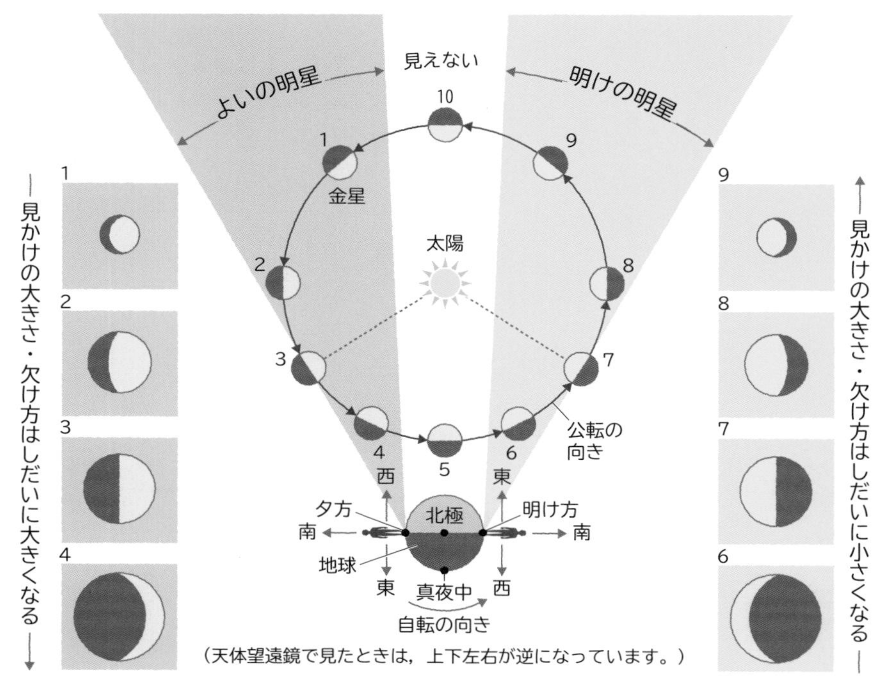


（天体望遠鏡で見たときは，上下左右が逆になっています。）

**COLUMN くわしく**

地球から見て内わく星が太陽から最もはなれているときの，内わく星—地球—太陽の間の角度を最大り角といい，水星では約 28°，金星では約 47°です。このとき地球からは半月形に見えます。

重要度

## ★★★ 明けの明星

**明け方，東の空**に見える金星 [➡P.334] のこと。地球から見て金星が太陽の右側にあるとき，**日の出前**に見えます。

## ★★★ よいの明星

**夕方，西の空**に見える金星 [➡P.334] のこと。地球から見て金星が太陽の左側にあるとき，**日の入り後**に見えます。

## ★★★ 火星の見え方

火星 [➡P.334] は自分で光を出さず，太陽の光を反射して光って見えます。火星は地球の外側を公転しているので，**真夜中でも見ることができます**。また，地球からは，いつも太陽の光を反射している面を見ていることになるので，**ほとんど満ち欠けしません。**

地球からのきょりが変わるので，見かけの大きさは変化します。真夜中に南中 [➡P.315] する火星は，地球からのきょりが近くなるので，大きく見えます。太陽の方向にある火星は見ることができません。

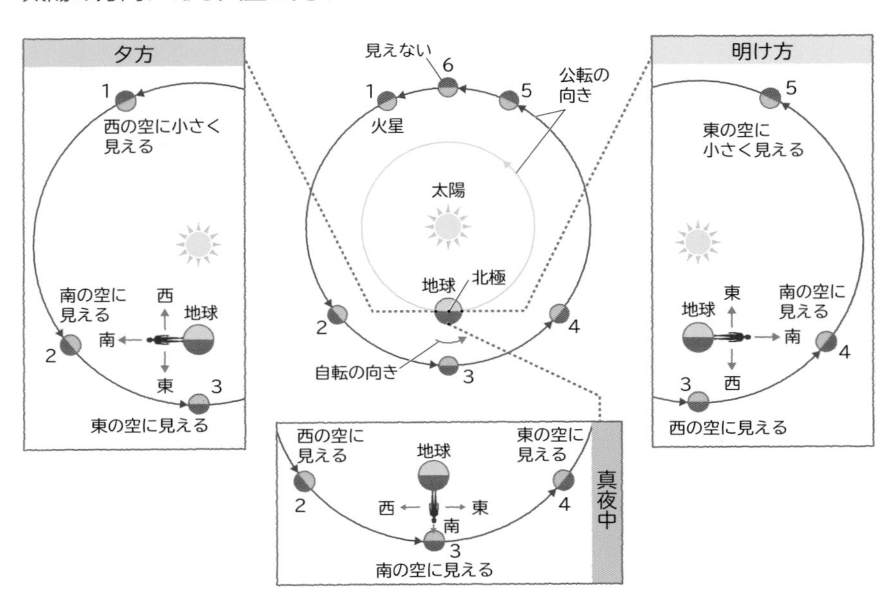

# 太陽系の天体を比べよう

## 天体比べ―わく星，太陽，月―

太陽系のそれぞれのわく星と太陽，月の特ちょうを比べてみましょう。

| 天体 | 太陽からのきょり | 直径 | 重さ（質量） | 密度〔g/cm$^3$〕 | 公転周期〔年〕 | 自転周期〔日〕 | 大気のおもな成分 | 表面の平均温度 |
|---|---|---|---|---|---|---|---|---|
| 太陽 | ― | 109 | 332946 | 1.41 | ― | 25.38 | 水素 | 約6000℃ |
| 水星 | 0.4 | 0.38 | 0.06 | 5.43 | 0.24 | 58.65 | ほとんどない | 約170℃ |
| 金星 | 0.7 | 0.95 | 0.82 | 5.24 | 0.62 | 243.02 | 二酸化炭素 | 約460℃ |
| 地球 | 1.0 | 1.00 | 1.00 | 5.52 | 1.00 | 1.00 | ちっ素，酸素 | 約15℃ |
| 火星 | 1.5 | 0.53 | 0.11 | 3.93 | 1.88 | 1.03 | 二酸化炭素 | 約-50℃ |
| 木星 | 5.2 | 11.21 | 317.83 | 1.33 | 11.86 | 0.41 | 水素，ヘリウム | 約-145℃ |
| 土星 | 9.6 | 9.45 | 95.16 | 0.69 | 29.46 | 0.44 | 水素，ヘリウム | 約-195℃ |
| 天王星 | 19.2 | 4.01 | 14.54 | 1.27 | 84.02 | 0.72 | 水素，ヘリウム | 約-200℃ |
| 海王星 | 30.1 | 3.88 | 17.15 | 1.64 | 164.77 | 0.67 | 水素，ヘリウム | 約-220℃ |
| 月 | 1.0 | 0.27 | 0.012 | 3.34 | 27.3〔日〕 | 27.3 | ほとんどない | 約-30℃ |

太陽からのきょり，直径，重さ（質量）は，地球を１とした値。
- 太陽から地球までのきょり…約１億5000万km
- 地球の直径…約12756km
- 地球の質量…59 720 000 000 000 000億kg。

## 天体の大きさ比べ―衛星・準わく星―

地球を基準にして，衛星や準わく星の大きさを比べてみましょう。

1.0

地球

月（地球の衛星）

0.29

イオ

エウロパ

ガニメデ

カリスト

（木星の衛星）

タイタン（土星の衛星）

0.19

めい王星（準わく星）

0.19

エリス（準わく星）

0.070

ケレス（準わく星）

写真提供：
地球：NASA　月：NASA／JPL／USGS　イオ，エウロパ，ガニメデ，カリスト：NASA／JPL／DLR
タイタン：NASA／JPL／Space Science Institute　めい王星：NASA，ESA，and M.Buie（Southwest Research Institute）
ケレス：NASA，ESA，J.Parker（Southwest Research Institute），P.Thomas（Cornell University），L.McFadden（University of Maryland，College Park），and M.Mutchler and Z.Levay（STScI）

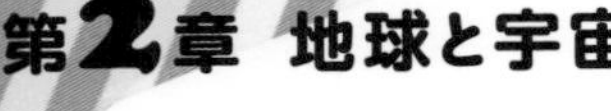


重要度

## ★★★ 小わく星

**太陽系** [➡ P.332] の天体のうち，わく星や**準わく星**より小さい天体で，おもに岩石でできています。ほとんどの小わく星は，火星と木星の公転き道の間にあり，これを**小わく星帯**と呼んでいます。

「はやぶさ」が探査した小わく星イトカワ

©JAXA

## ★★★ いん石

宇宙にある小さな天体が地球などのわく星や衛星の表面に落下してきたもので，地球の場合は，大気とのまさつで燃えつきずに落下してきたものをいいます。多くは火星と木星の公転き道の間にある**小わく星帯**からきたものです。

いん石

## ★★★ すい星（彗星）

おもに氷のつぶやちりが集まってできた**太陽系** [➡ P.332] の天体で，**ほうき星**とも呼ばれます。太陽のまわりを公転し，多くは**細長いだ円形のき道**をえがきます。太陽に近づくと氷がとけて，気体やちりを放出し，太陽と反対側に尾がのびます。

ヘールボップすい星

## ★★★ めい王星

海王星の外側を公転している天体です。以前はわく星に分類されていましたが，**太陽系** [➡ P.332] の研究が進んで天体の構造や公転き道がほかのわく星とは異なることがわかり，2006 年の国際天文学連合総会で，**太陽系外えん天体**の**準わく星**として分類されました。

**COLUMN まめ知識**

今から約 6600 万年前，中生代の終わりにキョウリュウをはじめとする多くの生物がほろんだ原因の 1 つに，地上にきょ大ないん石がしょうとつしたことが考えられています。

## ★★★ 準わく星

太陽のまわりを公転し，丸い形をしていて，わく星ほどの重さをもっていない天体を準わく星といいます。2006年の国際天文学連合総会で，新たに決められた分類です。**めい王星**や**エリス**，小わく星帯にある**ケレス（セレス）**などが準わく星に分類されています。[➡太陽系 P.332]

重力が大きいと丸い形になるんだよ

## ★★★ 太陽系外えん天体（太陽系外縁天体）

海王星の外側で，太陽のまわりを公転する小さな天体をまとめて太陽系外えん天体といいます。[➡太陽系 P.332]

## ★★★ 太陽系小天体

太陽のまわりを公転する天体のうち，わく星と準わく星，それらの衛星以外のすべての天体のことです。小わく星や太陽系外えん天体（そのうち準わく星を除く），すい星などが太陽系小天体です。[➡太陽系 P.332]

## ★★★ 流星

宇宙にある非常に小さなちりが地球の大気[➡ P.251]に飛びこみ，ちりと大気のはげしいまさつによって，高温になって光る現象です。見えるのは一瞬です。

### ●流星群

大量の流星が現れる現象です。すい星が放出したちりの集まっているところを地球が通ると，流星群が発生します。ある一点を中心としてそこから広がるように流星が見えるので，その方向にあるこう星[➡ P.271]や星座の名前をつけて「〇〇流星群」と呼ばれます。**ふたご座流星群**，**ペルセウス座流星群**，**しし座流星群**などがあります。

⬆ペルセウス座流星群のときの流星

2006年に決議されたわく星の定義は，次の条件を満たす天体です。①太陽のまわりを回っていること。②自分の重力で丸い形になっていること。③自分のき道の近くにほかの天体がないこと。

重要度 ★★★
## 銀河系

太陽系 [➡P.332] をふくむ，約1000 億～2000 億個のこう星 [➡P.271] や星団，星雲の集まりで，**天の川銀河**とも呼ばれます。真ん中がふくらんだ円ばんのような形をした空間に，こう星がうず巻き状に集まっていて，その直径は約 10 万光年 [➡P.272] です。銀河系の中心は，地球から見ていて座の方向にあります。太陽系は銀河系の中心から約 3 万光年の位置にあります。

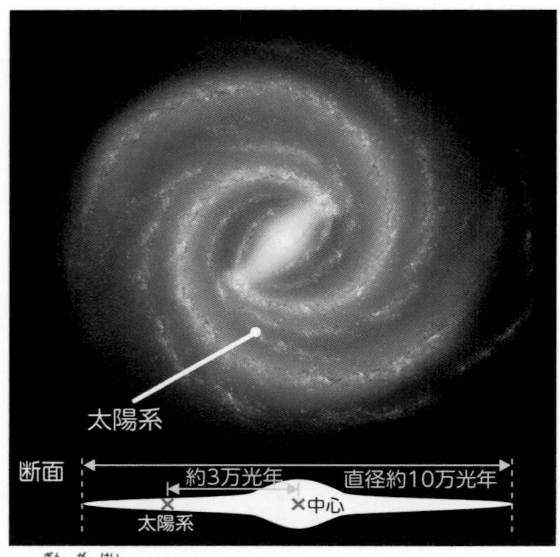


**銀河系のつくり**　提供：NASA/JPL-Caltech

★★★
## 天の川

夜空に白い雲のように見える光の帯で，無数の**こう星** [➡P.271] **の集まり**です。これは，地球から見た**銀河系**のすがたです。1 年中見えますが，夏はこう星が多くある銀河系の中心方向を見ているため，特に明るくかがやいて見えます。

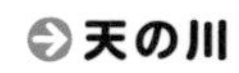

**天の川**

★★★
## 星団

多くのこう星 [➡P.271] が密集している集団です。数万から数百万個の，年れいが 100 億年以上の年老いたこう星がボールのように集まっている**球状星団**と，数十から数千個の若いこう星がまばらに集まった**散開星団**があります。

**球状星団**

提供：NASA, The Hubble Heritage Team, STScI, AURA

COLUMN まめ知識

わたしたちの銀河系とアンドロメダ銀河は動いていて，数十億年後にしょうとつして 1 つの銀河になると予測されています。

## ★★★ 星雲

雲のように見える天体で，ガスやちりが密集しているところです。近くにあるこう星[➡P.271]の光を反射して光ったり，こう星のえいきょうでガスやちりが光ったりする**散光星雲**や，背後にあるこう星の光をさえぎって黒く見える**暗黒星雲**，一生の終わりに近づいた星のまわりのガスが光る**わく星状星雲**などがあります。

わし星雲(暗黒星雲)
提供：NASA, ESA, STScI, J.Hester and P. Scowen (Arizona State University)

## ★★★ 銀河

銀河系の外にある，数億から数千億個のこう星[➡P.271]の集団です。宇宙には約2兆個の銀河があると考えられています。現在，約130億光年をこえる遠方の銀河も観測されています。

ろ座にある棒うず巻銀河
提供：NASA, JPL-Caltech, SINGS Team (SSC)

## ★★★ ブラックホール

密度[➡P.414]が非常に大きい天体で，重力[➡P.685]が大きすぎるため，ブラックホールに引きこまれると**光さえも外に出ていくことはできません。**重いこう星[➡P.271]が一生を終えるときの大ばく発（超新星ばく発）によって，ブラックホールができると考えられています。ブラックホールは完全に真っ暗な天体ですが，まわりにあるものを吸いこんだときに発生するX線[➡放射線 P.643]などを観測することで存在を知ることができます。銀河系の中心にもブラックホールがあると考えられています。

そうじ機みたい

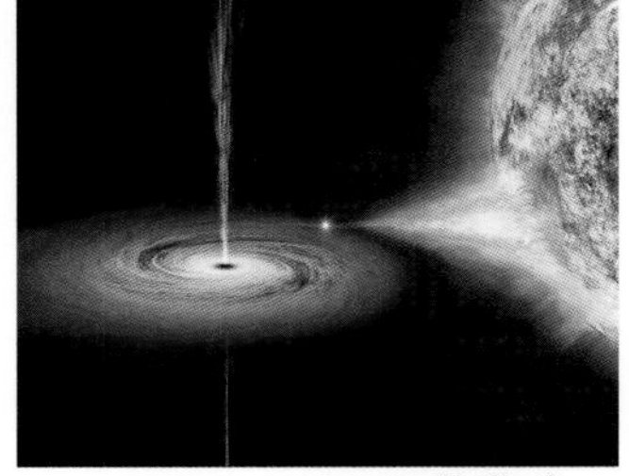

ブラックホールの想像図
提供：NASA/CXC/M.Weiss

重要度

## ★★★ JAXA（ジャクサ）

国立研究開発法人宇宙航空研究開発機構（Japan Aerospace Exploration Agency）。日本の宇宙航空分野の研究や開発・利用を担っています。ロケットの開発や人工衛星の打ち上げ，国際宇宙ステーション実験棟「きぼう」，補給機「こうのとり」の開発や運用などを行っています。

## ★★★ 人工衛星

人間がつくり，月のように地球のまわりを回らせた人工の天体です。ロケットを使って地球の上空のき道（人工衛星が通る道筋）まで運びます。気象衛星［➡ P.244］や地球観測衛星，天体観測衛星，通信・放送衛星などがあります。最初の人工衛星は，1957年に旧ソ連が打ち上げたスプートニク1号です。

## ★★★ はやぶさ（小わく星探査機）

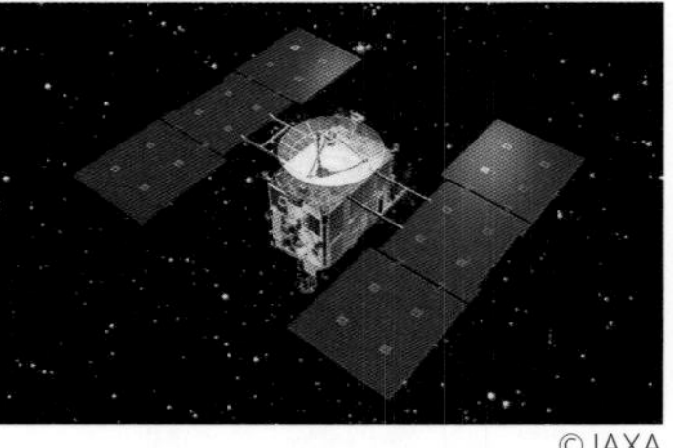
©JAXA

2003年に日本が打ち上げた小わく星探査機です。2005年の9月に小わく星「**イトカワ**」にとう着して表面をくわしく調べた後，その表面のかけら（サンプル）を採取して2010年6月に地球に帰還しました。月以外の天体からサンプルを持ち帰ったのは世界初です。わく星［➡ P.272］が誕生したころのようすを知る手がかりが得られるのではないかと期待されています。2014年の12月には「はやぶさ2」が打ち上げられました。

## ★★★ 国際宇宙ステーション（ISS）

提供：NASA

地上から約400km上空に建設された，きょ大な有人実験施設で，地球のまわりを約90分で1周します。日本をふくむ15か国が協力している国際プロジェクトです。地球上とは異なる宇宙かん境での実験や研究，天体の観測を行っています。日本は，その一部に実験棟「**きぼう**」を建設し，さまざまな実験を行っています。

COLUMN まめ知識

**使われなくなった人工衛星や部品などがき道上にごみとして残っているものがあり，その数は年々増えています。ほかの人工衛星や宇宙ステーションにぶつかると危険なため，問題となっています。**

## ★★★ ハッブル宇宙望遠鏡

1990年にアメリカが打ち上げた，地上600kmで地球のまわりを回っている，宇宙空間にある望遠鏡です。直径2.4mの反射鏡をもっています。大気のない宇宙で観測するため，さまざまな天体の鮮明な画像をとらえています。近々運用を終え，継続機となるジェームズ・ウェッブ宇宙望遠鏡が打ち上げられる予定です。

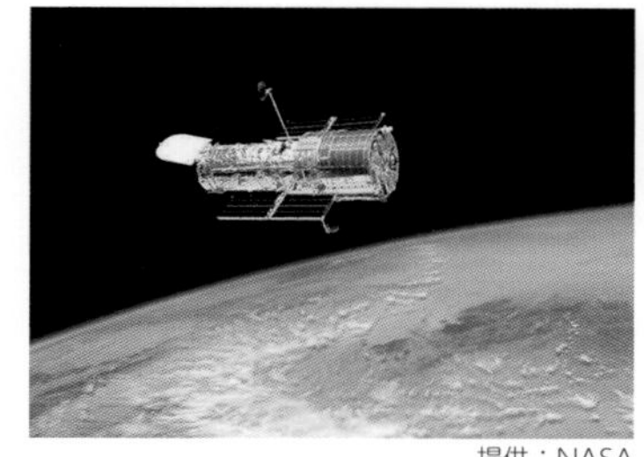
提供：NASA

## ★★★ すばる望遠鏡

アメリカ・ハワイ島のマウナケア山山頂にある，日本の国立天文台が設置した大型の望遠鏡です。直径8.2mという世界最大級の一枚鏡をもち，たくさんの光を集めることができます。とても遠い天体や宇宙の大規模構造を解き明かす天体も発見しています。

©平山健

## ★★★ アルマ望遠鏡

チリの標高5000mのアタカマ砂漠に建設された巨大電波望遠鏡です。天体から出される電波という光のなかまを合計66台のパラボナアンテナで集めます。日本をはじめ，多くの国が協力しています。ふつうの天体望遠鏡では見えない宇宙をより細かく観測できるようになり，銀河［➡P.343］やわく星［➡P.272］，生命の誕生を解き明かす手がかりが得られると期待されています。

提供：Clem&Adi Bacri-Normier (wingforscience.com/ESO)

暗黒の宇宙を見ることができるんだ！

COLUMN まめ知識

宇宙の天体からは，電波や赤外線，紫外線，X線などの人の目に見えない光のなかまも出されています。それらを観測する装置がつくられて，宇宙を観測することができるようになりました。

# 宇宙で起こる大爆発

## 星が死ぬときの爆発

重い星がその一生の最期に大爆発を起こし，太陽の数億倍もの明るさでかがやくのが超新星爆発です。とつ然星が明るくかがやき出すので，まるで新しい星が生まれたかのように見えますが，実際は星が死ぬしゅん間なのです。

かに星雲　提供：NASA, ESA, J. Hester, A. Loll (ASU)

1054 年に観測された超新星爆発は書物などに記録されており，その残がいを今でもかに星雲として見ることができます。

## ベテルギウスがなくなる！？

もうないかも!?

オリオン座の左上にある赤色の星ベテルギウスは，巨大な年老いた星で，近い将来に寿命をむかえて超新星爆発を起こすと考えられています。ただし，宇宙の時間での近い将来は 100 万年以内という非常に長い時間です。

ベテルギウスは地球から約 640 光年のきょりにあるので，私たちが今見ているのはベテルギウスから 640 年前に出された光です。もしかするとすでに爆発しているのかもしれません。

もしベテルギウスの爆発のようすを見ることができた場合，満月ほどの明るさでかがやき，昼でも見ることができるのだそうです。

COLUMN

# 宇宙の歴史と私たち

## ビッグバンって何？

宇宙の誕生は約 140 億年前とされます。宇宙ができたころ，宇宙をつくるすべてのもののもとが一点にあり，非常に高温かつ高密度の火の玉のような状態でした。これがビッグバンです。そして宇宙がぼう張して冷えていくと，原子よりも小さいつぶから水素やヘリウムの原子がつくられ，さらに星や銀河ができて現在の宇宙のすがたになったと考えられています。

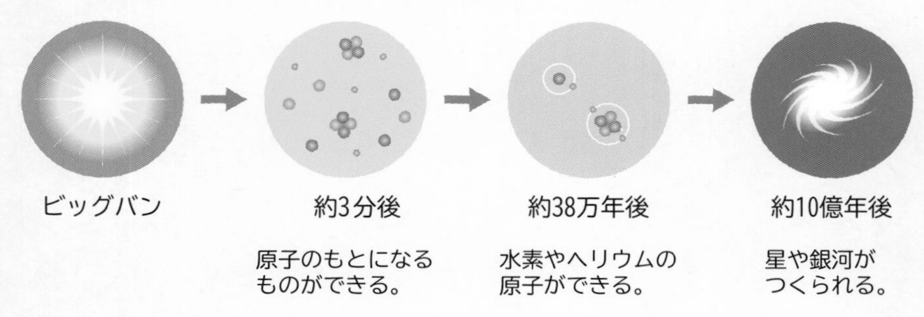

ビッグバン
約3分後
原子のもとになるものができる。
約38万年後
水素やヘリウムの原子ができる。
約10億年後
星や銀河がつくられる。

## 私たちは星からできた？

宇宙ができたころ，宇宙には水素とヘリウムしかありませんでした（わずかにリチウムとベリリウムというものがありました）。星が誕生すると，星は水素を燃料にして光ります。このときヘリウムや炭素，酸素などがつくられ，星が死ぬときにつくったものを宇宙に放出し，再び星をつくる材料となります。そしてビッグバンから約 100 億年後にその材料から太陽系ができました。つまり，地球も私たちのからだも，星がつくったものからできているのです。

私たちのからだをつくっているものは，星でつくられたのね

# 第3章 大地の変化

火山岩
➡P.384
急に冷える
風化
➡P.368
川
りゅう起する
➡P.400
ゆっくり冷える
深成岩
➡P.385
高温・高圧で性質が変化する
マグマ
➡P.381
とける
変成岩
➡P.372

# 岩石のじゅんかん

地球上の岩石は，たい積岩，火成岩（火山岩・深成岩），変成岩に大きく分けられます。これらの岩石は，すがたを変えて地球上をじゅんかんしています。

地球の表面でできる岩石

しん食
➡P.356

流れる水の
はたらきだ

運ぱん
➡P.356

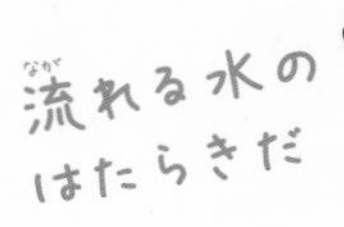

たい積
➡P.357

海

たい積岩
➡P.370

地球の中でできる岩石

岩も生まれ
変わってるんだね

高温・高圧で
性質が変化する

# この章で学ぶこと ヘッドライン

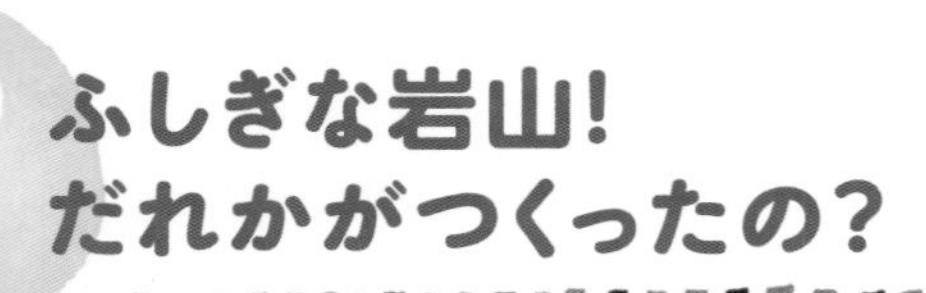

## ふしぎな岩山! だれかがつくったの?

モニュメント・バレーの岩石

左の写真は，アメリカ合衆国にあるモニュメント・バレーという場所です。ふしぎな形の岩山がところどころにそびえ立っています。この岩山は，もちろん自然の力でつくられたものです。

この岩山は，2億7千万年かけてつくられた地層が，5000万年かけて風化し，けずられてできました。岩石のやわらかい部分が先にけずられ，かたい岩石が残って，このような地形がつくられたのです。[➡ P.368]

## 化石から何がわかるの?

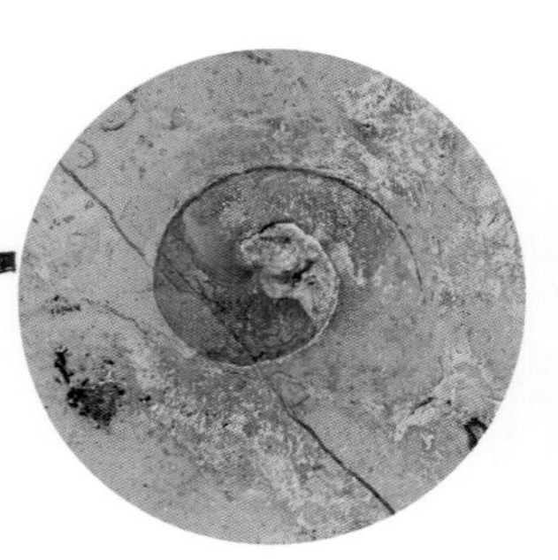

アンモナイトの化石

街中のビルの石でできたかべなどをよく見てみると，化石がうまっていることがあります。化石は昔の生物のからだやすんでいたあとが砂やどろなどにうまって残ったものです。

たとえば，地層からサンゴの化石が出てきたらどんなことがわかるでしょうか？　サンゴはあたたかい浅い海で生活しているので，地層ができた当時そのようなかん境であったと推定できます。化石の中には地層ができたときの自然かん境や時代を教えてくれるものがあるのです。[➡ P.373]

# 火山のふん火のようすってどれも同じ?

日本の火山がふん火するときは，ふんえんをあげているようすがよく見られます。時には大きな石をふき出すこともあります。ところがハワイの火山では，よう岩が流れ出るようなふん火をします。このように火山のふん火のようすがちがうのは，マグマの「ねばりけ」がちがうからです。

ふんえんを上げる桜島
マグマのねばりけは中程度で，はげしいふん火とおだやかなふん火をくり返す。

マグマのねばりけが強い火山では，火山灰などを勢いよくふき出してはげしく爆発するふん火になります。逆に，マグマのねばりけが弱い火山では，おだやかなふん火になります。[➡ P.383]

# 日本とハワイは近づいている?

地球の表面は，パズルのように組み合わさった十数枚の岩石の層におおわれています。この岩石の層をプレートといいます。それぞれのプレートは少しずつ動いていて，太平洋の海底のプレートは日本のほうに近づき，日本列島をのせているプレートの下にしずみこんでいます。このため，太平洋上にあるハワイの島々は，1年に数 cm の速さで日本に近づいています。[➡ P.394]

# 01 雨のゆくえと地面のようす

## ★★★ 地面のかたむきによる水の流れ

たくさん雨が降ると，地面には小さな川のような水の流れができることがあります。このとき，水はより低いところへ向かって流れていきます。ふつう**水は高いところから低いところに向かって流れていく**性質があります。

### ●地面を流れる水のようすの観察

**方法** 雨が降っているときの地面を流れる雨水のようすを観察する。

© 大塚知則／アフロ

**結果**

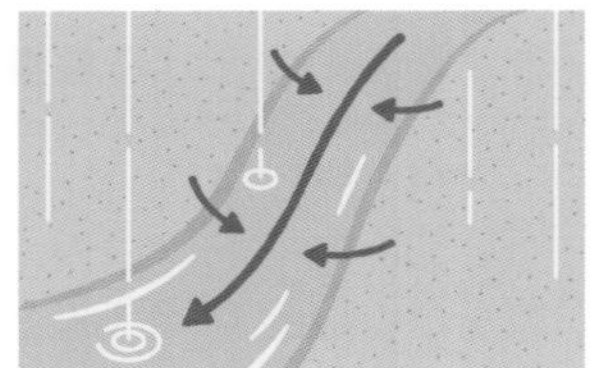

土が盛り上がっているところから低いところに水が流れこんでいた。川のような水の流れは，地面の低いほうへ向かっていた。

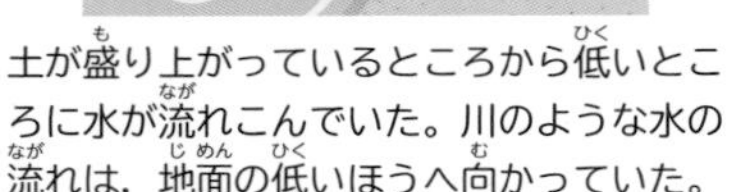

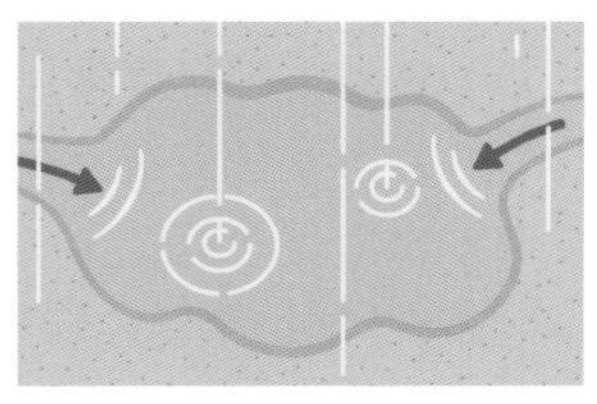

土がくぼんだところに水が流れこんで水たまりができていた。

これらのことから，水は高い場所から低い場所へと流れて集まっていることがわかります。

## ★★★ 土のつぶの大きさと水のしみこみ方

地面への水のしみこみ方は，土のつぶの大きさによってちがいます。**つぶが大きい土でできた地面では，すき間が大きいのではやく水がしみこみます。**つぶが小さい土でできた地面では，すき間が小さいので水がゆっくりしみこみます。

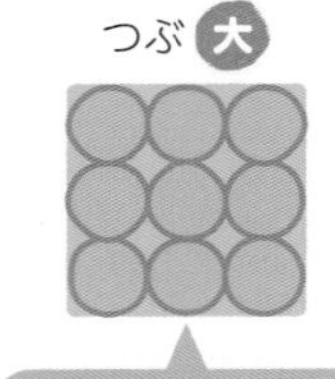


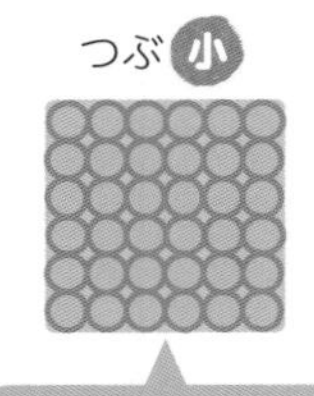

すき間が大きいほど水を通しやすいね

## 比べる 土をつくるつぶの種類

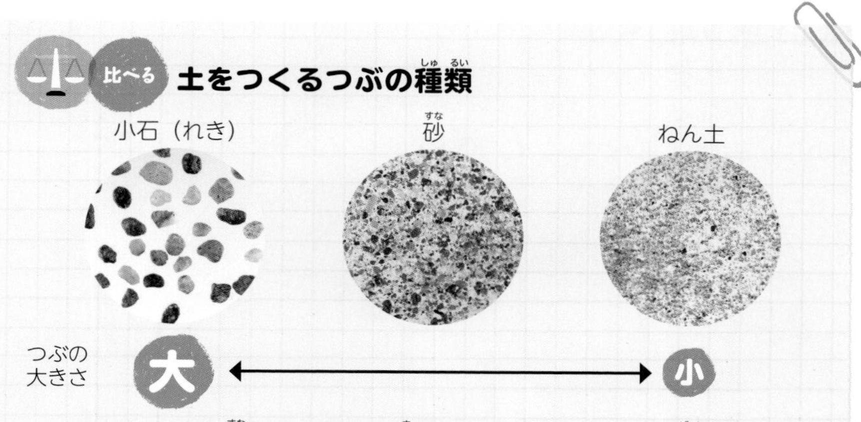


土は，小石（れき），砂，ねん土などが混ざり合ってできています。場所によってその混じり方がちがいます。

### ●土のつぶの大きさによる水のしみこみ方を調べる実験

**方法**
① つぶの大きい土（砂場の砂）と小さい土（花だんの土）を用意する。
② ペットボトルを切ってつくった装置に，①の土をそれぞれ同じ量入れる。
③ 同じ量の水を同時に入れ，㋐土の上の水が見えなくなるまでの時間，㋑一定時間後に土から出てきた水の量を調べる。

**結果**

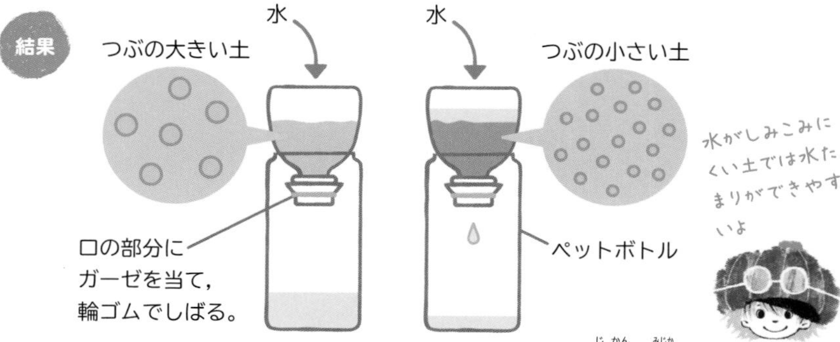


㋐ つぶの大きい土のほうが水が見えなくなるまでの時間が短かった。
㋑ 土から出てきた水の量は，つぶの大きい土のほうが多かった。
これらのことから，土のつぶの大きさによって水がしみこむ速さ（水のしみこみ方）にちがいがあることがわかります。

COLUMN くわしく
イネは田んぼに水を張って育てます。田んぼの土はつぶの小さいねん土が多いので，水をためておくことができます。

## ★★★ はい水のしくみ

降った雨水が流れていかないと，その場に水がどんどんたまってしまいます。そこで水が高いところから低いところに向かって流れる性質を利用して，はい水のしくみがつくられています。

道路は中央が高くなるようにつくられていて，雨水ははしに集められてはい水されます。

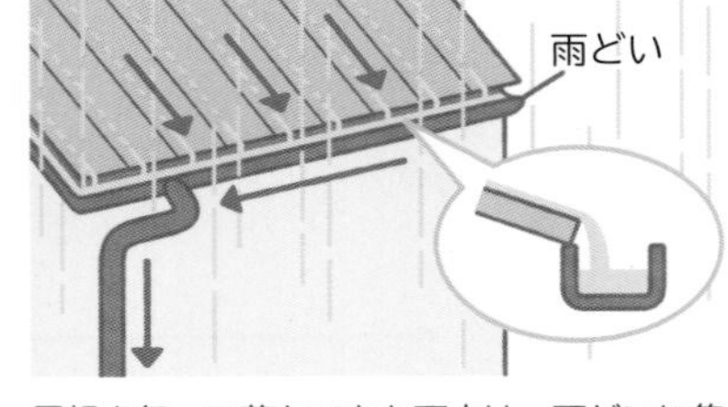


屋根を伝って落ちてきた雨水は，雨どいに集められ，下に流れてはい水されます。

## ★★★ 雨が降ったあとの水のゆくえ

雨が降ると，雨水は地面にしみこんで低いところへ流れていきます。山にしみこんだ大雨は土石流の原因にもなります。地下を通った水はやがて川に流れこみます。都市部では，地面がアスファルトやコンクリートにおおわれているところが多く水がしみこみにくくなっています。地面にしみこまなかった水は低いほうに流れていき，マンホールやはい水こうなどに流れこみます。そして下水道管（雨水管）を通って川にはい出されます。**雨が降ったあとの川は水が集まって増水し，流れが速くなります。** ［➡流れる水のはたらき P.356］［➡川の流れと土地の変化 P.361］

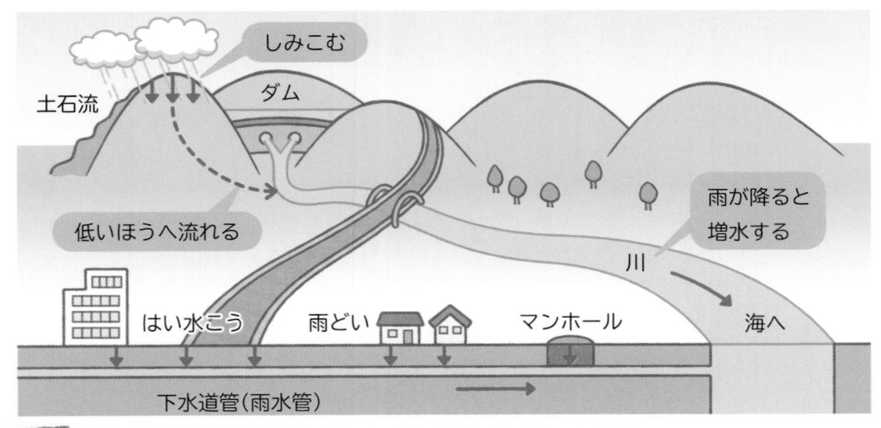


**COLUMN くわしく** こう水は，大雨によって川の水量が増えて，川から水があふれ出すことです。雪どけ水によって起こることもあります。

COLUMN

# 1時間に50ミリの雨ってどんな雨？

ニュースで「1時間に50ミリの雨が降りました」と聞くことがありますが，どのような雨かイメージすることはできますか？

「1時間に50ミリの雨」とは，降った雨が流れたり土の中にしみこんだりせずにそのまま地表にたまったとすると，1時間で高さ50mmになる雨です。開いたかさの面積がだいたい1平方メートルなので，1時間かさをさし続けると50L（2Lのペットボトル25本分）の雨をかさに受けることになります。

| 1時間の雨量(mm) | 10〜20 | 20〜30 | 30〜50 | 50〜80 | 80〜 |
|---|---|---|---|---|---|
| 雨の強さ | やや強い雨 | 強い雨 | 激しい雨 | 非常に激しい雨 | 猛烈な雨 |
| 人の受けるイメージ | ザーザーと降る | どしゃ降り | バケツをひっくり返したように降る | 滝のように降る（ゴーゴーと降り続く） | 息苦しくなるような圧迫感がある |
| 人への影響 | 地面からのはね返りで足元がぬれる。 | かさをさしていてもぬれる。 | | かさは全く役に立たなくなる。 | |

雨の強さと降り方

出典：気象庁

「これくらいなら大したことない」と思う人もいるかもしれませんが，そのあたり一帯に降った雨水が低いところにどっと流れこんでくると災害が起きるおそれがあります。

2018年7月に西日本を中心に発生したごう雨では，広いはん囲で大雨が長時間続き，各地でこう水や土砂くずれが発生するなど大きなひ害をもたらしました。

はい水できる量以上の大雨が降ると，こう水が起こりやすくなるよ

こう水によるひ害（岡山県）

重要度 ★★★

## 流れる水のはたらき

流れる水のはたらきには，**しん食**，**運ぱん**，**たい積**の３つがあります。流れる水の速さや水の量によって，はたらきは変わります。**流れが速かったり，水の量が多いとしん食，運ぱんのはたらきが大きく，水の流れがおそいと，たい積のはたらきが大きくなります。**

比べる

**流れる水のはたらき**

かたむきが急

内側

曲がって流れているところ

かたむきがゆるやか

外側

| | | 流れの速さ | おもな流れる水のはたらき |
|---|---|---|---|
| 地面のかたむき | 急 | 速い | しん食・運ぱん |
| | ゆるやか | おそい | たい積 |
| 曲がって流れているところ | 外側 | 速い | しん食・運ぱん |
| | 内側 | おそい | たい積 |

★★★

## しん食

流れる水が地面を**けずるはたらき。流れる水の速さが速いほど，流れる水の量が多いほどしん食のはたらきは大きくなります。**

★★★

## 運ぱん

流れる水が土砂を**運ぶはたらき。流れる水の速さが速いほど，流れる水の量が多いほど運ぱんのはたらきは大きくなります。**

COLUMN くわしく

地面を流れる水がにごっているのは，けずられた土が混ざっているからです。大雨のときは，土が多くけずられて運ばれるので，ふだんの川よりもにごっています。

## ★★★ たい積

流れる水が土砂を**積もらせるはたらき**。**流れる水の速さがおそいほど，たい積のはたらきは大きくなります。**

## ★★★ 川の水のはたらき

川の流れによって，流れの速さや，川底や川岸のようすがちがいます。

〈まっすぐ流れているところ〉

**中央部は流れが速い**ので，しん食や運ぱんのはたらきが大きく，川底がけずられて**最も深くなっています。**両岸は流れがおそいので，たい積のはたらきで小石や砂が積もり，川原ができます。また，川底の石は，中央ほど大きい石が多くなっています。

〈曲がって流れているところ〉

**外側は流れが速い**ので，しん食や運ぱんのはたらきが大きく，川岸や川底がけずられて**がけになっています。内側は流れがおそい**ので，たい積のはたらきで小石や砂が積もって**川原ができます。**また，川の外側の川底には大きい石がころがっています。

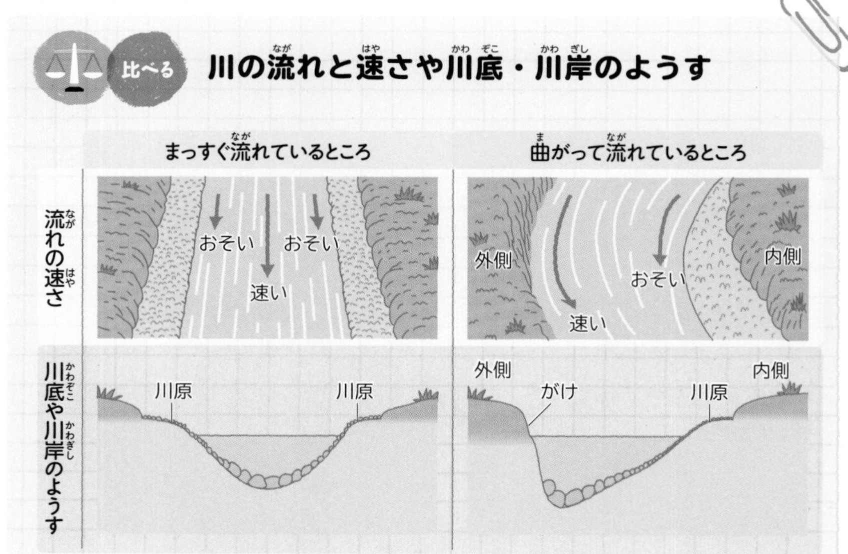

重要度 ★★★

# 川と川原の石のようす

川のようすは，流れている場所によってちがっています。
石は，**川の水に流されていくうちに，石と石とがぶつかり合って割れたり，こすれ合ったりしてしだいに小さくなり，角がとれて丸くなっていきます。**

**〈山の中を流れるところ（上流）〉**
土地のかたむきが急で，川はばはせまく，流れの速さが速いため，しん食や運ぱん [➡ P.356] のはたらきが大きくなります。川原には大きくて角ばった石が多くあります。

**〈平地を流れるところ（中流）〉**
土地のかたむきはゆるやかになり，上流に比べて川はばはだんだん広くなって，水の流れがゆるやかになります。川原の石は，上流のものと比べて小さく，丸みをおびています。

**〈河口付近を流れるところ（下流）〉**
川はばが広くなって流れがおそくなるため，たい積 [➡ P.357] のはたらきが大きくなって土砂が川原や川底に積もります。石はさらに小さく，丸みがあります。

↑ 山の中を流れるところ
鬼怒川（栃木県）

↑ 平地を流れるところ
玉川（秋田県）

↑ 河口付近を流れるところ
大井川（静岡県）

## 比べる 川の上流・中流・下流のようす

| | | 山の中（上流） | 平地（中流） | 河口付近（下流） |
|---|---|---|---|---|
| 土地のかたむき | | 急 | ←→ | ゆるやか |
| 川はば | | せまい | ←→ | 広い |
| 川岸のようす | | がけが多い | がけと川原がある | 川原が広い |
| 水の量 | | 少ない | ←→ | 多い |
| 流れの速さ | | 速い | ←→ | おそい |
| おもなはたらき | しん食 | 大きい | ←→ | 小さい |
| | 運ぱん | 大きい | ←→ | 小さい |
| | たい積 | 小さい | ←→ | 大きい |
| 石の大きさ | | 大きい | ←→ | 小さい |
| 石の形 | | 角ばっている | ←→ | 丸い |

## ★★★ V字谷

山の中を流れる川の上流部で見られるV字形をした谷。土地のかたむきが急な**上流**では，川の流れが速く，川底をけずる**しん食** [➡ P.356] のはたらきが大きいので深い谷ができます。

V字谷

COLUMN まめ知識

氷河（地上に降った雪が固まって厚い氷となり流動するもの）が谷を移動するとき，地表がけずりとられてできたU字形をした深い谷をU字谷といいます。

重要度

## ★★★ せん状地（扇状地）

川が**山地から平地に出たところに見られるおうぎ形の地形**。土地のかたむきが急にゆるやかになって川の流れがゆるやかになるため，**たい積** [➡ P.357] のはたらきが大きくなり，上流から運ばれた小石混じりの砂が積もります。水はけがよく，川の水が地下を流れることがあります。

© アフロ

⇧せん状地（山梨県）

## ★★★ 三角州

**河口近くに見られる三角形の形をした土地**で，デルタともいいます。河口付近では川の流れがおそくなるので，**たい積** [➡ P.357] のはたらきが大きくなり，土砂が積もって新しい陸地ができます。土砂のつぶが小さいので，水はけは悪いです。

© アフロ

⇧雲出川の三角州（三重県）

## ★★★ だ行（蛇行）

川がへびのように曲がりくねって流れているところです。曲がって流れている川の外側はしん食 [➡ P.356] のはたらきによってけずられ，内側はたい積 [➡ P.357] のはたらきによって土砂が積もり，川の曲がりが大きくなります。

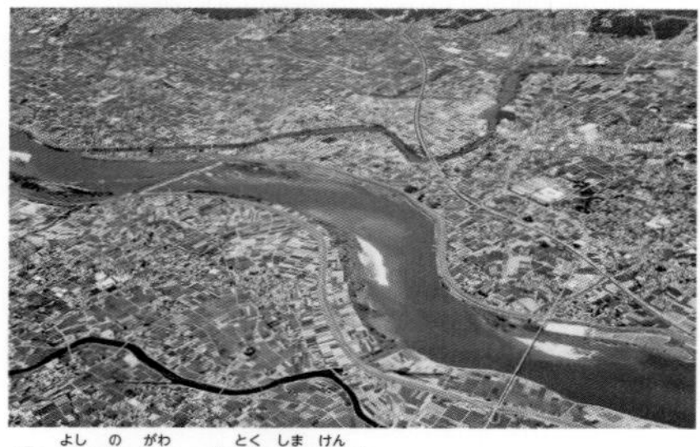

⇧吉野川（徳島県）

## ★★★ 三日月湖

三日月の形をした湖。だ行した川でこう水などが起こると，川の水が曲がったところを通らずにまっすぐ流れるようになり，とり残されたカーブの部分が湖として残ります。

© アフロ

チルワツナイ川（北海道）

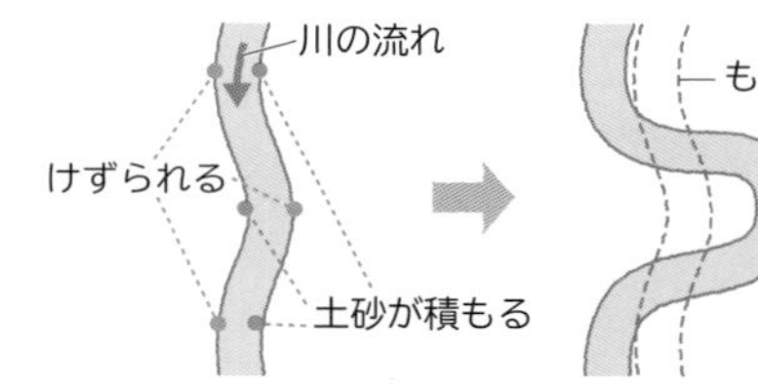


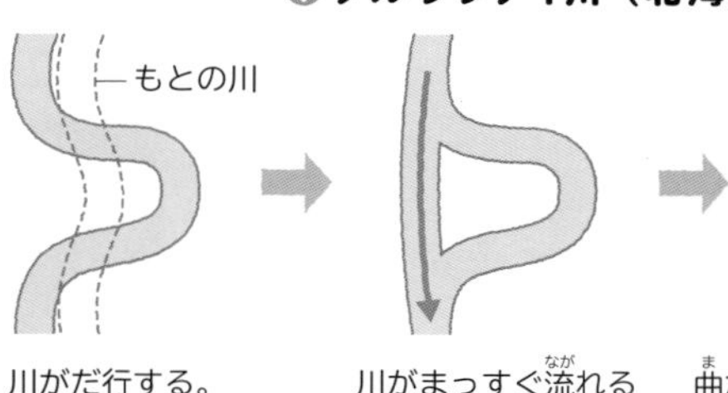


曲がって流れている川 → 川がだ行する。 → 川がまっすぐ流れるようになる。 → 曲がって流れていたところが残される。

だ行と三日月湖のでき方

## ★★★ 川の流れと土地の変化

台風 [➡P.258] などで短時間に大雨が降ったり（集中ごう雨 [➡P.259]），梅雨 [➡P.262] の時期などで長い期間雨が降り続いたりする（長雨）と，**川の水の量が増えて，流れが速くなり，しん食や運ぱん** [➡P.356] **のはたらきがとても大きくなります**。そのため，川岸や川底がけずられて土地のようすが大きく変化します。また，**こう水などの災害**が起きることがあります。
水の流れがおだやかになると，流された土砂などが川岸や川底に積もります。

## ★★★ 土石流

集中ごう雨 [➡P.259] や長雨などの大雨で，山や川の土砂が水とともに一気におし流される現象です。時速 20〜40km の速さで流れ，ものすごい勢いで建物や道路などをおし流してしまいます。

大雨のときは注意だね

© アフロ

土石流のひ害

COLUMN くわしく

日本の川は上流から河口までのきょりが短く，土地のかたむきが急なので，水の流れが速く，大雨が降るとこう水が発生しやすいのです。

こう水を防ぐくふうだよ

重要度

## ★★★ てい防

川の水があふれ出たり，海の水が浸入したりしないように，土砂やコンクリートなどを使って土地を盛り上げたもの。
自然の石を使ったり，コンクリートの上に土をかぶせたりして，魚などの生物がすみやすいようにくふうされたものもあります。

© アフロ

↑てい防

## ★★★ 砂防ダム

川底がけずられたり，運ばれてきた土砂が一度に流されたりすることを防ぐ設備で，砂防えんていとも呼ばれます。

↑砂防ダム

## ★★★ ブロック（護岸ブロック）

川岸や海岸に置かれる大きな石で，水の力を弱めて土地がけずられるのを防ぎます。

## ★★★ ダム

大雨が降ったときに雨水をたくわえて，川の水があふれないように水の量を調節します。

見たことあるよ

↑ブロック

↑青蓮寺ダム（三重県）

## ★★★ 遊水地（遊水池）

大雨などで川の水の量が増えたときに，一時的に水をためてこう水を防ぐための土地や池。**調節池**も同じような役割をします。

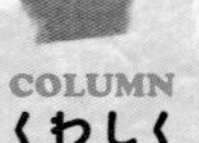

COLUMN くわしく

川に砂防ダムがつくられると，サケやアユなどが川を移動できなくなってしまいます。そこで，魚などが川を移動できるように，川につくられた通路を魚道といいます。

COLUMN

# こう水を防ぐ地下神殿!?

提供：国土交通省 江戸川河川事務所

写真は，埼玉県春日部市の地下に建設された，世界最大級の地下放水路内にある調圧水そうです。地下神殿とも呼ばれるこの巨大水そうは，長さ177 m，はば78 mとサッカーグラウンド以上の広さがあり，高さ18 mの柱が59本そびえ立っています。

この地域は大きな川に囲まれた皿のような低い平地で，土地のかたむきがゆるやかなために水が流れにくく，大雨が降るたびにしん水ひ害を受けてきました。この地下放水路は，小さな川からあふれた水をとりこみ，大きな川に流してこう水によるひ害を防いでいます。

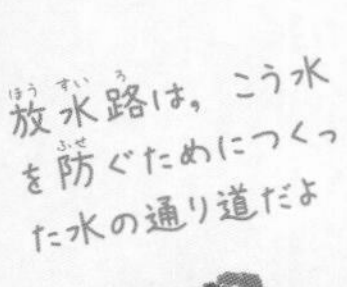

放水路は，こう水を防ぐためにつくった水の通り道だよ


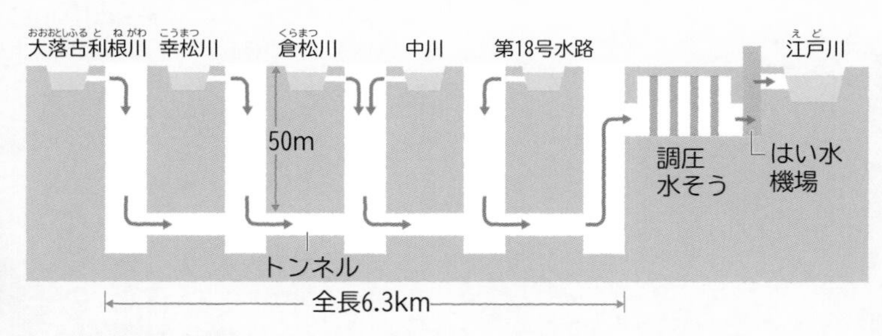

**↑ 地下放水路のしくみ**
小さい川からあふれた水をとりこみ，トンネルに通します。流れてきた水の勢いを調圧水そうで弱めて大きな川にはい出します。

# 03 地層のでき方

重要度 ★★★

## 地層

れきや砂，どろ [➡P.368]，火山灰 [➡P.382] などが層になって積み重なり，しま模様に見える土地を地層といいます。地層がしま模様に見えるのは，**それぞれの層にふくまれるものの色やつぶの大きさがちがっているため**です。層の厚さは，それぞれの層によってちがいます。

地層は，横にもおくにも広がっていて，地面の下にも続いています。また，水平なものやかたむいているものもあります [➡地層の変形 P.376]。
下から上に層が積み重なっていくので，ひと続きの地層ではふつう，**上の層ほど新しく，下の層ほど古くなります。**
地層には，流れる水のはたらきでできた地層 [➡P.366] と火山のはたらきでできた地層 [➡P.369] があります。

### 水のはたらきでできた地層と火山のはたらきでできた地層

| | 水のはたらきでできた地層 | 火山のはたらきでできた地層 |
|---|---|---|
| 地層のでき方 | 流れる水のはたらき（しん食・運ぱん・たい積） | 火山のはたらき（火山のふん火） |
| 地層ができる場所 | 海や湖の底 | 陸上，海や湖の底 |
| 地層をつくるもの | れき，砂，どろ | 火山灰など |
| 地層の中のつぶ | 丸みがある | 角ばっている<br>穴があいているものがある |

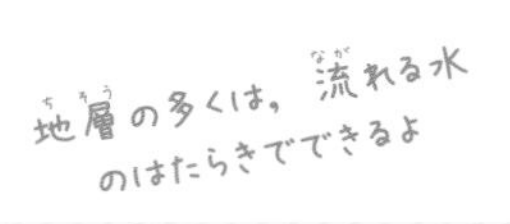

COLUMN リンク

➡ 地層を読みとろう P.379，地層のつながり P.380

●地層の観察

がけや切り通しなどで，地層のようすを観察します。地層全体をスケッチし，それぞれの層の厚さや色，ふくまれているものなどについて調べます。

持っていくもの

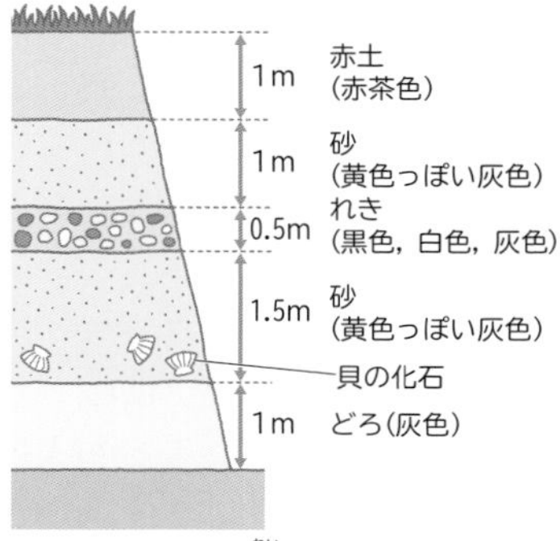


スケッチの例

## ★★★ 露頭

がけなどで，地層や岩石がむき出しになっているところです。

## ★★★ 切り通し

山や丘などに道路や線路を通すときに，その両側をけずりとって切り開いたところです。

## ★★★ ボーリング

大きな建物を建てるときなどに，地下のようすを調べるために，地下深くの土や岩石をとり出すこと。とり出したものを**ボーリング試料**といいます。地層を直接見られなくても，ボーリング試料から地下のようすを知ることができます。

ボーリング試料

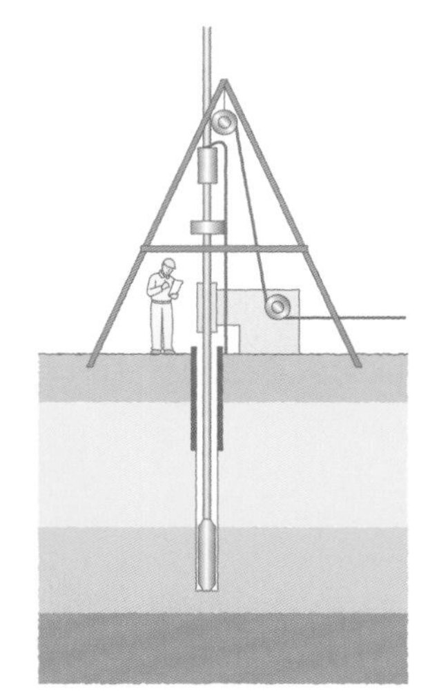

ボーリング

# 第3章 大地の変化

重要度 ★★★

## 水のはたらきでできた地層

川の水で運ばれたれき，砂，どろ [➡ P.368] は，つぶの大きさで分かれて海や湖の底などにたい積 [➡ P.357] します。つぶの大きいものほどはやくしずむので，つぶの大きいれきは河口近くにしずみ，**つぶが小さくなるにしたがって遠くまで運ばれてしずみます。**

海の深さや流れの速さなどが変わると，今までたい積していた層の上に，大きさのちがうつぶがたい積し，これがくり返されて地層ができます。

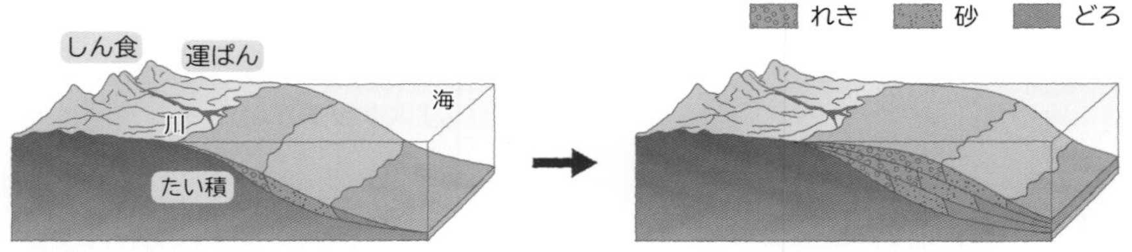


運ばれてきたれき，砂，どろは，つぶの大きいものからたい積する。

新しい層が次々に積み重なり，地層がつくられる。

**↑ 地層のでき方**

### 〈水のはたらきでできた地層の特ちょう〉

地層の中のつぶは，水で流されてきたために角がとれて**丸みがあります** [➡川と川原の石のようす P.358]。1つの層の中では，つぶの大きさはほぼ同じですが，よく観察すると，**下のほうほどつぶが大きくなっています**。また，地層の中に**化石** [➡ P.373] **がふくまれている**ことがあります。

### ●地層のでき方を調べる実験

**方法**

① 下の図のような実験装置を組み立てる。
② れき，砂，どろを混ぜたものをといに置き，水を流す。
③ 水のにごりがおさまったら，もう一度②をくり返す。

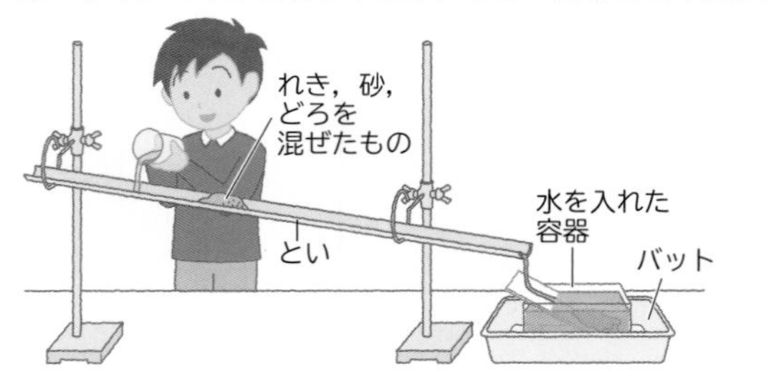

COLUMN くわしく

海水の流れ方が変わったり，川の流れの速さが変わったりすることでも，たい積するつぶの大きさが変化します。

**結果** ②，③とも下から，れき，砂，どろに分かれた層ができ，つぶの大きいもの→つぶの小さいものの順に積もった。また，②でできた層の上に，新しく③の層が②と同じ順でたい積した。

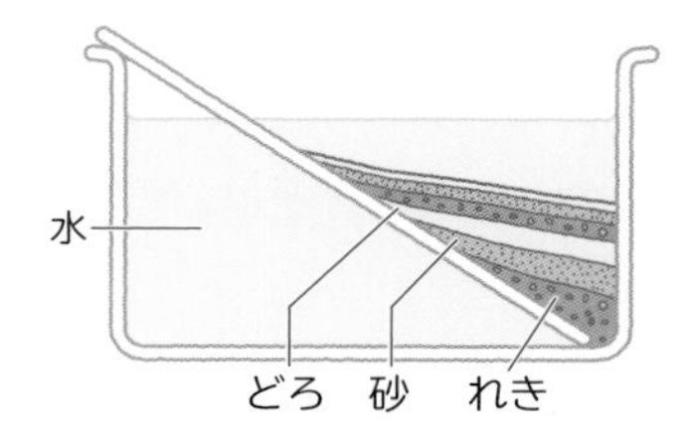


## ●海の深さとたい積するつぶの変化

海水面が上しょうして（土地がちん降 [➡P.400] して）**海の深さが深くなる**と，海底のある地点では，河口からのきょりが大きくなります。このため，その地点には，**もとのつぶよりも小さいつぶが上にたい積します。**

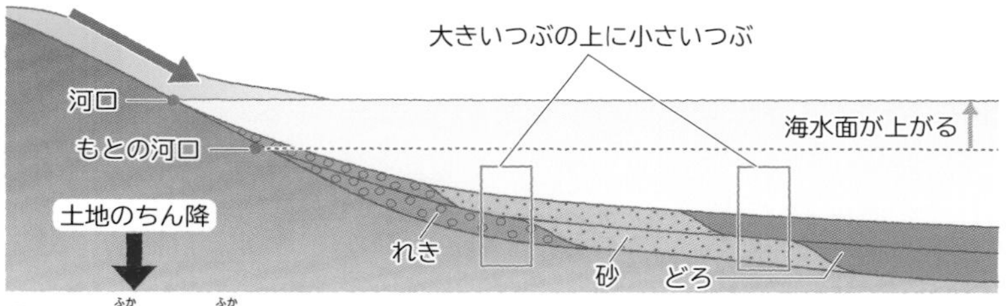


**海の深さが深くなったとき**

逆に，海水面が下降して（土地がりゅう起 [➡P.400] して）**海の深さが浅くなる**と，海底のある地点では，河口からのきょりが小さくなり，**もとのつぶよりも大きいつぶが上にたい積します。**

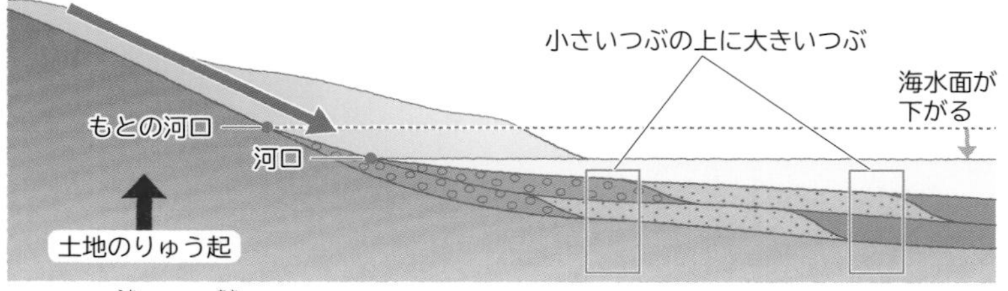


**海の深さが浅くなったとき**

## ●地層が陸上で見られる理由

水の底にたい積してできた地層は，**長い年月の間に大きな力が加わっておし上げられると陸上に現れます。**陸上に現れた地層は，流れる水のはたらきなどでけずられて，れき，砂，どろとなり，流れる水で運ばれて水の底にたい積し，また新しい地層をつくります。

重要度

## ★★★ れき

岩石がくだけてできた破片のつぶで，**直径が2mm以上**のものをれきといいます。

## ★★★ 砂

岩石がくだけてできた破片のつぶで，**直径が0.06～2mm**のものを砂といいます。

## ★★★ どろ

岩石がくだけてできた破片のつぶで，**直径が0.06mm以下**のものをどろといいます。

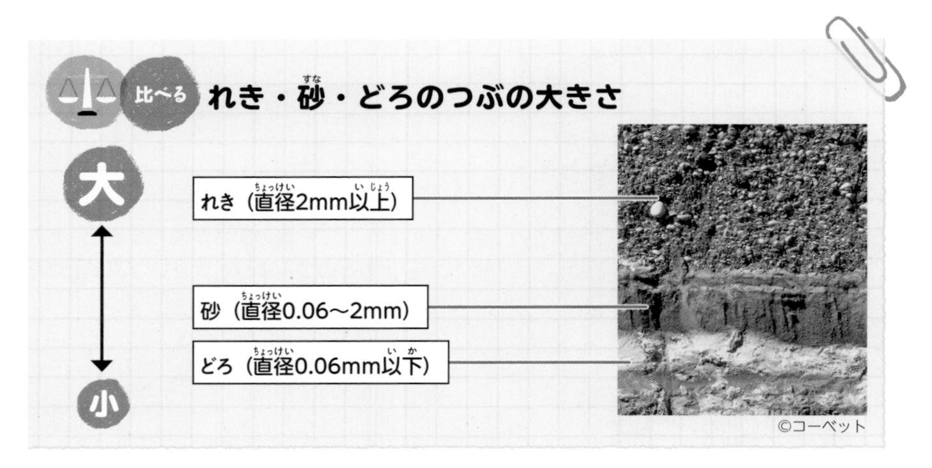


## ★★★ 風化

岩石が，急な気温の変化や水，植物などのえいきょうを受けて，長い間にその表面からもろくなっていき，**細かくくずれたりする**現象。かたい岩石は，風化やしん食[➡P.356]で，れき，砂，どろになります。

↑風化する岩

COLUMN まめ知識

どろは，つぶの大きさによってさらにシルトとねん土に分けられます。シルトのほうがねん土よりつぶが大きくなっています。

# ★★★ 火山のはたらきでできた地層

火山がふん火すると，ふき出した**火山灰**[➡ P.382] などが陸上や水底に降り積もって地層[➡ P.364] ができることがあります。

火山灰の地層

〈火山のはたらきでできた地層の特ちょう〉
地層の中のつぶは**角ばっていて，小さな穴**があいた石が混ざることがあります。

## ●つぶが角ばっていたり，石に穴があいていたりする理由

火山灰などが陸上に直接たい積したり，長い時間水に流されていなかったりするのでつぶは角ばっています。また，火山のふん火で地下にあるマグマ[➡ P.381] が地表にふき出たときに，中のガスがぬけてそのあとが小さな穴となります。

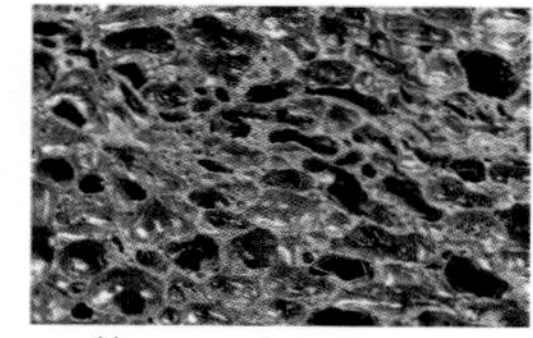
穴のあいた石

## ●火山灰の観察

**方法** 火山灰を皿にとり，水を加えて指でこすって洗い，にごった水を流す。水がきれいになるまでくり返し，残ったものをかわかしてそう眼実体けんび鏡[➡ P.129] などでつぶを観察する。

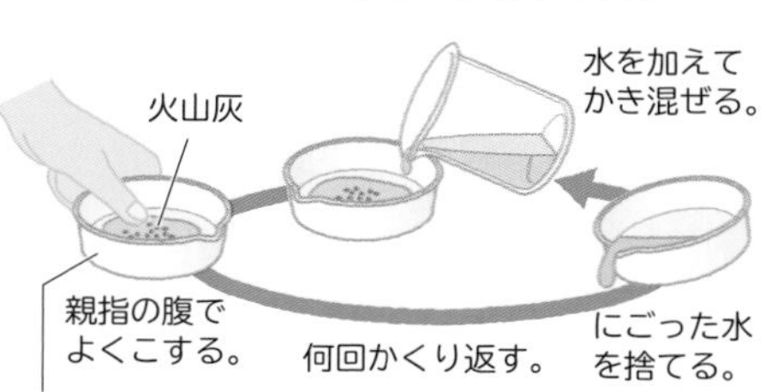
火山灰
水を加えてかき混ぜる。
親指の腹でよくこする。
何回かくり返す。
にごった水を捨てる。
蒸発皿

**結果** つぶは角ばっているものが多かった。

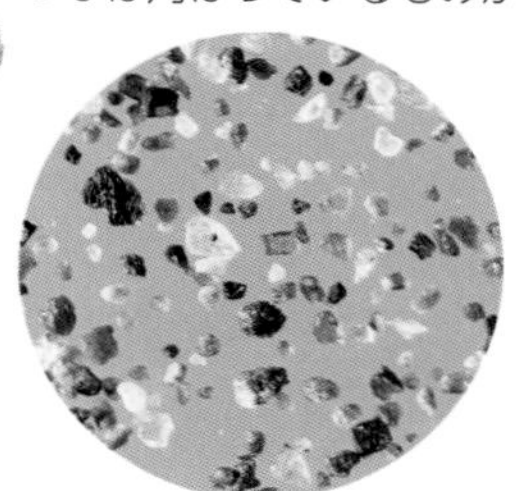
火山灰のつぶ

水のはたらきでできた地層の中のつぶとはちがうね

**COLUMN まめ知識**
関東地方に広がる赤土の関東ローム層や鹿児島県や宮崎県に広がるシラス台地は，火山灰が降り積もってできた地層です。

重要度 ★★★

## たい積岩

**地層** [➡ P.364] **をつくっているもの**が，上の地層の重みでかたい岩石になったもの。長い年月をかけて，地層をつくるつぶどうしがくっついて固まります。たい積岩には，流れる水のはたらきでできた**れき岩**，**砂岩**，**でい岩**，火山からふき出たものからできた**ぎょう灰岩** [➡ P.372]，生物の死がいなどからできた**石灰岩**と**チャート** [➡ P.372] があります。

**たい積岩は化石** [➡ P.373] **をふくむことがあります。**

### 比べる たい積岩の種類

| | 岩石をつくるもの | 特ちょう |
|---|---|---|
| れき岩 | 直径2mm以上のつぶ（れき） | ●つぶの大きさで分類される。<br>●つぶは丸みがある。 |
| 砂岩 | 直径0.06mm～2mmのつぶ（砂） | |
| でい岩 | 直径0.06mm以下のつぶ（どろ） | |
| ぎょう灰岩 | 火山灰などの火山からふき出たもの | つぶは角ばっている。 |
| 石灰岩 | 生物の死がいなど（石灰質） | ●うすい塩酸をかけると二酸化炭素を発生する。 |
| チャート | 生物の死がいなど（ケイ酸質） | ●うすい塩酸をかけても二酸化炭素は発生しない。<br>●とてもかたい。 |

★★★

## れき岩

**直径が 2mm 以上のれき** [➡ P.368] が，砂やどろといっしょに固まってできた岩石で，たい積岩です。

**丸い形**のれきが目立ちます。

↑れき岩

## ★★★ 砂岩

**直径が 0.06～2mm の砂** [➡ P.368] のつぶがおもに固まってできた岩石で，たい積岩です。**つぶは丸みがあり，大きさがほぼそろっています。** 表面はざらざらしています。

砂岩

## ★★★ でい岩

**直径が 0.06mm より小さなどろ** [➡ P.368] が固まってできた岩石で，たい積岩です。つぶが小さく，きめの細かい岩石なので，水を通しにくくなっています。そのため，**地下水はでい岩の層の上にたまることがあります。**

でい岩

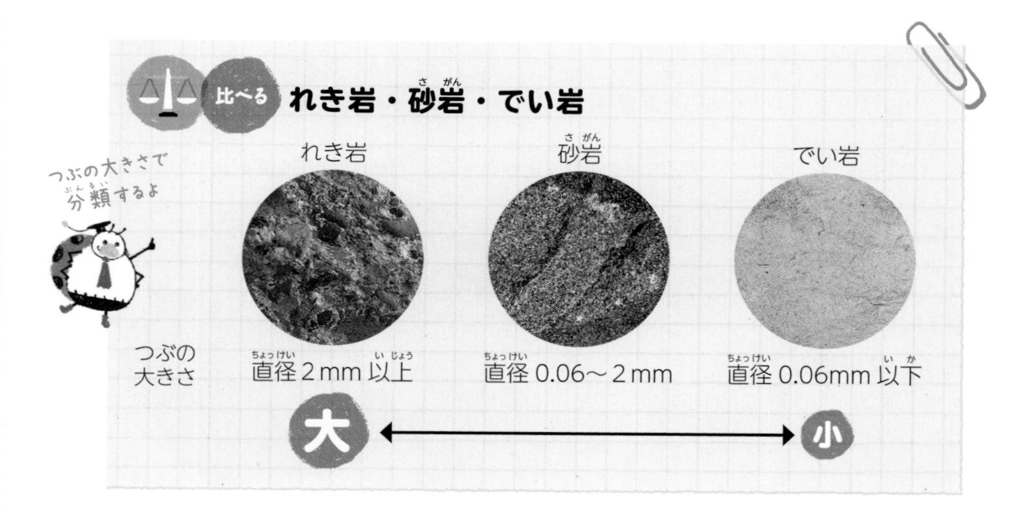

COLUMN まめ知識

でい岩がさらにおし固められると，黒っぽい色のねんばん岩になります。ねんばん岩は，割ると板のようにうすく割れます。習字のすずりの材料や黒のご石などに使われています。

重要度

★★★ ## ぎょう灰岩（凝灰岩）

↑ぎょう灰岩

**火山のふん火のときに出る火山灰** [➡ P.382] などが固まってできた岩石で，**たい積岩** [➡ P.370] です。火山灰などの層は，陸上にたい積してできることも多く，ぎょう灰岩のつぶは，水によって運ばれていないので**角ばっています。**

★★★ ## 石灰岩

↑石灰岩

サンゴなどの**石灰質のからをもつ生物の死がい**や，海水中にとけこんだ石灰分が固まってできた岩石で，**たい積岩** [➡ P.370] です。灰色や白色をしています。

おもな成分は炭酸カルシウムで，石灰岩に**うすい塩酸** [➡ P.477] **を加えると二酸化炭素のあわを出してとけます。**セメントの材料として使われます。

**●大理石**

石灰岩が，地下深くでマグマ [➡ P.381] の熱や圧力 [➡ P.690] などによって変化してできた岩石を大理石といいます。建築材料やちょう刻の石材などに広く用いられています。

大理石などのように，マグマの熱や圧力によって性質が変化した岩石を**変成岩**といいます。

★★★ ## チャート

↑チャート

**ケイ酸質**（二酸化ケイ素）**のからをもつ生物の死がい**や海水中のケイ酸分が固まってできた岩石で，**たい積岩** [➡ P.370] です。うすい塩酸 [➡ P.477] をかけても二酸化炭素は発生しません。また，とてもかたい岩石です。

COLUMN くわしく

ケイ酸質のからをもつ生物には，ケイソウ，ホウサンチュウなどがあります。

## ★★★ 化石

地層 [➡ P.364] の中に残された大昔の**生物の死がい**，**足あと**，**すみあと**，**ふん**などをまとめて化石といいます。地層ができるときに，それまでそこに生活していた生物の死がいなどの上に土砂が積もり，長い年月の間にかたくなってできます。

化石には，昔の生物のすがたがわかるほかに，地層ができたときのかん境や，いつできたかを知る手がかりとなる**示相化石**と**示準化石** [➡ P.374] があります。

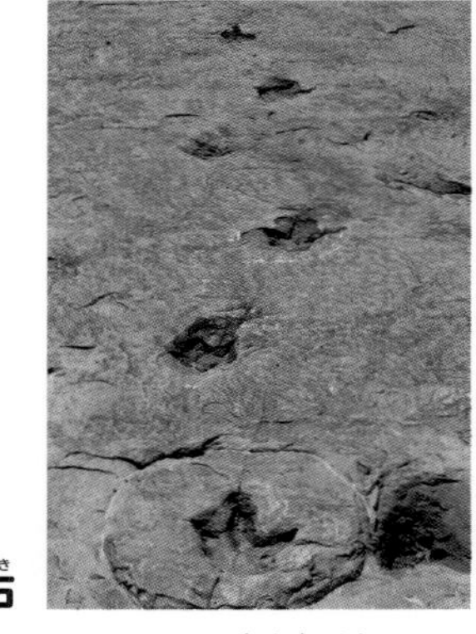

キョウリュウの足あとの化石

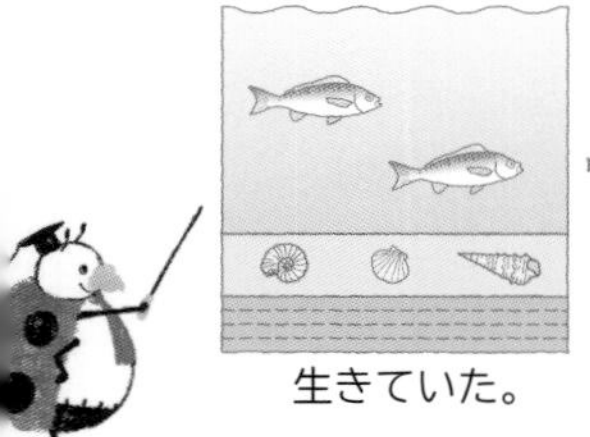

生きていた。

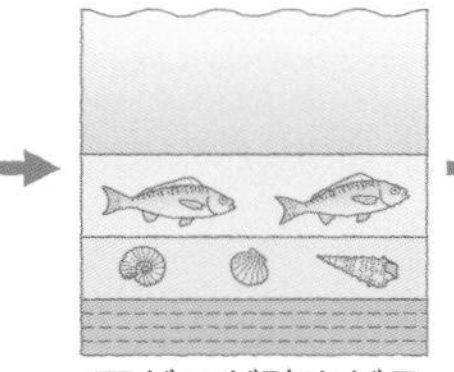

死がいが砂やどろにうもれる。

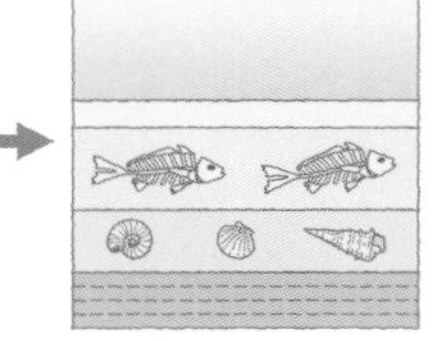

化石になる。

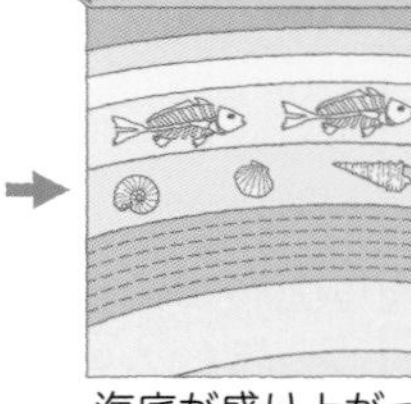

海底が盛り上がって地上に出る。

化石のでき方

## ★★★ 示相化石

**地層** [➡ P.364] **ができた当時のかん境**を知る手がかりになる化石です。**生きられるかん境が限られ**，なるべく**現在もその種類が生きていて**生活のようすがくわしくわかっている生物の化石が示相化石として適しています。

| 示相化石となる生物 | 推定できるかん境 |
|---|---|
| サンゴ | あたたかくて浅い海 |
| アサリ・ハマグリ | 浅い海 |
| シジミ | 湖や川の河口付近 |
| ブナ | やや寒冷な地域 |

サンゴの化石

ブナの葉の化石

重要度 ★★★

## 示準化石

**地層** [➡ P.364] **ができた時代**を知る手がかりになる化石 [➡ P.373] です。**広いはん囲に生息し，短い期間に栄えた生物の化石**が示準化石として適しています。

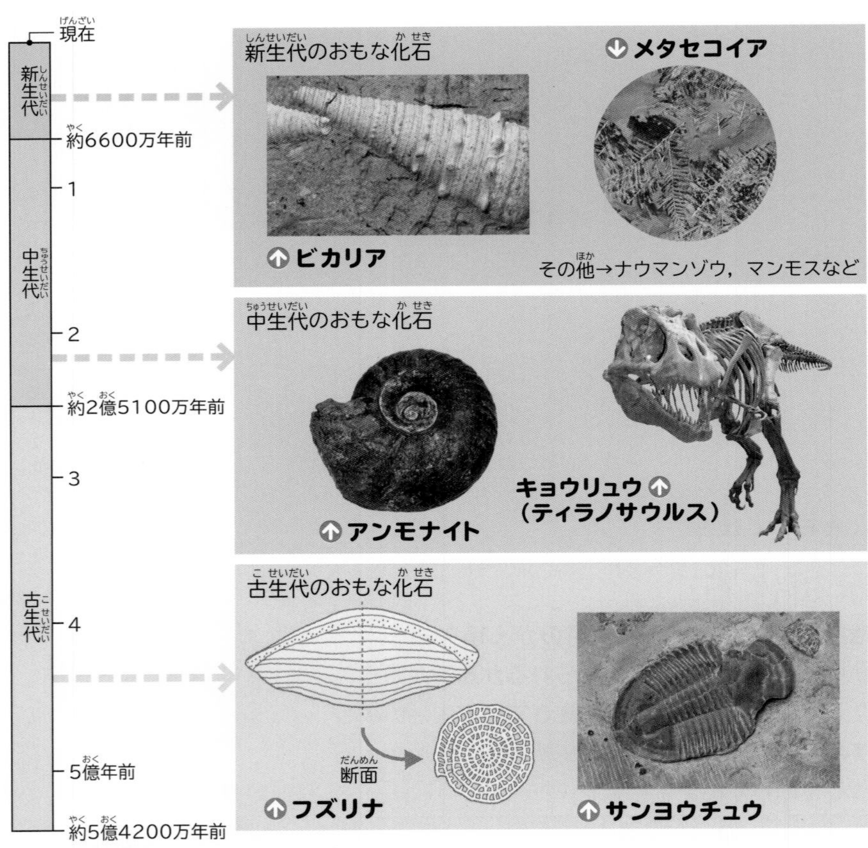


地質時代とおもな示準化石

### ●地質時代

地層ができた時代のことで，示準化石などをもとにして決められています。新しいものから順に**新生代**（現代～約6600万年前），**中生代**（約6600万年～2億5100万年前），**古生代**（約2億5100万年～5億4200万年前）などと名づけられています。

## 比べる 示相化石と示準化石

| | 示相化石 | 示準化石 |
|---|---|---|
| 化石からわかること | 地層ができた当時のかん境 | 地層ができた時代 |
| 化石となった生物の条件 | ●生きられるかん境が限られていた生物。<br>●なるべく現在もその種類が生きていて，生活のようすがくわしくわかっている生物。 | ●広いはん囲に生息していた生物。<br>●短い期間に栄えた生物。 |
| 化石の例 | サンゴの化石<br>→あたたかくて浅い海で地層ができた | アンモナイトの化石<br>→中生代に地層ができた |

サンゴの化石には
もようがいっぱいだ～

COLUMN
くわしく

大昔に栄えた生物が，現在でもあまりすがたを変えずに生き続けているものを「生きている化石（生きた化石）」といい，カブトガニ，シーラカンス，イチョウ，メタセコイアなどがあります。

重要度 ★★★

## 地層の変形

地層は水平にたい積してできますが，地層に大きな力が加わると，地層がかたむいたり，曲げられたり，ずれたりして，変形します。地層を変形させる力は，**プレート** [➡ P.394] **の動き**による力です。

★★★

## しゅう曲

地層に左右から大きなおす力が加わり，**地層が波を打ったように曲げられる**ことをしゅう曲といいます。

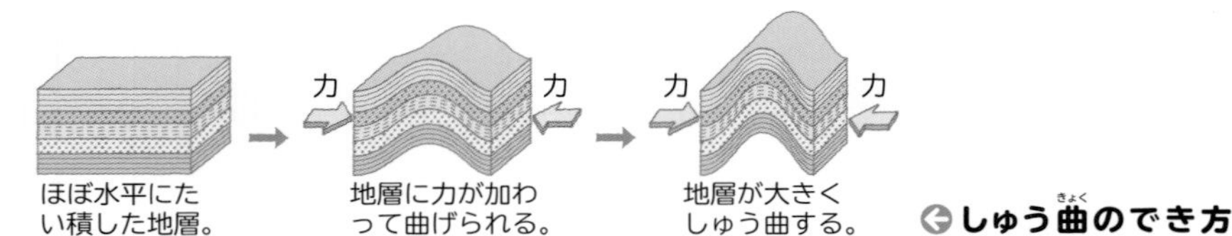


**しゅう曲のでき方**

### ●地層の逆転

はげしいしゅう曲が起こったときは，新しい地層の上に古い地層がくることがあり，地層の新旧の上下が逆になることがあります。

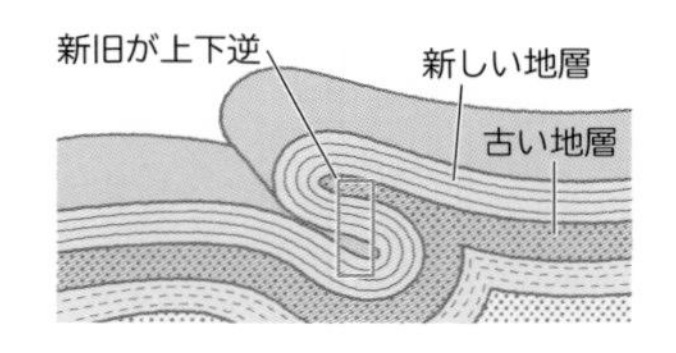


★★★

## 断層

地層に大きな力が加わって，**ある面を境にずれたところ**を断層といいます。断層は，大きな地震が起こったときに生じます。断層には，地層にはたらく力の加わり方によって，**正断層**，**逆断層**，**横ずれ断層**があります。

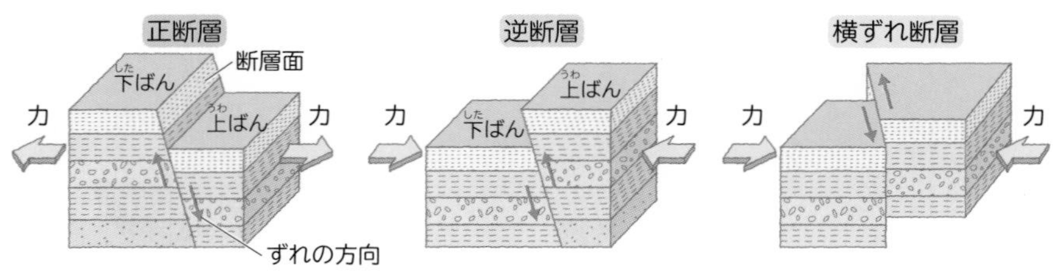


引っ張る力がはたらいて，断層面より上の地層がすべり落ちる。

おす力がはたらいて，断層面より上の地層がずり上がる。

おす力がはたらいて，水平にずれる。

COLUMN くわしく

**断層のずれた面（断層面）より上にある部分を上ばん，下にある部分を下ばんといいます。**

**●活断層**

過去に生じた断層で，今後も活動してずれる可能性のある断層を活断層といいます。

## ★★★ 整合

地層のたい積が連続して行われたときの地層の重なり方。地層が**平行に重なっています。**

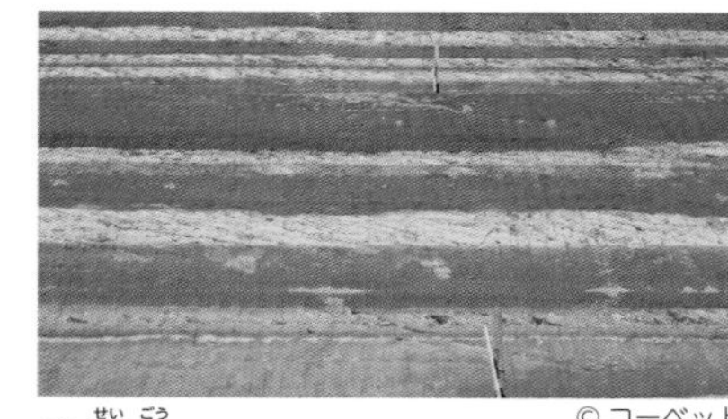

© コーベット

**整合**

## ★★★ 不整合

地層のたい積に**時間的な中断**がある地層の重なり方。

たとえば，海底でできた地層が，**りゅう起して陸上に出ると，しん食や風化のはたらきを受けて，表面がでこぼこになります**（たい積の一時中断）。その後，土地がちん降して海底になると，再び地層がたい積します。

© コーベット

**不整合**

たい積が連続していない部分の境目の，でこぼこの面を**不整合面**といいます。

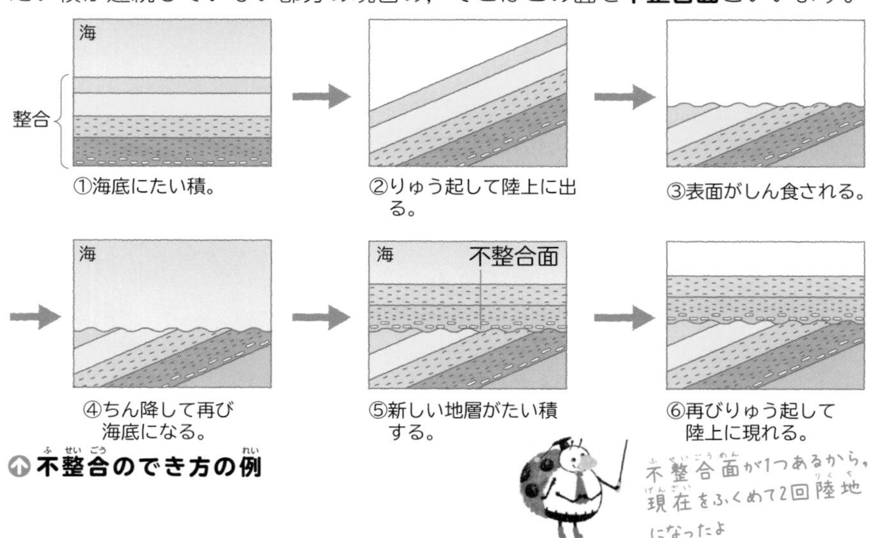
海
整合
①海底にたい積。
②りゅう起して陸上に出る。
③表面がしん食される。
海
④ちん降して再び海底になる。
海
不整合面
⑤新しい地層がたい積する。
⑥再びりゅう起して陸上に現れる。
不整合面が1つあるから，現在をふくめて2回陸地になったよ

**不整合のでき方の例**

COLUMN リンク

→ しん食 P.356，たい積 P.357，風化 P.368，りゅう起 P.400，ちん降 P.400

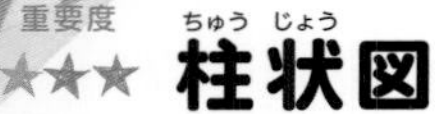

重要度 ★★★

## 柱状図

地層のようすをわかりやすく柱状に表したもの。地層の重なり方や，地層をつくるものの種類，層の厚さなどがひと目でわかります。柱状図をもとにすると，はなれたいくつかの場所の地層を比べるときに便利です。

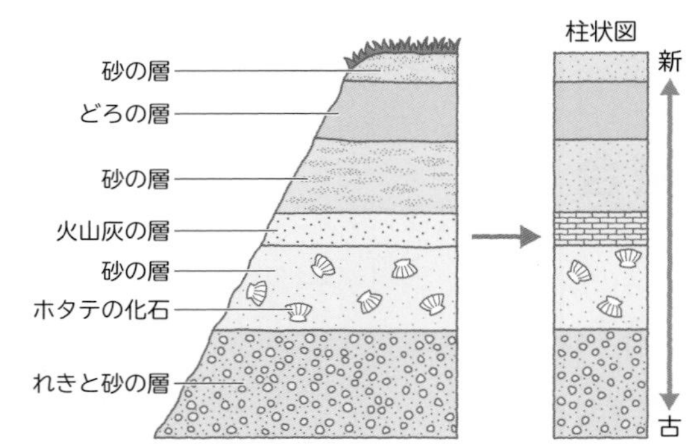


地層を柱状図で表す

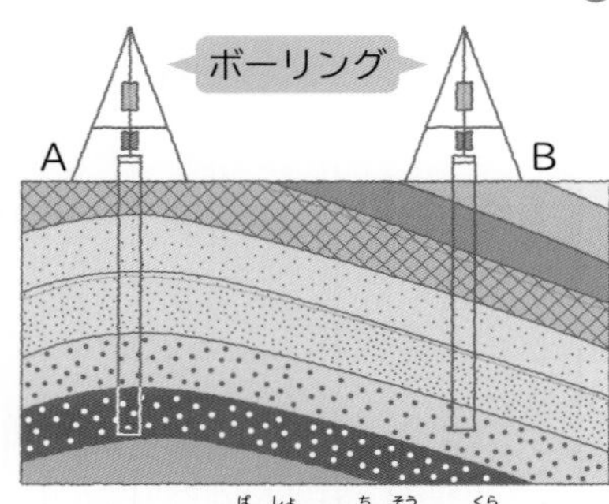

地下の地層のつながりもわかるよ

はなれた場所の地層を比べる

★★★

## かぎ層

地層のつながりを調べる手がかりになる層をかぎ層といいます。**火山灰** [➡ P.382] **の層**や**ぎょう灰岩** [➡ P.372] **の層**，**同じ化石** [➡ P.373] **をふくんでいる層**はかぎ層として利用できることが多いです。

まずは，かぎ層に注目しよう

### ●火山灰の層がかぎ層となる理由

火山のふん火でふき出た火山灰は，同じときに広いはん囲にわたってたい積するので，はなれた場所の地層に同じふん火による火山灰がふくまれていれば，同じときにその地層ができたことを知ることができます。

COLUMN リンク ➡ 地層のつながり P.380

COLUMN

# 地層を読みとろう

（地層の新旧の逆転はないものとします）

図１の地層からわかることを読みとってみましょう。地層は下から積み重なるのでＧ層が最も古く，Ａ層が最も新しい地層です。

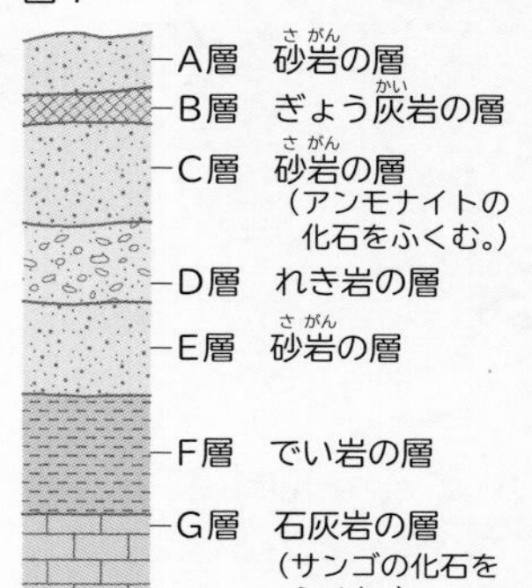


- Ｂ層は火山灰などからできたぎょう灰岩の層なので，この層ができたころに付近で火山のふん火があったと考えられます。
- Ｃ層はアンモナイトの化石をふくむので，中生代にできた地層です。
- Ｄ〜Ｆ層を見ると，下からでい岩→砂岩→れき岩とつぶがしだいに大きくなっているので，このとき海の深さはしだいに浅くなっていったと考えられます。
- Ｇ層はサンゴの化石をふくむので，Ｇ層がたい積した当時のかん境はあたたかくて浅い海だったと考えられます。

次に図２の地層から大地の変動の順序を考えましょう。

まず，Ａ層とＢ層で先にできたのは，下にあるＢ層です。次に不整合面Ｃと断層面Ｄの新旧を調べます。断層面Ｄは不整合面Ｃによって切られています。ここでのポイントは，**「地層は切っているほうが切られているほうより新しい」**ということです。したがって，不整合面Ｃは断層面Ｄより新しいことになります。また，

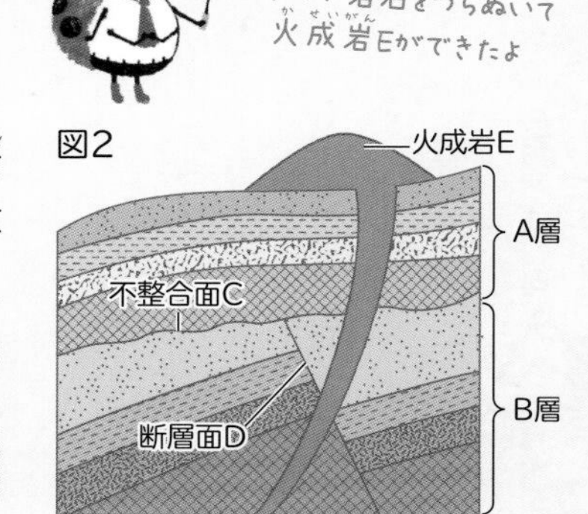


火成岩Ｅは Ａ層，Ｂ層，不整合面Ｃ，断層面Ｄのすべてを切っているので，最も新しいことがわかります。

したがって大地の変動の順序は，**Ｂ層のたい積→断層ができた→不整合面ができた→Ａ層のたい積→火成岩Ｅ**になります。

COLUMN

# 地層のつながり

標高が異なる場所の柱状図をもとに，地層のつながりを調べてみましょう。

図１はある地域の地形図で，図２はＡ，Ｂ，Ｃの地点での地層の重なり方を表した柱状図です。この地域ではぎょう灰岩の層は１つしかなく，上下の逆転や断層は見られず，各層は平行に重なっているものとします。

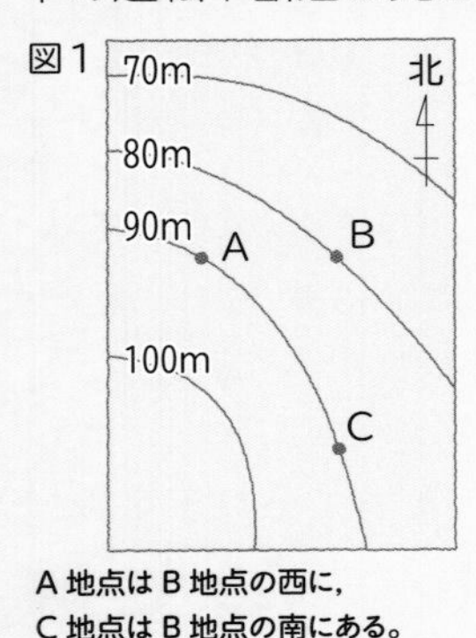

A地点はB地点の西に，
C地点はB地点の南にある。

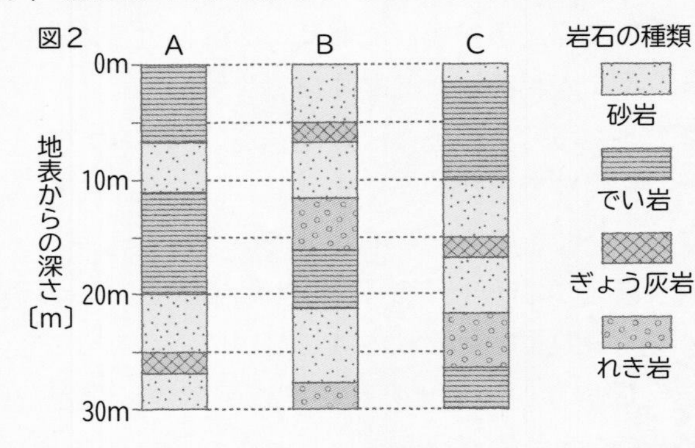


ぎょう灰岩の層が１つしかないので，これをかぎ層として，ぎょう灰岩の層の上面の標高をそれぞれ調べます。

標高 90 mのＡでは深さ 25 mにぎょう灰岩の層の上面があるので，上面の標高は 90－25＝65〔m〕です。同じように求めると，Ｂは 75 m，Ｃは 75 mです。これよりぎょう灰岩の層はＡ地点はＢ地点より低く，Ｂ地点とＣ地点では同じ高さであることがわかります。このことから，この地域の地層は西に低くなっていることがわかります。

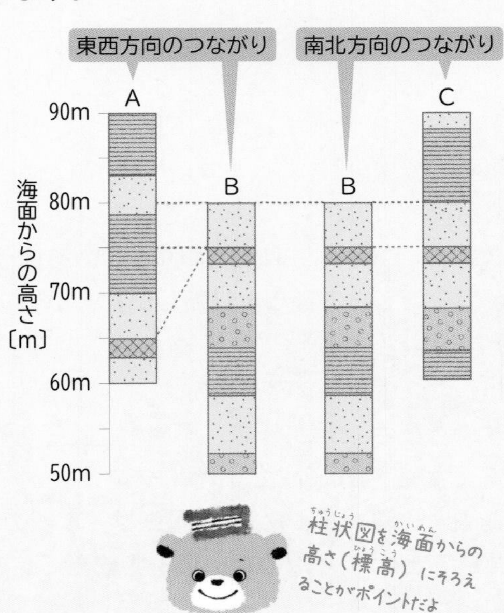

# 04 火山



重要度 ★★★

## 火山

地下のマグマが地表にふん出してできた山を火山といいます。地下のマグマが地表付近まで上しょうすると，マグマの中にふくまれている火山ガス [➡P.382] がばく発的にぼう張し，まわりの岩石をふき飛ばしてふん火が起こります。火山がふん火すると，火口から火山ガス [➡P.382]，よう岩 [➡P.382]，火山灰 [➡P.382]，火山れき [➡P.382]，軽石 [➡P.382]，火山弾 [➡P.382] などがふき出されます。これらを**火山ふん出物**といい，**マグマがもとになってできたもの**です。

### ●日本の火山

およそ1万年以内にふん火した火山と現在活発に活動している火山を**活火山**といいます。日本には100以上の活火山があり，プレート [➡P.394] の境界に平行に連なって分布しています。[➡火山・地しんとプレートの動き P.396]

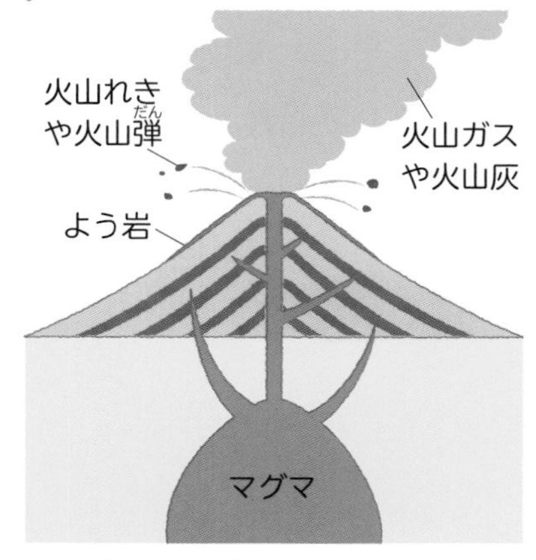


火山のつくり

日本の火山分布

## マグマ

**地下にある岩石が，高温のためにどろどろにとけたもの。**マグマの性質によって，火山の形やふん火のようす，よう岩や火山灰 [➡P.382] の色などにちがいがあります。[➡マグマのねばりけと火山の形 P.383]

COLUMN まめ知識

ふん火のしくみは，よくふった炭酸飲料の入った容器のせんを開けたときに，とけていた気体が液体にとけきれなくなって中身がふき出すことと同じ原理です。

重要度

## ★★★ 火山ガス

マグマ [➡ P.381] から出てきた気体で，**水蒸気** [➡ P.437] **がおもな成分**です。二酸化炭素 [➡ P.518] や二酸化いおう [➡ P.522] などもふくまれます。

## ★★★ よう岩

**マグマ** [➡ P.381] **が地表に流れ出た，高温で液体状のもの**。また，それが**冷え固まったもの**もよう岩といいます。マグマから気体がぬけたあとの小さな穴をもつものもあります。

よう岩

## ★★★ 火山灰

直径 2mm 以下の細かいよう岩の破片で，つぶは**角ばっています**。上空の風によって広いはん囲に飛ばされます。

© アフロ

火山灰

## ★★★ 火山れき

よう岩の破片で，直径 2mm～64mm のものです。

火山れき

© アフロ

## ★★★ 軽石

色が白っぽく，表面ががさがさしていて，マグマ [➡ P.381] から気体がぬけたあとの**小さな穴**がたくさんあいたものです。

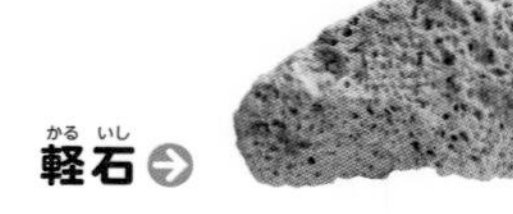

軽石

## ★★★ 火山弾

ふき飛ばされたマグマ [➡ P.381] が空中で冷え固まったものです。

火山弾

COLUMN くわしく

マグマのねばりけを決めるのは，マグマにふくまれている二酸化ケイ素という成分で，二酸化ケイ素が多くふくまれるほどねばりけが強くなります。

## ★★★ マグマのねばりけと火山の形

マグマ [➡ P.381] には，ねばりけの強いものや弱いものがあり，火山の形やふん火のようす，冷え固まったよう岩や火山灰の色に関係します。

〈ねばりけが強いマグマ〉
ふん出しても流れにくいので，**盛り上がった形**の火山になります。ふん火のようすは**ばく発的ではげしく**，マグマが冷え固まると**白っぽい色**のよう岩になります。

〈ねばりけが中程度のマグマ〉
**円すい形**の火山になります。はげしいふん火とおだやかなふん火をくり返し，マグマが冷え固まると灰色のよう岩になります。

〈ねばりけが弱いマグマ〉
ふん出すると流れやすいので，**うすく広がった形**の火山になります。ふん火のようすは**おだやか**で，マグマが冷え固まると**黒っぽい色**のよう岩になります。

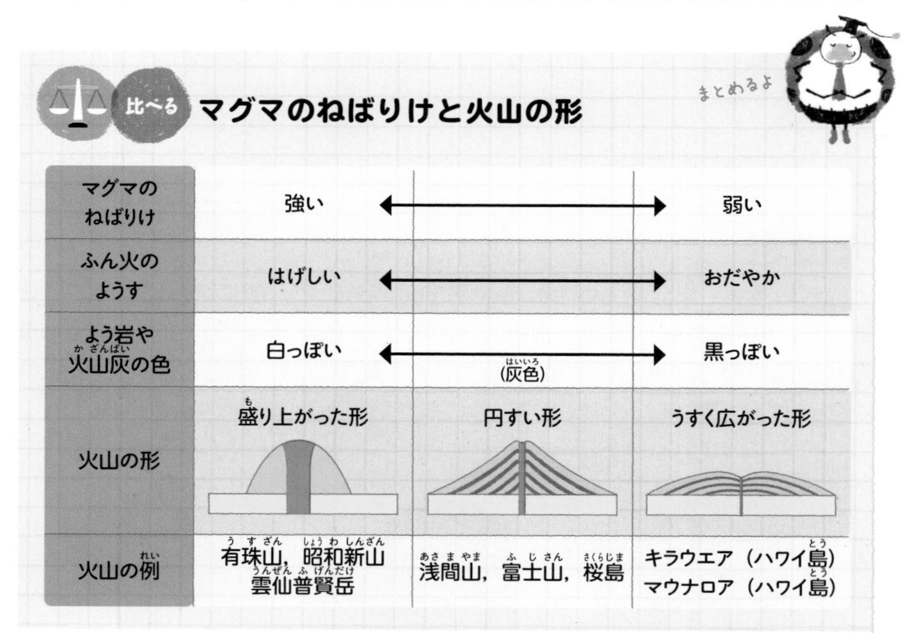


**マグマのねばりけと火山の形**

| | | | |
|---|---|---|---|
| マグマのねばりけ | 強い | ⟷ | 弱い |
| ふん火のようす | はげしい | ⟷ | おだやか |
| よう岩や火山灰の色 | 白っぽい | (灰色) | 黒っぽい |
| 火山の形 | 盛り上がった形 | 円すい形 | うすく広がった形 |
| 火山の例 | 有珠山，昭和新山<br>雲仙普賢岳 | 浅間山，富士山，桜島 | キラウエア（ハワイ島）<br>マウナロア（ハワイ島） |

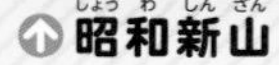
昭和新山

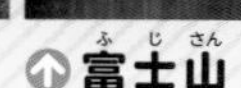
富士山

マウナロア（ハワイ島）

重要度 ★★★

## 火成岩

**マグマ** [➡P.381] **が冷え固まってできた**岩石。マグマの冷え方によって，**火山岩**と**深成岩**に分けられます。

火成岩に**化石** [➡P.373] **はふくまれません。** また，流れる水のはたらき [➡P.356] を受けていないので，火成岩をつくる**つぶは角ばっています。**

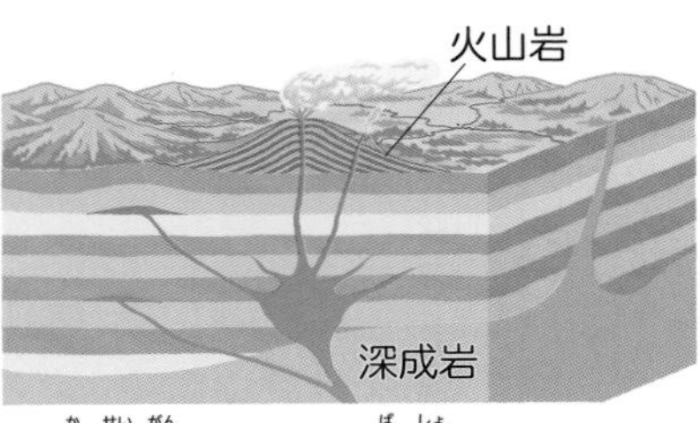


火成岩のできる場所

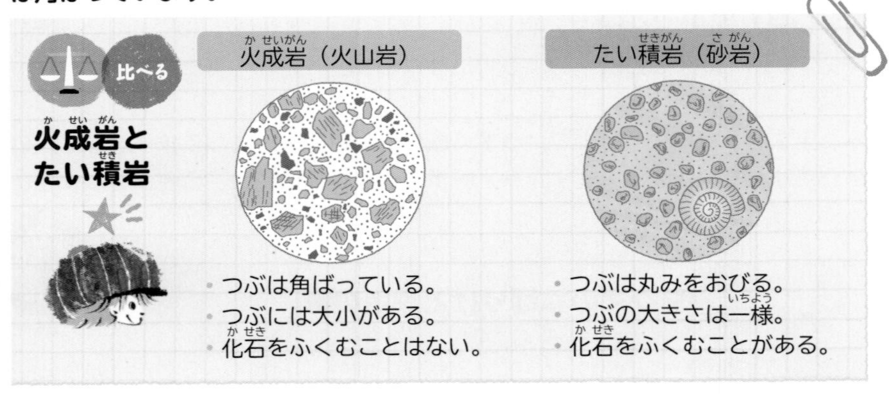

比べる
火成岩とたい積岩
火成岩（火山岩）
・つぶは角ばっている。
・つぶには大小がある。
・化石をふくむことはない。
たい積岩（砂岩）
・つぶは丸みをおびる。
・つぶの大きさは一様。
・化石をふくむことがある。


★★★

## 火山岩

火成岩のうち，マグマ [➡P.381] が地表や地表付近で，**急に冷え固まってできた**岩石。小さなつぶ（石基）の中に大きなつぶ（はんしょう）が散らばった**はん状組織** [➡P.386] をしています。火山岩の種類には，**流もん岩**，**安山岩** [➡P.386]，**げんぶ岩** [➡P.386] があり，色にちがいがあります。[➡鉱物 P.387]

流もん岩　安山岩　げんぶ岩

COLUMN くわしく

よう岩などの火山ふん出物は，地表にふき出たマグマが冷え固まったものなので，分類上火山岩にふくまれます。

## ★★★ 深成岩

火成岩のうち，マグマ [➡P.381] が地下深くで，**ゆっくり冷え固まってできた**岩石。大きなつぶが組み合わさった**等りゅう状組織** [➡P.386] をしています。深成岩の種類には，**花こう岩** [➡P.386]，**せん緑岩**，**はんれい岩**があり，色にちがいがあります。[➡鉱物 P.387]

花こう岩　　せん緑岩　　はんれい岩

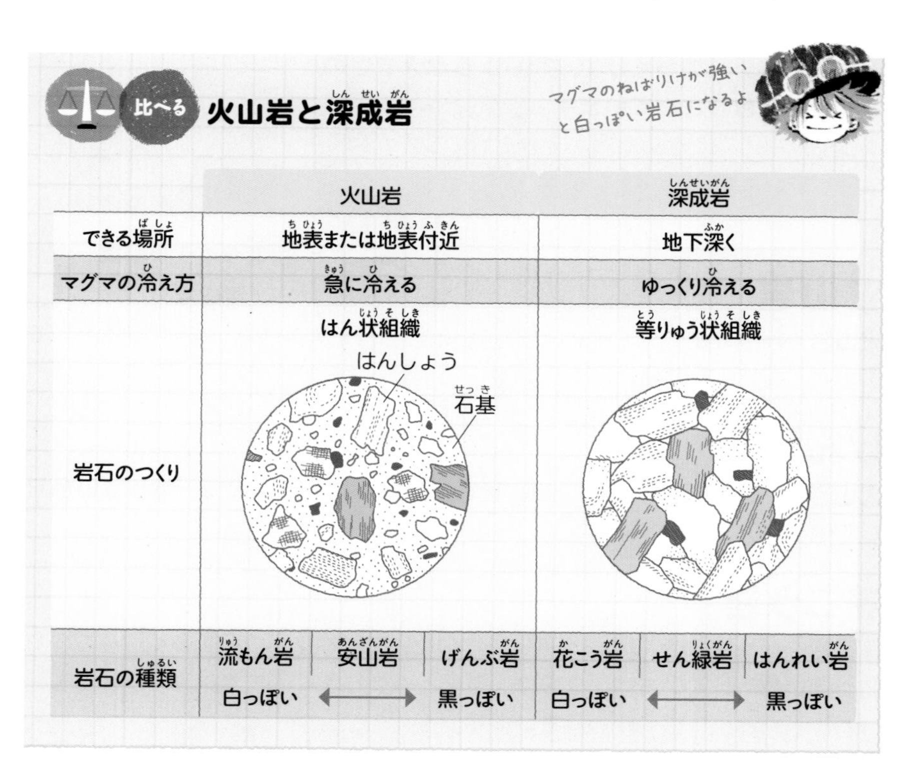


### 比べる 火山岩と深成岩

| | 火山岩 | | | 深成岩 | | |
|---|---|---|---|---|---|---|
| できる場所 | 地表または地表付近 | | | 地下深く | | |
| マグマの冷え方 | 急に冷える | | | ゆっくり冷える | | |
| 岩石のつくり | はん状組織 | | | 等りゅう状組織 | | |
| 岩石の種類 | 流もん岩 | 安山岩 | げんぶ岩 | 花こう岩 | せん緑岩 | はんれい岩 |
| | 白っぽい | ⟷ | 黒っぽい | 白っぽい | ⟷ | 黒っぽい |

重要度

### ★★★ はん状組織（斑状組織）

**火山岩** [➡P.384] **のつくり**で，非常に小さいつぶの部分（**石基**）の中に，大きなつぶ（**はんしょう**）が散らばっています。

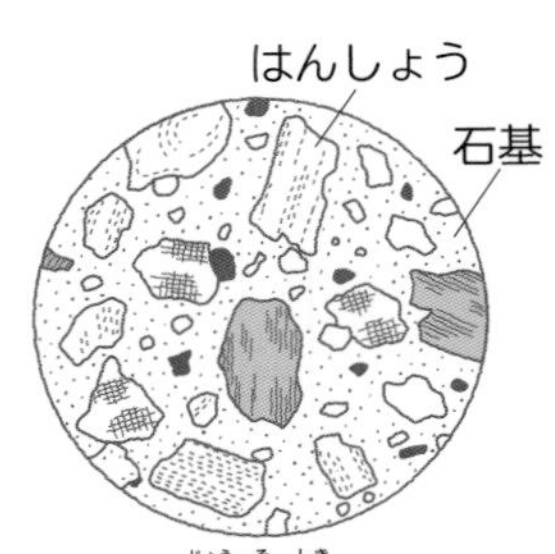


⬆**はん状組織**
**（火山岩）**

**●石基**
**非常に小さなつぶ**やガラスのような部分。マグマ [➡P.381] が急に冷えたため，つぶが十分に成長できなかったり，つぶにならずに固まったりしたものです。

**●はんしょう（斑晶）**
**大きなつぶ**の部分。マグマが地下深くにあるときから，つぶとして成長していたものです。

### ★★★ 等りゅう状組織（等粒状組織）

**深成岩** [➡P.385] **のつくり**で，**同じような大きさのつぶが組み合わさっています。**マグマ [➡P.381] がゆっくり冷えてできたため，それぞれのつぶがよく成長しています。

⬆**等りゅう状組織**
**（深成岩）**

ゆっくり冷やすと大きなミョウバンの結しょうができるのと同じだよ

### ★★★ 安山岩

**火山岩** [➡P.384] の１つ。白っぽい鉱物と黒っぽい鉱物をふくみ，**灰色**をしています。石材として使われています。

### ★★★ げんぶ岩

**火山岩** [➡P.384] の１つ。黒っぽい色の鉱物を多くふくむので，**黒っぽい色**をしています。

### ★★★ 花こう岩

**深成岩** [➡P.385] の１つ。白っぽい鉱物のセキエイやチョウ石を多くふくむので，**白っぽい色**をしています。クロウンモなども少しふくみます。みかげ石とも呼ばれ，石材として広く使われています。

## ★★★ 鉱物 [➡鉱物と宝石 P.404]

火山灰 [➡ P.382] や火成岩 [➡ P.384] などにふくまれるつぶで，マグマ [➡ P.381] が冷えて結晶 [➡ P.465] になったものです。セキエイ，チョウ石，クロウンモ，カクセン石，キ石，カンラン石などがあり，どれも**角ばっています。**

種類によって色や形などに特ちょうがあり，白っぽい色の鉱物は**無色鉱物**（白色鉱物），黒っぽい色の鉱物は**有色鉱物**と呼ばれます。

**無色鉱物を多くふくむ火山灰や火成岩は白っぽい色をしており，有色鉱物を多くふくむ火山灰や火成岩は黒っぽい色をしています。**

鉱物の写真（セキエイ以外）©アフロ

| | 無色鉱物 | | 有色鉱物 | | | |
|---|---|---|---|---|---|---|
| | セキエイ | チョウ石 | クロウンモ | カクセン石 | キ石 | カンラン石 |
| 鉱物 | | | | | | |
| 色 | 無色，白色 | 白色，うすもも色 | 黒色，かっ色など | 暗緑色，暗かっ色 | 緑色,黒色，かっ色など | うす緑色，黄色 |
| 形 | 不規則な形 | 柱状や短冊状 | 板状や六角形 | 細長い柱状 | 短い柱状 | 角が丸い四角形 |

### ●セキエイ

無色や白色の**無色鉱物**です。不規則な形をしています。

### ●チョウ石

白色やうすもも色をした**無色鉱物**です。柱状や短冊状の形をしています。

### ●クロウンモ

黒色やかっ色をした**有色鉱物**です。板状や六角形の形をしています。**うすくはがれやすい**性質があります。

COLUMN くわしく

磁鉄鉱 [➡ P.561] という鉱物は，表面がかがやいた黒色の有色鉱物で，磁石につくという特ちょうがあります。

重要度 ★★★

## 火山活動による大地の変化

火山がふん火すると，火山灰やよう岩 [➡ P.382] がふき出して，土地のようすが変化します。また，**新しい山ができたり**，流れ出たよう岩で川がせき止められたり，火口などに水がたまったりして**湖ができたり**することがあります。海底の火山がふん火して**新しい島ができる**こともあります。

**新しい山ができる**
(北海道　昭和新山)

**新しい湖ができる**
(栃木県　中禅寺湖　おくの山は男体山)

**新しい島ができる**
(東京都　西之島)

提供：海上保安庁

### ●火山活動による災害

火山のふん火によってふき出た火山灰やよう岩で建物や田畑などがうまってしまったり，住む場所を失ったり命を落としたりすることもあり，人々の生活にえいきょうをあたえます。

### ●火山のめぐみ

火山があることによって，美しい景観がうまれたり，温泉がわき出たりします。また，マグマ [➡ P.381] の熱を利用して電気をつくることもできます [➡地熱発電 P.644]。

**火山灰におおわれる道**
(鹿児島県)

★★★

## 火砕流

高温の火山ガスやよう岩，火山灰 [➡ P.382] が混じり合って，火山の斜面を高速で流れ下る現象です。

1991 年に雲仙普賢岳で発生した火砕流では，大きなひ害が出ました。

**火砕流**（桜島）

COLUMN くわしく

ねばりけの強いマグマが山頂付近につくる，盛り上がった形のよう岩のかたまりをよう岩ドームといいます。

# 05 地しん



## ★★★ 地しん（地震）

地下の岩石に大きな力が加わって，岩石が破かいされたときに大地がゆれ動く現象を地しんといいます。

## ★★★ しん源（震源）

**地下で地しんが発生した場所**をしん源といいます。しん源からしん央までのきょりを**しん源の深さ**といいます。しん源から観測地点までのきょりを**しん源きょり**といいます。

## ★★★ しん央（震央）

**しん源の真上の地表の地点**をしん央といいます。しん央から観測地点までのきょりを**しん央きょり**といいます。

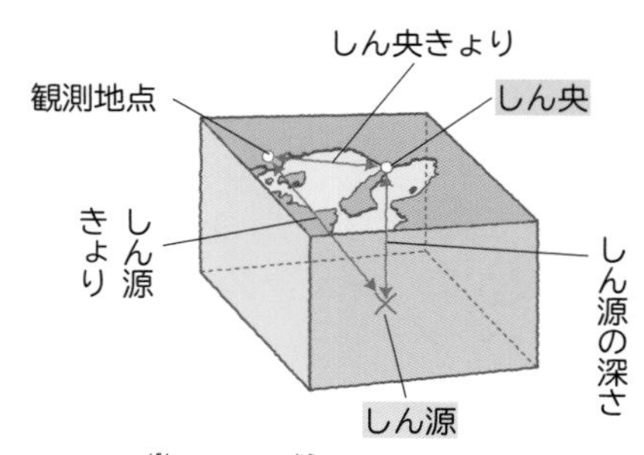


しん源としん央

## ★★★ 地しん計

地しんのゆれを記録する装置です。地しんのときに地面はゆれますが，地しん計の**おもりとその先についた針はほとんど動かない**ので，ゆれを記録することができます。

地しん計のしくみは，ふりこ[➡ P.650]を持った手を左右にすばやく動かしてもおもりがほとんどゆれないことと同じです。

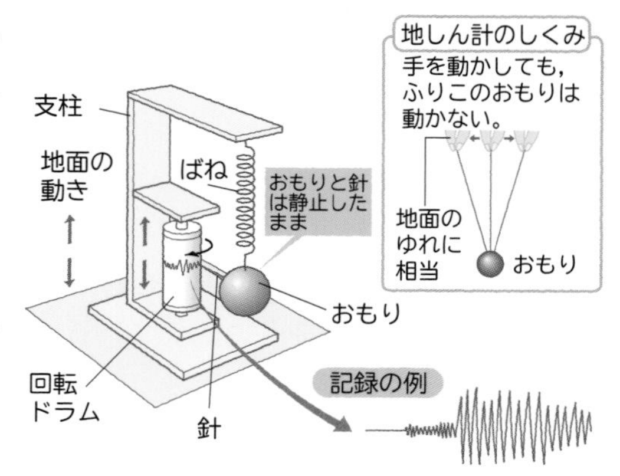

COLUMN くわしく

最初に起こる大きな地しんを本しんといい，そのあとに続いて起こる小さな地しんを余しんといいます。本しんによって周囲にできたゆがみを解消するために余しんが起こると考えられています。

重要度

### ★★★ 初期び動

地しんのゆれのうち，**初めの小さなゆれ**を初期び動といいます。地しんの波の**P波**が届いて起こります。

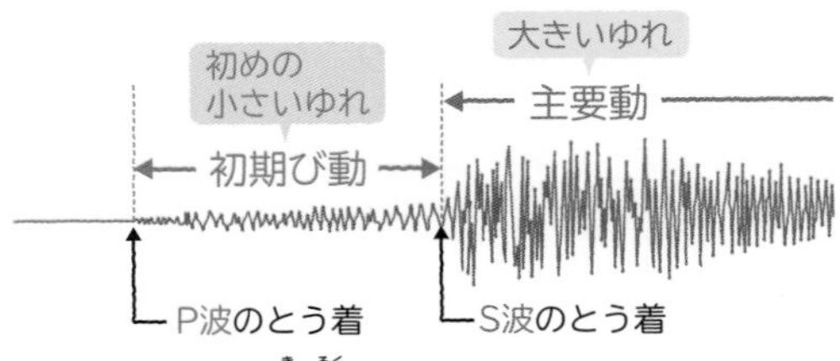


地しん計の記録

### ★★★ 主要動

地しんのゆれのうち，初期び動に続いて起こる**大きなゆれ**を主要動といいます。地しんの波の**S波**が届いて起こります。

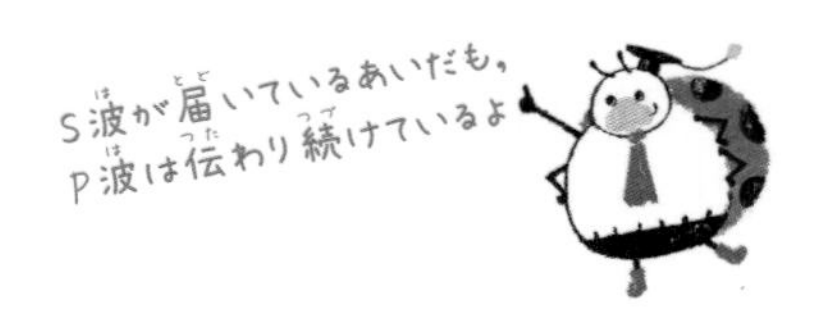

S波が届いているあいだも，
P波は伝わり続けているよ

### ★★★ P波

地しんの波のうち，伝わる速さの**速い波**で，**初期び動**を起こします。P波の伝わる速さは，毎秒 5～7km です。

### ★★★ S波

地しんの波のうち，伝わる速さの**おそい波**で，**主要動**を起こします。S波の伝わる速さは，毎秒 3～5km です。

### ★★★ 地しんのゆれの伝わり方

地しんが発生すると，しん源 [➡ P.389] から速さの異なる波（P波・S波）が同時に発生して，四方八方に伝わっていきます。そのため，同じ時刻にゆれが始まったところを曲線で結ぶと，しん央 [➡ P.389] を中心とした**同心円状**になります。

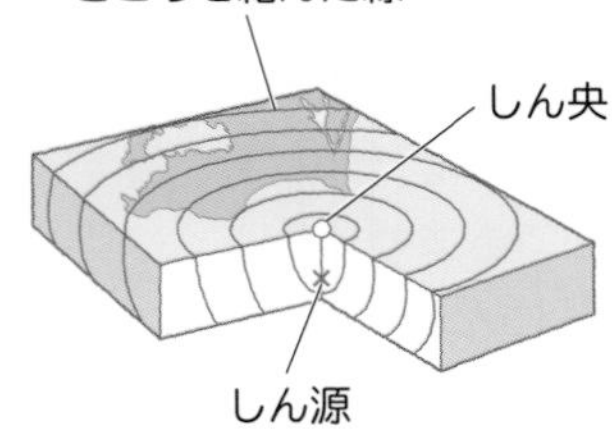


地しんのゆれの伝わり方

## ★★★ 初期び動けい続時間

P波が届いてからS波が届くまでの時間。**しん源からのきょりが大きくなるほど，初期び動けい続時間は長くなります。**

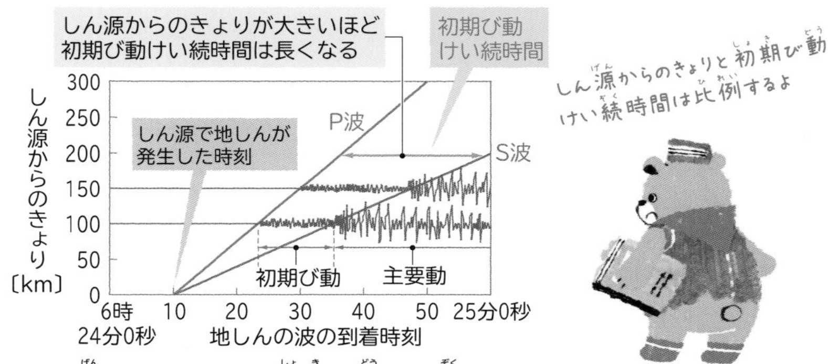


**しん源からのきょりと初期び動けい続時間**

## ★★★ マグニチュード

**地しんの規模**（地しんのエネルギーの大きさ）を表したもの。Mという記号で表します。1つの地しんに対して1つの値をとります。**マグニチュードが1大きくなると，地しんのエネルギーは約32倍になります。**

しん源からのきょりが同じ場合，ふつうマグニチュードが大きい地しんほどしん度 [➡ P.392] は大きくなります。

**比べる**

### おもな地しんとマグニチュード

| 発生年月日 | 地しん名 | マグニチュード |
|---|---|---|
| 1995.1.17 | 兵庫県南部地しん | 7.3 |
| 2003.9.26 | 十勝沖地しん | 8.0 |
| 2004.10.23 | 新潟県中越地しん | 6.8 |
| 2008.6.14 | 岩手・宮城内陸地しん | 7.2 |
| 2011.3.11 | 東北地方太平洋沖地しん | 9.0* |

*モーメントマグニチュード

COLUMN くわしく

マグニチュードには種類があり，日本ではふつう「気象庁マグニチュード（Mj）」を使いますが，Mj8.5以上になると正確に表せないため「モーメントマグニチュード（Mw）」という値も使います。

重要度 ★★★

# しん度（震度）

**地しんのゆれの大きさ**を表すもので，**0〜7の10段階**があります。**しん度5と6には，それぞれ強と弱の2階級ずつあります。**しん度はそれぞれの観測地点によって異なり，ふつうしん源 [➡ P.389] から遠くなるにつれて小さくなります。また，しん源からのきょりが同じでも，土地の性質などによってしん度が異なる場合があり，地ばんがやわらかい地域ほど大きくなりやすいです。

| しん度 | ゆれのようす（ゆれに対する人の感じ方） |
|---|---|
| 0 | 人はゆれを感じない。 |
| 1 | 屋内で静かにしている人の中には，ゆれをわずかに感じる人がいる。 |
| 2 | 屋内で静かにしている人の大半がゆれを感じ，つり下がった電灯などがわずかにゆれる。 |
| 3 | 屋内にいる人のほとんどがゆれを感じる。 |
| 4 | 歩いている人のほとんどがゆれを感じる。 |
| 5弱 | 大半の人がきょうふを覚え，ものにつかまりたいと感じる。 |
| 5強 | 大半の人が，ものにつかまらないと歩くことが難しいなど，行動に支障を感じる。 |
| 6弱 | 立っていることが困難になる。 |
| 6強 | 立っていることができず，はわないと動くことができない。 |
| 7 | ゆれにほんろうされ，動くこともできず，飛ばされることもある。 |

**⇧しん度とゆれのようす（しん度階級）**

## 比べる マグニチュードのちがいとしん度

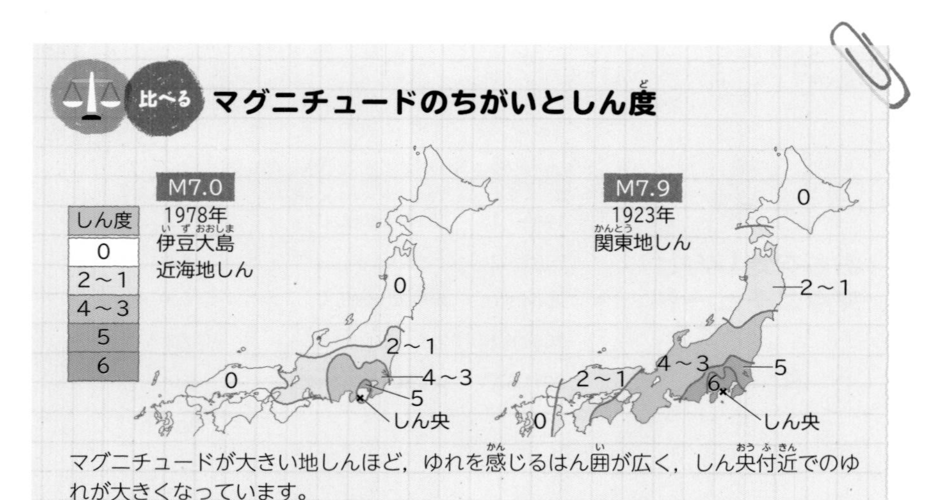


マグニチュードが大きい地しんほど，ゆれを感じるはん囲が広く，しん央付近でのゆれが大きくなっています。

（どちらの地しんもしん源の深さが浅い地しんで，図のしん度の表記は1996年以前に使われていたしん度の階級で示しています。）

## ★★★ 地しんが起こるしくみ

地しんは，地下の岩石に大きな力が加わることで発生します。岩石に力が加わるのは，地球の表面をおおう**プレート** [➡ P.394] **が動いている**からです。

日本付近では，海洋プレートが大陸プレートの下にしずみこんでいます（①）。しずみこむ海洋プレートが大陸プレートを引きずりこみ（②），大陸プレートのひずみがしだいに大きくなってたえきれなくなると反発して地しんが起こります（③）。

このように**プレートの境界で起こる地しんは規模が大きく**，海底で起こるため**津波** [➡ P.394] が発生することがあります。

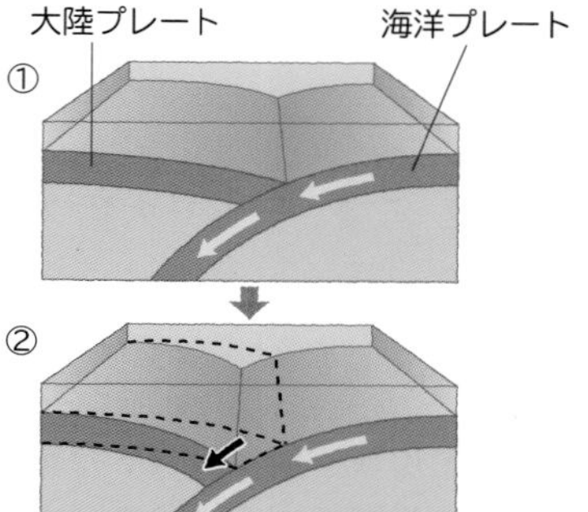


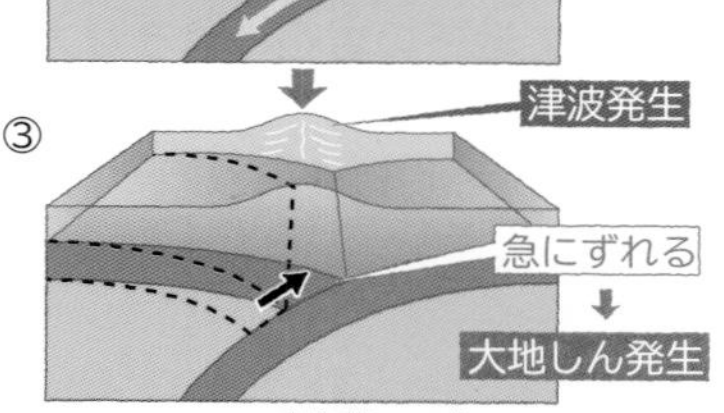


プレートの境界で起こる地しんのしくみ

### ●内陸で起こる地しん

日本列島の地下では，しん源の浅い地しんが起こります。内陸で起こる地しんの多くは，活断層 [➡ P.377] が動いて起こります。

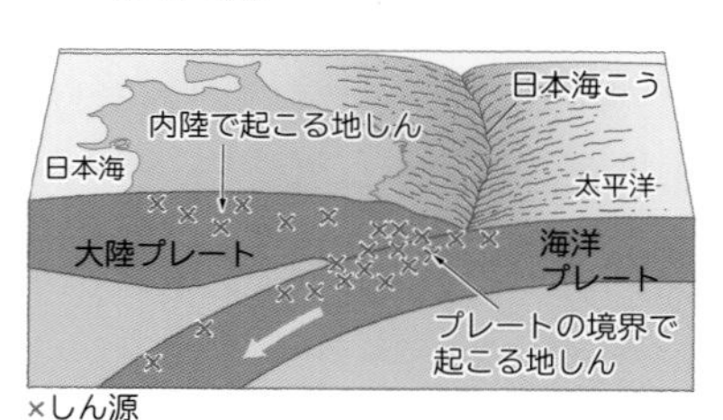


日本付近で地しんが起こる場所

### ●日本付近のしん源・しん央

日本付近のしん央 [➡ P.389] は帯状に分布していて，太平洋側にある海こうに沿ってしん央が多くなっています。また，太平洋側はしん源 [➡ P.389] が浅く，大陸側に向かってしだいに深くなっています。

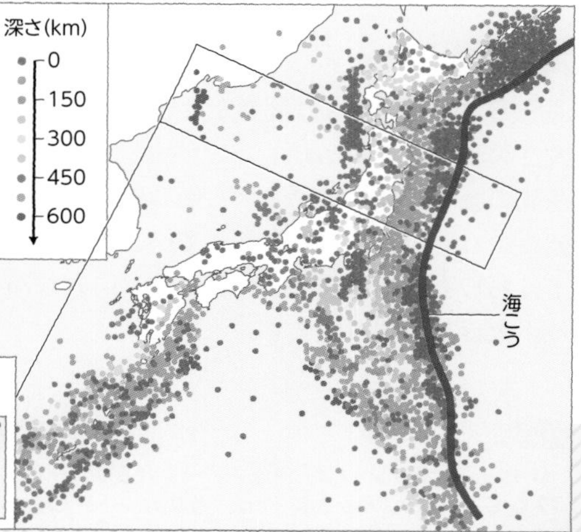


しん央の分布

しん源の分布

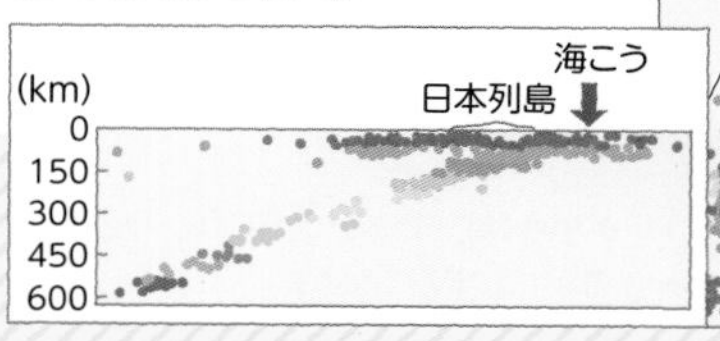

重要度

## ★★★ プレート

地球の表面をおおう十数枚に分かれた，厚さ 100km ほどの岩石の層。大陸がのっているプレートを**大陸プレート**，海底をなしているプレートを**海洋プレート**と呼びます。

プレートは 1 年間に数 cm の速さで移動しています。**プレートが動くことによって地下の岩石に大きな力が加わります。**そのため，地層が変形したり，プレートの境界では火山の活動や地しんが引き起こされたり，地層がおし上げられてヒマラヤ山脈のような大山脈ができたりします。[➡火山・地しんとプレートの動き P.396]

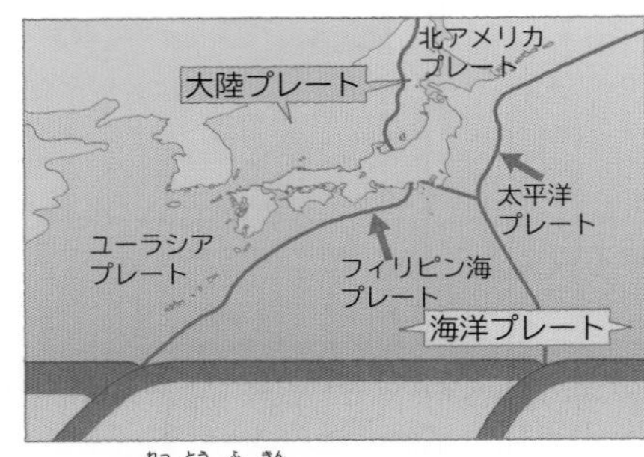


日本列島付近のプレート

## ★★★ 地しんによる大地の変化

地しんによって**断層** [➡ P.376] ができたり，地面に割れ目（地割れ）が生じたり，山やがけがくずれたりすることがあります。また，**土地がもち上がったり** [➡りゅう起 P.400]，**しずんだり** [➡ちん降 P.400] することもあります。

断層

### ●地しんによる災害

建物や道路などがこわれたり，**液状化現象**が起こったりすることがあります。海底で地しんが起こると**津波**が起こることがあります。また，マグニチュード [➡ P.391] が小さい地しんでも，しん源 [➡ P.389] が浅い地しんでは大きなひ害が出ることもあります。

## ★★★ 津波

海底で大きな地しんが起きたときに発生する大きな波。[➡地しんが起こるしくみ P.393]

海底の急げきなゆれが海水に伝わり，大きな波となって四方八方に広がっていきます。陸上におし寄せた海水には大きな破かい力があり，大きなひ害が出ます。

津波によるひ害

COLUMN くわしく

大陸プレートは，海洋プレートよりも密度 [➡ P.414] が小さく軽いため，大陸プレートと海洋プレートがぶつかる場所では，海洋プレートが大陸プレートの下にしずみこみます。

## ★★★ 液状化現象

海岸のうめ立て地や河川沿いの砂地で，地しんのゆれによって，**地面が液体状**になり，急にやわらかくなったり，どろがふき出したりする現象。建物がかたむいたり，下水管がうき上がったり，地面がどろ水であふれたりすることがあります。

液状化現象によるひ害

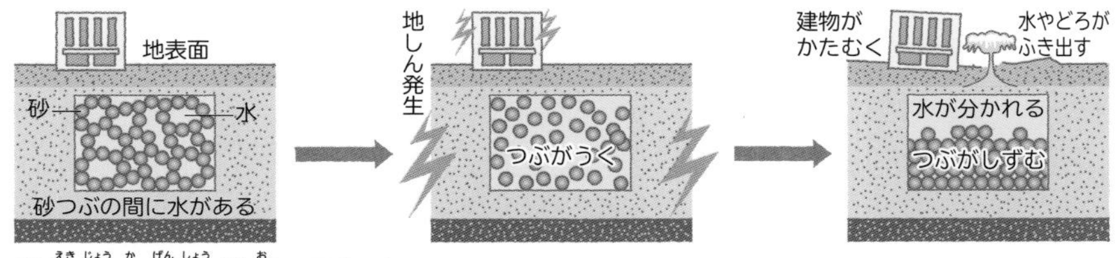


液状化現象が起こるしくみ

## ★★★ きん急地しん速報（緊急地震速報）

しん源 [➡ P.389] から伝わるP波とS波 [➡ P.390] の速さのちがいを利用して，先に伝わるP波をとらえてコンピュータで分析し，S波のとう着時刻やしん度 [➡ P.392] を予想してすばやく知らせるシステム。ただし，しん源に近い地点では，速報が間に合わないこともあります。

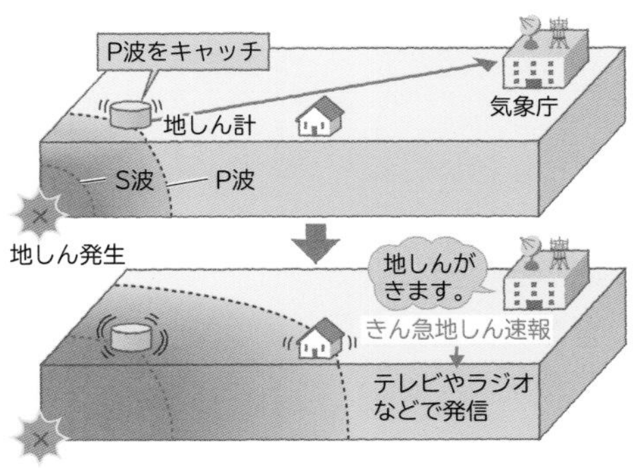


きん急地しん速報のしくみ

## ★★★ ハザードマップ

火山のふん火，地しん，こう水，津波，土砂災害などの予想される自然災害で，災害が発生したときのひ害の程度やはん囲などの予測，ひなん場所，ひなん経路などを地図上に表したものです。

# 火山・地しんとプレートの動き

日本には，100以上の火山があり，世界全体の約7%もしめています。また，毎日どこかで地しんが起きていて，地しん大国とも呼ばれています。火山ができる場所と地しんが起きる場所には何か関係があるのでしょうか？

下の２つの図は，世界の火山の分布と，しん央の分布です。とてもよく似ていませんか？　どちらも全体にまんべんなくあるのではなく，かたよった地域に帯状に分布していますね。

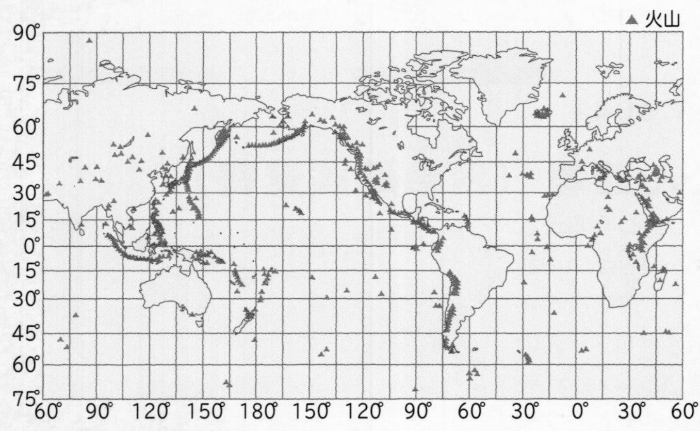


世界の火山分布

似ているね

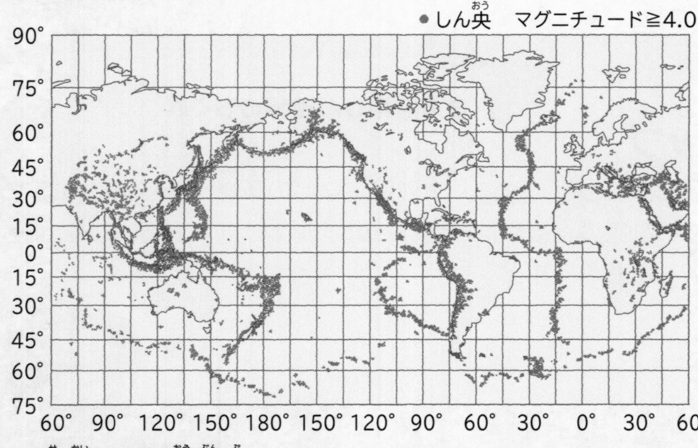


世界のしん央分布

地しんは地下の岩石に力がはたらいて発生しますが，その力はプレートの動きによるものです。プレートの境界では，プレートがしょうとつしたり，はなれたり，すれちがったりして，たがいに力をおよぼし合っています。また，火山活動のもととなるマグマも，海れいやホットスポット以外に，プレートがしずみこんで深さが 100km 以上深くなったところで岩石の一部がとけてできます。つまり，地しんの発生や火山の活動に，プレートの動きが関係しているということですね。

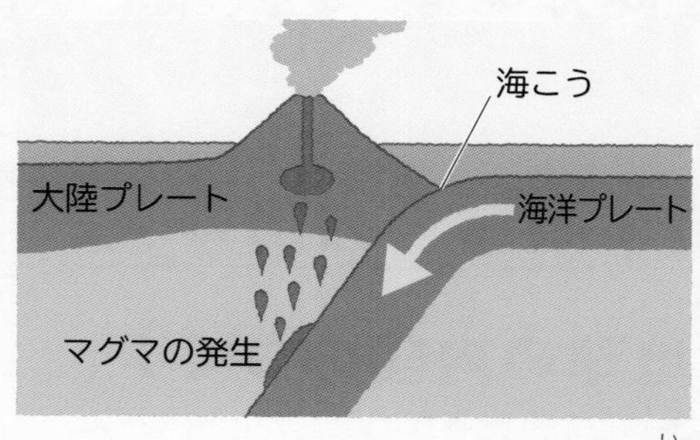


では地球の表面をおおうプレートを見てみましょう。それぞれのプレートの境界は，左のページの火山の分布やしん央の分布とほぼ一致しますね。

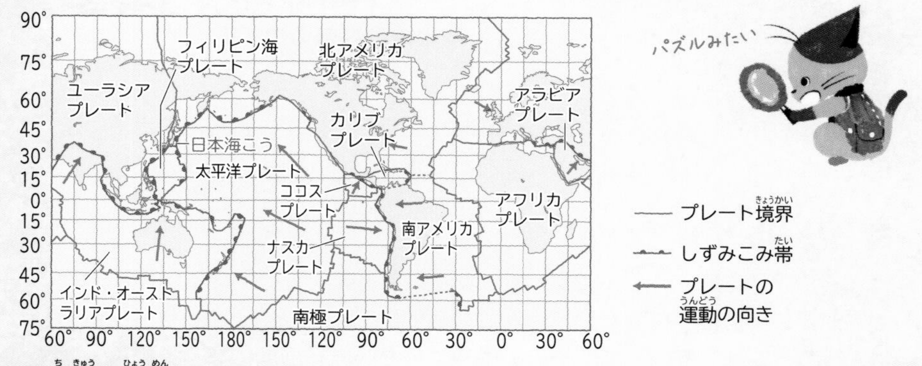


**地球の表面をおおうプレート**

日本付近には，大陸プレートであるユーラシアプレートと北アメリカプレート，海洋プレートである太平洋プレートとフィリピン海プレートの 4 つのプレートがあり，海洋プレートが 1 年間に数 cm の速さで動いて，大陸プレートの下にしずみこんでいます。このため，日本では火山や地しんの活動が活発なのです。

# 06 大地の変動

## 1 地球の内部のつくり

重要度 ★★★
### 地球の内部のつくり

地球はおもに金属や岩石からできています。地球の内部は，外側から地かく，マントル，核に大きく分けられます。ちょうど卵のようなつくりをしていて，卵のからの部分が地かく，白身の部分がマントル，黄身の部分が核にあたります。中心にいくほど温度が高く，圧力 [➡ P.690] が大きくなっています。

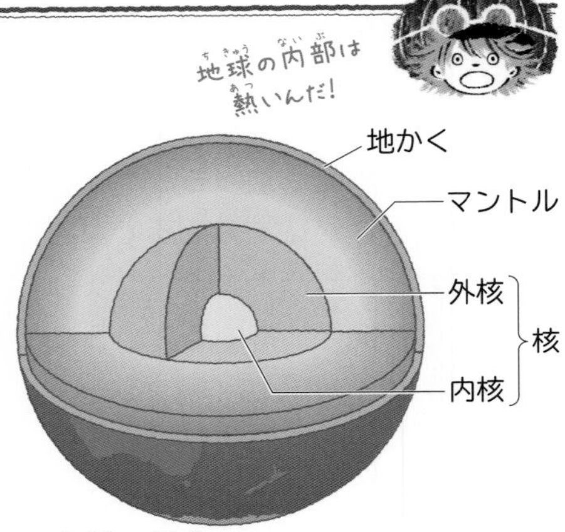


地球の内部のつくり

★★★
### 地かく

地球の最も外側にあり，深さ約 5〜60km までの部分で，岩石でできています。私たちが立っている地面は地かくにあたります。

★★★
### マントル

地かくの下にある，深さ約 2900km までの岩石の成分でできている部分です。マントルの上のほうはかたい岩ばんになっていて，地かくと合わせてプレート [➡ P.394] と呼ばれています。その下はやわらかい岩石の層になっていると考えられています。

★★★
### 核（コア）

地球の中心にあり，外側にある**外核**と内側にある**内核**に分けられます。外核（深さ約 2900〜5100km）は液体の金属，内核（深さ約 5100km〜）は固体の金属でできていると考えられています。

COLUMN くわしく

**マントルは，長い間で見ると，地球の内部の熱によって水のように対流 [➡ P.430] していると考えられ，これがプレートを動かす原動力になっていると考えられています。**

# 2 大地の変動

## ★★★ 大地の変動と地形

地球の表面をおおうプレート [➡ P.394] の動きによって，火山の活動や地しんが起こったり，土地がりゅう起 [➡ P.400] したりちん降 [➡ P.400] したりして大地は変動し，さまざまな地形ができます。

## ★★★ 海れい

地球上の海底にある山脈です。わき出たマグマ [➡ P.381] が冷やされて，海底をつくる**プレート** [➡ P.394] **ができる場所**です。

## ★★★ 海こう

地球上の海底にある細長くて深いみぞ状の地形で，**プレート** [➡ P.394] **がしずみこむ場所**です。日本列島の東には**日本海こう**があり，海洋プレート（太平洋プレート）が大陸プレート（北アメリカプレート）の下にしずみこんでいます。

**●トラフ**
海こうよりも浅い，海底にある深いみぞ。日本の四国の南の海底には**南海トラフ**があり，海洋プレート（フィリピン海プレート）が大陸プレート（ユーラシアプレート）の下にしずみこんでいます。

## ★★★ ホットスポット

プレート [➡ P.394] の境界や海れいとは別に，マグマ [➡ P.381] がわき上がるところです。プレートをつきぬけてふき出し，火山活動によって島ができます。ハワイ島の下にあるホットスポットが有名です。

**地球上の大規模な地形**

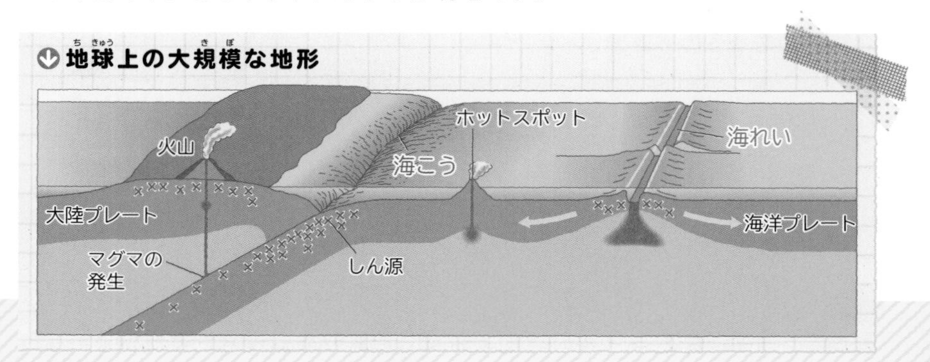

重要度

★★★ 
## りゅう起（隆起）

土地が**もち上がる**こと。陸地そのものが上がる場合と，陸地に対して海面が低下する場合があります。地しんによって急に起こることもあれば，長い時間をかけてゆっくり起こることもあります。

★★★ 
## ちん降（沈降）

土地が**下がる**こと。陸地そのものが下がる場合と，陸地に対して海面が上しょうする場合があります。地しんによって急に起こることもあれば，長い時間をかけてゆっくり起こることもあります。

★★★ 
## 海岸段きゅう（海岸段丘）

海岸沿いに見られる，階段状の地形です。海水のしん食 [➡ P.356] のはたらきで，波打ち際付近の土地がけずられてがけができ，海底には平らな面ができます。**土地がりゅう起**すると平らな面が現れます。この地上に出た平らな面を**段きゅう面**といいます。再び波によるしん食や土地のりゅう起で階段状になります。

© コーベット
**海岸段きゅう(高知県)**

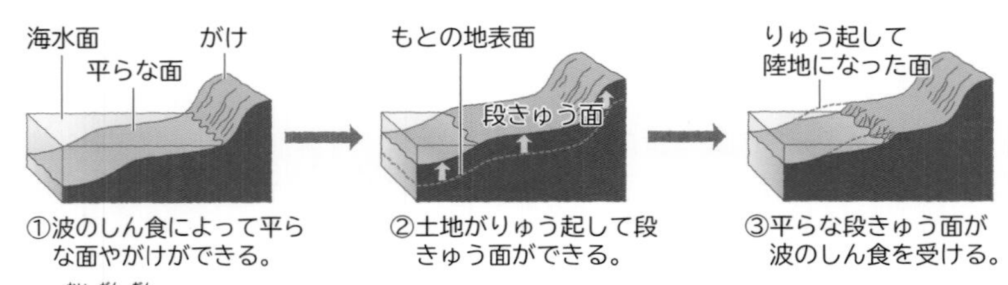
海水面
がけ
平らな面
もとの地表面
段きゅう面
りゅう起して
陸地になった面
①波のしん食によって平らな面やがけができる。
②土地がりゅう起して段きゅう面ができる。
③平らな段きゅう面が波のしん食を受ける。

**海岸段きゅうのでき方**

高い位置にある
段きゅう面ほど
古いものだよ

COLUMN
くわしく

気候が寒冷化すると，海から蒸発した水が陸地でこおって海水の量が減り海水面が低下します。温暖化すると，陸地の氷がとけたり海水の体積が大きくなったりして海水面が上しょうします。

## ★★★ 河岸段きゅう（河岸段丘）

川沿いに見られる，階段状の地形です。川で運ばれてきた土砂がたい積 [➡ P.357] して川原ができ，**土地がりゅう起**すると，川のしん食 [➡ P.356] のはたらきが大きくなってもとの川原をけずり，平らな面（**段きゅう面**）ができます。

河岸段きゅう(群馬県沼田市)
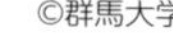
©群馬大学

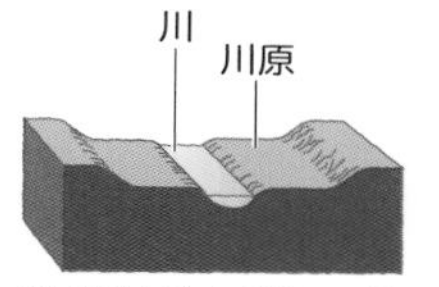


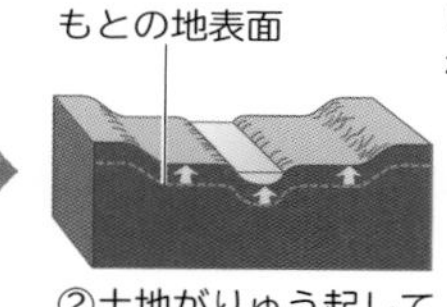


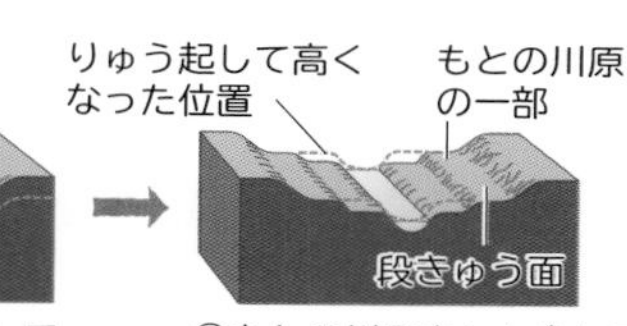


①土砂がたい積して川原ができる。
②土地がりゅう起して川原の面が高くなる。
③もとの川原をしん食して段きゅう面ができる。

河岸段きゅうのでき方

## ★★★ リアス海岸

**起ふくの多い土地がちん降**してできる，複雑な出入りのある海岸です。三陸海岸や志摩半島などがリアス海岸です。

リアス海岸（京都府舞鶴市）

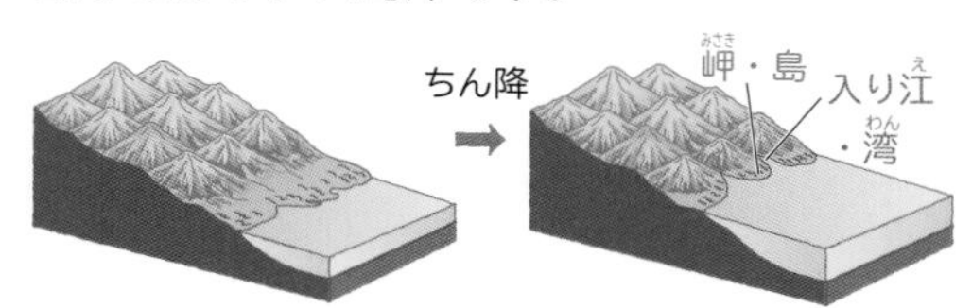


リアス海岸のでき方

## ★★★ 多島海

リアス海岸がさらに**ちん降**してできる，多くの小さな島のある海を多島海といいます。

多島海（宮城県松島町）

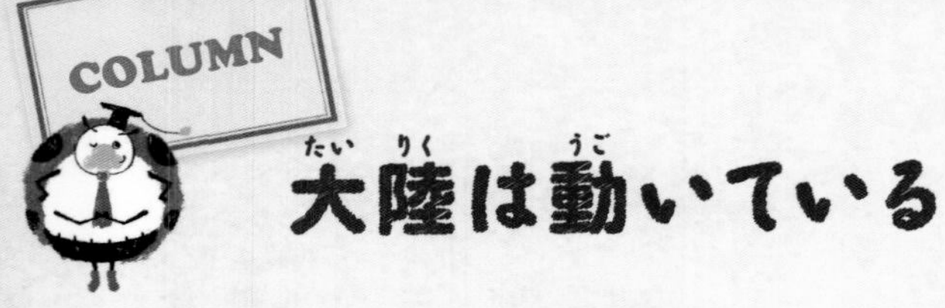


# 大陸は動いている

## 昔と今では大陸のようすがちがっていた

ドイツの学者ウェゲナーは，南アメリカ大陸の東の海岸線と，アフリカ大陸の西の海岸線がジグソーパズルのようにかみ合う形をしていることに気がつきました。そして1912年に，もともと１つであった大陸が分かれて移動し，現在のような形になったという，「大陸移動説」を発表しました。

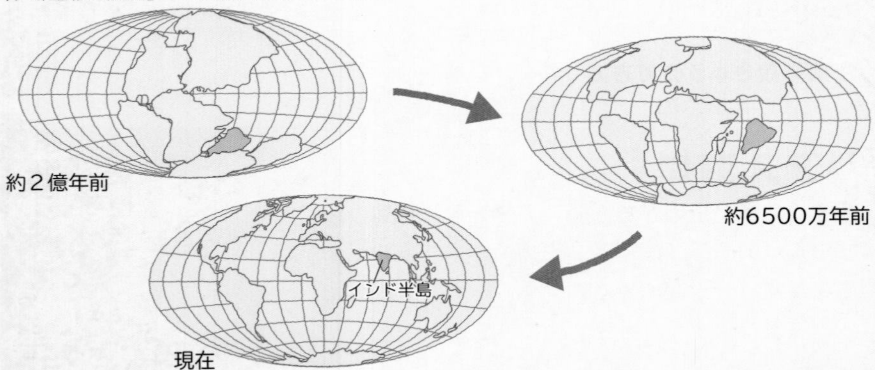


当時は大陸を動かす力の説明ができなかったため，一度は忘れ去られましたが，その後，大陸が移動したことがわかるような証拠が発見され，ウェゲナーの大陸移動説が認められたのです。

## ヒマラヤ山脈は海底からできた！？

さて，世界の屋根と呼ばれる，8000 mをこえる山々が連なるヒマラヤ山脈。ヒマラヤ山脈の地層を調べると，アンモナイトの化石が見つかりました。アンモナイトは，大昔に海で生活していた生物です。なぜ，こんなにも高い山で，海の生物の化石が見つかったのでしょうか？

ヒマラヤ山脈にあるエベレスト

ヒマラヤ山脈のでき方に
ひみつがあるよ

左のページにある昔の大陸のようすを見ると，現在のインド半島はアフリカ大陸の東海岸のとなりにあり，ユーラシア大陸とははなれていました。インド半島をのせたプレートは，長い時間をかけてユーラシア大陸をのせたプレートに近づき，約 4000～5000 万年前にユーラシア大陸にしょうとつしました。2つのプレートのしょうとつで海底の地層がおし上げられて，ヒマラヤ山脈ができたと考えられています。

現在でもインド半島は北上し続け，ヒマラヤ山脈も，1年間におよそ数 mm ずつ高くなっています。

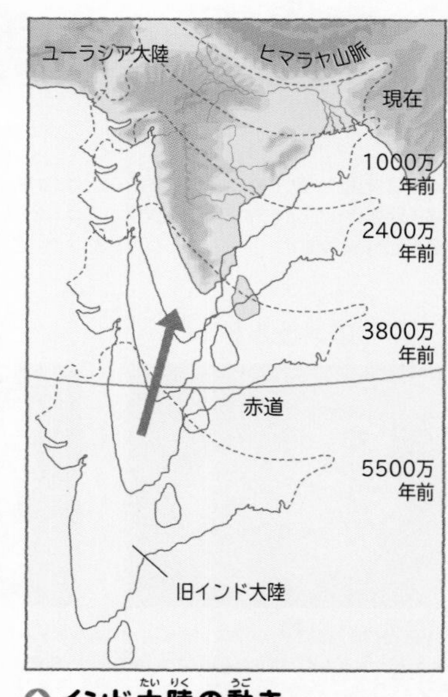


インド大陸の動き

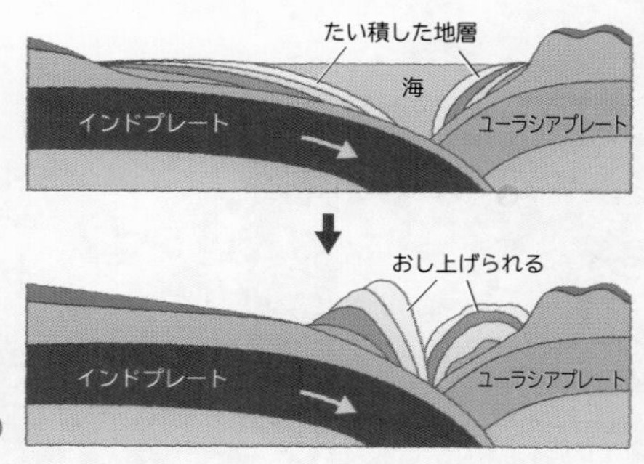


地層がおし上げられるようす

# 鉱物と宝石

鉱物は約 4000 種類以上が知られています。たくさんある鉱物の中で，美しくて産出量が少ないものは古くから宝石として大切にされてきました。宝石などに使われる鉱物を見てみましょう。

**ダイヤモンド**

成分は炭素で，地下の高温・高圧で構造が変化したものです。地球上で最もかたいものです。

**ルビー**

**サファイヤ**

コランダム（鋼玉）という鉱物からできていて，成分は酸化アルミニウムです。クロムなどをふくむため赤く見えるものがルビーです。それ以外をサファイアといいますが，鉄などをふくみ青く見えるものが有名です。

**エメラルド**

**アクアマリン**

緑柱石という鉱物からできています。クロムなどをふくむために美しい緑色に見えるものがエメラルド，鉄などをふくむためにうすい青色に見えるものがアクアマリンです。

同じ鉱物からできていても，わずかにふくまれるもののちがいで色が変わるんだ

**水晶**

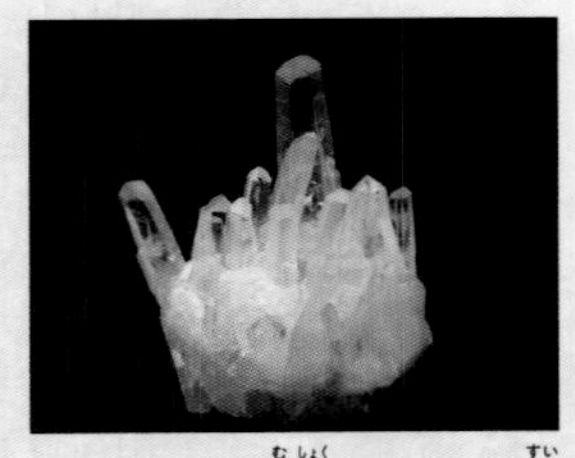

セキエイのうち，無色とう明なものを水晶といいます。むらさき色に見えるものはアメシスト（アメジスト）と呼ばれます。

**ムーンストーン**

チョウ石の一種からできています。層になっているために帯状の光沢があります。

**ペリドット**

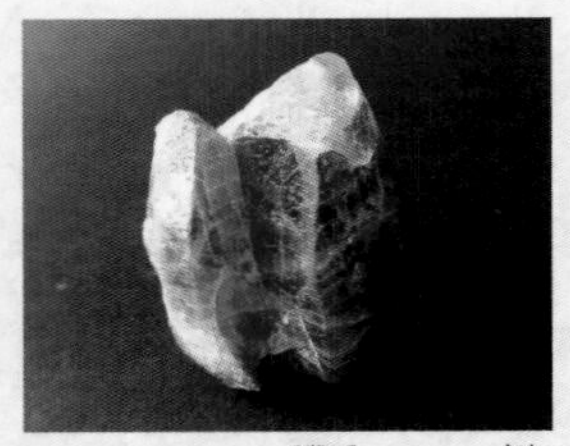

かんらん石のうち，緑色のとう明な美しいものです。

# 物質編

# 第1章 ものの性質

## 対決！ いろいろな金属で同じ

金，銀，銅，アルミニウム，マグネシウム，鉄の６種類の金属で，それぞれ 100cm$^3$の大きさのメダルをつくったとします。どのメダルがいちばん重いでしょうか。

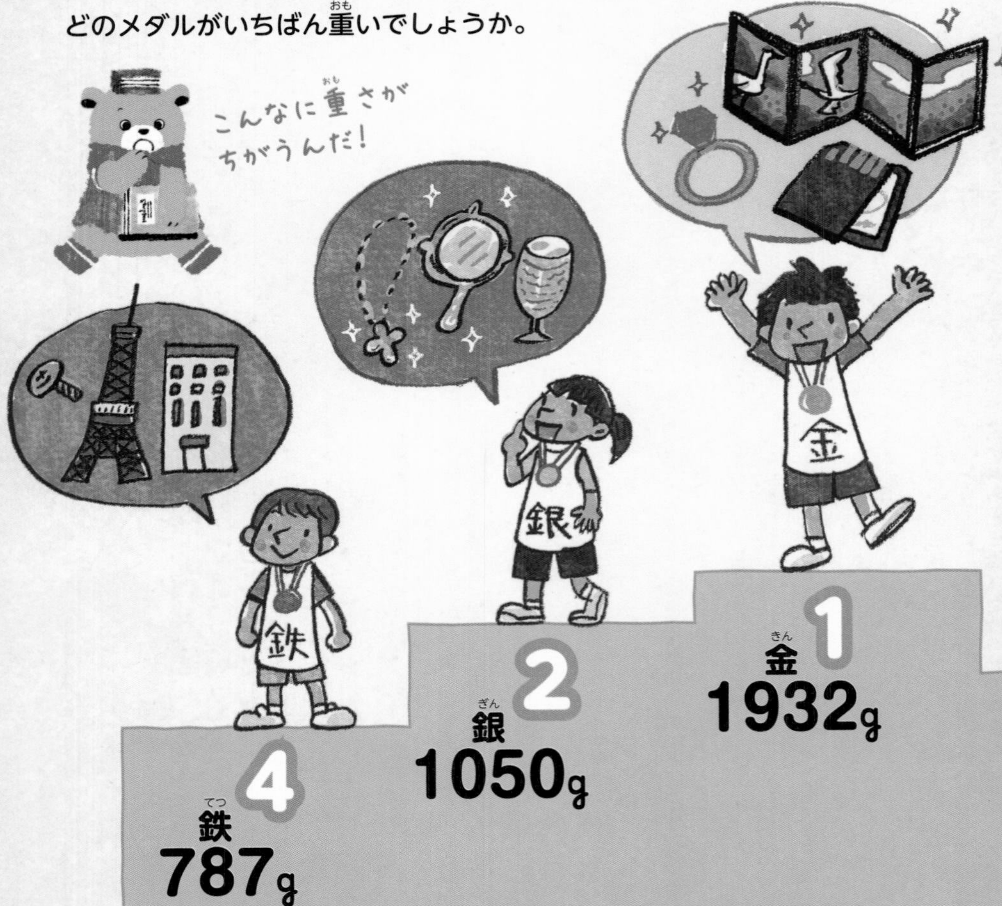

# 大きさのメダルをつくったら…

６種類の金属のうち，いちばん重いのは金で，いちばん軽いのはマグネシウムでした。その差はなんと約11倍！　同じ金属でもこんなに重さがちがう理由は，「密度」にあります。密度はある決まった体積あたりの重さのことで，ものによって異なります。
金属をはじめ，身のまわりにあるものは，軽い，重い，こわれにくい，変化しにくいなど，それぞれの特性をいかして，ものづくりに使用されています。

# この章で学ぶこと ヘッドライン

## 重さは，形や置き方で変わるの？

身のまわりのものには必ず重さがあり，その重さはものの形や置き方を変えたとしても変わりません。

重さが変わらないのは，ものがとても小さなつぶからつくられているからです。形や置き方を変えても，つぶの数が変わらないので，重さは変わりません。

ものの重さは，「密度」と関係があります。密度は，ある決まった体積（大きさ，かさ）あたりの重さをいいます。密度はものによって異なっており，同じ体積のものであっても，重さはちがいます。[➡ P.413，P.414]

## 空気を入れたボールのほうがよく飛ぶのはどうして？

空気の性質がカギだね！

サッカーボールは，空気があまり入っていないものよりも空気をいっぱいに入れたもののほうがよく飛びます。足でけった感じもちがいますね。

これは，空気にはおしちぢめられたときに，もとにもどろうと反発する力があるからです。

空気がたくさん入っていると，反発する力は大きくなります。もし空気のかわりに水を入れても，ボールは転がるだけで飛びません。水はおしちぢめることができず，反発する力が生じないからです。[➡ P.416]

けられたしゅんかんのボール

ふたがやわらかくなるのかな？

# びんのふたをあたためると，ふたを開けやすくなるのはなぜ？

ジャムなどのびんのふたは，金属でできていることが多いです。冷蔵庫から取り出したびんのふたが固くてなかなか開けられなかったことはありませんか？　そんなとき，湯にびんのふたの部分をしばらくつけるとふたは開けやすくなります。

これは，金属の体積が温度によって変わることを利用しています。金属はあたためられると体積が大きくなり，冷やされると小さくなります。びんのふたも，あたためられることで少しだけ大きくなってびんとの間にすき間ができるため，開けやすくなるのです。[➡ P.424]

©渡辺広史/アフロ

びんのふたを湯につける

# 水はどのようにすがたを変えるのかな？

水は，温度によって「固体」「液体」「気体」にすがたを変えます。

水を入れたやかんをふっとうさせると，やかんの口から湯気が出ますね。この湯気を，水が気体に変化したものだと思っていませんか？

やかんの口をよく見ると，やかんの口と湯気の間にとう明な部分があるのがわかります。この部分が，水が気体になった水蒸気です。湯気は，水蒸気が冷えて小さい水のつぶ（液体）に変わったものなのです。

水以外のものも，あたためられたり冷やされたりすることで，固体，液体，気体の３つのすがたに変化します。[➡ P.435]

水をふっとうさせたやかんの口

# 01 ものの重さ

## 1 ものの重さ

重要度 ★★★

### 重さ

身のまわりのものには，必ず重さがあります。重さは，台ばかりや電子てんびん [➡P.412] などのはかりではかることができます。重さの単位には，g（グラム），kg（キログラム），t（トン）などが使われます。[➡単位一覧 P.694]

**重さは，ものの形や置き方を変えても変わることはありません。**

#### ●重さとものの形

100gのねん土のかたまりを，丸くしたり細かく分けたりして重さを比べました。すると，どの形のものも，重さはすべて100gで同じでした。このように，ものの重さは，**形を変えても変わらない**ことがわかります。

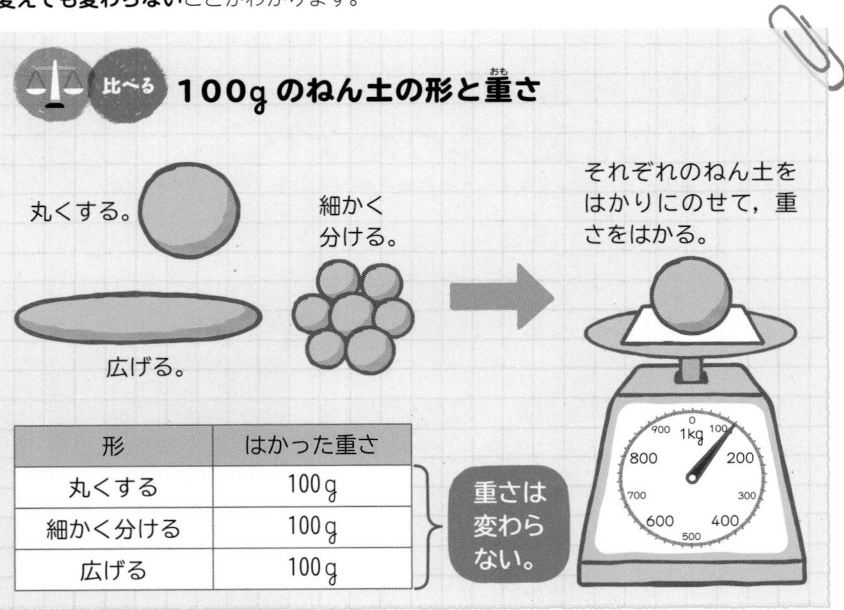
比べる
100gのねん土の形と重さ
丸くする。
細かく分ける。
広げる。
それぞれのねん土をはかりにのせて，重さをはかる。
重さは変わらない。
1kg
0
100
200
300
400
500
600
700
800
900

| 形 | はかった重さ |
| --- | --- |
| 丸くする | 100g |
| 細かく分ける | 100g |
| 広げる | 100g |

COLUMN くわしく

理科では，重さの単位グラムを英語でgramと表記し〔g〕の文字を使います。ここでは，教科書と同じ〔g〕で表記します。

## ●重さとものの置き方

100gのねん土のかたまりを，縦に置いたり横に置いたりして重さを比べました。すると，どのような置き方をしても，重さはすべて100gで同じでした。このように，**ものの重さは，置き方を変えても変わらない**ことがわかります。

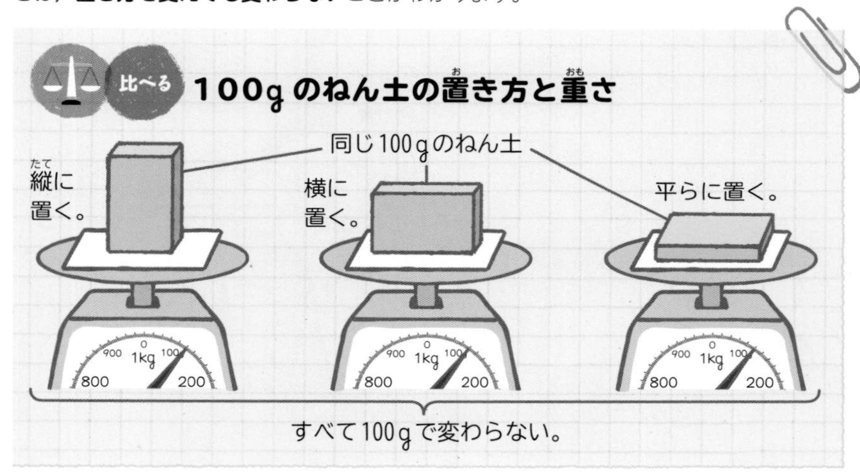
比べる
100gのねん土の置き方と重さ
同じ100gのねん土
縦に置く。
横に置く。
平らに置く。
900 0 1kg 100
800 200
すべて100gで変わらない。

## ●重さとものの種類

ものの大きさのことを体積といいます。**同じ体積** [➡ P.413] **（かさ）のものでも，ものの種類によって重さはちがいます。**

体積はどれも100cm³

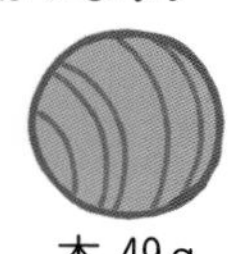

木 49g

ガラス 240g

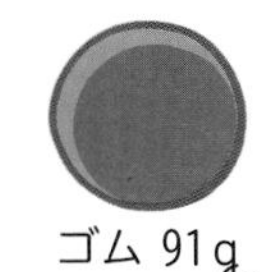

ゴム 91g

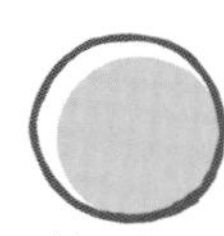

鉄 787g

また，**同じ重さのものでも，ものの種類によって体積は変わります。**これは，ものの種類によって，密度 [➡ P.414] がちがうからです。

重さはどちらも787g

鉄 100cm³

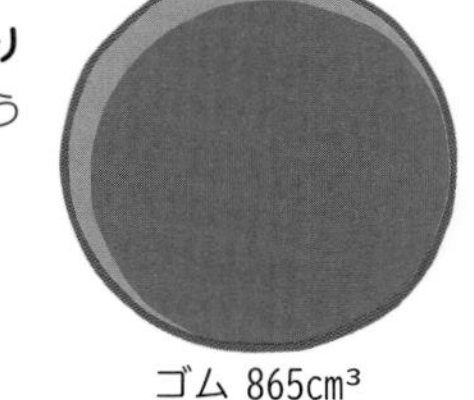

ゴム 865cm³

## ●ものの重さが変わらない理由

ものは原子や分子 [➡ P.482] というつぶでできています。ものの形や置き方を変えても，**ものをつくっているつぶの数が変わらない**ので，重さは変わりません。

COLUMN まめ知識

目に見えない気体にも重さがあります。たとえば，酸素は1cm³で0.00143g（0℃，1気圧）です。

重要度 ★★★

## 重さのはかり方

重さをはかるには，はかりを使います。はかりには，**台ばかり**，**電子てんびん**，**上皿てんびん** [➡ P.455] などがあります。

★★★

## 台ばかり

はかりの台にものを置いて重さをはかる道具。

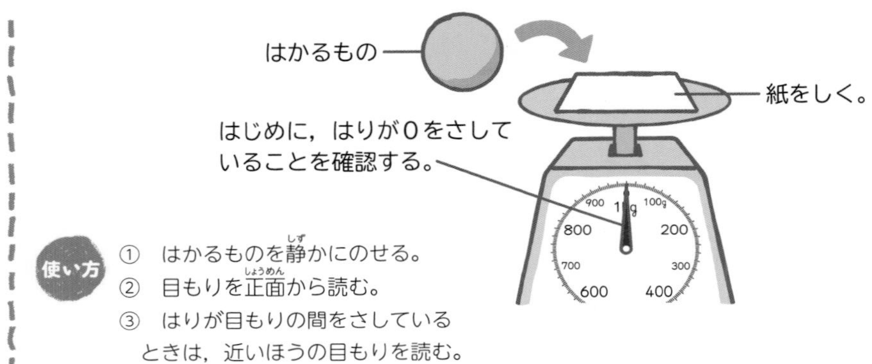

はかるもの
紙をしく。
はじめに，はりが0をさしていることを確認する。
900
1kg
100g
800
200
700
300
600
400
使い方
① はかるものを静かにのせる。
② 目もりを正面から読む。
③ はりが目もりの間をさしているときは，近いほうの目もりを読む。

★★★

## 電子てんびん

はかりの台にものを置いて重さをはかる道具。重さがデジタルで表示されるため，読み取りやすく，軽いものの重さも正確にはかることができるものが多くあります。

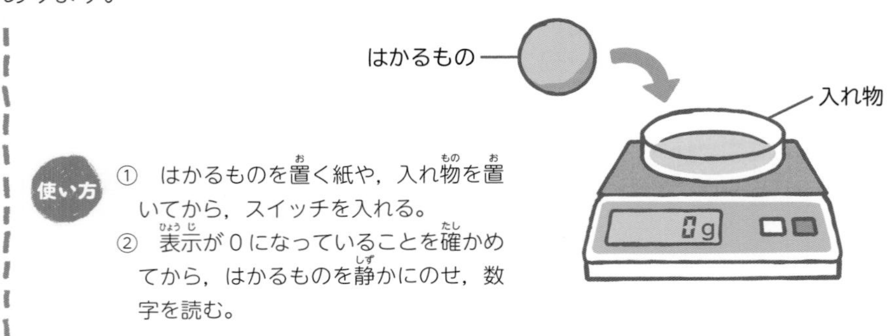

はかるもの
入れ物
0g
使い方
① はかるものを置く紙や，入れ物を置いてから，スイッチを入れる。
② 表示が0になっていることを確かめてから，はかるものを静かにのせ，数字を読む。

算数 column

# 体積と単位

## 体積とは

**ものの大きさ，かさ**のことを**体積**といいます。1辺が1cmの立方体の体積を1立方センチメートルといい，「1cm³」と書きます。

つまり，いろいろなものの体積は，1辺が1cmの立方体が何個分あるかで表すのです。右の図の立方体の場合には，1辺が1cmの立方体が64個あるので，64cm³となります。

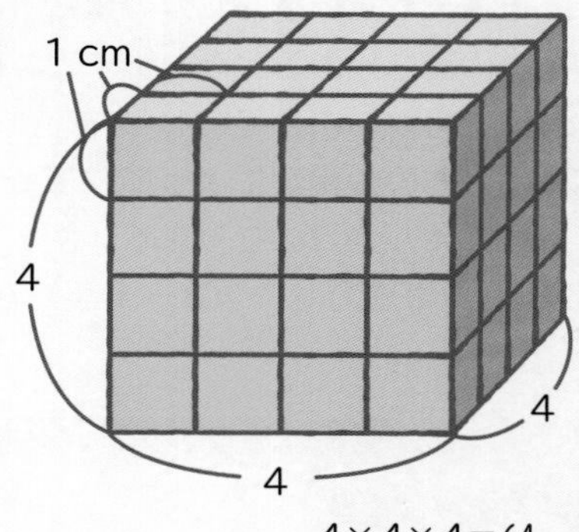

4×4×4＝64

**立方体や直方体の体積**は，次の式で求められます。このとき，**縦，横，高さの単位は同じ**にします。

**体積 ＝ 縦 × 横 × 高さ**

3 × 3 × 3＝27〔cm³〕
（1辺が1cmの立方体が27個あるので27cm³。）

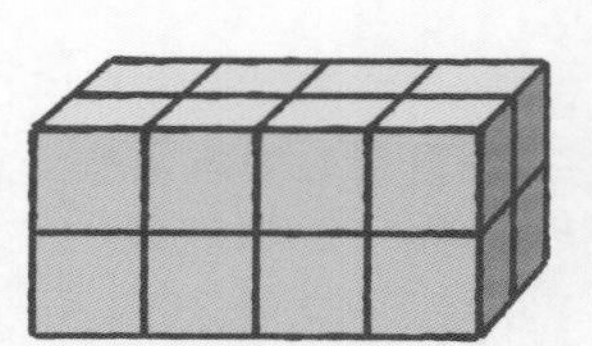
2 × 4 × 2＝16〔cm³〕
（1辺が1cmの立方体が16個あるので16cm³。）

体積の単位には **cm³**（立方センチメートル），**m³**（立方メートル），**L**（リットル），**mL**（ミリリットル）などがあります。〔➡単位一覧 P.694〕

# 2 密度

## 密度

重要度 ★★★

**ある決まった体積あたりの重さ**（ふつう 1cm³ あたりの重さ）のことをいいます。1cm³ に，どれだけものがつまっているのかを重さで表します。
**密度はものの種類によって決まっている**ので，種類を区別する手がかりになります。密度の単位には，g/cm³（グラム毎立方センチメートル）が使われます。

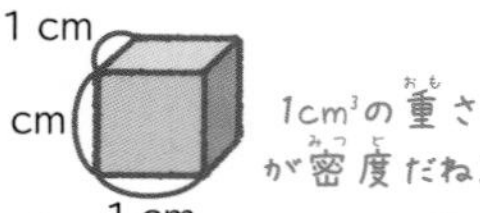

比べる
**いろいろなものの密度**

| もの | 密度〔g/cm³〕 | もの | 密度〔g/cm³〕 |
|---|---|---|---|
| 木（ひのき） | 0.49 | レンガ | 1.2～2.2 |
| ゴム | 0.91～0.96 | ガラス | 2.4～2.6 |
| 氷（0℃） | 0.92 | 鉄 | 7.87 |
| 水（4℃） | 1.00 | 銅 | 8.96 |
| ポリスチレン | 1.06 | 水銀 | 13.55 |

（20℃のとき）

## 密度の求め方

★★★

密度はものの重さをその体積で割って求めます。

$$\text{密度〔g/cm}^3\text{〕} = \frac{\text{ものの重さ〔g〕}}{\text{ものの体積〔cm}^3\text{〕}}$$

**●密度を計算してみよう**

密度と体積がわかっていれば，重さが求められます。**密度×体積＝重さ**
密度と重さがわかっていれば，体積が求められます。**重さ÷密度＝体積**

重さが 100g で，体積が 200cm³ のブロックの密度は何 g/cm³ ですか。

100〔g〕÷ 200〔cm³〕＝ 0.5〔g/cm³〕

**答え　0.5g/cm³**

COLUMN くわしく

**複雑な形のものの体積をはかるには，水の入ったメスシリンダーにものを入れ，見かけ上増えた水の体積を調べます。**

## ★★★ 密度とものののうきしずみ

水などの液体にものを入れたとき，入れたものがうくかしずむかは，液体とものの密度によって決まります。
ものの密度が，**液体の密度より大きい場合は，ものがしずみます。**反対に，ものの密度が**液体の密度より小さい場合は，ものがうきます。**氷が水にうくのは，氷の密度（0.92g/cm$^3$）が水の密度（1.00g/cm$^3$）より小さいからです。

鉄の密度（7.87g/cm$^3$）は，水の密度より大きいので，鉄は水にしずみます。

鉄の密度（7.87g/cm$^3$）は，水銀の密度（13.55g/cm$^3$）より小さいので，鉄は水銀にうきます。

**●甘いトマトは食塩水にしずむ？**
トマトは熟して甘くなると，糖分が増え，トマトの密度が大きくなります。これを食塩水の中に入れると，トマトの密度が食塩水よりも大きいため，しずみます。このようにすると甘いトマトと甘くないトマトを見分けることができるので，試してみましょう。

## ★★★ 水銀

ふつう，金属は室温（20℃）では固体 [➡P.435] ですが，室温で液体 [➡P.435] の状態になっているただひとつの金属 [➡P.511] が水銀です。銀のように光たくがあります。温度計 [➡P.423] の液として使われていましたが，毒性が強いため，日常ではあまり使われていません。

水銀は，天体望遠鏡の鏡（液体鏡）としても使用されています。バンクーバーにある大天頂望遠鏡では，口径（直径）が6mあるお盆のような入れ物に水銀を入れ，宇宙を映しています。

# 02 空気と水の性質

重要度 ★★★

## とじこめた空気の性質

ポリエチレンのふくろや風船などに空気を入れて，口をとじたものをおすと，ふくろや風船がちぢみます。このように，**とじこめた空気はおしちぢめることができます。**（体積[➡ P.413]が小さくなります。）

おしちぢめられた空気は，もとの体積に**もどろうとする力（反発する力）**がはたらきます。おしちぢめる力が大きくなるほど，もとにもどろうとする力は大きくなります。そして，おす力がなくなると，体積はもとにもどります。

[➡とじこめた空気と水の利用 P.419]

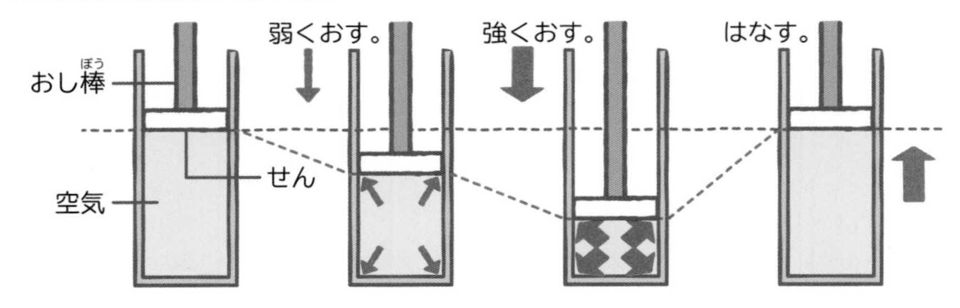


おし棒を手でおすと，おしていた手に力を感じます。これは，中の空気がもとの体積にもどろうとしておし返す力です。この力は，おし棒を**強くおすほど大きく**感じます。

### ●空気が多いほどおし返す力は大きい

たくさんの空気が入っているボールのほうが，入っている空気が少ないボールよりよくはずみます。これは，空気が多いほど反発する力も大きいからです。

## ★★★ 空気でっぽう

空気をおしちぢめたときの反発する力を利用したてっぽう。前玉は，**おしちぢめられた空気の反発する力**によって飛び出します。

●玉をよく飛ばす方法

①玉をきつくつめる。
②前玉と後玉の間をはなす。
③おし棒をいきおいよくおす。

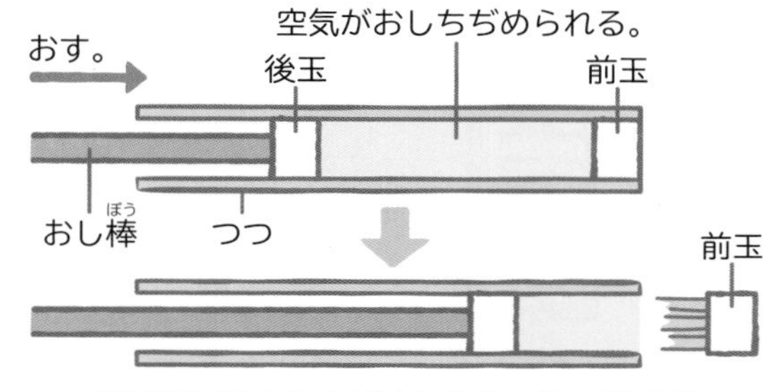


空気の反発する力がはたらき，前玉が飛ぶ。

## ★★★ とじこめた水の性質

とじこめた水は，空気とはちがって**おしちぢめることができません。**（体積は変わりません。）

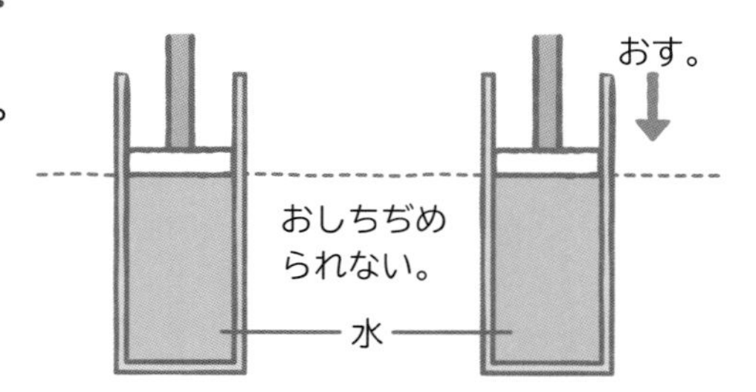


●空気でっぽうに水を入れる

水はおしちぢめられないので，空気でっぽうに水を入れておしても，玉はいきおいよく飛び出しません。おし棒で水をおすと，その力で前玉がおし出されるだけです。水はおしちぢめられないので，前玉をいきおいよくおす力が生じないためです。

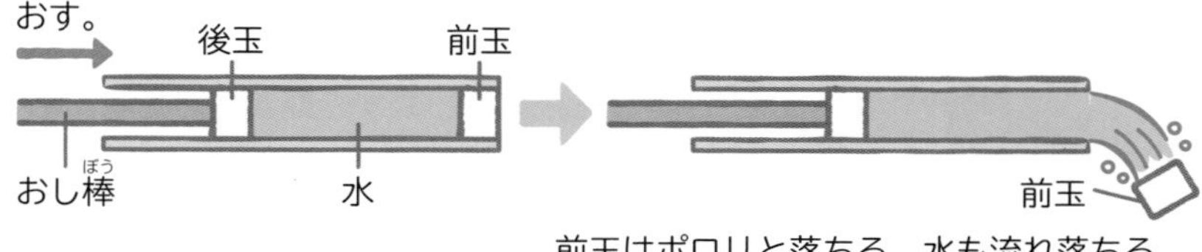


前玉はポロリと落ちる。水も流れ落ちる。

COLUMN くわしく

水でっぽうで水をよく飛ばすには，つつの先の穴を小さくすることと，おし棒とつつの間にすき間がないようにすることが必要です。

重要度 ★★★

## 空気と水をつぶで考える

とじこめた空気と水をつぶで考えてみましょう。

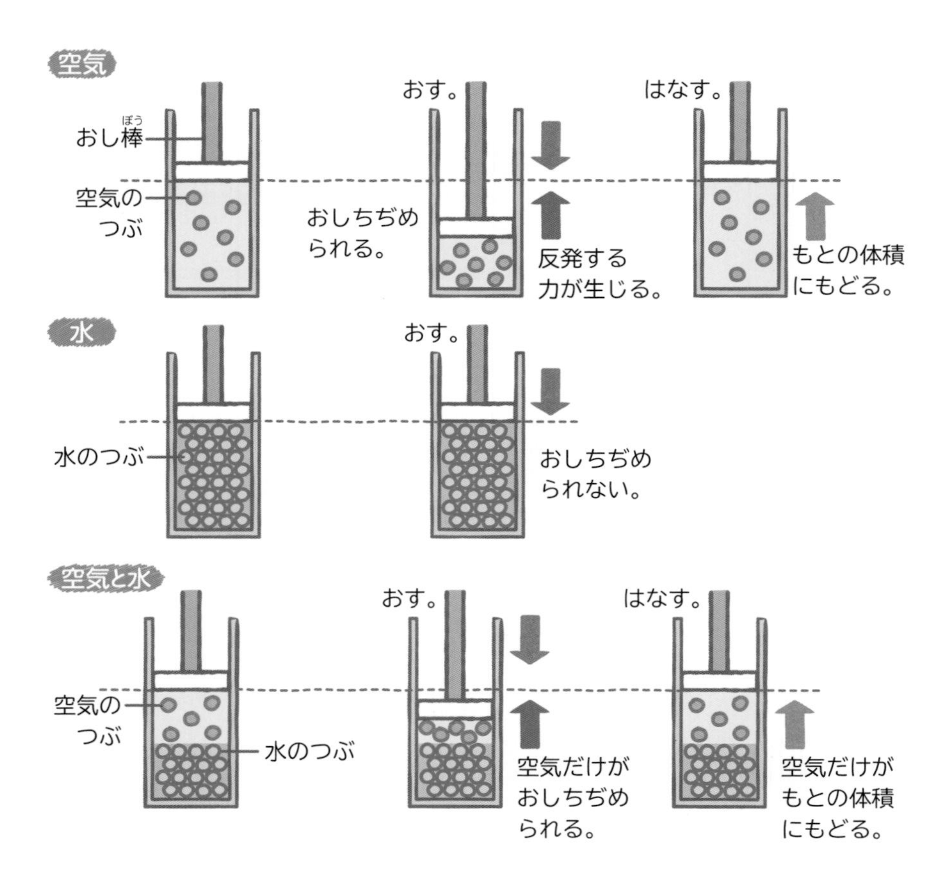
空気
おし棒
空気のつぶ
おす。
おしちぢめられる。
反発する力が生じる。
はなす。
もとの体積にもどる。
水
水のつぶ
おす。
おしちぢめられない。
空気と水
空気のつぶ
水のつぶ
おす。
空気だけがおしちぢめられる。
はなす。
空気だけがもとの体積にもどる。

空気をつくるつぶとつぶの間にはすき間があります。空気のような気体 [➡P.435] は，すき間が大きいため，**空気をおすとこのすき間がちぢまり**，おしちぢめることができます。しかし**水は，このすき間がほとんどない**ため，おしちぢめることができないのです。

また，空気をおしちぢめても，空気のつぶの数は変わらないので，重さは変わりません。

COLUMN まめ知識

水のつぶはひじょうに小さいです。水のつぶ 1 つをテニスボールぐらいの大きさとすると，テニスボールは地球ぐらいの大きさになります。

## ★★★ とじこめた空気と水の利用

とじこめた空気はしょうげきをやわらげる力や，力をほかへ伝える性質をもっていて，いろいろなものへ利用されています。

かんしょう材

自転車のタイヤ　エアマット

おしちぢめた空気で水をおし出す。

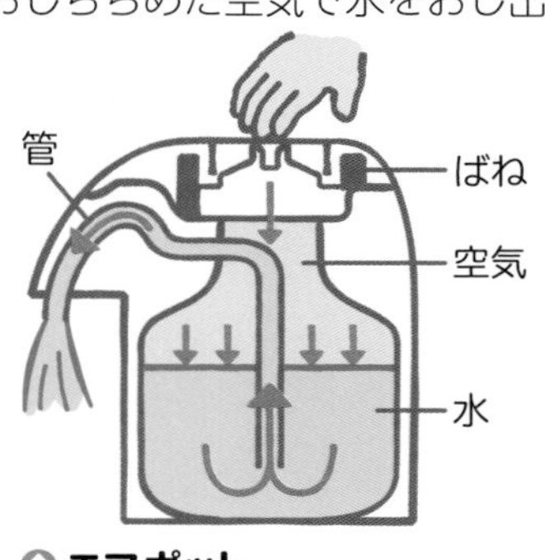


エアポット

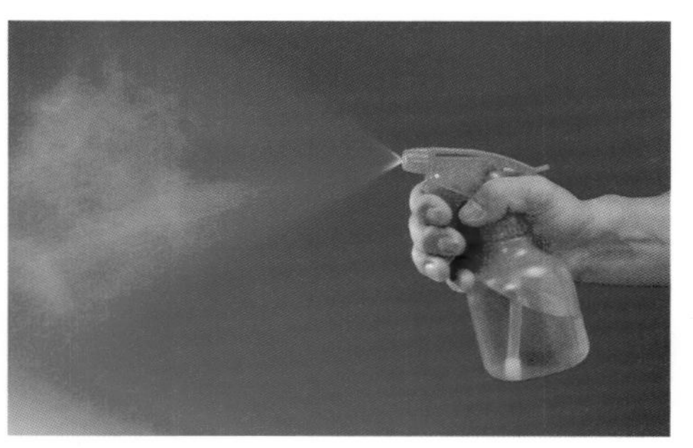

きりふき

## ★★★ ペットボトルロケット

ペットボトルを発射台に取りつけ，空気を入れていきます。
しばらくすると，ペットボトルの中の空気がおしちぢめられ，おしちぢめられた空気がもとの体積にもどろうとして水をおし出します。このときの力で，ペットボトルはいきおいよく飛び出します。

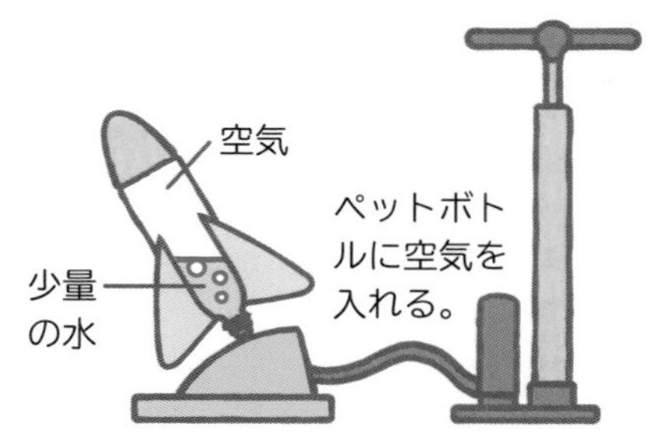

# 03 温度とものの変化

重要度 ★★★

## 空気の体積と温度

①空気は**あたためると体積が大きくなり**（ぼう張），**冷やすと体積が小さくなります**（収縮）。

右の図のように，試験管の口に石けん水のまくをつくり，試験管を湯に入れてあたためると，まくはふくらみます。

また，試験管を氷水に入れて冷やすとまくはへこみます。

②空気は温度によって体積が変わっても，重さは変わりません。

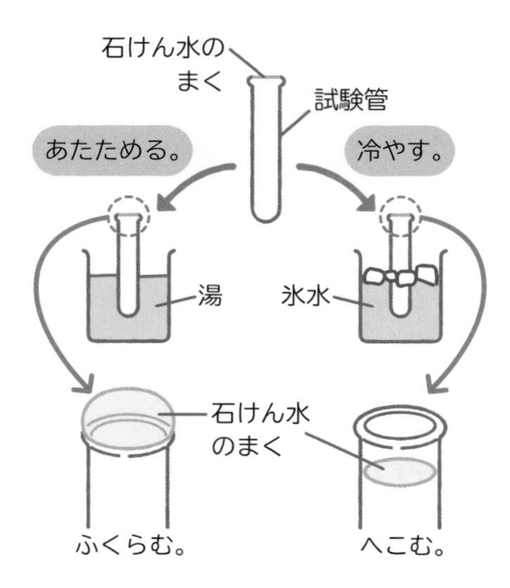


★★★

## 体積が変わるわけ

温度が高くなると空気の体積が大きくなるわけを，空気をつぶで表して考えてみます。温度が高いほど，空気のつぶの運動がはげしくなります。そしてつぶとつぶの間かくが広がり，体積が大きくなります。

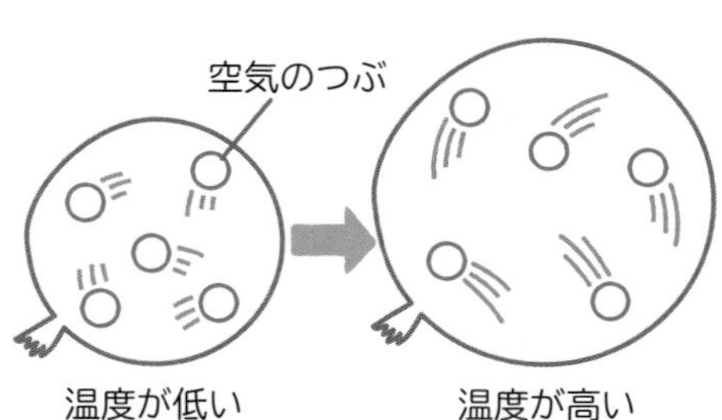

## ★★★ ぼう張

体積が大きくなることをぼう張といいます。
空気だけでなく，**気体はすべて温度が上がるとぼう張**します。
へこんだピンポン玉やへこんだプラスチック容器を湯につけてあたためると，中の空気がぼう張してもとのふくらんだ形にもどります。

〈空気のぼう張の例〉

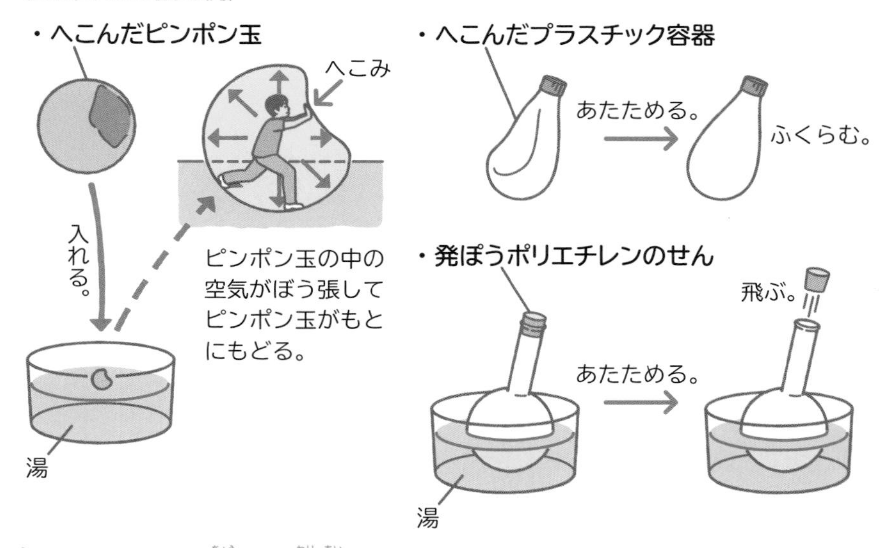


●気体がぼう張する割合

空気だけでなく，気体はすべて同じ割合でぼう張します。気体の温度が 1℃上がると，体積が 0℃のときの体積の 273 分の 1 ずつ大きくなります。そのため，0℃の気体の温度が 273℃上がると，体積はちょうど 2 倍になります。

## ★★★ 収縮

体積が小さくなることを収縮といいます。
空気だけでなく，**気体はすべて温度が下がると収縮**します。

COLUMN くわしく

**ものは原子というつぶでできています。原子の運動は温度が高いほど活発になり，その結果つぶとつぶの間かくが広くなります。ふつう，温度が高いほどものの体積が大きくなるのはそのためです。**

重要度★★★

## 水の体積と温度

水は**あたためられる**とぼう張 [➡P.421] して**体積が大きくなり**，**冷やされると**収縮 [➡P.421] して**体積が小さくなります**。**水の温度による体積の変化は空気よりずっと小さい**です。

水は，温度が変わって体積が変わっても，重さは変わりません。

したがって，温度が上がり体積が大きくなるほど密度 [➡P.414] は小さくなり，温度が下がり体積が小さくなるほど密度は大きくなります。

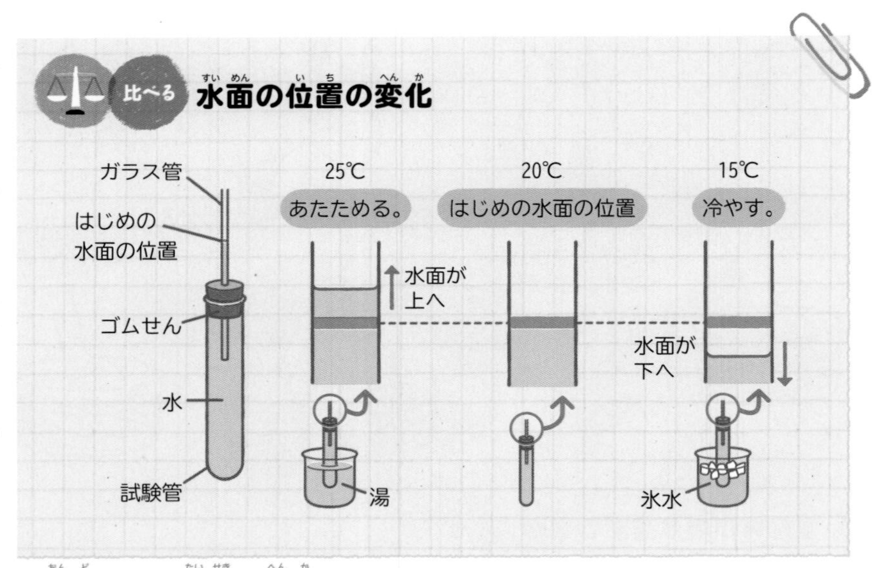


### ●温度と水の体積の変化のグラフ

温度と水の体積の変化をグラフにすると，右の図のように，4℃のとき最も体積が小さくなり，4℃から温度が下がると，体積が大きくなります。温度によって水全体の重さは変わらないことから，1cm³の体積の水の重さ（密度）は，温度が0℃のときよりも，4℃のときのほうが大きくなります。

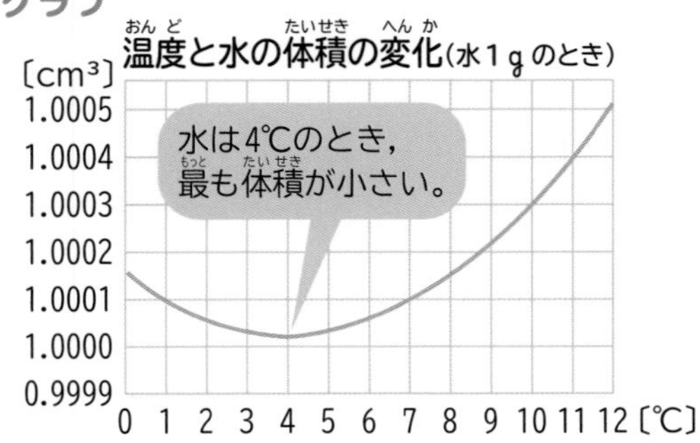

COLUMN まめ知識

一般に，液体は温度を下げると体積が小さくなります。水は例外で，4℃（3.98℃）以下では大きくなります。

## ★★★ 液体の体積と温度

水だけでなく，ほかの液体も温度が上がるとぼう張 [➡P.421] し，温度が下がると収縮 [➡P.421] します。ぼう張の割合は液体の種類によってちがいます。

| | 種類〔例〕 | 増える体積〔cm³〕 |
|---|---|---|
| 1L（1000cm³）の液体の温度を1℃上げたときの増える体積 | エーテル | 1.63 |
| | アルコール※ | 1.08 |
| | 石油（重油） | 0.70 |
| | 水銀 | 0.18 |

※エタノール

## ★★★ 温度計

棒温度計は液体の温度による体積の変化を利用しています。ガラス管の中に色のついたアルコールや灯油が入っていることが多いです。アルコールは温度の変化による体積の変化が大きく，また増え方が一定なので，温度計に利用されます。温度計が細いのは，少しの温度変化でも体積の変化がわかりやすいためです。

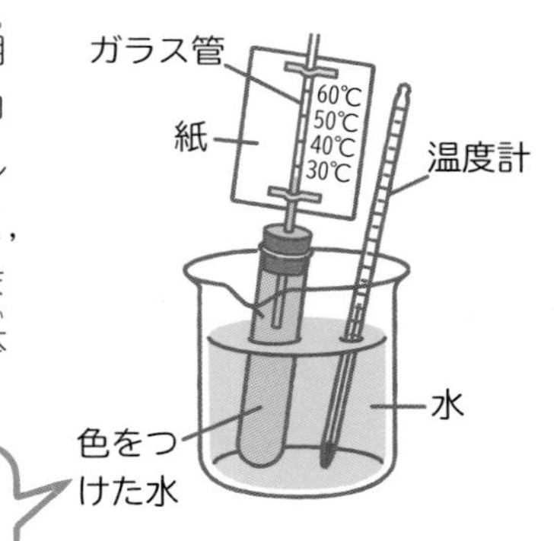


水の温度をはかり，そのときのガラス管内の水面の位置を紙に印をしていくと温度計がつくれる。

① 温度計の液だめを，温度をはかりたいものにふれさせます。
② 温度計は割れやすいので，振りまわしたり，ほかのものにぶつけたりしないように注意します。
③ 温度計の目もりを読むときは，温度計と目を直角にして読みます。

[➡温度計の使い方 P.225]

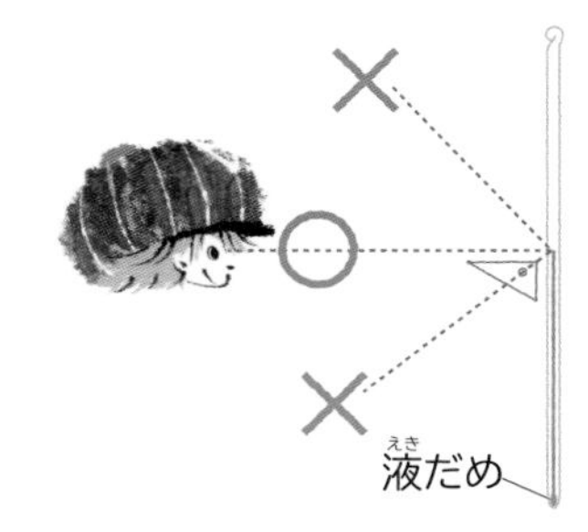

体温計も温度計の一種です。体温計には水銀が使われているものがあり，これも水銀の温度による体積の変化を利用しています。

重要度 ★★★

## 金属の体積と温度

金属は**あたためられると体積が大きくなり，冷やされると体積が小さくなります。金属の温度による体積の変化は，空気や水よりずっと小さい**です。

右の図のように，輪を通っていた金ぞく球を熱すると，輪を通らなくなります。これは，金ぞく球が熱せられ，ぼう張したためです。熱した球を冷やすと，再び輪を通ります。

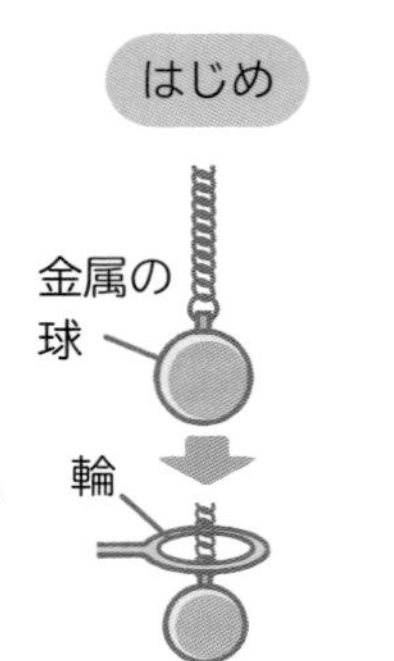


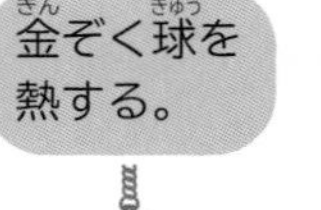


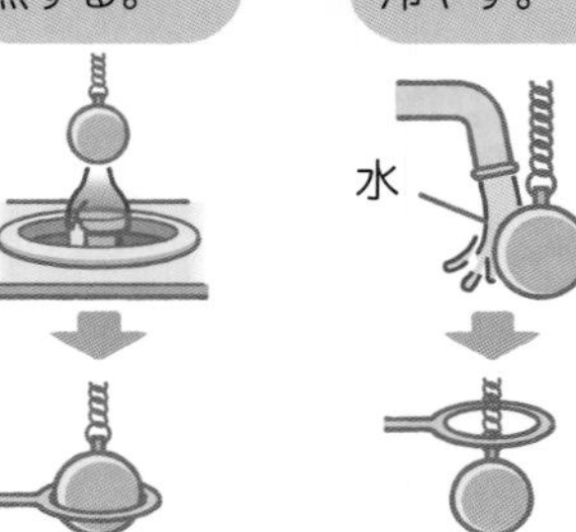


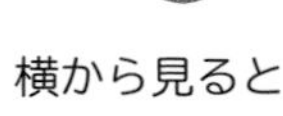


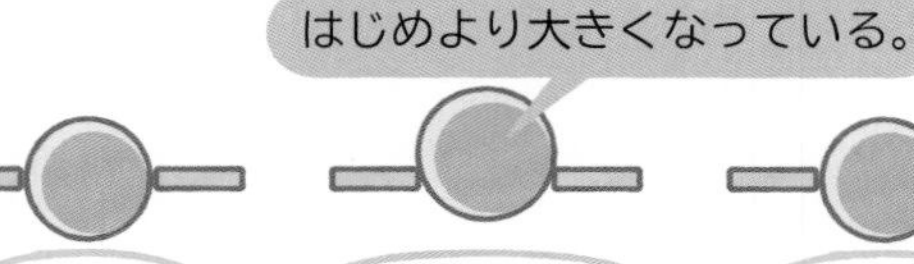

★★★

## ぼう張率

温度によってものの体積がぼう張〔➡ P.421〕する割合をぼう張率といいます。ぼう張率はものの種類によってちがいます。ふつう温度が 1℃変わることによって体積が増える割合をいいます。

| 種類 | のびる長さ〔mm〕 |
|---|---|
| アルミニウム | 0.23 |
| 銅 | 0.17 |
| 鉄 | 0.12 |
| ガラス | 0.09 |
| 木材 | 0.04 |

↑ 10m の棒の温度を1℃上げたときにのびる長さ

### ●線ぼう張率

固体のぼう張のうち，特に長さがのびる変化を線ぼう張といい，そののびる割合を線ぼう張率といいます。線ぼう張率のおよそ 3 倍が，体ぼう張率（体積のぼう張率）になります。

COLUMN まめ知識

耐熱ガラスでない冷えたコップに熱い湯を入れると割れることがあります。これは，コップのガラスの内側が急にぼう張したためです。

# ★★★ 理科実験用ガスコンロ

ガス（ガスボンベ）を燃料として，ものを熱する実験のときに使う器具です。

## ●理科実験用ガスコンロの使い方

©株式会社ヤガミ

### 使う前に点検すること

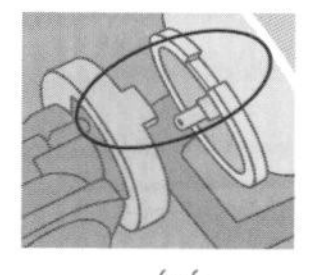
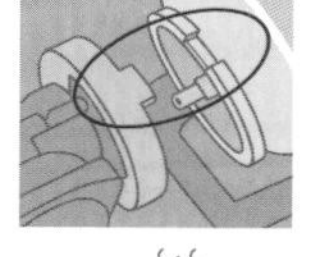

□ ガスボンベの**切り込み（凸凹）を**
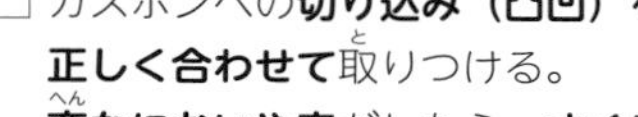
**正しく合わせて**取りつける。
**変なにおいや音**がしたら，**すぐにガスボンベをはずす。**

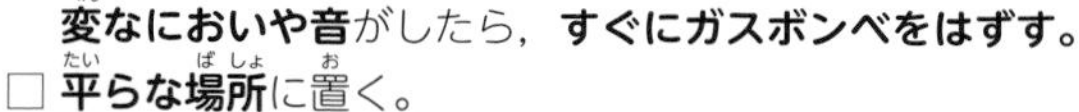
□ **平らな場所**に置く。

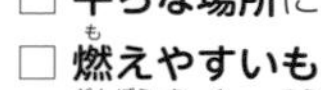
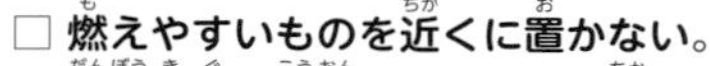
□ **燃えやすいものを近くに置かない。**

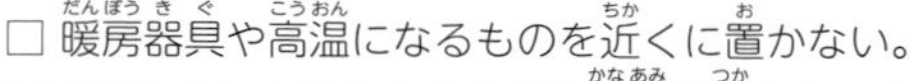
□ 暖房器具や高温になるものを近くに置かない。

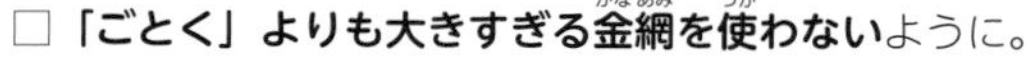
□ **「ごとく」よりも大きすぎる金網を使わない**ように。

ガスボンベの上が熱くなると爆発する危険がある

□ 実験中は，コンロを動かさない。

□ ガスボンベを**たたいたり落としたりしない。**
□ 実験中は，**窓を開けて換気をする。**

### 使い方

① **つまみを「点火」まで回して火をつける。火がつかないときは，「消」に戻し，少し間をあけてから点火する。**
② **火がついたら，つまみで火力を調節する。**

③ 実験が終わったら，**つまみを右に「消」まで回して，火が消えたことを確認する。**
④ ガスボンベが冷えたら，ガスボンベをコンロからはずして**キャップを閉め，火の気のない40℃以下のところ（日光の当たらない場所）**で保管する。

#### 加熱するときの注意

□ **加熱する量に気をつける。**
ビーカーなら半分（試験管なら$\frac{1}{3}$）をめやすに入れすぎない。
□ **ふっとう石を入れる。**
ふっとうに近い温度まであげる場合は，必ず「ふっとう石」を入れる。
□ **試験管の口を人に向けない・のぞかない。**
□ **容器の外側がぬれたまま加熱しない。**
（割れることがある。）

COLUMN
**まめ知識**

**電車の線路のつなぎ目に少しすき間があいているのは，温度による（季節による）体積の変化で，こわれないようにするためのしくみです。**

重要度 ★★★

## アルコールランプ

アルコールを燃料とした，ものを熱する器具です。

- □ 容器やふたに、欠けやひびがないか。
- □ 出ているしんの長さは 5mm くらいか。
- □ アルコールの量は容器の 8 割くらいか。
- □ しんがきちんとアルコールに入っているか。

① しんのななめ下から，マッチやライターで火をつける。
※アルコールランプで火をつけない！

② 実験が終わったら，ななめ上からふたをかぶせて，火を消す。

③ ふたを一度とり，消火を確認したらふたをする。

★★★

## バイメタル

2 種類のぼう張率 [➡ P.424] のちがう金属 [➡ P.511] をはり合わせたものをいいます。熱せられると，**ぼう張率が大きい金属側がのびるため，ぼう張率が小さい金属側へそり返ります。**また，冷めるとバイメタルはもとの形にもどります。このことからサーモスタット（スイッチを自動的に開閉する装置）として電気器具などの温度調節装置，温度計，火災報知器などに利用されています。バイメタルに使われる金属としては，ぼう張率が大きいものとして黄銅，ぼう張率が小さいものとしては，インバー（ニッケル鋼）が多く用いられています。

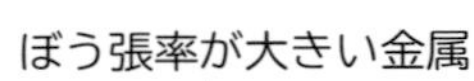


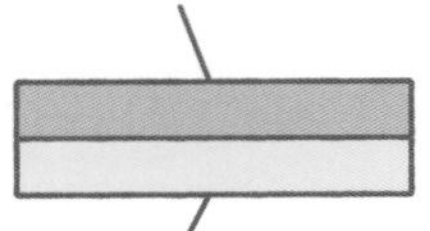

ぼう張率が小さい金属

あたためると，そり返る。

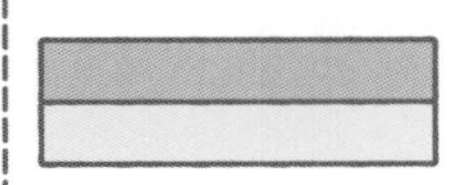

冷えると，もとにもどる。

COLUMN まめ知識

バイメタルのバイは「2つ」，メタルは「金属」という意味の英語です。

# 04 もののあたたまり方

## ★★★ 金属のあたたまり方

金属 [➡ P.511] は**熱せられたところから順に遠くに熱が伝わっていきます。**
このときの熱の伝わり方を，**伝導（熱伝導）** [➡ P.428] といいます。

### ●金属の棒を熱する

熱した部分に関係なく，熱したところの近くから順に熱が伝わります。

下のほうを熱する。　上のほうを熱する。　中央を熱する。

熱の伝わる方向

熱した部分

### ●金属の板を熱する

熱した部分から順に円をえがくようにして遠くに熱が伝わります。

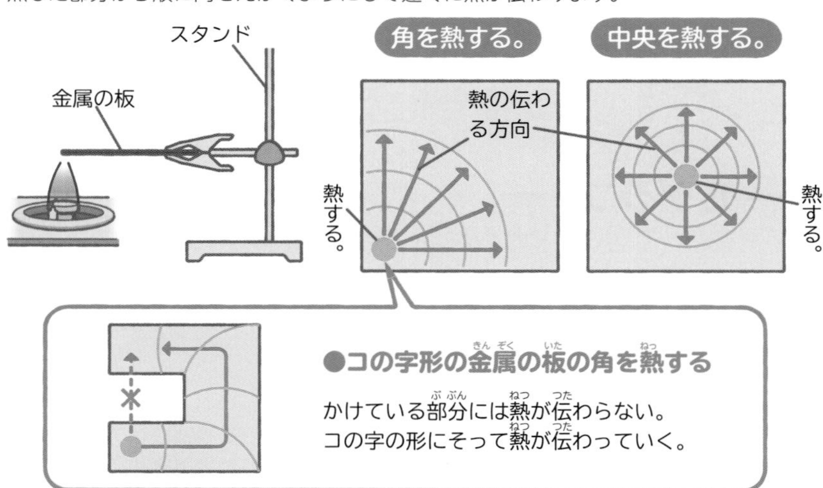


**●コの字形の金属の板の角を熱する**

かけている部分には熱が伝わらない。
コの字の形にそって熱が伝わっていく。

**COLUMN まめ知識**

室内に置いてあった木や鉄は，同じ温度なのにさわると木より金属のほうが冷たく感じます（体温よりも低い場合）。これは，手の熱が，熱を伝えやすい金属により早くとられる（伝わる）ためです。

重要度 ★★★

## 伝導（熱伝導）

**熱がものを伝わって移動していく伝わり方**のことです。熱伝導ともいわれます。たとえば金属のスプーンを熱い湯につけると，湯につけていない持つ部分も熱くなります。

固体 [➡P.435] は伝導によって熱が伝わります。熱の伝わる速さは，ものの種類によってちがいます。

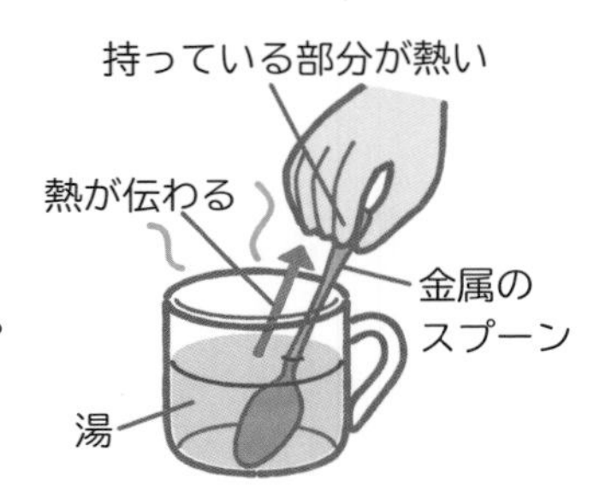


### ●熱の伝わりやすさ

熱を伝えやすいものには，伝えやすいものから順に銀，銅，金，アルミニウム，鉄などの金属があります。熱を伝えにくいものには，プラスチック，ガラス，木などがあります。

〈フライパン〉

フライパンは調理する材料に熱を伝えやすいように熱を伝えやすい金属でできています。持ち手は熱くなると危ないので，熱を伝えにくいプラスチックや木などを使っていることが多いです。

〈バーベキュー用のくし〉

バーベキュー用のくしが金属なのは，熱を伝えやすいためです。具と具のすき間をあけておくと，くしがあたたまりやすくなるので具がよく焼けます。

★★★

## サーモグラフィー

サーモグラフィーという装置を使うと，ものの温度を色のちがいで表すことができます。温度が高いほど赤（白）っぽく，温度が低いほど青っぽくなります。これによって熱の伝わり方などがわかります。

温度が高い　温度が低い

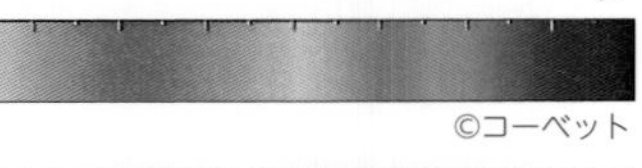

©コーベット

**サーモグラフィーで見たコーヒーカップ**➡

©Cultura Creative/アフロ

## ★★★ 水のあたたまり方

あたためられた水は上に上がり，冷たい水が下に移動して，**水が移動する（対流** [➡ P.430] **する）ことによって水全体があたためられます**。これは金属のあたたまり方 [➡ P.427] とはちがいます。

あたたかい水は軽く，冷たい水は重いため，水の移動が起こります。右の図のように，おがくずを入れた水をあたためると，おがくずが矢印のような動きをしていることから，水の動きがわかります。

また，下の図のように示温テープで水の温度の変わり方を調べると，底のほうを熱すると，まず熱したところの色が変わり，その後は上から下に順に色が変わります。水面近くを熱すると，熱したところより上はすぐに色が変わりますが，熱したところより下はなかなか色が変わりません。

**おがくずを入れて熱する**

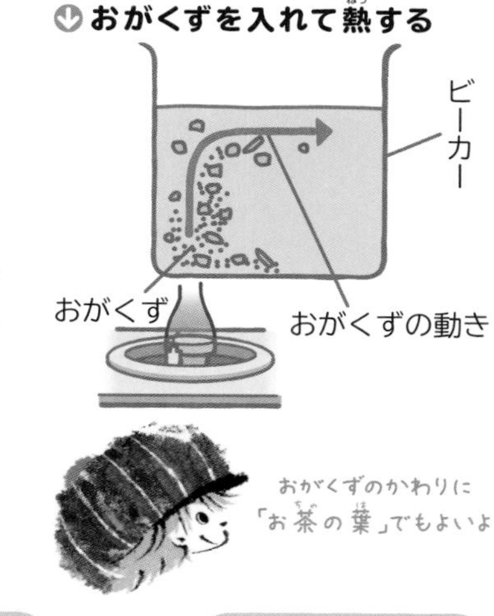


おがくずのかわりに「お茶の葉」でもよいよ

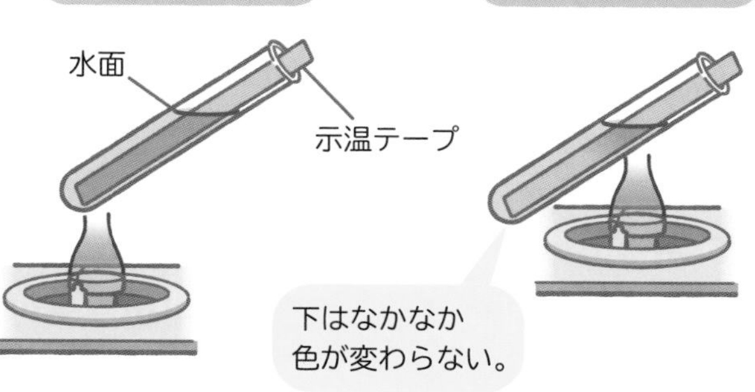


## ★★★ 示温テープ

ある決められた温度よりも高くなると，色が変わるテープです。温度が高くなると赤色に変わります。

**水に示温テープを入れて熱する**
熱しているところと水面近くが赤色になっていて，温度が高いことがわかります。

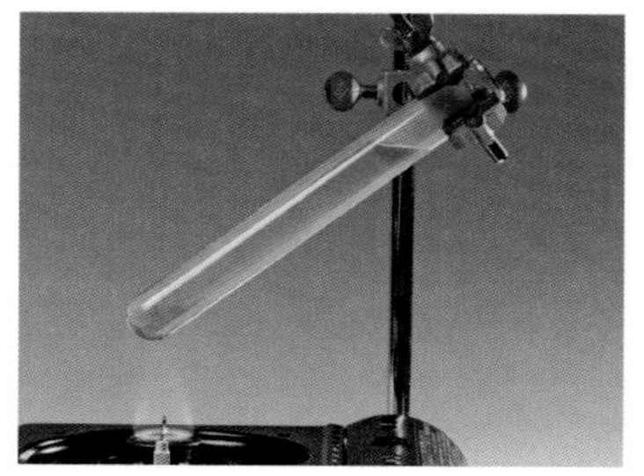

COLUMN くわしく

水が対流していることは，みそ汁を熱しているときのみその動きや，おふろの水のあたたまり方などでもわかります。

●示温インク

示温テープと同じように，決まった温度によって色が変わるインクのことです。温度が低いと青色，高いと赤色になります。

重要度 ★★★

## 空気のあたたまり方

**熱せられた空気は，上のほうへ動き，冷たい空気は下のほうへ移動する（対流する）**ことによって，空気全体があたたまります。空気のあたたまり方は，**水のあたたまり方と同じ**です。

あたたかい空気は軽く，冷たい空気は重いため，空気の移動が起こります。右の図のように，ビーカーに線こうのけむりを入れ，ふたをして少しの間熱すると，矢印のようにけむりが動くことから，空気の動きがわかります。

**線こうのけむりを入れて，空気を熱する**

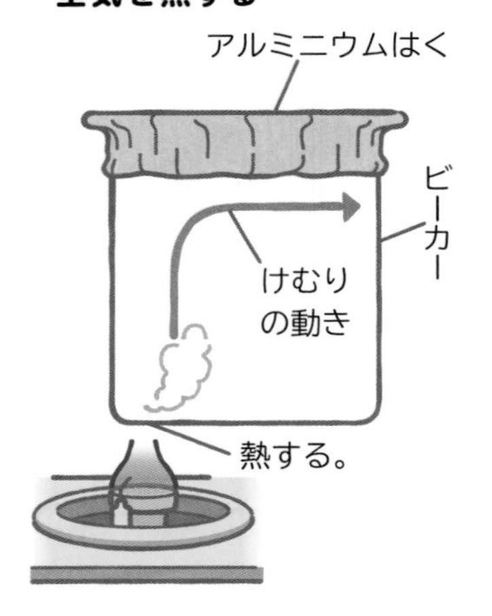


★★★

## 対流

水や空気のあたたまり方のように，あたためられた水（空気）が上に上がり，冷たい水（空気）が下に移動することで全体があたたまることを対流といいます。対流が起こるのは，同じ体積だと，あたたかい水（空気）は冷たい水（空気）より軽いためです。対流とは，温度による体積（密度）の変化「あたためられると体積が大きくなる（密度は小さくなる）」[➡P.422] による（水や空気が移動する）現象といえます。

### ●空気の動きの例

**エアコンの利用**

冷暖房は対流を知っていればよりよく使えます。あたためられた空気は上に上がるので，暖房は下向きに風向きを設定します。

また，冷たい空気は下にしずむので冷房は横向きに風向きを設定するのがよいのです。エアコンといっしょにサーキュレータ（送風機）を利用すると空気をかき混ぜることができるので効率的です。

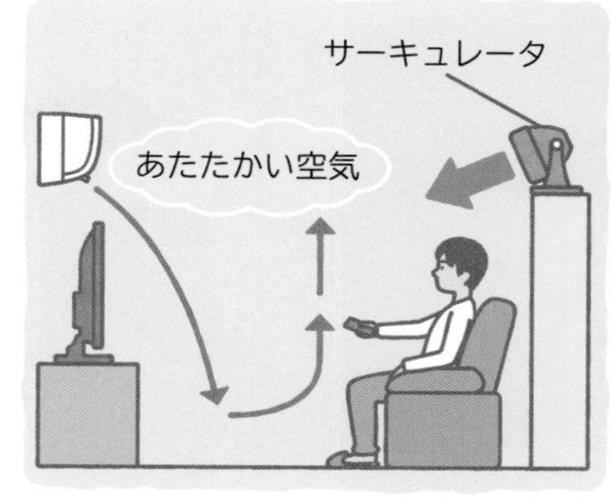


暖房から出て上にたまったあたたかい空気を，サーキュレータによって下に動かすことで，部屋全体があたたまる。

**熱気球**

熱気球は，あたためられて軽くなった空気が上に上がる性質を利用しています。気球内の空気をバーナーであたためていくと空に上がり，あたたかい空気を外に逃がして気球内に冷たい空気を入れると下に下がっていきます。

©コーベット/TOSHIKATSU KIDO

## ★★★ 放射（熱放射）

**熱が空間を通って，はなれたものを直接あたためる熱の伝わり方**のことです。熱放射ともいわれます。伝導 [➡P.428] や対流 [➡P.430] はものがあたたまることで熱が伝わっていきますが，太陽からの熱（光）のように，放射は真空 [➡P.547] でも熱が伝わります。

宇宙でも熱は伝わるよ！

地表で風が起こったり，雲ができるなどの気象の現象のもとは，すべて太陽からの熱の放射によるものです。

●放射の例

放射による熱は色のこいものに多く吸収されやすいです。黒っぽいものは熱を多く吸収し，白っぽいものは熱を反射します。右の図のように，黒い色の水と色をつけない水を日なたに出しておくと，黒い色の水のほうが温度が高くなります。

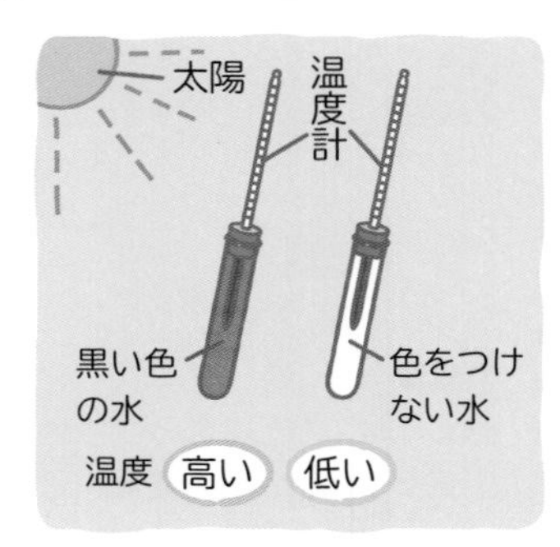


●身近な例

・熱を反射させるため，夏の洋服は白っぽいものが多くなる。

## 比べる 伝導・対流・放射によるあたたまり方の例

COLUMN まめ知識

バーベキューなどで使う木炭。木炭から出る「赤外線」が具材をこんがりと焼きます。赤外線による熱の伝わり方は「放射」です。

# 05 熱の移動と温度の変化



重要度 ★★★

## 熱と温度

**熱はものの温度を上げる原因となるもの**で，エネルギー［➡ P.638］の一種です。一方，温度は熱い，冷たいなどの度合いを表すものです。熱い麦茶入りの容器を水に入れると，熱が麦茶から水へ移動して，しばらくすると，麦茶と水の温度はほぼ同じになります。

熱を受けとる　⇒　温度が上がる。
熱をうばわれる　⇒　温度が下がる。

★★★

## 熱の移動

湯を入れたビーカーを，水を入れた大きな容器に入れて温度の変化を調べます。しばらくすると，湯の温度は下がり，水の温度は上がり，やがて同じ温度になります。同じ温度になったとき熱の移動が止まります。このように，**熱は温度が高いものから低いものへ移動**します。

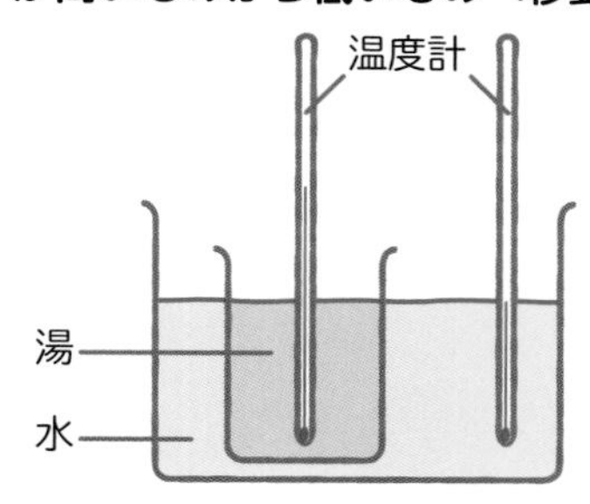


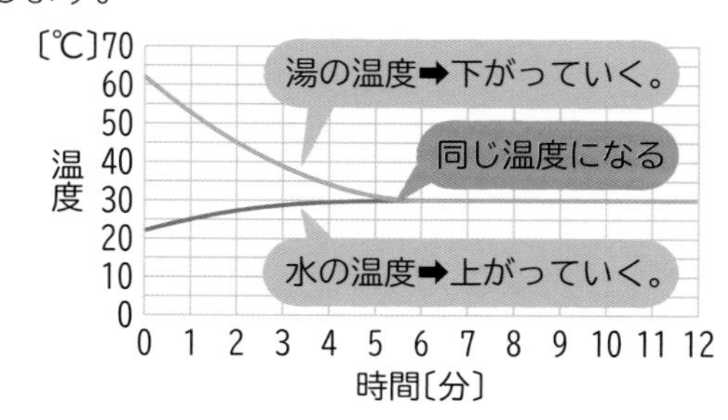


★★★

## 熱量

熱を数量の大きさで表したものを熱量といいます。熱量の単位には，カロリーやジュールが用いられます。

**1カロリー〔cal〕**…水1gの温度を1℃上げるのに必要な熱量。
**ジュール〔J〕**…約4.2J＝1cal

**カロリーという単位は，食べ物やスポーツなどでキロカロリー（1kcal＝1000cal）が使われていますが，現在は熱量の単位としては，ふつう，ジュールを使うのが世界のルールです。**

重要度 ★★★

## 熱量の計算

熱量の計算は，次の 2 つの式をもとに考えます。

**〈水の重さと変化した温度からの熱量の計算〉**

**水の重さ〔g〕×変化した温度〔℃〕＝［受けとった／失った］熱量〔cal〕**

**Q** 水 100g の温度が 12℃から 20℃に上がったとき，水が受けとった熱量は何 cal ですか。

**A** 変化した温度は，20－12＝8〔℃〕なので，100×8＝800〔cal〕の熱量を受けとった。

**答え　800cal**

**〈温度の異なる水を混ぜ合わせたときの熱量の計算〉**

**温度が高い水が失った熱量 ＝ 温度が低い水が受けとった熱量**

**Q** 60℃の水 100g と，30℃の水 200g を混ぜたとき，全体の温度は何℃ですか。

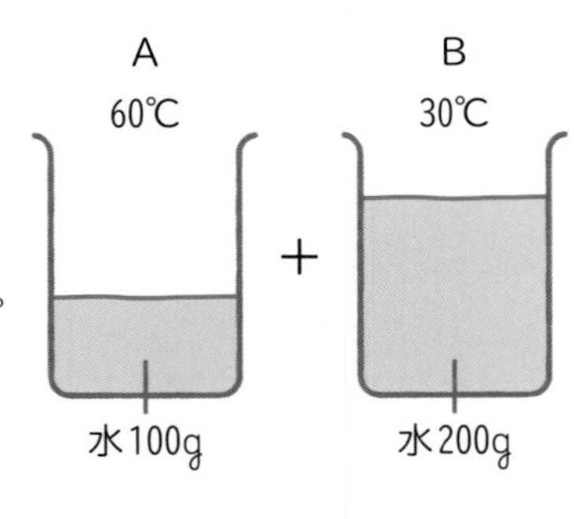


**A** 図のように，それぞれの水の重さを A，B とすると，A：B の水の重さの比は 1：2。A と B の温度の差は 60－30＝30〔℃〕。30℃を 2：1（※）に分けると，A は 20℃下がり，B は 10℃上がる。水全体の温度は 60－20＝40〔℃〕または，30＋10＝40〔℃〕で 40℃となる。

**答え　40℃**

（※）温度変化は水の重さの逆比となる。

**【別解】** 0℃の水を基準として，60℃の水 100g がもっている熱量は 100×60＝6000〔cal〕　30℃の水 200g がもっている熱量は 200×30＝6000〔cal〕なので全体の熱量は，6000＋6000＝12000〔cal〕　水全体の重さは，100＋200＝300〔g〕なので全体の温度は，12000÷300＝40〔℃〕

**ものによってあたたまりやすさがちがうので，同じ 1 カロリーの熱量をあたえても，すべてのもので温度が 1℃上がるわけではありません。**

# 06 水のすがた



重要度

## ★★★ 水のすがたの変化

水は温度によって，**固体**，**液体**，**気体**にすがたを変えます。ビーカーに水（液体）を入れて熱すると，ふっとうした水が目に見えない**水蒸気（気体）**[➡P.437]になります。**湯気**[➡P.437]は水蒸気が冷えて小さい**水のつぶ（液体）**に変わったものです。

ふっとうしたときの水のすがた

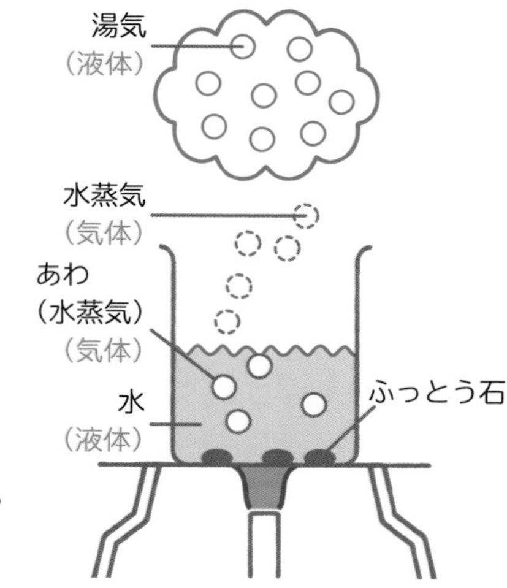


## ★★★ 固体

形や体積が変わりにくいものです。氷や，ふつう目にする鉄，銅，アルミニウムなどは固体です。

## ★★★ 液体

形は自由に変わりますが，温度が変わらなければ体積はほとんど変わらないものです。水や，エタノールなどはふつう液体です。

## ★★★ 気体

形や体積が変わりやすいものです。水蒸気や空気，酸素，二酸化炭素などはふつう気体です。

## ★★★ ふっとう石

水を加熱すると水が突然ふき出す（突ぷつという）ことがあります。これを防ぐために入れます。ごく小さな穴がたくさんあいた素焼きのとう器のかけらやつぶなどを用います。

水1gを1℃上げるのに必要な熱量は1カロリーですが，氷1gを1℃上げるのに必要な熱量は約0.5カロリー，鉄1gを1℃上げるのに必要な熱量は約0.1カロリーです。

## 比べる 固体，液体，気体を小さいつぶで表す

| 固体(氷) | 液体(水) | 気体(水蒸気) |
| --- | --- | --- |
| | | |
| つぶはすき間なく並んでいて，自由に動けない。 | つぶは自由に動くことができる。 | つぶは自由に飛び回っている。 |

重要度 ★★★

## 水を熱したときのようす

熱し始めは，容器のかべにあわがつきます。水にとけていた空気がとけきれなくなって出てきたものです。その後水面から**湯気**が出るのが見られます。やがて大きな**あわ**が水の中から出てきます。これは**水蒸気のあわ**です。100℃になると水の底からもさかんに水蒸気のあわが出てきます。

### ●水を熱したときの温度変化

水は100℃でふっとうし，ふっとう中の温度は100℃で変わりません。

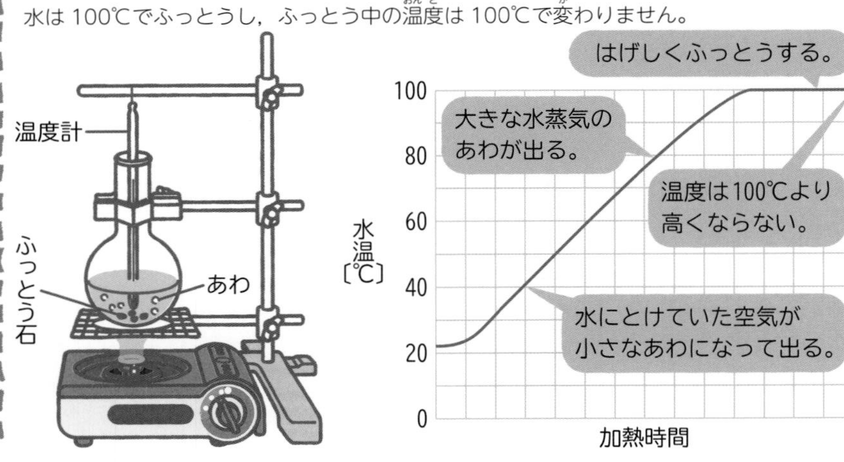

COLUMN くわしく

いっぱんに，つぶの運動は温度が低いときはおだやかですが，温度が高くなると活発になります。

## ★★★ 湯気

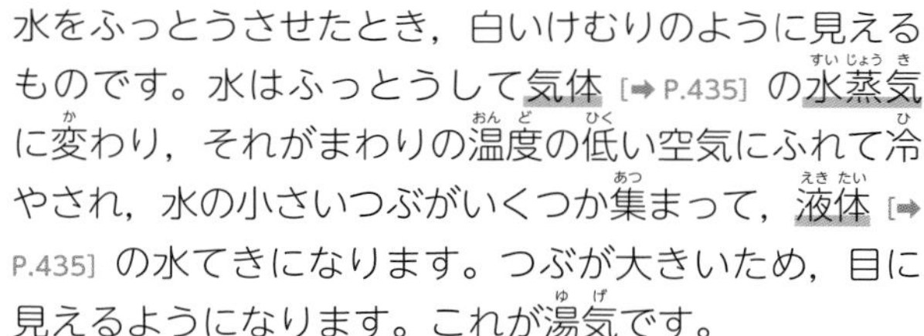

水をふっとうさせたとき，白いけむりのように見えるものです。水はふっとうして気体 [➡ P.435] の水蒸気に変わり，それがまわりの温度の低い空気にふれて冷やされ，水の小さいつぶがいくつか集まって，液体 [➡ P.435] の水てきになります。つぶが大きいため，目に見えるようになります。これが湯気です。

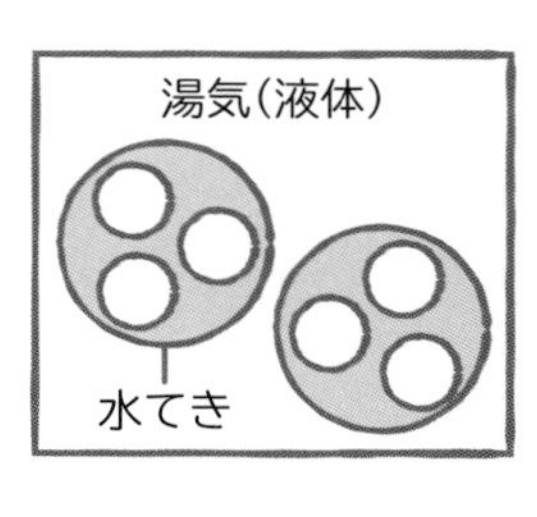


## ★★★ 水蒸気

水が気体にすがたを変えたもので，目に見えません。水蒸気（気体）を水のつぶのモデルで表すと，右の図のように，つぶがばらばらになっています。つぶはひじょうに小さいです。[➡分子 P.482]

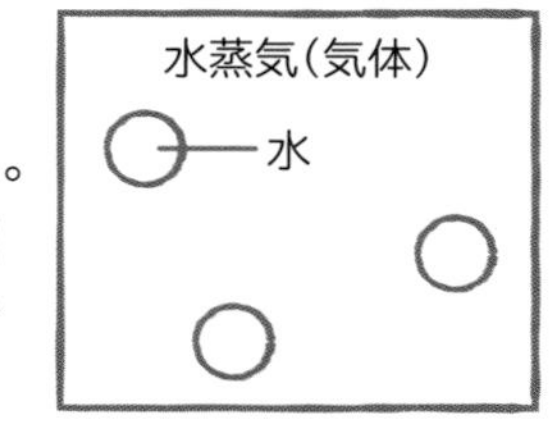


### 比べる 湯気と水蒸気

水がふっとうしているとき，湯気は目に見えますが，水蒸気は目に見えません。これは，湯気は大きいつぶの液体に，水蒸気はとう明な小さいつぶの気体になっているからです。

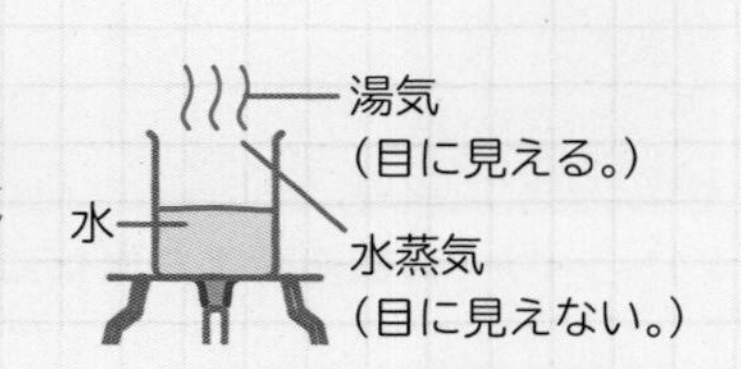


## ★★★ 状態変化

水だけでなく，ものは**温度によって固体，液体，気体** [➡ P.435] **とすがたを変えます**。このことを**状態変化**といいます。状態変化を起こすには，あたためたり，冷やしたりします。

ふつう固体として見ている食塩や鉄なども熱して高温にすると，液体になります。また，酸素やちっ素などの気体も温度を下げると液体になります。

ものは状態変化しても，別のものに変わるわけではありません。また，**状態変化によって体積は変わりますが，全体の重さは変わりません。** [➡ P.444]

## ●液体のエタノールは温度が上がると気体になる

液体のエタノールが入ったふくろに熱湯をかけます。すると，あたためられたふくろの中の液体のエタノールが気体になり，ふくろがふくらみます。このとき，ふくろ全体の重さは変わりません。

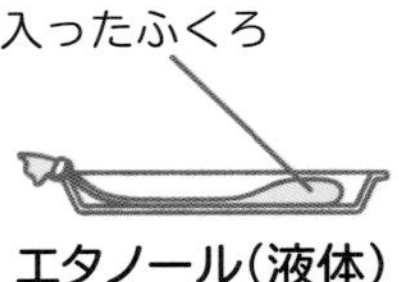


(熱湯をかける。)

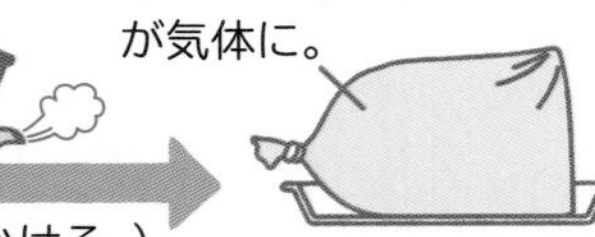


ふくろ全体の重さはどちらも同じ。

### 〈いろいろなものの状態変化〉

ドライアイスは固体から気体になる。

気体(水蒸気)も液体(湯気)になる。

鉄も液体になる。

鉄も熱して高温にすると，
液体になるんだね

**COLUMN まめ知識**

寒い地域で真冬に見られるダイヤモンドダストは，水蒸気が直接小さな氷（固体）のつぶになり，空気中にうかんでいる現象です。

# 状態変化の利用

LNG タンカー

©東阪航空サービス/アフロ

ふつう液体と気体では，同じ重さのとき液体のほうが体積はひじょうに小さいです。このことを利用した例として，都市ガスの主成分「液化天然ガス（LNG）」が海外から家庭に届くまでを見てみましょう。

天然ガスは日本ではほとんどとれないので，海外から輸入しています。しかし気体の天然ガスを日本に運ぶのは大変です。そこで，採掘された気体の天然ガスを，現地で約－160℃まで冷やし，液体にします。

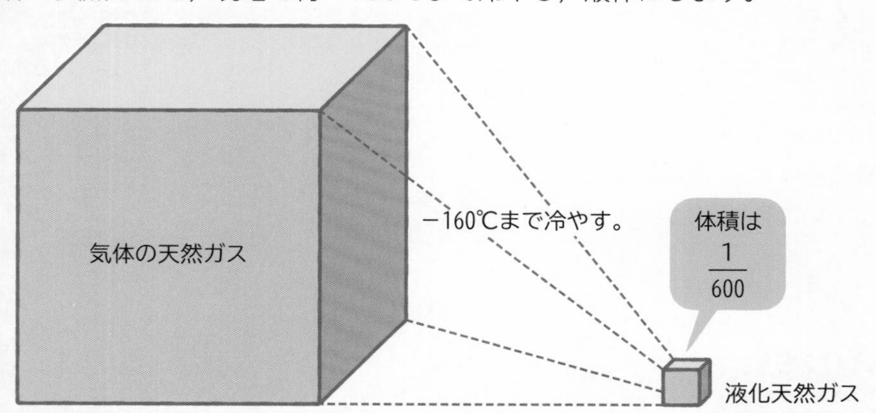


液体にすることで体積がひじょうに小さくなるので，たくさん運んだり，蓄えたりすることができます。

液化天然ガス専用のタンカー（LNG タンカー）で日本に運ばれた液化天然ガスは都市ガス製造工場などのタンクで保管され，再び気体のガスにもどされて，成分を調整されてからガス管を通り，私たちの家庭に届けられるのです。

重要度 ★★★
## 状態変化するときの温度

**水から氷(氷から水)になる温度は，0℃**です。**水がふっとうして水蒸気(水蒸気が水)になる温度は，100℃**です。このように，状態変化するときの温度はものによって決まっています(純すいな物質の場合)。
ただし，ふつう水は100℃でふっとうしますが，気圧(大気圧)[➡P.252]が低い場所では100℃よりも低い温度でふっとうします。富士山の頂上ではおよそ90℃でふっとうします。

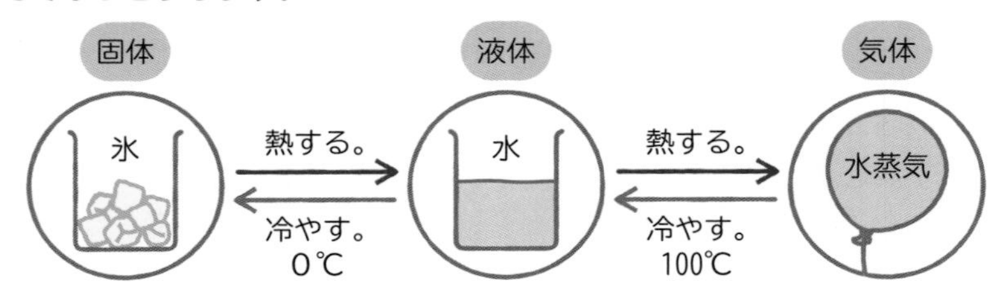


★★★
## ゆう点

ゆう解が起こるときの温度です。また，液体[➡P.435]が冷やされて固体[➡P.435]になる温度も同じです。
**ゆう点はものの種類によってちがっています。**純すいなもののゆう点は一定です。混ざりものがあるときは，ゆう点は一定になりません。

| ものの種類 | ゆう点〔℃〕 | ふっ点〔℃〕 |
|---|---|---|
| 鉄 | 1536 | 2863 |
| 水 | 0 | 100 |
| 水銀 | −39 | 357 |
| エタノール | −115 | 78 |
| 酸素 | −218 | −183 |

★★★
## ふっ点

ふっとうが起こり，液体が気体になるときの温度です。また，気体が冷やされて，液体になる温度も同じです。鉄などの金属も温度が上がれば，気体になります。酸素などの，ふつうは気体のものも，冷やせば液体になります。
**ふっ点は，ものの種類によってちがっています。**純すいなもののふっ点は一定です。混ざりものがあるときは，ふっ点は一定になりません。

COLUMN くわしく

ゆう点やふっ点は，ものの種類によって値が決まっているので，ものを区別するときに利用できます。

## ★★★ 蒸発

**水が水面から水蒸気** [➡ P.437] **になることです。**ふっとうしていないときでも起こります。気温が高く，空気がかわいているときにさかんに行われます。

洗たくものがかわく。

水そうの水が減る。

時間がたつと洗たくものがかわいたり，水そうの水が減ったりするのは，水が蒸発するためです。

## ★★★ ふっとう

水が**水の中から水蒸気** [➡ P.437] **になること**です。右の図のように，水を熱すると，水蒸気のあわが発生します。これがふっとうです。蒸発は液体の表面だけから気化しますが，ふっとうは液体の中から気化します。

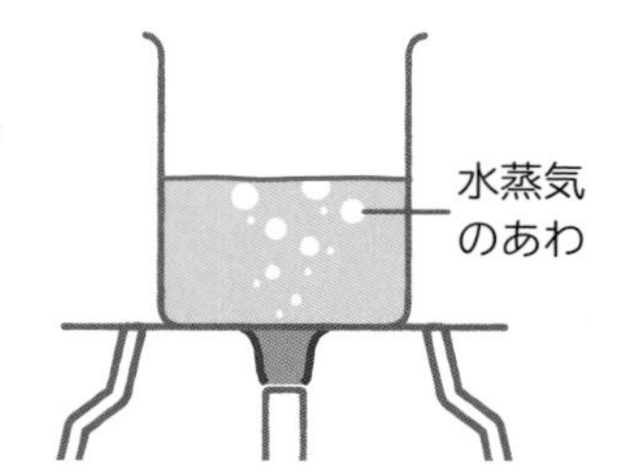


## ★★★ 気化

**液体から気体になる変化**のことです。蒸発もふっとうも気化の１つです。液体が気体になるときには熱が必要で，まわりから熱をうばいます。これを**気化熱**といいます。

## ★★★ ゆう解

**固体が熱せられて液体になる変化**のことです。

## ★★★ ぎょう固

**液体が冷やされて固体になる変化**のことです。

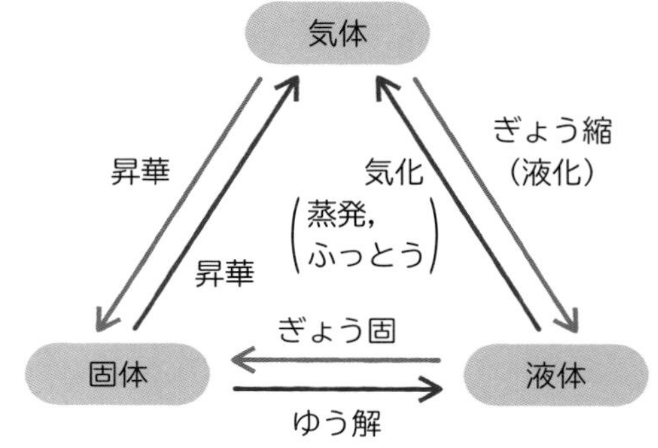

COLUMN まめ知識

夏の暑い日に地面や石に打ち水をすると，水が蒸発するときにまわりの熱をうばいます。そのため，地面や石，まわりの空気の温度が下がります。

重要度 ★★★

## ぎょう縮（液化）

**気体が冷やされて液体になる変化**のことです。

★★★

## 昇華

**固体が液体にならないで直接気体になる変化**のことです。また逆に，気体が液体にならないで直接固体になる変化のことです。たとえば，固体のドライアイス [➡ P.519] は昇華して直接気体になります。また，しも（霜）[➡ P.235] は水蒸気が昇華して，氷のつぶとなり，ものの表面についたものです。

©コーベット/HIDEO INOSE

**車の窓ガラスについたしも（霜）**
気体の水蒸気が昇華してしも（霜）になった。

寒い日には
霜がつくね

**コップに水てきがつく**
空気中の水蒸気が氷水で冷やされ，ぎょう縮して液体の水になった。

冷えたジュース
の容器も
水てきがつくね

COLUMN まめ知識

水がこおる（ぎょう固する）ときの温度は0℃ですが，水に食塩やさとうなどがとけていると，こおる温度は0℃より低くなります。

## ★★★ 水を熱したときのようす

－10℃の氷を熱すると，温度が上がります。**0℃になると氷がとけ始め**，とけ終わるまで0℃のまま変わりません。氷がとけ終わると液体の水になり，また温度が上がり始めます。**100℃になるとふっとうし始め**，水蒸気になっていきます。その後，すべての水が水蒸気になるまで，温度は100℃のままふっとうを続けます。

水蒸気をさらに熱すると，水蒸気の温度は上がります。

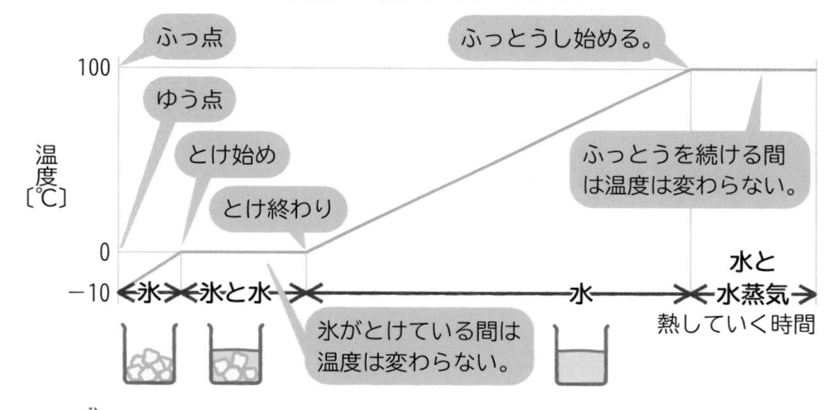


## ★★★ 水を冷やしたときのようす

水を冷やして，そのときの温度の変化と状態変化 [➡P.437] を調べてグラフにすると，下のようになります。**水が氷に変わる間は，温度の変化がありません。**

水が氷に変わる温度（ゆう点 [➡P.440]）は0℃です。

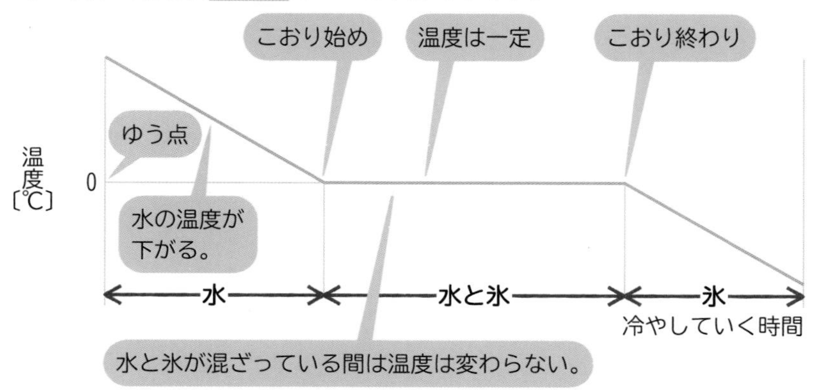

重要度 ★★★

## 状態変化と体積・重さ

**状態変化** [➡ P.437] **すると体積は変化しますが，全体の重さは変化しません。**
ものはつぶでできているので，つぶの数が変わらなければ重さは変わりません。

**〈水が氷になるとき〉**

体積はおよそ1.1倍に増えますが，重さは変わりません。
右の図のように，ビーカー内の水をこおらせると，体積が大きくなって，ふくらみます。

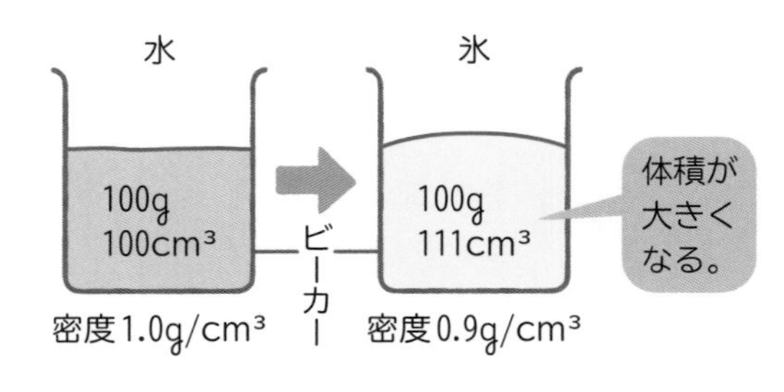


**液体(水)が固体(氷)になるとき，体積が増えるのは，水だけの性質です。**ほかのものは，液体から固体になるとき，体積は小さくなります。
重さが同じで体積が大きくなるので，水より氷のほうが密度 [➡ P.414] は小さくなります。液体に固体を入れたとき，液体より固体のほうが密度が小さい場合，固体は液体にうきます。したがって，水に氷を入れると，氷は水にうきます。

**〈水が水蒸気になるとき〉**

体積がひじょうに大きく（およそ1650倍）増えますが，重さは変わりません。
右の図のように，水を熱すると，水が水蒸気 [➡ P.437] に変わってふくろにたまり，ふくろが大きくふくらみます。
密度は液体の水より水蒸気のほうがはるかに小さくなります。

COLUMN くわしく

水の密度は1g/cm³です。密度が1g/cm³より小さいものは水にうき，大きいものは水にしずみます。たとえば，鉄は7.87g/cm³なのでしずみ，ポリエチレンは0.92g/cm³なのでうきます。

**●水以外のものの場合**

水以外のものの場合，液体から固体になると体積は小さくなり，液体から気体になると体積はひじょうに大きくなります。たとえばろうをとかし，容器に入れておくと，冷えて中央の部分がへこみます。ろうの体積は，大きいものから順に気体→液体→固体となりますが，それぞれの状態で全体の重さは変わりません。

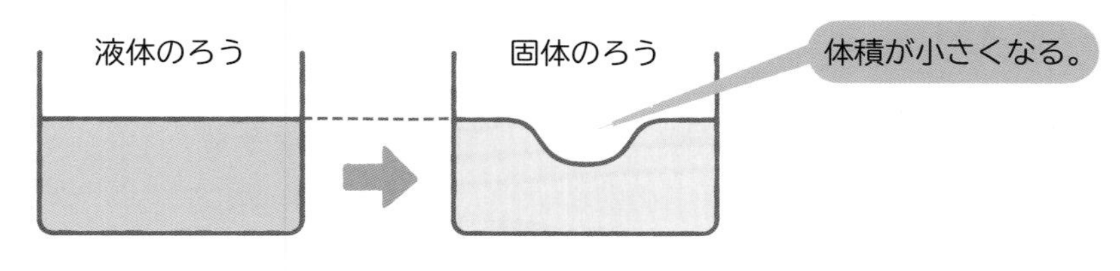


## ★★★ 蒸留

**一度気体にしたものを冷やして再び液体にしてとり出すこと**を蒸留といいます。純すいなもののふっ点 [➡ P.440] が決まっていることを利用して，混ざりもののある液体を分けることができます。

たとえば，地下からとれた原油は，いろいろなものが混ざっていますが，ふっ点のちがいを利用して，いくつかの種類に分けることができます。

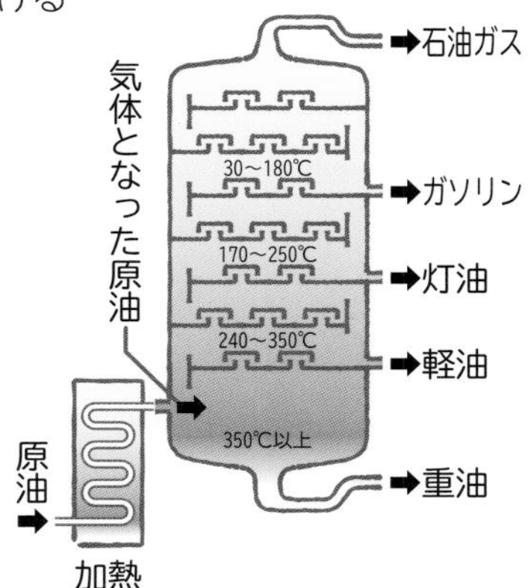


↑石油蒸留の装置

**●蒸留水**

水を熱して水蒸気（気体）にし，冷やして再び水（液体）にしたものをいいます。蒸留水は純すいな水といえます。

第2章 水よう液

# 酸性，アルカリ性の強さは？

液体はその性質で酸性，中性，アルカリ性の３つになかま分けすることができます。下の図のように中性を真ん中にして，酸性やアルカリ性は，中性から離れるほどその性質が強くなります。その性質の単位が pH(ピーエイチ)です。いろいろな液体の pH を見てみましょう。

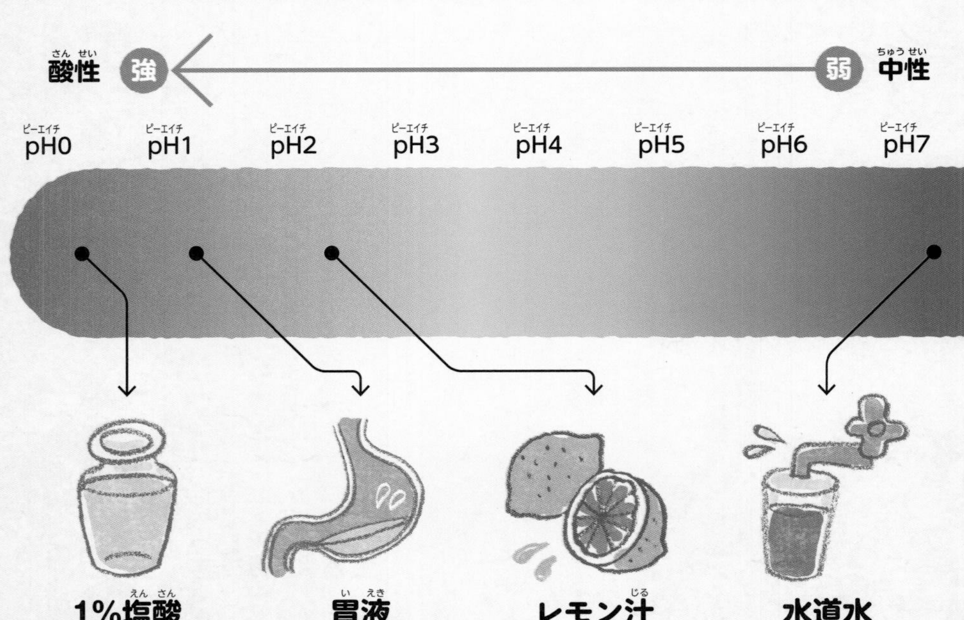


**1%塩酸**
塩化水素の水よう液。強い酸性。

**胃液**
胃から出る消化液。塩酸をふくみ，食物の消化を助ける。

**レモン汁**
クエン酸などがふくまれる。すっぱい。

**水道水**
pH5.8～8.6 を基準に，だいたい中性になるように調整されている。

## 酸性雨のpH

pH5.6以下の雨を酸性雨と呼びます。酸性雨によって建物のコンクリートや銅像などがとけたり，植物がかれたりします。
日本の雨の平均pHは5を少し下回ります(※)。
酸性雨は，日本のほとんどの地域で降っています。

酸性雨による木々の立ちがれ

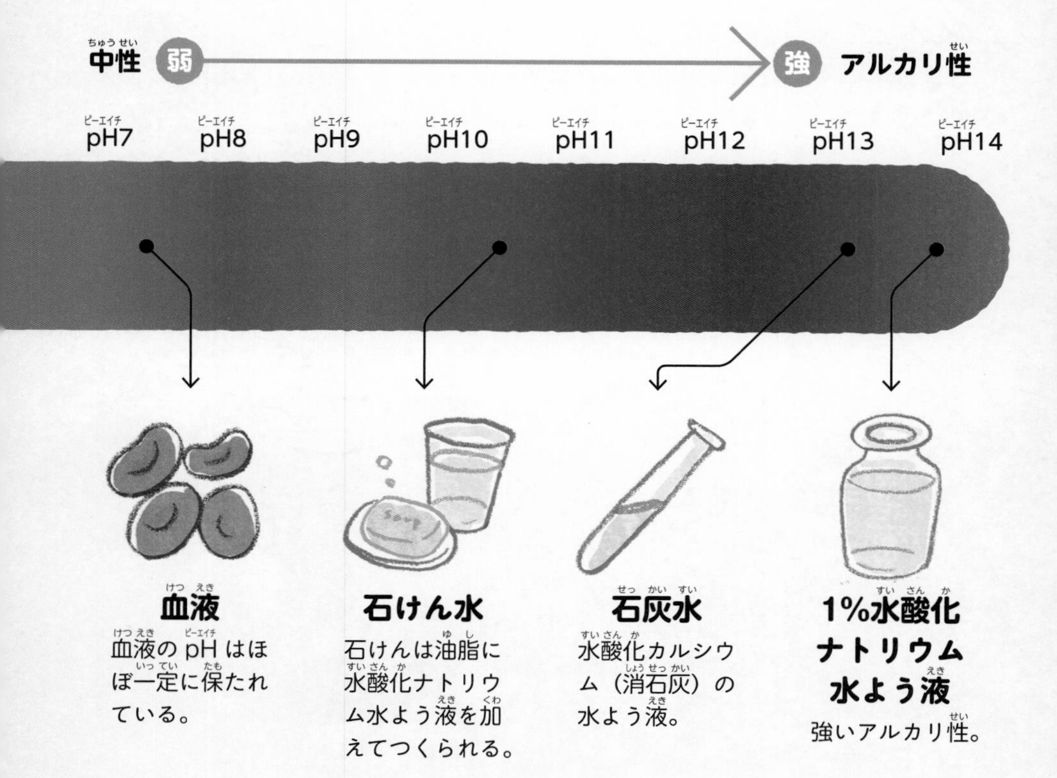


（※）気象庁大気環境観測所（岩手県大船渡市）1978〜2011年の数値

## この章で学ぶこと ヘッドライン

### 炭酸飲料からあわが出るのはなぜ？

炭酸飲料から出るあわは，気体の炭酸ガス（二酸化炭素）です。液体にとけることのできる炭酸ガスの量は，液体の温度が低いほど，圧力が高いほど大きくなります。炭酸飲料の容器を開けたときにプシュッと音がするのは，圧力が低くなってとけきれなくなった炭酸ガスが空気中に出ていくためです。手で持っていてあたたかくなっても炭酸ガスは出てきます。

このように，水よう液には気体がとけているものもあります。［➡ P.461］

©kanemasa yamada/アフロ

炭酸飲料のあわ

### 紅茶にレモンを入れると色がうすくなるのはなぜ？

紅茶にレモンを入れると，紅茶の赤色がうすくなります。なぜでしょう？

紅茶の赤い色のもとになっているテアフラビンという物質は，酸性が強くなると色がうすくなります。紅茶が中性のときは赤色ですが，紅茶にレモンを入れると，レモンにふくまれるクエン酸で紅茶の酸性が強くなるので，紅茶の色がうすくなります。［➡ P.478］

©小池浩道/アフロ

レモンティー

## 生物のすめない川を生物のすめる川に

群馬県を流れる吾妻川は，昔酸性の強い水が流れ，生物がすめず，鉄やコンクリートさえもとかすおそろしい川でした。そこで，吾妻川に流入する酸性の川，湯川の水を中和して吾妻川を清流にする取り組みが始まりました。石灰石をくだいて混ぜた水を川に流すことで，酸性を中和しています。これにより，現在，吾妻川は生物のすめる清流になりました。

石灰石をくだいて混ぜた水を流すようす

現在も川の環境を守るため，中和作業は毎日 24 時間休まずに行われています。[➡ P.488]

## 海水にとけている食塩の量はどれくらい?

なめるととっても塩からい海水。海水にはどれくらいの食塩（塩化ナトリウム）がふくまれているのでしょうか。

海水にはいろいろな物質が約 3〜3.5% ふくまれています。そのうちの約 80%が食塩です。

海水浴場

コップ 1 ぱい（200mL）の海水にふくまれる食塩の量は，約 5〜6g なので，小さじ 1 ぱい分くらいの食塩がふくまれていることになります。[➡ P.469]

# 01 もののとけ方

## 1 ものが水にとけるようす

重要度 ★★★

### 水よう液

水はさまざまなものをとかす性質があります。**ものが水にとけている液を水よう液（よう液）**といいます。

水よう液の中では，とかしたものは，形が見えない小さなつぶとなり，水全体に広がっています。水にとけた小さなつぶは，虫めがね [➡ P.019] やけんび鏡 [➡ P.129] で見ることができないほど小さくなっていて，ろ紙でもこしとることができません。

**コーヒーシュガーのとけるようす**

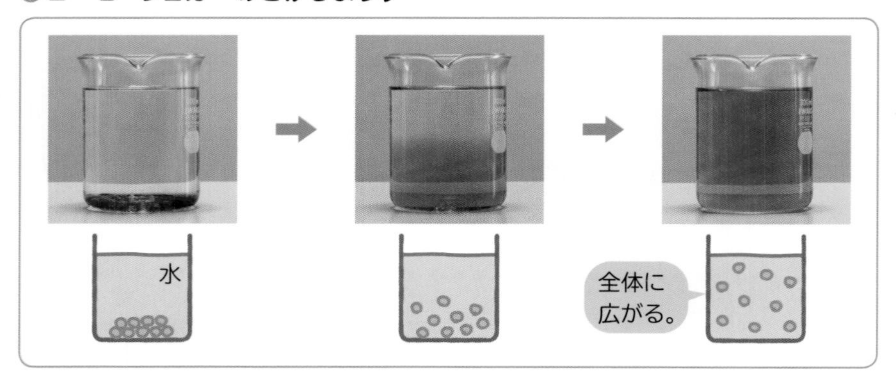


**例** 食塩水，さとう水，ミョウバン [➡ P.452] の水よう液，ホウ酸 [➡ P.452] の水よう液，硫酸銅 [➡ P.453] の水よう液　など

**〈水よう液の性質〉**

①すき通っている。(色がついていることもある。)
②とけたものが全体に広がる。
③長い時間がたってもとけたものが底にたまることがない。

水よう液はどの部分も同じこさだよ

COLUMN くわしく

**水よう液に対して，ものが水にとけないで混ざっている液を混合液といいます。混合液では，そのもののつぶが混ざっているだけなので，時間がたつと同じ場所でもこさが変わることがあります。**

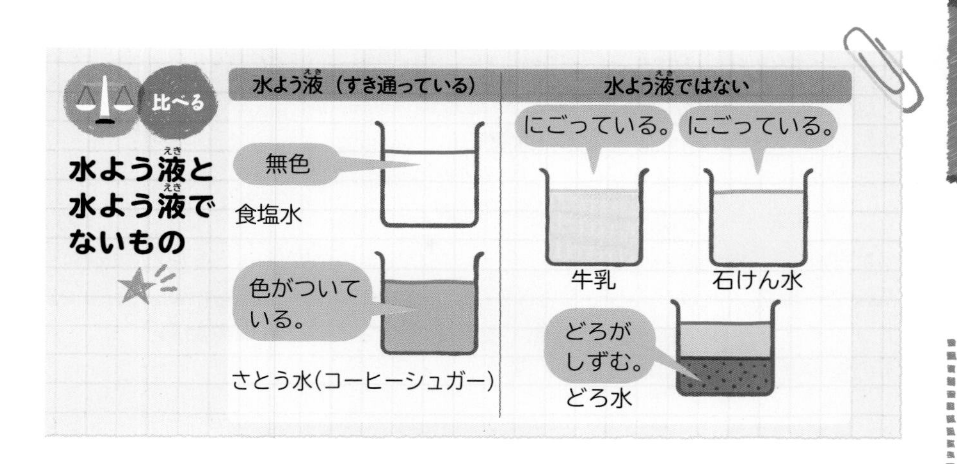


## ★★★ 水よう液の種類

水よう液には，液体 [➡ P.435] がとけた水よう液，気体 [➡ P.435] がとけた水よう液，固体 [➡ P.435] がとけた水よう液があります。**固体がとけた水よう液**では，水を蒸発 [➡ P.441] させることで，**とけていた固体をとり出すことができます。** **液体や気体がとけた水よう液**では，水を蒸発させても，**とけていたものはとり出せません。**

**比べる　水よう液の種類**

| とけているもの | 水よう液の例　（　）はとけているもの |
|---|---|
| 固体 | 食塩水（食塩），さとう水（さとう），ホウ酸水（ホウ酸），石灰水（水酸化カルシウム），硫酸銅の水よう液（硫酸銅） |
| 液体 | アルコール水（アルコール），さく酸水（さく酸） |
| 気体 | 炭酸水（二酸化炭素），塩酸（塩化水素），アンモニア水（アンモニア） |

**COLUMN まめ知識**

牛乳や石けん水などをコロイドよう液といいます。コロイド粒子という小さな粒子をふくみ，牛乳では脂肪のつぶなどです。コロイド粒子はセロハン膜の穴より大きいため，セロハン膜でとり出せます。

重要度 ★★★

## 食塩

食塩は，**塩化ナトリウム**という物質です。結晶[➡P.465]は，右の写真のような**立方体**に近い形をしています。白色の固体で，水にとけ，水よう液は無色とう明。料理の味つけにかかせない調味料です。水にとける量は，温度によってほとんど変わりません。[よう解度➡P.460]

塩酸と水酸化ナトリウム水よう液の中和[➡P.488]によってできる塩[➡P.488]です。なお，海水には約2.7%の食塩がふくまれています。

**食塩の結晶**

★★★

## ミョウバン

白色の固体で水にとけ，水よう液は無色とう明。結晶は，右の写真のような正八面体に近い形をしています。ミョウバンは，温度が高いほどとてもよくとけます。食品てん加物として使用され，つけものをするとき，ナスといっしょにつけるとナスの色の変化をとめることができます。

[➡よう解度 P.460]

**ミョウバンの結晶**

**●焼きミョウバン**

ふつうミョウバンというと，結晶に水をふくんでいるものをいいますが，結晶に水をふくんでいないものは焼きミョウバンと呼ばれます。

★★★

## ホウ酸

白色の固体で水にとけ，水よう液は無色とう明。結晶は，右の写真のような形をしています。水よう液には弱い殺菌のはたらきがあります。温度が高いほど，水によくとけます。[➡よう解度 P.460]

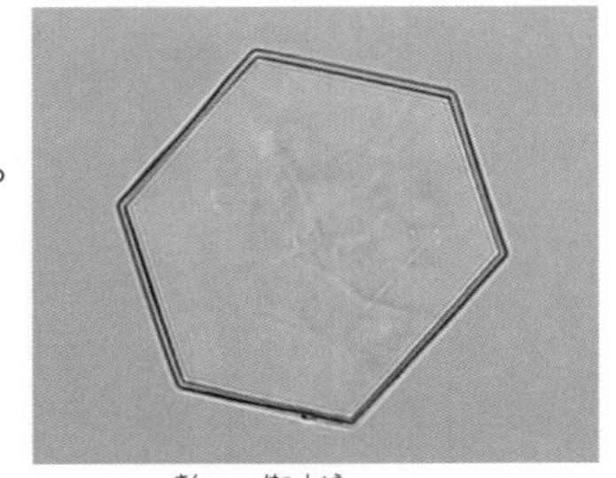

**ホウ酸の結晶**

COLUMN くわしく

よう液にとけている物質を「よう質」，とかす液体（水よう液では水）を「よう媒」といいます。食塩水では食塩がよう質，水がよう媒です。

★★★ **硫酸銅（りゅうさんどう）**

ふつう，青色の固体（こたい）で水にとけ，水よう液はとう明な青色（えき）をしています。結晶（けっしょう）は，右の写真（しゃしん）のような形をしています。結晶に水をふくんでいるものは青色をしていますが，結晶に水をふくんでいないものは白色です。温度（おんど）が高いほど，水によくとけます。[→よう解度 P.460]

⬆ **硫酸銅（りゅうさんどう）の結晶（けっしょう）**

★★★ 📖 **さとう**

白色の固体（こたい）で水にとけ，水よう液（えき）は無色（むしょく）とう明。料理（りょうり）の味つけ（あじ）にかかせない調味料（ちょうみりょう）です。水にひじょうによくとけます。コーヒーなどに入れる**コーヒーシュガーは，茶色の色がついたさとうです。**

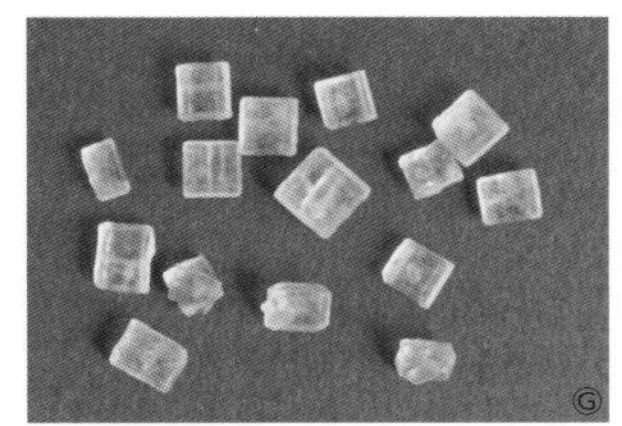

⬆ **氷ざとう（こおり）（さとう）の結晶（けっしょう）**

身のまわりにも
いろいろな結晶（けっしょう）
があるよ

重要度 ★★★

## 水よう液の重さ

**ものを水にとかす前と，とかした後で，全体の重さは同じです。**

ものがとけると，つぶが見えなくなりますが，とけたものがなくなったのではありません。

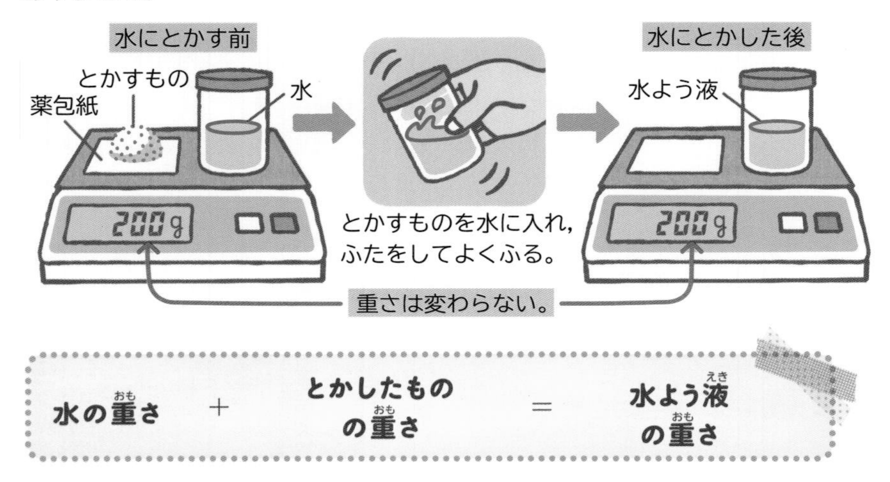


**水の重さ ＋ とかしたものの重さ ＝ 水よう液の重さ**

★★★

## 水よう液の体積

できた水よう液 [➡ P.450] の体積（かさ）は，ものをとかす前の水の体積とほぼ同じです。これは，とかすもののつぶがバラバラになり，水のつぶの間に入りこむためです。

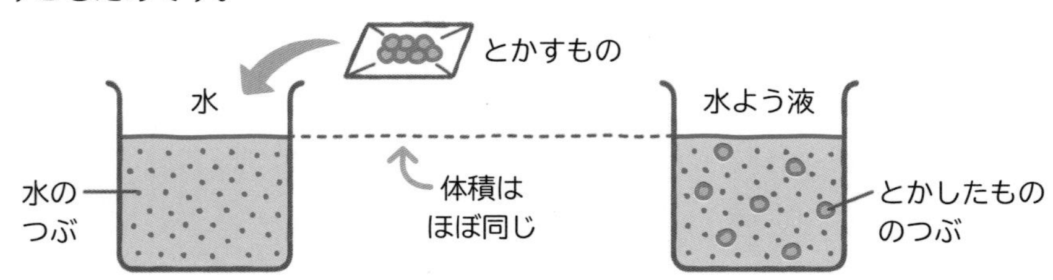

COLUMN まめ知識

「水よう液」とは，「水」にものをとかした「よう液」のことをいい，水以外の液体にとかしたよう液もあります。「エタノール」にとかせば「エタノールよう液」といいます。

## ★★★ メスシリンダー

決まった量の液を正確にはかりとるときに用います。

**●メスシリンダーの使い方**

① 水平なところに置く。
② 決まった量をはかりとるときは，その目もりより少し下のところまで液を入れる。
③ 残りは，スポイトで少しずつ入れる。

読むときは，真横から液面を見て，最小目もりの$\frac{1}{10}$まで読む。

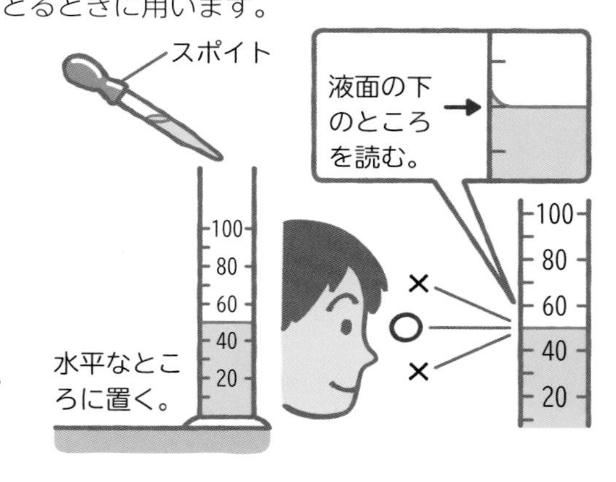
スポイト
液面の下のところを読む。
100
80
60
40
20
水平なところに置く。
×
○
×

## ★★★ 上皿てんびん

左右のうでに同じ重さのものをのせると，うでは水平になります。この性質を利用して，ものの重さをはかることができます。

**●上皿てんびんのつくり**

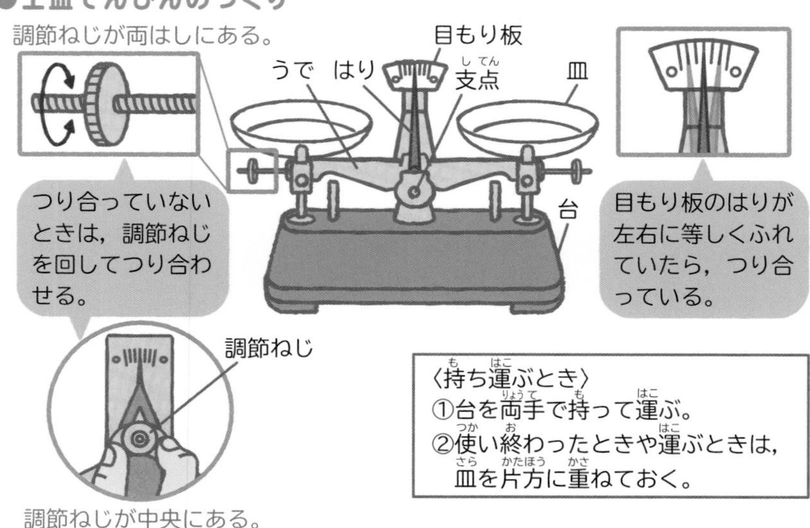
調節ねじが両はしにある。
目もり板
うで
はり
支点
皿
台
つり合っていないときは，調節ねじを回してつり合わせる。
目もり板のはりが左右に等しくふれていたら，つり合っている。
調節ねじ
調節ねじが中央にある。

〈持ち運ぶとき〉
①台を両手で持って運ぶ。
②使い終わったときや運ぶときは，皿を片方に重ねておく。

COLUMN まめ知識

メスシリンダーには，はかれる最大の量が 10mL，100mL，500mL，1Lなどのいろいろな大きさのものがあります。目的によって使い分けましょう。

### ●上皿てんびんの使い方

上皿てんびんは，水平な場所に置き，てんびんが水平につり合っていることを確かめます。

【ものの重さをはかるとき】（右ききの人の場合）

① はかるものを左の皿にのせ，右の皿に分銅をのせる。（分銅は重いものからのせる。）

② 分銅が重かったときは，のせた分銅の次に重い分銅にかえる。
分銅が軽かったときは，次の重さの分銅を加える。

③ ②をくり返し，左右のうでをつり合わせる。

↑分銅の持ち方

【薬品の重さをはかりとるとき】（右ききの人の場合）

① 左右の皿に薬包紙をのせる。

② 左の皿に，はかりとりたい重さの分銅をのせる。

③ 右の皿に薬品を少しずつ加えていき，左右のうでをつり合わせる。

重要度 ★★★

## 薬包紙

薬品（粉のものなど）をはかるときに用いるうすい紙のことです。**上皿てんびん** [➡ P.455] **の左右どちらの皿にものせることに注意**します。

★★★

## 分銅

50g，20g，10g，5g，2g，1g，0.5g，0.2g，0.1gなどがあり，重さが正確につくられています。

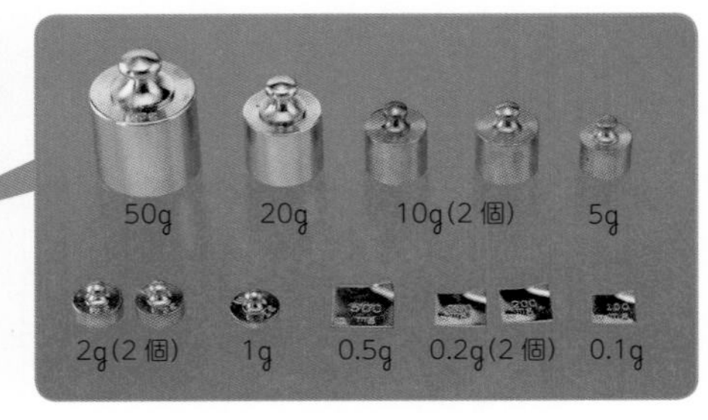

COLUMN くわしく

分銅は，重さが正確につくられています。分銅を持つときにピンセットを使うのは，手で持つと分銅が手についている水分や油分で，さびて重さが変わってしまうからです。

## ★★★ ものが水にとける量

水の温度が決まっているとき，どんな固体でも**一定の量の水には決まった量のものしかとけません**。それ以上加えてもとけ残りが出ます。

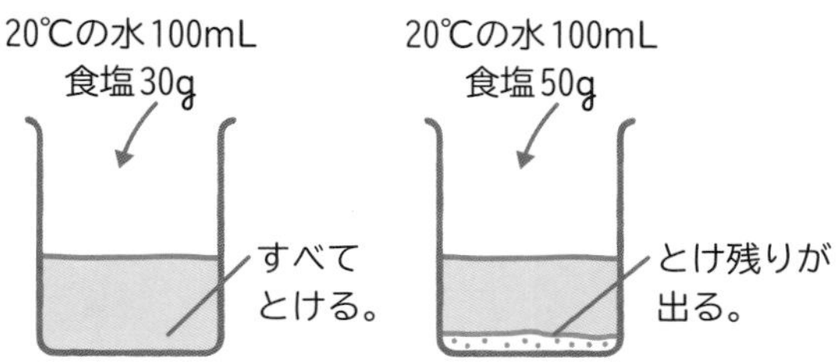


## ★★★ ものがとける量と水の量

ものがとける量は水の量によってちがい，**とける量と水の量は比例**します。水の量が２倍，３倍，…になると，とける量も２倍，３倍，…になります。

| 水の量 | とけるものの量 | 水の量 | とけるものの量 |
|---|---|---|---|
| 50mL | | 100mL | |

２倍　２倍

また，同じ水の量・温度では，**ものの種類によってとける量がちがいます**。下のグラフを見ると，同じ水の量・温度（20℃）で食塩 [➡ P.452] とミョウバン [➡ P.452]，ホウ酸 [➡ P.452] のとける量がちがっています。

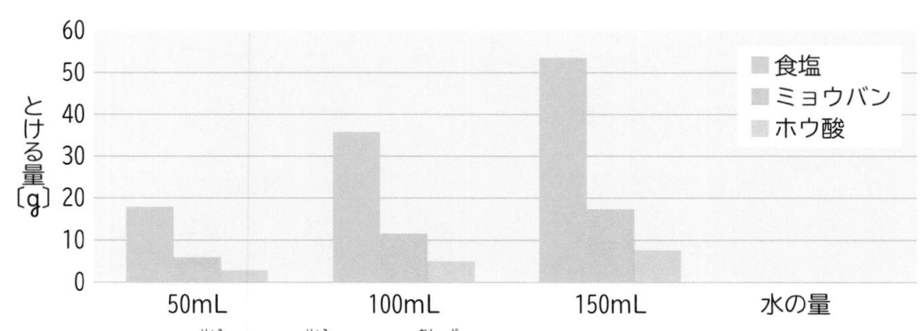


⬆ もののとける量と水の量（水の温度が20℃のとき）

同じ温度の水の量ととける量の関係をグラフで表すと，原点を通る直線（比例の関係）になります。ただし，水の温度ととける量の関係は，比例の関係になりません。

算数 column

# 比例・反比例

2つの量 $x$，$y$ があります。

- $x$ が2倍，3倍，…になると，$y$ も2倍，3倍，…になるとき，$y$ は $x$ に比例しているといいます。
- $x$ が2倍，3倍，…になると，$y$ が $\frac{1}{2}$倍，$\frac{1}{3}$倍，…になるとき，$y$ は $x$ に反比例しているといいます。

長方形の縦の長さ，横の長さ，面積を使って，比例，反比例の関係について考えてみましょう。

反比例は，一方が大きくなると，一方が小さくなるのね

## 比例

- **横の長さが 2cm で一定のときの，縦の長さと面積の関係**

縦　面積　横 2 cm

| 縦〔cm〕 | 1 | 2 | 3 | 4 |
| --- | --- | --- | --- | --- |
| 面積〔cm²〕 | 2 | 4 | 6 | 8 |

2倍　3倍　4倍

面積＝横 2cm ×縦

比例のグラフ

直線

原点を通る。

面積〔cm²〕　縦〔cm〕

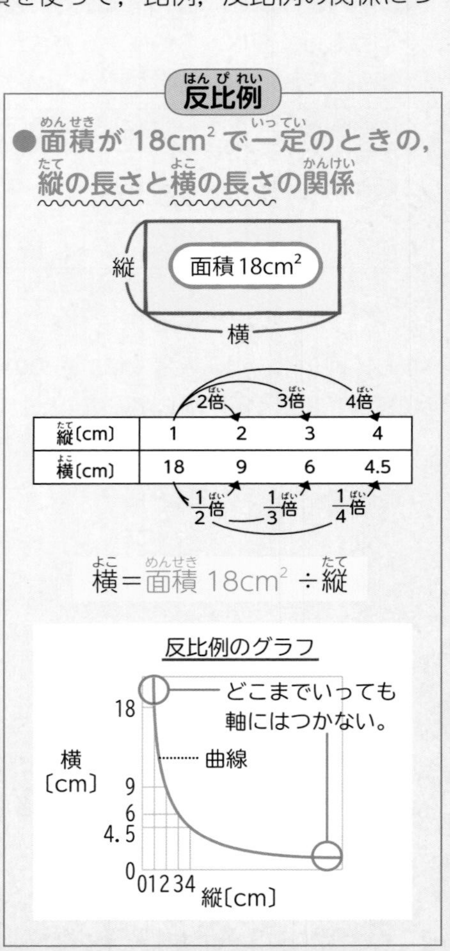


| 縦〔cm〕 | 1 | 2 | 3 | 4 |
| --- | --- | --- | --- | --- |
| 横〔cm〕 | 18 | 9 | 6 | 4.5 |

重要度 ★★★

## ものがとける量と温度

**水の温度が上がると，ホウ酸** [➡ P.452] **やミョウバン** [➡ P.452]，**さとう** [➡ P.453] **などの固体はとける量が増えます。**ミョウバンは水の温度が 20℃から 60℃になるととける量は約 5 倍になります。一方，水の温度が上がっても，食塩 [➡ P.452] はとける量があまり増えません。食塩は 20℃から 60℃になっても水 100mL にとける量は約 1.3g しか増えません。

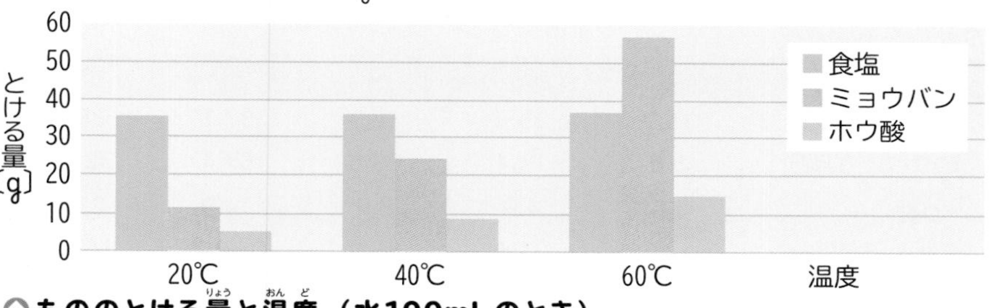


**ものがとける量と温度（水100mL のとき）**

★★★

## 気体が水にとける量

**気体** [➡ P.435] **が水にとける量は，温度が上がるほど減ります。**
たとえば，二酸化炭素 [➡ P.518] の場合，1気圧 [➡ P.252] のとき，水 1mL あたり，0℃で 1.71mL，20℃で 0.88mL，40℃で 0.53mL，60℃で 0.36mL とけます。

**固体と気体の水にとける量**

- 固体が水にとける量…ふつう温度が上がると，とける量が増える。
- 気体が水にとける量…温度が上がると，とける量が減る。

★★★

## ほう和

決められた量の中に，ものが限界までふくまれていることをほう和（飽和）といいます。
水よう液では，一定の量の水に，あるものをとけるだけとかしてしまうこと（これ以上，とけない状態）を「ほう和している」といいます。

一般に，固体は水の温度が高くなるほどよう解度が大きくなるというものが多いですが，例外もあります。水酸化カルシウムは，温度が高くなるほどよう解度は小さくなります。

重要度

## ★★★ ほう和水よう液

ほう和 [➡P.459] した水よう液 [➡P.450] を，ほう和水よう液といいます。よう解度の量までとけていて，**これ以上とけないという状態の水よう液**です。

## ★★★ よう解度

ふつう，100gの水にとかすことができるものの限度の量のことです。よう解度は，とかすものの種類と水の温度によって変わります。

| 水の温度〔℃〕 | 0 | 20 | 40 | 60 | 80 |
|---|---|---|---|---|---|
| 食塩 | 35.7 | 35.8 | 36.3 | 37.1 | 38.0 |
| ミョウバン（結晶） | 5.6 | 11.4 | 23.8 | 57.4 | 321.6 |
| ホウ酸 | 2.8 | 4.9 | 8.9 | 14.9 | 23.6 |
| 硝酸カリウム | 13.3 | 31.6 | 63.9 | 109.2 | 168.8 |
| 硫酸銅（結晶） | 23.7 | 35.6 | 53.5 | 80.4 | 127.7 |

## ★★★ よう解度曲線

水の温度とよう解度の変化をグラフに表したもののことです。[➡よう解度曲線と出てくる結晶の量 P.464]

### ●よう解度曲線の見方

① ものによって，温度の変化によるとける量がちがっている。

② 多くのものでは，温度が上がるほどとける量が多くなるため，右上がりの曲線になる。

③ グラフで右上がりが急なものは，温度が上がるととける量が急に増えることを表している。食塩は温度が上がっても，とける量がほとんど増えないことがわかる。

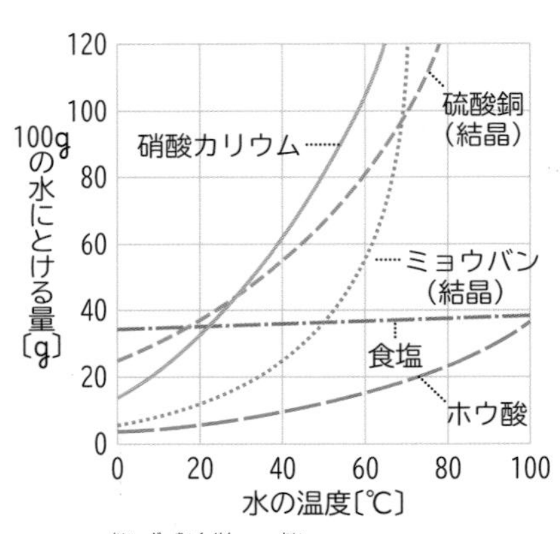


↑よう解度曲線の例

COLUMN くわしく

よう解度の変わり方（よう解度曲線）は，ものの種類によって異なるため，あるものの種類を特定するときなどにも使えます。

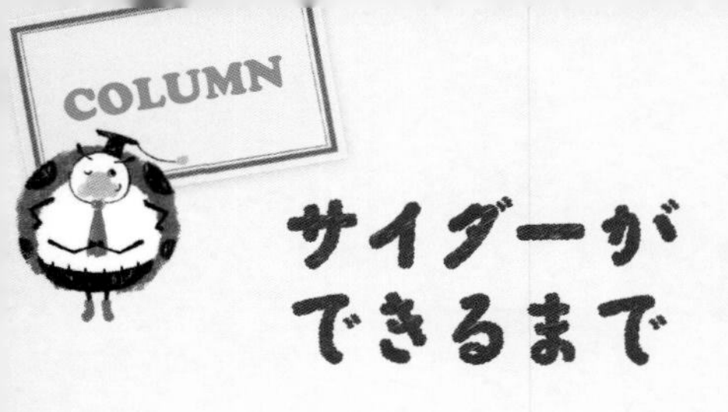


# サイダーができるまで

シュワシュワッ！　とおいしいサイダーは，おもに水と二酸化炭素からつくられます。

サイダーをつくる工程や，シュワシュワとした口あたりは，気体の特ちょうをうまく生かしています。

どのようにしてつくっているのでしょうか？

二酸化炭素が水にとける量は，水の温度によって決まります。サイダーなどをつくるときは，二酸化炭素をより多くとかすために，水の温度を冷たくしてから，圧力をかけて二酸化炭素をとかしていきます。

ふつう，水の体積の４倍くらいの二酸化炭素をとかします。

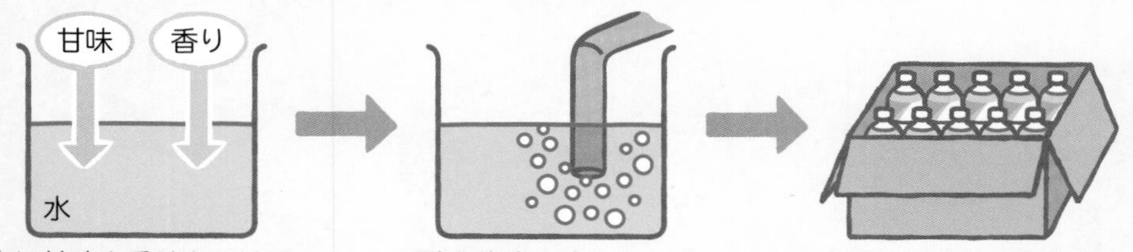


水に甘味や香りをつける。　二酸化炭素を水にとかす。　容器につめて，出荷する。

**↑サイダーができるまで**

炭酸飲料の入った容器を落としたあとにふたを開けると，中身がふき出すことがあります。これは，炭酸水にしょうげきが加わったことで，水にとけていた二酸化炭素が空気中に出ていくことで起こります。また，炭酸水の温度が上がると（口にふくんだときなど），水にとけていた二酸化炭素がとけきれなくなり，空気中に出ていきます。このとき，シュワシュワとした，おもしろい口あたりになるのですね。

# 2 とかしたもののとり出し方

重要度 ★★★

## 水よう液を熱して結晶をとり出す

食塩 [➡ P.452] やホウ酸 [➡ P.452] などの固体がとけている水よう液を熱すると，水は蒸発 [➡ P.441] していきますが，とけている食塩やホウ酸は蒸発しません。このため，水だけが減り，**とけきれなくなったもの**（食塩やホウ酸）**が出てくる**のです。

固体がとけた水よう液は，この方法で固体をとり出すことができます。特に食塩のように，水の温度を変えてもとける量がほとんど変わらないものは，この方法が適しています。

### ●食塩水を熱して食塩をとり出す

こい食塩水を蒸発皿に入れて熱すると，蒸発皿の底にたくさんの食塩の結晶 [➡ P.465] が残ります。

### ●食塩水の水を自然に蒸発させる

こい食塩水を数滴スライドガラスにのせて日なたに置いておきます。しばらくすると水が自然に蒸発し，スライドガラスの上に食塩の結晶が見られます。

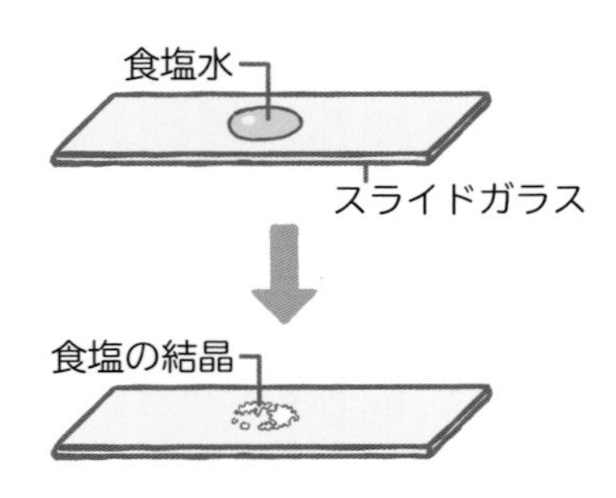

COLUMN まめ知識

さとう水の水を蒸発させるとさとうをとり出すことができますが，食塩とちがいさとうには燃える性質があるので，さとう水をずっと熱し続けるとこげてしまいます。

## ★★★ 水よう液を冷やして結晶をとり出す

ホウ酸 [➡ P.452] やミョウバン [➡ P.452] などの水よう液 [➡ P.450] の**温度を下げ，とけきれなくなったものをろ過** [➡ P.467] **してとり出す**ことができます。ホウ酸やミョウバンは，温度によってとける量が大きく変わるので，この方法でとり出すことができます。しかし，食塩のように水の温度を変えてもとける量がほとんど変わらないものは，この方法ではほとんどとり出すことができません。

### ●ホウ酸の水よう液を冷やしてホウ酸をとり出す

こいホウ酸の水よう液をビーカーに入れ，氷水で冷やします。すると，とけきれなくなったホウ酸がビーカーの底に出てきます。これをろ過すると，ホウ酸の結晶がとり出せます。

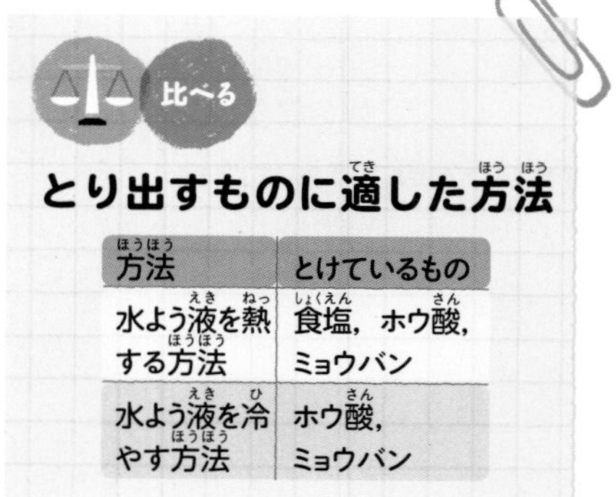

比べる

**とり出すものに適した方法**

| 方法 | とけているもの |
|---|---|
| 水よう液を熱する方法 | 食塩，ホウ酸，ミョウバン |
| 水よう液を冷やす方法 | ホウ酸，ミョウバン |

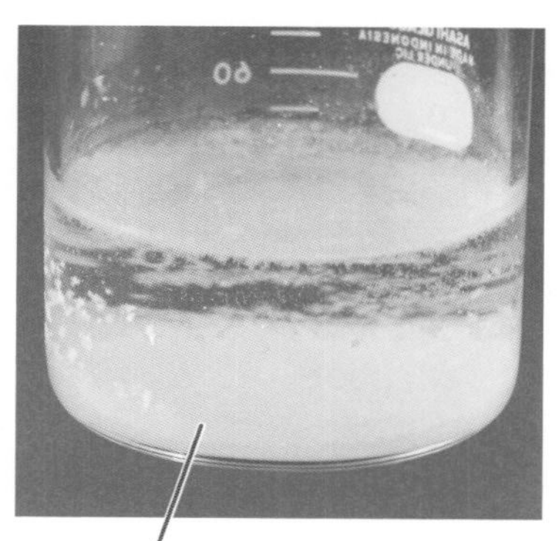

冷やしたホウ酸の水よう液から出てきたホウ酸の結晶。

重要度 ★★★

## よう解度曲線と出てくる結晶の量

ものがとける量，よう解度［➡P.460］は水の温度によってちがいます。**水よう液**［➡P.450］**の温度を下げることによって，結晶が出てきます。**「出てくる結晶の量」をよう解度曲線［➡P.460］から知ることができます。また，「あとどのくらいとけるかの量」もわかります。

**Q** 硝酸カリウムを50℃の水100gに60gとかしました。あと何g水よう液にとけますか。

**A** よう解度曲線を見ると，硝酸カリウムは50℃の水100gには85gまでとけます。したがって，85−60＝25で，あと25gとかすことができます。

**答え　25g**

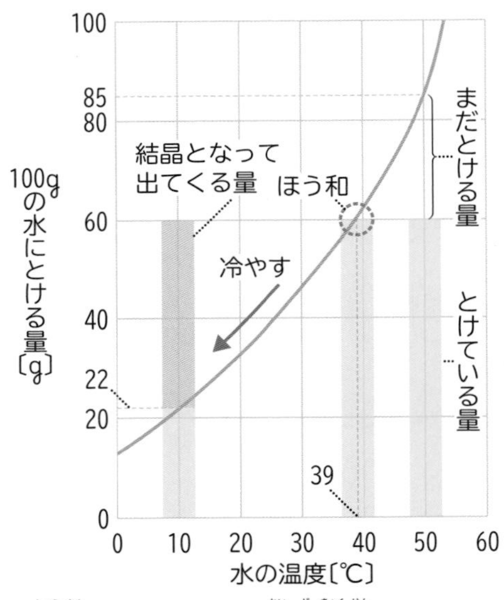


硝酸カリウムのよう解度曲線

**Q** 硝酸カリウムを50℃の水100gに60gとかした水よう液を冷やしていきます。

①この水よう液がほう和となるのは何℃ですか。

**A** グラフが60gと交わるところは39℃なので，39℃でほう和となります。

**答え　39℃**

**Q** ②この水よう液を10℃まで下げると，結晶となって出てくる量は何gですか。

**A** 10℃でとける量をグラフで見ると22gです。したがって，60−22＝38で，38gが結晶となって出てくる量と求まります。

**答え　38g**

## ★★★ 結晶

食塩 [➡ P.452] やホウ酸 [➡ P.452] などの水よう液を熱すると，食塩やホウ酸の**規則正しい形のつぶ**が出てきます。これを結晶といいます。
結晶は，その物質だけでできている**純すいな物質**です。
**結晶は，ものの種類によって形が決まっています。**ですから結晶を見ると，ものが何であるかを推測できます。

ミョウバン

食塩

氷ざとう(さとう)

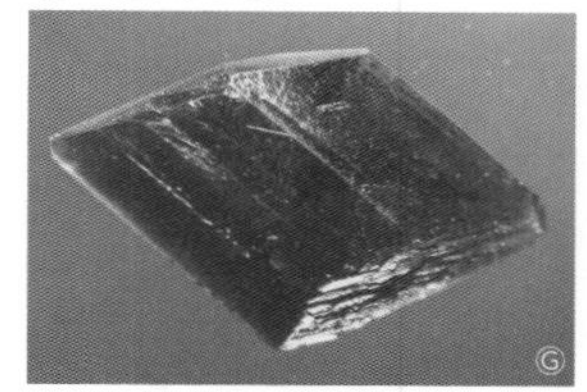
硫酸銅の結晶

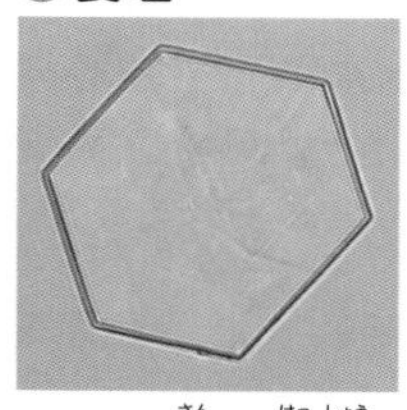
ホウ酸の結晶

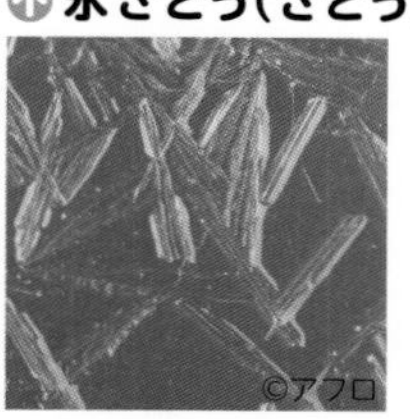
硝酸カリウムの結晶

## ★★★ 再結晶

食塩 [➡ P.452] やホウ酸 [➡ P.452] などの固体を**一度水にとかし，再び結晶としてとり出す操作**を再結晶といいます。再結晶の方法には，水よう液を熱してとり出す [➡ P.462] 方法と水よう液を冷やしてとり出す [➡ P.463] 方法があります。
ちがう種類のものが混ざっている場合，再結晶によってより純すいな結晶をとり出すことができます。
たとえば，食塩とミョウバンが混じっているものを一度温度の高い100℃の水にとかして60℃まで冷やすと，食塩はほとんど出てきませんが，ミョウバンはとける量に差があるため，ミョウバンの結晶が出てきます。これを**ろ過** [➡ P.467] すれば，より純すいなミョウバンがとり出せるというわけです。

COLUMN くわしく

水よう液を長時間空気中に置いておくと，自然に水は蒸発します。そのため，水よう液を熱したり冷やしたりしなくても，時間をかければ，とけていたものをとり出すことができます。

COLUMN

# 大きなミョウバンの結晶をつくろう！

**●準備するもの●**

ミョウバン，水，糸，割りばし，
水よう液を入れる容器（ビーカー），
発ぽうポリスチレンの箱

ミョウバンは，スーパーや薬局などで手に入ります。

大きな結晶をつくるためには，水よう液を動かさないで，ゆっくり冷やしていくことが重要です。

**①ミョウバンのほう和水よう液をつくり，もとになる結晶をつくります。**

湯に，とけ残りができるまでミョウバンをとかします。割りばしに糸を結び，湯の中につけます。しばらく置いておくと小さなミョウバンの結晶が糸につくので，形がよくて大きい結晶を１つ残します。

糸
形のよい結晶を，１つだけ残す。

**②結晶をつける水よう液をつくります。**

①でつくったミョウバンの水よう液をもう一度あたため，底にしずんでいるつぶをとかした後，40℃くらいまで冷まします。

40℃くらいの水よう液

**③小さな結晶を，大きく育てます。**

②の容器の中に，①でつくった結晶がついた糸をつけます。その容器を発ぽうポリスチレンの箱に入れ，ゆっくりと温度が下がるのを待ちます。

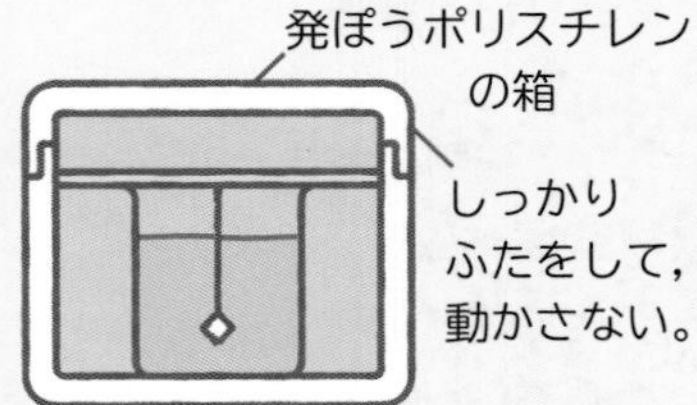


**より大きな結晶をつくるには…**

水よう液が冷えてミョウバンの結晶が大きくなったら，別に40℃のミョウバンのほう和水よう液をつくり，その結晶をつけます。これをくり返すと，結晶はだんだん大きくなります。

重要度

## ろ過

液の中にとけていないつぶがあるときや，水よう液の中につぶが出てきたときに，**ろ紙**などを使い，**とけていないもの**（結晶 [➡ P.465] など）**をとり除く**方法をいいます。

## ろ紙

ろ過に用いる紙。とても小さな穴があり，穴よりも大きいものが通りぬけられないことを利用して，とけきれないつぶと，水にとけたものを分けます。

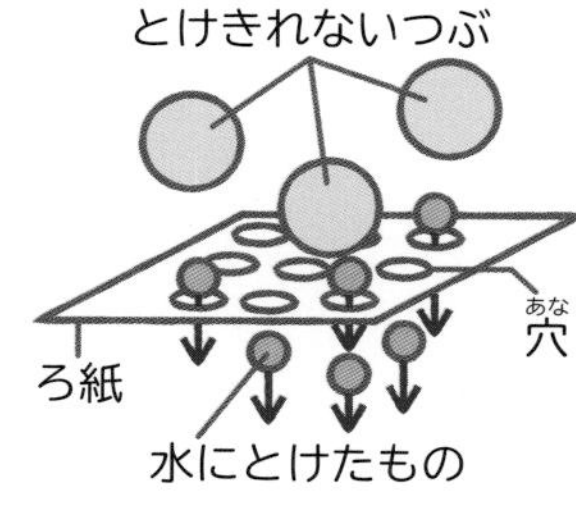


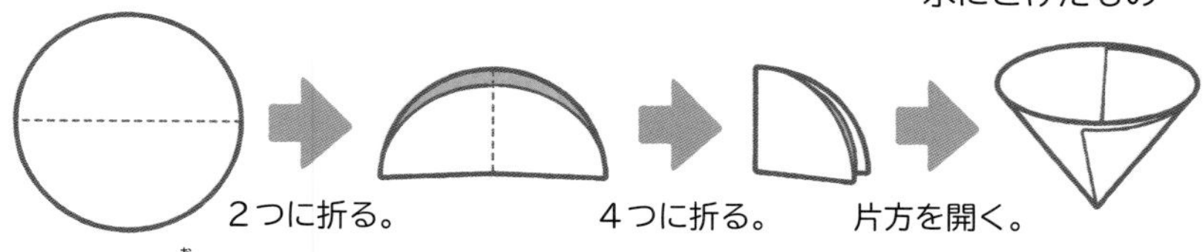


↑ろ紙の折り方

## ろ過のしかた

①ろ紙をろうとにはめた後，水でぬらして，ろうとにしっかりつけます。
②ろうとの先の長いほうは，ビーカーの内側につけておきます。
③ガラス棒は，ろ紙の紙が重なっている部分にななめにして当てます。
④ろ過する液は，ガラス棒を伝わらせて，少しずつ静かに入れます。

ガラス棒
ろうと台
ろ紙
ろうと
ビーカー
ろうとの先を内側につける。

## ろ液

ろ過した液。ろ液にはとけているものがふくまれています。たとえば，食塩水をろ過した液にはとけた食塩が残っています。

COLUMN まめ知識

ろ過ではろ紙を使いますが，ろ紙よりもあなが小さいセロハン膜を使って，ろ過ではとり出せないものをとり出すことができます。これを透析といいます。

COLUMN

# いろいろな結晶

結晶の形は，ものの種類によってちがっています。
下の大きな写真の結晶は，雪の結晶です。きれいな形をしていますね。
食塩やミョウバン以外にも，いろいろなものに結晶があります。

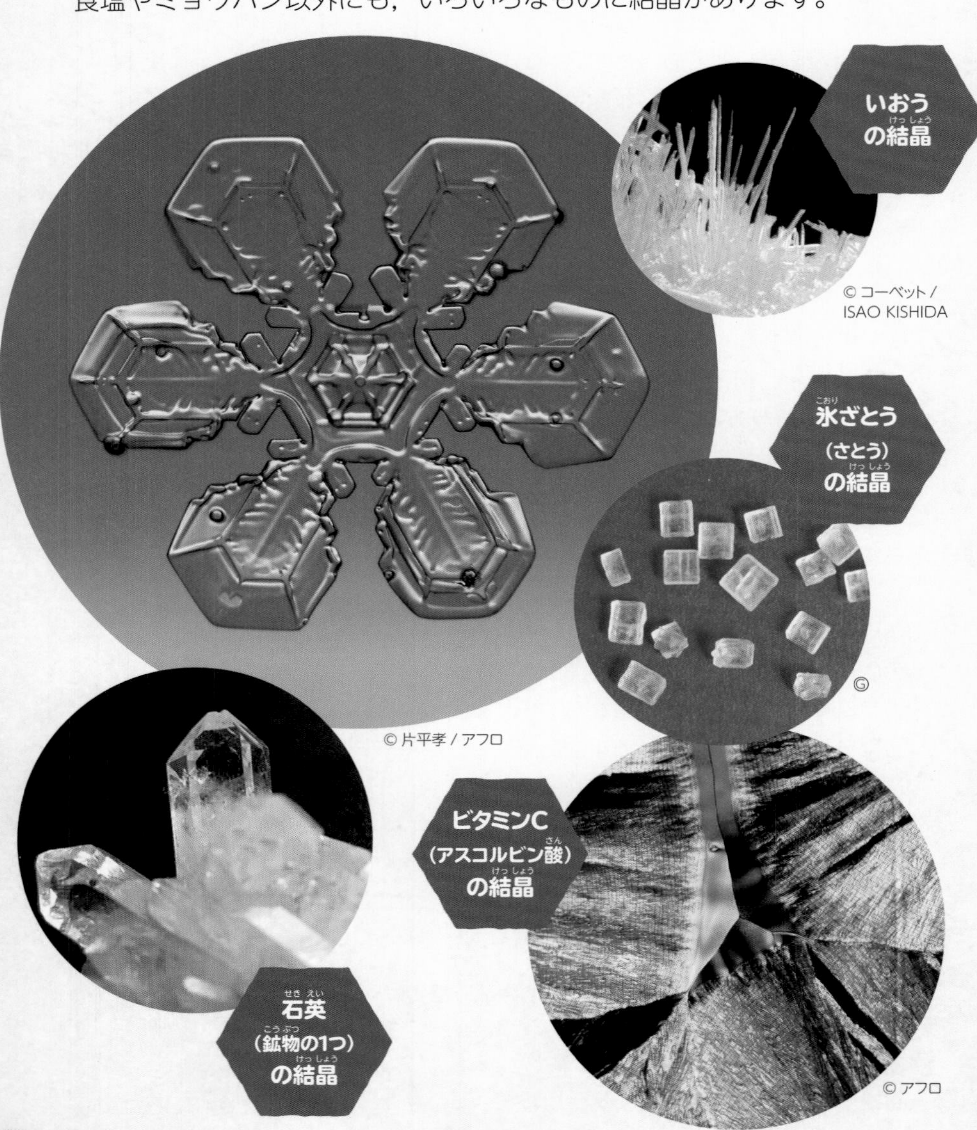

# 3 水よう液のこさ（濃度）

重要度 ★★★

## 水よう液のこさ

水よう液のこさは，とけているものの重さが，水よう液の重さの何パーセント(%)にあたるかで表します。この**水よう液のこさの値を，濃度**といいます。

$$濃度〔\%〕= \frac{とけているものの重さ〔g〕}{水よう液の重さ〔g〕} \times 100$$

水よう液の重さは，とけているものの重さと水の重さの和なので，次のようにも表せます。

$$濃度〔\%〕= \frac{とけているものの重さ〔g〕}{とけているものの重さ+水の重さ〔g〕} \times 100$$

### ●濃度の式を使って計算してみよう

**Q** 100gの水に25gの食塩をとかしてつくった食塩水の濃度は何%ですか。

**A** 水よう液の重さは 25 + 100 = 125〔g〕，とけているものの重さは 25g なので，濃度は，$\frac{25}{125} \times 100 = 20$〔%〕

**答え　20%**

100をかけることを，忘れないでね

**Q** 15%の食塩水200gには，何gの食塩がとけていますか。

**A** 式を変形すると，

**水よう液の重さ〔g〕×濃度〔%〕÷ 100 =とけているものの重さ〔g〕**

となります。

食塩の重さは，200〔g〕× 15〔%〕÷ 100 = 30〔g〕

**答え　30g**

COLUMN
くわしく

濃度にはいろいろな表し方がありますが，上で示した濃度の式は，質量パーセント濃度といいます。

重要度 ★★★

## 水よう液のこさと重さの関係

水よう液のこさや全体の重さは，とかすものの量によって変わります。とかす量が多いほうがこさ（濃度）は大きく，全体の重さも大きくなります。ただし，体積はほとんど変わりません。

例　60gの水にいろいろな重さの食塩をとかした場合

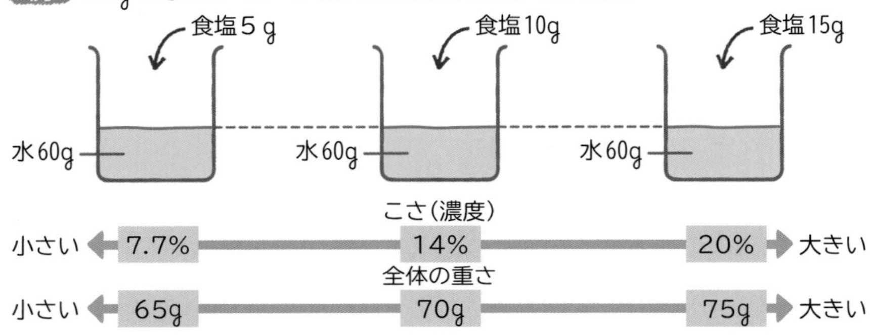


★★★

## 水よう液をうすめる方法

水よう液をうすめるときは，水よう液の重さをもとにして水を加えます。たとえば，２倍にうすめるときは，２－１＝１〔倍〕の水を加えます。３倍にうすめるときは，３－１＝２〔倍〕の水を加えます。

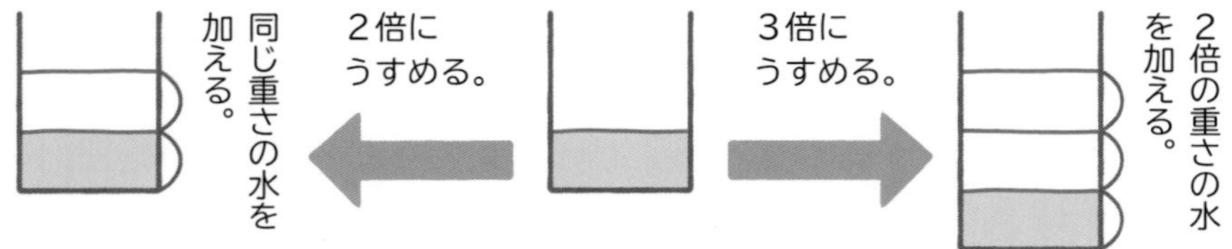


**Q**　こさが20%の食塩水10gを，5%のこさの食塩水にするためには，何gの水を加えればよいですか。

**A**　食塩水のこさを$\frac{5}{20}=\frac{1}{4}$にするためには，４倍にうすめればよいので，４－１＝３〔倍〕の水を加えればよいことになります。10×３＝30〔g〕の水を加えます。

**答え　30g**

**20%の食塩水と5%の食塩水を混ぜて8%の食塩水にするには，それぞれの%と8%との差を計算し（20－8＝12，8－5＝3），20%を3〔g〕，5%を12〔g〕と逆に組み合わせた重さで混ぜれば，8%の食塩水15〔g〕ができます。**

COLUMN

# 砂と食塩を分けるには

©アフロ

写真は，海水から食塩をとり出す**「揚げ浜式塩田」**の作業の１コマです。どうして砂に海水をまいているのでしょうか？

実は，こうすることで効率的にたくさんの量の食塩をとり出すことができるのです。

揚げ浜式塩田は，**「砂が水にとけない性質」**と，**「食塩が水にとける性質」**を上手に利用しています。砂と食塩が混ざってしまったら，どのように食塩だけをとり出しますか？　「とけているものをとり出す」方法と「水よう液をろ過する」方法を利用するととり出せます。

①砂と食塩が混ざったものを容器に入れ，水を加えて食塩をすべてとかす。
②ろ過をして砂を分ける。
③ろ過した液を，なべに入れて熱し，水を蒸発させる。
④食塩だけが残る。

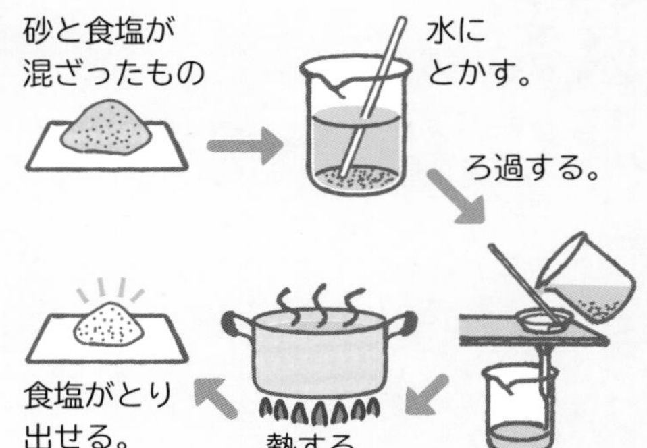


写真で紹介した「揚げ浜式塩田」ではまず，海からくんできた海水を砂をしきつめた地面にまきます。海水を自然に蒸発させると，砂のつぶに食塩のつぶがくっつきます。それを砂ごと集めてろ過ができる箱に入れ，上から海水をかけます。砂はとけずに食塩のつぶだけがとけ，こい食塩水ができます。そして，その食塩水を集めて大きなかまで熱して，食塩をつくります。一度蒸発させてとり出した食塩を，もう一度海水でとかすことで，より多くの食塩を効率的につくることができるのです。

# 02 酸性・アルカリ性・中性

重要度 ★★★

## 水よう液にとけているもの

水よう液には，固体 [➡ P.435] がとけたもの，液体 [➡ P.435] がとけたもの，気体 [➡ P.435] がとけたものがあります。温度によって，とける量はちがいます。

### ●固体がとけた水よう液

次のような共通の特ちょうがあります。

① 熱すると水だけが蒸発するため，あとに固体（とけていたもの）が残る。

② 熱してもにおいはない。（固体は空気中に出ていかない。）

③ 固体は，ふつう温度が高いほどとけやすい。

例 食塩水，ホウ酸水

### ●気体がとけた水よう液

次のような共通の特ちょうがあります。

① 熱してもあとに何も残らない。とけていた気体は空気中に出ていく。

② （熱すると）においがあるものがある。

③ 気体は，温度が高くなるととけにくくなる。

例 塩酸，炭酸水

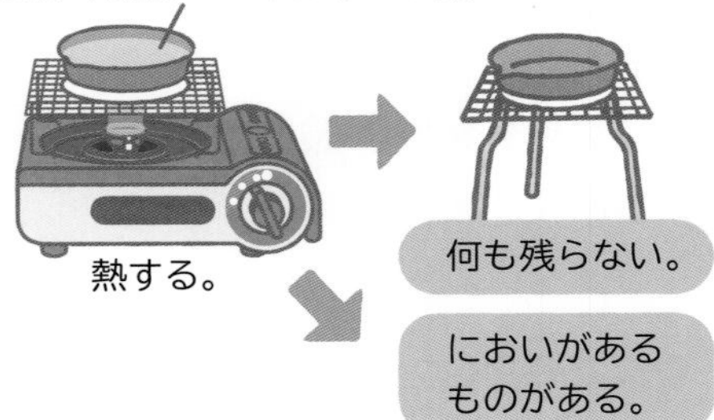


### ●液体がとけた水よう液

次のような共通の特ちょうがあります。

① 熱してもあとに何も残らない。

② （熱すると）においがあるものがある。

例 す（さく酸水よう液），アルコール水よう液

COLUMN くわしく

気体や液体がとけた水よう液には，においがあるものとないものがあります。たとえば，塩酸はにおいがありますが，炭酸水はにおいがありません。

## ★★★ 水よう液の性質

水よう液は，**酸性** [➡ P.476]，**中性** [➡ P.480]，**アルカリ性** [➡ P.478] のうちのどれかの性質があります。指示薬でその性質を調べることができます。

## ★★★ 指示薬

水よう液の性質（酸性 [➡ P.476] やアルカリ性 [➡ P.478]）によって色の変わる薬品を指示薬といいます。よく用いられるものにリトマス紙，BTB よう液 [➡ P.475]，フェノールフタレインよう液 [➡ P.475]，万能試験紙 [➡ P.475] などがあります。

## ★★★ リトマス紙

**青色のリトマス紙**と**赤色のリトマス紙**の 2 種類があります。
リトマス紙は，リトマスゴケという植物の色素をろ紙にしみこませてつくります。

### ●リトマス紙の使い方

① リトマス紙は直接手でもたず，ピンセットでもつ。

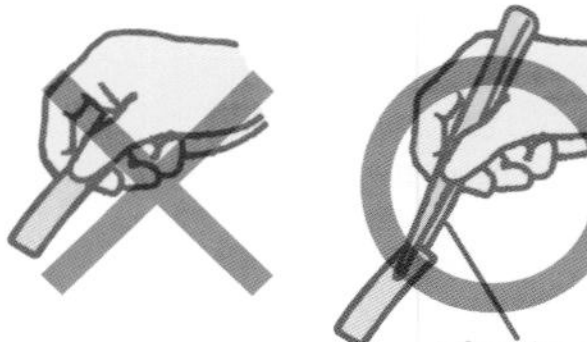


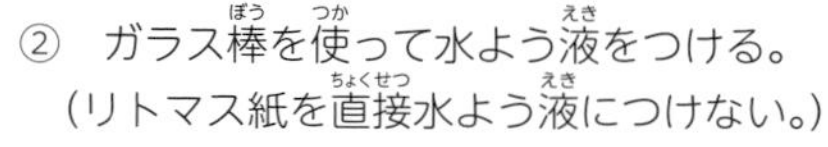
② ガラス棒を使って水よう液をつける。
（リトマス紙を直接水よう液につけない。）

③ ガラス棒は 1 回ごとに水で洗う。

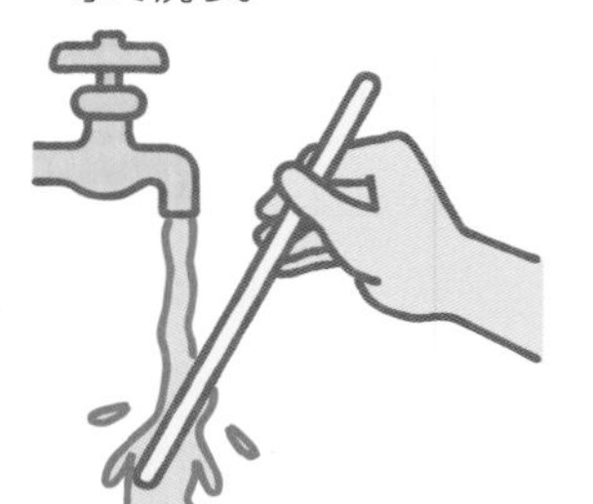

別の水よう液が混ざらない
ようにするためだよ

**COLUMN くわしく**
赤ジソの葉やアサガオの花をしぼった汁も指示薬のかわりになります。

### 比べる リトマス紙の色の変化

| | | |
|---|---|---|
| 酸性 | 青色リトマス紙→赤色になる。 | |
| | 赤色リトマス紙→変化しない。 | |
| 中性 | 青色リトマス紙→変化しない。 | |
| | 赤色リトマス紙→変化しない。 | |
| アルカリ性 | 青色リトマス紙→変化しない。 | |
| | 赤色リトマス紙→青色になる。 | |

重要度 ★★★

## ムラサキキャベツ液

ムラサキキャベツ（赤キャベツ）の葉を細かくきざんで水でにて汁を出します。この液を使っても水よう液の性質を調べることができます。
赤ジソやナス，ブドウをしぼった汁でも同じようにできます。

| 酸性 | | 中性 | アルカリ性 | |
|---|---|---|---|---|
| 赤色 | 赤むらさき色 | むらさき色 | 青緑色 | 黄色 |

COLUMN くわしく

アルカリ性の水よう液を青色リトマス紙につけても色は変化しません。これだけでは中性かアルカリ性か区別できませんので，赤色リトマス紙でも調べます。

## ★★★ BTBよう液（BTB液）

ブロモチモールブルーという色素を用いた液です。BTBよう液は，**酸性** [➡P.476] で**黄色**，**中性** [➡P.480] で**緑色**，**アルカリ性** [➡P.478] で**青色**に変化します。リトマス紙よりもびん感なので，弱い酸性や弱いアルカリ性でも色が変わります。

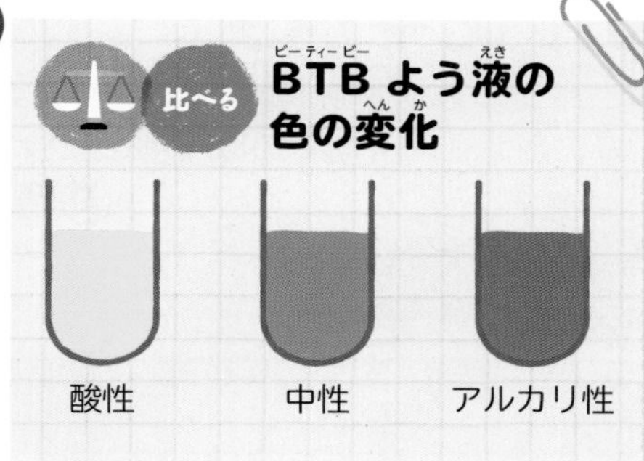


## ★★★ フェノールフタレインよう液（フェノールフタレイン液）

無色のよう液で，酸性 [➡P.476] ～中性 [➡P.480] の水よう液では色は変化しませんが，**アルカリ性** [➡P.478] の水よう液では**赤色**になります。

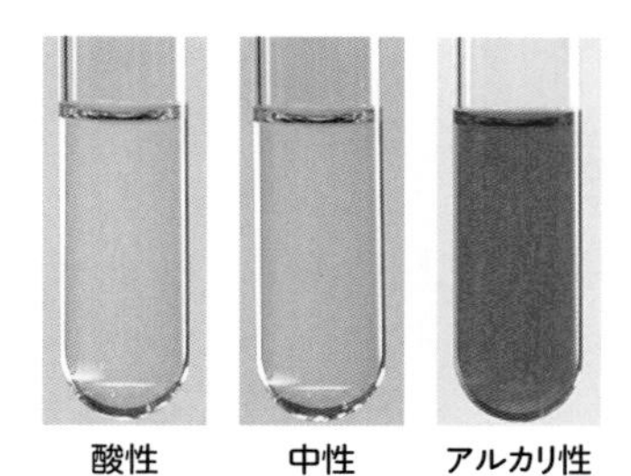


## ★★★ 万能試験紙（pH試験紙）

水よう液の酸性 [➡P.476]，中性 [➡P.480]，アルカリ性 [➡P.478] が調べられるとともに，その強さの程度がわかる試験紙です。赤色からこい青色の間の色によって，酸性やアルカリ性の強さの程度がわかります。

## ★★★ pHメーター

pH [➡P.476] の値を求められる器具です。先端を水よう液につけるか，水よう液をたらして表示された数値を読みます。

ここを液につける。

COLUMN くわしく

万能試験紙では色を比べることで，pHの値を知ることができます。リトマス紙やBTBよう液などでは，pHの値は調べられません。

重要度 ★★★

## pH（ピーエイチ）

酸性やアルカリ性 [➡ P.478] の強さを表すのに用いられる値です。
pH の値は 0〜14 までのはん囲で表されます。**pH の値が 7 のとき**，水よう液は**中性**で，pH の値が 7 より大きいほどアルカリ性が強く，7 より小さいほど酸性が強いです。

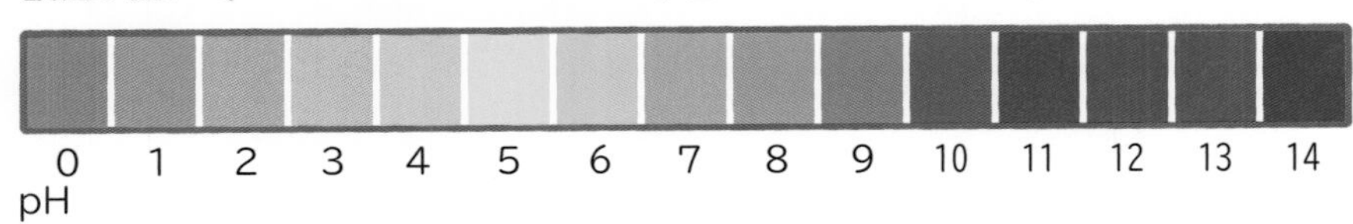


★★★

## 酸性

**青色のリトマス紙** [➡ P.473] **を赤色に変化**させる性質です。
酸性の水よう液には，次のような共通の特ちょうがあります。
①緑色の BTB よう液 [➡ P.475] を黄色に変える。
②マグネシウムや鉄，亜鉛，アルミニウムなどの**金属** [➡ P.511] **を加えると気体**（**水素** [➡ P.520]）**が発生**する。

① BTB よう液の色の変化

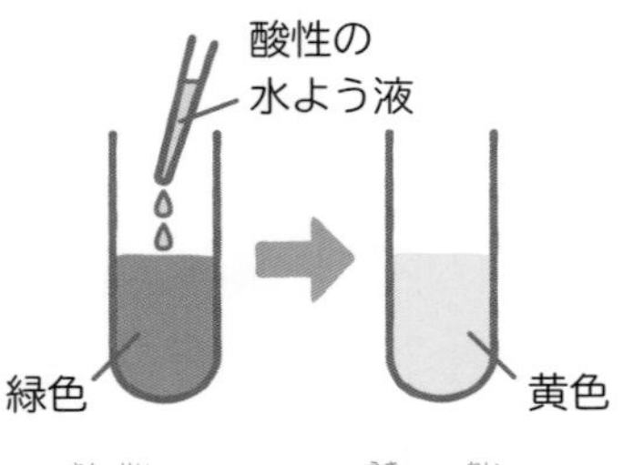


②塩酸にマグネシウムを加える

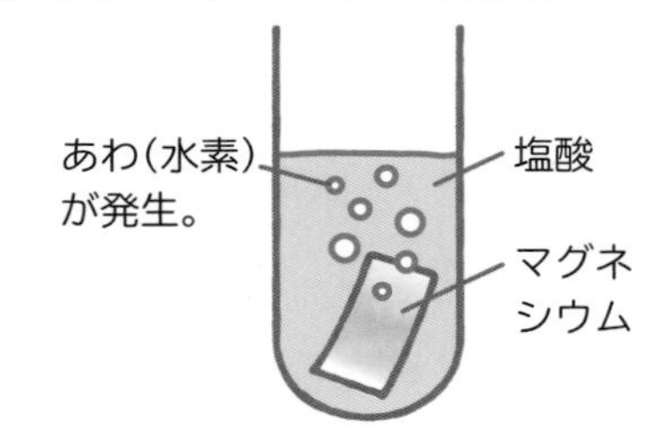


### ●酸性の水よう液の例

塩酸，炭酸水，ホウ酸水，す（さく酸水よう液），クエン酸水よう液 [➡ P.478]，レモンの汁，胃液などがあります。

### ●酸性を示す理由

ものを水にとかしたとき，水素イオン（$H^+$と書く）ができる水よう液 [➡ P.450] は酸性を示します。水よう液中に水素イオン（$H^+$）が多くあれば酸性といえます。

COLUMN まめ知識

「酸」にはすっぱいという意味があります。レモンの汁のようになめたときすっぱい味がすれば，液は酸性です。

## ★★★ 塩酸

**塩化水素** [➡ P.522] **がとけた水よう液**です。気体がとけているので，熱して水を蒸発 [➡ P.441] させても塩化水素をとり出せません。塩化水素は水にひじょうによくとけて，強い酸性を示します。水よう液は無色とう明ですが，においがあります。塩酸は胃液の主成分です。

水酸化ナトリウム水よう液 [➡ P.479] と混ぜると中和 [➡ P.488] して食塩（塩化ナトリウム）ができます。

## ★★★ 炭酸水

**二酸化炭素** [➡ P.518] **がとけた水よう液**です。弱い酸性を示し，水よう液は無色とう明です。常温では気体が出てきて容器のかべにあわがつきます。

**●炭酸水にとけているものを調べる実験**

炭酸水をあたためて出たあわを集気びんに集め，石灰水を入れてふると，白くにごります。このことから，炭酸水から出るあわは，二酸化炭素とわかります。

## ★★★ ホウ酸水

**固体のホウ酸** [➡ P.452] **がとけた水よう液**です。においはなく，弱い酸性を示します。弱い殺菌のはたらきがあり，うがい薬や洗じょう液に用いられます。

COLUMN まめ知識

アルカリ性の水よう液はなめると舌をさすようなしぶい味がします。（むやみになめてはいけません。）

重要度

## ★★★ す（さく酸水よう液）

**さく酸**がとけた酸性 [➡ P.476] の水よう液。さく酸は無色で，鼻をつくにおいがあります。

## ★★★ クエン酸（クエン酸水よう液）

レモン汁やうめぼし，ミカンなどの果実に多くふくまれます。水よう液は無色とう明です。酸性 [➡ P.476] を示します。

## ★★★ アルカリ性

**赤色のリトマス紙** [➡ P.473] **を青色に変化**させる性質です。

アルカリ性の水よう液には次のような共通の特ちょうがあります。

①緑色のBTBよう液 [➡ P.475] を青色に変える。

②無色とう明のフェノールフタレインよう液 [➡ P.475] を赤色に変える。

③皮ふをおかす。（タンパク質をとかす。）

① BTBよう液の色の変化

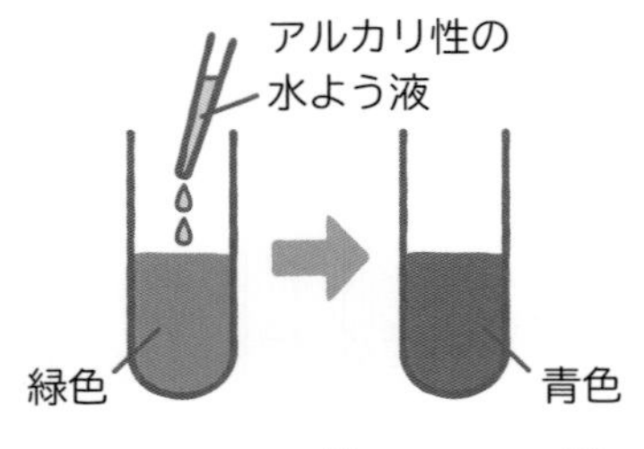


②フェノールフタレインよう液の色の変化

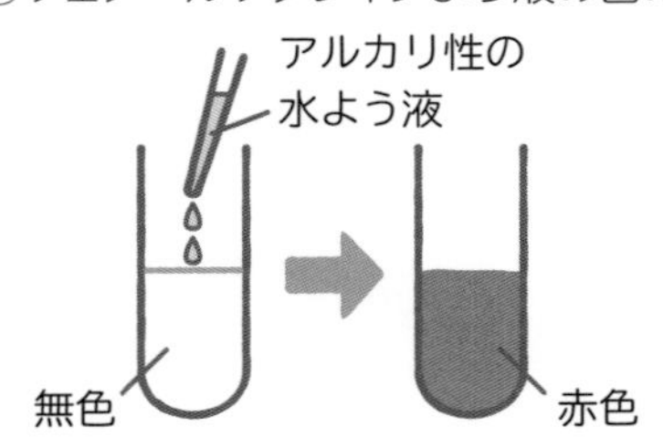


### ●アルカリ性の水よう液の例

水酸化ナトリウム水よう液，石灰水，アンモニア水，重そう水などがあります。
草木灰（草や木を燃やした後にできる灰）を水にとかした灰汁もアルカリ性です。

### ●アルカリ性を示す理由

ものを水にとかしたとき，水酸化物イオン（$OH^-$と書く）ができる水よう液 [➡ P.450] はアルカリ性を示します。水よう液中に水酸化物イオン（$OH^-$）が多くあればアルカリ性といえます。

COLUMN まめ知識

「アルカリ」ということばは，アラビア語の「植物の灰」からきています。

## ★★★ 水酸化ナトリウム水よう液

**水酸化ナトリウムという固体がとけた水よう液**。無色とう明。強いアルカリ性を示します。においはありません。皮ふなど（タンパク質）をとかすはたらきがあります。危険なので，水酸化ナトリウム水よう液を加熱してはいけません。

## ★★★ 石灰水

**水酸化カルシウムという固体がとけた水よう液**のことをいいます。無色とう明。強いアルカリ性を示します。においはありません。**二酸化炭素** [➡ P.518] **を入れてふると，白くにごります**。これは，二酸化炭素と水酸化カルシウムが反応して，白色の炭酸カルシウムという水にとけないものができるためです。水にとけないため，液が白くにごって見えます。

## ★★★ アンモニア水

**気体のアンモニア** [➡ P.520] **がとけたアルカリ性の水よう液**。気体のアンモニアはひじょうに水にとけやすい気体です [➡アンモニアのふん水の実験 P.521]。強いにおいがあります。虫さされの薬や，しみぬきなどに使われます。

## ★★★ 重そう水

**炭酸水素ナトリウム**（**重そう**）という固体がとけた水よう液です。炭酸水素ナトリウムは白色の粉末で水に少しとけ，水よう液は無色とう明です。ひじょうに弱いアルカリ性を示します。重そう水は，そうじに利用されます。
また，炭酸水素ナトリウムは加熱によって二酸化炭素を発生するので，ベーキングパウダーや入浴剤などに使われています。

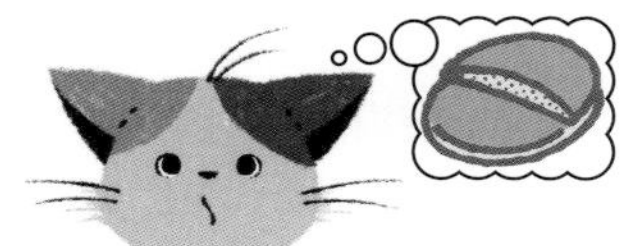

## ★★★ 水酸化カルシウム(消石灰)水よう液

水酸化カルシウムの固体は，以前はグラウンドのライン引きなどに使われていました。水に少しとけ，強いアルカリ性を示します。この水よう液が**石灰水**です。二酸化炭素 [➡ P.518] と反応して炭酸カルシウムになります。

COLUMN まめ知識

**酸性の水よう液の名称には「～酸」といったものが多く，アルカリ性の水よう液の名称には「水酸化～」といったものが多いです。**

重要度

★★★ ## 中性

**赤色リトマス紙** [➡P.473]，**青色リトマス紙のどちらの色も変えない性質**です。緑色のBTBよう液 [➡P.475] を加えても色は変わりませんし，フェノールフタレインよう液を加えても無色のままです。

★★★ ## 中性の水よう液

**食塩水**，**さとう水**，**アルコール水よう液**などがあります。

★★★ ## 水

水素 [➡P.520] と酸素 [➡P.516] が結びついてできています。ものをとかす性質があり，ふつう，水というと液体 [➡P.435] をさします。固体は氷，気体は水蒸気 [➡P.437] と呼ばれます。純すいな水は中性ですが，水道水や雨水などはいろいろなものをとかしこんでいるため，中性ではなくなっていることが多いです。純すいな水は「純水」と呼ばれます。純水は電気を通しません。

★★★ ## 蒸留水

水を一度ふっとうさせて水蒸気にし，再び冷やして水にもどすことで，不純物をとり除いた水のことです。[➡蒸留 P.445] 蒸留水は電気を通しません。

★★★ ## 食塩水

固体の食塩がとけた水よう液です。においのない，中性の水よう液です。**食塩水は電気を通す水よう液です。**よう解度 [➡P.460] が温度によってほとんど変化しないので，食塩水を冷やしても，ほとんど食塩はとり出せませんが，食塩水から水を蒸発 [➡P.441] させると，立方体の形をした食塩の結晶 [➡P.465] をとり出せます。

★★★ ## さとう水

固体のさとうがとけた水よう液です。においのない，中性の水よう液です。**電気を通さない水よう液です。**熱すると，水が蒸発して，最後は黒くこげます。

## 比べる 各指示薬を比べる，各性質を示す水よう液の例

| | 酸性 | 中性 | アルカリ性 |
|---|---|---|---|
| リトマス紙 | 青→赤 | 変化なし | 赤→青 |
| BTBよう液 | 黄色 | 緑色 | 青色 |
| フェノールフタレインよう液 | 変化なし | | 赤色 |
| 万能試験紙 | こい赤色 ← | 黄緑色 | → こい青色 |
| pH | 0 ← 強い酸性 | 7 | → 14 強いアルカリ性 |
| 水よう液の例 | ・塩酸<br>・炭酸水<br>・ホウ酸水<br>・す（さく酸水よう液） | ・食塩水<br>・さとう水<br>・アルコール水よう液<br>（・蒸留水） | ・水酸化ナトリウム水よう液<br>・石灰水<br>・アンモニア水<br>・重そう水 |
| 身のまわりのいろいろなものの性質 | みそ汁<br>しょうゆ<br>レモン汁 | 牛乳 | 血液<br>石けん水<br>虫さされ薬<br>木の灰の水よう液 |

COLUMN まめ知識

酸性の畑の土を中和したり，酸性の川の水を中和するために炭酸カルシウムや水酸化カルシウムをまきます。

重要度 ★★★

## 原子

**ものを構成する，最も小さなつぶ**です。身のまわりのものはいろいろな原子が結びついてできています。原子のつくりは種類によってちがいますが，基本は右の図のように電子（－の電気を帯びる）と陽子（＋の電気を帯びる），中性子（電気を帯びていない）からできています。電子と陽子の数は等しいので，原子は，全体として電気を帯びていません。原子には，次のような性質があります。

①分割することはできません。

②ほかの種類に変わったり，なくなったり，新しくできたりしません。

③原子の種類によって重さが決まっています。

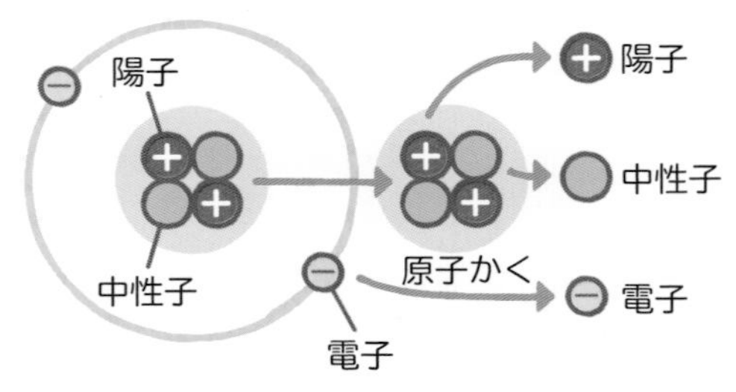


★★★

## 分子

**ものの性質を示す，最も小さなつぶ**です。原子が集まってできています。水は水素の原子２個と酸素の原子１個が結びついてできています。

★★★

## イオン

原子が電子を得たり失ったりして，**電気を帯びたもの。** 電子を失って，＋の電気を帯びたイオンを**陽イオン**，電子を得て－の電気を帯びたイオンを**陰イオン**といいます。たとえば，塩化ナトリウム（食塩）を水にとかすと，陽イオンのナトリウムイオン（$Na^{+}$）と陰イオンの塩化物イオン（$Cl^{-}$）になります。

なお，酸性 ［➡P.476］ の水よう液には水素イオン（$H^{+}$），アルカリ性 ［➡P.478］ の水よう液には水酸化物イオン（$OH^{-}$）がふくまれます。

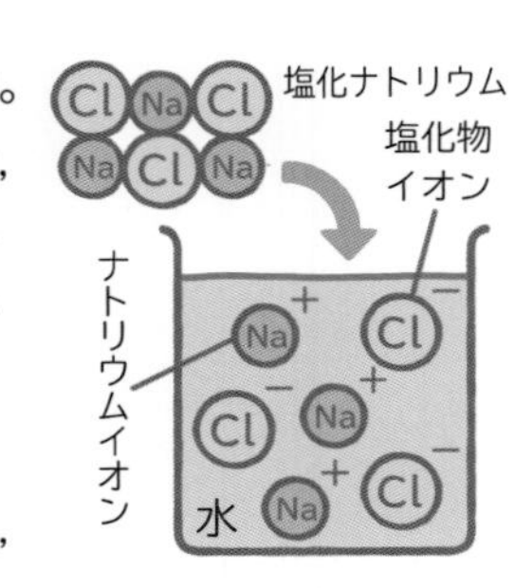

COLUMN くわしく

電気を通す水よう液には，イオンがふくまれています。たとえば，塩酸は，水素イオン（$H^{+}$）と塩化物イオン（$Cl^{-}$）がふくまれているので，電気を通します。

# 03 水よう液と金属の反応

## ★★★ 水よう液と金属

塩酸などの酸性 [➡P.476] の水よう液や水酸化ナトリウム水よう液などのアルカリ性 [➡P.478] の水よう液は，金属 [➡P.511] をとかすことがあります。どんな金属でもとかすわけではありません。

### 比べる いろいろな水よう液と金属のとけ方

水よう液の種類によってとける（反応する）金属 [➡P.511] の種類がちがっています。

| | アルミニウム | 鉄 | 銅 | 亜鉛 | 銀 |
|---|---|---|---|---|---|
| うすい塩酸（酸性） | とける | とける | とけない | とける | とけない |
| うすいりゅう酸（酸性） | とける | とける | とけない | とける | とけない |
| 水酸化ナトリウム水よう液（アルカリ性） | とける | とけない | とけない | とける | とけない |
| アンモニア水（アルカリ性） | とけない | とけない | とけない | とけない | とけない |
| 食塩水（中性） | とけない | とけない | とけない | とけない | とけない |

## ★★★ 金属がとけるときと熱

塩酸や水酸化ナトリウム水よう液と金属 [➡P.511] が反応するときは，**熱が発生**します。そのため，温度が上がります。反応がはげしいほど発生する熱量 [➡P.433] は多くなります。

COLUMN まめ知識

鉄やアルミニウムがあわを出してとけているとき，試験管をさわるとあたたかくなっています。これは鉄やアルミニウムがとけるときに熱を出しているからです。

重要度 ★★★

# 塩酸と金属

鉄，アルミニウムをうすい塩酸に入れると，**鉄，アルミニウムはあわ（気体）を発生しながらとけます。**発生する気体は水素[➡P.520]です。金属をとかしたあとには，もとの金属とちがうものができます。銅をうすい塩酸に入れても，**銅はとけません。**

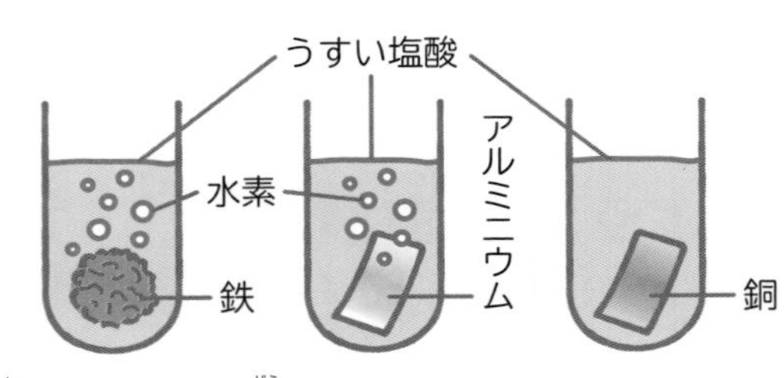


## ●塩酸に金属がとけた液

塩酸に鉄やアルミニウムがとけた液をろ過[➡P.467]して，できた液を蒸発皿にとって熱すると，水が蒸発[➡P.441]し，それぞれ固体が残ります。

うすい塩酸に鉄やアルミニウムをとかした液

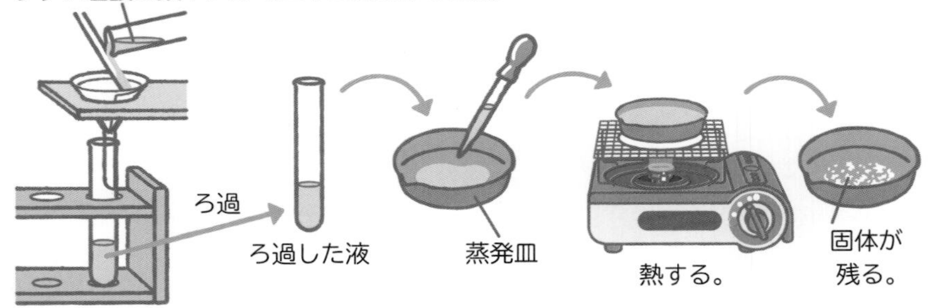


## ●固体の性質

鉄，アルミニウムと，それぞれ蒸発皿に残ったものの性質を右のようにして調べます。金属[➡P.511]には電流が流れます。また，金属でも磁石につくのは鉄だけの性質です。

COLUMN
まめ知識
酸性の液体などは金属をとかすことがあるので，薬品を入れるびんや試験管はガラスでできています。

## 比べる 鉄と蒸発皿に残った固体の性質

| 鉄 | | 蒸発皿に残った固体 |
| --- | --- | --- |
| 銀色 | 色 | うすい黄色 |
| あわを出しながらとける。 | 塩酸に入れる。 | あわを出さずにとける。 |
| 流れる。 | 電流が流れるか。 | 流れない。 |
| 引きつけられる。 | 磁石につくか。 | つかない。 |

## 比べる アルミニウムと蒸発皿に残った固体の性質

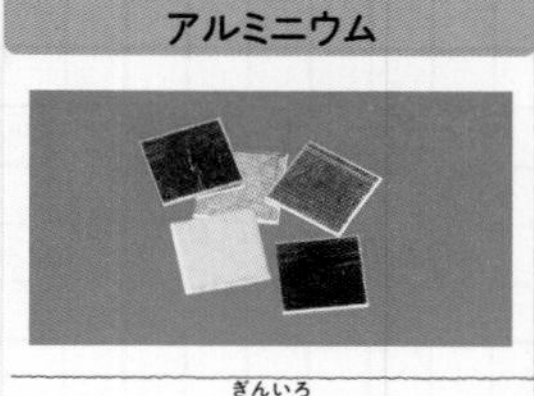

| アルミニウム | | 蒸発皿に残った固体 |
| --- | --- | --- |
| 銀色 | 色 | 白色 |
| あわを出しながらとける。 | 塩酸に入れる。 | あわを出さずにとける。 |
| 流れる。 | 電流が流れるか。 | 流れない。 |
| つかない。 | 磁石につくか。 | つかない。 |

### ●蒸発皿に残った固体

それぞれの蒸発皿に残った固体は，もとの鉄やアルミニウムとは性質がちがい，塩化鉄，塩化アルミニウムという別の新しい性質をもつものです。

鉄 ＋ うすい塩酸 → 塩化鉄 ＋ 水素

アルミニウム ＋ うすい塩酸 → 塩化アルミニウム ＋ 水素

重要度 ★★★

# 水酸化ナトリウム水よう液と金属

鉄，アルミニウム，銅に水酸化ナトリウム水よう液を入れると，アルミニウムはあわ（気体）を発生しながらだんだん小さくなってとけます。発生した気体は水素 [➡P.520] です。**鉄や銅は水酸化ナトリウム水よう液にとけません。**

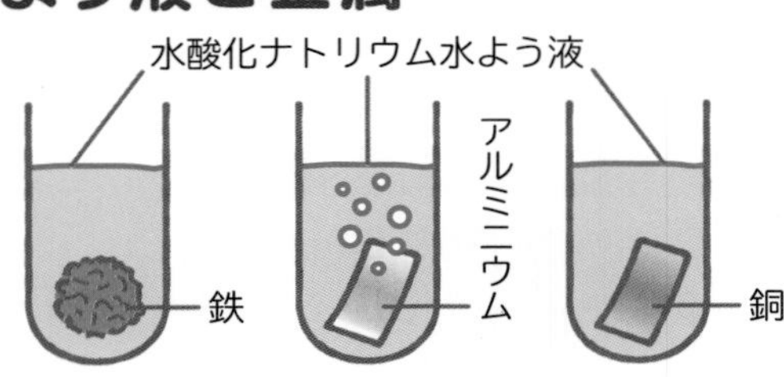


## ●水酸化ナトリウム水よう液にアルミニウムがとけた液

水酸化ナトリウム水よう液にアルミニウムがとけた液をろ過 [➡P.467] して，できた液を蒸発皿にとって熱すると，水が蒸発 [➡P.441] し，固体が残ります。

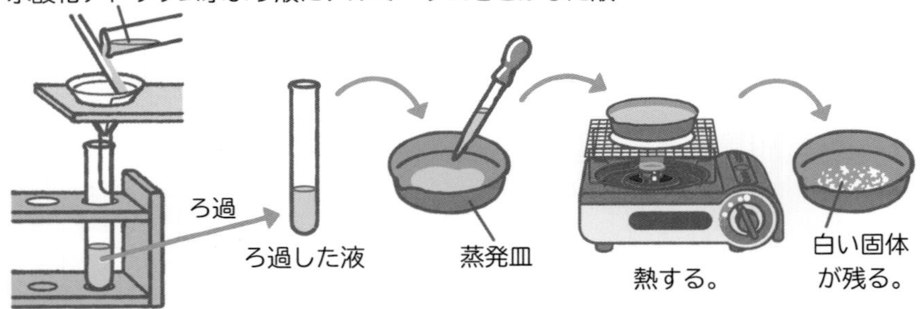


## ●蒸発皿に残った固体

蒸発皿に残った白い固体を再び水酸化ナトリウム水よう液に入れても，あわ（水素）は発生しません。**残った白い固体は，アルミニウムとは別の新しい性質をもつものです。** ※白い固体は水酸化アルミニウムです。

## ●水酸化ナトリウム水よう液にアルミニウムをとかした反応の式

| アルミニウム | ＋ | 水酸化ナトリウム水よう液 | → | アルミン酸ナトリウム | ＋ | 水素 |
|---|---|---|---|---|---|---|

COLUMN まめ知識　液を使う実験をするときは，液が飛び散ることがあるので，目を守るために安全めがねをします。

## ★★★ 中性の水よう液と金属

食塩水やさとう水のように中性の水よう液に金属 [➡P.511] を入れても，どの金属もとけません（反応しません）。

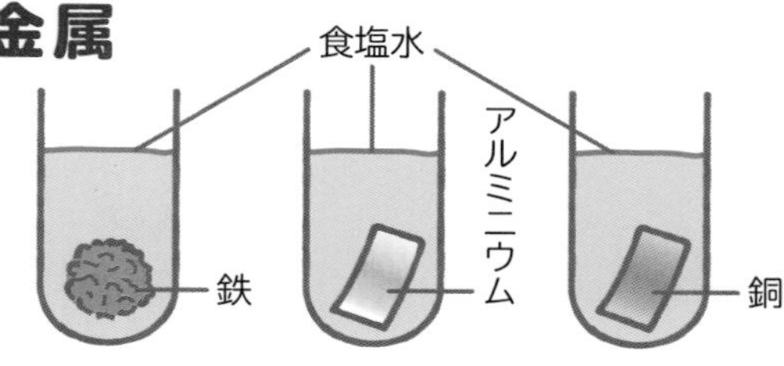
食塩水
鉄
アルミニウム
銅

## ★★★ 発生する水素の体積

決められた量の塩酸（または水酸化ナトリウム水よう液）にアルミニウムなどの金属 [➡P.511] を入れたとき，**発生する水素の量は金属の重さに比例して増えていきます。**

ただし，塩酸の量が決められているので，加えるアルミニウムの重さが，ある重さ以上になると水素は発生しなくなります。

また，決められた量のアルミニウムに塩酸（または水酸化ナトリウム水よう液）を入れたときも，発生する水素の量は塩酸の体積に比例して増えていきますが，ある体積以上になると水素は発生しなくなります。

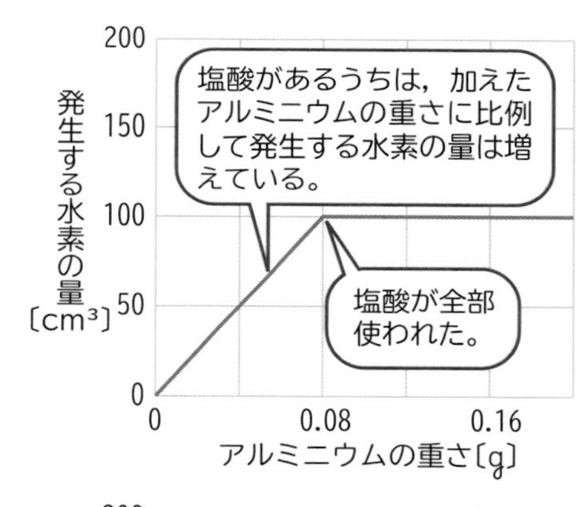
塩酸があるうちは，加えたアルミニウムの重さに比例して発生する水素の量は増えている。
塩酸が全部使われた。
発生する水素の量〔cm³〕
200
150
100
50
0
0
0.08
0.16
アルミニウムの重さ〔g〕

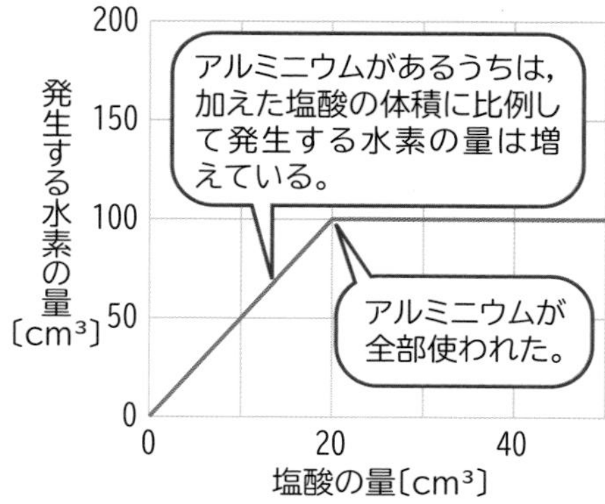
アルミニウムがあるうちは，加えた塩酸の体積に比例して発生する水素の量は増えている。
アルミニウムが全部使われた。
発生する水素の量〔cm³〕
200
150
100
50
0
0
20
40
塩酸の量〔cm³〕

COLUMN くわしく

**塩酸と金属の反応で，加える金属がじゅうぶんあるときは，発生する水素の量は塩酸の量が多いほど，塩酸の濃度が大きいほど多くなります。**

# 04 中和

重要度 ★★★

## 中和

酸性 [➡P.476] とアルカリ性 [➡P.478] の水よう液 [➡P.450] を混ぜ合わせたとき，**たがいの性質を打ち消し合う反応**です。うすい塩酸と水酸化ナトリウム水よう液では，たがいの水よう液の量が適量であるとき，水よう液は中性になります。中和の反応では，新しいもの（**塩**という）と**水**ができます。できる新しいもの（塩）は混ぜ合わせる酸性とアルカリ性の水よう液の種類によってちがいます。

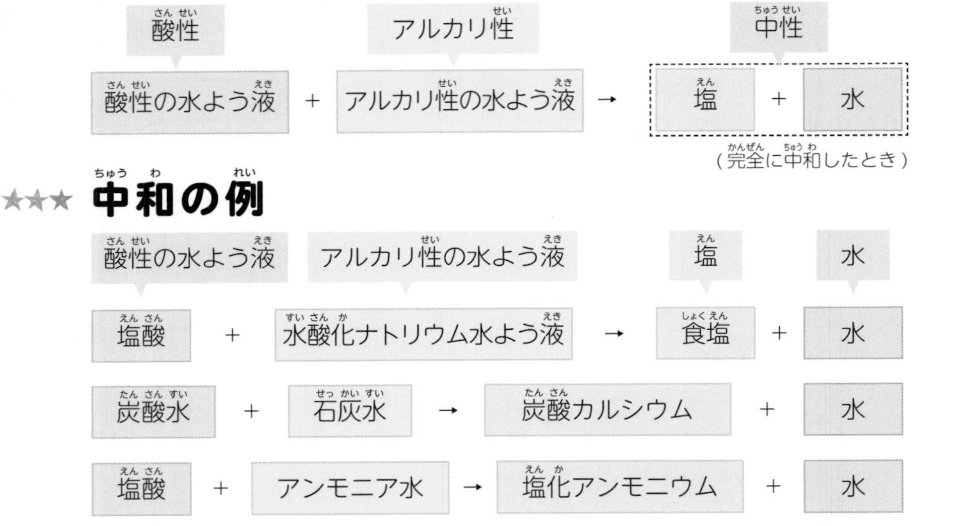


★★★

## 塩

中和によってできる新しいものです。できる塩は，食塩（塩化ナトリウム）のように**水にとけるものもあれば，水にとけないものもあります。**炭酸カルシウムは水にとけないので，中和によって炭酸カルシウムができると，水よう液が白くにごります。なお，できた塩を水にとかしたとき，必ずしも中性になるとはかぎりません。

ここでの「塩」の読み方は，「しお」ではなく「えん」です。

## ★★★ 中和と熱

酸性の水よう液とアルカリ性の水よう液を混ぜると，水よう液の温度が上がります。これは，２つの水よう液が**中和することで熱が発生**したためです。この熱を**中和熱**といいます。

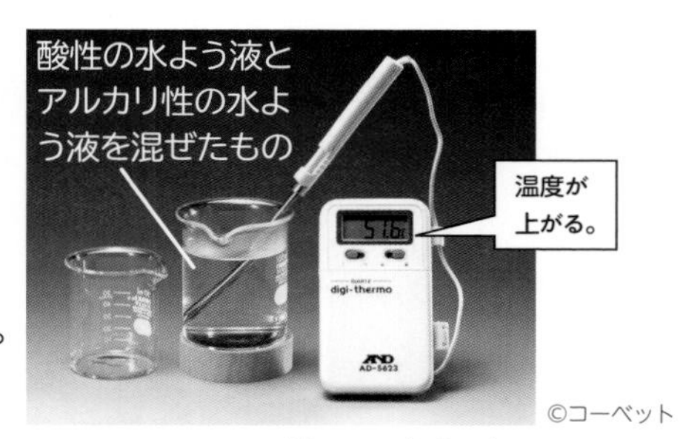


## ★★★ 塩酸と水酸化ナトリウム水よう液の中和

うすい塩酸にBTBよう液 [➡P.475] を加えた液をつくり，これにうすい水酸化ナトリウム水よう液を少しずつ加えていきます。

水よう液は**酸性** [➡P.476] →**中性** [➡P.480] →**アルカリ性** [➡P.478] と変化し，色は黄色から緑色，青色と変化します。酸性から中性の間は中和が起こっていますが，中性からアルカリ性の間は中和の反応が起こっていません。また，塩酸に鉄を入れ，水酸化ナトリウム水よう液を少しずつ加えていくと，しだいにあわが出なくなります。これは，中和によって水よう液の鉄をとかす性質がなくなったことを示します。

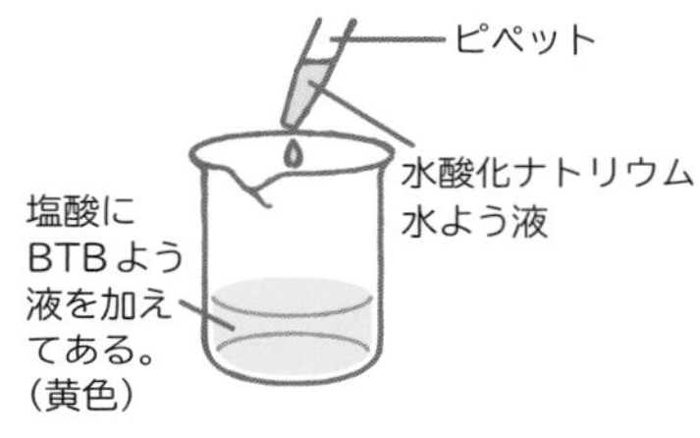


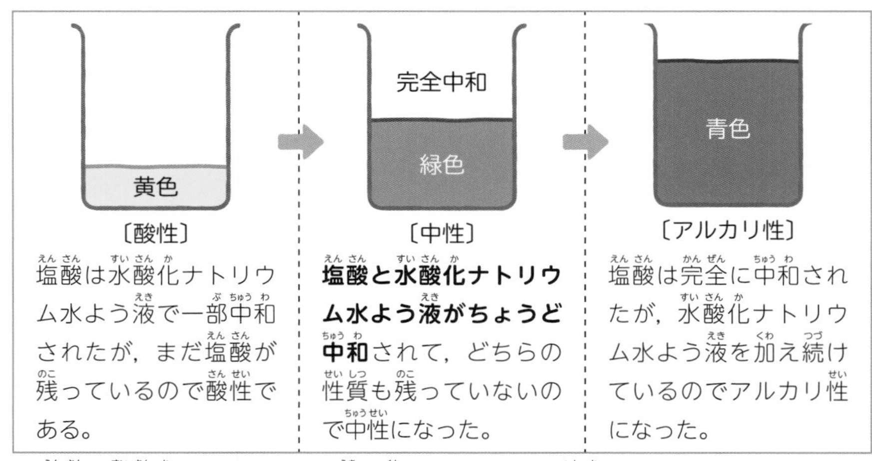

黄色
完全中和
緑色
青色
〔酸性〕
塩酸は水酸化ナトリウム水よう液で一部中和されたが，まだ塩酸が残っているので酸性である。
〔中性〕
塩酸と水酸化ナトリウム水よう液がちょうど中和されて，どちらの性質も残っていないので中性になった。
〔アルカリ性〕
塩酸は完全に中和されたが，水酸化ナトリウム水よう液を加え続けているのでアルカリ性になった。


↑ 塩酸に水酸化ナトリウム水よう液を加えたときの色の変化

中性になった水よう液をスライドガラスにとり，しばらく置いて水を蒸発させると，白いつぶが残ります。このつぶは食塩（塩化ナトリウム）です。

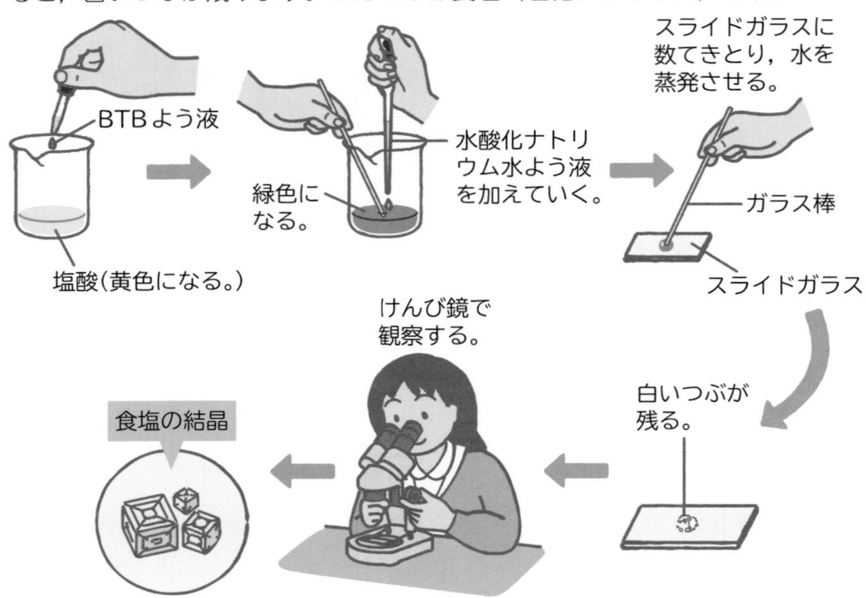
BTBよう液
塩酸(黄色になる。)
緑色になる。
水酸化ナトリウム水よう液を加えていく。
スライドガラスに数てきとり，水を蒸発させる。
ガラス棒
スライドガラス
けんび鏡で観察する。
白いつぶが残る。
食塩の結晶

**●塩酸とアンモニア水でできる塩**

塩酸もアンモニア水も気体がとけた水よう液なので，それぞれを熱すると何も残りません。2つの水よう液を混ぜて中和させ，水を蒸発させます。すると，塩化アンモニウムという白い固体が残ります。

重要度 ★★★

## 完全中和

酸性 [➡ P.476] の水よう液とアルカリ性 [➡ P.478] の水よう液の量が適量で，ちょうど酸性の性質もアルカリ性の性質も示さなくなる，つまり中性になることを完全に中和するといいます。

BTBよう液 [➡ P.475] を入れた塩酸に水酸化ナトリウム水よう液を加えていき，緑色になったとき，水よう液は完全に中和したといいます。その水よう液は，塩酸も，水酸化ナトリウム水よう液もなく，塩 [➡ P.488] である食塩（塩化ナトリウム）と水だけの水よう液なので，その水よう液は食塩水です。

## ★★★ 完全中和するときの体積

一定のこさの塩酸と，一定のこさの水酸化ナトリウム水よう液を混ぜて完全中和したときの**塩酸の体積と水酸化ナトリウム水よう液の体積は比例**します。2つの体積の関係をグラフにすると，原点を通る直線になります。2つの水よう液の体積比は，水よう液のこさによって変わります。右のグラフは，あるこさの塩酸とあるこさの水酸化ナトリウム水よう液が完全に中和したときの体積の関係を表しています。

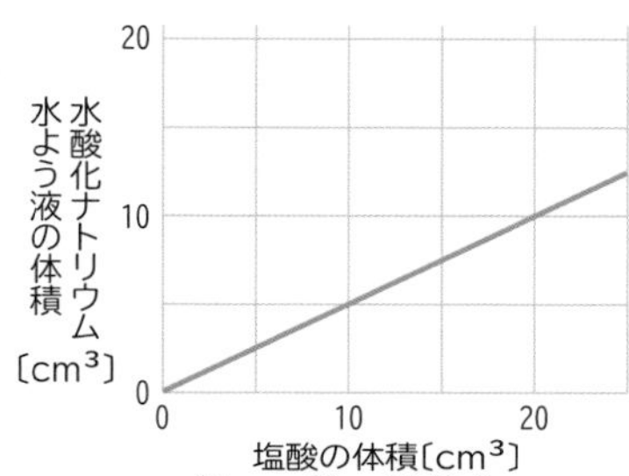


**2つの水よう液の体積比**

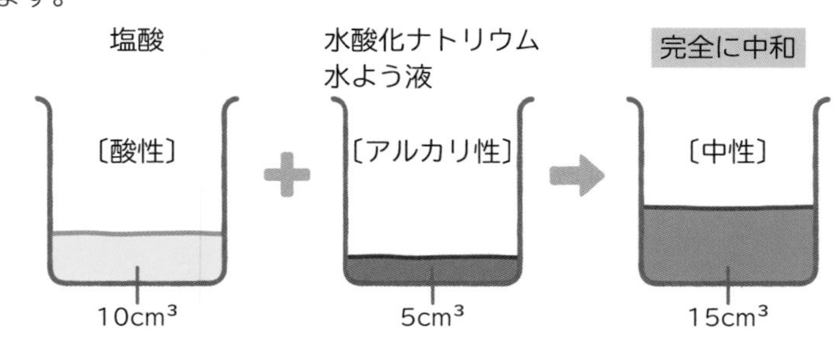


**Q** うすい塩酸15cm³に水酸化ナトリウム水よう液9cm³を加えると完全に中和しました。うすい塩酸20cm³に水酸化ナトリウム水よう液13cm³を加えると，液は何性になりますか。

**A** うすい塩酸20cm³と完全に中和する水酸化ナトリウム水よう液の体積は，$20 \times \frac{9}{15} = 12$〔cm³〕。水酸化ナトリウム水よう液を13cm³加えているので，$13 - 12 = 1$〔cm³〕で，水酸化ナトリウム水よう液のほうが1cm³多く，アルカリ性となります。

**答え　アルカリ性**

COLUMN くわしく

**中和によってできる塩の量は，混ぜ合わせる2つの水よう液の体積だけでなく，水よう液のこさによっても変わります。**

重要度 ★★★

# 中和でできる固体の量

**「決まった量の塩酸に水酸化ナトリウム水よう液を加えていったときにできる固体の重さ」**をグラフに表すと右の図のようになります。

**水酸化ナトリウム水よう液が0cm³のとき（塩酸だけのとき）**は，液を蒸発 [➡P.441] させると何も残らないので，**固体の重さは0g**です。

水酸化ナトリウムの重さ
塩酸がなくなった。
食塩の重さ
固体の重さは0g
できた固体の重さ〔g〕
0
0
加えた水酸化ナトリウム水よう液の体積〔cm³〕

水酸化ナトリウム水よう液を加えていくと，中和して食塩ができ，加えた水酸化ナトリウム水よう液の体積に**比例して固体（食塩）の重さが増えます。**しかし，**塩酸がなくなったところから**は，食塩ではなく固体の**水酸化ナトリウムが増えていきます。**

**「決まった量の水酸化ナトリウム水よう液に塩酸を加えていったときにできる固体の重さ」**をグラフに表すと右の図のようになります。

最初に入っているのは水酸化ナトリウム水よう液です。したがって，**塩酸の体積が0cm³のとき，固体の重さはふくまれている水酸化ナトリウムの重さ**になります。

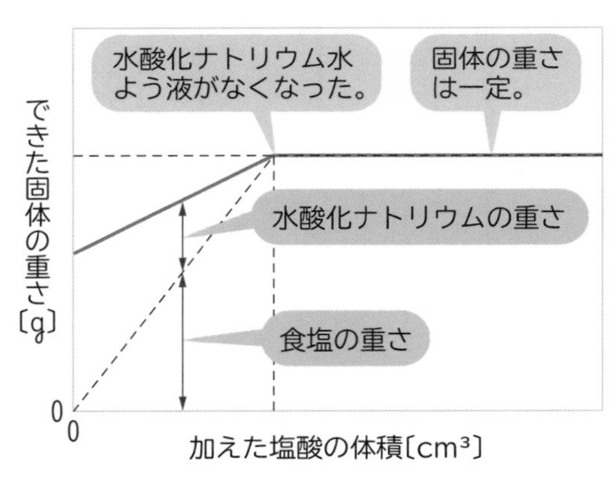


**過不足なく中和** [➡完全中和 P.490] したときの**固体はすべて食塩**です。その後は，塩酸を加えても，水酸化ナトリウム水よう液は残っていないので，**固体の重さは一定**になります。

COLUMN くわしく

中和の反応は，水素イオンをふくむ水よう液と，水酸化物イオンをふくむ水よう液を混ぜると起こります。中和によって，どちらかのイオンがなくなると，それ以降は中和の反応は起こりません。

# よごれ落としのひけつ！

台所のそうじなどで昔から使われてきたのが「重そう」です。なぜ重そうで油よごれが落ちるのでしょうか。

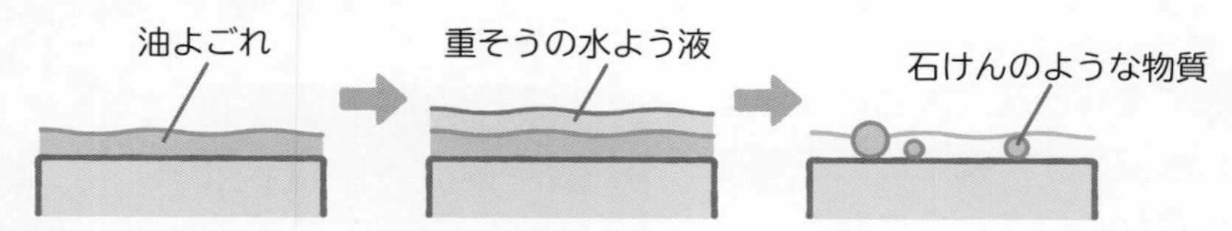


重そうは水にとけて弱いアルカリ性を示します。油にアルカリ性の物質を加えると，中和に似た反応が起こって，石けんのような物質ができるのです。この物質がよごれ落としに役立つのです。また，重そうには酸性のにおいを中和して消してくれる効果もあります。

台所などで使う洗剤も酸性のもの，アルカリ性のもの，中性のものといろいろあります。よごれによって使い分けるとより効果的です。

**酸性のよごれ**…油よごれ，手あかなど。
**アルカリ性のよごれ**…水あか，石けんかすなど。

酸性のよごれにはアルカリ性の石けんや重そう，アルカリ性のよごれには酸性のすやクエン酸などを使うと効果的です。

## まぜるな危険！

塩素ガスが発生するおそれがある塩素系の製品には「まぜるな危険」と表記する決まりになっています。

アルカリ性である塩素系の洗剤と，酸性の洗剤が反応すると，有毒な塩素ガスが発生する場合があるからです。気をつけましょう。

# 第3章 気体

## 夜空に花をさかそう！

夏になると花火大会がさかんになります。夜空に上がる花火はいろいろな色や形をつくります。花火の色が変わるのは，燃やす金属の種類によって，ほのおの色がちがうからです。

大玉を打ち上げるためのつつ

### いろいろな色の花火

青い花火だ!

大曲「全国花火競技大会」の花火

## ほのおの色のちがい！

きれいだね！

下の写真は，いろいろな種類の金属を燃やしたときのほのおの色です。金属の種類によって，赤色や青色などいろいろな色のほのおができています。
混ぜる種類や量を変えることで，いろいろな色の花火がつくれます。

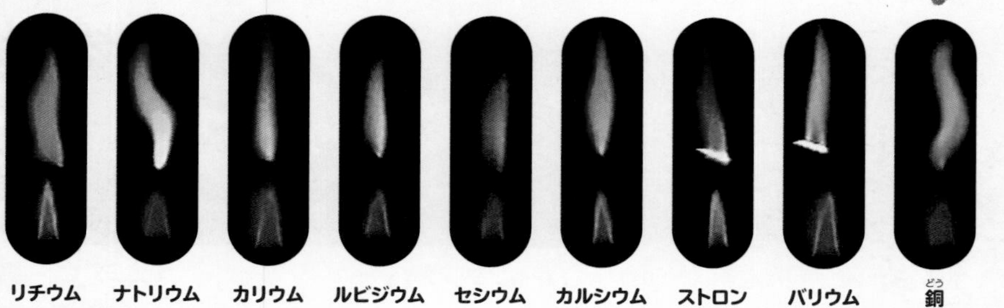

リチウム　ナトリウム　カリウム　ルビジウム　セシウム　カルシウム　ストロンチウム　バリウム　銅

※下のほのおはガスバーナーのほのお

© 中條敏明

この花火は白っぽいね！
わぁ～，いろいろな色がある！

# この章で学ぶこと ヘッドライン

## キャンプファイヤーで，木が燃え続けるようにするには…？

キャンプファイヤー

キャンプファイヤーで木を燃やすとき，木の重ね方によっては，火をつけても燃え続けずに，すぐに火が消えてしまうことがあります。

これは，ものが燃え続けるには，空気が入れかわることが必要だからです。木が燃え続けるようにするには，写真のように，木と木の間にすき間をつくり，空気が出入りできるようにします。[➡ P.498]

## ごみを燃やすことが禁止されているのはなぜ？

ごみの種類によっては，燃やしたときにからだに害のあるものなどが発生することがあります。低い温度で塩化ビニルなどのプラスチックを燃やすと，からだに有害なダイオキシンが発生することがあります。

そのほか，ごみを燃やしたときに発生するけむりによる問題や，ごみを燃やしたときの火によって，火事になる危険もあります。

このような理由から，「廃棄物の処理及び清掃に関する法律」により，一部の例外を除いて，家庭でごみを燃やすことは禁止されています。[➡ P.498]

## 二酸化炭素消火器って，どのようなもの？

消火器の１つに，二酸化炭素消火器というものがあります。二酸化炭素消火器の口を火に向けてレバーをおすと二酸化炭素が出て，空気中の酸素と置きかわり，酸素の流れを止めます。

ものが燃えるには，酸素が必要です。二酸化炭素消火器で酸素の流れを止めることでものは燃え続けることができなくなり，火が消えます。[➡ P.518]

## うく風船とうかない風船があるのはどうして？

風船に，息をふきこんでふくらませても，風船は空気中でうきませんが，お店でふくらませてもらう風船には，空気中でうかぶものがあります。

空気中でうかぶ風船

これは，風船の中に入っている気体がちがうからです。風船の中に入っている気体が空気より軽ければ，風船はうきます。

息をふきこんだ風船の中には，体積の割合でちっ素が 78％くらい，酸素が 17％くらい，二酸化炭素などが 5％くらいふくまれていて，風船の外の空気より軽くありません。空気中でうく風船には，ヘリウムという気体が入っています。ヘリウムは，空気より軽い気体です。[➡ P.516]

# 01 ものの燃え方

## 1 ものの燃え方と空気

重要度 ★★★

### ものの燃え方

ろうそくなどのものは，熱や光を出しながら燃えます。このことを**燃焼**[➡ P.514] といいます。**ものが燃えるには空気が必要**です。

#### ●ものが燃えるときの空気の量

空気の量が多いところでは，燃え続ける時間が長いです。空気の量が少ないところでは，燃え続ける時間が短いです。

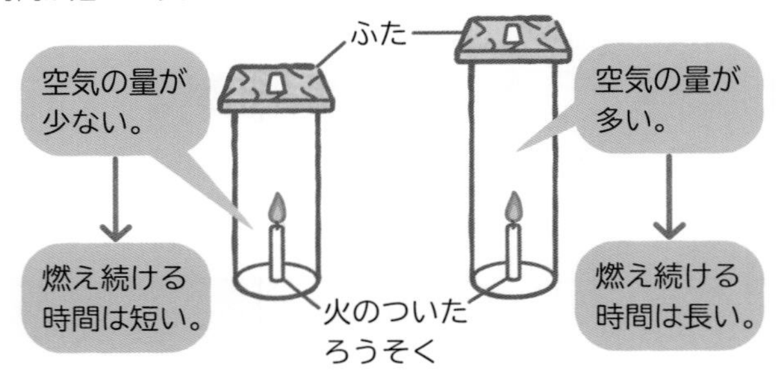

ふた
空気の量が少ない。
燃え続ける時間は短い。
空気の量が多い。
燃え続ける時間は長い。
火のついたろうそく

#### ●ものが燃えるときの空気の流れ

ものが燃えると上しょう気流が生じて，まわりから空気が入りこみ，空気の流れができます。**びんの中のあたたかい空気が上へ動くと，びんの底から冷たい空気がびんの中へ入ってきます。**

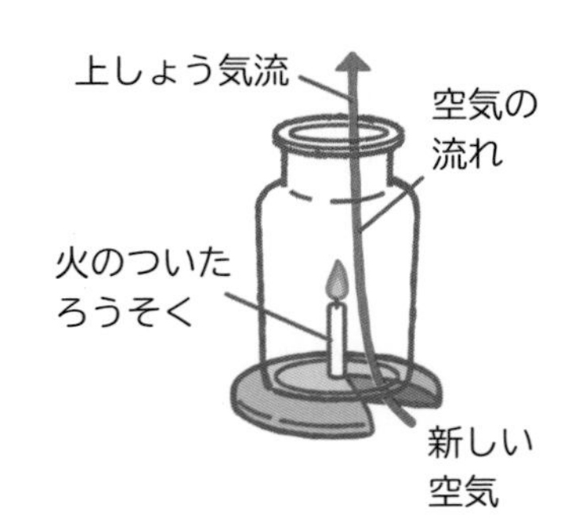

上しょう気流
空気の流れ
火のついたろうそく
新しい空気

#### ●上しょう気流

上へ動く空気の流れのことです。空気は，あたためられると軽くなり上へ動く，**対流** [➡ P.430] が起こります。

COLUMN くわしく

上しょう気流に対して，下へ動く空気の流れを下降気流といいます。あたたかい空気は上へ動き，冷たい空気は下へ動くので，暖房は下，冷房は上に向けて空気を出します。

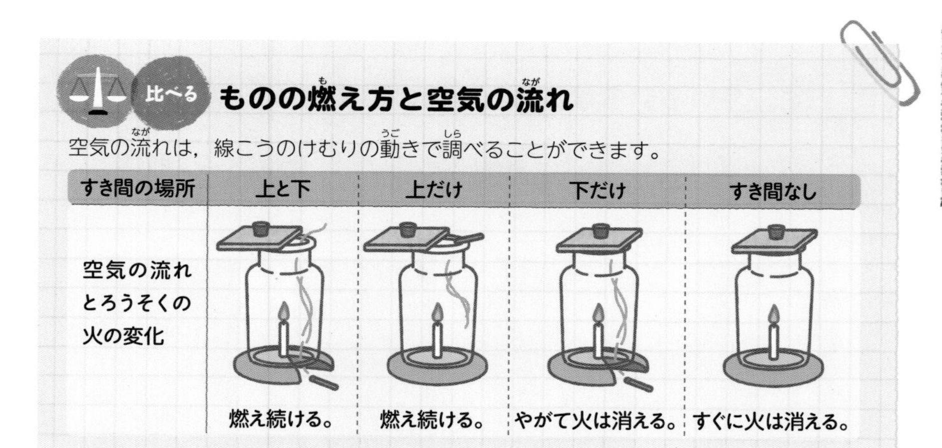

比べる
ものの燃え方と空気の流れ
空気の流れは，線こうのけむりの動きで調べることができます。
すき間の場所
上と下
上だけ
下だけ
すき間なし
空気の流れとろうそくの火の変化
燃え続ける。
燃え続ける。
やがて火は消える。
すぐに火は消える。


## ★★★ ものが燃え続けるための条件

①燃えるものがあること。
②新しい空気に入れかわること。
③発火点以上の温度があること。

### ●発火点

ものが燃え始める温度です。たとえばいおうは232℃，木材は250～260℃です。発火点が低いものほど，燃えやすいといえます。

## ★★★ 空気の成分

空気は，いろいろな気体が混ざっています。
混ざっている気体はおもに**ちっ素** [➡ P.519] と**酸素** [➡ P.516] です。
体積の割合は，ちっ素が約78%$\left(\frac{4}{5}\right)$，酸素が約21%$\left(\frac{1}{5}\right)$です。
その他，アルゴン，二酸化炭素 [➡ P.518]，ネオンなどが合計で約1%ふくまれています。

**COLUMN まめ知識**　空気中の二酸化炭素の割合は約0.04%ととても少ないですが，近年この割合が多くなり，地球温暖化を引き起こす原因と考えられています。

## 比べる いろいろな気体とものの燃え方

いろいろな気体の中に火のついたろうそくを入れて，ようすを観察します。
実験をするときは，安全のため，集気びんの底に水を入れておきます。

| 空気 | 酸素 | ちっ素 | 二酸化炭素 |
|---|---|---|---|
|  |  |  |  |
| ろうそくは燃える。 | ろうそくは空気中より明るく燃える。 | ろうそくの火は消える。 | ろうそくの火は消える。 |
| 酸素にはものを燃やすはたらきがある。（空気には酸素がふくまれている。） | | ちっ素，二酸化炭素にはものを燃やすはたらきがない。 | |

重要度 ★★★

## ものが燃える前後での空気の変化

ものが燃えると，空気中の**酸素が使われて減り，二酸化炭素**[➡P.518]**ができます。**
ろうそくを燃やした後の，ふたをした集気びんに，別の火のついたろうそくを入れると，ろうそくの火はすぐ消えます。これは，前のろうそくを燃やしたときに集気びんの中の酸素が使われて，少なくなっていたからです（酸素が完全になくなったわけではありません）。

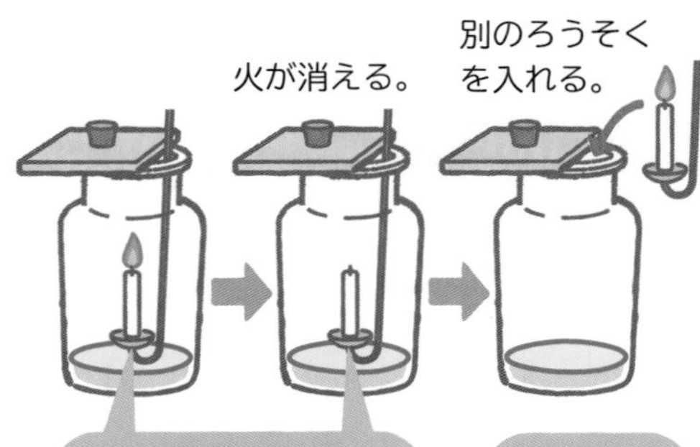

COLUMN くわしく

**酸素はほかのものを燃やすはたらきがありますが，酸素自身は燃えません。水素はほかのものを燃やすはたらきはありませんが，水素自身が燃えます。**

## ●ろうそくが燃える前後での空気の変化を調べる実験

**〈石灰水** [➡P.479] **での調べ方〉** [➡気体検知管での調べ方 P.504]

集気びんの中でろうそくが燃える前と燃えた後の気体を，石灰水で調べます。ろうそくが燃える前の気体では石灰水は変わりませんが，ろうそくが燃えた後の気体では**石灰水は白くにごります**。ろうそくが燃える前の気体より，ろうそくが燃えた後の気体のほうが，二酸化炭素が多くふくまれています。このことから，ろうそくを燃やすと二酸化炭素ができるといえます。

・燃える前
ふる。
石灰水
石灰水の色は変わらない。
二酸化炭素が少ない。
・燃えた後
ふる。
石灰水
石灰水は白くにごる。
二酸化炭素が多い。
ろうそくが燃えると二酸化炭素ができる。
ろうそくだけではなく，木や紙が燃えても二酸化炭素ができるよ

COLUMN
まめ知識

石灰水は，二酸化炭素と反応して白くにごります。空気中にも，体積の割合にして約 0.04%の二酸化炭素がふくまれますが，量が少ないため，二酸化炭素があってもほとんど反応しません。

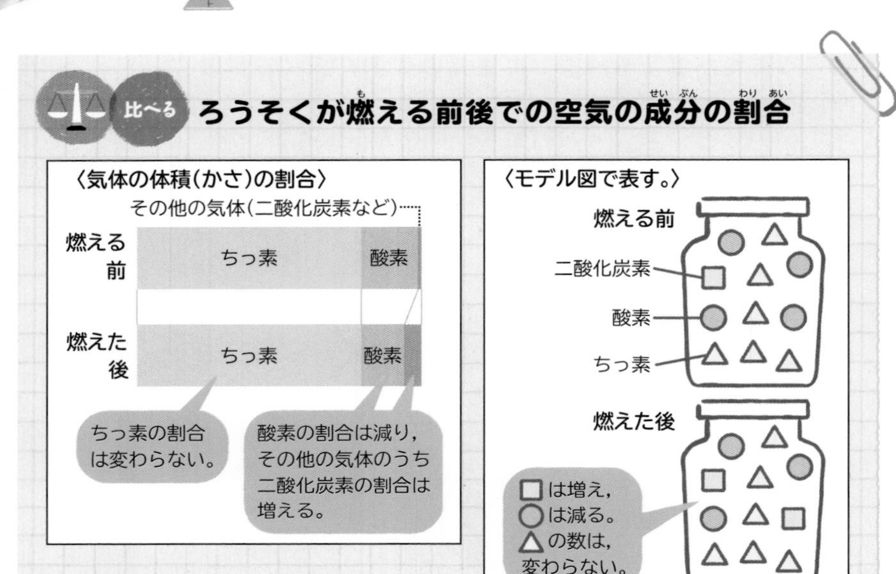

重要度 ★★★

## 気体検知管

空気中の酸素や二酸化炭素の体積（かさ）の割合を，色の変化で調べることができる器具のことです。

酸素用検知管（6～24％用），二酸化炭素用検知管（0.03～1.0％用），二酸化炭素用検知管（0.5～8.0％用）などがあります。

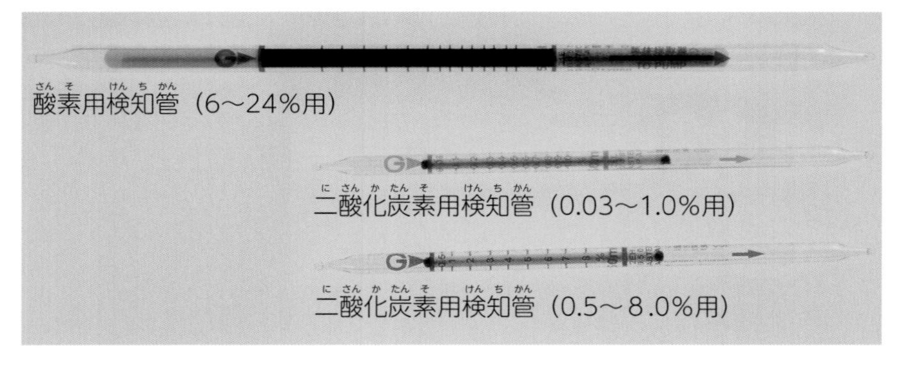


酸素用検知管（6～24％用）

二酸化炭素用検知管（0.03～1.0％用）

二酸化炭素用検知管（0.5～８.0％用）

COLUMN くわしく

ろうそくなどは燃やすと二酸化炭素ができますが，鉄などは燃やしても二酸化炭素はできません。ただし，ろうそくも鉄も，燃やすと酸素が使われる点は同じです。

## ●気体検知管の使い方

① チップホルダで検知管の両はしを折り，**カバーゴムをつける。**
② 検知管を矢印の向きに，**気体採取器にさしこむ。**
③ 印を合わせて**ハンドルを引き**，検知管に気体をとりこむ。
④ 決められた時間待ってから，**色が変わった部分の目もり**を読む。

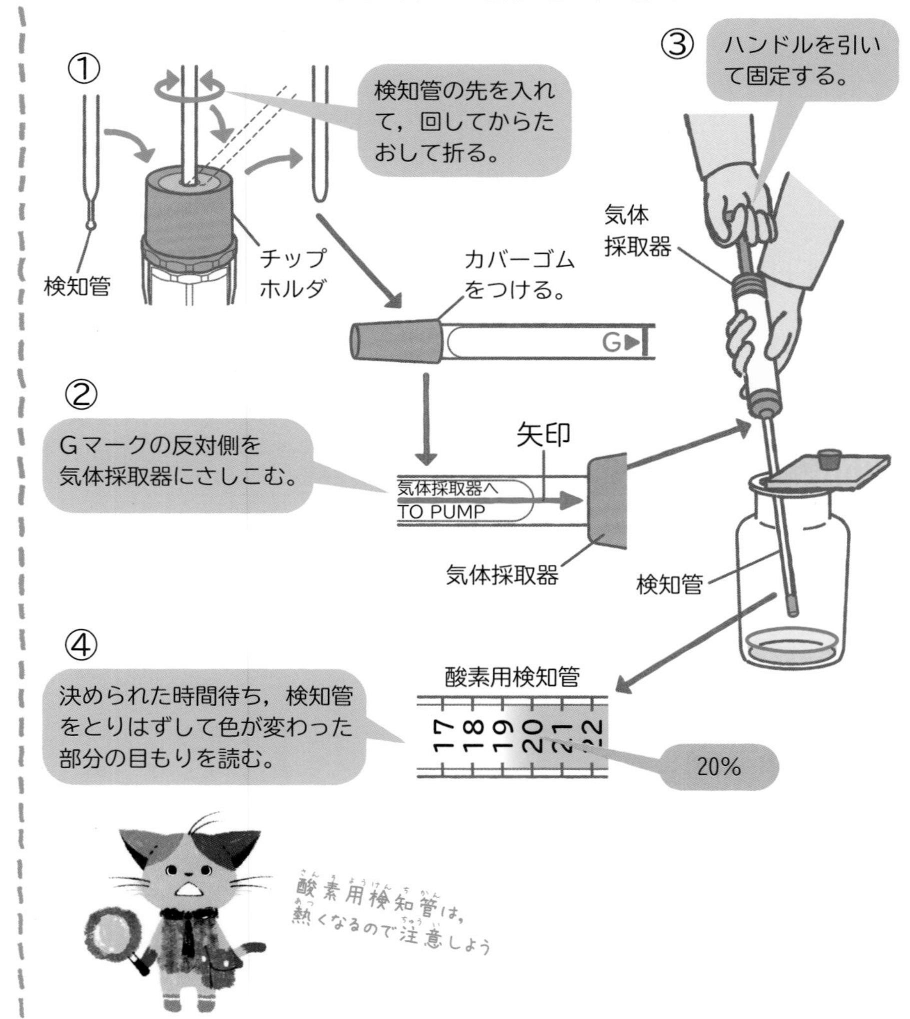
①
検知管の先を入れて，回してからたおして折る。
検知管
チップホルダ
カバーゴムをつける。
G
②
Gマークの反対側を気体採取器にさしこむ。
矢印
気体採取器へ
TO PUMP
気体採取器
③
ハンドルを引いて固定する。
気体採取器
検知管
④
決められた時間待ち，検知管をとりはずして色が変わった部分の目もりを読む。
酸素用検知管
17 18 19 20 21 22
20%

酸素用検知管は，熱くなるので注意しよう

### ●気体検知管での調べ方

集気びんの中でろうそくが燃える前と燃えた後の気体を，気体検知管[➡P.502]で調べます。ろうそくが燃える前の気体より，ろうそくが燃えた後の気体のほうが，**酸素**[➡P.516]**の割合が減り，二酸化炭素**[➡P.518]**の割合が増えます**。このことから，ろうそくが燃えると酸素が使われて，二酸化炭素ができるといえます。

石灰水では，二酸化炭素が増えることしかわかりませんが，気体検知管を使えば，酸素の増減もわかります。また，気体検知管を使えば，酸素や二酸化炭素の割合が，数値としてわかります。

・**酸素用検知管で酸素の体積の割合を調べる。**

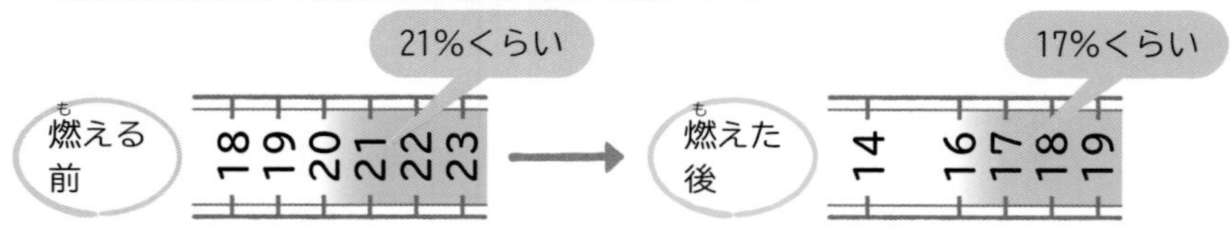


・**二酸化炭素用検知管(0.03～1.0%用)で二酸化炭素の体積の割合を調べる。**

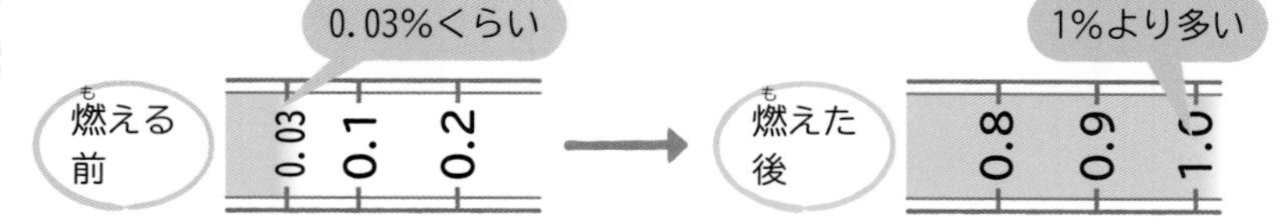


・**二酸化炭素用検知管(0.5～8.0%用)で二酸化炭素の体積の割合を調べる。**

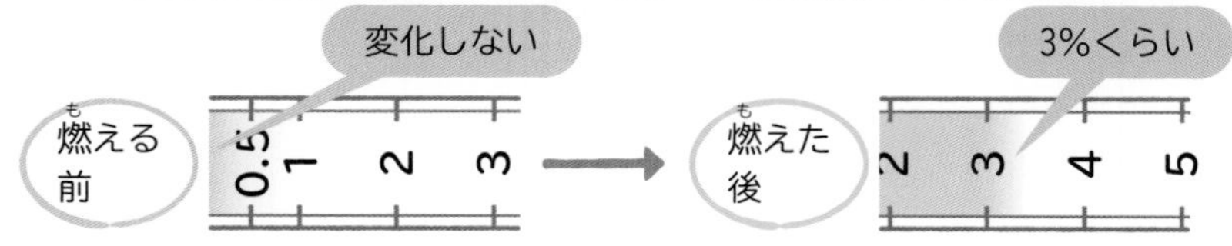


二酸化炭素の割合を調べるときは0.03～1.0%用と0.5～8.0%用の2つの検知管を用います。

# 2 いろいろなものの燃え方

重要度 ★★★

## ろうそくのほのお

ろうそくのほのおは，外側から順に**外えん，内えん，えん心**の３つの部分からできています。

### ●外えん

ろうそくのほのおの，最も外側の部分です。最も外側なので，酸素とよくふれ，完全に燃えています。
色がうすく見えにくい部分です。ろうそくのほのおの３つの部分のうち，**最も温度が高い部分**で，約 900～1400℃です。

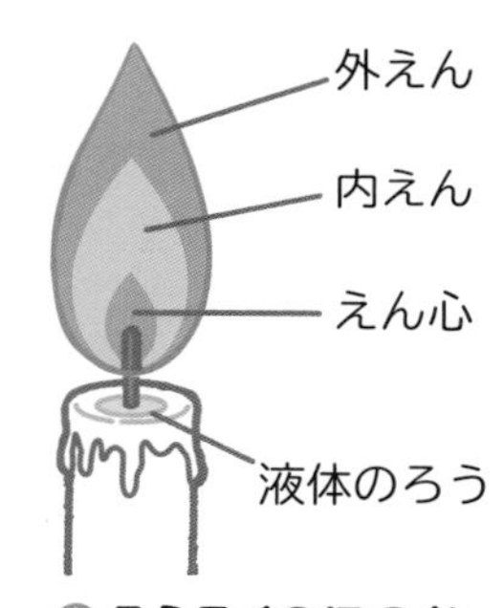
外えん
内えん
えん心
液体のろう
ろうそくのほのお

### ●内えん

ろうそくのほのおの３つの部分のうち，まん中の部分です。酸素とじゅうぶんにふれないため，すすができ，そのすすが熱せられて明るくかがやいています。ろうそくのほのおの３つの部分のうち，**最も明るい部分**です。温度は約 500～1200℃です。

ろうそくで
明るいのは
内えんだね

### ●えん心

ろうそくのほのおの，最も内側の部分です。
ろうの気体があり，ほとんど燃えていません。
うす暗く見えます。ろうそくのほのおの３つの部分のうち，**最も温度が低い部分**で，約 300～900℃です。

### ●ろうそくの外えんと内えん

ろうそくのほのおに，水でしめらせた木の棒を入れると，外えんの部分がこげます。これは，**外えんの部分の温度が高いため**です。
また，ろうそくのほのおに，ガラス棒を入れると，内えんの部分にすすがつきます。これは，**ろうの気体が燃えきらず，すすとなって残るため**です。

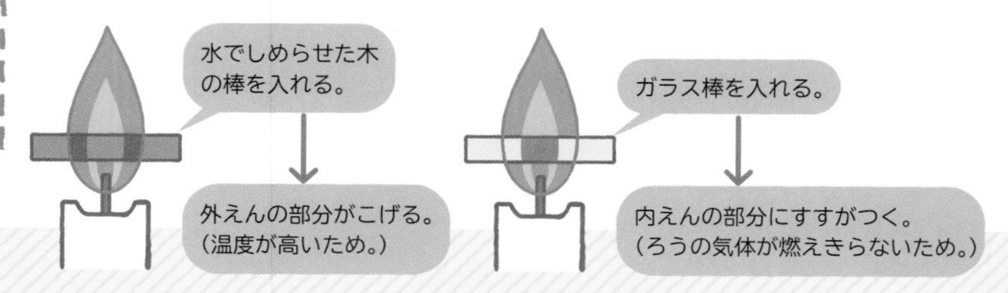
水でしめらせた木の棒を入れる。
外えんの部分がこげる。
（温度が高いため。）
ガラス棒を入れる。
内えんの部分にすすがつく。
（ろうの気体が燃えきらないため。）

重要度 ★★★

## ろうそくの燃え方

ろうそくが燃えるときには，次のことが順に起こっています。

火をつけると，**固体**のろうがとけて**液体**になる。

液体のろうはしんにしみこみ，熱せられて**気体**になる。

**気体が燃える。**そのため，ろうそくは**ほのおをあげて燃える。**

### ●ろうそくの燃え方を調べる実験

① 火をつけたろうそくのしんをピンセットではさむと，火が消えます。これは，液体のろうがしんをのぼれなくなるからです。

①

② 内えんにガラス管を入れると，内えんでは酸素がじゅうぶんでないため，ろうの気体が燃えきらずすすが出ます。えん心にガラス管を入れると，ろうの気体のけむりが出ます。

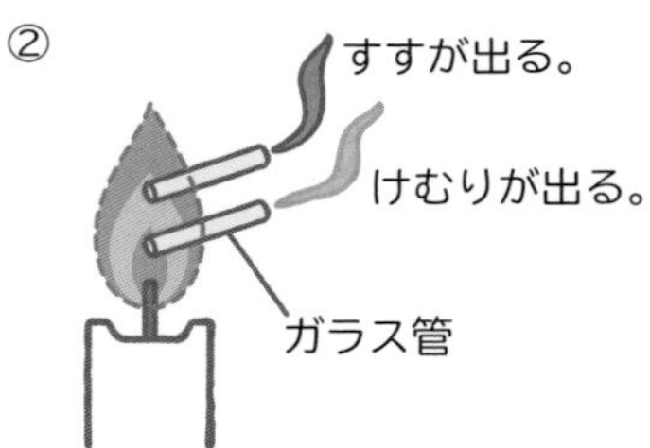
②
すすが出る。
けむりが出る。
ガラス管

③ えん心にガラス管を入れたときに出たけむりに，マッチの火を近づけると，けむりはほのおとなって燃えます。これは，えん心には，燃える気体があるからです。

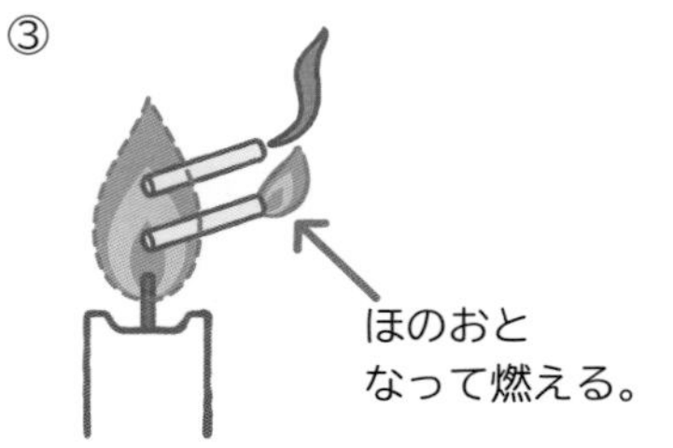
③
ほのおとなって燃える。

えん心には，ろうの気体があるので燃えるよ

COLUMN まめ知識

ものが燃えるとき，ほのおをあげて燃えるものは，必ず燃える気体が発生しています。

## ★★★ アルコールランプの燃え方

アルコールランプ [➡ P.426] は，ろうそくの燃え方と同じように，ほのおをあげて燃えます。**アルコール（エタノール）がしんにしみこみ，蒸発** [➡ P.441] **して気体**になります。その気体が燃えるため，ほのおをあげて燃えます。

アルコールランプのほのおの温度は，ろうそくのほのおの温度が最も高い外えん [➡ P.505] の部分より低く，約 1000℃です。

アルコールランプのほのおの明るさは，ろうそくのほのおより暗いです。これは，アルコールはろうそくのろうよりふくまれる炭素の割合が少ないので，あまりすすが出ないからです。

アルコールランプのほのお

## ★★★ 木の燃え方

空気中で木を燃やすと，ろうそくの燃え方と同じように，ほのおをあげて燃えます。これは，**木にふくまれる燃える気体（木ガス** [➡ P.509]**）が燃える**からです。

木には，**炭素**と**水素**がふくまれています。木を燃やすと，炭素と空気中の酸素が結びついて**二酸化炭素** [➡ P.518] が，水素と空気中の酸素が結びついて**水蒸気** [➡ P.437] ができます。できた二酸化炭素や水蒸気は，空気中に逃げていきます。そして，あとに灰が残ります。

木が燃えたときのほのお

炭素 ＋ 酸素 → 二酸化炭素

水素 ＋ 酸素 → 水蒸気（水）

COLUMN まめ知識

火を消すときは，次のようにすると消すことができます。
①燃えるものをとり除く。　②新しい空気をあたえない。　③温度を発火点以下にする。

### ●二酸化炭素ができたことの確かめ方

石灰水を入れてふたをした集気びんの中で木を燃やし，火が消えたらとり出します。その後，集気びんをふって石灰水の変化を調べると，**石灰水は白くにごります**。このことから，二酸化炭素ができたといえます。

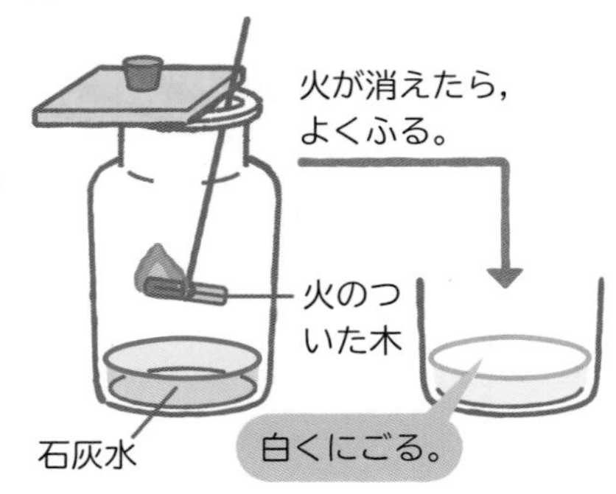


### ●水蒸気ができたことの確かめ方

ふたをした集気びんの中で木を燃やすと，集気びんの内側がくもります。これは，木を燃やしてできた**水蒸気が**冷やされ，**水てきとなって**びんについたからです。

### ●木が燃える前と後の重さ

木を燃やすと後に灰が残ります。燃やす前の木と燃えた後に残った灰の重さを比べると，灰のほうが軽いです。これは，木にふくまれていた成分が，二酸化炭素や水蒸気になって空気中に逃げたからです。

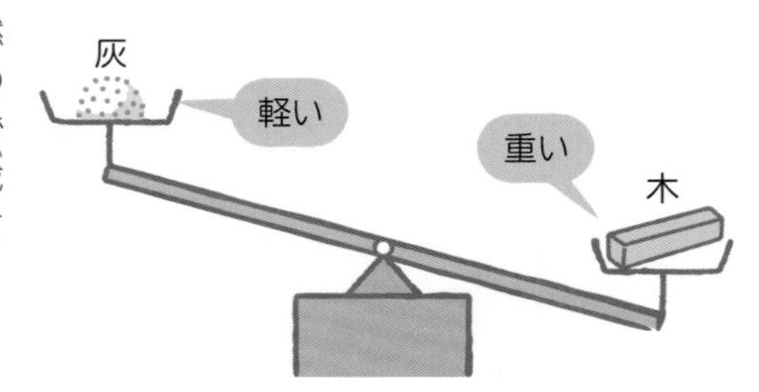

COLUMN くわしく

木を燃やしたとき，残った灰と逃げていった二酸化炭素，水蒸気のそれぞれの重さを加えると，燃やす前の木の重さと，燃えるのに使われた酸素の重さを合わせたものと同じです。

重要度 ★★★
# むし焼き（乾留）

空気（酸素）をあたえずに，ものを強く熱することです。

★★★
# 木のむし焼き（乾留）

木をむし焼きにすると，**気体（木ガス）や液体（木タール，木さく液）**が出て，**あとに木炭（炭）**が残ります。

### ●木ガス

木をむし焼きにしたときに出るけむりにふくまれる気体です。
おもな成分は水素 [➡P.520]，メタン，二酸化炭素 [➡P.518]，一酸化炭素です。水素をふくんでいるので火を近づけるとよく燃えます。

### ●木タール

木をむし焼きにしたときに出る，こい茶色のどろどろした液体です。

### ●木さく液

うすい黄かっ色の液体です。さく酸をふくむため，酸性を示します。

### ●木炭（炭）

木をむし焼きにしたときに残る，まっ黒い固体です。おもな成分は炭素です。

**⬇試験管に短く切った割りばし（木）を入れ，ゴムせんをして熱する**

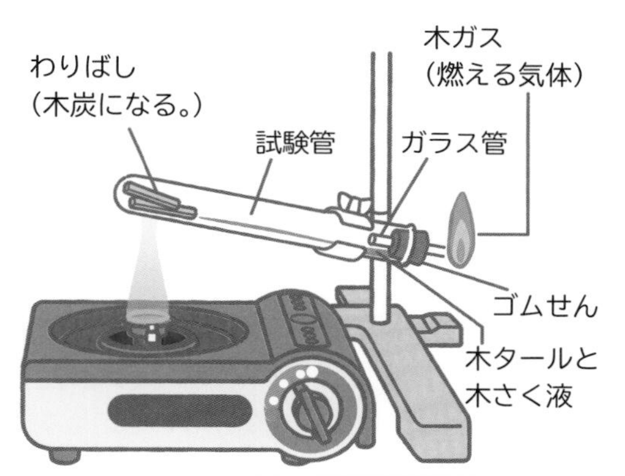


試験管の口は少し下げます。これは，熱しているときできた液体が，熱している部分に流れて，試験管が急に冷えて割れるのを防ぐためです。

### ●石炭の乾留

石炭を細かくくだいてむし焼きにすると，石炭ガスと呼ばれるガスが出てきます。これは都市ガスの原料となります。また，黒い油のような液体が出てきますが，これはコールタールと呼ばれます。残りはコークスと呼ばれます。

**⬆コークス** ©アフロ

重要度 ★★★

## 木炭(炭)の燃え方

木炭を燃やすと，ほのおは出さず，まっ赤になって燃えます。すすもけむりも出ません。これは，**木炭には燃える気体がふくまれていない**ので，気体にならず固体のまま燃えるためです。

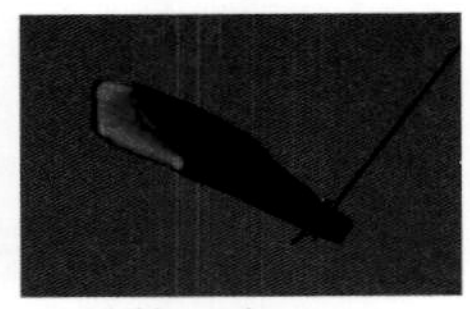

↑木炭の燃え方

### 比べる　木の燃え方と木炭の燃え方

| | |
|---|---|
| 木 | ・ほのおを出して燃える。<br>・けむりやすすが出る。 |
| 木炭 | ・ほのおを出さないで燃える。<br>・けむりやすすが出ない。 |

・風がふいても消えないので，木より野外で燃やすのに便利。
・けむりやすすが出ないので，木より室内で燃やすのに便利。

★★★

## ガスバーナー

ガスと空気が混ざった気体を燃やし，できたほのおでほかのものを熱するための道具です。ガスバーナーは，下の図のようなつくりをしています。（ガスバーナーによっては，コックがないものもあります。）

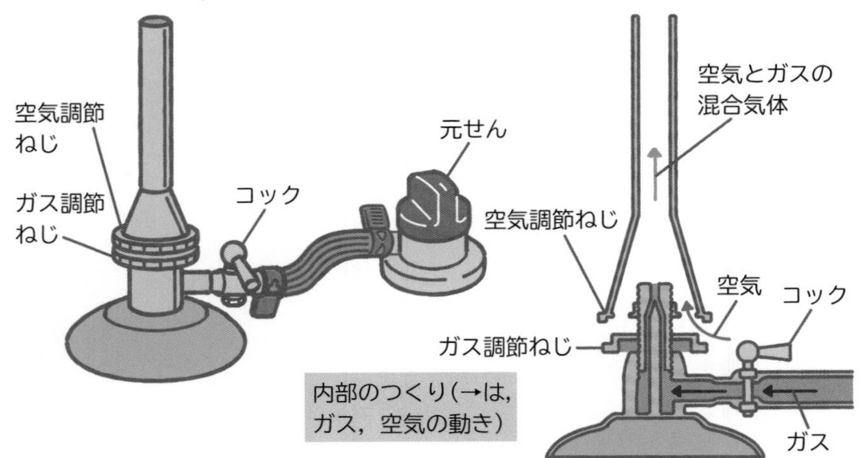

COLUMN まめ知識

都市ガスの成分は液化天然ガス（メタンが主成分）などです。道路の下にある管を通じて供給されます。

### ●ガスバーナーの使い方

**【火のつけ方】**

① ガス調節ねじ，空気調節ねじが閉まっていることを確かめます。
② 元せん→コックの順に開けます。
③ マッチの火を近づけ，**ガス調節ねじを開けて火をつけます。**
④ ガス調節ねじを回して，ほのおの大きさを調節します。
⑤ ガス調節ねじをおさえ，**空気調節ねじを開き，青いほのおにします。**

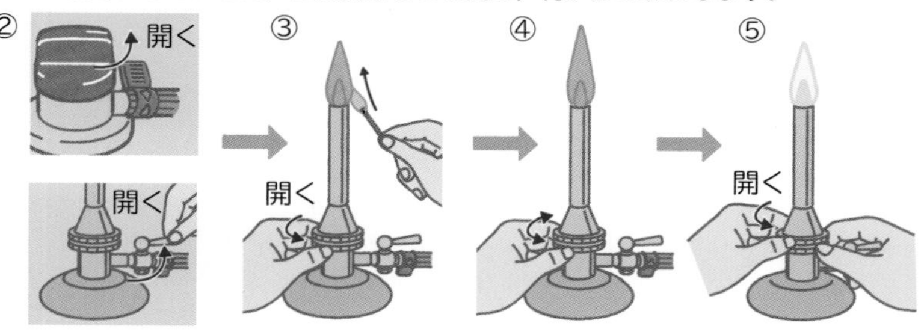


**【火の消し方】**

① 空気調節ねじを閉めます。　② ガス調節ねじを閉めます。
③ コック→元せんの順に閉めます。

## ★★★ 金属 [➡P.583]

金属には，次のような性質があります。**鉄**，**銅**，**マグネシウム**などは金属です。

①みがくと，**特有のかがやき**がある。　②**熱が伝わりやすい。**
③力を加えて，のばしたり，広げたりできる。　④**電気を通しやすい。**

## ★★★ 金属の燃え方

マグネシウムや銅，鉄などの金属を熱すると，光を出して燃えるもの，光を出さずに色が変わっていくものなどがあります。

金属の燃え方には，次のような特ちょうがあります。

①炭素，水素をふくまないため，木などとはちがい**二酸化炭素** [➡P.518] **や水蒸気** [➡P.437] **ができない。**
②燃やした後のものは，燃やす前の金属とはちがうものになる。
③燃やした後のものは，燃やす前の金属より重くなる。[➡P.515]

COLUMN くわしく
木などのように炭素をふくむものを有機物，金属のように炭素をふくまないものを無機物といいます。

## ●マグネシウムの燃え方

銀色のマグネシウムを熱すると，白っぽい光を出して激しく燃えます。
燃えた後には，白色の**酸化マグネシウム**ができます。

## ●銅の燃え方

赤茶色の銅の粉を熱すると，光を出さずに燃えます。
燃えた後には，黒色の**酸化銅**ができます。

## ●鉄の燃え方

鉄を細い糸のようにしてからめたものを，**スチールウール**といいます。銀色のスチールウールを熱すると，赤くなって燃えます。
燃えた後には，黒色の**酸化鉄**ができます。

COLUMN まめ知識

鉄くぎをアルミニウムはくでまいて熱しても，鉄くぎは何も変わりません。これは，鉄くぎの鉄と空気が接していないので，空気中の酸素と鉄が結びつかないからです。

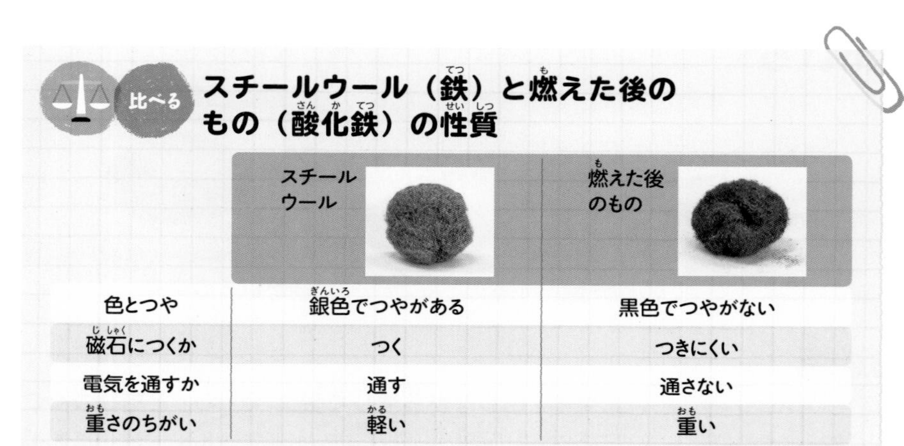

### 比べる スチールウール（鉄）と燃えた後のもの（酸化鉄）の性質

| | スチールウール | 燃えた後のもの |
|---|---|---|
| 色とつや | 銀色でつやがある | 黒色でつやがない |
| 磁石につくか | つく | つきにくい |
| 電気を通すか | 通す | 通さない |
| 重さのちがい | 軽い | 重い |

重要度

## ★★★ 酸化

ものが燃えるとは，酸素 [➡P.516] と結びつくということです。**酸素と結びつくことを酸化**といいます。炭素が酸化すると二酸化炭素 [➡P.518]，水素 [➡P.520] が酸化すると水 [➡P.480] になります。金属が酸化すると，もとの金属とは別の性質をもつものに変わります。金属を空気中に長時間おいたときにさびができる反応も，酸化の一種です。

## ★★★ 酸化物

**酸化によってできたもの**です。木が空気中（酸素 [➡P.516] 中）で燃えたときにできる二酸化炭素 [➡P.518] や，酸化マグネシウム，酸化銅，酸化鉄などは酸化物です。金属の酸化物は，酸素が結びついた分，もとの金属（マグネシウム，銅，鉄など）より重くなります。[➡P.515]

| | | | | | 酸化物 |
|---|---|---|---|---|---|
| 木の酸化 | 木 | ＋ | 酸素 | → | 二酸化炭素，水蒸気，(灰) |
| マグネシウムの酸化 | マグネシウム | ＋ | 酸素 | → | 酸化マグネシウム |
| 銅の酸化 | 銅 | ＋ | 酸素 | → | 酸化銅 |
| 鉄の酸化 | 鉄 | ＋ | 酸素 | → | 酸化鉄 |

重要度

## ★★★ かいろ

酸化[➡P.513]するときに出る熱を利用したもの。鉄粉と活性炭を混ぜたものに食塩水を加えて混ぜると，熱が出て温度が上がります。市販されているけい帯用かいろ（化学かいろ）は，このしくみを利用しています。外ぶくろを開けると，空気中の酸素によって中の鉄粉が酸化するのです。

かいろの中身

## ★★★ 燃焼

酸化[➡P.513]のうち，**光や熱を出しながら激しく酸素**[➡P.516]**と結びつくこと**です。木の酸化，マグネシウムの酸化，鉄（スチールウール）の酸化は燃焼ですが，銅の酸化は燃焼ではありません。

## ★★★ 物体

ものを**外見で判断する場合**，そのものを物体といいます。たとえば，コップ，割りばし，かんなどは物体です。

## ★★★ 物質

**ものをつくっている材料から判断する場合**，そのものを物質といいます。たとえば，プラスチック，ガラス，アルミニウム，鉄などは物質です。

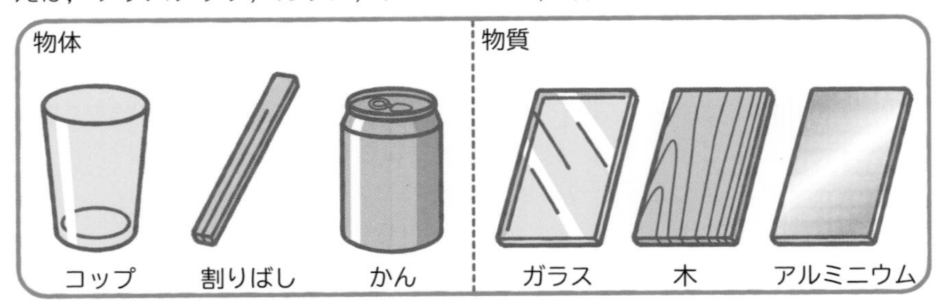

COLUMN くわしく

かいろとは逆で，熱を吸収して温度が下がるものに冷却パックがあります。冷却パックは，硝酸アンモニウムが水にとける反応を利用しており，反応のとき，熱が吸収されます。

COLUMN

# 金属を燃やしたときの重さ

酸化物の重さは，燃やす前の金属より重くなります。これは，酸化物には，酸素が結びついているからです。

ある重さの金属からできる酸化物の重さは，金属の種類によって決まっています。

| 燃やす前の金属の重さ | ＋ | 酸素の重さ | ＝ | 酸化物の重さ |
|---|---|---|---|---|

**例　銅の重さと酸化銅の重さの関係を調べる実験**

①ステンレス皿と銅の粉の重さをはかる。

②かき混ぜながら銅の粉をじゅうぶんに熱して，すべて酸化銅にする。

③ステンレス皿と酸化銅の重さをはかる。

〔結果〕

銅の重さと酸化銅の重さの間には，比例の関係がある。

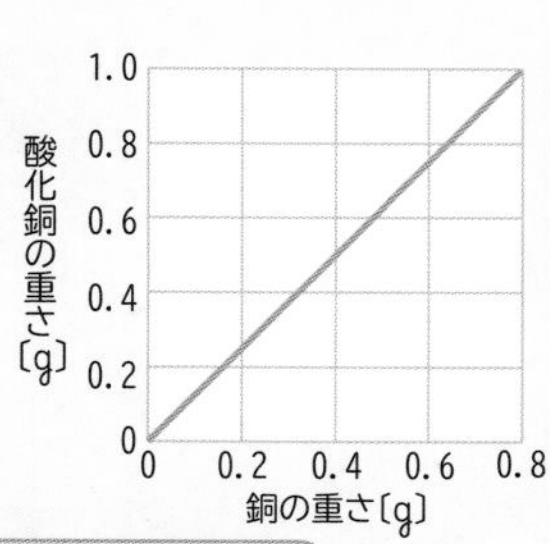


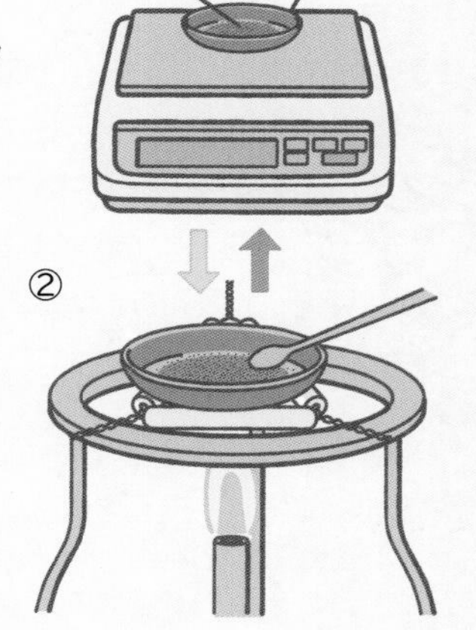


銅の重さ：酸化銅の重さ＝４：５

このようになるのは，金属に結びつく酸素の割合が金属によって決まっているからです。たとえば，銅4gには酸素1gが結びつくと決まっています。ですから，できる酸化銅の重さは4＋1＝5〔g〕となります。

銅の重さ：結びつく酸素の重さ＝４：１

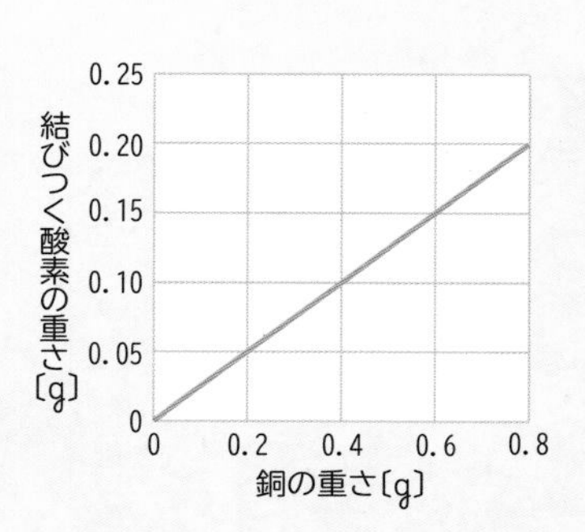

# 02 気体の性質

重要度 ★★★

## 酸素

次のような性質があります。

①色やにおいはない。
②空気より少し重い。(空気の約 1.1 倍)
③水にとけにくい。
④空気中に**約 21%**$\left(\frac{1}{5}\right)$ふくまれる。[➡空気の成分 P.499]
⑤**生物の呼吸** [➡ P.155] **で使われる。**
⑥**植物の光合成** [➡ P.109] **でつくられる。**
⑦ほかの**ものを燃やすはたらき**（助燃性という）がある。酸素自身は燃えない。
⑧－183℃以下に冷やすと液体になる。液体はうすい青色をしている。

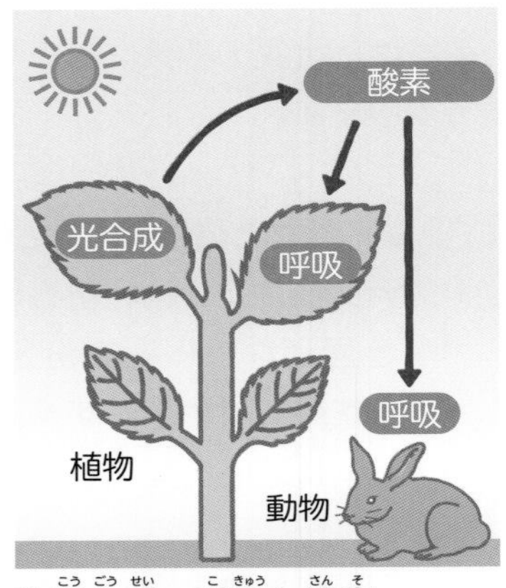

↑光合成・呼吸と酸素

### ●酸素のつくり方

右の図のように，三角フラスコに**二酸化マンガン**を入れ，ろうとに入れた**オキシドール**を加えると，ぶくぶくあわが出てきます。このあわが酸素です。

### ●酸素の集め方

酸素は水にとけにくいので，**水上置換（法）** [➡ P.523] で集めます。集気びんが酸素でいっぱいになったら水の中でふたをします。

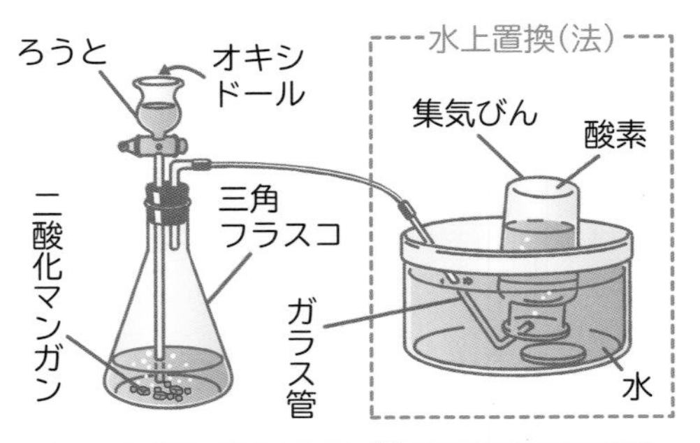


はじめのうちは，ガラス管から出てくるあわには三角フラスコに入っていた空気がふくまれるので，しばらくしてから集める。

## ★★★ オキシドール

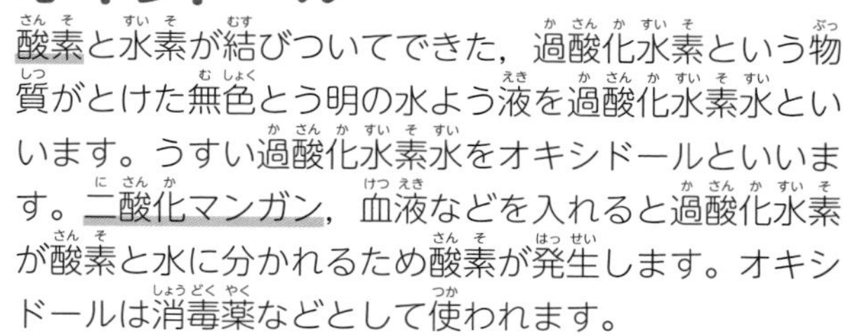

酸素と水素が結びついてできた，過酸化水素という物質がとけた無色とう明の水よう液を過酸化水素水といいます。うすい過酸化水素水をオキシドールといいます。二酸化マンガン，血液などを入れると過酸化水素が酸素と水に分かれるため酸素が発生します。オキシドールは消毒薬などとして使われます。

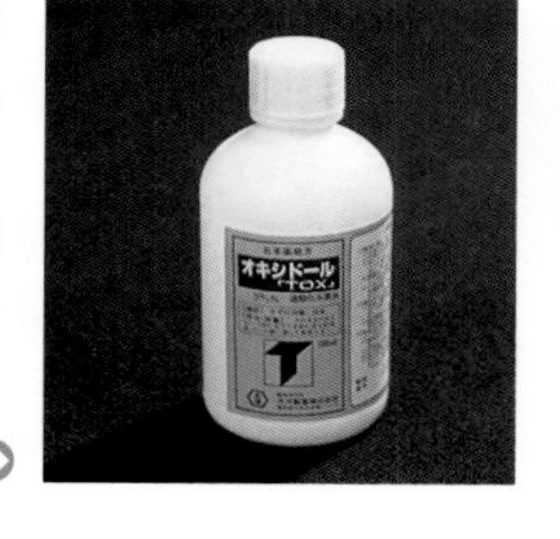


**オキシドール**

## ★★★ 二酸化マンガン

マンガンと酸素が結びついてできた黒い固体。かん電池 [➡ P.576] の材料として使われます。酸素をつくる実験で，しょくばいとして使われます。

**二酸化マンガン**

## ★★★ しょくばい

**ある変化を早める（またはおそくする）はたらきのあるものです。**酸素をつくるときの二酸化マンガンはしょくばいであり，過酸化水素の分解（水 [➡ P.480] と酸素に分ける変化）を早めるはたらきをします。このとき，しょくばい自身は変化しません。ですから，酸素の発生がとまった後にさらに酸素を発生させたい場合は，オキシドールだけを入れればよく，二酸化マンガンは追加しなくてもよいです。

## ★★★ 助燃性

ほかのものを燃やすはたらきのこと。酸素のほか，オゾンなども助燃性を示します。

**COLUMN まめ知識**
**食物の消化に関係する消化酵素（アミラーゼ，ペプシンなど）は，食物の消化のときにしょくばいのはたらきをします。**

重要度 ★★★

## 二酸化炭素

次のような性質があります。

①色やにおいはない。

②空気より重い。（空気の約 1.5 倍）

③水に少しとける。**水よう液は炭酸水**という。炭酸水は酸性 [➡ P.476] である。

④**生物の呼吸** [➡ P.155] **でつくられる。**

⑤**植物の光合成** [➡ P.109] **で使われる。**

⑥ほかのものを燃やすはたらきはない。二酸化炭素自身も燃えない。

⑦**石灰水** [➡ P.479] **に通すと，石灰水が白くにごる。**

⑧二酸化炭素を固体にしたものが**ドライアイス。**

⑨気体が熱を吸収するため，**地球の温暖化** [➡ P.209] の原因の 1 つと考えられている。

⑩ものを燃やすはたらきがないため，消火剤として使われる。

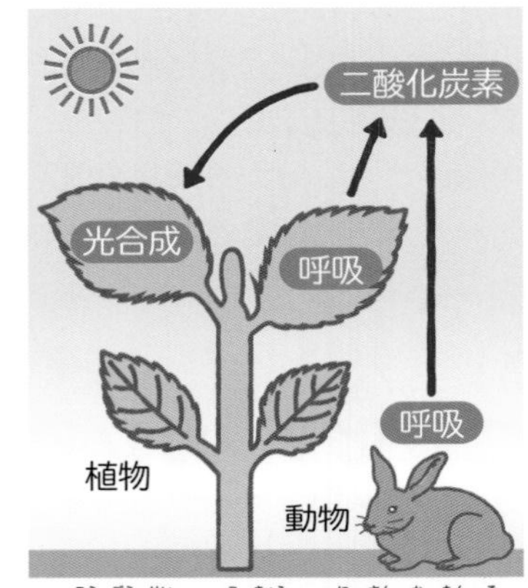


光合成・呼吸と二酸化炭素

### ●二酸化炭素のつくり方

右の図のように，三角フラスコに**石灰石**を入れ，ろうとに入れた**うすい塩酸**を加えると，あわが出てきます。このあわが二酸化炭素です。

貝がら，たまごのから，大理石（3 つとも炭酸カルシウムからできている）にうすい塩酸を加えても二酸化炭素をつくれます。

### ●二酸化炭素の集め方

二酸化炭素は空気より重いので，**下方置換（法）** [➡ P.523] で集めます。また，水に少ししかとけないので，水上置換（法） [➡ P.523] でも集めることができます。

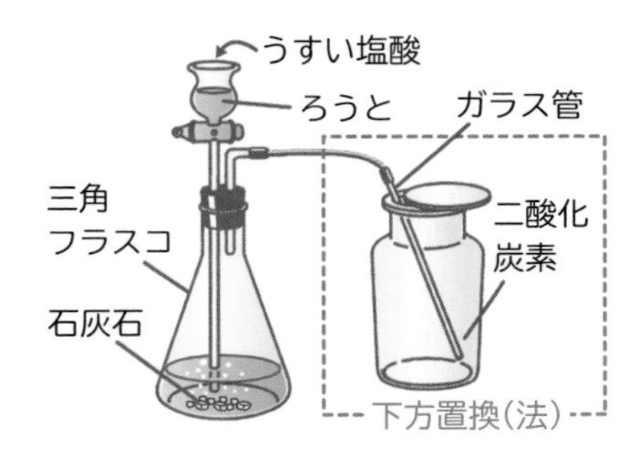

●ドライアイス

**二酸化炭素を固体にしたもの。**温度は氷より低いです。通常，ドライアイスは固体から液体にはならず，直接気体になります（昇華といいます [➡P.442]）。ドライアイスがとけても，氷がとけたときのようにぬれることはありません。そのためドライ（乾いた）アイスといわれています。水に入れると白いけむりが出ます。

ケーキや冷とう食品などの温度を低く保つのに用いられています。

水に入れたドライアイス

## ★★★ 石灰石

炭酸カルシウムをおもにふくむ白い固体です。石灰石にうすい塩酸を加えると，**二酸化炭素**，水，塩化カルシウムという３つのものができます。

## ★★★ ちっ素

次のような性質があります。

①色やにおいがない。

②空気より少し軽い。(空気の約 0.97 倍)

③水にとけにくい。

④空気中に**約 78%**$\left(\frac{4}{5}\right)$ふくまれる。 [➡空気の成分 P.499]

⑤**ほかのものを燃やすはたらきはない。**ほかのものと結びつきにくく，変化しにくい。

⑥－195.8℃以下に冷やすと液体になる。

⑦液体ちっ素は，安価な冷却剤として利用されている。

●ちっ素のつくり方

液体空気を液体ちっ素と液体酸素に分けることで得られます。

●ちっ素の身近な利用

ちっ素はほかのものと結びつきにくく，変化しにくいことから，食品のふくろやかんにつめられています。

お菓子のふくろに入っていることもあるよ

COLUMN くわしく

空気を液体にしたものを液体空気といいます。ちっ素と酸素では液体になる温度がちがうので，空気中の酸素とちっ素を分けるのに用いられます。

重要度 ★★★

## 水素

次のような性質があります。

①色やにおいはない。

②**最も軽い気体**である。(空気の約 0.07 倍)

③水にとけにくい。

④ほかのものを燃やすはたらきはないが，**水素自身は燃える**。ポッと音を立てて燃え，燃えると水 [➡ P.480]（水蒸気 [➡ P.437]）ができる。

＊水素と酸素の混合気体に火を近づけると爆発するので注意する。

⑤燃料電池 [➡ P.621] の燃料として使われる。

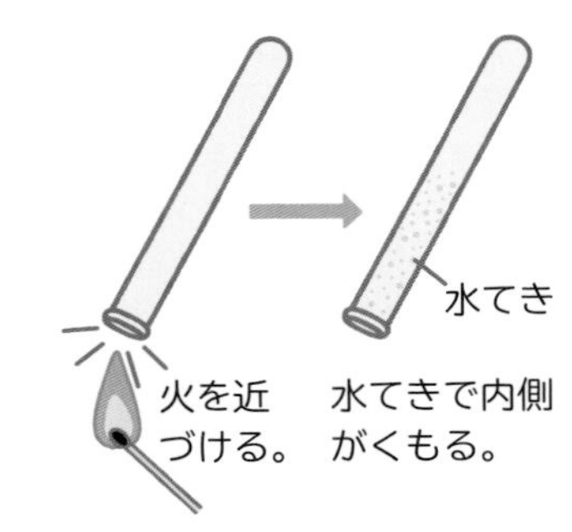


### ●水素のつくり方

右の図のように，**亜鉛**に**うすい塩酸**を加えると，あわが出てきます。このあわが水素です。

アルミニウム，マグネシウム，鉄にうすい塩酸を加えても水素をつくれます。

### ●水素の集め方

水素は水にとけにくいので，**水上置換(法)** [➡ P.523] で集めます。

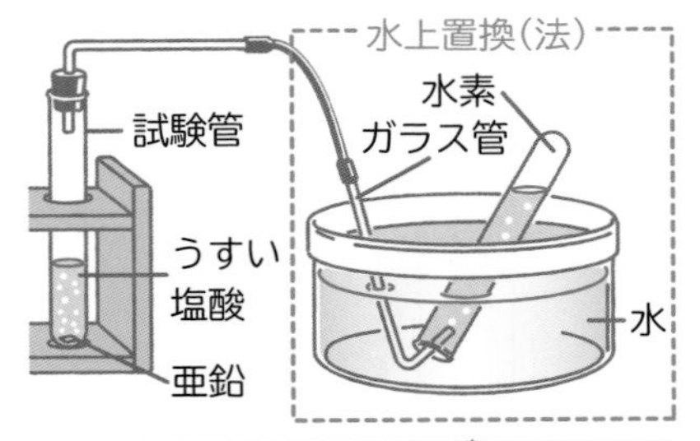


はじめに出る気体は空気が混じっているので集めない。

★★★

## アンモニア

次のような性質があります。

①色はないが，**鼻をさすようなにおい**がある。

②空気より軽い。(空気の約 0.6 倍)

③**水にひじょうにとけやすい**。アンモニア水 [➡ P.479] はアルカリ性 [➡ P.478] を示す。

④アンモニアは肥料の原料として，アンモニアのとけた水よう液は虫さされの薬品として用いられる。

直接においをかいだらダメだよ！

COLUMN くわしく

試験管などに入った気体のにおいをかぐときは，**直接鼻を近づけず手であおいでかぐようにします。**

●**アンモニアのつくり方**

右下の図のように，塩化アンモニウムと水酸化カルシウムを混ぜたものを加熱すると，アンモニアが発生します。また，塩化アンモニウムに水酸化ナトリウムと少量の水を加えても，アンモニアの水よう液を熱しても，アンモニアが発生します。

●**アンモニアの集め方**

アンモニアは**ひじょうに水にとけやすく**，空気より軽いので，**上方置換（法）** [➡ P.523] で集めます。

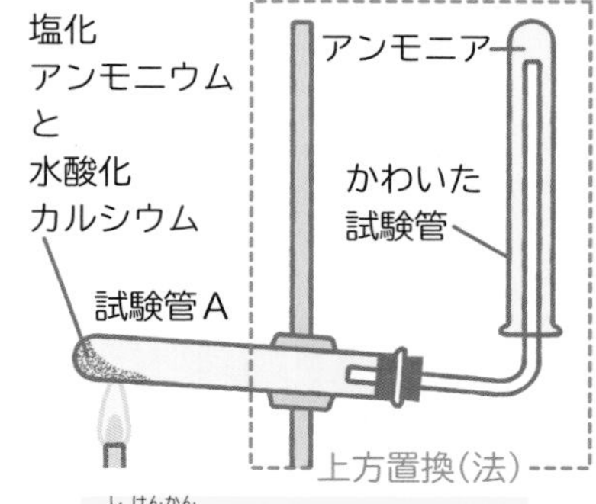


試験管Aの口は少し下げておく。これは，発生した水が試験管の底のほうに流れないようにするため。

## ★★★ アンモニアのふん水の実験

右の図①のような装置を組み立て，アンモニアを満たした丸底フラスコにスポイトを使って水を入れます。すると，図②のように丸底フラスコ内のアンモニアが水にとけ，丸底フラスコ内の圧力が下がってフェノールフタレインよう液を加えた水が赤色のふん水となってふき出します。ふん水が赤色になるのは，**アンモニアが水にとけるとアルカリ性**になるため，フェノールフタレインよう液が赤色を示すのです。

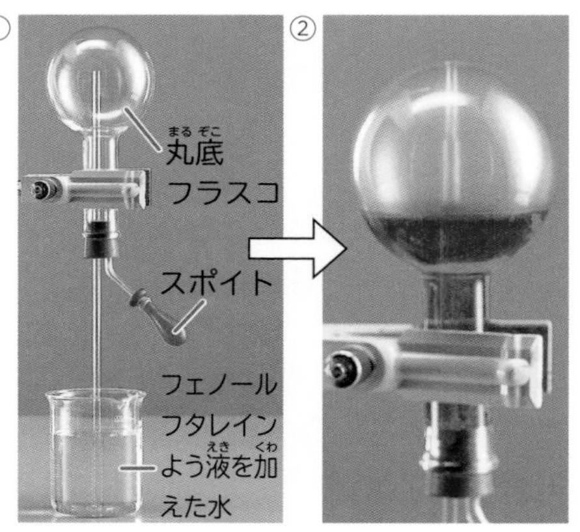

重要度

## ★★★ 塩素

次のような性質があります。

①**黄緑色の気体**で，鼻をさすようなにおいがある。

②空気より重い。(空気の約 2.5 倍)

③水にとけやすい。**塩素の水よう液は酸性** [➡ P.476] を示す。

④ものを殺菌したり漂白したりするはたらきがある。**プールや水道水などの殺菌**に使われている。

塩素 ➡

©アフロ

## ★★★ 硫化水素

次のような性質があります。

①色はないが，たまごがくさったような**特有のにおい**がある。

②空気より少し重い。(空気の約 1.2 倍)

③水にとけやすい。

④火山から出るガスにふくまれている。

⬆ 火山から出るガス

## ★★★ 二酸化いおう

次のような性質があります。

①色はないが，鼻をさすような**においがある。**

②空気より重い。(空気の約 2.3 倍)

③水にとけやすい。二酸化いおうの水よう液は**酸性** [➡ P.476] を示す。

④石炭，石油を燃やしたときに生じる気体で，**酸性雨** [➡ P.211] **の原因**となる。

⑤漂白剤や硫酸の原料に使われる。

## ★★★ 塩化水素

次のような性質があります。

①色はないが，鼻をさすような**においがある。**

②空気よりも重い。(空気の約 1.3 倍)

③**水によくとける。塩化水素の水よう液は塩酸** [➡ P.477] で，**強い酸性** [➡ P.476] を示す。

COLUMN まめ知識

身近な気体として，プロパンやメタンがあります。どちらも色もにおいもない気体でよく燃えます。ガスバーナーやコンロに用いられています。

## 比べる 気体の水へのとけやすさ [よう解度➡P.460]

右の表は，各温度での，水1cm³にとける気体の体積（cm³）を表しています。
20℃では，表の上にある気体ほど，とけやすいといえます。

| 水の温度 | 0℃ | 20℃ | 40℃ | 60℃ |
|---|---|---|---|---|
| 塩素 | 4.61 | 2.30 | 1.44 | 1.02 |
| 二酸化炭素 | 1.71 | 0.88 | 0.53 | 0.36 |
| 酸素 | 0.049 | 0.031 | 0.023 | 0.019 |
| 水素 | 0.022 | 0.018 | 0.016 | 0.016 |
| ちっ素 | 0.024 | 0.016 | 0.012 | 0.010 |

## ★★★ 水上置換（法）

水と置きかえて気体を集める方法です。**水にとけにくい気体**を集めるのに適しています。
適している気体は，酸素 [➡P.516]，水素 [➡P.520]，二酸化炭素 [➡P.518]，ちっ素 [➡P.519]，メタンなどです。

## ★★★ 下方置換（法）

集める気体がびんの下にたまり，底にあった空気が外に出ていくことで気体を集める方法です。**水にとけやすく，空気より重い気体**を集めるのに適しています。
適している気体は，二酸化炭素 [➡P.518]，硫化水素，塩素，塩化水素などです。

## ★★★ 上方置換（法）

集める気体がびんの上にたまり，上にあった空気が外に出ていくことで気体を集める方法です。**水にとけやすく，空気より軽い気体**を集めるのに適しています。
適している気体は，アンモニア [➡P.520] などです。

**COLUMN まめ知識**
ちっ素は，生物をちっ息させる気体だということで，ちっ素という名がつけられたといわれています。

## 比べる いろいろな気体の性質

| | 酸素 | 二酸化炭素 | ちっ素 | 水素 | アンモニア |
|---|---|---|---|---|---|
| 色 | なし | なし | なし | なし | なし |
| におい | なし | なし | なし | なし | 鼻をさすようなにおい |
| 空気と比べた重さ | 少し重い（約1.1倍） | 重い（約1.5倍） | 少し軽い（約0.97倍） | 軽い（約0.07倍） | 軽い（約0.6倍） |
| 水へのとけやすさ【水よう液の性質】 | とけにくい | 少しとける【酸性】 | とけにくい | とけにくい | ひじょうにとけやすい【アルカリ性】 |
| （実験室での）気体のつくり方 | 二酸化マンガン＋オキシドール | 石灰石＋うすい塩酸 | | 亜鉛＋うすい塩酸 | 塩化アンモニウム＋水酸化カルシウム（加熱） |
| 気体の集め方 | 水上置換（法） | 下方置換（法）水上置換（法） | 水上置換（法） | 水上置換（法） | 上方置換（法） |
| その他の性質や特ちょう | ものを燃やすはたらきがある（助燃性）。 | 石灰水に通すと，石灰水が白くにごる。 | 空気中に約78%ふくまれる。<br>酸素 ちっ素<br>▲空気の成分 | ポッと音を立てて燃えて水ができる。 | 赤色のリトマス紙が青色に変わる。 |

COLUMN くわしく

気体を集めるとき，はじめのうちは発生装置の中にあった空気が混ざっているので，しばらくしてから気体を集めます。

# エネルギー編

# 第1章 光と音

## 光ってなに？

光は，テレビやラジオの電波と同じなかまで，
「電磁波」という電気と磁気の波です。
波の長さ（波長）のちがいで，いろいろな種類に分けられます。
私たちが見える光は，電磁波のほんの一部にすぎません。

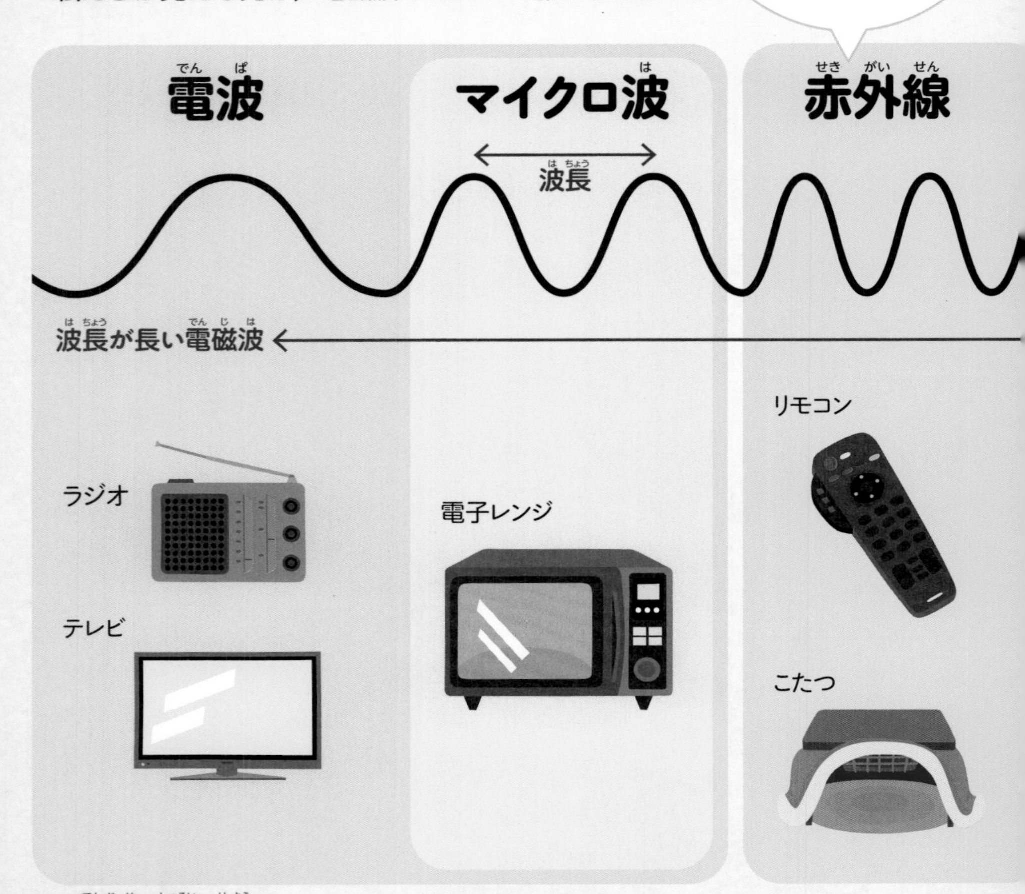


電磁波の種類と利用

生き物によって、見える光のはんいはちがうんだ

| 可視光線 | し外線 | X線 | ガンマ線 |
|---|---|---|---|

→ 波長が短い電磁波

**可視光線**

LED

花火

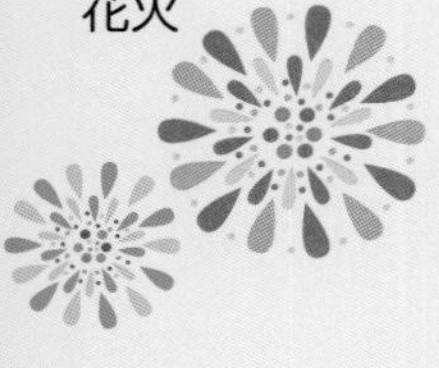

**し外線**

ブラックライト

殺きん灯

**X線**

X線写真

手荷物検査

**ガンマ線**

注射器の消毒

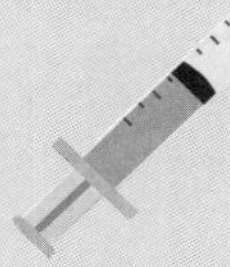

ジャガイモの発芽防止

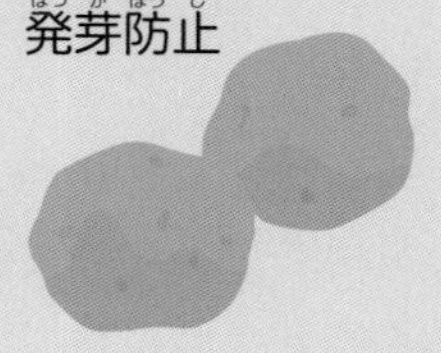

第1章 光と音

# この章で学ぶこと ヘッドライン

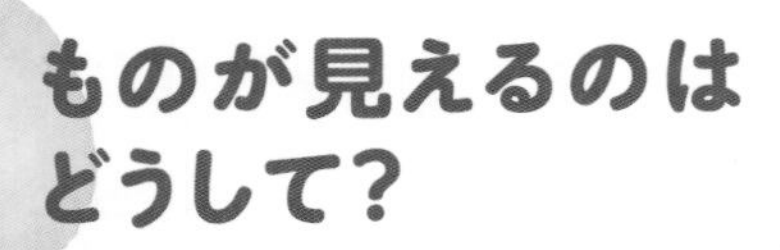

## ものが見えるのはどうして?

光は，ものに当たるとものの表面ではね返ります。昼間，まわりのものが見えるのは，はね返った光が目に入るからです。

雨上がりに見えるにじには，たくさんの色が見えますね。これは，太陽の光が空気中の水てきに当たって，光が分かれたものです。つまり太陽の光は，いろいろな色が混ざり合ってできているのです。赤いイチゴが赤く見えるのは，イチゴに当たった光のうち，赤い色だけがはね返って目に入るからです。

[➡ P.530]

⇧ にじ

## 虫めがねで見ると大きく見えるのはなぜ?

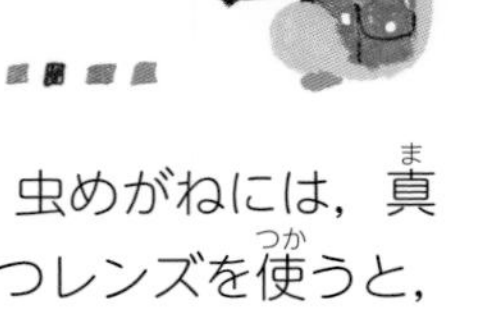

虫めがねを通してものを見ると，大きく見えますね。虫めがねには，真ん中がふくらんでいるとつレンズが使われています。とつレンズを使うと，光を１点に集めたり，ものを大きく見せたり，スクリーンにものをうつしたりすることができます。

とつレンズには，必ず光が集まるしょう点があります。このしょう点の内側にものを置くと，ものから来た光がとつレンズを通るときに曲げられ，その光が目に届くために，大きくなって見えるのです。 [➡ P.543]

## 音はどうして聞こえるの?

トライアングル

楽器(がっき)のトライアングルをたたくと音が出ますね。音が出ているトライアングルをさわってみると，ふるえているのがわかります。このふるえが空気に伝(つた)わり，そのふるえが耳のこまくをふるわせることで，音が聞こえるのです。

音を伝(つた)えるには，ふるえを伝(つた)える「もの」が必要(ひつよう)です。ですから，もし空気のない宇宙(うちゅう)でトライアングルをたたいても，音を伝(つた)えるものがないので，音は聞こえません。でも，音を伝(つた)える「もの」は，空気でなくてもだいじょうぶ。たとえば，糸電話は，糸を通して伝(つた)えています。[➡ P.546]

## 花火を見ていたら音がおくれて聞こえたよ?

花火

花火を遠くから見ていると，花火が開(ひら)くのが見えて少したってから，ドーンという花火の音が聞こえますね。これは，光の進(すす)む速(はや)さと音の伝(つた)わる速(はや)さが，大きくちがうからです。

光が1秒間(びょうかん)に進(すす)むきょりは約(やく)300000kmです。花火が見えるほどのきょりでは，花火が開(ひら)くとほぼ同時に目に届(とど)きます。一方，音が1秒間(びょうかん)に進(すす)むきょりは約(やく)340mです。1000mはなれたところから花火を見ていれば，音が届(とど)くのに約(やく)3秒(びょう)かかります。そのため，音がおくれて聞こえるのです。[➡ P.553]

# 01 光の性質

## 1 光の進み方

重要度

### ★★★ 日光の進み方

直進する日光

**日光**（太陽の光）は，空気や水など，均一なものの中や真空中をまっすぐ進みます（光の直進）。地球での日光は，広がったり，集まったりすることはなく，どこまでも同じはば（平行光線）で進みます。

### ★★★ 光の直進

光は，空気や水，ガラスなどのようにとう明で均一なものの中や真空中をまっすぐ進みます。これを**光の直進**といい，空気や水が動いても変わりません。

### ★★★ 光源（発光体）

太陽や電灯，ろうそくなど，**みずから光を出す物体を光源（発光体）**といいます。**日光**の光源は太陽です。太陽などの光源の光は，あらゆる方向にまっすぐ進みます（光の直進）。

**●点光源**

点光源は，とても**小さい点とみなす**ことができる光源です。また，光を光線（光の道すじや進む向きを表す直線）で表したときの光源です。

**●ものが見えるわけ**

太陽などの光源の光はいろいろな物体に当たって反射 ［➡光の反射 P.534］ します。物体が見えるのは，光源の光が物体に当たって反射し，その光が目に入るからです。

ものが見えるとき

COLUMN くわしく

物体の色が見えるのは，日光などのいろいろな色をふくむ光（白色光という）が当たるためです。植物の葉は，日光の中の緑色の光だけが反射して目に入るために，緑色に見えます。

## ★★★ 平行光線

スリット（光のはばを小さくする細いすき間）を通った日光は平行になっています。日光のように，**同じはばを保ったまま進む光を平行光線**といいます。一方，電球の光は，すべての方向に広がって進み，電球から遠ざかるほど，光の当たるはんいが広くなります（**拡散光線**）。

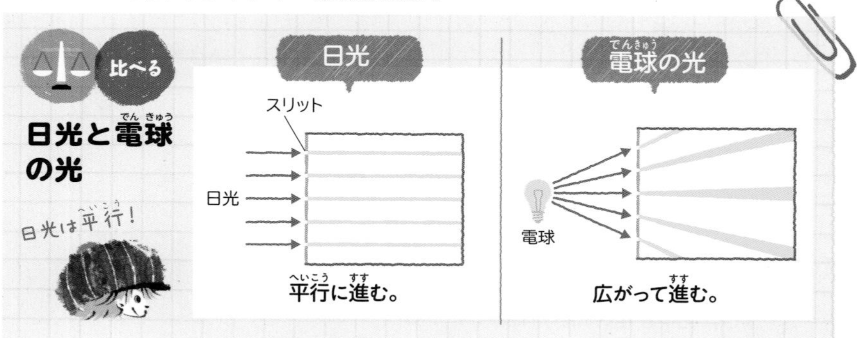


## ★★★ かげの種類

かげは，光源の光が物体によってさえぎられてできる暗い部分です。光源があるほうとは反対側にでき，光源の種類や大きさによって，**こいかげ**（本えい）と**うすいかげ**（半えい）ができます。

## ★★★ 本えい

本えいは，日光のような平行光線や点光源からの光でできるかげです。**光源からの光はまったく当たらない**のでこくなっています。

## ★★★ 半えい

半えいは，大きい光源からの光の一部が当たってできる，うすいかげの部分です。

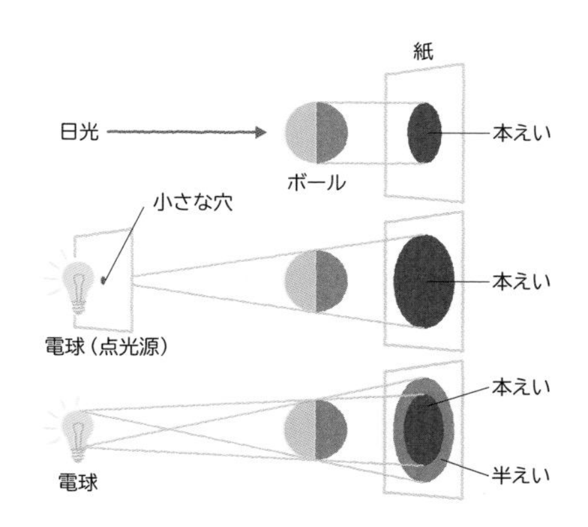


かげのでき方

太陽から出た光は，あらゆる方向に広がるように進みますが，太陽は地球からひじょうに遠くにある（約 150000000km はなれている）ので，地球に届く日光は平行光線になっています。

重要度★★★

# 針穴写真機（ピンホールカメラ）

カメラにあるようなとつレンズ[➡P.542]はなく，1つの小さな穴（針穴＝ピンホール）があり，その穴を通った光によってできる像[➡実像 P.544]がスクリーンにうつります。

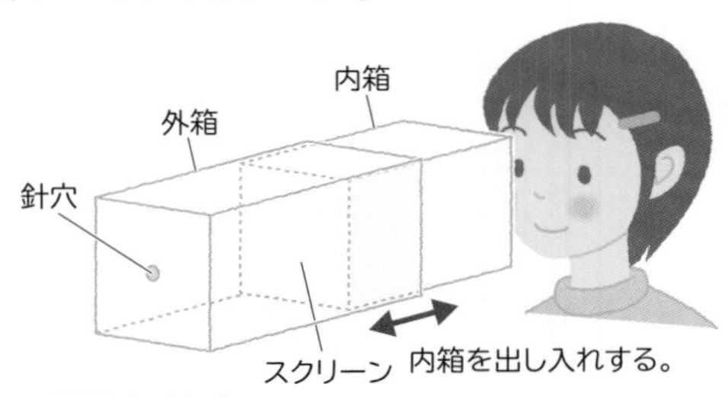


⬆針穴写真機のつくり

## ●像ができるしくみ

**光の直進**によって像ができます。右の図のように，物のA，B，C，D点からの光はそれぞれ直進し，針穴を通り，スクリーン上のa，b，c，d点に進んで**像**ができます。この像は，**上下左右の向きが物とは反対**です。

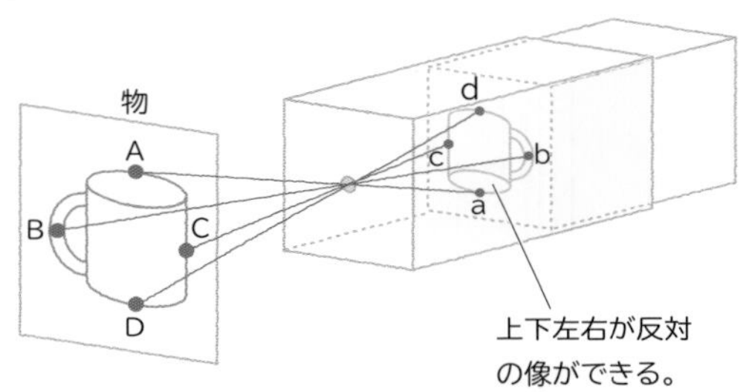


## ●像のようす

①針穴写真機を物に近づけると，スクリーンにうつる像は大きくなります。

②スクリーンを針穴から遠ざけるほど，像は大きくなり，暗くなります。

③針穴を大きくすると，像がぼやけます。

④針穴を増やすと，針穴の数だけ像ができます。

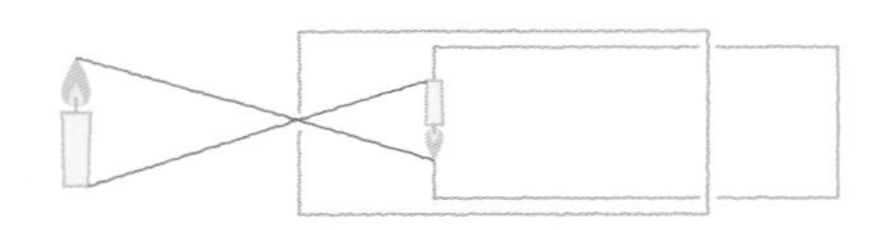

<針穴写真機を物に近づける>

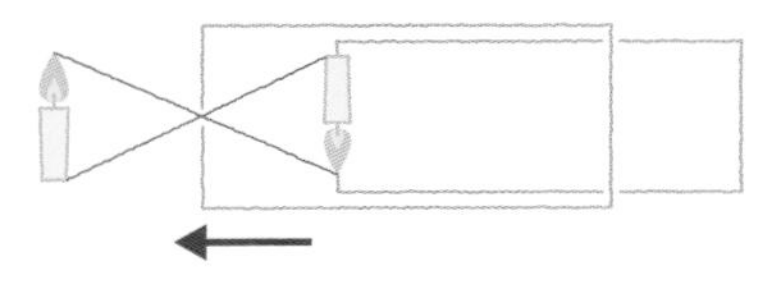

<スクリーンを遠ざける>

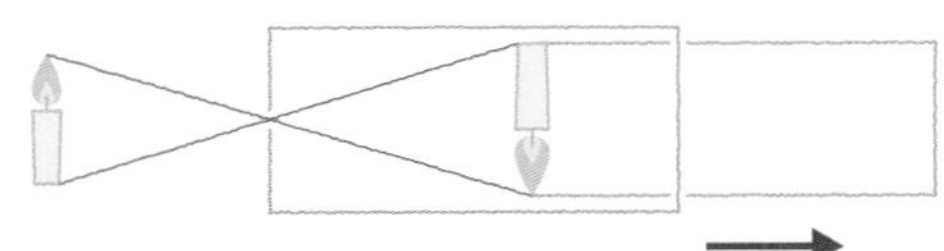

⬆針穴写真機のしくみ

COLUMN まめ知識

今から約1000年前に，部屋の穴から入る光によって外の景色が逆さまにうつる現象が，アラビアの科学者によってくわしく調べられ，ピンホールカメラの原理が研究されました。

COLUMN

# 光が照らされる面積と明るさ

## 光源から遠ざかるほど暗い

けい光灯や電球などの光源は，部屋を明るくしたり，夜の道路を明るくしたりするために使われますが，これらの光源から少しはなれてしまうと，まわりは暗くなります。

日光に照らされた面の明るさは，どこでも変わりませんが，けい光灯や電球などの電灯の場合，光が照らされた面は，光源からはなれたところほど暗くなります。

## 面積が大きくなると暗くなる

右の図のように，電球のある1点（点光源）からの光を考えると，電球の光は，四方八方に広がって進むので，電球から遠ざかるほど，決まった量の光が当たる面積は広くなります。

光が当たる面積が広くなると，一定の面積に当たる光の量は少なくなるので，光が当たる面は暗くなります。

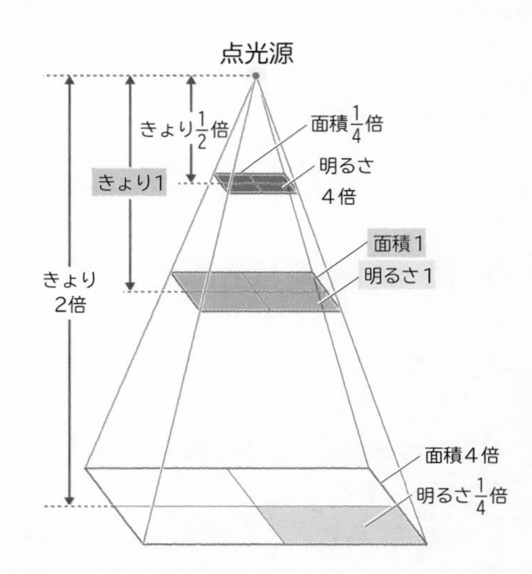


電球からのきょりが2倍，3倍，4倍，…となると，光が当たる面の明るさは，

$\frac{1}{4}\left(=\frac{1}{2}\times\frac{1}{2}\right)$倍，$\frac{1}{9}\left(=\frac{1}{3}\times\frac{1}{3}\right)$倍，$\frac{1}{16}\left(=\frac{1}{4}\times\frac{1}{4}\right)$倍，…

となるような関係になっています。

逆に，電球とのきょりが半分になると，明るさは4倍だよ

# 2 光の反射

重要度 ★★★

## 鏡ではね返した日光

日光を鏡で反射させてかべに当てると，日光が当たった部分は，ほかの部分より明るく，あたたかくなります。何枚かの鏡で反射させて日光を重ねると，**日光が重なった部分**ほど，明るく，あたたかくなります。

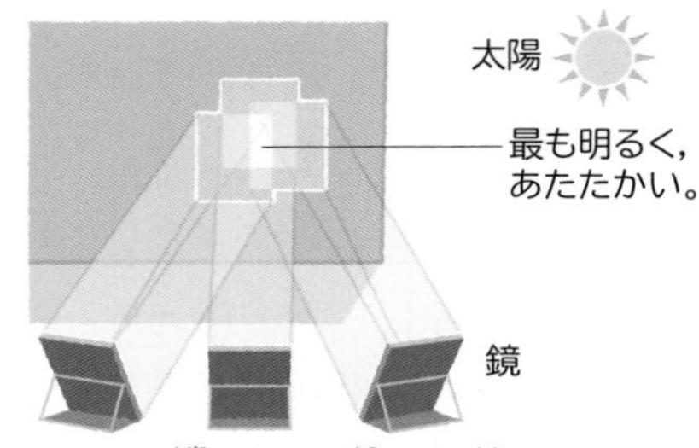


↑日光を鏡ではね返して重ねる

### ●日光による熱の伝わり方

日光のように，光源（太陽）がはなれていても日光に照らされた部分が熱くなるような熱の伝わり方を放射 [➡P.431] といいます。

### ●日光の利用

太陽の熱で水をあたためる太陽熱温水器，光電池（太陽電池） [➡P.619] を使って電気をつくる太陽光発電 [➡P.644] など。

## ★★★ 光の反射

光が物体に当たったとき，物体の表面で**はね返ること**を光の反射といいます。

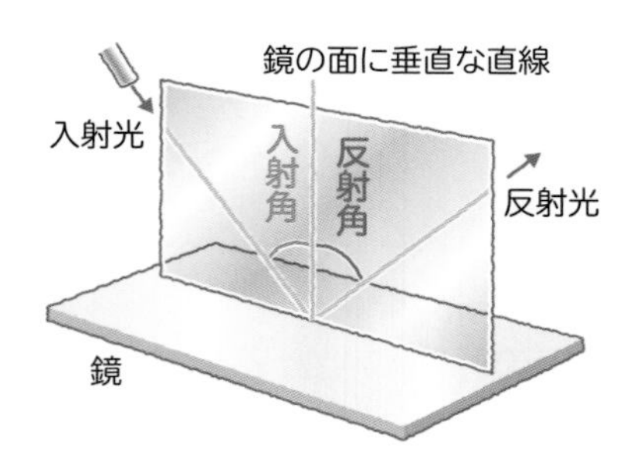


## ★★★ 光の反射のきまり

入ってくる光（入射光）と，光が**反射する面に垂直な直線との間の角**が**入射角**です。また，はね返る光（反射光）と，光が**反射する面に垂直な直線との間の角**が**反射角**です。

光が反射するとき，**入射角と反射角の大きさは等しくなっています。**

**入射角＝反射角**

COLUMN まめ知識

道路標識に使われる反射シートには，小さいガラスビーズなどがたくさんうめこまれ，自動車のライトが当たると入射光と同じ方向に反射して運転者の目に入り，確認できるようになっています。

## ★★★ 乱反射

物体の表面にある凹凸によって，光が**いろいろな向きに反射する**こと。

### ●乱反射と光の反射のきまり

乱反射では，全体としての光はいろいろな向きに反射しますが，１つ１つの光では，**入射角＝反射角**が成り立っています。

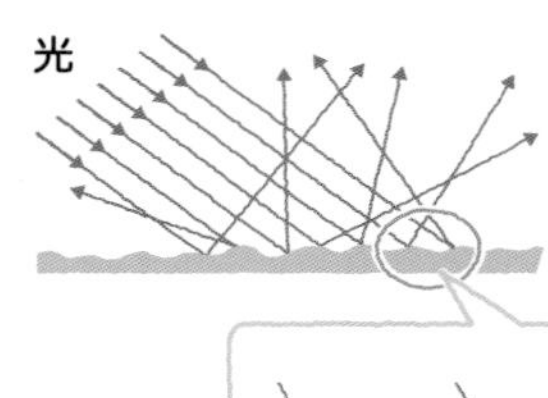


1つ1つの光は
入射角＝反射角
となっている。

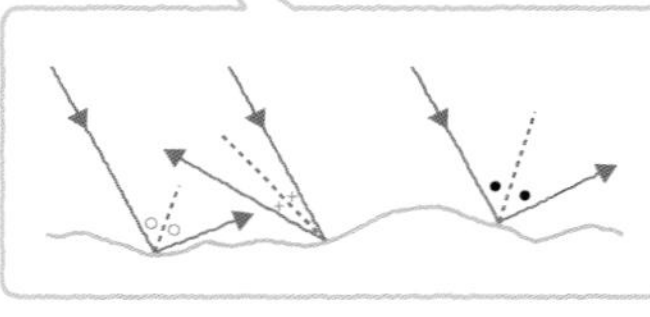

### ●物体がどこからも見えるわけ

身のまわりの物体がどの向きからも見えるのは，物体の表面で光が**乱反射**して，いろいろな向きに進むからです。

## ★★★ 像

実際にあるものではなく，鏡やとつレンズ［➡ P.542］などによって**うつって見えるもの**が像です。実像［➡ P.544］ときょ像［➡ P.544］があります。

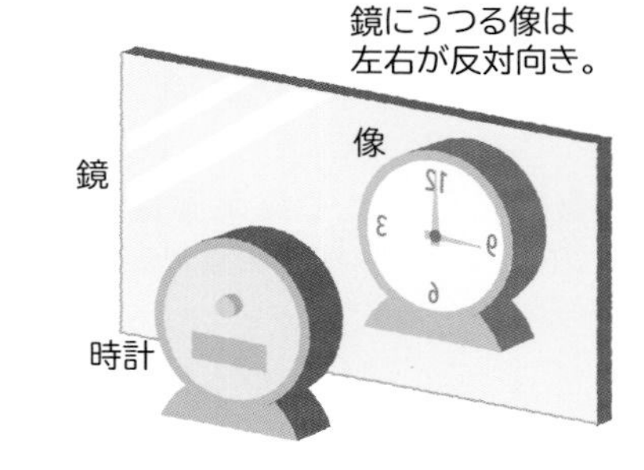

## ★★★ 鏡にうつる像

鏡にうつる像は，物体が鏡の中にあるように見え，鏡の面に対して物体と対称の位置にできます。像は，**左右の向きが物体と反対**に見えます。

**物体から鏡までのきょり＝像から鏡までのきょり**

COLUMN くわしく

**鏡の位置に対して，物体とその像の位置の関係を線対称といいます。鏡の位置を折り目にして，物体とその像を向かい合わせて重ねると，ぴったり重なる関係になっています。**

重要度 ★★★

# 鏡にうつる像の作図

物体からの光が，鏡で反射して目に届くときの道すじを作図します。

① 物体から鏡に垂直な直線を引き，物体の像 [➡P.535] の位置をかきます。

② 目と像の位置を直線で結びます。

③ 鏡と②の直線の交点と，物体を直線で結びます。

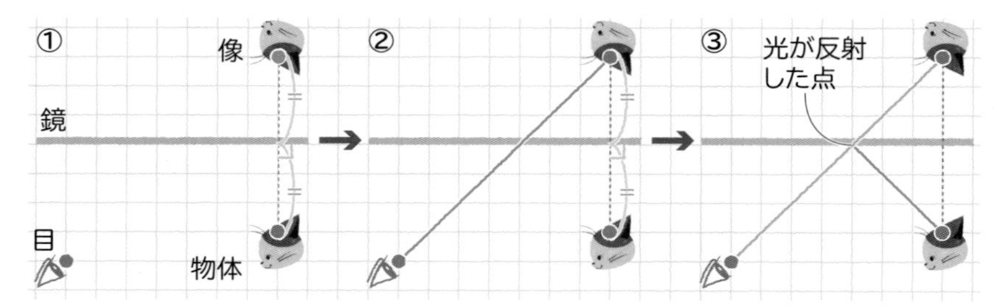


## ●全身がうつる鏡の長さ

鏡の前に立ち，全身を鏡にうつすには，少なくとも**身長の半分の長さ**の鏡が必要です。鏡に近づいたりはなれたりしても，鏡にうつるはんいは変わりません。

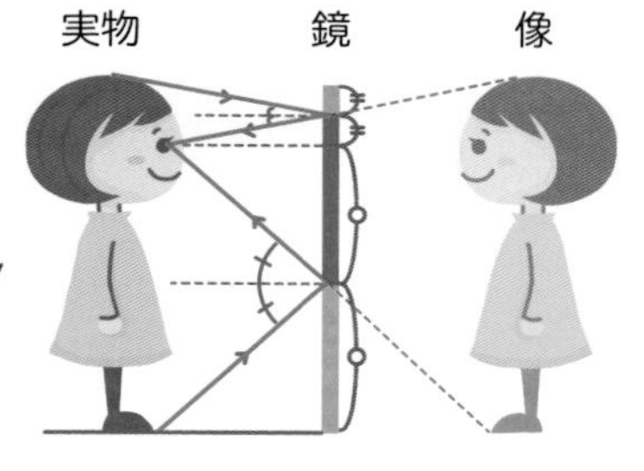


頭と足先からの
光が目に届く
道すじを作図しよう

## ●鏡にうつって見えるはんい

鏡にうつった物体の像が見えるはんいは，**像と鏡の両はしを結ぶ直線の内側**の部分（図の　　の部分）です。

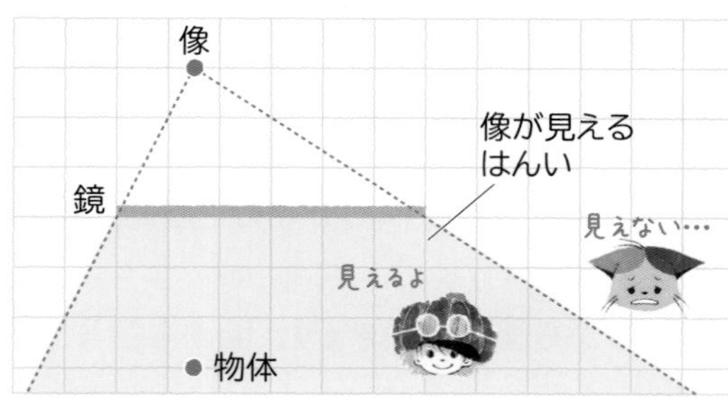

# 組み合わせた鏡にうつる像

## 鏡にうつる像の数

2枚の鏡にうつる像の数は，鏡の角度によって変わります。

右の図は，2枚の鏡の角度が90°のときのもので，像は全部で3つできています。

像の数は，2枚の鏡の角度が小さいほど多くなり，角度が0°，つまり平行に向かい合わせたとき，無数の像ができます。

下の表は，2枚の鏡の角度と像の数の関係を示したものです。

| 2枚の鏡の角度 | 180° | 120° | 90° | 60° | 45° |
|---|---|---|---|---|---|
| 像の数 | 1 | 2 | 3 | 5 | 7 |

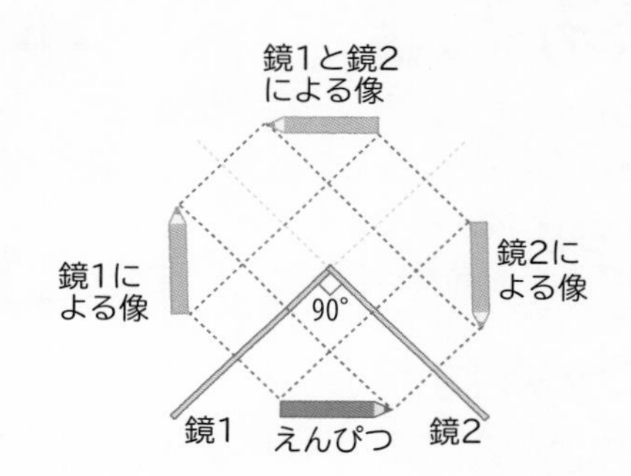


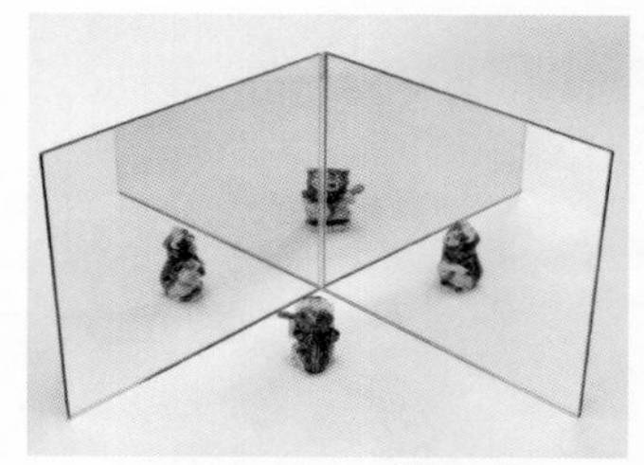

90°の合わせ鏡の像

2枚の鏡を組み合わせたときに見える像の数は，次の式で求められます。
(見える像の数) = 360° ÷ (2枚の鏡の間の角度) − 1

## 万華鏡

万華鏡は鏡によってできる像が美しいもようのように見えるおもちゃです。

細長い3枚の鏡を正三角形に組み合わせたものなどがあり，中に入っている小さな色紙などが鏡にうつり，色紙の像がもようのように見えます。もようは万華鏡を回すと，次々に変化します。

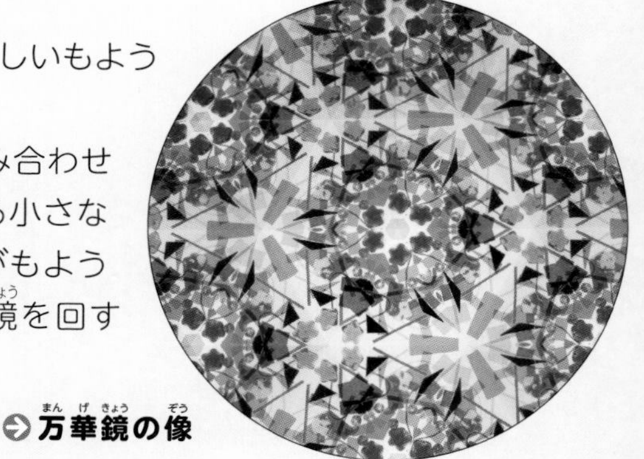

万華鏡の像

# 3 光のくっ折

## 光のくっ折

重要度 ★★★

光が，空気と水のようにちがうものの中にななめに入ったとき，その**境目で折れ曲がって進む**こと。くっ折して進む光を**くっ折光**といいます。

入射光が垂直のときは，くっ折しないよ

入射光
90°
入射角
空気
水
くっ折する。
くっ折角
直進する。
くっ折光

## くっ折角

★★★

くっ折光と，ものの**境目に垂直な直線との間の角**がくっ折角です。

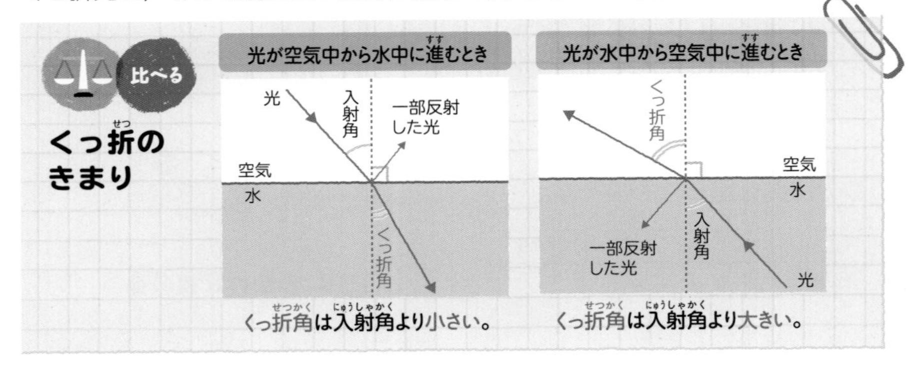


### ●光のくっ折による現象

①カップに**水を入れる**と，見えなかったコインが見えるようになります。

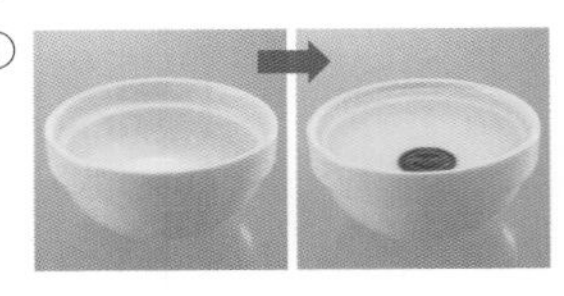

水面でくっ折して目に届く。
目
水
カップ
光
像
コイン

②直方体のガラスに当たった入射光とガラスから出ていくくっ折光は**平行**です。

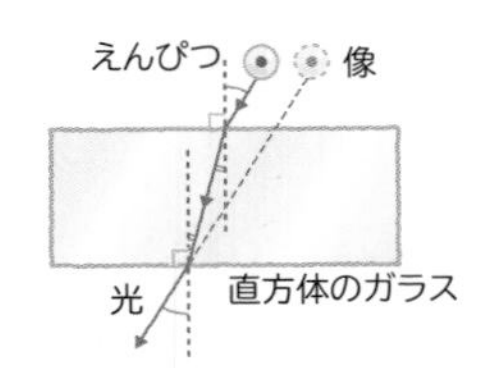

光が空気中からほかの物質に入るとき，入射角に対するくっ折角の大きさは物質によって決まっています。水より密度 [➡P.414] が大きいガラスのほうが大きくくっ折します。

## ★★★ 全反射

光が**水やガラスの中から空気中に進む**とき，入射角がある大きさより大きくなると，**くっ折しないですべて反射**します。これを全反射といいます。光が空気中から水やガラスの中に進むときは起こりません。

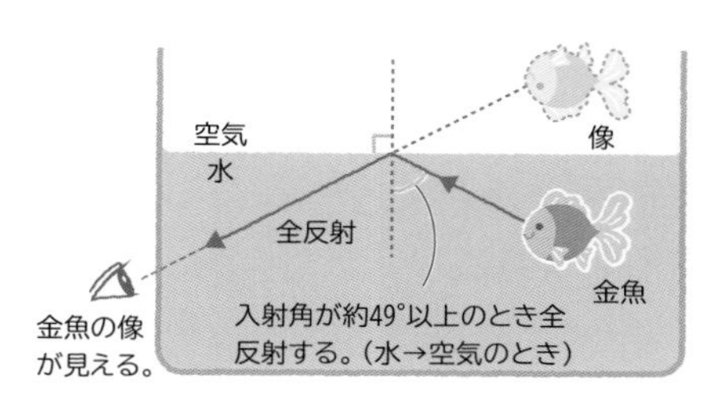

空気
水
像
全反射
金魚
金魚の像が見える。
入射角が約49°以上のとき全反射する。(水→空気のとき)

## ★★★ 光ファイバー

光を使った通信や内視鏡のケーブルに使われています。2種類のガラスからできている細いせんいで，光はそのガラスの境目で全反射をくり返しながら進んでいきます。

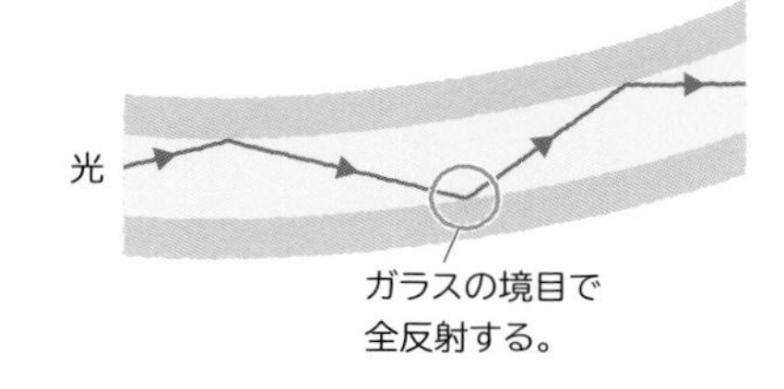


## ★★★ プリズム

光の向きを変えたり，日光をいろいろな色の光に分けたりするために使います。とう明なガラスで，断面は正三角形や直角二等辺三角形のものがあります。

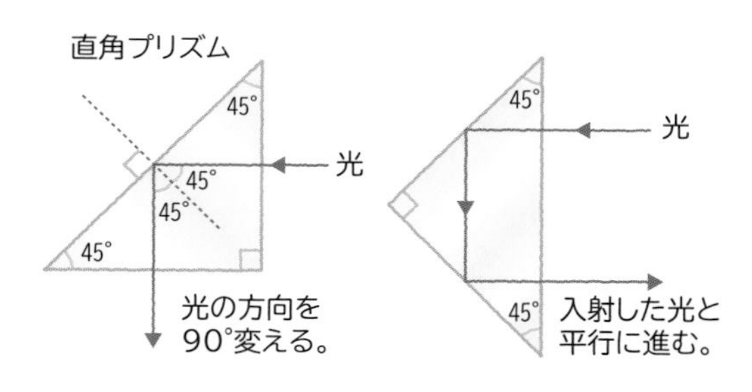


**プリズムに入った光の進み方**

### ●分かれて見える日光

日光をプリズムに通すと，日光は2回，同じ向きにくっ折し，いろいろな色の光に分かれます。光の色によって，くっ折する角度がちがうからです。

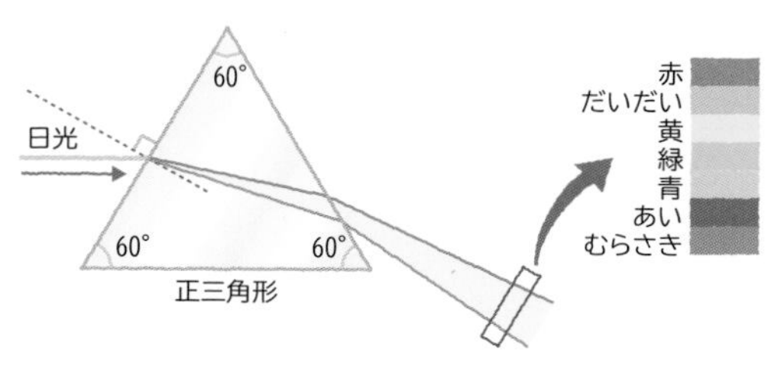


**プリズムに日光を当てる**

ダイヤモンドが強いかがやきを放つのは，入射した光がダイヤモンドの中で全反射をくり返して前面からすべて出てくるように，規則正しい形にカットされているためです。

重要度 ★★★

## にじ

朝や夕方の雨上がりなどに見えるアーチ状の光の色の帯。空気中にうかぶ水てきに入った日光が反射，くっ折 [➡光のくっ折 P.538] していろいろな色の光に分かれるために起こり [➡プリズム P.539]，太陽と反対側の空に見えます。

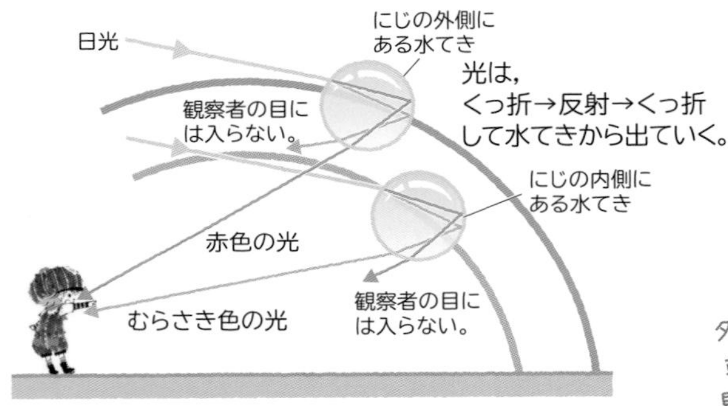

日光
にじの外側にある水てき
観察者の目には入らない。
光は，くっ折→反射→くっ折して水てきから出ていく。
にじの内側にある水てき
赤色の光
むらさき色の光
観察者の目には入らない。

水てきに入った日光は，赤色の光よりむらさき色の光が大きくくっ折します。にじの帯の外側の水てきでは赤色の光が，内側の水てきではむらさき色の光が，人の目に届きます。そのため，にじの外側は赤く，内側はむらさき色に見えます。

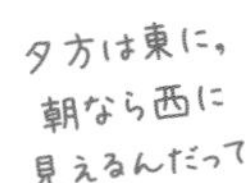

★★★

## しんきろう

**遠くの景色がうき上がって見えたり，実際の景色の下に上下逆になった像が見えたりする現象です。** 地表付近で冷たい空気とあたたかい空気が重なり合い，その境目で光が曲げられるために起こります。

上位しんきろう

冷たい空気の上にあたたかい空気があるとき

あたたかい空気
冷たい空気のほうへ曲がる。
像
冷たい空気

下位しんきろう

あたたかい空気の上に冷たい空気があるとき

冷たい空気
あたたかい空気
像
冷たい空気のほうへ曲がる。

**通常のときの写真**

**上位しんきろうが見えている例**

# 4 とつレンズを通った光

重要度 ★★★

## 虫めがねで集めた日光

虫めがね（とつレンズ [➡ P.542]）に日光を垂直に当てると，日光を集めることができます。集まったあとは，光は広がって進みます。
日光が１点に集まったところを，とつレンズのしょう点 [➡ P.542] といいます。

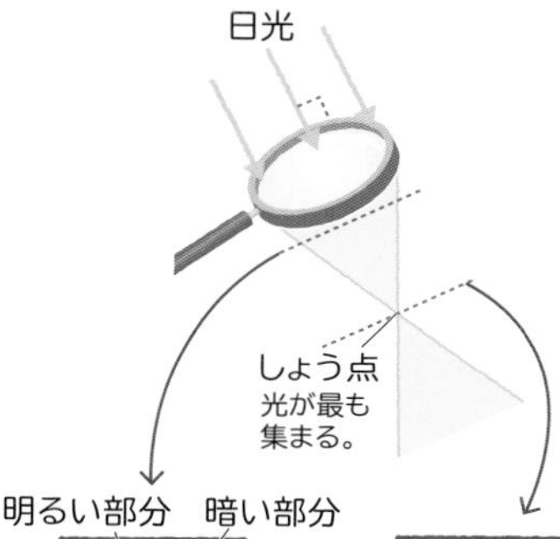


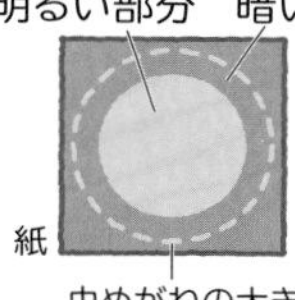


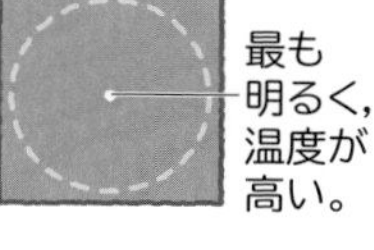


虫めがねを通った日光を紙に当てると，明るい部分と暗い部分ができます。**明るい部分の大きさを小さくする**ほど，日光が多く集まるので，明るく，あたたかくなり，紙をこがすこともできます。

### ●虫めがねの大きさと集まる光の量

大きい虫めがねほど，多くの光を集めることができます。紙に光を当てるとき，多くの光が集まるほど，紙が早くこげます。

#### 比べる 虫めがねの大きさと集まる光

| | 大きい虫めがね | 小さい虫めがね |
|---|---|---|
| 集まる光（光の面積は同じ） | 多い | 少ない |
| 明るい部分の明るさ | 明るい | 暗い |
| 紙のこげ方 | 早い | おそい |

こがすよー！

とつレンズに対して，真ん中がへこんでいるレンズをおうレンズといいます。日光を当てるとくっ折して広がり，日光は集まりません。おうレンズは近視のめがねに使われ，像は実物より小さく見えます。

# 第1章 光と音

重要度

## ★★★ とつレンズ

真ん中が**ふくらんでいるレンズ**。厚いレンズほどしょう点きょりは短くなります。

## ★★★ 光じく（レンズのじく）

とつレンズの中心を通り，レンズに垂直な直線。レンズのじくともいいます。

## ★★★ しょう点

とつレンズに平行光線 [➡ P.531] を垂直に当てたとき，レンズを通った**光が1点に集まる点**を**しょう点**といい，とつレンズの両側に1つずつあります。

## ★★★ しょう点きょり

とつレンズの**中心からしょう点までのきょり**。

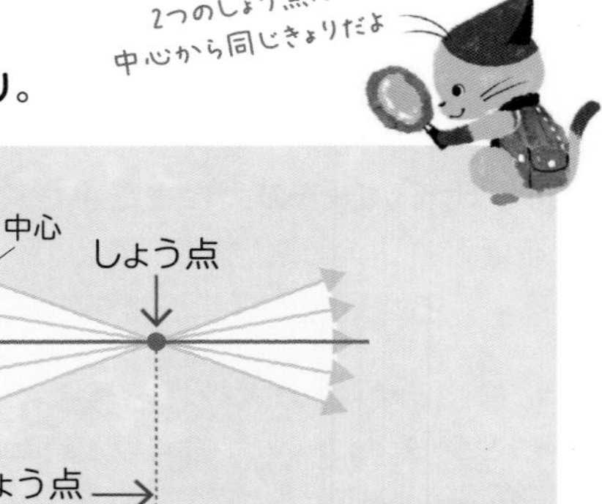


⬆ **しょう点としょう点きょり**

## ★★★ とつレンズを通る光の進み方

①光じくに**平行な光**
　→**しょう点**を通ります。
②とつレンズの**中心を通る光**
　→そのまま**直進**します。
③**しょう点を通る光**
　→光じくに**平行**に進みます。

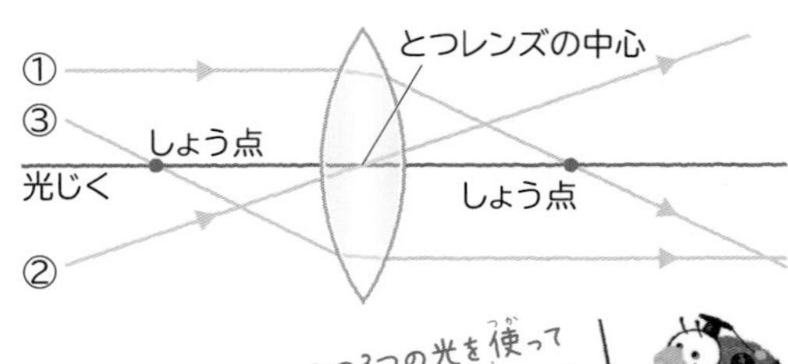


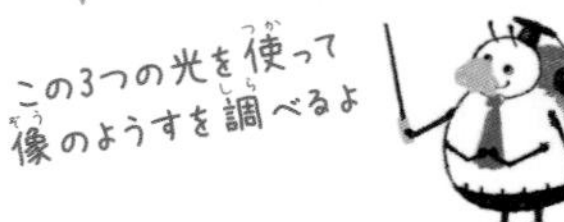

この3つの光を使って
像のようすを調べるよ

とつレンズに当たった光は，レンズに入るときと出るときの2回くっ折しますが，作図のときはとつレンズの中心線で1回くっ折するようにかきます。

## ★★★ とつレンズでできる像

物体の位置によって，**像の位置**や**大きさ**，**向き**，**種類**が変わります。

### 物体の位置と像のでき方

| 物体と像の位置（F はしょう点，F′はしょう点きょりの 2 倍の位置） | 像の大きさ | 像の向き | 像の種類 |
|---|---|---|---|
| しょう点きょりの2倍より遠い。（実像：しょう点としょう点きょりの2倍の位置の間） | 物体より小さい。 | 上下左右が物体と反対。 | 実像 [➡ P.544] |
| しょう点きょりの2倍の位置（実像：しょう点きょりの2倍の位置） | 物体と同じ。 | 上下左右が物体と反対。 | 実像 |
| しょう点としょう点きょりの2倍の位置の間（実像：しょう点きょりの2倍より遠い。） | 物体より大きい。 | 上下左右が物体と反対。 | 実像 |
| しょう点の位置（光は平行で集まらない。） | 像はできない。 | | |
| しょう点の内側にある。（きょ像：スクリーンにうつらず，とつレンズを通して見える。） | 物体より大きい。 | 物体と同じ。 | きょ像 [➡ P.544] |

虫めがねを物体に近づけたときに見える拡大された像は，物体がしょう点の内側にあるときできるきょ像です。

重要度 ★★★

## 実像

物体からの光がとつレンズ[➡P.542]を通って集まってできる像。物体がとつレンズの**しょう点**[➡P.542]**よりも外側にある**ときできます。スクリーンにうつり，**上下左右の向きが物体と反対向きの像**（とう立実像）です。

**●とつレンズの一部を紙でおおうと**

とつレンズの一部を黒い紙でおおっても，像の形は半分にはなりません。これは，おおっていない部分のとつレンズを通った光がスクリーンに届くためです。しかし，届く**光の量が少なくなる**ので，像は暗くなります。

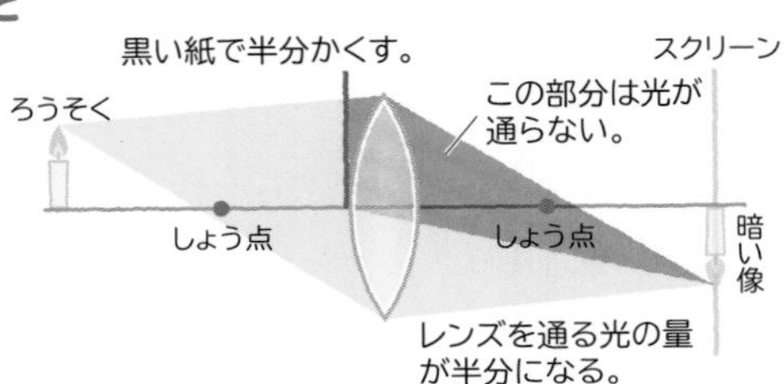
黒い紙で半分かくす。
スクリーン
ろうそく
この部分は光が通らない。
しょう点
しょう点
暗い像
レンズを通る光の量が半分になる。

★★★

## きょ像

物体がとつレンズ[➡P.542]の**しょう点**[➡P.542]**の内側にある**とき，とつレンズを通して見える像。物体からの光が集まらないので，スクリーンに像はうつりません。物体より大きく，**同じ向きの像**（正立きょ像）です。

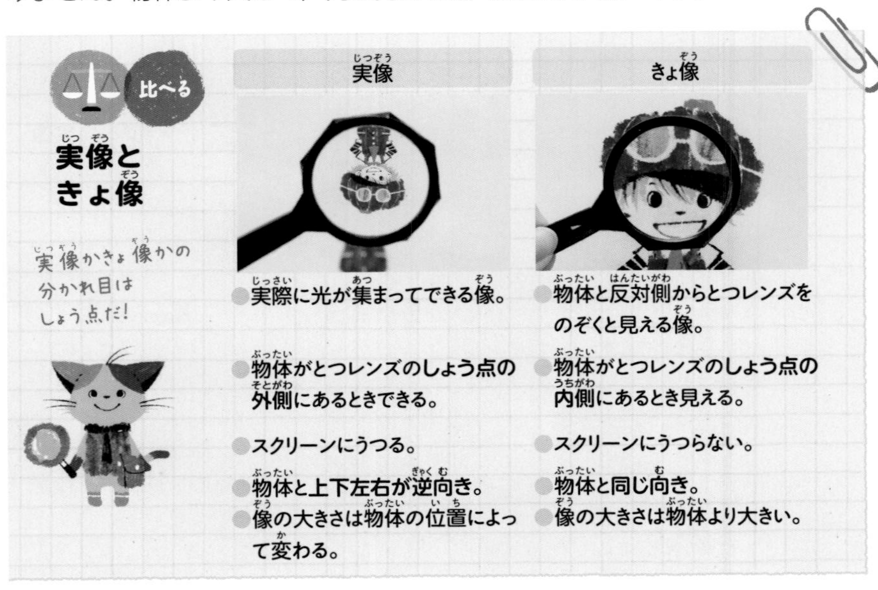
比べる
実像ときょ像
実像かきょ像かの分かれ目はしょう点だ!

| 実像 | きょ像 |
|---|---|
| 実際に光が集まってできる像。 | 物体と反対側からとつレンズをのぞくと見える像。 |
| 物体がとつレンズのしょう点の外側にあるときできる。 | 物体がとつレンズのしょう点の内側にあるとき見える。 |
| スクリーンにうつる。 | スクリーンにうつらない。 |
| 物体と上下左右が逆向き。 | 物体と同じ向き。 |
| 像の大きさは物体の位置によって変わる。 | 像の大きさは物体より大きい。 |

**COLUMN まめ知識**

けんび鏡[➡P.202]の対物レンズと接眼レンズはどちらもとつレンズです。けんび鏡で見える像は，対物レンズでつくった実像を接眼レンズによってさらに拡大したきょ像です。

COLUMN

# とつレンズを通った豆電球の光

## 光じく上の特別な2つの点

とつレンズの光じく上には，レンズの両側にそれぞれ**しょう点**と**しょう点きょりの2倍の位置**という，特別な点があります。豆電球をしょう点に置くと，とつレンズを通った光は**平行**に進み，しょう点きょりの2倍の位置に置くと，光は**しょう点きょりの2倍の位置**に集まります。

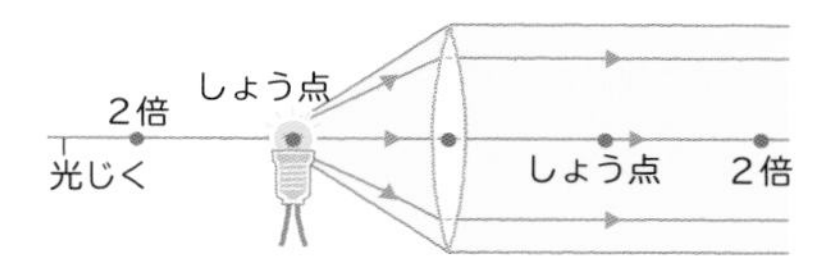


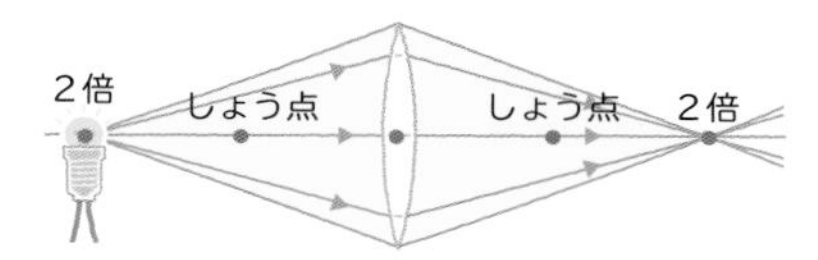


## 光が広がるときと光が集まるとき

上の図で，①と②の豆電球の位置を動かしてみましょう。

①の豆電球を右に動かすと，光は**広がって集まりません**が，左に動かすと集まるようになります。

②の豆電球を右に動かすと，**光が集まる位置は遠ざかり**，左に動かすと，**しょう点に近づきます。**さらに左に動かすと，日光のような平行光線に近い光になり，**しょう点の近くに集まります。**

光が集まった位置にスクリーンを置くと，豆電球の像がうつります。

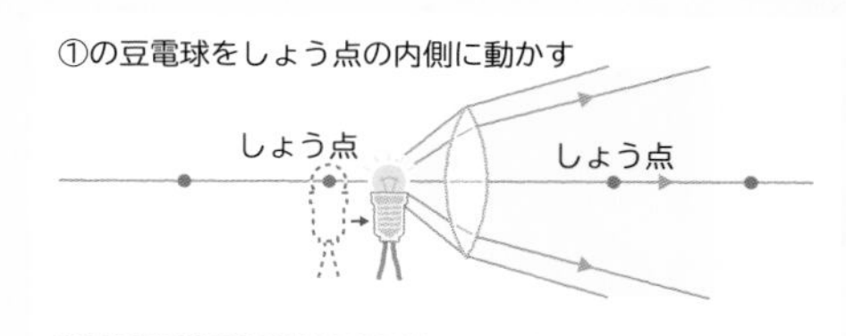


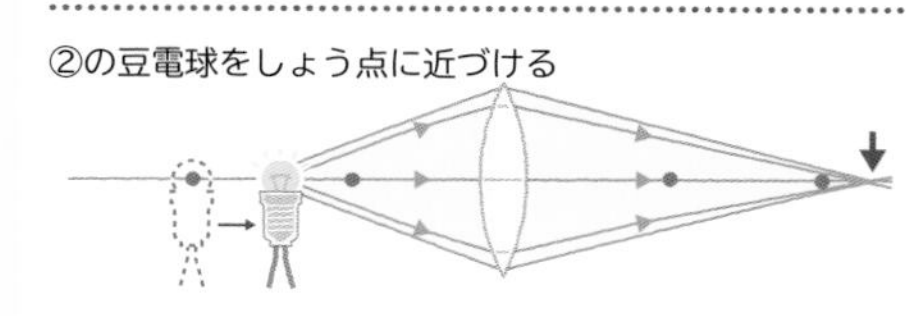


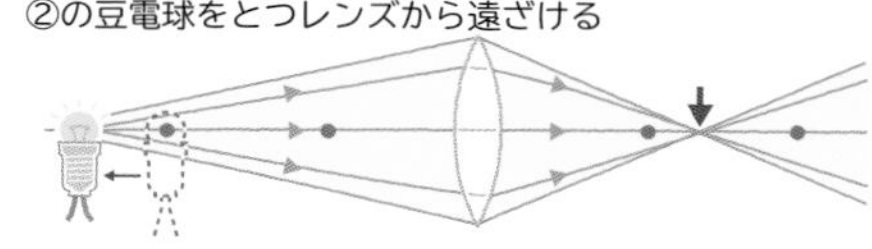


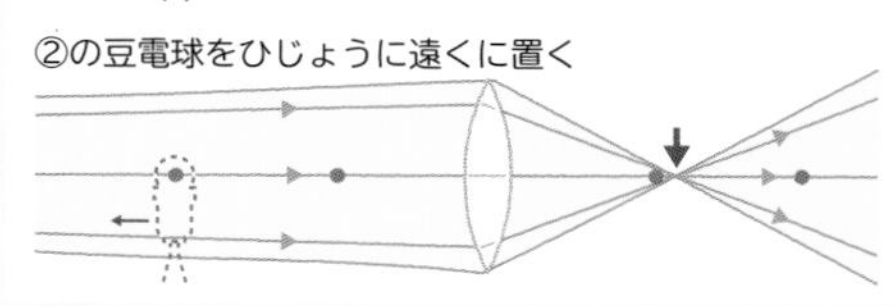

# 02 音の性質

## 1 音の伝わり方

重要度

### ★★★ 音源（発音体）

モノコード［➡P.550］やギターのげんをはじくと，げんが細かくしん動して音が出ます。ギターのげん，たいこの皮，音さ［➡P.548］などのように，**音を出す**ものを音源または発音体といいます。

はじいたげんはしん動して音が出る。
たいこの皮がしん動して紙が飛びはねる。
音さのしん動で水がはじける。

⇧音を出すものとしん動

### ★★★ しん動

モノコード［➡P.550］のげんをはじくと，げんは往復する運動をくり返してふるえます。このようなげんの運動をしん動といいます。音を出すものはしん動し，しん動が止まると，音は止まります。

### ★★★ 音の伝わり方

もの（音源）がしん動すると，音の波（音波）が発生して，まわりの空気をしん動させます。音が聞こえるのは，ものから出た**音の波が空気によって伝わり，耳の中のこまく**［➡P.153］**をしん動させる**からです。真空中は，音の波を伝えるものがないので，音は聞こえません。音源から遠ざかると音は小さくなります。

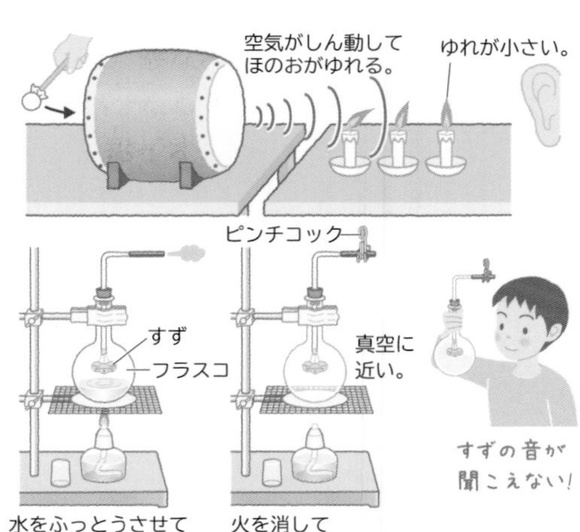

空気がしん動してほのおがゆれる。
ゆれが小さい。
ピンチコック
すず
フラスコ
真空に近い。
すずの音が聞こえない！
水をふっとうさせて空気を追い出す。
火を消してピンチコックを閉じ，冷ます。

⇧音の伝わり方の実験

COLUMN まめ知識

人が声を出す器官を声帯といいます。声帯は左右1対のひだで，肺から出てくる空気が通るときにしん動し，それが口や鼻の中の空気をしん動させて声が出ます。

**●音を伝えるもの**

音は，空気のような気体，水などの液体，固体である金属 [➡P.583] やコンクリート，木など，あらゆるものを伝わっていきます。音の速さ [➡P.553] は，ものによってちがいます。

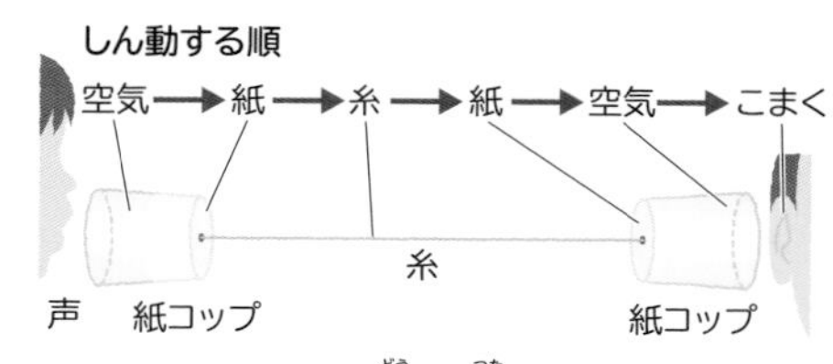


糸電話のしん動の伝わり方

## ★★★ 音の波

ものの**しん動が次々に伝わる現象**を**波**といいます。音の波は，音源のしん動によって，**空気のこいところとうすいところができ，それが次々に伝わる**もので，空気自体が移動するのではありません。空気のしん動は，オシロスコープ [➡P.550] を使って，波の形のグラフとして見ることができます。

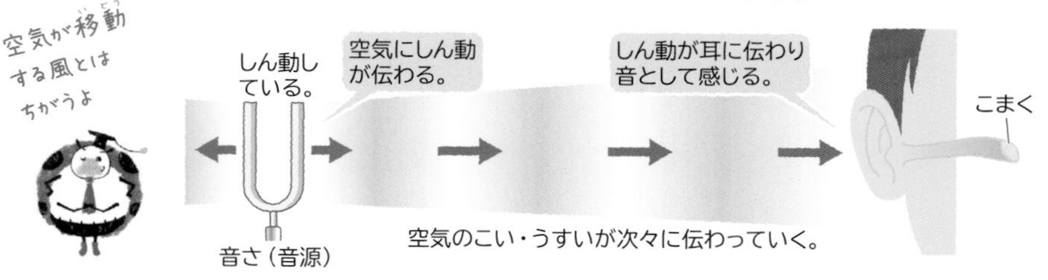

空気が移動する風とはちがうよ
しん動している。
空気にしん動が伝わる。
しん動が耳に伝わり音として感じる。
こまく
音さ（音源）
空気のこい・うすいが次々に伝わっていく。

## ★★★ 真空

気圧 [➡P.252] がひじょうに低く，空気などの**物質がほとんどない空間**です。

## ★★★ 音の反射

音はものに当たるとはね返ります。これを**音の反射**といいます。音が反射しやすいのは，ガラス，コンクリート，金属板などのように，**表面がなめらかでかたいもの**です。山びこ（こだま）は，向かい側の山やがけではね返ってきた音です。

**●音が反射する角度**

右の図のように，角aと角bが等しくなるところで，反射した音は最も大きく聞こえます。

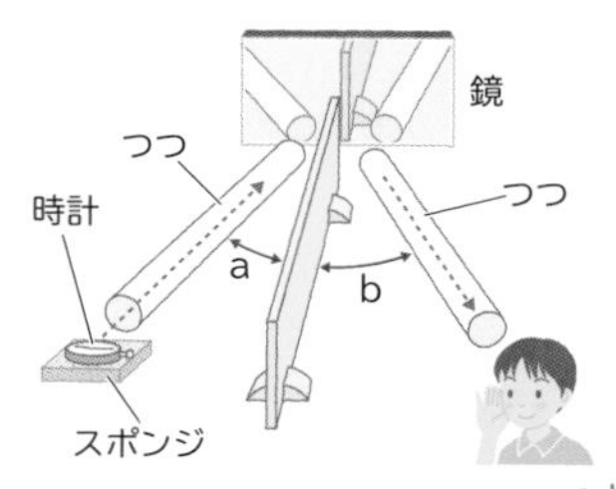

波には横波と縦波があります。横波は水面に広がる波もんのような波です。音の波は縦波で，しん動の向きと波が進む向きが同じで，長いばねをばねの方向にはじいたときの波と似ています。

# 第1章 光と音

重要度

## ★★★ 音の吸収

音は，ものに当たると，反射 [➡音の反射 P.547] すると同時に一部は吸いとられます。音が吸いとられることを**音の吸収**といいます。音は，綿やスポンジ，布などのやわらかいものに当たると，反射されずにほとんどが吸収されます。

## ★★★ 音の共鳴

しん動数 [➡ P.550] が等しい2つの音さを向かい合わせて並べ，一方の音さをたたくと，その**しん動が他方の音さに伝わって鳴り出します**。このような現象を**共鳴**といいます。

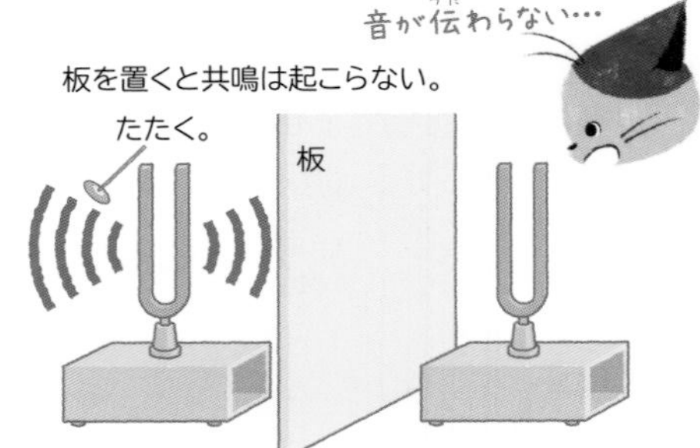


**●音さの箱のはたらき**

音さのしん動が箱と共鳴してしん動が大きくなり，**音が大きくなります**。ギターの場合も，ボディの部分が音さの箱と同じはたらきをしています。げんがしん動すると，ボディの部分の板が共鳴してしん動し，音が大きくなります。

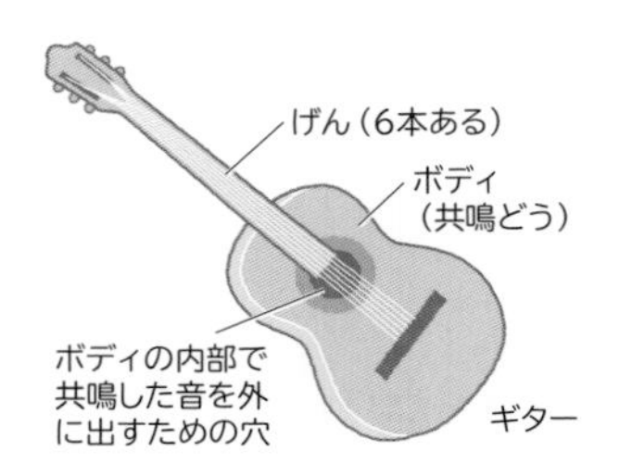


## ★★★ 音さ

U字形の金属棒をつちでたたくと，金属棒がしん動して，**一定の高さの音**が発生します。音さによって発生する音の高さはそれぞれ決まっています。箱は音さのしん動と共鳴して，音さの音を大きくするはたらきをします。

COLUMN
**まめ知識**

**共鳴してものがしん動する現象は，音以外でも起こります。大きな地しん [➡ P.389] のとき，高いビルが地しんのしん動によって大きくゆれることがあります。これを共しんといいます。**

# 2 音の三要素

## 重要度 ★★★ 音の三要素

身のまわりのいろいろな音には，音の高さ，音の大きさ [➡P.551]，音色 [➡P.551] のちがいがあります。これを**音の三要素**といいます。

## ★★★ 音の高さ

音の高い，低いは，音源の**しん動する速さ**によって決まります。しん動する速さはしん動数 [➡P.550] によって表します。しん動する速さが速いほど，しん動数は多くなり，音は高くなります。

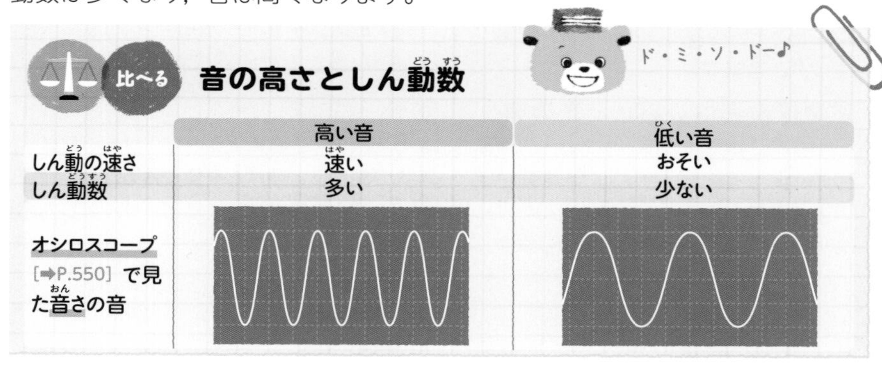


比べる 音の高さとしん動数

| | 高い音 | 低い音 |
|---|---|---|
| しん動の速さ | 速い | おそい |
| しん動数 | 多い | 少ない |
| オシロスコープ [➡P.550] で見た音さの音 | | |

### ●水を入れた試験管を使った実験

試験管に入れる水の量を変えて，試験管をたたいたときの音と，試験管の口を息でふいたときの音では，**しん動するものがちがう**ために音のようすがちがいます。

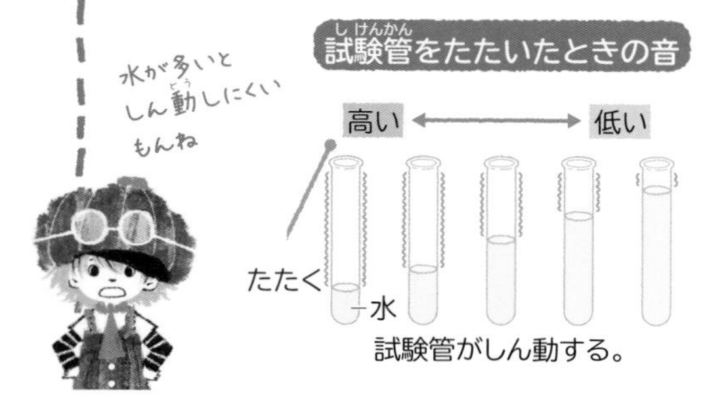

試験管がしん動する。

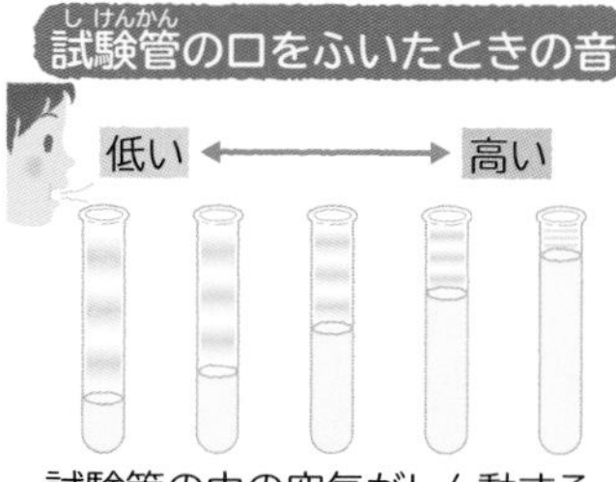

試験管の中の空気がしん動する。

**COLUMN まめ知識**
つつに穴が開いているリコーダーという楽器は，つつの中の空気のしん動が音源です。息をふきこむと，穴のところにできる空気のうずがつつの中の空気をしん動させて音が出ます。

重要度

★★★ ## しん動数

しん動数は，音源が**1秒間にしん動**[➡P.546]**する回数**を表したもので，単位はヘルツ（記号Hz）です。速くしん動するほどしん動数が多くなり，音は高くなります。

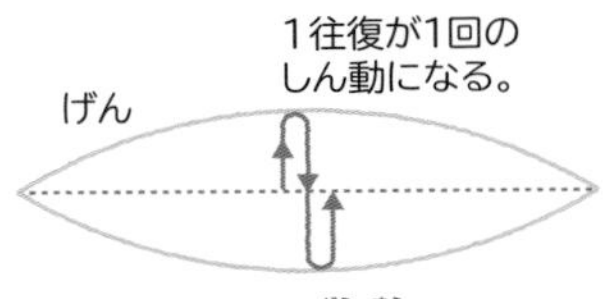
1往復が1回の
しん動になる。
げん
⬆ げんのしん動数

★★★ ## モノコード

げんをはじいてしん動[➡P.546]させて音を出します。**げんをはじく強さ**を変えたり，**げんを張る強さ**や**しん動する部分の長さ**，**げんの太さ**を変えて，音の大きさや音の高さ[➡P.549]を調べることができます。

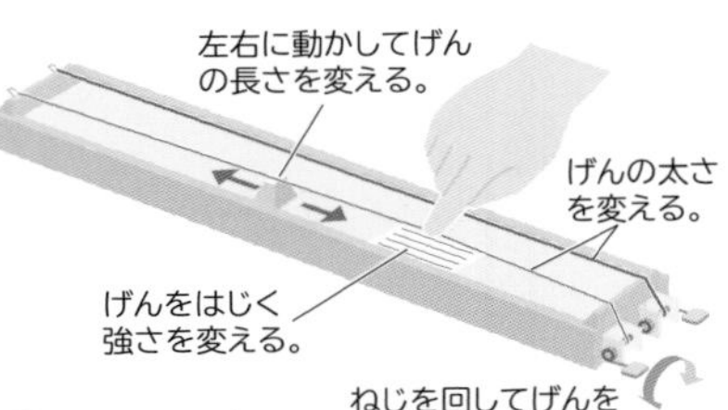
左右に動かしてげん
の長さを変える。
げんの太さ
を変える。
げんをはじく
強さを変える。
ねじを回してげんを
張る強さを変える。
⬆ モノコード

### ●げんをはじいたときの音

音の高さはげんの長さ・太さ・張る強さによって決まり，音の大きさは，げんをはじく強さによって決まります。**げんが短い**ほど，**げんが細い**ほど，**げんを強く張る**ほど，げんの**しん動数**が多くなって音は高くなります。また，**げんを強くはじく**ほど，げんの**しんぷく**が大きくなり，音は大きくなります。

比べる **げんと音の高さ**

| | 高い音 | 低い音 |
|---|---|---|
| げんの長さ | 短い | 長い |
| げんの太さ | 細い | 太い |
| げんを張る強さ | 強い | 弱い |
| げんのしん動数 | 多い | 少ない |

★★★ ## オシロスコープ

音の高さ[➡P.549]や音の大きさ，音色の変化のようすを，波のような曲線（波形）に表して見ることができます。

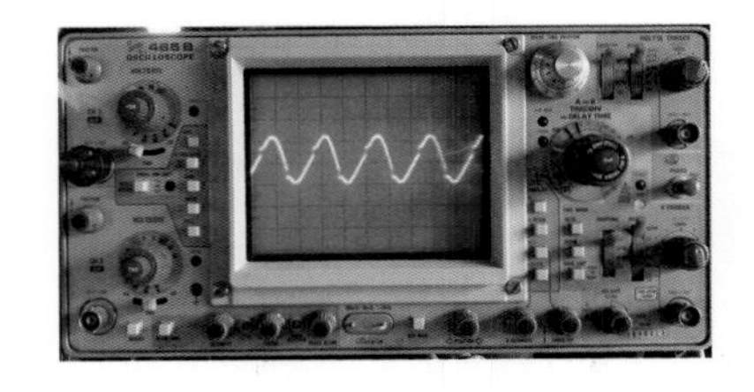
➡ オシロスコープ

COLUMN まめ知識

ラジオ放送で耳にする時報「ピッ，ピッ，ピッ，ポーン」の音は，はじめの「ピッ，ピッ，ピッ」がしん動数440Hz，「ポーン」がそれより1オクターブ高いしん動数880Hzです。

## ★★★ 音の大きさ（音の強さ）

音の大きさは，音源のしん動 [➡P.546] の**しんぷくの大きさ**によって決まります。しんぷくが大きいほど，音は大きくなります。

## ★★★ しんぷく

音源の**しん動** [➡P.546] **するはば**をしんぷく（ふれはば）といいます。音源を強くたたく，強くはじくなど，**音源に加える力を強くする**と，しんぷくは大きくなります。

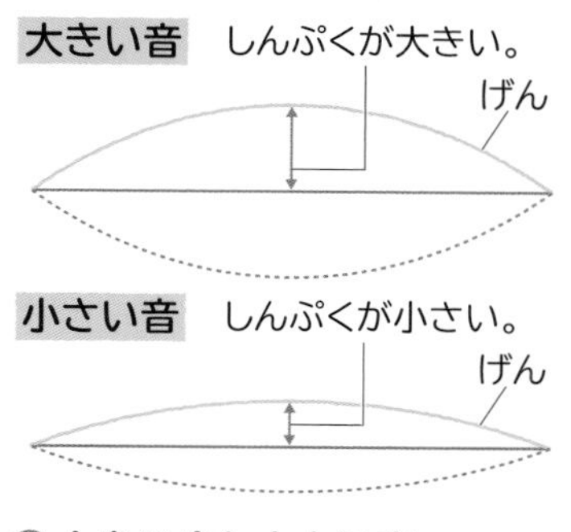

**大きい音と小さい音**

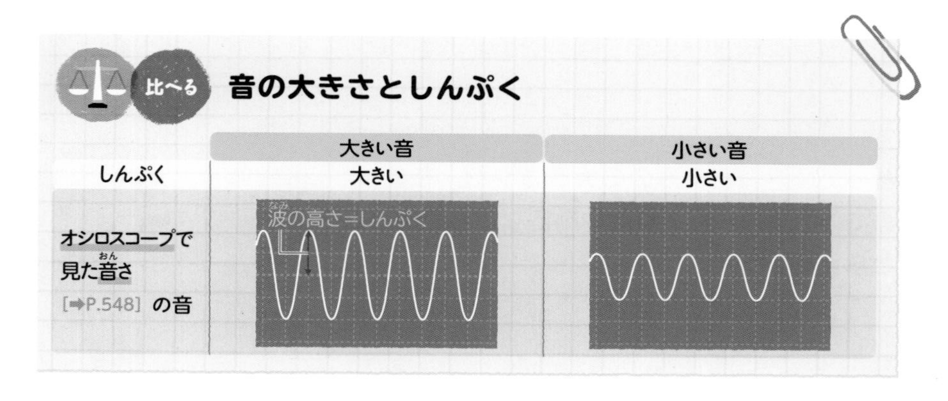

### 比べる 音の大きさとしんぷく

| | 大きい音 | 小さい音 |
|---|---|---|
| しんぷく | 大きい | 小さい |
| オシロスコープで見た音さ [➡P.548] の音 | 波の高さ＝しんぷく | |

## ★★★ 音色

音色は，音の高さ [➡P.549]，音の大きさとともに，音の三要素 [➡P.549] の１つです。音の高さや大きさが同じでも，たいこの音とピアノの音はまったくちがいます。音色は，音源 [➡P.546] によってちがう音の感じを示すもので，オシロスコープで見ると，**音の波の形が音源によってちがう**ことがわかります。

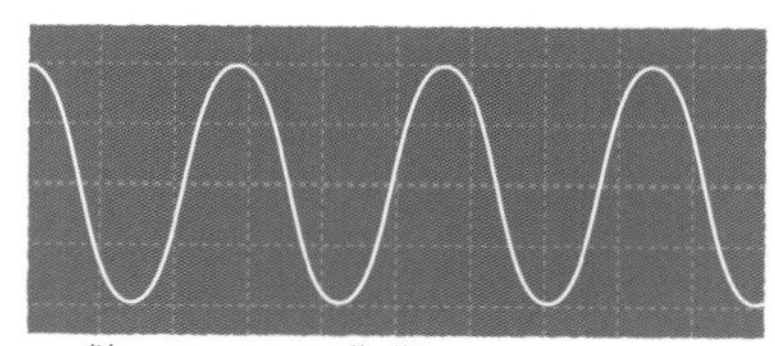
**音さの音の波形**

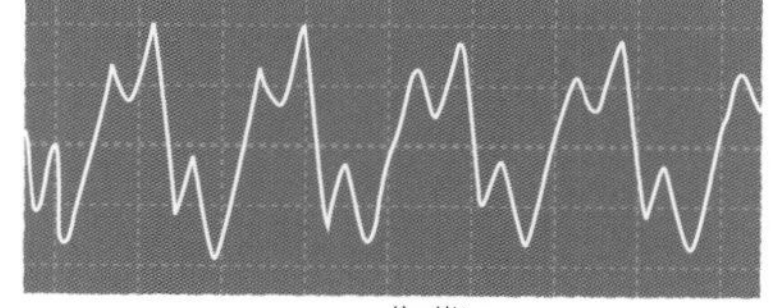
**ギターの音の波形**

オシロスコープで見た人の声は複雑な波形ですが，声のちがいは楽器の音色のちがいと同じです。

COLUMN

# 人に聞こえない音-超音波

人が聞くことのできる音のしん動数 [➡ P.550] のはんいは 20Hz〜20000Hz です。20000Hz 以上のしん動数の音を **超音波**といいます。超音波は人には聞こえませんが，イルカやコウモリはこれを発生させて利用しています。

## 超音波レーダー

イルカは人が聞ける音の５倍以上のしん動数の超音波を発生させます。鼻の穴のおくでつくられた超音波は，前頭部から送り出されます。反射してきた音は，下あごの骨で受けとって聞き分け，**ものの大きさや形，ものまでのきょり，魚の位置や動きなどを正確にとらえる**のです。

さらに，超音波は，なかま同士の通信にも使われているといわれています。

## 超音波の利用

**魚群探知機**は，イルカのように超音波を出して魚の群れを見つけます。漁船の底から超音波を出して，音が返ってくるまでの時間をもとに深さを画像に示して魚群をとらえます。

**カップめん**のふたは，超音波を使って密着させます。超音波のしん動によってまさつを起こし，発生する熱でプラスチックの容器をとかし，ふたをくっつけます。

超音波を当ててふたをくっつける。

内臓の病気の部分，赤ちゃんのようすなどを見るために，超音波しん断装置が使われています。X線などの放射線 [➡ P.643] と比べて，超音波は音のしん動なので，体への害は少ないです。

# 3 音の速さ

重要度 ★★★

## 音の速さ

音は，空気中を毎秒 340m の速さ [➡ P.554] で伝わります。これを 340m/秒（メートル毎秒）と表します。これは，気温が 15℃のときの速さですが，音の速さは気温が高くなるほど速くなります。音の速さを**音速**といいます。音の速さは，次の式で求めることができます。

$$音の速さ〔m/秒〕= \frac{音源までのきょり〔m〕}{音が伝わる時間〔秒〕}$$

かみなりは，いなずまが光って少したってから「ゴロゴロ」と聞こえます。これは，光の速さ（1 秒間に約 30 万 km 進む）が音の速さと比べてはるかに速いからです。

また，音は，密度 [➡ P.414] が大きいものの中ほど速く伝わります。密度の小さい気体ではおそく，密度の大きい固体では速く伝わります。

比べる

**物質中を伝わる音の速さ**

| 物質 | 速さ〔m/秒〕 | 物質のすがた |
| --- | --- | --- |
| 空気（15℃） | 340 | 気体 |
| 水蒸気（100℃） | 473 | 気体 |
| 水 | 1500 | 液体 |
| 海水 | 1513 | 液体 |
| ガラス | 5440 | 固体 |
| 鉄 | 5950 | 固体 |

### ●海の深さをはかる

音は，かたいものに当たると反射します。これを利用して，海の深さを測定できます。

**Q** 船から海底に向けて超音波を出し，反射して返ってくるまでの時間は 4 秒でした。海水中での音の伝わる速さを 1513m/秒とすると，海の深さは何 m？

海
4秒

**A** 1513〔m/秒〕× 4〔秒〕÷ 2 = 3026〔m〕　**答え　3026m**

COLUMN くわしく

空気中を伝わる音の速さは，気温 0℃のとき約 331m/秒です。気温が1℃上がるごとに 0.6 m/秒ずつ速くなります。音の速さ〔m/秒〕= 331+(0.6 ×気温)

# 速さ

## 速いのはどちら？

次のAさんとBさんは，どちらが速いでしょう。

・Aさんは2500 mのきょりを10分で走った。

・Bさんは3000 mのきょりを15分で走った。

どちらが速いかは，単位時間，たとえば**1分間に走ったきょり**を比べます。これが**速さ**を表し，次の式で求められます。

**速さ＝きょり÷時間**

単位をつけて計算しよう

Aさんの速さ…2500〔m〕÷10〔分〕＝250〔m/分〕

Bさんの速さ…3000〔m〕÷15〔分〕＝200〔m/分〕

1分間を単位時間とする速さは**分速**といい，Aさんの速さは，「250 m/分（メートル毎分）」や「毎分250 m」などといいます。

速さは**単位時間に動いたきょり**を表すので，速さとかかった時間から**動いたきょり**がわかり，速さと動いたきょりから**かかった時間**がわかります。

**きょり＝速さ×時間**　　**時間＝きょり÷速さ**

きょりはcm，m，km，時間は1秒，1分，1時間などの単位で表します。速さの単位には，**cm/秒**（センチメートル毎秒），**m/秒**（メートル毎秒），**m/分**，**km/時**（キロメートル毎時）などがあります。

空気中の音の速さは約340 m/秒ですが，速さの単位を変えて表してみましょう。

音の速さ＝340〔m/秒〕（1秒間に伝わるきょり）

＝(340 × 60)〔m/分〕＝20400〔m/分〕＝20.4〔km/分〕

（1分間（＝60秒）に伝わるきょり）

＝(340 × 60 × 60)〔m/時〕＝1224000〔m/時〕＝1224〔km/時〕

（1時間（＝60×60秒＝3600秒）に伝わるきょり）

COLUMN

# ドップラー効果

## 救急車のサイレンの音

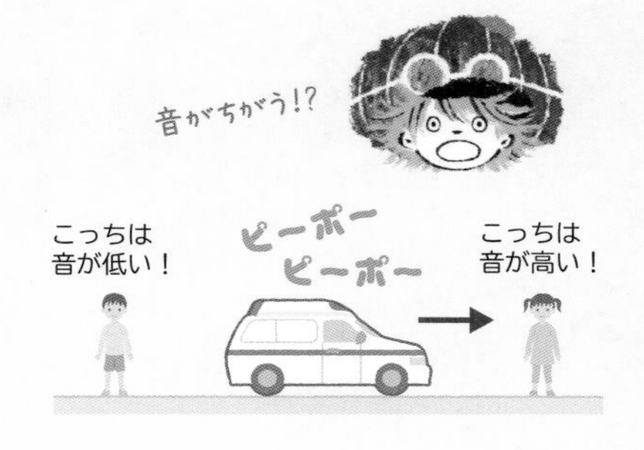


救急車がサイレンを鳴らしながら通り過ぎるとき，救急車が近づいてくるときは，サイレンの音が高く聞こえ，遠ざかっていくときは低く聞こえます。

音源（救急車）から出る音は，一定で変化しませんが，**音源が動いているとき，**その前方と後方で**音の高さがちがって聞こえる現象**を**ドップラー効果**といいます。1842 年にオーストリアの物理学者ドップラーが提唱しました。

## しん動数が変化する

救急車からのサイレンは，一定の速さで四方八方に広がっていきますが，救急車が動いているために，進行方向の前方では，音を追いかけることになって，次の音との間かくがせまくなります。そのため，しん動数が多くなり，音は高くなります。逆に，救急車の後方では，音から遠ざかるために，しん動数が少なくなり，音は低くなります。

**↑救急車が止まっているとき**

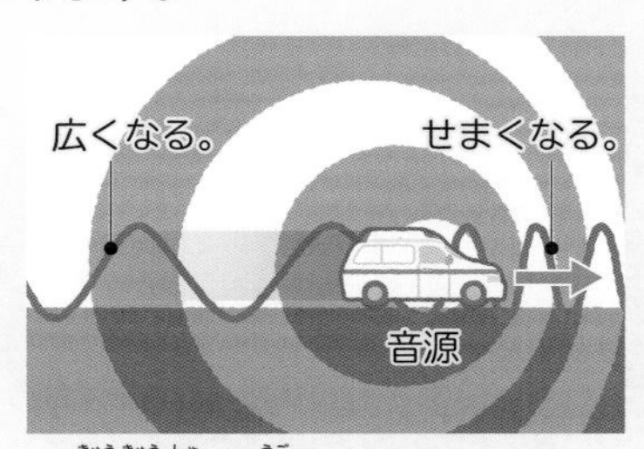


**↑救急車が動いているとき**

**警報（音源）が鳴っている踏切に電車が近づくときは，電車に乗っている人には警報が高く聞こえ，電車が遠ざかるときは低く聞こえます。これもドップラー効果によるものです。**

# 第2章 磁石

## 磁石の強さ比べ

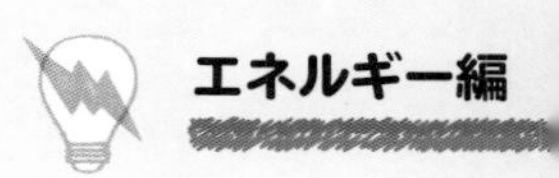


磁石にはいろいろな種類があり，強さもさまざまです。鉄板にくっつけた同じ大きさの磁石につるせるものの重さを比べました。
（直径 3cm× 高さ 1cm の円とう形の磁石。※ゴム磁石は 3cm×3cm× 厚さ 0.2cm）

フェライト磁石
3
1.5kg

ネオジムゴム磁石※
1.3kg

フェライトゴム磁石※
0.2kg
(200g)

## 磁石は日本人が作ってきた！

最強の磁石であるネオジム磁石は，1982 年に日本人の佐川眞人博士によって開発されました。じつは 1917（大正 6）年，世界で初めて人工的に磁石を開発したのも日本人の本多光太郎博士でした。さらに 1930 年には，加藤与五郎と武井武という二人の博士によってフェライト磁石が開発され，世界中で最も多く使われる磁石となりました。このように，磁石の歴史は，まさに日本人の手によって発展してきたと言えます。

佐川眞人博士

協力：ネオマグ株式会社

# この章で学ぶこと　ヘッドライン

## どんな金属も磁石につくの？

磁石は，冷蔵庫などにつけるマグネットとして，キッチンでよく使われていますね。マグネットがどこにつくか，キッチンのまわりで調べてみましょう。磁石は，どこにでもつくわけではありません。木などにはくっつきません。また，アルミニウムはくなど，金属でも，磁石がくっつかないものがあったのではないでしょうか。

じつは，磁石が引きつけるものは限られていて，鉄，ニッケル，コバルトなどの金属だけです。それ以外のアルミニウムなどの金属，金属以外の木や紙，ガラス，プラスチックなどは磁石にはつきません。[➡ P.563]

## なぜ鉄は磁石につくの？

２つの磁石は，同じ極どうしを近づけると退け合い，ちがう極どうしを近づけると引き合います。でも鉄は，どちらの極を近づけても引き合って磁石につきます。なぜでしょうか。

鉄は，自由に回転する小さな磁石でできているのです。図のように鉄に磁石を近づけると，ばらばらな方向を向いていた小さな磁石が引きつけられて，みんな同じ方向を向きます。すると，鉄が磁石になり，磁石につくのです。[➡ P.560]

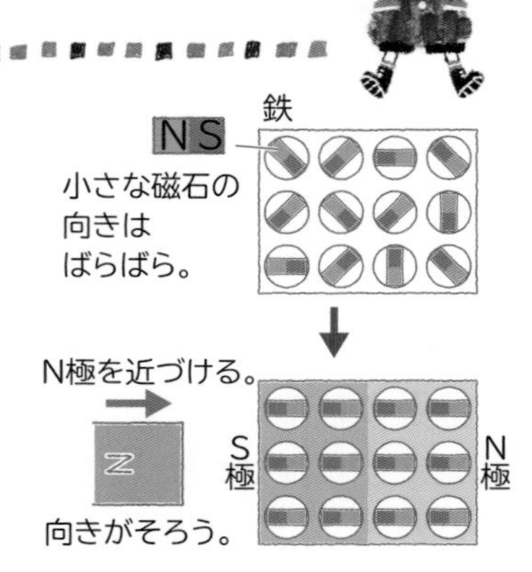

鉄
NS
小さな磁石の向きはばらばら。
N極を近づける。
N
S極
N極
向きがそろう。

⬆鉄が磁石につくしくみ

# N極だけの磁石，S極だけの磁石はあるの？

棒磁石は，片方のはしがＮ極，もう一方のはしがＳ極となっています。１本の磁石を真ん中で切ると，Ｎ極だけ，またはＳ極だけの磁石になると思いますか…？

じつはそうはなりません。磁石は，とても小さな磁石がどこでも同じ方向に並んでできています。棒磁石の真ん中を切っても，切り口の部分に新しく極が出てくるので，それぞれ両はしがＮ極，Ｓ極になるのです。Ｎ極だけの磁石やＳ極だけの磁石になることはありません。[➡ P.566]

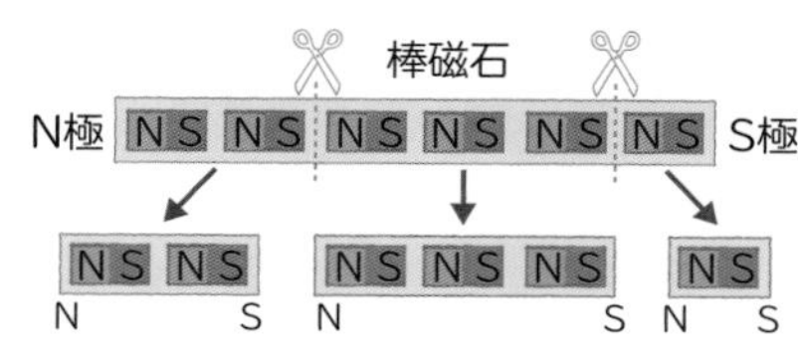


棒磁石を切ったとき

# 地球全体が磁石ってホント？

方位磁針は，中にある磁石が，南北を指して止まることを利用した，方角を知るための道具です。棒磁石の真ん中を糸でつり下げ，自由に動くようにしても，棒磁石は必ず南北の方向を向きます。なぜでしょうか。

これは，地球全体が大きな磁石になっているためです。北極がＳ極，南極がＮ極の磁石です。そのため，磁石のＮ極が北のＳ極と引き合い，磁石のＳ極が南のＮ極と引き合うのです。[➡ P.566]

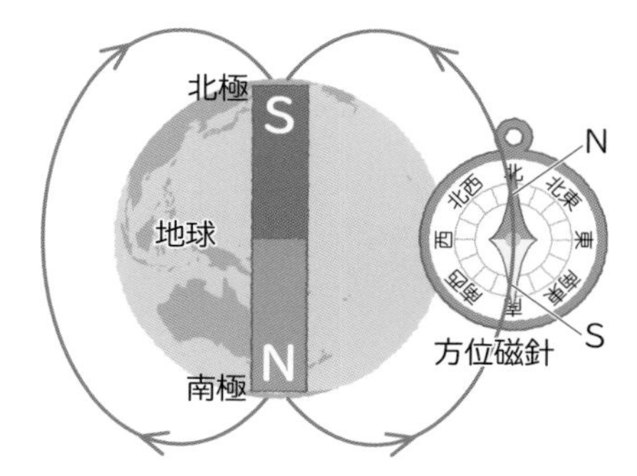


地球の磁石

# 01 磁石の性質

## 1 磁石

重要度 ★★★

### 磁石

2つの**極**（**N極**と**S極**）[➡P.565] があり，金属 [➡P.583] の**鉄などを引きつける性質**（磁力 [➡P.564]）をもつものを磁石といいます。磁石の性質を長い間保つ**永久磁石**と，電流のはたらきを利用する**電磁石** [➡P.602] があります。磁石は棒磁石，U字形磁石のほかに，丸型，円とう型など，使う部分に合わせたいろいろな形があります。

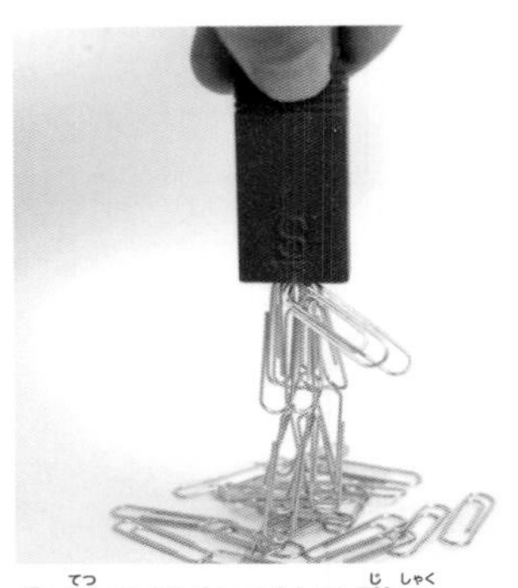

鉄を引きつける磁石

★★★

### 永久磁石

永久磁石は，**磁石の強さや磁石の極の性質** [➡P.566] **を長く保ち続ける磁石**です。磁石のN極とS極 [➡P.565] は決まっていて，電磁石 [➡P.602] のように極が入れかわることはなく，磁石の強さも変化しません。
永久磁石は材料によって，**フェライト磁石**や**ネオジム磁石**，**ゴム磁石**や**プラスチック磁石**などがあり，それぞれ磁石の強さがちがいます。また，天然に産出する磁石として**磁鉄鉱**もあります。

**●フェライト磁石**

磁石の力はあまり強くはありませんが，安くていろいろな形が作りやすいので，最も広く使われています。

**●ネオジム磁石** [➡P.569]

**ネオジム，鉄，ホウ素などを原料**とした磁石で，現在，最も強力な磁石ですが，さびやすく，熱に弱い性質があります。

COLUMN くわしく

磁石は長い間使っていると，少しずつ磁力が弱くなります。電流を流して強い磁界 [➡P.568] を発生させる磁化用コイルという装置を使うと，弱くなった磁石を簡単に再生できます。

●アルニコ磁石

**鉄，アルミニウム，ニッケル，コバルトの金属を原料**とした磁石です。磁石の力は，フェライト磁石の2～3倍です。

●ゴム磁石やプラスチック磁石

フェライト磁石やネオジム磁石の粉末をゴムやプラスチックにねりこんだものです。ゴムやプラスチックが混ざった分だけ，磁石の力は弱いですが，やわらかいので，はさみなどで自由に切って使えます。

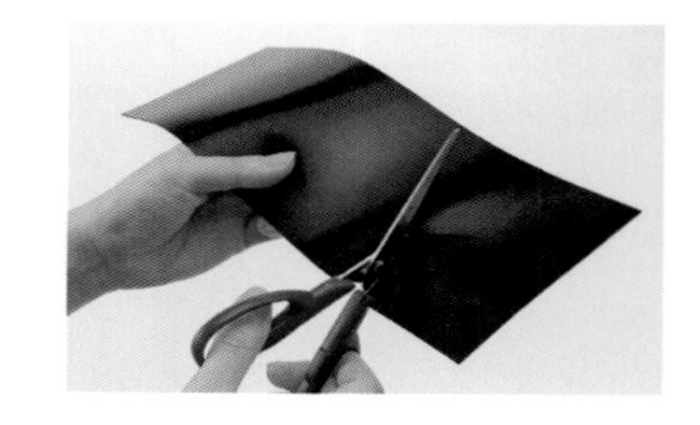

## ★★★ 砂鉄

砂鉄は鉄ではありません。**磁鉄鉱という物質の細かいつぶ**です。磁鉄鉱は火成岩[➡P.384]にふくまれるもので，砂鉄は，火成岩が**風化**[➡P.368]して細かくなり，砂になってできたものです。学校や公園の砂場，海岸，川原の砂地などで，磁石を動かすと集めることができます。

⬆磁石についた砂鉄

## ★★★ 磁鉄鉱

火成岩[➡P.384]にふくまれている鉱物[➡P.387]の1つです。黒色で，表面がかがやいています。**鉄を引きつけ，磁石と同じ性質**を示します。昔から**天然の磁石**として知られ，中国では，11世紀ごろまで，磁鉄鉱を魚の形をした木片の中に入れて水にうかべ，方角を知るための道具として使っていました。

⬆磁鉄鉱

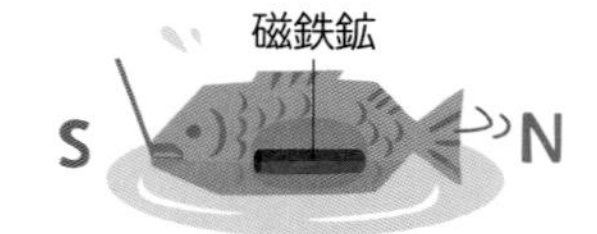


水にうかべて口が向いたほうが南

古代ギリシャや中国では，磁鉄鉱が鉄を吸いつけるふしぎな石として，紀元前から知られていました。漢字の磁石は，中国で磁鉄鉱を慈石と呼んだことに由来するといわれています。

重要度 ★★★

# 磁石の利用

永久磁石 [➡P.560] をそのまま使った文具や家具，永久磁石と電磁石 [➡P.602] を使った**モーター** [➡P.609] や**発電機** [➡P.616]，スピーカーやイヤホーン，磁気カードなどがあります。

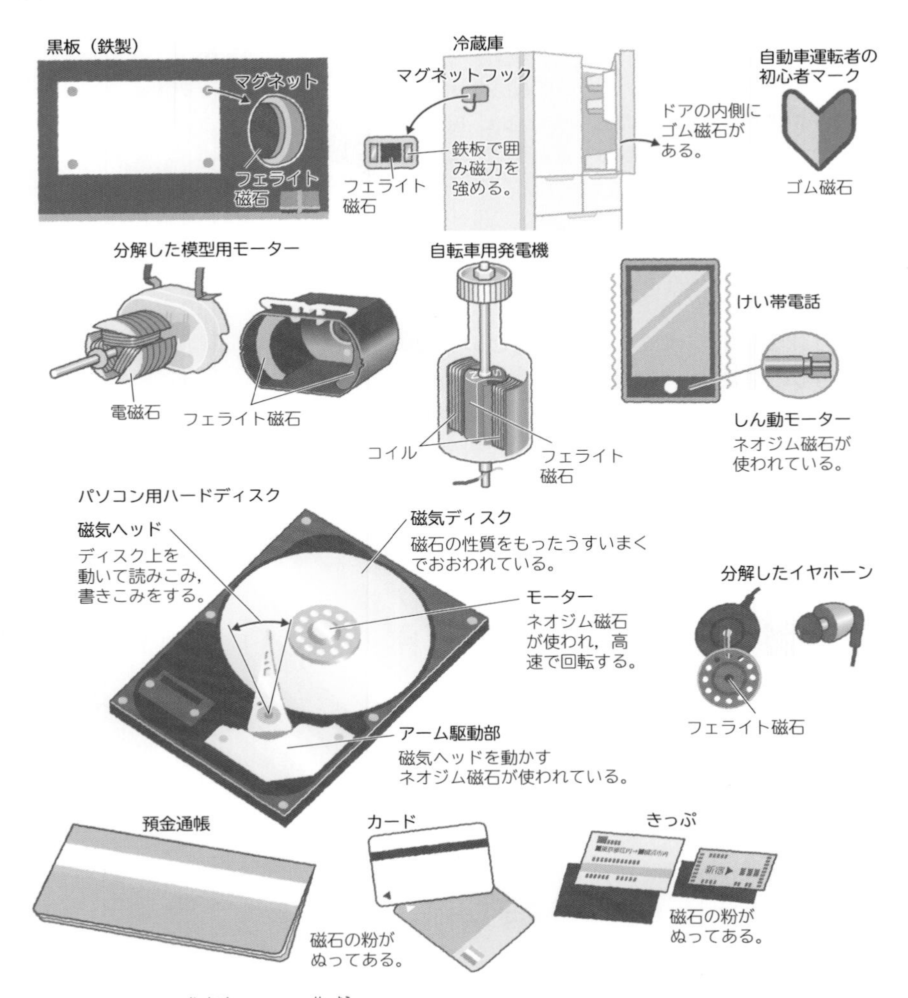


**いろいろな磁石とその利用**

COLUMN まめ知識

磁気ヘッドと高速回転する磁気ディスクのすき間は約 0.00001 mm。このすき間は，磁気ヘッドをジャンボジェット機の大きさとすると，地上約 0.6 mmの高さを飛ぶのと同じことになります。

## ★★★ 磁石につくもの

磁石は，金属[➡ P.583]の**鉄**や**ニッケル**，**コバルト**などを引きつけます。これ以外のアルミニウムや銅などの金属や木や紙，布，プラスチック，ゴム，ガラスなどの金属でないもの（非金属）は磁石につきません。

ステンレスは，鉄とクロム，ニッケルなどの合金で，磁石につくものとつかないものがあります。「ステン（よごれ）」と「レス（〜しない）」から，よごれない（さびない）という意味を表しています。

## 2 磁石の性質

重要度 ★★★

### 磁力（磁石の力）

磁石が**鉄などを引きつける力** [➡P.684] や，磁石の極の間にはたらく**引き合う力**や**退け合う力** [➡磁石の極の性質 P.566] を**磁力**といいます。磁力がはたらく空間を**磁界** [➡P.568] といい，磁界のようすは**磁力線** [➡P.568] で表します。

磁力は磁石に近いほど強く，磁石からはなれるほど弱くなります。磁石と鉄のクリップの間に，アルミニウムなどの磁石につかないものを入れても，磁力ははたらきます。

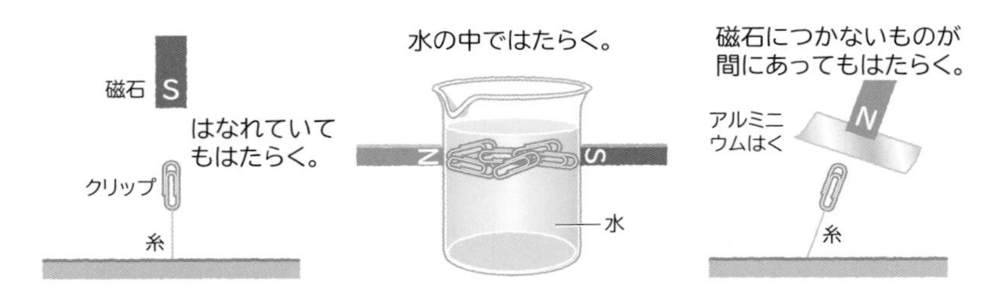


#### ●磁力のようすを調べる

磁力のようすは，**砂鉄** [➡P.561] を使って調べられます。砂鉄は，磁力が強い**極**に多く集まり，**磁力線** [➡P.568] に沿うように散らばります。
棒磁石の上にとう明な下じきをのせ，その上に砂鉄をまくと，砂鉄が磁石に引きつけられて動き，磁力の強いN極とS極や磁力線に沿うように集まります。

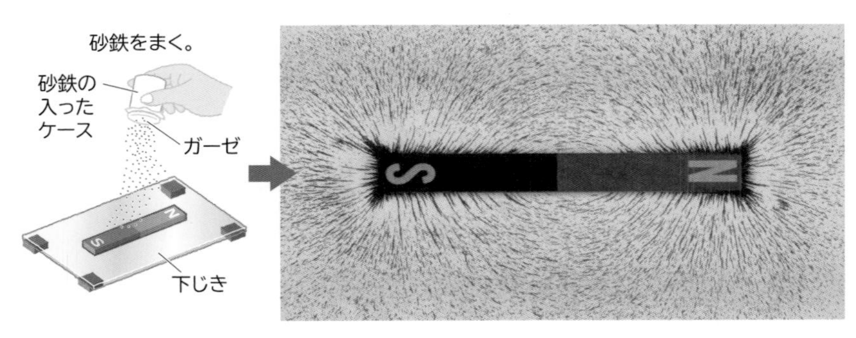

COLUMN くわしく

力には，磁力のほかに，重力 [➡P.685]，ものの動きをさまたげるまさつの力，＋と－の電気の間にはたらく電気の力，ばねやゴムの力などがあります。

## ★★★ 極

磁石の極は，**鉄を引きつける力**（**磁力**）が**最も強い部分**で，必ず**N極**と**S極**の２つの極があります。N極だけの磁石，S極だけの磁石はありません。

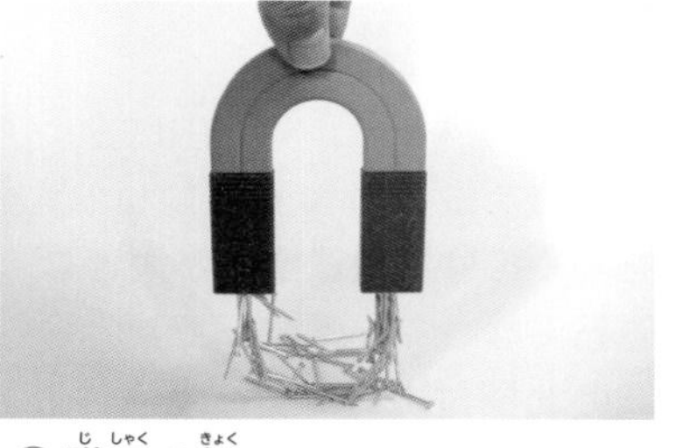

磁石の極

### ●N極とS極の位置

棒磁石やU字形磁石のN極とS極は，ふつう磁石の両はしにあり，一組です。
円形やドーナツ型のフェライト磁石，シート状のゴム磁石の極は一組ではなく，次のように，いろいろなものがあります。

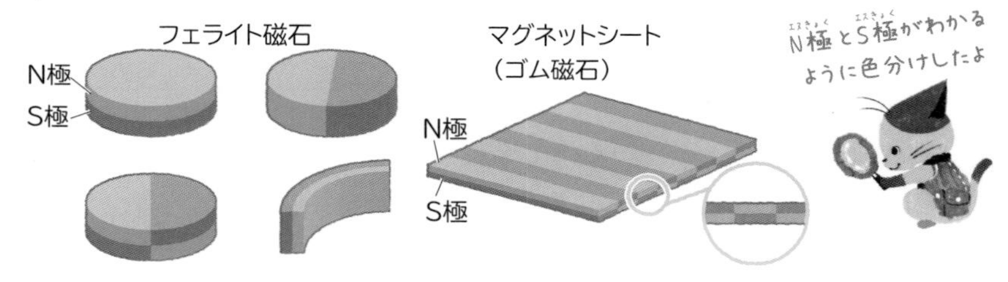


## ★★★ N極とS極

磁石にある２つの極です。磁石は，水にうかべるなどして自由に動くようにすると，**N極が北**，**S極が南**を指します。
また，N極とS極の間には，**引き合う力**や**退け合う力** [➡磁石の極の性質 P.566] がはたらきます。

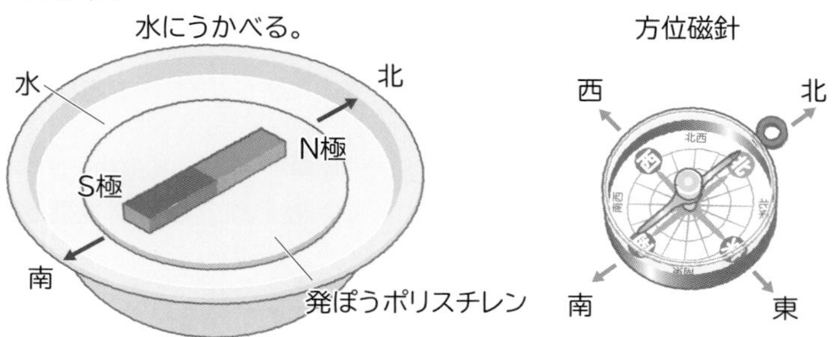


磁石は南北方向を向く。

**永久磁石を作るには，電流が流れると磁界が発生する電磁石** [➡P.602] **を利用します。電磁石の中に，磁石の材料になるものを入れて大きな電流を流すと磁石ができます。**

# 第2章 磁石

重要度

## ★★★ 地球の磁石

方位磁針 [➡P.223] や自由に動くようにした磁石のN極がつねに北を向くのは，**地球全体が大きな磁石**になっているからです。地球の**北極付近にS極**，**南極付近にN極**があり，磁石のN極，S極がそれぞれ引きよせられるからです。地球の磁石によって生じる磁界 [➡P.568] を**地磁気**といいます。

北極　S　地球　N　南極　N　北　北東　東　南東　南　南西　西　北西　S　方位磁針

⇧ 地球の磁石

## ★★★ 磁石の極の性質

2つの磁石の極を近づけたとき，同じ極どうし（N極とN極，S極とS極）は，**退け合う力（せき力）**がはたらきます。ちがう極どうし（N極とS極）を近づけたときは，**引き合う力（引力）**がはたらきます。

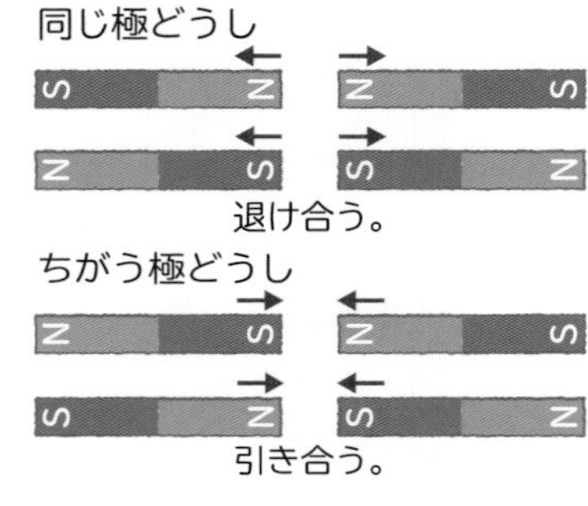


## ★★★ 磁石を切ったときの極

棒磁石（ゴム磁石）を真ん中で2つに切ると，切る前の極は変わりませんが，**切ったところがそれぞれ新しい極**になり，2つの磁石になります。さらに切っても2つの磁石ができます。

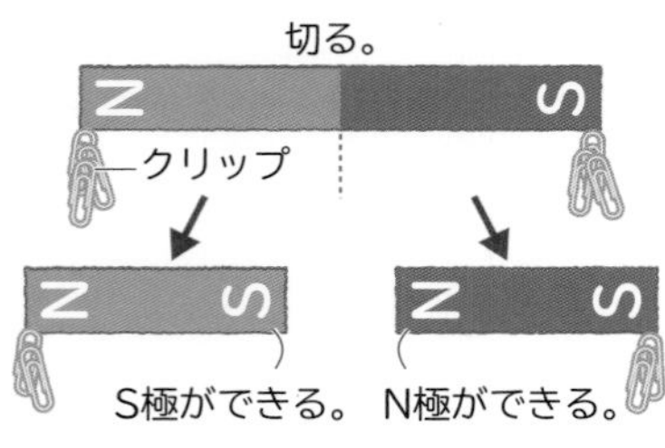


**●2つの磁石ができるわけ**

磁石の中は，小さい磁石 NS が同じ向きに並んでいます。小さい磁石のとなり合うN極とS極は打ち消し合って消えていますが，切ることによって，打ち消し合っていたN極，S極が現れ，新しい極ができます。

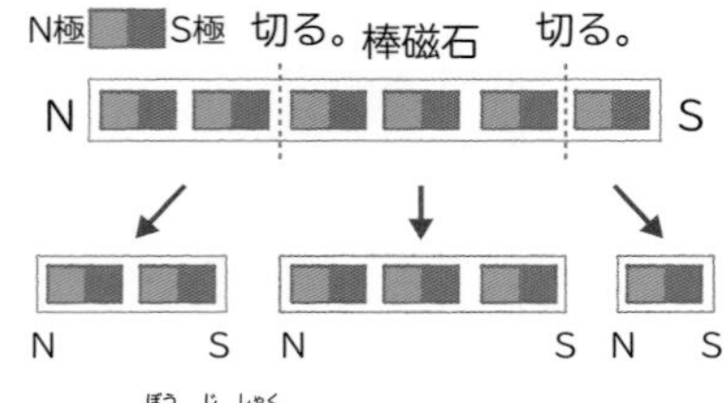


⇧ 棒磁石を切ったとき

**COLUMN まめ知識**

地球の磁石のN極とS極の位置は変化し，過去に何度も逆転していたことが，地層中の岩石に残された地磁気（残留磁気）の調査からわかりました。今後も逆転すると考えられています。

## ★★★ 磁石をつけたときの極

2つの磁石のS極とN極を近づけて，くっついたしゅん間，極についていたクリップは落ちます。これは，くっつけた部分のS極とN極がなくなり，**1つの大きな磁石**になったからです。

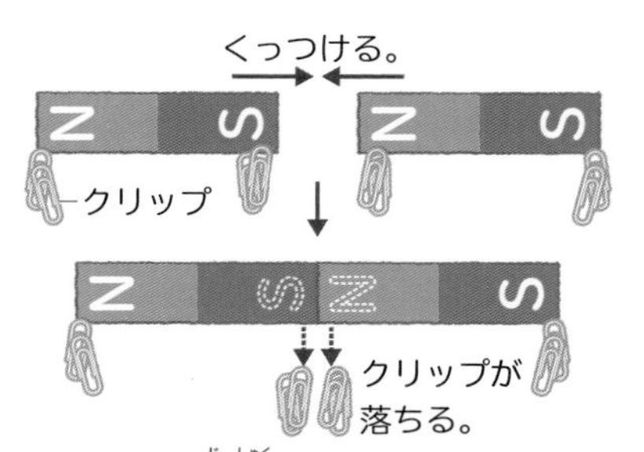


2つの磁石をくっつけたとき

## ★★★ 磁石の作り方

磁石のN極またはS極で，鉄くぎ（またはぬいばりなど）を**何回か同じ向きにこする**と，鉄くぎは磁石になります。鉄くぎのこすり始めのはしが，こすった**磁石の極と同じ極**になり，こすり終わりのはしが**磁石の極とちがう極**になります。

1回こすったら，
磁石を鉄くぎ
からはなそう！


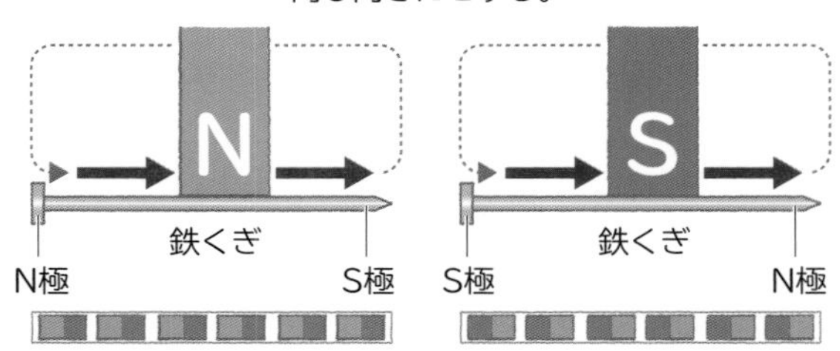


磁石の作り方

## ★★★ 磁石についた鉄くぎの極

鉄くぎを磁石につけると，鉄くぎの両はしに極ができ，**鉄くぎが磁石になって別の鉄くぎを引きつけます**。鉄くぎは，磁石からはなしても，しばらくの間は磁石になっています。

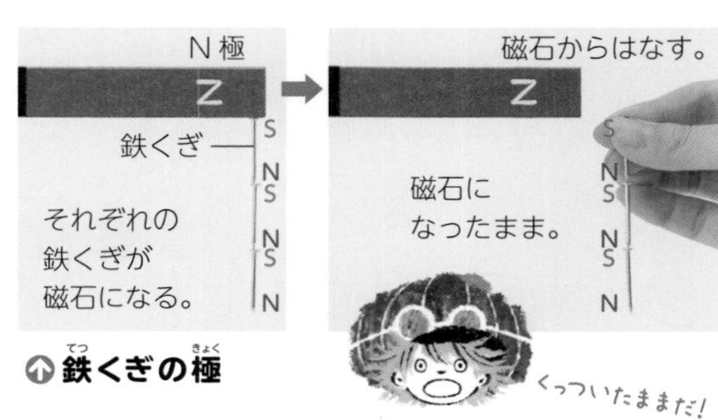


鉄くぎの極

現在，東京と大阪の間で計画されているリニアモーターカーは，磁石どうしの退け合う力を利用して，重い車体を地上からおよそ10cmの高さに完全にうかせて動く電車です。

重要度

## ★★★ 磁界

磁界は，磁石の**磁力** [➡ P.564] **がはたらいている空間**です。磁力が強くはたらくところは「磁界が強い」といいます。磁界のようすは，**磁力線**で表され，磁石のまわりに砂鉄 [➡ P.561] をまいたときのもようからわかります。

## ★★★ 磁界の向き

磁界の中に方位磁針を置いたとき，**磁針のN極が指す向き**を磁界の向きといいます。磁石の磁界の向きは，**N極から出てS極**へ向かいます。

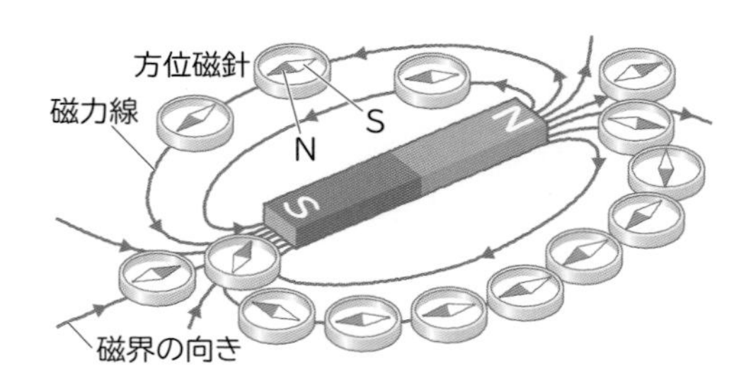


⬆ **棒磁石の磁界**

## ★★★ 磁力線

**磁界の向き**に沿ってかいた線。

矢印は**磁界の向き**を表し，**磁力線の間かくがせまい**ところほど，**磁界が強い**ことを表しています。N極とS極付近の間かくが最もせまく，磁界が強いことがわかります。

⬇ **磁石の磁界のようす**

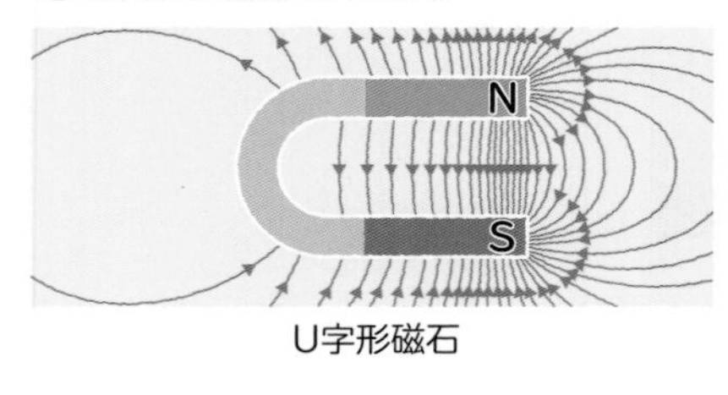


U字形磁石

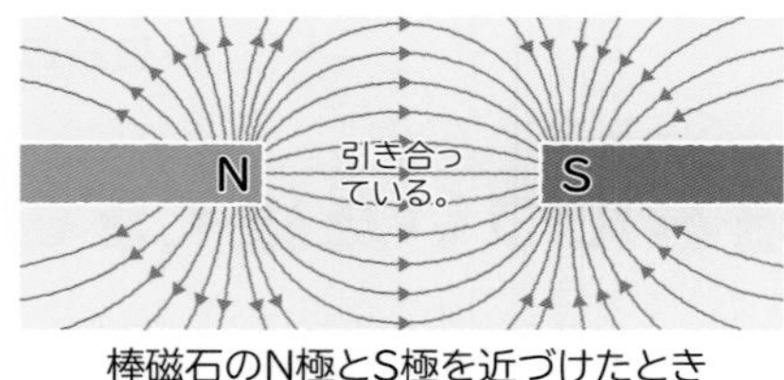


棒磁石のN極とS極を近づけたとき

N 退け合っている。 N

棒磁石のN極とN極を近づけたとき

S 退け合っている。 S

棒磁石のS極とS極を近づけたとき

**COLUMN くわしく**

目に見えない磁界のようすを表したものが磁力線です。ある点における磁界の向きは1つなので，磁力線が交わることはありません。

COLUMN

# 史上最強のネオジム磁石

## 小さくても力持ち！

たった1gで約1kgの鉄を持ち上げ，フェライト磁石 [➡永久磁石 P.560] の10倍以上もの磁力をもつ強力なネオジム磁石は，日本で発明されました。磁力の強いネオジム磁石を使うと，強力で速く回転する高性能なモーター [➡ P.609] ができます。磁力が強いので，磁石をとても小さくでき，けい帯電話やカメラには，指先にのるほどの超小型モーターが使われています。ネオジム磁石は，パソコンなどの電子機器，電気自動車，風力発電，医療用のMRIなど，広い分野で使われています。

⬆ネオジム磁石　© アフロ

## ネオジムは鉄の向きをそろえる

ネオジム磁石は，**鉄**，**ネオジム**，**ジスプロシウム**などの原料から作られます。ネオジムは磁石になりやすく，強い磁力を出す**鉄の磁界の向きをそろえて**さらに強い磁力をつくります。

ネオジム磁石

S極　N極

ネオジムが小さい磁石の向きを固定させている。

**磁石は温度が高くなると，磁力がなくなる性質**がありますが，ジスプロシウムがあることで，温度が高くなっても磁力を保てます。

このジスプロシウムは，産地が限られ，まい蔵量も多くありません。そのため，ジスプロシウムを使わずに，熱に強く，磁力が落ちない磁石にするための研究が進められています。

MRIは磁気共鳴画像装置といい，強い磁石と電波を使って体内のようすを画像にうつします。また，磁石を熱したとき，磁力を失うときの温度は物質によって決まっています。

# 第3章 電気のはた

## 1人当たりの電気を使う量

(kWh) キロワット時 [➡P.635]

| 国 | (kWh) |
|---|---|
| アイスランド | 55,054 |
| ノルウェー | 23,403 |
| カナダ | 15,188 |
| フィンランド | 15,050 |
| スウェーデン | 13,594 |
| アメリカ | 12,833 |
| 韓国 | 10,558 |
| オーストラリア | 9,892 |
| 日本 | 7,865 |
| フランス | 7,043 |
| ドイツ | 7,015 |
| ロシア | 6,588 |
| イギリス | 5,082 |
| 中国 | 4,047 |

寒い国はたくさん使うのかな？

# らき

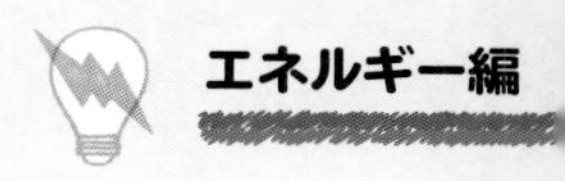

| 順位 | 国 | 消費量 |
|---|---|---|
| 1位 | 中国 | 5,548,700 |
| 2位 | アメリカ | 4,128,500 |
| 3位 | インド | 1,126,500 |
| 4位 | 日本 | 998,700 |
| 5位 | ロシア | 949,300 |
| 6位 | ドイツ | 573,000 |
| 7位 | カナダ | 544,500 |
| 8位 | 韓国 | 534,400 |
| 9位 | ブラジル | 523,000 |
| 10位 | フランス | 468,400 |

【単位は百万 kWh】

グラフは，１年間に１人当たりどのくらいの
電気を使っているか（電力消費量）を，おもな国別に比べたものです。
国別の電力消費量ランキングでは，電気を多く使っている国は中国，
アメリカ，インドの順ですが，１人当たりの電力消費量が
最も多いのはアイスランドです。
アイスランドでは，おもに地熱や水力などの，
かん境にやさしい発電方法で発電しています。
中国は，国別の電力消費量は世界一ですが，１人当たりの電力消費量は
日本の約半分です。

出典：IEA「Key world energy statistics 2017」をもとに作成

## この章で学ぶこと ヘッドライン

### 電球に日本の竹が使われていた!?

電気を光に変える電球は，19世紀の後半にイギリス人のスワンが発明しました。実用的な電球は，アメリカの発明家トーマス・エジソンが最初につくりました。実用的といっても，今の電球に比べると，とても暗くて，フィラメント（電球の光る部分）がすぐに切れてしまうものでした。

トーマス・エジソン
(1847-1931)

エジソンが最も苦心したのは，フィラメントに使う材料でした。できるだけ長持ちして明るく光るものをいろいろ試して，ようやく見つけたものが，日本産の竹を炭にしてつくった線だったのです。

現在では，フィラメントにはタングステンという金属が使われるようになりましたが，その電球も，今ではけい光灯に代わり，さらに発光ダイオード（ＬＥＤ）に代わってきています。[➡ P.574]

### 光電池とかん電池のちがいは？

家の屋根やビルの屋上に，黒色をした光電池が並んでいるのを見たことはありますか。電たくなどにも小さな光電池が使われています。

光電池は，光が当たればいつまでも電気をつくることができ，電池を交かんする必要はありませんが，暗いところでは使えない弱点があります。一方，かん電池は，光とは関係なく使えますが，使い続けるとしだいに弱まり，やがて二度と使えなくなります。しかし，電気をじゅう電すれば再び使える便利なじゅう電式の電池もあります。[➡ P.619]

## 家の中にモーターは何個あるかな？

コイルの中に鉄のしんを入れ，電流が流れたときだけ磁石になるものを電磁石といいます。棒磁石のようにＮ極とＳ極がありますが，コイルに流れる電流の向きによってＮ極とＳ極は入れかわるのが特ちょうです。この性質をうまく利用したものがモーターです。

身のまわりには，モーターが使われている機器がたくさんあります。洗たく機やせん風機のほかにも，電子レンジ，デジタルカメラ，けい帯電話，パソコンなど，かくれていて見えないものや小さいものなどをふくめると，ふつうの家では，100 個ぐらいはあるでしょう。回転するものだけでなく，動くところには，たいていモーターが組みこまれています。私たちの生活に，モーターは欠かせないものになっています。[➡ P.609]

## 電気をためておくことができれば便利だけど…

非常用かい中電灯を知っていますか？　ハンドルを回して電気をつくり，明かりをつけたり，ラジオを聞いたりできるものですが，ハンドルを回すのを止めても，しばらくの間は明かりをつけることができます。これは，電気をつくる発電機のほかに，電気をためるコンデンサーという部品が入っているからです。

非常用かい中電灯

私たちの家で使う電気は発電所でつくられています。もし事故や災害で発電できなくなったとき，コンデンサーのような装置があれば安心ですが，今のところ，発電した電気を大量にためておくことはできません。でも，研究が進めば，近い将来実現するかもしれませんね。[➡ P.622]

# 01 電気の通り道

## 1 豆電球とかん電池

重要度 ★★★

### 豆電球

豆電球は，かい中電灯などに使われている，小型の**白熱電球**の１つです。ガラス球と口金，ガラス球の中にある**フィラメント**からできています。フィラメントは，口金のねじと出っ張り部分に金属線でつながっています。電気が流れるとフィラメントが熱せられて高温になり，赤みを帯びた白色の光を出してかがやきます。

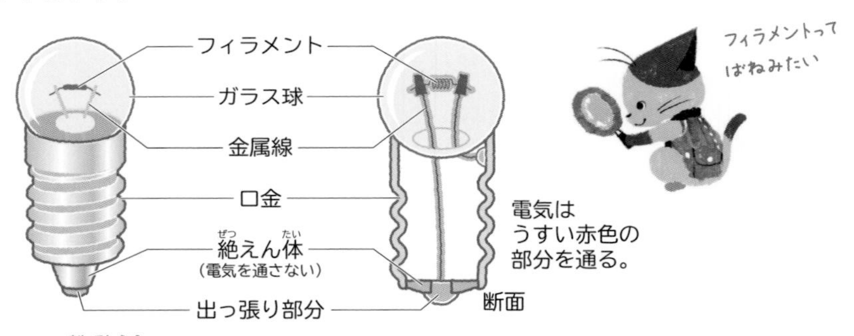


豆電球のつくり

★★★

### フィラメント

フィラメントは電気が流れると明るく光る部分で，**タングステン**という金属 [➡ P.583] の細い線で作られています。コイル状になっていて，電気が流れると**発熱** [➡電流による発熱 P.626] して高温になり，白っぽい光が出てかがやきます。タングステンが使われているのは，3000℃以上の高温でもとけない，熱に強い金属だからです（**ゆう点** [➡ P.440] は約 3400℃，金属の中で最も高い）。

COLUMN くわしく

電球のガラス球の中には，アルゴン（空気中に二酸化炭素よりも多くふくまれる）など，ほかの物質とは反応しない気体が入っています。ガラス球内の圧力を保ち，フィラメントの蒸発を少なくします。

●コイル状のフィラメント

フィラメントから白っぽい光が出るには，フィラメント全体が高温（2500～2600℃）に保たれる必要があります。そのため，細いタングステン線をコイル状にします。大きな**白熱電球**ではそれをもう一度巻いた**二重コイル**になっています。フィラメントの温度の低下を防ぐとともに，発光する部分が長くなることでさらに明るくなるのです。

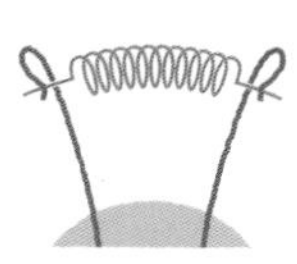


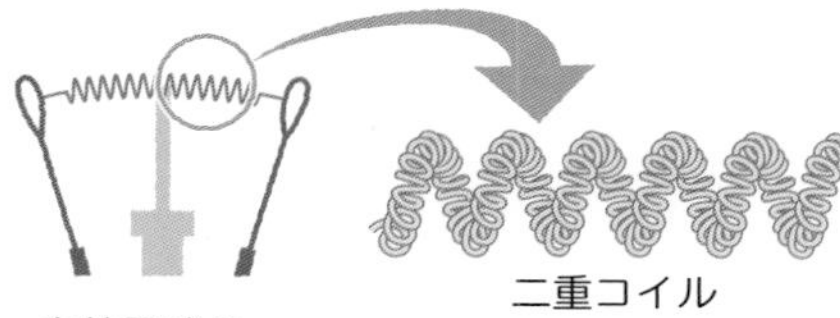


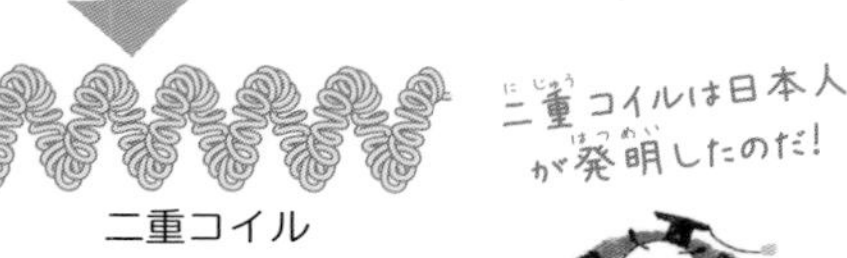

二重コイル
二重コイルは日本人が発明したのだ!

フィラメントのつくり

## ★★★ 白熱電球

高温に熱せられたものが白っぽい光を出すことを**白熱**といいます。フィラメントに流れた電気によって熱が発生 [➡電流による発熱 P.626] し，高温になった**フィラメント**から出た光を利用するものを白熱電球といいます。豆電球もその１つです。電気を熱に変えてから発光するので，白熱電球はとても熱くなります。

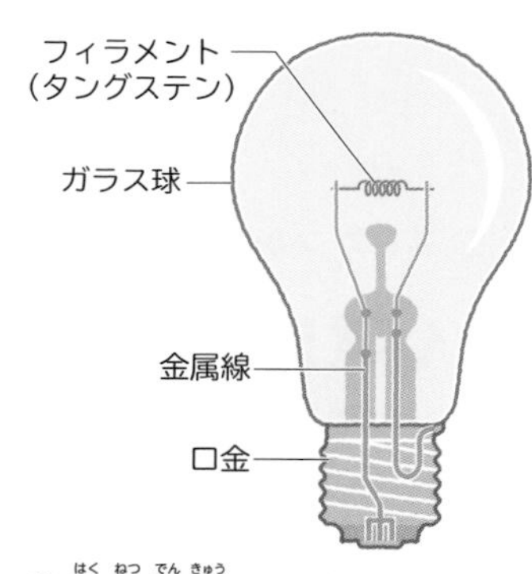


白熱電球のつくり

●電気が光に変わる割合

白熱電球では，電気が光（可視光）に変わる割合は**約10%**で，けい光灯や**発光ダイオード(LED)** [➡ P.589] に比べて低く，大部分は熱として失われます。エネルギーを有効に利用するために，変かん効率のよいものを使うことが必要になっています。

白熱電球はすっごく熱くなるよ

白熱電球の５大発明　①エジソンの実用的な炭素フィラメント電球，②タングステンフィラメント，③ガス（気体）入り電球，④二重コイル，⑤内面つや消し電球。④と⑤は日本人が発明しました。

重要度

## ★★★ かん電池

かん電池は，ものが反応する（化学変化という）ことによって**電気**をつくることができる装置で，持ち運びが便利なように作られたものです。

**プラス（＋）極**と**マイナス（－）極**の２つの電極があります。**回路** [➡ P.580] につなぐと，電気が**＋極から－極に**流れます。流れる電気の向きは，つねに一定です（直流電流という）。かん電池は，使っているうちにしだいに電気の流れが小さくなり，やがて使えなくなります。

かん電池には，**電気の流れをつくる材料**がつまっていて，その量はかん電池が大きいほど多いので，同じ条件で使うならば，**単１形が最も長持ち**します。

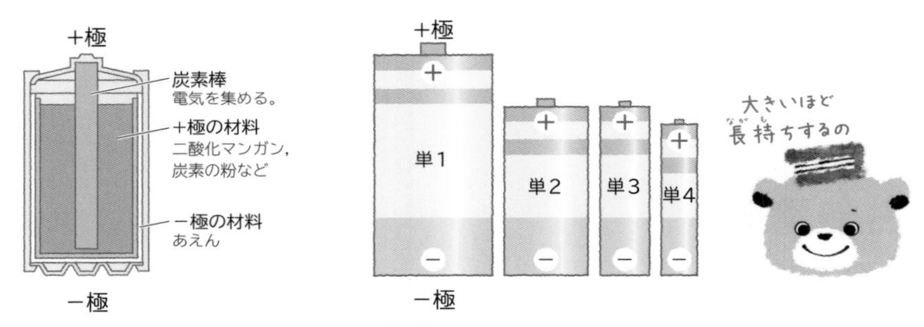


⬆マンガンかん電池のつくりと種類

## ★★★ かん電池のしくみ

電池（化学電池）は，ものがもっている**化学エネルギー** [➡ P.639] **を電気エネルギー** [➡ P.638] **として取り出す装置**です。電気の流れ（電流 [➡ P.585]）は，**電子という－の電気をもつつぶの流れ** [➡ P.584] です。電池の**－極では電子が増え**，**＋極では電子が減って，電子が移動します。**この**電子の動き**が電流です。電極の材料がなくなると，電池は使えなくなります。

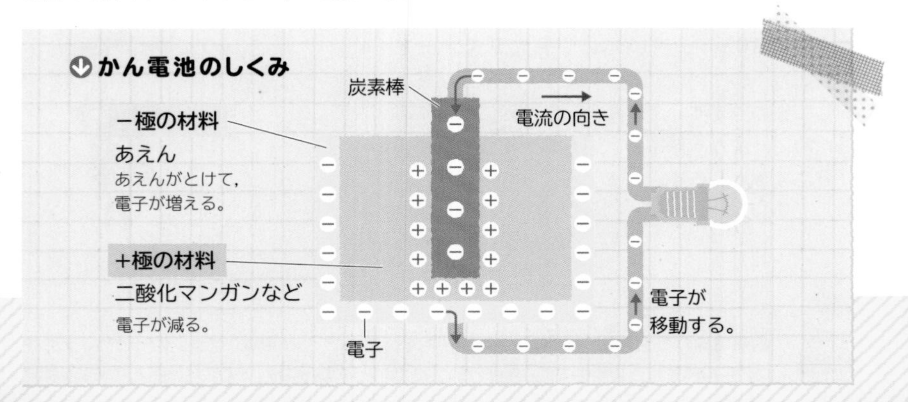

# ★★★ かん電池の種類

かん電池には，アルカリマンガンかん電池やリチウム電池などいろいろなものがあります。これらのかん電池は，材料がなくなると二度と使えませんが，**じゅう電**してくり返し使える**じゅう電式電池** [➡ P.600] もあります。また，**燃料電池** [➡ P.621]，光を電気に変える**光電池（太陽電池）** [➡ P.619] などがあります。

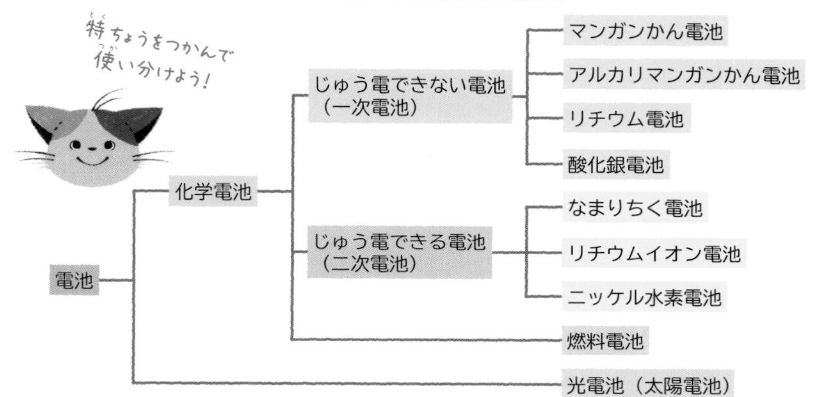


## 比べる おもな電池（じゅう電できない電池）の種類と特ちょう

| | マンガンかん電池 | アルカリマンガンかん電池 | リチウム電池 | 酸化銀電池 |
|---|---|---|---|---|
| 電圧 | 約1.5V | 約1.5V | 約3V | 約1.55V |
| 特ちょう | 少ない電気ではたらく器具によい。 | マンガンかん電池より連続して大きな電気が取り出せる。 | じゅ命が長く，小型で軽い。 | 長期間安定する。低温でもはたらく。 |
| おもな使い道 | かい中電灯，ラジオ，リモコン，ガス器具などの自動点火用電源 | ゲーム機，デジタルカメラ，モーターを使うおもちゃ | 大きな電流が不要で長期間の使用に向く。時計，リモコン，電たく | うで時計，補聴器，カメラ，電子体温計，電たく，精密機器 |

マンガンかん電池のように使い切り型の電池を一次電池，じゅう電してくり返し使える電池を二次電池といいます。燃料電池は燃料の水素，酸素を供給すればいつまでも使えます。

# 第3章 電気のはたらき

重要度 ★★★

## 導線

器具のたん子の間をつないで**電気を流すための金属線**を導線といいます。金属線には電気が通りやすい**金属** [➡ P.583] の**銅**が使われています。導線の外側は，電気をほとんど通さないものでおおわれ，導線どうしがふれたときの**ショート** [➡ P.580] を防ぎます。

### ●エナメル線

銅線の表面に絶えん体 [➡ P.583] のポリエステル樹脂などの合成樹脂を焼き付けた導線です。線をつなぐときは，樹脂を紙やすりでけずり取ります。**電磁石** [➡ P.602] や**モーター** [➡ P.609] の**コイル** [➡ P.602] に使います。

⇧エナメル線

### ●ビニル線

銅線の外側をやわらかい**塩化ビニル樹脂**（合成樹脂）でおおった導線です。銅線は１本のものと，細い銅線を合わせたより線のものがあり，塩化ビニル樹脂は着色されているので，配線を色分けできます。より線のビニル線は**やわらかくて曲げやすく**，器具の配線に使われています。

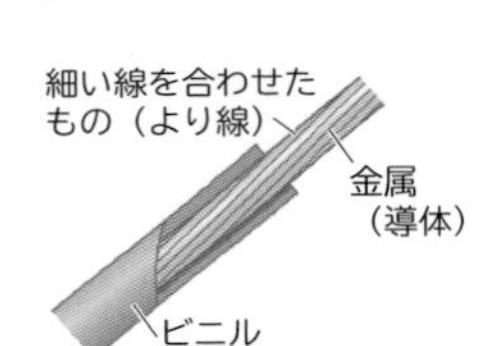


⇩ビニル線のつなぎ方

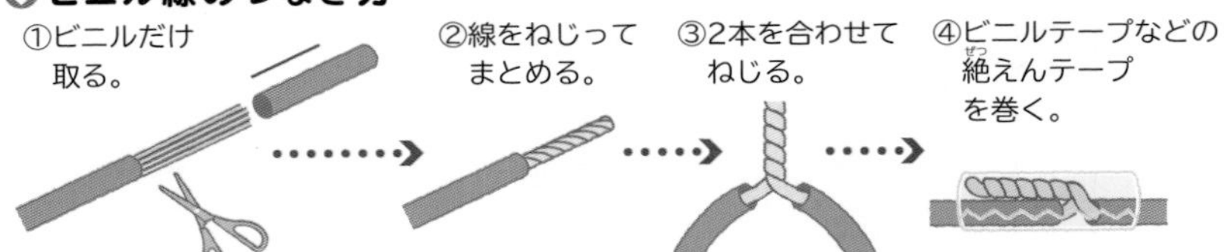

①ビニルだけ取る。
②線をねじってまとめる。
③2本を合わせてねじる。
④ビニルテープなどの絶えんテープを巻く。

★★★

## スイッチ

電気の通り道につないで，回路 [➡ P.580] に電気を流したり，電気の流れを止めたりする器具。電気を通す金属と電気を通さないもの（木や紙，プラスチックなど）を使っています。[➡ 1階と2階のスイッチ P.587]

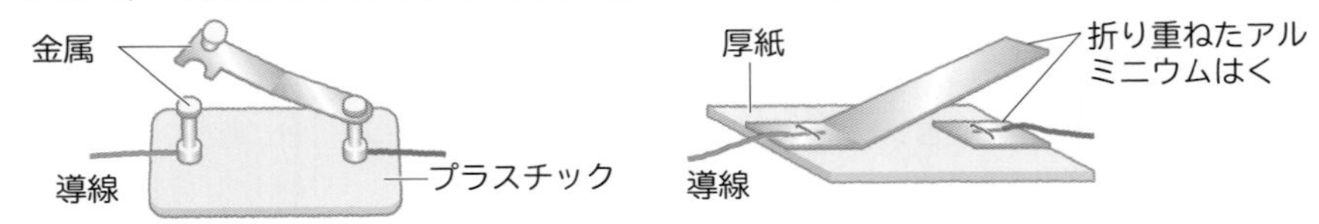

COLUMN まめ知識

電池は，1800年にイタリアのボルタが発明しました。流れる電気を連続して取り出せるようになり，電気の研究が飛躍的に進んで，現在の「電気の文明」の出発点となりました。

## ★★★ ソケット（導線つきソケット）

豆電球を固定し，**豆電球のフィラメント** [➡ P.574] **に電気を通す**ための器具です。豆電球の口金の部分と底の部分に接する部分には**導体** [➡ P.583] の**金属** [➡ P.583] があり，それぞれ導線がはんだ付けされています。ほかの部分は電気を通さないプラスチックです。豆電球は回しながら最後までねじこみます。

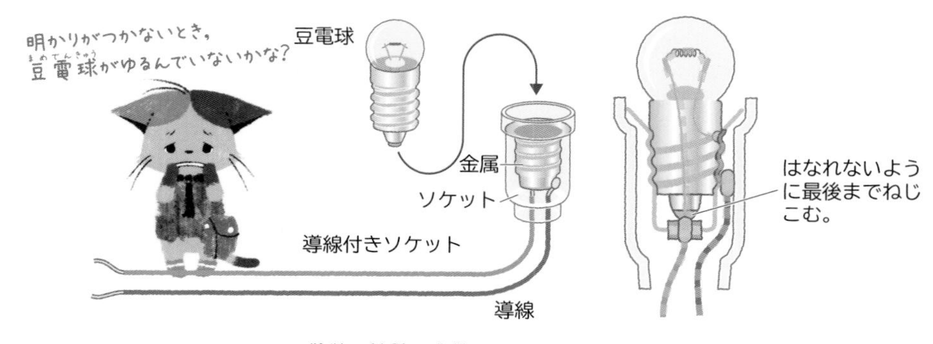


**導線は金属の部分にはんだ付けされています。**

**電気はうすい点線の部分を通ります。**

## ★★★ かん電池ボックス（かん電池ホルダー）

かん電池を固定する器具です。かん電池の＋極と－極が接する部分には**導体** [➡ P.583] の金属 [➡ P.583]，その他の部分は**絶えん体** [➡ P.583] のプラスチックからできています。かん電池を入れる向きが決まっていて，金属の**ばねがあるほうにかん電池の－極側**をおしこみながら入れます（ばねがないタイプもある）。導線はかん電池ボックスの両側に出ている金属のたん子につなぎます。

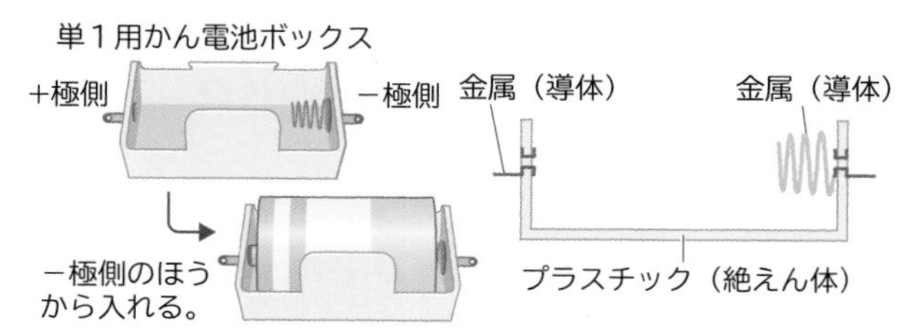

はんだは，すずとなまりの合金です。ヒーターであたためたはんだごてという工具ではんだをとかして，金属線などを機器にくっつけることをはんだ付けといいます。

# 2 電気を通すもの

重要度 ★★★

## 回路

豆電球からの２本の導線をかん電池の＋極と－極につなぐと，電気の通り道が輪のようになって，豆電球に明かりがつきます。**輪のようになっている電気の通り道**を回路といいます。

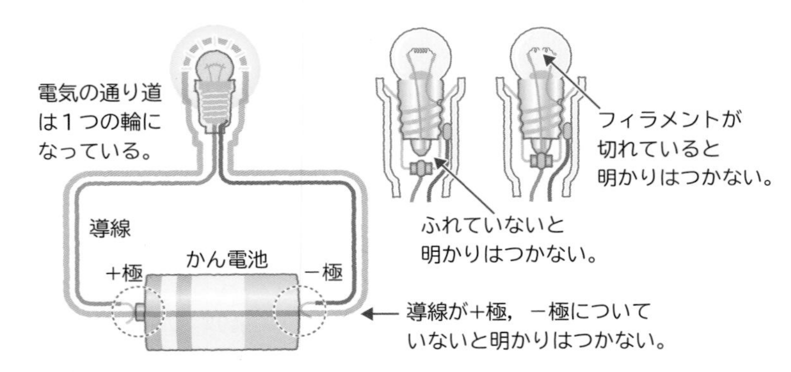
電気の通り道
は１つの輪に
なっている。
導線
＋極
かん電池
－極
フィラメントが
切れていると
明かりはつかない。
ふれていないと
明かりはつかない。
導線が＋極，－極について
いないと明かりはつかない。

★★★

## ショート

かん電池の＋極から出た電気が，豆電球など**電気ていこう** [➡ P.628] があるものを通らずに，かん電池の－極にそのまま流れることを**ショート**といいます。一気に大きな電気が流れて，かん電池がすぐに使えなくなったり，導線やかん電池から熱が出たりして危険です。**次の図のどのつなぎ方も，うすい赤色の線が電気の通り道となり，豆電球のフィラメントに電気は流れないので，明かりはつきません。**

ソケットを使うとき

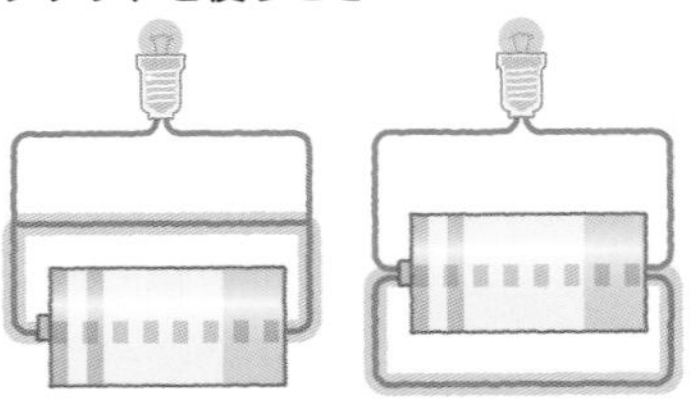

ソケットを使わないとき

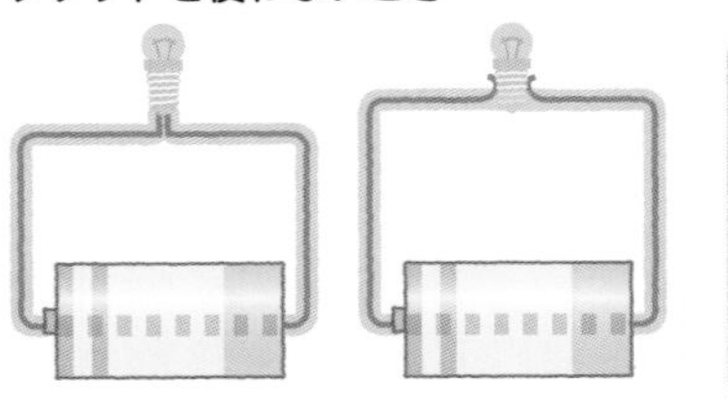

**↑ショートになるつなぎ方**

⚠ 注意　危険なので，ショートになるつなぎ方はしないこと。

COLUMN くわしく

豆電球を２個以上使ったときのつなぎ方には，電気の通り道が１つになる**直列つなぎ**と２つ以上ある**並列つなぎ**があります。

## ★★★ 豆電球の明かりがつくつなぎ方

豆電球からの２本の導線を**かん電池の＋極と－極につなぐ**と，豆電球の明かりがつきます。ソケットを使わなくても，**豆電球のフィラメント** [➡ P.574] **に電気が流れるように導線などでつなぐ**と，豆電球の明かりがつきます。
豆電球の明かりをつけるには，豆電球のフィラメントをふくんでいる，電気の通り道の輪をつくるようにつなぎます。

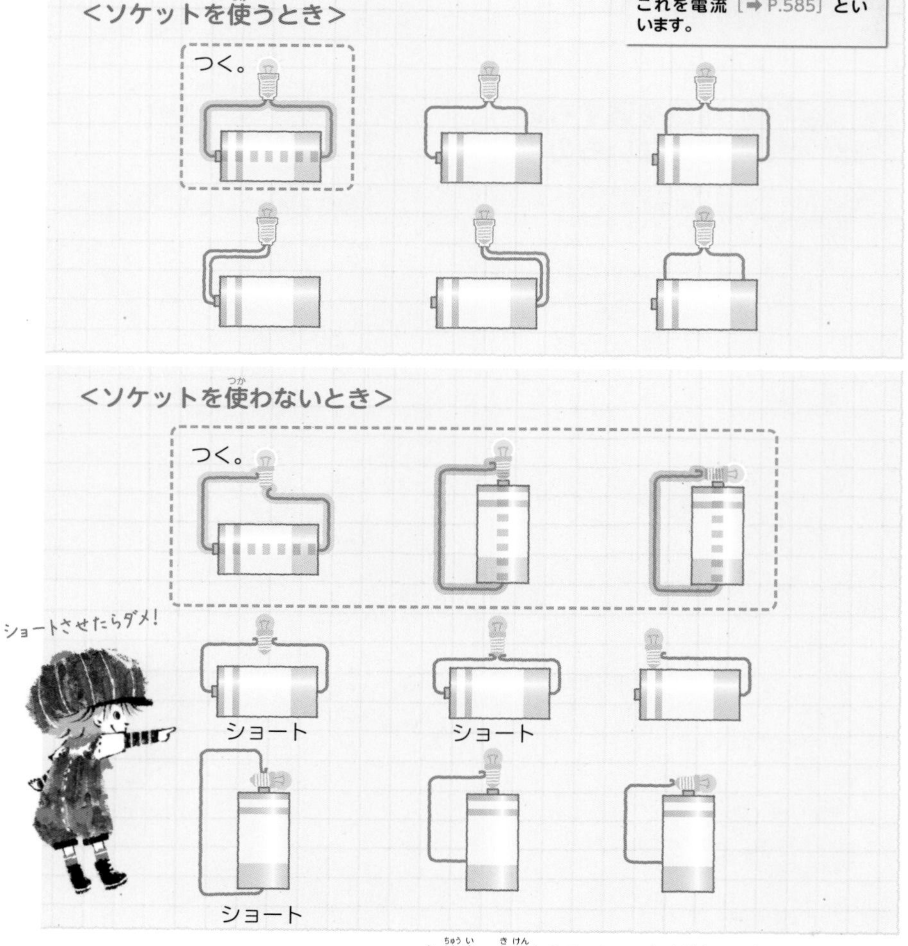
電気は＋極から－極に流れます。これを電流［➡ P.585］といいます。
＜ソケットを使うとき＞
つく。
＜ソケットを使わないとき＞
つく。
ショートさせたらダメ！
ショート
ショート
ショート

⚠注意　危険なので，ショートさせないこと。

COLUMN
くわしく

かん電池につなぐ豆電球や**モーター** [➡ P.609] などは，電気の流れをさまたげるものなので，そのさまたげがない通り道があれば，電気はその通り道を通ります。それがショートです。

重要度 ★★★

## 電気を通すもの・通さないもの

鉄や銅，アルミニウムなどの**金属**でできているものは電気を通しますが，ガラス，紙，プラスチック，ゴム，木，セラミックスなどでできているものは電気を通しません。金属でも，その表面にと料がぬってあると，電気を通しませんが，やすりなどでと料をけずって金属の表面を出せば，電気を通します。

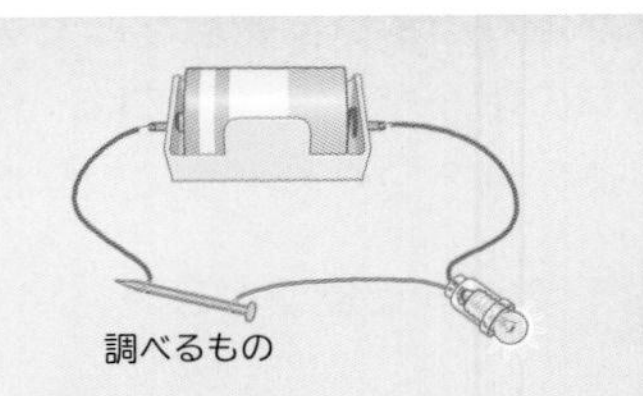


豆電球の明かりがつく回路のとちゅうに調べるものをつないで，電気を通すものかどうかを調べることができます。

**COLUMN まめ知識**

えん筆のしんは，炭素でできた黒えんが主成分で，金属ではありませんが，自由に動く電子［➡P.584］があるため電気を通します。回路につなぐと豆電球が光ります。

## ★★★ 導体

鉄くぎや鉄のクリップ，銅線，アルミニウムはく，スチールかん，アルミニウムかんなどは，どれも電気を通し，鉄や銅，アルミニウムなどの金属でできています。金属のように，**電気を通すもの**を**導体**といいます。電気の流れにくさを表したものを**電気ていこう** [➡ P.628] といいますが，導体は電気ていこうがとても小さい物質です。

## ★★★ 金属

次の４つの性質をすべてもっている物質を金属といいます。

①特有の**かがやき**があります。このかがやきのことを**金属光たく**といいます。

②**電気**をよく通します。[➡ P.584]

③たたいたり，力を加えたりすると**うすく広がり**（展性），引っ張ると**細く線状にのびます**（延性）。

④**熱**をよく伝えます。

金属はガラスみたいに割れないから，加工しやすいの

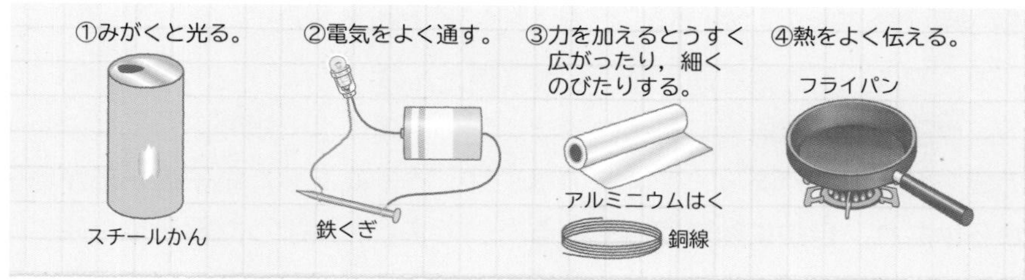
①みがくと光る。
スチールかん
②電気をよく通す。
鉄くぎ
③力を加えるとうすく広がったり，細くのびたりする。
アルミニウムはく
銅線
④熱をよく伝える。
フライパン

**●磁石につく性質** [磁石につくもの➡P.563]

**鉄，ニッケル，コバルト**などの性質で，**金属に共通する性質ではありません。**

**●非金属**

金属以外の**ガラス**や**紙，木，ゴム，プラスチック，**セラミックスなどを非金属といいます。

## ★★★ 絶えん体（不導体）

ガラスや紙，木，ゴム，プラスチック，セラミックスなどの**電気を通しにくいもの**を絶えん体または不導体といいます。絶えん体は電気ていこう [➡ P.628] がとても大きい物質です。

COLUMN
まめ知識

**金属がかがやいて見えるのは，光をよく反射するからです。この性質を利用したものが鏡です。鏡は光をよく反射する銀またはアルミニウムを，とう明なガラスの一面に付着させてつくります。**

COLUMN

# 金属が電気を通すわけ

## ものは原子からできている

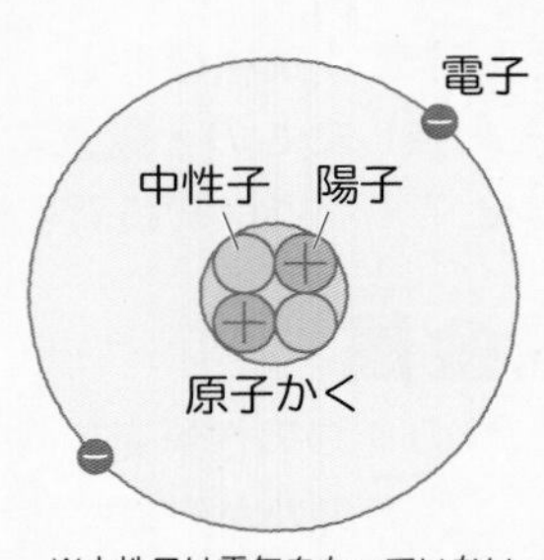

※中性子は電気をもっていない。

⬆ヘリウム原子のようす

ものはどれも**原子**というつぶからできています。右の図は，ヘリウムという気体の原子のようすです。中心の原子かくには，**＋の電気をもつ陽子**があり，原子かくのまわりには**－の電気をもつ電子**が陽子と同じ数あります。

このようなつくりは，ほかの原子でも同じです。陽子や電子の数は原子によってちがいますが，どの原子でも**陽子の数＝電子の数**になっています。

## 金属は自由な電子がいっぱい

下の図は，①**電気を通さないもの（絶えん体**[➡ P.583]）と②**金属**[➡ P.583]の，**原子の並び方**を表したものです。②の金属には，規則正しく並ぶ原子の間で動く**電子**があります。この電子は，原子にあった**電子の一部が原子からはなれ，自由に動き回っている**ものです。このような電子は金属にだけあり，①にはありません。ここで，②を電池につなぐと，自由に動いていた電子はいっせいに＋極のほうに向かって動き出します。このような**電子の動きが電気の流れ（電流）の正体**です。金属が電気を通すのは，**自由に動く電子がいっぱいある**からなのです。

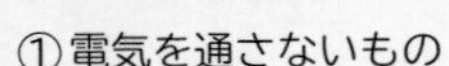


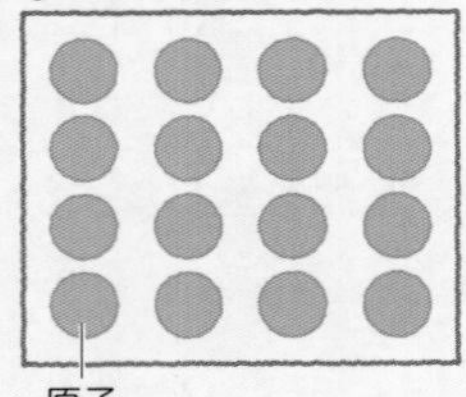


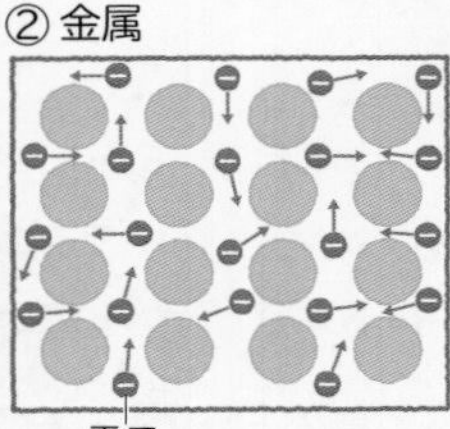


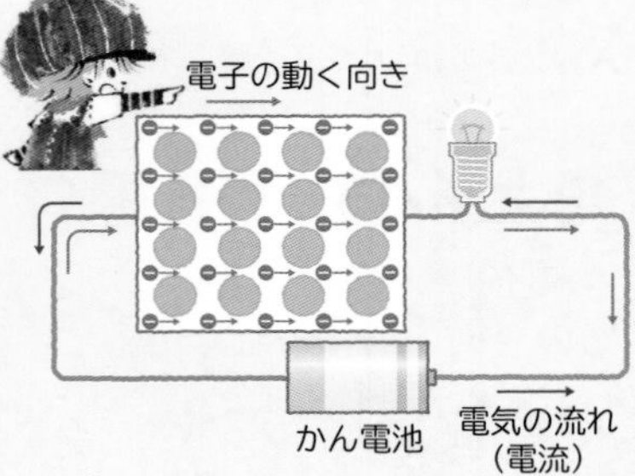

金属線を流れる電気の流れ（電流）が＋極から－極に向かうと決めたのは19世紀の初めで，電子はまだ知られていませんでした。電気の流れは電子が移動する向きとは逆になっています。

# 02 電池のはたらき

## 1 かん電池のつなぎ方とはたらき



重要度 ★★★

### 電流

豆電球 [➡ P.574] とかん電池 [➡ P.576] の＋極・－極を導線でつなぐと，電気の通り道が輪になって豆電球に明かりがつきます。電気の通り道を**回路** [➡ P.580]，回路を流れる電気を**電流**といいます。
回路を流れる電流は，かん電池（**電源装置** [➡ P.607]）の**＋極から出て－極に向かう**と決められています。
電流の大きさ（強さ）を調べるには，**検流計** [➡ P.590] や**電流計** [➡ P.607] を使います。

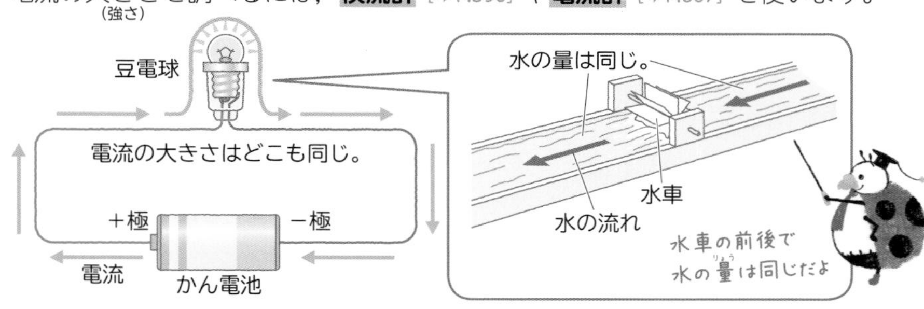


回路を流れる電流は，**水の流れ**にたとえることができます。豆電球は水の中に入れた**水車**です。水車は流れる水におされて回転（＝点灯）しますが，水車の前後で**水の量は一定**で，増えたり減ったりすることはありません。

★★★

### 電流の単位

電流の大きさは，**アンペア（記号A）**，**ミリアンペア（記号mA）**という単位で表します。1アンペアは1ミリアンペアの1000倍の大きさです。

**1A=1000mA　1mA=0.001A**

COLUMN まめ知識

電流の単位のアンペアは，フランスの科学者アンペールの名前からつけられたものです。アンペールは，電流のまわりに生じる磁界について研究しました。[➡導線のまわりの磁界 P.612]

重要度 ★★★

## 電気用図記号（回路図記号）

回路 [➡P.580] を図に表すとき，**電気器具を図に表すために決められた記号**です。

| 電気器具 | 記号 | 電気器具 | 記号 |
|---|---|---|---|
| かん電池（電源装置 [➡P.607]） | ＋ － | 電圧計 [➡P.595] | V |
| 電球（豆電球） [➡P.574] | ⊗ | モーター [➡P.609] | M |
| スイッチ [➡P.578] | | 発光ダイオード [➡P.589] | ＋ － |
| 電熱線 [➡P.626] | | コンデンサー [➡P.622] | |
| 電流計 [➡P.607] 検流計 [➡P.590] | A | 導線の接続 | |

★★★

## 回路図

回路を**電気用図記号で表した図**を回路図といいます。電気器具を電気用図記号に置きかえ，電気器具をつなぐ導線は**直線**で表します。

**例1** かん電池と豆電球，スイッチの回路図

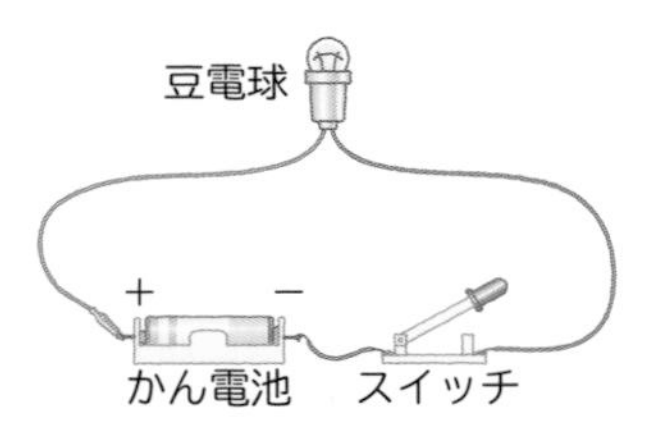


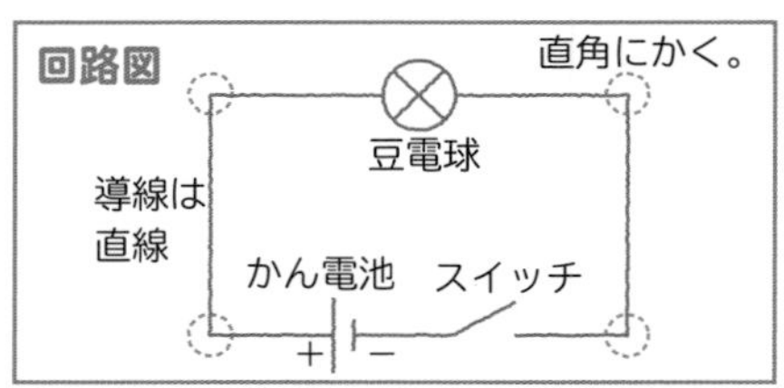


**例2** 豆電球２個の並列つなぎ [➡P.596] の回路図

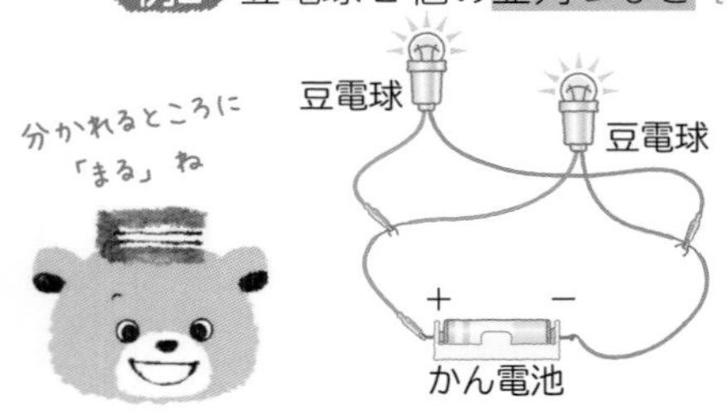


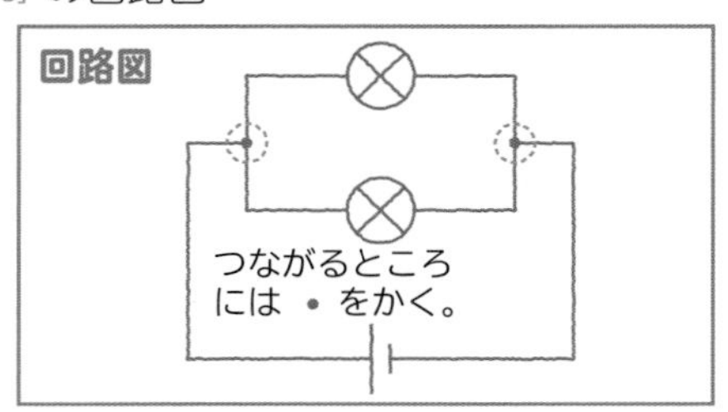


※かん電池とモーター，検流計の回路図 [➡検流計 P.590]，
豆電球の直列つなぎの回路図 [➡P.596]

COLUMN くわしく

かん電池の数やつなぎ方を示すとき，右の図のように表しますが，かん電池の数に関係なく，図記号を１つだけかいて表すこともあります。

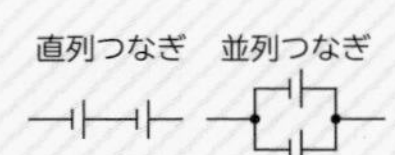

COLUMN

# 1階と2階のスイッチ

## 2つのスイッチ

階段にある照明は，下の階と上の階にある2つのスイッチで消したり，つけたりできますね。階段を上るとき，下の階にあるスイッチでつけた明かりは，上の階にあるスイッチで消すことができて便利です。逆に，上の階でつけた明かりは，階段を下りて下の階のスイッチで消すことができます。

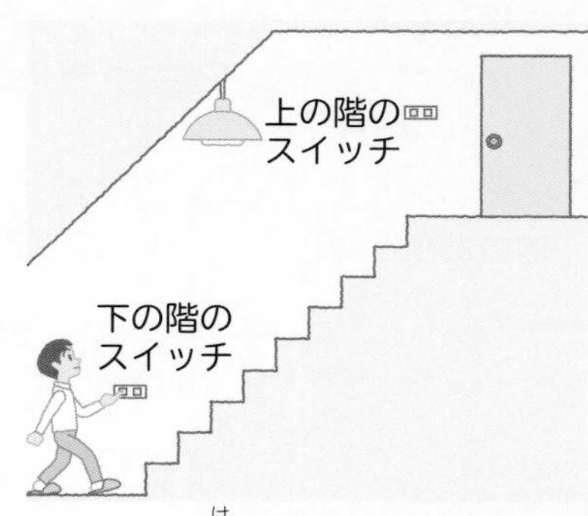


このように，2つのスイッチで照明をつけたり，消したりできるとき，回路はどのようになっていると思いますか。

## 3つのたん子があるスイッチ

ふつうスイッチには2本の導線をつなぎますが，ここでは，3本の導線をつなぐスイッチが使われています。

右の図では，回路がつながっていないので明かりはつきません。階段を上るとき，下の階のスイッチを右にたおすと回路がつながって明かりがつきます。次に上の階のスイッチを左にたおすと，明かりは消えます。

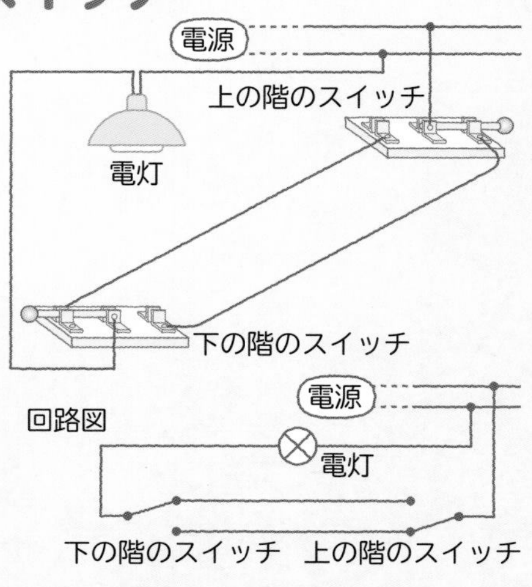


階段を下りるときも，上の階でつけた明かりは，下の階のスイッチを左にたおして消すことができますね。

重要度 ★★★

## かん電池のつなぎ方とモーター

**モーター** [➡ P.609] は，２本の導線を，かん電池の＋極と－極につなぐと回ります。

・かん電池の＋極と－極を逆につなぐと，**電流の向きが反対**になり，モーターは**反対向き**に回ります。

・２個のかん電池を**直列つなぎ** [➡ P.591] にすると，流れる電流が大きくなり，モーターは速く回ります。

・２個のかん電池を**並列つなぎ** [➡ P.592] にすると，流れる電流は**かん電池１個のときと同じ**です。モーターも１個のときと同じ速さで回ります。

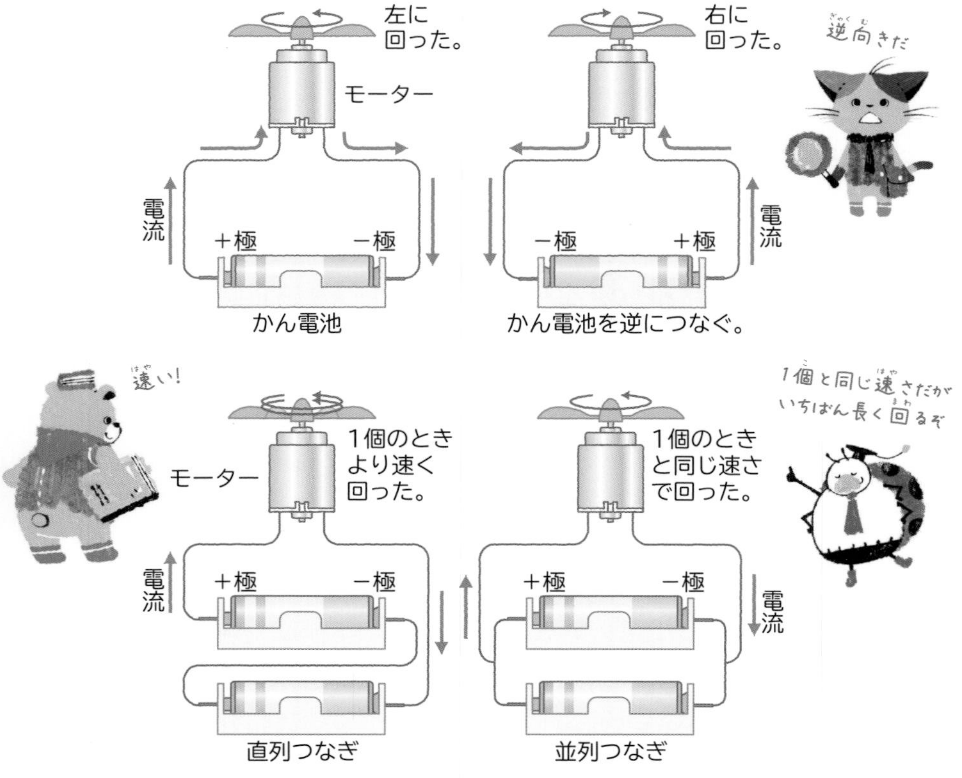


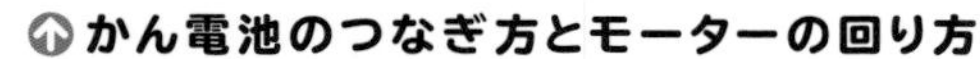
かん電池のつなぎ方とモーターの回り方

COLUMN
くわしく

モーターが速く回っているときは，大きな電流が流れているので，かん電池にたくわえられている電気を多く使い，かん電池は早く弱まります。

## ★★★ 電子オルゴール

電流が流れると，音が鳴るオルゴールです。２本の導線をかん電池につなぐと，曲が流れ出します。小さい電流でも音が出るので，光電池[➡ P.619]などにつないで，**音の大きさから回路を流れる電流の大きさを比べる**ことができます。＋極・－極があり，逆につなぐと音は鳴りません。

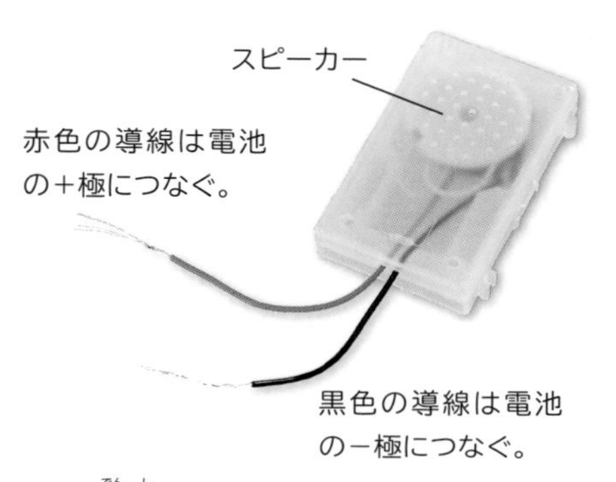

スピーカー
赤色の導線は電池の＋極につなぐ。
黒色の導線は電池の－極につなぐ。

⇧電子オルゴール

### ●電子オルゴールのスピーカー

電子オルゴールのスピーカーは，セラミックスなどのうすい板で，**電流が流れると形が変わる性質を利用した圧電素子**というものが使われています。電気信号によって，圧電素子がゆがんでしん動し，そのしん動が空気をふるわせて，音となって聞こえます。

## ★★★ 発光ダイオード（LED）

電流を一定の向きにしか流さない電子部品をダイオードといいます。その中で，**電流が流れると発光するダイオード**を発光ダイオード（LED）といいます。

＋極と－極のたん子があり，**電流が＋極側から流れたときだけ発光**します。白熱電球[➡ P.575]やけい光灯に比べて熱の発生が少なく，同じ明るさを得るのに少ない電気の量ですみ，ひじょうに長く使えます。信号機，電光けい示板，液晶画面用のバックライト，イルミネーションなどに広く利用されています。

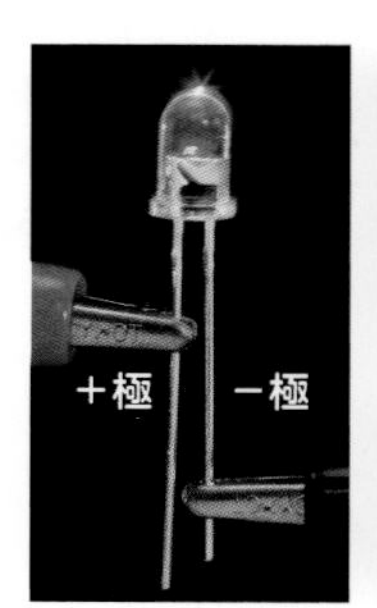


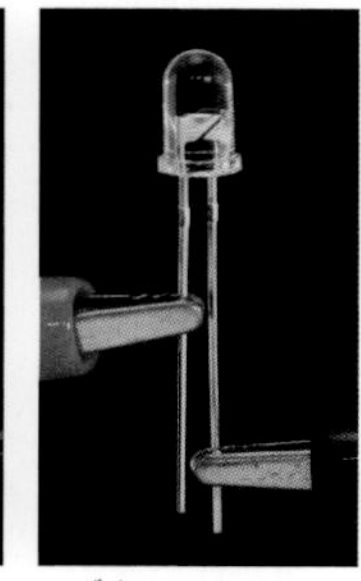

逆につなぐと発光しない。

⇧発光ダイオード

あしの長いほうが＋極。＋極から電流が流れたときに発光する。

COLUMN まめ知識

圧電素子を使ったスピーカーは，従来のコイルと磁石を使ったスピーカーに比べてうすく，小さくできます。厚さが 1 mm以下のフィルムスピーカーがテレビなどに使われ始めています。

重要度 ★★★

## 検流計（簡易検流計）

検流計（簡易検流計）は，回路を流れる**電流の大きさと向きをはかる**器具です。

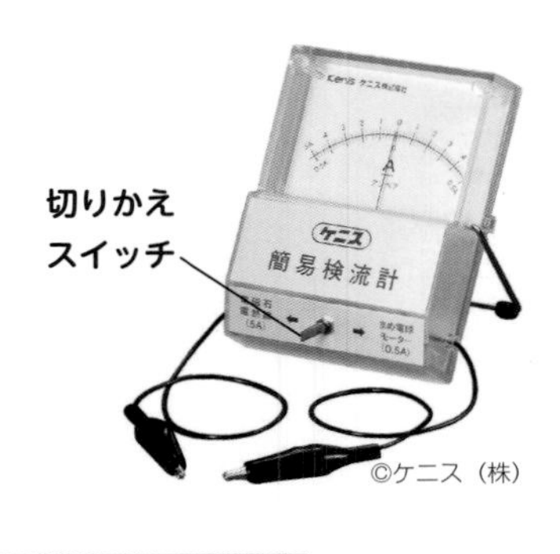

©ケニス（株）

**つなぎ方** 検流計は水平な所に置き，かん電池，モーターや豆電球，スイッチを，**1つの輪**（**直列**）**になる**ようにつなぎます。

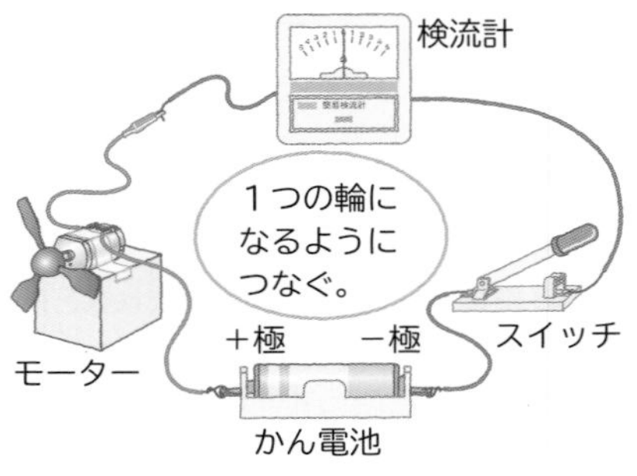


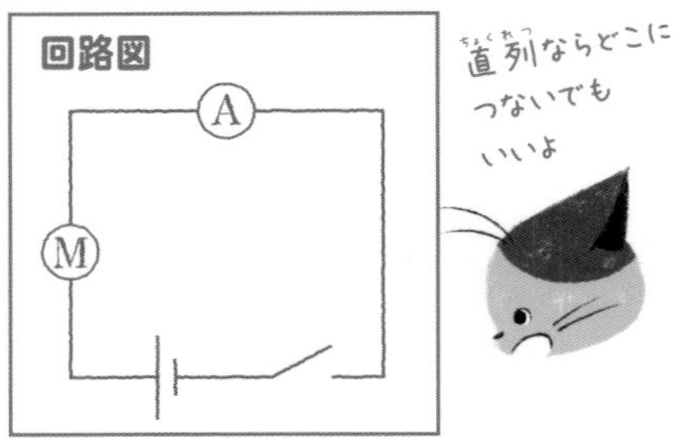


### ●針のふれと電流の向き

目もりばんは，中央の0を基準に左右へ同じ目もりがあります。針が0から右にふれたときは，**電流は左から右へ**，針が左にふれたときは，**電流は右から左へ**流れています。

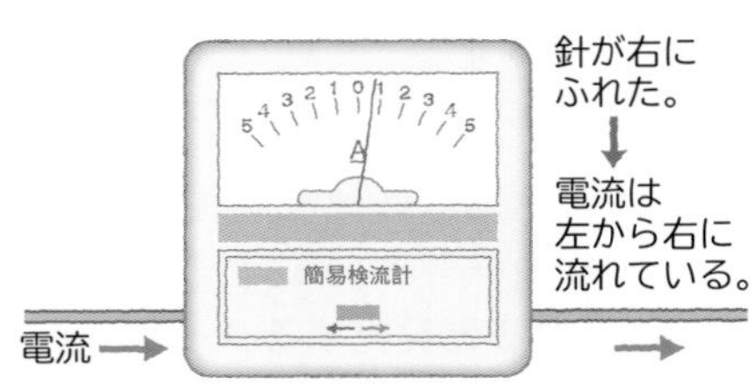


**針のふれと電流の向き**

### ●切りかえスイッチ

つなぐ器具によって，「**電磁石**」か「**豆電球**」にスイッチを切りかえて使います。

①「**電磁石**」は**大きい電流が流れる**ときに使い，「**豆電球**」は小さい電流が流れるときに使います。

②表示の器具以外をつなぐときは，切りかえスイッチを「**電磁石**」にしておき，針が少ししかふれないときは「**豆電球**」に切りかえます。

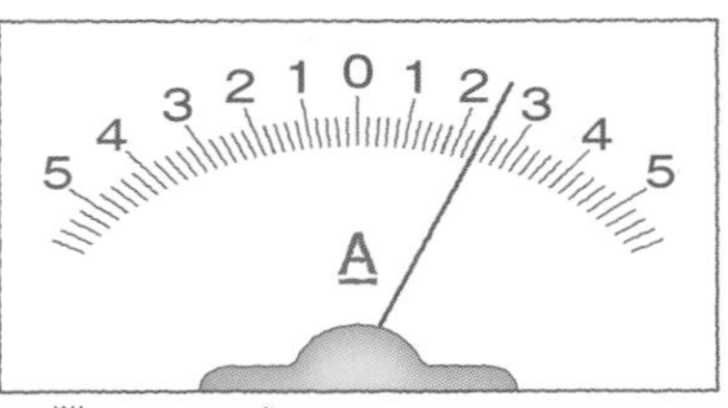


**針の読み取り方**

切りかえスイッチが「電磁石」のとき
1目もりは **0.2A → 2.4A**

切りかえスイッチが「豆電球」のとき
1目もりは **0.02A → 0.24A**

COLUMN くわしく

検流計をかん電池にだけつないだり，豆電球やモーターと並列につないだりすると，検流計に大きな電流が流れて，こわれることがあります。

# ★★★ かん電池の直列つなぎ

かん電池の**＋極**と，別のかん電池の**－極を順につなぐ**方法をかん電池の**直列つなぎ**といいます。

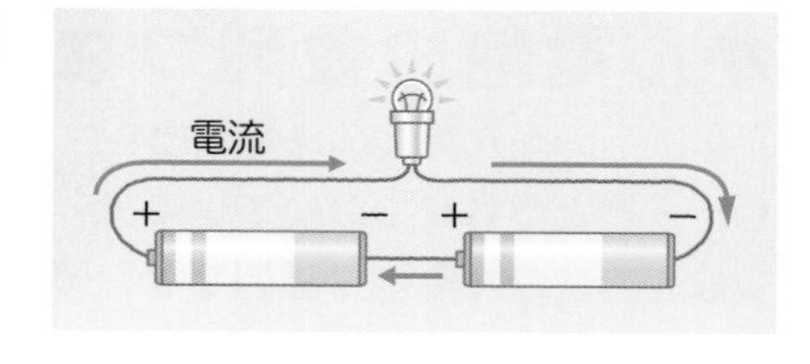


かん電池を２個，３個，…と**直列につなぐ**と，回路に流れる**電流は大きく**なります。そのため，かん電池１個のときと比べて，豆電球は明るくつき，モーターは速く回ります。
また，かん電池から流れ出る電流が大きいので，かん電池は早く弱まります。

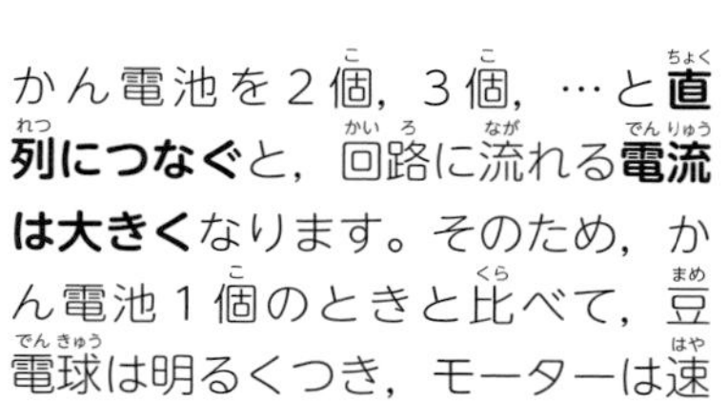
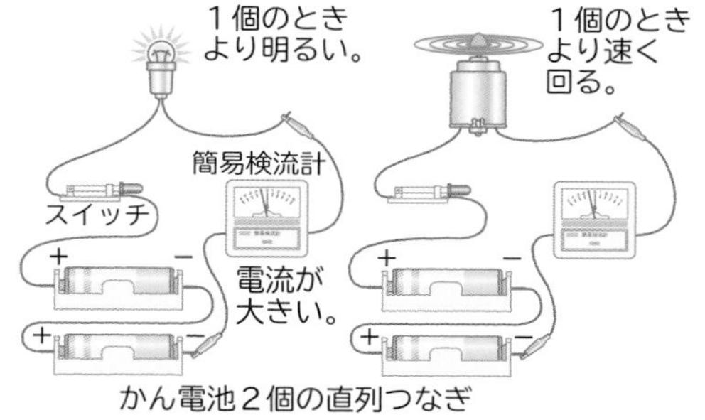


**かん電池の直列つなぎと豆電球・モーター**

## <かん電池の直列つなぎと電流>

かん電池を直列つなぎにしたとき，回路に流れる電流の大きさは，**かん電池１個のときの電流の大きさを「1」とする**と，次のようになります。

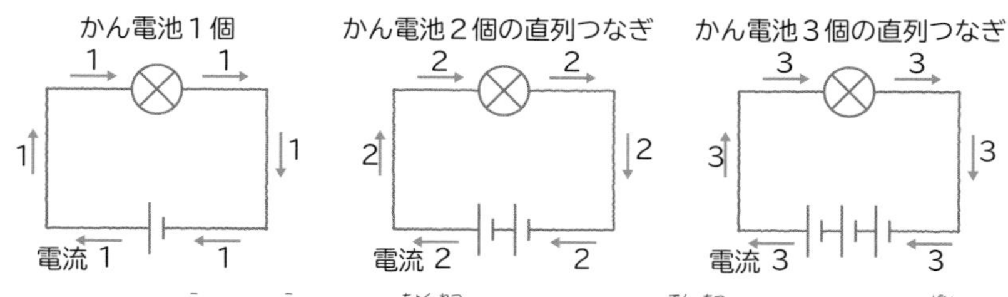


かん電池を２個，３個，…と**直列につなぐ**と，**電圧** [➡ P.594] **が２倍，３倍，…となる**ので，回路を流れる**電流の大きさも２倍，３倍，**…となります。

**注意**　かん電池の直列つなぎの回路について，実際に電流，電圧の大きさをはかると，かん電池１個のときの２倍，３倍，…にはならず，それよりも小さくなっています。これは，**豆電球は温度が高くなるほど電流が流れにくくなる**（**電気ていこう** [➡ P.628]）ことや，かん電池にも**電流をさまたげるはたらき**（**内部ていこう**）**がある**からです。ここでは，豆電球の電気ていこうは一定で，かん電池の内部ていこうはないものとして考えています。

COLUMN リンク
→ 豆電球・かん電池のつなぎ方と電流 P.598

重要度 ★★★

## かん電池の並列つなぎ

2個以上のかん電池の**＋極どうし，－極どうしをつないでいく**つなぎ方をかん電池の**並列つなぎ**といいます。

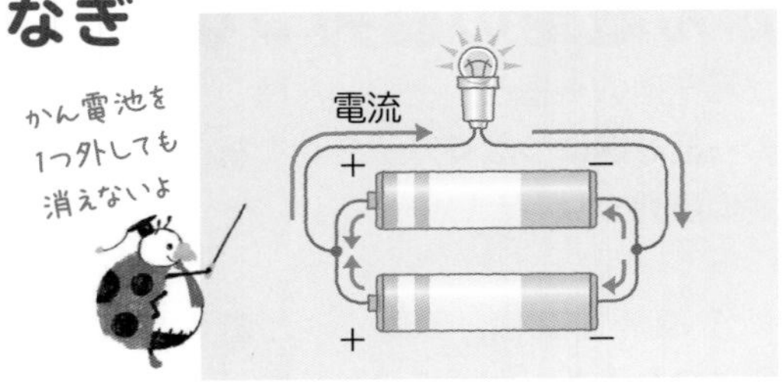


かん電池を2個，3個，…と**並列につないでも，回路全体の電流の大きさは変わりません**。そのため，かん電池1個のときと比べて，豆電球の明るさ，モーターの回る速さは変わりません。また，それぞれのかん電池から流れ出る電流は小さくなるので，**かん電池は長持ち**します。

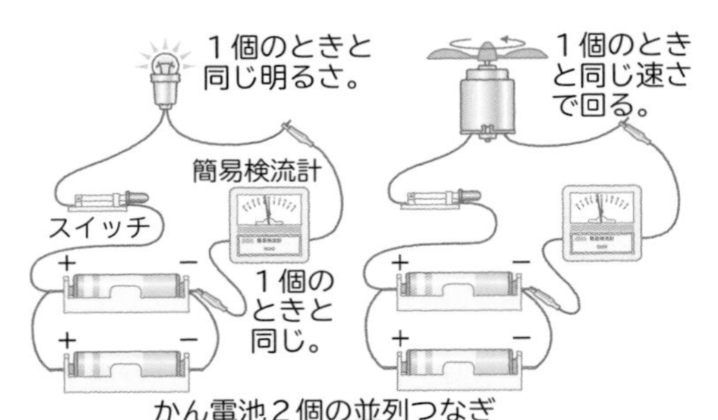


**かん電池の並列つなぎと豆電球・モーター**

### <かん電池の並列つなぎと電流>

かん電池を並列つなぎにしたとき，回路に流れる電流の大きさは，**かん電池1個のときの電流の大きさを「1」とする**と，次のようになります。

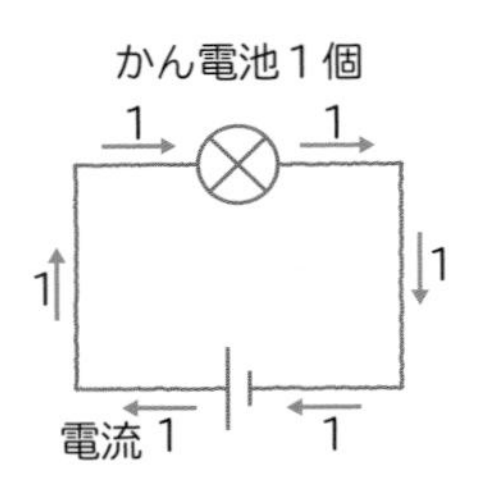


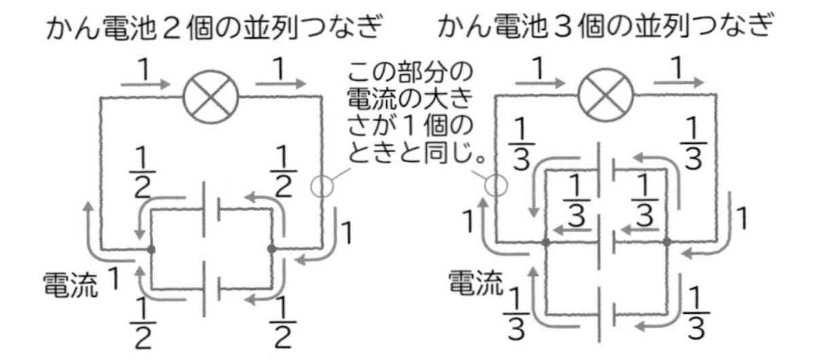


かん電池を2個，3個，…と並列につなぐと，**電圧** [➡P.594] はかん電池1個のときと同じなので，**回路を流れる電流の大きさも1個のときと同じ**です。

[➡豆電球・かん電池のつなぎ方と電流 P.598]

COLUMN くわしく

豆電球の明るさがかん電池1個のときと同じなのは，流れている電流の大きさが同じだからです。2個のかん電池から流れ出た電流を合計した大きさが，かん電池1個のときと同じになります。

## かん電池のつなぎ方と豆電球・モーター

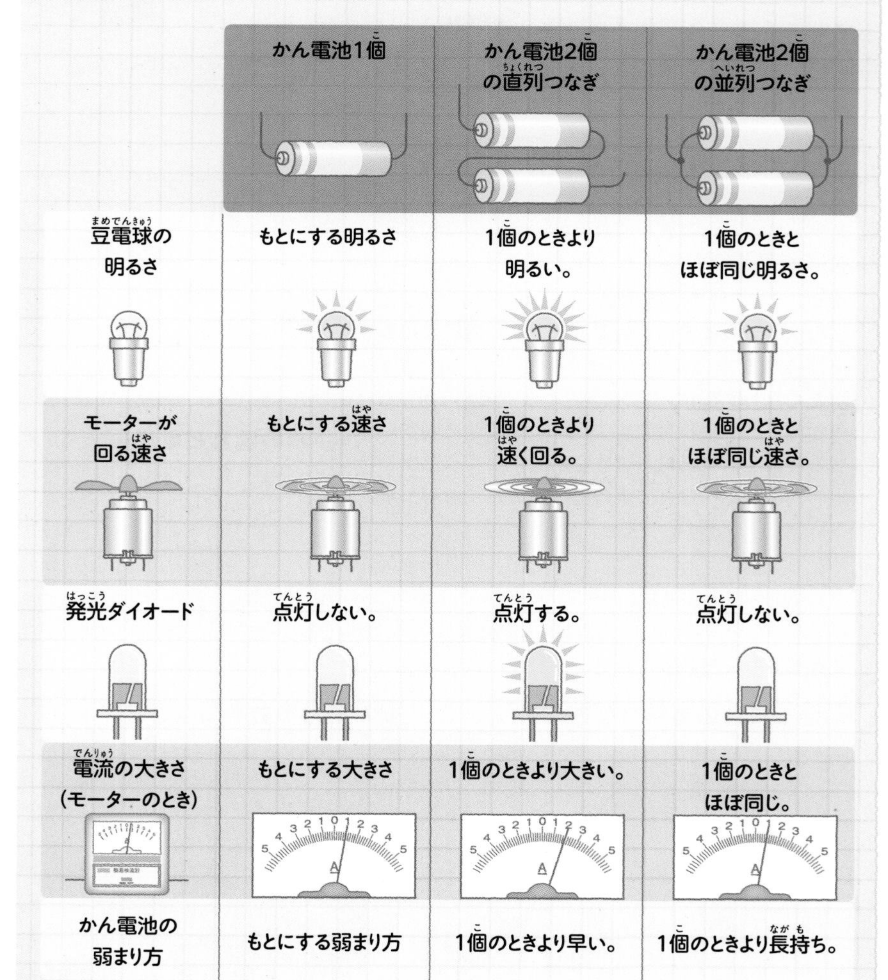

| | かん電池1個 | かん電池2個の直列つなぎ | かん電池2個の並列つなぎ |
|---|---|---|---|
| 豆電球の明るさ | もとにする明るさ | 1個のときより明るい。 | 1個のときとほぼ同じ明るさ。 |
| モーターが回る速さ | もとにする速さ | 1個のときより速く回る。 | 1個のときとほぼ同じ速さ。 |
| 発光ダイオード | 点灯しない。 | 点灯する。 | 点灯しない。 |
| 電流の大きさ(モーターのとき) | もとにする大きさ | 1個のときより大きい。 | 1個のときとほぼ同じ。 |
| かん電池の弱まり方 | もとにする弱まり方 | 1個のときより早い。 | 1個のときより長持ち。 |

かん電池の直列つなぎは，電流は大きいけど長持ちしないのね

かん電池の並列つなぎは，電流は変わらないけど長く使えるよ

発光ダイオードが発光するときの電圧はふつう，約 2～3.5 V（1.5 Vのかん電池 1 個では点灯しない）ですが，最近では，かん電池 1 個で点灯するものもあります。

# 第3章　電気のはたらき

重要度 ★★★

## 電圧

**かん電池** [➡ P.576]，**電源装置** [➡ P.607] などは，回路に**電流** [➡ P.585] **を流そうとするはたらき**があります。このはたらきを電圧といい，**＋極から－極に向かって**電流を流そうとするはたらきの大きさを表しています。
電圧の大きさは，**ボルト（記号V）**という単位で表します。かん電池の電圧は，ふつう 1.5 Vです。

### ●電圧・電流を水のモデルで考えよう

右の図は，ポンプによって水をある高さにくみ上げ，水の流れをつくって，水が水車を回しているようすです。電圧，電流と豆電球はこの関係と似ています。
この**水の流れる勢いを電流**とすると，**電圧はくみ上げられた水の高さ**にあたります。かん電池は，**水をくみ上げるポンプ**の役割をしているのです。
そして，水が水車を回すことは，豆電球に明かりをつけることにあたります。ポンプがくみ上げる水の高さが高いほど，水の勢いが大きくなり，水車は速く回ります。つまり，豆電球が明るくつくと考えることができます。

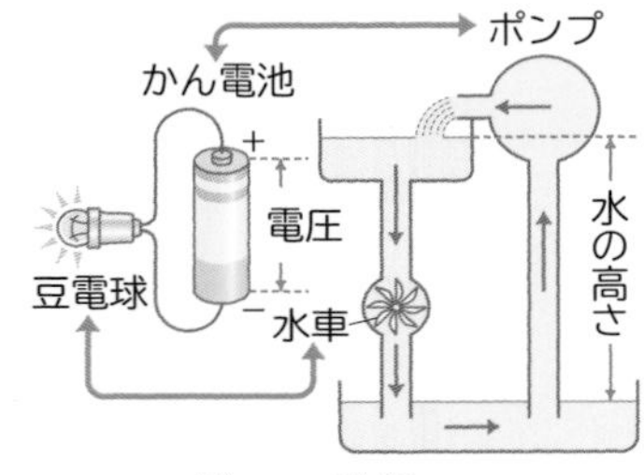


**⇧水の流れと電圧**

かん電池の直列つなぎ，並列つなぎを上の図のようなポンプで表してみましょう。
2つ重ねたものは，2個の**かん電池の直列つなぎ** [➡ P.591] にあたり，横に2つ並べると，**かん電池の並列つなぎ** [➡ P.592] になります。

**かん電池の直列つなぎ**

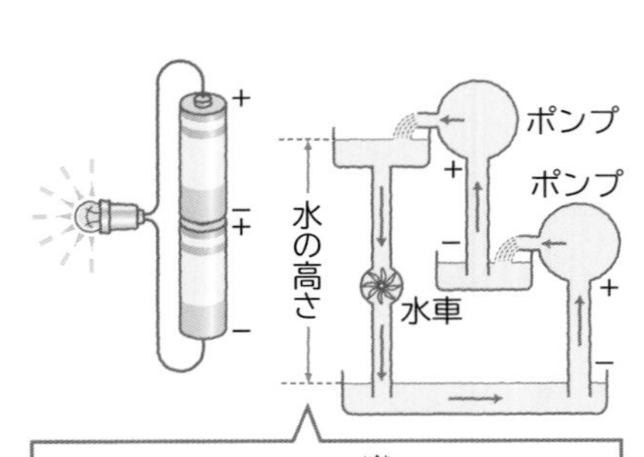


水の高さが高くなり，水の勢いが大きくなる。
⇨電圧が大きくなり，豆電球に流れる電流も大きくなる。

**かん電池の並列つなぎ**

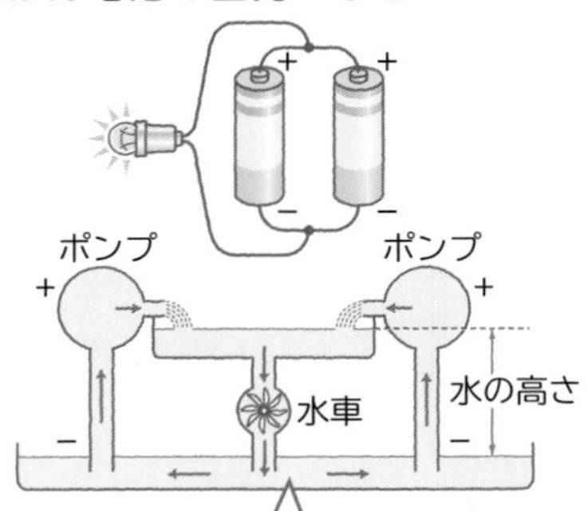


水の高さは変わらないので，水の勢いは変わらないが，ポンプから流れ出る水の量はそれぞれ半分になる。
⇨電圧は変わらず，豆電球に流れる電流も変わらないが，かん電池から流れ出る電流はそれぞれ半分になる。

1.5Vのかん電池を2個直列につなぐと，豆電球にはたらく電圧は，1.5 + 1.5 = 3.0V，つまり2倍になっています。そして，豆電球に流れる電流は2倍になります。

一方，1.5Vのかん電池を2個並列につなぐと，豆電球にはたらく電圧は1.5Vのままで，豆電球に流れる電流も変わりません。かん電池からは，それぞれ0.5倍の電流が流れ出ています。

## ★★★ 電圧計

回路に加わる**電圧の大きさをはかる**器具で，はかろうとする部分に**並列**につなぎます。**＋たん子はかん電池** [➡ P.576]（電源装置 [➡ P.607]）**の＋極側**に，**－たん子はかん電池**（電源装置）**の－極側**につなぎます。

つなぎ方

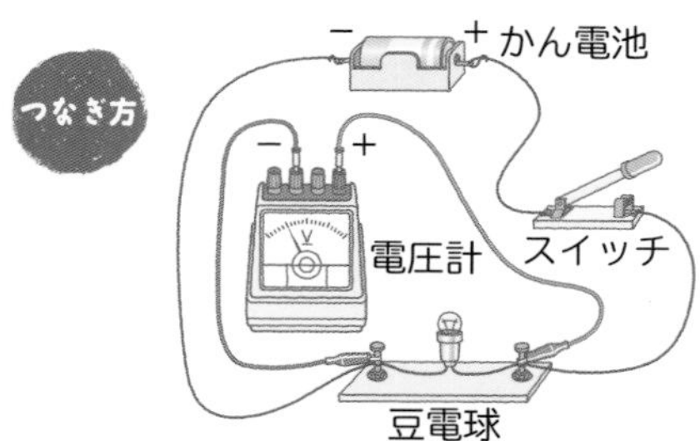

### ●－たん子の選び方

－たん子は3つあります。電圧の予想ができないときは，**300 Vのたん子**につなぎます。針のふれが小さいときは，回路のスイッチを切り，15 V，3 Vのたん子に順につなぎかえます。

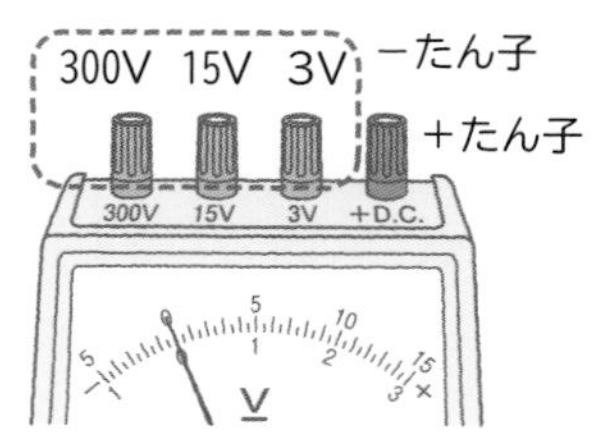


### ●目もりの読み方

－たん子に示してある数値は，それぞれのたん子につないだときに測定できる**最大の電圧の値**です。使ったたん子にあった数値を読みます。

- **300 Vのたん子**…1目もりは**10 V**です。目もりの下の数値を100倍して読みます。
- **15 Vのたん子**…1目もりは**0.5 V**です。目もりの上の数値を読みます。
- **3 Vのたん子**…1目もりは**0.1 V**です。目もりの下の数値を読みます。

3Vのたん子を使ったときに読む。
300Vのたん子のときは100倍する。

15Vのたん子を使ったときに読む。

COLUMN まめ知識

電圧計は電圧をはかろうとする部分に並列につないでも，回路にえいきょうがないようにするために，電流の流れをさまたげる電気ていこう器 [➡ P.628] が入っています。

# 2 豆電球のつなぎ方と電流

重要度 ★★★

## 豆電球の直列つなぎ

豆電球を2個，3個，…と順につなぎ，かん電池と**1つの輪になるようなつなぎ方**を**豆電球の直列つなぎ**といいます。**電流** [➡ P.585] **の通り道は1本**なので，豆電球を1個外すと，電流の通り道が切られ，ほかの豆電球はすべて消えます。

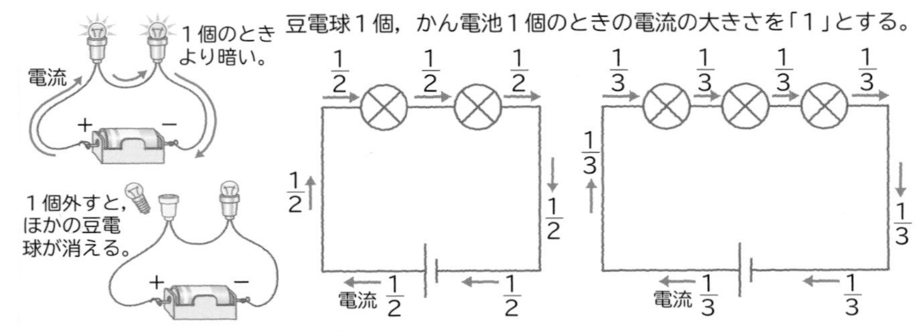

1個のとき
より暗い。
電流
+
−
1個外すと，
ほかの豆電
球が消える。
豆電球1個，かん電池1個のときの電流の大きさを「1」とする。
$\frac{1}{2}$
電流
$\frac{1}{3}$

### ●豆電球の明るさと電流

豆電球を直列に多くつなぐほど，**1個あたりの明るさは暗くなり，かん電池は長持ち**します。これは，豆電球を多くつなぐほど，電流が流れにくくなる（**電気ていこう** [➡ P.628] が大きくなる）ため，**かん電池から流れ出る電流が小さくなる**からです。

★★★

## 豆電球の並列つなぎ

豆電球を2個，3個，…とかん電池に直接つなぐ方法を，**豆電球の並列つなぎ**といいます。**豆電球の数だけ電流の通り道ができる**ので，豆電球を1個外してもほかの豆電球は消えません。

どれも同じ
明るさだね

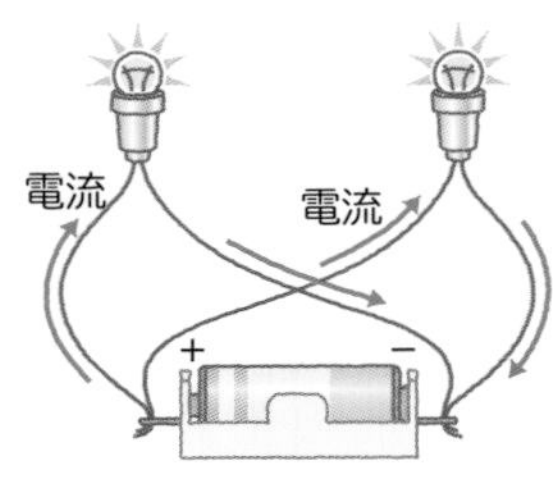

明るさは1個のときと同じ。
電流
電流
+
−

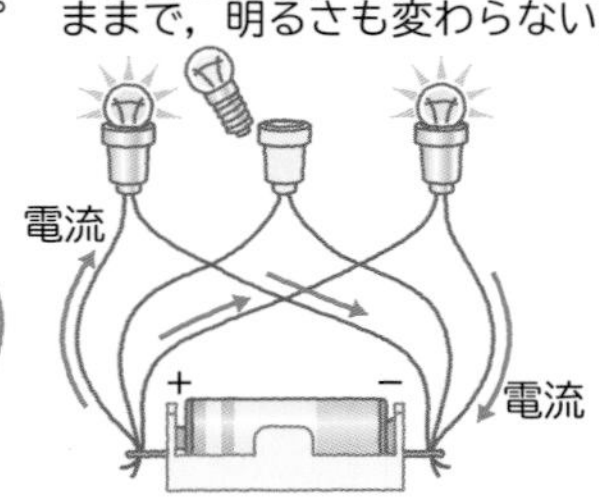

1個外しても，ほかはついた
ままで，明るさも変わらない。
電流
電流
+
−

**COLUMN まめ知識**

家庭で使う電気器具はすべて並列つなぎになっています。もし，直列つなぎだとすると，1つの器具だけを使いたくても，すべての電気器具のスイッチを入れないと使えません。

### ●豆電球の明るさと電流

豆電球を並列に多くつなぐと，豆電球の明るさは1個のときと変わりませんが，それぞれの豆電球には，**1個のときと同じ大きさの電流が流れる**ので，かん電池から流れ出る電流が大きくなり，かん電池は早く弱まり，豆電球は早く消えます。[➡豆電球・かん電池のつなぎ方と電流 P.598]

豆電球1個，かん電池1個のときの電流の大きさを「1」とする。

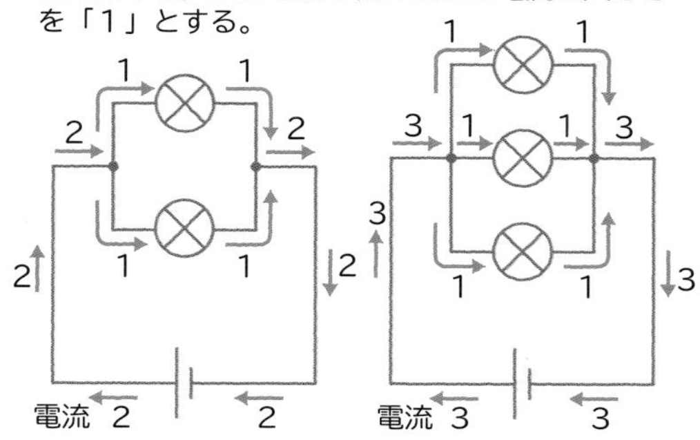


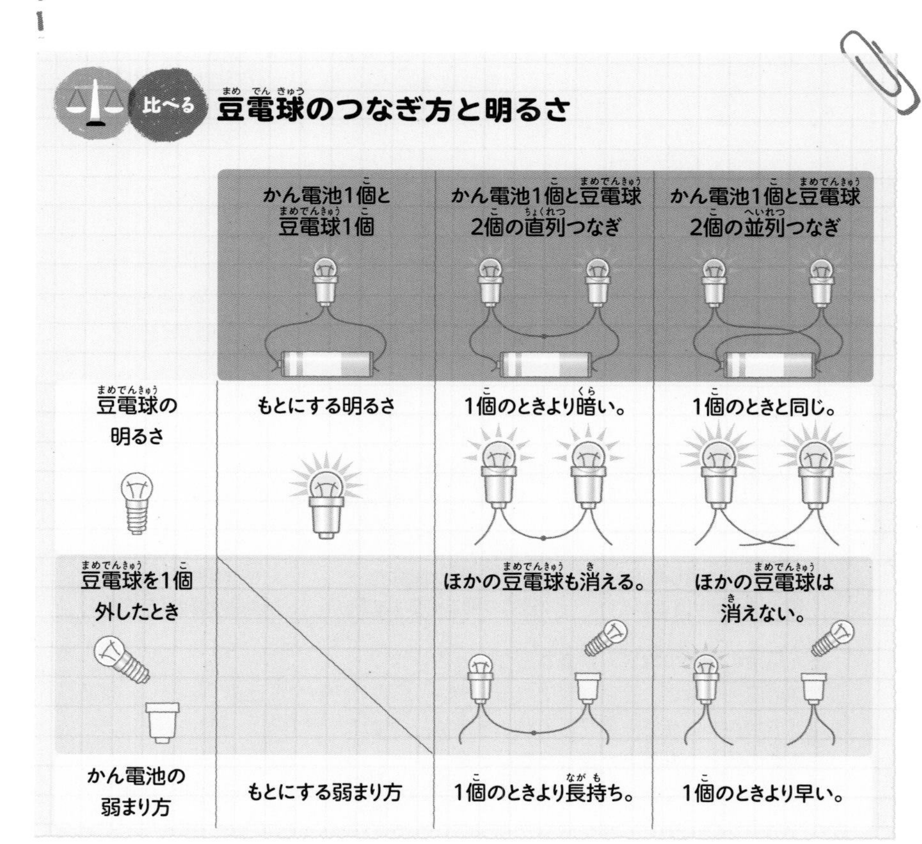


**豆電球のつなぎ方と明るさ**

| | かん電池1個と豆電球1個 | かん電池1個と豆電球2個の直列つなぎ | かん電池1個と豆電球2個の並列つなぎ |
|---|---|---|---|
| 豆電球の明るさ | もとにする明るさ | 1個のときより暗い。 | 1個のときと同じ。 |
| 豆電球を1個外したとき | | ほかの豆電球も消える。 | ほかの豆電球は消えない。 |
| かん電池の弱まり方 | もとにする弱まり方 | 1個のときより長持ち。 | 1個のときより早い。 |

回路の1点に流れこむ電流の和は，流れ出る電流の和と等しくなっています。このことは並列回路だけでなくどんな回路についても成り立ちます。これをキルヒホッフの法則といいます。

重要度 ★★★

## 豆電球・かん電池のつなぎ方と電流

**豆電球1個，かん電池1個**の回路に流れる**電流の大きさを「1」とする**と，いろいろな回路を流れる電流は，次のように表すことができます。

**流れる電流が大きい**ほど，**豆電球は明るくつき，かん電池は早く弱まります。**

| | | 豆電球のつなぎ方 | | |
|---|---|---|---|---|
| | | 1個 | 2個の直列つなぎ | 2個の並列つなぎ |
| かん電池のつなぎ方 | 1個 | この回路を流れる電流の大きさを1とする。<br>1　1　1　1　1　1 | $\frac{1}{2}$　$\frac{1}{2}$　$\frac{1}{2}$　$\frac{1}{2}$　$\frac{1}{2}$<br>豆電球は暗い。<br>電池の弱まり方はおそい。 | 1　1　1　1　2　2　2　2<br>豆電球は同じ明るさ。<br>電池は早く弱まる。 |
| | 2個の直列つなぎ | 2　2　2　2　2　2<br>豆電球は明るい。<br>電池は早く弱まる。 | 1　1　1　1　1<br>豆電球は同じ明るさ。<br>電池の弱まり方も同じ。 | 2　2　2　2　4　4　4　4<br>豆電球は明るい。<br>電池は早く弱まる。 |
| | 2個の並列つなぎ | 1　1　1　1　$\frac{1}{2}$　$\frac{1}{2}$　$\frac{1}{2}$　$\frac{1}{2}$<br>豆電球は同じ明るさ。<br>電池の弱まり方はおそい。 | $\frac{1}{2}$　$\frac{1}{2}$　$\frac{1}{2}$　$\frac{1}{4}$　$\frac{1}{4}$　$\frac{1}{4}$　$\frac{1}{4}$<br>豆電球は暗い。<br>電池の弱まり方はおそい。 | 1　1　1　1　2　2　1　1　1　1<br>豆電球は同じ明るさ。<br>電池の弱まり方も同じ。 |

① **かん電池の数とつなぎ方が変わらないとき**

豆電球の直列つなぎ…豆電球を流れる電流は，豆電球の数に反比例 [➡ P.458] する。

豆電球の並列つなぎ…豆電球を流れる電流は，豆電球1個のときと同じ。

② **豆電球の数とつなぎ方が変わらないとき**

かん電池の直列つなぎ…かん電池1個から流れる電流は，かん電池の数に比例する。

かん電池の並列つなぎ…かん電池1個から流れる電流は，かん電池の数に反比例する。

かん電池を並列につなぐと，つないだかん電池のまとまり全体が1個分のかん電池と同じはたらきをします。

COLUMN

# 電流を水の流れにたとえると…

豆電球とかん電池を導線でつなぐと，豆電球に電流が流れて明かりがつきます。このとき，電流は豆電球を光らせても，電流が小さくなることはなく，豆電球の前後で，電流の大きさは変化しません。このようすは，水の流れに似ています。電流＝水として考えてみましょう。

## 直列回路の電流

**流れる水を電流，水の中に入れた水車を豆電球**として考えます。電流のはたらきによって豆電球が光っても，電流が小さくなったり，なくなったりしないことは，流れる水で水車が回っても，水車の前後で水の量は変化しないことと同じです。

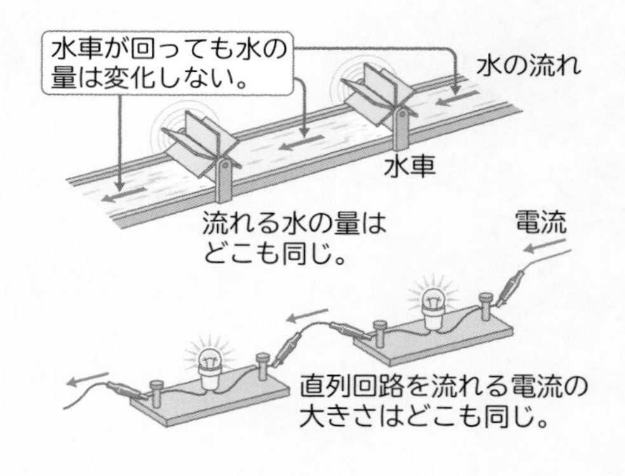
水車が回っても水の量は変化しない。
水の流れ
水車
流れる水の量はどこも同じ。
電流
直列回路を流れる電流の大きさはどこも同じ。

## 並列回路の電流

２個の豆電球を並列につないだ回路を考えます。水が枝分かれして流れても，とちゅうで水の量が減ることはなく，再び合流したときの水の量は，分かれる前の水の量と変わりません。同じように，分かれる前の電流と，再び合流した電流の大きさは等しくなっているのです。

**分かれる前の電流＝合流した電流**

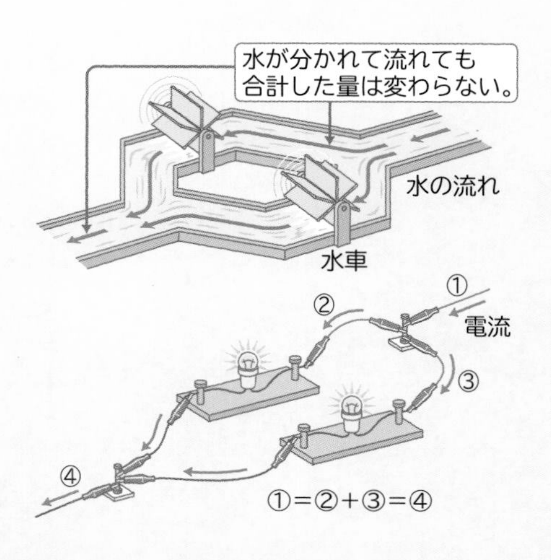
水が分かれて流れても合計した量は変わらない。
水の流れ
水車
①
②
③
④
電流
①＝②＋③＝④

# 3 いろいろな電池

重要度 ★★★

## じゅう電式電池（じゅう電池，ちく電池）

**じゅう電式電池**は，使い切ると二度と使えない**かん電池** [➡ P.576] に対して，**じゅう電**してくり返し使える電池です。**なまりちく電池**，**リチウムイオン電池**，**ニッケル水素電池**などがあります。

なまりちく電池
(自動車用バッテリー)

リチウムイオン電池
(カメラ用電池)

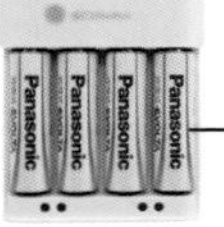


じゅう電器

ニッケル水素電池

じゅう電器をコンセントにさしこんでじゅう電する。

⇧ いろいろなじゅう電式電池

### 比べる じゅう電式電池の種類と特ちょう

| | なまりちく電池 | リチウムイオン電池 | ニッケル水素電池 |
|---|---|---|---|
| 種類 |   |   | 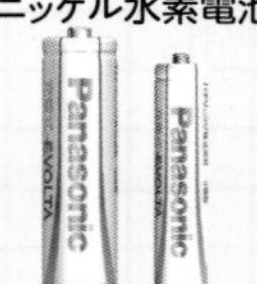  |
| 特ちょう | 直列につないで高い電圧が得られる（自動車用では6個つないで12V で使用）。 | 高い電圧が取り出せる。軽量でコンパクトにできる。 | 安くて安全。小型のものはかん電池の代わりとして使える。 |
| 電圧 | 約2V | 約3.7V | 約1.2V |
| おもな用途 | 自動車，病院，公共施設などの非常用電源 | けい帯電話，デジタルカメラ，ノートパソコン，ハイブリッドカー | おもちゃ，シェーバー，ハイブリッドカー |

### ●じゅう電と放電

電池にたくわえられた電気を放出する**放電**（電気を使うこと）に対して，電池の電気をたくわえることを**じゅう電**といいます。電池を使うときの電流とは逆向きに外から電流を流し，電池の電気をたくわえます。

COLUMN まめ知識

かん電池やじゅう電式電池は，使わなくても置いておくだけで，たくわえられている電気が少しずつ減っていきます。これを自然放電（自己放電）といいます。

## ★★★ 備長炭電池

**備長炭（木炭）**を**こい食塩水**をしみこませたペーパータオルで巻き，その上から**アルミニウムはく**を巻きつけてつくった電池です。この電池は，アルミニウムはくと備長炭が電極となります（アルミニウムはくと備長炭が直接ふれ合わないように注意します）。備長炭とアルミニウムはくにそれぞれクリップをつけてセロハンテープでとめ，豆電球をつなぐと明かりがつきます。

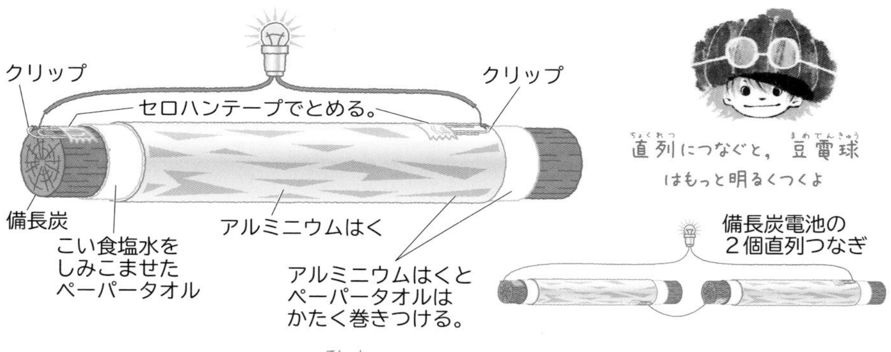


### ●アルミニウムはくから電子が出る

備長炭電池をしばらく使ってから，アルミニウムはくを開いてみると，ぼろぼろになっています。これはアルミニウムが電流のもとになる電子［➡ P.584］を出して，食塩水の中にとけたからです。アルミニウムから出た電子は，導線を通って備長炭に移動します。

### ●備長炭では空気中の酸素が電子を受け取る

備長炭には小さな穴がたくさんあり，空気中の酸素がくっついています。この**酸素がアルミニウムはくからきた電子を受け取って水と反応**します。これによって，アルミニウムはくからの電子の流れができて電流が流れます。備長炭は，この反応を進めるしょくばい［➡ P.517］のはたらきをしていると考えられています。

電子を出した**アルミニウムはくは－極**，電子を受け取った**備長炭は＋極**です。

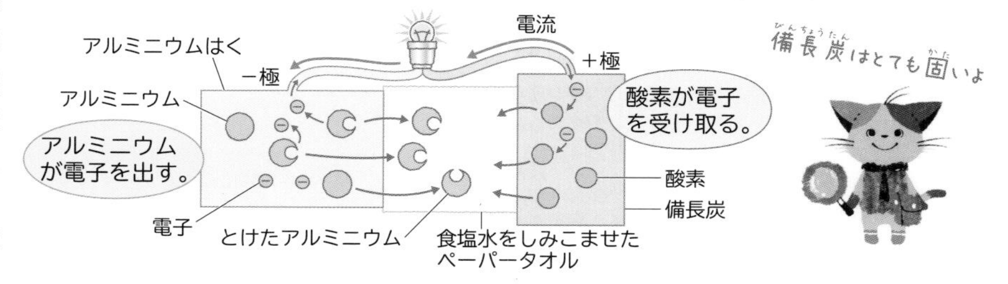

**備長炭はカシの木を高温でむし焼き**［➡ P.509］**にしたもので，金属のように自由に動く電子があり，電気を通します。小さな穴が無数にあり，空気を吸着する面積がひじょうに広くなります。**

# 03 電磁石のはたらき

## 1 電磁石の極と強さ

重要度 ★★★

### コイル

コイルは，導線 [➡ P.578] を**同じ向きに何回も巻いたもの**で，**電磁石**や**発電機** [➡ P.616] などに使われています。

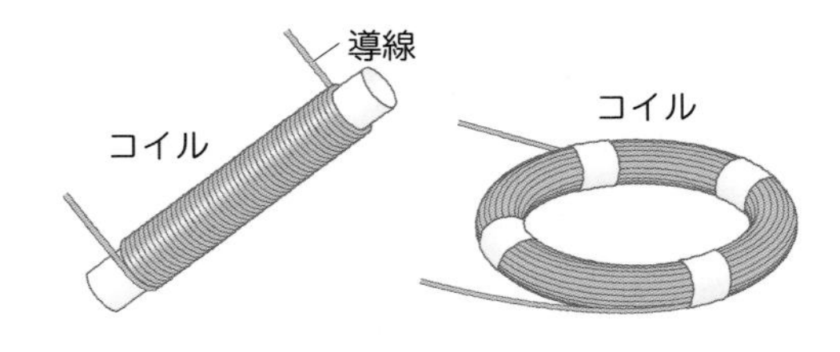


★★★

### 電磁石

**コイル**の中に**鉄しん**を入れ，鉄しんがコイルの**磁界** [➡ P.568] によって**磁力** [➡ P.564] をもつようにしたものを**電磁石**といいます。
電磁石は，電流が流れると，コイルに**磁界**が生じ [➡コイルのまわりの磁界 P.614]，その磁力によって鉄しんが磁石になることで磁力は強くなります。

<電磁石の特ちょう>

①**コイルに電流が流れているとき磁石になり**，電流を切ると磁石のはたらきを失います。

②**電流の向きを反対にする**とN極とS極が入れかわります。
[➡電磁石の極 P.604]

③**電流の大きさやコイルの巻き数を変える**と電磁石の強さが変わります。
[➡電磁石の強さと電流の大きさ P.605]
[➡電磁石の強さとコイルの巻き数 P.606]

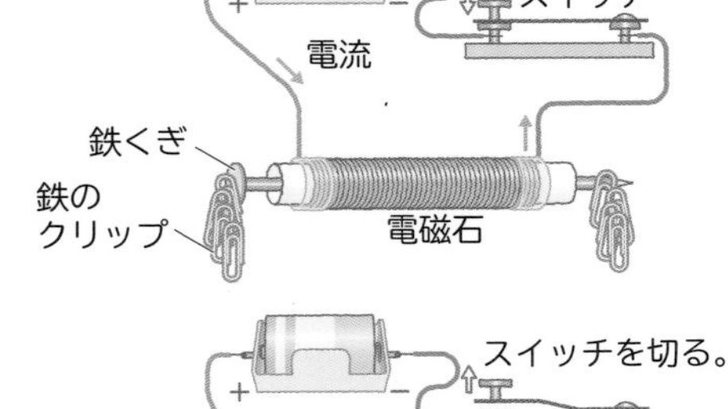


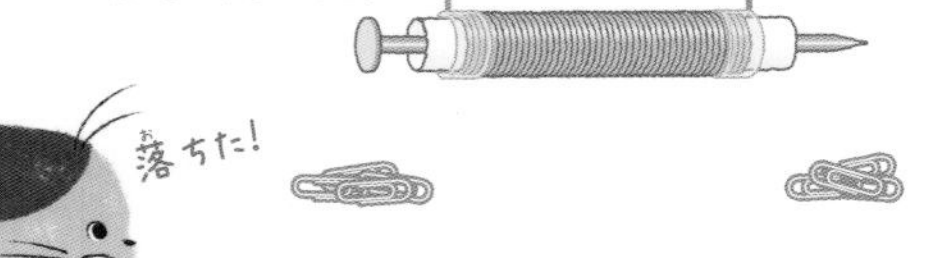

COLUMN くわしく

エナメル線の銅は電流を通しやすい金属なので，電磁石をかん電池につなぐと，大きな電流が流れて発熱するだけでなく，かん電池の消もうもはげしくなります。

## ★★★ 電磁石のつくり方

ストローなどのプラスチックのつつに，**エナメル線** [➡導線 P.578] を**同じ向き**に何回も巻いて**コイル**をつくり，コイルの中に鉄くぎなどの**鉄しん**を入れます。鉄しんには鉄（軟鉄）を使います。電磁石の鉄しんは，コイルに**電流が流れると磁石になり，電流が切れたら磁力を失う鉄のしんである**ことが必要です。

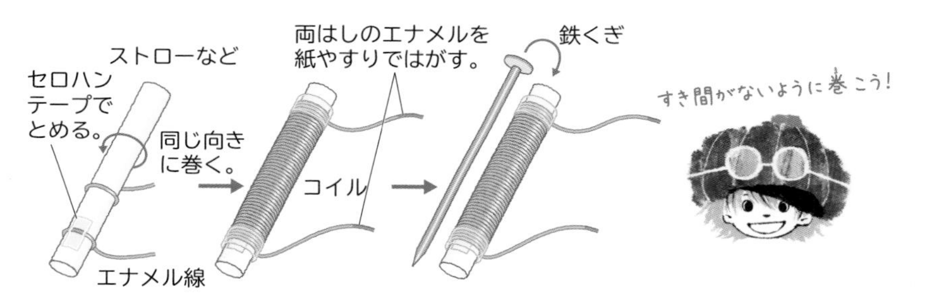
ストローなど
セロハンテープでとめる。
同じ向きに巻く。
エナメル線
両はしのエナメルを紙やすりではがす。
コイル
鉄くぎ
すき間がないように巻こう！

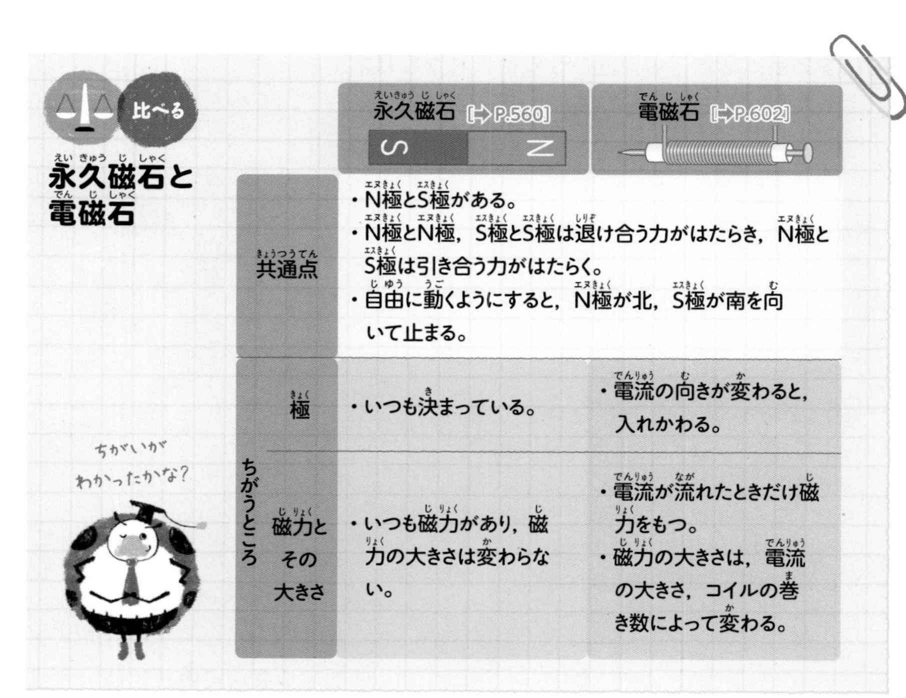
比べる
ちがいがわかったかな？

**永久磁石と電磁石**

| | | 永久磁石 [➡P.560] | 電磁石 [➡P.602] |
|---|---|---|---|
| 共通点 | | ・N極とS極がある。<br>・N極とN極，S極とS極は退け合う力がはたらき，N極とS極は引き合う力がはたらく。<br>・自由に動くようにすると，N極が北，S極が南を向いて止まる。 | |
| ちがうところ | 極 | ・いつも決まっている。 | ・電流の向きが変わると，入れかわる。 |
| | 磁力とその大きさ | ・いつも磁力があり，磁力の大きさは変わらない。 | ・電流が流れたときだけ磁力をもつ。<br>・磁力の大きさは，電流の大きさ，コイルの巻き数によって変わる。 |

COLUMN くわしく

ガラス棒や竹ぐし，銅やアルミニウムの棒などは，コイルに電流が流れても磁石にならないので，電磁石のしんにはなりません。

重要度 ★★★

## 電磁石の極

電磁石の両はしには**N極とS極** [➡ P.565] があります。**永久磁石** [➡ P.560] と同じように，電磁石のN極とN極，S極とS極はそれぞれ**退け合う力**，N極とS極は**引き合う力**がはたらきます。**方位磁針**を極に近づけたときの針のふれ方によって，電磁石の極を確かめることができます。

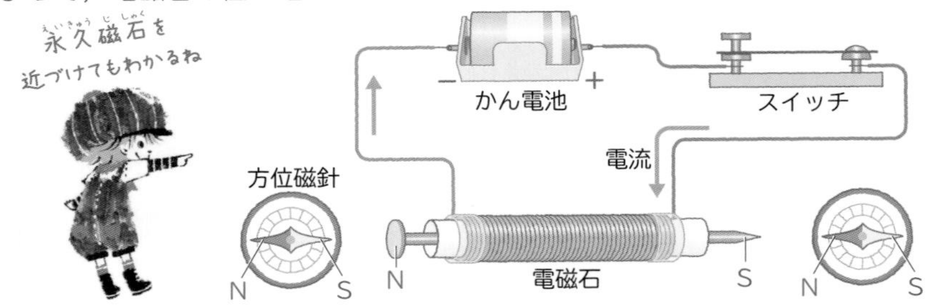


かん電池の＋極と－極のつなぎ方を逆にして，コイルに流れる**電流の向きを反対にする**と，電磁石の**N極とS極は入れかわります。**

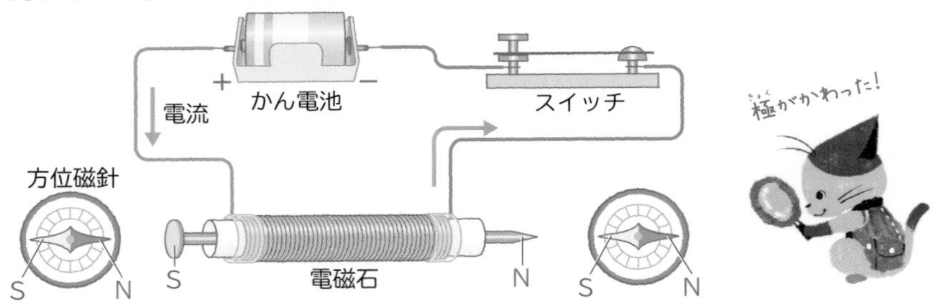


### ●コイルを巻く向きと電磁石の極

電磁石の極は，**コイルに流れる電流の向きで決まる**ので，かん電池のつなぎ方が同じでも，**コイルを巻いてある向きが反対**だと，コイルを流れる電流の向きが反対になり，電磁石の**N極とS極も逆になります。**

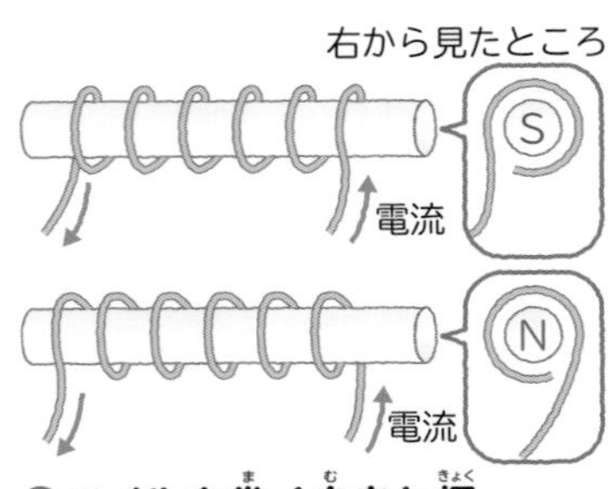


**⇧コイルを巻く向きと極**

COLUMN
**まめ知識**

電磁石のN極とS極は，電流の向きに合わせ，横から見て，右の図のどちらの文字が書けるか調べてもわかります。

## ★★★ 電磁石の極の見つけ方

**電磁石の極**は，**コイルを流れる電流の向き**によって決まります。右手を使うと，電磁石の極を簡単に知ることができます。

**右手の親指を除く4本の指の向き**を，コイルを流れる**電流の向き**に合わせて電磁石をにぎります。すると，横に開いた**親指の向きがN極，その反対向きがS極**になっています。[➡コイルのまわりの磁界 P.614]

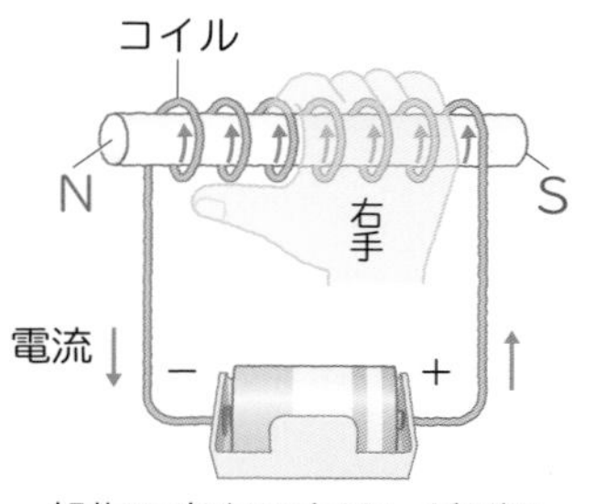

親指の向きの左はしがN極。

コイルを巻いている向きじゃなくて，電流の向きに合わせてね


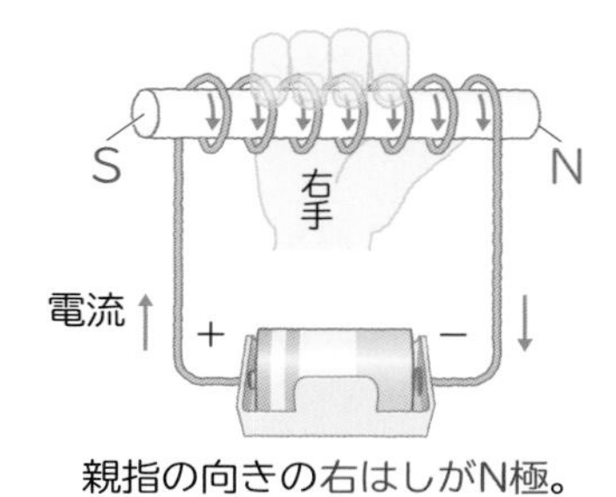

親指の向きの右はしがN極。

## ★★★ 電磁石の強さと電流の大きさ

電磁石は，コイルに流れる**電流が大きい**ほど，**強く（磁力が大きく）**なります。次の表のように，一方はかん電池１個，もう一方はかん電池２個を直列つなぎ[➡P.591]で，**コイルの巻き数は同じ**にして，電磁石が**持ち上げる鉄のクリップの数**を比べます。すると，**かん電池２個を直列つなぎにしたほうが，流れる電流が大きいので，持ち上げる鉄のクリップの数が多く**なります。

| 調べること | 電磁石の強さと電流の大きさの関係 | |
|---|---|---|
| かん電池の数 | 1個 | 2個直列つなぎ |
| 電流の大きさ | （例）1.5A（小さい） | （例）2.5A（大きい） |
| コイルの巻き数 | 100回巻き | |

**電流によって生じる磁界は，電流が大きいほど強くなるので，その磁界によって磁石になる鉄しんの磁界も強くなり，電磁石の磁力が強くなります。**

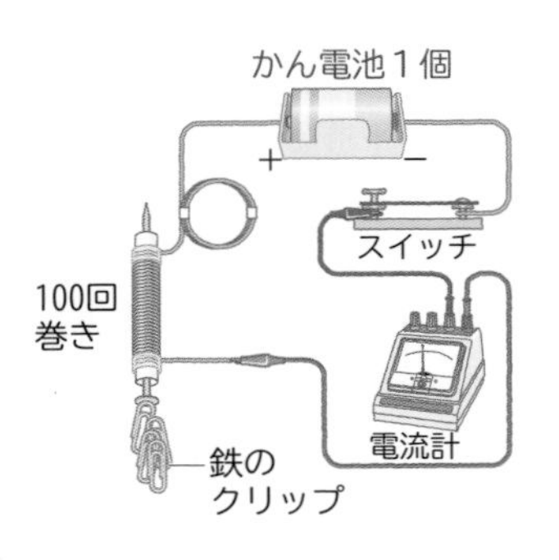


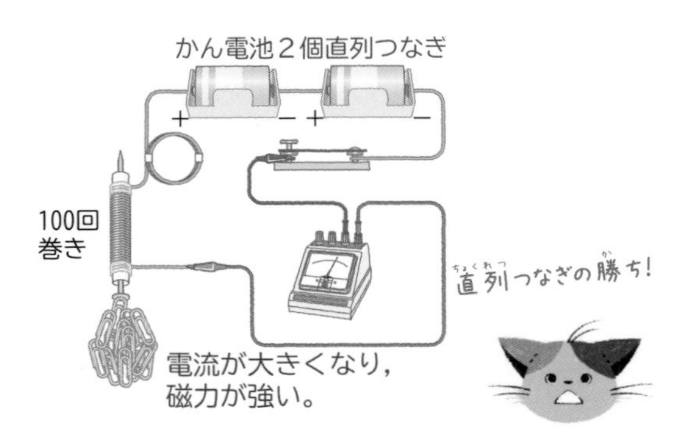


重要度 ★★★

## 電磁石の強さとコイルの巻き数

電磁石は，**コイルの巻き数が多い**と，コイルに生じる磁界が増えて**強く（磁力が大きく）**なります。

次の表のように，コイルの巻き数を変え，コイルに流れる**電流の大きさは同じ**（かん電池の数を同じ）にして，電磁石が**持ち上げる鉄のクリップの数**を比べます。ただし，エナメル線全体の長さはどちらも同じにします。すると，**巻き数が多いほうが，持ち上げる鉄のクリップの数が多く**なります。

| 調べること | 電磁石の強さとコイルの巻き数の関係 | |
|---|---|---|
| かん電池の数 | 1個 | |
| 電流の大きさ | （例）1.5A | |
| コイルの巻き数 | 100回巻き | 200回巻き |
| エナメル線全体の長さ | 同じ長さ | |

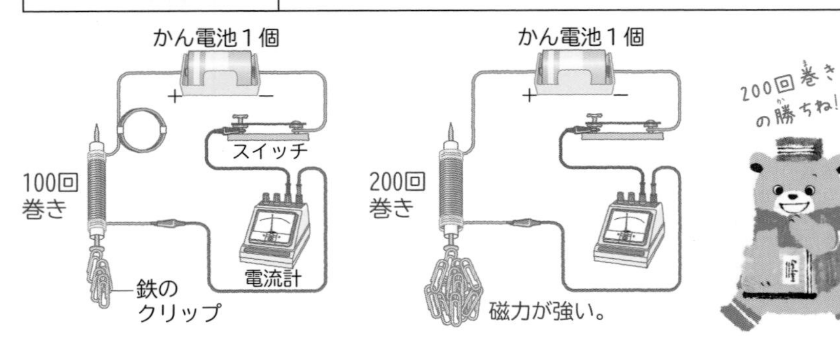

COLUMN くわしく

コイルの巻き数が多いほど電磁石は強くなりますが，これには限界があります。巻き数が多くなると電流をさまたげるはたらきも大きくなって，電流が流れにくくなるからです。

## ★★★ 電源装置

かん電池 [➡P.576] の代わりに使うことができる装置です。電源装置は，つねに**同じ大きさの電流を流す**ことができます。ボタンは**かん電池の直列つなぎの個数**を表し，その個数のかん電池をつないだときと同じはたらきをします。

①電源装置のスイッチを切ってあることを確かめてから，＋たん子，－たん子を回路につなぎます。

②「**1個**」という表示のあるボタンをおして，回路に電流を流します。表示ランプが1つ点灯します。

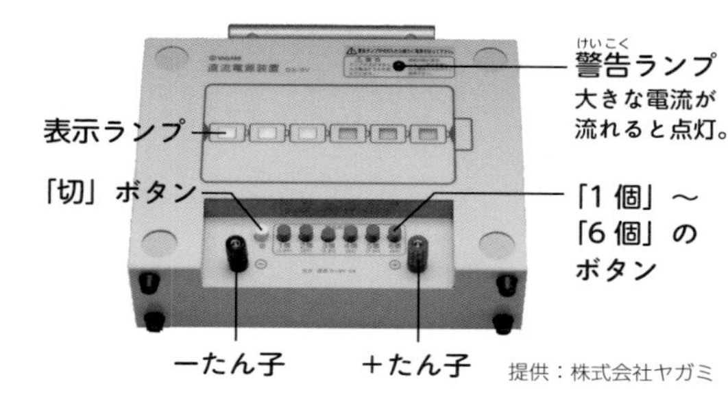

提供：株式会社ヤガミ

③**電流の大きさを変える**ときは，回路につないだ電流計の針を見ながら，「**2個**」～「**6個**」のボタンをおします。表示ランプはボタンに書かれた個数に合わせて点灯します。

④実験を終えるときは，「**切**」というボタンをおしてスイッチを切ります。

## ★★★ 電流計

回路を流れる**電流の大きさをはかる**器具です。**＋たん子**（赤）と3つの**－たん子**（黒，5A，500mA，50mA [➡電流の単位 P.585]）があり，**検流計** [➡P.590] よりも電流の大きさをくわしくはかることができます。

つなぎ方

電流計は，はかろうとする部分に**直列**につなぎ，電流計の**＋たん子はかん電池の＋極側**に，**－たん子は－極側**につなぎます。

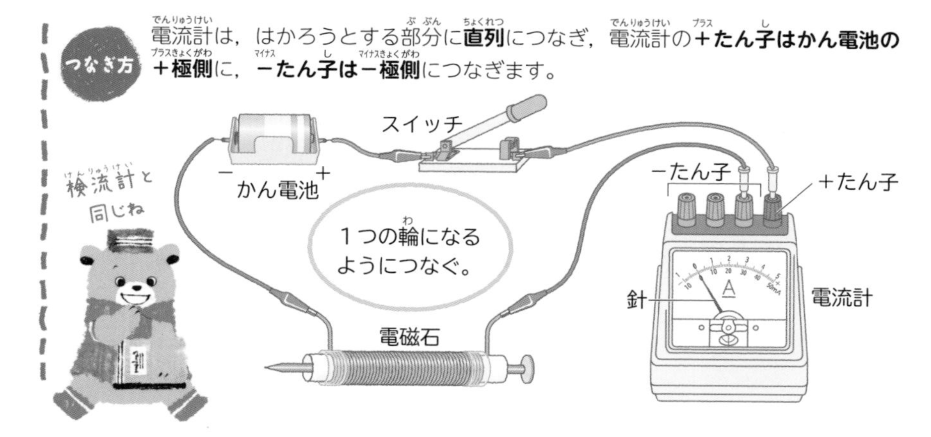

検流計の目もりは，中央が0になり，針が左右にふれます。一方，電流計の目もりは，左に0があります。＋と－のたん子を逆につなぐと，針が左にふれ過ぎてこわれることがあります。

## ●−たん子の選び方

①初めは**5Aのたん子**につなぎます。針のふれが小さいときは，スイッチを切り，500mAのたん子，さらに50mAのたん子に順につなぎかえます。

②流れる電流の大きさが予想できるときは，初めから適切なたん子につなぎます。

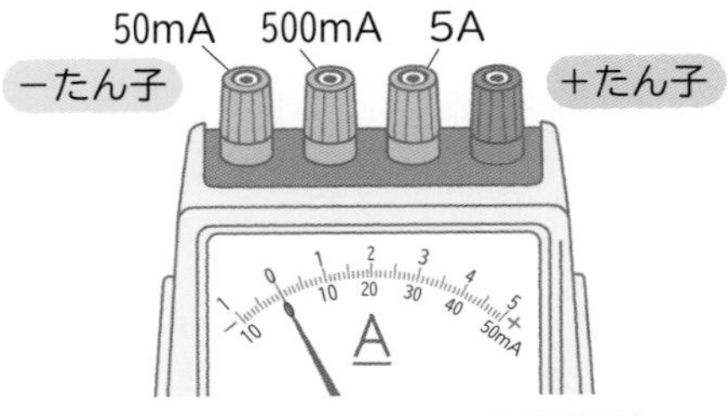


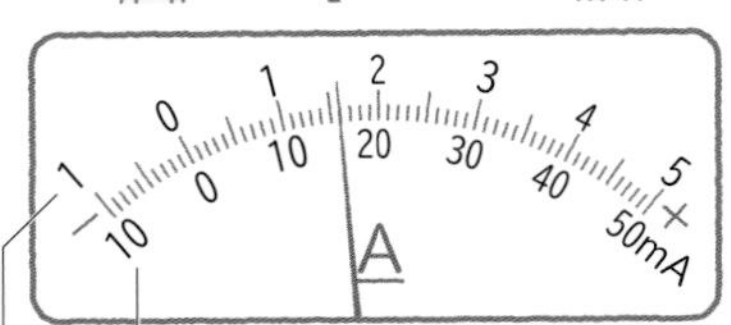


上の図では，使ったたん子が
5Aのとき………1.6A
500mAのとき………160mA
50mAのとき………16mA

⇧目もりの読み方

## ●目もりの読み方

−たん子の5A，500mA，50mAの数値は，各たん子につないだときに測定できる，**最大の値**を表しています。使用した−たん子に合わせて目もりの数値を読みかえます。

1目もりの大きさは，次の通りです。

5Aのたん子のとき…0.1A
500mAのたん子のとき…10mA
50mAのたん子のとき…1mA

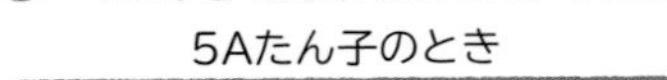

⇩−たん子を変えたときの指針のようす

5Aたん子のとき

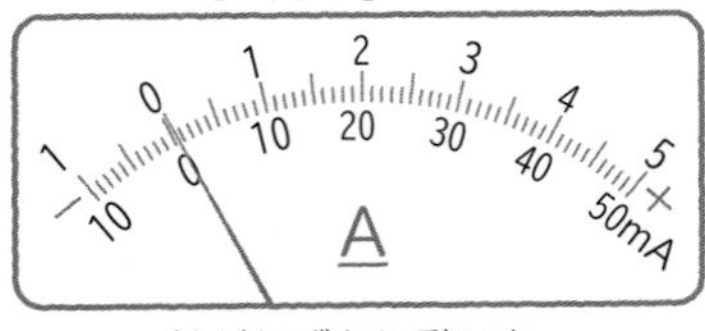

針がわずかに動いた。

500mAたん子のとき

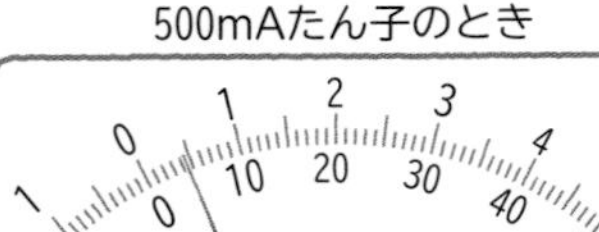

50mAより小さい。

50mAたん子のとき

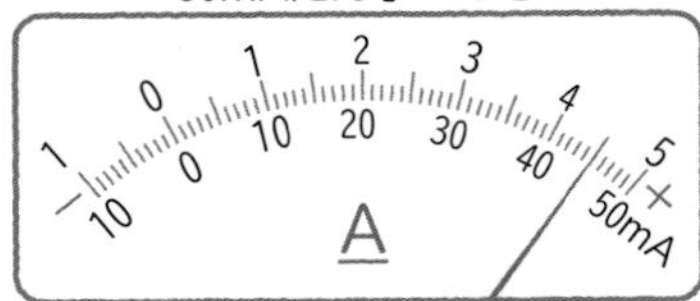

45mAであることがわかる！

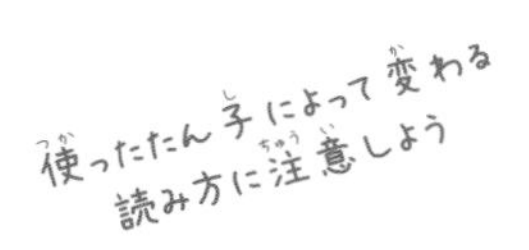

使ったたん子によって変わる
読み方に注意しよう

# 2 電磁石の利用

重要度 ★★★

## モーター

モーターは，２つの磁石（**永久磁石** [➡P.560]）の間にある**電磁石** [➡P.602] **が，磁石との間の引き合う力や退け合う力**によって，連続して回転する装置です。モーターは，ミキサー，冷蔵庫，せん風機，洗たく機，エアコン，そうじ機，けい帯電話，電気自動車，電車など，いろいろな器具や機械に利用されています。

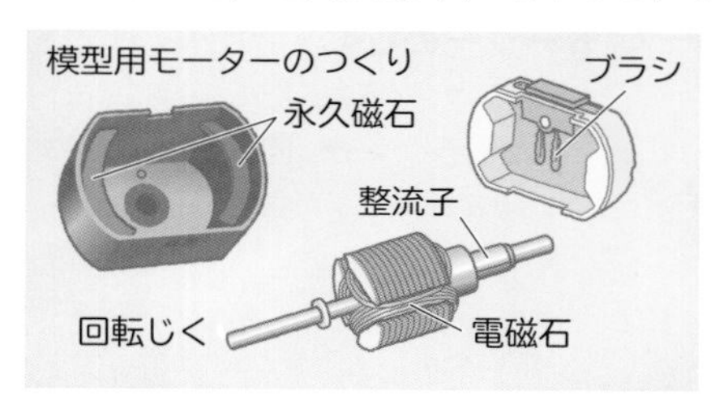


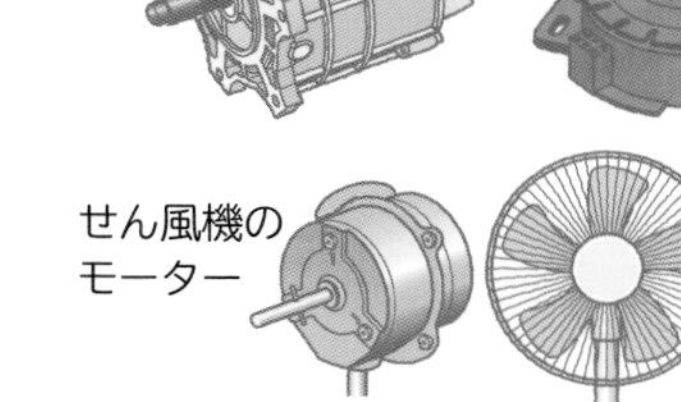


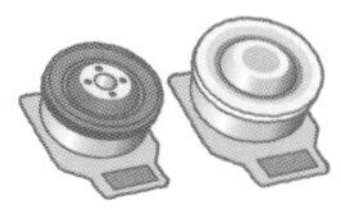

ハードディスクなどの回転部分で使われるスピンドルモーター


せん風機のモーター

★★★

## 整流子

モーターの回転するじくにある，電気が通らない**絶えん体** [➡P.583] のしきりがある金属の部分です。**ブラシ**と整流子の金属部分がふれると電磁石に電流が流れます。整流子の金属部分が左右のブラシにこうごにふれることで電磁石に流れる電流の向きが変わり，電磁石の**N極とS極がたえず入れかわる**ため，電磁石は回転を続けます。

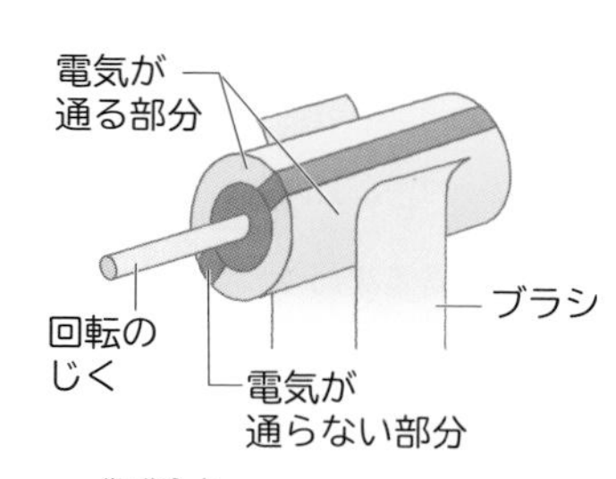


↑整流子

**●ブラシ**

かん電池からの電流を，モーターの電磁石に流すためのもので，左右からおしつけるように**整流子**と接します。ブラシと整流子の金属部分がふれているとき，電流が電磁石に流れます。

COLUMN まめ知識

回転するモーターだけでなく，直線の動きをつくるリニアモーター，決められた角度を動くステッピングモーター，しん動をつくるしん動モーターなどいろいろなモーターがあります。

重要度 ★★★

## モーターが回転するしくみ

**整流子** [➡ P.609] によって，電磁石 [➡ P.602]（電機子）に流れる**電流の向きが半回転ごとに変わる**ために，電磁石のN極とS極が半回転ごとに入れかわり，永久磁石 [➡ P.560] と電磁石との極の間ではたらく，引き合う力や退け合う力によって連続して回転します。

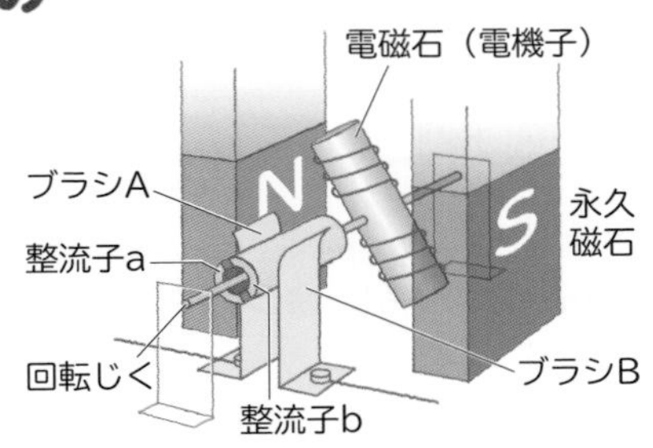


⬆ **モーターのしくみ**

❶整流子a，bがそれぞれブラシA，Bにふれて，電磁石（電機子）に電流が流れると，**㋐はN極，㋑はS極**になり，**永久磁石と反発する向き**に回転する。

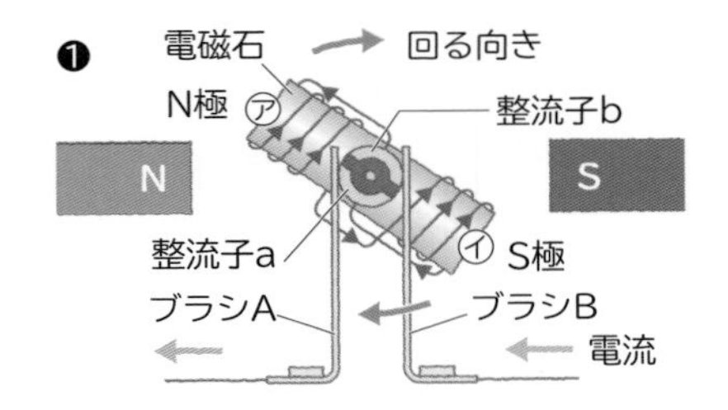


❷整流子a，bがブラシとふれていないので，**電磁石に電流が流れない**ため，極は消えているが，**勢いで回転**を続ける。

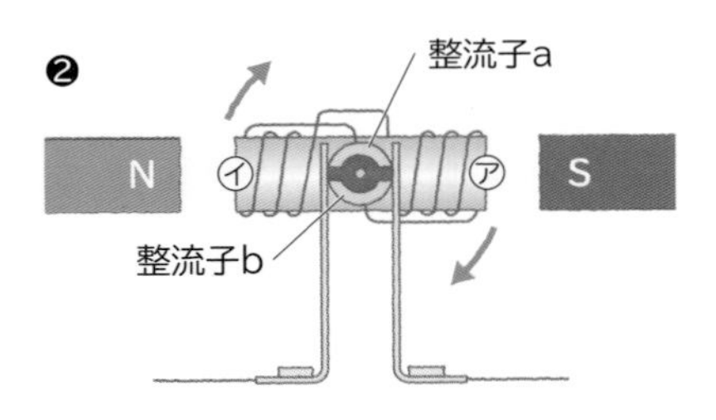


❸整流子aとブラシB，整流子bとブラシAがふれて，電磁石には❶と**逆向きの電流**が流れ，**㋐がS極**，**㋑がN極**になり，**永久磁石と反発する向き**に回って回転が続く。

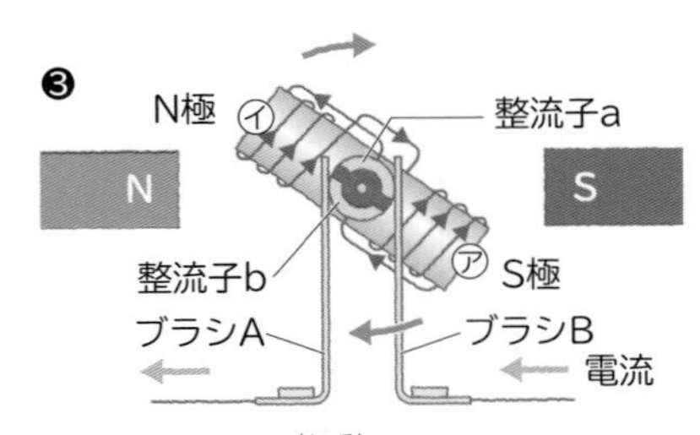


⬆ **モーターの回転のしくみ**

COLUMN まめ知識

今からおよそ200年前に，イギリスの科学者ファラデー（1791～1867年）は，磁石を使って電流で回転を続ける装置（ファラデーモーター）を世界で初めて作りました。

## ★★★ コイルモーター

**コイル** [➡ P.602] だけが回転するモーターです。コイルには，半回転ごとに**同じ向きに電流**が流れ，コイルに生じる極と**永久磁石** [➡ P.560] の極との間の退け合う力によって回転します。

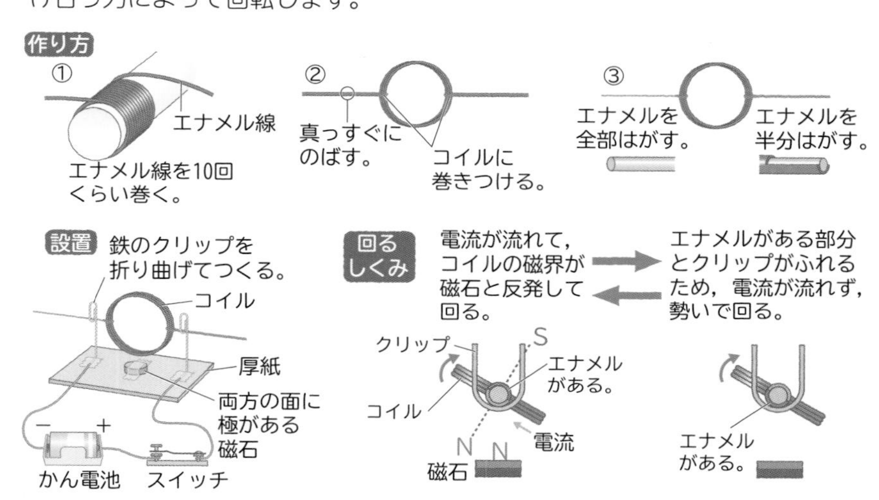
作り方
①
エナメル線
エナメル線を10回
くらい巻く。
②
真っすぐに
のばす。
コイルに
巻きつける。
③
エナメルを
全部はがす。
エナメルを
半分はがす。
設置
鉄のクリップを
折り曲げてつくる。
コイル
厚紙
両方の面に
極がある
磁石
−
+
かん電池
スイッチ
回る
しくみ
電流が流れて，
コイルの磁界が
磁石と反発して
回る。
エナメルがある部分
とクリップがふれる
ため，電流が流れず，
勢いで回る。
クリップ
S
エナメル
がある。
コイル
N
N
電流
磁石
エナメル
がある。

## ★★★ ブザー

ブザーは，**電磁石** [➡ P.602] の性質を利用しています。電磁石に電流が流れるとしん動板が電磁石に引きつけられ，電流が切れるとしん動板がもとにもどります。**しん動板が電磁石の鉄しんや接点にくり返し**ぶつかって音が出ます。

①電流が流れると，電磁石がしん動板を引きつけます。 ➡ ②しん動板が引きつけられて接点アがはなれ，電流が切れます。

④再び接点アが調節ねじとくっついて電流が流れます。 ⬅ ③電磁石が磁石のはたらきをなくし，しん動板はもとにもどります。

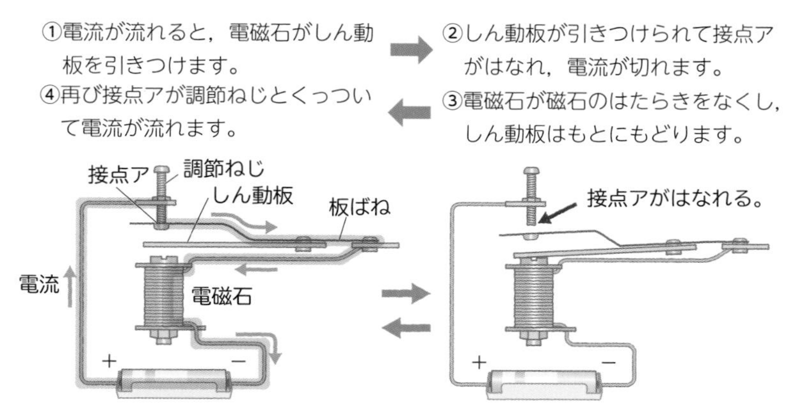
接点ア
調節ねじ
しん動板
板ばね
電流
電磁石
+
−
接点アがはなれる。
+
−

COLUMN
くわしく

コイルモーターは最も簡単なモーターです。エナメルをはがした部分がクリップに接しているとき，コイルに電流が流れ，コイルに生じる極と永久磁石の間で退け合って回転します。

# 04 電流による磁界

重要度 ★★★

## 導線のまわりの磁界

電流が流れている導線のまわりに**砂鉄** [➡ P.561] をまくと，導線を中心にした**円形のもよう**ができます。その上に**方位磁針** [➡ P.223] を置くと，方位磁針の針は決まった向きにふれます。これは，電流が流れる**導線のまわりに磁界** [➡ P.568] **ができる**からです。

導線のまわりにできる**磁界の向き** [➡ P.568] は，電流の向きに対して**右回りで円の形**にできます。**磁力線** [➡ P.568] で表すと，次のようになります。

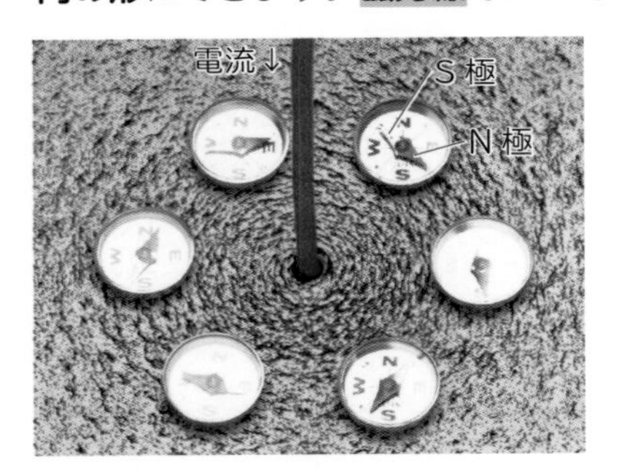


↑導線のまわりの磁界のようす

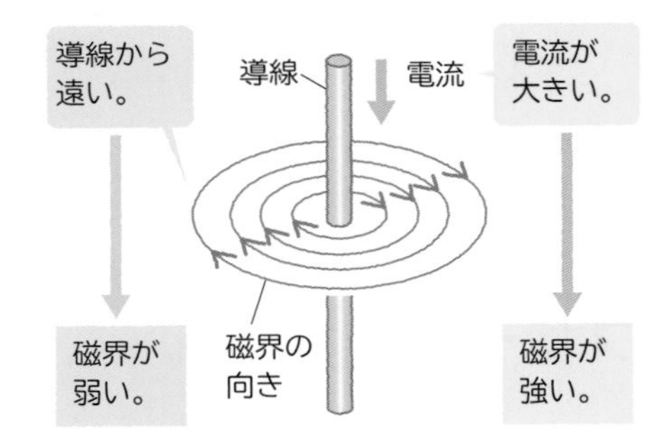


↑磁力線で表す

導線を流れる**電流が大きい**ほど，磁界は強くなります。
また，導線に**近いところほど磁界は強く**なっています。

★★★

## 右ねじの法則

導線を流れる**電流の向き**と，導線のまわりにできる**磁界の向き** [➡ P.568] との関係を，右ねじが進む向きとねじを回す向きの関係で表したものです。**電流の向き**に合わせてねじを進めるとき，**磁界の向きはねじを回す向き**となります。これを**右ねじの法則**といいます。

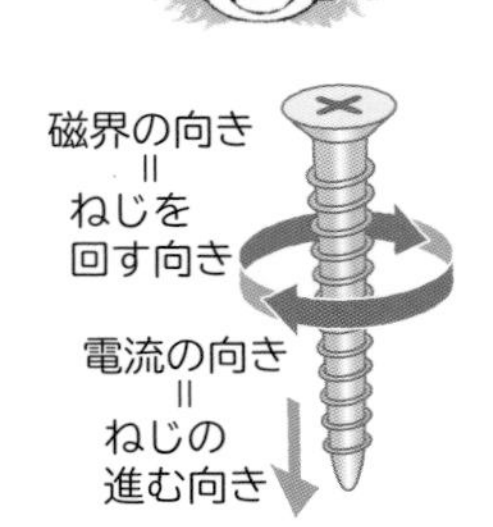

COLUMN くわしく

砂鉄のもようは，砂鉄のつぶの１つ１つが磁石になっていて，電流のまわりに生じた磁界の向きに並んだものです。砂鉄のＮＳの向きを曲線で結んだものが磁力線です。

## ★★★ 電流の大きさと方位磁針のふれ

導線の上下に方位磁針を置いて，電流を流すと，導線のまわりにできる磁界によって磁針がふれます。電流を大きくしたり，導線を巻きつけたりすると，磁針のふれは大きくなります。

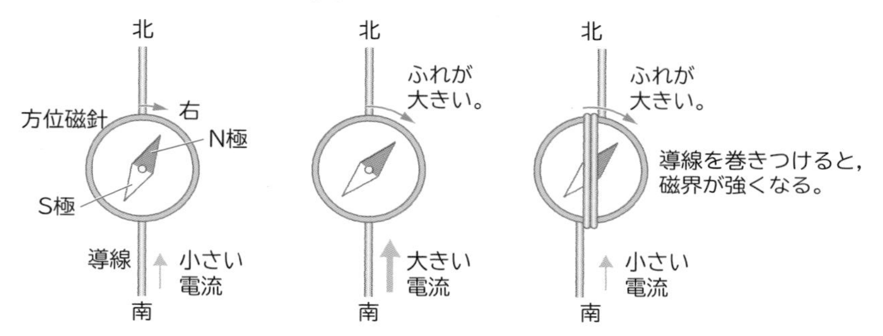


右の図のように，**電流に対して方位磁針を直角に置く**と，電流による磁界の向きが方位磁針の針と同じ方向なので，磁針はふれません。

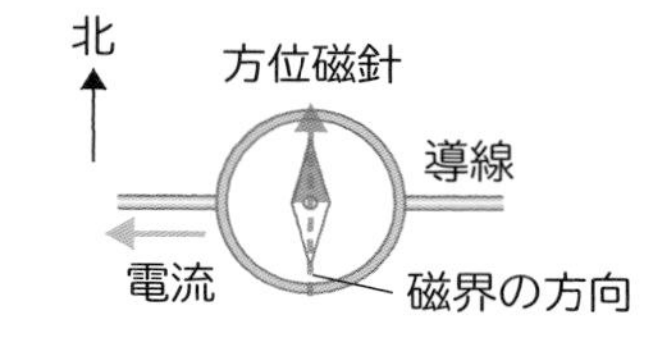


### <方位磁針のふれる方向の見つけ方>

電流の磁界による方位磁針のふれる向きは，**右ねじの法則**を使って**磁界の向き**[➡ P.568]を知るほかに，次の図のように，**右手の手のひらと方位磁針で導線をはさむ**方法でも知ることができます。
親指だけを開き，ほかの４本の指を電流の向きに向けると，方位磁針の**N極**は，**親指の指す向き**にふれます。

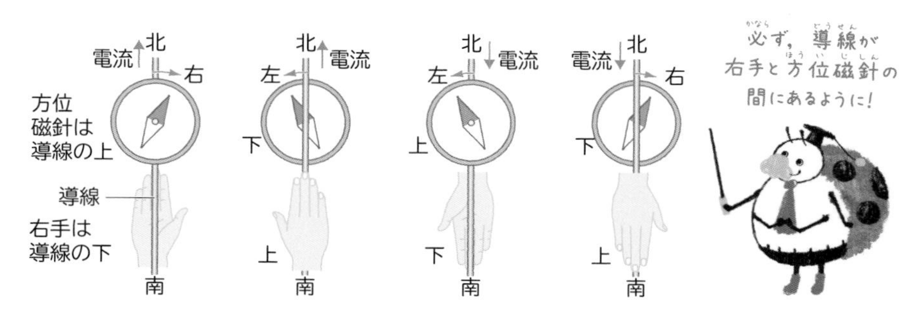

方位磁針の上に２本の導線を置いたとき，２本とも電流の向きが同じであれば磁界が強くなりますが，反対であれば打ち消し合います。

重要度 ★★★

## 円形の導線のまわりの磁界

導線を円のように丸くすると，**導線のまわりの磁界** [➡ P.612] が円の内側で重なり合い，内側の磁界が強くなります。また，円の内側と外側では，**磁界の向き** [➡ P.568] が反対になります。

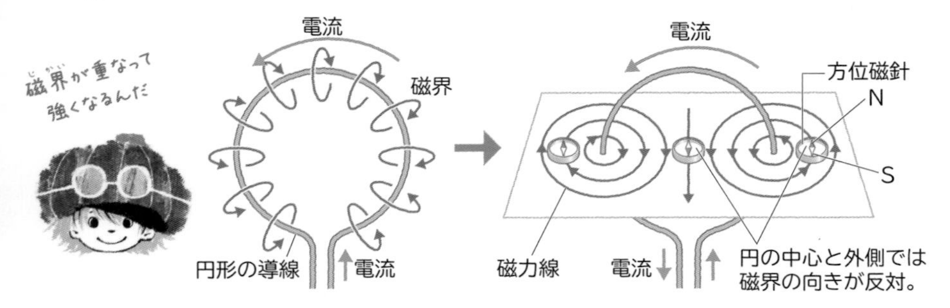


★★★

## コイルのまわりの磁界

コイル [➡ P.602] は，円形にした導線がたくさん集まったものです。コイルに生じる磁界は，円形にした導線のまわりにできた磁界がいくつも重なり合い，ひじょうに強くなります。コイルに生じる磁界は，コイルに流れる**電流が大きい**ほど，コイルの**巻き数が多い**ほど**強くなります**。また，**磁界の向き** [➡ P.568] は，右手を使って知ることができます [➡電磁石の極の見つけ方 P.605]。

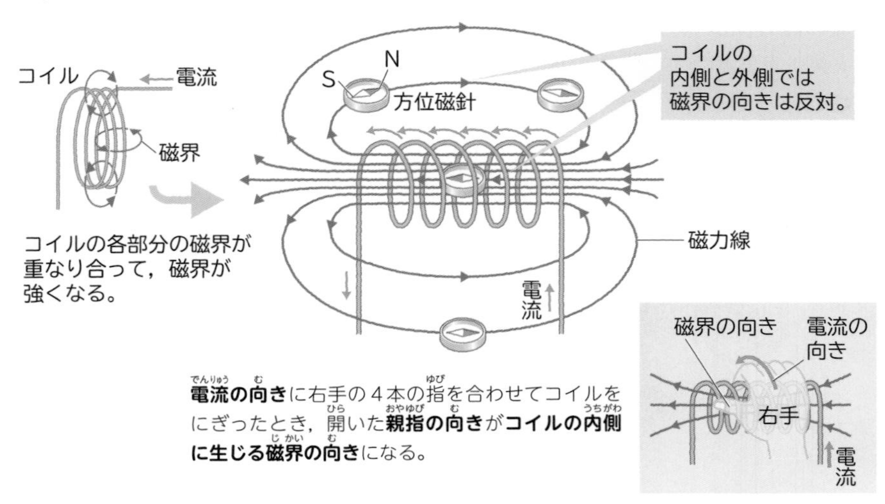


**電流の向き**に右手の４本の指を合わせてコイルをにぎったとき，開いた**親指の向き**が**コイルの内側に生じる磁界の向き**になる。

COLUMN くわしく

コイルに生じる磁界は，棒磁石に生じる磁界と同じ形で，コイルの外側では極にあたる両はしが最も磁界が強くなります。また，コイルの内側と外側では磁界の向きが反対です。

# 05 電気をつくる・たくわえる

## 1 電気をつくる

重要度 ★★★

### 発電

自転車の前輪には**発電機** [➡ P.616] がついているものがあり，タイヤに当ててペダルをふむと，発電機が回転して電気がつくられ，明かりがつきます。このように，**電気をつくる**ことを**発電**といいます。私たちが，毎日いろいろな電気器具を使うことができるのは，発電所で発電された電気が，家や学校に送られているからです。発電所には巨大な発電機があり，その発電機を動かす方法によって，**水力発電** [➡ P.640]，**火力発電** [➡ P.641]，**原子力発電** [➡ P.642]，**風力発電** [➡ P.644]，**地熱発電** [➡ P.644] などと呼ばれています。

↑火力発電機につなげるタービン

©読売新聞／アフロ

●**発電機を使わない発電**

光が当たると電気をつくる**光電池（太陽電池）** [➡ P.619] を利用した**太陽光発電** [➡ P.644] と，水素と酸素を反応させて電気をつくる**燃料電池** [➡ P.621] はどちらも**発電機を使わない**で電気をつくります。光電池と燃料電池は，「電池」という名前がついていますが，**かん電池** [➡ P.576] のように，電気をつくるための物質や**エネルギー** [➡ P.638] をたくわえているわけではありません。光電池は光が当たることによって，燃料電池は水素と酸素を外から送ることによって，いつまでも電気をつくることができる発電装置といえます。

COLUMN まめ知識

イギリスの科学者ファラデーは，1831 年に電磁誘導 [➡ P.625] を発見しましたが，その1年後に，電磁誘導の原理に基づいて，コイルと磁石を使った発電機が発明されました。

重要度 ★★★

## 発電と電池

電気をつくることを**発電** [➡P.615] といいますが，そのうち，たくわえられた物質を反応（化学変化）させて電気をつくる装置を**電池** [➡かん電池 P.576] といいます。電池は，反応する物質がなくなると，電気をつくることはできません。これに対して，**発電機**を回して電気をつくる発電は，外から**エネルギー** [➡P.638] を送り続ける限り，電気をつくることができます。ただし，発電した電気を発電機にたくわえておくことはできません。

電池は電気の
もとをたくわえた
かんづめかな？

かん電池
電気はたっぷりある！

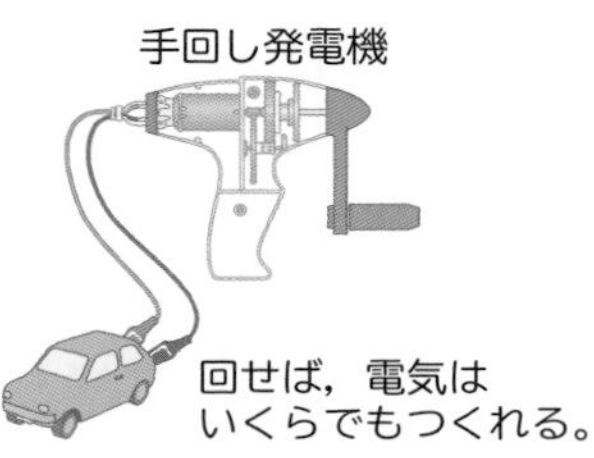
手回し発電機
回せば，電気は
いくらでもつくれる。

★★★

## 発電機

**コイル** [➡P.602] **のそばで磁石（永久磁石** [➡P.560]**）を回転**させたり，または**磁石の間でコイルを回転**させたりして，**電気をつくる**装置を**発電機**といいます。コイルと磁石から電気をつくることができるのは，**電磁誘導** [➡P.625] という現象によるものです。磁石がコイルのそばで回転すると，コイルの中の磁界のようすが変化します。このときコイルに電流が流れる現象が電磁誘導で，自転車の発電機，**手回し発電機**，発電所の巨大な発電機まで，どれも同じ原理で電気がつくられます。

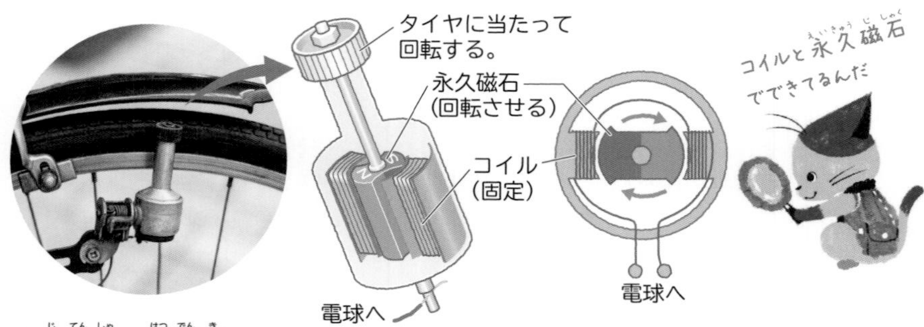
タイヤに当たって
回転する。
永久磁石
（回転させる）
コイル
（固定）
電球へ
電球へ
コイルと永久磁石
でできてるんだ

⬆自転車の発電機のしくみ

COLUMN まめ知識

コイルのまわりの磁界を変化させるとコイルに電流が流れる電磁誘導は，電流が流れるとそのまわりに磁界ができることと逆の現象になります。

# ★★★ 手回し発電機

手回し発電機は，ハンドルを手で回して**発電** [➡ P.615] することができる**発電機**です。手回し発電機の中には**モーター** [➡ P.609] が入っていて，ハンドルを回すと，モーターが回転して発電機としてはたらいて電気をつくることができます。発電した電気は，かん電池と同じように，豆電球の明かりをつけたり，モーターを回したりすることができます。

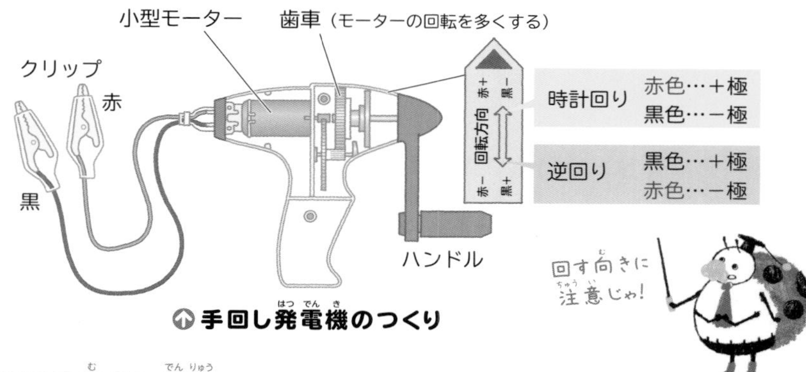


⬆ 手回し発電機のつくり

回す向きに注意じゃ！

### ●回す向きと電流

手回し発電機は，ハンドルを**回す向きによって電流の向き**が変わります。

手回し発電機に**モーター**をつないでハンドルを回すと，モーターが回りますが，ハンドルを逆に回すと，モーターも逆に回ります。

手回し発電機に発光ダイオード [➡ P.589] の＋たん子，－たん子を合わせてつなぎ，ハンドルを回すと光りますが，逆に回すと光りません。発光ダイオードは，電流が流れる向きが決まっているので，逆向きの電流では光らないのです。

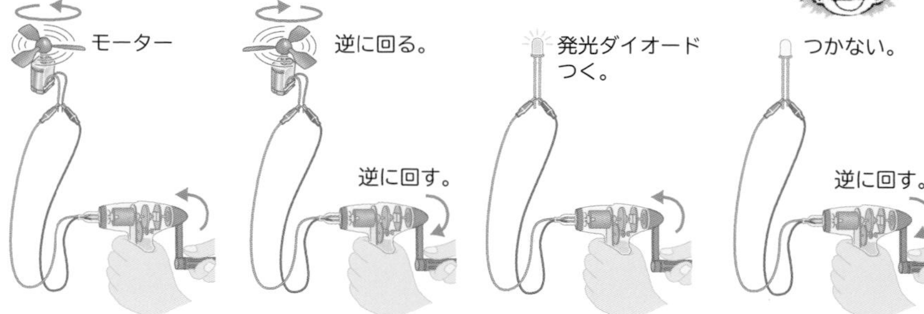

COLUMN くわしく

手回し発電機を一定の速さで回すのは，少し慣れないと難しいものです。速さにむらがありすぎると，豆電球などをつないだとき，消えたりついたりして安定しません。

### ●回す速さと電流

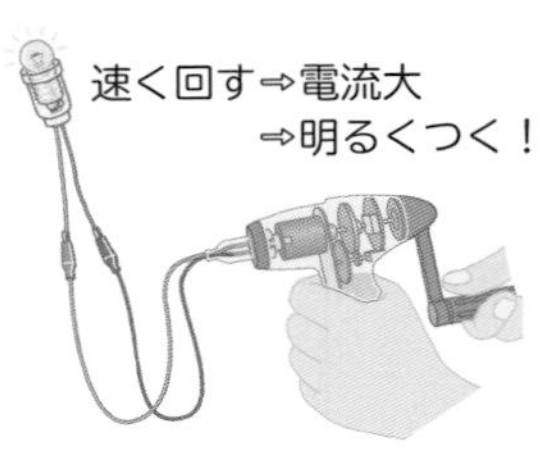


手回し発電機は，ハンドルを**速く回す**ほど流れる**電流が大きく**なります。
**豆電球**は，ハンドルを**ゆっくり回すと暗く**，**速く回すと明るく**つきます。

### ●回す手ごたえ

ハンドルを回す**手ごたえ**は，つないだ器具によってちがいます。
手回し発電機に，**豆電球**，**発光ダイオード**，**モーター**をそれぞれつなぎ，ハンドルを**同じ速さ**で回します。ハンドルを回すときの手ごたえは，**豆電球が最も大きく，発光ダイオードは最も小さく**感じます。

### ●手ごたえのちがいはなぜ生じる?

手回し発電機のハンドルを回す手ごたえのちがいは，器具に流れる**電流の大きさがちがう**からです。豆電球のときの手ごたえが最も大きいのは，最も大きな電流が流れたからです。これは，**豆電球の明かりをつけるには，発光ダイオードを光らせるよりもたくさんの電気を使う**ことを示しています。また，手ごたえが生じる原因は，大きな電流が流れるほど，その電流によってモーター自身が逆向きに回ろうとするはたらきが大きくなり，ハンドルを回している向きとは逆向きに力がはたらくからです。

### 比べる 手回し発電機のハンドルの回し方と発電

| ハンドルの回し方・手ごたえ | 豆電球 | モーター | 電子オルゴール |
|---|---|---|---|
| A ゆっくり回す。 | 暗く光った。 | ゆっくり回った。 | 小さく鳴った。 |
| B Aと逆向きでゆっくり回す。 | 暗く光った。 | Aと逆向きにゆっくり回った。 | 鳴らなかった。 |
| C Aと同じ向きで速く回す。 | Aより明るく光った。 | Aのときより速く回った。 | Aのときよりも大きな音で鳴った。 |
| D Cのときの手ごたえ | 大きい ← | → | 小さい |

ハンドルを回す速さを一定にして，2個の豆電球を直列つなぎと並列つなぎにして手ごたえを比べると，直列つなぎのほうが流れる電流が小さいので，手ごたえは小さくなります。

重要度 ★★★

## 光電池（太陽電池）

光電池は，光を当てると電流が流れる電池です。**光エネルギー** [➡ P.638] **を電気エネルギー** [➡ P.638] **に直接変えています。**

**かん電池** [➡ P.576]（一次電池）や**じゅう電式電池** [➡ P.600]（二次電池）とはちがって，光さえ当てれば長い間使うことができます。太陽光発電 [➡ P.644] のほか，電たくやうで時計，けい帯電話のじゅう電器，街灯などの身近なものから，人工衛星，宇宙ステーションなど，電池交かんのできない場所にあるものの電源としても使われています。

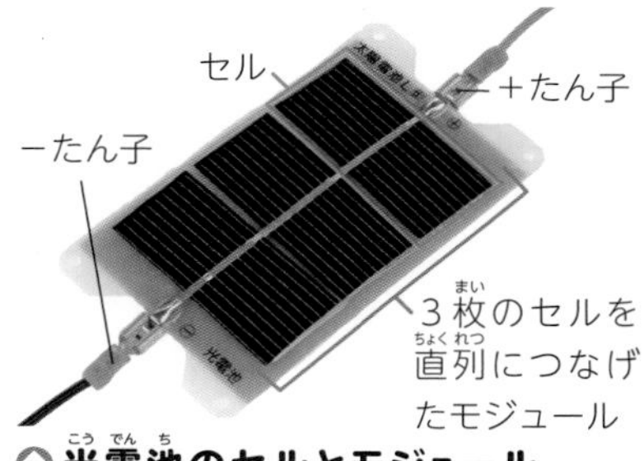


**光電池のセルとモジュール**

光電池は，はたらきの単位となる**セル**を複数個つないだ**モジュール**からできている。セルの個数やつなぎ方によって，光電池の性能が変わる。

**国際宇宙ステーション（ISS）** 提供：NASA

**けい帯電話のじゅう電ができる光電池**

**電たく**

**住宅の屋根につけられた光電池**

COLUMN まめ知識

国際宇宙ステーションは約 400km の上空を秒速約 7.8km の速さで地球を周回しながら，地球や宇宙の観測，実験を行う巨大施設です。日本の実験とう「きぼう」があります。

重要度 ★★★

## 光電池の電流と日光

光電池 [➡ P.619] は，**日光の当たる量**や日光が当たる光電池の**面積が大きい**ほど，流れる電流が大きくなります。

モーター
簡易検流計
日光
光電池
スイッチ
日光に直角に向ける。

光電池に当たる日光の量は，**日光が直角に当たったとき**が最も多くなります。そのため，地面に水平に置くよりも，太陽に向けてかたむけた光電池のほうが，流れる電流も大きくなります。

日光の量が多い。
日光の量が少ない。
光電池
日光に直角に向ける。
水平に置く。

**⇧光電池の角度と日光の量**

また，右の図のように，光電池の**1つのセルを全部おおってしまうと，回路がつながらなくなってしまう**ため，電流は流れません。

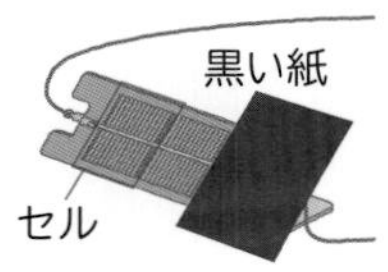

1つのセルを全部おおうと電流は流れない。

**比べる**

**かん電池と光電池**

| | かん電池 | 光電池 |
|---|---|---|
| 利点 | ●持ち運びに便利。<br>●いろいろな大きさや形があり，使用目的で使い分けられる。<br>●いつでもどこでも使える。<br>●電圧が決まっている。 | ●光を当てるだけで，電気がつくられる。<br>●長期間使うことができる。<br>●はい出される物質がない。 |
| 欠点 | ●使い続けると，やがて使えなくなる。<br>●液もれすることがある。 | ●光の強さによって，電流の大きさが変わる。<br>●光がなければ使えない。<br>●電気をたくわえておけない。 |
| 捨てる方法 | ●リサイクルするため，ふつうのごみと分別して回収する。 | ●分別して回収する。（処理の方法は決められていない。） |

実用化されている光電池の変かん効率（光を電気に変える割合）はおよそ20～25%です。効率のよい光電池の開発が進められています。

## ★★★ 燃料電池

燃料電池は，かん電池などと同じように，**ものの反応（化学変化）を利用して電気エネルギー** [➡P.638] **を取り出しますが**，反応させるものを外から送り続ければいつまでも電気をつくることができる**発電** [➡P.615] 装置です。そう音がなく，発生するのは水だけで，有害な物質は出ません。効率よく電気をつくることができるなどの特ちょうがあります。自動車，家庭やビルの電源，ノートパソコン，タブレットなどのけい帯型の機器への実用化が進められています。

⬆**燃料電池自動車**



### ●燃料電池のしくみ

水素 [➡P.520] を試験管に集め，マッチの火を近づけると，ポッと音を出し，青白いほのおを上げて燃えます。これは，**水素が空気中の酸素と結びつく反応**です。このとき，**熱や光などのエネルギー** [➡P.638] が出て，**水**ができます。燃料電池では，水素を燃やしてエネルギーを取り出すのではなく，直接電気のエネルギーを取り出すことができます。

**水素　＋　酸素　→　エネルギー　＋　水**

まず，水素から**電子** [➡P.584] を取り出します。**電子を失った水素**は別の部屋に移動し，**導線を通ってきた電子と空気中の酸素を受け取って，水になります。**このようにして**電子を移動させる**ことで，電流を取り出すのです。

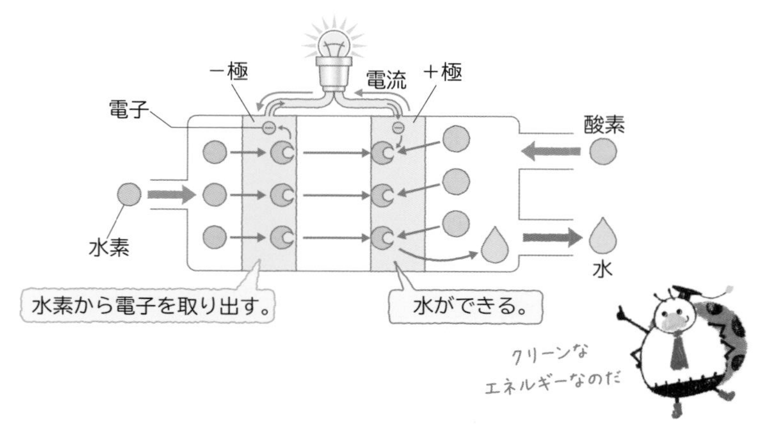

燃料電池のアイディアは 19 世紀初めに出されていましたが，1965 年にNASA（アメリカ航空宇宙局）が有人宇宙飛行船ジェミニ 5 号に採用してから注目されるようになりました。

# ② 電気をたくわえる

重要度 ★★★

## コンデンサー

コンデンサーは，**電気をためる（じゅう電する）**ことができる装置です。**キャパシター**または**ちく電器**ともいいます。コンデンサーに電池や手回し発電機 [➡ P.617] をつないで電流を流すと電気がたまります。電気がたまっているコンデンサーに豆電球や発光ダイオード [➡ P.589] をつなぐと，豆電球や発光ダイオードが光り，**たまっていた電気を使う（放電する）**ことができます。

### ●コンデンサーの使い方

・2本のたん子があり，あしの長いほうが**＋たん子**です。または，「**−**」の表示のあるほうが**−たん子**です。

・電気をためるとき，**＋たん子**は**電池や手回し発電機の＋極**と，**−たん子は−極**と，それぞれつなぎます。

・発光ダイオードや電子オルゴールにつなぐときは，＋たん子は＋極（赤色の線），−たん子は−極（黒色の線）とつなぎます。

### コンデンサー

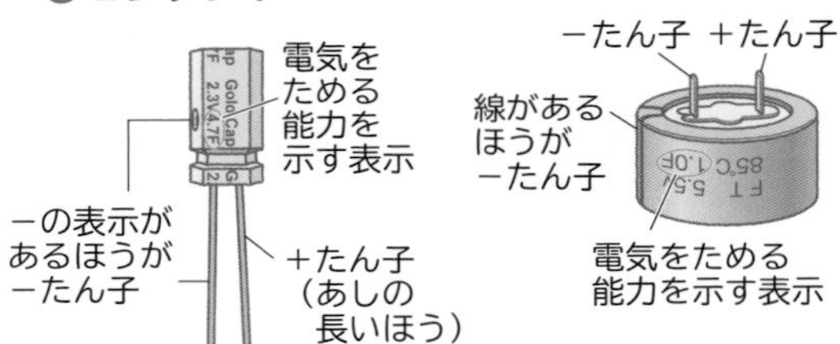


### ＜コンデンサーを使った実験＞

手回し発電機のハンドルを回す回数と，コンデンサーにつないだ豆電球や発光ダイオードが点灯している時間との関係を調べます。

**方法** コンデンサーに手回し発電機をつなぎ，一定の速さでハンドルを回して発電し，コンデンサーに電気をためます。このコンデンサーに，豆電球や発光ダイオードをつないで，**点灯している時間**を調べます。

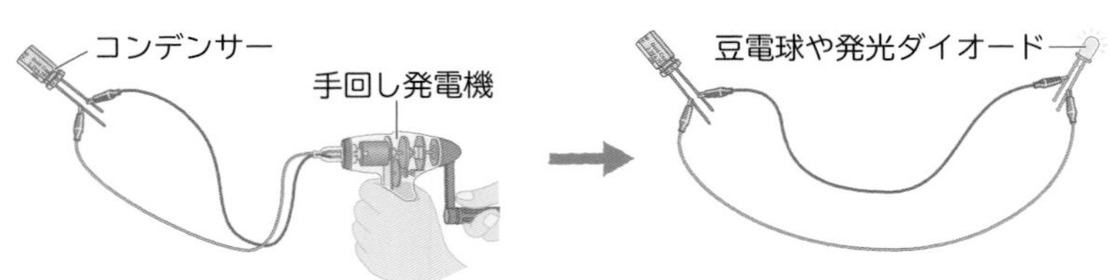

COLUMN くわしく

コンデンサーの「1.0 F」などの表示は，電気をためる能力を表し，Fはその単位「ファラド」です。数が大きいほど，電気を多くためることができます。

結果

| ハンドルを回した回数 | 豆電球が点灯した時間 | 発光ダイオードが点灯した時間 |
|---|---|---|
| 40回 | 28秒 | 2分32秒 |
| 80回 | 59秒 | 5分02秒 |

・豆電球も発光ダイオードも，ハンドルを回した回数が多いほうが，点灯した時間が長くなった。
・豆電球より発光ダイオードのほうが，長く点灯していた。

手回し発電機のハンドルを一定の速さで回したとき，回す回数が多いほうが，コンデンサーにたまる電気の量が多いため，**豆電球や発光ダイオードが点灯する時間は長く**なります。また，同じ電気の量で点灯する時間は，豆電球より発光ダイオードのほうが長いことがわかります。

## ★★★ コンデンサーのしくみ

**コンデンサー**は，２枚の金属板を向かい合わせたつくりになっていて，電池や発電機をつないで電流を流すと，２枚の金属板に電気がたまります。

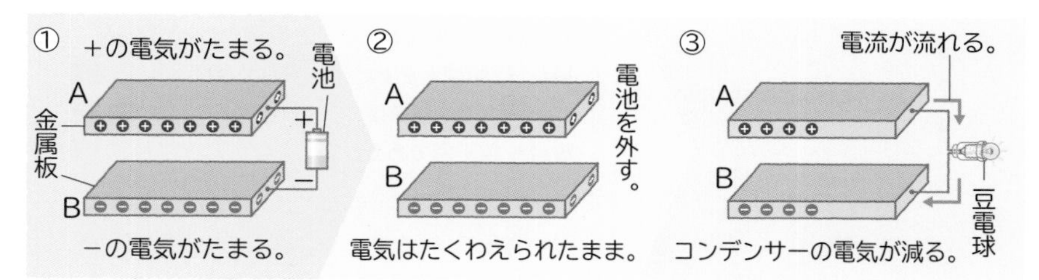


① ２枚の金属板に**電池**をつないだとき，Aの金属板は＋の電気，Bの金属板は－の電気を帯びます。
② AB間で**＋の電気と－の電気はたがいに引き合う**ので，電池を外しても電気はなくならず，たくわえられます。
③コンデンサーに**豆電球**をつなぐと，電流が金属板Aから豆電球を通って金属板Bに流れ，豆電球が光ります。

COLUMN くわしく

コンデンサーにたまる電気の量は，手回し発電機を回す回転数のほかに，回転する速さが関係します。同じ回転数のとき，速く回転するほうが，電気は多くたまります。

## かん電池・じゅう電池・コンデンサーを比べる

| | かん電池 [→P.576] | じゅう電池 [→P.600] | コンデンサー [→P.622] |
|---|---|---|---|
| 特ちょう | ●材料の反応が終わったら，再び電気をたくわえることはできない。<br>●断続的に使うと，長持ちする。 | ●ものを反応させて電気を取り出すが，電気がなくなったら，じゅう電して物質を反応前にもどし，何度も使える。 | ●じゅう電して電気をたくわえることができる。<br>●ものが反応しているのではないので，じゅ命が長い。 |
| じゅう電 | ●じゅう電はできない。 | ●じゅう電する時間が長く，数時間かかる。<br>●じゅう電できる回数は数百～数千回である。 | ●専用のじゅう電器を使い，ひじょうに短時間（数秒）でじゅう電できる。 |
| 利用 | ●時計など，少ない電気を使う器具に向いている。<br>●断続的に使う，かい中電灯，リモコンなどによい。 | ●高い電圧で安定しているので，パソコン，けい帯電話，ビデオカメラなどに使われている。 | ●少しずつ電気を使うものには向かない。カメラのフラッシュなど一度に大量の電気を使うものによい。 |



電池の中ではものが反応している！

電気をそのままたくわえるのがコンデンサー

# 電気はどうやってつくるの？

## コイルと磁石で電気をつくる

コイルに電流が流れると，コイルのまわりには磁界ができますね。逆にコイルのまわりに磁界をつくると，こんどはコイルに電流が流れるのです。

コイルの中に棒磁石を出し入れします。すると，棒磁石を動かしているときだけコイルに電流が流れ，棒磁石の動きを止めると，電流が流れなくなります。つまり，コイルの中の磁界が変化しているときだけ，コイルに電流が流れるのです。この現象を**電磁誘導**といい，このとき流れる電流を**誘導電流**といいます。

コイルに流れる電流の向きは，棒磁石のN極，S極や動かす向きによって変わります。また，磁石を速く動かして磁界の変化を大きくするほど電流は大きくなります。

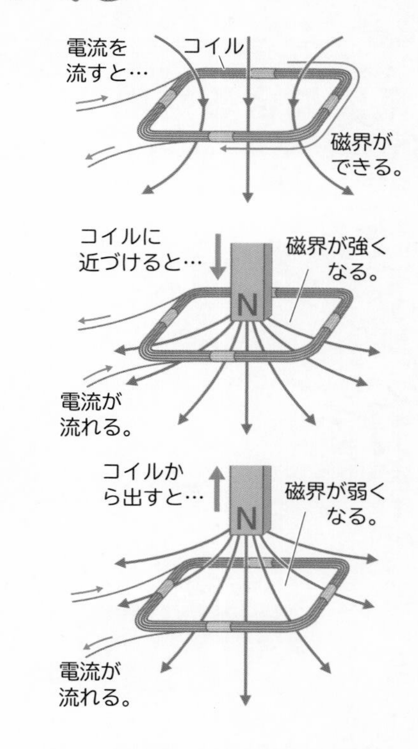


## 電磁誘導を利用する発電機

電磁誘導を利用して，電流を連続して取り出せるようにした装置が発電機です。コイル（または磁石）を回転させて，コイルの中の磁界の向きや強さをたえず変化させ，コイルに連続して電流が流れるようにしています。手回し発電機をはじめ，火力発電所などの大きな発電機も同じしくみで発電していて，コイルを回転させるために使う力がちがうだけです。

# 06 電流による発熱

## 1 電流と発熱

### 重要度★★★ 電流による発熱

豆電球をかん電池につなぐと，**フィラメント** [➡P.574] に**電流** [➡P.585] が流れて発熱し，高温になって光が出ます。**電磁石** [➡P.602] に電流を流し続けると，**コイル** [➡P.602] の部分が熱くなります。電磁石のエナメル線に電流が流れたことによって，熱が発生したからです。オーブントースターや電気ストーブ，ヘアードライヤーなどの電気器具には**電熱線**という金属線が使われ，発生する熱を利用しています。このように，電流は**熱を発生させるはたらき**があります。

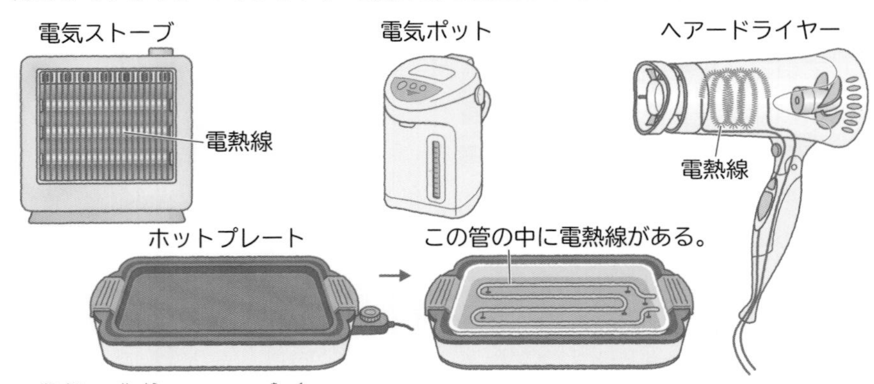


↑ **発熱を利用した電気器具**

### ★★★ 電熱線

電熱線は，熱がよく発生する金属を使った線です。導線として使われる銅は，電流をよく通すので，熱があまり発生しませんが，電熱線のおもな材料である**ニクロム** [➡ニクロム線 P.628] は，銅に比べて**電気ていこう** [➡P.628] が大きいので，**電流を通しにくく，発熱が大きい**という特ちょうがあります。電熱線は，アイロンやドライヤー，トースターなどの電気器具に使われています。

COLUMN まめ知識

電気ストーブの電熱線はガラス管の中にあるのが見えますが，電気ポットやホットプレートの電熱線は金属管の中にあります。このような管をシーズヒーターといいます。

## ★★★ 電熱線と発熱

**電熱線**から発生する熱の量を**発熱量**[➡ P.630]といいます。電熱線は，電流が流れると発熱しますが，太さによって発熱量は変わります。

### ＜太い電熱線と細い電熱線の発熱量を比べる実験＞

太い電熱線と細い電熱線を使って，発ぽうポリスチレンが切れる速さで発熱量を比べます。

**方法**

①電源装置とスイッチ，電熱線を使って回路をつくります。同じ長さの太い電熱線と細い電熱線，発ぽうポリスチレンの板を用意します。

②スイッチを入れ，図のようにして電熱線の上に発ぽうポリスチレンの板をのせて，発ぽうポリスチレンが切れ終わるまでの時間をはかります。

③それぞれ３回はかり，その平均[➡ P.654]の時間を比べます。（誤差[➡ P.652]を小さくして，より正確な時間を調べるためです。）

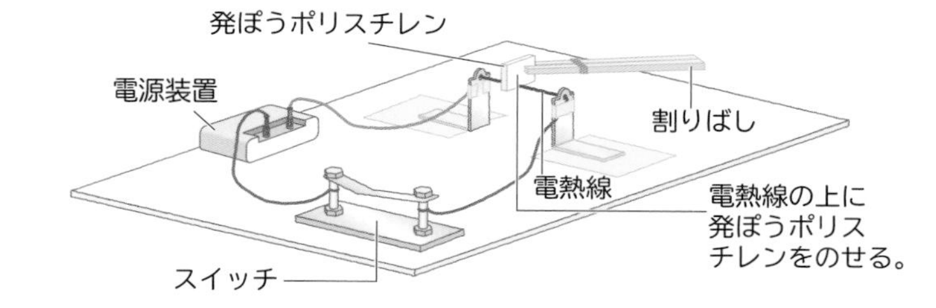

| 電熱線 | 発ぽうポリスチレンが切れるまでの平均の時間 | 発熱量 |
|---|---|---|
| 太い電熱線（直径0.4mm） | 2.7秒 | 多い |
| 細い電熱線（直径0.2mm） | 3.8秒 | 少ない |

太い電熱線のほうが，発ぽうポリスチレンが切れるまでの平均の時間が短かったので，細い電熱線より太い電熱線のほうがよく発熱するといえます。

電熱線の発熱量は，**流れる電流が大きいほど多くなります**。電熱線の太さによって発熱量が変わるのは，流れる電流の大きさが変わるからです。[➡電熱線の太さ（断面積）と電流 P.629]また，電熱線の長さによっても電流の大きさは変わるので，発熱量も変わります。[➡電熱線の長さと電流 P.629]

➡ 発熱量と電流の大きさ P.631

重要度

★★★ ## ニクロム線

ニクロム線は，おもにニッケルとクロムという金属の合金（2種類以上の物質が混ざっている金属）からできている金属線です。ニクロムは，**ゆう点** [➡ P.440] **が高い**（約1400℃）ために高温になってもとけにくく，空気中でも燃えにくい性質があり，**電気ていこうが大きい**ことから，**電熱線** [➡ P.626] としてよく使われています。ニクロム線のことを電熱線と呼ぶこともあります。

★★★ ## 電気ていこう（ていこう）

**電流** [➡ P.585] **の流れにくさ**を表したものを**電気ていこう**，または単に**ていこう**といいます。電気ていこうの大きさはオーム（記号Ω）という単位で表します。電流が流れるものにはすべて電気ていこうがあり，その値はものによって決まっています。電気ていこうが大きいものほど，電流は流れにくくなります。

★★★ ## オームの法則

電熱線や豆電球などにかん電池などの電源をつないだ回路で，電熱線の**電気ていこう**と電熱線を流れる**電流** [➡ P.585] **の大きさ**，電源の**電圧** [➡ P.594] との間には，次の式で表される関係があります。これをオームの法則といいます。

**電圧〔V〕＝電気ていこう〔Ω〕×電流〔A〕**

ある電熱線に1Vの電圧の電源をつないだとき，1Aの電流が流れたら，その電熱線の電気ていこうは「1Ω」です。

### ●オームの法則を使って計算してみよう

**Q** 5Vの電源につないだ電熱線に流れる電流が2Aのとき，この電熱線の電気ていこうは何Ω？

**A** 5〔V〕＝電気ていこう〔Ω〕×2〔A〕なので，ていこうは，5÷2＝2.5〔Ω〕

**答え　2.5Ω**

**Q** 3Vの電源に電気ていこうが2Ωの電熱線をつないだとき，流れる電流は何A？

**A** 3〔V〕＝2〔Ω〕×電流〔A〕なので，電流は，3÷2＝1.5〔A〕

**答え　1.5A**

COLUMN まめ知識

・電気ていこうが小さい＝電流が流れやすいもの…鉄，銅，アルミニウムなどの金属

・電気ていこうが大きい＝電流が流れにくいもの…ゴム，ガラス，木，プラスチックなど

## ★★★ 電熱線の太さ(断面積)と電流

同じ長さの電熱線では，**太さ（断面積）が2倍，3倍，…になると，電流の大きさは2倍，3倍，**…となります。つまり，流れる電流は電熱線の**太さに比例** [➡ P.458] するのです。

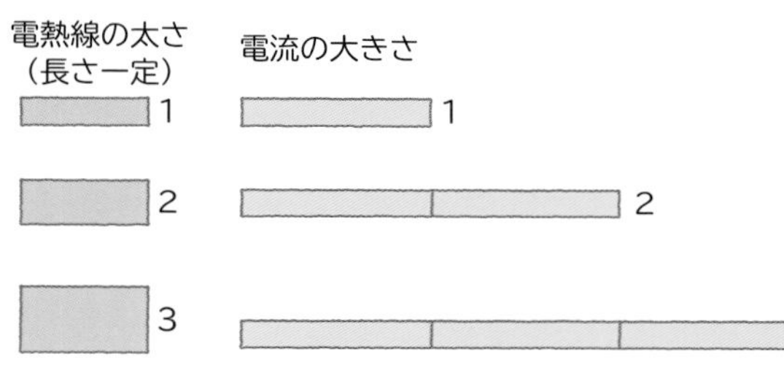


これは，電熱線の**電気ていこう**が，$\frac{1}{2}$倍，$\frac{1}{3}$倍，…と小さくなり，**電流が流れやすくなる**ためです。[➡発熱量と電流の大きさ P.631]

＜注意＞
電流が比例するのは電熱線の断面積で，電熱線の直径ではありません。直径が2倍，3倍になると，断面積は4倍，9倍になります。

## ★★★ 電熱線の長さと電流

同じ太さ（断面積）の電熱線では，**長さが2倍，3倍，**…になると，**電流の大きさは$\frac{1}{2}$倍，$\frac{1}{3}$倍，**…となります。つまり，電流の大きさは**電熱線の長さに反比例** [➡ P.458] するのです。

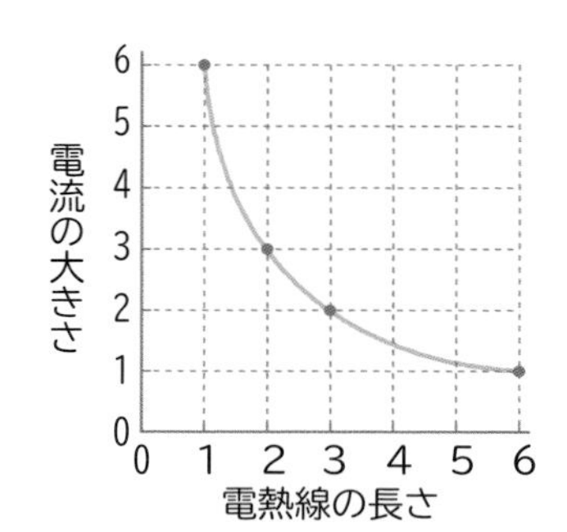


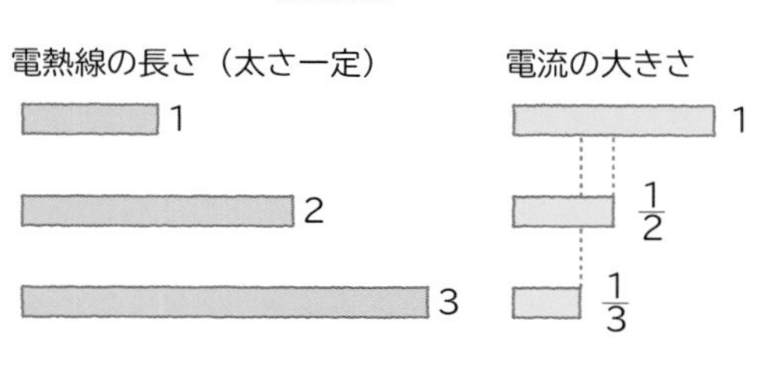


これは，電熱線の**電気ていこう**が，2倍，3倍，…と大きくなり，**電流が流れにくくなる**ためです。

長いと電流が流れるのをじゃまするものが多くなるのだ

電熱線の断面積は円の面積で表します。円の面積は，次の式で求めます。
円の面積=円の半径×円の半径× 3.14(円周率)

重要度 ★★★

## 発熱量

熱は**エネルギー** [➡ P.638] の一種で，ものの**温度を変化させる**原因となるものです。ものが熱をもらうとものの温度が上がり，ものから熱が出ていくとものの温度は下がります。

たとえば，水に**電熱線** [➡ P.626] を入れて電流を流すとします。すると電熱線から熱が出て，その熱が水に伝わり，水の温度が上がります。このとき，電熱線から**発生した熱（エネルギー）の量**を**発熱量**といいます。

水

電熱線

電熱線から出た熱がすべて水の温度を上げることに使われたとすると，**水の上しょう温度は水に加えた熱量（発熱量）に比例** [➡ P.458] します。この性質を利用して，電熱線の**発熱量**を調べることができます。[➡熱量 P.433，熱量の計算 P.434]

### <電熱線の発熱量と時間>

図のようにして，水に電熱線を入れて電流を流すと，水の上しょう温度は，電流を流した時間に**比例**して大きくなっていきます。一定の電流を流したとき，電熱線からの発熱量は，**電流を流した時間に比例**するのです。

20℃の水

電熱線

水の上しょう温度〔℃〕

電流を流した時間〔分〕

―― 水100g

----- 水200g

### <水の量と水の温度変化>

上と同じようにして，水の量だけを100gから200gにし，ほかの条件【電流，電池の数（電圧），時間】を同じにして電熱線に電流を流します。すると，電熱線からの発熱量は同じままで，2倍の量の水をあたためることになるので，水の上しょう温度の大きさは100gのときの半分になります。

水の上しょう温度が時間に比例して大きくなっていくことは同じです。

COLUMN くわしく

実際の実験では，電熱線からの熱はまわりの空気中にも出ていきますが，電熱線から出た熱はすべて水の温度の上しょうに使われたものとして考えます。

## ★★★ 発熱量と電流の大きさ

かん電池の数が同じ場合（電圧 [➡ P.594] が一定の場合），**電熱線の発熱量は電流の大きさに比例** [➡ P.458] します。

**<電熱線の太さ（断面積）がちがう場合>**

長さは 10cm で，断面積が $1mm^2$ の電熱線 A と断面積が $2mm^2$ の電熱線 B では，**電熱線 B に流れる電流が A の 2 倍になる**ため，**発熱量も 2 倍**になります。

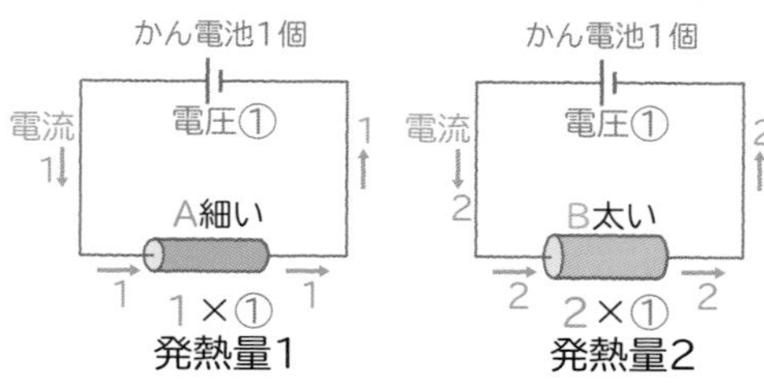


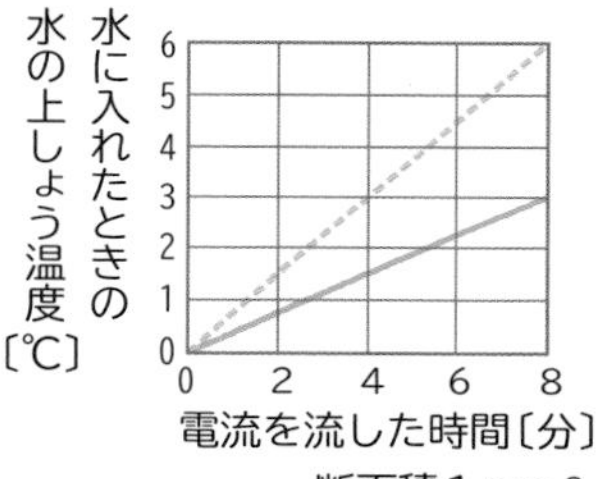


**<電熱線の長さがちがう場合>**

断面積が $1mm^2$ で，長さが 10cm の電熱線 A と長さが 20cm の電熱線 C では，**電熱線 C に流れる電流が A の $\frac{1}{2}$ 倍になる**ため，**発熱量も $\frac{1}{2}$ 倍**になります。

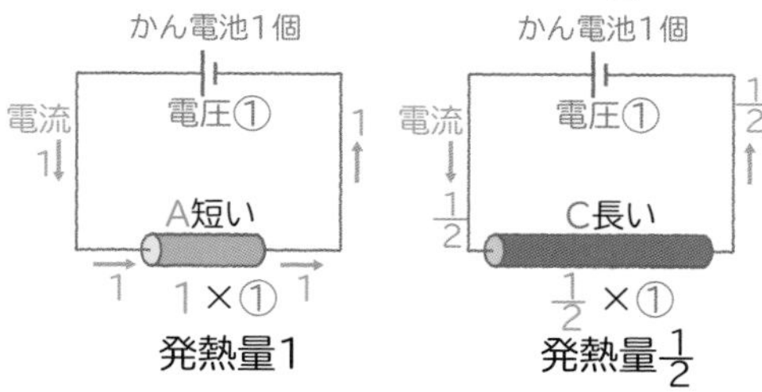


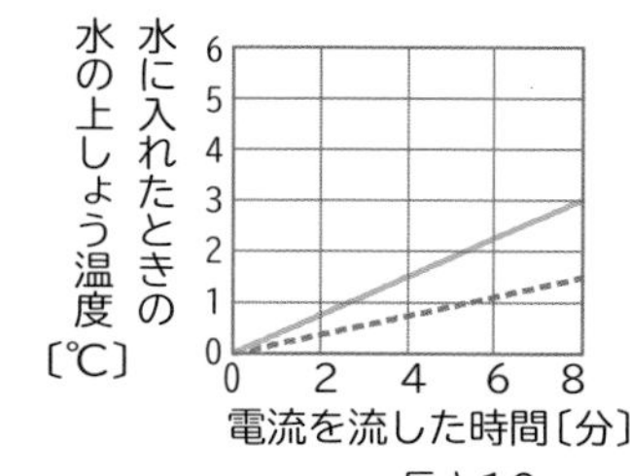


### ●かん電池の数が変わる（電圧が変わる）場合

電熱線の発熱量と，電流，電流を流すはたらきである電圧とは，

**『発熱量は，「電流×電圧」に比例する』**

という関係があります。

たとえば，電熱線に**かん電池を 2 個直列につなぐ**と，電圧が 2 倍になり，流れる電流も 2 倍になります。そのため，発熱量は 2 × 2 ＝ 4 倍になります。

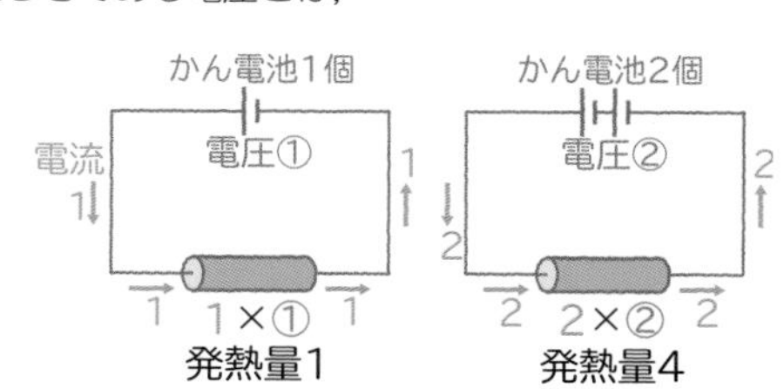

ここで示した「電流×電圧」を電力 [➡ P.635] といいます。電力は電気器具などの能力の大きさを表したもので，電熱線の発熱量や豆電球の明るさがちがうのは，電力がちがうからです。

# 2 電熱線のつなぎ方と発熱量

重要度 ★★★

## 電熱線の直列つなぎと発熱量

同じ太さ・長さの**電熱線**[➡P.626]を，２本，３本，…と**直列つなぎ**[➡豆電球の直列つなぎ P.596]にして，同じ量の水に入れ，一定の時間電流を流すと，**発熱量**[➡P.630]は，次の図のようになります。

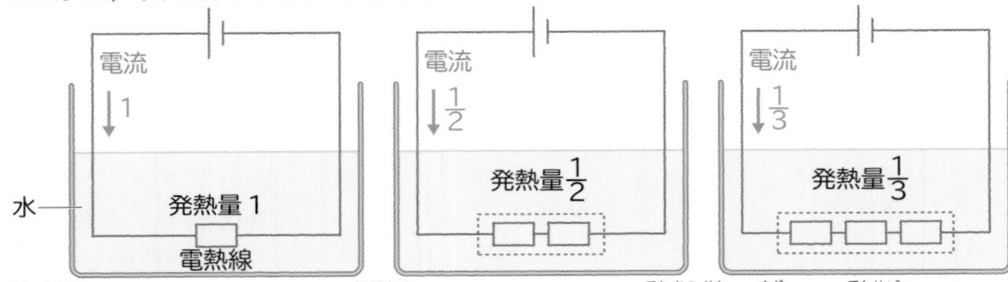


電熱線を２本，３本，…と**直列つなぎ**にすると，電熱線を流れる**電流の大きさは$\frac{1}{2}$倍，$\frac{1}{3}$倍，…となり，発熱量も$\frac{1}{2}$倍，$\frac{1}{3}$倍，**…となります。

★★★

## 電熱線の並列つなぎと発熱量

同じ太さ・長さの**電熱線**[➡P.626]を，２本，３本，…と**並列つなぎ**[➡豆電球の並列つなぎ P.596]にして，同じ量の水に入れ，一定の時間電流を流すと，**発熱量**[➡P.630]は，次の図のようになります。

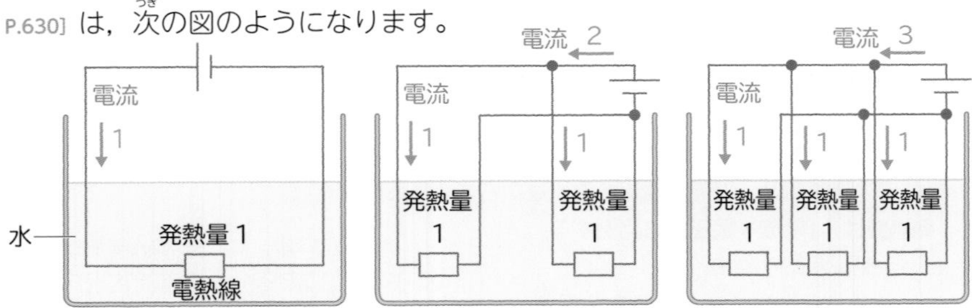


電熱線を２本，３本，…と**並列つなぎ**にすると，各電熱線では流れる電流は１本のときと同じなので，発熱量は１本のときと変わりません。回路全体では，**電流の大きさが２倍，３倍，…になるので発熱量も２倍，３倍，**…になります。

電熱線の直列つなぎで，2本直列，3本直列，…のとき，回路全体の発熱量が$\frac{1}{2}$倍，$\frac{1}{3}$倍，…になるので，電熱線1本の発熱量は，それぞれ$\frac{1}{4}$倍，$\frac{1}{9}$倍，…となります。

### ●電熱線の直列つなぎと長さ

同じ太さ・長さの電熱線を２本，３本，…と直列につなぐと，**電熱線の長さを２倍，３倍，…にしたときと同じ**ことになり，全体の発熱量は$\frac{1}{2}$倍，$\frac{1}{3}$倍，…と小さくなります。

### ●電熱線の並列つなぎと太さ(断面積)

同じ太さ・長さの電熱線を２本，３本，…と並列につなぐと，**電熱線の太さ（断面積）を２倍，３倍，…にしたときと同じ**ことになり，全体の発熱量は２倍，３倍，…と大きくなります。

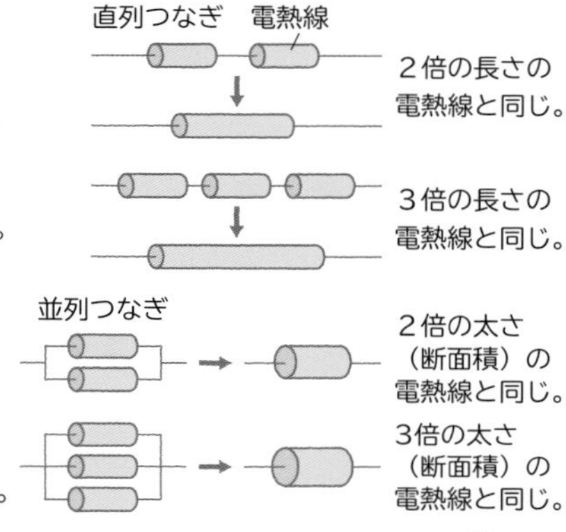


## 比べる　電熱線のつなぎ方と発熱量

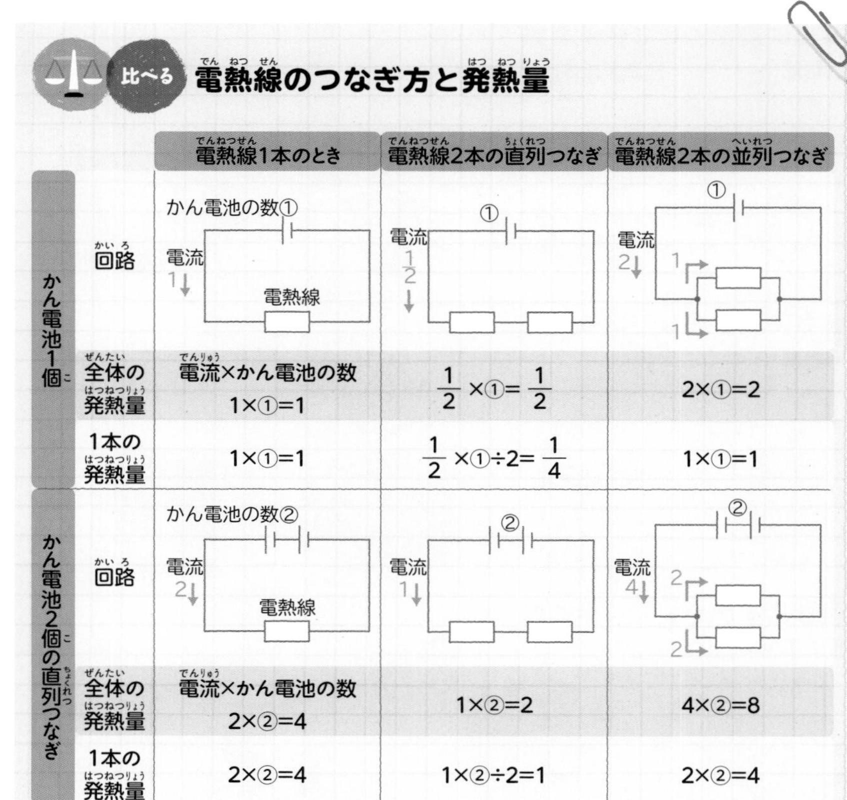

| | | 電熱線1本のとき | 電熱線2本の直列つなぎ | 電熱線2本の並列つなぎ |
|---|---|---|---|---|
| かん電池1個 | 回路 | かん電池の数①<br>電流 1<br>電熱線 | ①<br>電流 $\frac{1}{2}$ | ①<br>電流 2<br>1<br>1 |
| | 全体の発熱量 | 電流×かん電池の数<br>1×①=1 | $\frac{1}{2}$×①=$\frac{1}{2}$ | 2×①=2 |
| | 1本の発熱量 | 1×①=1 | $\frac{1}{2}$×①÷2=$\frac{1}{4}$ | 1×①=1 |
| かん電池2個の直列つなぎ | 回路 | かん電池の数②<br>電流 2<br>電熱線 | ②<br>電流 1 | ②<br>電流 4<br>2<br>2 |
| | 全体の発熱量 | 電流×かん電池の数<br>2×②=4 | 1×②=2 | 4×②=8 |
| | 1本の発熱量 | 2×②=4 | 1×②÷2=1 | 2×②=4 |

# 07 電気の利用

## 1 電気の利用

重要度 ★★★

### 電気の変かんと利用

電気は，いろいろな器具を使って，**光**や**熱**，**音**，**ものの運動**などに変かんされ，利用されています。電気や光，熱，音，ものの運動はどれも**エネルギー** [➡P.638]であり，器具を使って電気エネルギーを変かんしているといえます。

●**光に変かんしている器具**

**豆電球** [➡P.574]，**発光ダイオード** [➡P.589]，かい中電灯，けい光灯などの部屋の照明器具や街灯，自動車のヘッドライトなど。

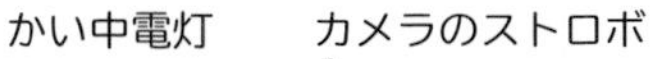

●**熱に変かんしている器具**

**電熱線** [➡P.626] を利用したアイロン，ヘアードライヤー，電気ストーブ，電気ごたつ，電気コンロ，トースター，ホットプレート，電気すい飯器など。

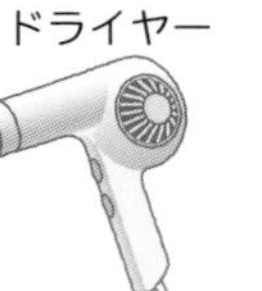

●**音に変かんしている器具**

**電子オルゴール** [➡P.589]，スピーカー，**ブザー** [➡P.611]，ベル，ヘッドホンなど。

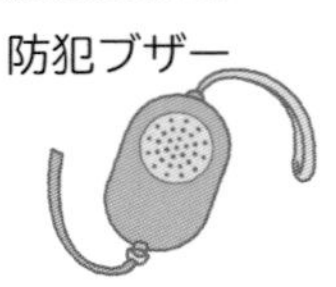

COLUMN くわしく

電気器具の場合，電流が流れると必ず熱が発生して電気エネルギーの一部が失われるので，電気エネルギーのすべてが目的とするエネルギーに変かんされることはありません。[➡エネルギーP.638]

●ものの運動に変かんしている器具

**モーター** [➡ P.609] は，電流を流して回転する動きに変える装置です。モーターは，洗たく機，せん風機，ミキサー，電車，電気自動車など，さまざまなものに使われています。

電気洗たく機

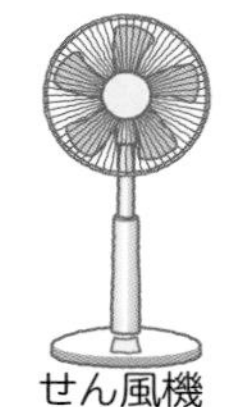
せん風機

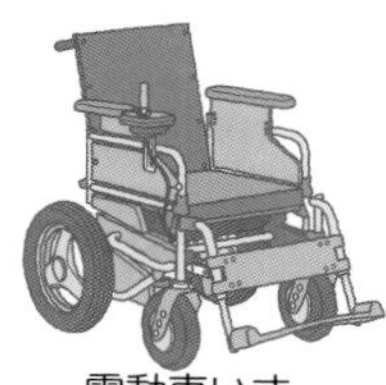
電動車いす

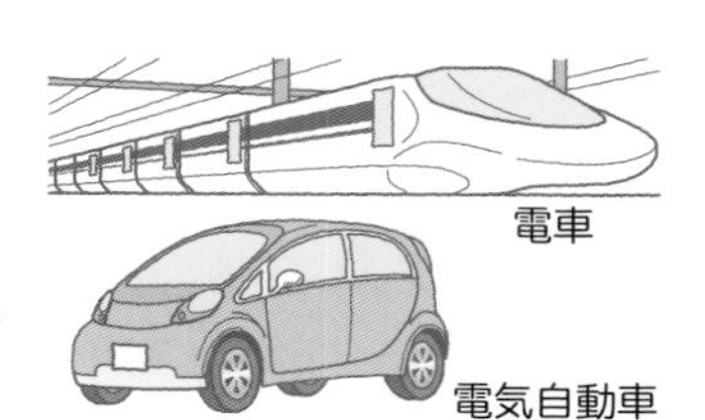
電車
電気自動車

## ★★★ 電力

電気器具が熱や光，音を出したり，ものを動かしたりする能力の大きさを**電力**，または**消費電力**といいます。**1秒間あたりに消費される電気エネルギー** [➡ P.638] **の量**で表します。電力の大きさは，次の式で計算できます。単位は**ワット**（記号 W）です。

**電力〔W〕＝電圧〔V〕×電流〔A〕**

例 100V の電源につないだ電球に 0.6A の電流が流れた場合，電球の電力は 100〔V〕× 0.6〔A〕＝60〔W〕

| 電気器具 | 電力〔W〕 |
|---|---|
| エアコン | 885 |
| すい飯器 | 1100 |
| オーブントースター | 1000 |
| テレビ | 143 |
| ミキサー | 225 |
| けい光灯 | 32 |

↑電気器具の電力

## ★★★ 電力量

使われた電気エネルギーの全体の量を**電力量**といいます。**電力に，使った時間をかけた量**です。家庭の電力量の単位は**ワット時**（記号 Wh）が使われます。

**電力量〔Wh〕＝電力〔W〕×時間〔h〕**

例 1000W の電気器具を 5 時間使ったときに消費する電力量は 1000〔W〕×5〔h〕＝5000〔Wh〕

↑**積算電力計**
使った電力量をはかる機器。

右の図は，1 か月の電気料金の請求書の一部です。この場合，1 か月に消費した電力量は，315kWh =315000Wh であることを示しています。

| ご使用場所 | 電力量 |
|---|---|
| 26年 3月分 | ご使用期間 2月28日～3月30日（31日間） 検針月日 3月30日 |
| ご 使 用 量 | 315kWh |
| 請求予定金額 | 8,663円 |
| （うち消費税等相当額） | 412円 |
| 基本料金 | 819円00銭 |

COLUMN くわしく

電力量は，時間の単位を「秒」として，「ワット秒」を使うこともあります。しかし，数字が大きくなり過ぎるので，実用上は，ワット時が使われます。

重要度

## ★★★ コンピュータ

**プログラム**にしたがって大量の計算を自動的に行う装置です。個人で使う**パソコン**や大規模な**スーパーコンピュータ**などがあります。けい帯電話や電化製品などには小さいコンピュータが組みこまれ，**機器を制ぎょ（コントロール）**しています。

## ★★★ プログラム

**コンピュータ**に目的の動きをさせるために，その**手順（命令）**を一定の規則にしたがって記述したものです。プログラムを作るときは，コンピュータが認識できる**プログラム言語**を用います。プログラムの内容を書きかえることによって，コンピュータにさまざまな動きをさせることができます。[➡ P.637]

## ★★★ インターネット

**コンピュータ**どうしをつないで情報のやりとりができるようにしたしくみを**ネットワーク（情報通信ネットワーク）**といい，世界規模でネットワークがつながったものを**インターネット**といいます。インターネットを利用することで，電子メールの送受信やWebページを見ることができます。また，身のまわりのものがインターネットにつながるしくみを**IoT**（Internet of Things）といい，たとえばエアコンを外出先からスマートフォンなどで遠かく操作できるようになります。

## ★★★ 人工知能（AI）

学習や推論，判断，記おくなどの，人間の知能のはたらきを**コンピュータ**を使って実現したものです。たとえば人工知能を使った車の自動運転では，センサーなどから得られた情報によって車の周囲の状況（ほかの車の位置や信号の色など）を認識し，どのように車を動かせばよいのかを**コンピュータ自身が判断して**自動的に運転そう作をすることが可能です。ほかにもロボットそうじ機，囲ごなどのコンピュータプログラムなどにも活用されています。

**⬆人型ロボット**
カメラとセンサーで人間の感情を認識し,それに応じた行動をとる。

COLUMN くわしく

インターネットなどから得られるぼう大な量の多種多様なデータ（情報）をビッグデータといい，コンピュータで分せきして新しいサービスや人々の生活に役立てる取り組みが進められています。

# 「プログラミング」って何？

**コンピュータ**は，装置を組み立てただけでは動きません。コンピュータを動かすためには，人が命令する必要があります。コンピュータに伝える命令を書いたものが**プログラム**で，プログラムを作ることを**プログラミング**といいます。

プログラミングをするには，**コンピュータにどんな動きをさせたいのか**を決めて，**その動きをどんな手順でさせればよいのか**を考えます。これは料理のレシピを作るのに似ています。たとえば目玉焼きを作るのであれば，

①フライパンを熱する
②油を入れる
③卵を割って入れる
④ふたをする

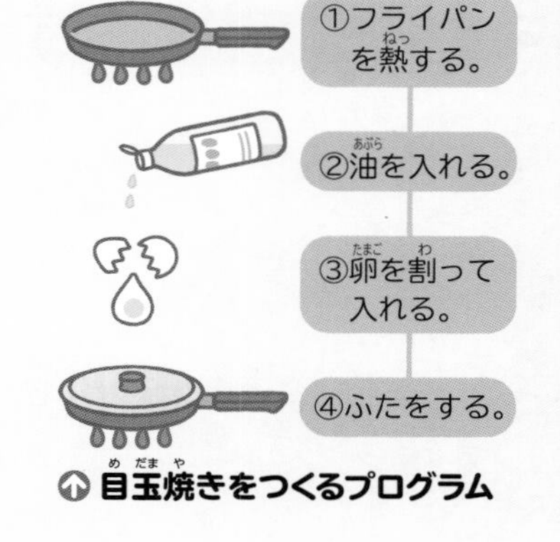

**目玉焼きをつくるプログラム**

という手順になりますね。③と④を入れかえた手順ではできません。

また半熟の目玉焼きを作りたかったのに固めになってしまったのであれば，④のあとの加熱時間を短く設定すればよいですね。

このようにプログラミングは，⑴**動きの目的を決める**（目玉焼きを作る），⑵**動かすための手順を考える**（レシピを作る），⑶**プログラムを実行し，目的どおりに動くように修正する**（実際に調理してレシピを修正する）という手順で行います。

身のまわりにはコンピュータが組みこまれ，目的に合わせてはたらきを制ぎょしているものがたくさんあります。たとえば人が近づくと自動的に点灯する照明は，暗いときだけ点灯し，人がどのくらいのきょりに近づくと点灯するのかや，どのくらいの時間点灯し続けるのかが最適になるようにプログラミングされています。このように生活を便利にし，効率よく電気を使うことにもプログラミングが役立っています。

重要度 ★★★

## エネルギー

ほかのものを移動させたり，回転させたり，しん動させたり，ものの形を変えたりするなど，ものを動かすことができる能力のことを**エネルギー**といいます。エネルギーには，**電気エネルギー**，**光エネルギー**，**熱エネルギー**，**音エネルギー**，**化学エネルギー**，**運動エネルギー**，**位置エネルギー**などがあります。これらのエネルギーは，いろいろな装置でたがいに変かんすることができます。

### ●エネルギーの移り変わりと保存

**手回し発電機** [➡ P.617] に豆電球をつないでハンドルを回すと，電流が流れて豆電球の明かりがつきます。このとき，ハンドルを回した手の運動エネルギーは，光エネルギーに移り変わりましたが，一部は熱エネルギーや音エネルギーとなって失われます。そのため，光に変かんされたエネルギーの量は，最初の運動エネルギーより小さくなっています。

しかし，失われた熱エネルギーや音エネルギーをふくめた，**全体のエネルギーの量は，最初の運動エネルギーの量と同じ**で，変化していません。これを**エネルギーの保存**といいます。

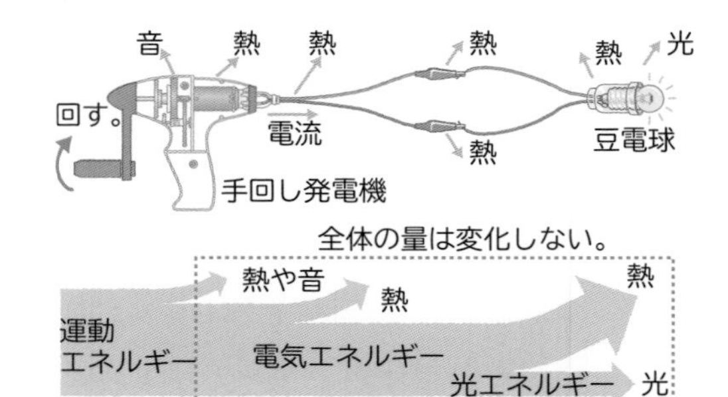


★★★

## 電気エネルギー

**モーター** [➡ P.609] は，電流が流れると回転してものを動かすことができます。このような電気はエネルギーの１つの形です。これを**電気エネルギー**といいます。

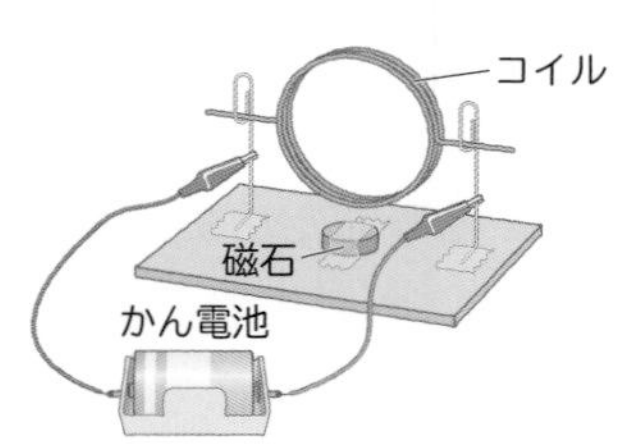


電流が流れるとコイルが回転するコイルモーター

★★★

## 光エネルギー

光電池に光を当てると，電流が流れてモーターを回転させ，ものを動かすことができます。このように，光はエネルギーの１つの形といえます。これを**光エネルギー**といいます。

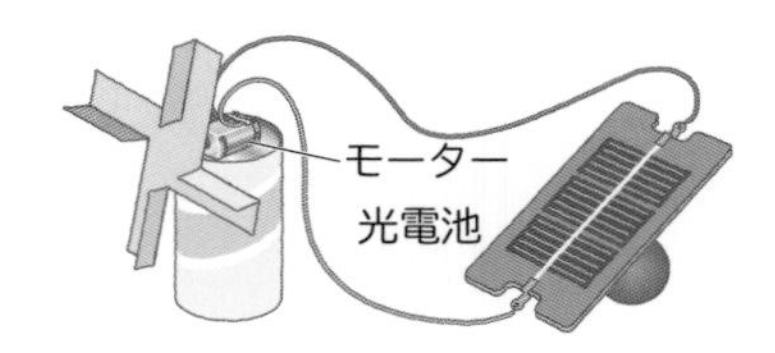

## ★★★ 熱エネルギー

水をなべややかんに入れて熱すると，水がふっとう [➡ P.441] して，ふたが動くことがあります。これは，熱によって発生した水蒸気が，ふたをおし上げたからです。このように，熱はエネルギーの１つの形といえます。これを**熱エネルギー**といいます。

## ★★★ 音エネルギー

スピーカーから音を出すと，音がスピーカーにはってあるまくをふるわせます。音がもっているエネルギーを音エネルギーといいます。[➡音の伝わり方 P.546]

## ★★★ 化学エネルギー

ガスも化学エネルギーをもってるぞ


自動車のガソリンエンジンは，ガソリンをばく発的に燃やして自動車を動かします。これはガソリンがもっているエネルギーが燃えて熱エネルギーに変わり，それが車を動かしているのです。ガソリンや灯油などがもっているエネルギーを化学エネルギーといいます。

## ★★★ 運動エネルギー

ボウリングで，ボールを転がしてピンに当てると，ピンがたおれます。動いているものがもっているエネルギーを運動エネルギーといいます。運動エネルギーの大きさは，ものの速さが速く，重さが重いほど大きくなります。

[➡物体の速さとしょうとつ，物体の重さとしょうとつ P.659]

## ★★★ 位置エネルギー

高いところにあるものを，地面にあるものに向かって落とし，ぶつけると，地面にあるものが動きます。高い位置にあるものにはエネルギーがあります。これを位置エネルギーといいます。位置エネルギーの大きさは，重さが重く，高さが高いほど大きくなります。[➡ふりこのおもりのはたらき P.660，しゃ面を下るおもりのはたらき P.661]

COLUMN くわしく

音がエネルギーをもっていることは，たいこを強くたたいたときや，ステレオのスピーカーから出る大きな音によって，窓ガラスがふるえてカタカタ動くことからもわかります。

# 2 発電の方法

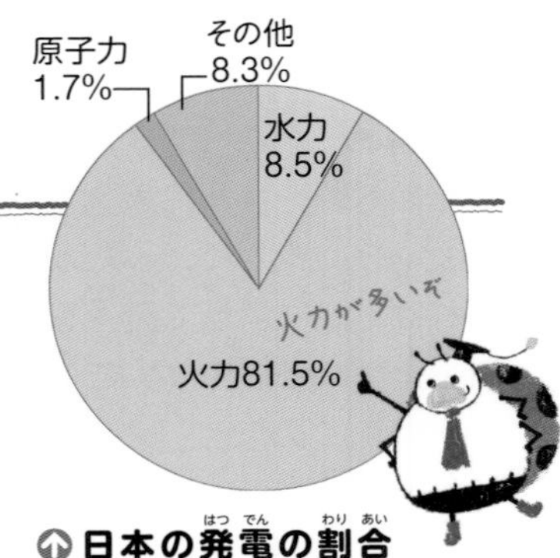


日本の発電の割合
(2016年度 出典：電気事業連合会)

## 発電の方法

重要度 ★★★

現在用いられているおもな**発電** [➡P.615] の方法は**水力発電**，**火力発電**，**原子力発電** [➡P.642] です。それぞれ発電に利用するものがちがいますが，いずれも発電機のタービンを回転させて発電します。このほかに**風力発電** [➡P.644]，**地熱発電** [➡P.644]，**バイオマス発電** [➡P.645] などがあります。さらに，発電機を使わない**太陽光発電** [➡P.644] や**燃料電池** [➡P.621] などの方法があります。

## 水力発電

★★★

水力発電は，ダムにたくわえた水の流れ落ちる力を利用して**発電**する方法です。ダムにたまった水を低い所に流して，その水の力を使って発電機の水車（**タービン**）を回して発電します。

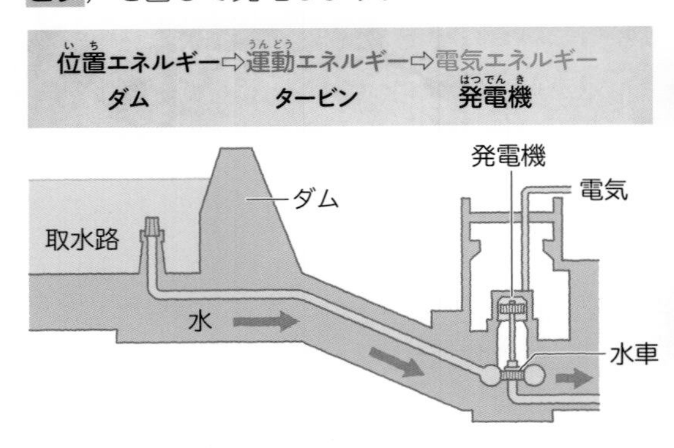

水力発電所のダム
(富山県黒部ダム)

### ●水力発電の利点と問題点

水力発電によって有害な物質が出ることはなく，水は半永久的になくなることもありません。しかし，ダムを建設できる場所が限られることや，ダムの建設のために森林を切り開くことなどから，自然かん境の破かいをともないます。川の流れはダムでせき止められ，その下流の水量が減少して，生物がすめなくなるなど，川とその流域の自然かん境を大きく変化させます。

COLUMN まめ知識

大規模ダムの建設は自然かん境に悪えいきょうをおよぼすので，ダムを作らずに水の流れをそのまま利用して発電する小規模の水力発電が各地で試みられています。

## ★★★ タービン（羽根車）

水や水蒸気などの流れを**回転する運動に変える装置**です。回転じくのまわりの多数の羽根が，水や水蒸気などの流れを受け，回転します。水力発電用（水車），火力発電用や原子力発電用があります。

火力発電用タービン

©読売新聞／アフロ

## ★★★ 火力発電

火力発電は，**化石燃料** [➡ P.642] を**ボイラー**で燃やして水蒸気をつくり，そのはたらきで発電機のタービンを回して発電します。火力発電は，現在の発電の中心になっています。燃料には石油，石炭，天然ガスが使われていますが，最も多く使われているのは天然ガスです。

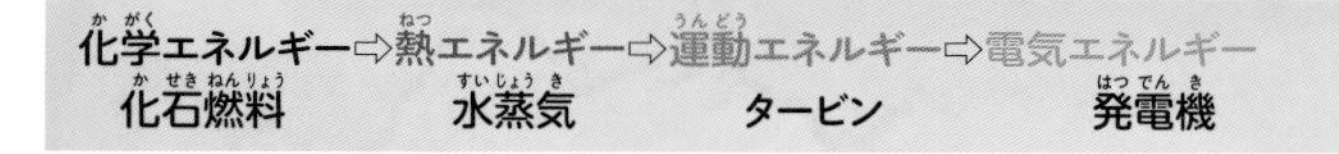


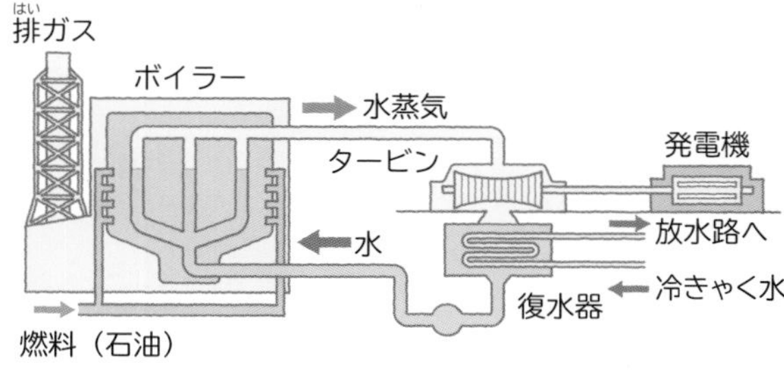

火力発電所
（神奈川県横浜火力発電所）

### ●火力発電の利点と問題点

火力発電は，大きな出力で発電できます。電気が使われる量は，季節や昼と夜などで大きくちがいます。それに合わせて出力を調節しやすい特ちょうがあります。
しかし，石油や石炭，天然ガスを燃やすと，地球の温暖化 [➡ P.209] の原因となる二酸化炭素のほかに，いおう酸化物やちっ素酸化物 [➡ P.211] など，大気をよごす物質が発生します。

COLUMN くわしく

火力発電所では，排出ガスのうち，いおう酸化物とちっ素酸化物をとり除く装置が使用されています。二酸化炭素をとり除く装置は現在実用化されていません。

重要度 ★★★

## 化石燃料

化石燃料は，**化石** [➡P.373] のように，大昔の動物や植物の死がいが地層の中で長い間に変化してできたもので，おもに**石油**，**石炭**，**天然ガス**など，燃料として使われるものです。

化石燃料は，まい蔵量に限りがあることや，燃焼によって**地球の温暖化** [➡P.209] の原因と考えられている二酸化炭素，大気おせんの原因となるちっ素酸化物やいおう酸化物 [➡P.211] が発生します。そのため，化石燃料に代わる新しいエネルギー資源の開発や，おせん物質の出ない使い方の技術の開発などが進められています。

| | 年数 |
|---|---|
| 石油 | 50年 |
| 天然ガス | 53年 |
| 石炭 | 134年 |
| ウラン | 102年 |

確認可採まい蔵量を年間生産量で割って求めた年数

**⇧エネルギー資源の採くつできる年数**

(ウランは 2015 年 1 月，それ以外は 2017 年末)
出典：BP 統計 2018,OECD・IAEA「Uranium 2016」

★★★

## 原子力発電

水蒸気の力で発電機のタービンを回転させて発電するのは，**火力発電** [➡P.641] と同じです。原子力発電では，**原子炉**の中でウラン（かく燃料）などを**かく分れつ（核分裂）**させ，そのとき出る**熱**で水蒸気をつくります。

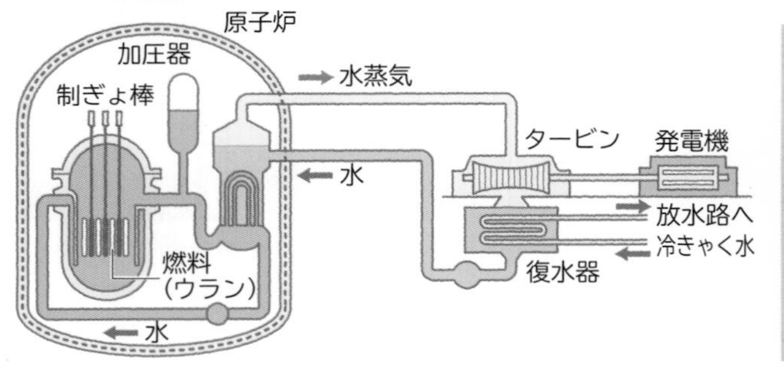


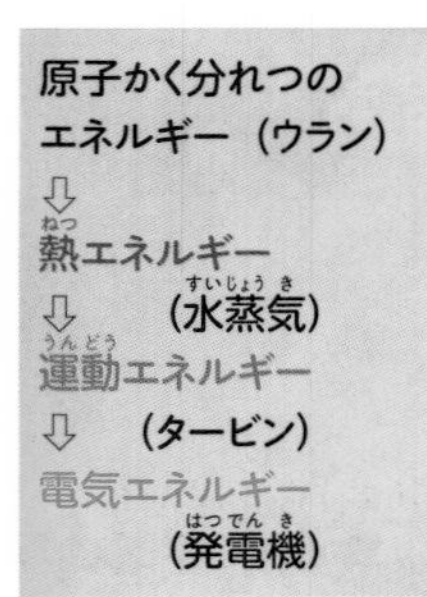

原子かく分れつのエネルギー（ウラン）
⇩
熱エネルギー
⇩ （水蒸気）
運動エネルギー
⇩ （タービン）
電気エネルギー
（発電機）


### ●原子力発電の利点と問題点

少ない量のかく燃料から大量の電気エネルギーを取り出すことができ，二酸化炭素などは発生しません。しかし，ウランなどのかく燃料は有限であり，原子炉から放射線がもれる危険や，使用ずみかく燃料などを安全に処理する技術の開発など解決しなければならない問題があります。

COLUMN くわしく

2011 年 3 月の東日本大震災以前は，原子力発電は全発電量の約 30%をまかなっていましたが，原子力発電所の事故以降は火力発電と水力発電で約 90%を発電しています。

## ★★★ かく分れつ（核分裂）

物質をつくる原子は，中心に**原子かく**，そのまわりに**電子**があります。原子かくは，さらに小さいつぶである**陽子**と**中性子**からできています。

**原子力発電**に使われる**ウラン**は，原子かくが分かれやすい原子で，**中性子**を吸収すると２つに分れつします。これを**かく分れつ**といいます。かく分れつのときは**大量の熱が発生**し，さらに中性子が２，３個放出されて，ほかのウラン原子のかく分れつを引き起こし，これが次々に起こっていきます。

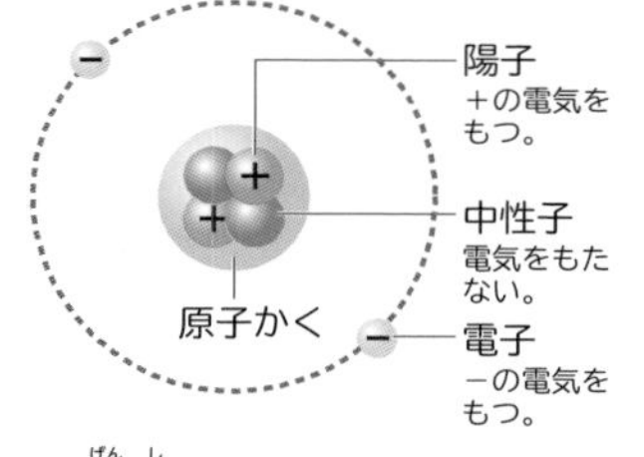


**原子のつくり（ヘリウム）**

原子力発電の原子炉の中では，かく分れつがゆっくりと連続して起こるように制ぎょされています。また，かく分れつのときに出る**放射線**が外部にもれないように，厳しく管理することが必要です。

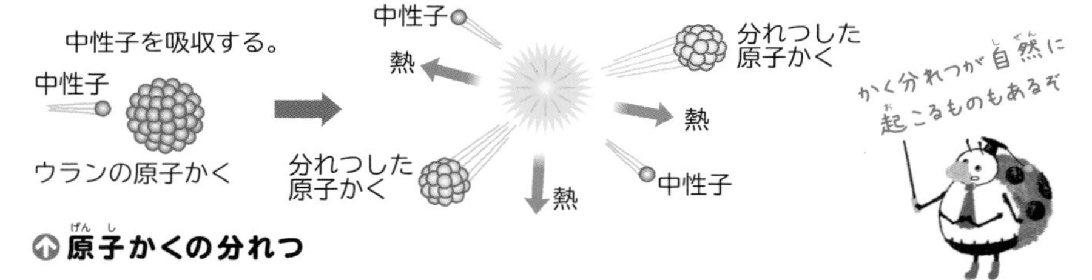


**原子かくの分れつ**

## ★★★ 放射線

放射線は，大きなエネルギーをもった，原子をつくる**つぶの流れ**や**電磁波**（電気と磁気の波で，目に見える光やし外線，電波など）のことです。代表的な放射線として，**アルファ線（α線），ベータ線（β線），ガンマ線（γ線），X線，中性子線**があります。放射線を出すものを放射性物質といい，放射線を出す性質があることを「放射能をもつ」といいます。

**●放射線の性質と利用**

- **大きなエネルギー**をもち，大量に浴びるとからだに異常を起こして危険です。
- **物質を通りぬける性質**があり，X線はレントゲンさつえいや，ものの内部の検査などに利用されています。

α線はヘリウムの原子かくの流れ（＋の電気をもつ），β線は電子の流れ（－の電気をもつ），γ線は電磁波で，電気をもっていませんが，物質を通りぬける力が強いという性質があります。

重要度

## ★★★ 風力発電

風の力で**風車** [➡P.666] を回し，発電機を回転させて発電します。
風力は**再生可能なエネルギー**で，昼・夜の区別なく発電できます。二酸化炭素や有害な物質は出ません。
問題点として，設置場所が限られることや，1基の発電量が火力発電に比べて小さい，風車の回るそう音問題などがあります。

風力発電

## ★★★ 太陽光発電

**光電池（太陽電池）** [➡P.619] を使って電気をつくる発電方法です。光エネルギーを直接電気エネルギーにすることができます。
太陽光は**再生可能なエネルギー**で，二酸化炭素や有害な物質は出ません。
問題点として，夜は発電できない，天気によって発電量が変化する，光エネルギーを**電気エネルギーに変かんする効率が低い**などがあります。

太陽光発電

## ★★★ 地熱発電

地熱発電は，地下の**マグマ** [➡P.381] の熱によって生じた**熱水や水蒸気**をパイプを使って地上に取り出し，発電機のタービンを回して発電します。二酸化炭素などの発生はほとんどない，**再生可能なエネルギー**です。

大分県の八丁原地熱発電所

## ★★★ 波力発電

**波のエネルギー**を利用する発電です。波が上下する動きを利用して空気の流れをつくり，**流れる空気の力によってタービンを回転させて発電する**方法です。
この発電装置は，船の航路を示す海上ブイの電源として使われています。

COLUMN くわしく

太陽の熱を利用した太陽熱発電は，たくさんの鏡（金属板）で反射して集めた太陽光の熱で水蒸気をつくり，発電機のタービンを回して発電します。

## ★★★ バイオマス発電

バイオマス発電は，**バイオマス** [➡P.214] を直接燃やして発電する方法と，バイオマスから得た**アルコール**や**メタン**を燃やして発電する方法があります。バイオマスが燃えると，二酸化炭素を発生しますが，この二酸化炭素は**植物が光合成** [➡P.109] **によって空気中から吸収したもの**です。バイオマスを燃料として使っても，全体として**大気中の二酸化炭素の量は増えません。**

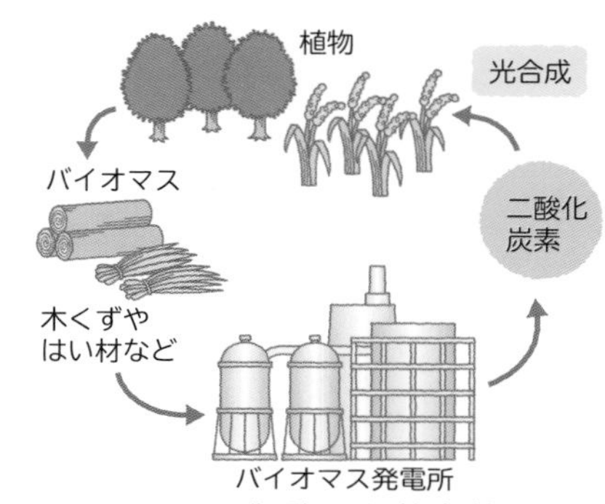


**⇧ バイオマス発電と二酸化炭素**

## ★★★ 再生可能なエネルギー

有限な資源である**化石燃料** [➡P.642] や**ウラン** [➡かく分れつ P.643] などに対して，**太陽光**，**太陽熱**，**風力**，**水力**（ダム式水力を除く），**地熱**，**波力**，**バイオマス**は，自然のエネルギーで，何回も同じ形で使うことができ，その量は無じん蔵です。このようなエネルギーを**再生可能なエネルギー**といいます。また，発電のとき，かん境に有害な物質を出さないので**クリーンエネルギー**ともいいます。
再生可能なエネルギーを使った発電には，次の特ちょうがあります。

・火力発電に比べて，発電量は小さい。
・夜は発電できない。（太陽光）
・季節や天気によって，発電量が変化する。（太陽光，太陽熱，風力）
・季節や天気，昼夜に関係なく発電できる。（地熱，バイオマス，水力，波力）

## ★★★ メタンハイドレート

**天然ガス**の主成分である**メタン**という気体と**水**からできたもので，**新しいエネルギー資源**として注目されています。石油や石炭と比べて，**燃えたときに発生する二酸化炭素の量が少ない**のが特ちょうです。見た目は氷に似ていて，火を近づけると燃えるので「燃える氷」とも呼ばれています。日本周辺の海底にも多く存在し，実用化に向けて研究・開発が進められています。

**バイオマス** [➡P.214] **は発電の燃料だけでなく，車の燃料などとしても利用されています。**

# 第4章 ものの運動

## ふりこはアーティスト!?

ふりこの先に穴の開いた容器を下げ，
そこに砂を入れてふりこをふらせると，
ふりこが動いたところに砂がこぼれ，
美しいもようがえがかれます。
このふしぎなふれ方をするふりこのひみつは，
固定のしかたにあります。

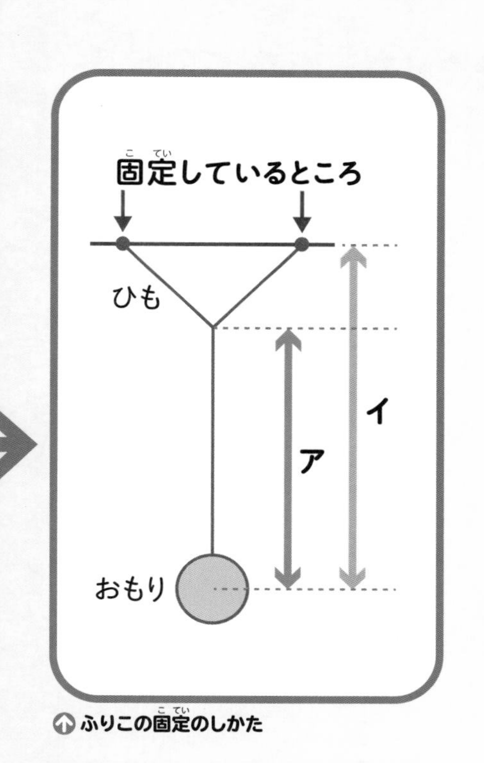

ふりこの固定のしかた

ななめ上から見たようす

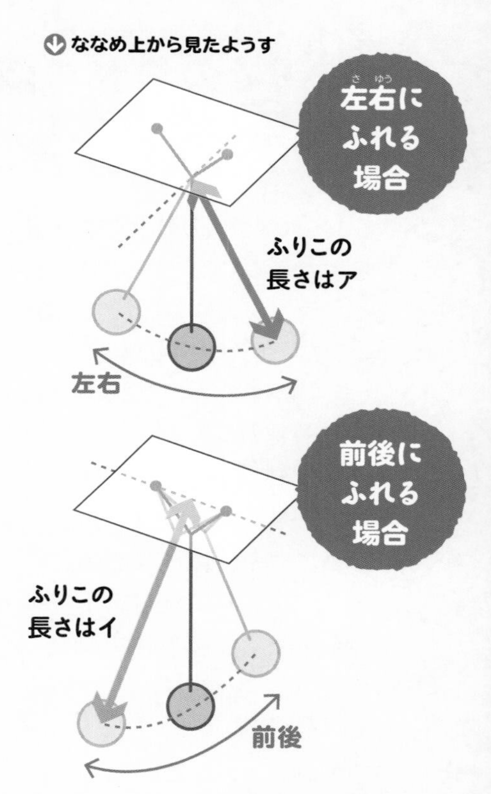


ふりこが１往復する時間は，おもりの重さやふれはばに関係なく，ふりこの長さだけに関係があります。
この特別なふりこのひもの部分は，左上の図のようになっています。
このふりこが左右にふれる場合は，ふりこの長さはアになります。しかし，ふりこが前後にふれる場合は，三角形の部分もふれるので，ふりこの長さはイになります。
つまり，左右方向は１往復の速さが速い短いふりこ，前後方向は，１往復の速さがゆっくりの長いふりこになります。短いふりこと長いふりこが組み合わさっているので，写真のようなもようをえがくのです。
このような図形をリサージュの図形といいます。

写真・資料提供：名古屋市科学館

# この章で学ぶこと ヘッドライン

## ふりこのゆれの決まりを発見した有名な科学者はだれ？

イタリアのピサの教会で，天じょうからつり下げられたランプが左右にゆっくりゆれるのを見て，ランプのゆれに決まりがあることに気がついた，ピサ大学の学生がいました。

「大きくゆれていたランプは，しだいに小さいゆれになったけれど，ゆれるのにかかる時間は変わっていない！」

学生は，糸につり下げたおもりをふらせて，おもりの重さや糸の長さなどを変えてくり返し実験し，「ふりこのゆれのきまり」を発見したのです。

ガリレオ・ガリレイ
(1564〜1642年)

この学生は，のちに木星の動きを望遠鏡で観察し，地球は太陽のまわりを回っている（地動説）ことを明らかにしたガリレオ・ガリレイです。

右の写真は，ふりこのおもりがゆれるようすを，決まった間かくで光を当ててさつえいしたものです。

この写真では，糸をとめている真下の位置から左右に同じはばでふれていて，最もふれたときのおもりは，左右で同じ高さになっていますね。

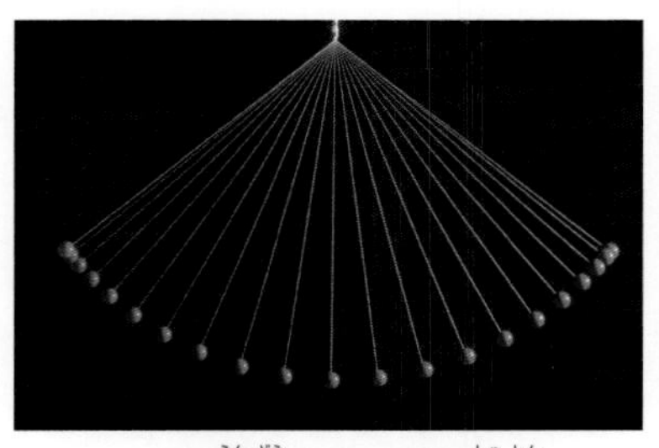

ふりこの運動（ストロボ写真）

ガリレオが発見した「ふりこのゆれのきまり」とは，おもりが往復する時間は，ふりこの長さだけに関係があり，おもりの重さやふれはばとはまったく関係がないことです。ふりこの長さが長いほど，おもりが往復する時間は長くなるのです。[➡ P.650]

## 重い球と軽い球，同時に落とすとどちらが早く落ちる？

重い球と軽い球を同時に落とすと，空気のていこうがない場合，どちらが早く地面に落ちるでしょうか。

正解は，同時です。ちょっと頭の中だけで実験をしてみましょう。

同じ重さの球を２つ同時に落とすと，同時に地面に落ちますね。この２つの球を糸でつないで落としても，同時に落ちます。この糸を短くしても，変わりませんね。では，もっと糸を短くして２つの球をくっつけてしまいましょう。こうなると，１つの重い球ということもできます。糸の長さが０になったとたん，急に落ちる速さが変わることはありませんから，もとの球と同時に落ちます。つまり，ものが落ちる速さは，ものの重さに関係なく一定なのです。[➡ P.657]

## カーリングでは，ストーンの速さと向きをコントロール！

冬のオリンピックにカーリングという競技があります。氷の上でストーン（石）をすべらせて，相手のストーンにぶつけてはじき飛ばし，円の中の位置を取り合います。ストーンの重さは約 20kgもあります。

カーリングのストーン

ストーンがぶつかると，ぶつけたストーンはそこで止まり，ぶつけられたストーンだけが飛び出すことがあります。また，少しだけ動かしたいときは，ぶつけるストーンの速さをできるだけおそくします。ストーンがぶつかったときの進み方は，ぶつかるストーンの速さやぶつかるときの向きによって変わるのです。[➡ P.658]

# 01 ふりこの運動

重要度 ★★★

## ふりこ

糸のはしにおもりをつけ，もう一方のはしを固定して**おもりが左右にふれる**ようにしたものを**ふりこ**といいます。おもりをAの位置まで持ち上げて静かにはなすと，おもりはA→B→C→B→A→B…と動き，AとCの間を行ったり来たりする往復運動をくり返します。
ふりこを利用した道具には，ふりこ時計 [➡ P.656] やメトロノーム [➡ P.656] などがあります。

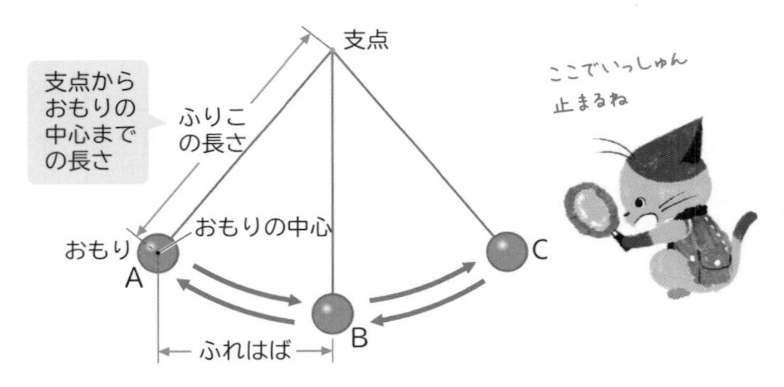


おもりは**支点**の真下の**Bの位置を中心に左右に同じはば**でふれ，AとCのおもりの位置はBの位置から同じ高さになっています。

### ●ふりこの1往復

ふりこのおもりが一方のはしから反対側にふれ，再び**動き始めの位置にもどってくるまで**を**1往復**といいます。右の図で，A→B→C→B→Aが1往復ですが，どの位置から数えてもよく，Bから始めたときは，B→C→B→A→Bが1往復です。

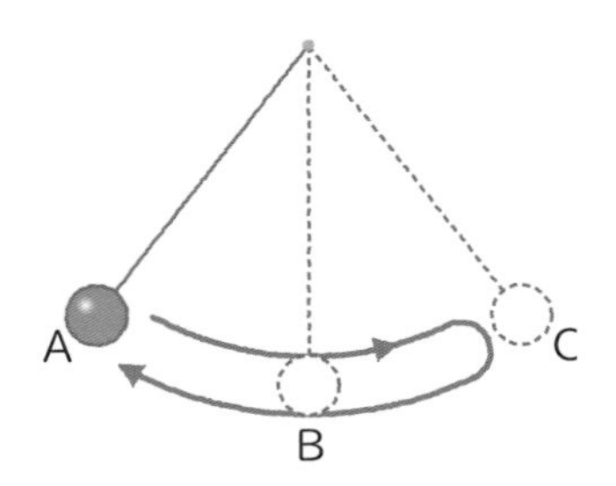

ふりこのふれはばは，右の図のように，おもりがふれた角度で表すこともあります。

## ★★★ ふりこが1往復する時間（周期）

ふりこは支点を中心に往復運動をくり返します。ふりこのように同じ運動をくり返すとき，**1回動くのにかかる時間**を**周期**といいます。ふりこの場合は，**おもりが1往復する時間**が周期となります。
ふりこが1往復する時間は，**ふりこの長さ**によって決まり，ふりこの長さが長いほど，**1往復する時間は長く**なります。**ふれはばやおもりの重さは関係しません。** [➡ふれはば，おもりの重さ，ふりこの長さと1往復する時間 P.655]

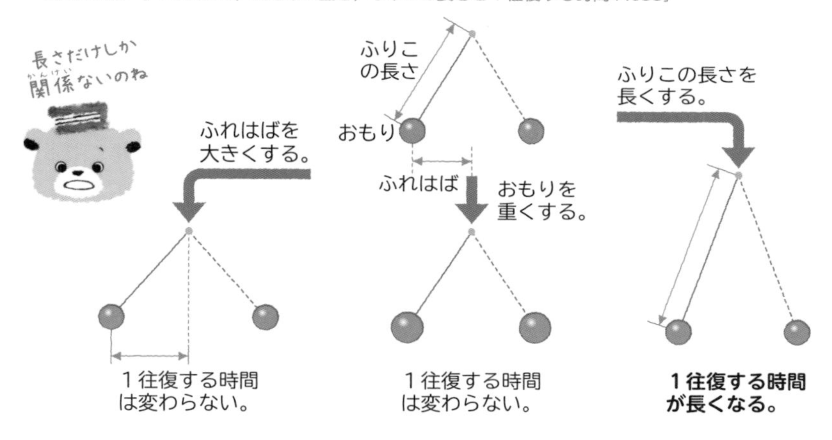
長さだけしか関係ないのね
ふりこの長さ
おもり
ふれはば
ふれはばを大きくする。
おもりを重くする。
ふりこの長さを長くする。
1往復する時間は変わらない。
1往復する時間は変わらない。
1往復する時間が長くなる。

次の表は，ふりこの長さをいろいろ変えて，ふりこが1往復する時間を調べたものです。
**ふりこが1往復する時間が2倍，3倍，4倍，**…になっているとき，**ふりこの長さはそれぞれ4(＝2×2)倍，9(＝3×3)倍，16(＝4×4)倍，**…になっています。

| ふりこの長さ〔cm〕 | 25 | 50 | 75 | 100 | 125 | 150 | 175 | 200 | 225 | 300 | 400 |
|---|---|---|---|---|---|---|---|---|---|---|---|
| 1往復する時間〔秒〕 | 1.0 | 1.4 | 1.7 | 2.0 | 2.2 | 2.4 | 2.6 | 2.8 | 3.0 | 3.5 | 4.0 |

（長さ：4倍，9倍，16倍　時間：2倍，3倍，4倍）

COLUMN くわしく
ふりこの長さは，ふりこの支点からおもりの中心（重心）までの長さです。おもりが大きくなったとき，おもりの中心が下がって，ふりこの長さが長くなることに注意が必要です。

重要度

## ★★★ ふりこの1往復する時間の求め方

測定による**誤差**を小さくするために，10回など，ふりこが往復する回数を決めてその時間をストップウオッチではかります。これを3～5回はかり，その平均[➡ P.654]を求めて，**1往復する平均の時間**を計算します。

①ふりこを動かし，おもりをはなしたときの，手の力のえいきょうをなくすために，そのまま2回くらい往復させます。

②ストップウオッチでおもりが**10往復する時間**をはかります。

③②を3～5回くり返し，10往復する平均の時間を計算し，**1往復する平均の時間**を計算します。

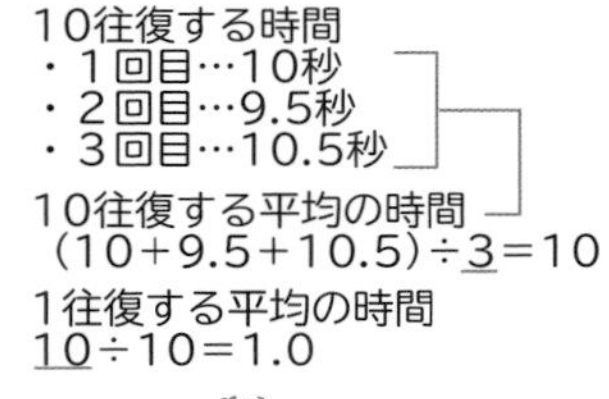


**10往復する平均の時間〔秒〕＝(1回目＋2回目＋3回目)〔秒〕÷3**

**1往復する平均の時間〔秒〕＝10往復する平均の時間〔秒〕÷10**

## ★★★ 誤差

測定してはかった値と実際の値との差を**誤差**といいます。

ふりこの運動では，**ふりこが1往復する時間**[➡ P.651]は，ふりこのおもりの動きを目で見ながら，ストップウオッチをおしてはかります。このとき，はかり始めとはかり終わりの2回ストップウオッチをおしますが，このときのタイミングのずれによって，実際にふりこが往復するのにかかった時間との間にずれが生じます。このずれが誤差となります。

ふりこの実験では，誤差をできるだけ小さくするために，1往復ではなく，10往復の時間をはかって平均の時間を求め，1往復する時間を求めます。

### ●10往復の時間をはかる理由

ストップウオッチでふりこの往復する時間をはかるときは，はかり始めとはかり終わりに誤差が出ます。1往復させても10往復させても，その誤差の大きさは同じです。そのため，1往復のときの誤差に対して，10往復の平均をとったときの誤差は$\frac{1}{10}$になります。

たとえば，誤差の合計が，0.5秒だった場合，1往復はかったときの誤差は0.5秒ですが，10往復はかって平均した場合は，誤差は$\frac{1}{10}$になり0.5 ÷ 10 ＝ 0.05秒の誤差ですみます。

COLUMN くわしく

**ふりこは長くふれていると，ふれはばがしだいに小さくなっていきます。実験では，ふれはばがあまり変わらないうちにはかるように，10往復くらいを限度に回数を設定します。**

## ★★★ ふりこの長さが変わるふりこ

下の図のふりこの支点の真下にくぎを打ち，Aでおもりをはなすと，ふりこはくぎで折れ曲がり，おもりはCに達します。このとき，AとCは同じ高さになっています。このふりこは，長さのちがう2つのふりこが合わさったものです。

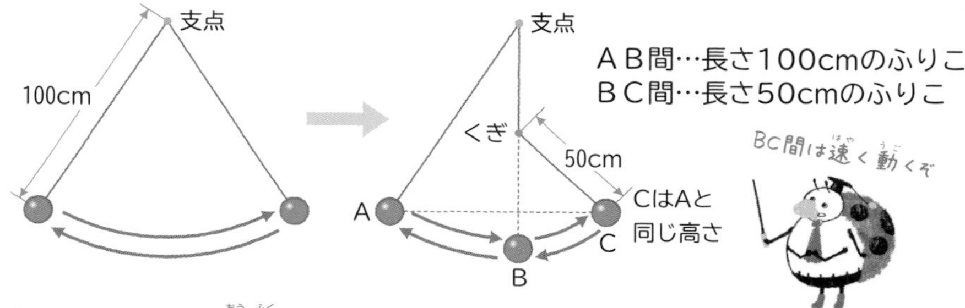


**●ふりこが1往復する時間** [➡ P.651]

このふりこが1往復する時間は，100cmのふりこと50cmのふりこがそれぞれ**1往復する時間をたして，2で割ったもの**になります。それぞれのふりこが1往復する時間は，

長さ100cmのふりこ…2.0秒，長さ50cmのふりこ…1.4秒

なので，このふりこが1往復する時間は，(2.0＋1.4)÷2＝1.7〔秒〕となります。

## ★★★ ふりこの速さ

ふりこのおもりの速さは，**支点の真下で最も速く**なり，左右に最もふれたとき，いっしゅん止まってから反対向きに動き出します。

おもりが支点の真下を通るときの速さは，おもりの**ふれ始めの高さ**によって決まります。**おもりの位置が高いほど，おもりの速さは速く**なります。このとき，おもりの重さは速さには関係しません。

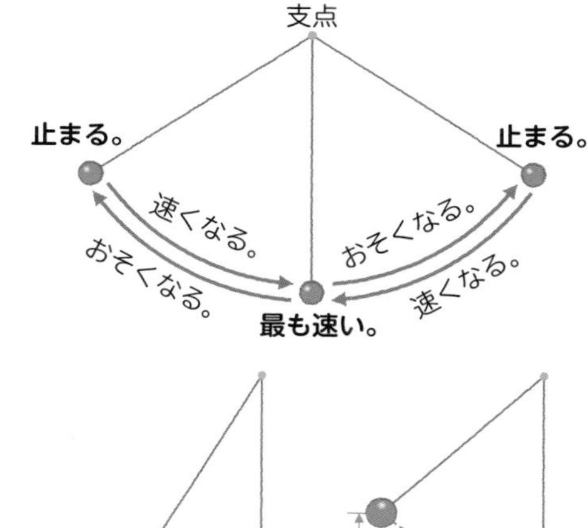

**COLUMN くわしく**

ふりこの長さが変わるふりこで，2つのふりこが最もふれたときのおもりは同じ高さになり，支点の真下ではおもりの速さは同じになります。

# 算数 column 四捨五入，平均の方法

## 切り捨て・切り上げ・四捨五入

はかった値をもとに計算して得られた数を，目的に合った数にする方法には，**切り捨て**・**切り上げ**・**四捨五入**があります。

- **切り捨て**…必要な位まで残して，それより下の位の数を 0 にすること。
- **切り上げ**…必要な位より下の数がすべて 0 でないとき，必要な位の数を 1 大きくし，それより下の位を 0 にすること。
- **四捨五入**…必要な位の 1 つ下の位の数が，4，3，2，1，0 のときは**切り捨て**，5，6，7，8，9 のときは**切り上げ**ること。

たとえば，47.36 という数について，切り捨て，切り上げ，四捨五入によって，小数第 1 位までの数を求めてみましょう。

- **切り捨て**…47.36 → 47.3
- **切り上げ**…47.36 → 47.4
- **四捨五入**…47.36 → 47.4

## 平均の求め方

いくつかの値を，等しい大きさにならしたものを，平均といいます。

**平均＝値の合計÷値の個数**

右の図は，**ふりこ** [➡ P.650] が 10 往復する時間を調べる実験を 5 回行ったときの結果を表したグラフです。

10 往復の平均の時間を求めます。

(18.1＋17.8＋18.0＋17.8＋17.9)〔秒〕÷5〔回〕

＝17.92〔秒〕　小数第 2 位を**四捨五入**して，

10 往復する時間の平均は 17.9 秒です。

10往復する時間〔秒〕 18.2 18.0 17.8 17.6 0
平均
1 2 3 4 5〔回〕

平均して求めた値は，各回のはかった値にふくまれる誤差をならして，**実際にかかった時間との誤差を小さくした**ものになっています。

## 比べる　ふれはば，おもりの重さ，ふりこの長さと1往復する時間

| | 1往復する時間とふれはばの関係 | 1往復する時間とおもりの重さの関係 | 1往復する時間とふりこの長さの関係 |
|---|---|---|---|
| ふれはば | 10cm ┊ 15cm ┊ 20cm | 10cm（どれも同じにする。） | 10cm（どれも同じにする。） |
| おもりの重さ | 10g（どれも同じにする。） | 10g ┊ 20g ┊ 30g | 10g（どれも同じにする。） |
| ふりこの長さ | 100cm（どれも同じにする。） | 100cm（どれも同じにする。） | 40cm ┊ 80cm ┊ 100cm |
| 1往復する時間 | **ふれはば**<br>10cmのとき…2.0秒<br>15cmのとき…2.0秒<br>20cmのとき…2.0秒<br>変化しない。 | **重さ**<br>10gのとき…2.0秒<br>20gのとき…2.0秒<br>30gのとき…2.0秒<br>変化しない。 | **ふりこの長さ**<br>40cmのとき…1.3秒<br>80cmのとき…1.8秒<br>100cmのとき…2.0秒<br>ふりこの長さが長いほど，時間は長くなる。 |

**ふりこのふれはば，おもりの重さ，ふりこの長さ**と**1往復する時間**の関係を調べるとき，**調べようとすること以外の条件は同じ**にします。

重要度★★★

## ふりこ時計

ふりこ時計では，ふりこの長さが変わらなければ1往復する時間は変わらないというふりこの性質を利用して，**時計の針の進みが一定になる**ように保たれています。ふりこ時計の針は，ゼンマイばね [➡P.686] の力によって動きますが，その動きを，特しゅな歯車を使ってふりこの動きに合わせて一定の速さで進むようにしています。

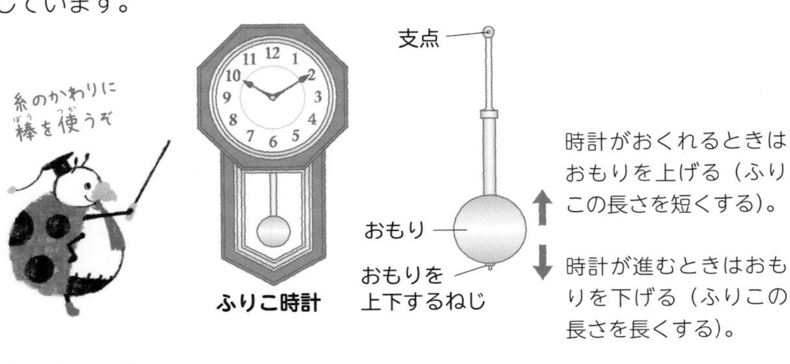
糸のかわりに
棒を使うぞ
支点
時計がおくれるときはおもりを上げる（ふりこの長さを短くする）。
おもり
おもりを
上下するねじ
時計が進むときはおもりを下げる（ふりこの長さを長くする）。

ふりこ時計

★★★

## メトロノーム

楽器などの演奏のときにテンポを合わせるために使う器具で，棒が左右にふれるたびに「カチッ，カチッ」と音が出ます。ふりこの性質を利用していますが，糸のかわりに棒を使い，支点は下にあります。棒の下のはしに大きなおもりを固定し，上のほうにある**小さなおもりを上下に動かして，棒が動くテンポを調節**します。

・おもりを上に動かすと，**ふりこの長さが長くなる。**→棒はゆっくり動く。
・おもりを下に動かすと，**ふりこの長さが短くなる。**→棒は速く動く。

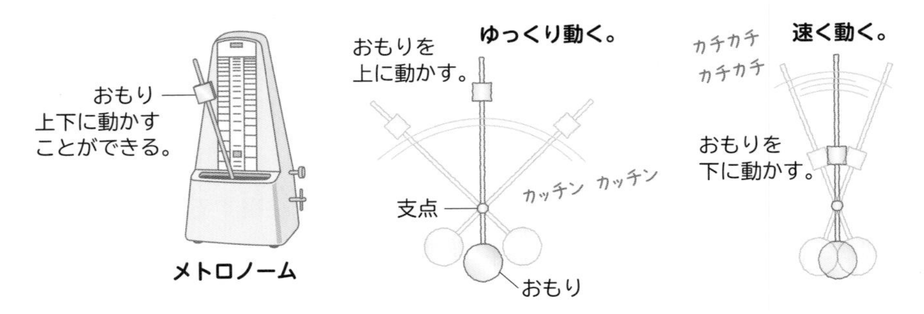
おもり
上下に動かす
ことができる。
おもりを
上に動かす。
ゆっくり動く。
カッチン カッチン
支点
おもり
カチカチ
カチカチ
速く動く。
おもりを
下に動かす。

メトロノーム

COLUMN まめ知識

ふりこ時計のふりこは，時計の針の動きを制ぎょしている特しゅな歯車からふりこに力がはたらくために，ふりこに空気とのまさつがはたらいても止まらずに動き続けます。

# 02 おもりの運動とはたらき

## 1 しゃ面上のおもりの運動

重要度 ★★★
### しゃ面を下るおもりの運動

しゃ面の上からおもりを転がすと，おもりはしだいに速くなりながらまっすぐ転がり，しゃ面の下で最も速くなります。

**一定の時間に進むきょり**を**速さ** [➡ P.554] といいます。次の写真は，しゃ面を下る台車の運動を，0.1 秒間かくでさつえいしたストロボ写真です。台車の間かくは **0.1 秒間に下ったきょり**を表しています。しゃ面を下るにしたがって，台車の間かくが長くなっていることから，台車の速さがしだいに速くなっていることがわかります。

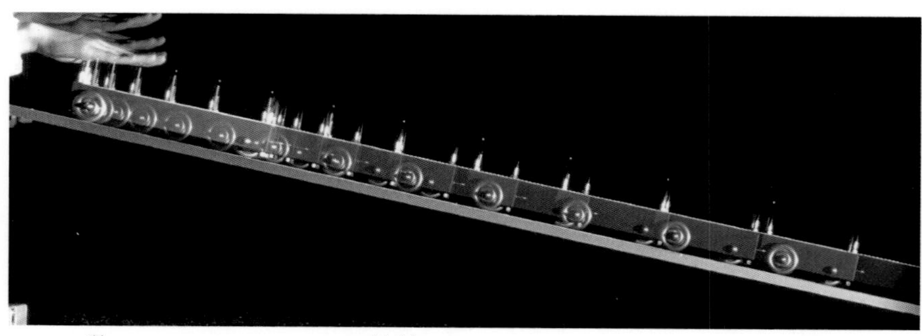

⇧しゃ面を下る台車のストロボ写真

★★★
### しゃ面を転がるおもりの速さ

おもりがしゃ面を転がるとき，しゃ面の下でのおもりの**速さ** [➡ P.554] は，**おもりを転がし始める高さ**によって決まり，高い所から転がすほど，しゃ面の下でのおもりの速さは速くなります。おもりを転がす高さ，しゃ面の角度，おもりの重さを変えて比べてみると，次のページのようになります。

COLUMN くわしく

ものがしゃ面を下るときに速さが変化する割合は，しゃ面の角度によって変化します。しゃ面の角度が大きくなるほど，速さが変化する割合は大きくなります。

**<おもりを転がす高さと速さ，しゃ面の角度と速さ>**

おもりを**転がし始める高さが高い**ほど，しゃ面の下での**おもりの速さは速く**なります。しゃ面の角度を変えても，**おもりを転がし始める高さが同じ**ならば，しゃ面の下での**おもりの速さは同じ**です。

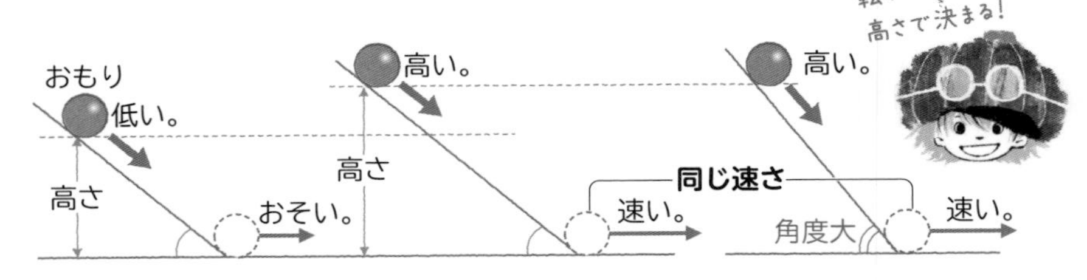


**<おもりの重さと速さ>**

**おもりを転がし始める高さが同じ**ならば，おもりの重さがちがっても，しゃ面の下での**おもりの速さは同じ**です。

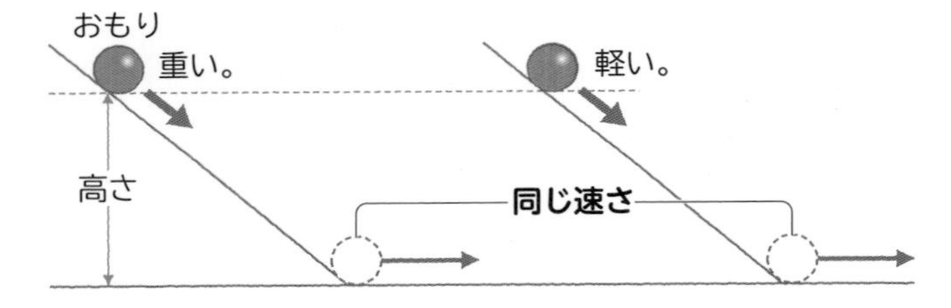


## 2　動くおもりのはたらき

重要度 ★★★

### しょうとつ

動いているものがほかのものにぶつかることを**しょうとつ**といいます。動いているものには，ものを動かすはたらきがあります。

ものを動かすはたらきの大きさは，動いているものの**重さ**と**速さ**によって決まります。動いているものの**重さが重い**ほど，ものの**速さが速い**ほど，**ものを動かすはたらきは大きく**なります。

野球のバッターがバットをふってボールを打つときは，重いバットを速くふるほど，ボールは遠くまで飛びます。

## ★★★ 物体の速さとしょうとつ

球Ⓐが**同じ重さ**の球Ⓟにしょうとつしたとき，球Ⓟは，しょうとつする直前の球Ⓐの速さと同じ速さで飛び出します。
球Ⓐの速さが速いほど，球Ⓟが飛び出す速さが速くなります。
球Ⓐはしょうとつした位置に止まります。

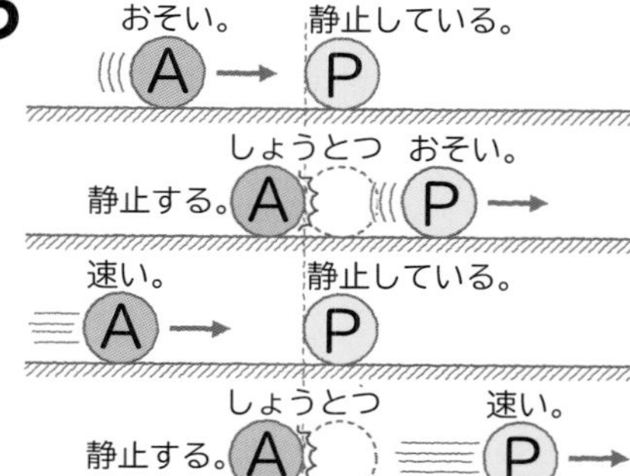


## ★★★ 物体の重さとしょうとつ

**重さのちがう**球Ⓐ～Ⓒを，球Ⓟにしょうとつさせて，球の動きを調べます。しょうとつするときの球の速さが同じ場合は，**球の重さが重い**ほど，球Ⓟが飛び出す速さは速くなります。

①球Ⓐを球Ⓟにしょうとつさせると，球Ⓟが飛び出し，球Ⓐは**しょうとつした位置**に止まります。
球Ⓟは，しょうとつする直前の**球Ⓐと同じ速さ**で飛び出します。

②重い球Ⓑを球Ⓟにしょうとつさせると，球Ⓟは，**①のときより速く飛び出し，球Ⓑはしょうとつした位置より前に動きます。**

③軽い球Ⓒを球Ⓟにしょうとつさせると，球Ⓟは，**①のときよりおそく飛び出し，球Ⓒはしょうとつした位置ではね返ります。**

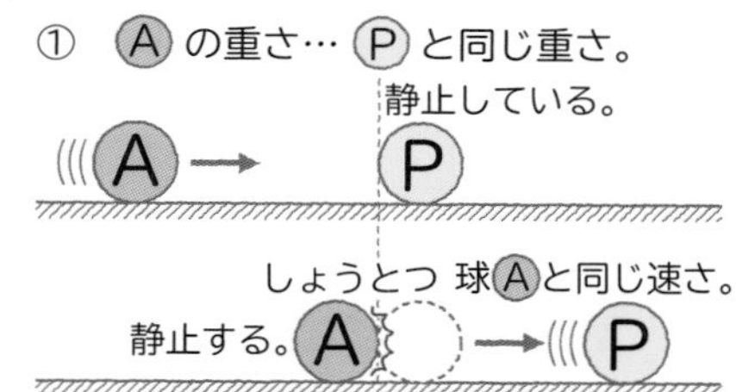


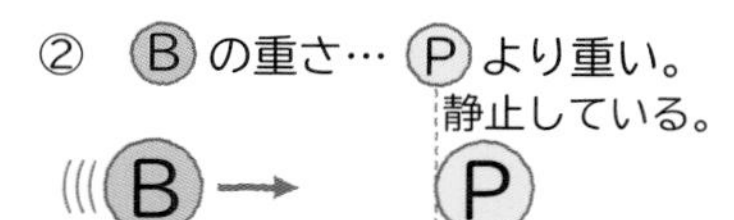


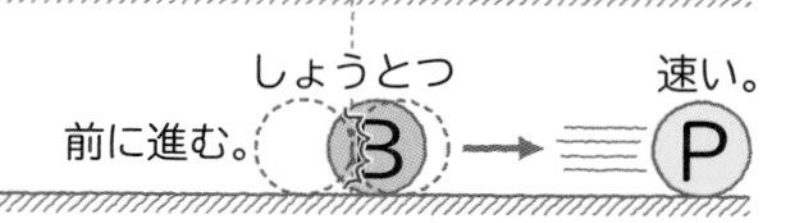

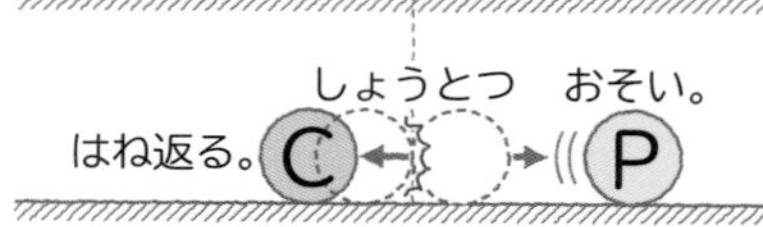

重いものが軽いものにしょうとつするとき，軽いものが飛び出す速さは，2つのものの重さによってちがいます。重さの差が大きいほど，飛び出す速さは速くなります。

重要度 ★★★

## ふりこのおもりのはたらき

**ふりこ** [➡ P.650] の支点の真下で，ふりこのおもりをほかの物体にしょうとつさせます。

物体を飛ばすはたらきは，ふりこの**おもりの重さが重い**ほど，支点の真下での**おもりの速さが速い**ほど，大きくなります。

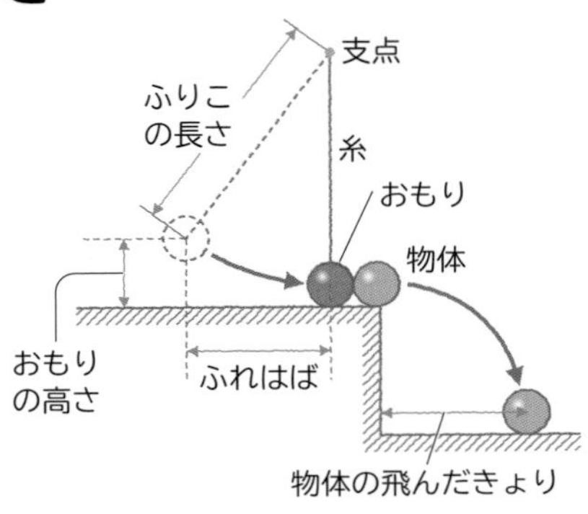


### ＜ふりこをふらせる高さが同じとき＞

**おもりの重さが重い**ほど，ほかの物体を動かすはたらきが大きくなります。

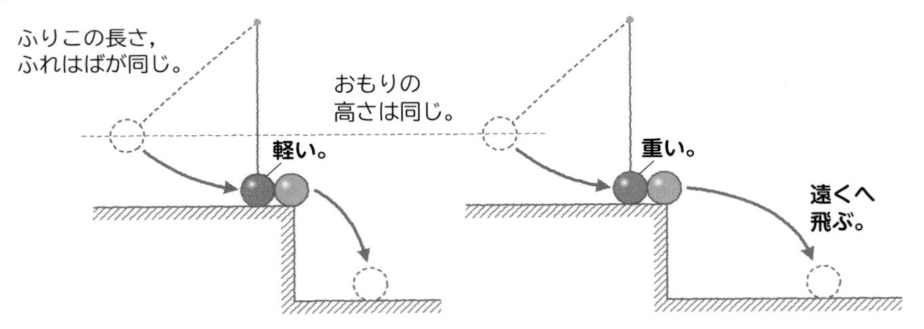


### ＜ふりこのおもりの重さが同じとき＞

**ふりこをふらせる高さが高い**ほど，支点の真下でのおもりの速さが速くなります。ほかの物体を動かすはたらきも大きくなります。

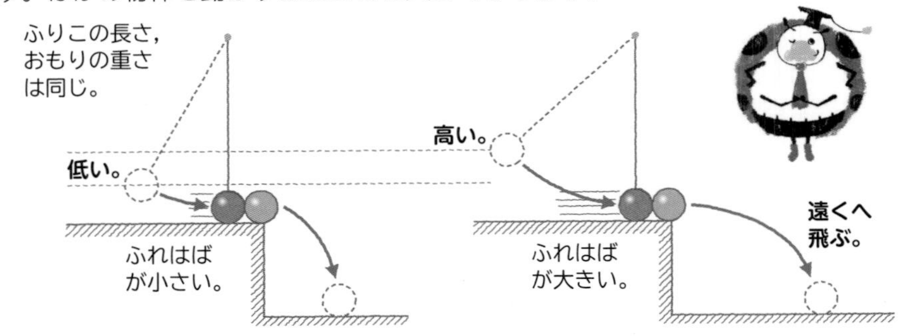

COLUMN くわしく

ふりこの支点の真下のおもりの速さには，おもりの重さは関係しませんが，ものを動かすはたらきには，おもりの速さとともにおもりの重さが関係するので注意しましょう。

## ★★★ しゃ面を下るおもりのはたらき

しゃ面を転がるおもりがしゃ面の下にある物体にしょうとつするとき，**おもりの重さが重い**ほど，また，しょうとつするときの**おもりの速さが速い**ほど，物体は遠くまで動きます。

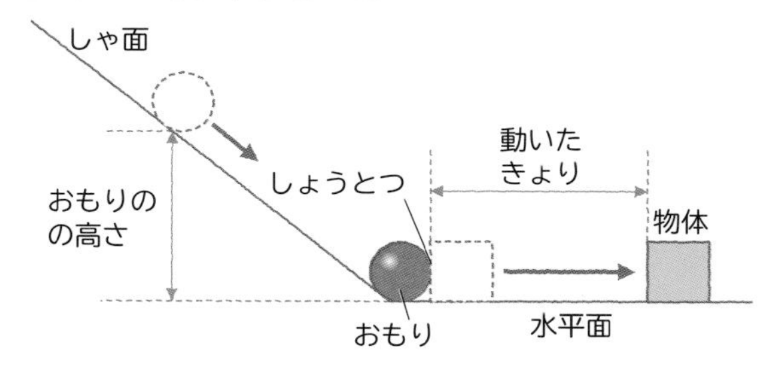


### <おもりをしゃ面の同じ高さから転がすとき>

転がす**高さが同じ**とき，物体に**しょうとつするときの速さは同じ**になります。

この場合は，**重いおもり**のほうがほかの物体を動かすはたらきは大きくなります。

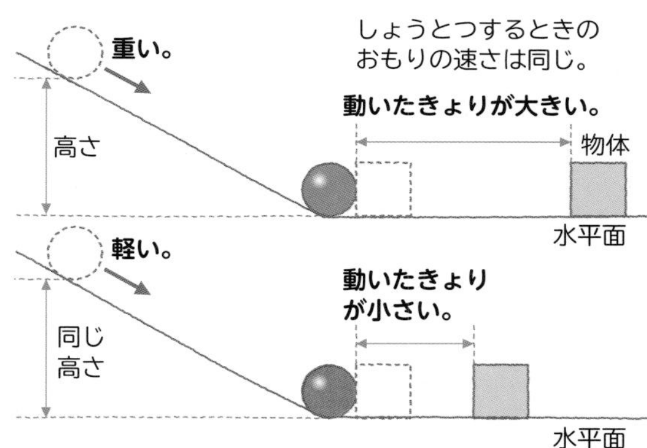


### <おもりの重さが同じとき>

**おもりを転がす高さが高い**ほど，しゃ面の下での速さが速くなり，ほかの物体を動かすはたらきは大きくなります。

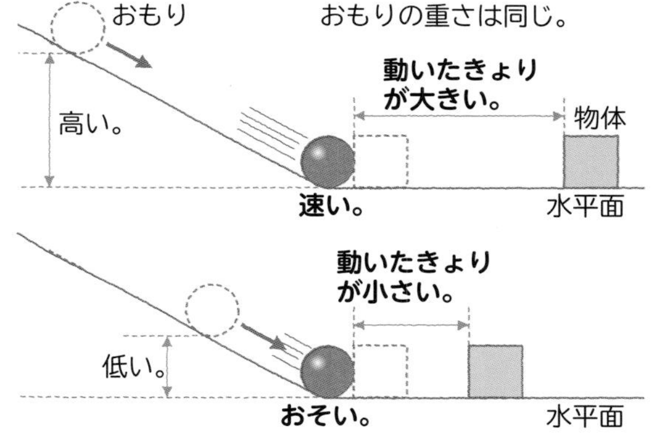


おもりの位置が高いほど，しゃ面の下で速くなるのか

# 第5章 力のはたらき

## どの星が力持ち？

「重さ」は，地球がものを引っ張る力「重力」によって発生します。
引っ張る力の大きさは，天体によってちがうのです。
そのため，同じ体重の人でも，ちがう天体で体重計にのったとすると，
体重計が示す値はちがってきます。

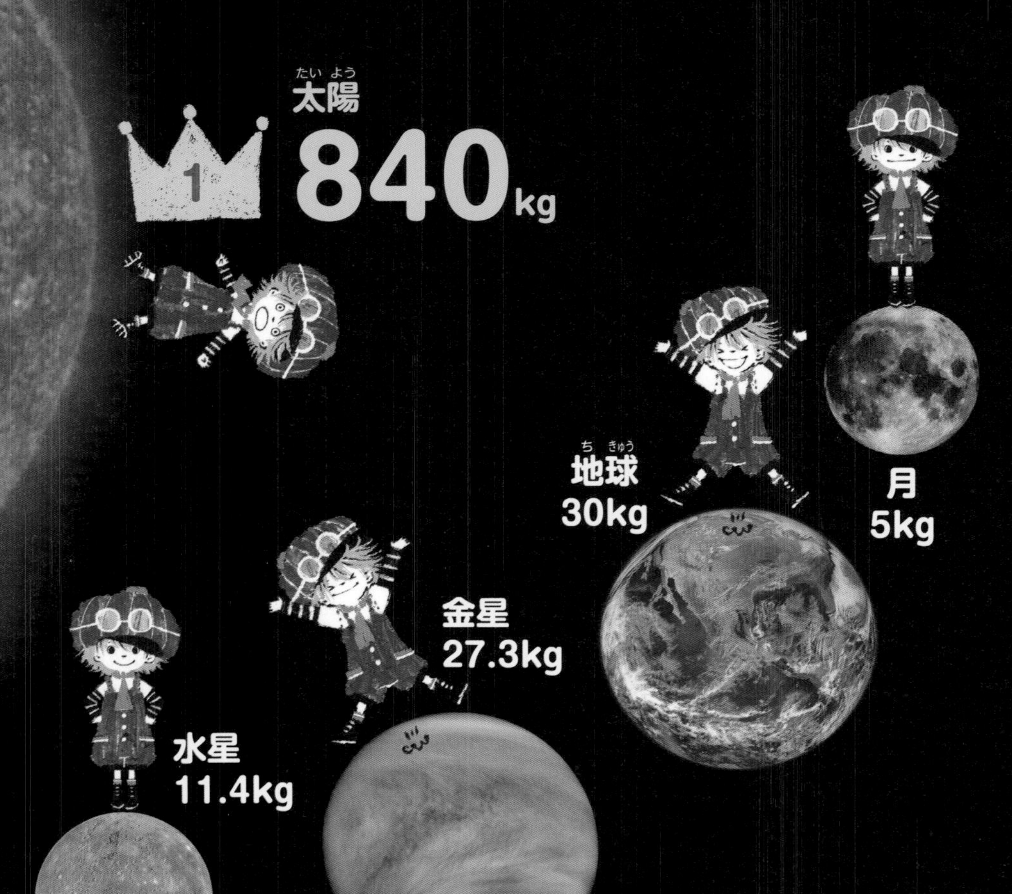

写真提供：
太陽：Science@NASA　金星：NSSDC Photo Gallery　月：NASA/JPL
木星：NASA/JPL/University of Arizona　火星：NASA, J. Bell (Cornell U.) and M. Wolff (SSI)　水星：NASA/Johns Hopkins University Applied Physics Laboratory/Carnegie Institution of Washington　天王星：NASA/STScl
海王星：NASA

火星
11.4kg

天王星
26.7kg

土星
27.9kg

2
木星
71.1kg

# この章で学ぶこと ヘッドライン

## てこを使えば地球でも動かせる？

小さい力で重いものを動かすてこは，昔から使われていた道具です。
てこのはたらきを調べて，そのしくみを発見したのは，紀元前の古代ギリシャの科学者アルキメデスです。
てこのしくみを発見したアルキメデスは，次のように言ったと伝えられています。
「私に支点をあたえよ。そうすれば地球をも動かして見せよう！」
てこを使えば，どんなものでも小さな力で動かすことができることを，このように表現したのです。[➡ P.668]

## 小さい力で，大きな力をうみ出すには？

ドライバー( ねじ回し ) のにぎりの部分はとても太くなっていますね。これは，ねじを回す部分に手が加えた力よりも大きな力がかかるようにするためです。もし，にぎりの部分が細いと，ねじを回すのに大きな力が必要になって大変です。
ドライバーと同じように，加える力が小さくても大きな力がはたらくしくみは，水道のじゃ口のハンドル，自動車のハンドル，自転車のハンドルやペダル，ドアノブなどにも利用されています。これは，輪じくと呼ばれるしくみで，直径の大きい輪と直径の小さいじくをくっつけることで，輪に加える力が小さくても，じくの部分には大きな力が生じます。[➡ P.677]

## ものの重さの正体は?

手にボールを持つと，ボールの重さを感じますね。はなすとボールは地面に落ちます。地球がボールを引っ張る力がはたらいているからです。この力が重力です。ものの重さは，じつは重力の大きさを表したものです。重力は地球上のすべてのものにはたらいています。私たちが体重計に乗ったときの体重も，からだにはたらく重力の大きさを表しています。

重力の大きさは，ばねばかりを使ってはかることができます。これは，ばねばかりに使われているばねに，つり下げたものの重さ（重力の大きさ）に応じて規則正しくのびる性質があるからです。ばねがのびる長さとものの重さは比例しています。[➡ P.685]

## ものが水にうくのはどうして?

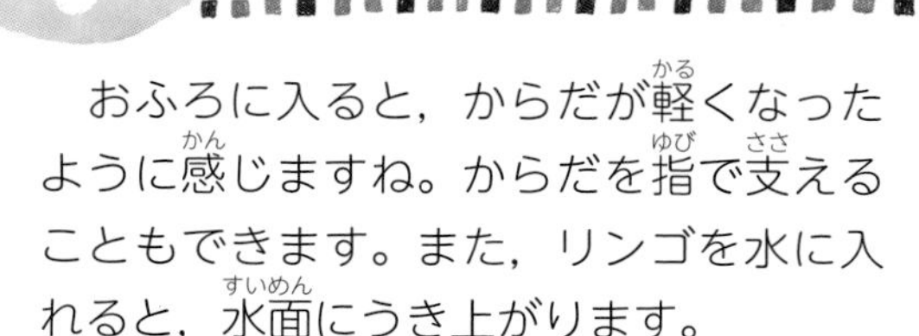

おふろに入ると，からだが軽くなったように感じますね。からだを指で支えることもできます。また，リンゴを水に入れると，水面にうき上がります。

これは，水中にあるものには，ものをうかそうとする，上向きの力がはたらくからです。この力を浮力といいます。

水にものをしずめたとき，浮力がものの重さよりも大きいと，上向きに力を受けてうき上がり，水面にういてしまうのです。[➡ P.692]

⇧ 水にうくリンゴ

# 01 風とゴム

## 1 風のはたらき

重要度 ★★★

### 風のはたらき

風は，空気の流れで，空気がなければふきません。風がふくと，木の枝がゆれたり，旗がゆれたりします。さらに強くふくと，枝が折れたり，風に向かって歩きにくくなり，**風の大きな力**を感じます。

<風の力>
風には**ものを動かす力**があります。風が強いと，ものを動かしたり，ものを持ち上げたりする力が大きく，風が弱いとそれらの力は小さくなります。ものを動かす力がある風は**エネルギー** [➡ P.638] をもっています。

**<風の力を利用するもの>**
**風車**，ヨットやほ船（帆船），ウィンドサーフィン，風向計，おもちゃの風車，たこ（凧）などがあります。

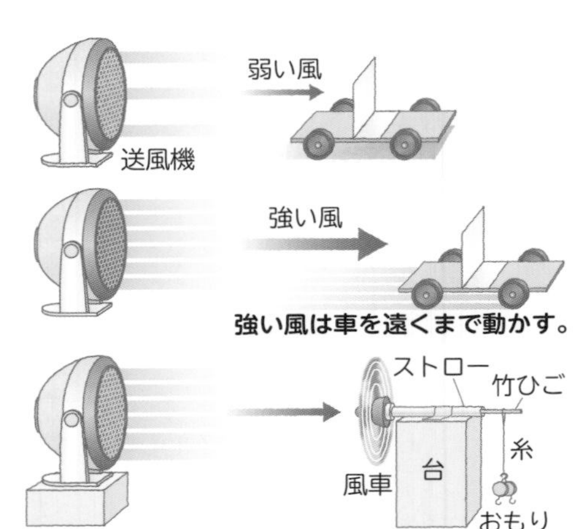


⇧ 風の力を調べる

★★★

### 風車

風車は，羽根車に風が当たって回転し，風の力を**回転する力**に変えることができます。風車は，昔から使われてきた動力で，うすを回して粉をつくる（製粉）装置や，水をくみ上げるポンプなどに使われてきました。現在は，電気をつくる**風力発電** [➡ P.644] にも利用されています。

⇧ 風車

COLUMN まめ知識
風の力を利用するヨットやウィンドサーフィンは，向かってくる風に対してほ（帆）をななめに向けて風の力を受け，風上に向かってななめ前方にジグザグに進んでいくことができます。

# 2 ゴムのはたらき

## ★★★ ゴムの性質

ゴムには，のびたり縮んだりする性質があります。ゴムを引っ張るとのびて長くなり，引っ張るのをやめると，縮んでもとにもどります。

ゴムには，力を加えて，のびたり，ねじれたりして変形しても，力がなくなると，**もとの形にもどる性質**があり，このようなゴムの性質を**だん性**といいます。また，のびたり，ねじれたりしたゴムは，もとの形にもどろうとしてほかのものに力を加えることができ，この力を**だん性力**といいます。

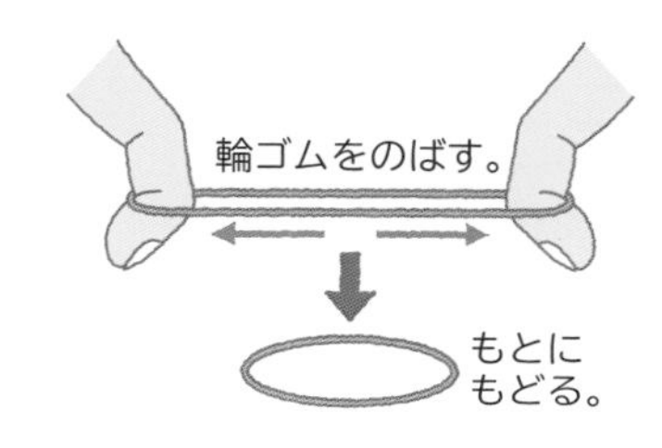

輪ゴムをのばす。
もとにもどる。

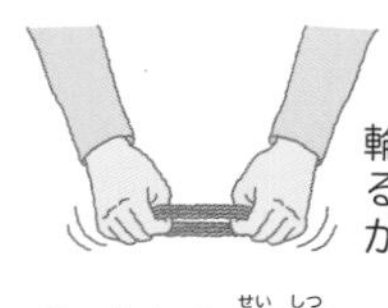

輪ゴムを多くすると，手ごたえが大きくなる。

**ゴムの性質**

## ★★★ ゴムの力

ゴムの力は，ゴムのだん性力で，のびたり，ねじれたりしたゴムが，**もとの形にもどろうとするときにおよぼす力**です。ゴムは，ものを動かしたり，ものが動かないようにおさえたりできます。

ゴムの力を強くするには，**ゴムを強く引っ張って長くのばす**，**ゴムの数を増やす**，**太いゴムを使う**，ねじる場合は，**ねじる回数を多くする**，などの方法があります。

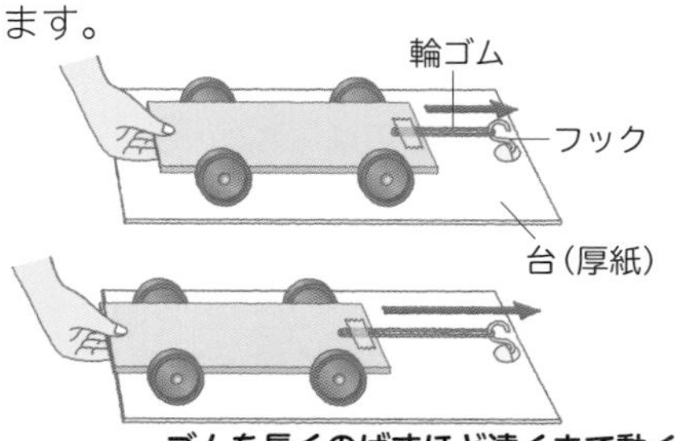

**ゴムの力を調べる**

**COLUMN まめ知識** ゴムの性質として，だん性，すべりにくい，薬品に強い，電気を通しにくいなどがあり，ゴムは自動車などのタイヤやチューブ，手ぶくろ，雨具などいろいろなものに利用されています。

# 02 てこ

## 1 てこのしくみ

### てこ

棒をある1点で支え，その棒の一部に**力を加えてものを動かすしくみ**を**てこ**といいます。てこを使うと，直接手でするときよりも小さな力でものを持ち上げたり，動かしたりすることができます。てこには**支点**，**力点**，**作用点**の3つの点があり，これを**てこの3点**といいます。

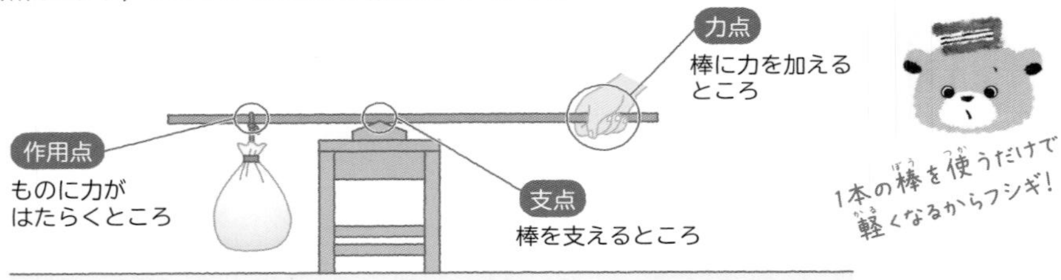

力点
棒に力を加えるところ
作用点
ものに力がはたらくところ
支点
棒を支えるところ
1本の棒を使うだけで軽くなるからフシギ！

### てこの種類

**てこの3点**の並び方によって，次の3種類のてこがあり，それぞれの**てこを利用した道具** [➡ P.676] があります。

①**作用点―支点―力点のてこ**…支点からのきょりによって，作用点にはたらく力を大きくすることも小さくすることもできます。

②**支点―作用点―力点のてこ**…支点から作用点までのきょりよりも**力点までのきょりのほうが必ず大きくなる**ので，作用点に大きな力が生じます。

③**支点―力点―作用点のてこ**…力点に加える力よりも作用点にはたらく力のほうが小さくなります。

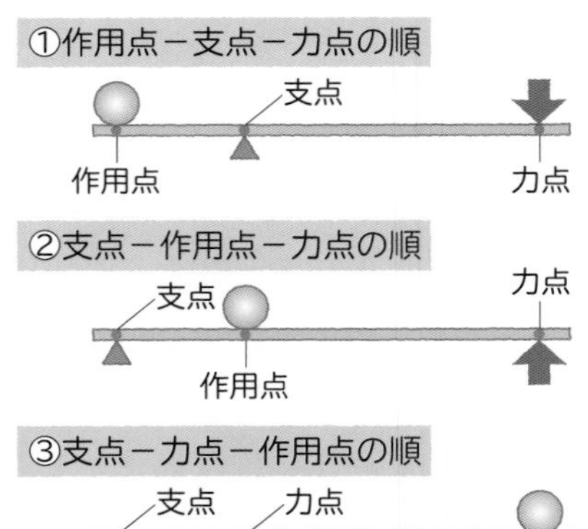

COLUMN くわしく

てこは，支点のまわりを自由に回転できる棒で，小さな力を大きな力に変えたり，小さな動きを大きな動きに変えたりするために使われるものということができます。

## ★★★ てこのはたらき

てこの3点の並び方に関係なく，次のことが成り立ちます。

①**支点から力点までのきょりが大きい**ほど，小さな力でものを動かすことができます。

②**支点から作用点までのきょりが小さい**ほど，小さな力でものを動かすことができます。

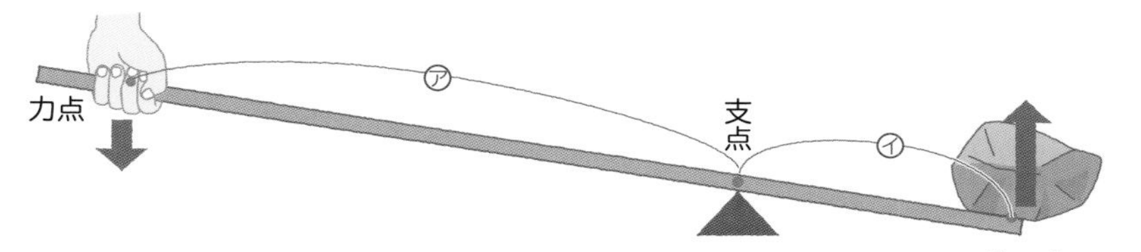


㋐が長く，㋑が短いほどものを楽に動かせる！

**てこをかたむけるはたらき** [➡ P.670] の大きさは，「**力の大きさ×支点からのきょり**」で表します。つり合っているてこでは，支点の左右で，このはたらきが等しくなっています。

**力点に加える力 × 支点から力点までのきょり ＝ 作用点に加わる力 × 支点から作用点までのきょり**

ですから，**支点から力点までのきょりを大きくする**ほど，力点に加える力は小さくてすみ，**支点から作用点までのきょりを小さくする**ほど，作用点に加わる力は大きくなります。

## ★★★ 実験用てこ

**実験用てこ**は，うで（棒）の中心を支点として，その左右におもりをつり下げて，てこのしくみを調べるための器具です。うでの中心を支点にしているので，うでの重さは**てこのつり合い** [➡ P.671] には関係しません。

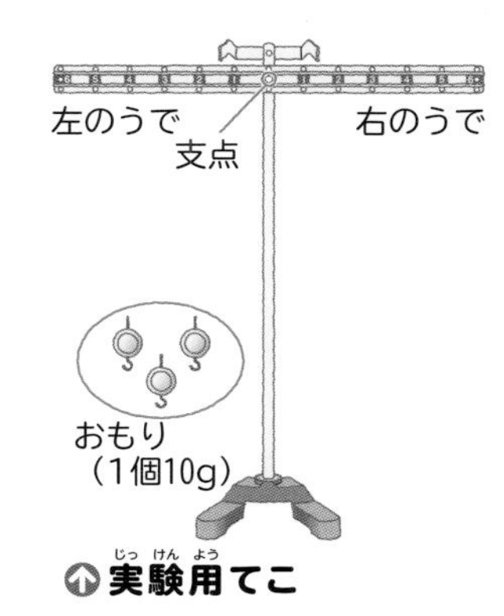


⬆ **実験用てこ**

**COLUMN まめ知識**

てこのしくみを解明したのは，約2300年前の古代ギリシャの数学者・物理学者のアルキメデスです。「じょうぶな長い棒と支点があれば地球も動かせる」と言ったといわれています。

### ●力の大きさとおもりの重さ

右の図のように，おもりをつり下げた位置を指でおしても，てこは水平につり合い，てこに加える指の力は，おもりと同じはたらきをします。このため**力の大きさはおもりの重さで表す**ことができるのです。これは，おもりの重さが，おもりにはたらく**重力** [➡ P.685] の大きさを表しているからです。

重さは「力」なんだ

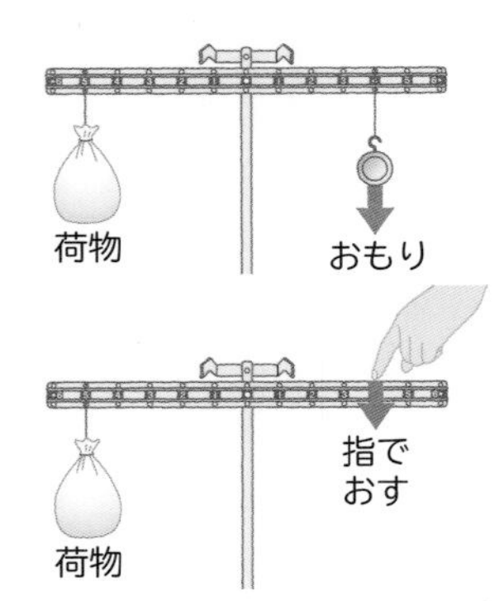


## 2 てこのつり合い

重要度 ★★★

### てこをかたむけるはたらき（モーメント）

てこのつり合いは，支点の左側と右側で**てこをかたむける（回転させる）はたらきの大きさ**によって決まります。**てこをかたむけるはたらき**のことを**モーメント**といい，その大きさは，次のように表します。

　**力の大きさ（おもりの重さ）×支点からのきょり（おもりの位置）**

**モーメントの大きさ**が，**左のうでと右のうでで等しい**とき，てこは水平になってつり合います。

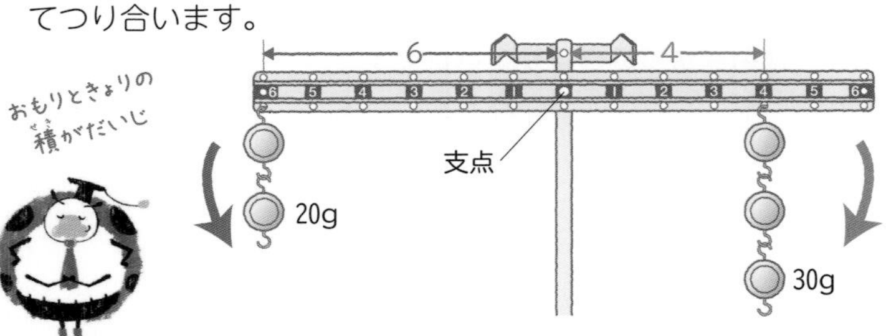


| 左にかたむけるはたらき　20 × 6 = 120 | | 右にかたむけるはたらき　30 × 4 = 120 |
|---|---|---|
| 左のうで：力の大きさ（おもりの重さ）× 支点からのきょり（おもりの位置） | = | 右のうで：力の大きさ（おもりの重さ）× 支点からのきょり（おもりの位置） |

## ★★★ てこのつり合い

てこが水平になってつり合っているときは，**てこをかたむけるはたらきの大きさ（モーメント）**が，左のうでと右のうでで等しくなっています。てこをかたむけるはたらきの大きさは，

**力の大きさ（おもりの重さ）×支点からのきょり（おもりの位置）**

で表されます。

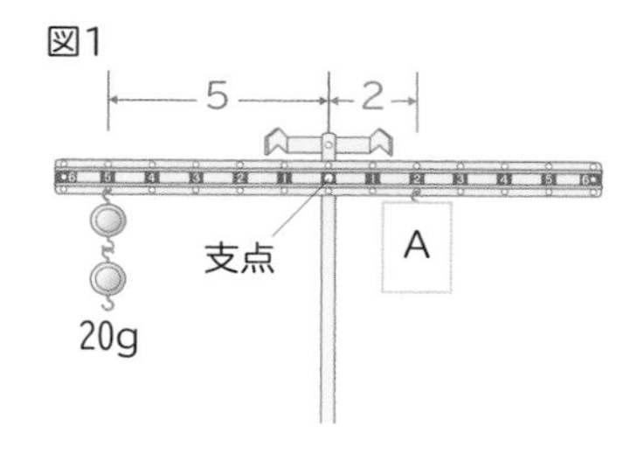


①図１のてこが水平になってつり合うとき，

| 左にかたむけるはたらき | | 右にかたむけるはたらき |
|---|---|---|
| 20 × 5 | = | A × 2 |

の関係が成り立ちます。

A＝20×5÷2＝50 より，50g のおもりをつり下げると，水平につり合います。

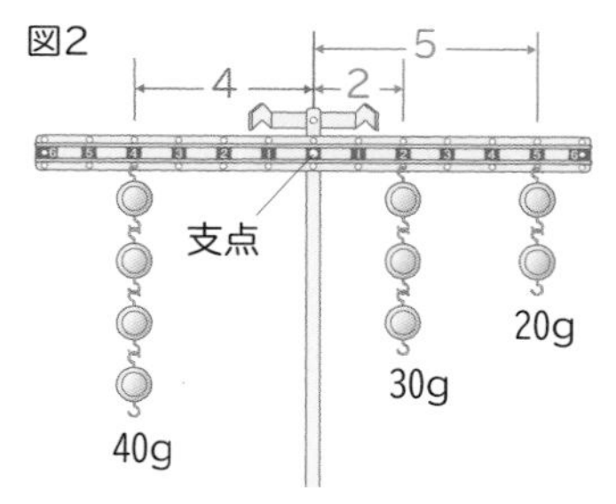


②図２のように，てこを同じ向きにかたむけるおもりが２か所以上あるときは，**かたむけるはたらきの大きさを合計**します。

左にかたむけるはたらき　40×4＝160

右にかたむけるはたらき

30×2＋20×5＝160

左と右にかたむけるはたらきの大きさは等しく，水平につり合っています。

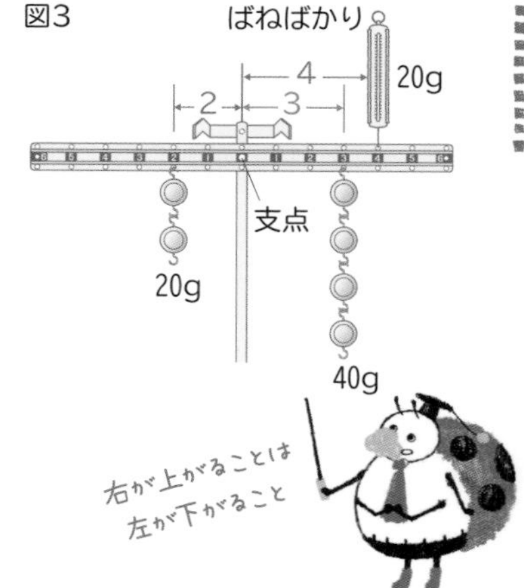


③図３で，**ばねばかりを上に引くはたらきは，てこを左にかたむけるはたらきと同じ**になります。

左にかたむけるはたらき

20×2＋20×4＝120

右にかたむけるはたらき　40×3＝120

左と右にかたむけるはたらきの大きさは等しく，水平につり合っています。

COLUMN くわしく

上の図３で，ばねばかりが 20g の力で右のうでを上に引くはたらきは，左のうでの支点から４の位置におもりを 20g つり下げたときと同じです。

重要度 ★★★

## 支点がはしにあるてこ

図１のように，**支点が棒のはしにあるてこ**では，**おもりはてこを右にかたむけるはたらき**をしています。ばねばかりはてこを上に引き上げ，**左にかたむけるはたらき**をしています。

左にかたむけるはたらき　20×6＝120
右にかたむけるはたらき　30×4＝120

左と右でかたむけるはたらきの大きさが等しく，てこは水平につり合います。

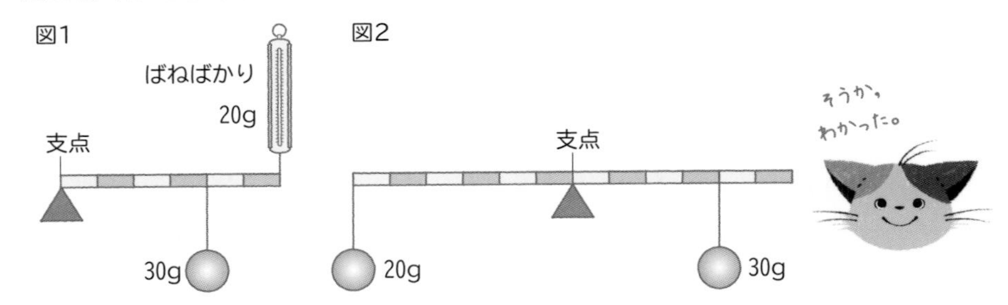


支点がはしにあるてこの場合は，図２のように，**てこを左にのばし，ばねばかりが引く力の大きさと同じ重さのおもり**を，支点から同じ位置（６の位置）につり下げた場合と同じと考えることもできます。

★★★

## 棒の重さを考えるてこ

**棒と同じ重さのおもり**を，棒の**重心**の位置につり下げると考えて，棒には重さはないものとします。

図で，棒は太さや材質が均一で，重さは30gです。これと同じ重さのおもりを棒の重心（この棒では中心）につり下げたと考えて，てこのつり合いを調べます。

左にかたむけるはたらき　40×5＝200
右にかたむけるはたらき
40×2＋30×4＝200

てこは水平につり合っています。

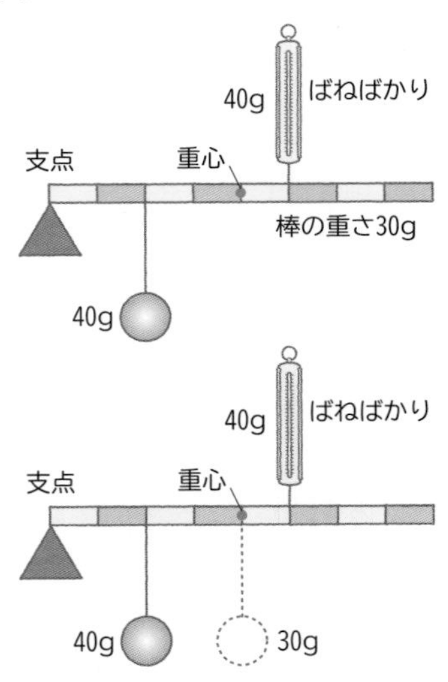

棒の太さがちがう場合は，棒の重心の位置を，右のページに示したような方法で求め，その位置に棒と同じ重さのおもりをつり下げると考えて，てこのつり合いを調べます。

# ★★★ 重心

どのような物体にも，物体の重さのすべてが集まったと考えられる1点があります。この重さの中心となる点のことを**重心**といいます。物体を重心で支えると，物体はどちらにもかたむくことなく，静止してつり合います。

## ●太さや材質が均一な棒の重心

重心は**棒の中心**にあります。重心に糸をつけてつり下げると，棒は水平になってつり合います。

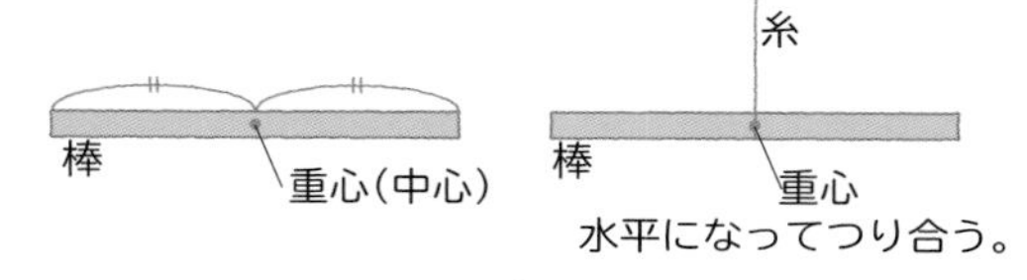


## ●不規則な形の板の重心

右の図のように，板のA点を糸でつり下げたとき，板の重心は，A点からまっすぐ下に延長した点線上にあります。糸をつり下げる位置をB点に変えても**板の重心は変わらない**ので，板の重心は，**A点とB点から延長した点線の交点**になります。

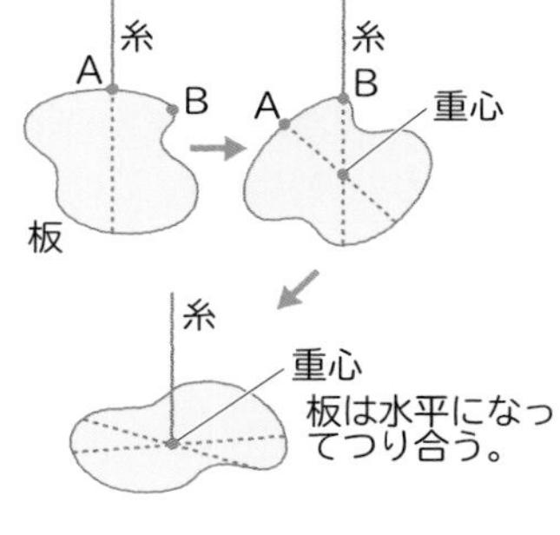


## ●太さのちがうものの重心

野球のバットのように，**太さがちがう物体**の重心は，次のようにして求めます。

①バット（長さは96cm）の両はしA，Bを，それぞればねばかりで少し持ち上げ，ばねばかりの示す目もりを読みとります。

②バットの**重さは，①ではかった2つのばねばかりが示した重さの和**です。
640＋320＝960〔g〕

③バットの**重心を支点とするてこのつり合い**を考えます。支点を中心にして，右にかたむけるはたらきと左にかたむけるはたらきの大きさは同じになっています。
重心の位置は，バットの長さ96cmを，1：2で分けた位置になります。

[➡比と比の計算 P.679]

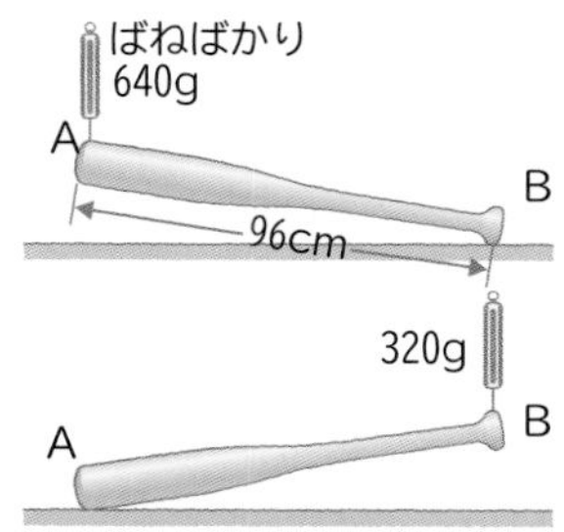


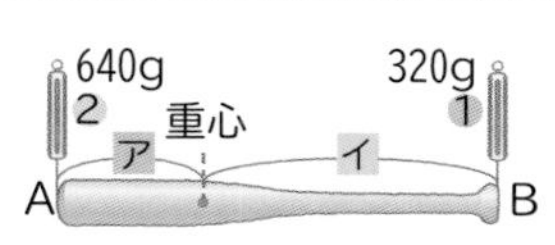


2×ア＝1×イ
ア：イ＝1：2
ア＝96〔cm〕×$\frac{1}{3}$＝32〔cm〕

野球のバットではなく，太さが均一な960gの棒ならば，2つのばねばかりで持ち上げたときに示す目もりはどちらのばねばかりも480gを示します。

重要度

## ★★★ てこの支点にかかる力

水平につり合っているてこでは，支点の左右で**てこをかたむけるはたらき**［➡P.670］**が等しい**とともに，**上向きの力**と**下向きの力**がつり合っています。

**てこを左にかたむけるはたらき ＝ てこを右にかたむけるはたらき**
**上向きの力の合計 ＝ 下向きの力の合計**

右の図で，棒は太さと材質が均一で，重さを 20g とします。棒の重さは棒の中心（**重心**［➡P.673］）で下向きにはたらきます。支点にかかる力は，**おもりの重さ**と**棒の重さ**の合計になります。
下向きの力の合計は，
10＋20＋30＝60〔g〕
支点にかかる力は 60g です。

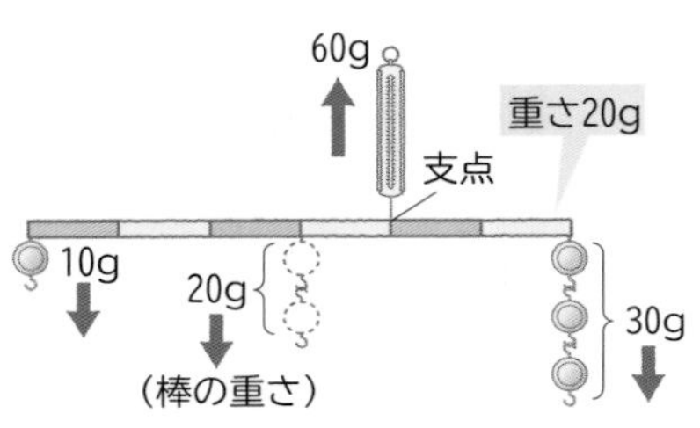


## ★★★ てんびん

てんびんは，棒を 1 点で支えて水平につり合わせ，**てこのつり合い**［➡P.671］を利用して，物体を**おもり**とつり合わせることで，物体の**重さ**をはかる器具です。おもりや物体をのせる皿の位置は，**支点から左右等しいきょりにある**ので，てんびんが水平につり合うときは，必ず**物体の重さは，おもりの重さと等しい**ときです。てんびんの支点は棒の重心［➡P.673］にあるので，てんびんのつり合いには棒の重さは関係しません。
**上皿てんびん**［➡P.455］も，支点から左右等しいきょりに皿があり，分銅とつり合わせてものの重さをはかります。

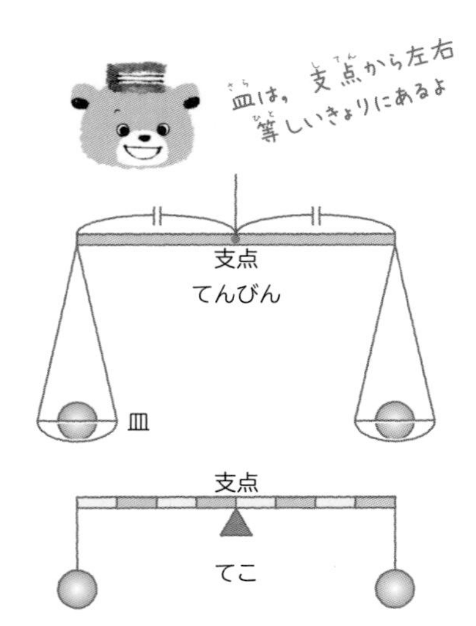

COLUMN くわしく

てんびんの棒は，水平につり合う点を支点にすれば，どのような形の棒も使うことができます。

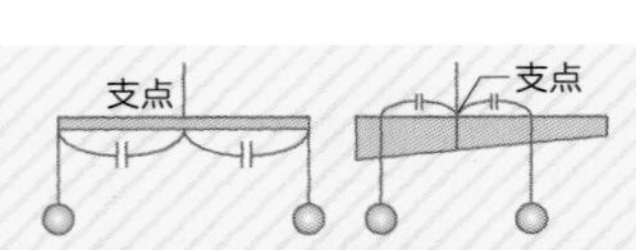

# ★★★ さおばかり

さおばかりは，てこをかたむけるはたらき [➡ P.670] の大きさが**左右で等しいときにつり合う**ことを利用して，**物体の重さをはかる**昔のはかりです。
目もりをつけたさおのはしに皿を取りつけ，支点の位置は固定しておきます。皿の上に，重さをはかりたいものをのせ，一定の重さの**おもり**を動かして，さおが**水平につり合う**ところをさがします。
そのときの**おもりの位置**の目もりが，皿にのせた**ものの重さ**になります。
水平につり合っているとき，次の式が成り立っています。

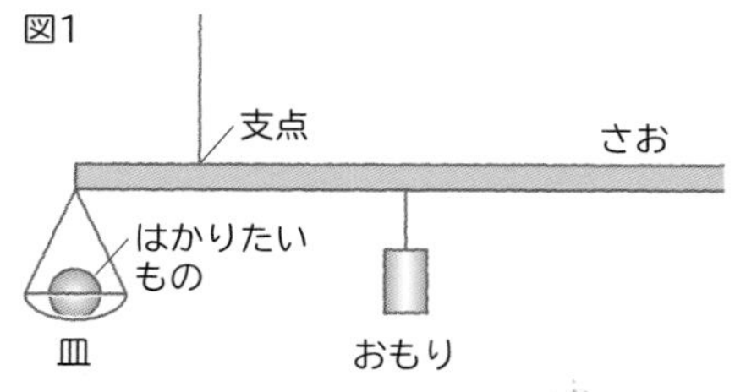


**ものの重さ × 支点から皿までのきょり ＝ おもりの重さ × 支点からおもりまでのきょり**

たとえば，図２のように，さおばかりが水平につり合ったとき，棒や皿の重さは考えないとすると，物体の重さＡは，
Ａ×10＝20×35，20×35÷10＝70
より，Ａは70gです。

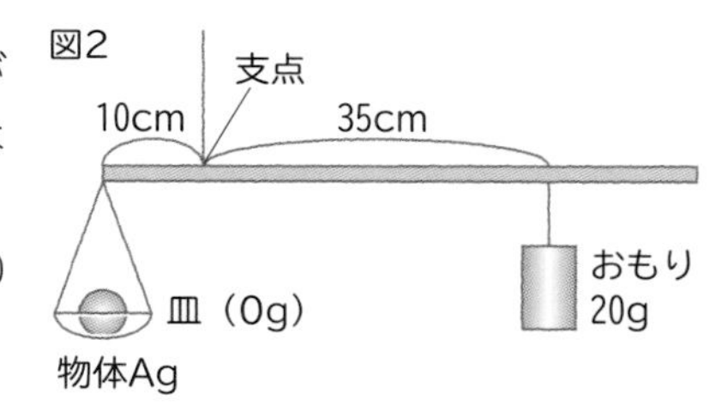


### ●さおばかりの目もりのつけ方

図３のさおばかりで，おもりの重さは20g，皿の重さを10gとします。皿に何ものせないとき，おもりは支点から5cmの位置で水平につり合うので，この位置を0とします。
皿に10gの物体をのせると，おもりは支点から10cmの位置でつり合います。同じようにして目もりをつけていくと，１目もりが5cmの間かくで，１目もりが10gを示すさおばかりができ上がります。

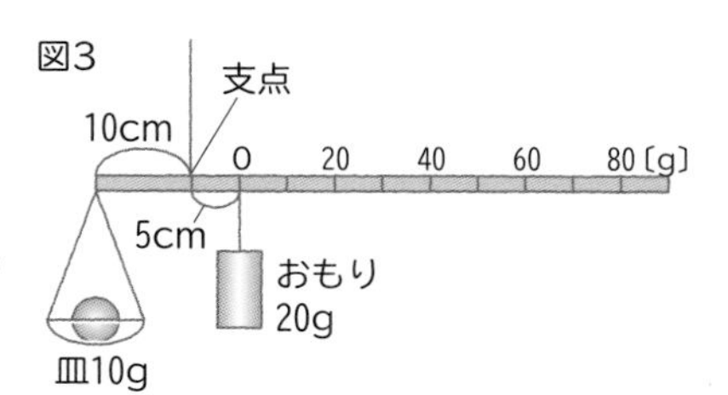

重要度 ★★★

# てこを利用した道具

## 〈支点が作用点と力点の間にあるてこ（作用点―支点―力点）〉

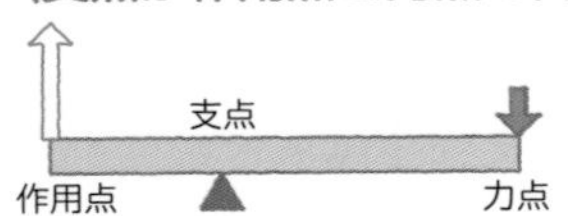


支点と作用点のきょり，または支点と力点のきょりを変えることによって，小さな力で作業できます。

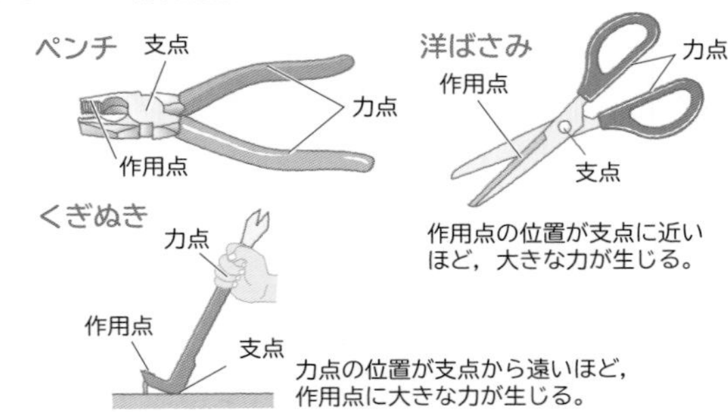


作用点の位置が支点に近いほど，大きな力が生じる。

力点の位置が支点から遠いほど，作用点に大きな力が生じる。

## 〈作用点が支点と力点の間にあるてこ（支点―作用点―力点）〉

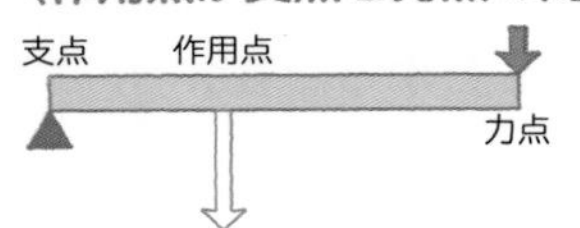


支点から作用点までのきょりより，**支点から力点までのきょりのほうが大きい**ので，小さい力で大きな力を生み出すことができます。

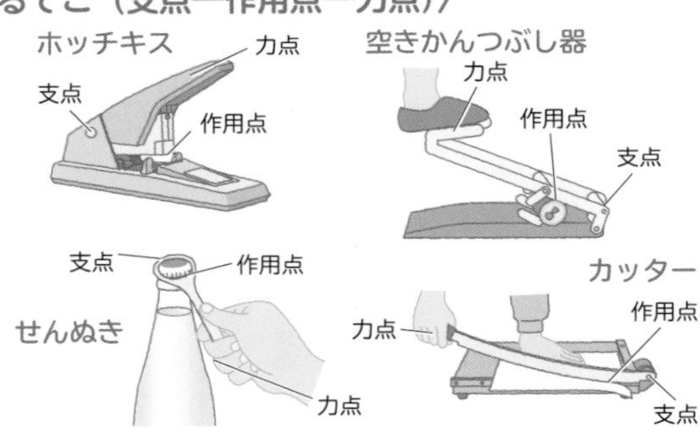


## 〈力点が作用点と支点の間にあるてこ（支点―力点―作用点）〉

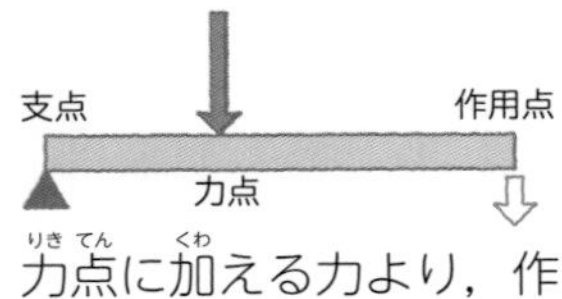


力点に加える力より，作用点で生じる力がつねに小さくなります。力点が作用点に近いと細かい作業に適しています。

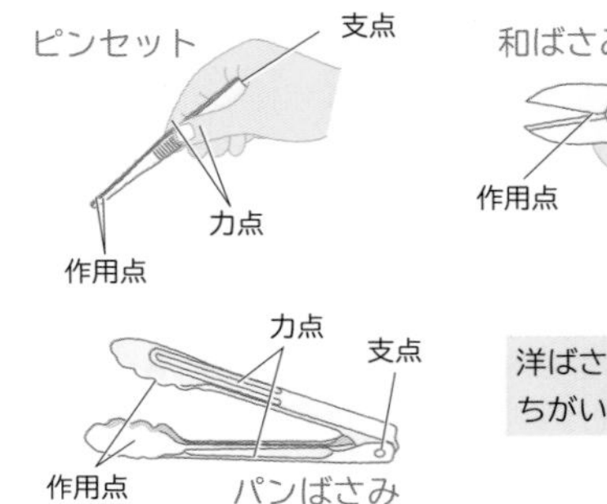


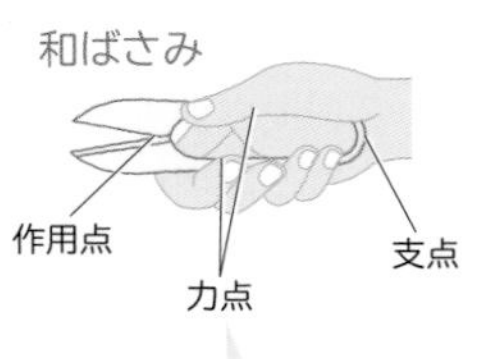


洋ばさみと和ばさみのちがいに注意。

COLUMN くわしく

支点からのきょりは，力がはたらく向きに対して垂直にはかります。くぎぬきのような場合，支点からのきょりは右の図のａ，ｂです。

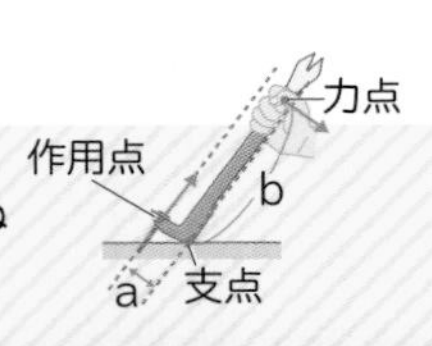

# 03 輪じくとかっ車

## 1 輪じく



重要度

### ★★★ 輪じく

輪じくは，半径の大きい輪（円板）と半径の小さいじく（円板）の中心を合わせて固定し，**輪とじくがいっしょに回る**ようにしたものです。輪とじくには別のひもを結びつけてあります。**てこ** [➡P.668] と同じはたらきによって，じくにつり下げたおもりを持ち上げるとき，輪を引く力を小さくすることができます。

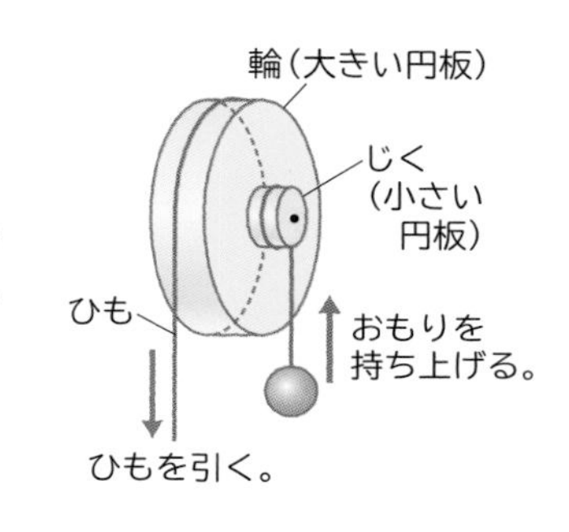


### ★★★ 輪じくのつり合い

輪じくのつり合いは，**てこのつり合い** [➡P.671] と同じです。輪じくは，回転の中心を支点として，輪の半径をうでとする，**支点が真ん中にあるてこ** [➡てこの種類 P.668] と考えることができます。

てこをかたむけるはたらき [➡P.670] と同じように，輪じくを回転させるはたらきの大きさは，

**輪にかかる力×輪の半径**

と表され，輪じくがつり合っているとき，次の式が成り立ちます。

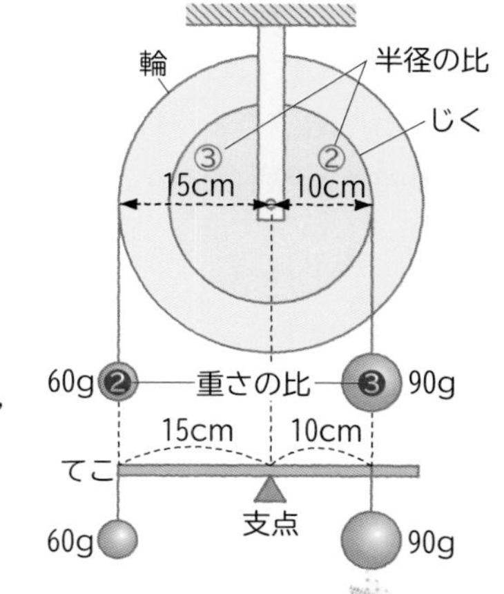


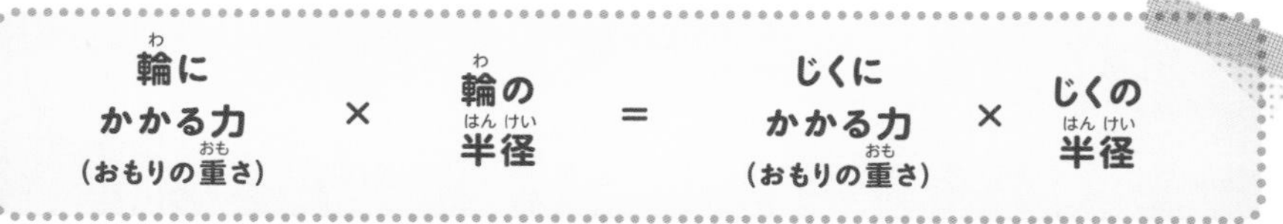


（上の図の場合） 輪…60 × 15 ＝ 900 じく…90 × 10 ＝ 900

てこの場合と同じように，輪じくの半径の比 [➡P.679] とおもりの重さの比は，たがいに逆の関係になっています。上の図の場合，半径の比は ③：②，重さ(力)の比は ❷：❸ です。

重要度 ★★★

## 輪じくのひもの動き

輪じくの輪とじく（小さい円板）はくっついていて，回転する角度はいつも同じです。**輪の半径とじくの半径の比** [➡ P.679] **は，それぞれが動くきょりの比と等しく**なります。

**輪の半径 ： じくの半径 ＝ 輪の動くきょり ： じくの動くきょり**

右の図のように，半径 20cm と半径 8cm の円板からなる輪じくでは，半径 20cm の円板につけたひもを 10cm 引くと，半径 8cm の円板のひもにつけたおもりは4cm 上がります。

20：8＝10：□　より，□＝4〔cm〕

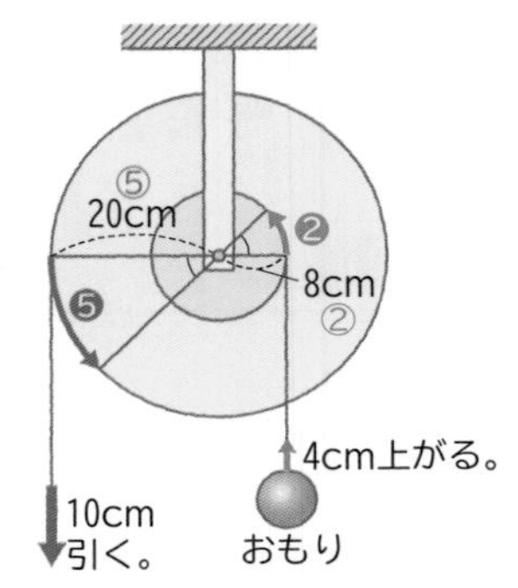


輪じくの半径の比は⑤：②
ひもが動くきょりの比も❺：❷

★★★

## 輪じくの利用

ドライバー（ねじ回し）は，にぎりの部分を回して，じくでねじを回す道具です。
たとえば，にぎりの部分（輪）を 10kg の力で回すと，輪じくを回転させるはたらき（**輪にかかる力×輪の半径**）が，**輪とじくで等しい**ことから，
10〔kg〕× 15〔mm〕＝□〔kg〕× 3〔mm〕より，
□は 50kg です。

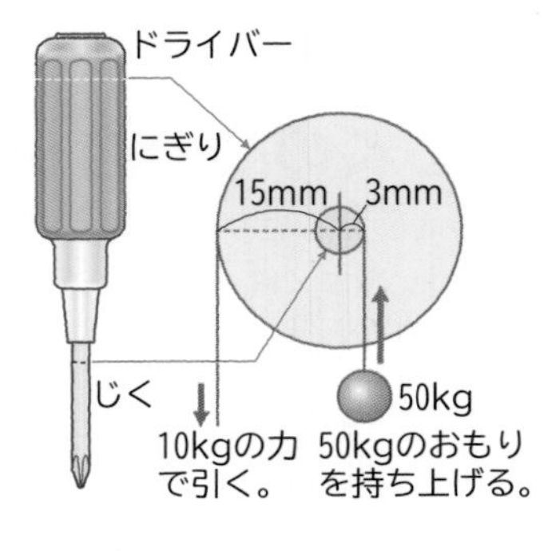


つまり，ドライバーのじくの部分には，加えた力の 5 倍の力がはたらきます。
ドライバーのほか，水道のじゃ口のハンドル，自動車のハンドル，ドアノブなど，輪じくのしくみはさまざまなものに使われています。

水道のじゃ口
のハンドル

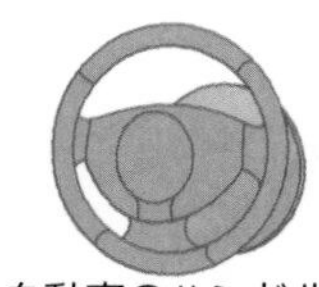
自動車のハンドル

ドアノブ

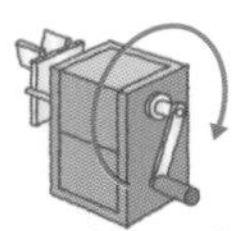
えんぴつけずり
（円運動する）

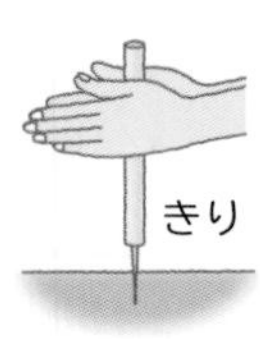

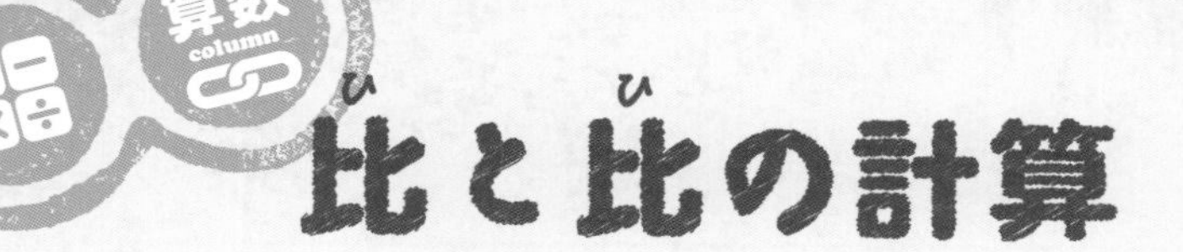


# 比と比の計算

**比**は，２つの数量を比べるとき，**一方の数量がもう一方の数量に対して何倍か**という関係を表したものです。

２つの数a，bを比べるとき，aがbの何倍かの関係を，aのbに対する比，またはaとbとの比といいます。これをa：bと表し，a対bと読みます。また，$\frac{a}{b}$（＝a÷b）を**比の値**といいます。比の値は，bを１とみなしたとき，aがいくつにあたるかを表した数です。

比は，同じ数をかけたり，同じ数で割ったりしても，変わりません。これを使うと，右のように，分数や小数の入った比や大きな数の比を，できるだけ小さい整数の比に直すことができます。

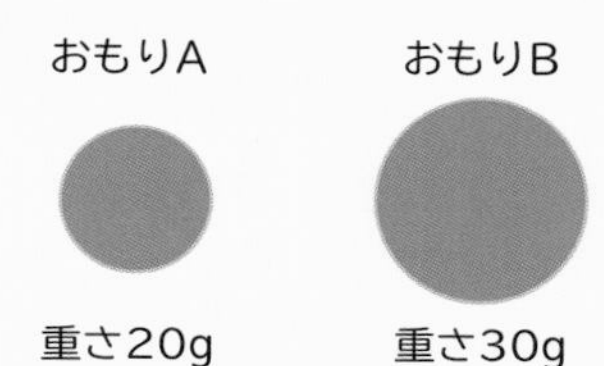


●A，Bのおもりの重さの割合は，

20：30

これを，おもりA，Bの重さの比といいます。

比は２つの数量の割合を２つの数の組で表したものです。

●20：30 の比の値は，

$20\div30=\frac{20}{30}=\frac{2}{3}$

Aの重さはBの$\frac{2}{3}$となります。

●分数の比や大きな数の比を簡単な整数の比に直す方法

$\frac{1}{3}:\frac{1}{4}=\frac{1}{3}\times12:\frac{1}{4}\times12$

$=4:3$

$8:20=(8\div4):(20\div4)$

$=2:5$

## 比例式

２つの比を等号（＝）で結んだ式を比例式といいます。

**a：b＝c：d**

これは，a：bとc：dの比の値が等しいことを表しています。

この式は，次のような性質があります。

入れかえても成り立つ　**a：b＝c：d** ⇨ **b：a＝d：c**

比の値が等しいので，$\frac{a}{b}=\frac{c}{d}$ ⇨ **a×d＝b×c**

aとbの**逆数の比** $\frac{1}{a}:\frac{1}{b}$ をa：bの**逆比**といいます。$\frac{1}{a}:\frac{1}{b}$＝b：aとなります。

## 2 かっ車

重要度 ★★★

### かっ車

かっ車はじくを中心に回転するようにした円板です。円板の周囲にはみぞがあり，そのみぞにひもなどをかけて，**小さい力で重いものを持ち上げたり，力の方向を変えたりする**ために使います。

かっ車は，かっ車を天じょうなどに固定する**定かっ車**と，ひもを引くとかっ車が上に動く**動かっ車**という２通りの使い方があります。

※かっ車の重さは考えない。

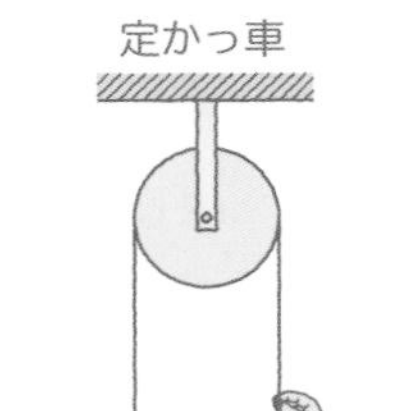
定かっ車
引く力
100g
100g

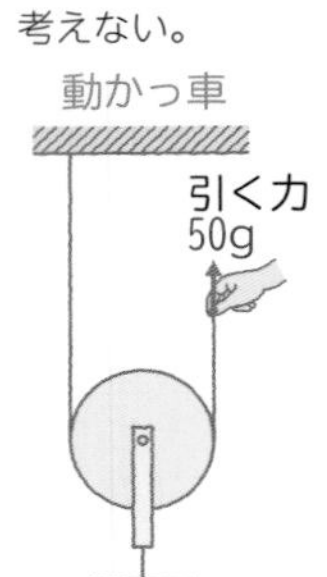
動かっ車
引く力
50g
100g

小さい力ですむのは
動かっ車！

★★★

### 定かっ車

**定かっ車**は，中心のじくが天じょうや台などに固定されていて，動かないかっ車をいいます。

定かっ車は，かっ車の中心を支点とし，支点から同じきょりに力点と作用点がある**てこ** ［➡てこの種類 P.668］ と同じで，次のような特ちょうがあります。

- 力を加える向きを変えることができる。どの向きに引いても力の大きさは同じ。
- ひもを引く力はおもりの重さと同じ大きさ。
- １本のひもでおもりとつながっているので，おもりが持ち上がるきょりとひもを引く長さは同じ。

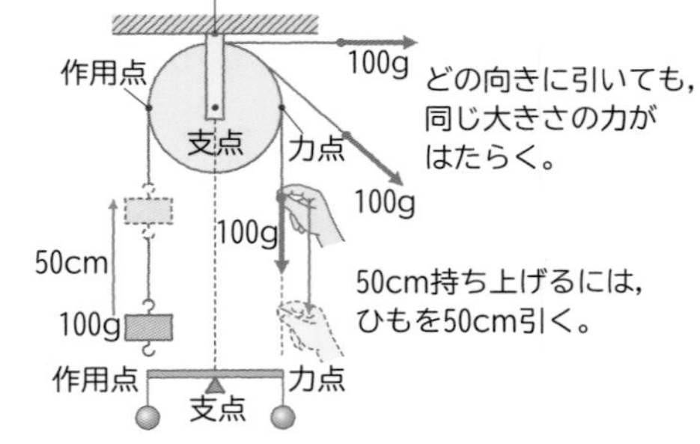
天じょうには
100＋100＝200〔g〕
の力がかかる。
※かっ車の重さは
考えない。
100g
どの向きに引いても，
同じ大きさの力が
はたらく。
作用点
支点
力点
100g
100g
50cm
50cm持ち上げるには，
ひもを50cm引く。
100g
作用点
支点
力点

COLUMN くわしく

定かっ車と動かっ車というかっ車があるわけではありません。かっ車の使い方がちがうだけで，まったく同じかっ車です。

## ★★★ 動かっ車

かっ車におもりをつり下げて，ひもの一方を天じょうに固定し，もう一方のはしを手で支えます。ひもを上に引くと，おもりはかっ車とともに持ち上がります。このようなかっ車を**動かっ車**といいます。動かっ車は，棒のはしに支点のある**てこ** [➡てこの種類 P.668] と同じです。

- かっ車とおもりは，天じょうと手の 2 か所で支えられるので，おもりを引き上げる力はおもりの重さの$\frac{1}{2}$になる。
- かっ車の両側でおもりを持ち上げた分だけひもを引くので，**ひもを引く長さは，おもりを持ち上げる高さの 2 倍**になる。

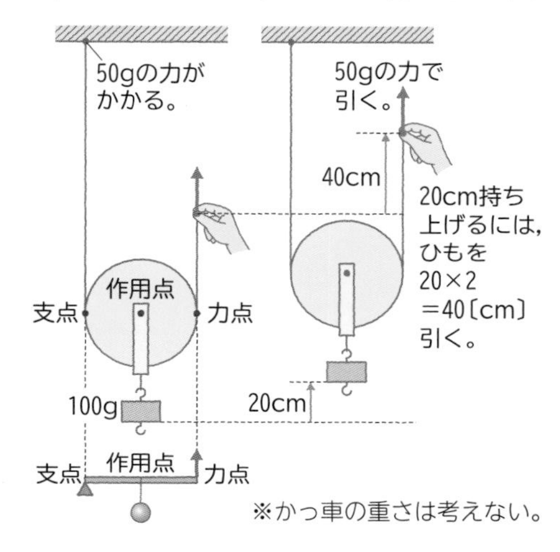
50gの力がかかる。
50gの力で引く。
40cm
20cm持ち上げるには，ひもを20×2＝40〔cm〕引く。
作用点
支点
力点
100g
20cm
支点
作用点
力点
※かっ車の重さは考えない。

## ★★★ かっ車の重さ

かっ車に重さがあるとき，**動かっ車**の場合は，ひもにはたらく力が変わります。

●**定かっ車**…ひもを引く力には，かっ車の重さは関係しません。かっ車を固定した部分には，かっ車の重さが加わります。

●**動かっ車**…ひもを天じょうに固定した部分にはたらく力と，ひもを引く力は，それぞれ（おもりの重さ＋かっ車の重さ）の$\frac{1}{2}$の大きさになります。

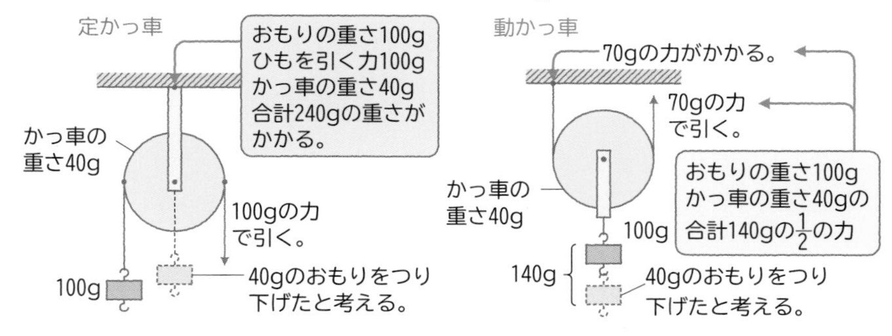
定かっ車
おもりの重さ100g
ひもを引く力100g
かっ車の重さ40g
合計240gの重さがかかる。
かっ車の重さ40g
100gの力で引く。
100g
40gのおもりをつり下げたと考える。
動かっ車
70gの力がかかる。
70gの力で引く。
おもりの重さ100g
かっ車の重さ40gの
合計140gの$\frac{1}{2}$の力
かっ車の重さ40g
100g
140g
40gのおもりをつり下げたと考える。

COLUMN
くわしく

動かっ車は支点がはしにあるてこと同じで，支点から力点，作用点までのきょりの比が 2：1 になるので，力点，作用点にかかる力の大きさの比は 1：2 になっています。

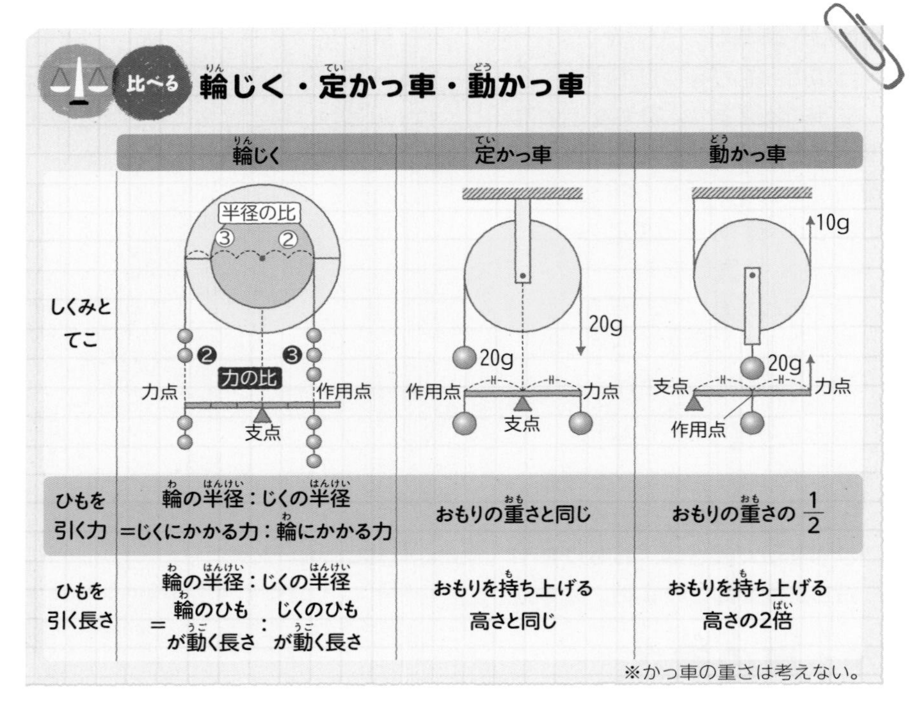

## 比べる 輪じく・定かっ車・動かっ車

| | 輪じく | 定かっ車 | 動かっ車 |
|---|---|---|---|
| しくみとてこ | 半径の比 ③ ② / ❷ ❸ / 力の比 / 力点 作用点 支点 | 20g 20g / 作用点 支点 力点 | 10g 20g / 支点 力点 作用点 |
| ひもを引く力 | 輪の半径：じくの半径<br>=じくにかかる力：輪にかかる力 | おもりの重さと同じ | おもりの重さの $\frac{1}{2}$ |
| ひもを引く長さ | 輪の半径：じくの半径<br>= 輪のひもが動く長さ：じくのひもが動く長さ | おもりを持ち上げる高さと同じ | おもりを持ち上げる高さの2倍 |

※かっ車の重さは考えない。

重要度 ★★★

## 組み合わせかっ車のつり合い

定かっ車 [➡ P.680] や動かっ車 [➡ P.681] をいくつか組み合わせると，重いものを小さい力で持ち上げることができます。つり合っているとき，次のことがいえます。

- 1本のひもにはたらく力の大きさはどこでも同じ。
- 2本以上のひもを使ってかっ車を組み合わせても，それぞれのひもにはたらく力はどこでも同じ。
- ひもにはたらく力の大きさとひもを引くきょりの関係は，ひもを引く力の大きさが $\frac{1}{2}$，$\frac{1}{3}$，…となると，ひもを引くきょりは2倍，3倍，…となる。
- 1つの動かっ車について，上向きに引く力の合計（㋐+㋑）と，おもりが動かっ車を下向きに引く力の大きさは等しくなっている。

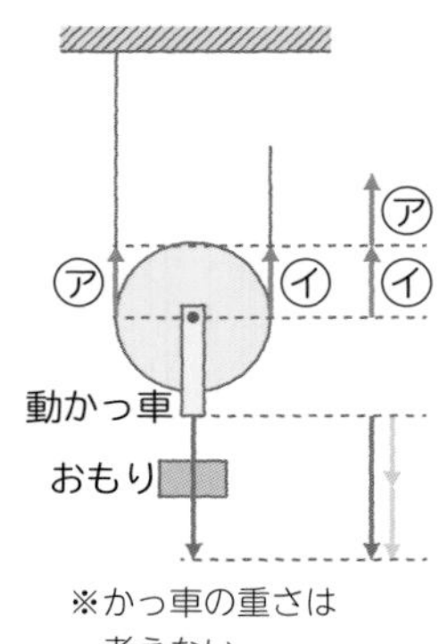


※かっ車の重さは考えない。

**例1**【図 1】1 本のひもにはたらく力の大きさはどこでも同じです。その大きさを①とすると，300g のおもりを①＋①＝②の大きさで支えています。①の大きさは，300 ÷ 2 ＝ 150〔g〕。ひもを引く力がおもりの重さの$\frac{1}{2}$なので，ひもを引くきょりは，おもりを引き上げる高さの 2 倍になります。

**例2**【図 2】動かっ車にはひもが 3 本かかっているので，ひもは，①＋①＋①＝③の大きさでおもりを支えています。①の大きさは，300 ÷ 3 ＝ 100〔g〕。ひもを引く力がおもりの重さの$\frac{1}{3}$なので，ひもを引くきょりは，おもりを引き上げる高さの 3 倍になります。

**例3**【図 3】2 個の動かっ車があり，それぞれを①＋①＝②の大きさで支えているので，ひもは，おもりを①＋①＋①＋①＝④の大きさで支えています。①の大きさは，300 ÷ 4 ＝ 75〔g〕。ひもを引く力がおもりの重さの$\frac{1}{4}$なので，ひもを引くきょりは，おもりを引き上げる高さの 4 倍になります。

**例4**【図 4】2 本のひもと 2 個の動かっ車を使っています。ひも P にはたらく力の大きさを①とします。動かっ車 A がひも Q を支える力は，①＋①＝②となります。さらに，ひも Q は，おもりを②＋②＝④の大きさで支えています。①の大きさは，300 ÷ 4 ＝ 75〔g〕。
ひもを引く力がおもりの重さの$\frac{1}{4}$なので，ひもを引くきょりは，おもりを引き上げる高さの 4 倍になります。

※かっ車や棒の重さは考えない。

図1

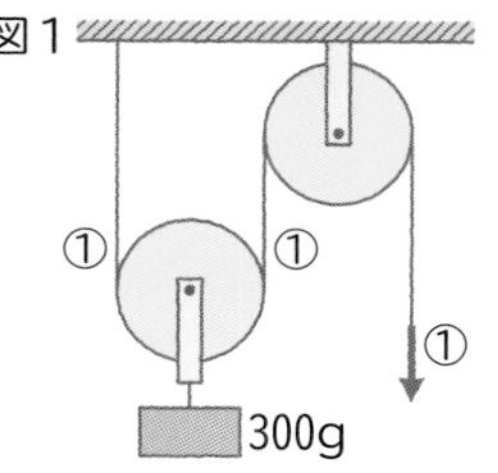


図2

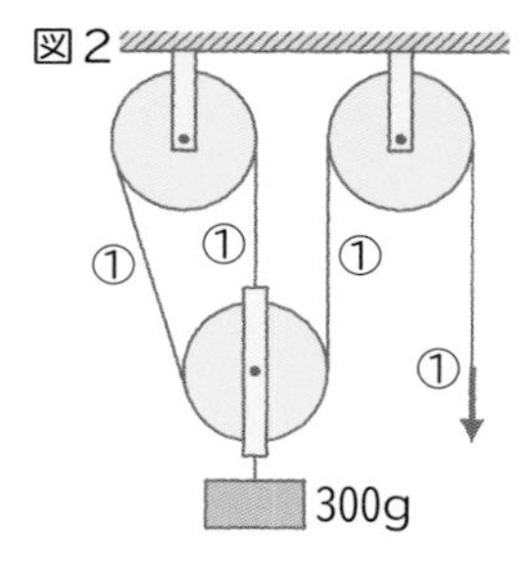


図3

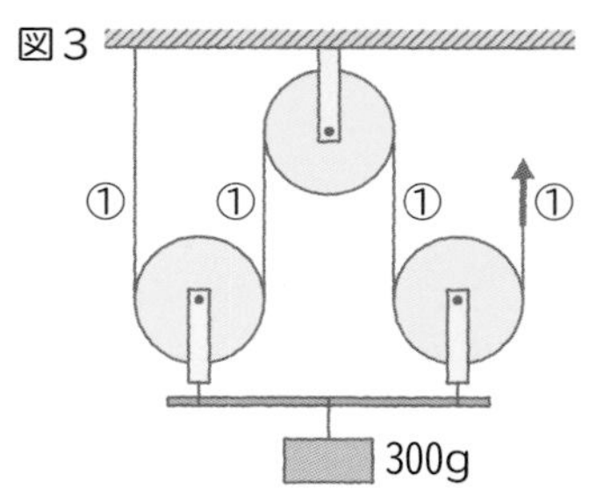


図4

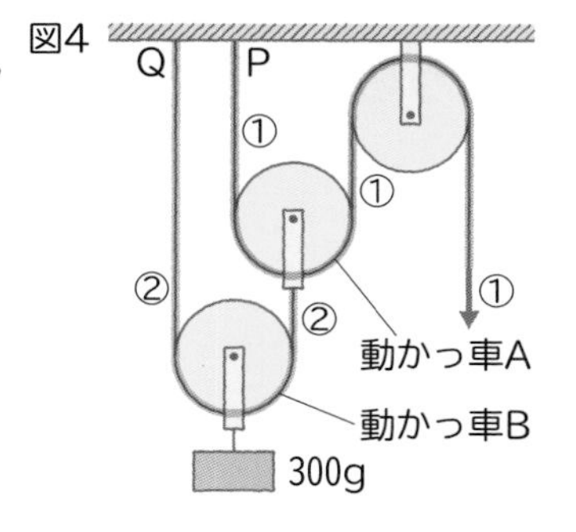


**COLUMN くわしく**

ひもやかっ車を固定している部分にかかる力は，たとえば，図 2 では，①の力の大きさは 100g なので，それぞれ定かっ車の部分には，①+①＝200〔g〕の力がかかっています。

# 04 力とばね

## 1 力と重さ

重要度 ★★★

### 力

ものに力が加わると，のびたり，縮んだり，曲がったり，**形が変化**します。また，ものが動き出したり，止まったり，**動くようすも変化**します。

力には，次の図のようなはたらきがあり，力は目に見えるものではありませんが，もののようすを観察することから，ものにはたらいている力を知ることができます。

形を変える。　支える。　運動のようすを変える。

ボールの向きや速さが変わった

力のはたらき

輪ゴムを手で引っ張って力を加えると，力を受けた輪ゴムはのびて変形します。ものに力がはたらくときには，必ず力を加えているものがあります。

力には，磁石どうしや磁石と鉄などの間ではたらく**磁力（磁石の力）**[➡ P.564]，地球がものを引く力である**重力**，ゴムやばねの力などがあります。

★★★

### 力の表し方

**力**のはたらき方は，**力の大きさ**だけでなく**力の向き**によっても変わります。そのため，力の大きさと向きを，**矢印**を使って表します。力の大きさは**矢印の長さ**，力の向きは**矢印の向き**で，力がはたらいているところは**矢印の根もと**として表します。

力の表し方

COLUMN くわしく

力にはこのほかにも，接しているものどうしの間で動きをさまたげる向きにはたらくまさつ力や，＋と－の電気の間にはたらく電気の力などがあります。

## ★★★ 重力

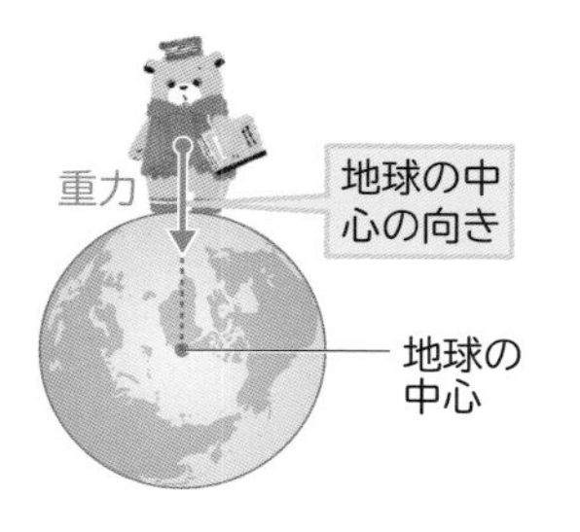


地球がその中心に向かって引く力を**重力**といいます。重力は地球上のすべてのものにはたらいている力です。手でボールを持つと，「重さ」を感じるのは，ボールにはたらいている重力を感じているのです。地球上でものが下に落ちるのは，重力があるからです。

## ★★★ 月の重力

地球と同じように，月でも，その中心に向かって引く力**「重力」が生じます。**月の重力は地球の重力より小さく，地球の**重力**のおよそ$\frac{1}{6}$の大きさです。体重が30kg の人が，月へ行って体重をはかったとすると 5kg になります。

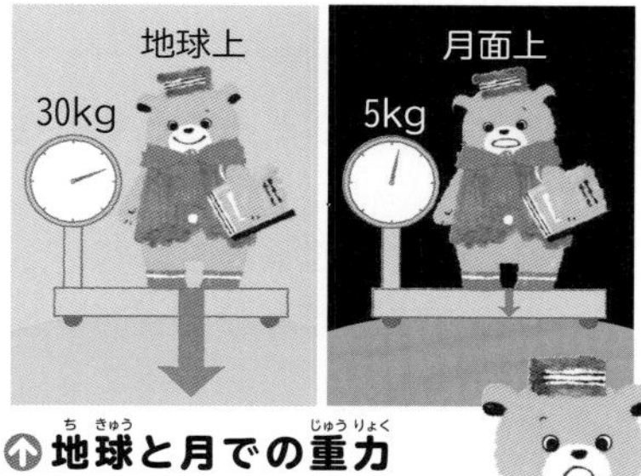

**地球と月での重力**

## ★★★ 重さ

ものにはたらく**重力の大きさ**のことを，**重さ**といいます。重量ともいいます。重さは，はかる場所によって変わります。同じものでも，場所によって重さはちがうのです。重さは，**ばねばかり**や**台ばかり**ではかることができます。

### ●質量

国際宇宙ステーションなどの中では，宇宙飛行士やものがふわふわういているのを見たことがあるでしょう。宇宙ステーションでは，見かけ上，**重力がない状態（無重量状態）**になっているので，**重さは 0 なのです。**しかし，宇宙飛行士やものがなくなったわけではありません。**重さ**が重力の大きさを表すのに対して，重力の大きさによって変化しない物質そのものの量のことを，**質量**といいます。質量は**上皿てんびん**を使ってはかります。この本で「100g の重さ」などというときの「重さ」は，質量を表しています。

### ●重力の正体は?ー万有引力

質量をもつものは，どんなに小さなものでも，おたがいに引き合っています。この本とあなたも，小さな力で引き合っています。この力を**万有引力**といいます。地球上で重力が生じるのは，地球とものとが万有引力で引き合っているからです。

**もののの質量を上皿てんびんではかることができるのは，上皿てんびんが，左右の皿にのせたものと分銅をつり合わせ，そのときの分銅の質量と比べてはかる器具だからです。**

# 2 ばねの性質

重要度

## ★★★ ばね

ばね(つるまきばね)や**ゴム** [➡ゴムの性質 P.667] を手で引っ張ると，ばねやゴムはのびます。もっと引っ張るとさらにのびますが，手をはなすと，もとの形にもどります。ばねやゴムのように，ものに力を加えると形が変わり，力を加えるのをやめると，**もとの形にもどろうとする性質**を**だん性**といいます。ばねはだん性を利用した部品です。

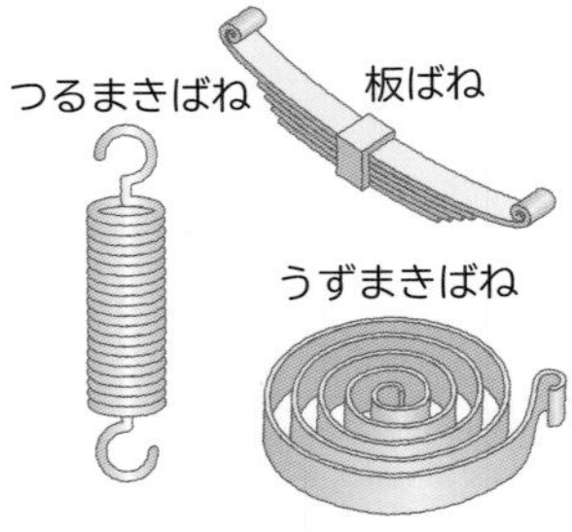

⬆いろいろなばね

金属線を巻いた**つるまきばね**や，鋼鉄の板を重ねた**板ばね**，うすい鋼鉄の板を巻いた**うずまきばね**などがあります。

## ★★★ ばねののび

ばね（つるまきばね）におもりをつり下げると，ばねはのびます。ばねにつり下げるおもりの重さが２倍，３倍，…になると，ばねののびも２倍，３倍，…となります。**おもりの重さとばねののびは，比例** [➡ P.458] **の関係**にあります。**ばねばかり**は，ばねの性質を利用して重さをはかる道具です。

もとの長さ　2倍　3倍　4倍　5倍

| おもりの重さ〔g〕 | 0 | 10 | 20 | 30 | 40 | 50 |
|---|---|---|---|---|---|---|
| ばねの長さ〔cm〕 | 10 | 12 | 14 | 16 | 18 | 20 |
| ばねののび〔cm〕 | 0 | 2 | 4 | 6 | 8 | 10 |

2倍　3倍　4倍　5倍

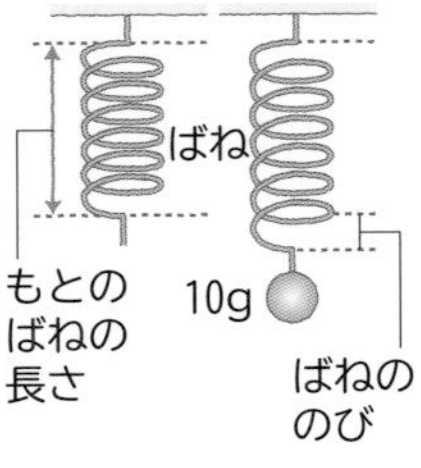


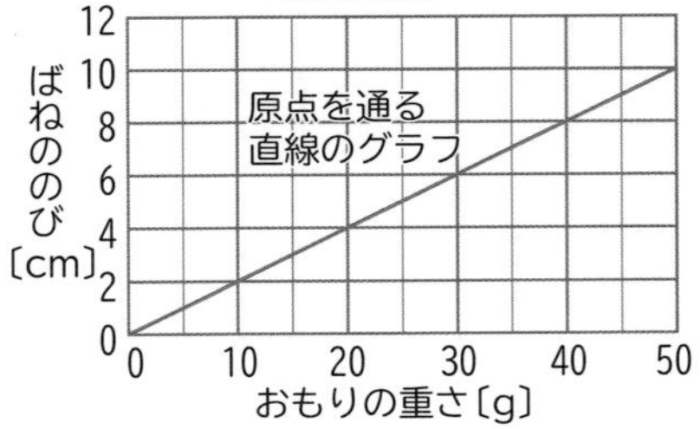


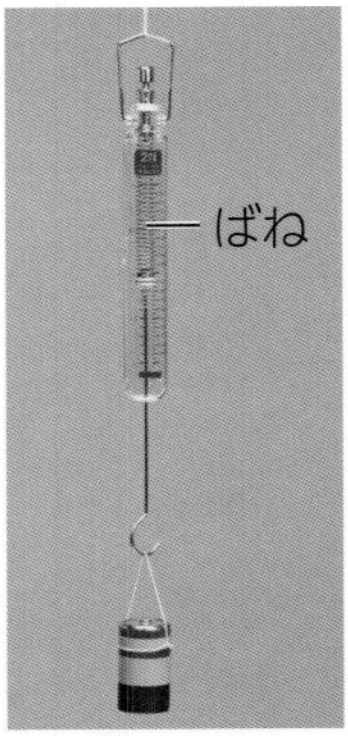

⬆ばねばかり


COLUMN くわしく

ばねは，加える力がある大きさをこえるとだん性を失い，力をとり除いても，のびたままでもとの形にもどらなくなります。このときの力をだん性限界といいます。

### ●ばねの長さ

ばねにおもりをつり下げたときのばね全体の長さは，次のように表されます。

**ばね全体の長さ＝ばねのもとの長さ＋ばねののび**

ばねにつり下げたおもりの重さと比例するのは「ばねののび」で「ばねの長さ」ではありません。

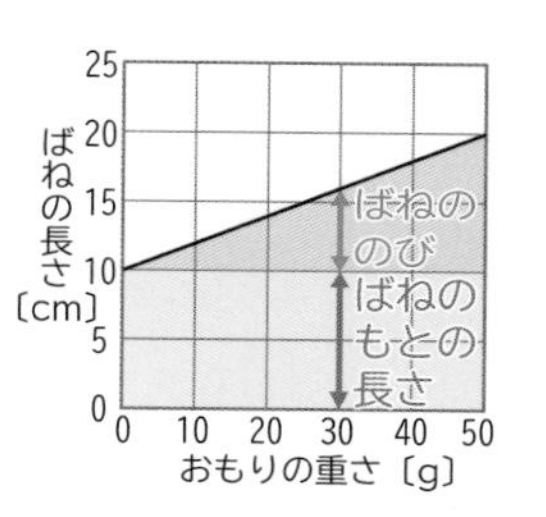


## ★★★ ばねのつなぎ方とばねののび

図１のばねを，**２本直列につないだとき**と，**２本並列につないだとき**のばねののびは，次のようになります。(ばねの重さや棒の重さは考えない)

図1　図2　図3

5cm　100g　5cm　5cm　100g　10cm　A　100g　5cm　B　100g

重さのかかり方がちがう！

### ＜２本のばねを直列につなぐ＞

２本のばねを直列につなぐと，おもりの**重さは２本のばねにそれぞれかかります。**

図２のようにつなぐと，それぞれのばねは 5cm ずつのびます。

図３では，上のばねにはおもりA，Bの重さの和の 200g がかかるので，ばねののびは 10cm になります。下のばねにはおもりBの重さだけがかかるので，ばねののびは 5cm です。２本のばねののびの合計は 15cm となります。

### ＜２本のばねを並列につなぐ＞

２本のばねを並列につなぎ，おもりを中央につるすと，それぞれのばねに**おもりの重さが半分ずつかかります。**

図４のようにつなぐと，ばねののびは，それぞれ 2.5cm になります。

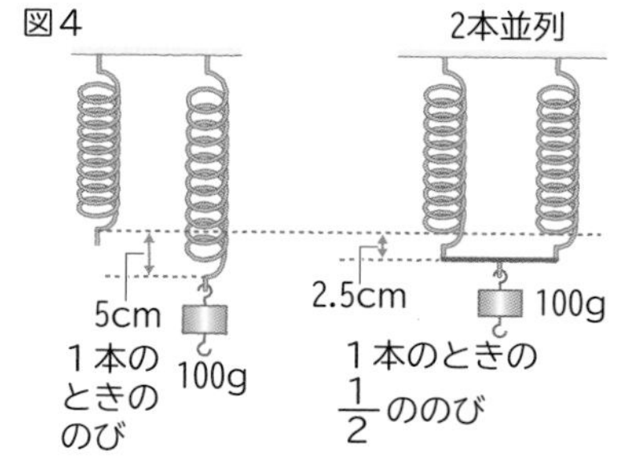


**COLUMN くわしく**　ばねののびのように，ものの変形の大きさが加えた力の大きさに比例することをフックの法則といいます。

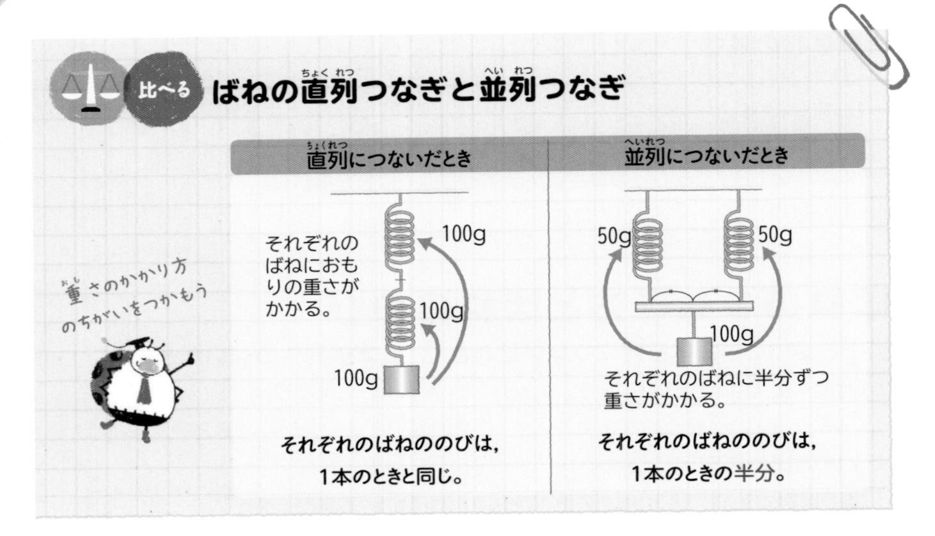

比べる
ばねの直列つなぎと並列つなぎ
直列につないだとき
並列につないだとき
重さのかかり方のちがいをつかもう
それぞれのばねにおもりの重さがかかる。
100g
100g
100g
50g
50g
100g
それぞれのばねに半分ずつ重さがかかる。
それぞれのばねののびは，1本のときと同じ。
それぞれのばねののびは，1本のときの半分。


重要度 ★★★

## ばねの力のつり合い

図1は，同じばねにおもりをいろいろなつるし方でつるしたものです。このとき，どのばねにも**同じ大きさの力**がはたらき，**ばねののび** [➡ P.686] **は同じ**です。

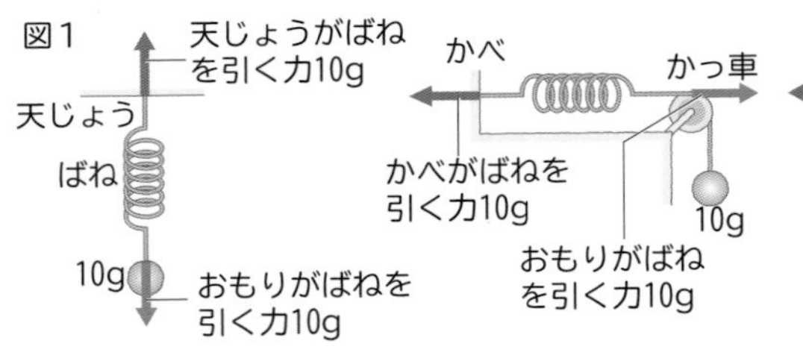


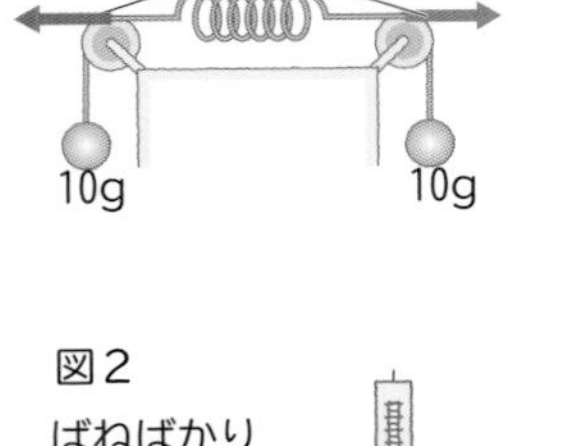


図2のように，ばねばかりにつり下げたものを台ばかりにのせたとき，**ばねばかりと台ばかりの示す値の合計**がものの**重さ**になります。**上向きの力の合計と下向きの力**がつり合っています。

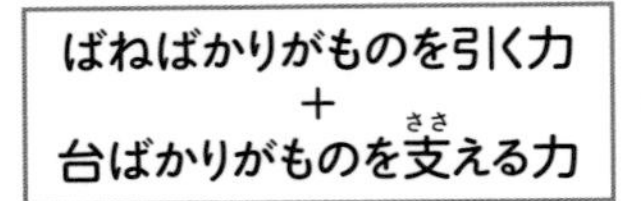

ばねばかりがものを引く力
＋
台ばかりがものを支える力
＝
ものの重さ


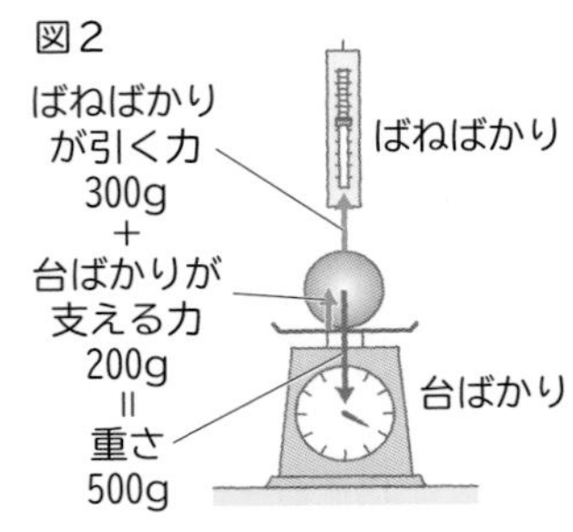

ものにはたらく2つの力が，次の3つの条件に合うとき，2つの力はつり合っています。
①力の大きさが同じ。②力の向きが反対。③2つの力が同じ直線上にある。

## ★★★ 力のつり合い

ものに力がはたらいているのに，動かないで止まっているとき，ものにはたらいている力は**つり合っている**といいます。

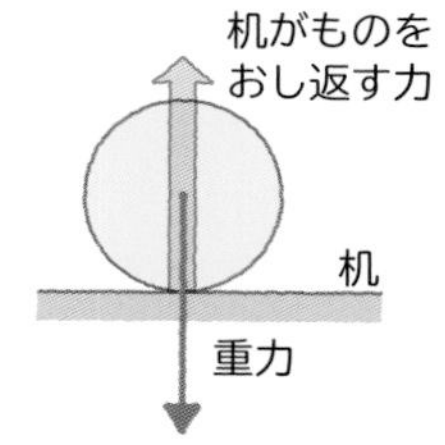


**左右でつり合う力**

**重力とつり合う力**

つな引きで，左右から引っ張っているのに，左右どちらにも動かないとき，左右の力はつり合っているといいます。

また，机の上のものには**重力** [➡ P.685] がはたらいているのに動かないのは，**机がものをおし返す力**がはたらき，重力とつり合っているからです。

## ★★★ 作用・反作用

スケートボードに乗った人がかべをおすと，かべをおした向きとは反対向きに人が動きます。これは，かべから人をおし返す力がはたらくからです。このとき，**人がかべをおす力**を**作用**，**かべが人をおし返す力**を**反作用**といいます。

スタート台は，人が台をける力の反作用で，スタートダッシュをしやすくします。

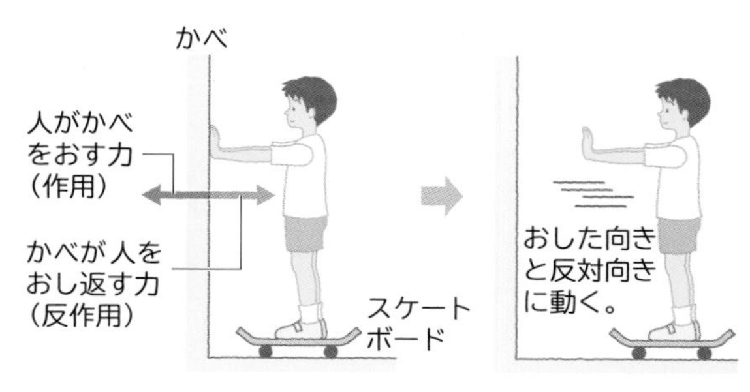


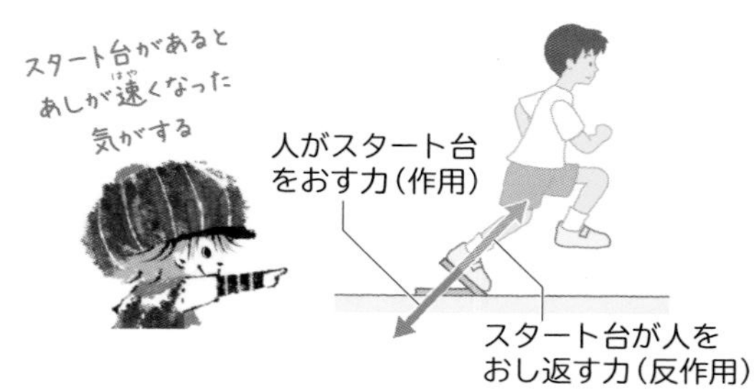

COLUMN くわしく

作用・反作用は，２つのものの間でたがいに力をおよぼし合う関係ですが，２つの力のつり合いは，１つのものにはたらく２つの力の関係です。

# 05 浮力

重要度 ★★★

## 圧力

ものを**おす力のはたらき**は，力が加わる**面積**によって変化します。
下の図のように，同じものをスポンジの上にのせたとき，スポンジに接する面積が小さいほうがスポンジのへこみが大きくなっています。これは，一定の面積あたりの面をおす力が，力が加わる面積の大きさによってちがうからです。

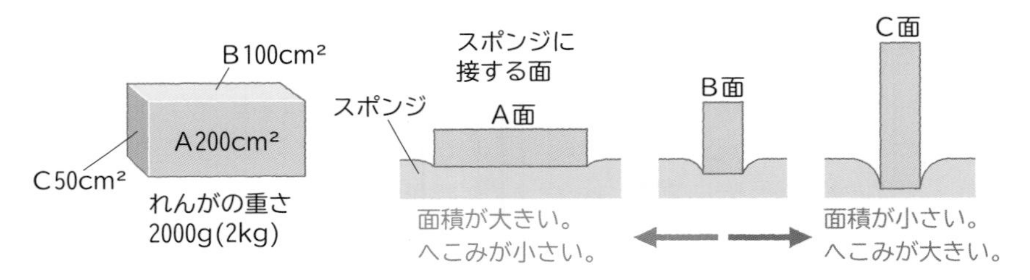


一定の面積あたりの面を垂直におす力を**圧力**といいます。力がはたらく面積が大きいほど，圧力は小さくなります。圧力は，**面に垂直にはたらく力の大きさ**を，**力がはたらく面積**で割って求めることができます。

$$\text{圧力} = \frac{\text{面を垂直におす力の大きさ}}{\text{力がはたらく面積}}$$

・力がはたらく面積が同じならば，**力の大きさが大きいほど，圧力は大きく**なります（圧力は**力の大きさに比例**[➡ P.458]します）。

・面にはたらく力の大きさが同じならば，**面積が小さいほど圧力は大きく**なります（圧力は**面積に反比例**します）。

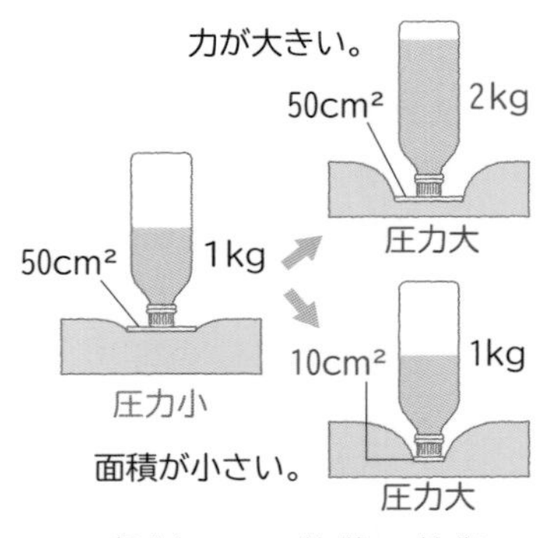


↑ 圧力と力・面積の関係

上の図で，れんがのA～C面をスポンジに接したときの圧力は，面積に反比例して，A：B：C＝1：2：4となり，Cのときが最も大きくなっています。

## ★★★ 圧力といろいろな道具

**圧力**の大きさは，**力がはたらく面積**によって変化します。身のまわりにある道具では，**力を受ける面積**を変えることによって，圧力を大きくしたり，小さくしたりして，目的に合った圧力を得ています。

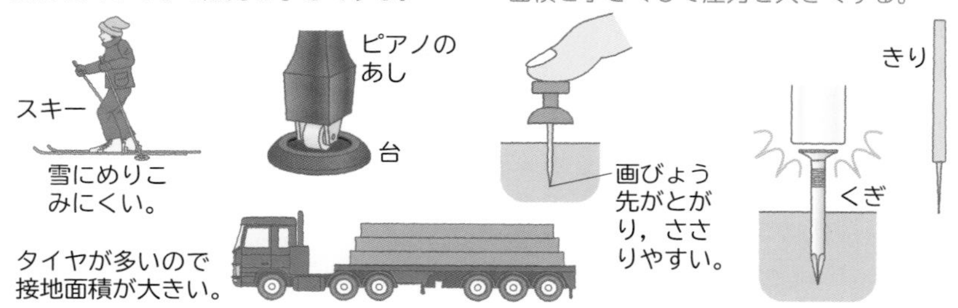
面積を大きくして圧力を小さくする。
面積を小さくして圧力を大きくする。
スキー
雪にめりこみにくい。
ピアノのあし
台
タイヤが多いので接地面積が大きい。
画びょう
先がとがり，さしやすい。
くぎ
きり

## ★★★ 水圧

**水の重さ** [➡ P.685] によって生じる**圧力**を**水圧**（**水の圧力**）といいます。ある深さの水圧は，その深さより上にある水の重さによって生じるので，水圧は**水の深さに比例** [➡ P.458] し，深いほど大きくなります。

右の図のように，穴を開けたペットボトルに水を入れると，水面から深いところの穴ほど，水が勢いよく出ます。**水圧は水面から深いほうが大きい**からです。

ふたをとったペットボトル
水
勢いがない。
勢いよく出る。

⬆ **水の深さと水圧**

水の重さによって生じる水圧は，下向きだけでなく，**あらゆる方向**からはたらき，水の深さが同じならば，その大きさは等しくなります。

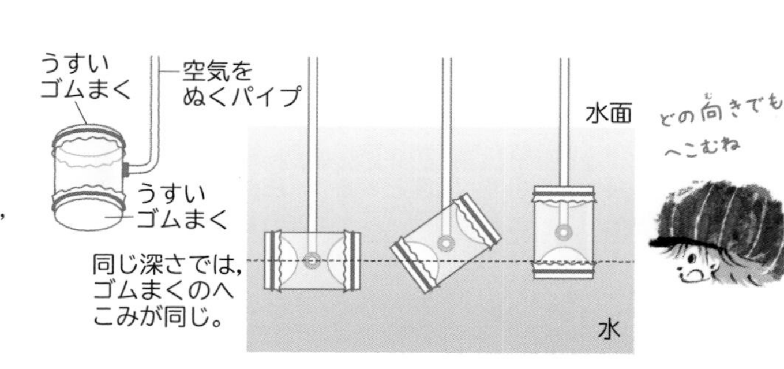
うすいゴムまく
空気をぬくパイプ
うすいゴムまく
水面
同じ深さでは，ゴムまくのへこみが同じ。
水
どの向きでもへこむね

COLUMN
くわしく

水圧は，水を入れた容器や水中のものの面に垂直にはたらきます。また，水圧の大きさは，水面からの深さによって決まり，容器に入れた水の量や容器の形などは関係しません。

重要度 ★★★

## 浮力

水中にゴムのボールを入れてはなすと，ボールは，上向きの力を受けて，水面にうき上がります。水中にあるものが受ける**上向きの力を浮力**といいます。

ものにはたらく浮力の大きさは，ものをばねばかりにつり下げ，**空気中での重さ**と**水中に入れたときの重さ**をはかって，その差から求めることができます。

**浮力=空気中での重さ−水中での重さ**

右の図のように，空気中での重さは125g，水中に入れたときの重さは75gのとき，浮力の大きさは，125−75=50〔g〕です。

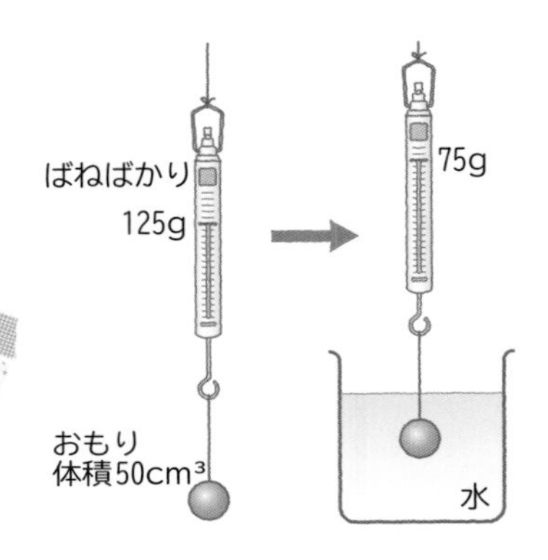

浮力の大きさ

このときの浮力の大きさは，**ものがおしのけた水の重さ（ものの体積と同じ体積の水の重さ）と等しく**なっています。水の体積1cm³の重さは1gなので，ものが受けた浮力50gは，ものがおしのけた水の体積50cm³の重さです。したがって，もの全体が水中にあれば，浮力は水面からの深さには関係なく一定です。

### ●浮力が生じるわけ

水中にあるものが**浮力**を受けるのは，**ものにはたらく水圧** ［➡P.691］ **による力の差**が生じるためです。

①ものの側面にはたらく水圧は，同じ深さでは大きさが等しく，反対向きなのでつり合います。

②ものの下面にはたらく水圧は，上面にはたらく水圧より大きいので，**上面と下面の水圧による力の差**が生じ，これがものに上向きの**浮力**となってはたらきます。

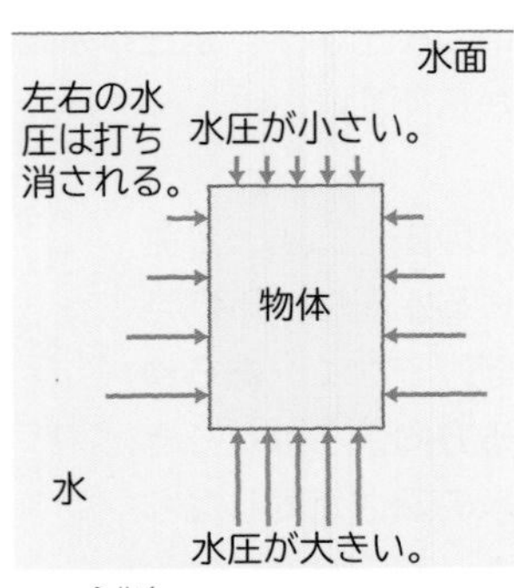

水面
左右の水圧は打ち消される。
水圧が小さい。
物体
水
水圧が大きい。

浮力が生じるわけ

COLUMN まめ知識

浮力の大きさは，水以外の液体でも成り立ち，ものがおしのけた分の液体の重さと同じ大きさになります。古代ギリシャのアルキメデスが発見し，アルキメデスの原理といいます。

# ★★★ 浮力のつり合い

ものが水面にうかんでいるとき，ものにはたらく**重さ**（**重力** [➡ P.685]の大きさ）と上向きにはたらく**浮力**の大きさが等しくなり，つり合っています。

右の図のように，重さ40g，体積 100cm³ の木片が水にういています。このとき，木片にはたらく浮力の大きさは，木片の重さに等しい40gです。これは，**水にしずんでいる部分と同じ体積の水の重さ**と等しくなっています。1cm³ の水の重さが 1g なので，水にしずんでいる部分の体積は 40cm³ であることがわかります。

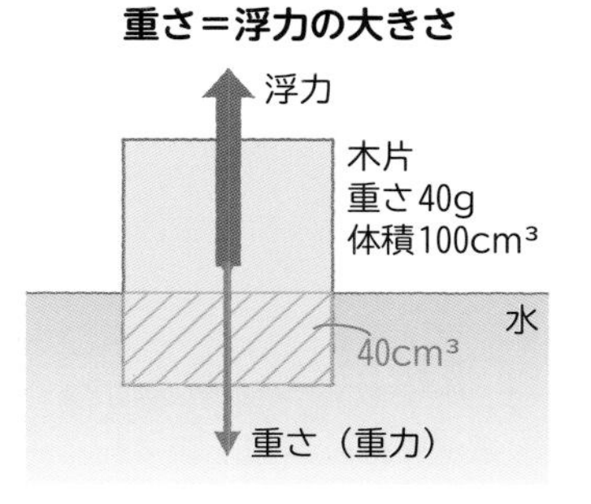


水面にうかんでいるものの浮力

### ●台ばかりにのせたとき

図１のように，水を入れたビーカー（重さ500g）を台ばかりにのせ，重さ80g，体積20cm³ のおもりを水にしずめると，台ばかりは580gを示します。

**ビーカーと水の重さ＋おもりの重さ**＝500＋80＝580〔g〕

図２のように，水にしずめたおもりをばねばかりにつり下げて全体を水に入れると，ばねばかりは60gを示し，浮力は，80－60＝20〔g〕です。

**台ばかりにかかる力**
**＝ビーカーと水の重さ＋(おもりの重さ－ばねばかりで上に引く力)**
**＝ビーカーと水の重さ＋おもりにはたらく浮力**

となるので，台ばかりの目もりは，500＋20＝520〔g〕を示します。

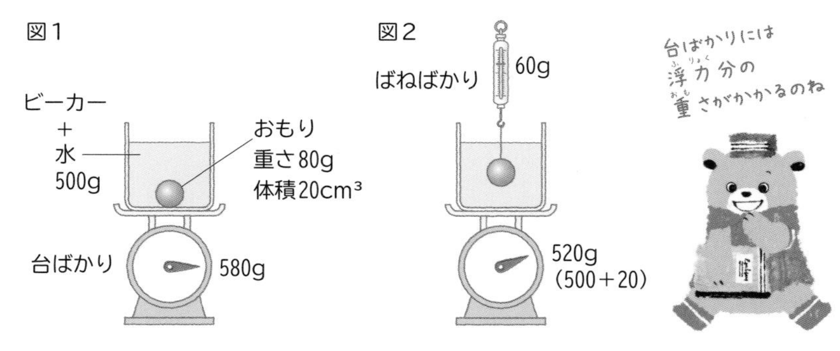

COLUMN まめ知識

同じ木片を，水より重い食塩水に入れると，液面下の木片の体積は水のときより小さくなり，水より軽いアルコールに入れると，液面下の木片の体積は水のときより大きくなります。

# いろいろな単位一覧

単位とははかるときの基準となるものです。たとえば長さの場合は，「m」という基準の長さを決めて，「この基準の何倍か」で長さを表します。

単位には，「m」，「秒」などのように，世界で共通に使われている基本単位と，速さの単位である「メートル毎秒」などのように，単位を組み合わせてつくられた組立単位があります。

## 接頭語について

単位には，倍数を表す記号をつけて，大きな数や小さな数を表すことがあります。この記号を接頭語といいます。たとえば，1km は 1000m で，1m の 1000 倍を表します。このとき，「m」の前についている「k」は，「1000 倍」という意味の接頭語です。

## 接頭語の例

| 名しょう | 記号 | | 倍数 |
|---|---|---|---|
| テラ | T | 一兆 | 1 000 000 000 000 |
| ギガ | G | 十億 | 1 000 000 000 |
| メガ | M | 百万 | 1 000 000 |
| キロ | k | 千 | 1 000 |
| ヘクト | h | 百 | 100 |
| デカ | da | 十 | 10 |
| デシ | d | 十分の一 | 0.1 |
| センチ | c | 百分の一 | 0.01 |
| ミリ | m | 千分の一 | 0.001 |
| マイクロ | μ | 百万分の一 | 0.000 001 |
| ナノ | n | 十億分の一 | 0.000 000 001 |

## 長さ

| 名しょう | 記号 | 変かん |
|---|---|---|
| ミリメートル | mm | $1mm=\frac{1}{1000}m$ |
| センチメートル | cm | 1cm=10mm |
| メートル | m | 1m=100cm |
| キロメートル | km | 1km=1000m |

## 重さ

| 名しょう | 記号 | 変かん |
|---|---|---|
| ミリグラム | mg | $1mg=\frac{1}{1000}g$ |
| グラム | g | 1g=1000mg |
| キログラム | kg | 1kg=1000g |
| トン | t | 1t=1000kg |

## 面積

| 名しょう | 記号 | 変かん |
|---|---|---|
| 平方センチメートル | $cm^2$ | $1cm^2=0.0001m^2$ |
| 平方メートル | $m^2$ | $1m^2=10000cm^2$ |
| 平方キロメートル | $km^2$ | $1km^2=1000000m^2$ |
| アール | a | $1a=100m^2$ |
| ヘクタール | ha | $1ha=100a=10000m^2$ |

変かんもできるように なろうね！

いろいろな単位を
しっかりと使い分けられるように
しないとね！

## 体積（たいせき）

| 名しょう | 記号 | 変かん |
|---|---|---|
| 立方センチメートル | $cm^3$ | $1cm^3=0.000001m^3$ |
| 立方メートル | $m^3$ | $1m^3=1000000cm^3$ |
| ミリリットル | mL | 1mL=0.001L=0.01dL |
| デシリットル | dL | 1dL=0.1L=100mL |
| リットル | L | 1L=1000mL |

## 時間

| 名しょう | 記号 | 変かん |
|---|---|---|
| 秒 | 秒（s） | 1秒=$\frac{1}{60}$分 |
| 分 | 分（m または min） | 1分=60秒 |
| 時間 | 時間 または 時（h） | 1時間=60分=3600秒 |
| 日 | 日（d） | 1日=24時間=1440分=86400秒 |

## 速さ（はやさ）

| 名しょう | 記号 | 変かん |
|---|---|---|
| センチメートル毎秒 | cm/秒 | 1cm/秒=60cm/分 |
| メートル毎秒 | m/秒 | 1m/秒=60m/分=3600m/時 |
| メートル毎分 | m/分 | 1m/分=60m/時 |
| キロメートル毎時 | km/時 | 1km/時=$\frac{1}{60}$km/分 |

## 圧力・気圧（あつりょく・きあつ）

| 名しょう | 記号 | 変かん |
|---|---|---|
| パスカル | Pa | |
| ヘクトパスカル | hPa | 1hPa=100Pa |
| 気圧 | 気圧（atm） | 1気圧=101325Pa=1013.25hPa |

## 温度と熱量（おんどとねつりょう）

| 名しょう | 記号 | 変かん |
|---|---|---|
| 度（セルシウス度） | ℃ | |
| ジュール | J | 1J=約0.24cal |
| カロリー | cal | 1cal= 約4.2J |

## 電気

| 名しょう | 記号 | 表す量・変かん |
|---|---|---|
| ミリアンペア | mA | 電流　1mA=0.001A |
| アンペア | A | 電流　1A=1000mA |
| ボルト | V | 電圧 |
| オーム | Ω | 電気ていこう（ていこう） |
| ワット | W | 電力　1000W=1kW |
| ワット時 | Wh | 電力量　1000Wh=1kWh |

## 密度（みつど）

| 名しょう | 記号 |
|---|---|
| グラム毎立方センチメートル | $g/cm^3$ |

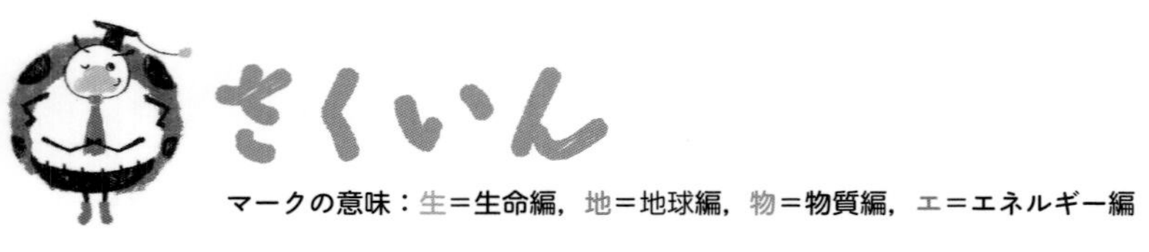


# さくいん

マークの意味：生＝生命編，地＝地球編，物＝物質編，エ＝エネルギー編

## あ

## か

か

## さ

## た

## な

## は

## ま

## わ

## 監修　高濱（たかはま）正伸（まさのぶ）

© 澤谷写真事務所

数理的思考力，国語力，野外体験を三本柱として，将来「メシが食える人」そして「魅力的な大人」を育てる学習塾「花まる学習会」代表。考える力，自ら学ぶ力を身につける独自の指導を行う。同会の野外体験サマースクールや雪国スクールは大変好評で，2018年現在，のべ78000人を引率した。

「考える力がつく算数脳パズル　なぞぺー」シリーズ（草思社），「東大脳ドリル」（学研教育出版）などの学習教材の執筆を手がけるとともに，「高濱正伸の10歳からの子育て」（総合法令出版）など，教育・育児に関する著書も多数執筆している。


編集協力 ……………… 花まる学習会（竹谷和，川幡智佳），佐々木昭弘，（株）小川出版，須郷和恵，（有）バンティアン，晴れる舎 斎藤貞夫

キャライラスト ………… すがわらあい

本文・カバーデザイン … ライカンスロープ デザインラボ（武本勝利，峠之内綾）

図版・イラスト ………… （有）ケイデザイン，（株）アート工房，さとうさなえ，森木ノ子，オビカカズミ，陽菜ひよ子，常永美弥，池田圭吾

写真 ……………………… 無印：編集部，G：学研資料室，その他の出典は写真そばに記載

DTP ……………………… （株）明昌堂　データ管理コード 22-1772-0155（CC2017／2021）

◎この本は，下記のように環境に配慮して制作しました。
・製版フィルムを使用しないCTP方式で印刷しました。　・環境に配慮した紙を使用しています。


## 読者アンケートのお願い

本書に関するアンケートにご協力ください。右のコードかURLからアクセスし，以下のアンケート番号を入力してご回答ください。当事業部に届いたものの中から抽選で年間200名様に，「図書カードネットギフト」500円分をプレゼントいたします。

https://ieben.gakken.jp/qr/hatena/

アンケート番号：304885


**？に答える！ 小学理科 改訂版**